国家出版基金项目
NATIONAL PUBLICATION FOUNDATION

"十三五"国家重点出版物出版规划项目

采矿手册

第一卷 矿山地质

古德生◎总主编

汤自权◎主编
李小罗◎副主编

Mining Handbook

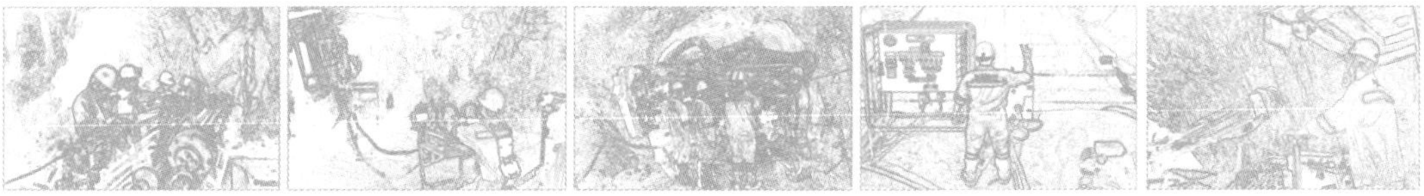

中南大學出版社
www.csupress.com.cn
·长沙·

内容提要

本卷共六章。分别为第 1 章矿产资源及其勘查；第 2 章矿山资源地质工作；第 3 章矿山水文地质；第 4 章矿山工程地质；第 5 章矿山环境地质；第 6 章矿山测量。

本卷的编纂吸纳了行业最新的规程、规范和标准，介绍了矿山地质和矿山测量的基本概念、理论、方法和工作实务，反映了所涉领域的新技术、新方法和新设备，收集了主要矿种一般工业指标、矿岩物理力学性质指标和常用钻机、测量仪器等资料，对矿山地质及测量工作者具有较大的参考价值，可作为矿山生产技术管理人员、科研院所、设计人员及大专院校师生的参考工具书。

《采矿手册》总编辑部

总　主　编　古德生

总 编 辑 部　(按姓氏笔画排序)

王李管　古德生　刘放来　汤自权　吴爱祥

周连碧　周爱民　赵　文　战　凯　唐绍辉

编辑部工作室　古德生　刘放来　王青海　鲍爱华　谭丽龙

胡业民

《采矿手册　第一卷　矿山地质》编写人员

主　　编　汤自权

副 主 编　李小罗

编撰人员　(按姓氏笔画排序)

付　俊　朱林生　陈仕炎　周　军　钟兆泓

莫晓东　黄成利　蒋勇军

《采矿手册　第一卷　矿山地质》审稿人员

主　　审　金铜标

审 稿 人　(按姓氏笔画排序)

凡家杰　苏瑞祥　陈　安

Preface 总序

矿产资源是在地球长达46亿多年的演化过程中形成的、不可再生的可开发利用矿物质的聚合体。矿业是人类开发利用矿产资源而形成的产业，包括矿产地质勘查、矿床开采和矿物加工，是获取初级矿产品、为后续工业提供原材料的基础性产业。

人口、资源、环境是人类社会可持续发展的三大要素，而矿产资源是核心要素。人猿揖别后，人类文明“一切从矿业开始”：从旧石器时代到当前大数据、人工智能、物联网协同发展的“大人物”时代，人类从未须臾离开过矿业！矿产资源的开发利用与人类社会的发展，在历史长河中相辅相成，各类矿产资源为人类的衣、食、住、行，社会的发展与科技进步提供了重要的物质基础，衍生了人类社会，创造了人类的物质文明、科技文明和精神文明。现代社会的冶炼和压延加工业、建筑业、化学工业、交通运输业、机械电子业、航空航天业、核能业、轻工业、医药业和农业等国民经济的各行各业，没有矿业一切都将成无米之炊。

绵延五千年，在中华大地上，华夏儿女得以生存发展与繁衍生息，中华文明的传承和发扬光大，与矿产资源的开发密不可分。华夏祖先是世界上开发利用矿产资源最早、矿物种类最多的先民之一，在世界矿业史上开创了辉煌的时代，创造了灿烂的矿冶文明。1973 年，在陕西临潼姜寨遗址中出土的黄铜片和黄铜管状物，年代测定为公元前4700 年左右，是世界上最古老的冶炼黄铜，标志着我们的祖先早已为人类青铜时代的到来奠定了坚实的基础。出土了成批青铜礼器、兵器、工具、饰物等的二里头文化，表明在距今已有4000 余年的夏朝时期，华夏文明就已进入了青铜时代。2009 年，在甘肃临潭磨沟寺洼文化墓葬中出土的两块铁条，距今已有3510~3310 年，表明3000 多年前华夏的铁矿采冶技术就已经相当成熟，为春秋战国时期大量开采铁矿、使用铁器和人类跨入铁器时代奠定了基础。到了近代，特别是1840 年鸦片战争以后，由于列强的掠夺、连年战乱和长期闭关锁国，中国矿业开始逐渐落后于西方国家。

1949 年，中华人民共和国成立后，国民经济得到了迅猛的恢复和发展，中国矿业从年产钢 15 万吨、10 种有色金属 1.3 万吨、煤炭 3200 万吨、原油 12 万吨起步，开启了快速发展与重新崛起的新纪元。

20 世纪 50 年代初期，为规划“建设强大的社会主义国家”，振兴矿业成为头等大事。

1950年2月17日，正在苏联访问的毛泽东主席在莫斯科为中国留学生亲笔题写了“开发矿业”四个大字，号召有志青年积极投身祖国的矿山事业，为中国矿业的发展和壮大贡献青春和智慧。七十多年弹指一挥间，经过几代人的努力，我国已探明了一大批矿产资源，建成了比较完整、齐全的矿产品供应体系，为国民经济的持续、快速、协调、健康发展提供了重要的物质保障，取得了举世瞩目的成就：2019年生产钢材12.05亿吨，10种有色金属5866万吨，原煤38.5亿吨，原油1.91亿吨。

1 矿业特点与产业定位

在人类社会漫长的发展过程中，被发现和利用的矿产种类越来越多。依据矿业经济和社会发展的不同历史阶段所需矿物种类的差异性，可以大致将矿产资源分为三类：

第一类是传统矿产，包括铜、铁、铅、锌、锡、煤和黏土等工业化初期需要的主导性矿产品。

第二类是现代矿产，包括铝、铬、锰、钨、镍、矾、铀、石油、天然气和硅等工业化成熟期到高技术发展初期广泛利用的矿产品。

第三类是新兴矿产，包括钴、锗、铂、稀土、钛、锂、金刚石、高纯石英、晶质石墨等知识经济高技术时代大量使用的矿产品。

一个国家的科技及经济处于哪个发展阶段，依据上述三类矿产品的生产量和需求量的比例就可做出判断。当今世界正面临着新的技术革命，不仅需要第一类、第二类矿产，还需要大力开发第三类矿产。比如，航空航天、医疗设备、电子通信、国防装备等，都需要大量的新兴矿产品。

在联合国的《国际标准行业分类》(ISIC-4.0)和欧盟标准产业分类(NACE2006)、北美产业分类(NAIC2012)等文件中，矿业(包括探矿、采矿和选矿)均归属于从自然界获取初级矿产品、为后续加工产业(第二产业)提供原材料的第一产业。世界矿业大国和矿产品消费大国，如俄罗斯、美国、巴西、澳大利亚、新西兰、加拿大、南非等，都把矿业作为一个独立产业门类且归属为第一产业。仅有日本、德国等少数国家，因其国内矿产资源较为贫乏，所需要的矿产品主要依靠国外进口，矿业在其国民经济中所占份额较少，而把矿业列为第二产业。

由于历史的原因，我国矿业被划分在第二产业，这是不合适的。中华人民共和国成立之初所确定的产业分类法，是从苏联移植的按生产单位性质划分产业类型的方法，完全没有考虑经济活动的性质。因此，把设在冶金联合企业(包含探矿、采矿、选矿、冶炼和材料加工等生产业务)内部的矿山采掘生产作业(探矿、采矿、选矿)连带划入了第二产业。几十年来，我国一直维持着这一分类法。到2003年，国家统计局颁布的《三次产业划分规定》及现行的《国民经济行业分类》(GB/T 4754—2017)中，依然将采矿业划归为第二产业，且把勘查业划归为第三产业。这种把矿业等同于加工业的产业分类方法，混淆了企业经济活动的性质，压制了矿山企业的经济活力，实在有待商榷。马克思在《资本论》中阐述剩余价值学说时，就曾论述到：农业、矿业、加工业和交通运输业是人类社会的四大生产部类，农业和矿业是直接从自然界获取原料的生产部类，是基础性产业；加工业是对农业和矿业所获得的原料进行加工，以满足社会的需求；交通运输业是连接农业、矿业、加工业等的纽带和桥梁；没有农业和矿业的发展，就没有加工业和交通运输业的繁荣。

随着经济和社会的发展，中国已成为世界第一矿业大国，理应同世界上绝大多数国家一样，把矿业归属于第一产业。从生产活动的性质上看，矿业不仅应该划归第一产业，而且它还应该是个独立的产业门类。因为它与一般工业有本质的不同，主要有如下特性：

(1)建矿选址的唯一性。一般工业可选择相对有利于人们生产、生活的地区建厂，而矿山只能建在矿床所在地。大多数蕴藏矿产资源的地区往往是水、电、交通条件很差的边远山区，建矿如同建社会，矛盾多、投资大、工期长。

(2)开采对象的差异性。开采对象资源禀赋天然注定，其工业储量、有用矿物种类与价值、赋存条件、矿床形态、矿岩的物理力学性质、矿石品位等的差异非常大，由其所决定的生产方式、开发规模、服务年限与可营利性等千差万别。这些差别表明矿山投资风险高、技术工艺多变、建设周期长。

(3)作业场所的不确定性。矿山开采作业人员和设备的工作面随着生产推进而日新月异，同时还面对地质构造、地下水、地压、矿体边界等许多不确定性，以及采、掘(剥)等主要生产工序间的协同性，导致矿山生产作业、安全管控难度大、风险高。

(4)矿产资源的不可再生性。矿产资源是地质作用下形成的有用矿物质的聚合体，是不可再生的，因此，矿山终将随着资源的枯竭而关闭，大量固化工程将报废，大量固定资产因失效而流失，同时还有大量的如闭坑等善后处理工程。

(5)产业发展的艰难性。目前，矿山生产与建设需要遵守国家五十多项法律法规，矿山建设准备工作纷繁复杂；矿山生产设施和废渣排放需要占用大量土地，矿山建设与矿区周边复杂的利益关系往往使得矿地关系协调异常困难；受矿床赋存条件制约，矿山建设工程量大、建设周期长、投资风险高；采矿生产过程需要经常移动作业地点、资源赋存条件也往往不断变化，这些都会导致生产安全、生态环境等诸多不确定性，根本不可能用管理工厂的固定工艺流程的办法来管理矿山。

(6)矿业的基础性。矿业处于工业产业链的最前端，它为后续加工业提供初级原料，向下游产业输送巨大的潜在效益，全面支撑国民经济的可持续发展。我国85%的一次能源、80%的工业原材料、70%以上的农业生产资料均来自矿业。没有矿业就没有工业、没有国防，也没有国家现代化。矿业与粮食一样是国家立业之根本。

世界上最早认识到矿业处于国民经济基础地位的是现代工业发源地英国，其后是非常重视矿产资源基础地位、掀起了第二次工业革命浪潮的美国。当今时代，矿业在国民经济的发展和国家安全中的重要性尤为突出。但是，长期以来我国矿业被定位为第二产业，与加工业混为一谈，这漠视了矿业的特殊性，严重扭曲了矿业的租税制度，导致我国的矿业管理几近碎片化，致使矿业负担过重、资源开发过度、环境破坏严重，形成了当代矿业发展与后代子孙的资源权益同时受损的局面。在面临百年未有之大变局的今天，国际政治、经济、军事环境复杂多变、世局纷扰，无不涉及矿产资源的激烈竞争。对于我国这样一个涉及油气、煤炭、冶金、有色金属、化工、核工业、建材等领域的矿业大国来说，缺乏全国性的统一管理部门，对我国经济和社会的健康发展与有效应对复杂多变的国际环境十分不利。现实在呼唤：中国矿业应该与同是基础产业的农业一样划入第一产业，并由独立部门负责管理，以加强我国矿业发展的战略规划和政策引导。这有利于将矿业作为一个整体纳入国民经济体系之中，有利于制定统一的矿业发展战略和发展规划，有利于制定统一的方针政策和行业规范，有利于协调不同行业之间的矛盾，有利于解决行业内部遇到的共同问题，有利于制定并实施全球资源战略和参与国际竞争。让中国矿业大步跨出国门，积极融入“一带一路”建设，这也是第一矿业大国应有的担当。

2 矿产资源开发的世界视野

矿产资源的不可再生性，决定了世界矿产资源保有量的枯竭性和供应量的有限性。加上矿产资源供需不均衡，致使世界范围内争夺矿产资源的矛盾加剧，造成了全球局势的纷扰动荡。

在近代，全球地缘政治复杂多变，无不与资源争夺有关。矿产资源丰富本是一个国家的优势，但在世界资源激烈争夺的过程中，相对弱小的国家，资源优势成了外国入侵的导火索，如某些中东国家的石油，非洲国家的钻石、黄金等，都带着资源争夺的血腥味。

当前，全球四千三百多家国际矿业公司中，尤其是占比达 63.5%的加拿大、美国、澳大利亚等国的矿业公司，在一百多个国家和地区既争夺资源，又争夺市场。这种争夺不仅表现在贸易摩擦和投资竞争的激烈性上，也表现在这些国际矿业公司与东道国之间矛盾的尖锐性上，有时甚至演化成为领土间的争端和冲突，造成世界经济、政治和军事的动荡不安。

邓小平同志在 1992 年曾经说过：“中东有石油，中国有稀土”，中国稀土年产量曾经独占全球的九成。随着高新科技产业的快速崛起，稀土资源成为极其重要的战略资源，特别是产于中国南方离子吸附型矿床中的钆、铽、镝、钬、铒、铥、镱、镥、钇、钪等 10 种重稀土。长时间超大规模、超强度的无序开采，给中国南方稀土矿区的生态环境带来了非常严重的破坏。为了保护生态环境，国家 2007 年决定对稀土出口实行配额管理，使得稀土的出口量缩减了 35%~40%。2012 年，美国、欧盟、日本等纠集起来，在世界贸易组织对中国的稀土配额管理制度横加指责、粗暴干涉。这些深刻地反映出世界矿产资源争夺与国际市场贸易战的激烈程度。

作为世界第一矿业大国，中国矿业对世界矿业的影响举足轻重，在矿业市场全球化的环境下，中国矿业已经深深地植根于全球化的矿业市场中，面对日益激烈的竞争，中国应加快从矿业大国向矿业强国转变。

到 2050 年，全球人口将会突破 90 亿，水、粮食和矿产资源的需求将大幅增加。资源过度开发利用所带来的环境破坏，以及资源过度消耗所造成的环境污染与气候变迁，将使人类面临更为严峻的生态危机。

放眼世界，资源是世局纷扰的主要因素。资源占有和资源供应决定着国家战略。发达国家之所以不惜投入巨资发展太空科技，研究打造月球基地和小行星采矿，努力向外太空发展，除了国家安全战略方面的考虑外，开发太空资源是其重要动因。未来一定是谁掌握了未来资源，谁就掌握了未来。

当前，我国经济已由高速发展阶段转向高质量发展阶段，对矿产资源的需求也由全面、持续、快速增长转变为差异化增长。矿产资源的供给安全正逐步突破以数量、规模、成本、利润为目标的市场供给范围，新一轮科技革命必将驱动矿产资源的供应安全渗透到国家经济发展和地缘政治领域。

面对错综复杂的国际环境，中国矿业要紧扣矿业领域新的发展阶段、新的发展理念、新的发展格局，以推进高质量低碳发展为目标，以短缺矿产资源找矿突破为重点，以树立绿色低碳矿业新形象为标志，加快构筑互利共赢的全球产业链、供应链命运共同体，形成以国内大循环为主体、国内国际双循环相互促进的发展新格局。

3 矿业的可持续发展

矿业要坚定不移地走可持续发展之路，“绿色开发”将成为矿业发展的永恒主题。人类在石器时代，对矿产品的认识、采集、加工利用等活动仅在地表进行，矿产品产量、开采方式和废弃物排放等，与生态环境的承载能力基本上相适应。自青铜时代起，铜、铁等矿产品先后出现规模化开采矿点，涉及地表、地下开发，但规模有限，对生态环境的影响也有限，故早期人类并没有十分重视矿业对周边生态环境的影响。进入工业化时代以后，经济和社会的发展使得矿产资源的需求量激增，矿业对生态环境的破坏也越来越严重。为了解决现代工业发展与生态环境保护间的矛盾，自20世纪70年代以来，人类在不懈地探求生存和发展的新道路，提出了“可持续发展”理念，倡导绿色矿业。经过几十年的实践，可持续发展和绿色矿业的理念，已被越来越多的人接受，并已成为全球共识。

我国是世界上少有的几个资源总量大、矿种配套程度较高的资源大国之一，矿产资源总量居世界第三位。但是，大宗矿产资源赋存条件不佳，可持续供给能力不强，人均资源量约为世界人均资源量的58%。从这个意义上说，我国实际上还是一个资源相对贫乏的国家。目前，我国的镍、铜、铁、锰、钾、铅、铝、锌等大宗矿产品的后备资源储量较少，品质不高，且经过多年远高于全球平均水平的高强度开采，资源消耗过快，静态储采比大幅下降，总体上处于相对危机状态。

目前，我国正处于工业化中期阶段，对矿产资源的需求强度将进入高峰期，矿产资源的供需矛盾日益突出，因此，矿产资源的可持续开发利用更加引人瞩目。自20世纪末以来，我国矿业的可持续发展理念有了很大升华，归纳为以下四点：

(1)矿业经济的全球观。将一个国家和地区的资源供求平衡过程与国际平衡过程紧密地联系起来，采取两种资源和两个市场的战略方针和对策，稳定、及时、经济、安全地在国际范围内，实现国内总供给和总需求的平衡；同时积极、主动地适应矿业全球化的大趋势，以获得全球竞争与合作的“红利”，防止被边缘化。

(2)矿业的可持续发展观。将矿产资源的开发利用和生态环境的保护与整治紧密联系起来，强调资源利用的世界时空公平性和资源效益的综合性，在生产和消费模式上，实现由浪费资源到节约资源和保护资源，由粗放式经营到集约化经营，由只顾当代利用到兼顾后代持续利用的转变。

(3)资源开发利用增值观。通过科技进步，提高资源的综合回收率，开拓资源应用的新领域，延伸资源开发利用的产业链，从根本上改变“自然资源无价”和“劳动唯一价值论”的传统观念，使资源得到最大限度的利用。

(4)矿产资源供应安全观。矿产资源在很大程度上决定着一个国家的经济发展实力和综合国力，因此，资源需求大国应大大提高资源供求意义上的国家安全观，强化重要资源的安全供给。

矿业可持续发展是矿产资源开发利用与人口、经济、环境、社会发展相协调的可持续发展。2003年，我国提出了“坚持以人为本，实现全面、协调、可持续发展”的科学发展观，它成为我国实施可持续发展战略的原动力和重要指导方针。为了实现矿产资源可持续开发，在树立上述四个新观念的基础上，人们十分关注与矿产资源可持续开发相关的矿业政策与措施：

(1)健全矿产资源法律法规体系。在已有《中华人民共和国矿产资源法》《中华人民共和国固体废物污染环境防治法》等的基础上，制定关于矿山环境保护、矿业市场等的法律；科学编制和严格实施矿产资源规划，加强对矿产资源开发利用的宏观调控，促进矿产资源勘查和开发利用的合理布局；健全矿产资源有偿使用制度，加强矿山生态环境保护和治理，制定矿业监督监察工作条例，加强矿业执法、检查和社会监督。

(2)择优开发资源富集区。加强矿产资源调查评价和矿产勘查工作，积极开拓资源新区，开发国家短缺的和有利于西部经济发展的矿产资源；依据资源配置市场化的战略思路，对战略性资源实行保护性开采；按照价值规律调节资源供求关系，重视开发利用过程中资源价值的增值问题；科学地探索和总结矿床地质理论，不断创新勘探技术与方法，提高矿产资源保证程度。

(3)提高矿产资源开采和回收利用水平。依靠科技进步，推广采、选、冶高新技术，大力提高矿石回采率和伴生、共生组分的回收利用能力，最大限度地合理利用矿产资源，减少矿业对环境的影响；促进资源开发的节能降碳、绿色发展；大力培养全民节约资源和保护资源的意识，建立节约资源和循环利用资源的社会规范。

(4)用好国内外两种资源、两个市场。从以国内矿产资源供应为主，转变为立足国内资源，通过扩大国际矿产品贸易、合作勘查开发和购置矿业股权等途径，最大限度地分享国外资源；组建海外经济联合体，形成利益共同体，掌控海外矿冶产业链的主导权，以稳定国外资源供应。对国内优势矿产，坚持保护性开发，以保障国家资源安全。

(5)矿产开发与环境保护协调发展。推进矿产资源开发集约化之路，提高矿业开发的集中度，发挥规模经济效益；发展现代装备技术，提高采掘装备水平，变革采矿工艺技术，“在保护中开发，在开发中保护”，推进安全生产、绿色发展，促进矿产资源开发利用与生态建设和环境保护的协调发展。

(6) 建立重要战略矿产资源储备制度。采用国家储备与社会储备相结合的方式，实施战略性矿产资源储备；建立重要战略矿产资源安全供应体系和预警系统，最大限度地保障国家经济和国防建设对资源的需求；完善相关经济政策和管理体制，以应对国内紧缺支柱性矿产供应中断和国际市场的突发事件；积极开展大洋与极地矿产资源的调查研究，为开发海底与极地资源做好技术储备。

4 金属矿采矿工程

我国目前已经发现的矿产有 173 种，其中金属矿产 59 种、非金属矿产 95 种、能源矿产 13 种、水气矿产 6 种。本书所涵盖的内容主要涉及金属矿产资源的开采领域，包括已探明储量的 54 种金属矿产。

根据金属矿床赋存的空间环境和所采用的采矿工艺技术及装备的不同，金属矿床的开采方式目前一般分为露天开采、地下开采和海洋开采三种。

“露天开采”用于开采近地表的矿床。我国的铁矿石和冶金辅助原料，以及化工、建材及其他非金属矿产多采用露天开采。

“地下开采”用于开采上覆岩土层较厚或滨海、滨江、滨湖的矿床。我国的铅、锌、钨、锡、锑、金等有色金属矿产主要采用地下开采。

“海洋开采”用于开采海水、海底表层沉积物和海底浅表基岩中的有用矿物，至今仍然处于探索阶段。我国已于 1991 年成为海底资源“先驱投资者”国家，在国际公海上获得了 15 万 km^2 的“开辟区”和“保留区”的权利。我国在深海海底资源勘探、深海耐高压采掘设备和机器人等领域的研究，也已取得重要进展。

采矿工程学科是一个以矿山地质、矿床开采系统与方法、采矿工艺技术、矿山装备与信息技术、数字矿山与智能采矿、矿床开采设计、矿山建设与管理、矿山安全与环境工程等为主线，以岩体力学为专业基础理论，以机械化、自动化、信息化、智能化为重要技术支撑的工程科学技术学科。为了开发利用矿岩中的有用矿物资源，需要在长期地质作用下所形成的矿岩体中进行采掘作业而形成采矿工程，因而打破了亿万年来地层结构的原始应力平衡状态，必须通过支护、充填或崩落等地压控制手段在矿岩中形成一个新的应力平衡。但在长期的地质作用下所形成的板块、地块、断层、裂隙、层理、节理等多层次的结构体存在着复杂多变的地应力，直接影响着岩体本构关系的性质，使得采矿工程学科的基础理论与工艺技术比一般工程学科更加复杂。作为采矿工程基础理论的岩体力学，由于受到开采过程中多种随机因素的影响，要研究和处理非均质、非连续介质、内部充满各种软弱面的力学问题，也变得十分复杂。但在近代计算力学成果的基础上，通过计算机仿真技术，岩体力学已经能够从工程的角度诠释混沌问题的本质，为采矿工程技术的发展提供科学基础。

5 金属矿采矿的未来

我国钢铁和有色金属产量已于2000年前后分别跃居世界第一位，成为世界金属矿业大国。如今，我国正处于迈向矿业强国的重要转折期。站在世界矿业科技前沿的高度，去审视我国金属矿业的发展状况，前瞻未来，明确重点发展领域，全面落实可持续发展、绿色开发理念，努力构建非传统的“深地”开采模式，寻求“智能采矿”技术的新突破，是当代中国矿业人的重大使命。

(1)遵循矿业可持续发展模式——绿色开发。遵循矿业可持续发展的模式，将矿区资源、环境和社会看作一个有机整体，在充分开发、有效利用矿产资源的同时，保护矿区土地、水体、森林等生态环境，实现资源-环境-经济-社会的和谐发展是绿色开发的基本特征。“绿色开发”的技术内涵很广，主要包括矿区资源的高效开发设计和闭坑设计，矿区循环经济规划设计，固体废料产出最小化和资源化，节能减排，矿产资源的充分综合回收，矿区水资源的保护、利用与水害防治，矿区生态保护与土地复垦，矿山重金属污染土地生物修复，矿区生态环境的容量评价等。

2005年8月15日，习近平同志首次提出“绿水青山就是金山银山”的理念。按照“绿水青山”和“金山银山”和谐共存、互利互惠的基本原则，充分依靠不断创新的充填采矿工艺技术和装备，特别是金属矿山“采、选、充”一体化技术、特殊资源原位溶浸开采技术、闭坑后采掘空间绿色开发利用技术，推广节能降碳、绿色发展的矿业新模式，是矿山企业践行“绿水青山就是金山银山”的绿色发展理念、建设美丽中国的时代要求。

新建矿山必须牢牢把“绿色、智能、安全、高效”作为矿山建设发展方向，高起点、高标准建设，把绿色发展理念贯穿到矿产资源开发的全过程，一次性建成“生态型、环保型、安全型、数字化”的绿色矿山，正确处理和妥善解决好矿产资源开发与生态环境保护这个主要矛盾，实现“开发一矿、造福一方”的目标，不断增强企业员工和矿区人民群众的获得感、幸福感和安全感。

已建成矿山应该秉持“天地与我并生，而万物与我为一”的中国传统哲学思想，把矿区的资源与环境作为一个整体，在充分回收利用矿产资源的同时，协调开发利用和保护矿区的土地、森林、水体等各类资源，实现绿色发展。

(2)开拓矿业的科技前沿——深部(深地)开采。由于浅部资源正在消耗殆尽，未来金属矿山开采的前沿领域必将是深部开采。对于“深部”概念的确定，国内外采矿专家、学者历经近半个世纪的研究，到目前为止尚无统一的标准。我国有些专家、学者建议以岩爆发生频率明显增加作为标准来界定，普遍认为矿山转入深部开采的深度为超过800~1000 m。谢和平院士指出：确定深部的条件应是由地应力水平、采动应力状态和围岩属性共同决定的力学状态，而不是量化的深度概念，这种力学状态可以经过力学分析得到定量化的表述，并从力学角度出发，提出了“亚临界深度”“临界深度”“超临界深度”等概念。

“深地”的科学内涵包括揭露陆地岩石圈结构，揭示地壳结构构造、地壳活动规律与矿物质组成；探索地球深部矿床成矿规律，开展深部矿产资源、热能资源勘查与开发；进行城市地下空间安全利用、减灾、防灾与深地核废料处理等。为开发“深地”基础科学与工程技术研究，2016年、2017年，国家项目“深部岩体力学与采矿基础理论研究”“深部金属矿建井与提升关键技术”“深部金属矿安全高效开采技术”和“金属矿山无人开采技术”等已先后启动，我国矿业拉开了向“深地”进军的大幕。

随着开采深度的增加，开采难度将越来越大。开采深度达到2000 m后，开采环境将更加恶化，井下温度将高达60℃以上，地应力在100 MPa以上，开采活动变得更加困难，这被视为进入“超深开采”(或“深地开采”)阶段。“高地应力能”“高地热能”和“高水势能”的“三高能”特殊开采环境，现有传统技术已经难以应对。因此，“深地开采”必将成为矿业发展的前沿领域。

任何事物都有两面性，如可以引起岩爆、造成事故的“高地应力能”，目前已能利用其诱导岩石致裂来提高破碎效果。严重危害人的健康，甚至能引发炸药自爆的“高地热能”或许可用来供暖、发电，甚至实现深井降温；可造成管网爆裂和深井排水成本大幅增加的“高水势能”或许可作为新的动力源，用于矿浆提升或驱动井下机械设备。从能量角度思考，可以说，深地开采中的难题源自“三高能”的可致灾性，而这些难题的解决在一定程度上又寄望于“三高能”的开发利用。因此，在“深地”开采中，既要研究“三高能”的能量控制与转移，以防止诱发灾害，又要研究“三高能”的能量诱导与转化，为“深地”开采所利用。遵循这一技术思路，在基础理论、装备与工程技术的研究中，就会有更宽广的路线，实现安全、高效、绿色开采，从而有更宽阔的空间发展未来的“深地”矿业科技。

“深地”开采包含许多需要研究开发的高端领域，如：整体框架多点支撑推进、导向钻进的智能竖井掘进机械；深井集约开采智能化无轨采掘装备；大矿段多采区协同作业连续采矿技术；高应力储能矿岩的诱导致裂与深孔耦合崩矿技术；深井开采过程地压调控与区域地压监测技术；井下磨矿、泵送地面选厂的浆体输送技术；深部井底泵站与全尾砂膏体泵压充填技术；“深地”地热开发利用与热害控制技术；集约开采生产过程智能管控技术，等等。

“深地”矿物资源、能源资源的开发利用，已引起世人的极大关注，它是未来矿业的重要领域，是矿业发展高技术的战略高地。

(3)迈向矿业的未来目标——智能采矿。智能采矿是新一代信息智能技术与矿山开发技术深度融合，人文智慧与系统智能高效协同，通过人-机-环-管5G网络化数字互联智能响应矿产资源开发环境变化，实现采矿作业遥控化、采掘装备智能化、开采环境数字化、生产管理信息化的绿色智能、安全高效开采技术，是21世纪矿业发展的必然趋势。近期目标是全面实现矿山采矿机械化、信息化、自动化，个别矿山初步构建较完善的智能采矿应用场景，针对井下有轨/无轨作业装备实行局部智能调度；中期目标是构建完善成熟的智能感知、智能决策、自动执行的智能采矿技术规范与标准体系，以矿山无轨装备远程自主智能化作业为基础，实现矿山开拓设计、地质保障、采掘(剥)、出矿(充填)、运输通风、供风排水、地压监控等系统的智能化决策和自动化协同运行；远期目标是矿山开采全过程三维可视化及数据实时采集智能化处理、矿山生产决策及管控一体化平台高效协同，地下矿山生产作业全部实现机器人替代，矿产资源开发实现全流程智能化开采。

矿业作为传统而复杂的产业，面对着采矿条件复杂、生产体系庞大、采掘环境多变等诸多挑战，抓住新一代信息技术变革机遇，构建互联网新思维，利用无线遥控传感技术、云计算、人工智能、机器视觉、虚拟现实、无人驾驶、工业机器人等先进技术，解决了生产、设备、人员、安全等制约矿山发展的瓶颈，着力打造“智能化矿山”，是当前矿业高质量发展的努力方向。

“智能采矿”的发展，起步于数字矿山的基础平台建设，发展于信息化智能化采矿技术的创新过程。近几年来，一批具有远见卓识的矿山企业，已把矿山数字化、信息化列为矿山基础设施工程，初步建成了集多功能于一体的矿山综合信息平台，包括矿产资源评价、资源动态管理、开采优化设计、矿山安全生产指挥调度中心、灾害远程监测与预报、矿山固定设备远程集中控制、井下移动目标跟踪定位、智能采装运设备检测与遥控系统、生产经营管理，等等。一批如杏山铁矿、迪庆普朗铜矿、城门山铜矿、乌山铜矿、三山岛金矿和即将投产的思山岭铁矿等智能化矿山标杆企业，已经走在前头。总体而言，我国大型矿山企业的智能化发展水平与国际先进水平的差距正逐步缩小，其中在智能化装备技术应用方面已基本与国际实现同步发展；在智能软件设计和应用，以及井下有轨矿山智能化改造等方面已经处于国际先进水平。

“智能采矿”是一个综合的系统工程，在推进智能采矿的过程中，需要矿业软件、矿山装备与通信信息等学科的支撑及产业部门的大力合作和支持，但把握矿山工程活动全局的采矿工作者要做实践智能采矿的主导者，以推动矿业全面升级：实现采矿作业室内化，最大限度地解决矿山生产安全问题，使大批矿工远离井下作业环境；实现生产过程遥控化，大幅提高井下作业生产效率，大幅降低井下通风、降温等费用；实现矿床开采规模化，大幅提升矿山产能，大幅降低采矿成本，使大规模低品位矿床得到更充分的利用；实现职工队伍知识化，大幅提升职工队伍的知识结构，使矿工弱势群体的社会地位发生根本性的改变。

人类文明始于矿业，未来仍将以矿业为基石，伴随着中华文明的伟大复兴，中国采矿必将走向星辰大海，前途一片光明！

Foreword 前言

矿山地质工作一般是指矿床经过地质勘查后，矿山建设和开发生产过程中所进行的地质工作，涵盖从矿山咨询设计、基建到生产直至矿山闭坑全过程中所开展的一系列地质工作，其主要工作内容和目的有：①开展矿山勘查成果综合研究、分析评价和资源尽职调查，防范矿山设计和建设所依据的地质工作成果不足带来的风险；②开展矿山建设开发设计中的地质工作，为矿山采矿方法选择、开拓和采掘与排产设计提供地质依据；③进一步查明矿体特征和矿床开采技术条件，为采矿工程设计和采矿作业提供地质依据；④对矿山资源储量进行管理，保障矿山正常生产；⑤对矿区周边进行探边摸底，扩大矿山资源前景，延长矿山寿命；⑥进行矿山地质环境影响评估和不良地质条件监测，为地质环境保护和恢复治理提供依据；⑦进行矿区综合地质研究，成矿规律总结，勘查手段方法有效性评价，指导新矿床的找寻和勘查，为新的矿山开展地质工作提供依据；⑧矿山闭坑时编写矿山闭坑地质报告。

为了响应党中央提出的“创新、协调、绿色、开放、共享”五大理念，地质工作者应树立“绿水青山就是金山银山”的发展理念，矿业亦需从过去粗放式开发模式转变为精细开发模式，资源的综合利用、生产的安全环保是人类社会可持续发展的基本保障。在新的社会经济发展要求和高新技术手段应用下，矿山地质工作在广度、深度、方式和要求上均发生了较大变化，持续创新和高质量发展成为矿山地质工作的基本要求。

随着计算机、网络和人工智能的快速发展和应用，矿山生产开始实施无人化、自动化和智能化，建立矿山地质三维模型、估算资源储量并及时更新成为矿山地质工作的重要内容，矿山水文地质条件和工程地质条件的三维模拟和预测应用也正在逐步开展。

在以人为本、安全和绿色的发展理念要求下，矿业活动对安全、职业健康和环境保护的要求越来越高，开展矿山地质灾害与地质环境的调查、监测和评估矿业活动的地质环境影响已经成为矿山地质工作的重要内容。

随着国家对生产安全和环境保护的日益重视，企业对掌控矿山开采技术条件的程度要求更高，需要及时监测不良地质条件和地质环境，预测预报不良地质作用和地质环境问题，同时对破坏的地质环境进行恢复治理，确保安全生产和环境得到保护。

随着国内近地表资源开采殆尽，矿山开发走向深部、走向国外、走向海洋已成趋势，其面临的矿山开采技术条件也越来越复杂，如地压问题和防治水问题，必须加强矿山工程地质工作和矿山水文地质工作。

无人机摄影测量技术、卫星导航技术的应用，特别是我国北斗导航系统的完善，给矿山测量和地质灾害监测提供了新的技术方法和手段，降低了矿山测量野外工作风险和劳动强度，将测量前沿技术应用到矿山开采过程是有必要的。

因而，有必要梳理矿山地质工作内容、方法及其要求，为矿业开发中的地质工作提供参考。本卷整编采用的思路是：①收集整理地质勘查的基本概念和方法；②介绍矿山地质(包括水文地质、工程地质和环境地质)工作的目的、任务、要求、方法和手段；③介绍矿山测量工作的主要内容和要求；④尽可能录编矿山地质和矿山测量工作中的新技术和新方法以及新要求；⑤整编内容尽可能全面、准确且适用。

本卷由长沙有色冶金设计研究院有限公司汤自权任主编，李小罗任副主编，共分为6章。各章编写人员如下：

第1章 朱林生、陈仕炎(长沙有色冶金设计研究院有限公司)；

第2章 莫晓东(长沙有色冶金设计研究院有限公司)；

第3章 钟兆泓(长沙有色冶金设计研究院有限公司)；

第4章 黄成利(长沙有色冶金设计研究院有限公司)；

第5章 周罕、付俊(中国有色金属工业昆明勘察设计研究院有限公司)；

第6章 蒋勇军(长沙有色冶金设计研究院有限公司)。

本卷由中国瑞林工程技术股份有限公司金铜标担任主审，并与中南大学苏瑞祥、昆明理工大学陈安和中冶长天国际工程有限责任公司凡家杰组成审稿专家组进行审稿。编审人员通过召开系列编审专题研讨会，在不断调整各章节框架和内容的基础上，逐渐完善了本卷的内容。同时本卷在编审过程中得到了全国工程勘察设计大师刘放来的大力指导。

本卷部分内容引用了《采矿手册》《现代采矿手册》和《采矿设计手册》等资料，并参阅了大量国内外文献和矿山工程实例。编写过程中，得到了长沙有色冶金设计研究院有限公司和中国有色金属工业昆明勘察设计研究院有限公司的大力支持；中南大学张德贤，中国有色金属工业昆明勘察设计研究院有限公司刘江波、余璨，长沙有色冶金设计研究院有限公司黄炳贻、李红伟、张爱恒、赵鹏、金俊杰、李永杰、李国民、曾文杰、王飞、赵国强积极参与，提供了大力帮助；审稿过程中得到中国瑞林工程技术股份有限公司洪安娜、杨建安、蒋义、贺健，中冶长天国际工程有限责任公司颜茜，中国科学院武汉岩土力学研究所刘建，江西省地质矿产勘查开发局九一六大队许国伟的大力协助，在此表示由衷感谢。

本卷虽由多位长期工作在设计、科研、教学和生产第一线的技术与研究人员共同编写而成，但难免存在一些不足之处，希望读者批评指正，以便再版时得以修正和完善。

Contents **目录**

第 1 章

矿产资源及其勘查

1.1 地质与矿床

1.1.1 矿物

矿物是由地质作用形成的，具有一定的化学成分和内部结构，且在一定的物理化学条件下能相对稳定存在的天然结晶态的单质或化合物。矿物是岩石和矿石的基本组成单位。

1.1.1.1 矿物分类

按照矿物的成因，可以将矿物分为原生矿物和次生矿物。原生矿物是指内生造岩作用和成矿作用过程中，与所形成的岩石或矿石同时期形成的矿物，如岩浆结晶过程中所形成的橄榄岩中的橄榄石，花岗岩中的石英、长石，热液成矿过程中所形成的方铅矿等。

次生矿物是指在水气热液影响下，原生矿物发生变化后生成的矿物，如橄榄石经热液蚀变而形成的蛇纹石、正长石经风化分解形成的高岭石、方铅矿氧化形成的铅矾。

按照矿物的工业用途，可以将矿物分为金属矿物(闪锌矿、方铅矿、自然金、黄铜矿、辉钼矿等)和非金属矿物(白云母、高岭石、电气石、云母、黄玉、刚玉、金刚石等)。

按照晶体化学分类，矿物可以分为五大类：自然元素矿物、硫化物及其类似化合物矿物、氧化物及氢氧化物矿物、含氧盐矿物和卤化物。

自然元素矿物主要是指呈单质状态产出的矿物。目前已发现的这类矿物已超过 50 种，最常见的有自然金、自然铂、自然铜、自然硫、金刚石、石墨等。

硫化物及其类似化合物矿物大类指金属元素与 S、Se、Te、As 等相化合的一类化合物。自然界中已经发现的该大类矿物超过 370 种，其中以硫化物矿物最多，占该大类总量的 2/3 以上，其中又以 Fe 的硫化物占了绝大部分。按阴离子或络阴离子的类型不同，此类矿物又可分为以下三类：①简单硫化物：由阴离子 S^{2-} 与阳离子(主要为 Cu^{2+}、Pb^{2+}、Zn^{2+}、Ag^{+}、Hg^{2+}、Fe^{2+}、Fe^{3+}、Co^{2+}、Ni^{2+})结合而成，如方铅矿、闪锌矿、辰砂、磁黄铁矿、黄铜矿、辉钼矿。②复硫化物：由哑铃型对硫$[S_2]^{2-}$、对砷$[As_2]^{2-}$等阴离子与阳离子(主要为 Fe^{2+}、Co^{2+}、Ni^{2+} 等离子)结合而成，如毒砂、黄铁矿。③硫盐：指硫与半金属元素 As、Sb、Bi 结合组成络阴离子团$[AsS_3]^{3-}$、$[SbS_3]^{3-}$等形式，然后再与阳离子(主要是 Cu^{2+}、Ag^{+} 和 Pb^{2+} 这 3 种铜型离子)结合而成的较复杂的化合物，如硫砷银矿、硫锑银矿、脆硫锑铅矿等。

氧化物矿物主要指由金属阳离子与O^{2-}结合而成的化合物，氢氧化物矿物则是金属阳离子与OH^-相结合的化合物。氧化物及氢氧化物矿物目前已发现有300余种，其中氧化物200种以上，氢氧化物80种左右。氧化物矿物主要有赤铜矿、刚玉、赤铁矿、金红石、锐钛矿、锡石、软锰矿、方解石、磁铁矿等。氢氧化物矿物主要有水镁石、三水铝石、一水硬铝石、一水软铝石、针铁矿、水锰矿、硬锰矿等。

含氧盐矿物是由各种含氧根的络阴离子与金属阳离子所组成的盐类化合物。根据络阴离子团种类的不同，其又进一步分为硅酸盐、碳酸盐、硫酸盐、磷酸盐、钨酸盐和硼酸盐等。目前已知的硅酸盐矿物就有600余种，占已知矿物种类的1/4。硅酸盐矿物主要有锆石、橄榄石、石榴子石、红柱石、黄玉、十字石、绿帘石、绿柱石、电气石、辉石、角闪石、高岭石、滑石、云母、绿泥石、长石等。碳酸盐矿物主要有方解石、菱镁矿、菱铁矿、菱锌矿、白云石、文石等。硫酸盐矿物主要有重晶石、天青石、石膏等。磷酸盐矿物主要有磷灰石、独居石等。钨酸盐矿物主要有黑钨矿、白钨矿。硼酸盐矿物主要有硼砂、硼镁铁矿。

卤化物矿物为氟、氯、溴、碘的化合物，有100余种，主要矿物有萤石和石盐。

1.1.1.2　矿物鉴定

矿物鉴定是指根据矿物的形态、物理性质和化学性质等，通过肉眼、仪器或化学反应对矿物进行甄别。一般鉴定分两个步骤：第一步是地质工作者根据矿物的外形和物理性质进行肉眼鉴定；第二步是在室内运用一定的仪器和药品进行分析和鉴定，主要方法有显微镜鉴定法、化学分析法、X射线分析法、差热分析法等。

矿物肉眼鉴定主要从矿物形态和矿物物理力学性质(光学性质：颜色、条痕、光泽、透明度；力学性质：硬度、解理、断口、相对密度、韧性；电学及其他物理性质：导电性、压电性、磁性、放射性、吸水性)入手，对矿物进行鉴定。

1)矿物形态

矿物单体晶形大致可分为三种类型：一向延长型，呈柱状、针状或纤维状，如石英、绿柱石、电气石、辉锑矿、角闪石等；二向延展型，呈板状、片状、鳞片状或叶片状等，如重晶石、石膏和云母等；三向等长型，呈粒状或等轴状，如黄铁矿、石榴子石和橄榄石等。

矿物的集合体可呈柱状、针状、放射状、粒状、葡萄状、钟乳状、鲕状、土状等。

2)颜色

矿物的颜色是矿物对不同波长的自然光吸收后所呈现的颜色。如：辰砂，红色；方解石，白色；雌黄，黄色；磁铁矿，铁黑色；褐铁矿，褐色；方铅矿，铅灰色；孔雀石，绿色；黄铜矿，铜黄色；蓝铜矿，蓝色；雄黄，橘红色；黑电气石，黑色；自然金，金黄色；镜铁矿，钢灰色。

3)条痕

矿物的条痕是指矿物粉末的颜色，一般是矿物在未上釉的瓷片上擦划后所留下的粉末颜色。

条痕色可以与矿物颜色一致，也可不一致。由于条痕色消除了假色的干扰，减弱了他色的影响，突出了自色，因而它比矿物颜色更稳定，更具有鉴定意义。例如块状赤铁矿，其颜色可以是铁黑色，也可以是红褐色，但条痕都是樱红色。

4）光泽

（1）金属光泽：矿物反射光能力强，似金属光面（或犹如电镀的金属表面）那样光亮耀眼，如自然金、方铅矿、黄铁矿等。

（2）半金属光泽：矿物反射光能力较弱，似未经磨光的铁器表面，如磁铁矿。

（3）金刚光泽：矿物反射光能力弱，比半金属光泽弱，但强于玻璃光泽，如金刚石、锡石等。

（4）玻璃光泽：矿物反射光能力很弱，似玻璃表面的光泽，如石英（晶体表面的光泽）、长石等。

（5）油脂光泽：反射光在透明、半透明矿物不平坦断面上散射成油脂状光亮，如石英断面。

（6）树脂光泽：反射光在不平坦断面上呈现如松香等树脂般的光泽，如浅色闪锌矿。

（7）丝绢光泽：纤维状集合体表面所呈现的丝绢般反光，如纤维石膏。

（8）珍珠光泽：矿物平坦断面上呈现的似贝壳内壁一样柔和多彩的光泽，如白云母。

（9）土状光泽：粉末状或土块状集合体的矿物表面暗淡无光，像土块那样的光泽，如高岭石。

5）透明度

矿物的透明度是指矿物允许可见光透过的程度。

矿物的透明度分为三级：透明、半透明和不透明。

（1）透明：能允许绝大部分光透过，矿物条痕常为无色或白色，或略呈浅色，如石英、方解石等。

（2）半透明：允许部分光透过，矿物条痕常呈各种彩色，如辰砂、雄黄和黑钨矿等。

（3）不透明：基本不允许光透过，矿物具有黑色或金属色条痕，如方铅矿、磁铁矿和石墨等。

6）硬度

硬度是指矿物抵抗外来机械作用力（刻划、敲打等）的能力。

通常采用 10 种硬度递增的矿物为标准来测定矿物的相对硬度（莫氏硬度），这 10 种矿物及等级见表 1-1。

在实际工作中，通常采用简单的方法来测验矿物的相对硬度，即把硬度分为三级：低硬度（小于 2.5），可用指甲刻动（指甲的硬度为 2.5）；中等硬度（2.5~5.5），可用小刀或钢针刻动，手指甲刻不动；高硬度（大于 5.5），小刀刻不动。

表 1-1　莫氏硬度等级表

硬度等级	1	2	3	4	5	6	7	8	9	10
标准矿物	滑石	石膏	方解石	萤石	磷灰石	正长石	石英	黄玉	刚玉	金刚石

7）解理和断口

矿物晶体或晶粒受外力作用（如敲打）后，沿一定方向出现一系列相互平行且平坦光滑的破裂面的性质称为解理。矿物受外力作用后，在任意方向上呈各种凹凸不平的断面的性质称为断口。

按解理产生的难易程度及其完好性，通常将其划分为五级：①极完全解理：解理面极完好，平坦且极光滑，如云母、石墨。②完全解理：解理面完好，平坦、光滑，如方解石、方铅矿等。③中等解理：破裂面不甚光滑，往往不连续，解理面被断口隔开成阶梯状，如辉石、白钨矿等。④不完全解理：一般难发现解理面，即使偶见到解理面，也是小而粗糙，如磷灰石、锡石等。⑤极不完全解理：无解理面，如石英、石榴子石等。

8）相对密度

矿物的相对密度是指纯净的单矿物在空气中的质量与4℃时同体积的水的质量之比。肉眼鉴定矿物时，通常是凭经验用手掂量，将矿物的相对密度分为三级：

（1）重级：相对密度大于4，如方铅矿、黄铁矿、重晶石等。

（2）中级：相对密度为2.5~4，如石英、方解石等。

（3）轻级：相对密度小于2.5，如石墨、自然硫等。

9）磁性

矿物的磁性是指矿物在外磁场作用下被磁化所表现出的能被磁场吸引、排斥或对外界产生磁场的性质。

肉眼鉴定矿物磁性时，一般以马蹄形磁铁或磁化小刀来测试，常将矿物的磁性粗略分为三级：

（1）强磁性：矿物块体或较大的颗粒能被吸引，如磁铁矿。

（2）弱磁性：矿物粉末能被吸引，如铬铁矿。

（3）无磁性：连矿物粉末也不能被吸引，如黄铁矿。

除了上述特征外，长石的卡式双晶、黄铁矿的晶面条纹也是其的鉴定特征。另外，还常用一些简单的化学方法来鉴定矿物的成分，如用冷稀盐酸来鉴定方解石，二者可发生化学反应并释放出CO_2，产生许多小气泡。

常见矿物肉眼鉴定特征见表1-2。

1.1.2 岩石

岩石是在各种地质作用下，造岩矿物按一定方式结合而成的矿物集合体。

1.1.2.1 岩石分类

根据成因，岩石可以分为三大类：岩浆岩、沉积岩和变质岩。

岩浆岩是由地壳下面的岩浆沿地壳薄弱地带上升侵入地壳或喷出地表后冷凝而成的。

沉积岩是在地表或接近地表的条件下由风化作用、生物作用以及某种火山作用形成的产物经过搬运、沉积和石化作用所形成的岩石。

变质岩指的是地壳中的原岩（包括岩浆岩、沉积岩和已经形成的变质岩）由于地壳运动、岩浆活动等所造成的物理和化学条件的变化，即在高温、高压和化学性质活泼的物质（水汽、各种挥发性气体和热水溶液）的渗入作用下，在固体状态下改变了原来岩石的结构、构造甚至矿物成分，形成的一种新的岩石。

岩浆岩、沉积岩、变质岩分类分别见表1-3、表1-4和表1-5。

表 1-2　常见矿物肉眼鉴定特征

类别	矿物名称	化学成分	晶系及形态	颜色	条痕	光泽	硬度	解理及断口	相对密度	其他
自然元素矿物	自然金	Au	等轴，粒状、树枝状	金黄色	金黄色	金属光泽	2.5~3	无解理	19.3	延展性好，导电性良好
	自然铜	Cu	等轴，树枝状、片状、致密块状	铜红色	铜红色	金属光泽	2.5~3	无解理，锯齿状断口	8.95	延展性好，导电性好
	石墨	C	六方，磷片状、块状或土状	黑色	黑色	半金属光泽	1~2	极完全解理	2.21~2.26	导电性好，具有滑感
	金刚石	C	等轴，八面体、十二面体、立方体	无色透明		油脂光泽	10	中等解理	3.50~3.52	性脆
	自然硫	S	斜方，块状、粒状	黄色	黄白色	金刚光泽、油脂光泽	1~2	不完全解理、贝壳状断口	2.05~2.08	有硫臭味，性脆，易熔
硫化物及其类似化合物矿物	方铅矿	PbS	等轴，立方体、八面体、十二面体	铅灰色	灰黑色	金属光泽	2~3	立方体完全解理	7.4~7.6	性脆
	闪锌矿	ZnS	等轴，粒状、致密块状	褐色、褐黑色	白、淡黄、淡褐	金刚光泽、半金属光泽	3.5~4	完全解理	3.9~4.1	性脆
	黄铁矿	FeS_2	等轴，粒状、块状	浅铜黄色	绿黑或褐色	金属光泽	6~6.5	贝壳状或参差状断口	4.9~5.2	性脆
	辉锑矿	Sb_2S_3	斜方，粒状	铅灰色	铅灰色	金属光泽	2~2.5	完全解理	4.5~4.6	
	辉钼矿	MoS_2	六方，磷片状、片状	铅灰色	铅灰色	金属光泽	1	极完全解理	4.7~5.0	薄片具有挠性
	黄铜矿	$CuFeS_2$	四方，块状、粒状	铜黄色	黑色带绿	金属光泽	3~4	锯齿状断口	4.1~4.3	性脆
	辉铜矿	Cu_2S	斜方，块状、粉末状	铅灰色，表面呈黑色	暗灰色	金属光泽	2~3	不完全解理	5.5~5.8	小刀刻划留下亮痕
	斑铜矿	Cu_5FeS_4	等轴，块状、粒状	新鲜面呈暗铜红色，表面呈紫、蓝斑状	黑色	金属光泽	3	无解理	4.9~5.2	具有导电性，性脆
	辰砂	HgS	三方，粒状、块状	鲜红、深红、黑红	红	金刚光泽	2~2.5	完全解理	8.09~8.2	
	雄黄	As_4S_4	单斜，块状、土状、皮壳状	橘红色	淡橘红色	金刚光泽、树脂光泽	1.5~2	完全解理	3.6	
	雌黄	As_2S_3	单斜，片状、土状、梳状	柠檬黄色	鲜黄色	金刚光泽、油脂光泽	1.5~2	极完全解理	3.5	薄片具有挠性
	毒砂	FeAsS	单斜，粒状、致密块状	锡白色至钢灰色	灰黑色	金属光泽	5.5~6	不完全解理	5.9~6.29	性脆

续表1-2

类别	矿物名称	化学成分	晶系及形态	颜色	条痕	光泽	硬度	解理及断口	相对密度	其他
氧化物及氢氧化物矿物	赤铁矿	Fe_2O_3	三方，片状、磷片状	铁黑至赤红色	樱桃色	金属光泽、半金属光泽、土状光泽	5.5~6	极不完全解理	5.0~5.3	性脆
	磁铁矿	Fe_3O_4	等轴，块状、粒状	铁黑色	黑色	半金属光泽	6	极不完全解理	5.2	强磁性、性脆
	刚玉	Al_2O_3	三方，粒状、块状、鲕状、肾状、土状	灰、灰黄色	灰绿色至黑色	玻璃光泽	9	极不完全解理	3.95~4.1	
	金红石	TiO_2	四方，块状	褐红、暗红	褐色	金刚光泽	6~6.5	中等解理	4.2~4.3	
	石英	SiO_2	三方，簇状、梳状、粒状	无色、乳白色、灰色或其他		玻璃光泽、油脂光泽	7	极不完全解理、贝壳状断口	2.65	具有压电性
	锡石	SnO_2	四方，粒状、块状	黄棕色至深褐色	白色至淡黄色	金刚光泽	6~7	不完全解理，贝壳状断口	6.8~7.0	
	褐铁矿	$Fe_2O_3 \cdot nH_2O$	肾状、多孔状、土状、结核状	锈黄、黄褐色、棕黑色	黄褐、褐色	半金属光泽、土状光泽	5~5.5，土状1.5		3.6~4.0	
	软锰矿	MnO_2	四方，肾状、结核状、块状、粉末状	黑色，表面常带浅蓝的锖色	黑色	半金属光泽、土状光泽	1~2.5	完全解理	4.7~5.0	
	黑钨矿	$(Mn, Fe)WO_4$	单斜，刃片状、粗粒状	红褐色至黑色	黄褐色至褐黑色	树脂光泽、半金属光泽	4~4.5	完全解理	7.12~7.51	弱磁性
	一水硬铝石	α-AlO(OH)	斜方，块状、土状、豆鲕状、结核状	白色、灰色、黄褐色		玻璃光泽	6~7	完全解理	3.3~3.5	
	一水软铝石	γ-AlO(OH)	单斜，块状、结核状	青灰色	白色	玻璃光泽	3.5	完全解理	3.01~3.06	
	三水铝石	$Al(OH)_3$	单斜，结核状、豆状	白色，常带灰、绿和褐色		玻璃光泽	2.5~3.5	极完全解理	2.3~2.43	
	水锰矿	MnO(OH)	单斜，束状	暗钢灰至黑色	暗棕色	半金属光泽	3.5~4	完全解理	4.2~4.33	性脆
	针铁矿	α-FeO(OH)	斜方，针状、鳞片状、结核状、土状	褐黄至褐红色	褐黄色	半金属光泽	5.0~5.5	完全解理	4.28，土状3.3	

续表1-2

类别	矿物名称	化学成分	晶系及形态	颜色	条痕	光泽	硬度	解理及断口	相对密度	其他
含氧盐矿物	锆石	$Zr[SiO_4]$	四方，短柱状、四方双锥状	颜色多变		玻璃至金刚光泽	7.5~8	不完全解理	4.4~4.8	
	橄榄石	$(Mg, Fe)_2[SiO_4]$	斜方，粒状	白色、淡黄色或淡绿色		玻璃光泽	6.5~7	不完全解理，贝壳状断口	3.27~4.37	
	红柱石	$Al_2[SiO_4]O$	斜方，放射状、似菊花状	灰色、黄色、褐色、玫瑰色		玻璃光泽	6.5~7.5	中等解理	3.15~3.16	
	蓝晶石	$Al_2[SiO_4]O$	三斜，扁平柱状	蓝色、青色、白色		玻璃光泽	4.5~6	完全解理	3.53~3.65	
	黄玉	$Al_2[SiO_4](F, OH)_2$	斜方，柱状、粒状、块状	无色、黄色、乳白色、黄褐色		玻璃光泽	8	完全解理	3.52~3.57	
	十字石	$FeAl_4[SiO_4]_2O_2(OH)_2$	斜方，短柱状、粒状	深褐、红褐、黄褐色		玻璃光泽	7.5	中等解理	3.74~3.83	
	绿柱石	$Be_3Al_2[Si_6O_{18}]$	六方，长柱状	无色、绿色、黄绿色、粉红色、鲜绿色		玻璃光泽	7.5~8	不完全解理	2.6~2.9	
	透辉石	$CaMg[Si_2O_6]$	单斜，柱状	白色、灰绿色、暗绿色、黑色	无色至深绿色	玻璃光泽	5.5~6	完全解理	3.22~3.56	
	硬玉	$NaAl[Si_2O_6]$	单斜，粒状、纤维状	无色、白色、浅绿色		玻璃光泽	6.5	完全解理	3.24~3.43	
	普通角闪石	$NaCa_2(Mg, Fe, Al)_5[(Si, Al)_4O_{11}]_2(OH)_2$	单斜，细柱状、纤维状	深绿色到黑绿色	白色略带浅绿色	玻璃光泽	5~6	完全解理	3.1~3.3	
	夕线石	$Al[AlSiO_5]$	斜方，放射状、纤维状	白色、灰色或浅绿色、浅褐色		玻璃光泽	6.5~7.5	完全解理	3.23~3.27	
	高岭石	$Al_4[Si_4O_{10}](OH)_8$	三斜，块状、土状、鳞片状	白色或其他颜色		土状光泽	2~3.5	极完全解理	2.6~2.63	
	蛇纹石	$Mg_6[Si_4O_{10}](OH)_8$	单斜，块状、鳞片状	各种绿色		油脂光泽	2.5~3.5	完全解理	2.2~3.6	
	白云母	$K\{Al_2[AlSi_3O_{10}](OH)_2\}$	单斜，片状、鳞片状	无色到浅彩色		玻璃光泽、珍珠光泽	2~3	极完全解理	2.7~3.1	
	黑云母	$K\{(Mg, Fe)_3[AlSi_3O_{10}](OH)_2\}$	单斜，片状、鳞片状	黑色、黑褐色		玻璃光泽、珍珠光泽	2~3	极完全解理	2.7~3.1	
	滑石	$Mg_3[Si_4O_{10}](OH)_2$	单斜，片状、块状	白色为主，少量浅绿色、浅黄色		玻璃光泽	1	极完全解理	2.58~2.83	具有滑感

续表1-2

类别	矿物名称	化学成分	晶系及形态	颜色	条痕	光泽	硬度	解理及断口	相对密度	其他
含氧盐矿物	叶蜡石	$Al_2[Si_4O_{10}](OH)_2$	单斜或三斜，叶片状、鳞片状、块状	白色、浅绿色、浅黄色、浅灰色		玻璃光泽	1~1.5	极完全解理	2.65~2.90	具有滑感
	蒙脱石	$(Na_7Ca)_{0.33}(AlMg)_2(Si_4O_{10})(OH)_2 \cdot nH_2O_2$	单斜，土状、块状	白色、浅灰色、粉红色、浅绿色		土状光泽	2~2.5	完全解理	2.0~2.70	具有滑感，强吸水性
	绿泥石	$(Mg, Fe, Al)_6(R^{2+}, R^{3+})_{5\text{-}6}[(Si, Al)_4O_{10}](OH)_8$*	单斜，鳞片状、土状	深绿色、黑绿色等		玻璃光泽、珍珠光泽	2~2.5	完全解理	2.68~3.4	具有挠性
	钾长石	$K[AlSi_3O_8]$	单斜或三斜，粒状	灰白色、肉红色		玻璃光泽	6~6.5	完全解理	2.5~2.7	
	霞石	$KNa_3[AlSiO_4]_4$	六方，粒状、块状	白色、灰色	无色或白色	玻璃光泽、油脂光泽	5~6	不完全解理，贝壳状断口	2.55~2.66	性脆
	方解石	$Ca[CO_3]$	三方，片状、纤维状、块状等	无色或白色		玻璃光泽	3	完全解理	2.6~2.9	遇到稀盐酸产生剧烈气泡
	白云石	$CaMg[CO_3]_2$	三方，粒状、块状、多孔状、肾状	多为白色		玻璃光泽	3.5~4	完全解理	2.85	
	孔雀石	$Cu_2[CO_3](OH)_2$	单斜，晶簇状、肾状、皮壳状	一般为绿色		玻璃光泽、金刚光泽	3.5~4	完全解理	4.0~4.5	
	重晶石	$Ba[SO_4]$	斜方，板状、柱状	白色、灰白色、浅黄色、淡褐色		玻璃光泽、珍珠光泽	3~3.5	完全解理	4.3~4.5	
	石膏	$Ca[SO_4] \cdot 2H_2O$	单斜，块状、纤维状	白色、无色	白色	玻璃光泽、珍珠光泽	2	极完全解理	2.3	
	磷灰石	$Ca_5[PO_4]_3(F, Cl, OH)$	六方，粒状、块状	无色、浅绿色、黄绿色、褐红色		玻璃光泽、油脂光泽	5	不完全解理	3.18~3.21	加热后可见磷光，性脆
	白钨矿	$Ca[WO_4]$	四方，粒状	白色、黄白色、浅紫色		油脂光泽、金刚光泽	4.5~5	中等解理	5.8~6.2	具有发光性，性脆
卤化物	萤石	CaF_2	等轴，晶粒状、块状、球粒状	颜色多样		玻璃光泽	4	完全解理	3.18	具有发光性，性脆
	石盐	NaCl	等轴，粒状、块状	各种颜色		玻璃光泽	2~2.5	完全解理	2.1~2.2	性脆，易溶于水

*：式中 R^{2+} 代表 Mg^{2+}、Fe^{2+}、Mn^{2+}、Ni^{2+}；R^{3+} 代表 Al^{3+}、Fe^{3+}、Cr^{3+}、Mn^{3+}

表 1-3　岩浆岩分类表

产状	结构	构造	岩类和 SiO_2 含量(质量分数)/%				
			超基性岩 <45	基性岩 45~52	中性岩 52~65		酸性岩 >65
喷出岩	玻璃质	气孔、杏仁、流纹、块状	火山玻璃岩(黑曜岩、浮岩等)				
	隐晶、斑状细粒		金伯利岩	玄武岩	安山岩	粗面岩	流纹岩
浅成岩	伟晶、细晶等	块状	各种脉岩类(伟晶岩、细晶岩、煌斑岩等)				
	隐晶、斑状细粒	块状	苦橄玢岩	辉绿岩	闪长玢岩	正长斑岩	花岗斑岩
深成岩	中粒、粗粒似斑状	块状	橄榄岩	辉长岩	闪长岩	正长岩	花岗岩

表 1-4　沉积岩分类表

岩类		沉积物质来源	沉积作用	岩石名称
碎屑岩类	沉积碎屑岩类	母岩机械破碎碎屑	以机械沉积为主	砾岩及角砾岩
				砂岩
				粉砂岩
		母岩化学分解过程中形成的新生矿物——以黏土矿物为主	机械沉积和胶体沉积	泥岩
				页岩
				黏土
	火山碎屑岩类	火山喷发碎屑	以机械沉积为主	火山集块岩
				火山角砾岩
				凝灰岩
化学岩和生物化学岩类		母岩化学分解过程中形成的可溶物质、胶体物质以及生物化学作用的产物和生物遗体	化学、胶体化学、生物化学沉淀和生物遗体堆积	铝、铁、锰质岩
				硅、磷质岩
				碳酸盐岩
				蒸发盐岩
				可燃有机岩

表 1-5　变质岩分类表

岩石类别	岩石名称	矿物	结构	构造	原岩成分	其他
动力变质岩	碎裂岩	各种岩屑	碎斑	角砾状	各种岩石	某岩石被压碎，称碎裂某岩石
	糜棱岩	原岩碎屑	糜棱	带状、眼球状		

续表1-5

<table>
<tr><th colspan="2">岩石类别</th><th>岩石名称</th><th>矿物</th><th>结构</th><th colspan="2">构造</th><th>原岩成分</th><th>其他</th></tr>
<tr><td rowspan="5">接触变质岩</td><td rowspan="3">热接触变质岩</td><td>大理岩</td><td>以方解石、白云石为主，不纯的有橄榄石、蛇纹石、石榴子石、辉石、绿帘石</td><td>粒状变晶</td><td colspan="2">块状</td><td>石灰岩、白云岩</td><td>常具美丽花纹，遇稀盐酸起泡</td></tr>
<tr><td>石英岩</td><td>以石英为主，少量长石、云母、绿泥石、磁铁矿、绿帘石、夕线石等</td><td>变余砂状</td><td colspan="2">块状</td><td>石英砂岩，各种硅质岩</td><td>致密坚硬，玻璃或油脂光泽</td></tr>
<tr><td>角岩</td><td>堇青石，红柱石，夕线石，石榴子石，还有白、黑云母，辉石，石英等</td><td>致密，细粒斑状</td><td colspan="2">致密状、条带状</td><td>泥质页岩，凝灰岩</td><td>无片状构造、表面似细粒玄武岩</td></tr>
<tr><td rowspan="2">接触交代变质岩</td><td>矽卡岩</td><td>石榴子石、绿帘石、透辉石、符山石等钙铁铝硅酸盐矿物</td><td>粗—中粒变晶</td><td colspan="2">块状</td><td>中酸性侵入体与碳酸盐岩接触带</td><td>相对密度较大</td></tr>
<tr><td>蛇纹岩</td><td>橄榄石、辉石、蛇纹石</td><td>致密状，斑状变晶</td><td colspan="2">块状或带状</td><td>超基性岩</td><td>有时含有石棉</td></tr>
<tr><td rowspan="4">区域变质岩</td><td rowspan="2">浅变质带</td><td>板岩</td><td>肉眼不易辨认，绢云母、绿泥石、石英、长石，残余的黏土矿物</td><td>隐晶，致密，变余泥状、粉砂状</td><td rowspan="3">片理</td><td>板状</td><td>泥质岩，浅变质而成</td><td>绢云母含量比千枚岩少，丝绢光泽微弱，声清脆</td></tr>
<tr><td>千枚岩</td><td>肉眼不易辨认，绢云母、石英、长石、方解石、绿泥石（较板岩含量少）</td><td>鳞片变晶</td><td>千枚状</td><td>由泥质岩或隐晶质酸性岩浆岩浅变质而成</td><td>呈丝绢光泽</td></tr>
<tr><td>中变质带</td><td>片岩</td><td>云母、绿泥石、滑石、石墨、角闪石、阳起石等</td><td>鳞片变晶</td><td>片状</td><td>泥质岩、页岩，基性岩</td><td>易沿片理剥开</td></tr>
<tr><td>深变质带</td><td>片麻岩</td><td>以长石、石英为主（>50%），片状矿物有黑、白云母，柱状矿物有角闪石</td><td>等粒变晶、斑状变晶，晶体较粗大</td><td colspan="2">片麻状</td><td>长石砂岩，中酸性岩</td><td>矿物呈条状或眼球状分布，如花岗片麻岩，深变质产物</td></tr>
<tr><td colspan="3">混合岩</td><td>原岩基体物质与混入脉岩的混合物质</td><td></td><td colspan="2">块状或条带状</td><td>区域变质岩</td><td></td></tr>
</table>

1.1.2.2　岩石鉴定

岩石的鉴定方法与矿物鉴定方法类似，肉眼鉴定主要从岩石的颜色、矿物成分、结构、构造、产状等方面入手，来确定岩石的特征和分类。

1）观察岩石的颜色

岩浆岩的颜色取决于暗色矿物的含量。一般来说，从超基性岩至酸性岩，深色矿物的含量逐渐减少，因而岩石的颜色由深色变为浅色。

沉积岩的颜色取决于碎屑物的颜色、形成的环境和风化的程度。按成因，沉积岩的颜色可分为：①继承色：被搬运堆积矿物的颜色，如浅肉红色（长石砂岩）、白色（石英砂岩）、灰色（碎屑砂岩）。②原生色：沉积时由介质和物理化学环境决定的颜色，如白色或浅色调（岩石不含致色元素，或含钙量很高），灰色和黑色（岩石含有机质或分散状黄铁矿、白铁矿颗粒，多呈黑色，少呈灰色，沉积时为还原—强还原环境），绿色（多由含铁低氧自身矿物颜色所致，如海绿石、鲕绿泥石），红黄色（岩石含铁的氧化物或氢氧化物，沉积时为氧化环境），紫红色和红色（由三价铁离子所致，沉积时为强氧化环境）。③次生色：在后生作用或风化作用过程中，由原生色发生次生变化而形成的颜色，如露头上所见的红褐色砂岩，有可能是原来的黄铁矿、菱铁矿氧化生成红褐色的褐铁矿所致。

变质岩的颜色是指岩石的总体颜色，变质岩的颜色变化较大，白色、灰色、浅绿色均有分布。

2）观察岩石矿物成分

岩浆岩均为原生矿物，其成分复杂，常见的有石英、长石、角闪石、辉石、橄榄石、黑云母等。

沉积岩除石英、长石、白云母等原生矿物外，次生矿物占相当数量，如方解石、白云石、高岭石、海绿石等。

变质岩除原岩的矿物成分外，还具有典型的变质矿物，如滑石、石墨、红柱石、石榴子石、蓝闪石、绢云母、绿泥石、阳起石等。

3）观察岩层的产状和构造

岩浆岩产状：侵入岩常为岩基、岩株、岩墙、岩脉、岩床、岩盘、岩鞍，喷出岩常为熔岩被、熔岩台地、熔岩锥、熔渣锥、熔渣堤、碎屑锥等。沉积岩产状常为层状。变质岩产状多与原岩产状一致。

岩浆岩构造主要为块状构造、流纹状构造、流动状构造、气孔状构造、杏仁状构造。沉积岩的构造主要为层理构造（水平层理、波状层理、斜层理、交错层理）、层面构造（波痕、雨痕、干裂、盐晶体假象、生物痕迹）。变质岩构造主要为变余构造、板状构造、千枚状构造、片状构造、片麻状构造、眼球状构造、斑点构造。

1.1.3　地层

地层是一定地质时期内所形成的层状岩石（含沉积物）。地层形成时的原始产状一般是水平的或近于水平的，并且总是先形成的老地层在下面，后形成的新地层盖在上面。

地质年代是指地质体形成或地质事件发生的先后顺序及地质体或事件发生距今的年龄。

按年代先后把地质历史进行系统性编年列表，该表称为地质年代表。它的内容包括各个地质年代单位、名称和同位素年龄值等。它反映了地壳中无机界（矿物、岩石）与有机界（动、植物）演化的顺序、过程和阶段。

地质年代表中具有不同级别的地质年代单位，最大的一级为“宙”，次一级为“代”，第三级为“纪”，第四级为“世”。与地质年代单位相应的年代地层单位为“宇”“界”“系”“统”，它们代表各级地质年代单位内形成的地层。

扫一扫，看彩图

扫码查看地质年代表

1.1.4 地质构造

1.1.4.1 地质构造的基本类型

地质构造是指在地球的内、外应力作用下，岩层或岩体发生变形或位移的产物。最基本的地质构造是褶皱和断裂。

1) 褶皱

褶皱是岩层因受力变形而产生的一系列连续弯曲，也称褶曲。岩层发生褶皱后，其原有的位置和形态均已发生变化，但其连续性未被破坏。褶皱分类见表1-6和图1-1~图1-4。

表1-6 地质构造的划分原则及具体分类

地质构造名称		划分原则	具体分类
褶皱		基本类型	背斜、向斜
		根据轴面产状	直立褶皱、倾斜褶皱、倒转褶皱、平卧褶皱
		根据横剖面的形态	扇形褶皱、箱形褶皱、单斜褶皱
		根据枢纽产状	水平褶皱、倾伏褶皱
		根据长、宽的比率	线状褶皱、短轴褶皱、穹与盆
		根据褶皱组合形式	复背斜和复向斜、隔档式褶皱和隔槽式褶皱
断裂	断层	根据断层两盘相对滑动方向	正断层、逆断层、走滑断层
		根据断层走向与被断岩层走向的几何位置关系	走向断层、倾向断层、斜向断层
		根据断层的组合形式	地垒、地堑
	节理	按成因	原生节理、次生节理
		按力学性质	张节理、剪节理

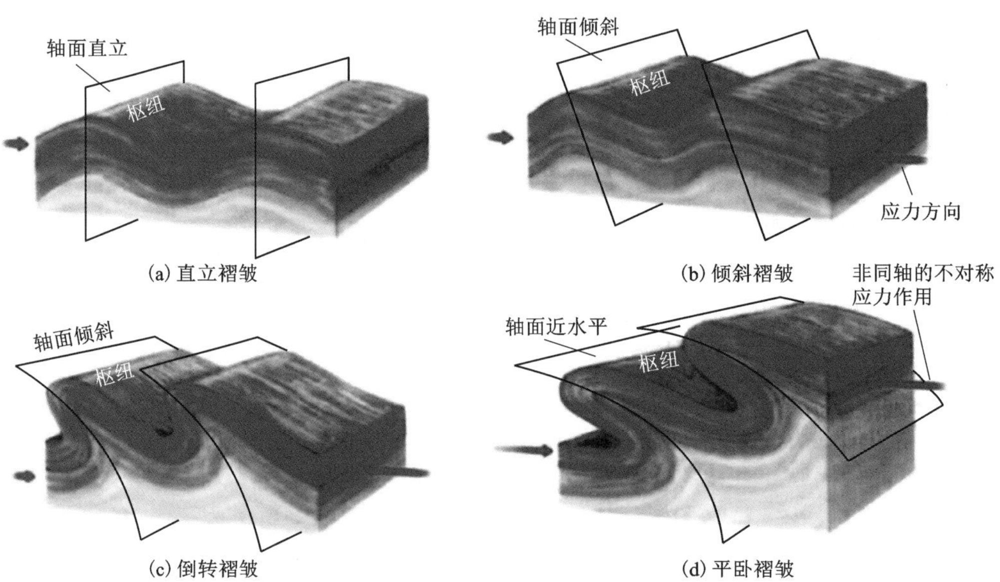

(a) 直立褶皱 (b) 倾斜褶皱 (c) 倒转褶皱 (d) 平卧褶皱

图1-1 按轴面产状划分的褶皱类型

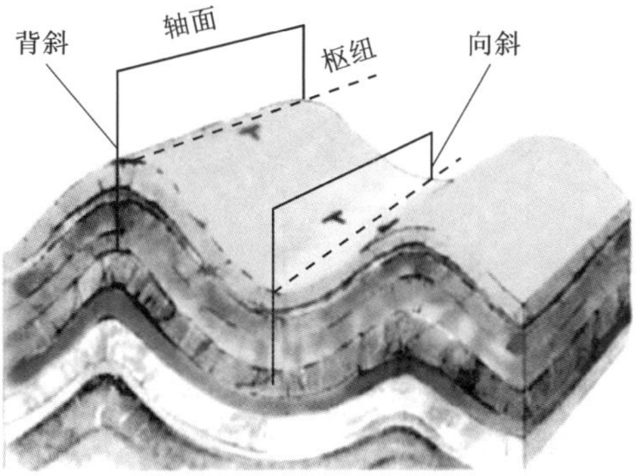

(a) 未受剥蚀的水平褶皱

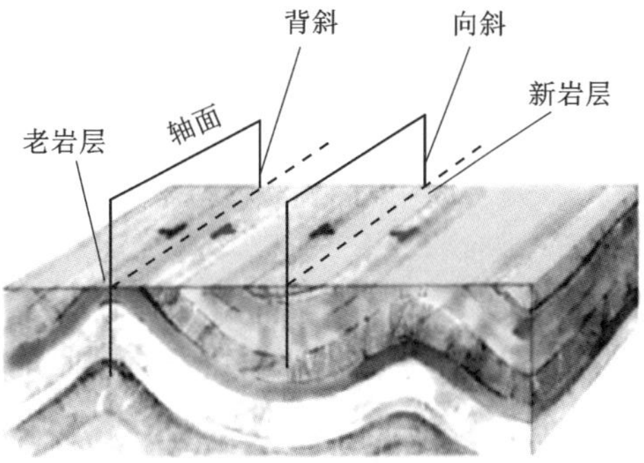

(b) 剥蚀后的水平褶皱

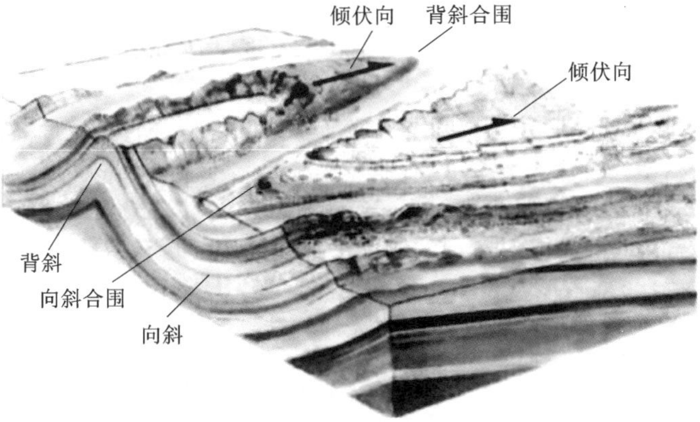

(c) 倾伏褶皱

图 1-2　按枢纽产状划分的褶皱类型

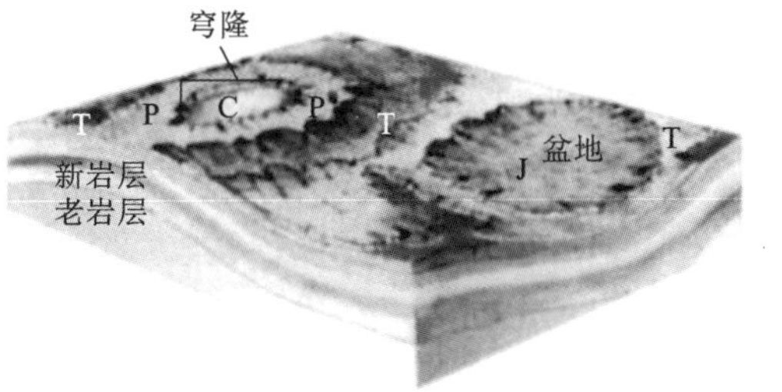

图 1-3　穹状与盆状褶皱

(a) 复背斜　　(b) 复向斜

图 1-4　复背斜与复向斜剖面示意图

2) 断裂

断裂是指岩石的破裂，是岩石的连续性受到破坏的表现。当作用力的强度超过岩石的强度时，岩石就要发生断裂。断裂包含断层和节理两类。

岩石破裂，并且沿破裂面两侧的岩块有明显相对滑动移位者，称为断层。断层分类见表 1-6 和图 1-5。

在地质作用下，岩块发生一系列规则的破裂，但破裂面两侧岩块没有发生明显的位移，此破裂称为节理。节理分类及特征分别见表 1-6 和图 1-6~图 1-7。

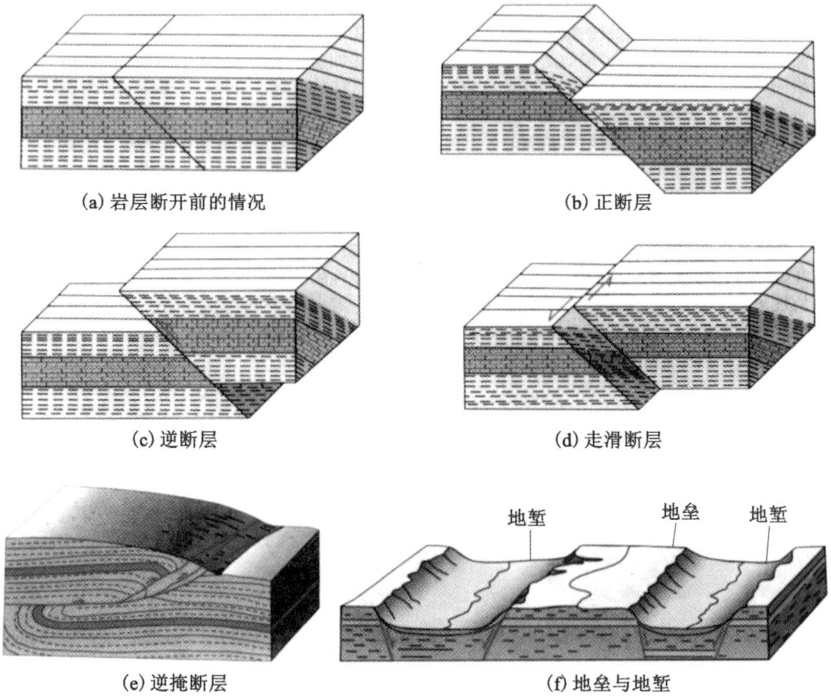

图 1-5 断层示意图

图 1-6 张解理(安徽黄山，莲花峰)

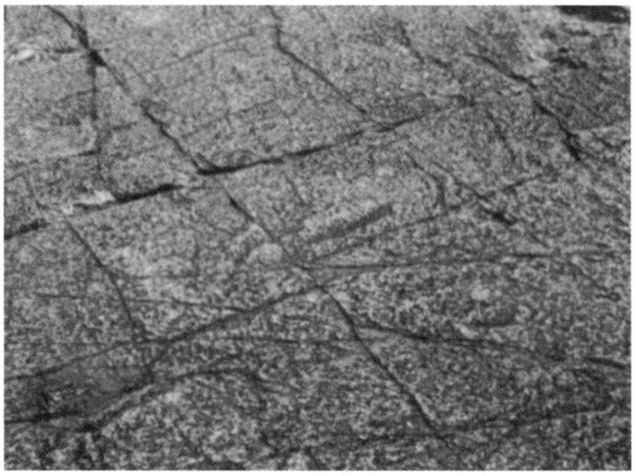

图 1-7 剪解理(江苏苏州，虎丘公园)

1.1.4.2 成矿前构造、成矿期构造与成矿后构造

成矿前构造是指成矿作用发生以前已经存在的构造要素，它是控制矿田、矿床和矿体的空间位置和产出特征的基本因素。对于沉积矿床来讲，成矿前构造主要指控制含矿盆地的性质、范围和边界条件的构造。对内生矿床来说，成矿前构造种类繁多，包括褶皱、断裂、裂隙、劈理、片理、侵入岩体构造、火山构造和重力构造等。

成矿期构造是成矿作用过程中发生的构造活动，它在空间上控制矿化的分布和矿体的形态特征。成矿期构造常具有阶段性，这在气化热液矿床中表现明显。成矿期构造的多次活动，导致矿液呈脉动式运动，矿石沉淀具有断续性质，造成矿体内部结构的复杂性。当多阶段的矿化反复地发生在同一断裂裂隙中时，矿质特别富集，可形成富矿体。对沉积矿床来讲，同生构造直接影响矿石的堆积。例如，在一些沉积赤铁矿床中，同生褶皱的发育促使向斜中形成较厚的矿层，而在背斜部位矿层就较薄。对于内生矿床，成矿期的褶皱作用往往不明显，而断裂裂隙构造则是主要的。

成矿后构造是指在成矿作用结束以后发生的构造活动。成矿后构造作用于已形成的矿体，可使其改造、变形甚至破坏。例如，成矿后的褶皱构造可使沉积矿床和沉积变质矿床的矿体形态、产状发生明显变化。成矿后断裂构造使矿体被错断或被搓碎。

1.1.4.3　地质构造的控矿作用

1）褶皱构造

在褶皱构造的不同部位（包括背斜和向斜的转折端、背斜的脊线、褶皱翼部）以及褶皱内部的薄弱部位（褶皱岩层层间），都可以赋有矿床或矿体。但背斜或复背斜的转折端及轴部却往往是成矿、控矿的最佳构造部位，见图 1-8。

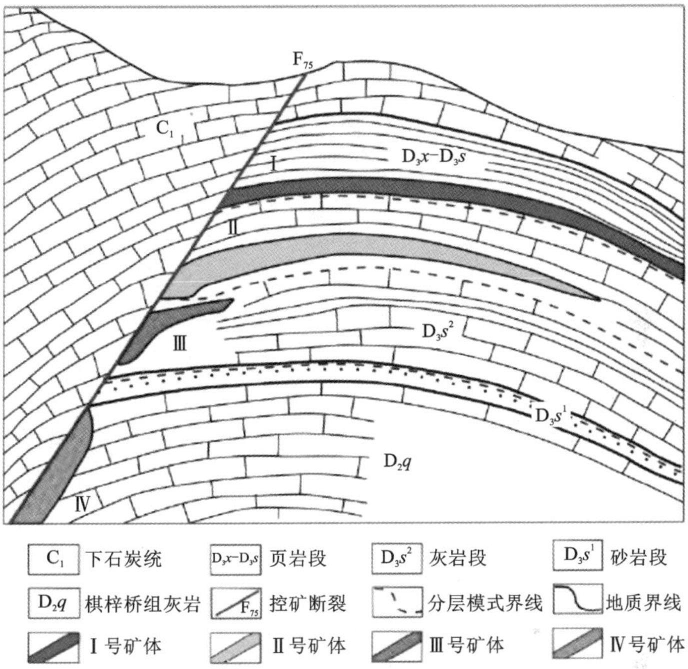

图 1-8　锡矿山锑矿褶皱控矿示意图（戴塔根）

2）断裂构造

断裂构造的控矿作用主要包括两个方面的含义：①断裂构造控制沉积盆地的形成与演化；②断裂构造是含矿热液上升和运移通道，并为矿质沉淀提供有利的成矿空间。规模巨大的区域性断裂或地壳尺度的断裂，在成矿过程中常常作为导矿构造出现，为含矿岩浆或含矿热液由深部矿源向上运移提供了重要的通道，从而常常控制着矿田的分布。

扫一扫，看彩图

区域上或矿田内的次级断裂构造及其与不同规模或级次构造的交会部位，常直接控制着矿体的形态与分布。断裂旁侧次级断裂构造、断裂旁侧的岩性界面以及成矿断裂与早期断裂的叠加（切割）部位，都是矿体赋存的有利场所。含矿断裂切过化学性质不同的岩层时，在不同岩层中的成矿作用方式也可以有很大的差异。含矿流体对于化学性质活泼的岩石常发生交代作用，而在化学性质稳定的岩层中则表现为以裂隙充填方式为主。

断裂构造的控矿作用以及断裂带中矿床或矿体的分布，主要受成矿期断裂形成与演化过程中的区域构造应力场的方向与大小制约。一般情况下，在应力集中的挤压带上，矿化规模较小；而在低应力区或张应力区，往往是矿化的有利地段，易于工业矿体的形成。

断裂构造的控矿作用还表现在对矿液的遮挡作用上，原因是：①断裂本身具有的大量的断层泥阻止了矿液的运移；②断裂中充填有不透水的岩墙；③断裂作用使不透水层覆盖于断层上盘，阻挡了矿液的逃逸。这样，使得含矿热液聚集于断层下盘，并有利于构造-岩性段形成矿化或矿体，如焦家断裂带（见图 1-9）。

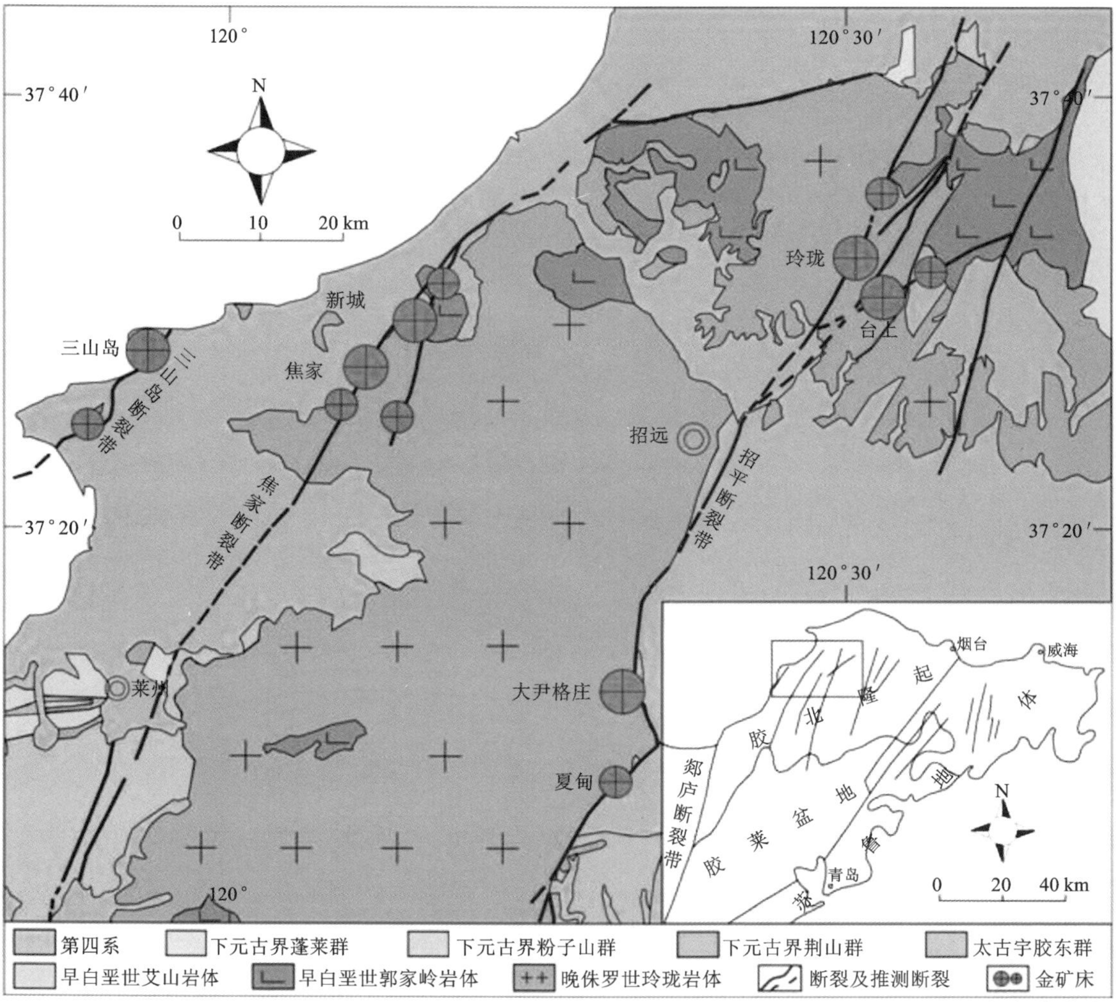

图 1-9　招远金矿断裂控矿示意图

扫一扫，看彩图

1.1.5　矿床类型

1.1.5.1　成矿作用

成矿作用是指在地球的演化过程中，分散在地壳和上地幔中的化学元素，在一定的地质环境中相对富集而形成矿床的作用。成矿作用是地质作用的一部分，按成矿作用的性质和能量来源，可将其分为内生成矿作用、外生成矿作用和变质成矿作用。

内生成矿作用主要指由地球内部热能导致矿床形成的各种地质作用。地球内部热能包括放射性元素蜕变能，地幔及岩浆物质的热能，在地球重力场中物质调整过程中所释放出的位能，以及表生物质转入地壳内部后释放出来的动能等。内生成矿作用按其物理化学条件不同，可分为岩浆成矿作用、伟晶成矿作用、接触交代成矿作用和热液成矿作用。

外生成矿作用是指发生于地壳表层，主要在太阳能的影响下，在岩石圈、水圈、大气圈和生物圈的相互作用过程中导致矿床形成的各种地质作用。除太阳能外，也有部分生物能、化学能、火山地区地球内部热能提供的能源。外生成矿作用可分为风化成矿作用和沉积成矿作用两大类。

变质成矿作用是指由内生成矿作用和外生成矿作用形成的岩石和矿床，在其形成后，如果地质环境发生改变，特别是在区域变质作用时，温度和压力的升高，会使原来的矿物成分、化学成分、结构构造、物理性质等发生不同程度的变化，或重新组合富集成新的矿床。变质成矿作用按其产生的地质环境不同，可分为接触变质成矿作用、区域变质成矿作用和混合岩化成矿作用。

1.1.5.2　矿床成因分类

按照地质成矿作用的类型和成因机理划分的矿床类型，称为矿床的成因类型。

按照成矿作用的不同，可将矿床分为内生矿床、外生矿床、变质矿床和多成因矿床，见表 1–7。

表 1–7　矿床成因分类表

内生矿床	岩浆矿床	早期岩浆矿床	
		晚期岩浆矿床	
		熔离矿床	
	伟晶岩矿床		
	气化–热液矿床	矽卡岩矿床(接触交代矿床)	
		热液矿床	高温热液矿床
			中温热液矿床
			低温热液矿床
	火山矿床		
外生矿床	风化矿床	残积–坡积砂矿床	
		残余矿床	
		淋积(渗滤)矿床	
	沉积矿床	机械沉积矿床	碎屑沉积物矿床
			冲积砂矿床
			滨海砂矿床
		化学及生物化学沉积	蒸发沉积矿床(真溶液沉积矿床)
			胶体化学沉积矿床
			生物及生物化学沉积矿床
		可燃有机岩矿床	
变质矿床和多成因矿床			

1.1.5.3　矿床工业类型

矿床工业类型是基于矿种，并结合矿床的成因类型，重点考虑矿床的经济价值、工业意义，特别是影响勘查、采矿、选矿工艺的矿床系列特征(如矿体形态、产状、矿物组合等)及其代表性而划分出的矿床种类，如铜矿可分为斑岩型铜矿、矽卡岩型铜矿、砂页岩型铜矿、黄铁矿型铜矿、块状硫化物型铜矿等工业类型。

1.1.6　黑色金属矿床

黑色金属矿床通常指铁、锰、钒、钛、铬等矿床。黑色金属主要用于冶金工业。

1.1.6.1 铁矿床

我国铁矿大型矿床少，富铁矿少，截至2018年底，我国铁矿查明资源储量852.19亿t，主要分布在辽宁、四川、河北、安徽、山西、云南、山东、内蒙古和湖北等省(自治区)。

我国的铁矿可分为岩浆晚期铁矿床、接触交代-热液铁矿床、与火山侵入活动有关的铁矿床、沉积铁矿床、沉积变质铁矿床和风化淋滤型铁矿床等类型，其中以沉积变质铁矿床最为主要，占全国铁矿总资源储量的57.8%。各类铁矿床的地质特征见表1-8。

表1-8 我国铁矿床类型及地质特征

<table>
<tr><th colspan="2">矿床类型</th><th>地质特征</th><th>矿体形态及规模</th><th>主要矿石矿物</th><th>矿石质量特点</th><th>矿床规模</th><th>相对重要性</th><th>矿床实例</th></tr>
<tr><td rowspan="2">岩浆晚期铁矿床</td><td>岩浆晚期分异型铁矿床</td><td>产于辉长岩-橄辉岩等基性-超基性侵入岩体中</td><td>多呈似层状；延深数百至千米以上，累积矿厚数十至二三百米</td><td>钛磁铁矿</td><td>TFe 20%~45%、TiO_2 3%~6%、V_2O_5 0.15%~0.5%，伴生有Cu、Co、Ni、Ga、Mn、P、Se、Te、Sc及铂族元素等</td><td>多为大型</td><td>较重要</td><td>四川攀枝花</td></tr>
<tr><td>岩浆晚期贯入式矿床</td><td>产于辉长岩和斜长岩岩体中</td><td>扁豆状、似脉状；矿体长数米、数十至数百米不等，延深数十至数百米，厚度数米至数十米</td><td>钛磁铁矿</td><td>矿石矿物成分与化学成分大体与岩浆晚期分异型铁矿床类似，但常含有大量的斜长石、辉石、纤闪石、阳起石、磷灰石</td><td>多为中小型</td><td>次要</td><td>河北大庙</td></tr>
<tr><td colspan="2">接触交代型铁矿床</td><td>产于中-酸性侵入体与碳酸盐类岩石的接触带内</td><td>似层状、扁豆状、巢状；长数十至数百米，少数达数千米，延深几十至数百米，厚度几米至几十米</td><td>磁铁矿</td><td>TFe 30%~70%、SiO_2 4%~15%，伴生有Cu、Co、Ni、Pb、Zn、Au、Ag、W、Sn、Mo</td><td>一般为中小型，少数为大型</td><td>次要</td><td>湖北大冶</td></tr>
<tr><td rowspan="2">与火山侵入活动有关的铁矿床</td><td>与陆相火山-侵入活动有关的铁矿床</td><td>产于火山碎屑、玢岩体内部及其与周围火山岩接触带或玢岩体与周围沉积岩接触带</td><td>似层状、饼状、透镜状、钟状、环状、囊状；大型矿体长千米以上，宽数百至近千米，厚度几十至二三百米</td><td>磁铁矿、假象赤铁矿、赤铁矿</td><td>TFe 17%~57%，伴生Cu、Co</td><td>大、中、小型</td><td>次要</td><td>江苏梅山</td></tr>
<tr><td>与海相火山-侵入活动有关的铁矿床</td><td>产于地槽褶皱带的海底火山喷发中心附近</td><td>层状、似层状、透镜状；矿体长几十米至千米，延深数百米，最大达千米，厚几米至几十米，最厚达百米</td><td>磁铁矿、赤铁矿</td><td>TFe 30%~60%，伴生Cu、Co</td><td>大、中、小型</td><td>次要</td><td>云南大红山</td></tr>
</table>

续表1-8

矿床类型		地质特征	矿体形态及规模	主要矿石矿物	矿石质量特点	矿床规模	相对重要性	矿床实例
沉积铁矿床	浅海相沉积铁矿床	产于震旦系砂岩或中上泥盆统砂页岩中	层状、似层状；厚度较小	赤铁矿、菱铁矿	TFe 25%～50%，含P量高，含S量低	中、小型	次要	河北庞家堡，湖北火烧坪
	海陆交替-湖相沉积铁矿床	产于碳酸盐类岩石古侵蚀面上，与铝土矿、黏土矿共生	似层状、层状、透镜状；厚度较小	菱铁矿或赤铁矿	TFe 30%～55%，含P量高，含S量低	中、小型	次要	重庆土台
沉积变质铁矿床	变质铁硅建造铁矿	产于角闪质岩、绿泥质千枚岩、片岩或夹有大理岩的片岩、片麻岩及变粒岩中	层状、似层状；长一般几百米至几千米，极少数可达十余千米，延深数百米至千米，矿厚可达二三百米	磁铁矿	TFe 20%～60%，含P量低，含S量低	一般为大型	重要	辽宁鞍山
	变质碳酸盐型铁矿	产于千枚岩、大理岩、白云质大理岩、板岩等各类岩层之中或其接触面上	层状、似层状、扁豆状或不规则状；矿体厚度变化大	赤铁矿、菱铁矿、磁铁矿、褐铁矿	TFe 30%～60%	大、中型	次要	吉林大栗子
风化淋滤型铁矿床		由各类原生铁矿、硫化物矿床以及其他含铁岩石经风化淋滤富集而成	不规则状或扁豆状	褐铁矿	TFe 35%～60%，杂质多	一般为小型，也有大、中型矿床	次要	广东大宝山
其他类型铁矿床	白云鄂博式铁矿	产于白云岩中或白云岩与硅质板岩接触处	似层状、透镜状；长 1250 m，最大延深 970 m，厚度 99 m	磁铁矿、赤铁矿、假象赤铁矿	TFe 27%～55%，组分复杂	大型	次要	内蒙古白云鄂博
	石碌式铁矿	产于白云岩、白云质结晶灰岩中的透辉石、透闪石内	层状或似层状；长 2570 m，宽 460 m	赤铁矿和石英	TFe 51%、SiO_2 6%～33%	中大型	次要	海南石碌

1.1.6.2 锰矿床

我国锰矿资源较丰富，截至2018年底，我国锰矿查明资源储量18.16亿t，主要分布在贵州、广西、湖南、云南、辽宁、四川和新疆等省(自治区)。

我国锰矿可分为海相沉积锰矿床、沉积变质锰矿床、层控铅锌铁锰矿床和风化锰矿床，其中海相沉积锰矿床是最主要的类型，占全国锰矿资源储量的70.35%。各类锰矿的矿床地质特征见表1-9。

表1-9 我国锰矿床类型及地质特征

矿床类型	地质特征	矿体形态	主要矿石矿物	矿石质量特点	矿床规模	相对重要性	矿床实例
海相沉积锰矿床	产于碳酸盐岩、泥质岩、黑色页岩、碎屑岩或火山沉积岩中	层状、似层状、透镜状	菱锰矿、钙菱锰矿、锰方解石	Mn 16%~39%，有害杂质S、P含量低	大、中、小型	重要	新疆奥尔托喀讷什，贵州松桃，广西下雷，云南斗南
沉积变质锰矿床	产于热变质或区域变质岩系中	层状、似层状	菱锰矿、硫锰矿、褐锰矿、黑锰矿	Mn 11%~43%，有害杂质S含量高	中、小型	次要	陕西天台山、黎家营
层控铅锌铁锰矿床	产于某些比较固定的层位内，明显受到后期改造作用	透镜状	菱锰矿、硫锰矿、硬锰矿、软锰矿、黑锰矿	Mn 10%~27%	大、中、小型	次要	湖南玛瑙山
风化锰矿床	产于含锰岩层及含锰多金属矿床风化带、构造破碎带，或含锰岩层风化搬运形成的堆积物中	层状、似层状、透镜状、脉状	硬锰矿、软锰矿、水锰矿、褐锰矿	Mn 15%~40%，有害杂质S含量高	中、小型为主	次要	湖南七宝山

1.1.6.3 铬铁矿床

我国铬铁矿资源比较贫乏，截至2018年底，我国铬铁矿查明资源储量1193.27万t，主要集中在西藏、新疆、内蒙古和甘肃等省(自治区)。

我国铬铁矿均为岩浆晚期铬铁矿床，矿床产于超基性岩带中。矿体呈不规则的扁豆状、似脉状、透镜状、囊状、柱状等，矿体长数十米至千余米，厚数米至百余米，主要矿石矿物为铬铁矿和铝铬铁矿，典型矿床有西藏罗布莎铬铁矿(约占全国查明铬铁矿资源储量的33.19%)、西藏东巧铬矿和新疆萨尔托海铬铁矿。

1.1.6.4 钒和钛矿床

我国钒矿资源丰富，截至2018年底，我国钒矿查明资源储量6061.30万t，主要分布在四川、湖南、安徽、广西、湖北和甘肃等省(自治区)。钒矿主要产于岩浆岩型钒钛磁铁矿床之中，且作为伴生矿产出；作为独立矿床产出的钒矿主要为寒武纪的黑色页岩型钒矿。钒钛磁铁矿主要分布于四川攀枝花-西昌地区，黑色页岩型钒矿主要分布于湘、鄂、皖、赣一带。

我国钛矿资源丰富，截至2018年底，我国钛矿查明资源储量8.26亿t，居世界首位。钛矿主要为钒钛磁铁矿中的钛矿、金红石矿和钛铁矿砂矿等。钛矿矿床类型主要为岩浆型钒钛磁铁矿，其次为砂矿。钒钛磁铁矿中的钛主要产于四川攀枝花地区，金红石矿主要产于河南、湖北、山西等省，钛铁矿砂矿主要产于海南、云南、广东、广西等省（自治区）。

1.1.7 有色金属矿床

有色金属矿床主要指铝、镁、铜、铅、锌、钨、锡、钼、锑、汞、铋、钴等十余种金属矿床，其中金属量消费最多和产量最高的为铝，其次为铜、锌、铅，四者合计常占有色金属总产量的95%以上。有色金属用于电气、航空、机械、通信、造船、建筑、化工等领域。

1.1.7.1 铝矿床

我国铝土矿资源属中等水平，截至2018年底，我国铝土矿查明资源储量51.70亿t，主要分布在山西、河南、广西和贵州四省（自治区），四省（自治区）铝土矿合计约占全国查明铝土矿资源储量的90%，矿床总体规模不大，矿石以难溶的一水硬铝石为主，铝硅比偏低。

我国铝土矿分为沉积型铝土矿矿床、堆积型铝土矿矿床和红土型铝土矿矿床，其中沉积型铝土矿矿床为主要类型，约占全国查明铝土矿资源储量的90%。各类铝土矿矿床地质特征见表1-10。

表1-10 我国铝土矿矿床类型及地质特征

矿床类型	地质特征	矿体形态及规模	主要矿石矿物	矿石质量特点	矿床规模	相对重要性	矿床实例
沉积型铝土矿矿床	主要产于碳酸盐岩侵蚀面上，少数产于砂岩、页岩、玄武岩的侵蚀面上或其组成的岩系中	矿体呈似层状、透镜状、漏斗状；矿体长数十米至数千余米，矿厚一般数米至十几米	一水硬铝石	Al_2O_3 40%～75%，Fe_2O_3 2%～20%，伴生Ga、Ge	大、中、小型	重要	山西克俄，贵州猫场，河南张窑院，山东王村
堆积型铝土矿矿床	原生沉积铝土矿经风化淋滤，就地残积或在岩溶洼地中重新堆积	不规则状；矿体长数百米至两千余米，宽数十米至千余米，矿厚数米至十几米	一水硬铝石	Al_2O_3 40%～65%，Fe_2O_3 16%～25%，伴生Ga、Ge	中、小型	较重要	广西平果、靖西、德保，云南广南
红土型铝土矿矿床	产于玄武岩风化壳中，由玄武岩风化淋滤而成	呈斗篷状或不规则状；矿体规模和厚度较小	三水铝石	Al_2O_3 30%～50%，$Fe_2O_3$18%～25%，伴生Ga、Ge	小型	国外重要，我国次要	海南蓬莱，福建漳浦

1.1.7.2 铜、铅、锌及镍矿床

中国是世界上铜矿较多的国家之一，截至2018年底，我国查明铜金属量11443.43万t，主要分布在江西、西藏、云南、内蒙古、山西、甘肃、新疆、四川和湖北等省（自治区）。从矿床类型看，以斑岩型铜矿为最重要，如江西德兴特大型斑岩铜矿和西藏玉龙大型斑岩铜矿；其次为超基性岩铜镍矿（如甘肃金川铜镍矿）、矽卡岩型铜矿（如湖北铜绿山铜矿、安徽铜官山铜矿）和火山岩型铜矿（如甘肃白银厂铜矿）。各类铜矿床地质特征见表1-11。

表 1-11 我国铜矿床类型及地质特征

矿床类型	地质特征	矿体形态	主要金属矿物	矿石质量特点	矿床规模	相对重要性	矿床实例
斑岩型铜矿	产生在各种斑岩（花岗闪长斑岩、二长斑岩、闪长斑岩、斜长花岗斑岩等）岩体及其周围岩层中	层状、似层状、空心筒状、巨大透镜状等	黄铜矿	Cu 品位一般小于 1%，伴生 Mo、Re、Au、Ag、Se、Te、Co、S	中、大型至特大型	重要	江西德兴富家坞，西藏玉龙，黑龙江多宝山，山西铜矿峪，内蒙古乌奴格吐等
矽卡岩型铜矿	沿中酸性侵入岩碳酸盐类岩石接触带的内外或离开岩体沿围岩的岩层产出	以似层状、透镜状、扁豆状为主，还有囊状、筒状、脉状等	黄铜矿、黄铁矿、磁铁矿、磁黄铁矿	Cu 品位一般大于 1%，伴生 Fe、Au、Ag、Co、Se、Te、S	大、中、小型	重要	安徽铜官山，湖北铜绿山，江西永平、城门山，辽宁华铜，黑龙江弓棚子，河北寿王坟
变质岩层状铜矿	在变质岩（白云岩、大理岩、片岩、片麻岩等）中沿层产出	层状、似层状、透镜状、扁豆状	黄铜矿、斑铜矿、黄铁矿	Cu 品位一般大于 1%，伴生 Ag、Re、Se、Te、Pb、Zn、Co	大、中型	较重要	云南东川汤丹、易门狮子山、易门三家厂，山西中条胡家峪，辽宁红透山
超基性岩铜镍矿	产于超基性岩（纯橄榄岩、辉橄岩、橄辉岩等）岩体的中、下部或分布在脉状岩体中	似层状，不连续大透镜状、大脉状	黄铜矿、方黄铜矿、磁黄铁矿、镍黄铁矿、紫硫镍铁矿等	Cu 品位一般小于 1%，伴生 Ni、Co	大、中、小型	较重要	甘肃金川，吉林磐石红旗岭，四川力马河，云南金平，新疆喀拉通克、黄山
砂岩铜矿	在红色砂岩中的灰至灰绿色砂岩（浅色砂岩）中沿层产出	似层状、扁豆状、透镜状	辉铜矿	Cu 品位大部分大于 1%，伴生 S、Pb、Ag、Mo、W	中、小型	较重要	云南大姚六苴、郝家河，湖南车江，四川大铜厂
火山岩黄铁矿型铜矿	产于变质火山岩（石英角斑岩、细碧岩等）中	透镜状、大小不等的扁豆状、层状等	黄铜矿、黄铁矿	Cu 品位一般为 1% 左右，伴生 Zn、S、Au、Ag、Cd、Se、Te、In、Ti、Ge	大、中、小型	较重要	甘肃白银厂，青海红沟，云南大红山，河南刘山岩
各种围岩中的脉状铜矿	产于各种岩石（侵入岩、喷出岩、变质岩、沉积岩）的断裂带中，常陡倾斜	板状、脉状、复脉状	黄铜矿、斑铜矿、黄铁矿	Cu 品位一般大于 1%	中、小型	次要	安徽穿山洞、铜牛井，江苏铜井，湖北石花街，吉林二道洋岔

中国铅锌矿资源比较丰富，截至 2018 年底，我国查明铅金属量 9216.31 万 t，锌金属量 18755.67 万 t。云南省铅、锌查明金属量居全国首位，其次为内蒙古、广东、甘肃、江西、湖南、广西和四川等省(自治区)。从矿床类型来看，有碳酸盐岩型铅锌矿(云南会泽)，泥岩-细碎屑岩型铅锌矿(内蒙古东升庙)，矽卡岩型铅锌矿(湖南水口山)，海相火山岩型铅锌矿(青海锡铁山)，砂、砾岩型铅锌矿(云南兰坪金顶)，以及各种围岩中的脉状铅锌(银)矿(湖南桃林)。各类铅锌矿床地质特征见表 1-12。

表 1-12　我国铅锌矿床类型及地质特征

矿床类型	地质特征	矿体形态	主要金属矿物	矿石质量特点	矿床规模	相对重要性	矿床实例
碳酸盐岩型铅锌矿	产于大理岩、白云岩、石灰岩、不纯灰岩中，大致沿层产出	层状、似层状、透镜状、囊状、巢状、脉状、瓜藤状等	方铅矿、闪锌矿、黄铁矿	大品位较高，一般(Pb+Zn)品位大于8%，伴生 Ag、Ba、Cd、Se、Te、In、Ti、Ge、Cu	大、中、小型	重要	广东凡口，云南会泽，辽宁柴河，江苏栖霞山，贵州杉树林，辽宁青城子
泥岩-细碎屑岩型铅锌矿	在泥岩、粉砂岩、含碳酸盐质岩石中大致沿层产出	层状、似层状、透镜状等	黄铁矿、方铅矿、闪锌矿	品位较高，(Pb+Zn)品位大于 7%，伴生 Cu、Ag、S、Cd、Au、Co、Bi	大、中型	次要	内蒙古东升庙，甘肃厂坝、李家沟，陕西铅硐山、银洞梁，河北高板河，浙江乌岙，广西泗顶
矽卡岩型铅锌矿	沿花岗岩类侵入体与碳酸盐岩接触带的内外或离开岩体沿围岩岩层产出	透镜状、扁豆状、囊状、似层状等	黄铁矿、方铅矿、闪锌矿	品位较高，伴生 Cu、Au、Ag、Bi、Se、Te、Cd、In、Co、Ge、Ga、Ti、Sb	中、小型为主	重要	湖南水口山、黄沙坪，辽宁桓仁，广西拉么
海相火山岩型铅锌矿	产于凝灰岩、熔岩、次火山岩及与碎屑岩的互层带中，沿层产出	层状、似层状、透镜状、扁豆状	方铅矿、闪锌矿	品位中等偏高，伴生 Cu、Au、Ag、Cd、Ba、Se、Te、Hg、Sb、Bi、Ga、In、Ti	大、中型	较重要	甘肃白银小铁山，青海锡铁山，新疆可可塔勒，四川白玉呷村
砂、砾岩型铅锌矿	产于红层中之浅色砂岩、砂砾岩、灰质角砾岩中，基本沿层产出	层状、似层状、巨大透镜状、扁豆状	方铅矿、闪锌矿、黄铁矿、白铁矿、微量黄铜矿、磁黄铁矿、赤铁矿、硫镉矿	品位偏高，(Pb+Zn)品位大于 7%，伴生 Ag、Sr、Cd、Ti	大、中型	重要	云南兰坪金顶

续表1-12

矿床类型	地质特征	矿体形态	主要金属矿物	矿石质量特点	矿床规模	相对重要性	矿床实例
各种围岩中的脉状铅锌(银)矿	产于各种岩石(侵入岩、火山岩、变质岩、沉积岩)断裂带的充填交代脉状矿床	脉状、复脉状、扁豆状、透镜状	方铅矿、闪锌矿、黄铁矿、白铁矿	品位较高,(Pb+Zn)品位大于9%	大、中、小型	次要	河北蔡家营,内蒙古甲乌拉,湖南桃林,云南白秧坪

中国镍矿资源不能满足需要，截至2018年底，我国查明镍金属量1187.88万t，主要集中在甘肃省，其次分布在新疆、云南、吉林、四川、陕西和青海六省(自治区)。镍矿床分为超基性岩铜镍矿、热液脉状硫化镍-砷化镍矿、沉积型硫化镍矿和风化壳型镍矿(硅酸盐型)。各类镍矿床地质特征见表1-13。

表1-13 我国镍矿床类型及地质特征

矿床类型	地质特征	矿体形态	主要金属矿物	矿石质量特点	矿床规模	相对重要性	矿床实例
超基性岩铜镍矿	产于超基性岩(纯橄榄岩、辉橄岩、橄辉岩等)岩体的中、下部或分布在脉状岩体中	似层状,不连续大透镜状、大脉状	镍黄铁矿、紫硫镍铁矿、黄铜矿、方黄铜矿、磁黄铁矿	Ni品位一般小于1%,伴生Cu、Co、贵金属元素、稀散元素	大、中、小型	重要	甘肃金川,吉林红旗岭,四川力马河,新疆喀拉通克
热液脉状硫化镍-砷化镍矿	矿体产于中酸性岩体裂隙及其与围岩(常为砂岩、页岩、灰岩、变质凝灰岩等)的接触带	脉状、网脉状、似层状、透镜状、管状产出	红砷镍矿、砷镍矿、辉砷镍矿、砷钴矿、黄铜矿、黄镍矿、针镍矿、闪锌矿、方铅矿、白铁矿、自然金	Ni品位0.2%~10%,伴生Cu、Ag、As、Co	中、小型	次要	辽宁柜子哈达、万宝钵
沉积型硫化镍矿	分布于黑色页岩中(Є1),沿层产出	层状、透镜状、扁豆状	黄铁矿、二硫镍矿、硫铁镍矿、辉砷镍矿、紫硫镍(铁)矿、褐铁矿、赤铁矿	Ni品位0.2%~1.6%,伴生Au、Ag、Co、Mo	中、小型	次要	湖南大浒
风化壳型镍矿(硅酸盐型)	产于超基性岩风化残坡积层中	层状、似层状、巢状	镍绿泥石、暗镍蛇纹石	Ni品位较低,为0.8%~2%,伴生Fe、Co	大、中、小型均有	次要	云南墨江(硅酸镍型)

1.1.7.3 钨、锡及钼矿床

中国是世界上钨矿资源最丰富的国家，截至 2018 年底，我国查明钨氧化物量 1071.57 万 t，居世界第 1 位，主要集中在湖南、江西和河南三省。在钨矿床类型方面，以矽卡岩型和石英脉型钨矿为主，斑岩钨矿、云英岩钨矿和硅质岩钨矿次之。各类钨矿床地质特征见表 1-14。

表 1-14 我国钨矿床类型及地质特征

矿床类型	地质特征	矿体形态及规模	主要金属矿物	矿石质量特点	矿床规模	相对重要性	矿床实例
矽卡岩钨矿	产于花岗岩类岩体与碳酸盐岩或火山-沉积岩系接触带及其附近	似层状、透镜状、少量脉状，厚数米至百余米，走向可达 1～2 km，倾向达 1 km	白钨矿，伴生辉钼矿、黄铜矿、方铅矿、闪锌矿、锡石及铍矿物	WO_3 含量为 0.2%～2.5%，伴生 Mo、Pb、Zn、Cu、Bi、Au、Ag、Sn	小、中、大型，有时为特大型	重要	湖南瑶岗仙、大溶溪
石英脉钨矿	产于花岗岩类岩体上部与围岩的内外接触带裂隙中，花岗岩具钾长石化、云英岩化，泥质岩具角岩化	脉状和脉带状，厚几厘米至几米，脉带可达几十米，走向长可达 1～2 km，倾向达 700 m，常有数条至几百条平行脉	黑钨矿，有时为白钨矿，伴生锡石、辉钼矿、黄铁矿、辉铋矿、钽铌矿物、方铅矿、闪锌矿、绿柱石	WO_3 含量为 0.2%～2.4%，伴生 Sn、Mo、Bi、Nb、Ta、Be	小、中、大型	重要	江西西华山、浒坑
斑岩钨矿	产于花岗岩类（花岗闪长斑岩、石英斑岩、花岗斑岩）岩体上部或顶部内外接触带中，具钾化、绢云母化、泥化、青磐岩化	透镜状、带状，长、宽为数百米，厚数十米	白钨矿或黑钨矿，伴生辉钼矿、锡石、辉铋矿、闪锌矿、黄铁矿、方铅矿、方钴矿	WO_3 含量为 0.2%～0.6%，伴生 Cu、Sn、Mo、Pb、Zn、Fe、S、Bi、Au、Ag	小、中、大型	次要	广东莲花山，江西阳储岭
云英岩钨矿	产于花岗岩类岩体上部及顶部硬砂岩、砂岩和页岩层中，花岗岩围岩中常见钾长石化和云英岩化	脉状、镶柱状、网脉矿化体，面积为几万至几十万平方米，深可达千米以上	黑钨矿，伴生白钨矿、辉钼矿、锡石、辉铋矿、方铅矿、闪锌矿、黄铜矿、黄铁矿	WO_3 含量为 0.2%～2.0%，伴生 Mo、Bi、Si	小、中型	次要	江西九龙脑，湖南柿竹园
硅质岩钨矿	产于沉积及火山-沉积岩的硅质岩中，有工业意义者为变质的类似物	层状、似层状、透镜状，矿带长数百至千米，最长 2600 m，宽百余米至数百米，厚数米至百余米	含钨赤铁矿、钨酸铁矿（微细料）、白钨矿，伴生菱铁矿、辉钼矿	WO_3 含量为 0.2%～0.5%，伴生 Cu、Fe、S、Mo、Au、Ag、Bi	小、中、大型	潜在资源为主	江西枫林，广西大明山

中国是世界上锡矿资源丰富的国家之一，截至 2018 年底，我国查明锡金属量 453.06 万 t，居世界第 2 位，主要分布在云南、广西、湖南、广东、内蒙古和江西六省(自治区)，占全国锡金属量的 93%。锡矿矿床主要有矽卡岩锡矿、斑岩锡矿、锡石硅酸盐脉锡矿、锡石硫化物脉锡矿、石英脉及石英岩锡矿和花岗岩风化壳锡矿，其中以矽卡岩型锡矿为主。各类锡矿床地质特征见表 1-15。

表 1-15　我国锡矿床类型及地质特征

矿床类型	地质特征	矿体形态及规模	主要金属矿物	矿石质量特点	矿床规模	相对重要性	矿床实例
矽卡岩锡矿	产于花岗岩类岩体与碳酸盐岩石内外接触带，远离岩体出现各种成分似层状、沿层透镜状、脉状矿床	似层状、透镜状、囊状、脉状，厚数米到数十米，延深数十米到数百米	锡石，伴生磁黄铁矿、闪锌矿、黄铁矿、毒砂、方铅矿	Sn 含量为 0.3%~1.0%，伴生 Fe、Cu、Pb、Zn	小、中、大、特大型	重要	云南个旧，广西大厂
斑岩锡矿	产于浅成—超浅成酸性斑岩岩体内接触带，具黄铁绢英岩化、云英岩化、绿泥石化、硅化	筒状，复杂形态，平面面积一般小于 1 km^2，延深达数百米	锡石，伴生黑钨矿、辉钼矿、辉铋矿、黄铁矿、黄铜矿、闪锌矿、方铅矿	Sn 含量为 0.1%~0.6%，伴生 W、Mo	中、大型	重要	广东银岩、西岭
锡石硅酸盐脉锡矿	产于花岗岩类岩体外接触带的硅铝质岩石中，近岩体常以电气石为主，远岩体以绿泥石为主	脉状、带状矿化体，镶柱状网脉体，矿化深达数百米	锡石，伴生有铜和锌的硫化物，有时有黑钨矿	Sn 含量为 0.4%~3.0%	小、中、大、特大型	重要	云南铁厂
锡石硫化物脉锡矿	产于花岗岩类岩体外接触带的硅铝质岩石中	脉状、带状矿化体、柱状、似层状、透镜状	锡石为主，伴生磁黄铁矿、黄铜矿、方铅矿、闪锌矿、黄铁矿	Sn 含量为 0.2%~2.0%，伴生 Cu、Zn、Pb、In、W、Ag	小、中、大型	次要	内蒙古大井
石英脉及石英岩锡矿	产于中深成花岗岩类岩体与硅铝质岩石内外接触带附近，具云英岩化、浅色云母化、电气石化	脉状、脉带、镶柱状网脉体或呈不规则状，从岩体内 100 m 至上部围岩中 600 m 为矿化区间	锡石为主，常伴生黑钨矿、辉铋矿、铌钽铁矿、辉钼矿、绿柱石、锂云母	Sn 含量为 0.3%~0.8%，伴生 W、Bi、Ta、Nb、Se、Be、Li	小、中、大型	次要	广西栗木
花岗岩风化壳锡矿	产于含锡石的花岗岩或具锡石蚀变(钠长石化、云英岩化、硅化、电气石化等)带的花岗岩的顶部风化壳中	层状、似层状、透镜状、带状，长宽一般数百米至千米以上，厚数米至数十米甚至百米以上	锡石，伴生黑钨矿、白钨矿、铌钽铁矿、磷钇矿、钛铁矿、金红石	锡石含量为 0.15~0.4 kg/m^3，伴生 W、Nb、Ta、TR、Ti	小、中、大型	重要	云南云龙

中国钼矿资源丰富，截至 2018 年底，我国查明钼金属量 3028.61 万 t，以河南省钼矿资源最丰富，陕西、吉林次之，以上 3 省钼金属量占全国的 56%。钼矿大型矿床多，如陕西金堆城、河南栾川、辽宁杨家杖子、吉林大黑山钼矿均属世界级规模的大矿。矿床类型方面，以斑岩型钼矿和矽卡岩型钼矿为最主要，脉型钼矿和沉积型钼矿床次之。各类钼矿床地质特征见表 1-16。

表 1-16　我国钼矿床类型及地质特征

矿床类型	地质特征	矿体形态	主要金属矿物	矿石质量特点	矿床规模	相对重要性	矿床实例
斑岩型钼矿	产于花岗岩及花岗斑岩体内部及其周围岩石中，矿化与硅化、钾化关系密切	层状、似层状、筒状、巨大透镜状	黄铁矿、辉钼矿、黄铜矿	Mo 含量为 0.01%～0.25%，伴生 Cu、W、Au、Ag、Re、Pb、Zn、Co、S	中、大型至巨大型	重要	陕西金堆城，吉林大黑山，山西繁峙后峪
矽卡岩型钼矿	产于花岗岩类岩体与碳酸盐围岩接触带，以及外接触带沿层发育	透镜状、扁豆状、似层状、囊状、筒状、脉状等	黄铁矿、辉钼矿	Mo 含量为 0.02%～0.3%，伴生 Cu、W、Pb、Zn、Au、Re、S	大、中、小型	重要	辽宁杨家杖子，黑龙江五道岭，江苏句容铜山，湖南柿竹园
脉型钼矿	产于各种岩石（侵入岩、喷出岩、变质岩、沉积岩）的断裂带中，常陡倾斜	脉状、扁豆状	黄铁矿、辉钼矿	Mo 含量为 0.05%～0.95%，伴生 Cu、W、Pb、Re、S、Au、Ag	中、小型	次要	浙江青田石平川，安徽太平萌坑、铜牛井，广东五华白石嶂，陕西大石沟
沉积型钼矿床	砂岩型分为两种：①钼铜矿床；②钼铀矿床，黑色页岩型，类似沉积型镍矿	层状、似层状、透镜状、扁豆状	辉钼矿、黄铁矿	Mo 含量为 0.3%～0.7%，伴生 Cu、U、Ni、V、Pb、Zn、Co、Ge、Se	中、小型	次要	云南广通麂子湾，贵州兴义大际山

1.1.7.4　钴矿床

中国钴矿资源不多，以共伴生为主。截至 2018 年底，我国查明钴金属量 69.65 万 t，主要分布在甘肃、新疆和吉林 3 省。

矿床类型有岩浆型、热液型、沉积型、风化壳型 4 类，以岩浆型硫化铜镍钴矿和矽卡岩铁铜钴矿为主，占全国钴金属量的 65%以上；其次为火山沉积与火山碎屑沉积型钴矿，约占全国钴金属量的 17%。

1.1.7.5　锑矿床

中国是世界上锑矿资源最为丰富的国家，截至 2018 年底，我国查明锑金属量 327.68 万 t，居世界第 1 位，主要分布在广西、湖南、云南、贵州、甘肃、广东等省（自治区）。锑矿分为层状锑矿和脉状锑矿两类，以层状锑矿为最主要，世界著名的湖南锡矿山锑矿和广西大厂锡、锑多金属矿皆属此类型。各类锑矿床地质特征见表 1-17。

表 1-17　我国锑矿床类型及地质特征

矿床类型	地质特征	矿体形态及规模	主要金属矿物	矿石质量特点	矿床规模	相对重要性	矿床实例
层状锑矿	产于碳酸盐岩地层中，位于大断裂附近	似层状为主，次为扁豆状、透镜状；沿层产出，长数百米至千余米，厚几十厘米至数米，延深百米	辉锑矿，伴生少量黄铁矿，微量磁黄铁矿、闪锌矿、毒砂等	Sb 含量为 2%~6%，伴生 Hg、As	中、大、特大型	重要	湖南锡矿山，云南木利，湖北徐家山
脉状锑矿	产于浅变质板岩、石英砂岩、火山碎屑岩、碳酸盐岩中的层间破碎带、断裂破碎带	脉状（大脉状、细脉带状、不规则脉状）；交错脉和顺层脉，长几十米至几百米，个别达千余米，宽几米，延深数百米	辉锑矿及其氧化物，伴生白钨矿、黑钨矿、毒砂、黄铁矿、闪锌矿、黝铜矿等	Sb 含量为 2%~5%，伴生 W、Au、As、Hg、Pb	小、中、大型	次要	广西大厂，贵州半坡，湖南沃溪

1.1.8　贵金属矿床

贵金属指的是一组性质独特、价格昂贵的金属，包括金、银和铂族金属（铂、钯、铱、铑、锇和钌）。金主要用于货币及装饰品，工业上大部分消费于电子和电器、化工、航空和航天及核工业方面。

中国金矿资源比较丰富，截至 2018 年底，我国查明金金属量 13638.4 t，以山东最为丰富，甘肃、江西、黑龙江、河南、湖北、陕西、四川等省次之。各类金矿床地质特征见表 1-18。

表 1-18　我国金矿床类型及地质特征

矿床类型	地质特征	矿体形态	主要金属矿物	矿石质量特点	矿床规模	相对重要性	矿床实例
破碎带蚀变岩型（焦家式）	形成于变质基底隆起区，区内以中酸性岩浆岩、混合岩、变质岩为主。焦家式金矿受再生花岗质岩体与胶东群接触带控制，矿化发育在主断裂带下盘的角砾岩、碎裂岩、碎裂状花岗岩当中	脉带形	黄铁矿为主，次为黄铜矿、方铅矿、闪锌矿、磁黄铁矿，少量的银金矿、自然金、自然银、白铁矿、斑铜矿、辉铜矿、黝铜矿、斜方辉钴铋矿、锆石、菱铁矿	Au 含量为 2~10 g/t，伴生 Ag	小、中、大型	重要	山东焦家、三山岛

续表1-18

矿床类型		地质特征	矿体形态	主要金属矿物	矿石质量特点	矿床规模	相对重要性	矿床实例
含金石英脉型	石英单脉型	赋存在吕梁期黑云母花岗片麻岩发育区，含金石英脉与构造控矿关系密切，处于两组构造的复合处	脉状、扁豆状、细脉状	黄铁矿、白钨矿、毒砂、磁黄铁矿、辉铋矿、自然金、黄铜矿、闪锌矿、胶状黄铁矿	Au 平均含量为 10.14 g/t	小、中、大型	重要	辽宁五龙
	石英网脉及复脉带型	产于太古宇遵化群中，赋矿围岩为斜长角闪岩经韧性剪切作用形成的蚀变片麻岩	脉状、不规则脉状和透镜状	黄铁矿，少量的黄铜矿、方铜矿、闪锌矿、磁黄铁矿、磁铁矿、辉钼矿、辉铋矿、辉银矿等，以及褐铁矿、孔雀石、铜蓝	Au 含量为 1~21.4 g/t，伴生 Mo	小、中、大型		河北金厂峪
	石英硅化钾化蚀变岩型（东坪式）	产于中、高级变质岩地区，岩性为斜长角闪岩、片麻岩、麻粒岩、变粒岩，区域性深断裂及派生的次级断裂控制含矿地质体的分布，具体产于偏碱性杂岩体及其外接触带，由石英脉和硅化、钾化、蚀变岩组成	脉状、透镜状	以黄铁矿为主，次为方铅矿、磁铁矿、黄铜矿，少量的闪锌矿、碲铅矿以及褐铁矿、赤铁矿、斑铜矿、辉铜矿、铜蓝、铅矾氧化矿物	Au 平均含量为 7.25 g/t，伴生 Sb	中、大型		河北东坪、后沟
斑岩型（团结沟式）		与中酸性、酸性及碱性次火山岩有关。金矿体产于花岗闪长斑岩体顶部及接触带附近	层状、脉状、扁豆状	黄铁矿、白铁矿、辉锑矿、自然金、黄铜矿、辰砂、雄黄、雌黄	Au 含量为 2~10 g/t，伴生 Ag、Cu、S	大型	重要	黑龙江团结沟
矽卡岩型		产于中酸性小侵入体与不纯灰岩、火山凝灰岩的接触带。围岩多为含石榴子石、钙铁辉石、绿帘石矽卡岩	透镜状、似层状、巢状、串珠状	磁铁矿、黄铜矿、黄铁矿、赤铁矿、斑铜矿、银金矿	Au 含量为 2~200 g/t，伴生 Fe、Cu、Pb、Zn、Bi	中、大型	重要	辽宁华铜，山东沂南，湖北鸡冠咀

续表1-18

矿床类型	地质特征	矿体形态	主要金属矿物	矿石质量特点	矿床规模	相对重要性	矿床实例
角砾岩型	角砾岩体多产于太古宙和元古宙的变质岩中，原岩为中基性火山岩。岩体成群成带分布且受构造控制，岩性为多铁的硅铝质岩石。金矿化分布在岩体内的角砾周边及裂隙发育地段，与胶结物密切相关	似层状、透镜状	黄铁矿，次为黄铜矿、方铅矿、自然金，少量闪锌矿、辉铋矿、铜蓝、斑铜矿、辉钼矿	Au 含量为 1~45.85 g/t，伴生 Ag、Cu、S	中、大型	次要	河南祁雨沟，陕西双王
硅质岩层中的含金铁建造型（东风山式）	位于地台隆起的边缘拗陷区。含矿地质体产于太古宙到元古宙的条带状含铁硅质岩层中	似层状、扁豆状	磁铁矿、磁黄铁矿、黄铁矿、毒砂、钛铁矿，少量自然金、辉钴矿、黄铜矿、方铅矿、闪锌矿	Au 含量为 5 ~ 20 g/t，伴生 Co、As	小、中型	次要	黑龙江东风山
含金火山岩型	主要产于中新生代火山带及火山盆地。矿体由含金方解石石英脉组成，充填于火山口附近的环形放射状裂隙中，或火山管道、火山口相喷出岩中	脉状	黄铁矿、黄铜矿、黝铜矿、闪锌矿、辉银矿、银金矿、金银矿、金碲矿	Au 含量为 5.54~7.73 g/t	小型	次要	吉林刺猬沟
微细粒浸染型	分布于显生宙准地台及地槽区，地层为上古生界到中生界，主要含金层位为中三叠统由碎屑岩构成的沉积岩系。金及硫化物呈浸染状分布其中	层状、似层状、透镜状	黄铁矿、白铁矿、毒砂、含砷黄铁矿、辉锑矿、自然金、雄黄	Au 含量为 0.46~9.95 g/t，伴生 Sb、Hg	中型	次要	贵州丫他、板其
砂金矿床		层状、似层状	自然金及其他一些重砂矿物	Au 含量为 0.2~0.5 g/t	小、中、大型	重要	黑龙江兴隆沟

中国是银矿资源中等丰度的国家，截至 2018 年底，我国查明银金属量 32.91 万 t，主要分布在江西、云南、内蒙古、广西、湖北、湖南、甘肃、四川、安徽、青海、河北、河南等省（自治区）。银矿成矿的一个重要特点就是 80%的银是与其他金属，特别是与铜、铅、锌等有色金属矿产共生或伴生在一起的。我国银矿床类型及地质特征见表 1-19。

表 1-19 我国银矿床类型及地质特征

矿床类型	地质特征	矿体形状	主要金属矿物	矿石质量特点	矿床规模	相对重要性	矿床实例
碳酸盐岩型银(铅锌)矿	产于大理岩、白云岩、灰岩、不纯灰岩、白云质灰岩中，大致沿层产出	层状、似层状、透镜状、脉状、囊状等	方铅矿、闪锌矿、黄铁矿、黄铜矿、自然银、辉银矿、银黝铜矿、黑硫银锡矿、脆银矿等	品位贫富兼有	大、中、小型	重要	广东凡口，辽宁八家子
泥岩－碎屑岩型银矿	产于含炭质黑色页岩、泥岩夹薄层泥灰岩、白云岩之岩层中，大致沿层产出	层状、似层状、脉状、透镜状、扁豆状	黄铁矿、辉硒银矿、硒银矿、硫银锗矿、辉银矿、自然银、辉锑矿	品位贫至中等	大、中、小型	次要	湖北白果园，广东梅县嵩溪
海相火山岩、火山-沉积岩型银矿	产于凝灰岩、熔岩及其与碎屑岩互层带中，基本上沿层产出	层状、似层状、透镜状、扁豆状	黄铁矿、方铅矿、闪锌矿、黄铜矿、辉银矿、螺硫银矿、辉铜银矿、金银矿、自然银等	品位较富	大、中、小型	重要	甘肃小铁山，青海锡铁山，四川白玉呷村
千枚岩片岩型银矿	产于炭质绢云石英片岩、含炭绢云千枚岩、绢云石英片岩中，沿层或层间破碎带产出	层状、似层状、透镜状、扁豆状	方铅矿、闪锌矿、黄铜矿、黄铁矿、辉银矿、自然银、螺硫银矿、银铜矿、硫锑铜银矿	品位较富	大、中型	次要	河南破山，陕西银硐子，辽宁高家堡子
陆相火山、次火山岩型银矿	产于火山岩或次火山岩中的断裂、裂隙带及斑岩体接触带外侧围岩中	脉状、不规则似层状、透镜状等	黄铁矿、辉银矿、螺硫银矿、深红银矿、淡红银矿、硫锑银矿、硫铋银矿、金银矿、自然银、角银矿，次为方铅矿、闪锌矿等	品位贫富均有	大、中、小型	次要	内蒙古额仁陶勒盖、查干布拉根，浙江大岭口，江西银路岭、鲍家
脉状银矿	产于各种围岩构造破碎带中的脉状银(铅锌)矿	脉状、复脉状、不规则似层状、透镜状	黄铁矿、辉银矿、自然银、硫铜银矿、硫锑铜银矿、方铅矿、闪锌矿、黄铜矿、磁铁矿、赤铁矿、菱锰矿等	品位较富	大、中、小型	次要	内蒙古赤峰官地，江西虎家尖，安徽鸡冠石，湖南桃林

中国铂族金属矿产资源比较贫乏，截至 2018 年底，我国查明铂族金属 401 t，主要分布在甘肃省，其次为云南、四川、黑龙江等省。铂族金属矿产矿床类型主要为岩浆熔离铜镍铂钯矿床、热液再造铂矿床和砂铂矿床，以前者为最主要，如甘肃白家咀子矿床即属此类。

1.1.9 稀有金属和稀土金属矿床

稀有金属和稀土金属矿床系指在地壳中丰度低、不易富集成矿或工业上提取较困难的金属元素矿床，如锂、铯、铌、钽、铍、锆和稀土元素矿床，又称为稀有矿床和稀土矿床。它们的矿石矿物共生组合种类繁多，矿体的形态和产状一般较复杂，矿床类型多种多样。

中国锂资源丰富，70%以上为含锂卤水(LiCl)，含锂卤水主要分布在青海、西藏、四川、湖北、湖南和江西等省(自治区)；矿物型锂矿(锂辉石、锂云母)，主要分布在新疆、四川、湖南和江西等省(自治区)。我国锂矿床主要为盐湖型锂矿床、花岗伟晶岩型锂矿床和碱性长石花岗岩型锂矿床。各类锂矿床地质特征见表 1-20。

表 1-20 我国锂矿床类型及地质特征

矿床类型	地质特征	矿体形态及规模	主要金属矿物	矿石质量特点	矿床规模	相对重要性	矿床实例
盐湖型锂矿床	产于盐湖沉积层及湖水(卤水)中	层状、透镜状及液态卤水层。盐沉积大多厚数十米	光卤石、石盐、钾石盐、石膏、杂卤石、芒硝、泻利盐、水氯镁石及卤水	LiCl 含量为 150～1000 mg/L；共伴生 K、Rb、Cs 等	多为大型	重要	青海察尔汗、一里坪，西藏扎布耶，湖北潜江
花岗伟晶岩型锂矿床	产于花岗伟晶岩脉中	脉状、似层状、透镜状；厚几米至几十米	锂辉石、锂云母、锂磷铝石、磷锰锂矿、绿柱石	Li_2O 含量为 1.0%～2.0%，伴生 Ta、Nb	超大、大、中、小型	次要	新疆可可托海、大红柳滩，四川李家沟
碱性长石花岗岩型锂矿床	产于碱性长石花岗岩体中	似层状、透镜状；厚几米至几十米	锂云母	Li_2O 含量为 0.30%～0.78%，共伴生 Ta、Nb、Be、Rb	特大、大、中、小型	次要	江西宜春、宜丰，湖南临武

中国稀土资源丰富，居世界第一。我国稀土具有“北轻南重”的分布特点，轻稀土主要分布在内蒙古、四川、广西、山东等地；中、重稀土主要分布在江西、广东、福建、云南等地。我国稀土矿床主要为铁铌稀土矿床、碱性岩-热液(脉)型稀土矿床、碱性岩-碳酸岩型铌稀土矿床和风化壳离子吸附型稀土矿床。各类稀土矿床地质特征见表 1-21。

表 1-21 我国稀土矿床类型及地质特征

矿床类型	地质特征	矿体形态及规模	主要金属矿物	矿石质量特点	矿床规模	相对重要性	矿床实例
铁铌稀土矿床	产于中元古界的一套浅海相浅变质岩系中	层状、似层状、透镜状，厚几米至几十米	磁铁矿、赤铁矿、铌铁矿、易解石、独居石、氟碳铈矿	w(REO)：5.0%～6.0%	超大、大型	重要	内蒙古白云鄂博

续表1-21

矿床类型	地质特征	矿体形态及规模	主要金属矿物	矿石质量特点	矿床规模	相对重要性	矿床实例
碱性岩-热液(脉)型稀土矿床	产于侵入体内外接触带或岩脉内	脉状，厚几米至几十米	主要为氟碳铈矿，其次为氟碳钙铈矿、独居石	w(REO)：1.55%~4.92%	超大、大、中、小型	重要	四川冕宁牦牛坪
碱性岩-碳酸岩型铌稀土矿床	产于碱性岩-碳酸岩杂岩体中	似层状、透镜状，厚数米至几十余米	铌铁矿、独居石、氟碳铈矿、氟碳钙铈矿	w(REO)：1.25%~2.77%	中、小型	次要	湖北竹山庙垭
风化壳离子吸附型稀土矿床	产于花岗岩风化壳中	似层状，厚数米至十几米	呈离子状吸附于黏土矿物上	w(SREO)：0.03%~0.2%	中、小型	次要	江西龙南，广西花山

1.2　固体矿产地质勘查

中华人民共和国成立初期，我国矿产地质勘查采用苏联的阶段划分方案，将地质勘查工作划分为普查和勘探两个主要阶段，前者又细分为初步普查和详细普查，后者分为初步勘探和详细勘探两个阶段。

1986年以前，全国各地质部门在地质勘查阶段的划分上未完全统一，基本上是划分为四个阶段或三个阶段。

1987年，全国矿产储量委员会、国家计划委员会和国家经济委员会联合颁布的《矿产勘查工作阶段划分的暂行规定》，将矿产勘查划分为普查、详查和勘探三个阶段。

1999年，我国颁布了《固体矿产资源/储量分类》(GB/T 17766—1999)，将矿产勘查划分为预查、普查、详查、勘探四个阶段，基本上和1997年《联合国国际储量/资源分类框架》中踏勘、普查、一般勘探和详细勘探的划分方案相对应。

2002年，我国颁布了《固体矿产地质勘查规范总则》(GB/T 13908—2002)，将矿产勘查工作分为预查、普查、详查、勘探四个阶段，与《固体矿产资源/储量分类》(GB/T 17766—1999)划分一致。

2020年，我国颁布了《固体矿产地质勘查规范总则》(GB/T 13908—2020)，将固体矿产勘查阶段调整为普查、详查、勘探三个阶段。

1.2.1　勘查阶段

普查：在区域地质调查、研究的基础上，通过有效的勘查手段，寻找、检查、验证、追索矿化线索，发现矿(化)体，并通过稀疏取样工程控制和测试、试验研究，初步查明矿体(床)地质特征以及矿石加工选冶技术性能，初步了解开采技术条件。开展概略研究，估算推断资源量，作出是否有必要转入详查的评价，并提出可供详查的范围。

详查：在普查的基础上，通过有效勘查手段、系统取样工程控制和测试、试验研究，基本查明矿床地质特征、矿石加工选冶技术性能以及开采技术条件，为矿区规划、勘探区确定等提供地质依据。开展概略研究，估算控制资源量和推断资源量，作出是否有必要转入勘探的评价，并提出可供勘探的范围；也可开展预可行性研究或可行性研究，估算可信储量。

勘探：在详查的基础上，通过有效勘查手段、加密取样工程控制和测试、深入试验研究，详细查明矿床地质特征、矿石加工选冶技术性能以及开采技术条件，为矿山建设设计确定矿山生产规模、产品方案、开采方式、开拓方案、矿石加工选冶工艺，以及为矿山总体布置等提供必要的地质资料。开展概略研究，估算探明、控制、推断资源量；也可开展预可行性研究或可行性研究，估算证实、可信储量。

1)普查阶段要求

在基础地质研究的基础上，通过 1：25000~1：5000 比例尺的勘查区地质填图(一般为简测图)、遥感解译、露头检查，结合工程揭露，研究成矿地质规律，对比已知矿床，探讨矿床成因，总结找矿标志，初步查明勘查区的成矿地质条件和矿化地质体特征。

通过矿(化)点检查，1：10000 或更大比例尺的物探、化探剖面测量(或者地质、物探、化探综合剖面)，或面积性测量、必要的取样工程等，对勘查区内发现的矿化线索逐一进行验证、检查、追索和评价。

对发现的矿体，特别是主要矿体，地表应以取样工程稀疏控制，深部应有工程证实，不要求系统控制，但应尽可能兼顾后续勘查工程布置的合理衔接。当矿(化)体出露地表时，应根据需要开展 1：5000~1：1000 比例尺的矿床地质填图(简测或正测图)。通过研究，对矿体的连续性作出合理推测，初步查明主要矿体的地质特征和勘查区内矿体的总体分布范围。

通过稀疏工程的取样鉴定、测试、分析，与地质特征相似的已知矿床进行类比，初步查明矿石的物质组成、结构构造、矿石矿物的嵌布特征、有用有益有害组分的含量和赋存状态、矿石的自然类型等矿石特征。

在矿石工艺矿物学研究基础上，对易选矿石进行类比研究；对于较易选矿石，一般进行类比研究，必要时进行可选性试验；对于新类型矿石和难选矿石，一般进行可选性试验，必要时进行实验室流程试验，初步查明勘查区内矿石的加工选冶技术性能。

收集、研究区域和勘查区的水文地质、工程地质、环境地质资料，与开采技术条件相似的矿山进行类比，对开采技术条件复杂的矿床，适当布置水文地质、工程地质工作，初步查明勘查区的水文地质、工程地质、环境地质条件，初步划分水文地质和工程地质勘查类型。

发现矿体时，在符合地质规律的前提下，可按初步确定的勘查类型或Ⅱ勘查类型(无类比条件的)和推断资源量的勘查工程间距，估算推断资源量。

开展概略研究，作出是否有必要转入详查的评价，并提出可供详查的范围。

2)详查阶段要求

在普查基础上，一般通过 1：25000~1：5000 比例尺的矿区地质填图(正测图)、1：5000~1：500 比例尺的矿床地质填图(正测图)，结合工程控制和揭露，基本查明勘查区的成矿地质条件和矿化地质体的特征，阐明矿床的成矿作用和成矿规律。

确定矿床勘查类型，采用合理的勘查工程间距、有效的勘查技术方法手段、系统的取样工程对矿床进行控制，基本查明矿体特征。查明主要矿体的数量，基本控制主要矿体的规模、形态、产状、空间位置和勘查区内矿体的总体分布范围，基本确定主要矿体的连续性。对影响矿区划分的构造和控制、破坏、影响矿体的较大构造、岩浆岩进行必要控制。

通过系统工程的取样鉴定、测试、分析，基本查明矿石的物质组成、结构构造、矿石矿物的粒度和嵌布特征，以及有用有益有害组分的含量、赋存状态和变化情况、矿石的自然类型和工业类型等矿石特征。

在矿石工艺矿物学研究基础上，对易选矿石视情况进行类比研究、可选性试验，必要时进行实验室流程试验；对于较易选矿石，视情况进行可选性试验、实验室流程试验；对于新类型矿石和难选矿石，一般进行实验室流程试验，必要时进行实验室扩大连续试验。基本查明区内主要工业类型矿石的加工选冶技术性能。

对矿床开采可能影响的地区（矿山疏干排水可能影响的范围、地面变形破坏区、矿山废弃物堆放场及其可能污染区），开展水文地质、工程地质及环境地质调查，进行必要的抽（放）水试验，基本查明矿区水文地质、工程地质和环境地质条件，划分水文地质和工程地质勘查类型，分析矿床充水因素，分析研究矿体及其顶底板、井巷围岩、露天剥离物和边坡的工程地质特征，预测可能影响矿床开采的主要水文地质、工程地质、环境地质问题。

对于确定的勘查深度以上范围，一般探求控制和推断资源量，其中控制资源量所占比例一般不低于 30%。控制资源量一般应集中分布在可能首先或先期开采的地段。在确定的勘查深度以下，一般不做深入工作，可对成矿远景作出评价。

进行概略研究或预可行性研究，作出是否有必要转入勘探的评价，并提出可供勘探的范围。

3）勘探阶段要求

在详查基础上，视需要修测勘查区地质图、矿床地质图（均应为正测图），或开展更大比例尺的地质填图（正测图），结合工程加密控制和揭露情况，详细查明成矿地质条件、矿化地质体特征，深入研究成矿作用和成矿规律。

在详查系统工程控制的基础上，采用有效的勘查技术，对矿体以及控制、破坏、影响矿体的较大构造、岩浆岩进行必要的加密控制，详细查明主要矿体的规模、形态、产状、空间位置、连续性，以及矿体的总体分布范围等矿体特征。

在加密工程基础上，通过取样鉴定、测试、分析，详细查明矿石的物质组成、结构构造、矿石矿物的粒度和嵌布特征，以及有用有益有害组分的种类、赋存状态和主要有用组分的含量及其变化情况，矿石的自然类型和工业类型等矿石特征，满足矿山建设设计对矿石质量特征研究的基本要求。

在详细研究矿石工艺矿物学的基础上，对于易选矿石，一般应进行实验室流程试验；对于较易选矿石，一般进行实验室流程试验，必要时开展实验室扩大连续试验；对于难选矿石，则视情况进行实验室流程试验、实验室扩大连续试验，必要时可进行半工业试验或工业试验。详细查明矿石加工选冶技术性能，为矿山建设设计推荐合理的矿石加工选冶工艺流程。

详细查明矿区水文地质和矿床充水因素，通过试验获取计算参数，预测首采区（第一开采水平）的矿坑涌水量，并对矿床地下水资源的综合利用作出评价，提出矿山防治水建议，指出供水水源（方向）。详细查明矿区工程地质条件，评价矿体及其顶底板的工程地质特征、井巷围岩或露天采场的岩体质量和稳（固）定性，分析和评价矿山开采条件下可能发生的主要工程地质问题，预测可能出现的主要地质灾害并提出防治建议。调查、评价矿区的地质环境质量，预测矿床开发可能引起的主要环境地质问题，并提出防治建议。

在确定的勘查深度以上范围，一般探求探明、控制和推断资源量，探明和控制资源量之和一般应占总资源量的 50%以上。勘探阶段应以首采区为重点，兼顾全区。首采区内原则上应为探明和控制资源量。在确定的勘查深度以下，一般不做深入工作，可对成矿远景作出评价。一般应按照“保证首采区还本付息、矿山建设风险可控”的原则，通过论证，合理确定各级资源量的比例。

进行预可行性研究或可行性研究，为矿山建设设计提供地质依据。

1.2.2　坑探与钻探

坑探和钻探是矿山基建及生产过程中最常用的探矿手段。

1.2.2.1　坑探

坑探是在岩石或矿石中挖掘坑道，用以揭露矿体或者其他地质体特征的一种勘查手段。根据坑探的使用条件、空间位置和形态，可将其分为如下主要类型。

1）探槽（TC）

探槽是在地表挖掘的一种槽形坑道（图 1-10），其横断面为倒梯形，长度应以地质设计为准，深度应小于 3 m，槽底宽度应大于 0.6 m。两壁坡度应根据土质、探槽深浅确定。槽深小于 1 m 的浅槽，坡度应小于 90°。槽深为 1~3 m 的深槽，对于结实土层，坡度应为 75°~80°；对于松软土层，坡度应为 60°~70°；对于潮湿、松软土层，坡度小于 55°。

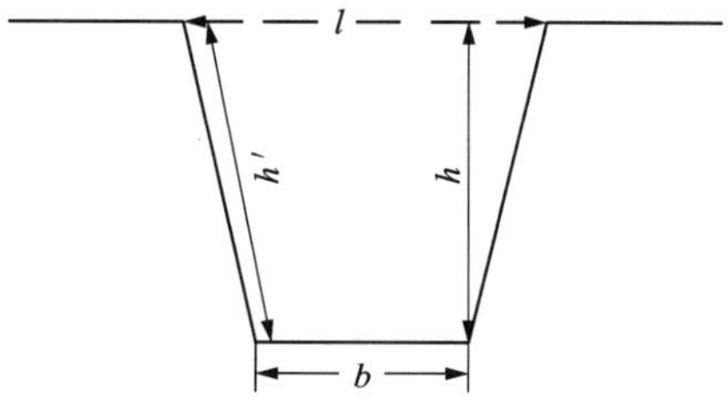

h—探槽深度；h'—槽壁斜深；
l—探槽口宽；b—探槽底宽。

图 1-10　探槽断面图

探槽应垂直于矿体走向或矿体平均走向来布置。探槽有两种，即主干探槽和辅助探槽。主干探槽应布置在工作区主要的剖面上或有代表性的地段，以研究地层、岩性、矿化规律，揭露矿体等。而辅助探槽是在主干探槽之间加密的一系列短槽，用于揭露矿体或地质界线，可平行于主干探槽，也可不平行。

2）浅井（QJ）

浅井是从地表垂直向下掘进的一种深度和断面均较小的坑道工程。浅井深度一般不超过 20 m，断面形状可为方形或圆形，浅井断面规格及使用条件见表 1-22。由于矿体规模、产状不同，浅井的布置形式也不同。当矿体产状较陡时，可在浅井下拉石门或穿脉；当矿体产状较缓时，浅井应布置在矿体上盘（图 1-11）。

表 1-22　浅井断面规格及使用条件

深度/m	断面规格（长×宽）	使用条件
0~5	0.8~1.0 m（直径）	手摇绞车提升
0~10	1.2 m×0.8 m=0.96 m^2	不需排水，手摇绞车或者浅井提升机提升
	1.2 m×1.0 m=1.2 m^2	吊桶排水，浅井提升机提升
0~20	1.3 m×1.1 m=1.43 m^2	吊桶或者潜水泵排水，浅井提升机提升
	1.7 m×1.3 m=2.21 m^2	潜水泵排水，浅井提升机提升

浅井主要用于揭露松散层掩盖下的矿体，对某些矿床（如风化矿床），浅井是主要的勘查手段；对于大体积取样的金刚石砂矿或水晶砂矿来说，只能用浅井来勘探。

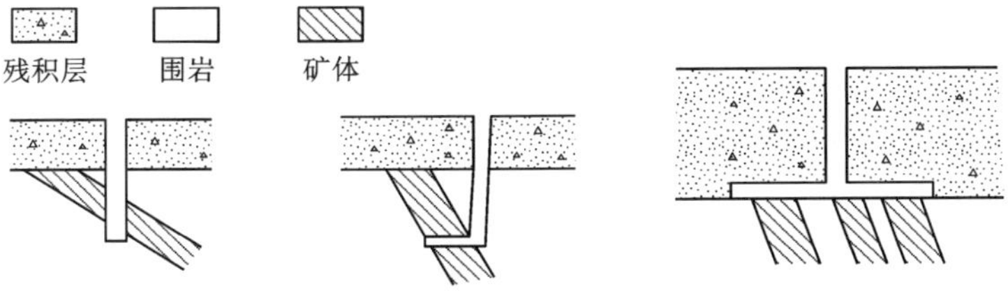

(a)浅井　　(b)带石门浅井　　(c)带岔浅井

图1-11　浅井布置形式图

3)平窿(PD)

平窿也称平硐，是从地表向矿体内部掘进的水平坑道(图1-12)，断面形状为梯形或拱形，主要用于揭露、追索矿体，也是人员出入、运输、通风、排水的通道。在地形条件有利时应优先使用平窿坑道。

平窿掘进断面高度应大于1.8 m。运输设备最大宽度与巷道一侧的安全间隙应大于0.25 m。人行道宽度应大于0.5 m。平窿断面规格及使用条件见表1-23。

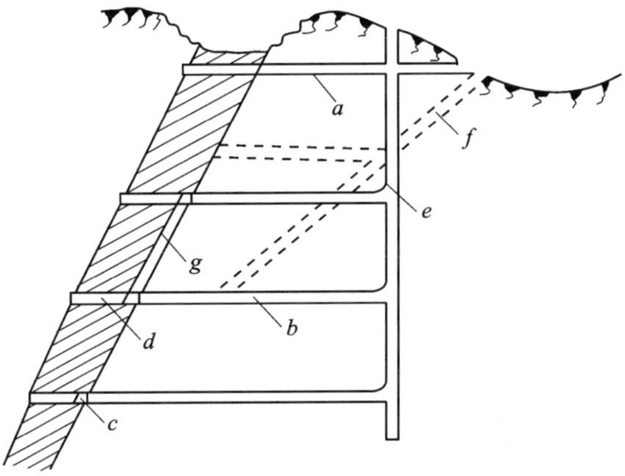

a—平窿；*b*—石门；*c*—沿脉；*d*—穿脉；*e*—竖井；*f*—斜井；*g*—上山(或下山)。

图1-12　地下坑探工程

表1-23　平窿断面规格及使用条件

深度/m	断面规格(高×宽)	使用条件
0~50	1.8 m×1.2 m=2.16 m^2	手推车运输
0~100	1.8 m×1.5 m=2.70 m^2	矿车运输
0~300	2.0 m×1.8 m=3.60 m^2	铲运机或者矿车运输
0~500	2.0 m×2.2 m=4.40 m^2	机械化掘进作业线
0~1000	2.0 m×3.0 m=6.00 m^2	机械化掘进作业线

4)石门(SM)

石门是在地表无直接出口，与含矿岩系走向垂直的水平坑道(图1-12)。石门常用来连接竖井和沿脉，揭露含矿岩系和平行矿体等。

5)沿脉(YM)

沿脉是在矿体中沿走向掘进的地下水平坑道(图1-12)，用以了解矿体沿走向的变化。在矿体之外的沿脉坑道，可供行人、运输、通风、排水之用。

6)穿脉(CM)

穿脉是垂直于矿体走向并穿过矿体的地下水平坑道(图1-12)。穿脉用以揭露矿体厚度、圈定矿体，了解矿石组分及品位，查明矿体与围岩的接触关系等。

7)竖井(SJ)

竖井是直通地表且其深处和断面都有较大的垂直向下掘进的坑道(图1-12)。竖井是人员出入、运输、通风、排水的主要坑道，竖井在矿床勘探和采矿时均可应用，采矿竖井有主井、副井及通风井之分。竖井应布置在矿体的下盘，以确保采矿时使用安全，并可减少矿量损失，保证其他地下坑道的稳固。竖井断面规格及使用条件见表1-24。

表1-24 竖井断面规格及使用条件

深度/m	断面规格(长×宽)	使用条件
0~30	1.6 m×1.0 m=1.60 m^2	不设梯子间，单吊桶提升
0~50	2.0 m×1.2 m=2.40 m^2	设梯子间，单吊桶提升
0~100	3.0 m×2.0 m=6.00 m^2	设梯子间，单罐笼提升
>100	4.0 m×2.4 m=9.60 m^2	设梯子间，双吊桶提升

8)斜井(XJ)

斜井是在地表有直接出口的倾斜坑道(图1-12)，适用于勘探产状稳定且倾角小于45°的矿体。斜井与竖井相比，可减小石门长度，但斜井长度比竖井深度大。

斜井长度应小于300 m，斜井高度不应小于1.7 m，斜井倾角应小于35°，其断面规格及使用条件见表1-25。

表1-25 斜井断面规格及使用条件

深度/m	断面规格(高×宽)	使用条件
0~30	1.7 m×1.0 m=1.70 m^2	小型机掘
0~100	1.7 m×1.2 m=2.04 m^2	提升矿车
	1.7 m×1.9 m=3.32 m^2	提升矿车、设人行道
0~200	1.8 m×2.4 m=4.32 m^2	提升箕斗、设人行道
0~300	1.8 m×3 m=5.4 m^2	双道轨，提升箕斗、设人行道

坑道工程特别是地下坑道工程，由于成本高、施工困难，因此多用于矿床勘探阶段，在使用时应考虑矿床开采时的需要。

1.2.2.2 钻探

钻探是利用钻机或其他设备，在地层中钻凿圆形孔洞，并进行取样的勘查手段，也是矿产勘查的主要手段。

1)钻孔口径系列

地质岩芯钻探钻孔口径系列是钻探工程最基础的规定，依照国际通用的标准采用R、E、A、B、N、H、P、S作为代号，规格代号及对应的公称口径见表1-26。

表 1-26　规格代号及对应的公称口径　　单位：mm

规格代号	R	E	A	B	N	H	P	S
公称口径	30	38	48	60	76	96	122	150

公称口径只代表理论钻孔口径尺寸，以便于统一钻具的规格系列，实际的钻头、扩孔器外径尺寸可根据不同的钻进方法和地层情况在合理范围内确定。

2) 钻孔深度

在不同的应用领域，钻孔深度的划分标准不同，地质岩芯钻孔深度划分见表 1-27。表 1-27 仅适用于地表地质钻孔深度划分，不适用于坑道内钻孔、工程地质钻孔、水文地质钻孔等的深度划分。

表 1-27　地质岩芯钻孔深度分级　　单位：m

钻孔类别	浅孔	中深孔	深孔	特深孔
深度范围	<300	300~1000	1000~3000	>3000

3) 岩石可钻性

《钻探工程名词术语》(GB 9151—1988) 中规定，岩石可钻性是岩石被碎岩工具钻碎的难易程度，即岩石的抗钻性能，与岩石的强度、硬度、弹塑性、研磨性和结构特征有关。

地质岩芯钻探岩石可钻性分级采用综合分级法，是以岩石物理力学性质和岩石局部抗机械破碎能力作为统一定级的基础，以岩石压入硬度为主，分为 12 个级别，见表 1-28。

表 1-28　地质岩芯钻探岩石可钻性分级

岩石可钻性级别	岩石物理力学性质			钻进时效指标 统计效率/(m·h^{-1})		代表岩石举例
	压入硬度/(kg·mm^{-2})	摆球硬度 弹跳次数	摆球硬度 塑性系数	金刚石	硬质合金	
1~4	<100	<30	>0.37		>3.90	粉砂质泥岩、炭质页岩、粉砂岩、中粒砂岩、透闪岩、煌斑岩
5	90~190	28~35	0.33~0.39	2.90~3.60	2.50	硅化粉砂岩、炭质硅页岩、滑石透闪岩、橄榄石大理岩、白色大理岩、石英闪长玢岩、黑色片岩、透辉石大理岩、大理岩
6	175~275	34~42	0.29~0.35	2.30~3.10	2.00	角闪斜长片麻岩、白云斜长片麻岩、石英白云石大理岩、黑云母大理岩、白云岩、蚀变角闪闪长岩、角闪变粒岩、角闪岩、黑云石英片岩、角岩、透辉石石榴子石矽卡岩、黑云白云石大理岩

续表1-28

岩石可钻性级别	岩石物理力学性质			钻进时效指标		代表岩石举例
	压入硬度/$(kg\cdot mm^{-2})$	摆球硬度		统计效率/$(m\cdot h^{-1})$		
		弹跳次数	塑性系数	金刚石	硬质合金	
7	260~360	40~48	0.27~0.32	1.90~2.60	1.40	白云母斜长片麻岩、石英白云石大理岩、透辉石化闪长玢岩、混合岩化浅粒岩、黑云角闪斜长岩、透辉岩、白云石大理岩、蚀变石英闪长玢岩、黑云母石英片岩
8	340~440	46~54	0.23~0.29	1.50~2.10		花岗岩、矽卡岩化闪长玢岩、石榴子石矽卡岩、石英闪长斑岩、石英角闪岩、黑云母斜长角闪岩、伟晶岩、黑云母花岗岩、闪长岩、斜长角闪岩、混合片麻岩、凝灰岩、混合岩化浅粒岩
9	420~520	52~60	0.20~0.26	1.10~1.70		混合岩化浅粒岩、花岗岩、斜长角闪岩、混合闪长岩、斜长闪长岩、钾长伟晶岩、橄榄岩、混合岩、闪长玢岩、石英闪长玢岩、似斑状花岗岩、斑状花岗闪长岩
10	500~610	59~68	0.17~0.24	0.80~1.20		硅化大理岩、矽卡岩、混合斜长片麻岩、钠长斑岩、钾长伟晶岩、斜长角闪岩、安山质熔岩、混合岩化角闪岩、斜长岩、花岗岩、石英岩、硅质凝灰质砂砾岩、英安质角砾熔岩
11	600~720	67~75	0.29~0.35	0.50~0.95		凝灰岩、熔凝灰岩、石英岩、英安岩
12	>700	>70	<0.20	<0.60		石英岩、硅质岩、熔凝灰岩

测定岩石可钻性的方法还有微钻法、破碎比功法、切槽法等，其指标也可作为确定岩石可钻性级别的参考。

4）钻探方法

（1）钻探方法的主要类型。

按机械破碎岩方式分，有回转钻探、冲击钻探、冲击回转钻探等；按碎岩工具或磨料分，有钢粒钻探、硬质合金钻探、金刚石钻探、复合片钻探、牙轮钻头钻探等；按获取岩芯的方式分，有提钻取芯、绳索取芯、反循环连续取芯取样等；按冲洗液类型分，有清水钻探、泥浆钻探、空气钻探等；按冲洗液循环方式分，有正循环钻探、反循环钻探、孔底局部反循环钻探等。此外，还有一些特殊的方法，如井底动力驱动钻探、定向钻探等，也可以是上述方法的组合。

地质岩芯钻探采用的主要钻探方法为硬质合金钻探、金刚石钻探（含绳索取芯钻探）、复合片钻探、冲击回转钻探、定向钻探、反循环连续取芯取样钻探等。

（2）确定钻探方法的基本原则。

①应满足地质要求和任务书（合同）确定的施工目的；

②在适应钻进地层特点的基础上，优先采用先进的钻探方法；

③以高效、低耗、安全环保为目标，保证钻探质量、降低劳动强度，争取好的经济和社会效益；

④适应施工区的自然地理条件。

(3)钻探方法的选择：

①针对主要岩层特点，依据岩石硬度、研磨性及完整程度，结合口径、钻孔深度等选定钻探方法。

②一般 5 级以下岩石选用硬质合金钻探方法；6 级以上岩石以金刚石钻探方法为主；金刚石复合片及聚晶金刚石钻探适用于 4~7 级和部分 8 级岩石；坚硬致密打滑岩层宜采用冲击回转钻探方法。依据岩石特性选择主要钻探方法，具体见表 1-29。

表 1-29　不同岩石特性及其对应的钻探方法

岩石特性	岩石硬度	软	中硬			硬			坚硬		
	岩石可钻性级别	1~3 级	4~6 级			7~9 级			10~12 级		
	岩石研磨性	弱	弱	中	强	弱	中	强	弱	中	强
钻探方法	硬质合金钻探	○	○	○	○						
	表镶金刚石钻探		○	○	○	○					
	孕镶金刚石钻探			○	○	○	○	○	○	○	
	冲击回转硬质合金钻探		○	○	○	○					
	冲击回转合金钻探					○	○	○	○	○	○
	聚晶、复合片钻探		○	○	○	○	○				
	空气潜孔锤钻探				○	○	○	○	○	○	○

③中深孔、深孔钻探为减少提钻次数，宜采用金刚石绳索取芯钻探方法；在坚硬破碎、坍塌、漏失复杂地层钻探，若钻孔深度适宜、条件具备，则推荐采用空气反循环连续取芯取样钻探方法；定向孔、多分支孔及孔斜治理宜采用定向钻探方法。

5)钻探工程质量

(1)岩矿芯采取率。

①根据勘查设计部门或合同要求，可全孔取芯、部分孔段取芯或全孔不取芯。

②在固体矿产勘探取芯孔段中，一般平均岩芯采取率应大于 70%，矿芯采取率及矿体顶底板 3~5 m 内的围岩采取率应大于 80%，有特殊要求时，按勘查设计书或合同的规定执行。进尺和岩矿芯长度，指在固体岩(矿)层中的实际进尺和取出的岩(矿)芯长度，除设计要求外，不包括废矿坑、空洞、表面覆盖物、浮土层、流砂层的进尺及取出物。

③岩矿芯的现场管理和保管工作应遵循《地质勘查钻探岩矿芯管理通则》(DZ/T 0032—1992)和《固体矿产勘查原始地质编录规程》(DZ/T 0078—2015)的规定。

(2)倾角和方位角测量。

①钻孔轴线的形态及空间位置的三维坐标由勘查设计确定，同时应给出实际轴线与设计轴线偏离的最大允许值。

②在钻进过程中，应系统测量倾角和方位角。所有钻孔开孔后 25 m 应测量一次倾角和方位角。

③直孔每钻进 100 m，应测一次倾角和方位角；斜孔每钻进 50 m，应测一次倾角和方位角；矿体顶、底板应加测一次倾角和方位角；定向和易偏斜钻孔，应适当缩短测量间距。施工单位应及时计算确定钻孔轴线的形态及空间位置。

④按勘查设计的方位角和倾角钻进。斜孔每钻进 100 m，方位角允许偏差为 1°~2°；直孔施工中每 100 m 倾角偏斜不应超过 2°，斜孔不应超过 3°，有特殊需要时，按勘查设计或合同要求执行。超差时应检查原因，校正仪器后再重测；如钻孔歪斜，其终孔位置一般不允许超过原设计要求线距的 1/4。超差严重，达不到设计目的时，应采取措施纠正和补救。

⑤在有磁性干扰的地层(含矿体)中，采用不受干扰的测斜仪测斜。各种测斜仪器在使用前应经过检查和校正。

(3)孔深误差验证。

①除主矿体(层)及终孔应进行孔深误差验证外，一般直孔每钻进 100 m，斜孔每钻进 50 m，换层、见矿均应验证一次。验证时应使用钢尺丈量，记录孔深与验证孔深产生的误差一般不允许大于 1‰，超过时要重新丈量并合理平差，钻孔编录地质人员应及时校正孔深。

②一般情况下，孔深误差在允许范围内，可不进行平差；验证误差小于 0.5 m 时，在最后 2 个回次中按回次进尺平差；验证误差大于 0.5 m 时，在最后 3 个回次中按回次进尺大小比例平差；若误差段内有矿体(层)，则按分层厚度加权平差。孔深验证若超出允许范围，应重新测量并找出原因，及时校正孔深。

(4)简易水文观测。

所有施工钻孔均应按规范要求进行简易水文观测。在钻进中如遇老窿、大裂隙、钻具突然下落、漏水、返水、涌水、溶洞、破碎带、气体涌出、油气显示、水温异常、严重坍塌、掉块等情况，应按要求进行记录。

(5)钻孔终孔前检查。

①根据钻进中地质情况的具体变化，随时研究确定加大或缩减原设计孔深。若设计孔深有改变，地质人员应填写“钻孔设计深度变更通知书”，并送施工单位及施工现场。

②钻孔即将终孔时，应检查修改后的勘查设计剖面图，研究和对照两侧剖面的地质情况，确认钻孔施工已经达到勘查设计目的，在穿过矿体底板 20 m 或一定深度后，经研究和判断深部已无新的发现，最后一次岩芯无矿化和蚀变现象，地质人员与项目技术负责人研究后，可通知施工单位终孔。

(6)封孔。

①临近终孔时，施工单位应根据地质人员提供的实际钻孔柱状图和水文地质人员提出的封孔要求，编写封孔设计，交机台实施。

②停钻后，应按设计要求进行封孔，并做好封孔记录。一般要求封孔水泥柱进入基岩的长度不应小于 5 m，矿体所在部位，矿体顶板以上 5 m、底板以下 5 m 应封孔。

③封孔时不应从孔口一次性倒入水泥，应用水泵注入水泥浆，从下往上依次封孔。凡使用泥浆钻进的钻孔，应在洗刷封孔部位的泥皮后，再进行封孔。

④根据设计要求，需要对封孔质量进行验证时，应进行透孔质量检查，透孔检查率为 5%~10%。若发现封孔质量存在问题，应重新进行封孔。

⑤当地质人员与水文地质人员没有提出特殊要求时，钻孔终孔后应起拔井口管，并在孔口中心处设立埋深不小于5 m的水泥标志桩(用水泥固定)。

⑥封孔后，机长应将钻孔封孔设计和封孔记录送交设计单位和施工单位存档。

1.2.3　化学分析样品的采取、制备与测试

1)基本要求

(1)样品的采取(采样)应具有代表性。采样的方法应根据采样目的，结合勘查手段、矿体规模和厚度、矿石结构构造、矿物粒度大小等因素确定；采样规格应通过试验或类比确定，样品质量应满足测试需要；严禁避贫就富或避富就贫选择性采样。

(2)化学分析、内部检查分析(简称内检)、外部检查分析(简称外检)，均应由取得计量认证资质的实验室进行。外检应由取得国家级计量认证资质的实验室承担。

2)样品的采取和分析项目

(1)定性半定量全分析。

为了解矿(岩)石的元素(组分)组成及其大致含量，应进行矿(岩)石的定性半定量分析。普查、详查和勘探阶段矿石性质有较大变化时，应在矿体的不同空间部位、不同类型(或品级)的矿石中以及某些围岩、蚀变带等可能的含矿岩石中，单独采取或从基本分析副样中采取定性半定量全分析样，采用适宜的分析方法进行定性半定量全分析，为确定化学全分析、组合分析，甚至基本分析项目提供依据。

(2)化学全分析。

为准确查定矿石中的各种组分(痕迹除外)及其含量，应进行化学全分析，分析结果中各组分的总含量应接近100%。从普查阶段开始，通常在定性半定量全分析的基础上，对主要矿体，分矿石类型(或品级)单独采取或从组合分析副样中采取有代表性的化学全分析样品，采用适宜的分析方法进行化学全分析，为研究矿石的物质成分、化学性质，确定基本分析和组合分析项目提供依据。

(3)基本分析。

为查明矿石中有用组分和某些有害组分含量及其变化情况，应进行基本分析，作为圈定矿体、估算资源量的主要依据(铀矿除外)。样品的采取和分析项目要求如下：

①在各项探矿工程中，应对矿体按矿石类型和品级连续采样。对于夹石和紧邻矿体的顶底板围岩，一般应连续采样(控制样)，以控制矿体与夹石和围岩的界线，查定夹石和围岩混入对采出矿石加工选冶技术性能的影响。

②基本分析取样的样品长度应根据矿体与围岩和夹石的关系(渐变或突变)、矿体的厚度、基本分析组分含量的变化情况、相应矿床工业指标中矿体最小可采厚度和夹石剔除厚度合理确定，并尽可能等长，保证有效剔除夹石，合理圈定矿体。

③槽探、井探、坑探工程中通常采用刻槽法采样，钻探岩矿芯一般采用1/2锯(切)芯法取样，空气反循环钻探工艺采取岩粉(屑)样。通过试验也可以选择其他具有代表性的方法采样。刻槽样的槽断面规格应根据矿化均匀程度、矿石的矿物成分变化程度、矿石结构、矿石物理性质差异等，通过试验确定。穿脉坑道一般在一壁腰线连续取样，矿化不均匀时可在两壁取样，沿脉坑道在掌子面或顶板取样，样品间距视矿化均匀程度而定。岩矿芯锯(切)芯法取样应尽可能使用金刚石刀具分取，对不同回次岩矿芯直径不同的或相邻回收采取率相差较

大的要分别取样。

④基本分析项目一般为矿化主要组分。综合工业指标中涉及的各种组分均应列入基本分析项目。共生有用组分一般应列入基本分析项目。

(4)组合分析。

为系统查定矿石中伴生有用、有益、有害组分和某些共生组分的含量及其在矿体中的分布规律，应进行组合分析，以此作为评价伴生有用组分和某些共生组分的综合利用价值、有益有害组分对矿石加工选冶性能和矿产品质量的影响程度以及估算伴生矿产和某些共生矿产的资源量等的依据。组合分析样品的采取和分析项目要求如下：

①应按矿体、分矿石类型(或品级)从基本分析副样中提取，一般按工程或块段，也可视情况按剖面、中段，甚至矿体，依样长代表的矿体真厚度的比例进行组合(钻探工程取样，按工程组合时，也可依样长比例组合)。

②单个组合分析样品质量一般为200~400 g，其中1/2作为副样保存，1/2作为正样送测试。

③组合分析项目根据基本分析、定性半定量全分析、矿石化学全分析结果，结合矿床地质特征及矿石加工选冶技术性能确定。为了解伴生组分与主要组分之间的关系，基本分析项目也应列入组合分析项目。

(5)物相分析。

为查定矿石中有用、有益、有害组分的赋存状态、含量、分配率和矿石矿物的嵌布特征，应进行物相分析，以此作为划分矿石的自然类型和工业类型，以及评价矿石的质量、研究矿床自然分带的依据。物相分析样品的采取要求如下：

①一般自地表向下或沿断层、构造破碎带取样，直至确定原生带，但当有用组分的赋存状态对原生矿石的加工选冶技术性能影响较大时，也需在原生带内取样。

②一般应专门采取，符合分析质量要求时，也可在基本分析副样中提取。采样与分析必须及时进行，以免样品氧化影响质量。

(6)单矿物或人工精矿分析。

为查明稀散元素和贵金属元素的赋存状态、分布规律、含量及其与主金属元素的关系，应进行单矿物或人工精矿分析。

单矿物或人工精矿分析的样品一般在实验室内用各种物理分选方法获得。采集地点和数量应按实际需要确定。用于估算矿产资源量时，可按工程或块段采集组合样。

(7)硅酸盐分析(岩石化学分析)。

为研究区内元素迁移规律、岩石成因及岩相，以研究岩石与成矿的关系，应进行硅酸盐分析。岩石或矿体围岩的硅酸盐样品经薄片鉴定认为具有代表性时，方可进行硅酸盐分析。研究物质的带进或带出情况时，应以相同体积的氧化物质量进行对比，在进行分析前需测定样品的体积质量。

(8)岩石有害组分分析。

为查定围岩和夹石中的有害组分及其含量，评价矿山开采过程中对生态环境可能造成的影响，应制订相应的防治措施，进行岩石有害组分分析。

详查阶段应按围岩和夹石的岩性，采取一定数量的岩石有害组分分析样，对岩石中有害组分进行分析，为确定围岩和夹石中可能对环境造成影响的有害组分提供依据。勘探阶段应针对含有害组分的围岩和夹石，选择围岩和夹石种类多、代表性强的加密钻孔，对各种含有害组分的围岩和夹石进行岩石有害组分分析，为评价围岩和夹石中有害组分对环境的影响提供依据。

3）样品的制备

样品的制备一般采用逐级缩分或联动线流程。无论采用哪一流程，均应按切乔特经验公式进行缩分，制备全过程中，样品的总损失率不应大于 5%，每次缩分误差不应大于原始质量的 3%。

4）分析质量检查

（1）化学分析的内检主要是为了检查样品制备和分析的偶然误差；外检主要是为了检查样品分析的系统误差。凡参加矿体圈定、资源量估算的基本分析、组合分析结果，均需进行内、外检；物相分析结果应酌量进行内、外检。

（2）基本分析、组合分析结果的内、外检应分批、分期进行。内检样品从基本分析或组合分析样品的粗副样中抽取，并应包括可能为特高品位的样品，基本分析内检样品的数量应不少于基本分析应抽检样品总数的 10%，当应抽检样品数量较多或大量测试结果证明质量符合要求时，内检样品数量可适当减少，但不应少于 5%；组合分析内检样品的数量应不少于组合分析应抽检样品总数的 5%。外检样品从内检合格样品的正余样中抽取，一般为参加资源量估算的相应原分析样品总数的 5%，当参加资源量估算的原分析样品数量较多时，外检比例可适当降低，但不应小于 3%。各批（期）次样品的内、外检合格率均不应低于 90%。

（3）当外检合格率不符合要求或原分析结果存在系统误差，而原测试单位和外检单位不能确定误差原因，或者对误差原因有分歧时，应由原分析（基本分析、组合分析）单位和外检单位协商确定仲裁单位，进行仲裁分析，根据仲裁分析结果进行处理。

1.2.4　岩（矿）石物理技术性能测试样品的采集与测试

详查、勘探阶段应测试岩（矿）石或土体的物理技术性能。测试样品的采集应具有代表性，重点放在矿体及其上下盘，能反映出各种岩（矿）石或土体主要特征。采样与测试的项目一般包括：岩（矿）石或土体的体重、湿度、孔隙度、松散系数；矿体顶底板围岩和矿石抗压、抗剪、抗拉强度等。

体重样应按矿石类型和品级分别采取，在空间分布上和数量上具有代表性。小体重样品应在野外蜡封，每种主要矿石类型或品级的样品数量不少于 30 件。对疏松或多裂隙孔洞的矿石（如氧化矿石、风化壳型矿石等），还应按矿石类型或品级各采取 2～5 件大体重样品，测定大体重值，用于校正小体重值或直接参与矿产资源量估算。金属、非金属矿石小体重样品的体积一般为 60～120 cm^3，大体重样品的体积一般不小于 0.125 m^3。测定矿石体重应同时测定样品的主元素品位、湿度和孔隙度（氧化矿石），当体重值与某元素的含量有相关性时，为通过相关性研究体重值的代表性或间接确定体重值，还应测定该元素的品位；当湿度大于 3%时，应对体重值进行湿度校正。普查阶段确实不具备采样条件时，体重样的数量可根据实际情况确定。

1.3　矿石选冶试验采样设计

1.3.1　矿石选冶试验

矿产勘查阶段和矿山建设前期的矿石选冶试验是一项重要的基础研究工作，其目的是为合理确定矿石的选冶加工工艺，制订工业指标和选冶设计、评价矿床技术经济指标提供依据。

矿石选冶试验包括选矿试验和冶炼试验。凡是原矿有用组分含量低，或采出矿石须经选矿之后才能获得满足冶炼要求的，都必须进行与矿石性质复杂程度相当的选矿试验。对原矿品位高，可直接冶炼的矿石，或目前的选矿方法不能获得良好回收效果的某些矿石(如硅酸镍矿、钒钛磁铁矿等)，以及某些不经过选矿直接进行冶炼即可获得良好效果的矿石(如水冶方法处理离子吸附型稀土矿石等)，往往需要进行冶炼试验。

1.3.1.1 阶段划分

矿石选冶试验按试验程度(试验深度、广度和规模)分为可选(冶)性试验、实验室流程试验、实验室扩大连续试验、半工业试验和工业试验五类。

1)可选(冶)性试验

矿石可选(冶)性试验是指利用实验室非连续的小型试验设备，进行分批分类的条件试验。试验采用通常认为具有工业意义的选冶方法和常规流程，在一个具备矿物解离或适宜的加工粒度范围内，用物理分离或化学药剂提取方法来获得最终产品。由于试验过程中除机器运转外还辅以人工操作，其试验精度随试验人员的技巧和操作的熟练程度不同而有所不同，因此试验结果随机性较强、模拟度较低，其获得的技术指标一般高于较大规模的试验。

可选(冶)性试验目的是初步评定矿石的可选(冶)性及工业利用的可能性，以判别试验对象是否可作为工业原料。试验内容有：①确定矿石矿物组成及其化学成分；②初步确定有用组分的选冶方法和可能达到的指标(精矿品位、尾矿品位、回收率等)，以及伴生有益或共生有用组分综合利用的可能性。

2)实验室流程试验

实验室流程试验是指利用实验室非连续的小型试验设备来试验工艺流程。流程中作业间的串联和衔接是靠人工完成的，流程的平衡不是动态的自然平衡，往往间或插入某些技术处理。这样可由机器和人工结合变为若干不同结构的流程和相应的技术指标，从中得到比较理想的流程和指标。

实验室流程试验的目的是进一步确定矿石的加工工艺、合理流程和技术经济指标。试验内容有：①详细确定矿石的矿物和化学组成、矿石结构构造、矿物嵌布特征及其共生关系，单矿物解离度及其连生体的特征、矿物粒度组成和比表面；矿石的物理和化学性质，有用组分和有害杂质的赋存状态，以各种化合物存在的某种物质的含量等。②确定矿石的工艺性质：粒度、密度、摩擦角、堆积角、可磨度、硬度、水分、比磁化率及表面性质等；③确定合理的选矿方法及工艺流程，考虑综合回收方法。④确定混合处理不同自然类型矿石的可能性和混合比例。⑤提出工业矿物选矿指标及其产品中综合利用组分的含量指标。

3)实验室扩大连续试验

实验室扩大连续试验是指利用实验室扩大连续或扩大的设备，对实验室流程试验推荐的工艺流程进行扩大连续试验或扩大试验。实验室扩大连续试验是对实验室流程试验推荐出的一个或数个流程，串组为连续性的、类似生产状态的操作条件，试验因素和指标都是在动态平衡中反映出来的。试验在绝大部分情况下是局部流程的连续，试验是在“动态”中实现给料、供水、给药和产品数量及质量的平衡，其动态达到平衡后维持操作时间 24~72 h。扩大试验规模应为实验室流程试验的 10 倍以上，且不低于 5 组平行试验或 5 个周期。这类试验一般已具有一定的模拟度，其成果是较可靠的。

矿床开发出现下述情况，一般应进行实验室扩大连续试验：①矿石物质成分比较复杂、难选；②缺乏选(冶)试验经验的新矿石类型；③已做实验室流程试验指标满足不了矿床地质经济评价的要求，或已做实验室流程试验资料满足不了新矿山设计的要求；④生产矿山的矿石性质发生变化致使已有选矿设施效果不佳的。

实验室扩大连续试验的目的是针对前一阶段已做试验所推荐的工艺流程和选矿指标进行校核和验证，或进行新工艺流程的探索。试验内容有：①矿石的物质组成和物理化学性质的研究，若经小型探索性试验检验，证明与原实验室流程试验的矿石性质基本相同，可不重做试验，只需做光谱分析、化学分析、物相分析即可，必要时在原有基础上做若干补充项目；②试验的选别方案和流程，应按矿石性质和原有实验室流程试验推荐的选别方案、流程和条件拟定。若矿石性质与原有实验室流程试验样有出入，必须做补充校核试验和调整。

4) 半工业试验

半工业试验是在专门的试验车间或试验工厂进行的较大规模工业模拟试验。它是在生产型设备上，按生产操作状态做的试验，达到动态平衡后，连续稳定运转时间一般在 72 h 以上，对重选、磁选等无返回作业的工艺流程，连续运转时间可少于 72 h，返回作业多的闭路流程试验应超过 72 h，所获数据包括试验条件和流程指标才具有较高的可信度。半工业试验一般在下述情况下进行：①矿床金属资源储量大，无生产经验可借鉴，生产厂矿属中、大型，基建投资大，原矿品位低；②矿石有用组分多，矿物嵌布粒度细，伴生关系复杂，矿物分离困难；③需采用新设备和新工艺。

由于矿石选冶工艺流程复杂，在实验室试验中难以充分查明工艺特性及设备的某些关键环节，而且可能因这些技术环节的可靠性不大而影响技术指标，为解决这些问题，须通过半工业试验来提高试验的模拟程度。半工业试验一般是作为建设前期的准备而进行的试验，它为新建选冶厂设计提供依据。

半工业试验要求在模拟生产操作状态的条件下进行，要求其设备处理矿石量一般要达到：选矿 10～20 t/d；火法冶金 50～100 t/d；湿法冶金 2～10 t/d。

5) 工业试验

工业试验是指在工业生产现场进行的试验。试验范围包括单机试验、局部作业试验、全流程试验。它是借助工业生产装置的一部分或一个至数个系列性能相近、处理量相当的设备，进行局部或全流程的试验。它与半工业试验一样，是在岗位操作正常的状态下取样，获取必要的数据来完成试验任务。一般的工艺流程或单项技术工业试验为 5～7 d，复杂的工艺流程或单项技术工业试验为 10～15 d，如果对复杂工艺流程进行全流程的生产考核试验，有时时间增至半年左右。工业试验一般在下述情况下进行：①新设备需在现场考察定形，设计新型选冶厂；②改造已生产的选冶厂。

工业试验的目的是：确定矿石性质极为复杂的大型选矿厂的工艺流程和技术指标；验证工艺流程和技术指标的合理性；作为采用新设备、新工艺的依据。工业试验的数据资料，作为矿山设计建厂和生产操作的基础和依据。

工业试验要求按生产操作状态进行，试验内容、深度以及操作技术条件都应与实际的生产情况尽量一致。

1.3.1.2　程度要求

随着矿产勘查、矿山建设和生产工作的逐步进行，对矿床地质特征和矿石特征认识的不断加深，需要分阶段逐步扩大矿石选冶试验的广度(有用组分的富集方法、途径和效果)、加大试验的深度(可靠的选别流程及精确的试验指标)和规模，以便使试验程度和矿产勘查及矿山生产建设各阶段要求相适应。由于各阶段的试验内容和深度不一，对试验样品的要求也各不相同，因此，试验及采样工作均应按要求进行。

1)矿产勘查时期的试验

矿床勘查阶段的矿石选冶试验及其样品的采取，由地质勘探部门负责进行。其中的采样设计亦可委托矿山设计部门进行。矿石选冶试验可根据矿石性质复杂程度，分阶段逐步进行。各阶段矿石加工选冶技术性能试验研究程度见表1-30。

表1-30 矿产勘查各阶段矿石加工选冶技术性能试验研究程度要求

勘查阶段	矿石加工难易程度	矿床规模	工艺矿物学研究	矿石加工选冶试验研究	物化性能测试研究
普查阶段	易选矿石	大、中、小型	基本研究	类比研究	初步测试研究
	较易选矿石	中、小型	基本研究	类比研究	初步测试研究
		大型	基本研究	可选性试验	初步测试研究
	难选矿石	大、中、小型	基本研究	可选性试验	初步测试研究
详查阶段	易选矿石	小型	基本研究	类比研究(必要时进行可选性试验)	基本测试研究
		大、中型	基本研究	可选性试验(必要时进行实验室流程试验)	基本测试研究
	较易选矿石	中、小型	基本研究	可选性试验(必要时进行实验室流程试验)	基本测试研究
		大型	基本研究	实验室流程试验	基本测试研究
	难选矿石	中、小型	基本研究	实验室流程试验	基本测试研究
		大型	详细研究	实验室流程试验(必要时进行实验室扩大连续试验)	详细测试研究
勘探阶段	易选矿石	小型	详细研究	可选性试验(必要时进行实验室流程试验)	详细测试研究
		大、中型	详细研究	实验室流程试验	详细测试研究
	较易选矿石	中、小型	详细研究	实验室流程试验	详细测试研究
		大型	详细研究	实验室流程试验(必要时进行实验室扩大连续试验)	详细测试研究
	难选矿石	小型	详细研究	实验室流程试验	详细测试研究
		大、中型	详细研究	实验室扩大连续试验(资源量规模为大型，必要时进行半工业试验或工业试验)	详细测试研究

注：普查阶段的新类型矿石在工艺矿物学基本研究的基础上，一般进行可选性试验或物化性能初步测试研究。大型矿床的新类型矿石，必要时进行实验室流程试验或基本测试研究。

2) 矿山筹建过程中的试验

矿山建设前期，若发现已做的矿石选冶试验不能满足选冶厂设计要求，应进一步开展深度更大的矿石选冶试验(实验室扩大连续试验、半工业试验，以至专门建立试验厂进行半工业或工业试验)。

3) 矿山生产过程中的试验

在矿山生产过程中，如进行选厂扩建、改建，或进行流程改造、采用新的选矿设备或工艺，需要在车间或试验厂进行半工业或工业试验。生产矿山深部、外围勘查区新发现的矿体，应根据矿石工艺矿物学研究结果与生产矿山相关资料进行对比分析。对于矿石性质总体一致，能利用已有加工选冶设施处理矿石的，小型资源量规模的，可进行类比研究；大、中型规模的矿床，普查阶段可类比研究，详查及以上阶段应采用矿山现行加工选冶工艺流程进行实验室验证试验，必要时进行可选性试验研究。若矿石性质总体不一致，则按不同勘查阶段要求，开展相应的试验研究工作。

作为矿山建设设计依据的，不论规模大小，矿石加工选冶技术性能研究原则上应达到勘探阶段相应程度要求。

1.3.2　采样设计

1) 目的与任务

编制采样设计的目的是采出满足试验要求的代表性试验样品。其主要任务是根据试验对矿样代表性和质量的要求，结合矿床地质条件和矿石性质特征，确定试验样品的采取位置、数量、品位，确定采样方法和措施，估算采样费用，同时对采样施工、样品包装和运输等作业提出相应的要求。

2) 条件与资料依据

(1) 采样设计的条件。

①采样设计委托书(合同)已经签订。

②试验的种类和要求已经确定。

③试验对矿样的种类、件数、质量和品位等要求已经明确。

④应具备与试验阶段或深度要求相当的矿床地质勘查程度。

(2) 采样设计的资料依据。

①采样设计的主要资料依据是地质勘查成果。其资料应与前述的试验阶段所要求的地质勘查程度相适应。

②矿山开采规划或设计资料。其资料应视编制采样设计时所处的具体条件而定，如在勘探阶段，应尽可能取得矿山规划的有关资料；在矿山筹建阶段，应尽可能取得可行性研究或方案设计的有关资料。

③试验研究资料：一般包括岩矿鉴定、物相分析、单矿物分析等资料，以及已进行过的选冶试验成果资料。

④其他技术经济资料：一般应收集有关的工程造价、取样、编录、化验等指标和单价，以及矿样运输距离及运价和包装费用等资料。

3) 内容与深度要求

(1) 采样设计的主要内容。

①矿样种类和件数的确定。

②矿样量和代表性确定。

③采样点布置和配样计算。

④采样方法和样品制备要求。

⑤采样施工、矿样包装和运输要求。

⑥采样工程概算。

⑦采样设计说明书编写。

(2)采样设计的深度要求。

①采样设计必须目的明确，需求具体，以满足采样施工各环节工作的需要。

②采样设计应以保证矿样代表性为中心，制订和选择最佳采样方案，并制订出采样的具体措施。

③在采样点布置、采样方法和配样方法等重要技术问题上，尽可能进行两个以上的方案对比，择优选定。

④为保证采样质量和提高效率，还应对矿样配制、化验检验、包装和运输等工作环节提出技术要求。

⑤采集矿样量较大的样品时，应在设计中编制采样进度计划。

⑥对大型工业试样采集，应根据采样施工单位的具体情况，必要时增列部分采、运施工设备。

⑦对新开凿的专门采样工程，应做好单体设计。

⑧对供给专门试验厂用的采样设计，应附具体的矿样开采方法要求和供矿计划。

⑨采样工程费用概算的项目要全、数据要准。

1.3.3 采样设计文件编制

1.3.3.1 矿样种类和件数的确定

1)矿样种类确定

矿样种类是指在具体矿床的采样过程中，所需要采集的不同性质矿石试验样品的类型，一般可分为单样和混合样两类。单样，即同一性质或同一矿石自然类型的样品作为一个试样，混合样就是不同自然类型或不同性质的样品混合为一个样。矿样的种类需要在采样设计时首先确定，以指导设计的顺利进行。

①矿样种类根据矿床地质特征、矿化规律、矿石自然类型及其分布情况，结合矿床开采和试验的具体要求加以确定，并应与矿山生产时需要加工处理的原矿性质尽可能一致。

②不同的矿石自然类型或工业类型，当其各具一定规模、分布有一定规律，而且可能进行分别开采，也要求分别试验时，应分类型单独采取试验样品。

如不同性质和类型的矿石不能分别开采时，即使分选可能会获得更好的回收效果，也只能采出混合样进行试验，但混合样品中各类型的资源量比例应与所代表的原始情况一致。

如前阶段的试验也已证明，各自然类型的矿石可用同一选矿流程处理，并可获得良好效果，此时就不必再分别采取单样，只需按这几种自然类型比例采取混合样品。

存在分采与混采两种可能时，只要采样条件允许，均应按矿石自然类型先采出单样，以便在进行探索性试验的基础上再行确定矿样的分合问题。

③对于新类型矿石，原则上都应当采取该类型的单样进行试验。

2)矿样件数确定

矿样的件数，即同一种性质的矿样个数，或选矿试验所需要的样品个数，它与矿样的种类相关，并应与试验的任务要求一致。矿样件数的确定要符合矿床地质条件、矿体产出特征和所具备的采样条件，一般有下列情况：

①通常同一种类的矿样(单样或混合样)只需采集一件样品。

②矿体厚度大，矿化呈渐变关系，矿化与围岩界线不清时，为合理制订工业指标和给矿床地质经济评价提供依据，应尽可能地按照3~5个品位梯度，分别采取矿样并分别进行探索性试验。

③在露天开采剥离范围内存在数量较大的低品位矿石时，为评价其开采利用的可能性，应单独采取低品位矿样进行试验。

④当近矿围岩或夹层中含有贵重、稀有元素和其他有益组分或共生矿产时，应单独采取围岩或夹石样进行试验。

⑤当矿体规模很大或矿石性质沿矿体走向(倾向)呈规律性变化时，应根据已具备的采样施工条件，按照试验性质的要求，分别采取代表全部矿体的矿样和前期开采地段的矿样。

各类矿样件数的确定，都要有利于试验的深入进行和资源的充分利用。对采取的每件矿样均应留足备用样品，以满足质量检查、配样和试验返工的需要。

1.3.3.2　矿样质量和代表性的确定

1)矿样质量的确定

矿样质量，即同一试验种类矿样的采集总质量。它取决于选矿试验的种类、试验设备的能力、试验连续运转的时间、矿石性质的复杂程度和采样的施工与运输条件等。矿样质量一般由试验单位按满足试验要求的需要提出。但是，试验单位提出的矿样质量要求往往与实际采出的矿样质量有一定差距，而且还需要根据矿床地质特征、矿石性质及具体的采样条件，在采样设计时进行认真研究加以确定。不同矿石类型和不同选冶方法试验所需矿样质量的参考数据详见表1-31。

在编制采样设计时，为保证选冶试验所需的矿样质量，还应考虑加工、化验、装运损耗、最终配样及备用等因素，需要采集一定比例的备用矿样。可选性和实验室规模试验矿样的原始质量，一般为最终矿样(送试验单位的矿样)质量的两倍左右；半工业和工业试验矿样的原始质量，应为试验所需矿样质量的1.1倍左右。

2)矿样代表性的确定

矿样代表性是指从矿石总体中采出的矿样所能反映矿石本身性质的真实程度。矿样代表性一般应考虑以下几方面。

(1)矿石化学成分代表性。

矿石化学成分的代表性，是指矿样中的主要有用组分(化学元素或矿物)的种类和含量(品位)、伴生有益组分和有害杂质的种类和含量，要能充分反映矿床内矿石的化学组成及其分布特征，并做到与采出或入选加工的矿石情况基本一致。其要求是：

①矿样中有用和伴生有益组分及有害杂质的种类，应与矿床内这些组分的赋存状态、共生关系及其分布特征相一致。

表 1-31 选冶试验所需矿样质量参考表

试验种类	矿石类型	选冶方法	矿样质量	备注
可选（冶）性试验	单一磁铁矿	磁选	50～100 kg	判别试验对象是否可作为工业原料
	赤铁矿及有色金属矿	浮选、焙烧 磁选、重选	100～300 kg	
	多金属矿	浮选、磁浮联合选	300～500 kg	
	多金属矿	重选	500 kg 以上	
	易选锰矿		100～200 kg	
	难选锰矿		300～400 kg	
	铬铁矿		100～200 kg	
	铝土矿	烧结法、拜耳法	100～200 kg	
实验室流程试验	单一铁矿	磁选	200～400 kg	通常作为地质矿产评价的主要依据。对一般矿石，可作为矿床开发初步可行性研究和制订工业指标的基础；对易选矿石，在满足矿山设计所需基本参数的条件下，可作为矿山设计依据
	赤铁矿及有色金属矿	浮选、焙烧、磁选	500～1000 kg	
	赤铁矿及有色金属矿	重选	2000～3000 kg	
	多金属矿	浮选、磁浮联合选	1000～1500 kg	
	多金属矿	浮选、浮重联合选	2500～4000 kg	
	难选氧化金属矿	浮、冶或浮、磁、重联合选	4000 kg 以上	
	易选锰矿		300～500 kg	
	难选锰矿		500～1000 kg	
	铬铁矿		300～500 kg	
	铝土矿	烧结法、拜耳法	300～500 kg	
实验室扩大连续试验	一般矿石或难选（冶）矿石		5000～25000 kg	一般情况下可作为矿山设计依据，对难选矿石，仅能作为矿床开发初步可行性研究和制订工业指标的基础资料和依据
半工业试验	难选（冶）复杂矿石（大、中型选冶厂）	一般选矿	按试验设备处理量确定 10～20 t/d	一般作为建设前期的准备而进行的试验，供矿山设计使用
		火法冶金	50～1000 t/d	
		混法冶金	2～10 t/d，一般 5000 t 以上	
工业试验	矿石性质相当复杂（大型选冶厂）	各种工业性选冶	按试验厂规模确定，一般多达 1000 t	可作为矿山设计和生产操作的基础及依据

②矿样有用组分的品位，应能代表采出或入选矿石的品位，应在矿石地质品位（平均品位）的基础上，考虑开采过程中的废石（或夹层）混入的影响，使矿样品位与采出矿石的品位基本一致。其基本要求是：

$$\alpha_k=(1-\sigma)\alpha_y \tag{1-1}$$

$$\alpha_y=\alpha_d(1-\rho)+\alpha_f\rho \tag{1-2}$$

式中：α_k 为设计的采出矿石品位，%；α_y 为矿样中主要有用组分平均品位，%；α_d 为矿石主要有用组分地质平均品位，%；α_f 为围岩或夹层（石）主要有用组分平均品位，%；σ 为采样允许相对误差（详见表 1-32），%；ρ 为废石混入率（露天开采一般取 5%～10%，地下开采一般为 10%～20%），%。

表 1-32　采样允许误差参考表

单位：%

组分含量	允许相对误差	允许绝对误差
>45	2	1
30～45	2～3	1
20～30	3～5	1
15～20	2～3	0.5
10～15	3～5	0.5
5～10	5～10	0.5
1～5	4～20	0.2
0.5～1	10～20	0.1
0.1～0.5	10～20	0.02～0.03
0.05～0.1	10～20	0.01
0.01～0.05	10～20	0.002～0.005
<0.01		0.001

注：一般有色金属矿床，相对误差取值为-15%～+15%，并以大于-15%、小于或等于 0 的效果为佳。

为了使采出矿样的品位分布及其平均品位能全面反映矿床内原地矿石的品位分布，一般在采样设计之前，应做好矿石不同品位区间样品分布频率的统计工作，编制统计表或直方图，再将不同区间组合成设计所需的品位，为样点设计打下基础，避免只采接近设计矿样品位（α_k）的样品。

③样品的伴生有益组分和有害杂质含量的代表性，原则上也应与主要有用组分要求相同，即做到与采出矿石基本一致。当矿石化学成分复杂（如多金属矿，有用、有益组分种类较多）或伴生有益组分和有害杂质含量较低时，则应以保证主要有用组分的品位要求为准，其他组分的含量要求可适当放宽，有害杂质含量误差以取正误差为佳。

（2）矿石矿物成分及结构构造的代表性。

①矿样的主要金属或工业矿物的种类、含量、共生组合特征应与原矿一致。同时，矿样中的脉石矿物种类和含量比例，亦应与原矿基本一致。

②对某些分散程度较高的稀有金属（如钽铌等），为查明它们在矿石中的赋存状态和实际的选矿回收效果，应在做好这些金属矿物及含这些金属的其他矿物（包括次要矿物、脉石矿物）的矿物含量统计及金属平衡工作的基础上，使采出的矿样与原矿的情况基本一致。

③为使矿样与采出矿石的实际情况更加接近，采样设计时应按废石混入率的要求，采集部分近矿(顶底板)围岩或夹层(石)掺入矿样之中。

④采出矿样的矿石结构、构造、矿物粒度和嵌布特征，应与原矿基本一致。同时，采出矿样的矿石物理性质，包括硬度、湿度、风化程度、含泥率等，亦应与所代表的原矿基本一致。

(3)矿石类型和品级代表性。

①若采样设计时矿石的工业类型尚未划定，则应按各矿石自然类型考虑矿样的代表性，做到各自然类型的矿样质量比例与其所代表的资源量类型比例一致。

②若采样设计时矿石工业类型已经划定，则矿样的代表性应按工业类型考虑，并做到同一工业类型的矿样中，各矿石自然类型的质量比例与其代表的各类型资源量比例一致。

③不同技术品级的矿样，应分别代表其性质(包括有用组分的品位、有害杂质的种类和含量等)，并在设计时考虑分别采样的要求和措施。

(4)各阶段试验对矿样代表范围的要求。

①地质勘查各阶段的选冶试验，一般要求矿样能够代表整个矿床(或矿体)。

②矿山筹建阶段的选冶试验，其主要目的是为选冶厂设计提供资料依据，因此，多要求矿样能代表矿山开采前期地段的矿石性质。对于有色金属及非金属矿山，其矿山筹建阶段的选冶试验要求矿样能代表矿山生产初期 5 年以上的矿量分布范围；对于黑色金属矿山，则以能代表近期 5~10 年的矿量分布范围为佳。

③在矿山生产阶段的试验中，其矿样能代表多少矿量的分布范围需视具体情况而定，一般要求能代表该类型矿石的整个分布范围。

1.3.3.3 采样点布置和配样计算

1)采样点布置

正确选择矿样的采样点，是保证矿样代表性的关键。采样设计时，在对矿床地质条件综合研究的基础上，应充分考虑矿石复杂程度、矿样种类、件数、质量及代表性等要求和采样施工条件等因素，做好方案对比，合理地确定采样点数和采样点的具体位置。

(1)采样点数的确定。

①采样点数的多少应以满足矿样代表性和总质量要求为准。一般要求每种矿石类型或品级都应有 3~5 个采样点。在能保证矿样有充分代表性的前提下，采样点数以少为佳，当同一采样点所能采集的样品不能满足要求时，应补充新的同类型矿石的采样点。

②为保证采样设计和施工的顺利进行，应布置一定数量的备用采样点。一般要求备用采样点数占总采样点数的 20%~30%。通常应考虑高品位机动样和低品位机动样，以备送到选矿试验单位的样品品位不符合设计品位时作为配样使用。

(2)采样点位置的确定。

采样点位置，应根据探矿工程(坑道、钻孔、浅井或槽探)编录资料，结合现场地质观察情况确定，最终应编制样点分布图。在确定采样点位置时，应考虑以下因素：

①采样点应大致均匀地分布于矿体或采样设计所代表的一定开采年限的矿量范围内，并以矿量集中的部位和近期开采的地段为主。

②应充分利用已有的勘探或采矿工程，并选择其中对矿石类型和技术品级揭露最完全的工程为主要采样布点对象，尽量避免重新开凿专门的采样工程。当矿石性质变化大，在已有工程布点受到局限而不能保证矿样的代表性或质量要求时，应结合探矿或今后开采需要，适

当设计专门的采样工程(包括采样坑道和大口径采样钻孔等)。

③采样点布置时，还应充分考虑采样施工和运输条件。

(3)采样点分布图的编制。

采样点分布图包括平面图和剖面图。其主要内容包括：

①坐标线、地形线及标高；

②地质界线和矿体边界；

③矿体及块段编号；

④矿石类型或品级界线；

⑤资源储量类型界线；

⑥探矿工程位置及编号；

⑦每个样点的位置编号及采样量；

⑧每个样点所在位置的原地质样号、样长、品位、矿芯采取率等；

⑨备用样点的位置及编号。

2)配样计算

配样计算是采样设计的一项重要内容，其目的在于按照采样设计的品位要求，确定各采样点的采出矿样质量，为采样施工提供直接的依据。

(1)配样计算步骤。

①根据确定的矿样质量，按照各矿石自然或工业类型、不同品位区间所占的百分比，计算出各品位区间应采集的矿样质量。

②根据样点分布图上初步选定的采样点的品位，按上述各采样点的分配质量，用质量加权法计算出整个矿样的主要有用组分平均品位。如与采样设计要求的平均品位相差较大时，部分地改变采样点或改变某些采样点的质量采样。如此反复调整，直至按各采样点的取样量能达到设计品位要求为止。

③上述工作完成后，再用同样的方法计算拟采矿样的伴生有益组分和有害杂质的平均含量(如无此数据，则须进行适当的补充化验分析)，并视伴生有益组分的价值高低和有害杂质对开采产品方案选矿工艺、产品质量的影响大小，选择主要的组分按设计的平均含量要求进行衡量。如其误差基本达到要求，则可通过；否则，还要对设计的部分采样点的位置和矿样进行相应的调整，做到在保证主要有用组分的品位及其性质是有代表性的前提下，伴生组分的含量基本满足要求。

(2)配样计算方法。

①常规配样计算。配样的常规计算，一般采用各采样点的应采出矿样质量加权法，也常采用厚度加权法。两种方法的计算原则、步骤相同。矿样质量加权法计算过程如下：

第一，当围岩不含矿，并且采样时用“内贫化”(即采样时用的自然贫化方式，而不是按比例专门采集废石混入其中)方式，其矿样配制的平均品位计算公式为

$$\alpha_c = \frac{\sum_{i=1}^{n}(1-\rho)\alpha_i Q_i}{\sum_{i=1}^{n} Q_i} \tag{1-3}$$

式中：α_c 为矿样平均品位，%；α_i 为第 i 个采样点地质品位，%；Q_i 为第 i 个采样点应采出的

矿样质量，t；ρ 为废石混入率（此时即为贫化率），%。

第二，当围岩不含矿，并且采样时为“外贫化”方式（即单独采取围岩或夹石掺入矿样），其矿样配制的平均品位计算公式为

$$\alpha_c = \frac{\sum_{i=1}^{n} \alpha_i Q_i}{\sum_{i=1}^{n} Q_i + \sum_{j=1}^{m} R_j} \tag{1-4}$$

式中：R_j 为第 j 个围岩采样点应采集的围岩样质量，t；其余符号含义同式（1-3）。

第三，当围岩含矿，其“内贫化”方式的矿样配制的平均品位计算公式为

$$\alpha_c = \frac{\sum_{i=1}^{n} [(1-\rho)\alpha_i + \rho\alpha'_i] Q_i}{\sum_{i=1}^{n} Q_i} \tag{1-5}$$

式中：α'_i 为第 i 个围岩采样点应采集的围岩样品位，%；其余符号含义同式（1-3）。

第四，当围岩含矿，用“外贫化”方式的矿样配制的平均品位计算公式为

$$\alpha_c = \frac{\sum_{i=1}^{n} \alpha_i Q_i + \sum_{j=1}^{m} \alpha'_j R_j}{\sum_{i=1}^{n} Q_i + \sum_{j=1}^{m} R_j} \tag{1-6}$$

式中：其他符号含义同式（1-3）。

上述方法和公式，对于矿石性质复杂、组分繁多的矿床，在进行配样计算时，既烦琐又很难达到规定的精度要求。

②最优化配样计算。为了解决常规配样计算存在的问题，提高计算的精度和速度，可用线性规划原理，建立配样计算的数学模型，采用电子计算机计算最优的配样结果。

设有 k 个样品，每个样品质量为 Q_j，有 M 种组分（或元素，或其他成分，或氧化率、含泥率等）。各种组分在各自样品中的品位分别为 C_{ij}，分别从这 k 个样品中取出一定量的矿样 X_i，将其混合，混合矿样总质量为 W，且混合后的各种组分品位为 S_i，允许误差为 E_i。按线性规划原理，可得出下列约束方程组：

$$\sum_{j=1}^{k} A_{ij} \cdot X_j \geqslant 0 \text{ 和 } \sum_{j=1}^{k} B_{ij} \cdot X_j \leqslant 0 \qquad i=1 \sim M$$
$$\sum_{j=1}^{k} X_j = W \text{ 且 } X_j \leqslant Q_j \qquad j=1 \sim k \tag{1-7}$$

目标函数：

$$\mathrm{Max}Z = \sum_{j=1}^{k} P_j X_j \text{ 或 } \mathrm{Min}Z = \sum_{j=1}^{k} P_j X_j \tag{1-8}$$

式中：$A_{ij}=[C_{ij}-S_i(1-E_i)]$；$B_{ij}=[C_{ij}-S_i(1+E_i)]$；$C_{ij}$ 为第 i 种组分在第 j 种样品中的品位；S_i 为第 i 种组分要求的品位；E_i 为第 i 种组分的精度误差；Q_j 为第 j 种样品质量；X_j 为第 j 种样品所要求采取的质量；W 为配样总质量。

式（1-7）和式（1-8）即为优化配样计算的数学模型，其中 A_{ij} 和 B_{ij} 为式（1-8）目标函数的约束方程。在目标函数中，P_j 为配样系数。如不考虑配样的成本，只考虑最大限度地利用

各个样品，可取 $P_j=1$，即目标函数 $\max Z=\sum_{j=1}^{k}X_j$；如果配制的样品要求成本最低，则目标函数为 $\min Z=\sum_{j=1}^{k}P_jX_j$，$P_j$ 为采取 j 种样品的单位成本。实际上地质配样常用第一种情况，第二种情况一般在配选矿为大样时使用。

1.3.3.4　采样方法和样品制备要求

1）采样方法的确定

在采样设计过程中，当采样点位置选定和配样计算完成后，还应进一步确定适合的采样方法，并计算每个采样点的取样规格。

采样方法的确定，应视矿床的地形、地质条件，矿体产出和埋藏特征，矿石性质复杂程度，已有的探矿工程种类和矿体揭露情况，结合试验对矿样质量的要求等因素综合考虑。常用的采样方法有刻槽法、剥层法、劈芯法、局部爆破法和全巷法等。

（1）刻槽法。

刻槽法采样一般适用于致密块状、浸染状、条带状、细脉状构造的矿石和组分含量沿矿体走向变化大的矿体采样。但必须在矿体（层）地表露天，或在地表探槽、井探、露天采场、地下开采坑道内进行。刻槽取样规格一般较小、劳动条件差、效率低、采集的矿量少，多适用于采取小规模矿样（如可选性或实验室试验矿样）；矿石极脆及过分松软时，不宜采用此法。

（2）剥层法。

剥层法适用于矿化不均匀、矿石结构构造复杂、矿体厚度小，或矿脉方向复杂、密度变化大的矿体，或矿物松脆、矿石松散的矿体以及贵重和稀有金属品位分布极不均匀的矿体。该法同样需要在矿体露头或人工开凿的槽、井、坑探工程和采矿场中进行，一般亦适用于采取中、小规模矿样。

（3）劈芯法。

劈芯法，即劈取地质钻探取得的矿芯 1/4～1/2 作为矿样，或从专门施工采样钻孔中劈取其矿芯作为矿样。该法多在矿床勘探用钻探手段的情况下进行，或为了采取矿体中、深部矿样以作为其他采样方法的一种补充手段。由于矿芯数量少，该法一般仅适用于采取需要量不大的实验室试验矿样。对需要采取较大数量试验样品的，或埋藏较深难选或新型的矿石需要进行扩大试验的，采用专门的大口径岩芯钻获取试验样品。

（4）局部爆破法。

局部爆破法是在地表露头、探矿坑道或采矿场中的矿体被揭露部位，按采样设计的要求钻眼爆破后，将采下矿石的全部或缩分一部分作为矿样的方法。该法适用于矿化较均匀或采取工作量较大的矿样。

（5）全巷法。

全巷法采样，就是在矿体中掘进坑道时，随机把一定长度坑道内采掘的矿石全部或就地缩分作为矿样。该种方法适用于采取大规模半工业或工业性试验矿样。

2）样品制备要求

每个采样点采下的原始矿样，还需经过破碎、过筛、拌匀、缩分和质量检验等工序，才能作为成品矿样送交试验研究单位。以上样品制备的有关要求，亦需在采样设计时作出规定。

(1)破碎。

当采下的原始矿样块度较大时，应经人工破碎或机械破碎，使其达到送交试验要求的块度，通常送交实验室的矿样块度应小于 100 mm，破碎时的质量损失不得大于 5%。

(2)筛分。

为减少破碎工作量和避免矿样中粉矿过多，对包装和运输造成困难，在矿样破碎前和破碎后，都要进行筛分，以便将大块矿石筛出，再行破碎。

(3)拌匀。

拌匀是矿样制备过程中很重要的一道工序，只有拌匀后，才能使矿样中的各种组分均匀分布，并给以后的缩分和配矿创造条件。拌匀的方法一般有以下两种：

①移锥法。移锥法，即在配样场地用铁铲将破碎和缩分后的矿样，反复进行堆锥操作。堆锥时，装铲矿样须从锥顶位置给下，以便使其均匀地流向四周。铲取矿石时，应沿锥底四周逐渐铲至锥的中心。如此反复堆锥，一般堆锥 3~5 次即可。

②环锥法。当矿样的第一个圆锥堆成后，不是直接把它铲到第二个锥的位置，而是从圆锥中心向四周扒或铲成一个环形矿堆，然后再沿环周铲样，堆成第二个圆锥。一般如此反复 3 次以上即可。

(4)缩分。

对拌匀后的矿样，应进行缩分。缩分的主要目的在于缩减为所需要的矿样量，以进行矿样性质的化验检查。缩分后的小矿样在矿石质量上能完全替代缩分前的大矿样；缩分后的多余矿样，留作备样使用。矿样缩分一般使用四分法，以缩分至该样点要求的质量为止。然后按一定规格取出相当数量的样品进行细碎和加工成化验样品。缩分后的每部分质量误差不得大于 5%。

(5)矿样质量要求。

从缩分后的矿样中取出的样品，由于分量和粒度较大，因此还须按切乔特公式的要求，进一步细碎和缩分成化验所需的样品。切乔特公式为

$$Q=Kd^2 \tag{1-9}$$

式中：Q 为缩分后的化验样品质量，kg；K 为缩分系数；d 为样品最大颗粒直径，mm。

K 值的大小与矿石的种类及矿石成分的均匀程度有关。国土资源部于 2006 年 6 月 5 日发布的《地质矿产实验室测试质量管理规范》(DZ/T 0130—2006)中所列的常见矿种 K 值参考数据详见表 1-33。

表 1-33 样品缩分系数 K 值参考表

矿种	常用 K 值	备注
铁、锰(接触交代、沉积、变质)	0.1~0.2	
铜、钼、钨	0.1~0.5	
镍、钴(硫化物)	0.2~0.5	
镍(硅酸盐)、铝土矿(均一的)	0.1~0.3	
铝土矿(非均一的，如黄铁矿化铝土矿、钙质铝土角砾岩等)	0.3~0.5	
铬	0.3	

续表1-33

矿种	常用 K 值	备注
铅、锌、锡	0.2	
锑、汞	0.1~0.2	
菱镁矿、石灰石、白云石	0.05~0.1	
铌、钽、锆、铪、锂、铯、钪及稀土元素	0.1~0.5	
磷、硫、石英岩、高岭土、黏土、硅酸盐、萤石、滑石、蛇纹石、石墨、盐类矿	0.1~0.2	
明矾石、长石、石膏、砷矿、硼矿	0.02	
重晶石(萤石重晶石、硫化物重晶石、铁重晶石、黏土晶石)	0.2~0.5	
岩金、铂族矿(微粒、细粒)	0.8	粗粒、巨粒时，不缩分

注：表中未列入的岩石矿物，在未进行或不必要进行试验时，可以按照 $K=0.2$ 执行。

化验结果在允许误差范围内(允许误差参见表 1-32)，即说明该采样点的矿样合格，可作为配制混合大样使用。化验结果超差，则要检查矿样破碎、拌匀和缩分工序是否符合要求，或对采样点的原地质品位进行检查，必要时应补采部分样品。

(6)成品矿样的配制。

当各采样点的矿样通过以上加工步骤，并经化验检查合格后，应按配样计算结果，分别取各采样点所需要的矿样量，加上应混入的围岩量(同样需要经过破碎等加工步骤)，再进行拌匀、缩分至需要的数量，并进行化学分析检验。如其品位与整个矿样所计算的品位误差不超过允许误差要求，即说明矿样合格，否则应根据具体情况将备用样品(包括备用矿样或围岩样)掺入，直到满足设计的矿样品位要求为止。在某些特殊情况下，已有的备用样品掺入还不能满足要求时，应进一步考虑在设计的备用采样点补采少量新的矿样加入。

(7)采样施工进度计划编制。

采取工作量较大的矿样(如半工业或工业试验)时，应编制采样施工进度计划。其主要内容应包括以下工序作业所需时间：

①采样场地清理和专门采样工程开凿；

②采样点地质取样与编录；

③各采样点矿样采取与搬运；

④破碎与筛分；

⑤拌匀；

⑥倒运；

⑦配矿样堆取样与化验；

⑧配矿及成品矿样取样与化验；

⑨成品矿样的包装与运输。

1.3.3.5　采样施工及矿样包装与运输要求

(1)采样施工的一般要求。

①采样位置应与设计相符，随着采样的进行，要随时进行地质素描和编录。采大样应以

刻槽取样为指导，当发现化验结果与设计出入较大时，应对采样位置做必要的变动和调整。

②采样之前应对采样地点的矿石表面做认真清理，剥去氧化层及混杂物。

③采取矿样的同时，应在各采样点采取一定数量具有代表性的岩矿鉴定标本。一般每种矿石类型采取2~3块，规格一般为3 cm×6 cm×9 cm。

④采出矿样应破碎到要求的块度，经混匀后，从中采取一定数量有代表性的检查样送化验室化验，其结果作为样品质量的验收依据。

⑤如果采样点的实际品位与设计品位相差较大，则应调整采样点的矿样质量，乃至补充少量采样点，再进行配样计算。如有方案性改变，应尽快通知设计单位，采取有效的解决办法。

⑥采出矿样应按设计要求分点、分类堆放，不许错混，并要妥善保管，防止风吹雨淋及其他杂物污染。

(2)矿样包装及运输要求。

①半工业及工业试验矿样，因量较大，可按试验要求分类散装，但要将运输的车(船)厢(仓)清理干净。运出每批矿样时，应按车插牌标志，并注明供方名称、需方名称、矿石名称及品级、批号、每批质量、化学分析结果、发货日期及车号等。要严防混错编号、外来杂物污染和矿样漏失。

②质量不大的矿样，可按设计要求分类包装。一般可用木箱，每箱重30 kg左右，最大不超过50 kg。箱内应有说明卡片，详细注明矿样的种类、矿石类型、品级、采样地点、样品总质量、总箱数及本箱质量、编号。箱外应注明矿样编号及箱号。

③岩矿鉴定用标本应单独装箱，每块标本均应有详细说明卡片，并用厚纸包装好，防止磨损、碰碎。

1.3.3.6 采样工程概算

采样设计中，应编制整个采样工程的概算。一般要求逐项计算并列表说明采样准备费、采样作业费、矿样运输费以及采样设计费等内容。

(1)采样准备费。

①购地赔青费；

②修路费；

③新开凿的采样工程费(包括专门的采样浅井、沟槽、坑道及大口径钻孔)；

④利用原有探矿和采矿工程的工程清理费，一般按新开凿同类工程费用的10%~40%计算；

⑤配矿场地平整和清理费等。

(2)采样作业费。

①样点测量费，按工程测量费标准计算；

②矿样采取费，包括刻槽、剥层、凿岩、爆破、劈芯的各项材料消耗费和人工费等费用；

③样品加工及化验费，按样品个数及分析定额指标计算；

④矿样破碎、筛分等费用。

(3)矿样包装、运输费。

①包装材料费，包括包装用木箱、塑料袋等费用；

②矿样搬运费，即从采样点将采下矿样运至配矿场地的费用，按吨计算；

③矿样运输费，即经配矿和检验合格的成品矿样运交试验单位的运输费用。

(4)其他费用。

①采样施工管理费；

②采样设计费；

③不可预见费，一般按采样工程总费用的 15%计算；

④特殊情况下(如采工业性试验矿样)，必要时可列入设备费。

以上各项费用之和，即为该项采样工程的总费用。

1.3.3.7　采样设计及采样竣工说明书编制

1)采样设计说明书的编制

采样设计说明书一般包括下列内容：

①采样设计的目的与任务；

②采样设计的资料依据；

③矿床地质及勘查工作概况；

④采样施工条件；

⑤矿样种类和件数的确定；

⑥矿样质量和代表性确定；

⑦采样点选择和配样计算；

⑧采样方法选择和样品制备要求；

⑨采样施工进度计划；

⑩采样施工、样品包装和运输要求；

⑪采样工程概算；

⑫采样设计附图。

2)采样竣工说明书的编制

采样竣工说明书一般包括下列内容：

①采样的目的和要求；

②矿床地质特征；

③采样设计实施情况；

④采样方法及采样点的确定；

⑤配样步骤及计算结果；

⑥施工质量及样品代表性评述；

⑦采样费用结算；

⑧样品包装的有关说明；

⑨矿样运输要求；

⑩附图。

1.3.3.8 配样的阶段性

配样实际有三个阶段：

第一阶段：样品采集前，基本上已知样品采集处的预测品位，如在已有钻孔附近或二钻孔之间钻探取样，在已有化验品位的沿脉、穿脉中取样，此时的配样就是本节所述的配样。

第二阶段：样品按采样设计采下后送选矿实验室之前，除利用原有钻孔岩矿芯外，采下的样品经化验，其品位通常是与设计的样品预测品位不一致，有时差别较大，因此需要根据采下后的样品化验值再次进行配样，达到设计要求后才能送选矿实验室。

第三阶段：送到选矿实验室的样品在开展试验前按需要混合，发现入选的原矿品位与设计品位超出一定范围无法满足设计要求时，此时必须启用机动样，使入选的样品符合设计要求。

1.3.4 某多金属矿区可选性试验采样设计案例

1)采样设计的任务和要求

采集多金属矿石样 500 kg，其中试验样 300 kg，备样 200 kg，进行多金属矿石可选性试验。

2)采样设计资料依据

(1)采样设计委托书(函)。

(2)试验单位关于多金属矿选矿试验性能的基本要求及取样要求。

(3)矿区详查报告。

(4)现行的选矿试验样采样规范和有关规定。

3)矿区地质概况

矿带产于中三叠统石英闪长岩和古元古代金水口岩群接触带内侧岩体中，含矿岩性主要为石榴透辉矽卡岩，顶底板岩性主要为石英闪长岩。矿带呈北东—南西向展布，产状 130°∠40°。

矿带共施工钻孔 31 个，初步圈定 3 条铜钼金多金属矿体(Ⅴ-1~3)、1 条铜矿体(Ⅴ-4)，矿体呈似层状、透镜状产出，控制长度 200~500 m，斜深 160~240 m，平均厚度 2.74~10.25 m，以Ⅴ-1 铜钼金矿体最具代表，控制长度 500 m，最大斜深 240 m，平均厚度 10.25 m，平均品位 Cu 1.62%、Mo 0.102%、Au 2.44 g/t。

矿石分为氧化矿石和原生矿石。

原生矿石中矿石矿物主要为黄铜矿、辉钼矿、黄铁矿、磁铁矿和磁黄铁矿，脉石矿物主要为方解石。

氧化矿石中矿石矿物主要为褐铁矿和孔雀石。

矿石结构主要为半形-自形粒状结构、填隙结构、包含结构、交代残余结构。矿石构造主要为充填脉状构造、稀疏-稠密浸染状构造、团块状构造。

矿石主要有用组分为 Cu、Mo、Au、Ag，平均品位 Cu 1.49%、Mo 0.112%、Au 1.76 g/t，Ag 未参与资源储量估算。

4)采样施工条件

根据现场调查，矿区普查、详查钻孔孔径均为 75 mm，取出岩芯直径 46 mm，横断面约

16.6 cm^2，钻孔取样均采用劈芯法采集，一半送化验，一半存放在岩芯箱中。

矿区北西部有一地表采坑(CK1)，未垮塌。

因此，矿区可利用钻孔岩芯再劈芯和地表采坑爆破取样。

5)矿样种类、件数和质量的确定

根据选矿试验要求，本次采样共 1 件，试验矿量 300 kg，备用矿量 200 kg，总矿量 500 kg。

6)矿样代表性的确定

(1)矿样化学成分的代表性。

矿区主要有用组分为 Cu、Mo、Au，伴生组分 Ag 与其他可能有益有害组分尚未查明，本次采样设计仅考虑主要有用组分 Cu、Mo、Au。

矿区主要有用组分 Cu、Mo、Au 的其区间划分、频率、频数统计见表 1-34。

表 1-34　矿区有用组分分布统计表

组分	项目	低	中	高	样品数
Cu (0~7.11%)	区间划分	<0.4	0.4~2	>2	182
	频率/%	34.62	38.46	26.92	
	频数	63	70	49	
Mo (0~1.94%)	区间划分	<0.06	0.06~0.2	>0.2	182
	频率/%	64.84	21.43	13.74	
	频数	118	39	25	
Au (0.02~54 g/t)	区间划分	<2.5	2.5~5	>5	182
	频率/%	80.22	6.04	13.74	
	频数	146	11	25	

(2)矿样矿石性质的代表性。

矿区发育有氧化带，风化带深度 6.9~12.9 m(地表采坑 CK1)。氧化带以下为原生矿，其矿石性质基本一致。

由于矿区样品物相分析滞后，同时未估算氧化矿石量，采样时必须保证采集的矿样为原生矿。

(3)矿样矿石类型的代表性。

矿区矿石工业类型主要有铜钼金矿石、铜矿石、钼矿石、金矿石、铜钼矿石、铜金矿石、钼金矿石。由于详查报告未按矿石类型圈定矿体，估算资源储量，本次采样设计时各矿石类型均进行采集，但配样时未考虑各矿石类型比例。

(4)矿样空间分布的代表性。

本次采集的矿样共 1 件，为保证矿样质量与代表性，采样点必须多、分布广，才能保证采集到低、中、高各区间的矿样，并配制符合要求的试验样。

本次采样设计共布置采样点 19 个，其中 17 个为普查、详查期间在钻孔岩芯中采取，2 个在采坑 CK1 中采取。各采样点分布在不同勘探线、不同深度位置(见图 1-13)，能够很好地满足矿样空间分布代表性要求。

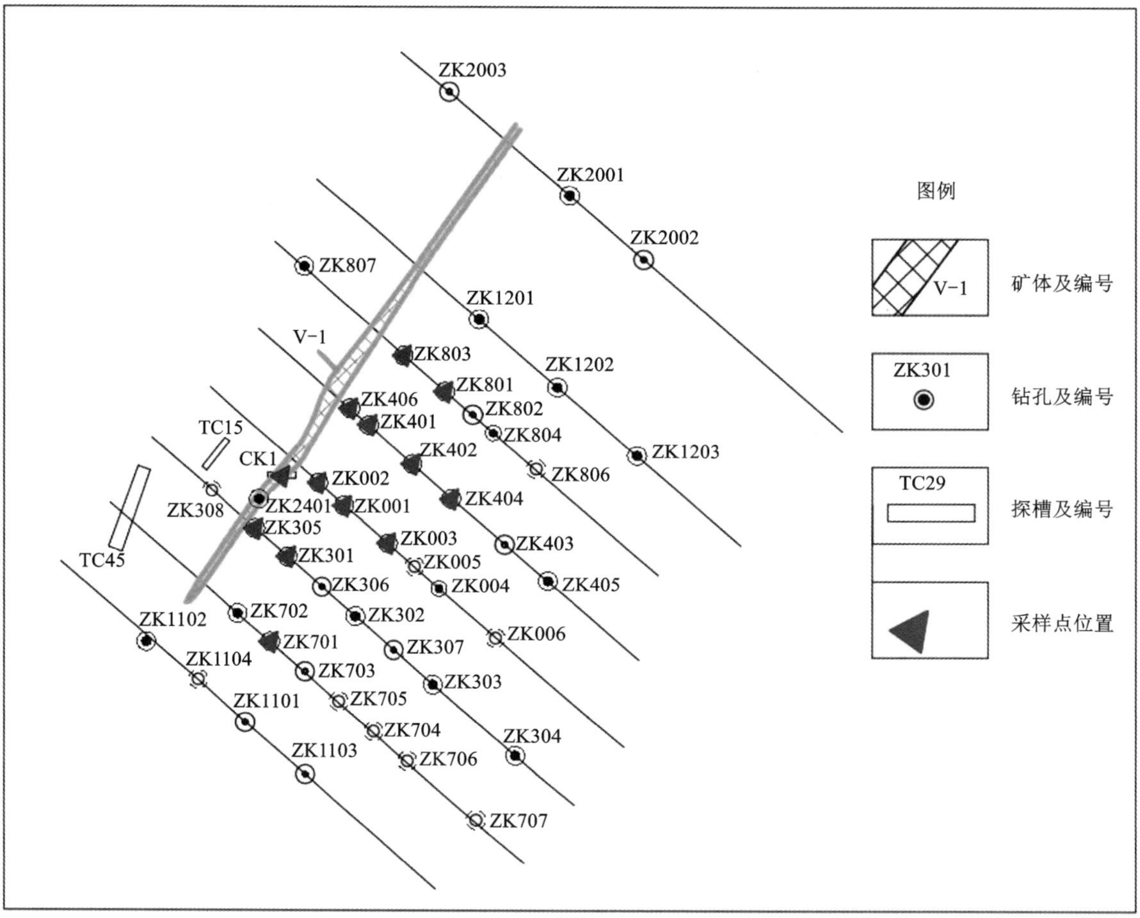

图 1-13 采样设计平面分布示意图

7)采样方法选择和配样计算

(1)采样方法选择。

采样方法上，采用劈芯法与局部爆破法。

利用原普查、详查期间钻孔剩余岩芯，劈取 1/4 作为矿样，剩下 1/4 岩芯保留备查。

在地表采坑 CK1 中设计采样点，布置爆破孔，进行局部爆破，采取试验样。

(2)配样计算。

根据试验要求、有用组分分布和采样点地质品位等参数，配样计算结果见表 1-35。

表 1-35　配样设计表

序号	采样编号	工程编号	矿体编号	矿石类型	采样质量/kg	配样质量/kg	备样质量/kg	工程平均品位		
								Cu/%	Mo/%	Au/(g·t^{-1})
1	采 701-1	ZK701	Ⅴ-1	铜	9.4	5.0	4.4	0.45	0.006	0.03
2	采 301-1	ZK301	Ⅴ-1	铜钼	19.9	10.0	9.9	0.23	0.041	0.31
3	采 305-1	ZK305	Ⅴ-1	铜钼金	24.2	15.0	9.2	0.75	0.016	0.31
4	采 001-1	ZK001	Ⅴ-1	铜钼	22.0	15.0	7.0	0.74	0.023	0.18
5	采 002-1	ZK002	Ⅴ-1	铜钼金	11.1	5.0	6.1	3.50	0.045	2.97
6	采 003-1	ZK003	Ⅴ-1	铜钼金	26.4	20.0	6.4	0.69	0.017	0.34
7	采 003-2	ZK003	Ⅴ-2	铜钼	6.7	5.0	1.7	0.17	0.070	0.03
8	采 401-1	ZK401	Ⅴ-1	铜钼金	33.3	25.0	8.3	0.94	0.095	0.26
9	采 402-1	ZK402	Ⅴ-1	铜钼金	14.7	10.0	4.7	1.16	0.074	1.88
10	采 402-2	ZK402	Ⅴ-3	钼	29.9	20.0	9.9	0.01	0.246	0.03
11	采 404-1	ZK404	Ⅴ-1	铜	17.9	15.0	2.9	1.39	0.002	0.06
12	采 406-1	ZK406	Ⅴ-1	铜	9.2	5.0	4.2	0.94	0.020	0.49
13	采 801-1	ZK801	Ⅴ-1	铜钼金	38.7	20.0	18.7	3.14	0.127	17.71
14	采 801-2	ZK801	Ⅴ-2	铜钼金	13.0	5.0	8.0	1.37	0.125	3.61
15	采 801-3	ZK801	Ⅴ-3	铜钼金	27.8	15.0	12.8	1.73	0.044	2.23
16	采 801-4	ZK801	Ⅴ-4	铜钼金	20.9	15.0	5.9	2.79	0.028	0.60
17	采 802-1	ZK802	Ⅴ-3	铜钼	25.6	15.0	10.6	1.03	0.272	0.19
18	采 CK1-1	CK1	Ⅴ-1	铜钼金	75	40.0	35	1.30	0.076	1.60
19	采 CK1-2	CK1	Ⅴ-1	铜钼金	75	40.0	35	2.05	0.250	3.37
合计					500.7	300.0	200.7			
平均								1.35	0.105	2.26

8)取样和矿样制备要求

(1)取样要求。

采样施工单位根据设计的采样点及每个采样点质量，采出后必须按采样点分别存放、破碎，采取检验样进行化验分析。检验样的化验分析结果作为配样计算的依据。

根据检验样化验结果，调整采样点的配样质量，重新进行配样计算。若采样点的矿样品位变化很大，不能满足配制矿样的要求，则需要启用备用采样点进行补救。

(2)矿样制备要求。

根据新的配样计算表，称取配样质量，破碎后制备矿样。破碎矿样最大粒度为$\varphi \leq 20$ mm，平均粒度为 10 mm$\leq \varphi \leq$20 mm。要求施工单位向试验单位提供各矿样的配样明细表。

9)采样施工、样品包装盒运输要求

(1)施工要求。

①清理地表采坑 CK1，排除安全隐患。清除采样点表面氧化层，为采样做准备。

②根据采样设计在每个采样点布样、采取矿样，采出矿样按采样点分别存放。对采坑矿

石爆破必须进行控制，严防围岩及杂物的混入。采出矿石按顺序分开存放，并对其进行编号、放置登记卡。各采样点采样质量、配样质量及备样质量见表1-35。

③在采坑采样点手工拣取具代表性的供工艺矿物学研究的块状矿石，粒度在100 mm以上，由地质技术人员拣取。

④在每个矿堆采取检验样。检验样的采取方法：全堆矿石破碎到不超过20 mm以后，通过缩分采集。加工及化验分析由具备化验资质的单位按规范进行，分析项目为：Cu、Mo、Au、Ag。检验样的化验结果，可作为配样的依据。

⑤根据检验样的化验结果，调整表1-35的配样质量。按调整后的配样质量，在各个矿堆采集矿样，分别包装后，送往试验单位。

(2)样品包装、运输要求。

对所采矿样必须按采样点分别包装，严禁混合、损失，免受污染，必须确保运送过程中免受损坏。试验矿样及备用矿样每包质量不超过50 kg，用双层防水编织袋包装，袋内放置采样点编号、简要样品类型说明卡，包装袋外注明采样点编号。送样单、样袋内外的采样点编号需保持一致。

样品运输推荐用汽车直接送达。

1.4 矿床工业指标

矿床工业指标是指当前技术经济条件下，工业部门或矿山企业对矿石质量和开采技术条件提出的要求，也是矿床应达到工业利用的综合标准，可作为评定矿床工业价值、圈定矿体、估算资源量储量的依据。

1.4.1 矿床工业指标的内容

矿床工业指标是依据保护和合理利用矿产资源的方针，以及国家经济政策、技术水平和经济效益等多方面因素所确定的，其内容是由矿石质量(化学的或物理的)指标和矿床开采技术条件指标两部分组成。

1)矿石质量指标

矿石质量指标是对矿石质量方面的要求标准。矿石质量要求包括但不限于边界品位、最低工业品位、边际品位、最低工业米·百分值(米·克/吨值)、含矿系数(率)、最低综合工业品位、矿床平均品位、伴生组分含量(必要时包括有害组分允许含量)、物化性能要求等。根据需要，部分矿种可增加工业品级指标。对于某些非金属矿山，起主导作用的是矿石物化性能，根据实际需要，矿床工业指标可不包括品位指标。

(1)边界品位：边界品位是圈定矿体时对单个样品有用组分含量的最低要求，是区分矿石与围岩(或夹石)的最低品位界限。在使用中，其均以单个样品来衡量，即圈定的矿体中，除去可不剔除的非矿夹石外，每个样品的品位都必须大于或等于规定的边界品位。

边界品位的高低将直接影响矿体的形态、矿体的量和平均品位。边界品位一般是按当前的生产技术水平、国民经济对该矿种的要求以及矿石质量的特点等综合因素来确定的。边界品位下限不得低于选矿后尾矿中的含量(对于需要选矿的有色金属和稀有金属矿产来说，边界品位一般是尾矿品位的1.5~2倍甚至以上)。

边界品位用一种有用组分的含量表示。在综合性矿床中，有工业意义的多种有用组分，样品只要满足其中一种有用组分的边界品位，该样品即可圈入矿石之中。

(2)最低工业品位：简称为工业品位，是指在当前科学技术及经济条件下能供开采和利用块段的最低平均品位或单个工程的最低平均品位。它是区分能利用资源与暂不能利用资源的品位指标。具体地说，是根据边界品位圈定的单个工程或所揭露的单个块段中有用组分平均含量的最低要求，保证所圈定的块段的平均品位能够等于或高于工业部门或矿山企业所要求的质量标准的品位。

有些特殊矿种，也同时下达矿段最低平均品位或者矿体(床)最低平均品位，目的是确保矿山开采后能有较好的经济效益。

(3)最低工业米·百分值：简称米·百分值或米·百分率，它是最低工业品位与最小可采厚度的乘积，用于贵金属矿床时称为米·克/吨值。其是对那些薄而富的矿体，特别是价值比较高的薄而富的矿体提出的一项综合指标，综合了矿石品位和矿体厚度两方面的要求，只用于圈定厚度小于最小可采厚度，而品位大于最低工业品位的薄而富的矿层或薄脉状矿体。在此前提下，如果矿体的实际厚度与品位乘积大于或等于这一指标，可将这部分样品段划入能利用(经济的)资源储量的范围。对于密集的薄矿层(体)，虽单层(体)厚度达不到可采厚度的要求，但确定的采厚范围内，若干薄层矿的累计米·百分值或米·克/吨值达到或大于最低工业米·百分值或米·克/吨值时，则这些薄矿层仍可视为工业矿层(体)，并估算资源储量。

(4)伴生组分综合评价指标：是指在矿石加工选冶过程中可单独出产品，或能在精矿及其他产品中富集、计价，或在后续工艺中可综合回收利用的伴生组分含量要求。

综合评价伴生组分可以提高矿床的价值，有时还可适当降低对主要组分的要求。因此，在地质勘探中查清伴生组分的含量及赋存状态，具有相当重要的意义。

(5)有害组分允许含量：是指采矿、矿石加工选冶过程中，危害人体健康、产生环境污染以及影响选冶工艺和产品质量的有关组分的最大允许含量。有害组分允许含量是衡量矿石质量和利用性能的主要标志，对于直接用来冶炼或加工利用的富矿及一些非金属矿产，如耐火黏土材料、溶剂原料等，更是一项重要标准。

(6)矿石或矿物的物理技术性能方面的要求：在评价某些矿产时，需对矿石或矿物的物理技术性能进行测定，并提出不同的特殊质量要求，以此作为矿产质量评价的一项重要指标，特别是对一些直接利用其矿石或矿物的非金属矿产，这是一项十分重要的质量指标。例如：各种宝石的颜色、晶形、粒度、光泽、折射率等；压电石英的压电性；云母的剥分性、面积和绝缘性；蛭石的膨胀率、导热性；石棉的长度、韧性；膨润土、高岭土(石)的特殊要求；等等。

(7)边际品位：边际品位(cut-off grade)是国际上矿产资源勘查和矿床技术经济评价中常使用的概念，在用于圈定矿体时，与我国的边界品位的概念类似，但着重于地质体的边界。由此圈定的矿体是否有经济价值，需要进行采选设计并经经济评价。边际品位在用于资源量统计时，是作为一个品位的下限值，统计圈定矿体(地质体)内大于该品位矿块的矿石量和其平均品位，相当于一个阈值。

2)矿床开采技术条件指标

矿床开采技术条件指标是根据采矿技术和矿床地质条件对固体矿产提出的一项工业指标，包括但不限于最小可采厚度、最小夹石剔除厚度、开采深度、平均剥采比、边坡角、无矿地段剔除长度等。

（1）最小可采厚度：它是薄矿体的一个重要的工业指标，是指有工业开采价值单层矿体的最小可采真厚度。一般情况下，小于这一厚度的矿体开采困难，不能视为工业矿体。最小可采厚度与矿体的产状及变化有关。同一采高及采宽内的互矿层，若矿层与其中的围岩层累积厚度超过可采厚度，并且在开采的厚度范围内，矿层与其中的围岩层有用组分品位达到最低工业品位，也可计算工业矿量。

（2）最小夹石剔除厚度：亦称最大允许夹石厚度，是在当前开采技术条件下，能够被剥离的夹在矿体中非矿岩石的最小厚度，或单工程各连续样品段之间，能够被剥离的低于边界品位的样品的最小长度。当样品长度方向与矿体真厚度方向不一致时，应将其折算成真厚度方向的长度。当矿体中非矿岩石达到最小夹石剔除厚度时，应圈作夹石予以剔除，否则应圈入矿体并参加工程平均品位或样品段平均品位的计算。

夹石混入后其平均品位不能低于最低工业品位，否则一起剔除或将夹石附近的样品一并剔除，直到满足各项指标要求为止。夹石剔除以后，夹石两侧的矿层应满足最低工业品位、最小可采厚度或最低工业米·百分值的要求。

（3）开采深度：是根据当前开采技术水平能够开采到的深度或将来能够达到的最大开采深度所确定的探矿工程控制矿体估算储量的最大深度。某些金属矿床设定该指标。

（4）平均剥采比：也称剥离比、剥离率或剥离系数，是指露天开采的矿床或矿体，开采时需剥离的覆盖物（包括矿体的夹层和开拓安全角范围内的剥离物）的体积（或质量）与埋藏的矿石体积（或质量）的比值，等于或小于该比值的矿床可以露天开采。某些金属矿床设定该指标。

1.4.2 品位指标测算

当前，在进行矿床工业指标论证时，国内常用的品位指标测算方法主要有以下几种：

（1）类比法：也称经验法，是参照类似矿山的矿床工业指标或国内现行的一般工业要求并结合矿区的具体条件确定的某一矿床（区）的工业指标。类比法要求矿体特征、矿物成分、矿石质量、开采技术条件、矿石加工选冶技术性能等具有较高的相似性，且采用相同的工业指标圈定的矿体符合本矿床地质特征。其优点是简单易行，没有复杂的技术经济计算，适合矿床勘查初期阶段。

（2）统计法：是利用化验分析结果对主要有用组分按划定的含量区间进行统计计算，绘制主要有用组分含量-频率分布特征图，根据其含量-频率分布特征，并结合矿区其他地质条件确定边界品位。一般情况下，设置的边界品位指标应高于与之相应的矿石加工选冶试验或当前一般技术条件下的尾矿品位。其优点是简单、直观；缺点是仅研究了有用组分的含量特征，而对矿石的加工技术性能、矿山开采的内外部条件、矿山企业的经营管理等均未做综合分析计算。因此，该方法只能作为综合分析法初步选取品位指标方案的一种辅助手段。

（3）盈亏平衡法：按照盈亏平衡原则，根据从矿石中提取 1 t 最终产品（精矿或冶炼产品）的生产成本（含税费）不超过该种矿产品的市场预测价格的原则所定的矿石品位，该品位也叫盈亏平衡品位，其实质是以矿产品的市场价格为标准来衡量矿产资源的价值，是为满足经济上某种最低要求而进行的分析和试算，作为设置不同指标方案的参考指标。盈亏平衡品位仅作为检验不同指标方案矿床（或矿体）是否盈利的标准，是在圈定矿体时对工程平均品位或块段平均品位的要求，不是对矿床（或矿体）的平均品位要求。

1.4.3　矿床工业指标论证

1.4.3.1　矿床工业指标体系

矿床工业指标论证应根据矿床地质特征、矿种、用途和开采技术条件、采矿工艺、矿石加工选冶性能等综合确定。

矿床工业指标体系包括工程指标体系和矿块指标体系。

(1)工程指标体系：论证的工业指标包括但不局限于边界品位、最低工业品位、最小可采厚度、夹石剔除厚度等指标。其通常在用几何法(如断面法、地质块段法等)估算资源储量时采用，应用时针对单个勘查工程(部分矿种为块段)采用边界品位结合最小可采厚度及最小夹石剔除厚度等指标界定矿石与围岩，采用最低工业品位圈出工业上可利用的矿石，再利用各勘查工程的圈矿结果，通过内圈和外推确定矿体及工业矿体的范围，估算资源储量。圈出工业上可利用的矿石时，单工程中带入的品位介于边界品位与最低工业品位之间的样品所代表的真厚度不得超过夹石剔除厚度。

(2)矿块指标体系：论证的工业指标通常以边际品位为主，兼顾其他因素，通常在用地质统计学法、距离幂次反比法等估算资源储量时采用。一般根据地质矿化规律采用某一个品位界限(一般介于地质上的矿化品位与工程指标体系中的边界品位之间)圈出一个比较完整的矿化域，在矿化域内按照一定的大小划分估计品位的单元块，继而对单元块进行品位估值，再采用边际品位界定单元块是矿石还是废石，然后统计资源储量。在单元块中用边际品位来圈定矿块，其中起关键作用的是边际品位及最小开采单元大小。单元块(估值单元)是品位估值对象的矿块，其大小应考虑矿床开采方式、采矿工艺及炮孔间距、矿体复杂程度、矿体规模，一般不应小于矿床开采基本(最小)单元；最小开采单元是实际可采的最小的体积和形状，即一次采矿(打孔放炮)的最小体积。

对于冶金辅助原料和某些非金属矿床，其相关组分含量不作为工业指标的主要内容时，论证的工业指标可不包括品位指标。

具备制订综合工业指标条件的，应论证最低综合工业品位，或分别论证各有用组分的品位指标。

1.4.3.2　矿床工业指标论证方法

矿床工业指标论证方法通常有地质方案法、经济分析法、类比论证法，根据矿床实际情况选择矿床工业指标论证方法：

①作为矿山建设设计依据的资源储量规模为大、中型的矿床，一般应采用地质方案法制订矿床工业指标。

②对矿岩界限清晰的矿床，可采用经济分析法制订矿床工业指标。

③资源储量规模为小型的矿床；不作为矿山建设设计依据的，对矿床品位要求不敏感的，资源储量规模为大、中型的沉积型矿床；具备类比论证条件的生产矿山外围及深部，矿产勘查开采分类目录中的“第三类矿产”(建筑石料用石灰岩，砖瓦用砂岩、黏土和页岩，建筑或砖瓦用天然石英砂)或其他普通建筑材料用砂石、黏土类矿产，可采用类比论证法制订矿床工业指标。

④对于尚无一般工业指标的矿种，在普查阶段，可参照相同矿种勘查开发实际，采用类比论证法制订工业指标。尚不具备类比条件的，普查阶段应在矿石加工选冶技术性能试验研

究的基础上进行必要的论证。

对于新发现的或新用途的矿种，在普查阶段应在矿石加工选冶技术性能的基础上，对其工业指标进行必要的论证。

1)地质方案法

地质方案法是根据矿床特点、矿石品位、矿石主组分及共伴生组分分布均匀程度、开采工艺和矿石加工选冶性能，采用不同的品位指标方案(必要时也可将最低可采厚度、夹石剔除厚度等作为指标方案的论证内容)，进行多方案综合对比，从矿体完整性、连续性、资源储量规模、矿山生产能力、矿山开采难易程度、采矿回采率与贫化率、选冶回收率、总投资、总成本费用、利税，以及经济效益、社会效益、环境效益等方面进行综合分析论证，择优确定矿床工业指标。论证时需要比较完整并具较高可信度的基础资料，该法适用于勘探阶段或所需基础资料比较完整的详查阶段。地质方案法的论证工作程度原则上应不低于预可行性研究程度。

具体步骤如下：

(1)根据不同的指标体系，采用相应方法设置不同的指标方案，圈定矿体，并试算资源储量。

①工程指标体系：

第一，设置指标方案：参考测算的盈亏平衡品位，或参考条件类似生产矿山矿床工业指标或一般工业指标，在合理范围内设置不少于3套指标作为对比方案。对具备制订最低综合工业品位条件的共伴生组分，可根据不同矿产品的价格、成本及回收率，提出矿石中各有用组分折算为以主组分表示的当量品位，也可分别提出各有用组分的最低工业品位指标。

第二，试圈试算：按不同指标方案试圈矿体，并适当调整，尽可能使矿体完整、连续、便于开采，以最大程度上合理利用资源。根据调整后的圈矿方案，试算各套方案所圈定矿体的资源储量，绘制相应的品位/吨位曲线。试算范围应是整个矿床的资源储量，条件不具备时应选择具有代表性的、勘查程度较高的主矿体和资源储量集中地段试算，试算地段的资源储量占矿床资源储量的比例不宜低于60%。

②矿块指标体系：

第一，先确定矿化域，如采用地质统计学方法，再建立矿化域中的变异函数模型，然后按照适当的规格划分单元块，采用地质统计学或距离幂次反比等方法对单元块进行赋值，估算出资源储量，得到品位/吨位曲线。

第二，参考测算的盈亏平衡品位设置边际品位指标，在合理范围内选择不少于3套指标作为对比方案圈定矿体。盈亏平衡品位是针对全矿床一定生产规模对较大的块段采用原矿单位成本费用加上生产有关税费测算的品位，而针对软件估算品位的小矿块的边际品位通常低于盈亏平衡品位，具体应由论证单位结合实际情况论证确定。

第三，对含多种有用组分的矿床，对具备制订最低综合边际品位条件的共伴生组分，可根据不同矿产品的价格、成本及回收率，提出矿石中各有用组分折算为以主组分表示的当量品位，计入当量品位的次要组分品位必须大于其相应的尾矿品位。当量品位大于主要组分的边际品位时，该单元块即为矿石。特殊情况下也可分别提出各有用组分的边际品位指标，单元块中任何一种有用组分达到其边际品位即确认该单元块为矿石。

(2)拟定技术方案及指标：根据各工业指标方案圈定的矿体特征、开采技术条件及试算的资源储量，分别分区段拟定与之相应的开采技术方案及指标(包括开采方式、开拓方案、采矿方法、采矿损失率、矿石贫化率、采掘比、剥采比、生产规模、工作制度、服务年限等)、加工选冶工艺方案(包括加工选冶方法及工艺流程、产品方案、选冶回收率、精矿品位、尾矿品位等)。对技术上不可行或不合理的方案,应调整矿体圈定指标。

(3)确定经济评价参数:根据各指标方案拟定的技术指标,模拟未来矿山生产,结合矿区建设条件、产品市场等情况,确定产品价格,估算与拟定和采选方案及生产规模相匹配的投资、成本、税费等经济评价参数。

(4)技术经济评价:综合考虑开采技术方案和选冶技术方案的各项设计指标,通过总投资、总成本费用、税费、销售收入的计算,确定财务内部收益率、财务净现值、投资回收期等财务指标,对比评价各方案在财务上的可行性,必要时进行国民经济评价。

(5)确定所推荐的最佳矿床工业指标:通过多方案技术经济指标的综合对比,择优选取矿体相对完整,全面考虑资源效益、经济效益、社会效益和环境效益,体现最佳综合效益的指标方案。

采用敏感性分析等方法,分析评价各影响因素对工业指标的影响程度。

根据论证矿床工业指标所采用的指标体系推荐相应的指标。

2)经济分析法

经济分析法是根据矿床地质特征、开采技术条件、矿石选冶试验成果,结合合理利用资源、投资回报、环境保护等要求,通过模拟未来矿山建设和生产的全过程,合理选取适当的技术经济指标,按照盈亏平衡原则,考虑投资贷款偿还能力及使企业能够获得既定投资收益等要求,测算出与预期收益水平相对应的最低矿床平均品位。

将所圈矿体的矿床平均品位与测算的最低矿床平均品位进行对比,衡量所圈出的矿体(床)能否达到预期收益水平,将达到或高于预期收益水平的矿体圈定指标作为论证推荐的内容。

经济分析法测算的最低矿床平均品位通常不作为论证的指标内容,而是将与达到预期收益水平的矿体对应的圈矿指标作为论证的指标内容。

3)类比论证法

类比论证法是结合相同矿种、同类矿床、地质条件基本相似以及开采技术条件、内外部建设条件大致相同的生产矿山开采实践,根据论证矿床实际和必要的选冶试验研究成果,通过定性与定量相结合的方法进行类比,制订矿床工业指标。类比的周边或类似矿山应技术成熟、开采经济、环境友好、社会认可。

类比内容应包括矿床地质特征、矿石质量特征、矿石选冶性能、矿床开采技术条件、矿山建设内外部条件、技术经济条件、矿产品市场形势等方面,并在类比论证报告中详细说明各项指标的确定原则,说明所制订指标与类比指标的异同等。

类比论证法确定最低工业品位及边界品位应同时进行。

1.5 矿产资源储量估算

根据各种探矿工程和技术手段所得到的资料(信息),通过一定的计算方法计算矿产资源的地下埋藏量,这一系列的工作称为矿产资源储量估算。

矿产勘查各阶段乃至矿床开采过程中,都要进行矿产资源储量估算,但由于各阶段的目的和任务不同,以及取得的资料精度不同,矿产资源储量估算的具体要求和作用各不相同。

为满足矿山需要，应按照论证的工业指标，应用大量、系统测定的可靠数据，结合所查明的矿床地质特点合理圈定矿体边界，按不同地段、不同矿石自然类型、不同工业品级以及不同资源储量类型分别估算资源储量。

矿产资源储量的单位，对于不同矿产往往不同，还有质量和体积单位之分。多数矿产以质量计算，通常单位为吨(t)，如黑色金属(铁、锰、铬)、一般非金属(磷灰石、钾盐、石棉等)、稀有分散元素(铌、钽、锗等)、一般有色金属(铜、铅、锌等)；稀贵金属(金、银等)常以千克(kg)为单位；宝石矿物以克(g)、克拉(ct)为单位；一般建筑材料、石英砂等非金属矿通常只计算体积，单位为立方米(m^3)。

各种矿产都要估算矿石量，而有色金属、贵金属及稀有分散元素还要同时估算金属(或有用组分)量。

反映矿石质量指标值，如矿石的平均品位的单位，黑色金属，有色金属，稀有、分散及伴生元素一般用质量百分数(%)表示，即每吨矿石中含该种金属(或金属氧化物)量的吨数的百分数。堆积型铝土矿除用质量百分数以外，同时还用含矿率(kg/m^3)表示，即采用每立方米中堆积型铝土矿矿石质量。对砂矿来说，一般用每立方米松散沉积物中含有的矿物的克数(g/m^3)表示。金刚石矿是用每立方米含矿岩石中含有金刚石的克拉数(ct/m^3)表示。

1.5.1 矿体边界的圈定

资源储量估算通常是在矿体的一定边界线内进行的。估算之前，在资源储量估算图纸上按工业指标圈出这些资源储量边界，确定资源储量估算的范围，这项工作称为资源储量边界的圈定。

1.5.1.1 边界的种类

矿体边界线的种类主要有零点边界线、矿体资源储量计算边界线、矿石品级和类型边界线、资源储量类型边界线、内边界线和外边界线、矿化体边界等几种。

1)零点边界线

零点边界线是在水平或垂直投影面上，矿体厚度或有用组分含量趋于零的各点连线，即矿体尖灭点的连线。零点边界线常常是确定可采边界线时的辅助线，而不是真正意义上的资源储量边界，因为矿产资源储量一般不可能计算到零点边界上。有用组分含量趋于零的零点边界线对矿岩分界线非常明显的矿体才有计算意义，对矿岩分界线不明显的矿体没有计算意义。

2)矿体资源储量计算边界线

矿体资源储量计算边界线是按最小可采厚度和最低工业品位或最低工业米·百分值所确定的基点的连线，或者是矿权的边界线，是用来确定矿体资源估算的边界。

3)矿石品级和类型边界线

矿石品级和类型边界线是在矿体资源储量计算边界线的范围内，按矿石品级和类型的要求标准，划分的不同品级和矿石类型的分界线，表明各种品级和类型的矿石在工业矿体中的分布情况。

4)资源储量类型边界线

资源储量类型边界线是按不同资源储量类别条件所圈定的界线，例如储量和资源量分界线，探明的、控制的、推断的分界线。

5) 内边界线和外边界线

内边界线是矿体边缘见矿工程控制点的连线，它表示被勘查工程所控制的那部分矿体的分布范围；外边界线是根据边缘见矿工程向外或向深部推断确定的边界线，以表示矿体的可能分布范围。从空间上说，零点边界线除采用米·百分值或米·克/吨值情况外，一般属于外边界线，而其他几种边界线可在内边界线之内，也可在内、外边界线之间。

6) 矿化体边界

在采用矿业软件估算资源储量时，通常先圈出矿化体，在矿化体中划分较为规则的三维小块对品位估值，或为二维小块对厚度和米·百分值或米·克/吨值估值，继而达到对品位估值。矿化体只有在矿岩分界线特别明显的条件下等同于矿体，一般情况下比矿体大。圈矿化体的品位指标一般比边界品位略小。矿化体边界可在勘探线剖面图上圈出。

1.5.1.2　圈定方法

进行资源储量估算时，圈定边界线一般分为两步：首先，根据各探(采)矿工程实地观察和取样化验的结果，确定各工程中大致沿厚度方向矿体边界线的基点；之后，综合绘制资源储量估算平面图、剖面图或投影图，根据资源储量估算具体情况确定边界线。

圈定边界线常用的方法有直接法、有限外推法和无限外推法。

1) 直接法

当矿体的零点或可采边界线的基点已被探(采)矿工程揭露时，采用直接法圈出矿体边界线，具体分为以下两种情况：

(1) 当矿体与围岩接触界线明显时，矿体边界线与地质界线是一致的，将各探(采)矿工程边界线基点直接连接起来，即为矿体边界线。

(2) 当矿体与围岩成渐变接触关系时，根据各工程取样化验结果，按照工业指标要求，确定边界线的基点，各基点连接起来，即为矿体边界线。

2) 有限外推法

有限外推法是用于矿体沿走向延长或沿倾向延深的边缘地段两工程之间确定矿体边界线的一种方法，具体分为以下两种情况：

(1) 矿体边缘两个工程均见矿，但只有一个工程的矿体达到工业指标要求，而外端工程的矿体达不到工业指标要求，可采用图解内插法或计算内插法求出两工程间矿体的可采厚度或可采品位边界线基点。

如图 1-14 所示，*A*、*B* 两点分别代表两个工程的位置，其中 *A* 工程中矿石品位大于最低可采品位，*B* 工程中矿石品位小于最低可采品位。

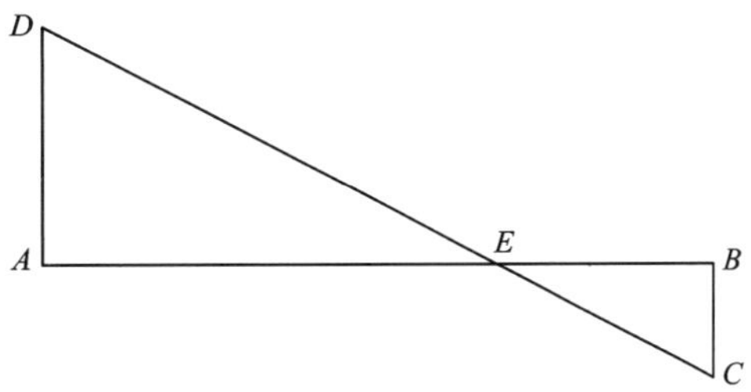

图 1-14　图解内插法示意图

①图解内插法。连接 *A*、*B* 两点，做 *AB* 的垂线 *AD* 和 *BC*，两垂线长度按比例尺分别表示 *A* 工程和 *B* 工程矿石品位与最低可采品位之间的差值，再连接 *CD* 交 *AB* 于 *E* 点，即为矿体可采品位边界线基点的位置。

②计算内插法。如图 1-14 所示，通过公式计算矿体可采品位边界线基点位置，具体计算公式为

$$X=\frac{C_E-C_B}{C_A-C_B}\times R \tag{1-10}$$

式中：X 为从品位小于最低可采品位的钻孔到可采品位边界线基点的距离；C_E 为矿体最低可采品位；C_A 为 A 工程矿石品位；C_B 为 B 工程矿石品位；R 为 A、B 两工程间距离。

若 A、B 两工程矿石品位均大于最低可采品位，而 A 工程矿体厚度大于最小可采厚度，B 工程矿体厚度小于最小可采厚度，亦可采用图解内插法或计算内插法，求出最小可采厚度边界线基点位置。

内插法一般适用于矿体厚度或品位变化较均匀的情况，如果矿体厚度或品位变化无一定规律，通常以两工程的中点作为矿体可采厚度或可采品位边界线基点位置。

(2)矿体边缘相邻两工程，一个见矿，一个不见矿，矿体零点边界线基点位置一般位于见矿工程向未见矿工程外推两工程间距的 1/4 或 1/2 或 2/3 处。具体外推距离根据见矿工程中矿体厚度的大小、矿体变化的规律和工程间距的大小等确定。

3)无限外推法

无限外推法是在靠近矿体边缘地段，探(采)矿工程见矿，且工程之外再无工程控制时，向矿体边缘见矿工程外推一定距离圈定矿体边界线的方法。

通常矿体边界线外推的距离与有限外推法外推的距离相同，即外推工程间距的 1/4 或 1/2 或 2/3。具体外推距离根据矿体变化的规律、矿体形态尖灭趋势和工程间距的大小等确定。

1.5.2 资源储量估算参数

资源储量边界线圈定之后，需要计算资源储量基本参数，主要有矿体面积、厚度、平均品位、体重以及某些特殊情况下引用的矿石湿度、含矿系数等。

1.5.2.1 面积

矿体(块段)面积测定根据采用的资源储量估算方法不同，分别在矿体(块段)断面图、横剖面图或投影图上进行，具体方法有几何法和计算机软件直接读取法。

1)几何法

当矿体(块段)面积呈规则几何图形时，将欲测面积划分为若干三角形、矩形或梯形后，用几何公式计算面积。

2)计算机软件直接读取法

在 AutoCAD、MapGIS 电子资源储量估算图上进行矿体(块段)面积测定时，可直接通过相应的软件功能直接量算。

1.5.2.2 厚度

单工程矿体厚度一般是在原始地质编录时从各探(采)矿工程中测定，并利用计算公式计算出矿体真厚度、铅直厚度、水平厚度和平均厚度。

$$m=L(\sin\alpha\sin\beta\cos\gamma\pm\cos\alpha\cos\beta) \tag{1-11}$$

式中：m 为矿体真厚度；L 为穿矿厚度(样长)；α 为探(采)矿工程天顶角；β 为矿体倾角；γ 为探(采)矿工程倾向与矿体倾向间夹角，当探(采)矿工程倾向与矿体倾向相反时用“+”，相同时用“-”。

$$m'=m/\cos\beta$$

式中：m'为矿体铅直厚度；其他符号同式(1-11)。

$$m''=m/\sin\beta$$

式中：m''为矿体水平厚度；其他符号同式(1-11)。

探矿工程不垂直于矿体时矿体厚度计算示意图见图 1-15。

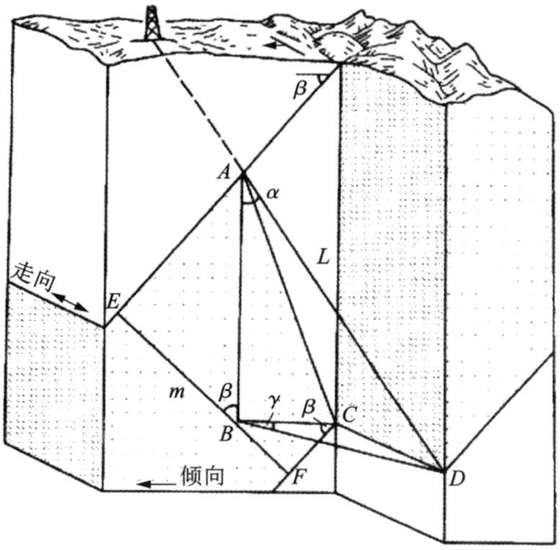

图 1-15　探矿工程不垂直于矿体走向时矿体厚度计算示意图

矿体平均厚度常用的计算方法有算术平均法和加权平均法。

1)算术平均法

当矿体厚度变化不大，且工程分布较均匀时，可采用算术平均法计算，计算公式为

$$M=\frac{\sum_{i=1}^{n}m_i}{n} \tag{1-12}$$

式中：M 为矿体平均厚度；m_i 为第 i 个工程矿体厚度；n 为工程数。

2)加权平均法

当矿体厚度变化具有一定规律性，且工程分布不均匀时，采用加权平均法计算，计算公式为

$$M=\frac{\sum_{i=1}^{n}m_i\cdot H_i}{\sum_{i=1}^{n}H_i} \tag{1-13}$$

式中：H_i 为第 i 个工程控制影响距离，即与相邻两工程间距一半之和；其他符号同式(1-12)。

1.5.2.3　平均品位

矿体平均品位计算的一般步骤是：根据各工程取样化验资料，计算工程平均品位，然后分别计算块段平均品位和矿体平均品位。计算方法有算术平均法和加权平均法。

1)算术平均法

当单个样品取样长度和相邻取样点之间的距离大致相等，且品位变化不大时，采用算术平均法计算，计算公式为

$$C=\frac{\sum_{i=1}^{n}C_i}{n} \tag{1-14}$$

式中：C 为单工程(块段)平均品位；C_i 为第 i 个样品(工程)品位；n 为单个样品(工程)的数量之和。

2)加权平均法

当矿体品位变化较大，且样品长度不等，或品位变化与厚度变化密切相关，或单个样品控制不相等时，采用加权平均法。

(1)线平均品位(单工程平均品位，见图 1-16)。

当取样长度不相等时，单工程品位用样长做加权系数，具体计算公式为

$$C = \frac{\sum_{i=1}^{n} C_i \cdot L_i}{\sum_{i=1}^{n} L_i} \tag{1-15}$$

式中：C 为单工程平均品位；C_i 为第 i 个样品品位；L_i 为单个样品的长度。

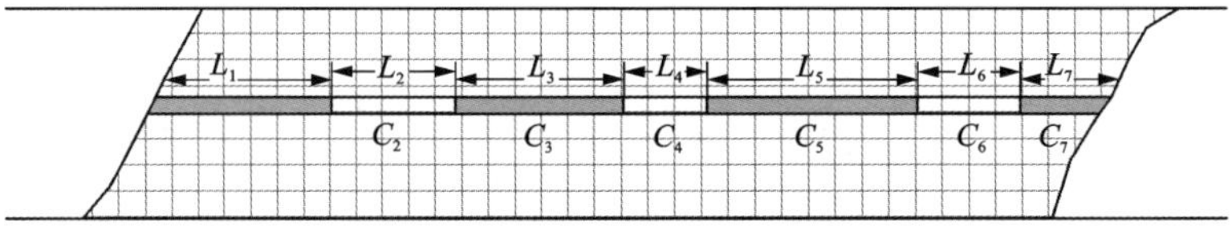

图 1-16 线平均品位计算示意图

(2)面平均品位(见图 1-17)。

当断面(块段)由几个工程控制，且矿体品位与厚度变化呈一定比例关系时，用矿体厚度和工程控制影响距离做加权系数，具体计算公式为

$$C_S = \frac{\sum_{i=1}^{n} C_i \cdot m_i \cdot H_i}{\sum_{i=1}^{n} m_i \cdot H_i} \tag{1-16}$$

式中：C_S 为断面(块段)平均品位；C_i 为第 i 个单工程平均品位；m_i 为第 i 个单工程矿体厚度；H_i 为第 i 个单工程控制影响距离。

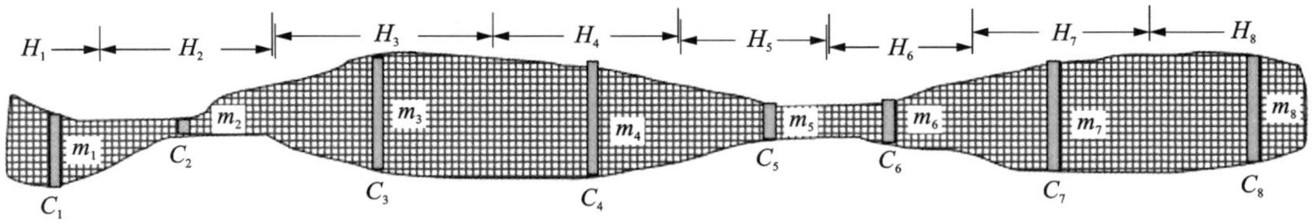

图 1-17 面平均品位计算示意图

(3)体积平均品位(见图 1-18)。

采用断面法估算资源储量时，块段平均品位用相邻两断面面积做加权系数，具体计算公式为

$$C_V = \frac{C_{S_1}S_1 + C_{S_2}S_2}{S_1 + S_2} \tag{1-17}$$

式中：C_V 为块段平均品位；C_{S_1}、C_{S_2} 分别为相邻两断面平均品位；S_1、S_2 分别为相邻两断面面积。

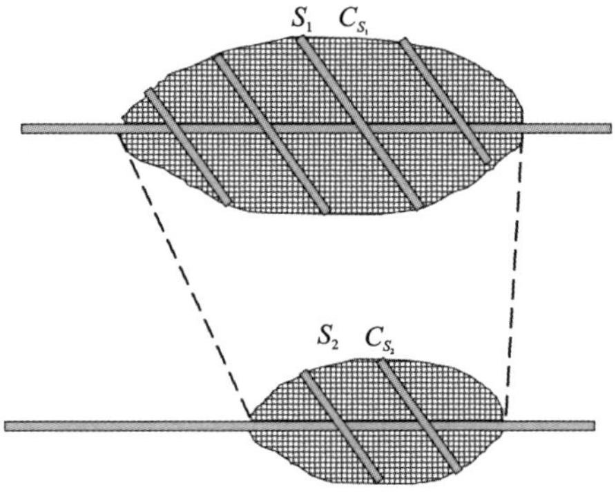

图 1-18 体积平均品位计算示意图

1.5.2.4 体重

矿石体重测定方法有实验室法(涂蜡法)和全巷法，实验室法用于小体重(矿石样品的体积一般不超过 10 cm^3)测定，后者用于大体重(矿石样品的体积一般为 1~10 m^3)测定。

（1）不同矿石品级和矿石类型应分别测定小体重，通常每一矿石品级和矿石类型应分别采取 20~30 件样品测定小体重，采用算术平均法计算平均值。当矿石品位与体重呈相关关系时，采用品位作为加权系数，计算平均体重。

（2）一般小体重测定的结果应有大体重测定的数据进行校正。

1.5.2.5　特高品位与特大厚度的确定与处理

1）特高品位的确定与处理

特高品位样品多出现在组分不均匀或极不均匀的矿床，具有相对的偶然性，但它的存在使矿床平均品位增加，因此一般均应进行合理处理。特高品位在 SD 法计算中也称风暴品位。

（1）特高品位的确定。

①经验法：当单样品位大于矿体平均品位 6~8 倍时，认为存在特高品位，须进行处理。

②品位频率曲线法对全部样品按合适的品位级别进行统计，编制品位频率曲线图来确定特高品位。一般情况下，此种曲线为不对称正态曲线，曲线左方较陡，右方较缓，其频率第一次出现极低值处的品位（5%）即为特高品位的下限值，见图 1-19。

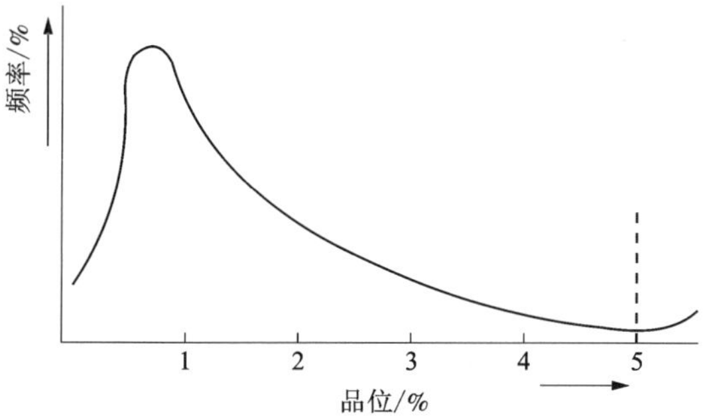

图 1-19　品位变化频率曲线图

③地质统计学法：根据矿化域或矿体中主（共生）元素分布的均匀程度与其品位分布特点，通过数理统计的方法确定该矿化域或矿体的特高品位下限值。

④SD 法：根据矿体的复杂程度定量计算倍数限，求出风暴品位下限值并以此判断风暴品位。

此外，还有其他一些方法，如沃罗多诺公式法、包尔德列夫法、贝乌斯法等，但这些方法大都缺乏实践经验总结。从上述各种方法的特点来看，以品位频率曲线法较为合适，因为该法以矿体实际抽样成果的统计分析为基础，以品位频率曲线的变化点为鉴定标准，体现了从偶然性的角度来判别特高品位的基本原则，方法简单直观，较其他方法更能接近矿床实际情况。

（2）特高品位的处理。

当矿床中出现特高品位的样品，经过检查证实并非由取样、样品加工或化验差错产生，而是由矿化不均匀所造成时，应进行处理。除以矿体为单位的特高品位外，有的特高品位在矿体局部地段突显，如大范围的较低品位工程分布区内，其中某个工程的平均品位高出周边相邻工程平均品位 6 倍以上，如不处理，会明显提高该地段平均品位，夸大该地段资源量。此外，在单工程样品中，出现品位高出相邻样品品位 6 倍以上的单样且不构成富矿带（层）时，如不处理，会明显提高单工程的平均品位，对资源量估算结果的可靠性影响会很大。

由此，凡出现特高品位，无论是在矿体范围内、矿体局部地段，还是在单工程中，都应该处理。局部地段的特高品位用其影响块段的所有工程（包含自身）平均品位代替，单工程中的特高品位用包括特高品位样在内的工程平均品位代替。

根据固体矿产资源量估算规程（DZ/T 0338），几何法处理特高品位的方法一般有以下几种：

①矿体品位变化系数大时，用特高品位的上限值代替特高品位；品位变化系数小时，用

特高品位的下限值来代替特高品位。

②用特高品位所影响块段的平均品位代替特高品位，当单工程矿体厚度大(大体相当于影响块段各工程厚度的总和)时，用单工程中含特高品位样品在内的平均品位代替特高品位。

③对于品位分布不均匀的矿体部位采样时的样长，要充分考虑成矿特征、工业指标中的最小可采厚度及是否能分采等因素确定样长，不宜划分过细，避免出现人为的特高品位。

采用地质统计学法估算资源量时，处理特异值采用数理统计的方法，包括分位数法、估计邻域法、影响系数法、概率曲线法、累积频率分布曲线法等。

①分位数法：从矿体样品品位累积频率分布曲线中读出分位数所对应的品位值作为上限值，代替特异值参与计算(分位数通常取95%或97.5%)。

②估计邻域法：同时考虑观测值本身和受其影响的相邻区域内的若干样品的观测值，通过特定的统计量判断是否为特高品位值。该方法适用于各种情况。

$$I=\frac{n(G-m)^2}{(n+1)\sigma^2} \tag{1-18}$$

式中：G 为要判断的可疑值；I 为识别特异值的统计量，服从自由度为[1，∞)的 F 分布，当统计量 $I>3.84$ 时，表示在95%的置信区间上，可疑值 G 被确定为特异值；n 为包含 G 的邻域内的样品数；m 为不包含 G 的邻域内其他样品值的算术平均值；σ^2 为邻域内包含 G 的样品值的平均方差。

③影响系数法：将包含疑似特异值在内的样品值的均值和去掉疑似值后的样品值的均值的比值与人为设定系数进行比较。其原理为：假设有一组总数为 n 的样品值，M 为包含疑似特异值在内的 n 个样品值的均值，m 为去掉疑似值后的样品值的均值，当 $M/m>k+1$ 时，认为该组样品值为特异值。式中 k 是根据变量在空间的变异性人为赋给的。

④概率曲线法和累积频率分布曲线法：通过概率曲线或累积频率分布曲线，选择合适的断点或拐点的品位值作为特异值的截止值。

采用对数克里格法和指示克里格法估算资源量时可不处理特异值。

采用SD法估算资源量时，直接用风暴品位下限值替代风暴值。

(3)特高品位处理合理性检验。

在地质统计学中，地质变量服从三参数对数正态分布，即 $y=\ln(x+a)$ 服从正态分布(其中 a 是一个常数)，特高品位处理的合理性可采用西舍尔估值检验(Sichel's t)。西舍尔估值的计算：

x_i 代表原始样品数据；$y_i=\ln(x_i+a)$ 服从正态分布；n 代表样品数。

均值：$\bar{y}=\sum y_i/n$。

方差：$\nu=\sum(y_i-\bar{y})^2/n$。

西舍尔估值：$t=\exp(\bar{y})\gamma_n(\nu)$。其中

$$\gamma_n(\nu)=1+\sum_{r=1}^{\infty}\frac{(n-1)^r\nu^r}{2r!\ (n-1)(n+1)(n+2r-3)} \tag{1-19}$$

式中的项采用递推公式可表示为

$$u_i=\frac{(n-1)\nu}{2i(n+2i-3)}u_{i-1} \tag{1-20}$$

式中：r 为序号，$u_0=1$。

$\gamma_n(\nu)$为西舍尔系数，是一个泰勒级数，一般取前三项即可满足精度要求。

经特高品位处理后的样品的算术平均值(含常数 a 的值)小于西舍尔 t 估值并接近时，判断特异值处理结果合理，否则需重新进行特高品位处理。

2)大厚度的确定及处理

在铝土矿床中，探矿工程见矿厚度等于矿区(段)平均厚度 3 倍以上者，称为大厚度工程，其矿体厚度称为大厚度。这种大厚度多出现在岩溶地区的溶斗部位，具有偶然性。由于溶斗直径小、深度大，开采困难，且对资源储量计算影响极大，因此，为使资源储量计算符合实际，必须对大厚度进行处理。大厚度的处理方法，一般是以包括大厚度在内的块段平均厚度代替大厚度，进行块段平均厚度的计算。经过一次处理后，其值仍大于矿体平均厚度的 3 倍时，再重复处理一次。

1.5.3　资源储量估算方法

资源储量估算方法有很多，总体可归结为几何图形法和地质统计学法两大类。

1.5.3.1　几何图形法

几何图形法(或传统法)是 20 世纪 50 年代从苏联引入的一套较为简单的资源储量估算方法，它是将形态复杂的自然矿体分割成一个或若干个简单的几何形体，并将矿化复杂状态变为在影响范围内的均匀化状态，分别估算资源储量。

几何图形法主要分为断面法和块段法两大基本方法，并由此演变为开采块段法、最近地区法、三角形法、等高线法、等值线法和算术平均法等多种方法。

1)断面法

断面法是利用一系列断面，将矿体截为若干块段，分别估算各块段资源储量的方法。根据断面间相互关系，断面法分为平行断面法和不平行断面法。

(1)平行断面法

根据断面方向，平行断面法分为水平平行断面法和垂直平行断面法。具体估算步骤如下：

①根据探(采)矿工程绘制断面图，在图上测定矿体截面积；

②根据各工程品位，采用算术平均法或加权平均法，计算各块段平均品位；

③根据各断面间距离和矿体的具体地质情况，选用适当的公式计算各块段体积；

④根据穿过矿体的体重数据，采用算术平均法，计算矿体的平均体重；

⑤根据资源储量估算基本公式，估算块段矿石量和金属量，各块段之和即为矿体总资源储量。

$$Q=V\times D \tag{1-21}$$

式中：Q 为矿石量，t；V 为体积，m^3；D 为平均体重，t/m^3。

$$P=Q\times C \tag{1-22}$$

式中：P 为金属量，t；Q 为矿石量，t；C 为平均品位，%或 g/t。

计算块段体积时，一般应根据矿体不同的形态采用不同的计算公式：

①相邻两平行断面之间矿体体积一般采用截锥体积[图 1-20(a)]公式：

$$V=\frac{1}{3}(S_1+S_2+\sqrt{S_1\times S_2})\times L \tag{1-23}$$

式中：V 为体积，m^3；S_1、S_2 分别为两断面上矿体截面积，m^2；L 为两断面间距离，m。

②当矿体呈楔形尖灭时，采用楔形体积[图 1-20(b)]公式：

$$V=\frac{1}{2}S\times L \tag{1-24}$$

式中：各符号同式(1-23)。

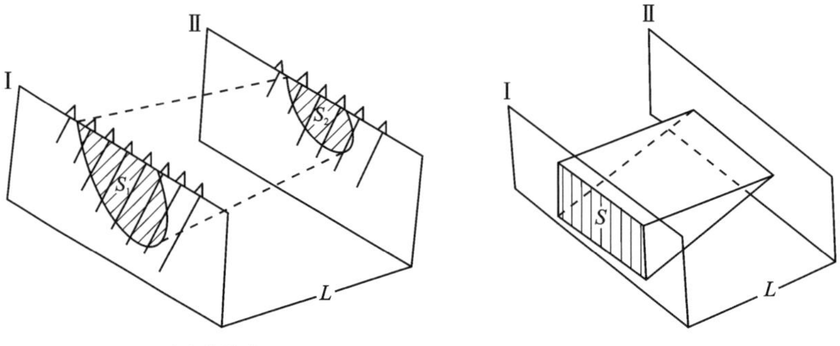

(a) 截锥体积　　(b) 楔形体积

图 1-20　体积计算示意图

(2)不平行断面法

当相邻断面不平行，矿体走向发生变化时，应采用不平行断面法。该方法与平行断面法估算步骤基本相同，区别是利用相邻断面上矿体截面积乘以相应的控制距离，得到相应的体积，两者之和为块段体积(图 1-21)。具体计算公式为

$$V=S_1\times\frac{S_1'}{L_1}+S_2\times\frac{S_2'}{L_2} \tag{1-25}$$

式中：S_1'、S_2'分别为两断面间块段的水平投影面积，m^2；L_1、L_2 分别为矿体在两断面上的水平投影长度，m；其他符号同式(1-23)。

断面法适用于探(采)矿工程大致呈线、网布置的任何形状和产状的矿体，可根据实际需要按资源储量类型、矿石类型、矿石品级等任意划分块段，估算结果比较准确，且在开采过程中便于使用；当探(采)矿工程不呈线、网布置时，不能使用。

2)块段法

块段法是根据矿床地质特点和条件(矿石品级、自然类型、资源储量类型、开采技术条件等)或探(采)矿工程把矿体划分为不同的块段，各块段厚度采用算术平均法，品位采用厚度加权估算方法。该方法适用于产状平缓或陡倾斜矿体的资源储量估算，根据矿体产状分为水平投影地质块段法和垂直纵投影地质块段法。

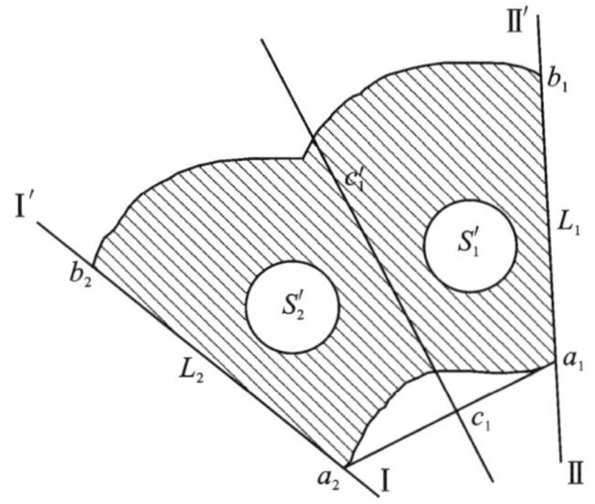

图 1-21　不平行断面法体积计算示意图

具体估算步骤如下：

(1)根据探(采)矿工程绘制水平(纵)投影图，在图上测定块段面积。

(2) 根据各工程品位，采用算术平均法或加权平均法，计算各块段平均品位。

(3) 根据各工程见矿铅直(水平)厚度，采用算术平均法计算各块段平均厚度，采用体积计算公式计算块段体积。

$$V=S\times M \tag{1-26}$$

式中：V 为块段体积，m^3；S 为块段水平(垂直)投影面积，m^2；M 为块段铅直(水平)平均厚度，m。

(4) 根据穿过矿体的体重数据，采用算术平均法，计算矿体的平均体重。

(5) 根据资源储量估算基本公式，即式(1-21)与式(1-22)，估算块段矿石量和金属量，各块段之和即为矿体总资源储量。

3) 开采块段法

开采块段法是利用坑道(沿脉、穿脉或天井，有时也可利用部分深部钻孔)将矿体划分为许多紧密相连的开采块段，并对各块段分别估算资源储量的方法。开采块段法在生产矿山中应用广泛，其估算结果符合采矿要求，可直接用于采矿设计和开采工作，可按矿石类型、矿石品级、资源储量类型划分块段，并分别估算资源储量。但是当矿体形态复杂、矿体厚度较大或勘探手段以钻探为主时，该方法不适用。

4) 最近地区法

最近地区法又称多角形法，是将形状不规则的矿体简化为若干便于计算体积的多角形柱状体，即在资源储量估算平面图所圈定的矿体范围内，以每个勘查工程为中心，按其与相邻工程的 1/2 距离，将矿体分为一系列紧密连接的多角形区域，再依据每个多角形区域中心工程资料分别估算资源储量。最近地区法不能反映矿体真实特点，当勘查工程数量较少时，可能会产生较大误差。该法一般只用于砂矿及层状矿床资源储量估算，或当工程分布不均匀时适用。

5) 三角形法

三角形法是在资源储量估算平面图上所圈定的矿体范围内，以直线连接各相邻勘查工程，把矿体划分为一系列紧密连接的三角形块段，再依据三角形块段顶点勘探工程资料，分别估算各块段的资源储量。其实质是将形状不规则的矿体简化为许多便于计算体积的三棱柱体。三角形法多用于厚度及组分变化不大的矿体，或勘查工程较密时适用。其特点与多角形法类似，在实际工作中很少使用。

6) 等高线法

等高线法是以矿层顶板或底板等高线图为基础，把矿层分为若干倾角相近的部分，然后分别估算体积和资源储量。其特点是可以直接地反映矿层的产状和埋藏特点，适用于产状和厚度都比较稳定，倾角中等，并有足够勘查工程控制的矿床，沉积层状矿床资源储量估算常采用该方法。

7) 等值线法

等值线法是利用矿体等厚线图或厚度与品位之积的等值线图，把形状复杂的矿体变为一个体积相同、底面平坦而顶面高低起伏的几何体，然后分别估算各等值线之间块段的体积和资源储量。其优点是可以借助等值线图反映出矿体形态、有用组分的分布及变化特点。其缺点是制图和计算都非常复杂，一般只适用于形状简单且无构造破坏的较大矿床，而小矿体或构造错动较剧烈的矿床，则不宜使用。

8）算术平均法

算术平均法是将勘查地段内全部勘查工程查明的矿体厚度、品位、矿石体重等参数值，用算术平均法求其各自的平均值，然后按圈定的矿体面积估算整个矿体的体积和资源储量。其实质是将形状不规则的矿体变为一个面积相当于矿体面积，厚度和质量均一的简单板状体。该方法的优点是计算、制图过程简单，一般只应用于矿产质量稳定和开采条件简单、矿体厚度变化不大、勘查工程分布较均匀的矿床；缺点是不能分类估算资源储量。对于勘查程度低的矿床，常用该方法。

1.5.3.2 地质统计学法

随着地质勘探、采矿工业的发展以及计算机的广泛应用，现代矿产资源储量估算方法——地质统计学法相继出现，如距离幂次反比法、克里格法、SD 法和相关分析法等。

1）距离幂次反比法

距离幂次反比法（距离加权法）是以品位与距离的函数关系为基础建立的一种矿产资源储量估算方法，它是根据某一点的品位与周围一定范围内各点品位之间存在着一定的空间相关关系，即呈现距离幂次的反比函数关系，用周围不同距离点的已知品位对其进行估计的方法。其一般是根据距离的远近给定不同的权数，离被估计点距离越近，估计作用越大，给的权数越大；距离越远，作用越小，权数也越小。

估算步骤如下：

（1）块体划分。将矿体（包括靠近矿体部分围岩）划分成许多相互紧邻的立方体形（矩形）块体，其大小决定于矿体规模、工程布置情况、开采技术条件和资源储量估算要求等因素。

（2）估算块体平均品位。根据所求块体中心点影响范围内各工程样品的品位离散平均来确定。具体估算公式如下：

$$C_{\mathrm{A}}=\frac{\sum_{i=1}^{m} C_i \frac{1}{d_i^n}}{\sum_{i=1}^{m} \frac{1}{d_i^n}} \tag{1-27}$$

式中：C_{A} 为块体平均品位；C_i 为影响范围内各工程取样点品位（$i=1, 2, \cdots, m$）；d_i 为影响范围内各工程取样点与块体中心点距离；n 为幂次（$n=1, 2, \cdots$）。

距离（d_i）一般根据勘查类型与工程间距确定，幂次（n）取值大小根据矿石品位的变化特征确定。

（3）圈定矿体边界。估算各块体平均品位后，根据矿体的最佳边际品位值，将大于或等于最佳边际品位的块体圈入矿体内。根据资源储量估算基本公式，估算各块体资源储量，矿体边界线以内的所有块体资源储量累计即为矿体总资源储量。

2）克里格法

克里格法是由南非采矿工程师 D. C. 克里格于 20 世纪 50 年代在研究金矿时首次提出，故得此名。法国数学家 G. 马特龙于 20 世纪 60 年代针对克里格提出的方法，提出了一套完整的理论和方法，进而形成了地质统计学。

克里格法也称克里金法，是以区域化变量理论为基础，以变异函数为基本工具，处理地质参数的空间结构关系，在充分考虑样品形状、大小及与待估块段相互位置和品位变量空间结构的基础上，根据一个块段内外若干样品数据，给每个样品赋予一定的权，利用加权平均来对该块段品位做出最优估计，并得到一个相应的估计误差的方法。

克里格法分为普通克里格法（对点估计的点克里格法和对块估计的块段克里格法）、泛克里格法、协同克里格法、对数正态克里格法、指示克里格法、析取克里格法等。随着克里格法与其他学科的渗透，形成了一些边缘学科，发展了一些新的克里格方法，如与分形的结合，发展了分形克里格法；与三角函数的结合，发展了三角克里格法；与模糊理论的结合，发展了模糊克里格法；等等。下面着重介绍普通克里格法。

（1）区域化变量。

区域化变量是在一定的区域内与空间位置相关的一种变量，随着空间位置的不同而有不同的数值。如一个矿体可以算作一个区域，矿体的厚度是一个二维空间区域化变量，矿石的品位、体重，某些有害组分的含量等都是三维空间区域化变量。这种区域化变量既具有随机性，又具有规律性，同时还可具有各向异性。如矿石品位在沿着某方向有规律降低的过程中，时常又有随机性的变化，不同方向（走向、倾向）的变化还有所不同。

（2）变异函数与协方差函数。

①变异函数。用变异函数既能描述区域化变量的空间结构性变化，又可同时描述随机性变化，它是地质统计学计算的基础。

变异函数是对一维情况定义的。假设空间一点 x 只在一维 x 轴的方向上变化，我们把区域化变量 $Z(x)$ 在 x、$x+h$ 两点信息值之差的方差的一半称为 $Z(x)$ 在 x 轴方向上的变异函数，即

$$\begin{aligned}\gamma(x, h) &= \frac{1}{2}\mathrm{Var}\{Z(x)-Z(x+h)\} \\ &= \frac{1}{2}E[Z(x)-Z(x+h)]^2-\frac{1}{2}\{E[Z(x)]-E[Z(x+h)]\}^2 \end{aligned} \tag{1-28}$$

式中：$\gamma(x, h)$ 为在某个方向上品位的变异函数；$Z(x)$ 为空间位置 x 点的区域化变量；$Z(x+h)$ 为与空间位置 x 相距 $\boldsymbol{h}$ 矢量方向的点 $x+h$ 的区域化变量。

②协方差函数。当随机函数中只有一个自变量 x 时，称为随机过程，而随机过程 $Z(t)$ 在时刻 t_1、t_2 的两个随机变量 $Z(t_1)$、$Z(t_2)$ 的二阶中心混合矩则为随机过程的协方差函数，其数学公式为

$$\mathrm{Cov}\{Z(t_1), Z(t_2)\}=E\{Z(t_1)Z(t_2)\}-E[Z(t_1)]E[Z(t_2)] \tag{1-29}$$

当随机函数依赖于多个变量时，$Z(x)=Z(x_u, x_v, x_w)$，称为随机场。随机场 $Z(x)$ 在空间点 x 和 $x+h$ 处的两个随机变量 $Z(x)$ 和 $Z(x+h)$ 的二阶中心混合矩则为随机场 $Z(x)$ 的自协方差函数，其数学公式为

$$\mathrm{Cov}\{Z(x), Z(x+h)\}=E\{Z(x)Z(x+h)\}-E[Z(x)]E[Z(x+h)] \tag{1-30}$$

协方差函数一般依赖于空间点 x 和向量 $\boldsymbol{h}$。

当 $\boldsymbol{h}=0$ 时，协方差函数变为

$$\mathrm{Cov}\{Z(x), Z(x+0)\}=E[Z(x)]^2-\{E[Z(x)]\}^2 \tag{1-31}$$

即等于先验方差函数 $\mathrm{Var}[Z(x)]$，当其不依赖于 x 时，简称方差，从而有

$$\mathrm{Var}[Z(x)]=E[Z(x)]^2-\{E[Z(x)]\}^2 \tag{1-32}$$

（3）数学假设。

根据上述变异函数的定义，要估计变异函数值就要估计数学期望值 $E[Z(x)-Z(x+h)]^2$，

而这必须要有若干对 $Z(x)$ 和 $Z(x+h)$ 的值，通过计算 $[Z(x)-Z(x+h)]^2$ 平均值的方法，才能估计其数学期望。在地质与采矿实践中，在空间一个位置(点)只能取得一个观测值，从而只能得到一对 $Z(x)$ 和 $Z(x+h)$，因此在普通克里格法的应用中，要对区域化变量给出必要的数学假设。

①平稳假设。平稳假设包括严平稳假设和弱平稳假设两种。

第一，严平稳假设。区域化变量 $Z(x)$ 的任意 n 维分布函数不因空间点 x 发生位移而改变，即要求随机函数(随机场，区域化变量) $Z(x)$ 的各阶矩都存在且平稳。由于这种假设太过严格，实际上既难满足又难验证，所以在地质、采矿工作中不能使用。

第二，弱平稳假设。弱平稳假设要求 $Z(x)$ 的一、二阶矩存在且平稳，其又称为二阶平稳假设，在数学上表现为满足下面的两个条件：

一是在整个研究区域内，有随机函数 $Z(x)$ 的数学期望存在且等于常数，即

$$E[Z(x)]=m(\text{常数}),\ \forall x \tag{1-33}$$

二是在整个研究区域内，$Z(x)$ 的协方差函数存在且平稳(即只依赖于滞后 h，而与位置 x 无关)，即

$$\begin{aligned}\mathrm{Cov}\{Z(x),\ Z(x+h)\}&=E[Z(x)Z(x+h)]-E[Z(x)]E[Z(x+h)]\\&=E[Z(x)Z(x+h)]-m^2\\&\triangleq C(h),\ \forall x,\ \forall h\end{aligned} \tag{1-34}$$

特殊情况下，当滞后 $h=0$ 时，式(1-34)变为

$$\mathrm{Var}[Z(x)]=C(0),\ \forall x \tag{1-35}$$

即方差存在且为常数。

在实际工作中，上述假设有时也难以满足(即有时协方差函数不存在)，于是再放宽对区域化变量的假设条件，这就是内蕴假设。

②内蕴假设。当区域化变量 $Z(x)$ 的增量 $[Z(x)-Z(x+h)]$ 满足如下两条时，则称区域化变量是内蕴的。

第一，在整个研究区域内有

$$E[Z(x)-Z(x+h)]=0,\ \forall x,\ \forall h \tag{1-36}$$

若又知 $E[Z(x)]$，$\forall x$ 存在，此条件就变为 $E[Z(x)]=E[Z(x+h)]=m(\text{常数})$，$\forall x$，即 $Z(x)$ 增量的数学期望存在、平稳且等于零。

第二，$Z(x)$ 的增量 $[Z(x)-Z(x+h)]$ 的方差函数存在且平稳(不依赖于位置 x)，即

$$\begin{aligned}\mathrm{Var}[Z(x)-Z(x+h)]&=E[Z(x)-Z(x+h)]^2-\{E[Z(x)-Z(x+h)]\}^2\\&=E[Z(x)-Z(x+h)]^2\\&=2\gamma(x,\ h)\\&=2\gamma(h),\ \forall x,\ \forall h\end{aligned} \tag{1-37}$$

通过比较，弱平稳假设比内蕴假设严格，有时 $Z(x)$ 虽不能满足弱平稳假设，却能满足内蕴假设的要求，对于只有变差函数而没有协方差函数的随机函数 $Z(x)$ 亦是如此。

③准弱平稳假设和准内蕴假设。有时在整个研究区域内，区域化变量 $Z(x)$ 不能满足弱平稳假设(或内蕴假设)，但在有限大小的区域内(如以 x 点为中心，以 a 为半径的范围内)能满足弱平稳假设(或内蕴假设)，那么这个区域化变量被称为准弱平稳的(或准内蕴的)。准弱平稳假设(或准内蕴假设)是一种折中方案，它既考虑了某一现象相似性的标度，又顾及了

有效数据的多少。

(4)变异函数及变异函数曲线。

在实际应用中，我们可以把一个矿床(矿带、地质体)当作空间中的一个域，域内的许多值则可以当作是域内一个点(x)至另一个点($x+h$)的变量值，两点的观测值分别为 $Z(x)$、$Z(x+h)$，其差值$[Z(x+h)-Z(x)]$或$[Z(x+h)-Z(x)]^2$ 即为一个有明确物理意义(地质意义)的结构信息，可以看成是一个变量。

当沿 x 方向有被相同矢量 $\boldsymbol{h}$ 分割的许多对点时，即可得到上述一组差值，而该差值平方的期望值即为变异函数，其数学公式为

$$2\gamma(h)=E\{[Z(x+h)-Z(x)]^2\} \tag{1-38}$$

式中：$\gamma(h)$为在某个方向上品位的半变异函数，也称为变异函数；$Z(x)$为空间位置 x 点的区域化变量；$Z(x+h)$为与空间位置 x 相距 $\boldsymbol{h}$ 矢量方向的点 $x+h$ 的区域化变量。

在实践中，样品的数目总是有限的，我们把由有限实测样品值构建的变异函数称为实验变异函数，它是理论变异函数值 $\gamma(h)$的估计值，其数学公式为

$$\gamma(h)^* = \frac{1}{2n}\sum_{i=1}^{n}(Z_{i+h}-Z_i)^2 \tag{1-39}$$

式中：$\gamma(h)^*$为在某个方向上品位的实验半变异函数，也称为实验变异函数；h 为该方向上样品的间距($\boldsymbol{h}$ 表示矢量)；i 为样品顺序号；n 为样品个数；Z_i 为第 i 号样品的品位、厚度、米·百分值或米·克/吨值；Z_{i+h} 为第 i 号相邻样品(两者间距为 $\boldsymbol{h}$)的品位、厚度、米·百分值或米·克/吨值。

变异函数曲线就是利用式(1-39)，以 $\gamma(h)$为纵坐标，以 h 为横坐标，通过实验数据 $\gamma(h)^*$拟合出理论 $\gamma(h)$，绘制出的实验曲线图和理论曲线图，称为变异函数实验曲线和理论曲线图或实验和理论变差图，见图 1-22。

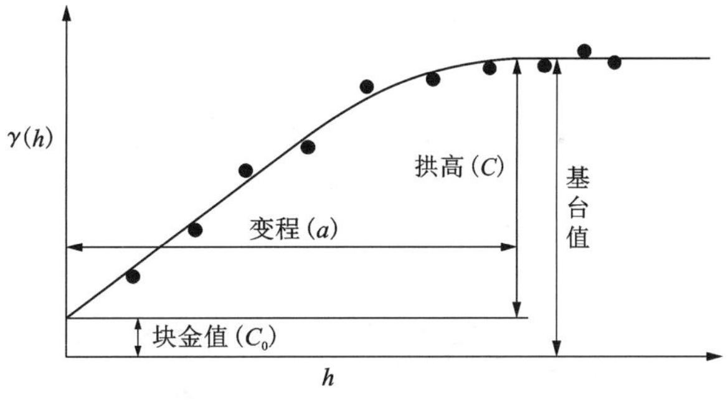

图 1-22　变异函数曲线图

块金值(C_0)：当两个样品的距离即使很小，而品位仍出现较大差异时，称为块金效应，其差异值称为块金值，亦称为块金常数，它反映了 h 很小时两点间品位、厚度、米·百分值或米·克/吨值的变化。

变程(a)：为样品的影响距离。在一定范围内，区域化变量之间存在着相关性，但一个样品对另一个样品的影响随着两点间距离的增大而降低，当距离 $h>a$ 时，影响消失。

基台值：当两个样品之间的距离 $h>a$，变异函数值不再增大，而是稳定在一个极限值附近时，该极限值即为基台值。当无块金效应时，即 $C_0=0$，基台值为 C；当有块金效应时，基台值为 $C+C_0$。

变异函数在原点处的性质反映了变量的空间连续性，根据在原点处的形状，典型理论变异函数曲线分为 5 种(图 1-23)。

①抛物线型：当$|h|\Rightarrow 0$ 时，$\gamma(h)\Rightarrow A|h|^2$，其中 A 为常数，即 $\gamma(h)$曲线在原点处呈一抛物线型，它表示区域化变量的高度连续性(如矿层厚度)。

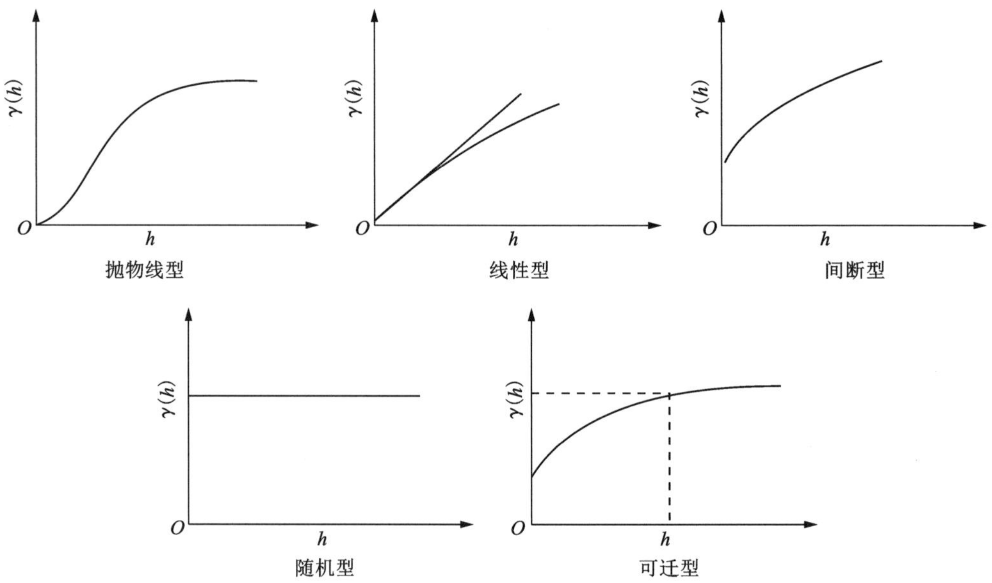

图 1-23 典型理论变异函数曲线

②线性型：当 $|h| \Rightarrow 0$ 时，$\gamma(h) \Rightarrow A|h|$，其中 A 为常数，即 $\gamma(h)$ 曲线在原点处有斜向的切线存在，它反映区域化变量有平均的连续性(如品位)。

③间断型：$\gamma(h)$ 曲线在原点处间断，它反映有块金效应 C_0 存在，连续性差，当 h 变大时，$\gamma(h)$ 又变得较为连续了。

④随机型：$\gamma(h)$ 呈现出纯块金效应。

⑤可迁型或过渡型：$\gamma(h)$ 处于抛物线型和随机型两种极端情况的中间过渡型，即变异函数既有块金效应 C_0，又有基台值 $C+C_0$。

(5)变异函数的理论模型。

常见的变异函数理论模型有基台模型(可迁模型)、无基台模型(不可迁模型)和空穴效应模型三大类，其中有基台模型主要有球状模型、高斯模型、指数模型和纯块金效应模型，无基台模型主要有幂函数模型、对数或戴维依斯模型、线性模型和抛物线模型。下面主要介绍有基台模型。

①球状模型。球状模型的一般公式为

$$\gamma(h)=\begin{cases} 0 & h=0 \\ C_0+C\left(\dfrac{3h}{2a}-\dfrac{h^3}{2a^3}\right) & 0<h\leqslant a \\ C_0+C & h>a \end{cases} \tag{1-40}$$

式中：C_0 为块金值；C 为基台值；a 为变程；h 为该方向上样品的间距。

球状模型在原点处($h=0$)，切线的斜率为 $3C/(2a)$，切线到达 C 值的距离为 $2a/3$。对球状模型标准化后(均值为 0，方差为 1)，这时有 $\text{Var}\{Z(x)\}=\gamma(\infty)=1=C$，式(1-40)变为

$$\gamma(h)=\begin{cases}0 & h=0\\ \dfrac{3h}{2a}-\dfrac{h^3}{2a^3} & 0<h\leqslant a\\ 1 & h>a\end{cases} \tag{1-41}$$

②高斯模型。高斯模型一般公式为

$$\gamma(h)=\begin{cases}0 & h=0\\ C_0+C(1-\mathrm{e}^{-\frac{h^2}{a^2}}) & h>0\end{cases} \tag{1-42}$$

需要注意的是，式(1-42)中 a 不是变程，当 $h=\sqrt{3}a$ 时，$1-\mathrm{e}^{-\frac{h^2}{a^2}}=1-\mathrm{e}^{-3}\approx 0.95\approx 1$，即当 $h=\sqrt{3}a$ 时，$\gamma(h)\approx C_0+C$，高斯模型变程约为$\sqrt{3}a$。

③指数模型。指数模型的一般公式为

$$\gamma(h)=\begin{cases}0 & h=0\\ C_0+C(1-\mathrm{e}^{-\frac{h}{a}}) & h>0\end{cases} \tag{1-43}$$

需要注意的是，式(1-43)中 a 不是变程，当 $h=3a$ 时，$1-\mathrm{e}^{-\frac{h}{a}}=1-\mathrm{e}^{-3}\approx 0.95\approx 1$，即有 $\gamma(h)\approx C_0+C$，指数模型变程约为 $3a$。

④纯块金效应模型。纯块金效应模型相当于区域化变量 $Z(x)$ 为随机分布，样品值之间的协方差函数 $C(h)$ 对于所有距离 h 均等于0，一般公式为

$$\gamma(h)=\begin{cases}0 & h=0\\ C_0 & h>0\end{cases} \tag{1-44}$$

应当指出的是，最常用的理论模型为球状模型，用球状模型及其套合结构可以拟合几乎各种不同的变异函数，而且估计精度几乎没有受影响。

(6)结构分析。

结构分析就是构造一个变异函数模型对全部有效结构信息做定量化的概括，以表征区域化变量的主要特征。结构分析的主要方法是套合结构，套合结构是把分别出现在不同距离 h 上和(或)不同方向 a 上同时起作用的变异性组合起来。

套合结构可以表示为多个变异函数之和，每一个变异函数代表一种特定尺度上的变异性，其数学公式为

$$\gamma(h)=\gamma_0(h)+\gamma_1(h)+\cdots+\gamma_i(h) \tag{1-45}$$

①一个方向上的套合结构。

套合结构中每一个变异函数代表一种特定尺度上的变异性，可以是不同模型的变异函数。例如某区域化变量在某一方向上的变异性由 $\gamma_0(h)$、$\gamma_1(h)$、$\gamma_2(h)$ 组成，其中 $\gamma_0(h)$ 表示微观上的变化性，其变程极小，可近似看成纯块金效应。

$$\gamma_0(h)=\begin{cases}0 & h=0\\ C_0 & h>0\end{cases} \tag{1-46}$$

$\gamma_1(h)$ 代表矿层及岩层的交互现象，可用球状模型来表示，设变程 $a_1=10$ m。

$$\gamma_1(h)=\begin{cases} C_1\left(\dfrac{3h}{2a_1}-\dfrac{1}{2}\times\dfrac{h^3}{a_1^3}\right) & 0<h=a_1 \\ C_1 & h>a_1 \end{cases} \tag{1-47}$$

$\gamma_2(h)$代表矿化带的范围，可用球状模型来表示，设变程 $a_2=300$ m。

$$\gamma_2(h)=\begin{cases} C_2\left(\dfrac{3h}{2a_2}-\dfrac{1}{2}\times\dfrac{h^3}{a_2^3}\right) \\ C_2 \end{cases} \tag{1-48}$$

此时，总的套合结构为

$$\gamma(h)=\gamma_0(h)+\gamma_1(h)+\gamma_2(h) \tag{1-49}$$

其中，$a_1<a_2$，具体的表达式就是分段函数叠加表达式：

$$\gamma(h)=\begin{cases} 0 & h=0 \\ C_0+\dfrac{3}{2}\left(\dfrac{C_1}{a_1}+\dfrac{C_2}{a_2}\right)h-\dfrac{1}{2}\left(\dfrac{C_1}{a_1^3}+\dfrac{C_2}{a_2^3}\right)h^3 & 0<h\leqslant a_1 \\ C_0+C_1+C_2\left(\dfrac{3}{2}\times\dfrac{h}{a_2}-\dfrac{1}{2}\times\dfrac{h^3}{a_2^3}\right) & a_1<h\leqslant a_2 \\ C_0+C_1+C_2 & h>a_2 \end{cases} \tag{1-50}$$

其套合结构见图 1-24。

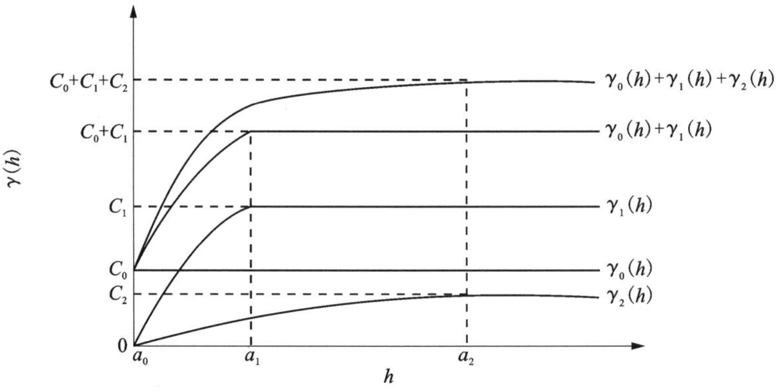

图 1-24　套合结构示意图

②不同方向上的套合结构。

当在几个方向上研究区域化变量时，就必须研究各个方向上的变异函数或协方差函数。当一个矿化现象在各个方向上性质相同时称各向同性，反之为各向异性，主要表现为变异函数在不同方向上的差异。

第一，各向异性的分类及其特征。

各向异性按性质分为几何异向性和带状异向性两种(图 1-25)。

几何异向性：当区域化变量在不同方向上表现出变异程度相同而连续性不同时，称为几何异向性，这种异向性可以经过简单几何图形变换为各向同性。几何异向性具有相同的基台值而变程不同，不同方向上的变异性之差可以用变程之比表示[图 1-25(a)]。

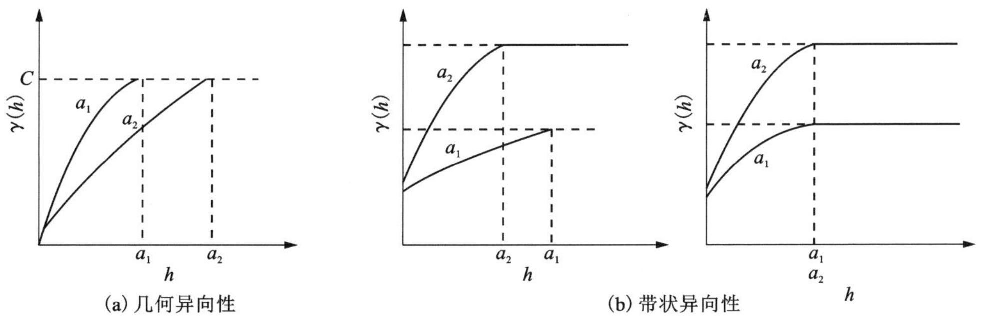

图 1-25　各向异性示意图

带状异向性：当区域化变量在不同方向上变异性之差不能用简单几何变换得到时，称为带状异向性。带状异向性具有不同的基台值，变程可以相同也可以不相同[图 1-25(b)]。

带状异向性常出现在多层状矿区，矿层及夹层组成变化显著，矿化品位在垂直于矿层方向的变异比沿矿层面延伸方向大。因此，在垂直方向除包含与水平方向相同的那部分变异(各向同性部分)外，还应包括垂直方向特有的变异部分(各向异性部分)。

第二，变换矩阵。

当各方向的变异函数表现为各向异性时，表示在相同的距离 h 时，各方向的变异性不同；或在变异性相同时，其距离 h 不同。因此，对变异函数值起作用的是距离 h，要使各向异性转化为各向同性，只要改变不同方向的距离 h 即可，即通过对坐标向量 $\boldsymbol{h}=(h_u, h_v, h_w)^T$ 进行适当的线性变换，将其变换为坐标向量 $\boldsymbol{h}'=(h'_u, h'_v, h'_w)^T$ 的各向同性模型。

变换后的 $\boldsymbol{h}$ 为 $\boldsymbol{h}'$，则 $\boldsymbol{h}'=\boldsymbol{A}\boldsymbol{h}$。

其中 $\boldsymbol{A}$ 为线性变换矩阵。

$$\boldsymbol{A}=\begin{bmatrix} a_{11} & a_{12} & a_{13} \\ a_{21} & a_{22} & a_{23} \\ a_{31} & a_{32} & a_{33} \end{bmatrix} \tag{1-51}$$

若结构为各向同性，则 $\boldsymbol{A}$ 变换矩阵为

$$\boldsymbol{A}=\begin{bmatrix} 1 & 0 & 0 \\ 0 & 1 & 0 \\ 0 & 0 & 1 \end{bmatrix} \tag{1-52}$$

变换后的矢量为

$$\boldsymbol{h}'(h'_u, h'_v, h'_w)=\begin{bmatrix} 1 & 0 & 0 \\ 0 & 1 & 0 \\ 0 & 0 & 1 \end{bmatrix}\begin{bmatrix} h_u \\ h_v \\ h_w \end{bmatrix} \tag{1-53}$$

展开式(1-53)，有

$$h'_u=1\times h_u+0\times h_v+0\times h_w=h_u$$
$$h'_v=0\times h_u+1\times h_v+0\times h_w=h_v$$
$$h'_w=0\times h_u+0\times h_v+1\times h_w=h_w$$

则有 $\boldsymbol{h}'=\sqrt{h_u^2+h_v^2+h_w^2}=\boldsymbol{h}$，即在各向同性条件下，$\boldsymbol{h}'$与 $\boldsymbol{h}$ 相同。

当 $\boldsymbol{h}$ 只有水平分量而无垂直分量时，$\boldsymbol{A}$ 变换矩阵为

$$\boldsymbol{A}=\begin{bmatrix}1&0&0\\0&1&0\\0&0&0\end{bmatrix} \tag{1-54}$$

变换后的矢量为

$$\boldsymbol{h}'=\begin{bmatrix}h_u'\\h_v'\\h_w'\end{bmatrix}=\begin{bmatrix}1&0&0\\0&1&0\\0&0&0\end{bmatrix}\begin{bmatrix}h_u\\h_v\\h_w\end{bmatrix} \tag{1-55}$$

得到 $h_u'=h_u$，$h_v'=h_v$，$h_w'=0$。

则

$$\gamma(h')=\gamma(\sqrt{h_u'^2+h_v'^2+h_w'^2})=\gamma(\sqrt{h_u'^2+h_v'^2}) \tag{1-56}$$

此时，对任何坐标向量 h'而言，变成各向同性的模型。

当在一个模型中只有垂直分量而无水平分量时，$\boldsymbol{A}$ 变换矩阵为

$$\boldsymbol{A}=\begin{bmatrix}0&0&0\\0&0&0\\0&0&1\end{bmatrix} \tag{1-57}$$

变换后的矢量为

$$\boldsymbol{h}'=\begin{bmatrix}h_u'\\h_v'\\h_w'\end{bmatrix}=\begin{bmatrix}0&0&0\\0&0&0\\0&0&1\end{bmatrix}\begin{bmatrix}h_u\\h_v\\h_w\end{bmatrix}=\begin{bmatrix}0\\0\\h_w\end{bmatrix} \tag{1-58}$$

得到 $h_u'=0$；$h_v'=0$；$h_w'=h_w$。

则

$$\gamma(h')=\gamma(\sqrt{h_u'^2+h_v'^2+h_w'^2})=\gamma(h_w) \tag{1-59}$$

第三，几何异向性结构的套合。

在进行不同方向的结构套合之前，应当根据地质资料找出矿化的特征方向，即矿化的走向、倾向，或受构造等因素控制的其他特殊方向，然后对这些方向构制变异函数曲线。以图 1-25 和图 1-26 为例对 u、v 方向上几何异向性进行套合。

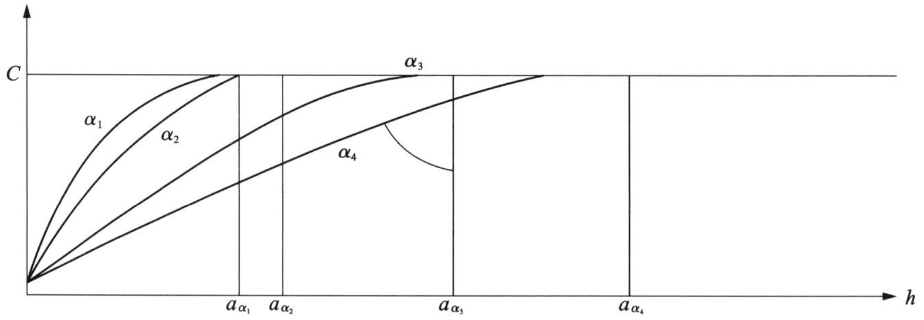

图 1-26　各不同方向变异函数图

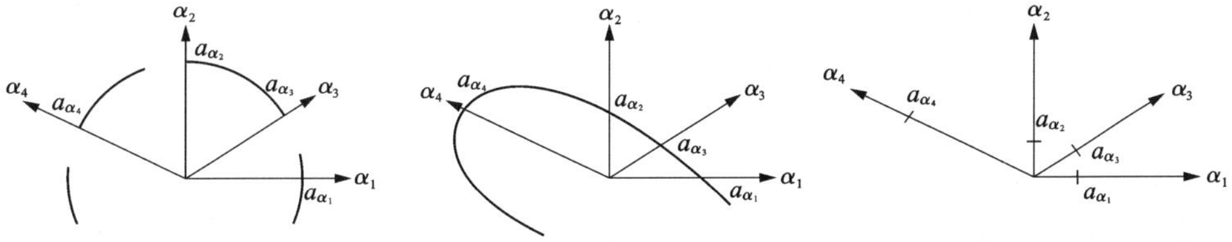

(a) 各向同性　(b) 几何异向性　(c) 带状异向性

图 1-27　变程方向图

以方向 α_4 的变程 a_{α_4} 为基础，其余方向的变异与其相差的数值为：对于 α_1，$K_1=a_{\alpha_4}/a_{\alpha_1}$；对于 α_2，$K_2=a_{\alpha_4}/a_{\alpha_2}$；对于 α_3，$K_3=a_{\alpha_4}/a_{\alpha_3}$。把这些差异引入理论模型，表现在矢量 $\boldsymbol{h}$ 的分量的差异上，图 1-27(b) 为一椭圆，因此只考虑长、短轴之间的差异，即 α_4 与 α_1 方向变异之差。

设 α_4 为 u 方向，α_1 为 v 方向，且 u 与 v 互相垂直，此时矢量 $\boldsymbol{h}$ 转换为

$$\boldsymbol{h}'=\sqrt{h_u^2+(K_1h_v)^2} \tag{1-60}$$

变换矩阵 $\boldsymbol{A}$ 为

$$\boldsymbol{A}=\begin{bmatrix}1 & 0\\ 0 & K_1\end{bmatrix} \tag{1-61}$$

则

$$\boldsymbol{h}'(h_u',\ h_v')=\begin{bmatrix}1 & 0\\ 0 & K_1\end{bmatrix}\begin{bmatrix}h_u\\ h_v\end{bmatrix} \tag{1-62}$$

当用球状模型拟合时，有

$$\gamma(h')=C\left(\frac{3}{2}\times\frac{h'}{a_{a_4}}-\frac{1}{2}\times\frac{h'^3}{a_{a_4}^3}\right) \tag{1-63}$$

存在块金效应时，有

$$\gamma(h')=C_0+C\left(\frac{3}{2}\times\frac{h'}{a_{a_4}}-\frac{1}{2}\times\frac{h'^3}{a_{a_4}^3}\right) \tag{1-64}$$

在新坐标 h' 下，可用一个统一的球状模型来拟合这 4 个几何异向性模型。

$$\gamma(h')=\begin{cases}0 & h'=0\\ C_0+C\left(\frac{3}{2}\times\frac{h'}{a_{a_4}}-\frac{1}{2}\times\frac{h'^3}{a_{a_4}^3}\right) & 0<h'\leqslant a_{a_4}\\ C_0+C & h'>a_{a_4}\end{cases} \tag{1-65}$$

式中：$h'=\sqrt{h_u'^2+h_v'^2}=\sqrt{h_u'^2+(K_1h_v)^2}$。

当所选择的坐标轴与几何异向性的椭圆主轴不一致时，需要先进行坐标变换，然后再变换成各向同性。

第四，带状各向异性的套合。

带状异向性模型几乎适用于任一各向异性模型，下面以一层状矿床、矿石品位在垂向上的变化比沿矿层水平方向变化大，呈现带状各向异性，水平方向上变异性为各向同性情况为例。

假设 w 方向上的 C 值 Cw 大于 u、v 方向上的 C 值 Cuv，先把 w 方向上的变异函数中的 C 值 Cw 分解成几何异向性部分 $Ciso$ 与带状分项部分 $Czon$：

$Cw = Czon + Ciso$，且 $Ciso = Cuv$，则：

$$\gamma(hw) = C_0 + Ciso\gamma(hw) + Czon\gamma(hw)$$

令：$\gamma_1(hw) = Czon\gamma(hw)$，$\gamma_2(hw) = C_0 + Ciso\gamma(hw)$。

把垂向及水平方向的结构各自当作独立成分进入套合结构式，在结构模型中用变换矩阵区别不同方向上的变异函数值。具体步骤为：

对垂向结构 $\gamma_1(h_w)$ 坐标 $\boldsymbol{h}$ 选用线性变换矩阵 $\boldsymbol{A}_w = \begin{bmatrix} 0 & 0 & 0 \\ 0 & 0 & 0 \\ 0 & 0 & 1 \end{bmatrix}$。

变换后的矢量为

$$\boldsymbol{h}' = \begin{bmatrix} h'_u \\ h'_v \\ h'_w \end{bmatrix} = \begin{bmatrix} 0 & 0 & 0 \\ 0 & 0 & 0 \\ 0 & 0 & 1 \end{bmatrix} \begin{bmatrix} h_u \\ h_v \\ h_w \end{bmatrix} = \begin{bmatrix} 0 \\ 0 \\ h_w \end{bmatrix} \quad (1-66)$$

得到 $h'_u = 0$；$h'_v = 0$；$h'_w = h_w$。

则 $\gamma_1(h') = \gamma_1(h'_u, h'_v, h'_w) = \gamma_1(0, 0, h_w) = \gamma_1(h_w) = \gamma_1(\sqrt{h'^2_u + h'^2_v + h'^2_w}) = \gamma_1(|h'|)$，即三维各向同性。

对三维几何异向性结构 $\gamma_2(\sqrt{h^2_u + h^2_v + h^2_w})$ 坐标 $\boldsymbol{h}$ 选用线性变换矩阵 $\boldsymbol{A}_{uv} = \begin{bmatrix} 1 & 0 & 0 \\ 0 & 1 & 0 \\ 0 & 0 & kw \end{bmatrix}$。

变换后的矢量为 $\boldsymbol{h}'' = \begin{bmatrix} h''_u \\ h''_v \\ h''_w \end{bmatrix} = \begin{bmatrix} 1 & 0 & 0 \\ 0 & 1 & 0 \\ 0 & 0 & kw \end{bmatrix} \begin{bmatrix} h_u \\ h_v \\ h_w \end{bmatrix} = \begin{bmatrix} h_u \\ h_v \\ kwh_w \end{bmatrix}$

其中 $kw = a_{uv}/a_w$，a_{uv} 为 u、v 方向上的变程，a_w 为 w 方向上的变程。得到 $h''_u = h_u$；$h''_v = h_v$；$h''_w = kwh_w$。

则 $\gamma_2(h'') = \gamma_2(h''_u, h''_v, h''_w) = \gamma_2(h_u, h_v, kwh_w) = \gamma_2(\sqrt{h''^2_u + h''^2_v + h''^2_w}) = \gamma_2(|h''|)$。

最后，把两者套合构成一个统一的各向异性结构：

$$\gamma(h) = \gamma_1(|h'|) + \gamma_2(|h''|) = \gamma_1(h_w) + \gamma_2(\sqrt{h^2_u + h^2_v}) \quad (1-67)$$

第五，一般套合结构模式。

综上所述，可以把结构模型 $\gamma(h)$ 看成由 N 个各向同性结构 $\{\gamma_1(|h|), i = 1, 2, \cdots, N\}$ 套合而成，即

$$\gamma(h) = \sum_{i=1}^{N} \gamma_i(h_i) \quad (1-68)$$

式中各个组成结构 $\gamma_i(h_i)$ 的特有的各向异性时用线性变换矩阵 $[\boldsymbol{A}_i]$ 来表示，它将矢量 $\boldsymbol{h}$ 变换成 $\boldsymbol{h}'$，即 $[h'] = [A_i][h]$，从而使结构变为各向同性。

由于这种结构模型是先把复杂的结构分解成较为简单的组成结构，再把它们各自变换成各向同性结构，最后叠加起来形成统一结构，因此应用十分广泛。

(7) 拟合程度的检验。

在应用克里格方法进行估计或其他地质统计学研究时，所选用的变异函数理论模型一般

为点模型 $\gamma(h)$，而不是正则化变异函数 $\gamma_v(h)$。为使计算结果更为可靠，当确定用于研究区域的点变异函数的理论模型后，还必须检验该点变异函数理论模型 $\gamma(h)$ 与实验正则化变异函数 $\gamma_v^*(h)$ 拟合的程度。检验的方法有下列三种：

①求出理论正则化变异函数模型 $\gamma_v(h)$，并与实验正则化变异函数模型 $\gamma_v^*(h)$ 进行比较，直至两者的拟合达到满意程度，则所求的点变异函数 $\gamma_v^*(h)$ 才能代表研究区域的变异结构特征。

②计算理论离差方差，并与实验离差方差比较，当两者之间的偏差低于某一标准时，则认为拟合程度高。

③前两种方法综合使用，确定拟合度较高的点变异函数模型来表征研究区的变异结构。

下面以球状模型正则化变异函数计算为例。

球状模型点变异函数公式为

$$\gamma(h)=\begin{cases}C\left[\dfrac{3}{2}\times\dfrac{h}{a}-\dfrac{1}{2}\times\dfrac{h^3}{a^3}\right], & \forall, h\in[0, a)\\ C, & \forall, h\geqslant a\end{cases} \tag{1-69}$$

正则化变异函数与点变异函数的关系式为

$$\gamma_l(h)=\gamma(h)-\overline{\gamma}(l, l) \tag{1-70}$$

当 $h\geqslant l$，式中

$$\overline{\gamma}(l, l)=\begin{cases}C\left[\dfrac{l}{2a}-\dfrac{1}{20}\times\dfrac{l^3}{a^3}\right], & \forall, h\in[0, a)\\ C\left[1-\dfrac{3}{4}\times\dfrac{a}{l}+\dfrac{1}{5}\times\dfrac{a^2}{l^2}\right], & \forall, h\geqslant a\end{cases} \tag{1-71}$$

正则化变异函数的基台值 C_l 为

$$C_l=\begin{cases}C\left(1-\dfrac{l}{2a}+\dfrac{1}{20}\times\dfrac{l^3}{a^3}\right), & \forall, h\in[0, a)\\ C\left[\dfrac{3}{4}\times\dfrac{a}{l}-\dfrac{1}{5}\times\dfrac{a^2}{l^2}\right], & \forall, h\geqslant a\end{cases} \tag{1-72}$$

必须指出的是，对于一个具有变程 a 与基台 C 的可迁型模型，当品位值 $Z(x)$ 与 $Z(x+h)$ 之间的距离 $h>a$ 时，该两点不相关；而按长为 l 的岩芯正则化的两个变量 $Z_l(x)$ 与 $Z_l(x+h)$ 之间的距离 $h>a$ 时，该两点也不相关，其充分必要条件为

$$|h|\geqslant a+l \tag{1-73}$$

因此，正则化变异函数的变程 a_l 为

$$a_l=a+l \tag{1-74}$$

点变异函数的块金常数 C_0 为

$$C_0=C_{0l}^*\left(1-\frac{l}{L}\right) \tag{1-75}$$

式中：C_{0l}^* 为实验正则化变异函数的块金常数；L 为研究钻孔的深度。

(8) 待估块段(点)区域化变量，如品位的估算。

用克里格法估算某块段(点)的品位时，与距离幂次反比法不同的是，距离幂次反比法采用距离加权，克里格法采用克里金权系数进行加权估算，是一种最小估计方差的线性无偏估

值方法，具体估算公式为

$$\hat{Z}_P = \frac{\lambda_1 Z_1 + \lambda_2 Z_2 + \cdots + \lambda_n Z_n}{\lambda_1 + \lambda_2 + \cdots + \lambda_n} = \sum_{i=1}^{n} \frac{\lambda_i Z_i}{\sum_{i=1}^{n} \lambda_i} = \sum_{i=1}^{n} \lambda_i Z_i \tag{1-76}$$

在无偏条件下，$\lambda_1 + \lambda_2 + \cdots + \lambda_n = \sum_{i=1}^{n} \lambda_i = 1$。式中：$\hat{Z}_P$ 为待估块段(点)品位；λ_i 为克里金权系数；Z_i 为邻域样品已知品位。

克里金权系数计算具体步骤如下：

①绘制实测品位的实际变异曲线图(变差图)。利用变异函数公式(1-38)，根据一系列 h 值，推算出一系列相应的 $\gamma(h)$ 值，以 $\gamma(h)$ 为纵坐标，以 h 为横坐标，绘制出实际变异函数曲线图。

②确定品位的理论变异函数。实际变异函数曲线通常是一条不平滑的曲线，将此曲线与理论变异函数曲线对比，确定实际曲线最接近哪种理论曲线，就选用该理论变异函数作为反映品位变化特点的数学模型，从而得到块金值(C_0)、变程(a)和基台值等参数。

③求克里金权系数。在获得函数理论数学模型后，根据克里金方程组求克里金权系数，具体计算公式如下：

$$\begin{cases} \sum_{i=1}^{n} \lambda_i \cdot \bar{\gamma}(\nu_i, \nu_j) + \mu = \bar{\gamma}(\nu_i, \nu), \; i = 1, 2, \cdots, n \\ \sum_{i=1}^{n} \lambda_i = 1 \end{cases} \tag{1-77}$$

式中：λ_i 为克里金权系数；$\bar{\gamma}(\nu_i, \nu_j)$ 为第 i 个信息块段与第 j 个信息块段之间的平均变异函数，根据已有实测品位及前一步中已获得的函数理论数学模型获得；μ 为拉格朗日因子；$\bar{\gamma}(\nu_i, \nu)$ 为第 i 个信息块段与待估块段之间的平均变异函数。

式(1-77)为方程组的缩写，它可以展开为具有 n+1 个方程的方程组，解此方程组即可得到 λ_1，λ_2，…，λ_i，…，λ_n 的具体数值，将这些数值代入式(1-76)中即可估算出待估块段(点)的品位。

④最小估计方差。最小估计方差是用来衡量估计品位的可靠程度的参数，其计算公式为

$$\alpha_k^2 = \sum_{i=1}^{n} \lambda_i \cdot \bar{\gamma}(\nu_i, \nu) + \mu - \bar{\gamma}(\nu, \nu) \tag{1-78}$$

式中：$\bar{\gamma}(\nu, \nu)$ 为被估块段自平均变异函数；其他符号同式(1-77)。

为统一衡量各被估块段估值的精度，在求出最小估计方差(α_k^2)后，还要计算被估块段的相对误差(E)，其计算公式如下：

$$E = \frac{\sigma_{ki}}{z_i} \times 100\% \tag{1-79}$$

式中：σ_{ki} 为第 i 个被估块段的估计方差；z_i 为第 i 个被估块段的品位估值。

(9)矿体资源储量的估算。

利用克里格法估算矿体资源储量与利用距离幂次反比法估算的步骤基本一致，不同的是各块体平均品位采用克里格法，体重可根据体重与品位之间的回归方程求得。根据矿体的最佳边际品位值，将大于或等于最佳边际品位的块体圈入矿体内。根据资源储量估算基本公

式，估算各块体资源储量，矿体边界线以内的所有块体资源储量累计即为矿体总资源储量。

克里格法能最大限度地利用各种工程所提供的已知信息，充分考虑矿体中不同方向品位的变化特征，估算结果较精确，还可以确定估算品位的误差。根据所确定的变程、块金值，可用来参考确定矿床勘查类型、勘查工程间距等。建立的矿体模型可用来确定露天开采境界、编制采掘计划、制订配矿方案、进行矿床最佳边际品位经济分析等，但对矿体形态复杂的小矿体估算结果精度较差。在矿床参数是纯随机或非常规则的情况下，就不宜或不必用克里格法，如果工程数或取样点过少，克里格法也不适用。

3）SD 法

SD 方法是“SD 结构地质变量样条曲线断面积分计算和审定法”的简称，也称“SD 动态分维拓扑学”方法或“地质分维拓扑学”方法。SD 法是以现代数学地质为基础，以动态分维拓扑学原理，中国自主建立的资源储量估算方法体系，有别于苏联体系的传统简单几何学原理和欧美体系的概率统计数学原理，于 20 世纪末由我国地质科技工作者在地质找矿和矿产资源勘查实践中运用数学与计算机科学创立资源储量估算和审核的方法。SD 法是以构建结构地质变量为基础，运用动态分维技术和 SD 样条函数工具，采用降维（拓扑）形变、搜索（积分）求解和递进逼近等原理，通过对资源储量精度的预测，确定靶区求取矿产资源储量的方法。SD 法包括框块法、任意分块法、精度预测法等。SD 法是一个资源储量估算方法体系。主要内容包括结构地质变量、断面构形理论、资源储量估算及 SD 审定法 4 部分。

（1）结构地质变量。

结构地质变量简称结构量，是指仅反映出某种地质特征的空间结构及其规律性变化的地质变量，它既与所在的空间位置有关，也与它周围的地质变量大小和距离有关，它们在一定空间范围相互影响。结构地质变量是 SD 法估算资源储量及其精度的基础变量。

对地质变量进行具体统计分析时，SD 法不是去寻求统计规律，而是用数据稳健处理方法（权尺化）将原始数据处理成有规律数据，将离散型变量转换成连续型变量。可见，SD 法不是建立原始数据模型，而是建立权尺化处理后的数据模型。

结构地质变量的求得，仅仅为资源储量估算提供了可靠基础数据，SD 法资源储量估算还需要通过结构变量曲线来实现。所谓结构变量曲线，就是在工程坐标或断面坐标上通过已知的以结构地质变量为点列所作的光滑曲线，简称结构量曲线，它们的形态反映了地质变量在空间的变化规律。

（2）断面构形理论。

SD 法立足于传统法，以断面构形代替空间构形，是一种断面法资源储量估算法。地质体的空间构形可用断面来表示，地质变量的空间结构也可用断面来表示。

在圈定矿体时，SD 法用传统的边界品位和（或）最低工业品位、夹石剔除厚度和可采厚度为指标在断面上圈定矿体。考虑矿体的连续性、完整性和计算的准确性，SD 法对那些不为零值（矿化）工程，即低于边界品位又高于背景值的工程采用边界品位的 1/2 圈出矿化体参与品位估值（矿化工程和矿体工程在资源量估算中起着同等信息作用）。

SD 法认为矿体矿化空间具有连续性，地质变量（厚度、品位）的变化满足一定的曲线关系，是分段连续、可导的样条函数。由此绘制通过 SD 法计算的 SD 样条函数的矿体厚度坐标曲线图（实行几何形变后的形态）。

根据处理后的工程取样数据信息和几何变形后的形态，直接用数学模型估算资源储量。

SD 法确定矿体形态时不是从边界品位开始，而是从矿化就已经开始了，边界品位是人为确定的界限，而矿化是自然现象。矿化与矿体之间是连续的，它们之间的界线是由工业指标来确定的。

(3)资源储量估算。

以样条函数为主要数学工具对断面数值积分是 SD 资源储量估算法的基础，由此进行总体、分块、分级、台阶等多种形式的资源储量估算，主要分为普通 SD 法、SD 搜索法和 SD 递进法三种。

普通 SD 法，亦称 SD 样条函数储量计算法，它主要适用于形态简单、矿化连续性较好的矿体的总体资源储量估算。SD 搜索法是采用 SD 基距确定搜索步长进行搜索求解的储量计算法，适用于矿化和矿体形态变化较大的不同网度的总体资源储量估算，它能满足几个工业指标条件灵活计算，能将其中满足工业指标的属于矿体部分的资源储量估算出来，而舍去非矿部分。SD 递进法是随着观测点数递增利用依次提供的信息进行相应的资源储量估算，用众多的有序计算值做出科学估计，以便达到比较接近真量，适用于台阶储量和多品级动态储量以及为制订合理工业指标提供基础数据的估算。

SD 法资源储量估算主要有确定数据类型、确定计算方案、明确估算要求和给定估算数据、进行资源储量估算五步骤。

①确定数据类型。

SD 法应根据矿体的规模、产状、形态，勘探工程类型，工程对矿体的揭露情况，采用不同的计算类型。计算的数据类型分为 A 型、B 型、C 型、D 型共四种。

A 型：适用于同源成因矿带中矿体形态不规则，对矿体认知有多解性的，可划分多个水平台阶估算或厚大(一般厚层—极厚层)且需分台阶(中段)估算的矿体。选择 A 型的计算单元所利用的探矿工程可以是完全揭穿矿体的，也可以是未揭穿矿体顶底板的。若选择了 A 型，则必须对每一探矿工程揭穿矿体的属性进行标识，其计算类型必须选择标准型。

B 型：适用于产状陡倾(一般倾角大于 45°)的薄层矿体(厚度一般小于 15 m)。选择 B 型数据的计算单元所利用的探矿工程一般要求揭穿矿体(矿带)的顶底板。若数据类型是 B 型、计算类型是综合型，用于计算的单工程计算厚度应是水平厚度和真厚度，积分计算的投影面是垂直纵投影面。

C 型：适用于产状缓倾斜产出(一般倾角小于 45°)的薄层矿体(厚度一般小于 15 m)。选择 C 型的计算单元所利用的探矿工程一般要求揭穿矿体(矿带)的顶底板。若数据类型是 C 型、计算类型是综合型，用于计算的单工程计算厚度应是铅直厚度和真厚度，积分计算的投影面是水平投影面或矿层斜面。

D 型：适用于坑、钻结合施工，工程方向不一致时，不满足 A、B、C 型数据估算条件的情况。

定位系统包括地理坐标和相对坐标两种。

形质方案包括框块、分块、A 台阶、A 框块、A 分块。框块是在投影面上划分的若干个矩形条块。每个框块由沿断面线方向的条距和垂直于断面线方向的块距构成。分块是在框块的基础上划分的任意形状范围。A 框块、A 分块都是在台阶的基础上进一步划分，B、C 型一般选择框块计算，A 型一般选择 A 框块计算。框块的大小一般采取 SD 系统根据矿床具体情况自动确定的大小，特殊情况下，可根据用户的特殊需要进行适当调整。

②确定计算方案。

确定由计算类型、数据类型、形质方案、定位系统4个基本应用参数联合构成的SD计算方案。计算类型包括：

标准型：单个样品各种取值的数据。

综合型：整理后的工程平均品位、矿体厚度等单工程数据。

常用的计算方案有8个：

标准型系列计算方案有3个：标准型A型地理坐标框块；标准型B型地理坐标框块；标准型C型地理坐标框块。

综合型系列计算方案有4个：综合型B型地理坐标框块；综合型B型相对坐标框块；综合型C型地理坐标框块；综合型C型相对坐标框块。

另外一种是综合D型计算方案。

一个矿床或一个矿体可有一种或几种计算方案，对于具有多种计算方案的矿体，可将其分割成多个计算单元，使每个计算单元最多有两种计算方案类型，每一种计算方案只能用一个计算单元名称。

③明确估算要求。

估算范围：整体估算、中段(台阶)估算、分段分块估算、任意分块估算。

资源储量精度、资源储量类型、工程控制程度要求：可判别已经达到什么精度、资源储量类型、工程控制程度；要求达到什么精度、资源储量类型、工程控制程度；整体达到什么精度、资源储量类型、工程控制程度。

工业指标选择：选择多组指标(指边界品位和最低工业品位)或单组指标(指边界品位或最低工业品位)。

经济评价：在多大指标条件下有利，在一定指标条件下获利的情况。

④给定估算数据。

包括样品品位、厚度(样长)、勘探线与计算点坐标、估算范围。

⑤资源储量估算。

首先对应风暴品位进行处理。

风暴品位的存在是客观的，它的出现会影响平均品位的可靠性。SD法不去寻求原始数据的统计规律，而用稳健处理数据的方法，将原始数据处理成相对平滑的空间结构的数据，即结构地质变量，但是，SD法仍然要求结构数据的合理性，即合理均值。为排除特异值对结果正确性的干扰，SD法对它进行了稳健性处理。风暴品位以单个矿体为处理对象。

SD法采用修匀数据的办法来消减风暴品位在参与计算时过大的影响力，从而达到计算结果稳健可靠的目的。SD法处理风暴品位值的办法是，将风暴品位值适度削减，以削减值替代风暴值，置于原始数据中参与计算。风暴品位处理具体公式：

$$C=\sigma\overline{C} \tag{1-80}$$

式中：C为风暴品位下限值；σ为风暴品位倍数限；$\overline{C}$为采用搜索法计算的矿体平均品位。

风暴品位倍数限σ的计算公式：

$$\sigma=\delta_1+\delta_2 T_c \tag{1-81}$$

式中：δ_1为截距常数2.933；δ_2为斜率常数17.067；T_c为矿体品位复杂度，复杂度在[0, 1]

范围内，是矿体复杂程度的最终衡量参数。

$$T=\sqrt{M_c \cdot D} \tag{1-82}$$

式中：M_c 为品位的变化度；D 为分数维。

$$M_c=\frac{1}{m-1}\sum_{j=1}^{m}\frac{1}{n_j-1}\sum_{i=1}^{n_j-1}\frac{|Y_i-Y_{i+1}|}{Y_i+Y_{i+1}}\left(1-\frac{d_{ij}}{d_j}\right) \tag{1-83}$$

$$D=\frac{1}{m}\sum_{j=1}^{m}\left[1-\frac{\ln(h_j)}{\ln(L_j)}\right] \tag{1-84}$$

式中：m 为 SD 法估值时定义的线数(包含勘探线)；j 为线的序号，$j=1, 2, \cdots, m$；n_j 为 j 线上点数；i 为观测点序号，$i=1, 2, \cdots, n_j$；Y_i 为观测点的观测值(单工程的平均品位)；d_{ij} 为小区间距离，$d_{ij}=|x_{ij}-x_{i+1j}|$，x_{ij} 为划归 j 线的第 i 个工程见矿中点在 j 线上的投影位置，其位置在 j 线上按序号朝同一方向排列；d_j 为 j 线 n_j-1 个区间的总距离，$d_j=|x_{1j}-x_{nj}|$；h_j 为 j 线平均工程间距，$h_j=\frac{d_j}{n_j-1}$；L_j 为 j 线齐底拓扑形变后厚度复杂性度量长度，是齐底变形后某线各工程矿体厚度顶点相连的折线长之和。

可见，σ 是矿体品位复杂度 T_c 的函数。σ 又可写成另一种形式：

$$\sigma=2.933+17.067T_c \tag{1-85}$$

用风暴品位作为替代值符合矿体变化规律，在适度削减其过大影响权重的同时，仍然能保持其风暴值的优势，避免了目前特高品位处理过程中过多削减特高值而违背地质规律的不合理现象。

第二，确定 SD 外推边值。

根据矿床成因类型紧扣变化规律进行外推范围的推测，而且非等值外推，可能比边缘见矿工程厚度大，也可能小。具体外推公式如下：

$$y_0=y_1+\frac{h_2}{\beta(h_1+h_2)}(y_1-y_2) \tag{1-86}$$

式中：y_0 为外推点的品位或厚度值；y_1 为邻近外推点的实际工程的品位或厚度值；y_2 为邻近 y_1 的实际工程的品位或厚度值；h_1 为 y_0 与 y_1 之间的距离(外推距离)；h_2 为两实际工程 y_1 与 y_2 之间的距离；β 为调节系数，β 一般取 4，当 y_1 远远大于 y_2 时，β 取 16。

最后是矿体搜索计算。

利用风暴品位处理后的样品，经矿体圈定后得出单工程的平均品位和厚度，经过齐底拓扑形变后，这些地质变量在断面线上构成有序的点列数据，用 SD 样条曲线去拟合，建立品位和厚度的 SD 样条曲线。SD 样条曲线拟合后，再以一定的步长插值得到各插值点的品位和厚度，并按边界品位、可采厚度、米・百分值(米・克/吨值)去搜索，判断出断面上矿域和非矿域的范围，品位达边界品位(或最低工业品位)而厚度未达到可采厚度的，划为可疑域，可疑域由动态百分值去判定它属于矿域还是非矿域，从而得到断面上矿体的面积(图 1-28)。

SD 样条函数公式为

$$S_{D(x)}=M_{i-1}\frac{(x_i-x)^3}{\alpha h_i}+M_i\frac{(x-x_{i-1})^3}{\alpha h_i}+\left(y_{i-1}-\frac{M_{i-1}}{\alpha}h_i^2\right)\frac{x_i-x}{h_i}+\left(y_i-\frac{M_i}{\alpha}h_i^2\right)\frac{(x-x_{i-1})}{h_i} \tag{1-87}$$

式中：$S_{D(x)}$ 为节点 x_i 上对应型值点 y_i 值；x 为节点位置，$x_{i-1}\leqslant x\leqslant x_i$，$\eta=2, 3, \cdots, n$；$h_i$ 为节

点间距；M_i 为型值点 y_i 的二阶导数(用追赶法求得)；α 为修正值，$\alpha=6/T$；T 为复杂度。

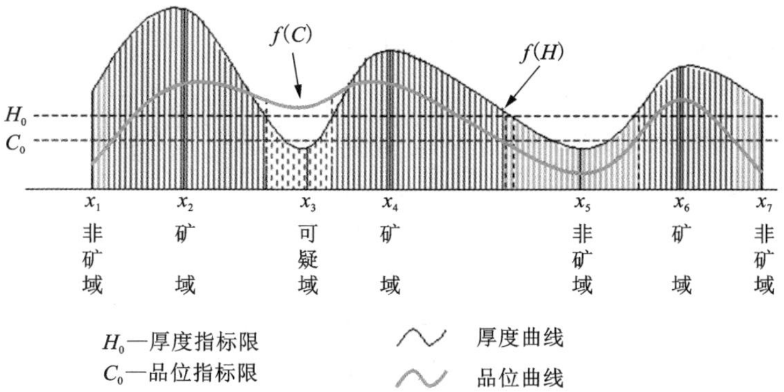

搜索过程：①绘制矿体厚度曲线和品位曲线；②用 SD 样条函数拟合；③以厚度指标限和品位指标限分别对相应的 SD 样条函数曲线按一定步长进行限的搜索；④对于满足双指标限的曲线部分进行 SD 样条积分，即为矿域面(体)积。

图 1-28　齐底拓扑-搜索求解图

用断面上矿体面积，作为面结构变量，将其在垂直于断面方向的矿面量用 SD 样条曲线拟合，再以一定的步长插值，用边界品位搜索得到矿体的体积。

(4)SD 审定法。

SD 审定法的内容包括资源储量的精度、工程控制程度、资源储量地质可靠程度、勘查程度以及经济评价等。SD 精度法是 SD 审定法的主要方法。

SD 审定法精度是资源储量精确程度的度量，是工程控制程度和矿体复杂程度的体现，是勘查程度和资源储量类型划分的依据。

①SD 精度法原理：

第一，在固定矿段的[a，b]区间范围内，随着观测点数的递增，由观测点(的地质变量)构成的曲线长度也是递增的。

第二，有限逼近曲线长度 L 是平均间距(h)趋于基距(H_a)时 L_k 的极限。基距是当前工程控制程度可以求取真量的最小控制间距，也是确认矿体接近矿体真态时的最小框棱。框棱是 SD 法特有的对工程控制程度进行量化的指标，用于衡量工程平均控制间距，其数值为平均线距和平均点距乘积开方值。

第三，曲线长度增长的速度是观测值(地质变量)复杂程度的体现，曲线长度增长的速率则是精度的表征。

②精度计算公式：

$$\eta_0=\frac{\ln L_k}{\ln L} \tag{1-88}$$

式中：η_0 为原始精度；L_k 为 k 状态时曲线长，k 表示在某一状态时的区间数；L 为 h 有限逼近 H_a 的曲线真正长度。

$$\rho=\frac{1}{\Phi\Psi} \tag{1-89}$$

式中：ρ 为框架指数；Φ 为框格系数，是根据二阶分维数计算的值；Ψ 为当前工程数趋于无穷大时，η_0/Φ 的极限。

$$\eta=\rho\eta_0 \tag{1-90}$$

式中：η 为预测精度；其他符号同式(1-88)、式(1-89)。

③精度对地质可靠程度的判别。

SD 精度与地质可靠程度关系见图 1-29，用 SD 精度基本区间和 SD 精度调节区间的共同部分确定的具体地质可靠程度等级区间分别为：

SD 精度为 $80\%\leqslant\eta\leqslant100\%$ 表示地质可靠程度是探明的；

SD 精度为 $45\%\leqslant\eta<65\%$ 表示地质可靠程度是控制的；

SD 精度为 $15\%\leqslant\eta<30\%$ 表示地质可靠程度是推断的；

SD 精度为 $2\%\leqslant\eta<10\%$ 表示地质可靠程度是预测的。

除以上 4 个等级区间外，其余区间为相应的待定区间：

SD 精度为 $65\%\leqslant\eta<80\%$ 表示地质可靠程度是探明—控制待定；

SD 精度为 $30\%\leqslant\eta<45\%$ 表示地质可靠程度是控制—推断待定；

SD 精度为 $10\%\leqslant\eta<15\%$ 表示地质可靠程度是推断—预测待定；

SD 精度为 $0\leqslant\eta<2\%$ 表示地质可靠程度是无意义的。

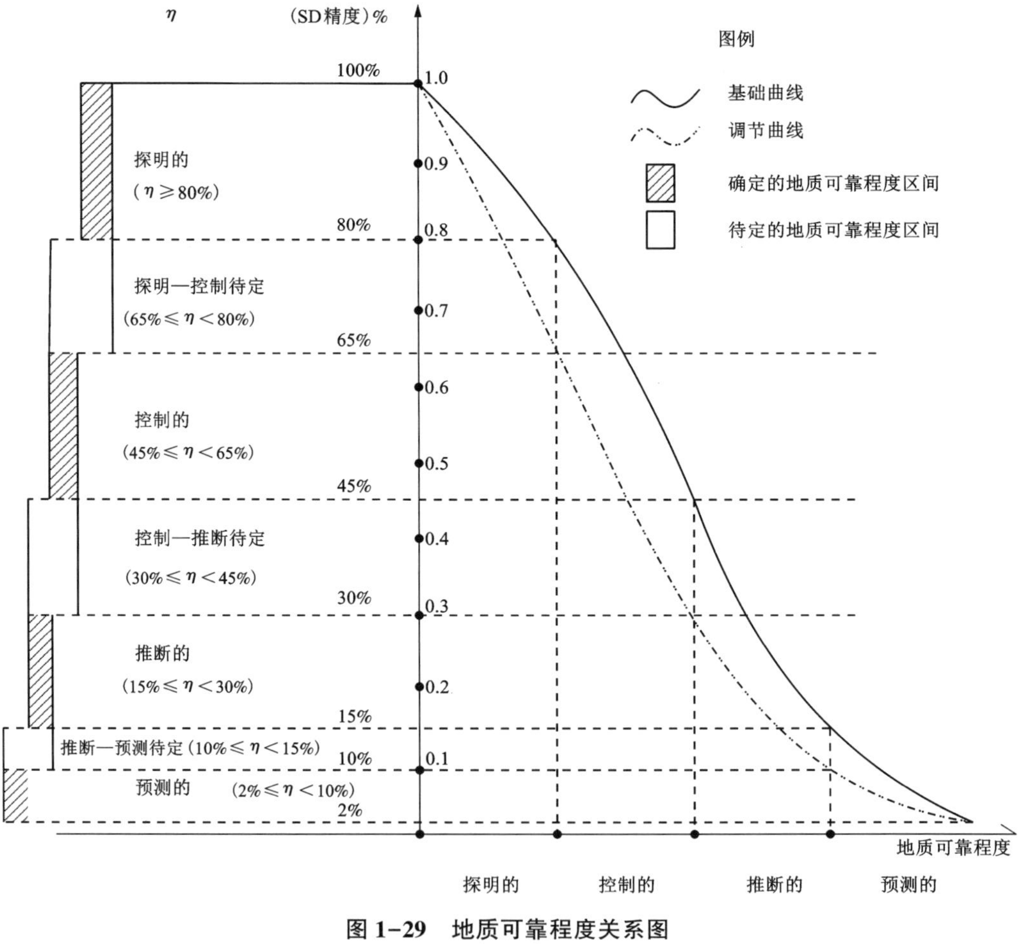

图 1-29 地质可靠程度关系图

SD 法精度对地质可靠程度的定量划分标准中，对于处于待定区间的地质可靠程度，通过SD 地质可靠程度待定区间归属专家系统进一步定量确定。该专家系统充分考虑了工程控制程度、矿体变化规律，以及水文地质、工程、环境、构造等综合因素。具体归属参数包括：勘查阶段、矿体形态、构造、水文地质、工程、环境、类比条件、矿体复杂度。

④精度对地质可靠程度的判别。

SD 法通过 SD 精度可确定在当前工程控制下资源储量相对于真量的变化范围。用当前最佳估值乘除精度求得相应的下限和上限值，用于定量控制资源储量风险的变化区间。如图 1-30 所示，$Q_{估}$是当前最佳估值，$Q_{真}$是真量区间，Q_1、Q_2 分别为靶区的下限和上限，真值的靶区为[Q_1，Q_2]。

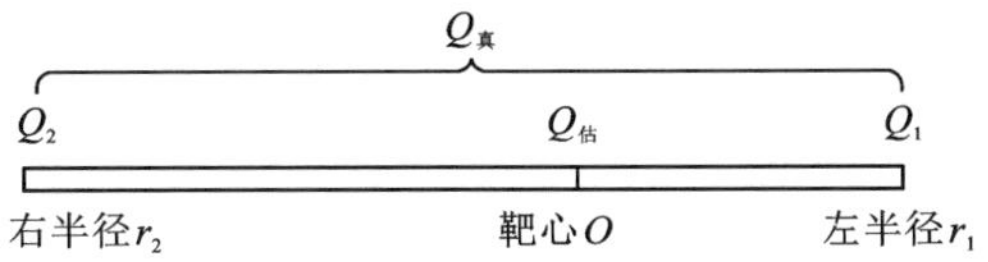

图 1-30　SD 真量靶区示意图

4）相关分析法

相关分析法常用来估算伴生组分的资源储量。因伴生元素多在多金属矿床中富集，常和主要元素之间有成因和地球化学的联系，故可通过找出它们与主要元素之间的相关关系，进而估算伴生组分的平均品位和资源储量。相关分析法可分为单相关分析法和复相关分析法两类。

单相关分析法（二元线性相关分析）适用于一种伴生元素与一种主要元素有相关关系的情形，其计算过程如下：

①计算矿体中伴生元素与主要元素之间的相关系数，公式如下：

$$\gamma = \frac{\sum (x - \bar{x})(y - \bar{y})}{n \cdot \sigma_x \cdot \sigma_y} \tag{1-91}$$

式中：γ 为伴生元素与主要元素间的相关系数；x、y 为组合分析中伴生元素和主要元素的品位；$\bar{x}$、$\bar{y}$ 分别为矿体中伴生元素和主要元素的平均品位；σ_x、σ_y 分别为伴生元素和主要元素的标准差；n 为组合样品个数。

$$\sigma_x = \sqrt{\frac{\sum (x - \bar{x})^2}{n - 1}} \tag{1-92}$$

$$\sigma_y = \sqrt{\frac{\sum (y - \bar{y})^2}{n - 1}} \tag{1-93}$$

相关系数 γ 值反映伴生元素与主要元素间的相关程度（即伴生元素含量随主要元素含量变化而变化的密切程度），其值介于-1 和+1 之间。若 $\gamma=0$，说明两者无相关关系；若 $\gamma=\pm1$，说明两者完全相关。

②计算每一块段的伴生元素平均品位。当经显著性检验证明两者具有明显相关关系时，可用直线回归方程计算：

$$X=\gamma \frac{\sigma_x}{\sigma_y}(Y-\bar{y})+\bar{x} \tag{1-94}$$

式中：X、Y 分别为所计算块段伴生元素和主要元素的平均品位；其他符号同式(1-91)。

为使块段平均品位计算得更精确，常用联合回归方程同时计算，其结果可作参考：

$$X=\frac{1}{2}\left(\gamma+\frac{1}{\gamma}\right)\frac{\sigma_x}{\sigma_y}(Y-\overline{y})+\overline{x} \tag{1-95}$$

式(1-95)中符号同式(1-94)。

用直线回归方程和用联合回归方程所计算出的结果如有差值，是因为 x 和 y 之间不是完全相关，差值越大，相关关系越小(即 γ 越小)。这种差值说明伴生元素和主要元素之间有一部分不相关。

③伴生组分资源储量：用资源储量估算基本公式估算各块段资源储量，各块段伴生元素资源储量之和即为全矿体伴生元素资源储量。

1.5.3.3 资源储量估算方法对比

资源储量估算方法多种多样，常用的几何图形法、克里格法和 SD 法，其对比如表 1-36 所示。

表 1-36 资源储量估算方法对比表

对比项目	几何图形法	克里格法	SD 法
理论基础和方法依据	古典统计学，欧氏几何学地质变量，几何相关，非概率事件	地质统计学，区域化地质变量分布，条件假设，统计相关，概率事件	动态分维几何学，结构地质变量，非线性相关，排除概率
工业指标及矿体圈定	根据多项工业指标先圈定矿体，采用基本公式估算资源储量	根据圈定的矿体范围或矿化域估算块体品位，再以矿体范围或边际品位圈定矿体	根据多项工业指标动态圈定矿体，再估算资源储量
矿体形态	大致反映矿体形态，划分大小不等且不规则的几何体	由规则方块组合而成的规则或不规则几何体	由规则方块组合而成的规则或不规则几何体
估算与成图	先成图再估算	先估算再成图	先估算再成图
资源储量精度和工程控制程度	不计算资源储量精度，按规范确定工程控制程度和资源储量类型	以克里金方差作为精度表示工程控制程度，不确定资源储量类型	以 SD 精度公式计算资源储量精度、工程控制程度和资源储量类型
估算结果可靠性分析	一般采用估算验证和对比进行误差分析	交叉验证变异函数模型，采用不同方法如距离幂指数反比法验证矿床估值结果	以 SD 精度进行定量分析
适用条件	适用于矿化稳定的矿床	适用于矿化稳定的大型、特大型矿床及虽是薄矿体但矿岩分界明显的矿床	适用于任何大、中、小各类型矿床，尤其是复杂的矿床
适用阶段	适用于各个阶段	适用于勘查程度较高的阶段	适用于各个阶段

1.5.4 资源储量分类

1.5.4.1 国内资源储量分类

1959 年，地质部全国矿产储量委员会制定了《矿产储量分类暂行规范(总则)》，将固体矿产储量分为四类(开采储量、设计储量、远景储量、地质储量)五级(A_1、A_2、B、C_1、C_2)。

1977 年，国家地质总局和冶金部共同制定了《金属矿床地质勘探规范总则(试行)》，国家地质总局、建材总局和石油化工部共同制定了《非金属矿床地质勘探规范总则(试行)》，根据对矿体不同部位的研究或控制程度及相应的工业用途，将固体金属和非金属矿产储量分为 A、B、C、D 四级，预测储量分为 E、F、G 级。

1992 年，由全国矿产储量委员会提出，经国家技术监督局批准，发布了《固体矿产地质勘探规范总则》(GB/T 13908—1992)，将固体矿产储量分为能利用储量(A 亚类、B 亚类)和尚难利用储量。

1997 年，地质矿产部资源局召开国家标准编制工作会议，决定原则上采用联合国分类框架的三轴分类方法，于 1999 年最终形成了《固体矿产资源/储量分类》(GB/T 17766—1999)，采取经济意义、可行性评价阶段和地质可靠程度三维分类模式，将固体矿产资源储量分为三大类(储量、基础储量、资源量)十六种类型，采用三轴形式(图 1-31)和矩阵形式(表 1-37)表示。

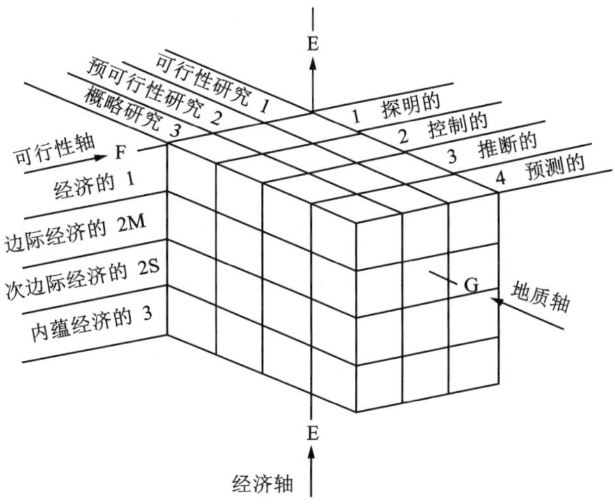

图 1-31　固体矿产资源储量分类框架图

(注：图中的 E、F、G 轴，分别代表经济轴、可行性轴、地质轴)

表 1-37　固体矿产资源储量分类表

地质可靠程度	查明矿产资源			潜在矿产资源
分类类型 / 经济意义	探明的	控制的	推断的	预测的
经济的	可采储量(111)			
	基础储量(111b)			
	可采储量(121)	预可采储量(122)		
	基础储量(121b)	基础储量(122b)		
边际经济的	基础储量(2M11)			
	基础储量(2M21)	基础储量(2M22)		
次边际经济的	资源量(2S11)			
	资源量(2S21)	资源量(2S22)		
内蕴经济的	资源量(331)	资源量(332)	资源量(333)	资源量(334)?

注：表中所用编码(111~334)，第 1 位数表示经济意义："1"=经济的，"2M"=边际经济的，"2S"=次边际经济的，"3"=内蕴经济的，"?"=经济意义未定的。第 2 位数表示可行性评价阶段："1"=可行性研究，"2"=预可行性研究，"3"=概略研究。第 3 位数表示地质可靠程度："1"=探明的，"2"=控制的，"3"=推断的，"4"=预测的。"b"=未扣除设计、采矿损失的可采储量。

2020 年 3 月 31 日，国家市场监督管理总局和国家标准化管理委员会发布《固体矿产资源储量分类》（GB/T 17766—2020），固体矿产资源按照查明与否分为查明矿产资源和潜在矿产资源。查明矿产资源指经矿产资源勘查发现的固体矿产资源，其空间分布、形态、产状、数量、质量、开采利用条件等信息已查明。潜在矿产资源指未查明的矿产资源，是根据区域地质研究成果以及遥感、地球物理、地球化学信息，有时辅以极少量取样工程预测的。其数量、质量、空间分布、开采利用条件等信息尚未查明，或数量很少，难以评价且前景不明。潜在矿产资源不以资源量表示。

查明矿产资源分为资源量和储量两大类。

1）资源量（mineral resources）

经矿产资源勘查查明并经概略研究，预期可经济开采的固体矿产资源，其数量、品位或质量是依据地质信息、地质认识及相关技术要求估算的。按照地质可靠程度由低到高，资源量分为推断资源量、控制资源量和探明资源量。

（1）推断资源量（inferred resources）。

推断资源量是经稀疏取样工程圈定并估算的资源量，以及控制资源量或探明资源量外推部分；矿体的空间分布、形态、产状和连续性是合理推测的；其数量、品位或质量是基于有限的取样工程和信息数据来估算的，地质可靠程度较低。其地质可靠程度的具体条件如下：

①初步控制矿体的形态、产状和空间位置。

②初步控制控矿和破坏矿体的较大褶皱、断裂、破碎带的性质、产状和分布范围；大致控制主要岩浆岩、含矿岩系、夹石、无矿带岩石的岩性、产状及其分布变化规律。

③初步控制影响矿石综合回收技术效果的有用有害组分及其赋存状态，矿石类型、品级、比例及其分布变化规律。

（2）控制资源量（indicated resources）。

控制资源量是经系统取样工程圈定的资源量；矿体的空间分布、形态、产状和连续性已基本确定，其数量、品位或质量是基于较多的取样工程和信息数据来估算的，地质可靠程度较高。其地质可靠程度的具体条件如下：

①基本控制矿体的形态、产状、空间位置。

②基本控制对矿体有控制或破坏作用，影响中段（或水平）开拓的较大褶皱、断裂、破碎带的性质、产状和分布范围；初步控制主要岩浆岩、含矿岩系、夹石、无矿带岩石的岩性、产状及其分布变化规律。

③基本控制影响矿石综合回收技术效果的有用有害组分及其赋存状态，矿石类型、品级、比例及其分布变化规律；在需要分采和地质条件可能的情况下，基本圈定分采矿石的类型和品级。

（3）探明资源量（measured resources）。

探明资源量是在系统取样工程基础上经加密工程圈定并估算的资源量；矿体的空间分布、形态、产状和连续性已确定，其数量、品位或质量是基于充足的取样工程和详尽的信息数据来估算的，地质可靠程度高。其地质可靠程度的具体条件如下：

①详细控制矿体的形态、产状和空间位置。

②详细控制影响中段（或水平）采准的较大褶皱、断层、破碎带的性质、产状和分布范

围；基本控制主要岩浆岩、含矿岩系、夹石、无矿带岩石的岩性、产状及其分布变化规律。

③详细控制影响矿石综合回收技术效果的有用有害组分及其赋存状态，矿石类型、品级、比例及其分布变化规律；在需要分采和地质条件可能的情况下，详细圈定分采矿石的类型和品级。

2）储量（mineral reserves）

储量是探明资源量和（或）控制资源量中可经济采出的部分，是经预可行性研究、可行性研究或与之相当的技术经济评价，充分考虑了可能的损失和贫化，合理使用转换因素后估算的，满足开采的技术可行性和经济合理性。储量分为可信储量和证实储量。

（1）可信储量（probable mineral reserves）。

可信储量是经预可行性研究、可行性研究或与之相当的技术经济评价，基于控制资源量估算的；或某些转换因素尚存在不确定性时，基于探明资源量而估算的。

（2）证实储量（proved mineral reserves）。

证实储量是经过预可行性研究、可行性研究或与之相当的技术经济评价，基于探明资源量估算的。

资源量和储量类型及其转换关系见图 1-32。

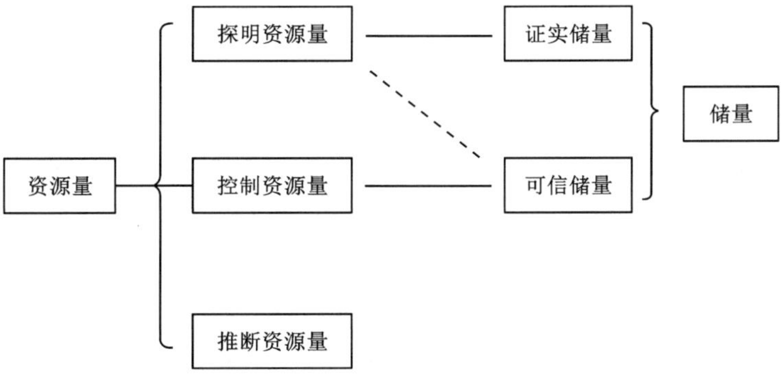

图 1-32　资源量和储量类型及其转换关系示意图

注：①转换因素主要包括采矿、加工选冶、基础设施、经济、市场、法律、环境、社区和政策等。

②资源量和储量之间可以相互转换。

③探明资源量、控制资源量可转换为储量。

④资源量转换为储量至少要经过预可行性研究，或与之相当的技术经济评价。

⑤当转换因素发生改变，已无法满足技术可行性和经济合理性的要求时，储量应适时转换为资源量。

3）新老资源储量分类对应关系及其转换

固体矿产资源储量分类标准 2020 年版与 1999 年版的对应关系见表 1-38。对 1999 年版中次边际经济资源量（2S11、2S21 和 2S22）生产确定不能经济开发的且预期也没有开发前景的，以及确定的各种压覆不能利用的，在 2020 年版中不以资源量表示，通常归为尚难利用矿产资源。

表 1-38 固体矿产资源储量分类标准转换基本对应关系表

序号	GB/T 17766—2020		GB/T 17766—1999
1	储量	证实储量	111
			121
2		可信储量	122
3	资源量	探明资源量	111b
			121b
			2M11
			2M21
			2S11
			2S21
			331
4		控制资源量	122b
			2M22
			2S22
			332
5		推断资源量	333

注：资源储量类别转换先按本表转换，对原次边际经济资源量(2S11、2S21 和 2S22)和 2007 年以后按规定将本属于次边际经济但被归入内蕴经济资源量(333)的那部分，矿业权人生产实践证实不能经济开发，且预期也没有经济开发前景的，再从资源量中调出。

1.5.4.2 国外资源储量分类

目前，国际上矿产资源储量分类体系可以划分为三大类：以俄罗斯(及苏联)为代表的计划经济背景下的分类体系；以欧美澳为代表的市场经济背景下的分类体系；联合国主持的国际分类体系。

1)澳大利亚资源储量分类(JORC 标准)

澳大利亚资源储量分类(JORC 标准)是由澳大利亚采矿和冶金学会、澳大利亚地学科学家学会和澳大利亚矿产理事会共同组建澳大利亚矿产储量联合委员会提出的，1989 年出台了第一个 JORC 矿产资源储量分类标准，并于 1999 年、2004 年和 2012 年分别提出新的版本。

在 JORC 标准中，资源储量共分为 5 种类型。按地质可靠程度，资源量分为探明资源量(measured mineral resources)、控制资源量(indicated mineral resources)和推断资源量(inferred mineral resources)3 种。依据地质可靠程度和其他修正因素(采矿、选矿、冶金、基础设施、经济、市场、法律、环境、社会和政府等)，储量分为证实储量(proved ore reserves)和可信储量(probable ore reserves)两种(如图 1-33 所示)。

2)俄罗斯资源储量分类

俄罗斯现行的固体矿产储量和预测资源量分类法基于苏联时期 1981 年通过的原则，2006 年 12 月最后一次重新修订，于 2008 年 1 月 1 日起生效，该分类体系随着储量(资源

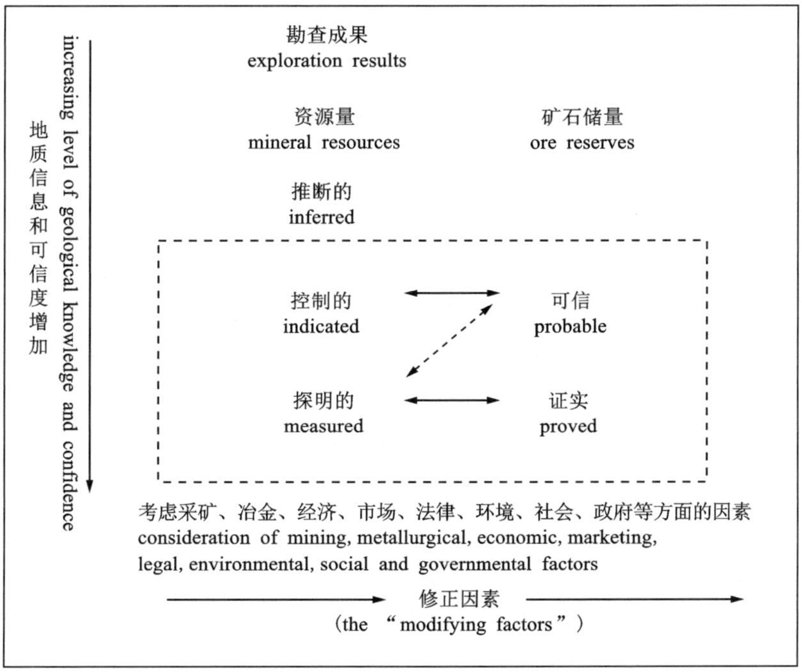

图 1-33　JORC 标准资源储量分类示意图

量)研究程度的提高(地质可信度增加)，划分出预测资源量、预先评价储量和勘探储量，并根据可信程度将储量分为 4 个级别，即 A 级、B 级、C1 级和 C2 级；根据储量经济有效利用的可能性(经济可用性)分为表内储量(经济的)和表外储量(潜在经济的)，详见表 1-39。

表 1-39　俄罗斯现行固体矿产资源储量分类表

项目	储量		预测的资源量
	勘探储量	预先评价储量	
经济的	A+B	C1+C2	
潜在经济的	A+B	C1+C2	
未发现的			P1+P2+P3

2016 年，俄罗斯自然资源与生态部结合俄罗斯现行的固体矿产资源储量分类，筹备完成固体矿产资源储量新的分类草案，详见表 1-40。

3)美国资源储量分类

1980 年，美国地质调查局(USGS)和美国矿业局联合推出了西方第一个正规、系统的矿产资源储量分类系统，由地质控制程度和经济意义两个坐标构成，是一个双表分类方案，第一个表表示资源量-储量分类关系，第二个表表示资源量-储量基础分类关系，详见表 1-41、表 1-42。

表 1-40 俄罗斯固体矿产资源储量分类分表草案

经济意义 economic viability		地质可靠程度 degree of geological assurance					
		查明的资源储量 total identified mineral resources			预测的资源量 undiscovered resources		
		探明的资源量 measured resources	控制的资源量 indicated resources	推断的资源量 inferred resources			
经济的储量 economic reserves	可行性研究 feasibility study	证实经济的储量 proved economic reserves 111	可信经济的储量 probable economic reserves 112	可能经济的储量 possible economic reserves 113 */			
	预可行性研究 pre-feasibility study	可信经济的储量 probable economic reserves 121	可信经济的储量 probable economic reserves 122	可能经济的储量 possible economic reserves 123 */			
次经济的资源量 subeconomic resources	可行性研究 feasibility study	次经济资源量 subeconomic resources 211	次经济资源量 subeconomic resources 212	次经济资源量 subeconomic resources 213 */			
	预可行性研究 pre-feasibility study	次经济资源量 subeconomic resources 221	次经济资源量 subeconomic resources 222	次经济资源量 subeconomic resources 223 */			
潜在经济的资源量（地质研究） potentially economic resources(geological study)		探明资源量基础 measured resources base 331	控制资源量基础 indicated resources base 332	推断资源量基础 inferred resources base 333	猜测的资源量 surmised resources 334-d	假设的资源量 hypothetical resources 334-h	假想的资源量 speculative resources 334-s

注：“ */ ”表示对特定地质矿床类型和矿产商品。

表 1-41　美国资源量-储量分类表

<table>
<tr><td rowspan="3">采出矿石量
cumulative
production</td><td colspan="3">查明的资源量
identified resources</td><td colspan="2">未查明的资源量
undiscovered resources</td></tr>
<tr><td colspan="2">证实的 demonstated</td><td rowspan="2">推断的 inferred</td><td colspan="2">可能性 probability range</td></tr>
<tr><td>探明的
measured</td><td>控制的
indicated</td><td>假设的
hypothetiacal</td><td>假想的
speculatve</td></tr>
<tr><td>经济的
economic</td><td colspan="2">储量
reserves</td><td>推断的储量
inferred reserves</td><td colspan="2" rowspan="3">未查明资源量
undiscovered resource area</td></tr>
<tr><td>边际经济的
marginally
economic</td><td colspan="2">边际经济储量
marginal reserves</td><td>推断的边际经济储量
inferred marginal
reserves</td></tr>
<tr><td>次经济的
sub-economic</td><td colspan="2">证实的次经济资源量
demonstrated subeconomic
resources</td><td>推断的次经济资源量
inferred subeconomic
resources</td></tr>
<tr><td>其他矿产
other
occurrences</td><td colspan="5">包括非常规矿产和低品位矿资源
includes nonconventional and low-grade naterial</td></tr>
</table>

表 1-42　美国资源量—储量基础分类表

<table>
<tr><td rowspan="3">采出矿石量
cumulative
production</td><td colspan="3">查明的资源量
identified resources</td><td colspan="2">未查明的资源量
undiscovered resources</td></tr>
<tr><td colspan="2">证实的 demonstated</td><td rowspan="2">推断的 inferred</td><td colspan="2">可能性 probability range</td></tr>
<tr><td>探明的
measured</td><td>控制的
indicated</td><td>假设的
hypothetiacal</td><td>假想的
speculatve</td></tr>
<tr><td>经济的
economic</td><td colspan="2" rowspan="2">储量基础
reserves
base</td><td rowspan="2">推断的储量基础
inferred reserves
base</td><td colspan="2" rowspan="3">未查明资源量
undiscovered resource area</td></tr>
<tr><td>边际经济的
marginally economic</td></tr>
<tr><td>次经济的
sub-economic</td><td colspan="2"></td><td></td></tr>
<tr><td>其他矿产
other occurrences</td><td colspan="5">包括非常规矿产和低品位矿资源
includes nonconventional and low-grade naterial</td></tr>
</table>

1992 年，美国采矿、冶金和勘探协会(SME)出版了《勘查成果、矿产资源和矿产储量披露报告指南》，并分别于 1999 年、2007 年、2014 年进行了修订，2017 年基于矿产储量国际报告标准委员会(CRIRSCO)出台的国际标准定义规范再次进行修订，见图 1-34。

2018 年，美国采矿、冶金和勘探协会(SME)和美国证券交易委员会(SEC)与美国国家矿业协会(NMA)合作推出 SEC S-K-1300 矿业信息披露新规。

4)联合国资源储量分类

2004 年 2 月，联合国欧洲经济委员会(UN-ECE)推出了矿物能源和矿产资源分类框架(UNFC-2004)，将天然存在的能源和矿产原始原地总资源量(total resources initially in-

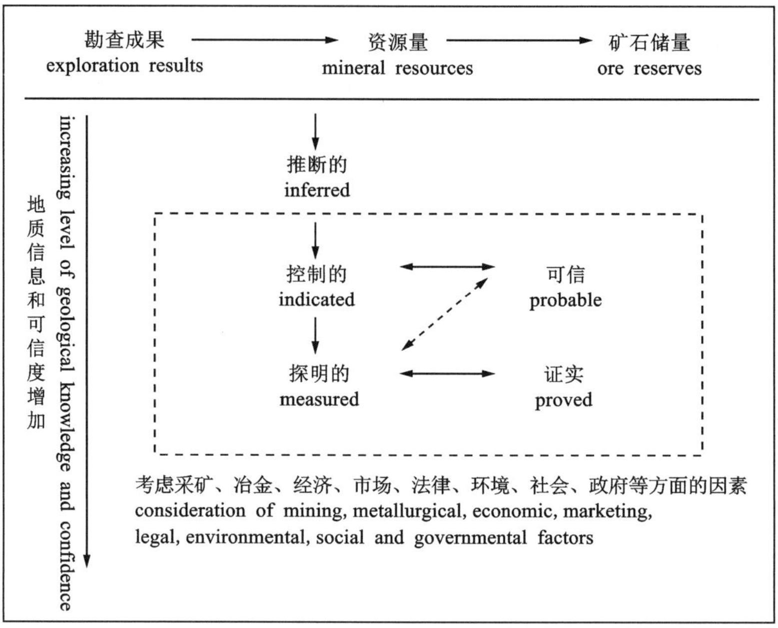

图 1-34　美国采矿、冶金和勘探协会资源储量分类示意图

place)分为产出量(produced quantiities)、剩余可采量(remaining recoverable quantities)和原地剩余附加量(additional quantities remaining in-place)三部分。UNFC-2004 主要针对剩余可采量，用经济与商业存续性(E-economic and commercial viability)、矿产项目状态与可行性(F-field project status and feasibility)和地质认识程度(G-geological knowledge)3 个基本因素进行分类，将资源储量分为储量和资源量两大类，共 10 个类型，详见表 1-43。

表 1-43　联合国矿物能源和矿产资源分类框架表(UNFC-2004)

UN 国际框架 UN International Framework		详细勘探 detailed exploration	初步勘探 general exploration	普查 prospectiong	预查 reconnaissance
	国家系统 national system				
可行性研究/采矿报告 feasibility study and/or mining report		1(111)	通常不出现 usually not relevant		
		2(211)			

续表 1-43

预可行性研究 prefeasibility study		1(121)	+(122)		
		2(221)	+(222)		
地质研究 geological study		3(331)	3(332)	3(333)	3(334)

经济轴代码：1. 经济的；2. 潜在经济的；3. 内蕴经济的(经济-潜在经济之间)
Economic Viability Categories：1 - economic 2 - potentially economic 3 - intrinsically economic (economic to potentially economic)

2010 年，联合国欧洲经济委员会(UN-ECE)推出了矿物能源和矿产资源分类框架(UNFC-2009)，2017 年 UNFC-2009 更名为 UNFC。

参考文献

[1]中华人民共和国自然资源部. 中国矿产资源报告 2018[M]. 北京：地质出版社，2018.
[2]隋延辉. 俄罗斯固体矿产资源储量新的分类草案浅析[J]. 国土资源情报，2017(5)：44-48.
[3]舒良树. 普通地质学[M]. 北京：地质出版社，2010.
[4]《矿产资源工业要求手册》编委会. 矿产资源工业要求手册[M]. 北京：地质出版社，2010.
[5]李文绘. 矿山地质工作与地质勘探及矿产储量分析计算实用手册[M]. 北京：北京矿业大学出版社，2005.
[6]赵珊茸. 结晶学及矿物学[M]. 北京：高等教育出版社，2004.
[7]李守义，叶松青. 矿产勘查学[M]. 2 版. 北京：地质出版社，2003.
[8]路凤香，桑隆康. 岩石学[M]. 北京：地质出版社，2002.
[9]国土资源部矿产资源储量司. 矿产资源储量计算方法汇编[M]. 北京：地质出版社，2000.
[10]侯景儒，郭光裕. 矿床统计预测及地质统计学的理论与应用[M]. 北京：冶金工业出版社，1993.
[11]唐义，蓝运蓉. SD 储量计算法[M]. 北京：地质出版社，1990.
[12]王俊庸. 地质统计学及其在煤炭资源开发中的应用[M]. 北京：煤炭工业出版社，1990.
[13]袁见齐，朱上庆，翟裕生. 矿床学[M]. 北京：地质出版社，1985.
[14]于漇. 应用断面法计算储量时棱柱公式和截锥公式的选用问题——答关庆鸿同志[J]. 中国地质，1965(3)：30-32.

第 2 章

矿山资源地质工作

矿山地质工作指矿床经过地质勘查后，从矿山设计、基建、生产直至矿山闭坑全过程所进行的一系列地质工作，包括在矿山建设和生产期开展的水文地质、工程地质和环境地质工作。其主要工作内容和目的有：①开展矿山勘查成果综合研究、分析评价和资源尽职调查，防范矿山开发立项、设计和建设所依据的地质工作成果不足带来的风险；②矿山建设开发设计中的地质工作，为矿山采矿方法选择、开拓和采掘工程及生产排产设计提供地质依据；③进一步查明矿体特征和矿床开采技术条件，为采矿工程设计和采矿作业提供地质依据；④对矿山资源储量进行管理，保障矿山正常生产和满足政府对资源储量管理的要求；⑤对矿区周边进行探边摸底，扩大矿山资源前景，延长矿山寿命；⑥对矿山地质环境影响进行评估和对不良地质条件进行监测，为地质环境保护和恢复治理提供依据；⑦开展矿区综合地质研究，成矿规律总结，勘查手段方法有效性评价，指导新矿床的找寻和勘查，为新的矿山开展地质工作提供依据；⑧矿山闭坑时编写矿山闭坑地质报告。

本章注重的是矿山资源的地质工作，矿山水文地质、工程地质和环境地质工作详见相关章节。按时间节点，矿山地质工作可划分为：①咨询设计阶段地质工作；②基建阶段地质工作；③生产阶段地质工作；④闭坑阶段地质工作。

2.1 工作主要内容

根据工作性质的不同，矿山地质工作的主要内容如下。

1)咨询设计地质工作

矿山咨询设计地质工作是指在矿山设计过程中，对设计依据的基础地质资料进行评价，开展矿山地质设计工作，主要包括以下内容：

(1)勘查成果评价。

(2)资源尽职调查。

(3)各设计阶段地质工作。

(4)矿体三维建模。

2)经常性生产地质工作

经常性生产地质工作是指在矿山的开采过程中，为保证矿山建设和生产需开展的地质工作，主要包括以下内容：

(1)探矿地质工作。

(2)探采工程的地质调查、取样及原始地质编录工作。

(3)综合地质编录工作。

(4)资源量和储量的估算及管理工作。

(5)矿石质量均衡及损失贫化管理与监督工作。

3)专门性地质工作

专门性地质工作是指在矿山开采过程中，为了解决某些与地质因素有关的特殊问题或关键问题，由矿山地质部门专门进行或配合其他部门进行的地质勘查和研究工作。这种工作不是每个矿山都必须进行的，仅在必要时才进行，主要包括以下内容：

(1)为评价露天或地下矿山开采过程中岩体的稳定性所进行的工程地质勘查和研究工作。

(2)为解决矿坑防排水所进行的水文地质勘查研究工作。

(3)为改变或改进矿石加工工艺或开展矿山资源的综合利用而进行的工艺矿物学、矿产经济学等方面的研究工作。

(4)为保障矿山生产和保护环境而进行的爆破地质、环境地质、灾害地质调查研究工作。

(5)为指导盲矿体的寻找和错失矿体的追索而开展的矿体形态、矿床物质成分、矿床地质构造和成矿规律等方面的综合地质研究工作。

(6)为挖掘矿床资源潜力，延长矿山服务年限，在矿床地质综合研究的基础上，进一步采用各种探矿工程和技术手段，开展的矿山深部及外围的找矿勘查工作。

4)地质技术管理及监督工作

地质技术管理及监督工作主要包括以下内容：

(1)矿山资源储量核实。

(2)矿石质量管理及其均衡。

(3)开采过程中矿石损失和贫化的管理和监督。

(4)生产准备矿量(三级或二级矿量)的管理和监督。

(5)参与开采设计、采掘(剥)计划的编审工作和采掘(剥)工程施工及日常生产的管理、监督。

(6)矿山储量年报编制。

(7)闭坑及采掘单元的停采、报废的管理和监督等。

2.2　咨询设计地质工作

2.2.1　设计对地质勘查成果的要求

为了保证矿山建设具有可靠的基础，建设依据的地质资料应满足以下要求：

(1)矿山设计依据的地质勘查报告必须按《固体矿产资源储量分类》(GB/T 17766—2020)、《固体矿产地质勘查规范总则》(GB/T 13908—2020)、《固体矿产地质勘查报告编写规范》(DZ/T 0033—2020)及相关矿种的地质勘查规范、规程、规定和国家和行业部门规定的要求进行编制。报告应经国土资源管理部门评审认定并备案。

(2)根据《关于印发〈固体矿产资源储量核实报告编写规定〉的通知》(国土资发〔2007〕26号)，矿山改扩建设计依据的矿产资源储量核实报告，必须充分利用矿山生产资料和生产地质资料及现状有关资料进行编制。

不同设计阶段一般所需的地质资料为：

(1)矿山建设规划或项目建议书：①经评审备案的矿区地质详查报告；②矿石可选性试验资料(矿石性质单一、简单时也可以用类比资料)；③水文地质复杂的矿区需要水文地质详查报告。

(2)可行性研究阶段：①经评审备案的矿区地质勘探报告，中小型矿山也可使用详查报告；②矿石加工技术试验资料；③水文地质复杂的矿区需要水文地质勘探报告。

如果上述资料达不到可行性研究规定的内容和深度要求，则只能进行初步(预)可行性研究。

(3)初步设计阶段：新建矿山初步设计所需的地质资料与可行性研究相同。

(4)改、扩建工程设计阶段：①经评审备案的矿区资源储量核实报告或者保有资源储量(含新增)的文、图、表、附件；②采空区、崩落区实测图、素插图；③水文地质实测资料；④现有开采区的工程地质资料；⑤采空地区处理情况；⑥采空区编录取样资料；⑦生产资料。

2.2.2　勘查成果评价

为了保证矿山建设具有可靠的基础，在进行可行性研究或初步设计时，应重点评价勘查研究程度、控制程度、工作质量、矿石选冶试验及试样代表性、矿床工业指标及其应用、资源储量类别条件、资源储量估算结果可靠性等，看其是否满足规范要求，然后对所掌握的地质资料能否作为设计依据进行评价，对尚不能满足设计需要的提出补救意见。一般应从下列几方面进行分析评价：

(1)地质基础资料是否可靠、齐全，是否满足设计阶段的要求。

(2)勘查研究程度是否满足规范要求。其内容包括勘查区地质研究程度、矿体地质(矿体特征、矿石特征)的研究和控制程度、矿石加工选冶技术性能试验、综合评价、开采技术条件(水文地质、工程地质及环境地质)的研究程度、勘查工作质量等。

(3)资源储量估算工业指标及其应用是否合理、矿体圈定和对应连接是否正确、资源储量估算方法选择和各种参数确定是否可靠、资源储量分类是否符合规范要求。

(4)地质勘查报告的文、图、表、附件是否齐全，内容和数据是否一致，图纸的精度是否符合要求。

(5)勘查报告的合规性评价。其内容包括勘查许可的合法性、勘查过程中重要环境因素和重大危险源的识别、勘查后被破坏环境的恢复等。勘查要满足法律法规、绿色勘查等要求。

2.2.2.1　勘查资料评价技术要点

1)矿床勘查类型确定

矿床勘查类型是对矿床勘查难易程度的分类。它由主要矿体的规模、形态及内部结构复杂程度、厚度稳定程度、矿石有用组分分布均匀程度和构造影响程度5个主要地质因素来确定，工业指标有时也成为重要的影响因素。它是指导勘查手段选择和工程间距确定的基础，也是评价勘查成果可靠性的重要因素。矿床勘查类型确定遵循以下基本原则：

(1)同一矿区矿床勘查类型确定应以一个或几个主矿体为主；对于巨大矿体，也可根据不同地段勘查的难易程度，分段确定勘查类型，采用不同的勘查手段和工程间距。

(2)应根据矿体的规模、形态及内部结构复杂程度、厚度稳定程度、矿石有用组分分布均匀程度、构造影响程度等主要地质因素确定勘查类型。在多数情况下，一个矿床中往往是某一项因素起主导作用，在分析研究勘查类型时，应抓住主要影响因素，才能得出正确结论。

(3)确定勘查类型，应以地质研究为基础，采用地质统计学的方法或 SD 法和工程间距加密验证对比等资料，掌握矿化特征总的变化规律，才能避免确定勘查类型的失误。

各矿种勘查类型划分标准，依据相应矿种的地质勘查规范。

2)矿床分布范围的勘查

在探矿和采矿许可证范围内，矿床分布范围是确定矿山总体布置、厂址选择、井田划分、露天开采境界圈定、开拓系统布置和生产能力确定的重要依据，对矿山建设的合理性、经济效益和资源保护有重大影响。提供建设矿产工业基地的矿区，其一般要求为：

(1)根据所掌握的地质普查、物探、化探成果，解析矿床成矿地质特征，初步圈定整个普查区含矿体(层)、含矿带的走向和倾向分布范围。

(2)已完成地质详查的范围，应大致查明矿体的数目、分布范围及其相互关系。

(3)勘探区各个矿段之间划为无矿天窗的地段，应有工程控制证实其中确实无工业矿体存在的结论。

(4)分矿段进行勘查的矿区，提交地质勘查报告时，对矿区范围其余矿段，应提出初步地质资料，以利总体规划工作。

3)矿体边界的勘查

在探矿和采矿许可证范围内，矿体边界(包括矿体走向端部边界，向下延深边界和矿体头部边界)是确定开采范围、露天开采境界、开拓系统、井巷工程布置和生产能力的重要依据。其勘查程度基本要求为：

(1)对拟地下开采的矿床，要重点控制主要矿体的两端、上下界面和延伸情况。对拟露天开采的矿床，要注重系统控制矿体四周的边界和矿体底部的边界。对于盲矿体，应注意控制其顶部边界，其外部应有落空的勘查工程；矿体轮廓边界线应在求取探明和控制资源量的勘查工程间距范围内，不能用无限外推圈定。

(2)埋深大的巨厚矿体底部边界和倾斜矿体向下延深边界，应视矿床具体情况科学合理确定勘查深度，既不应过浅，也不宜过深。深部有矿化潜力时，一般应达到但不超过相应矿种通行的勘查深度；矿床开采内外部条件好时或者进行老矿山边、深部勘查，勘查深度可适当增大。对一个矿床的具体勘查深度要求，应由投资矿山建设的部门、单位和个人与勘查部门及设计部门共同研究商定。

4)矿床地质构造的勘查

矿床地质构造是控制矿体形态、产状、规模和空间位置的重要条件，对矿体圈连等有重大影响。成矿前的构造控制着矿体的产出和展布形式；成矿期构造往往使矿化重叠，并使矿体形态、产状复杂化；成矿后的构造则常对矿体完整性和矿岩稳定性起破坏作用，直接影响矿山规模、采区划分、露天开采境界、巷道布置及生产安全。鉴于此，其勘查的基本要求如下：

(1)研究查明区域构造与矿床构造的关系，如空间分布规律、生成次序等。

(2)首期开采地段主要控制矿体的构造和破坏矿体的断层、破碎带，应由勘查工程控制其走向延长和倾斜延伸及断层宽度和断距，查明其性质、规模、产状。

(3)影响露天境界确定(或井田划分)的构造，其断距大于1/2开采中段(台阶)或1/2中段(台阶)矿体斜长的断层，应有工程控制其产状及延展范围。

5)矿体产出特征的勘查

对矿体的产出特征(包括矿体的规模、形态、产状及空间位置)的有效控制，是确定矿山规模、开拓方案和采矿方法的重要因素，也是反映矿床地质特征的主要标志。地质勘查的最终成果，必须保证资源储量的可靠性和矿体形态、产状、空间位置的准确性，其关键在于要有合理的工程控制程度，进行深入的综合研究，掌握矿床地质特征和成矿规律，以正确连接矿体。矿体连接正确，矿体形态、产状和空间位置的准确性就有基本保证。

在评价矿床勘查程度时，应分析工程控制程度是否合理，矿床地质特征、成矿规律是否已经掌握，是否找出矿体的对比标志，矿体圈连是否合理，是否具有多解性，从而作出对矿体形态、产状、空间位置准确性的评价。

6)首期开采地段的勘查

首期开采地段矿体是矿山设计确定基建开拓、采准工程位置、基建工程量、基建投资和基建进度的重要依据。因此首期开采地段的勘查程度是矿山建设能否顺利完成、矿山能否按期投产、基建投资能否达到预期效益的前提条件，首期开采地段勘查应满足以下基本要求：

(1)根据矿山建设和设计要求，评价首期开采地段位置是否合理。

(2)首期开采地段矿体的勘查程度应高于其他地段；主矿体资源量的地质可靠程度应达到探明的和控制的；小矿体的资源量级别应达到控制的；推断资源量一般只允许出现在矿体边缘的有限外推部位。

(3)首期开采地段矿体的形态、产状、空间位置应基本可靠，对破坏矿体或划分井田等有较大影响的断层、破碎带，应由工程控制其产状及断距。

(4)对首期开采地段的岩脉、岩溶、盐溶、泥垄、泥柱、老窿等要有控制。

(5)应详细查明矿石物质组成、赋存状态和矿石类型、质量及其分布规律，影响采矿和选矿的地质因素均应查明，需分采分选的矿石类型和品级应分别圈定。

7)小矿体的勘查

矿床内小矿体的产出，一般可分为赋存于首期开采地段，或首期开采地段以下，或产于距主矿体较远部位三种情况。由于小矿体赋存部位不同，对矿山建设和生产的影响也不同。赋存于首期开采地段的小矿体，对矿床开采顺序、开拓工程布置、初期生产规模、矿山投产和达产期，均有直接影响；赋存于首期开采地段以下的小矿体，一般对矿山生产影响不大，距主矿体较远的小矿体，对矿山总体布置、资源保护和其开采方案也有一定影响。小矿体勘查按以下要求进行：

(1)对于赋存于首期开采地段的小矿体，应查明其分布范围、赋存规律及其与主矿体的关系，确切评价其工业价值。对于首采地段主矿体上、下盘具工业价值的小矿体，应一并勘查，以便同时开采，一般应达到控制资源量的勘查程度。

(2)对于赋存于首期开采地段以下、主矿体附近，可以顺便开采的小矿体，由于在开拓和生产过程中，对其进行揭露和控制的工程量不大，其资源储量的增减不会造成大的影响，因此只需利用勘查主矿体的工程间距控制即可。但当小矿体数量较多、分布密集时，则应加密工程进行控制。

(3)对于距主矿体较远的小矿体，一般不能利用主矿体的开拓系统进行顺便开采。单独开采这种小矿体时，必须进行经济比较，而这些小矿体的分布对工业场地选择和地面建构筑物的设置有影响。因此在勘查主矿体时，应确定这些小矿体的规模、质量和空间分布，对其工业价值作出评价，为单独开采这些小矿体和进行全矿总体布置提供依据。

8) 矿石性质的研究

对矿石性质的研究，包括矿石的矿物成分、化学成分、结构构造、矿物嵌布粒度、矿石自然类型、工业类型和品级划分，以及矿石加工技术特性等内容。

在地质勘查阶段，应查明矿石的有用矿物和脉石矿物的种类、含量，并查明其共生组合特征和赋存规律；重点查明有用组分的种类、含量、赋存规律和沿矿体走向、倾向和厚度方向的变化规律，以及伴生有用有害组分的种类、含量、赋存状态、分布规律，与主要有用组分的关系；同时查明矿石结构构造、矿物粒度和嵌布粒度特征，查明各粒级的单体分离度和连生体含量，为设计提供基础资料。

在地质勘查的不同阶段，应进行与矿石性质复杂程度相关的加工技术试验，以掌握矿石加工技术特性，为评价矿床工业价值、制订工业指标、选择合理加工方法和工艺流程、综合回收有用组分提供基础资料。为矿山企业提供设计依据的地质资料，一般应包括实验室流程试验资料；对于矿石性质复杂、伴生组分含量高和缺乏生产实践的新矿石类型，应包括实验室规模的扩大连续试验资料，有的还需要工业或半工业性试验资料。直接入炉冶炼的矿石，应具有实验室规模的冶炼试验资料；非金属矿床应根据其矿石用途，分别提供可选性、煅烧、焙烧、熔融、成形、剥分、吸附、物理机械性质试验及产品试制等资料。

评价矿石加工技术特性的研究程度，主要是对加工技术试验的矿样代表性和试验深度进行分析研究。矿样代表性的确定与采样设计的要求与内容详见 1.3 节。

9) 矿床开采技术条件的勘查

评价矿床开采技术条件的查明程度和研究程度时，一般应注意下列几个方面。

(1) 矿、岩的物理力学性质。

地质资料中应系统研究和叙述矿床开采区矿体及围岩的物理力学性质，包括密度、体重、硬度、抗压强度、抗剪强度、抗拉强度、块度、湿度、松散系数、自然安息角等物理力学性质试验数据。用溶解法和溶浸法开采的矿床，需提供溶解度、溶解速度、渗透率和裂隙率等资料。用热熔法开采的矿床，需提供矿岩热学性质资料。测定上述特性的试样数量、项目、条件和方法，应符合有关规范要求。

(2) 矿石和顶底板围岩稳固性及边坡稳定性。

①矿石和顶底板围岩稳固性。确定矿岩稳固性，除需提供各部位矿岩稳固性的物理力学性质试验数据外，还应提供断层、破碎带、节理、裂隙、滑坡、塌陷、风化带、泥化带、流砂层等发育程度和分布规律及接触关系等资料，同时应注意与已有类似矿山矿岩物理力学性质资料的对比。

②边坡稳定性。对于适合露天开采的矿床，应对边坡稳定性进行研究并提供边坡稳定性资料，如矿区内各类岩层的岩性、产状和分布，岩层层理、劈理、片理、节理、断层、裂隙等各种不连续结构面的产状、规模、空间分布与发育程度、风化程度、充填情况、含水程度；滑坡、塌陷、风化带、泥化带、流砂层等的发育程度和分布规律。通过必要的试验查明区内各类岩层和不连续结构面的物理力学性质。

(3)环境地质研究。

①对存在老窿的矿区，在地质勘查阶段或进行资源储量核实时，应查明老窿的规模、分布范围，在可能的情况下，圈定老窿(采空区)界线，查明充水和积水程度、充填情况等。进行资源储量估算时，应扣除老窿范围内的资源储量，以保证矿山设计和建设所依据的资源储量的准确性。

②查明矿区内崩塌、滑坡、泥石流、山洪、地热等自然地质作用的分布、活动性及其对矿床开采的影响。

③调查矿区存在的有毒(砷、汞等)和有害组分(瓦斯、游离 SiO_2 等)及放射性物质的背景值。

对含有有害气体的矿床，必须测定有害气体的成分，研究其赋存状态和逸出方式及其与矿床的关系，作为设计防护措施的依据。

应查明不同类型矿石和不同部位围岩中 SiO_2、游离 SiO_2 的含量，含 SiO_2 矿物及其比例，提供相应资料，为设计中确定劳保措施提供依据。

④矿石的自燃性。矿石自燃是指自然条件下矿石燃烧。有些矿床的矿石(或围岩)极易氧化，尤其是在松散状态下，松散的矿石(或围岩)可氧化燃烧。对于高硫的硫化物金属矿床，应研究其氧化性和氧化发热情况。

(4)矿石黏结性。

当矿石黏结性好时，易结块，常造成采矿作业中放矿、运矿工作的困难，因此必须提供矿石黏结性资料。

10)综合勘查和评价

鉴于许多矿产资源具有共生和伴生的特点，因此，在勘查主矿体的同时，对共生和伴生矿产应进行综合勘查、综合评价，为矿山建设提供综合开发和综合利用的基础资料，具有重要的经济意义。矿产勘查必须对矿区内具有工业价值的共生和伴生矿产进行综合评价，并估算其资源储量。在分析评价地质资料时，必须对综合勘查、综合评价问题，予以足够的重视。

对地质资料中综合勘查部分进行评价时，应区别共生矿产与伴生矿产两种不同情况。在伴生矿产组分中应区别呈矿物存在的伴生组分和呈分散状态的伴生组分两种情况，分别进行分析研究。由于它们与勘查矿体的关系不同、赋存状态不同，其工业利用情况也不相同，因而工业要求也有差别。

(1)共生矿产。

共生矿产是指同一矿床内赋存两种及以上且均达到其矿床工业指标要求的有用组分，其规模能满足预期可经济开采的要求，且在开采时将会互相产生影响的矿产。

共生矿产分为同体共生矿产和异体共生矿产。其中资源量规模较大的为主要矿产；当资源量规模相近时，经济价值总量较高的矿产为主要矿产。

共生矿产的勘查程度，必须满足以下要求：

①应选择 1~2 个有代表性的见矿工程或标准剖面上的工程，进行系统采样化验，查明共生矿产种类及品位。

②查明具有综合利用价值的共生矿产赋存部位、分布范围、矿体规模及其变化。

③赋存于勘查矿体上、下盘及其周围且具有工业价值的共生矿产，当其处在开拓系统范围内时，由于矿山设计需确定其生产规模、采矿方法、加工工艺流程和产品方案等，因此必

须进行共生矿产勘查，在一孔多用的基础上，其勘查程度原则上应达到该矿种地质勘查规范要求。

④距勘查矿体较远，不在勘查矿体的开拓系统范围内的共生矿产，应对其工业价值作出结论，进行远景评价即可。

(2)伴生矿产。

伴生矿产是指在矿体中随主要矿产、共生矿产赋存的，未达到该矿种矿床工业指标要求，或者虽达到工业指标要求但资源量规模不具单独开采价值，在开采主要矿产、共生矿产时可经济回收利用的矿产。伴生矿产包括可在矿石加工选冶过程中单独形成产品，或可在精矿及某一产品中富集达到计价标准的矿产，以及矿产品中所含的在后续处理工艺中能够回收利用的其他矿产。

有用组分：在一定时期内的技术和经济条件下，能够单独产出矿产品，或可富集在矿产品中计价的组分。

有益组分：在矿石加工利用时不能单独回收或在矿产品中不计价，但在矿石加工选冶中能发挥有益作用或改善产品性能的组分。

有害组分：在矿产资源开发中对人体健康、生态环境产生不利影响，以及对矿石加工选冶和产品质量产生不利影响的组分。

有用、有益、有害组分通常按矿物、化合物、元素、离子表征。

伴生有用有益组分系指矿床中与主要有用组分伴生产出的可供综合回收的组分，或有利于主要有用组分加工的组分。伴生有用有益组分由于工业利用情况不同，对其综合勘查的要求也不同。

①呈矿物产出的伴生有用组分，多在选矿过程中能相对富集或能够单独回收，因此应查明其含量、矿物种类、嵌布粒度特性和沿矿体走向、倾向的分布规律，通过选矿试验查明其综合回收程度并确定其经济效益。

②呈分散状态的伴生有用组分往往在选矿过程中达到一定程度的富集，而主要靠冶炼过程回收，因此应查明其含量、赋存状态、载体矿物种类及分配率，通过选矿试验查明其在精矿中的富集程度或在尾矿中的富集或损失情况。

③伴生有用组分局部富集的地段品位高、质量好、具有独立的工业意义时，若现有勘查工程难以控制，则应专门增加工程进一步控制。

④伴生有用组分的工业价值大小，不仅取决于品位高低，还取决于选冶过程中能否综合回收，以及回收后能否具有经济效益。只有经过选、冶试验证明能回收的伴生组分，才能估算其伴生资源储量或金属量。

⑤对主要有用组分加工过程有利的伴生组分，应查明其种类、含量、分布规律及其与主要有用组分的相互关系和含量比例。如果对伴生有用组分的综合勘查工作重视不足，将对资源利用和矿山的设计建设带来影响。

11)地质勘查工作质量

地质勘查工作质量直接关系各项原始地质资料的准确性和综合地质资料的可靠性，是进行矿床地质综合研究和取得勘查综合成果的基础。因此，在评价矿床勘查程度时，必须对勘查工作质量进行逐项分析研究，重点研究钻探工程质量及化学样品采集、加工和分析质量。工程勘查质量分析依据是现行的各相关矿种地质勘查规范，如《固体矿产地质勘查规范总则》

(GB/T 13908—2020)、《地质岩心钻探规程》(DZ/T 0227—2010)、《地质矿产实验室测试质量管理规范》(DZ/T 0130—2006)、《地质矿产勘查测量规范》(GB/T 18341—2021)、《固体矿产勘查工作规范》(GB/T 33444—2016),以及其他有关规范与规程等。

2.2.2.2 勘查成果评价结论

经过以上几方面的分析评价,按性质对其进行归纳,再根据其对矿山建设和生产的影响程度,作出其能否作为设计依据的结论,一般有以下几种情况:

(1)地质资料完整,地质勘查报告的文、图、表、附件齐全,矿山设计所需的地质资料无缺项,资料便于使用,勘查程度符合要求,资源储量估算可靠,可以作为设计依据。

(2)地质资料需适当补充或需局部修改,勘查中存在的问题,可以在基建探矿或生产探矿中解决。

(3)地质资料不全,矿床勘查程度达不到国家和行业的标准和规范的要求,影响矿山设计方案确定,甚至不能作为相应设计阶段的设计依据,对此应及时通报矿业权人,由矿业权人安排进行补充勘查。

2.2.3 资源尽职调查

2.2.3.1 资源尽职调查地质工作的主要目的

资源尽职调查项目分为勘查找矿项目、完成勘查项目与在产项目。勘查找矿项目调查的目的是为项目是否转入下一勘查阶段提供依据;完成勘查项目与在产项目调查的目的是核实保有资源量及开采、加工技术条件,为采选工作提供依据。

资源尽职调查的内容主要包括:

(1)判断矿权区的资源前景,是否值得进一步投资;

(2)确定矿权区今后需开展的地质、地球化学和地球物理等方面的勘查工作,预算投资成本;

(3)分析矿权区周边资源持续发展的可能性;

(4)初步估计勘查的周期。

2.2.3.2 资源尽职调查的主要方法

(1)资料收集、整理及初步分析。

(2)野外调查,主要包括实地核实已完成的钻孔及岩芯;检查布设采样工程的合理性;抽查地质编录与岩芯的吻合程度;确定样品加工设施及流程、样品分析测试设备及方法等。

(3)独立采样验证,主要包括野外岩芯重新取样、加工后粗副样和粉末副样重新取样等。野外岩芯重新取样有两种情况:原采样位置重新取样和原采样位置附近重新取样。原采样位置附近重新取样须在原钻孔附近实施新的钻孔工程取样。

(4)资料交叉验证,通常包括地形资料与孔口坐标在测量投影系统及数据之间的吻合程度;地表填图与钻孔地质、矿化解译资料之间的吻合程度;数据库资料与编录资料和测斜、孔深验证资料之间的吻合程度;测试数据与编录资料及化验报告之间的吻合程度;矿物学研究与选矿试验资料之间的吻合程度等。

(5)资源储量估算验证,判断原资源储量类别划分的合理性,估算结果的可靠性。有必要时可重新圈定矿体,重新估算资源储量。

2.2.3.3　资源尽职调查的具体内容

1）矿权区的交通和位置

（1）矿权区的范围、面积和拐点坐标。

（2）矿权区距主要城镇的方位、直距。

（3）矿权区边界、与毗邻矿权区的邻接情况（有无探、采矿权纠纷）。

（4）邻近或经过矿权区的车站、码头、机场的里程（直距和运距）。

2）矿权区的自然地理、经济状况

（1）矿权区地形地貌主要特点和类型、绝对高度和相对高度。

（2）主要河流的最低侵蚀基准面、丰水期和枯水期的流量及最高洪水位。

（3）矿权区的气候特征，包括气温变化、降雨量、暴雨强度、蒸发量、相对湿度、风力和风向、雷电情况、季节变化情况（如雨季和旱季长短等）。

（4）矿权区的地震烈度。

（5）矿权区地表塌陷、滑坡、泥石流等地质灾害情况。

（6）矿权区内的燃料、电力、供水源、建筑材料及劳动力资源的供应情况。

（7）应选择性调查了解类似或毗邻同类矿山地质和采、选、冶及经营管理状况。

3）区域地质部分

（1）区域所处地质（或构造）单元。

（2）区域内火山、潜火山及岩浆活动期次、强度和影响范围。

（3）区域内的主要岩层、岩相和接触关系。

（4）区域内的主要构造，构造的性质、规模、产状和形态。

（5）区域变质作用、围岩蚀变及围岩蚀变分带、岩石的变质程度。

（6）火山、潜火山、岩浆活动、沉积作用、变质作用及构造等对成矿作用的影响。

4）矿床（区）地质

（1）成矿年代、成矿范围。

（2）成矿作用分析，包括成矿环境、成矿地质条件、成矿作用方式、成矿识别标志等。

（3）矿床的成因类型和自然类型。

（4）成矿作用的影响因素。详细调查矿权区范围内对成矿作用有影响和破坏作用的构造、岩浆活动、变质作用。

（5）矿权区内矿体的数目、厚度、含矿率、空间分布规律及相互关系等。

（6）主要工业矿体（层）的赋矿层位、空间位置、形态、产状、长度、宽度、沿走向和倾向的变化规律，连接对比的依据和可靠程度，成矿后各种构造（主要是断层）对矿体连接的影响。

（7）确认矿石的氧化带、混合带和原生带的分布范围和规律。

（8）矿石的结构、构造、矿物成分、有益有害组分含量、有用矿物的粒度等。

（9）矿石类型和品级的划分原则和依据，是否存在对选冶性能有明显影响的矿石等。

（10）近矿围岩的岩性、岩相、主要矿物成分。

（11）矿体（层）夹石的岩性、种类、数量、分布规律、有益有害组分含量、对矿体完整性的影响。

（12）共伴生矿产情况，包括规模、分布规律、矿石的质量特征。

(13)矿石加工技术性能，一般通过工业(选矿)试验(至少是实验室试验或半工业试验)来确定。但现场地质工作人员应明了采样种类、采样方法、采样的工程种类和编号、样点的数目等对工业试验结果的影响；同时，应从矿石类型、样品的空间分布、样品品位及样品的代表性等方面对前期和当前采样工程的局限性进行深刻和正确的认识。

(14)矿石工业利用性能。对类型简单，毗邻或同类矿山已有成功开发经验的矿石，可不进行针对矿石工业利用性能的工业或半工业试验，但应设法调查了解毗邻或同类矿山的开发利用经验和方法以供借鉴。

5)矿床开采技术条件

(1)水文地质部分：

①地下水的补给、径流和排泄条件；

②最低侵蚀基准面和最低排泄面的标高；

③含水层和隔水层的性质；

④地表水、构造破碎带等对矿床开采的影响；

⑤估算矿坑最低开采水平涌水量；

⑥矿区供水水源调查评价。

(2)工程地质部分：

①调查和评价矿体围岩的特征、结构类型、风化蚀变程度；

②矿体和围岩有无软弱夹层，软弱夹层的岩性、厚度、分布及水力学性质等；

③有条件时还应调查统计 RQD 值；

④应有针对性地调查了解对矿床开发有影响的断裂(破碎带)的规模、性质和分布，充填物的性质和胶结强度等；

⑤对矿床开采有影响的结构面的密度和不同结构面的组合关系。

(3)环境地质部分：

①应调查矿权区及其附近地震烈度、地形地貌条件、新构造特征及其对矿区岩体稳定性的影响，目前矿权区范围内存在的各类地质灾害；

②勘探和采矿工程可能对地质环境的破坏和影响；

③地温和地温异常带；

④对人体有害的放射性本底值较高的区域。

6)调查研究矿权区所在区域(或国家)的矿产工业指标

矿产工业指标是评定矿床工业价值、圈定工业矿体和估算矿产资源储量的依据。由于最低工业品位和边界品位是随地域(国别)和市场(供需)变化的，所以应重点调查研究影响边界品位和最低工业品位变化的因素：

(1)勘探成本、采矿成本、选矿成本、冶炼成本、运输成本、管理成本、采矿回采率、选矿回收率等；

(2)有益组分含量、有害组分最大允许含量；

(3)最小可采厚度、最低工业米百分值、夹石剔除厚度；

(4)矿石的工业类型和矿石的工业品级。

7)初步评价矿权区的成矿潜力和远景

从以下十个方面进行认真的对比分析(有无进一步勘探的必要)：

(1)采选方面。一般来说，地下开采的矿山投资和生产成本较高，氧化矿、有用组分非常复杂、矿物颗粒细小的矿石难选，选矿成本高。

(2)已知的地球物理、地球化学、遥感异常解译资料的收集、分析和整理，国内外对以上资料的解译(异常查证)及对矿权区(靶区)成矿潜力的评价。

(3)矿床的成群成带和等距分布规律。调查确认矿权区所处成矿带、成矿省、矿带、矿段和矿田及成矿单元等级。

(4)矿床分布的统计学规律。

(5)构造控矿规律。区域性构造往往是导矿构造，区域构造的次级构造往往成为储矿构造；构造的交会或转折端是最有利的储矿构造。

(6)层相位控矿规律。

(7)岩石和岩石组合规律。

(8)矿物和矿物组合规律。

(9)岩石的蚀变分带规律。

(10)成矿地质环境稳定性分析、成矿后期的剥蚀强度(如成矿后期剥蚀已接近中心相则无进一步勘探的必要)。

8)初步确定进一步勘探的勘探类型、勘探方法和工程间距，并估算勘探成本及周期等

从以下四个方面进行分析和对比：

(1)矿体规模(矿体沿走向和倾向的延伸长度)。

(2)矿体中有用组分分布的均匀程度。

(3)矿化的连续程度。

(4)矿体的形态、产状和地质构造复杂程度。

以上 1)~8)八个方面的内容，从总体上说是地质调查必不可少的内容，但由于矿种或矿床类型或前期各勘查阶段工作程度的区别，资源调查工作的侧重点也应有所不同，故调查内容也应适当增删。

9)完成勘查项目或在产项目的资源调查

(1)核实保有资源量、消耗资源量。

(2)损失率、贫化率、利用率。

(3)调查三级(二级)矿量。

(4)重新估算资源储量(国内项目除了符合技术条件外，也要符合政策条件；国外项目尽量用三维软件)。

2.2.3.4　客观评价与报告编写

资源尽职调查要客观评价，不夸大、不缩小，客观反映实际情况，尽可能将风险项目说明，并说明风险程度。依据调查成果，得出清晰明确的结论，提出合理的、具体的建议。

调查报告要主次分明，突出重点，图、文、表并茂。

2.2.4　设计阶段地质工作

设计阶段地质工作主要内容如下：勘查成果资料的评价；绘制中段(台阶)地质平面图和矿体纵投影图及其他辅助图件；进行中段(台阶)资源储量计算或建立矿体资源模型；进行矿坑涌水量计算，矿区地表水和地下水防治方案的论证，估算其工程量；进行基建探矿和生产

探矿设计，估算其工程量；根据矿山生产模式，配备矿山地质勘测仪器设备、定员及其他设施；对地质资料存在的问题，提出处理意见或建议。

2.2.4.1 中段(台阶)平面图绘制

中段(台阶)平面图应包括坐标线、勘查线、矿体界线、地形线、地层(岩性)界线、断层、含矿层位边界线、图例等。

1)传统方法

地质勘查报告中提供的中段(台阶)平面图可直接利用或用于参考。中段(台阶)平面图通常以勘查线剖面图和地形地质图作为基础图件进行绘制，绘图步骤如下：

(1)在勘查线剖面图上绘制中段(台阶)标高线。

(2)绘制 1∶1000 比例尺的带有坐标线、勘查线的底图。

(3)将勘查线剖面图上各中段(台阶)标高线与矿体顶底板、断层、地层(岩性)界线、含矿层位边界线等的交点展绘到底图中，并标注对应的矿体编号、地层(岩性)代号、断层编号及含矿层位代号。

(4)依据地质特征和地质解译，圈连各地质点，形成中段(台阶)平面图。

2)地质统计学法(以 Surpac 为例)

(1)绘制 1∶1000 比例尺的带有坐标线、勘查线的底图。

(2)在同一窗口打开矿体模型、地层(岩性)模型、断层模型、含矿层位模型，利用剖面切绘工具定义标高和步距(阶段高度)分别切绘各阶段矿体界线、地层(岩性)界线、断层和含矿层位边界线，分阶段高保存各阶段的界线(*.str)。

(3)利用软件的导出功能将各界线(*.str)转换为 CAD 文件，再转绘至底图，标注对应的矿体编号、地层代号、断层编号、含矿层位代号等。

2.2.4.2 中段(台阶)资源量及设计利用资源储量估算

1)资源量估算的任务和基本要求

(1)资源量估算的任务。

矿山设计的资源量估算是依据地质勘查单位提交并经评审备案的资源储量，按照开采设计的要求，对其进行二次分割计算和分配，以便为矿山设计的采、选(冶)方案，生产规模和有关技术经济指标等相关内容的确定，提供直接依据。

按照矿床开采的不同要求，矿山设计的资源量估算包括如下主要内容。

①露天开采资源量估算。计算露天开采范围(境界)内各开采台阶的不同资源量分类、不同矿石类型、不同品级的矿石量和品位。有色金属矿床还需计算金属量或金属氧化物量。黑色金属矿床需计算露天开采范围内各台阶岩石量(包括表土)、夹石和近矿围岩品位。

②地下开采资源量估算。计算各地下开采中段不同资源量分类、不同矿石类型、不同品级的矿石量和品位。有色金属矿床还应计算金属量或金属氧化物量。黑色金属矿床需计算开采中段内夹石(层)和近矿围岩品位，有时需要分矿房和矿柱计算各开采中段的矿石量。辅助原料矿床有时也需要计算开采中段内夹石(层)和近矿围岩品位。

③保安矿柱资源量估算。根据国家有关规定，为保护地面建构筑物、工业设施、文物古迹及河流、水库等，使其不致因为矿床开采而受到破坏；另外，还有的项目露天开采转地下开采时的露天坑底往往需要预留保安矿柱，此时应单独计算保安矿柱资源量。

（2）资源量估算的要求。

①矿山设计中的资源量估算，应根据矿床地质特征和地质勘查时的资源量估算成果，按照开采设计所确定的开采境界、开采中段（台阶）、采场布置等要求进行。

②资源量估算方法的选择应符合矿床的矿化特征，并在保证计算精度的前提下，力求简便、实用。

③资源量估算的参数，原则上与地质勘探阶段资源量估算参数一致，以便对两者的计算结果进行检查和对比。

④设计时资源量估算结果应与地质勘查报告提交资源量进行对比。在资源量估算工业指标、计算参数和计算范围等相同的情况下，估算的矿石量、品位、金属量的误差一般不得超出下述范围：

第一，矿石量允许误差为≤3%～5%。当计算方法相同时取下限，计算方法不同时取上限。采用分配法时，矿石量允许误差应≤1%，铝土矿矿石量允许误差为≤7%。

第二，主要有用组分的品位允许误差为≤3%～5%。

第三，金属量或金属氧化物量允许误差为≤5%。

⑤当资源估算结果的误差超出上述允许范围时，应找出产生误差的原因，并进行处理，如系计算方法选择不当所致，则应返工重算；当由面积测定、品位分段组合和计算方法不同等原因产生的系统误差为 10%～15%时，应采用平差的办法消除，大于 10%～15%时，需重新检查计算方法及参数确定本身的合理性，直至返工重算；如为个别块段和局部的计算错误，则应改正；如经反复验证，确系原地质勘查报告资源量估算的错漏，则应加以特别说明。

2）矿山设计过程资源量估算

矿山设计过程的资源量估算方法原则上与勘查阶段的资源量估算方法一致，但需要估算至生产块段。常用的资源量估算方法有分配法、剖（断）面法和开采块段法及三维矿业软件计算方法。

（1）分配法。

分配法是运用各开采中段（台阶）矿体的面积或体积与矿体（矿块）总面积或总体积的比值，来计算各开采阶段的资源量。此法计算简便、误差小，计算结果易与地质勘查报告中资源量相符，是设计资源量估算较为常用的一种方法，又可分为面积分配法、体积分配法。

①面积分配法。本方法适用于地质勘查报告中采用垂直平行剖面法计算资源量的矿床。其常规计算步骤是首先计算块段矿石量、金属量，再计算中段（台阶）矿石量、金属量。

第一，块段矿石量计算：以相邻两剖面构成的块段为计算单元，按中段（台阶）所占的面积比进行分配计算，即将两剖面某中段（台阶）面积之和与块段总面积的比值，乘以该块段矿石量，即为该块段某中段（台阶）的矿石量。以图 2-1 为例，计算式如下：

$$Q_n = Q\frac{S_n}{S} \tag{2-1}$$

式中：Q 为地质勘查报告该块段的矿石量；S 为该块段两剖面矿体面积和；S_n 为该块段第 n 中段两剖面矿体面积和（$S_n^1+S_n^2$）；Q_n 为该块段第 n 阶段矿石量。

第二，块段金属量计算：块段各中段矿石量乘其品位即得块段中段金属量。一般情况下，块段各中段金属量 q_n'之和 q'不等于原来已知的金属量 q，应进行修正。其计算式如下：

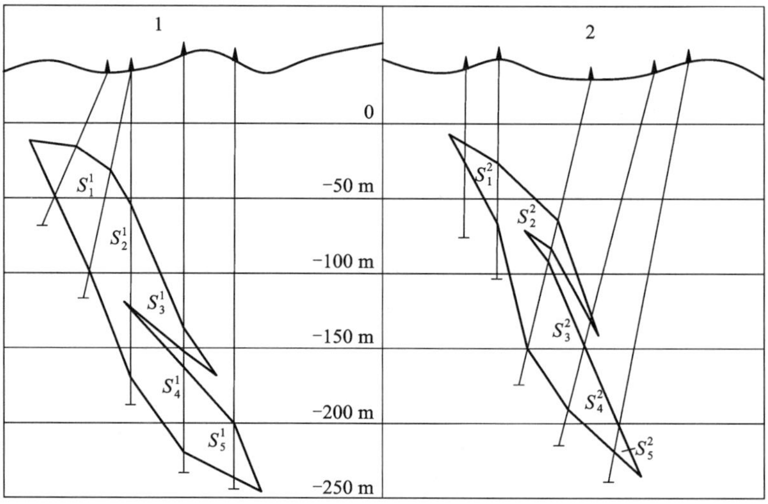

图 2-1　面积分配示意图

$$q_n = q'_n \frac{q}{q'} \tag{2-2}$$

式中：q'_n为块段第 n 中段矿石量乘其品位得到的块段中段金属量，$q' = \sum q'_n$；q_n 为块段第 n 中段平差后金属量，$q = \sum q_n$。

第三，中段(台阶)矿石量和金属量计算：将相同中段(台阶)矿石量和平差后的金属量分别相加，即为中段(台阶)矿石量和金属量。中段(台阶)金属量除以矿石量即为中段(台阶)平均品位。

各中段(台阶)矿石量(金属量)之和，即为全矿区矿石量(金属量)；金属量除以矿石量即为矿区平均品位。

②体积分配法。本方法是用体积比分配资源量的一种简便计算方法，有纵投影体积分配法和水平投影体积分配法两种。

第一，纵投影体积分配法。本方法是利用矿体纵投影图并结合中段(台阶)平面图进行计算。其计算步骤是先求出各中段(台阶)矿体体积与块段总体积的比值(分矿体、矿石类型、品级和资源量类型)，而后计算勘查块段分配到各中段(台阶)的矿石量和金属量，再计算矿区的矿石量、金属量和平均品位。对陡倾斜的脉状矿体及产状稳定的厚大层状矿体，此法的计算精度是较高的。

第一步，体积比计算。体积比用下式进行计算：

$$P_i = \frac{S_i}{V_{\mathrm{I}}} \times \frac{\sum_{j=1}^{n} m_i^j}{n} \tag{2-3}$$

式中：P_i 为第Ⅰ块段第 i 中段(台阶)体积比；S_i 为第 i 中段(台阶)投影面积，m^2；V_{I} 为勘查资源量计算表中第Ⅰ块段体积，m^3；n 为第 i 中段(台阶)见矿工程数，个；m_i^j 为第 i 中段(台阶)第 j 个工程见矿水平厚度，m。

图 2-2 中，Ⅰ块段各中段的体积比为：

640 m 中段 $P_1=\frac{S_1}{V_{\mathrm{I}}}\times\frac{m_1^1+m_1^2+m_1^3+m_1^4+m_1^5+m_1^6+m_1^7}{7}$。

590 m 中段 $P_2=\frac{S_2}{V_{\mathrm{I}}}\times\frac{m_1^7+m_2^1+m_2^2+m_2^3+m_2^4}{5}$。

540 m 中段 $P_3=\frac{S_3}{V_{\mathrm{I}}}\times\frac{m_3^1+m_3^2+m_3^3+m_3^4+m_3^5+m_3^6}{6}$。

490 m 中段 $P_4=\frac{S_4}{V_{\mathrm{I}}}\times\frac{m_3^4+m_3^6+m_4^1}{3}$。

440 m 中段 $P_5=\frac{S_5}{V_{\mathrm{I}}}\times m_4^1$。

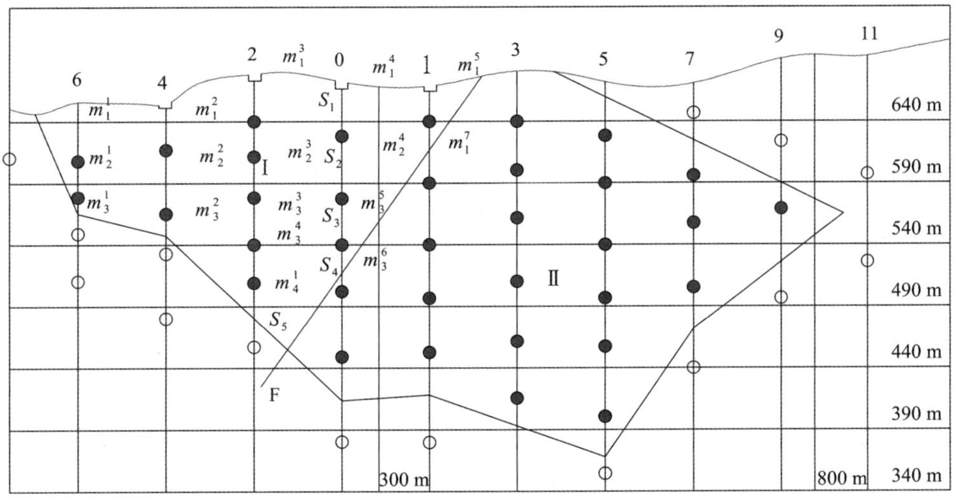

图 2-2　纵投影体积分配示意图

体积比计算式(2-3)中矿体平均厚度采用算术平均法求得，适合见矿工程分布比较均匀的情况，还可采用工程控制面积加权法求得。

第二步，分配到各中段(台阶)的矿石量和金属量计算，与前述面积分配法中块段金属量计算相同。

第三步，中段(台阶)矿石量、金属量、平均品位计算：

将相同中段(台阶)的各块段矿石量(平差金属量)相加，即为该中段(台阶)的矿石量(金属量)。金属量除以矿石量即为中段(台阶)的平均品位。

各中段(台阶)矿石量(金属量)之和，即为矿区的矿石量(金属量)。金属量除以矿石量即为矿区平均品位。

第二，水平投影体积分配法。本法是在矿体水平投影图上，结合矿体底板等高线图进行计算。其计算步骤是先求出体积比，而后计算中段(台阶)和矿区的矿石量、金属量和平均品位。

此法适用于勘查工程布置不规则、勘查时采用水平投影图计算资源储量的缓倾斜层状、似层状矿床。其计算特点与纵投影体积分配法相似。当矿体厚度变化不大、地质构造较简单时，可获得满意的计算效果。

第一步，体积比计算：

在矿体水平投影图上画出中段(台阶)的等高线，测定相邻两标高线间的面积，即各中段(台阶)的水平投影面积(其和应与矿体总投影面积一致)。

各中段(台阶)的平均铅直厚度，以中段(台阶)内各见矿工程的平均厚度用算术平均法求得。

各中段(台阶)的水平投影面积和平均厚度的乘积与勘查资源储量估算表中该矿体体积之比值，即为用以分配矿石量的体积比。

第二步，中段(台阶)矿石量、金属量和平均品位计算，与前述相同。

第三步，矿区矿石量(金属量)由各中段(台阶)矿石量(金属量)相加求得。矿区平均品位由矿区金属量除以矿区矿石量求得。

(2)剖(断)面法。

①水平剖(断)面法。本法适用于以坑道或坑道配合水平钻孔勘查的陡倾斜矿床。

矿石体积，是根据相邻两个水平断面上矿体的面积和断面间的垂直距离，用几何公式求得。断面的平均品位由各水平工程平均品位与各水平工程相应见矿长度加权求得。中段(台阶)的平均品位由相邻两断面的平均品位，以面积加权平均法求得。

设计中采用此法计算中段(台阶)矿量，有以下几种情况：

其一，勘查期间已计算中段(台阶)矿量，其中段(台阶)标高与开采设计相一致，则可直接利用其成果。

其二，当在原勘查中段(台阶)之间需要增加中段(台阶)时，设计中要进一步计算中段(台阶)矿量。一般是结合补画的辅助中段(台阶)平面图进行。

其三，当需要进行地下、露天开采方案比较，在原勘查的两个水平断面间划分多个中段(台阶)时，其中段(台阶)矿石量的计算按以下步骤进行。

第一步，中段(台阶)矿石量计算：先计算中段(台阶)的矿石体积，再以体积乘体重即为中段(台阶)矿石量。

计算体积时：

其一，体积一般采用截锥公式计算。计算公式为：

$$V=\frac{\left(S_1+S_2+\sqrt{S_1\times S_2}\right)}{3}H \tag{2-4}$$

式中：V 为体积，m^3；S_1、S_2 为两断面上矿体截面积，m^2；H 为两断面间距离，m。

其二，当上、下中段(台阶)有一个中段(台阶)无面积，矿体面积形状为层状或似层状时，选择式(2-5)计算；为其他不规则形状时，选择式(2-6)计算。

$$V=\frac{SH}{2} \tag{2-5}$$

$$V=\frac{SH}{3} \tag{2-6}$$

式(2-5)和式(2-6)中各符号含义同式(2-4)。

第二步，阶段金属量计算：中段(台阶)矿石量乘中段(台阶)平均品位即得阶段金属量。

第三步，各中段(台阶)矿石量(金属量)之和即为矿区的矿石量(金属量)。金属量除以矿石量，即得矿区平均品位。

②垂直平行剖(断)面法。垂直平行剖(断)面法与水平剖(断)面法的原理基本相同。但在计算露天开采阶段资源储量时，端部剖面至采场边界之间的资源储量，需根据露天采场的形状和矿体向外延伸情况进行——一般可以进行外推，而较精确的计算方法是采用分配法计算端部矿石量。

(3)开采块段法。

开采块段法用于坑道工程对矿体实行三面或四面控制的矿床资源储量估算。每个开采块段常被沿脉、天井或穿脉分割成长方形，其块段资源储量估算仍在矿体水平或垂直投影图上进行。当矿体产状不是水平或垂直时，其矿体真面积应按下式进行倾角换算：

$$S=\frac{S'}{\cos\alpha} \tag{2-7}$$

式中：S 为块段真面积，m^2；S'为块段水平或垂直投影面积，m^2；α 为矿体(床)与水平面或垂直面夹角，(°)。

如工程厚度系水平或铅直厚度，则投影面积不必经过换算。

块段矿石量为开采块段长度、高度、平均厚度与矿石体重之乘积；块段金属量为块段矿石量乘块段平均品位，当矿石总量与勘查报告不一致时，一般采用平差使矿石总量一致。块段平均品位一般用块段内各有效工程的厚度以加权法计算。矿体(床)平均品位为矿体(床)总金属量除以总矿石量。

在设计中运用开采块段法计算中段(台阶)资源量时，其设计的中段(台阶)的标高如与原勘查坑道所控制的中段(台阶)标高相同，原勘查计算的块段资源量可以直接为设计所利用，只需把同一中段(台阶)各块段资源量相加，即得该中段(台阶)资源量；如设计的中段(台阶)的标高与原勘查期间标高不同，其计算结果不能被直接利用，则需按正常步骤分矿石类型、资源量分类和各单个块段计算中段(台阶)资源量。

(4)三维矿业软件计算方法。

地质勘查报告提交的矿体三维实体模型或矿山地质设计中建立的矿体三维实体模型可直接应用于矿山设计中，在设计过程中对地质资源量的分配和二次分割计算的过程可用软件的统计功能实现。

目前，常用的矿业三维软件有 Surpac、Datamine、Micromine、MineSight、3DMine、Dimine 等。

使用三维矿业软件估算中段(台阶)资源量时，需要注意的是块模型的大小和块的标高与中段(台阶)标高应匹配，否则会产生较大误差。

3)设计利用资源储量的估算

设计利用资源储量按下列公式估算：

设计利用资源储量 = ∑(储量+探明、控制资源量+推断资源量×可信度系数)−设计损失量

(1)参与设计的储量，可直接作为设计利用。

(2)资源量，通过经济分析认为可利用的，分别按以下原则处理：

①探明或控制资源量，可信度系数取1.0。

②推断资源量，参照《有色金属采矿设计规范》(GB 50771—2012)，可信度系数取0.5~0.8。我国推断资源量大部分是由一定网度控制的，并不是只由稀疏工程控制，故有一定的可信度，但其网度达不到控制网度的要求。可信度系数确定的因素一般包括矿种、矿床总体地质工作程度、矿床勘查类型、推断资源量与其周边探明或控制资源储量关系等。

(3)潜在矿产资源，不参与设计利用。

(4)设计损失量确定：

①露天开采设计损失量一般为最终边帮矿量；地下开采设计损失量一般包括：A.由地质条件和水文地质条件(如断层和防水保护矿柱、技术和经济条件限制难以开采的边缘或零星矿体或孤立矿块等)产生的损失；B.由留设永久性矿柱(如边界保护矿柱，永久建筑物下需留设的永久性矿柱因法律、社会、环境保护等因素影响不能开采的保护矿柱，露转坑工程露天境界底部可能有的保护矿柱等)造成的损失；C.确定的采矿方法不能采出的矿体。

②设计损失量估算原则应与设计利用资源储量估算一致，按相同的可信度系数进行折算。

③设计确定的后期回收的矿柱(如某些大巷和工业场地矿柱)，不应归为永久性矿柱的设计损失量。

2.2.4.3 基建/生产探矿工程量设计及费用预算

在进行矿山开发可行性研究和初步设计时，应估算矿山基建探矿和生产探矿的工作量，并进行费用预算。

(1)存在下列情况之一时应进行基建探矿：

①探明资源量不能满足先期开采要求。

②探明资源量不能满足采切工程布置要求，或不能满足对采出矿石质量控制要求。

③矿床地质条件复杂，采用较密的工程间距，仍未获得探明资源量。

④位于主矿体上下盘、对先期开采有重要影响的小矿体，工程控制和研究程度不足的。

⑤先期开采地段不同类型、品级矿石的空间分布和数量未能详细查明。

⑥采空区或断层规模较大，其分布范围及特征，尚未详细圈定和评价。

(2)基建探矿范围宜符合下列规定：

①露天矿山，宜超前基建开拓深度两个台阶，或探获的证实储量可满足2年以上的开采。

②地下矿山，不宜小于基建采准矿块数的1.5倍。

(3)基建探矿手段和工程布置：

①露天开采矿山，勘查手段宜采用地面岩芯钻探或槽、井探，并宜辅以平台沟槽取样。生产探矿还应辅以采矿爆破孔取样。钻探工程布置宜采用方格网法。

②地下开采矿山，缓倾斜单一矿层宜采用坑探手段；下列情况应采用坑探与坑内钻探相结合的探矿手段：

A.矿体形态复杂、产状变化大，应布置坑内钻探，进行加密控制。

B.主矿体上下盘存在平行小矿体，其规模、形态、空间位置不明，宜以坑内钻探指导掘进。

C. 老窿情况不明，对开采有较大影响，应预先予以探明。

D. 探矿工程间距，应根据矿床勘探类型、地质勘查阶段采用的工程间距及控制效果，结合采场布置具体确定，一般应在控制的工程间距基础上加密 1~3 倍，查明的程度应满足采矿对采出矿石品质控制的要求。

E. 地下开采坑探工程的布置，应与开拓、采准工程相结合。

(4)探矿工程量。

①基建探矿工程量。

基建探矿工程量一般从基建探矿布置图中统计获得，但须考虑地质复杂程度带来的变化，在统计汇总的工程量基础上乘以地质变化系数。依据地质复杂程度，地质变化系数取 1.1~1.3。

在可行性研究和初步设计阶段，基建探矿工程量采用下列方法估算：

基建探矿工程量=某一典型剖面上单个基建探矿工程平均工程量×基建范围内全部工程数×地质变化系数

取样数=某一典型剖面上单个基建探矿工程平均工程量×基建范围内全部工程数×地质变化系数

内检、外检分别按基建探矿取样数的 10%、5%进行，不足 30 个时按 30 个计算。

组合样数原则上按工程个数计算。

基本分析、内检、外检和组合分析项目一般按地质勘查报告确定。

样品加工按规范执行，缩分系数 K 按地质勘查报告取值。

②生产探矿工程量。

生产探矿手段和方法原则上与基建探矿的手段和方法一致。为了掌握备采矿块的品质，应在采场或采矿爆破孔中进行取样化验；为了掌握采下矿石或出窿矿石的品质，应对采下矿石或出窿矿石取样化验。生产探矿工程量系一年投入探矿工程数量和取样化验的数量，在可行性研究和初步设计阶段采用下述方法估算：

生产探矿工程量=(基建探矿工程量+利用采矿穿脉巷道工程量+地质勘探时期工程量)/基建范围内矿量(设计利用资源储量)服务年数；

生产探矿取样数量=(基建探矿取样+地质勘查时期取样数)/基建范围内矿量(设计利用资源储量)服务年数+开采取样数+爆破孔取样；

生产探矿工程量计算应取 1.1~1.3 的地质变化系数。边部加密控制及探寻盲矿体的探矿工程量应另行计算，宜按正常探矿工程量的 20%~30%估算。

(5)探矿费用预算。

根据设计工程量按现行预算标准及市场价格进行探矿费用预算。

2.2.5　矿体三维模型建立

矿体三维模型的建立需借助矿业三维软件完成，常用的有 Surpac、Datamine、Micromine、MineSight、3DMine、Dimine 等。这几款软件的资源储量估算模块已先后通过原国土资源部认证，矿体三维模型建立流程见图 2-3，下面以 Surpac 为例进行说明。

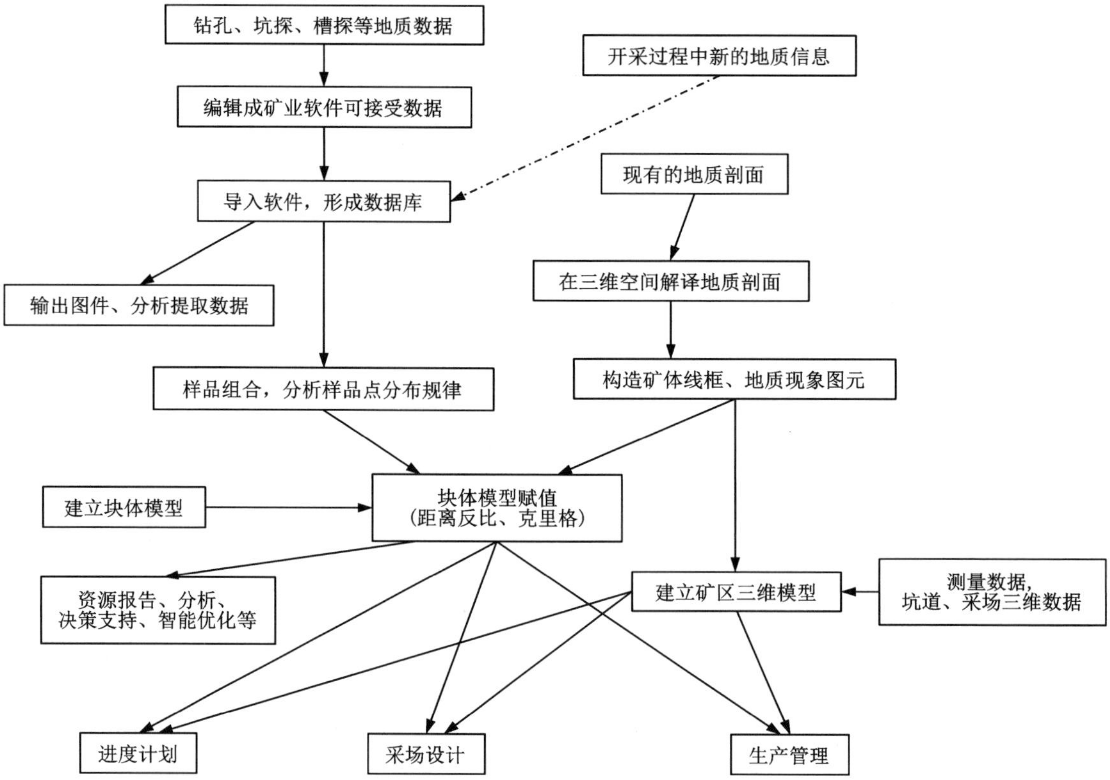

图 2-3 矿体三维模型建立流程

2.2.5.1 地质数据库的建立

1)数据准备

地质数据库的建立首先需要将地质勘查报告中各勘查工程(钻探、坑探、槽探)的测量、化验分析数据整理成矿业软件可接受的格式，生成 3 个数据库强制表格(表 2-1)，即 Collar(孔口表)、Survey(测斜表)和 Assay(化验表)，各表格整理完成后可保存为 * . txt 或 * . csv 格式。

表 2-1 强制表格结构

表	强制字段	选项字段	描述
Collar	hole_id 钻孔编号 y 北坐标 x 东坐标 z 标高 max_depth 终孔深度 hole_path 孔迹类型	勘查线号 ……	孔口表
Survey	hole_id 钻孔编号 depth 终孔深度 dip 倾角 azimuth 方位角		测斜表

续表2-1

表	强制字段	选项字段	描述
Assay	hole_id　钻孔编号 sample_id　样品编号 depth_from　深度自 depth_to　深度至	Au Cu ……	化验表

在数据整理过程中需要注意：

(1)在矿业软件中倾角正表示向上，负表示向下，而地质勘查报告中原始测斜数据一般为正值，故测斜表中钻孔倾角一般需要转换为负值。

(2)特高品位处理：特高品位的处理可根据地质勘查报告处理办法，将化验表中数据直接更改为处理后数据。

2)建立数据库

数据准备完成后，在矿业软件中建立一个数据库，利用导入数据命令将上述 3 个表格导入至新建数据库。

2.2.5.2　样品组合

样品组合的意义在于将空间不等长的样品量化到离散点上，这些离散点将作为块体估值的临时数据库。因此，原始数据的结构需要在最大程度上被保留，不同的估值区域应建立独立的样品组合文件。在样品组合前，需利用数据提取功能提取出样长并进行基本统计分析，根据统计结果确定合理的组合样长。一般来讲，组合样长应等于原始样长的众数，频率曲线出现双峰(或多峰)时，应选择最大公约数。

在矿业软件中有多种样品组合的方法，如根据勘查工程、台阶高度、品位约束、地质约束、自钻孔末端、多种元素等，其中根据勘查工程、台阶高度进行组合的方法较为常见，所得到的组合文件能够在工程的方向上产生均匀(等距离)的离散点，并用于地质统计和块体估值。组合得到的线文件(＊.str)在统计意义上应与原始数据基本保持一致。

2.2.5.3　实体模型

1)地表模型

地表模型能更直观地反映矿区内地表空间起伏形态，其基础数据应为相应阶段比例尺的地形等高线(或测点)，一般情况下，地形等高线(或测点)的范围应略大于矿体平面范围，露天矿还应略大于设计开采境界范围。当工程点坐标没有完全落在 dtm 模型上时，需在核实数据准确性的基础上，用工程点坐标对地形等高线(或测点)进行修正。

2)矿体实体模型的建立

矿体实体模型是一类三维三角网数据，可用来进行三维可视、计算体积、切任意方位剖面、与地质数据库相交及约束块体等。实体模型的建立主要有三种方法：剖面线法、顶底板法、线框连接法(图 2-4)。

(1)剖面线法：将地质勘查报告中勘查线剖面图内的矿体边界、夹石、岩性界线、断裂等要素通过坐标转换载入三维空间，载入完成后需将线段节点捕捉至钻孔的相应位置，根据矿体编号、空间位置、对应关系等连接相邻勘查线间线框，并按外推原则封闭实体两端。

(2)顶底板法：该方法一般用于水平(或缓倾斜)且没有分支复合的矿体，首先将各工程的顶底板点一一识别，并汇总形成顶底板文件，再将矿体水平边界线与顶底板文件形成矿体实体。

(3)线框连接法：参照原有的地质资料进行地质解译，在矿业软件中手绘一系列矿体轮廓线、辅助线，并对应连接成实体的一种方法。该方法主要用于原始资料分布不规则或矿体形态复杂的情况，如原始资料提供了非平行勘查线剖面和中段平面图。

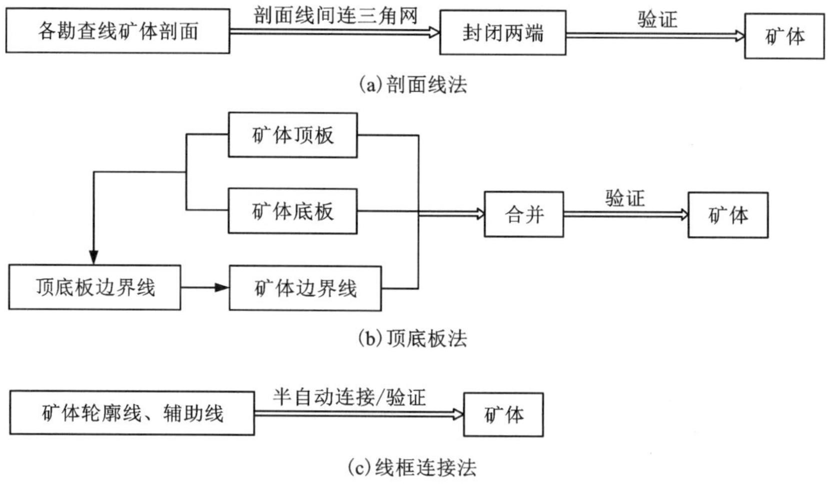

图 2-4 三种方法建立实体模型流程图

线框的对应连接方式有以下几种：两段之间连接、使用控制线连接、分支复合连接、段到点连接等。这些操作均可以通过软件命令完成，需要注意的是，对应连接方式的选择应与地质勘查报告中矿体的圈连保持基本一致，尤其应与资源储量估算图中矿体的连接形态一致，否则，模型与地质勘查报告的估算结果会有偏差。实体模型的有限、无限外推原则应与地质勘查报告中一致，外推时根据尖灭情况分为点外推、线外推和平推，外推方位和角度应符合矿体的延展趋势。对应连接和外推时，各体(三角网)不能出现相交。

实体模型应通过有效性验证，因为矿业软件在线框对应连接算法上并非全自动，会造成一定的错误，常见的错误有重复三角形、无效边、自相交、开放边等。一般情况下，通过实体修补、变换运算法则、添加辅助线等操作可以解决绝大部分问题，否则，需通过创建单个三角形手动圈闭。

2.2.5.4 块体模型

1)块体模型的建立

当前矿业软件中通行的概念是将块体模型与地质统计学相结合，应用数学方法对品位分布进行建模，由于矿石品位受地质因素控制，块体模型往往在一定约束条件下建立。

建立一个大小适中的空块模型，并对要素进行设置，包括 X、Y、Z 三方向的最大最小值，块体方位、倾角、侧伏角，用户块尺寸，最小块尺寸。其中，X、Y、Z 三方向的最大最小值根据实体模型及矿区范围确定，空间范围应涵盖矿区范围地形最高点，并且要充分考虑设计范围的跨度；块体方位、倾角、侧伏角需依据矿体的形态产状确定，默认情况下均为 0，代表矿体平面上各向同性且整体呈水平(缓倾斜)状；用户块尺寸根据矿体形态和工程控制程度确定，通常，在 XY 平面块，尺寸一般为探明勘查工程网度的 1/4~1/2，在 Z 方向上块尺寸一般为组合样长度的 2~3 倍或台阶高度的整数分之一，但块模型范围内须是整数个块；最小块尺寸，为更好地拟合局部形态，矿业软件在约束范围边部会自动划分次级块，最小块一般按数级（2^n）缩分，可根据实际情况选择。用户块尺寸过大，会均化矿石品位数据；过小，可能夸大品位变化，也会大大增加计算机的存储和运算量。块体模型建立完成之后，可根据模型估算需要建立属性字段（如体重、金属品位、矿石类型、资源储量类型等）和各种约束条件。

2）块体模型赋值

块体模型的精度不仅取决于块体模型的结构，还取决于估值方法中参数的选择。矿业软件块体模型常用的赋值方法有距离幂次反比法、克里格法等。距离幂次反比法是一种与空间距离有关的插值方法，利用已知邻近值的距离幂次成反比的关系来推估网格点的值，认为与未采样点距离最近的若干个点对未采样点值贡献最大，其贡献与距离幂次成反比，适合矿层形态、产状及品位变化不大的矿床。克里格法（Kriging）是从变量相关性和变异性出发，在有限区域内对区域化变量的取值进行无偏、最优估计的一种方法，从插值角度讲是对空间分布的数据求线性最优、无偏内插估计。

以 Surpac 软件的距离幂次反比法为例，在资源量估算中需要设置的参数有最小选择样品数、最大选择样品数、最大水平搜索距离、最大垂直搜索距离、单钻孔最大样品数、幂指数及椭球体参数（方位、倾伏角、倾角、主/次主比率、主/次比率）等。这些参数从不同的角度对样品点的搜索采集进行约束，与实体约束和数据约束共同影响着估值的结果。假定对一个均匀矿化的水平层状铝土矿矿床进行资源量估算，勘查线为南北方向，在正方形的 4 个顶点有 4 个钻孔控制，横（纵）向距离 100 m，样长 1 m，无夹石。在 Surpac 块段模型环境下建立一个基本块为 25 m×25 m×0.5 m 的块段模型，对 4 个钻孔围成的区域进行估值，参数设置参考表 2-2，对于一个 100 m×100 m 的区域，其中心点离 4 个顶点的最大距离即对角线的 1/2，为 70.7 m，故最大水平搜索距离设为 71 m 能够保证在水平方向上将所有样品纳入搜索范围。在基本块 Z 方向为 0.5 m 时，最大垂直搜索距离设为 1 m，原则上能够将垂直方向上的两个样品纳入搜索范围。单钻孔最大样品数设为 1 个，即每个钻孔最多只提供最近的 1 个样品数据，最小、最大选择样品数分别设为 3 个、4 个的目的是限制参估的钻孔数，即最少 3 个钻孔、最多 4 个钻孔。一般来讲，幂指数越大，距离越近的样品权重越大，铝土矿矿床 Al_2O_3 含量相对均匀，幂指数设为 2 即可。

表 2-2　理想模型的参数设置

参数	最小样品数/个	最大样品数/个	最大水平搜索距离/m	最大垂直搜索距离/m	单钻孔最大样品数/个	幂指数
设置值	3	4	71	1	1	2

2.2.5.5　报告

利用约束条件，按资源储量类型报告约束模型内的矿石量和品位。

2.2.5.6　矿体建模实例

湖南省某萤石锡多金属矿，其矿体多呈似层状、脉状或不规则的饼状，形态不规则，但有系统的平行勘查线控制，且勘探工程基本分布在勘查线上，故采用剖面解译法进行矿体建模。建模软件采用 Surpac 6.3。

1）数据库

将所有探矿工程的孔口坐标、孔深、测斜、化验分析数据等整理成符合数据库要求的孔口表、测斜表和化验表，建立地质数据库（数据库结构见图 2-5，数据库三维显示见图 2-6）。合计 27 个钻孔，15 条刻槽剖面及探槽，264 行测斜数据，2326 行化验分析数据。

表名	字段	类型	空值	长度	小数位数	下限	上限	大小写	有效输入	物理的或虚拟的	参考字段
化验表	hole_id	character	N	20				upper		physical	
	depth_from	real	N	7	2	0	9999			physical	
	depth_to	real	N	7	2	0	9999			physical	
	samp_id	character	Y	10				upper		physical	
	x_from	real	N	11	3	-999999	999999			calculated	
	x_to	real	N	11	3	-999999	999999			calculated	
	y_from	real	N	11	3	-999999	999999			calculated	
	y_to	real	N	11	3	-999999	999999			calculated	
	z_from	real	N	11	3	-999999	999999			calculated	
	z_to	real	N	11	3	-999999	999999			calculated	
	caf2	real	N	10	2	0	999			physical	
孔口表	hole_id	character	N	20				upper		physical	
	max_depth	real	N	11	3	0	9999			physical	
	x	real	N	11	3	-999999	999999			physical	
	y	real	N	11	3	-999999	999999			physical	
	z	real	N	11	3	-999999	999999			physical	
	hole_path	character	Y	8				mixed		physical	
测斜表	hole_id	character	N	20				upper		physical	
	depth	real	N	7	2	0	9999			physical	
	azimuth	real	N	6	2	0	360			physical	
	dip	real	N	6	2	-90	90			physical	
	x	real	N	11	3					calculated	
	y	real	N	11	3					calculated	
	z	real	N	11	3					calculated	

图 2-5 Surpac 6.3 中数据库的结构

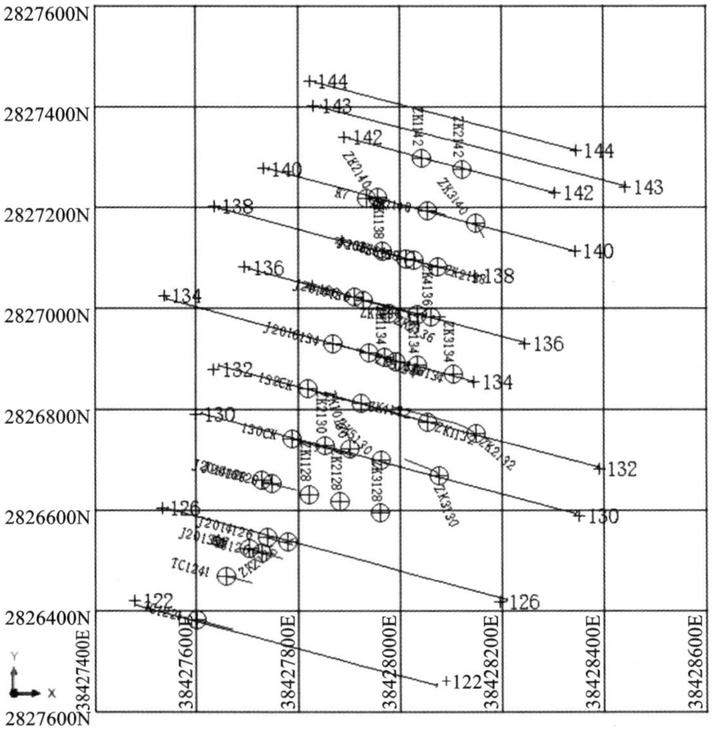

图 2-6 数据库三维显示

2)矿体解译

依据地质勘查报告中的工业指标和矿体圈定原则，依次绘制各勘查线矿体边界，即资源储量估算边界(图 2-7)。

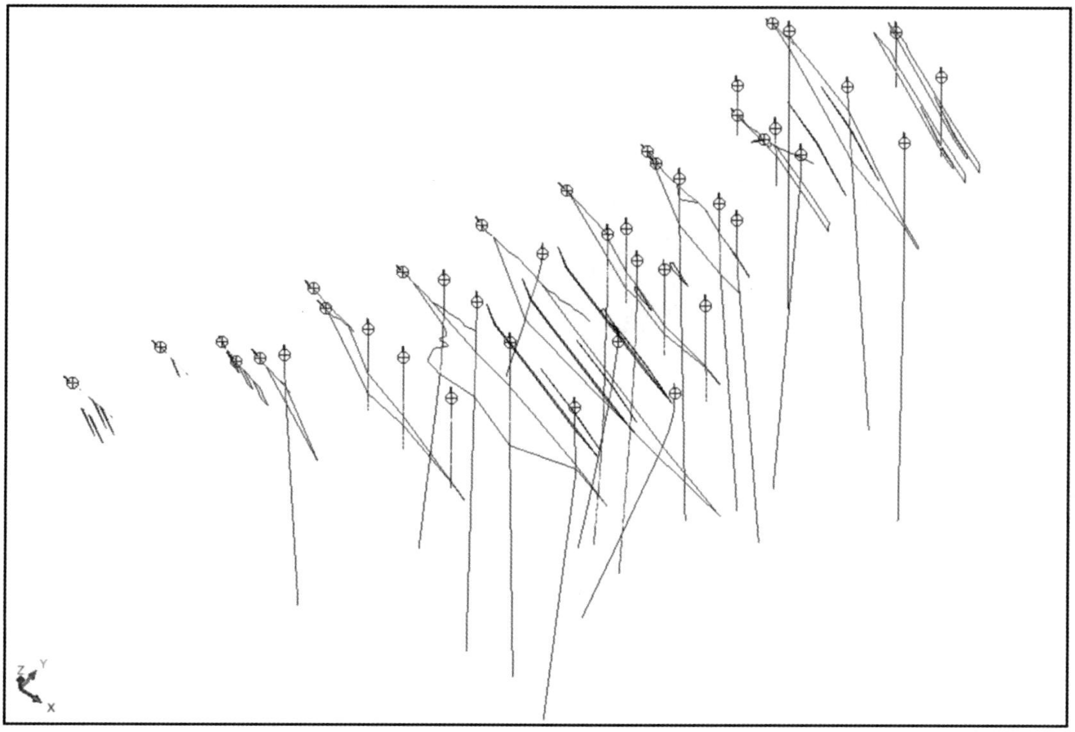

图 2-7　矿体解译轮廓边界

3)实体连接

利用解译好的各勘查线剖面矿体边界，根据相邻剖面间矿体趋势，连接三角网，建立矿体三维实体模型(图 2-8)。

4)块体建模与插值

块体建模与插值的过程为：样品组合、建立空块体模型、块体模型估值。

(1)样品组合。

样品组合的含义是，将空间不等长的样长和品位量化到一些离散点上，如 Au 品位。组合样最终产生一些离散的点，除了三维坐标外，在它的描述字段中，还需存放该点最有可能的品位值。

Surpac 6.3 中提供了多种样品组合的方法，包括根据勘查工程、台阶高度、品位约束等进行组合的方法，但是只有根据勘查工程和台阶高度这两种方式组合得到的线文件，能够在工程的方向上产生均匀(等距离)的离散点，从而才可用于地质统计和作为块体模型估值的数据库进行估计插值。因此，本次样品组合采用根据勘查工程组合。

按勘查工程进行样品组合，首先在数据库中新建一个数据表，利用软件的钻孔与实体相交的功能，提取矿体三维模型内的勘查数据并储存于新建立的数据表中，利用新数据表中定义的矿体范围，提取矿体内的勘查数据，进行统计分析，以确定组合样长，最后按勘查工程

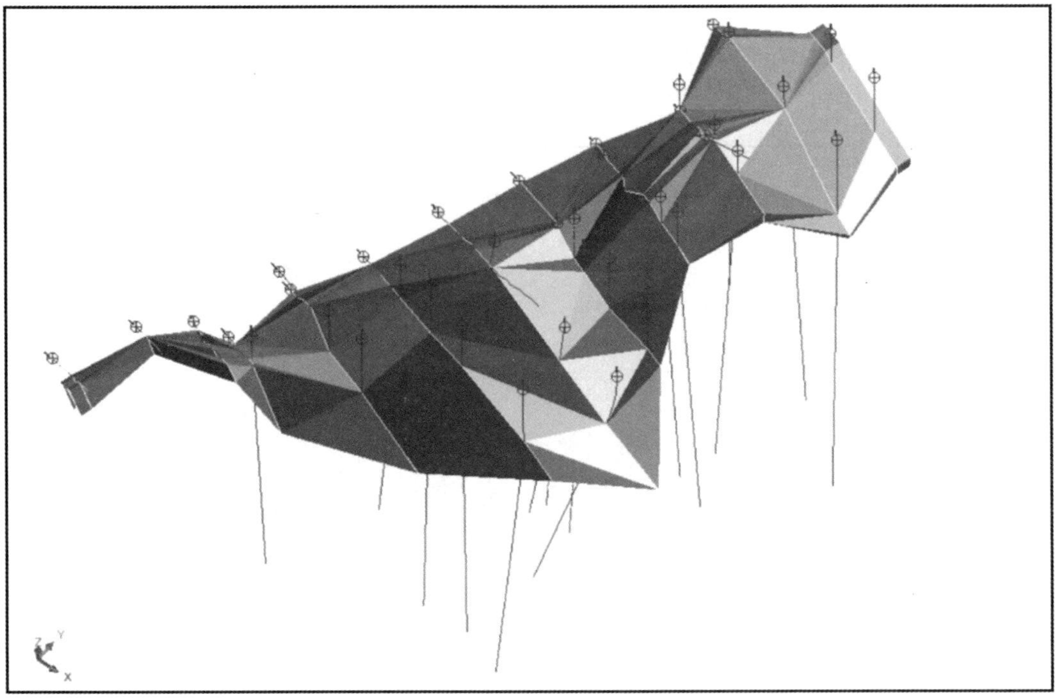

图 2-8 萤石矿体三维实体模型

进行样品组合。在样品数据组合前，还应进行特高品位处理。经统计分析，萤石矿浅部 CaF_2 化验数据不存在特高品位，故未进行特高品位处理。

萤石矿钻孔样品平均长度约 1.45 m，众数为 1 m，最终确定组合样长为 1 m。根据组合样长，通过勘查工程对矿体内原始数据进行组合，共 1576 个样品数据参与组合(图 2-9 展示了样品原始数据和组合后的数据)。

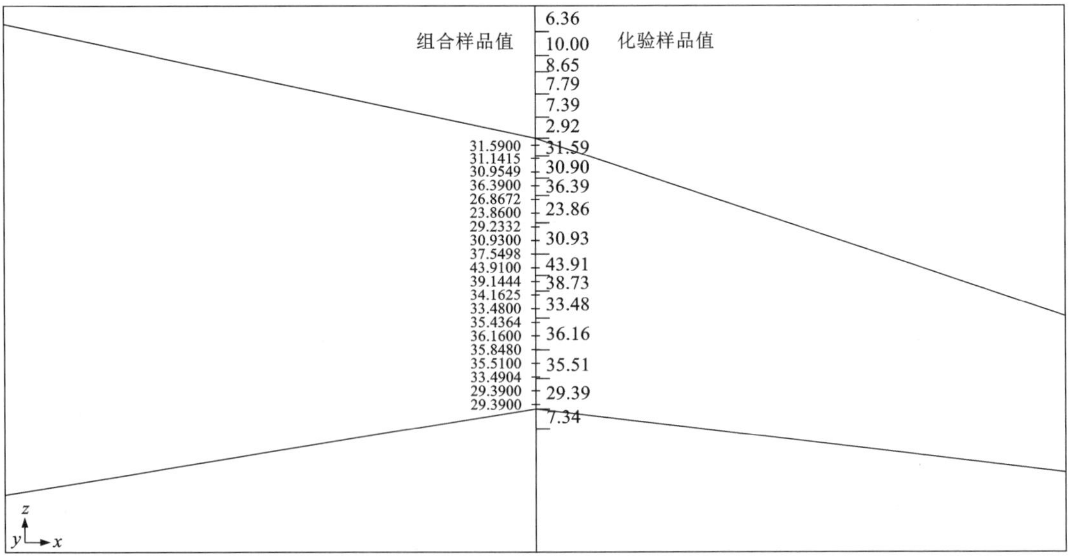

图 2-9 样品原始数据和组合后的数据

(2)建立空块体模型。

块体模型建立流程见图 2-10，通过矿体三维实体模型、钻孔坐标等确定块体模型平面范围及垂直方向范围，并根据勘查线间距及组合样长等确定块体模型基本属性(表 2-3、表 2-4)。

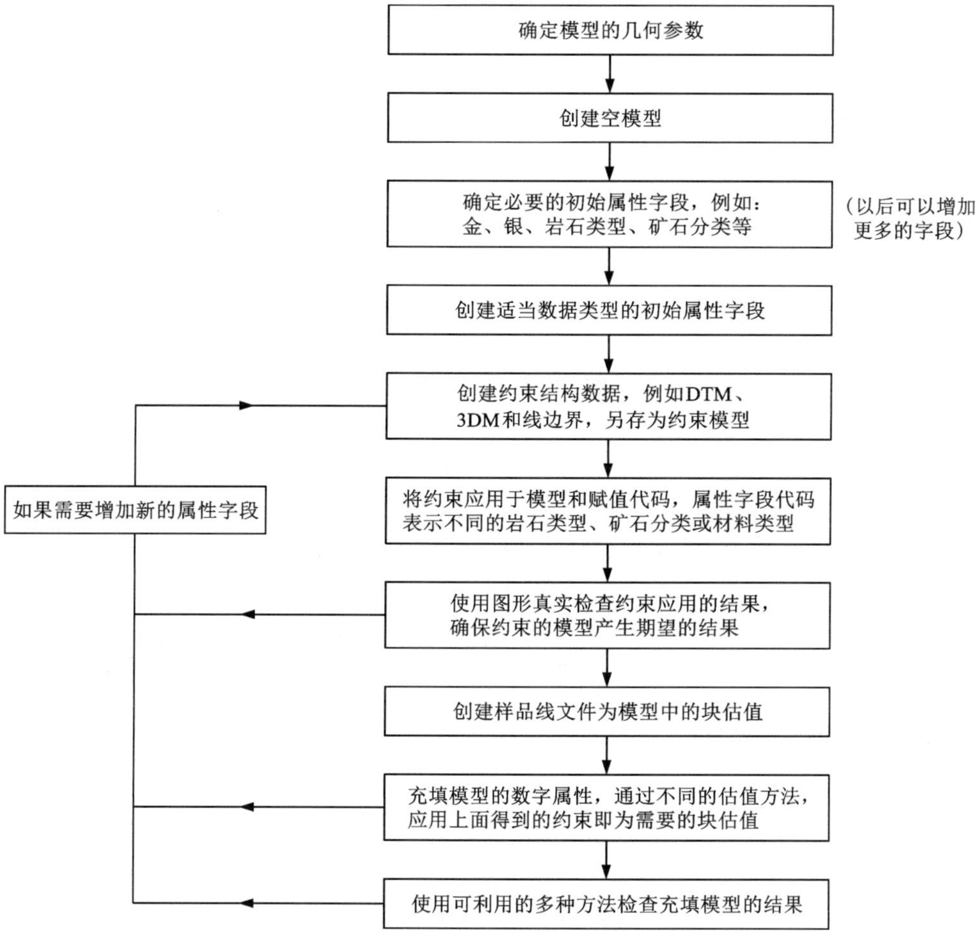

图 2-10　块体模型建立流程

表 2-3　块体模型特征

坐标轴	最小坐标	最大坐标	用户块大小	次级块大小	旋转
Y	2825800	2827860	20	5	0
X	38427100	38428700	20	5	0
Z	80	600	2	0.5	0

表 2-4　块体模型属性字段名称及描述

属性字段	描述
caf2	萤石矿有效成分品位值
相对密度	萤石矿石密度，赋值为 2.7 g/cm^3
平均距离	样品插值的平均距离
最近距离	样品插值最近距离
岩矿类型	岩石类型，分为矿石和废石
样品数量	该块参与估值的样品数
资源类型	资源类别划分

(3)块体模型估值。

块体模型估值实质上是块体模型的属性赋值，按估值方法的不同，分为确定性方法与地质统计学方法，其中确定性方法如全局多项式插值、距离幂次反比加权插值、径向基插值等；地质统计学方法以克里格方法为主，如简单克里格、普通克里格、指示克里格等。

本次估值由于矿体空间基本圈定，矿体内部较为均匀稳定，因此采用距离平方反比加权的方法，利用样品组合形成的离散点文件，对块体模型中属性字段(caf2)品位进行估算。估值过程参数见表 2-5。

表 2-5　块体模型估值参数表

估值次数	搜索距离/m（水平×垂直）	最小样品数	最大样品数	单孔样品数	椭球方位参数/(°)			各向异性参数	
					方位角	倾伏角	倾角	主/次主	主/次
1	80 m×4 m	3	5	3	0	0	0	1	1
2	160 m×8 m	3	10	3	0	0	0	1	1
3	240 m×20 m	1	4	3	0	0	0	1	1

5)资源量对比

Surpac 软件估算结果与核实报告提交的资源量及品位对比详见表 2-6。

表 2-6　Surpac 软件估算结果与核实报告提交的资源量及品位对比表

资源量	类别	萤石矿矿石量	CaF_2 矿物量	CaF_2 平均品位
控制资源量	核实报告	1967.8 万 t	743.30 万 t	37.77%
	模型	1970.6 万 t	759.44 万 t	38.54%
	相对误差	0.14%	2.17%	2.04%

续表2-6

资源量	类别	萤石矿矿石量	CaF_2 矿物量	CaF_2 平均品位
推断资源量	核实报告	235.9 万 t	90.30 万 t	38.28%
	模型	237.9 万 t	84.76 万 t	35.63%
	相对误差	0.85%	-6.14%	-6.92%
合计	核实报告	2203.7 万 t	833.60 万 t	37.83%
	模型	2208.5 万 t	844.20 万 t	38.23%
	相对误差	0.22%	1.27%	1.06%

相比于核实报告提交的浅部萤石矿资源量和平均品位，Surpac 软件估算的萤石矿矿石量增加 0.22%，CaF_2 矿物量增加 1.27%，CaF_2 平均品位增大 1.06%。其中，推断资源 CaF_2 平均品位相对误差为-6.92%，CaF_2 矿物量相对误差为-6.14%，但由于其矿石量仅占总量的 12%，且矿物量和平均品位的相对误差都在±5%以内，因此，就整个浅部萤石矿体而言，该误差是可以接受的。

总的来看，Surpac 模型估算结果在允许误差范围之内，满足资源量估算精度要求。

2.3　基建期地质工作

2.3.1　基建探矿设计

2.3.1.1　基建探矿的目的和任务

1）基建探矿的目的

基建探矿是对那些首期开采地段勘查程度不足的矿床，在其基建阶段对基建开拓范围内矿体进行的探矿工作。其目的是提高基建开拓范围内矿体的控制程度和矿床的地质研究程度，满足矿山建成投产所需资源储量的要求，保证矿山投产后生产能够正常持续地进行。

基建探矿是基建工作的一部分，但又与一般的基建工作有所不同，其实质是矿山基建（中段或台阶）范围内的探矿工作。基建探矿费用属基本建设投资的一部分，由建设单位列入其基建计划。

2）基建探矿的主要任务

基建探矿的主要任务，是在基建范围内解决以下问题：

（1）地质条件极复杂，地质勘查阶段用较密的勘查工程间距仍未探获到探明资源量，而应探获一定数量的探明资源量。

（2）地质勘查虽已探获探明资源量，但数量不足或未分布在首期开采地段，而应补充探获需要的探明资源量。

（3）地质勘查虽然探获了符合要求的探明资源量，但矿山设计方案改变致使其不能为基建采准所利用，应在重新确定的首期开采地段内探获探明资源量。

（4）位于基建开拓范围内主矿体上、下盘的小矿体，地质勘查阶段一般只探求控制与推断资源量，须进行基建探矿使其升至探明资源量。

(5)存在不同矿石类型或矿石品级的矿床，需要进行分采、分选或分级利用时，地质勘查阶段未查明其空间分布，为满足投产需要，基建期间需在基建开拓范围内进一步研究和探明矿石类型和品级。

(6)在地质勘查阶段，对首期开采地段的控制程度遗留某些局部问题的矿床，如矿体端部边界或盲矿体上部边界工程控制不足、氧化带圈定缺乏依据及老窿分布不明等，须进行基建探矿予以查明。

(7)探清首期开采地段的矿床水文地质条件、开采技术条件，必要时还要进一步查明矿石技术加工条件及其他生产需要解决的地质问题，为安全生产作业和矿石的合理开发提供必要的资料。

基建探矿结束，应提交基建探矿报告。

但是，由于矿床地质勘查程度达不到地质勘查规范要求，或经基建工程揭露，矿体规模、形态、产状、资源量发生重大变化，致使基建开拓、采准工程无法施工，而必须补做的地质勘查工作，都属于补充地质勘查范畴，而不是基建探矿的任务。

2.3.1.2 基建探矿设计

1)基建探矿设计的内容和基本要求

基建探矿设计是矿山开采设计的一部分，矿山建设初步设计经审查批准后，再编制基建探矿施工图。

(1)基建探矿设计的主要内容：

①勘查的任务、范围、原则和方法的确定；

②确定勘查工程的位置和数量，编制基建探矿工程布置图；

③进行基建探矿工程单体设计，编制主要基建探矿工程单体结构图；

④计算基建探矿工程量和地质编录、取样、化验工作量；

⑤编制基建探矿工程顺序，必要时编制基建探矿施工进度计划；

⑥提出基建探矿施工过程中的主要技术要求和注意事项；

⑦基建探矿效果预计；

⑧必要时，进行探矿费用预算。

(2)基建探矿设计的基本要求：

基建探矿设计深度必须满足相关行业设计内容和深度的原则规定，其基本要求：

①在确定基建探矿任务和范围时，对基建探矿的必要性进行论证，明确目的和任务，以保证基建探矿达到预期效果；

②基建探矿手段和工程间距的确定，应根据矿床地质特征和探矿目的，与采矿工程布置紧密配合；

③基建探矿设计应保证基建探矿工程先于基建采准工程施工，并为其提供可靠的地质资料；

④为确定合理的基建探矿方案，必要时应选择两个及以上的方案进行比较，择优选定。

2)基建探矿范围

基建探矿仅限于矿山基建开拓范围内，按照矿床不同开采方式进行。

(1)露天开采矿山的基建探矿范围，应以探获基建储备矿量所要求的矿石量为准。但为提高钻探设备效率，并考虑与生产探矿的接替，其探矿深度可适当加大，一般为3~4个露天开采台阶高度的深度。为保证设计所确定的最终露天境界的可靠性，防止不必要的二次扩帮，需要加密工程对处于最终露天境界深部矿体的形态、产状和空间位置予以进一步的查明和控制，为追索矿体延深情况、查明构造破坏程度或进一步确定露天边坡的稳定性，有时在露天开采范围外，也应适当布置基建探矿工程。

(2) 地下开采矿山的基建探矿范围，应满足基建储备矿量所要求的矿石量，探矿深度一般为 1~2 个地下开采阶段，以基建采准矿块数计算。考虑基建探矿效果不均衡性，应升类的矿块数，一般为采准需要的矿块数的 1.3~1.5 倍。组分变化大时，勘查的矿块数量还应满足配矿的要求。如采用拜耳法生产氧化铝的堆积型铝土矿床时，为满足配矿需要，应升类的矿块数一般为采准需要矿块数的 2~3 倍。基建探矿工程布置范围，还应考虑基建开拓范围内应查明的其他地质问题和生产探矿接替的需要。

3) 基建探矿手段和工程间距

(1) 基建探矿手段的确定。

基建探矿手段的确定，取决于矿体产出特征和埋藏条件、矿床开采方式和应获得的探矿效果，并应考虑采矿工程布置方式和原地质勘查采用的手段。

①露天开采基建探矿手段。

露天开采矿山的基建探矿，根据矿体出露情况和埋藏条件，一般采用槽、井探和钻探手段。

槽、井探主要用于矿体强度低、厚度不大、产状平缓，矿体出露地表或埋藏浅的矿床，如铝土矿、风化壳型矿床及某些砂矿床等。堆积型铝土矿床主要采用井探手段。

钻探是露天开采矿山主要探矿手段，适于矿体厚度较大、产状平缓和倾斜、埋藏深度较大的矿床，一般多为钻进深度小于 100 m 的浅钻。

②地下开采基建探矿手段。

地下开采矿山的基建探矿手段主要为坑探和钻探，一般采用坑探与坑内钻探或地表钻探相结合的形式，当坑探工程不能为未来采矿所利用时，尽量以钻探代替坑探。

地表钻探在地下开采矿山的基建探矿中，多用于探明矿体支、叉、边、角或矿体延伸部位，当坑探或其他手段不易取得良好效果时，也以地表钻探作为一种辅助手段，与坑探配合使用。

坑探是地下开采矿山的重要基建探矿手段，因其直观、探矿效果好，并可与采矿坑道布置结合或为采矿所利用，而得到广泛的使用。但由于投资大、成本高，其应与坑内钻探配合使用。

坑内钻探也是地下开采矿山常用的基建探矿手段，这种钻探手段机动灵活、效率高、成本低、适应性强，当其与坑探结合或代替坑探时，可节省坑探工程量。

(2) 基建探矿工程间距的确定。

基建探矿的工程间距应根据矿床勘查类型、地质勘查阶段采用的工程间距及控制效果，结合基建采场的规格具体确定。通常情况下，基建探矿所要求的探明资源量工程间距，应加密到地质勘查控制资源量工程间距的 1~3 倍；也可参照类似生产矿山的探矿工程间距。

4) 基建探矿工程布置方法

(1) 等距加密法。

等距加密法是在基建探矿范围内，按照基建探矿的工程间距要求，将基建探矿工程规则地布置在原勘查或原探矿工程之间的中点上，使所有的勘查工程在平面上(平缓矿体)或垂直纵投影图上(倾斜矿体)呈规则状，如方格网、菱形网或长方形网等，达到基建探矿提高地质资源储量可靠程度的要求。其布置见图 2-11。

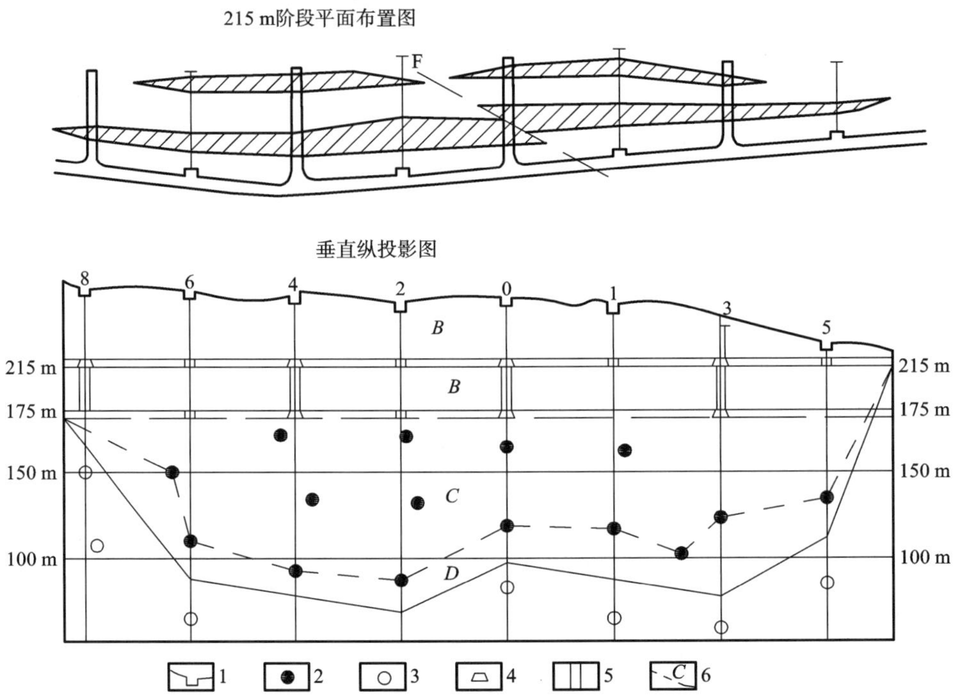

1—地质勘查探槽；2—地质勘查钻孔；3—基建探矿钻孔；4—基建探矿穿脉；5—基建探矿上山；6—资源量级别及界线。

图 2-11　急倾斜矿体基建探矿工程布置图

(2) 不等距加密法。

不等距加密法是在基建范围内追索和控制矿体的边界或尖灭部分，控制破坏矿体的构造，或用坑内钻探代替天井工程等。工程布置方式、间距或具体位置，须视应达到的地质要求而定。不等距加密基建探矿工程剖面布置见图 2-12。

5) 基建探矿设计图件编制

基建探矿设计文件应编制的图件有基建探矿工程平面布置图、基建探矿工程剖面布置图和基建探矿工程单体设计图。

(1) 基建探矿工程平面布置图。

露天和地下开采矿山的基建探矿工程平面布置图，应分别在矿区地形地质图和开采阶段平面图上编制，主要内容包括：①地形等高线或地形线及地理坐标线；②地质界线；③矿体及编号；④原地质勘查的勘查线、探矿工程及编号，新布设的勘查线及编号；⑤采矿开拓工程(包括露天基建范围)的位置及编号(或露天台阶标高)；⑥基建探矿工程(包括利用原地质探矿工程)位置及编号；⑦基建探矿施工参数表(包括每个探矿工程的工程量等)。

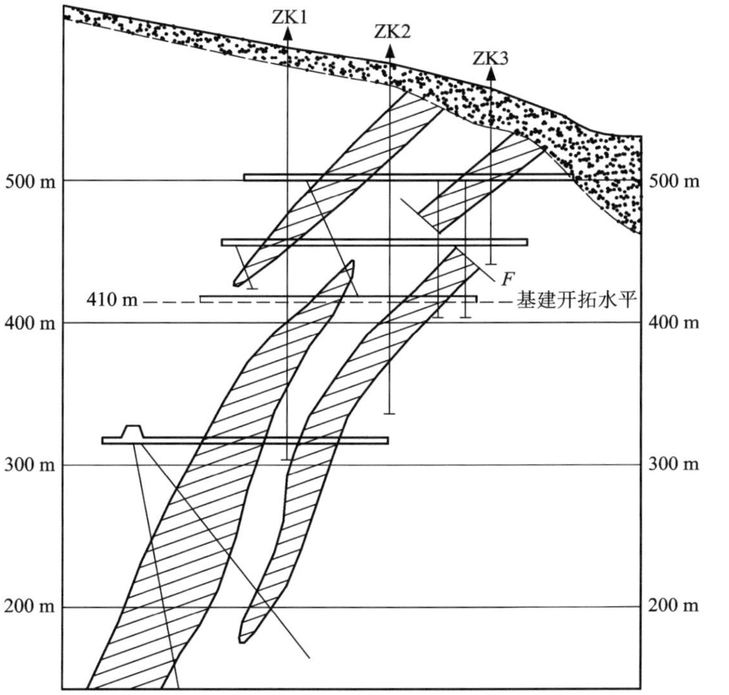

图 2-12　不等距加密基建探矿工程剖面布置图

(2)基建探矿工程剖面布置图。

原则上在有新探矿工程分布的剖面位置，都应编制基建探矿工程剖面布置图。如基建探矿工程布置在原地质勘查线上，可利用原地质勘查剖面图编制，否则，应在新编制的辅助剖面上进行。其图面内容主要包括：①剖面编号；②剖面所切地形线及剖面方位；③地质界线；④矿体位置及编号；⑤基建开拓范围(界线或标高)；⑥开拓、采准工程位置、名称及编号；⑦基建探矿工程位置、编号、坐标；⑧探矿工程的方位、长度(深度)、坡度等。

(3)基建探矿工程单体设计图。

基建探矿工程单体设计一般由承担基建探矿的施工单位编制。根据设计所选定的基建探矿工程种类，各探矿工程所在位置及应达到的探矿要求，并考虑探矿工作特点及其与采矿工程相结合等因素，具体确定每个探矿工程的技术参数和技术要求等，绘制各类型主要探矿工程的单体结构图，满足基建探矿施工的需要。

①槽探工程。槽探工程必须切穿矿体至顶板和底板，其单体设计，应确定起始点和端点坐标、掘进方位、规格和长度。探槽的断面一般为倒梯形，最大深度不超过 3 m，底宽为 0.6 m，两壁倾角按土质选取——致密土层 70°~80°、松软土层 60°~70°、松散土层≤55°，并需预计见矿位置。槽探工程单体结构图可参考图 2-13 槽探素描图进行编制。

②浅井工程。浅井工程单体设计，应确定浅井中心线坐标、断面形式、规格、深度、预计的地质分界线及见矿位置等。浅井断面规格视浅井深度、提升设备及涌水量大小而定。根据国家相关规范，探矿浅井断面规格可参照表 2-7 选取，浅井工程单体结构图可参考图 2-14 浅井素描图进行编制。

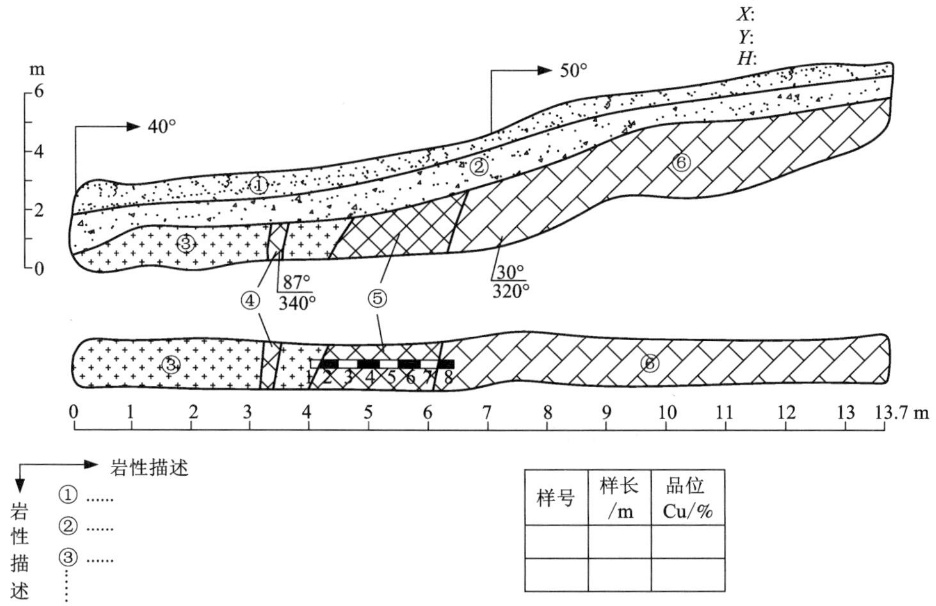

①—表土；②—砂砾土；③—火成岩；④—岩脉；⑤—矿体；⑥—石灰岩。

图 2-13 槽探素描图

表 2-7 探矿浅井断面规格表

井深/m	净断面(直径或长×宽)	备注
0~5	直径 0.8~1.0 m	人工或手摇绞车提升，不需排水设备
0~10	1.2 m×0.8 m=0.96 m^2	手摇绞车提升，不需排水设备
	1.3 m×1.1 m=1.43 m^2	砂矿浅井，吊桶或水泵排水
	1.7 m×1.3 m=2.21 m^2	涌水量大，水泵排水
0~20	1.2 m×1.0 m=1.20 m^2	手摇绞车或机械提升，吊桶提水

③地表钻探工程设计。地表钻探单体设计，应确定开孔坐标、钻进方位、倾角、深度等，说明其质量要求，必要时，需绘制钻孔见矿预测柱状图，其编制格式参见图 2-15。

钻探工程单体设计完成后，应编制基建探矿工程一览表，其内容包括探矿工程编号、坐标、工程量、钻孔开孔直径、钻孔终孔直径、钻进方位、倾角、孔深等。

④地下开采基建探矿工程单体设计。

第一，坑探工程单体设计。

基建探矿穿脉、沿脉、天井等工程，如系为未来采矿工程所利用的，应按照采矿要求进行坑探工程设计。如纯属探矿工程，其巷道规格以达到探矿目的为限。

水平探矿巷道应根据围岩稳固性，确定断面规格(表 2-8)及支护范围，确定巷道方位、交叉点坐标。穿脉工程应揭穿矿体至顶底板，必要时应编制穿脉巷道预测图。

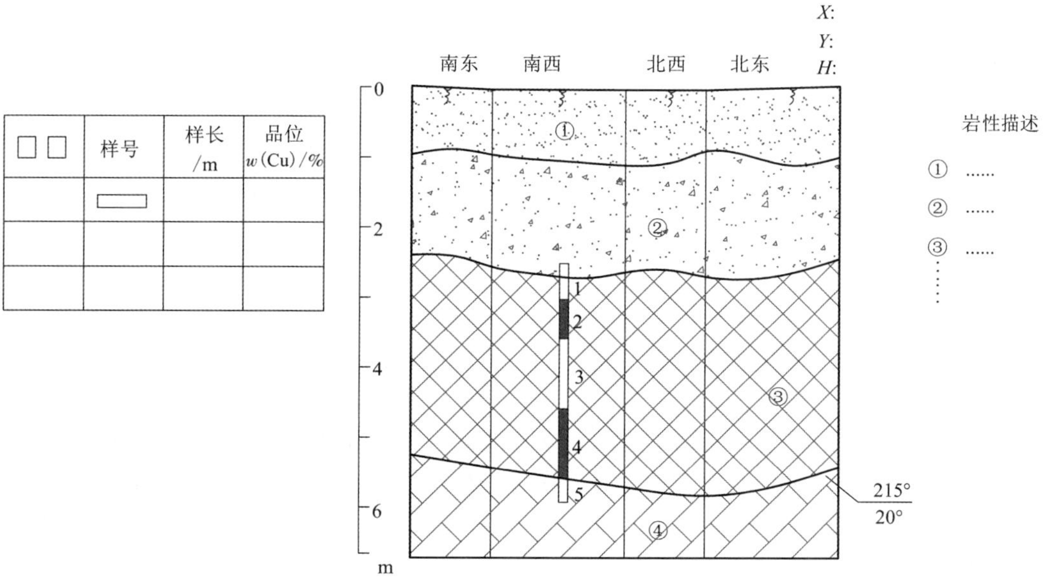

①—表土；②—砂砾土；③—矿体；④—大理岩。

图 2-14　浅井素描图

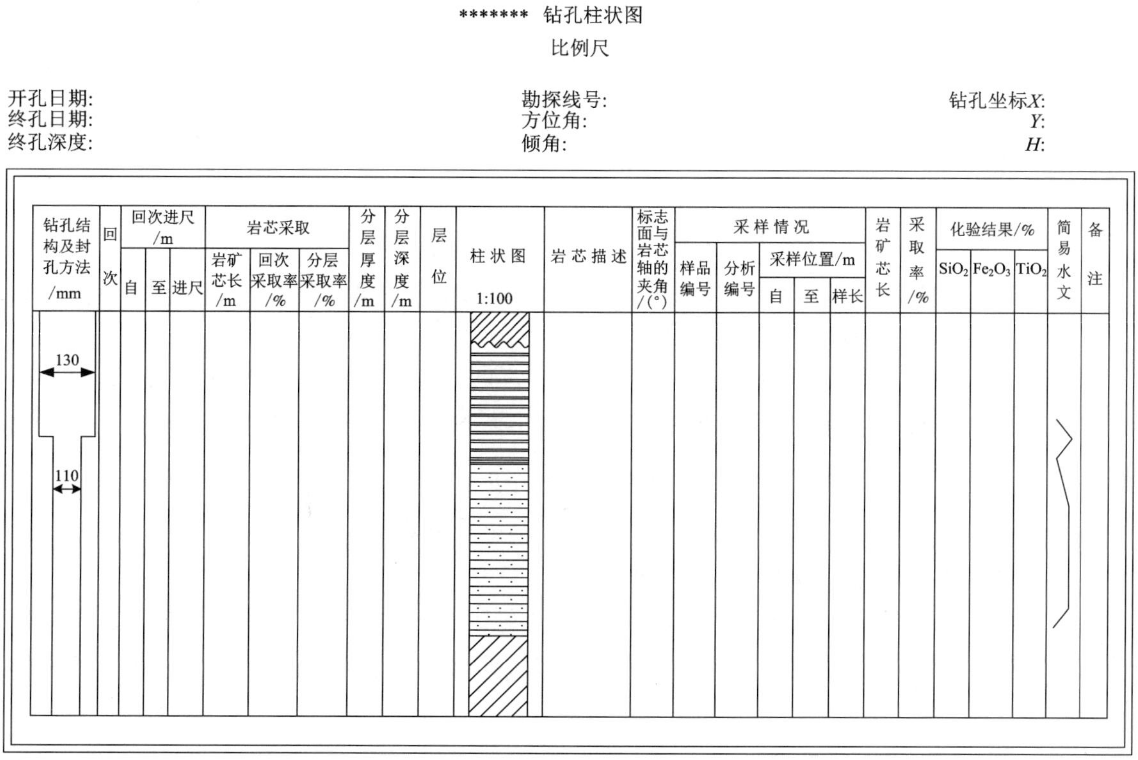

图 2-15　钻孔见矿预测柱状图

表 2-8 水平探矿巷道断面规格表

坑道长度/m	净断面(高×宽)	使用条件
0~50	1.8 m×1.2 m=2.16 m^2	手掘沿脉或穿脉、单轨矿车运输
0~100	1.8 m×1.5 m=2.70 m^2	机掘沿脉或穿脉、单轨矿车运输
0~500	2.0 m×1.8 m=3.60 m^2	机掘沿脉，矿车、电瓶车运输
0~1000	2.2 m×2.3 m=5.06 m^2	机掘沿脉，电机车运输

垂直探矿工程如天井、盲竖井等，应充分考虑为采矿利用。能为采矿利用时，其单体工程设计满足采矿要求，不能为采矿利用时，一般均应以坑内钻探代替。

第二，坑内钻探工程单体设计。

坑内钻探工程单体设计，应确定钻探硐室(钻窝)规格，钻探硐室规格依据所选定的钻机型号而确定，同时应确定钻孔坐标、方位、倾角、深度等，必要时应绘制钻孔预测柱状图。

6)基建探矿工程量计算

(1)探矿工程量。

基建探矿工程量是指在基建开拓范围内，为提高资源储量地质可靠程度和查明有关地质问题的各类探矿工程的总钻进进尺和坑道挖掘工作的总量。

基建探矿工程布置和单体设计完成后，应在分类计算和统计的基础上，汇总基建探矿工程量，其中坑探工程量不应包括可用作采准和开拓的井巷工程，如采矿进路、天井、溜井、副穿、脉外运输平巷、石门及竖井、斜井等。基建探矿的地质编录工作量，应按各项探矿工程的总掘进或钻进进尺(长度)统计。

(2)取样与化验工作量。

各类探矿工程的取样工作量，应按探矿工程在矿体中钻(掘)进进尺(长度)计算。其计算公式如下：

$$取样工作量=\frac{矿体中的工程进尺数(m)}{单样长度(m)}$$

对于穿过矿体的钻孔、穿脉，取样一般要超出矿体边界 1~2 个样品。考虑到矿体顶、底板取样及矿体变化，应乘以不均匀系数(1.1~1.3)。

化验工作量应根据各类探矿工程的取样数量和咨询、设计确定的化验项目个数进行计算。一般做法是逐项统计各类化验项目的工作量，然后汇总求得总的化验工作量，其计算公式如下：

$$M=\sum_{i=1}^{n}\sum_{j=1}^{m} r_i p_j \tag{2-8}$$

式中：M 为总化验工作量；r_i 为化验项目数；p_j 为分类样品数。

7)预计基建探矿提高地质可靠程度的效果

基建探矿施工图编制完成后，应按照基建探矿施工图阶段的探矿工程加密情况及其对矿体可能的揭露和控制情况，预计可能获得的资源量，必要时应编制基建探矿的资源量估算预计图。

2.3.2 基建探矿设计实例

某大型地下开采矿山，由主井、副井、通风井、措施井等 8 条竖井及相应的中段平巷构成了全矿完整的开拓系统。根据矿体复杂程度和首期开采地段勘查程度不足等问题，在初步设计时，已确定进行基建探矿，并编制了基建探矿设计。现拟在施工图设计阶段开展基建探矿施工图设计。

1）初步设计所确定的基建探矿原则

（1）基建探矿定于基建开拓的 1150 m 中段进行，其主要任务是进一步控制矿体边界和矿石品级（贫、富矿）的变化，探获探明资源储量，达到生产前期 5 年的矿量储备要求。

（2）该中段的开拓工程主要有东副井、西副井、措施井及一条直达矿体东端的石门，其他采矿工程须待基建探矿之后再进行具体施工。

（3）基建探矿的手段采用探矿沿脉、穿脉和坑内钻探，穿脉间距 200 m，其间用坑内钻加密至 50 m，穿脉和坑内钻严格按勘查线方向平行、等距布置。

（4）探矿巷道断面规格，根据采矿工作需要和施工单位现有设备情况，并按不同用途分别考虑。

（5）探矿工程中要求全部进行地质编录。

（6）地质取样要求：穿脉工程在一壁连续刻槽，分别至矿体和矿化围岩（超基性岩）顶底板以外 1~2 m，样槽规格 10 cm×5 cm，单样长 1 m；每隔 5 m 在矿化变化大的脉内沿脉巷道顶底布置一条刻槽线，样槽规格同上；坑内钻探用劈芯法取矿芯样，单样长为 1 m。

（7）基本分析项目为 Ni、Cu、S，组合分析（以每 10 个基本分析副样为 1 组合样）项目为铂族金属及钴等；内、外检样品数分别按总样数的 10%、5%计算。

2）基建探矿施工图设计

（1）基建探矿工程平面和剖面图编制。

根据初步设计确定的基建探矿原则和要求，在 1150 m 中段平面图（1∶2000）上和勘查线剖面图（1∶2000）上确定探矿工程的位置，见图 2-16。

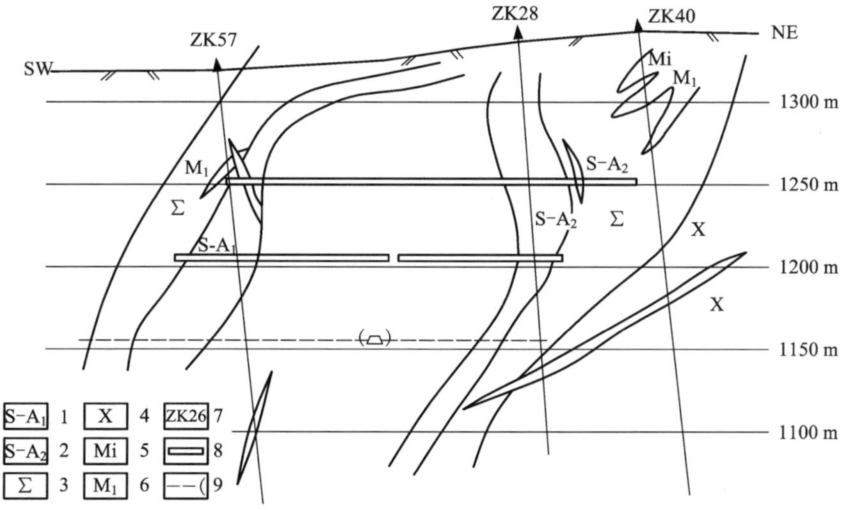

1—富矿；2—贫矿；3—超基性岩；4—闪长煌斑岩；5—大理岩；
6—混合岩；7—地质钻孔；8—基建探矿穿脉、沿脉；9—基建探矿水平钻孔。

图 2-16　基建探矿工程剖面布置图

(2)探矿工程坐标计算。

计算各探矿工程的交岔点和拐点的坐标，并表示在基建探矿工程平面布置图上。

(3)水平探矿巷道断面形状及规格确定。

探矿巷道的坡度定为3‰，巷道长度从探矿工程平面布置图上量得。

①探矿沿脉巷道断面规格为：贫矿($S-A_2$)沿脉探矿石门断面(3.2 m×2.85 m)；富矿($S-A_1$)沿脉断面(2.6 m×2.55 m)。

②探矿穿脉巷道断面规格为：贫矿($S-A_2$)探矿穿脉断面(2.6 m×2.55 m)；富矿($S-A_1$)探矿穿脉断面(2.6 m×2.55 m)。

(4)坑内钻硐室规格确定。

坑内钻机选用液压100型和300型钻机，前者用于钻进深度小于100 m，后者用于钻进深度大于100 m的硐室，钻孔直径为ϕ46 mm。钻机硐室采用富矿中探矿沿脉巷道断面规格，即2.6 m×2.55 m，硐室长度为5 m。

(5)基建探矿工程量统计。

基建探矿工程量统计见表2-9。

表2-9 基建探矿工程量统计表

序号	勘查线剖面号	工程名称	巷道断面面积/m²		长度/m	开凿量/m³
			净断面	掘进断面		
一	坑内钻探					
1	I_7-28	坑内钻探			4322	
2	同上	钻机硐室(富矿)	5.95	5.95	175	1041.25
3	同上	钻机硐室(贫矿)	5.95	8.11	50	413.00
二	探矿沿脉					
1	6-22	沿脉(富矿)	5.95	5.95	805	4789.75
2	22-28	沿脉(贫矿)	5.95	8.11	360	2972.50
3	I_7-6	脉外沿脉(围岩)	8.02	8.79	677	6052.00
		小计			1842	13814.25
三	探矿穿脉					
1	6	探矿穿脉(围岩)	8.02	8.79	50	447.00
2	6	探矿穿脉(贫矿、围岩)	7.73	9.18	148	1358.64
		小计			198	1805.64
3	10	探矿穿脉(富矿)	8.02	8.02	95	776.15
4	10	探矿穿脉(贫矿)	7.73	9.18	183	1784.25
		小计			278	2560.40
5	14	探矿穿脉(富矿)	8.02	8.02	170	1388.90
6	14	探矿穿脉(贫矿)	7.73	9.18	108	1053.00
		小计			278	2441.90
7	18	探矿穿脉(富矿)	8.02	8.02	120	980.40

续表2-9

序号	勘查线剖面号	工程名称	巷道断面面积/m^2		长度/m	开凿量/m^3
			净断面	掘进断面		
8	18	探矿穿脉(贫矿)	7.73	9.18	104	954.72
		小计			224	1935.12
9	22	探矿穿脉(富矿)	5.95	5.95	95	565.25
	22	探矿穿脉(贫矿)	5.95	8.11	125	1032.50
		小计			220	1597.75
四	交岔点巷道					
1	6	6 行交岔点				250.17
2	28	副井石门交岔点				382.31
		小计				632.48
	合计	坑内钻探			4322	
		钻机硐室			225	1454.25
		探矿沿脉			1842	13814.25
		探矿穿脉			1198	10340.81
		交岔点巷道				632.48
	总计	钻探			4322	
		巷道			3265	26241.79

(6)1150 m 中段资源量预测。

根据 1150 m 中段矿体情况，估算了 1150 m 中段资源量，可以满足开拓矿量 5 年的要求。

(7)探矿工程取样和化验工作量计算。

①探矿工程取样工作量：

A. 钻探岩芯取样，取样长度为 1 m，共计 4300 个样品。

B. 探矿穿脉取样为连续刻槽，刻槽规格为 10 cm×5 cm，取样长度 1 m，共计 1000 个样品。

C. 沿脉一般不取样，当矿体有显著变化时，每隔 5 m 采用刻槽法取样，取样长度为 1 m。

D. 取样数量计算：钻探为 4300 件，穿脉为 1000 件，机动工作量按 20%计为 1000 件，合计为 6300 件。

②样品化验项目及数量：

A. 基本分析样为 6300 件，分析项目为 Ni、Cu、S。

B. 组合分析样为基本分析样总量的 10%，共 630 件，分析项目为：Ni、Cu、Co、Pt、Rh、Pd、In、Ru、Os、Au、Ag、Se、Te。

C. 全分析样品为富矿($S-A_1$)2 件、贫矿($S-A_2$)2 件。

D. 内部检查分析样为基本分析样总量的 10%，共 630 件。

E. 外部检查分析样为基本分析样总量的 5%，共 320 件。

(8)基建探矿施工图说明书：

根据各项施工图设计工作和施工中应注意的事项，写成简要说明书。

①设计依据：

A. 批准的初步设计。按批准的初步设计所确定的基建探矿原则和方案进行基建探矿施工图设计，并考虑客户的要求。

B. 采矿专业提出的基建施工图相关图件。

露天开采矿山：地形地质图(现状)、开采前3年的终了境界图、采矿炮眼布置图及一次爆破量或范围资料等。

坑内开采矿山：地形地质图(现状)、开采中段基建开拓工程平面布置图及巷道系统基点坐标、采准矿块分布图及采场结构图等。

C. 有关规程规范等。

②基建(生产)勘探范围。

③设计原则：

A. 工程布置原则、勘查手段、网度。

B. 采样、加工。

C. 化验分析。

④基建(生产)勘探工程量。

⑤技术要求。

⑥预期效果。

⑦施工进度。

2.3.3 基建探矿工程管理

1)施工与设计的关系

探矿施工应在设计完成并经审批后组织进行，凡未经设计及未按规定审批权限审批同意的设计(包括补充设计)，不得组织施工。已审批同意执行的设计不得随意修改。

2)施工前的准备

勘查施工前，设计人员应向负责施工管理的地测人员进行设计任务和方案交底。地测人员须实地了解施工地段地质构造、矿体和影响施工的各种地质问题。设计人员还须向组织施工的工程技术单位交代设计规定任务，规定的施工工程种类、数量、方向、技术规格与要求，施工应达到的目的和期限。为保证施工按设计要求实施，施工前应编制勘查实施方案，并通过审查。

3)施工中的管理

各类工程在测量人员定点后即进入施工阶段。工程施工中，施工技术管理相关地质人员应不断观察、了解和检查工程施工情况，及时测量、编录和取样，不断收集整理所取得的各类地质技术资料，分析研究和总结有关规律，指导工程顺利施工。施工中如遇到现场难以解决的问题，应及时提出和研究解决。遇到地质、技术条件有较大变化而必须修改设计时，应及时研究并提出修改意见，按规定权限报请上级审批后予以修改。

4)施工后的验收

探矿工程施工中，每月或定期对所完成工程或工作进行验收。每项工程结束或达到目的后，对单体工程进行验收。

单体工程验收的主要内容是检查工程的质量、数量是否按设计规定要求完成。探矿工作全面验收的主要内容是检查各项工程的种类、质量、数量及所有技术指标，判断施工是否按设计全面完成，是否达到规定目的要求。

2.3.4　基建探矿野外验收

全部设计工程施工结束或达到目的后，承担勘查单位提出项目野外验收申请。

(1) 申请野外验收必须具备的条件。

①已完成设计规定的野外工作。

②原始资料齐全、准确。

③原始资料(含实物资料)已经整理，并进行了质量检查和编目造册。

④进行了必要的综合整理，编写了项目工作总结。

(2) 野外验收须提供的资料：

①全部野外实际资料：野外原始图件；野外记录本、原始野外记录卡片、原始数据记录、相册、表格等；野外各类原始编录资料及相应的图件；样品鉴定、分析、测试送样单和分析测试结果；各类典型实物标本；过渡性综合解释成果资料和综合整理、综合研究成果资料；其他相关资料。

②质量检查记录，包括年度原始资料检查记录小结。

③工作总结，包括任务完成情况总结(含工作量)、地质成果总结、质量总结、存在的问题及改进意见。

(3) 野外验收的主要内容：

①原始资料是否齐全、准确。

②是否完成了规定的目标、任务。

③是否完成了批准的工作量。

④项目工作部署、工程布置是否合理，工作质量是否符合规范和规定的要求。

⑤地质资料综合整理、综合研究是否符合有关要求。

⑥质量体系运行情况是否正常。

⑦工作总结是否系统、全面。

⑧野外实地抽查是否合格。

⑨野外验收应对项目野外工作情况评分并划分等级。评分实行百分制，根据总分多少划分：优秀≥90 分；75 分≤良好<90 分；60 分≤合格<75 分；不合格<60 分。

⑩野外工作等级评定后，验收组形成野外验收意见，组织验收单位应对野外验收意见进行审核、签署意见。

(4) 被验收单位收到野外验收意见书和组织验收单位意见后，应按意见的要求完善各项工作；需补充野外工作的，还应及时补充和完善野外工作；并向组织验收单位提交补充工作总结，组织验收单位审核认可后，方可转入最终成果报告的编写。

2.4 生产期地质工作

2.4.1 生产探矿

2.4.1.1 生产探矿的目的和任务

生产探矿是在矿山生产过程中运用地质科学和技术来分析、研究、探测矿床。其目的是为矿山生产提供可靠的地质资料，保证矿产资源经济、合理、安全开发。其主要任务是运用各种地质理论，选择相应的技术手段和工作方法，查明地层、地质构造、矿体及开采技术条件等因素，划分各种不同类型的资源储量。其目的为：①获取较详细、较可靠的地质资料，提高资源量级别，为矿山的开采设计、编制采掘进度计划、指导施工和生产提供地质依据。②使矿量不断升级并扩大，保证三级矿量(开拓、采准和备采)的平衡。③为合理开发地下资源、加强矿产综合利用和减少矿石损失贫化提供依据。

2.4.1.2 生产探矿的技术手段

1)影响生产探矿技术手段选择的因素

原则上所有揭露矿体的工程都可用于生产探矿，但必须依据矿床具体地质条件、矿山生产技术条件及经济因素等合理选择。

(1)矿床地质构造、水文地质条件比较简单，矿床规模大、矿化较均匀、产状比较稳定、矿体形态及内部结构比较简单时，一般适合采用钻探，反之则适合采用坑探。

(2)矿山采矿方式、采矿方法、采掘(剥)生产技术条件及生产要求对生产探矿工程的选择有重要影响：

①砂矿及风化矿床露天采矿时，多采用浅井、浅钻或两者结合。

②原生矿床露天采矿时，以地表岩芯钻、平台探槽为主，有时也利用露天炮孔。

③地下开采时，以坑探及坑内钻探为主。生产巷道密度较大并同时切穿矿体，且对矿体产状、形态变化影响不大时允许使用优先施工的采矿方法，坑探对探矿的作用明显。否则，除在巷道创造施工条件外，仍须使用坑内钻探作为补充手段。随着采矿设备大型化、自动化和无轨运输等的不断发展，开采中段高度增加，坑内钻探作为地下开采时首选探矿手段的趋势不断增加。

2)生产探矿主要采用的技术手段

在露天开采矿山的生产探矿中，探槽、浅井、穿孔机和地表岩芯钻等是常用的技术手段。地下开采矿山的生产探矿手段主要是坑道和坑内钻，可能的情况下，有时也利用各种凿岩机辅助探矿。

(1)露天开采矿山的生产探矿技术手段。

①探槽。探槽主要用于露天开采平台上揭露矿体，进行生产取样和准确圈定矿体。对地质条件简单，矿体形态、产状及有用组分含量稳定又不需要进行选别开采的矿山，用探槽探矿尤为有利。探槽规格一般为 1 m(宽) × 0.5 m(深)，分主干槽与辅助槽(图 2-17)，通常垂直于矿体或矿化带布置。大而简单的矿体按平台相间布置，复杂矿体则每个平台都要布置。

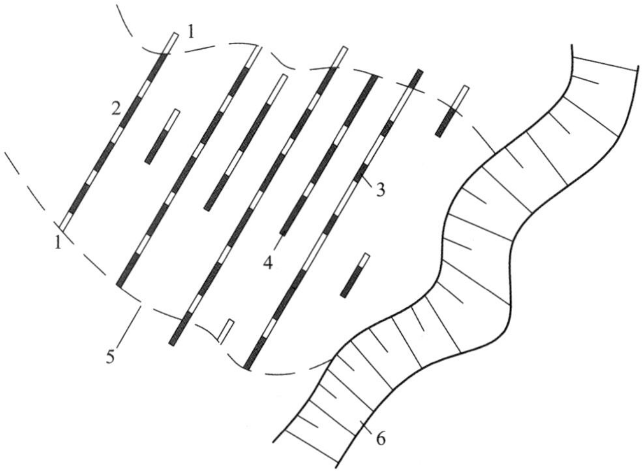

1—围岩；2—矿体；3—主干槽；4—辅助槽；5—矿体边界；6—露天开采边坡。

图 2-17　露天开采平台探槽布置图

②浅井。浅井是断面为方形或圆形的地表垂直坑道，一般用于勘查风化壳或浮土掩盖不深的层状、似层状矿体或砂矿床或堆积型铝土矿。有时浅井下部连接穿脉坑道，可用来揭穿矿体，确定厚度方向矿体变化情况(图 2-18、图 2-19)。

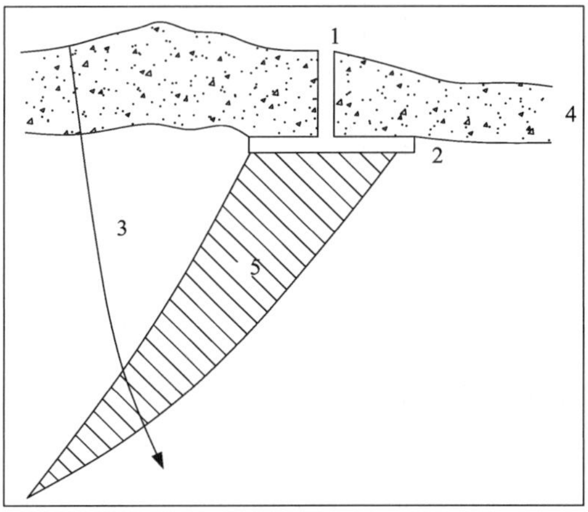

1—浅井；2—穿脉；3—钻孔；4—浮土；5—矿体。

图 2-18　浅井揭露浮土掩盖的矿体

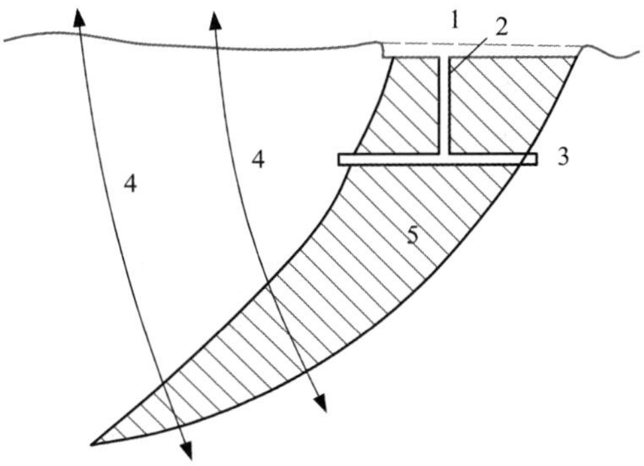

1—探槽；2—浅井；3—穿脉；4—钻孔；5—矿体。

图 2-19　浅井揭露矿体浅部

小圆井作为一种特殊的浅井，断面为圆形，用于浮土稳定、不需支护的地段，断面一般小于浅井，深度小于 20 m(表 2-10)。

表 2-10 常用浅井断面规格

要求	深度/m	断面规格/m×m
不需支护	<10	0.8×1.25
需要支护	<10	1.0×1.5
需要支护	10~20	1.0×1.5~1.1×1.8
需要支护	20~30	1.1×1.8~1.5×2.0

注：小圆井深度一般为 15~20 m，断面直径一般为 0.8~0.9 m

③地表岩芯钻。地表岩芯钻是露天采场生产探矿的主要技术手段。原生矿床露天采场通常是多平台同时作业，为避免影响采剥生产，多选用机动性强的浅及中深进尺钻探设备，孔深一般为 50~200 m，只有在为远景探矿服务时才采用>500 m 的深型钻机。缓倾斜顺山坡产出的层状、似层状矿床，一次打穿矿体；厚大特别是陡倾斜矿床，一般采用接力勘查方法，每孔只要求打穿 2~3 个台阶（<100 m），但上、下层钻孔间应有一个 20~30 m 的重复部位（图 2-20）。接力分段不宜过多，一般 2~3 段，最多 4~5 段。

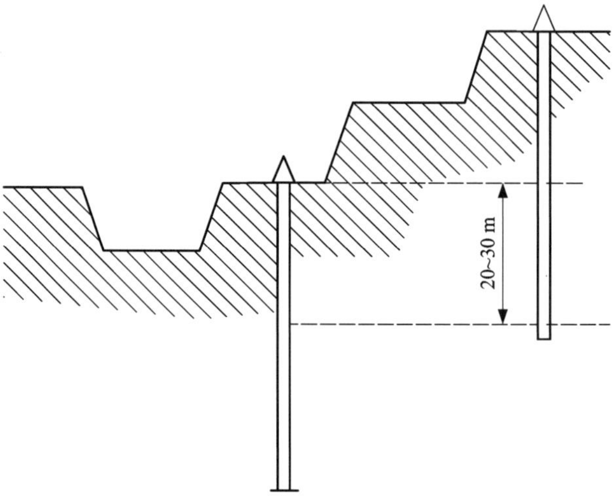

图 2-20 露天采场接力钻孔布置剖面示意图

④潜孔钻或穿孔机。当矿体平缓时，采用潜孔钻或穿孔机代替岩芯钻机，通过收集岩（矿）粉取样，控制原矿品位。孔径 130~335 mm，孔深 15~30 m。露天炮孔是一种探采结合工程，工效较岩芯钻高，成本更低，但须注意取样质量。砂矿生产探矿一般采用浅孔钻，孔深一般小于 30 m。

（2）地下开采矿山的生产探矿技术手段。

①坑内钻探。坑内钻探是地下开采矿山广泛采用的生产探矿手段，作用广泛，机动性好，设备轻便，能布置成束形、扇形，各种角度均能钻进，节省搬迁时间（图 2-21）。

利用凿岩设备钻探采取岩泥、岩粉是坑内钻探的另一种形式，其孔径为 45~100 mm，孔深 15~50 m。凿岩设备工效高于岩芯钻，成本更低，但须注意取样质量。

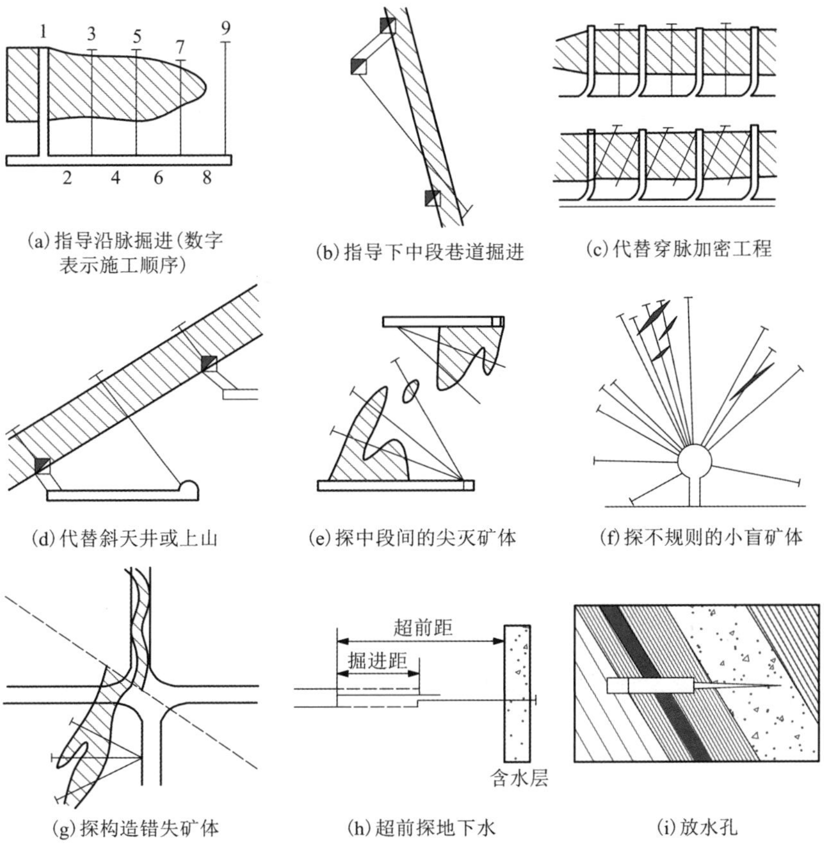
1
3
5
7
9
2
4
6
8
(a) 指导沿脉掘进(数字表示施工顺序)
(b) 指导下中段巷道掘进
(c) 代替穿脉加密工程
(d) 代替斜天井或上山
(e) 探中段间的尖灭矿体
(f) 探不规则的小盲矿体
超前距
掘进距
含水层
(g) 探构造错失矿体
(h) 超前探地下水
(i) 放水孔

(a)(c)(f)(h)为平面图，其余为立体图。

图 2-21　坑内钻探综合示意图

②坑道。坑道也是地下开采矿山广泛采用的生产探矿技术手段，原则上各类坑道均可用于生产探矿，但是必须根据矿体地质条件合理选择坑道类型和布置方式(图 2-22)。

③坑钻组合探矿。地下开采时，坑道与坑内钻探都是主要的生产探矿技术手段，坑道可以为生产利用，便于探采结合，取得的资料可靠程度较高；钻探则工效较高，使用机动灵活，施工条件较好。坑钻组合探矿主要作用是以钻代坑或用钻探指导坑道掘进。以钻代坑是指用钻探取代某些不必要的采矿生产工艺或矿体未详细探明无法施工的坑道；指导坑道掘进是指可使坑道工程置于更可靠、更安全的基础上而提前施工的钻孔。坑钻组合探矿有助于缩短勘查周期、降低成本。

坑钻组合探矿有以坑为主和以钻为主两种形式，前者多用于中段平面，后者多用于中段之间。

实行以钻代坑时，钻探的可靠性需用坑道检验，检验地段应有代表性，对比所用原始资料必须可靠。检验方式有两种：单工程式，多用于钻孔零星布置(图 2-23)；多工程式，多用于钻孔系统布置(图 2-24)。

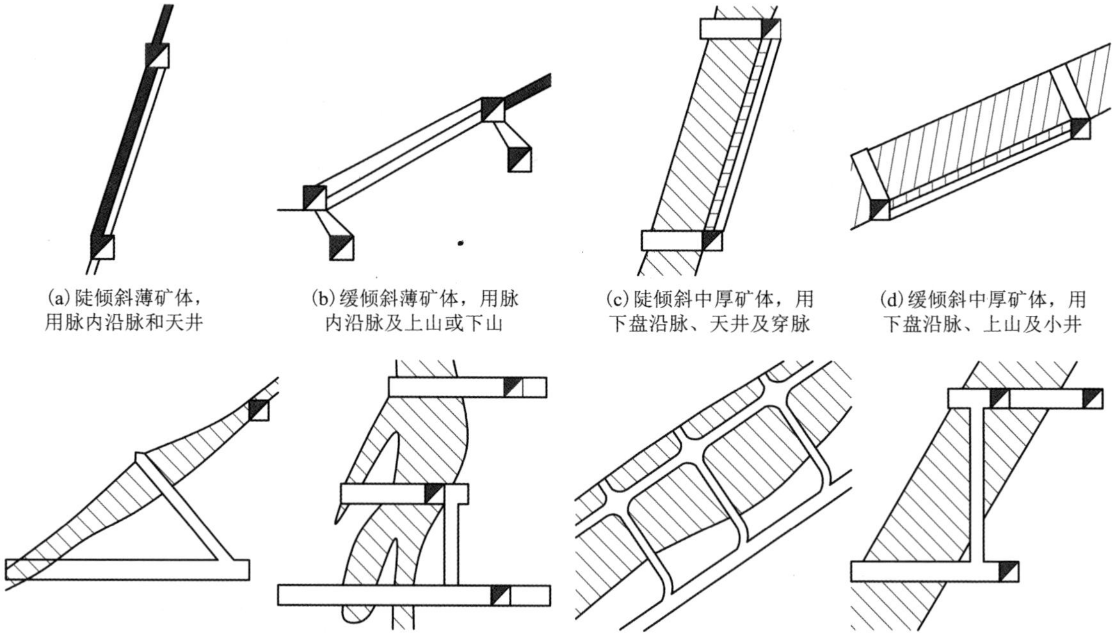
(a)陡倾斜薄矿体，用脉内沿脉和天井
(b)缓倾斜薄矿体，用脉内沿脉及上山或下山
(c)陡倾斜中厚矿体，用下盘沿脉、天井及穿脉
(d)缓倾斜中厚矿体，用下盘沿脉、上山及小井
(e)倾斜中厚矿体，用下盘沿脉及斜天井
(f)不规则矿体，用分段或盲中段
(g)厚大矿体，中段平面用脉内外沿脉及穿脉
(h)厚大矿体，垂直剖面用中段间天井

图 2-22 生产探矿各类坑道综合示意图

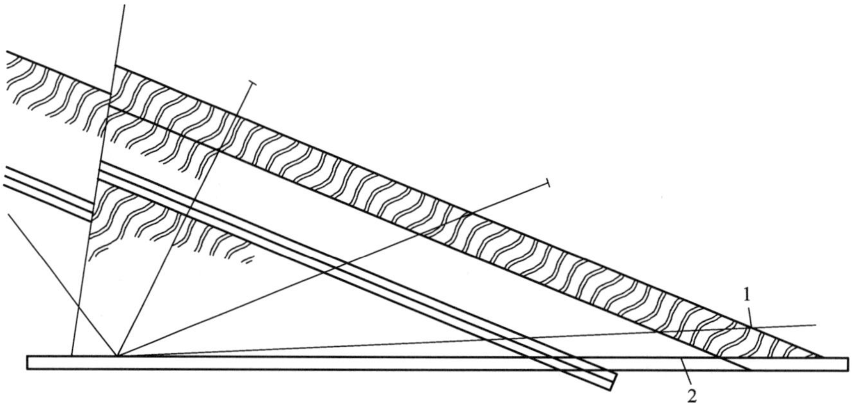

1—被检验的生产探矿钻孔；2—检验坑道。

图 2-23 中段坑道检验单个钻孔的工程布置

生产探矿时期所使用的各种工程技术特征见表 2-11。

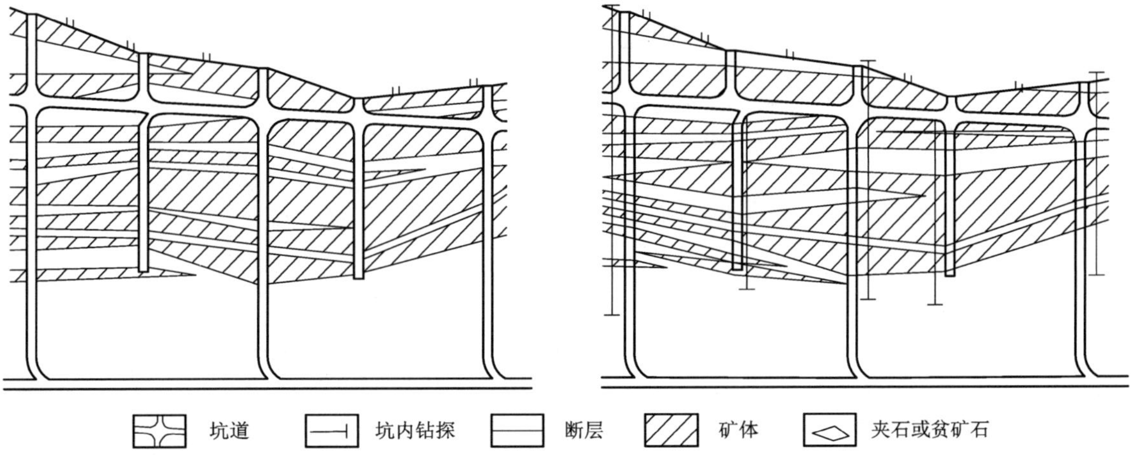

(a)坑道控制的中段平面　　(b)钻探控制的中段平面

图 2-24　中段坑道检验多个钻孔的工程布置

表 2-11　生产探矿工程技术特征

工程种类	工程名称		主要技术规格	基本作用	常用设备型号
槽井探	探槽	山地探槽	底宽 0.5~1.0 m，壁坡度 70°~80°；长度等于矿体或矿带宽度	揭露埋深<5 m 的矿体露头	手掘或挖沟机械
		平台探槽	断面 1.0 m(宽)×0.5 m(深)；长度等于矿体或矿带宽度	剥离露天采场工作平台上的人工堆积物	手掘或挖沟机械
	浅井		断面(0.6~1.0) m×(1.0~1.2)m； 深度<20 m	揭露埋深>5 m 的矿体，多用于砂矿及风化堆积矿床	手掘或吊杆机械
钻探	砂钻		孔径 130~335 mm； 深度 15~30 m	探砂矿	SZ-130，SZC-150，SZC-219，SZC-325
	露天炮孔		孔径 150~320 mm； 深度 10~30 m	取岩泥、岩粉，控制矿石品位	露天采矿潜孔钻、牙轮钻
	地表岩芯钻		孔径 91~150 mm； 深度 50~200 m	探原生矿，多用于露天采矿	DPP-100 型汽车钻，YL-3
	坑内钻	岩芯钻	孔径 91~150 mm； 深度 50~200 m	配合坑道探各类矿体	XY-100，XY-200
		爆破孔	孔径 45~100 mm； 深度 15~50 m	配合坑道探各类矿体	YG-40，YG-80，YSP-45，YQ-100

续表2-11

工程种类	工程名称	主要技术规格	基本作用	常用设备型号
坑探	平巷（穿脉、沿脉）	断面、坡度、弯道与生产坑道一致，纯勘查坑道断面规格为(1.5~2.0)m×(1.8~2.0)m;	在中段、分段平面上，沿脉控制矿体走向，穿脉控制矿体宽度	利用矿山坑道掘进设备
	上、下山	断面间平巷，坡度15°~40°	用于缓倾斜矿体，在中段间控制矿体沿倾斜方向的变化	
	天井	断面1.2 m×2.2 m，坡度40°~90°	用于陡倾斜矿体，在中段间控制矿体变化	

2.4.1.3 生产探矿工程总体布置

为了有效地控制和揭露矿体，为采矿生产提供可靠的地质资料，在生产探矿工程总体布置时，应注意工作空间位置的系统性，对具体地质条件的适应性，以及原地质勘查工程系统的继承性，应尽可能与采掘工程系统相结合，具体要求如下：

(1)各类工程尽可能沿剖面布置，形成一定的剖面系统，所得资料能正确编制地质剖面和其他综合地质图件，能正确追索和圈定矿体。

某些情况下，个别工程不一定受矿区生产探矿工程系统限制，如：①勘查工程零星分布，构造错失矿体或矿体变化复杂的边部及端部；②查明地质勘查遗留的重大问题。

(2)所布置的工程系统尽可能与原地质勘查系统一致，以便利用原地质勘查资料。所以，生产探矿往往在地质勘查线上加密工程，在勘查线间加密新的勘查线。

(3)生产探矿工程系统总的方向必须与矿床或矿体变化最大的方向一致，通常这个方向就是矿体或矿化带的方向。由于生产探矿局限在矿床、矿体的一个不大的地段，当该地段矿体产状有较大变化，其走向与总的勘查系统或勘查线方向不垂直，且夹角较小，层状及脉状矿床<75°，其他类型矿床<60°时，应当改变局部地段的工程布置，使生产探矿剖面方向尽可能与该地段矿体走向垂直。

(4)尽可能做到一种或一个工程起到多种或多方面的作用。探矿钻孔也可以是水文地质孔、放水孔、工程地质孔，勘查工程也可以是生产工程，强调探矿与采掘工程系统尽可能一致是实施“探采结合”的条件。

(5)工程布置时要考虑保证重点、照顾一般及点与面相结合的原则。根据探矿的目的、地段的大小和地质条件的不同，相应布置主导勘查线和探矿工程、辅助勘查线和探矿工程。

(6)应保证勘查线与工程之间的各类地质技术资料能彼此联系、对照和综合利用。

2.4.1.4 生产探矿工程网度

生产探矿工程的网度，是指工程沿矿体走向、倾向或倾斜方向布置的总体密度，或系统布置的工程中单个工程间的距离。生产探矿工程间距的正确确定，是既保证质量而又经济地进行生产探矿的关键。虽然在地质勘探时期已进行过勘探工程间距的分析研究，但是，由于当时勘探程度较低和缺乏开采资料作为对比，故其研究程度往往不足。因此，在矿山地质工作时期，有必要也有条件对勘探工程的合理间距作进一步的研究，以鉴定过去地质勘查资料的可靠性，并找出符合本矿特点的生产探矿工程间距。

生产探矿工程网度确定的基本原则：

(1)依据矿体规模、矿体形态的复杂程度、矿体的连续性、构造复杂程度和矿石类型、质量分布状况确定工程间距。

(2)必须同时考虑开采条件及满足采矿工程对矿体的控制程度要求，相同块段工程间距可不相同。

(3)根据探矿方法和手段，保证有效地控制和确定矿体，同一矿床(矿体)不同块段可采用不同的工程间距。

(4)当地质变量的变化沿走向和倾向不一致时，工程间距应适应其变化。

(5)风化壳类型的矿床应结合地形地貌特征合理确定。

2.4.1.5　影响生产探矿工程网度的主要因素

1)矿床地质因素

矿床地质构造复杂，矿体形状、产状变化大，取得同级矿产资源储量的工程网度应较密，反之则可稀。矿体边、端部，次要的小盲矿体及构造复杂部位勘查难度较大，工程网度一般密于主矿体或矿体的主要部位。

2)工作要求

合理的工程网度应保证工程及剖面间地质资料可联系和对比，不应漏掉任何有开采价值的矿体。

3)工程技术因素

坑道所获资料的可靠程度高于钻探，在相似地质条件下达到同等勘探程度，坑道间距可以稀于钻探间距。

4)生产因素

露天采矿的地质研究条件较好，在相似地质条件下，取得同级资源储量所需工程网度可以稀于地下采矿。当所用采矿方法的采矿效率越高，采矿分段、盘区及块段的结构越复杂，构成参数要求越严格，对采矿贫化与损失的管理要求越高或者要求按矿石品级、类型选别开采，在需要均衡矿石质量而应对矿石品级进行严格控制等情况下，对勘查程度要求越高，所需的工程网度也越密。此外，为了便于探采结合，地下采矿时生产探矿工程间距应与采矿中段、分段的高度及开拓、采准、切割工程的间距相适应。

5)经济因素

生产探矿网度加密将增加探矿费用，但可减少采矿设计的经济风险。两者综合经济效果处于最佳状态时的网度应为最优工程网度。此外，生产探矿工程网度与矿产本身的经济价值亦有一定关系。价值高的矿产与价值低的矿产比较，勘探程度可以较高，相应的工程网度相对较密。

一般情况下，地质因素往往是基本因素，开采因素亦取决于地质因素，但开采因素常常也决定了地质因素中哪些因素应为主要考虑因素。

2.4.1.6　生产探矿工程网度的确定方法

1)类比法(经验法)

类比法(经验法)是根据地质条件相似的已有矿床勘探工程布设情况，并参照有关规范的规定确定勘探工程间距的一种方法。此法是先划分矿床的勘查类型，再将被勘查矿床(区段)与同类型矿床(区段)的勘查工程网度(经实践证明是正确的)对比，以选定合理的工程网度。该方法主要用于矿山的补充勘查，或在矿山开采的初期，当还没有大量实际开采资料可供利用时使用。

2)验证法(试验法)

(1)工程密度抽稀验证法：选择试验地段并确定探求的资源储量类型，以最密网度进行勘查，然后逐次抽稀工程网度，对相同地段不同网度的勘查结果进行对比。以最密网度的成果作为对比标准，选择逐次抽稀后不超出确定的资源储量类型允许误差规定的抽稀工程密度作为今后生产探矿采用的工程间距。

(2)探采资料对比验证法：选定对比地段，以一定的工程间距进行勘查，将取得的资料与实际开采获得的资料进行对比。以开采资料作为标准，选定不超出规定的资源储量类型允许误差的最稀密度作为今后生产探矿采用的工程间距。

(3)统计计算法：对主要地质变量用数理统计方法、地质统计学方法进行计算。

(4)以矿床地质规律为基础，以矿体的准确控制为目标，采用计算机对生产探矿工程间距进行优化。

上述的几种方法中，实际生产探矿时最常使用的为探采资料对比验证法，该法应以最终开采资料为对比的标准，但是由于某些采矿方法的回采过程不易获得系统而精确的地质资料，此时可采用生产探矿和所有开拓、采准、切割及深孔取样等工程所获得的地质资料作为对比基础资料，实际上这种对比法也可以算是介于工程密度抽稀验证法与探采资料对比验证法之间的一种对比方法。

无论是工程密度抽稀验证法还是探采资料对比验证法，均不应仅是对矿产资源储量的误差进行对比，还应对矿体的形状、产状、空间位置、地质构造及矿石质量等一系列地质因素进行全面对比与综合衡量。尤其是在生产矿山中，这些因素中的某些误差，可能比矿产资源储量误差对矿山开采设计及生产有更大的影响。

对这些因素的分析和对比方法如下：

①矿产资源量误差的对比。生产探矿的控制程度以其查明的资源量误差确定，应针对不同类型的资源储量进行误差对比。探矿块段资源量与实际开采块段真实资源量对比的允许误差标准见表 2-12。

表 2-12 资源量对比的允许误差标准

资源量类型	准确探明	探明	控制
资源量误差/%	<8~10	<15~20	<30~40
计算范围	回采	采准	开拓

②矿体厚度及形态误差的对比。可以从矿体厚度误差、矿体平面及剖面面积的总体误差和形态歪曲误差分别衡量对矿体形态的控制程度。

面积总体误差，是指一定间距工程所圈定的矿体面积与矿体较真实面积相比较的误差。矿体较真实面积就是根据最密工程或开采实际资料圈定的矿体面积。计算此种误差的公式为

$$\text{面积总体误差}=\frac{S_u-S_c}{S_u}\times 100\% \tag{2-9}$$

式中：S_u 为矿体较真实面积，m^2；S_c 为一定间距工程所圈定的矿体面积，m^2。

面积总体误差在其他因素不变的情况下，可采用资源量类型误差的允许范围作为它的误差允许范围。

形态歪曲误差，是指一定间距工程所圈定的矿体平面或剖面的形态与矿体较真实形态相比较，所有歪曲面积总和(不考虑其正负号)的误差(图 2-25)。计算误差的公式为

$$\text{形态扭曲误差}=\frac{\sum S_n+\sum S_p}{S_u}\times 100\% \tag{2-10}$$

式中：S_u 为矿体较真实面积，m^2；S_n 为圈定出来比真实面积多出的局部面积，m^2；S_p 为圈定出来比真实面积少的局部面积，m^2。

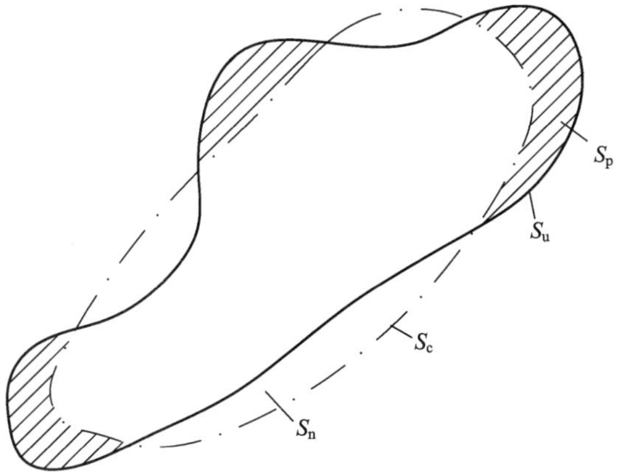

图 2-25 矿体圈定的形态歪曲示意图

形态歪曲误差是正负歪曲误差绝对值之和，可以资源量允许误差的倍数作为其允许范围。

③矿体空间位置误差的对比。矿体空间位置误差的对比可从矿体底(顶)板边界线的水平位移误差和垂直位移误差两方面进行衡量。一般来说，矿体底板边界线位移误差比顶板边界线位移误差对开采工程布置有更大的影响；但顶板边界线对深孔设计有影响，都应引起重视。这方面的误差允许标准见表 2-13。

表 2-13 矿体边界误差允许标准

资源量类型	准确探明	探明	控制
矿体重合率/%	≥90	≥80	≥70
底板位移/m	2~5	5~8	8~15
计算范围	回采	采准	开拓

④矿体产状及地质构造误差的对比。矿体产状及地质构造误差的对比包括对矿体产状、破坏矿体的断层、对矿体有影响的岩浆侵入体及缓倾斜层状矿体底板等高线的了解及控制程度的对比。矿体产状的允许误差，应根据其是否影响开拓系统及采矿方法的设计及施工，是否影响露天开采境界线的确定等因素而定。地质构造方面的误差，主要应检查有无被勘查工程控制的较大断层(在矿山一般指断距≥10 m 的断层)；对已控制的断层还要检查所确定的断层的类型、空间位置和断距等是否正确。

⑤矿石质量误差的对比。矿石质量误差的对比主要是通过以下各点衡量其误差的大小：

(A)矿石的品级及类型的圈定界线有无重大变化；

(B)矿石的平均品位有无重大变化；

(C)伴生有益及有害组分的控制程度。

生产探矿设计说明书、生产探矿工程实施及报告编制等工作内容与基建探矿基本一致。

2.4.2 地质取样

地质取样是按照一定要求，从矿石、岩石或其他地质体及矿产品中采取一定数量的代表性样品，并通过对所取样品的分析、测试、试验、鉴定，从而确定矿石及矿产品的组成、矿石质量(矿石中有益有害组分含量)、物理力学性质、矿石加工技术性能及矿床开采技术条件的矿山地质工作。

地质取样包括样品采取、样品加工、分析测试或试验研究三部分工作。

2.4.2.1 地质取样的目的与任务

1)地质取样的目的

(1)确定生产矿块的矿量、矿石质量。

(2)估算采下矿石、出窿矿石品位，确定其质量。

(3)估算产品矿石的品位，确定其质量。

(4)配矿。

(5)评价矿体开采技术性能和采矿方法。

2)地质取样的任务

(1)通过生产探矿工程取样、采切工程取样和(或)炮眼取样，圈定生产矿块矿体边界，估算矿块矿量和品位。

(2)通过采场采下矿石堆取样，估算采下矿石的品位。

(3)通过矿石运输车辆上的矿石取样，估算出窿矿石品位。

(4)通过堆场矿石取样，结合出窿矿石取样，估算产品矿石品位。

(5)配矿。

(6)计算矿山的贫化率和损失率，进行资源储量管理，分析评价采矿方法。

2.4.2.2 地质取样的种类

地质取样按取样检测内容要求的不同，可分为化学取样、物理取样、岩矿测试(鉴定)取样、矿石加工技术性能试验取样。

1)化学取样

化学取样是指为测定矿体及其围岩、矿山生产的产品(如原矿、精矿)及尾矿、废石、与矿产有关的岩石中的化学成分及其含量的取样工作。其目的是精确查定矿石的主要有益组分、有害组分的种类和含量，以便圈定矿体，划分矿石类型和品级，估算资源储量，查明矿产质量的空间分布和变化规律，是矿山开采、矿石加工和产品销售的重要依据。其流程包括化学样品采集、加工、分析及质量检查等工作。

(1)化学取样的主要任务：

①确定矿石中有益组分及有害组分含量，确定矿石地质品位，圈定矿体，估算资源储量；

②查明矿体内夹石空间赋存状态；

③划分矿石的类型、品级，圈定其分布地段；

④在开采过程中进一步圈定矿岩界线，指导掘进(剥离)、采矿和计算矿石损失率和贫化率；

⑤确定采出矿石的质量是否达到均衡稳定，是否满足质量指标的要求；

⑥查明选矿尾矿中有益组分含量，检查综合回收及选矿作业质量。

(2)化学取样的方法和规格。

化学取样主要有刻槽法、全巷法、剥层法、网格法、打眼法或深孔取样、拣块法及钻孔取样等。根据不同的矿种、矿体厚度、矿石类型、矿化均匀程度及工业用途而选用不同的取样方法和样品规格；根据矿体的规模、矿化均匀程度及工业指标而选用合理的取样间距和样品长度。

①刻槽法。

刻槽法是在矿体上按一定的规格进行刻槽的取样方法。样槽应沿着有用组分变化最大的方向布设，一般是沿着矿体厚度方向布设。样槽应通过矿体全厚到达矿体顶底板的围岩。样槽断面的形状一般为矩形，其断面规格宽×深=(5~10) cm×(2~5) cm(表 2-14)。样槽的长度取决于矿体的厚度和矿化的均匀程度，一般为 1~2 m。当矿体具有分带性，或矿化特点不同，或不同岩性含矿不同，或矿体被后期构造切割时，应分段间断或连续取样(图 2-26)。

表 2-14 样槽一般断面规格 单位：cm×cm

矿化性质	不同矿体厚度下的断面规格		
	>2~2.5 m	(2~2.5) m~(0.5~0.8) m	<0.5 m
极均匀和均匀的	5×2	6×2	10×2
不均匀的	8×2.5	9×2.5	10×2.5
很不、极不均匀的	8×3	10×5	(12×5)~(20×10)

②全巷法。

全巷法是当坑道在矿体内掘进时，以从一定长度的坑道内爆落的矿石作为样品的方法。该方法样品代表性强，但工作量大，成本高，一般用于需要量大的矿石加工技术性能试验的取样或作为物理取样如测定矿石体重、容重、松散系数、块度、安息角等的取样。对于云母、石棉、水晶、金刚石等矿床，亦可用于检查其他取样方法的质量。

③剥层法。

在矿体出露部位用分段剥落薄层矿石作为样品。此方法适用于采用其他取样方法得不到所需数量的样品，厚度较薄的矿脉(一般小于 20 cm)或有用组分分布极不均匀的矿床。一般剥层深度为 5~15 cm，亦可用于检查刻槽取样或其他(非全巷法)取样的质量。

④网格法。

在矿体出露部位以一定的网格形状(正方形、长方形、菱形等)在网格中采取一定的样品，全网格一般 1 m^2 合并为一个样品，网格间距多为 10~20 cm(图 2-27)，该方法简单易行，但对矿化不均匀、矿体厚度较小的矿床需进行试验才能采用。

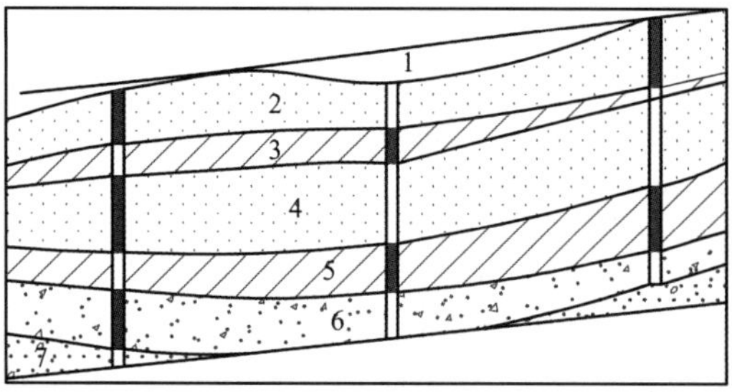

1—泥砂粗砂岩；2—交错层理细砂岩；3—粗砂岩，富矿；
4、6—细砂岩、贫矿；5—沥青质粗砂岩，富矿；7—红色粗砂岩。

(a)某含铜砂岩的分段刻槽

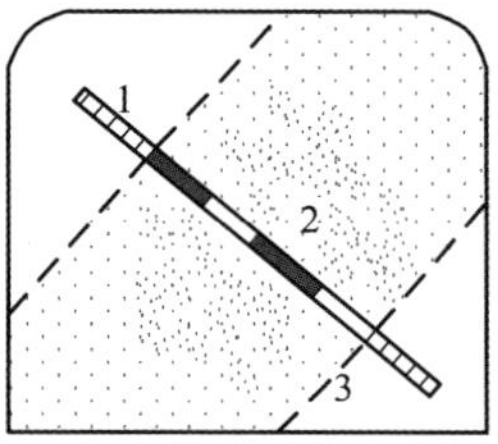

1—非工业矿化样品；2—工业矿化样品；
3—工业矿体边界。

(b)浸染状矿石组成的矿体的分段刻槽

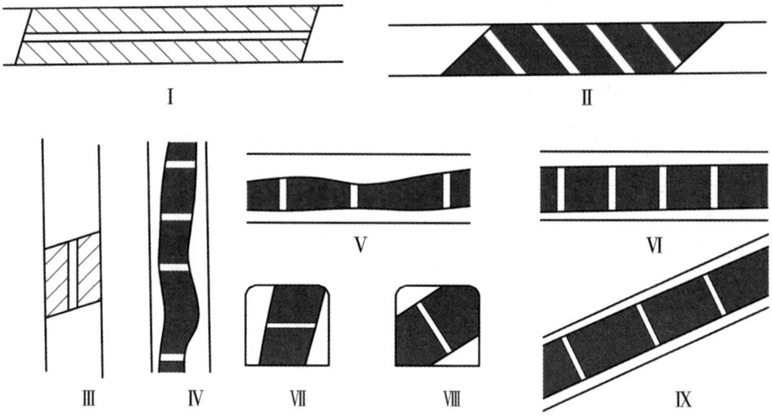

Ⅰ—穿脉壁，急倾斜矿体；Ⅱ—穿脉壁，缓倾斜矿体；Ⅲ—天井壁，缓倾斜矿体；
Ⅳ—天井壁，急倾斜矿体；Ⅴ—沿脉顶板，急倾斜矿体；Ⅵ—穿脉壁，缓倾斜矿体；
Ⅶ—掌子面，急倾斜矿体；Ⅷ—掌子面，缓倾斜矿体；Ⅸ—上山壁。

(c)坑道中刻槽布置

图 2-26 刻槽法取样布置图

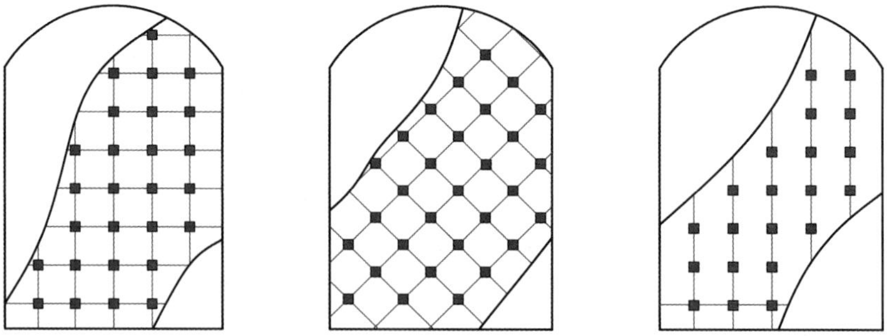

(a)正方形网　　(b)菱形网　　(c)长方形网

图 2-27 网格法取样布置图

⑤打眼法或深孔取样。

在掘进或采矿时将凿岩孔或采矿孔排出的岩粉或岩泥作为样品。其取样和刻槽法取样长度相当或以岩性分界进行分段取样。一般以 1~2 m 间距，进行等间距分段取样，亦有采用露采穿爆孔将排出岩粉作为采取样(图 2-28~图 2-31)。

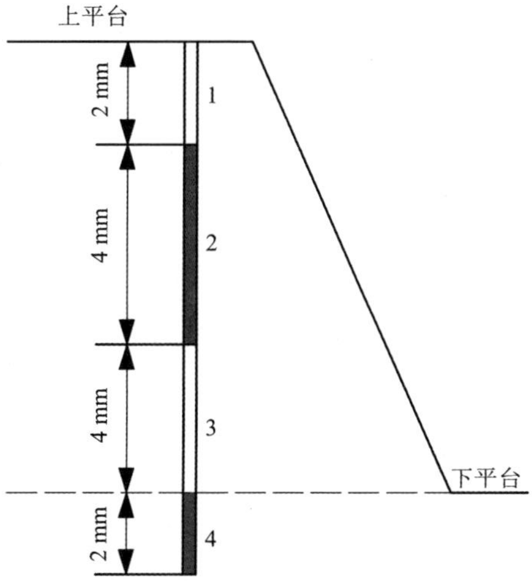

图 2-28　爆破孔取样示意图

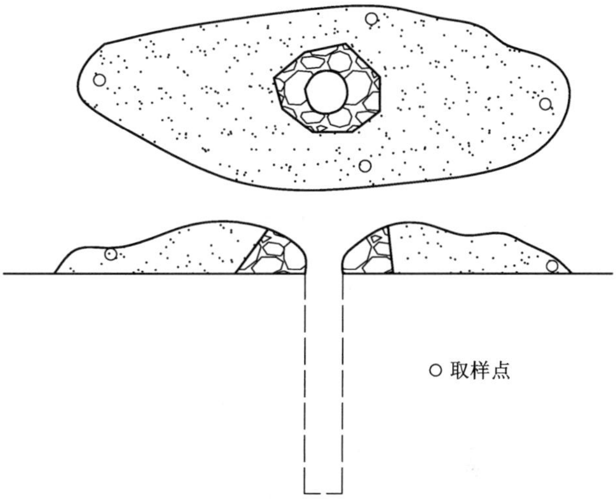

图 2-29　爆破孔岩泥堆上取样点布置

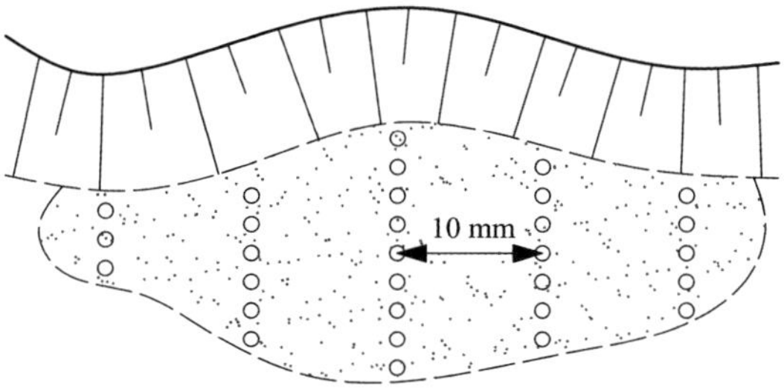

图 2-30　爆破堆拣块取样点布置

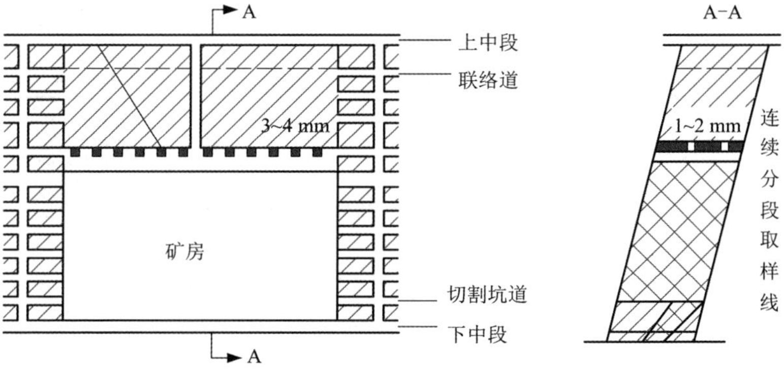

图 2-31　浅孔留矿法采场取样布置

⑥拣块法。

露采爆破矿堆、出矿矿车或矿石场上覆以一定的网格(一般间距 10~20 cm)，从每个网格中采出大致相等的少量矿石组成一个样品。在矿车上，视矿化均匀程度和矿车规格大小，一般采用三点、五点或八点法采取矿样。该方法通常用以检查矿堆品位、出矿质量或间接法计算开采的损失率和贫化率(图 2-32~图 2-36)。

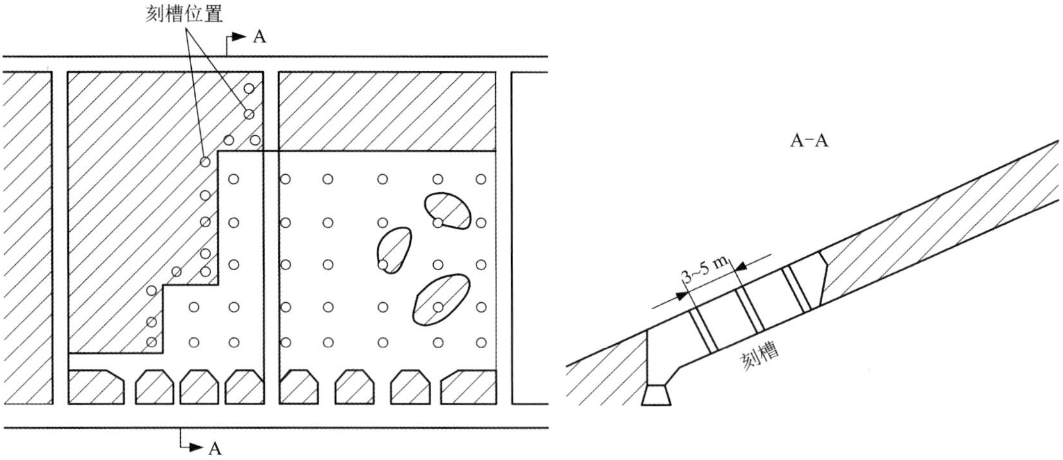

图 2-32　壁式(全面)法采场取样布置

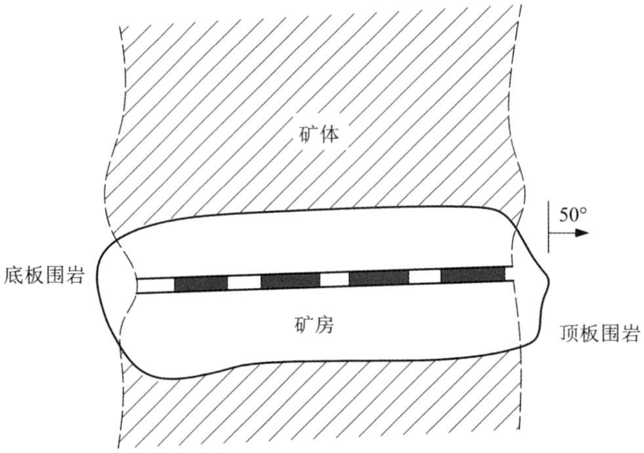

(a)掌子面平面图

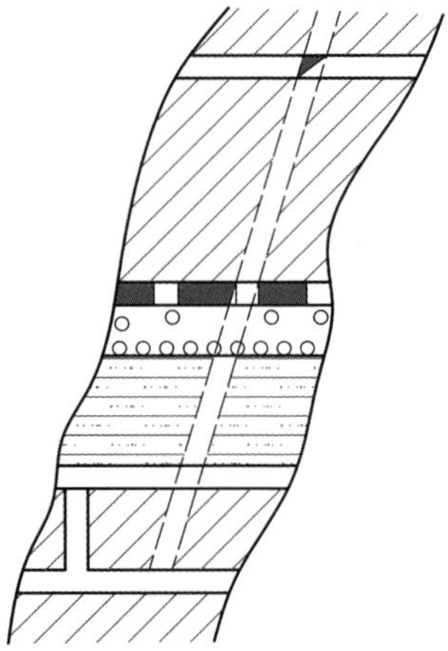

(b)矿房剖面图

图 2-33　水平分层充填法采场取样布置

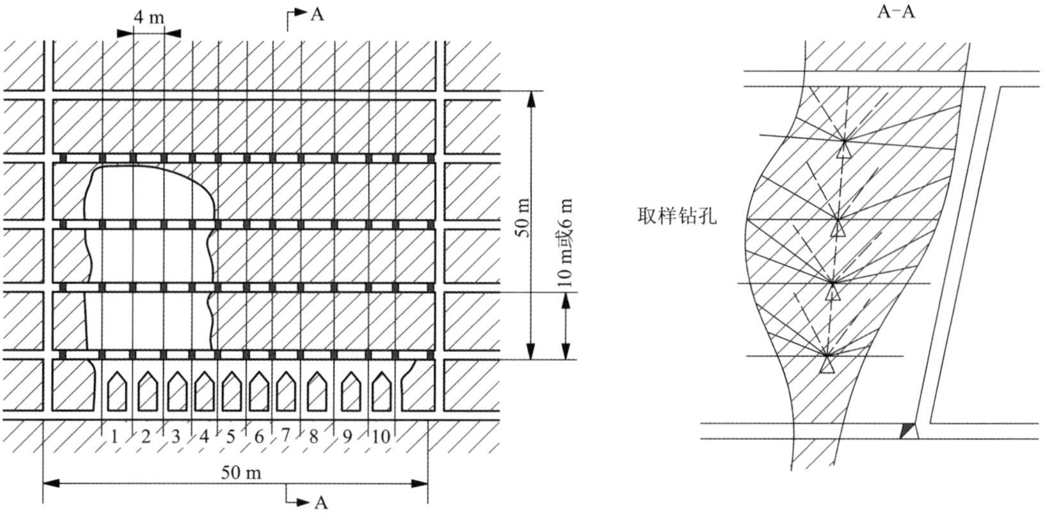

图 2-34　中深孔崩落法采场取样布置

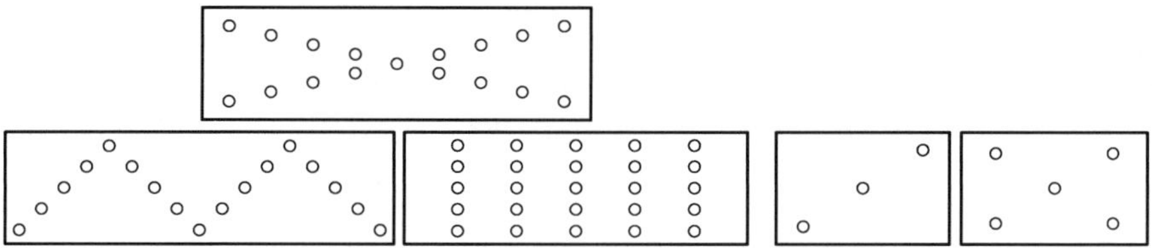

(a)汽车、火车上　　(b)矿车上

图 2-35　车中取样布置

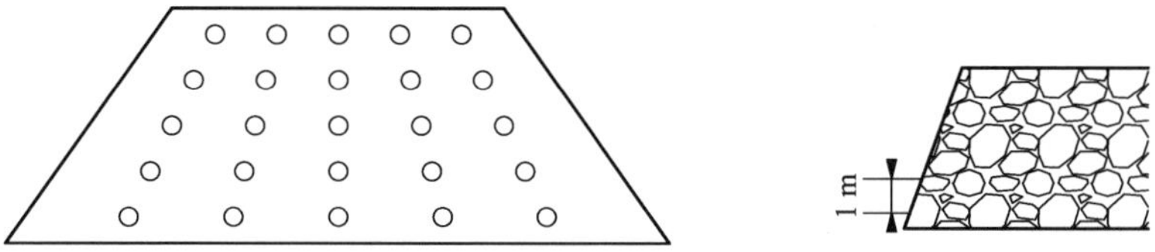

(a)矿堆立面　　(b)矿堆剖面

图 2-36　储矿堆取样布置

⑦钻孔取样。

将钻孔提取的岩矿芯，视其含矿性和刻槽法样品分割一样，取其一定长度，一般以 0.5~2 m 为宜，用垂直于圆断面劈开的一半岩芯或用全部岩芯作为一个样品。

(3)取样数量的确定。

矿山地质取样分为基建/生产探矿工程取样和开采取样。勘探工程取样数量在基建/生产探矿设计中根据探矿工程量及取样长度确定；开采取样一般分为采场取样和采下矿石取样。

①采场取样。

露天采场取样一般在开采平台上利用采矿爆破孔进行，矿体形态、产状和矿石质量复杂时，需在生产工作面进行拣块或剥层、刻槽或刻线取样。

地下开采采场取样一般在回采巷道和采场工作面进行或利用采矿爆破孔取矿粉。

回采巷道通常在坑道一壁用刻槽法、刻线法或网格打块法采取样品，当坑道未切穿矿体时，需配合凿岩机打眼采取矿粉样。

采场工作面的取样方法和取样位置因采矿方法的不同而不同。采用浅孔留矿法、充填法和全面法时，在采场工作面用刻槽法、刻线法或网格打块法取样。采用深孔留矿法时，利用爆破孔取矿粉样。采用崩落法时，多在分层或分段巷道的进路中用刻槽法、刻线法或打块法取样。

采场取样工作量一般按下式计算：

$$T=Q/q \tag{2-11}$$

式中：T 为年取样工作量，件；Q 为矿石年产量，t；q 为每个样品代表的矿石量，t。

每个样品代表的矿石量取决于矿体复杂程度、采矿方法、取样间距和取样长度等因素，一般为 100~500 t。

②采下矿石取样。

采下矿石取样一般有爆破堆矿石取样、放矿漏斗取样、运矿车上取样，有时也进行外运汽车或火车取样。

爆破堆矿石取样是在采场爆破后的矿石堆上用方格网拣块法取样。矿石质量均匀时，可在装矿前取样，否则需在装矿过程中每隔一定时间取样一次，然后三工班或每工班合为一个样。

放矿漏斗取样是在放矿漏斗处当放矿至一定车数时或一定时间以后进行拣块取样。按规定车数或在规定时间内所取样品合为一个样，以掌握每工班或每昼夜从采场或贮矿仓放出矿石的质量。

矿车取样是在车厢内均匀布置一定数量的取样点进行拣块。矿石质量变化不大时，可隔一个车厢或几个车厢取样；矿石质量变化较大时，则每个车厢均应取样，将一定车数或一定时间内所取样品合为一个样品，每个样品 20~30 kg。

采下矿石年取样工作量，按每工班取样工作量或每个样品代表的矿石量进行计算，其计算式如下：

$$T=D\times N\times W \tag{2-12}$$

式中：T 为年取样工作量，件；D 为年工作日，d；N 为每日工班数，工班；W 为每工班取样工作量，件。

(4)化学取样样品的加工。

样品加工是为了满足化学分析对样品最终质量和颗粒大小的要求，对原始样品进行破碎、过筛、拌匀和缩分的工作。为了保证加工后的样品能代表原始样品的矿石质量，样品加工必须按一定的原理和程序进行，样品加工须满足切乔特公式(1-9)的要求。

(5)化学样品分析的种类。

化学样品分析种类有基本分析、组合分析、化学全分析、光谱分析和物相分析。分析项目主要根据矿石中的有用有益组分(包括共生和伴生有用有益组分)、有害组分和工艺用途而确定。

采下矿石一般只进行基本分析，分析项目根据矿石的质量要求的主要组分确定。

(6)化学分析结果的检查。

为检查分析结果的可靠程度，评价化验室的分析质量，应及时做好检查分析工作。检查分内部检查分析(内检)、外部检查分析(外检)和仲裁分析。

内检样品按批随机从副样中抽取，送原化验单位重新分析，数量为参加资源量估算的基本分析样的 10%，但总数量不应少于 30 件。组合分析做内检，可抽取 3%~5%，但总数量不应少于 10 件。

外检样品应从已做内检的副样中抽取一部分样品送上一级或化验水平较高的单位进行，数量为基本分析样的 3%~5%，但总数量不应少于 30 件。

当内、外检样品的检查分析结果超过允许误差(超差)，且检查与被检查双方均未找出超差的原因时，应在全部外检样品副样中采集仲裁分析样品，送往权威化验室做仲裁分析，以判定双方的分析结果。

2)物理取样

物理取样又称技术取样，包括矿石、岩石物理力学性质测定样品的取样，矿石、岩石命名鉴定样品的取样及矿石、岩石标本的取样，其目的是测定矿石、岩石的物理力学性质，为资源储量估算和开采技术条件提供资料和依据。

(1)取样原则和基本方法。

矿石、岩石物理力学性质测定样品的取样，应区别矿石的工业类型、自然类型、品级和岩石的种类。

不同的矿产，用于矿石、岩石物理力学性质测定样品的取样方法会有所差异。尤其是非金属矿产种类繁多，可供工业利用的物理和技术性能要求也各不相同，甚至一种矿产有多种用途，因而要求测试的项目各不相同，取样方法及规格的要求也各异。

矿石、岩石物理力学性质测定样品常用的取样方法有刻槽法、全巷法、单块采取法、拣块法、剥层法。

刻槽法取样规格一般非金属比金属矿要大，如高岭土、滑石、硅灰石常用 10 cm×5 cm 的断面规格，有的还要更大，如石棉一般为 10 cm×10 cm~30 cm×30 cm，样长一般为 1~2 m。

为保持矿物外形的完整，当有用矿物含量较少时，一般采用全巷法，如水晶、云母、金刚石等矿产。水晶取样规格以对晶洞或晶体作出正确的评价为原则；云母取样体积不小于 2~3 m^3；金刚石取样体积原生矿一般为 2~4 m^3，砂矿一般为 5~10 m^3。

建筑石材一般采用单块采取法，如大理石取样规格为 10 cm×10 cm×5 cm~20 cm×20 cm×5 cm 或成材规格。

物理取样的拣块法的测试不同于一般金属矿产化学取样的拣块法。例如云母，在所采取的样品中，选出 1~3 套有效面积大于 40 cm^2 的厚片云母，主要进行物理性能及电工性能测试；石棉矿产一般可用手选，主要是测试其密度、耐酸性、耐碱性、导热性、耐热性及矿物种属。

某些矿产也用剥层法，例如网状石棉矿其剥层规格为 5~15 cm，深为 20 cm 左右。

(2)一般矿产物理样品的测试。

①体重测试。

矿石(岩石)体重是指在自然状态下单位体积矿石(岩石)的质量(t/m^3)。体重测定分小体重和大体重，通常以测小体重为主，少量大体重用以验证小体重值。体重是估算资源储量的主要参数之一。

小体重测定一般采用边长 5 cm 近似立方体的块状样品——矿石标本或矿芯，样重一般不小于 200 g，各种类型矿石、岩石和不同品级的矿石都要测定，各类测定样品数不少于

20~30 件。样品在室内测重后涂蜡，用封蜡排水法计算体重。

大体重测定应选择对各种类型和品级矿石有代表性的地段，通常采用刻槽法取样。各种类型和品级矿石一般测定 1~3 件。取样规格多为 25~50 cm^3，或取更大规格的立方体，便于准确求取体积。称量刻下矿石的质量，除以立方体的体积即得矿石体重。

大、小体重样均应分析品位或其他相关因素，以检查体重值是否具有代表性。

②湿度测定。

矿石的湿度是指在自然状态下矿石中所含水分质量与其质量相比的百分率。松散多孔或含水量高的矿石必须测定湿度。应按不同的矿石类型和季节分别取样测定，主要采取块状样品，质量一般为 300~1000 g，现场用密封容器装样后立即送至实验室，样品破碎到 1~2 cm 称重后用恒温干燥箱在 105~110℃ 温度下烘干。

③孔隙度测定。

矿石孔隙度是指矿石中有效孔隙体积与矿石总体积相比的百分率。取样应根据不同矿体、矿石类型和孔隙发育程度，分别在水平方向和垂直方向上采取。其测定方法有计算法和实验室煤油饱和法。

计算法是利用矿石的体重和密度值来计算孔隙度。实验室煤油饱和法是将原状态的干燥样切制成规则形状，测量其体积，用蜡封好留出缺口，缓缓注入煤油，待样内空气排完为止，所用煤油体积便是孔隙体积；或将已测得体积的样品破碎，放置于装煤油的量筒中，量筒内增加的体积即为矿石的实际体积。

④松散系数测定。

松散系数是指矿石或岩石在自然状态下的体积与其爆破后松散状态体积的比值。一般在测定大体重的同时测定松散系数，原生矿用标准木箱测定爆破后松散矿岩的体积，砂矿多在浅井挖掘时用体积箱测量松散后的体积。松散系数是确定矿山装矿容器（矿车）、提升容器（箕斗）、储矿仓容积、运输能力和爆破补偿空间等的重要技术参数。

⑤块度测定。

块度是指爆破崩落下的不同块径的矿石所占质量百分比。块度测定通常与测定松散系数同时进行。一般是将爆落的矿石按>200 mm、100~200 mm、50~100 mm、25~50 mm、10~25 mm、5~10 mm、<5 mm 七级过筛分级，分别求其质量，并求得各块级质量占总质量的比例。块度是确定采矿出矿、选矿破碎设备的参考数据。

⑥凿岩性测定。

凿岩性是指凿岩机在标准条件下单位时间内凿岩推进的距离，用于说明矿岩钻凿的难易程度。应对不同类型的矿石、岩石分别进行测定，一般测定不少于 5 次，取其平均值，以 m/h 为单位。凿岩性与矿岩性质密切相关，是制订劳动定额、材料消耗定额，选择凿岩设备和编制采掘计划的依据。

⑦自然安息角测定。

自然安息角是指矿石或岩石在自然堆放条件下，矿（岩）堆坡面与水平面的夹角，一般在崩落或排石的矿（岩）堆上测得。每项测定不少于 5 次，取其平均值，以角度表示。

⑧岩矿力学强度测定。

力学强度是指在外力作用下矿石或岩石抵抗破碎的能力。测定样品应采自不同类型的矿石及其顶底板围岩，标明产状和定向构造方向。每个样品取两块，加工成 5~10 cm 边长的立方体，亦可根据试验部门的要求切制。样品由试验单位做抗压、抗拉、抗剪、抗弯扭等强度试验，单位以 Pa 表示。强度数据是确定采矿方法、采场要素、井巷断面、支护方式和凿岩爆破参数的重要资料。

⑨土工试验。

软岩层、泥质岩、风化岩及裂隙发育岩石等土状样品进行的土工全项试验，取样规格为 15~20 cm^3。如果只取颗粒分析、可塑性、密度等试验样品，可以取扰动土样，其质量要求为：颗粒粒径小于 2 mm 时，一般为 500~1000 g；颗粒粒径大于 2 mm 时，一般为 2000~3000 g，由专项实验室测试。

(3)非金属矿产物理样品的特殊测试。

大多数非金属矿产在工业上一般是直接利用其有用矿物的物化特征和工艺性能，评价非金属矿的质量时，除了考虑有用矿物的含量和主要有益或有害化学成分含量外，它的物理化学性质和工艺性能也是很重要的因素。一些非金属矿产主要的物理性质测试项目和用途见表 2-15。

表 2-15　某些非金属矿产的主要物理性质测试项目和用途

矿种	用途	物理性质测试项目
石棉	纺织、耐磨、绝热、建筑材料	纤维长度、力学强度、耐酸性、耐碱性、导热性、导电性
石墨	坩埚材料	导热性、鳞片大小
	电极材料	导电性、粒度
云母（包括白云母、金云母）	电器设备材料	硬度、抗压强度、耐热性、击穿电压、体积电阻率、表面电阻率、介质损耗角
	一般工业及建筑材料	硬度、挠曲性、抗压强度、耐热性
金刚石	保湿拉丝模、硬度计、刀具、研磨材料等半导体器件	晶体大小、晶形、颜色、透明度、包裹体导热性、半导体性能
滑石	造纸、纺织、日用化工等高频瓷	白度、细度、热敏性能、导电性、耐热性、表面电阻
石膏	医药、雕塑、装饰、造纸	白度、细度
高岭土	建筑、陶瓷、电瓷、日用化工	可塑性指数、白度、耐火度、烧结范围、干燥收缩和烧成收缩率
凹凸棒黏土	油脂精炼、抗高温钻井泥浆、建筑涂料	脱色力、吸附率、吸蓝率、胶质价、比表面、可交换阳离子及阴离子交换容量
沸石	水凝水泥的硬凝剂、吸附剂、阳离子交换剂、轻骨料	比表面、吸附率、可交换阳离子及阴离子交换容量
大理石	饰面材料和工艺品	颜色、花纹、光泽度、抗折强度、抗压强度、吸水率、耐磨率
	电气绝缘材料	磨光性、加工性能、吸水率及吸湿后体积、电阻系数、干燥状态的电场击穿强度

3) 岩矿测试(鉴定)取样

岩矿测试(鉴定)取样是系统地或有选择性地从矿物、矿石、岩石中采集有代表性的样品，以便进行矿物学、矿相学、矿床学等学科的研究，它是评价矿床，分析矿石工艺性质，掌握成岩、成矿规律，指导找矿勘查和矿山生产的重要资料。

岩矿测试取样种类包括以下几种。

(1) 单矿物取样。

在矿石或岩石中采集样品，通过有效手段，分离各种单矿物，以了解元素在各种单矿物中的含量和变化。样品要在不同矿体、矿石类型和不同空间位置或根据研究需要采取，或者选择代表性的样品合并成组合样。

(2) 人工重砂取样。

其主要用以研究有用组分的赋存状态、工艺性质，分离各种单矿物及矿物鉴定、定量，进行元素配分和分析综合利用元素的含量。样品应按矿体、矿石类型及不同的空间位置采取，亦可配合加工技术样品同时采取。样品的数量和质量根据不同的地质条件而定，一般每件样不小于 100 kg。

(3) 岩矿显微镜鉴定取样。

通过标本和光薄片鉴定，研究矿石、岩石的微观地质特征，确定矿物种类、共生组合、结构构造，划分矿石类型，确定矿物粒级，研究矿物生成顺序及次生变化。

样品采取要有代表性，采取数量取决于岩矿类型及其变化的复杂程度，样品的规格应能满足切制光薄片的需要。一些具有特征的矿物晶体、矿石及化石等的样品规格视具体情况而定。定位标本应注明产状标志。

(4) 矿物包裹体测试取样。

其主要用于研究矿物形成条件、包裹体成分及其成因。依测试要求采取的矿物或岩石样品可以采取手标本中的单矿物，用爆裂法测温、测定成分；亦可从原样制成光薄片，用均一法测温，并研究包裹体大小、形态及气、液、固相及其成分。

(5) 稳定同位素及同位素地质年龄测试取样。

稳定同位素样品主要研究成岩、成矿的物质来源，矿化阶段及矿床成因。同位素地质年龄样品用于测定成矿成岩的年龄。取样前应查清地质条件，采集全岩或采样后分离出来某些单矿物样品，除研究蚀变作用外，主要采集新鲜的岩石或矿石，提纯的单矿物纯度要求在98%以上。

4) 矿石加工技术性能试验取样

矿石加工技术性能试验取样的目的是研究矿石的选、冶加工技术性能，确定合理的选、冶方法和工艺流程，提供有代表性、数量足够的试验样品，其试验结果是进行矿床经济评价，确定矿山工艺流程、选冶方法、产品方案及有关技术经济指标的依据资料。一般金属矿山以选矿精矿为最终产品，只要求进行选矿试验，当矿石经选矿不能获得合格精矿产品时才考虑冶炼试验。

矿石加工技术取样方法详见第 1 章。

2.4.3 深边部找矿

2.4.3.1 生产矿山的找矿勘查

生产矿山找矿勘查的主要目的是在其深部、边部和外围寻找并探明新矿体或新矿床甚至新矿种，增加新资源量，为矿山制订长远规划、延长服务年限或扩大生产能力提供接替资源。其具体任务为：以综合地质研究为基础，运用各种找矿方法进行成矿预测，确定成矿最有利地段；布置工程验证成矿预测目标，进行初步评价；对已知矿体的深部和边部及新发现的矿体进行生产时期的地质勘查。生产矿山找矿勘查的主要特点如下：

(1)找矿和勘查二者界线不很明确，发现矿体后，经初步评价即可投入勘查。

(2)找矿勘查的组织形式可根据矿山地质技术力量，由矿山本身或由专业地质勘查队完成，也可由两个部门共同完成。

(3)找矿勘查的主要对象是其深部、边部和外围的盲矿体或隐伏矿床。虽难度较大，但因对矿区地质条件及成矿规律已有较深入的认识，所以找到新矿体或新矿床的可能性也较大。

(4)找矿勘查是随着生产逐步进行的，故可充分利用生产矿山已有的地质资料这一有利条件，直接指导找矿勘查。

(5)对于找深部盲矿体，可利用已有巷道延伸追索，或从中打坑内钻进行找矿。

(6)如发现新矿体增加了新资源量，可充分发挥矿山的生产潜力，例如发挥原有技术力量、设备和交通运输设施的作用，投资少、收效快，具有明显的经济效益。

生产矿山找矿勘查成功的实例很多，如江西19个钨矿区及坑口，地质勘查所提交的资源量显示只能生产15年到20年，因开发后开展了找矿勘查，开采了30多年，除一个坑口闭坑外，其余矿山的矿量保有期仍在10年以上，且其中多数矿山都进行了扩建；美国在开采克莱马克斯钼矿期间，因较好地开展了找矿勘查，在其外围30 km处发现了隐伏于地下1000 m，资源量3亿多吨的亨德逊大型钼矿床；广东金子窝锡矿，在原有储量采尽停产后，开展了找矿工作，结果在深部又发现了盲矿体及银、铅、锌等新矿种。有些老矿山，通过物质成分检查，发现了新矿种，如湖南多宝山铅锌矿的菱镁矿就属于新发现的矿种。

2.4.3.2 深边部找矿的原则与方法

深边部找矿和一般地质勘查中常采用的某些地质找矿方法，如地质填图法、重砂找矿法，在生产矿山找矿勘查中仍具有一定的作用。但由于生产矿山的特殊性，在使用时又有一定差别，其关键是要通过对已知矿床所提供的各种地质信息的综合分析，总结矿床的成矿规律、成因类型、成矿模式和成因系列，并通过开展以已知矿床为中心的大比例尺成矿预测等途径，确定成矿有利地段，指导找矿勘查，具体可从以下几方面着手。

1)利用成矿规律指导找矿勘查

从研究地质条件着手，总结矿床在空间和时间上的分布规律，以指导找矿勘查。

查明岩浆侵入体的年代、岩性、规模、形态、产状等特征与内生矿床成矿的关系，例如，内生矿床与成矿母岩的专属性，矽卡岩矿床的富集部位与侵入体形态之间的密切关系等。

查明矿区各年代的地层及其岩层、岩相古地理与沉积矿床、沉积变质矿床的成矿关系，围岩岩性对某些气液矿床的成矿控制作用。例如，锦屏磷矿属沉积变质矿床，矿体堆积于浅海凹陷缓坡部位或边缘，这种岩相古地理环境下所形成的矿体，具有厚度较稳定、分布较广的特点，据此在矿山深部和外围成矿有利地段布置工程进行找矿勘查，发现并探明了20余个新矿段。又如，许多气液交代作用形成的矿床，根据一定岩性条件对成矿的控制作用，也找到了许多盲矿体。

查明地质构造类型、性质、规模、发育程度、空间组合规律与成矿的关系。特别要注意断裂破碎带及其两侧、褶曲轴部、构造交会部位、层间破碎带常是成矿有利地段，如五龙金矿就是在北北东与北西西两组断裂或花岗斑岩侵入体与北西断裂相交部位发现了较多的盲矿体。

2)运用成矿理论指导找矿勘查

通过综合地质研究，确定矿床成因类型，可用于指导找矿勘查。

注意运用新的成矿理论，正确地确定成因类型以指导找矿。如凡口铅锌矿，原用岩浆期后低温热液成矿理论指导找矿勘查，效果很差；后通过综合研究，并根据该矿区大部分铅锌矿体位于中上泥盆统不纯碳酸盐岩地层之中这一事实，改用层控理论并结合岩相和断裂控矿规律指导找矿，发现了新的盲矿体，增加了较多资源量。

注意寻找多种成因类型的矿床。如杨家杖子钼矿区，原来仅注意矽卡岩型钼矿床的寻找，所以只在花岗岩和石灰岩的接触带进行找矿勘查，即使在岩浆岩体内见到了较强的矿化现象，也认为意义不大而放弃；后来重视了存在斑岩型矿床的可能性，在岩浆岩体内进行矿点评价时，发现了较大的兰家沟钼矿床。

3)编制成矿预测图指导找矿勘查

在研究成矿地质规律和成矿理论的基础上，结合物化探资料，利用各种地质图件，编制出能反映整个矿床(或矿区)、矿体形成和分布规律的成矿预测图，用于指导找矿勘查。

4)利用成矿模式指导找矿

在综合地质研究的基础上，将成矿规律用图式或表格表示，建立矿床的成矿模式，用来预测盲矿体或隐伏矿床。这一方法在国外已广泛采用，我国也建立了一些较好的成矿模式，且正在逐步应用于找矿。例如：

(1)玢岩铁矿成矿模式：该模式总结了宁芜地区围绕次火山岩体不同部位出现八种不同类型矿床的可能情况。

(2)钨矿“五层楼”成矿模式：南岭地区钨矿床，按矿脉形态由上到下递变特征可分五带，即线脉带、细脉带、薄脉带、大脉带、消失带。如在坑道中发现不具工业价值的线脉或细脉，便可预测下部可能有盲矿体存在。

除上述两种较典型的成矿模式外，还有其他一些成矿模式正在不断总结中。

5)利用成矿系列指导找矿

成矿系列又称为“多位一体”。其基本原理是，同一元素或相关的一组元素，可以以多种成因类型在同一地区不同部位形成一系列矿床。如鄂东一带在斑岩体内有斑岩型钼矿床，接触带有矽卡岩型钼钨矿床，外带黄龙灰岩中往往形成铜、铅、锌矿床；赣东北城门山一带，斑岩体内有斑岩型铜矿床，接触带有矽卡岩型铜矿床，外带有层状和脉状热液型铜矿床，并往往有铅锌矿、黄铁矿共生。如在某地区已掌握某种成矿系列，便可用于指导找矿。

2.4.3.3 物探

1)物探方法找矿的种类和作用

当矿体和围岩的物理性质在磁性、弹性、放射性、电性和密度五个方面中至少有一个方面存在差异，并且这个差异能被仪器测到时，可分别选用相应的磁性测量、地震测量、放射性测量、电法测量、重力测量等物探方法进行找矿。主要物探方法适用条件与范围、主要作用详见表 2-16。

表 2-16　主要物探方法及其作用

<table>
<tr><th colspan="2">方法名称</th><th>基本原理</th><th>适用条件与范围</th><th>可找矿床种类</th><th>主要作用</th></tr>
<tr><td colspan="2">磁性测量法</td><td>利用仪器观测各种岩、矿石间磁性差异所引起的磁场变化与磁异常特征</td><td>用于普查找矿、地质勘探和生产矿山外围找寻具有较明显磁性异常的盲矿体</td><td>可寻找磁铁矿、磁黄铁矿及其伴生的各种矿床，如铜、磷、黄铁矿等矿床；亦可用于找含矿磁性岩体后再找矿，如金刚石、石棉等矿床</td><td>寻找盲矿体或磁性含矿岩体；磁化率测孔可确定被揭露矿体的品位；三分量磁测孔还可发现钻孔附近磁铁矿盲矿体</td></tr>
<tr><td rowspan="5">放射性测量法</td><td>地面伽马测量</td><td>利用辐射仪测量近地表岩石或覆盖层中放射性元素发出的伽马射线强度与变化</td><td>用于普查找矿、地质勘探和生产矿山外围找寻具有放射性的矿床。对基岩出露良好或覆盖层不厚的地区更为有利</td><td rowspan="4">可寻找铀、钍矿床及其与放射性元素有关的其他各种矿床</td><td></td></tr>
<tr><td>射气测量</td><td>利用射气仪测量近地表土壤中射气浓度的分布</td><td>测量深度一般为 6 m 左右，有时可达 15 m</td><td></td></tr>
<tr><td>阿尔法径迹测量</td><td>利用阿尔法探测器在地表土壤中测量阿尔法径迹密度的大小</td><td>常用于生产矿山外围找矿工作。探测深度为 150 m 到 200 m</td><td>寻找盲矿体；寻找地下水，确定构造破碎带</td></tr>
<tr><td>伽马测量</td><td>利用伽马测孔仪对钻孔不同深度的孔壁进行伽马测量</td><td>与钻孔结合起来进行找矿和探矿；探测深度取决于钻孔深度</td><td>可在钻孔内发现盲矿体，并确定矿体上、下界和矿石品位用于底层对比</td></tr>
<tr><td>X 射线萤光测量</td><td>测量用激发源射线照射待测元素所产生次级射线的能量和强度</td><td>既是一种找矿方法，也是一种测定矿石品位的手段</td><td>可寻找铀、铅、铬、铁、铜、锌、镍、锶、砷、磷、钛、钒、钾、钙、硅、钼、锡、锑、钡、钨等多种矿产</td><td>寻找盲矿体；直接测定各种元素的含量</td></tr>
</table>

续表2-16

<table>
<tr><th colspan="2">方法名称</th><th>基本原理</th><th>适用条件与范围</th><th>可找矿床种类</th><th>主要作用</th></tr>
<tr><td colspan="2">自然电场法</td><td>通过仪器测量岩、矿体的自然电场及其变化特征</td><td>用于大面积快速普查找矿和生产矿山外围及坑内找寻埋藏于潜水面附近能形成天然电场的矿床</td><td>可寻找金属硫化物矿床和石墨矿床</td><td>寻找盲矿体；进行工程地质调查；确定含水破碎带；确定地下水与河水之间的补给关系</td></tr>
<tr><td colspan="2">充电法</td><td>对已被揭露的良导电矿体直接充电后，观测其电场分布特征</td><td>用于详查和地质勘探阶段寻找与围岩有明显电性差异，且具备充电条件(有露头或探矿工程)、埋藏不深、有一定规模的盲矿体</td><td>可寻找黄铁矿、含铜黄铁矿、铅锌矿、磁黄铁矿、硫化锡矿等矿床</td><td>追索或圈定已发现的矿体；确定已知矿体的形状、产状、范围及埋深；寻找已知矿体附近的盲矿体；确定地下水流速、流向；确定滑坡方向与速度</td></tr>
<tr><td rowspan="3">电剖面法</td><td>对称剖面法</td><td rowspan="3">采用一定的电极距，并将整个电测仪器装置沿着观测剖面移动，逐点观测电阻率变化特征</td><td rowspan="3">用于详查、地质勘探和生产矿山外围寻找陡倾斜的层状或脉状金属矿床。不同的方法电极排列的方式不同，适用条件和范围也有差别</td><td rowspan="3">可寻找各种金属矿床，如铜、铅、锌、镍等矿床</td><td rowspan="3">寻找盲矿体和热田；了解覆盖层下的基岩起伏和地质构造；为水文地质和工程地质服务</td></tr>
<tr><td>联合剖面法</td></tr>
<tr><td>中间梯度法</td></tr>
<tr><td colspan="2">电测深法</td><td>在同一测点上多次加大供电电极距，逐次观测不同电性岩层视电阻率沿垂向分布特征</td><td>用于地形起伏不大(坡角<30°)地区，探测产状较平缓、电阻率有明显差异的岩、矿层</td><td>可寻找油田、气田、煤田、地下水及某些金属矿床，如黄铜矿、黄铁矿、闪锌矿、方铅矿等矿床</td><td>确定覆盖层厚度，了解断裂构造、基岩起伏及埋藏深度；寻找与构造有关的盲矿体或隐伏矿床</td></tr>
<tr><td colspan="2">激发极化法</td><td>通过仪器装置观测在充放电过程中，地下电场分布随时间而变化的特征</td><td>用于普查找矿、地质勘探和生产矿山外围找寻导电良好的金属矿体，特别是那些电阻率与围岩没有明显差异的金属矿床，效果较好</td><td>用于普查找矿、地质勘探和生产矿山外围找寻导电良好的金属矿体，特别是那些电阻率与围岩没有明显差异的金属矿床，效果较好</td><td>寻找富矿体和地下水；用激发极化联合剖面装置可确定矿体倾向和顶部位置；用激发极化电测深装置可确定金属矿体倾向和顶部埋藏深度</td></tr>
</table>

续表2-16

方法名称	基本原理	适用条件与范围	可找矿床种类	主要作用
无线电波透视法	根据不同介质对无线电波吸收性能不同的原理，可利用一发射机发射电磁波，在另一地点利用接收机接收电磁波，遇金属矿体时，电磁波被强烈吸收而形成“电磁阴影”	用于地质勘探和生产矿山外围及坑内寻找具有高导电率或被勘查的地质体与围岩间电导率差异大的矿体。 可用于坑道之间、钻孔之间、坑道与钻孔之间、坑道与地表之间找寻盲矿体，但最好有两个或两个以上的探采工程（间距一般为100 m左右，最大也应小于500 m），探测深度可由数十米到400 m	可寻找煤田、铁矿床和其他多金属矿床	寻找盲矿体；确定已揭露矿体的范围和产状；探查充水溶洞、老窿及断层破碎带

2）物探方法的应用与实例

表2-16中所列主要物探方法，在普查找矿、地质勘查和生产矿山外围的找矿工作中已得到了广泛运用。在生产矿山坑内（即深部和边部）找矿工作中，由于受到较多人为因素干扰，如电法测量受到人工导体（坑内各种线路、管道、钢轨等）的影响，给物探方法的使用带来了一定的困难，但测试证明，某些干扰因素是可以排除的，如在坑道掘成但尚未安装人工导体前进行测量，采用大容量的电容接地办法等都可消除某些干扰。部分物探方法，如三分量磁测井、放射性测井、自然电场法、无线电波透视法，在坑道或钻孔中找寻盲矿体已取得了一定的效果，而且随着质量轻、操作灵活、灵敏度高的测试仪器的出现，必将得到更广泛的应用。

实例：某磁铁矿区，地面磁测发现一规则磁异常带，在其中心布置ZK117孔未见矿，在ZK119孔见到了巨厚矿体。但在其周围的ZK122、ZK124，ZK126等钻孔中均未见矿。后在ZK117-ZK122、ZK124-ZK126、ZK122-ZK124、ZK117-ZK126四个剖面中利用无线电波透视法进行双孔透视观测，前两个剖面未发现异常，后两个剖面中发现有较强的屏蔽现象，出现阴影区，场强急剧下降，故推断该盲矿体具东西延伸特点，据此布置了ZK132、ZK51等钻孔，都见到了巨厚矿体（图2-37）。在生产矿山的坑道之间、坑道与钻孔之间、坑道与地面之间找寻盲矿体的原理和方法都与此相似。

必须指出，物探方法的另一个作用是探查控矿地质体（特定的岩体、地层、岩性界面、断裂带等）的空间分布，从而指导找矿。由于控矿地质体的规模通常比矿体大得多，在找矿深度不断加大的情况下，物探在这方面的应用比较有效，但这要求提高仪器的灵敏度，以适应控矿地质体与其他地质体间物性差异较小的特点。这将是物探发展的重要方向之一。

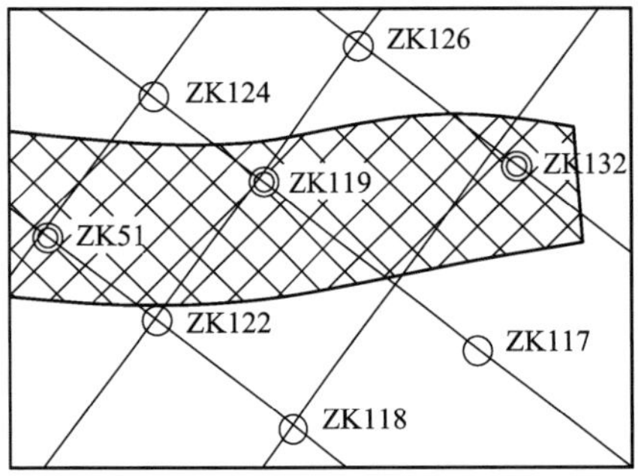

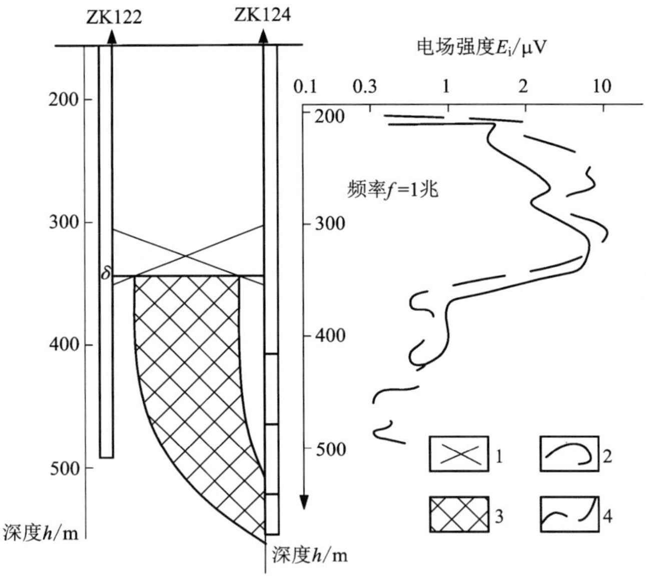

1—交会线；2—推断盲矿体；3—发射机在 310 m 标高定点观测曲线；4—水平同步观测曲线。

图 2-37 利用无线电波透视法找寻盲矿体

2.4.3.4 化探

1) 化探方法的种类与作用

表 2-17 中所述方法在普查找矿、地质勘查和生产矿区外围找矿工作中都普遍采用。在生产矿山深部和边部找矿时，因取样只能在坑道和钻孔中进行，所以有些方法的使用受到限制，目前采用较多、效果较好的是原生晕法，此外，气体测量法、热晕或蒸气晕法（采用矿物气液包体测温手段）、矿物晕法（矿体附近蚀变矿物呈带状分布）在矿山深部和边部找矿工作中，已取得了一定效果，并具有较大发展前景。但无论使用哪种化探方法，都应将化探成果与地质综合研究结合起来，方能取得较好的效果。化探方法有很多，不同的方法适用范围和作用各不相同，详见表 2-17。

表 2-17 主要化探方法及其作用

方法名称	基本原理	适用条件与范围	可找矿种	主要作用
岩石测量法（原生晕法）	系统采集新鲜岩石样品，了解原生晕分布特征	用于普查找矿、地质勘探及矿山开采阶段找寻内生矿床	Cu、Pb、Zn、Mo、Hg、Co、Ni、Au、Ag、U、Sn、W 等	找寻盲矿体；评价地段含矿性
土壤测量法（次生晕法）	系统采集残坡积土壤样品，了解次生晕分布特征	用于浮土厚度不大的地区进行普查找矿、矿山外围找矿	除上述矿种外，还可找 V、Mn、P、As、Sb 等	找寻盲矿体；查明成矿远景地段
分散流法	系统采集水系沉积物样品，了解分散流分布特征	用于地形切割强烈、水系发育地区进行区域化探、普查找矿	除原生晕法中的矿种外，还可找寻某些稀有金属矿床	找寻盲矿体；显示成矿区；圈定矿化范围

续表2-17

方法名称	基本原理	适用条件与范围	可找矿种	主要作用
水化学法	在水域中，系统采集水样，了解水晕分布特征	用于气候潮湿，地下水露头良好，水文网密度大而水量小的地区找矿	硫化物多金属矿床、盐类矿床，石油、天然气及铀矿床	找寻埋藏较深的盲矿体
稳定同位素法	在矿体上方系统采集固体或气体样品，了解同位素异常特征	用于各阶段研究成矿物质来源和成矿温度；确定成因类型。现已利用的同位素有 Pb、S、O、B、C	有色金属矿床、非金属矿床、硫化物矿床	指导盲矿体的寻找
气体测量法（气晕法）	对土壤中气体和空气进行系统取样，了解微量元素或化合物的气晕分布特征	可用于大、中比例尺普查找矿和生产矿山找矿。Hg 蒸气法可找寻 Au、Ag、Sb、Mo、Cu、W、U 等；SO_2 和 H_2S 可找寻各种硫化物矿床；惰性气体（如 Rn 气）可找寻 U、Ra、Cu、K 等		可作为远程指示元素指导追索埋藏较深的断裂构造和盲矿体
生物化学测量法	根据生物体内化学成分（特别是微量元素）变化特点与生物的个体或群体生态特征的变异，了解元素在该区的富集特征	用于森林发育地区及疏松覆盖层厚度较大（大于 10 m）地区进行普查找矿	Ni、Co、Zn、Cu、Sn、Ag、Hg、Cr、Fe、Mn、Au、W、Mo、V、U、B、S、P 等	寻找盲矿体；提供成矿远景区
地电化学法	在人工电场的作用下，以石墨电极富集渗透液流中的重金属，了解深部金属分布的异常	用于当地有广泛外来运积物覆盖，原生晕法、次生晕法、分散流法等不易奏效的地区	有色金属硫化物矿床	寻找矿山边缘及外围覆盖层下被掩埋矿体

2）生产矿山化探找矿的具体步骤

选择合适的指示元素：通过对生产矿山已揭露的矿体和围岩的系统取样化验，分析各种成矿元素和伴生元素的含量与变化规律及其同成矿之间的关系，选择可提供找矿线索的指示元素。它可以是某单一元素，可以是多种元素组合，也可以是元素对的比值。具体选用指示元素时，可根据下列原则：元素形成的异常有较高的衬度（异常值/背景值）；异常范围适中，因为范围太小时，矿体不易被发现，范围太大时，容易受到坑道中已知矿体异常的干扰；异常变化规律明显；选择的元素具有快速简便且灵敏度合乎要求的分析方法。通常可用作指示元素的有 Cu、Pb、Mo、Ag、Co、Hg、Mn、Ni、As、Bi、Rb、Si 等。

确定背景值与异常下限值：背景值不是一个下限值，而是一个范围，通常都是用几何平均值或众数值或中位值来作为背景值的估计值。异常下限值可根据实际情况确定为背景值的若干倍，或用直方图图解法、统计法或直观扫视法来确定背景值和异常下限值。

3）查明分散晕特征以预测盲矿体具体位置

准确地判断分散晕与盲矿体之间的相对位置是提高生产矿山化探找矿效果的关键，可采用的方法有很多。例如：

（1）利用多种指示元素组合分带规律，确定距矿体的远近。

（2）利用各指示元素间比值变化梯度规律，来推断盲矿体埋藏深度与已知矿体深度变化情况。

（3）利用围岩内某种单矿物中某种元素含量的变化或有无判断距矿体的远近。

(4)利用分散晕的某些变化特点，来判断盲矿体相对位置。根据分散晕的扩散范围、形态特征、水平分带和垂直分带特征确定其前缘晕、后缘晕、侧晕与盲矿体的相对位置关系。在坑道中发现前缘晕时，其下部可能有盲矿体；发现后缘晕时，则向下找到矿体的希望不大；发现侧晕时，其两侧可能有盲矿体。

2.4.4 生产矿山化探找矿实例

生产矿山运用化探方法找寻盲矿体的成功实例很多。如辽宁青城子铅锌矿赵家南沟，发育着岩脉及成矿前断裂带(图 2-38)，在 ZK07 号钻孔中进行了岩石地球化学测量，发现 a、b 两段异常，根据成矿地质条件，在 ZK07 号孔左侧 100 m 处打了 ZK11 号钻孔，结果在上部发现了一个铅锌矿化带，在下部发现了一个铅锌工业矿体(B)，分别与 ZK07 号孔中两段异常相对应，实际上 a、b 两段异常是矿体的前缘晕。

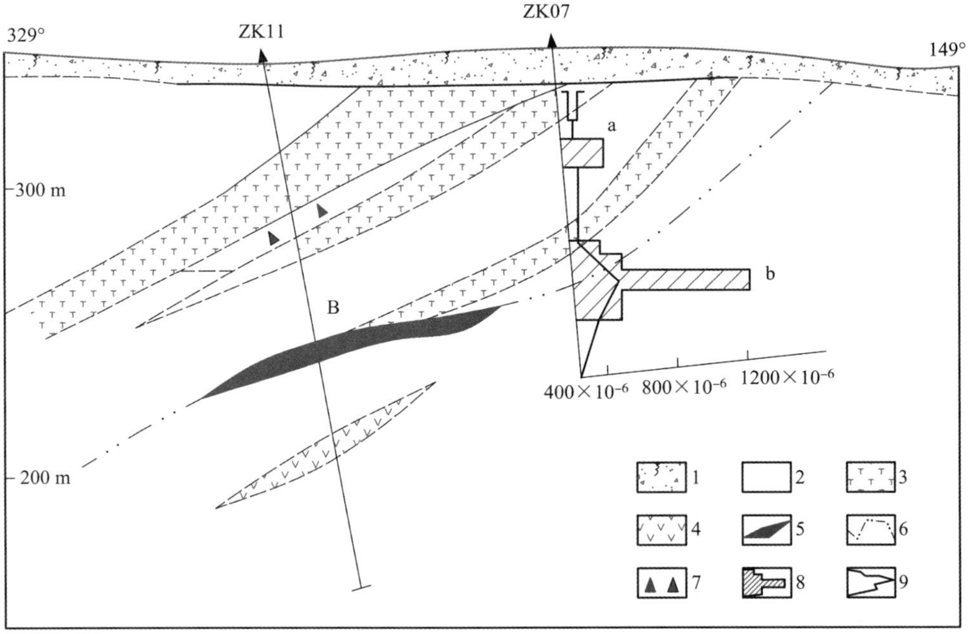

1—表土、残坡积层；2—白云石大理岩；3—岩脉；4—煌斑岩脉；5—盲矿体；
6—成矿前断层；7—铅锌矿化；8—原生晕砷含量线；9—原生晕铅含量线。

图 2-38 青城子铅锌矿赵家南沟 13 号勘查线岩石地球化学剖面图

2.4.5 生产矿山找矿中数学地质的应用

数学地质在生产矿山找矿工作中正逐步得到应用与推广，特别是将物化探及地质研究中所获得的各种数据信息运用数学地质方法处理后，可大大提高找矿地质效果。现将几种常用的多元统计分析法在生产矿山找矿中的应用简述如下。

1)相关分析

相关分析是通过分析各变量间相关关系的密切程度，确定成矿因素、找矿标志与矿床分布的相关关系，以指导找矿。此法已用于：通过对某些有用组分或有用矿物与矿体厚度或埋藏深度间消长关系的分析，了解矿化富集规律；通过对矿体厚度、产状与埋藏深度间消长关系的分析，了解矿体空间形态的变化规律。在物化探数据处理及异常解释中，也可通过此种分析找出各变量间的相关关系。

2）聚类分析

聚类分析又名群分析或点群分析，主要用于对一些尚未分类的表面相似的地质体进行合理分类。此法已用于对宏观上不易区分的岩层进行合理的分类，有助于根据岩性差别进行找矿；对宏观上难以区别的围岩蚀变进行合理的分类，用以判断某类围岩蚀变与成矿间的关系。此法与判别分析结合使用，往往可取得更好的效果。

3）判别分析

判别分析主要用于判别新发现的某地质体应属已知类别地质体中的哪一类，以便进一步确定其是否与成矿有关。采用最多的是两组判别分析，常用来判别宏观上不易区分的岩体、围岩、围岩蚀变与成矿有无关系。例如矿区内有若干花岗岩体，一类与成矿有关，其他与成矿无关，此时区别不同的花岗岩对指导找矿具有重要意义。可通过对不同花岗岩中多种组分的判别分析，确定其是否属于与成矿有关的花岗岩。判别分析最适用于生产矿山找矿。

4）趋势面分析

趋势面分析是通过自变量若干次方（常用 2~4 次）的回归分析，得出回归方程，并用计算机绘出地质体某一地质特征值（厚度、品位、物探或化探数据、某标准层层面标高等）的趋势等值线图（对物、化探数据还要分解出残差值和剩余值，突出局部异常），达到掌握某一地质特征空间分布和变化规律，以指导找矿。此法常用于：分析物探或化探异常的分布及变化；分析某些组分或矿物在空间上的分布与变化规律；分析矿体厚度、顶底板起伏在空间上的变化规律；分析某标准层层面起伏变化，以掌握与成矿有关的褶皱构造形态变化，进而确定成矿有利部位；分析断层面起伏变化，了解某些热液充填式或岩浆贯入式矿体在断层中的分布规律等。

5）齐波夫分布律

该分布律认为，在同一成矿区内不同大小矿床间或同一矿区内不同大小矿体间的资源量关系为：最大矿床或矿体的资源量为第二大矿床或矿体的 2 倍，为第三大矿床或矿体的 3 倍……以此类推。运用时可由成矿区内已知若干个矿床或矿体，按此分布律顺次估算出可能存在的其他尚未发现的矿床或矿体的资源量，直至在现有经济技术条件下可采资源量的最小值，再与已知矿床或矿体相对照，即可用于预测可能尚未发现的矿床或矿体数目和资源量，但不能用于预测其成矿位置。

此外，还有其他许多方法也正逐渐应用和推广，如目前国内外出现的三维成矿预测，利用因子分析法，找出最有利矿化标高与矿体垂向延伸的规律，用于预测生产矿山深部盲矿体，可取得较好的效果。生产矿山已积累了大量深部地质资料，可为此法的应用提供有利的条件。

应用数学地质分析方法时，必须注意：正确地选用数学地质分析方法，保证原始资料的可靠性；分析某个具体问题时所用全部资料应是具有统一内在成因联系的数据，要把数学分析与成矿条件的地质分析密切结合起来。

2.4.6　生产矿山找矿勘查手段与工程布置

生产矿山外围找矿勘查的手段和工程布置，与一般普查找矿和地质勘查时相似，但生产矿山深部和边部找矿勘查的手段和工程布置常具有如下特点：

与矿山的开采方式有关：露天开采矿山多用地表钻探，当矿体埋藏较浅时可用汽车钻，埋藏较深时采用大型钻机，在露天采场边部还可使用槽井探；地下开采矿山多采用坑下钻探，此时钻孔多采用扇形布置方式。

可充分利用生产矿山已有的探采工程和设备：

根据某些矿化标志，估计沿矿体尖灭端的矿化带走向不远可能有矿体重现时，可延长已有的沿脉坑道，追索或圈定盲矿体。

当某些矿山有大量密集平行矿脉或成群小盲矿体时，可利用钻凿深孔岩矿泥样品的化验或某种物理仪器(如钻孔光电测脉仪，X 射线荧光分析仪，伽马测孔仪等)的测试以发现新的盲矿体和确定矿体与围岩的界线。有时也可适当延长生产探矿水平钻孔或某些探采穿脉探来找到此种密集平行矿脉。

当生产探矿地段下部深处可能有盲矿体时，可适当加深生产探矿钻孔，以兼作找矿钻孔。

对原认为无矿地段的工程揭露面(如露天矿堑沟帮或地下矿山井巷、硐室等)进行认真的原始地质编录，以发现过去未发现的矿化现象、矿化标志或有利的成矿条件(如控矿构造)等。

探矿工程布置特点是应充分考虑地质勘查、基建探矿和生产探矿时已有工程的总体布置格局(如总体布置方式、勘查线方向等)，使其相互协调，以利综合图纸的整理和使用。

找矿工程间距特点是要充分考虑矿山已知最小工业矿体走向及倾斜的长度和生产探矿时所采用的工程。

2.5 资源储量管理

2.5.1 资源储量管理内容及要求

1)资源储量管理的任务

(1)对生产探矿、探采结合等工程的实施所引起的资源储量变动进行估算和统计，同时计算各相应块段的矿石有用及有害组分含量。

(2)根据矿量保有程度，研究增加矿量与探求高级矿量的方案。

(3)查实矿量变动的地段与原因；查清发生矿产资源损失的地段与原因，提出降低开采损失的意见；根据《中华人民共和国矿产资源法》的规定，保护矿产资源，促进矿产资源的合理开发利用。

(4)完善资源储量管理的图纸与台账，适时测定与修正资源储量计算的参数，计算矿山生产的损失率、贫化率。

(5)按主管部门统一布置，准时与正确地编报矿产资源储量报表。

(6)正确履行矿产资源储量核销手续。

在资源储量管理工作中，要把矿床资源储量按矿山正在进行开拓的最低水平划分为上、下两部分。下部资源储量除因新的勘查引起变化外，一般情况下保持不变。上部资源储量因开采及生产探矿等原因则经常发生变化，因此计算资源储量时只涉及开拓水平以上的部分。当矿山开拓新水平时，新开拓阶段(或台阶)的资源储量应从下部资源储量转入上部资源储量。这样可消除上部的各类资源储量误差并推移积累到下部去。

2) 矿产资源储量情况表的编制

矿产资源储量情况表，是全面反映矿产资源的数量、质量、开采技术条件和利用情况的重要资料，是供有关主管部门作为编制经济建设、国防建设和制定有关经济技术政策的重要依据。在我国，编报矿产资源储量情况表已成为一项制度。表内各项的填写要求，依国家统计局的规定，年度矿产资源储量情况表的格式见表 2-18。

表 2-18　年度矿产资源储量情况表

所属矿区(井田)名称：　　　　所属矿区(井田)-矿山编号：□□□□□□□□□□-□□□

矿产名称(矿产组合)	统计对象及资源储量单位	矿石工业类型及品级(牌号)	矿石主要组分及质量指标	截至　　年底查明资源储量及年度变化情况									
				类型编码	年初保有	开采量	损失量	勘查增减(±)	重算增减(±)	年末保有	累计查明	共伴生矿产利用情况	备注
1	2	3	4	5	6	7	8	9	10	11	12	13	14
												矿产名称1： 回收类别： 回收数量： 数量单位： 综合回收率： 矿产名称2： 回收类别： 回收数量： 数量单位： 综合回收率： 矿产名称3： 回收类别： 回收数量： 数量单位： 综合回收率：	

2.5.2　保有资源储量的确定和检查

1) 资源量保有程度的确定及检查

矿山服务年限主要受矿床资源量的制约，当矿山开采年限接近服务年限时，最好有新的矿山接续。所以在矿山的服务年限接近后期时，应检查资源量保有边缘期，这对中小型矿山和地质条件复杂的矿山更有实际意义。矿山资源量保有边缘期(T)在正常情况下可按式(2-13)计算：

$$T \geqslant A+P+R \tag{2-13}$$

式中：A 为同等规模矿床地质勘查时间，年；P 为同等规模矿山设计时间，年；R 为同等规模矿山基建时间，年。

在进行资源量保有程度的检查时，根据本矿目前保有的资源量及年产规模，计算本矿的剩余服务年限；把此年限与资源量保有边缘期进行对比。当剩余服务年限接近资源量保有边缘期时，矿山地质部门应及时报告主管部门，及早开展新矿山基地的勘查工作，以利于本矿产品用户的原料的持续供应。

2）高级别资源量保有程度的确定及检查

正规的生产矿山都必须经常保有一定数量的高级别资源量，以保证采掘计划编制和采掘工程设计的可靠性，为此，必须及时检查高级资源量的保有程度。此种检查实际上是对保有期的检查，高级别资源量保有期计算式如下：

$$\text{高级别资源量保有期}=\frac{\text{高级别资源量之和}\times\text{资源量回采率}}{\text{下年度计划产量}} \tag{2-14}$$

一般情况下，高级别资源量应保有2~3年，地质条件复杂的矿山可略低。如通过检查发现高级别资源量保有不足，应加紧进行生产探矿，使资源量升级。在高级别资源量保有期的计算中，应注意下列高级别资源量不能参加计算：

（1）被保护对象尚未撤除前的保护井巷和地面建筑物的矿柱。

（2）因岩石移动而不能回采的资源量。

（3）各个采场及中段的顶、底、间柱的资源量，按回采顺序，计划期内不能回收者。

（4）依条件不能回采的停采采场的残余资源量。

（5）因灾害事故（突水、火灾等）而封闭的地段的资源量。

（6）开采范围以外的地质勘查中段提交的高级别资源量。

2.5.3 三（二）级矿量

矿山生产过程中，根据采矿工程的准备程度，将计划开采的矿石量分为开拓、采准和备采三个级别，这三个级别的矿量总称生产矿量，又称三级矿量。但在露天开采矿山只划分开拓矿量和备采矿量两级。

1）开拓矿量

矿山开拓系统工程已经施工完成的范围内的可采储量为开拓矿量，它是生产矿量级别之一。开拓矿量分为地下矿山的开拓矿量和露天矿山的开拓矿量。

地下矿山的开拓矿量：按设计的规定，地下开拓系统中的井巷工程（如主竖井、主斜井、主平硐、主溜井、主要通风井、主充填井和排水井；石门、井底车场、中段主运输巷道、专用通风平巷、排水平巷和充填平巷；井下中央变电所、主要水泵房、水仓、破碎机硐室、地下炸药库、电机车库、凿岩机修理室、等候室、医务室、主要信号硐室、防水门、采区变电所、主要风门硐室、防火仓库及与硐室有关的附属工程）已完成，形成了完整的矿井提升、运输、通风、防排水、充填等系统，据此可开掘采准巷道，并完成采准工作以前的生产探矿工程，在此开拓巷道水平以上范围内所控制的储量，称为地下矿山的开拓矿量。

露天矿山的开拓矿量：在计划露天开采的区域内，矿体上面覆盖的岩土已剥离，露出矿体表面，并完成了通往开采台阶的运输堑沟或斜坡路等开拓工程，分布在此台阶以上的储量，称为露天矿山的开拓矿量。

2）采准矿量

矿山在开拓工程完成的基础上，采准工程已经施工完成的范围内的矿量，为采准矿量，它是开拓矿量的一部分，也是生产矿量级别之一。

在已经开拓的矿体范围内，按照设计规定的开采方法所需要的采准工程（如在采场或矿块底部所开掘的沿脉和穿脉运输巷道；运输横巷、通风平巷；采场人行、设备材料、充填料、凿岩、通风、岩矿等专用天井；为开采平行矿脉做准备工作的中段运输横巷；耙矿巷道、格筛巷道、硐室、放矿小井；通往采场和主要运输平巷的安全出口等联络道；采用空场法的分段沿脉巷道、崩落法的沿脉巷道等井巷掘进工程）均已开掘完毕，采区外形已形成，分布在这些采区范围内的矿量，称为采准矿量。

3）备采矿量

在采准矿量的基础上全部完成了采矿方法所规定的采场切割工程范围内的矿量，为备采矿量，它是采准矿量的一部分，为生产矿量级别之一。备采矿量又称回采矿量，在生产中又分地下开采的备采矿量和露天开采的备采矿量。

地下开采的备采矿量，是指分布在已经做好采矿准备并完成切割工程（包括采场切割天井或上山、切割平巷、拉底巷道、切割堑沟；放矿漏斗的漏斗颈；深孔凿岩硐室；空场法的分段穿脉巷道；分层和有底柱分段崩落的分层和分段穿脉巷道及无底柱分段崩落法的分段沿脉巷道；分层崩落法的贮矿巷道、贮矿小井等井下掘进工程）的采区内，可以立即进行回采的矿量。

露天开采时，在已经架设运输线路和清理了残矿、废石，并能进行正常采矿的台阶，其上部和侧面被揭露出来的矿体部分所拥有的矿量，称露天开采的备采矿量。

4）生产矿量保有指标的检查

三（二）级矿量的合理储备是保证矿山持续、均衡生产的基本条件，三级矿量的保有程度，一般按季检查，检查保有期采用的计算式为：

$$\text{开拓保有期(年)}=\frac{\text{计算期末开拓矿量}-\text{预计矿石损失量}+\text{预计混入废石量}}{\text{设计(近期规划)年产量}-\text{年掘进平均副产矿量}} \tag{2-15}$$

$$\text{采准保有期(月)}=\frac{\text{计算期末采准矿量}-\text{预计矿石损失量}+\text{预计混入废石量}}{\text{年计划月平均产量}-\text{月掘进平均副产矿量}} \tag{2-16}$$

$$\text{备采保有期(月)}=\frac{\text{计算期末备采矿量}-\text{预计矿石损失量}+\text{预计混入废石量}}{\text{年计划月平均产量}-\text{月掘进平均副产矿量}} \tag{2-17}$$

在检查与计算保有期时，要注意以下问题：

（1）对于正在开拓中工程量特别大的中段（台阶），开拓矿量的计算亦可采用均摊方法。露天矿山以开拓台阶的工业矿量，乘以计算期内完成的开拓工程量与设计开拓工程量之比的百分数计算；地下矿山以开拓中段工业矿量，乘以计算期内完成工程的时间与设计工程（包括安装）所需时间之比的百分数计算。但某些小型矿山规定，全部开拓工程完成后方计算为开拓矿量。

（2）开拓工程邻近的小矿体，可利用现有开拓工程进行采准的，可计入开拓矿量；需新增开拓工程或开采顺序不合理，或地质工作不足的，不应计入开拓矿量。

（3）预留的永久矿柱与无法回收的底柱，一律不计入三级矿量，临时矿柱在开拓矿量保有期内不能回采者，暂不计入三级矿量；在开拓矿量保有期内可以回采者，按三级矿量应具备的条件分别计入相应级别矿量。

（4）对地下矿山，与矿房同时回采的间柱、顶柱与上中段底柱，有回采设计的计入采准矿量；完成回采工程的计入备采矿量。单独回采的矿柱，按回采顺序具备回采条件的计入备采矿量，不具备回采条件的按矿房准备程度，相应降级计算。

(5)不符合开采顺序的矿块、矿段，不能计算为采准或备采矿量。

(6)地质构造和水文地质条件复杂，或按目前技术经济条件无法开采的不计入三级矿量。

(7)矿块、矿段由于边坡滑落、井巷坍塌，或地质构造、水文地质条件影响，其处理时间超过采准、切割和回采相应矿量保有期时，均不计入各期矿量。

矿山地测部门需定期编制相应的报表，定期上报。

2.5.4 矿石损失、贫化的管理

为了切实保护和合理利用矿产，在矿床开采设计和开采过程中，地测部门和采矿部门要密切合作，尽可能降低开采的损失和贫化。为此，地测部门首先要为采矿部门提供详尽而较为可靠的地质资料，还要开展地质管理与监督工作。

1)对开采设计的监督

在开采设计中，地测部门应检查、监督这些原则的贯彻：

(1)坚持合理的开采顺序。

(2)在综合考虑经济、资源回收、能耗和生产条件的基础上，选取合理的损失率和贫化率指标。

(3)尽可能实行贫富、大小难易兼采的原则，但在有利于提高经济效益又不破坏资源的情况下，经过主管部门批准，也可先富后贫，先大后小，先易后难，灵活处理。

(4)尽可能充分回收综合利用伴生有用组分。

(5)对于目前技术经济条件下尚难利用的矿产资源，设计中尽可能予以保护，必须采出的，要有贮矿场存储。

为了加强对损失、贫化的管理和监督，开采设计应经过地测部门审查、签章后方可施工。

2)开采过程中的地质监督和管理

地质人员要注意下列问题：

(1)对地下矿山的顶、底、间柱，采矿部门是否认真做好回采设计。

(2)对矿体顶底板、两端与围岩接触地段，或矿体的厚大夹层(夹石)，爆破设计人员在爆破设计中，是否采取了有效措施，以减少矿石的贫化。

(3)露天采场铁路及公路的路渣、爆破孔的充填物、露天矿山清理作业平台等是否遵循矿石与岩石不混杂的原则。

(4)对使用充填法或浅孔留矿法开采的采场，要检查回采作业是否达到矿体边界，达不到边界不得进行下一分层的回采作业。

(5)地下矿山保留的采场临时矿柱，采矿技术部门是否有充分的技术论证。

对可能发生重大损失与贫化的采掘作业，地质部门有权制止；对已发生的重大矿石损失与贫化，地质部门应进行分析，并提出处理意见。为防止与降低开采损失和贫化，各级领导与采矿部门对地质部门提出的意见和建议应认真对待，切实答复。

3)合理利用矿产资源应做的工作

(1)地下矿山采用崩落采矿法时，地质部门要与采矿技术部门合作，进行技术经济分析，

确定合理的放矿截止品位。

(2)利用级差品位指标的原理，研究在三级矿量分布地段降低工业品位指标的可能性；当经济上合理，生产上可行时，应尽可能用级差品位指标重新圈定工业矿体。

(3)当采选技术经济参数或矿产品售价有重大变动时，应及时修改矿床工业指标，修改时应进行科学的技术经济计算分析，经过论证，送请上级主管机关批准，方可执行。

在矿石损失和贫化的管理中，要编制统计报表。

2.5.5　矿石质量均衡中的管理与监督

矿石质量均衡又称矿石质量中和或配矿，是指在采矿和装运过程中，有计划、有目的地按比例搭配不同品位的矿石，使之混合均匀，以保证生产的矿石达到利用部门要求的质量标准和综合利用矿产资源、提高经济效益应采取的措施和手段。质量均衡主要是对矿石中有用组分进行的，有时也对有害组分或造渣组分进行均衡。

矿石质量管理在有的矿山由地测部门主管，还有的矿山由其他部门主管。一般在矿石质量均衡过程中，矿山地质部门要完成下列工作：

(1)做好矿石质量鉴定，提供系统的、完善的地质图件及其他有关资料。

(2)编制年、季、月矿石质量计划，验算各采场、各阶段的矿石均衡能力；作为编制季、月质量计划的地段，其地质工作程度一般应达到高级矿量要求。

(3)定时进行质量预报，即按某时期的要求，将采矿地段的矿石类型、有用有害组分含量及其变化，及时向采矿及矿石加工部门发出预报。

(4)组织并指导出矿过程中的取样工作。

2.5.6　现场施工和生产中的管理

矿山现场施工和生产的重要特点之一是工作面和工作对象处于经常变动之中。随着工作面的推进，总是不断出现新的地质条件，其中有些条件可能是生产探矿中尚未掌握和采掘设计中所未估计到的。因此，矿山地质人员必须与采矿人员密切配合，搞好施工和生产中的管理及监督工作。除了已述及的矿石损失、贫化的现场管理及监督工作外，还要做好下列工作：

(1)掌握井巷的掘进方向和终止位置。例如，原设计要求靠近矿体底板掘进的脉外沿脉巷道，如果因矿体边界与原预计的偏差，而使巷道偏离底板，地质人员应及时指出，并和采矿人员一起研究解决；又如，某些穿脉要求穿透矿体顶(或底)板后即终止掘进，地质人员应经常到现场检查，及时指出掘进终止位置。

(2)掌握地质构造变动情况。有的矿山在施工或生产中常遇到影响较大的断层，地质人员应经常到现场调查了解，一旦发现断层标志或接近断层的标志，则应及时判明断层的类型、产状，破碎带的可能宽度、破碎带的胶结程度及两盘的相对位移等情况，以便采矿部门适时采取措施；如果是矿体被错断了，而且断距较大，还要确定错失矿体位置，以便采矿部门及时修改设计。

(3)参与生产安全的管理。矿山生产安全工作虽有安全部门专门管理，但有颇多安全问题与地质条件有关，地质部门应参与管理。例如，井巷或采场中的冒顶、片帮或突水等事故都与地质条件有关，地质人员应及时发现其征兆，及时向有关部门发出预告，并共商预防措施。

(4)参加井巷工程的验收工作。某井巷施工告一段落时，地质部门要会同掘进队及采矿、测量人员对其进行验收。验收项目包括工程的位置、方向、规格、质量及进尺等是否符合原设计要求。如果井巷穿过矿体，则还要测算掘进中副产矿石量。

(5)矿石质量均衡的现场管理和监督。矿石质量均衡的现场管理和监督，主要是要保证矿石质量计划和质量均衡方案的实现。例如指导和监督不同类型、不同品级矿石的分爆、分装及分运，指导和监督同类型、同品级不同品位矿石按预定方案进行搭配等。

2.5.7 储量动态管理

1)矿山储量年报

为落实矿山储量动态监督管理制度，适时准确掌握矿山资源储量保有、变化情况及变化原因，促进矿山资源储量的有效保护和合理利用，应开展矿山年度储量动态地质测量工作。对年度施工工程(巷道或露天剥离)和开采动用资源储量范围进行实测圈定，核实资源储量变动的数量，落实资源储量变动的具体地段和部位；及时掌握和分析资源开采利用状况，查清资源量损失的数量及原因和地段；按国家要求统一编制矿产资源储量报表，更新资源储量估算图和采掘(剥)工程现状(平面)图，编制矿山储量年报。

矿山储量年报主要内容应包括：

(1)查明资源储量。

(2)保有查明资源储量。

(3)当年动用(采出和损失)资源储量。

(4)当年勘查增减及重新计算增减的资源储量。

(5)矿石质量变化情况。

(6)下一年度计划动用的资源储量。

(7)其他与矿山企业储量管理及国土资源主管部门资源储量管理有关的问题。

矿山储量年报附图应包括：

(1)矿山开采现状平面图。

(2)资源储量估算图。

(3)下一年度计划动用的资源储量分布地段。

(4)当年动用、生产中段的平面、剖面图(地采)或典型剖面图(露采)。

(5)测量成果图。

2)矿产资源储量核实报告

因矿业权设置、变更、转(出)让或矿山企业分立、合并、改制等需对资源储量进行分割、合并，或因改变矿产工业用途或矿床工业指标及工程建设项目压覆等，致使矿区资源储量发生变化，需重新估算查明的资源储量或结算保有的(剩余、残留、压覆的)资源量，应进行矿产资源储量核实，编制矿产资源储量核实报告。

矿产资源储量核实报告应系统收集、整理矿区范围内相关的以往地质勘查、矿山开采、选矿、开采技术条件和矿山经营等各项资料，尤其是开采过程中取得的新资料、新认识，能够反映最新勘查、开发和技术经济的研究成果。核实工作一般以现有资料和已有的勘查、采矿工程为基础，开展必要的地质测量、取样、测试、化验等工作。如果核实区的勘查程度达不到核实目的要求的勘查程度，应补充地质勘查工程，并提交符合核实目的要求的勘查或补充勘查报告。

矿产资源储量核实报告主要内容为：

(1)应重点阐明目的和任务。

(2)拟建、在建矿山开发建设、开采情况。

(3)本次工作情况、完成工作量及工作质量评述。

(4)矿体特征，新的选冶工艺成果。

(5)资源储量估算和资源储量变化因素。

(6)矿区水文、工程、环境地质条件的变化及新认识。

(7)矿山生产中的安全隐患。

(8)矿床开采技术条件变化及新认识。

(9)存在问题及预防、治理建议。

矿产资源储量核实报告附图主要为：

(1)矿区地形地质图。

(2)勘查线剖面图。

(3)资源储量估算图(平面、纵投影图)。

(4)含矿岩系(或矿层)柱状对比图。

(5)新增工程原始编录图(坑、槽探素描图，钻孔柱状图)、中段平面图。

(6)矿区水、工、环地质图。

(7)采矿工程分布平面图。

2.5.8 采掘单元暂时停产、报废和正常结束的管理

生产矿山有时因某种原因会出现采场、中段、采区乃至整个矿山的暂时停产；有时还会由灾害性大事故等，导致某个单元的报废；按采矿设计，储量已全部采出，则属正常结束。

1)采掘单元暂时停产时的地质工作

采场与中段的暂时停产时间一般不长，若停产时间较长，地质与测量人员要合作做好如下工作：

(1)对采场与中段停产前的采掘进度进行实地测绘。

(2)整理或填绘出采场与中段的地质图。

(3)计算停产采场或中段的剩余资源量、三级矿量。

(4)整理停产采场或中段的原始地质测量资料。

进行上述工作的目的是为恢复生产打下可靠的基础。

一个坑口或矿山的整体停产是一个重大问题，此时地测部门的工作应为：

(1)整理或测绘出坑口或矿山采掘状况、工业设施图。

(2)整理或填绘出坑口或矿山各开采地段地质图。

(3)计算剩余的资源量和三级矿量。

(4)系统整理出矿山的综合地质、测量图纸及其他文字图表资料。

在上述工作基础上编写停产地质报告，目的是为恢复生产时地测工作的接续打下基础。停产地质报告的主要内容应包括：

(1)坑口(或矿山)的矿床地质条件。

(2)停采时的采掘状况及所处地质条件。

(3)历年的开采量及结存矿量。

(4)已建立的地质测量资料。

(5)开采技术条件。

(6)矿床地质远景评价。

2)采掘单元报废和正常结束时的地质工作

若地下矿山采场因发生事故，经技术鉴定确属无法恢复而报废，则地测部门要做下列工作：

(1)尽可能绘制出采掘进度线。

(2)计算残存矿量。

(3)统计已开采量、损失量、损失率和贫化率。

(4)整理出采场各项地测资料并存档。

(5)及时履行资源储量报废手续。

地下矿山采场回采正常结束时的地质工作内容与报废时相似，只是不需进行上述前两项工作。

地下矿山开采中段同样存在报废和开采正常结束两种情况，需进行的地测工作内容大同小异，主要有：

(1)对积累的地测资料进行系统的核对和整理。

(2)统计本中段的实际开采量及损失量。

(3)进行中段设计储量与实际开采量的对比。

(4)进行开采前后地质资料所反映地质条件的对比分析。

(5)计算并报废残存矿量。

上述工作成果应整理成系统资料并存档。

坑口或矿山的报废或正常结束(闭坑)，经有关主管部门审查同意后，地测部门除了要进行与开采中段报废或正常结束相似的整理、统计及对比分析工作，还要编制报废或闭坑地质报告书。

2.6 闭坑地质工作

2.6.1 闭坑地质工作任务与作用

2.6.1.1 闭坑地质工作

闭坑地质工作是对矿山资源条件进行最终的系统评价和对矿山开发全过程地质工作进行全面总结的专业技术工作。矿山资源的开发过程，是对矿床赋存规律认识不断深化的过程，也是矿山生产技术、科学研究和企业管理水平不断提高的过程。众所周知，矿山采掘工程使矿床的各种地质现象得到充分揭露，为进行矿床地质综合研究、综合评价提供了良好的条件。对矿山开发全过程地质资料的系统整理和研究是对矿床地质规律的再认识，不仅可以丰富和发展矿床地质、矿山地质理论，也有助于今后更合理地勘查和开发利用矿产资源。

2.6.1.2 闭坑地质工作的任务

(1)系统整理和研究矿山开发全过程所积累的地质资料，对矿区范围内及外围可供利用的矿产资源的开采利用程度提出结论性意见。

(2)系统整理有关生产数据，并对其完整可靠程度及质量作出评价。

(3)分析总结矿产资源利用和储量平衡情况，对已采的、残留的、潜在的资源作出评价，总结矿床综合利用的经验和教训。

(4)分析总结对矿床地质的新认识，对矿床的勘查程度、方法和手段的合理性作出评价。

(5)对矿区水文地质、工程地质等开采技术条件进行系统总结与评价。

(6)对矿坑关闭后有关地质、环境保护方面的遗留问题提出意见和建议。

2.6.1.3 闭坑地质工作的作用

1)为矿山适时关闭提供科学依据，避免不应有的失误

矿山能否关闭必须根据闭坑地质工作所提供的依据来决定。论证的结果，可能是矿区范围内还有资源远景，通过进一步的地质勘查工作，可以扩大地质资源量，延长矿山服务年限；也可能是矿山及其周围已无资源远景，资源开采殆尽，应按照规定程序办理闭坑手续。

2)系统整理积累的地质资料，丰富地质理论，提高矿山地质技术管理水平

对矿山开发过程中所揭露的地质现象和积累的地质资料的全面系统整理，对深入研究矿床成因、控矿条件、矿床赋存规律及勘查控制程度具有重大意义。

3)有利于对资源开发利用的监督

闭坑地质工作是进一步总结和核查矿山对已探明可供利用的矿产资源的开采回收利用情况，以便发现漏采的矿体和矿石、没有综合回收的共生矿产和有用伴生组分，监督矿山合理地、充分地、有计划地开发利用矿产资源。

2.6.1.4 闭坑程序

矿山的关闭是在采场和中段回采结束的基础上，由局部至整体分阶段进行的。采场和中段回采结束的地质工作，是矿山日常生产的工作内容。在采场、中段探矿和采矿过程中，应按规定及时收集有关地质资料，在终止生产前应及时加以整理，编写中段停采报告。

矿坑的关闭程序应严格遵照《中华人民共和国矿产资源法》及国务院《中华人民共和国矿产资源法实施细则》的要求执行，工作程序一般要经历地质调查和论证、地质评审、申报、审批、关闭五个阶段。其中地质调查和论证、地质评审是整个闭坑工作的基础和关键。

《中华人民共和国矿产资源法实施细则》第三十三条规定，矿山企业关闭矿山，应当按照下列程序办理审批手续：

(1)开采活动结束的前一年，向原批准开办矿山的主管部门提出关闭矿山申请，并提交闭坑地质报告。

(2)闭坑地质报告经原批准开办矿山的主管部门审核同意后，报地质矿产主管部门会同矿产储量审批机构批准。

(3)闭坑地质报告批准后，采矿权人应当编写关闭矿山报告，报请原批准开办矿山的主管部门会同同级地质矿产主管部门和有关主管部门按照有关行业规定批准。

《中华人民共和国矿产资源法实施细则》第三十四条规定，关闭矿山报告批准后，矿山企业应当完成下列工作：

(1)按照国家有关规定将地质、测量、采矿资料整理归档，并汇交闭坑地质报告、关闭矿山报告及其他有关资料。

(2)按照批准的关闭矿山报告，完成有关劳动安全、水土保持、土地复垦和环境保护工作，或者缴清土地复垦和环境保护的有关费用。

矿山企业凭关闭矿山报告批准文件和有关部门对完成上述工作提供的证明，报请原颁发采矿许可证的机关办理采矿许可证注销手续。

2.6.2 闭坑阶段地质工作内容

2.6.2.1 闭坑前的地质调查与论证

闭坑前的地质调查与论证工作是在矿山开发全过程所积累的地质资料基础上进行的，不同的矿山根据其地质条件、已有工作程度和生产特点的不同，闭坑前地质调查的重点各有差异，但都是紧密围绕矿山闭坑所需要具备的基本条件进行的，可归纳如下。

1)矿区及其周围勘查和研究程度的调查

(1)矿区地质特征的调查：

系统、全面地分析研究区域地质、矿床和矿体的分布、矿化特征、含矿层位、岩浆活动、矿区构造、成矿规律、原地质勘查报告的主要结论，以及矿山生产实践中获得的新资料，提出的新观点、新理论。

(2)矿区地质勘查工作历史的调查：

矿区地质勘查工作的历史，包括各不同工作单位的工作范围、任务、起止时间和投入的主要实物工作量及取得的成果，勘查时期和矿山生产时期所采用的勘查类型、手段、网度和工程布置原则，勘查工程的质量，资源储量计算成果和工业指标内容及下达指标的单位，地质勘查报告审批情况及主要结论意见，矿山地质工作总结报告等。

(3)矿体分布情况的调查：

矿区内矿体总的分布范围和矿体的控制程度，对主要矿体的平面、剖面的边界，延伸部位的控制情况，矿区及其周围有利成矿地段的控制程度，矿区内具有工业价值的小矿体的分布范围、赋存规律及控制程度。

(4)矿体外部形态和内部结构的控制和研究程度的调查：

矿体的形态、产状、空间位置、受构造破坏的情况，主矿体和矿体尖灭、转折、构造破坏处的外部形态，矿体中矿石的自然类型、工业类型、工业品级的种类及其比例和分布规律，夹石的性质和分布，矿石的品位变化，氧化矿、混合矿、原生矿的界线，利用开采结果和各阶段探矿资料，进行矿体厚度、形态、产状、底板位移和矿石量、品位、金属量的对比。

(5)矿石物质成分和选冶性能研究程度的调查：

矿石的物质成分、共生关系、结构构造，有用矿物嵌布粒度及其变化规律，氧化矿、混合矿、原生矿及贫矿、富矿等矿石的选冶性能及主要技术经济指标。

(6)共生矿产和伴生有用组分综合勘查和综合评价的调查：

对矿区范围内的共生矿产、伴生有用组分的分布、数量、含量、赋存状态和分布规律的勘查程度和研究程度。

(7)矿区开采技术条件研究程度的调查：

矿区范围内断层、破碎带、节理裂隙、风化带、泥化带、流砂层的发育程度和分布规律，矿体顶底板围岩的稳固性和矿石的结块性、自燃性，岩矿物理力学性质和矿床开采时对人体有害的物质成分，老窿和岩溶分布范围，充填情况的控制程度，对矿山建设可能有严重影响的断层、滑坡、岩溶塌陷等工程地质条件的研究程度。

(8)矿床水文地质条件勘查程度的调查：

矿区地表水与地下水的水力联系、矿区充水因素，地下水的补给来源、径流和排泄条件，矿区含水层、隔水层确定的依据及其特点，矿坑涌水量和地下水对开采的影响。

(9)矿区及其周围资源发展前景的论证：

在前面系统调查、研究的基础上，加深对矿床地质规律的认识，对矿区及其周围有利成矿部位和地段的地质研究程度和工程控制程度，对破坏矿体的较大断层、破碎带两侧和含矿带延深部位控制程度作出评价，对矿区及其周围资源前景进行论证，提出下一步地质工作的建议。

2)资源利用程度的调查

(1)原地质勘查报告提交的资源储量类型、数量、品位、分布范围和经过矿山探矿、开采后的储量平衡情况。

(2)矿山历年开采储量的数量、品位和分布范围。

(3)矿山损失资源量的数量、品位和分布范围，对开采损失和非开采损失分类进行统计。

(4)伴生有用组分和共生矿产的种类、数量及其在开采、选矿、冶炼过程中的综合利用情况。

(5)损失矿量核销情况，包括核销矿量的数量、品位，申请核销的原因和审批单位、时间。

(6)低品位矿石量和难选矿的数量、品位、分布范围及利用前景。

(7)尾矿的数量、矿物组分、化学成分和堆放地点。

(8)已采出而暂时不能利用的矿产数量、品位和堆存情况。

2.6.2.2　矿山生产情况的调查

1)矿山设计基建简况

(1)设计单位、时间、施工单位、建成投产时间。

(2)设计依据、矿山规模、开采范围、开采方式和主要开采方法。

(3)基建探矿情况，包括探矿手段、工程间距、完成工作量和取得的地质成果。

2)矿山开采简况

(1)生产规模、开采范围、开采方式、开采顺序和采矿方法。

(2)历年开采量、贫化损失情况和主要技术经济指标。

(3)采空区和陷落区现状。

(4)已核销的残矿的开采利用可能性及经济效果。

3)生产时期地质探矿、生产探矿情况

(1)探矿的目的、工作内容、工作范围。

(2)历年投入的实物工作量和取得的地质成果。

(3)探矿手段、方法，工程间距。

(4)综合勘查、综合评价、探采结合方面的经验和存在的问题。

(5)对矿区成矿地质规律的认识。

4)生产过程中矿山地质工作的经验和教训

(1)影响矿山生产的主要地质问题和解决的途径。

(2)影响矿山继续开采的技术经济条件、影响范围、影响程度，分析继续开采利用残矿、难选矿、贫矿、共生矿产等的可能性及建设方案的技术经济指标。

2.6.2.3 闭坑地质报告的编写

矿井、采区范围内的储量即将回采完毕，或者虽然尚未采完，但由于开采技术条件原因，剩余矿石在技术上或经济上已不能回采，需要闭坑时，应编写闭坑地质报告。矿山停办时也应编写闭坑地质报告。

闭坑地质报告编写所需的资料，应在矿山基建和开采过程中及时、全面地收集、整理。矿山地质工作应符合有关规范的要求，在指导生产过程中，积累客观、真实的资料，并进行综合研究，为报告编写做好准备。

闭坑地质报告的内容要有针对性、实用性和科学性，原始数据资料准确无误，对比分析简明扼要，结论依据可靠；要力求做到图表化、数据化。

闭坑地质报告编制依据《矿山闭坑地质报告编写规范》(DZ/T 0347—2020)。

2.7 地质工作主要图件

2.7.1 原始地质编录概述

2.7.1.1 原始地质编录的概念、内容与要求

地质人员到现场对各种探、采工程所揭露的矿体及各种地质现象进行仔细观察，并用图表和文字将矿体特征和各种地质现象如实素描和记录下来的整套工作，称为原始地质编录工作。它是收集第一手地质资料最基本的方法。所收集的资料是编制各种综合地质图件的基础，是进行综合研究的前提，也是评价矿床的重要依据。原始地质编录具体包括坑探工程地质编录和钻孔地质编录(或称岩芯编录)，编录的主要内容如下：

(1)素描图：用简易的皮尺、钢卷尺和罗盘等工具，测绘各种以矿体为中心的地质现象并将其画到坐标纸上，各种勘查工程的素描图见后述。

(2)文字描述：在野外记录簿上用规定的格式记录各种地质现象，如矿体产状、形状、厚度；矿石的物质组成及矿物共生组合、结构构造；矿体与围岩接触关系；围岩类型及其蚀变作用；地质构造及其控矿关系；等等。

(3)实物标本：采集有代表性的矿石、蚀变岩和各种围岩标本，以便进行综合研究。对一些特殊的标本，如化石、构造岩也要注意收集。

(4)照相：有条件的情况下，对一些特殊地质现象，如矿体与围岩接触带、各种矿化穿插关系和地质构造现象进行拍摄，并附以简要文字说明。照相与素描图可互相取长补短。

为了提高编录的质量，使收集的资料真实可靠，并能客观反映矿床地质特征，要求在编录过程中做到如下几点：

(1)编录的格式要统一、简明，如图表格式、工程编号与坐标、样品与标本的编号、岩石名称、地层划分标准、图例等都应统一、简明，便于对获取的资料进行分析对比。

(2)素描图的比例尺可根据具体地质情况和要求而定，但一般情况下都要求为 1∶50~1∶200。

(3)编录工作应及时、经常进行，并尽量简化一些不必要的手续，避免内容重复。

2.7.1.2　几种常见的原始地质素描图

在原始地质编录中，采用地质素描图来收集资料是使用较广泛而且也是较基本的一种方法。将各种探、采工程中所揭露的以矿体为中心的主要地质特征按照一定比例尺绘制而成的地质图件，称为地质素描图，如探槽素描图、浅井素描图、坑道素描图、钻孔柱状素描图等，就是几种常见的原始地质素描图。一般情况下，每个工程都要求绘制一张地质素描图。图上除详细表示以矿体为中心的各种地质现象外，还应有下列内容：矿区名称、工程名称及编号、工程方位及坐标、比例尺、样品及标本的位置与编号、样品分析结果表、工程平面位置图、图例、责任制表等。采矿工作者虽然一般不直接参加现场地质素描工作，但常需查阅和利用这些原始资料，如到现场了解矿床地质条件，核对综合地质资料的可靠性。

探槽素描图是表示探槽所揭露的各种地质现象的图件。一般素描探槽一底与一帮，只有当地质条件特别复杂时，才素描一底与两帮。实际的槽底与槽帮并不在同一平面上，而制图时则要求绘在同一平面上，为了把空间上两个位置不同的平面绘到同一平面上去，就需要将探槽展开成平面图。

探槽素描图展开的方式有两种：坡度展开法与平行展开法。其中坡度展开法使用较多，展开的步骤为：以帮所在的平面为基准，将底投影到水平面上；再把底的水平投影面沿着底和帮交线的投影线旋转到帮所在的平面上；最后将槽中的各种地质现象根据所需比例尺缩绘上去，即成一张一帮和一底的探槽素描图(图 2-39)。

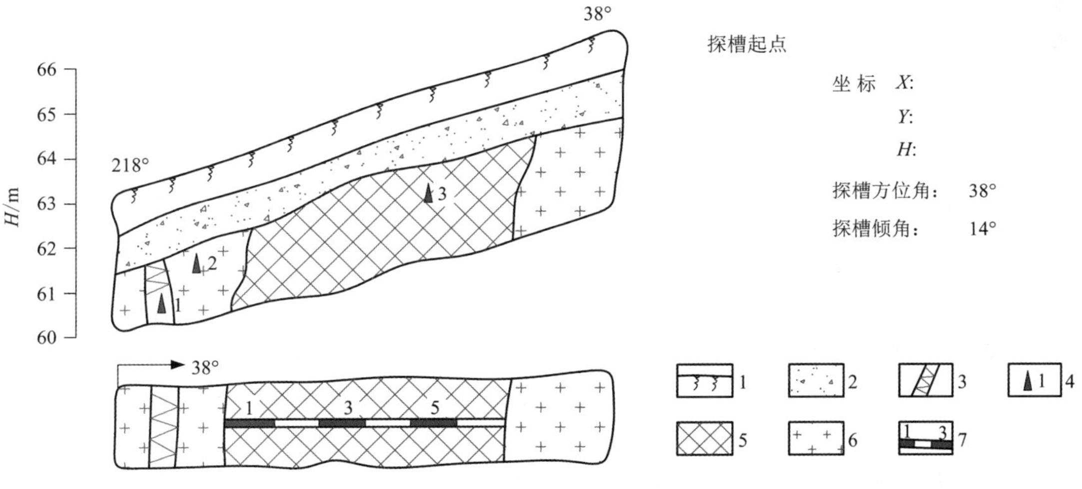

1—腐殖土；2—山坡堆积；3—石英脉；4—标本采集位置与编号；5—矿体；6—花岗岩；7—取样位置与编号。

图 2-39　探槽素描图

图 2-39 中，槽帮的底线与水平线的夹角就代表了该探槽的坡度角(探槽倾角)。此外，

从图 2-39 发现槽底比槽帮要短了些，这是由于一定坡度的探槽，槽帮是原样的缩影，而槽底却是投影于水平面后的缩影，所以在素描图中槽底比槽帮显得短了些。

浅井素描图是表示浅井(包括圆井和方井)所揭露的地质现象的图件。当地质情况简单时，一般只素描垂直矿体走向的一壁；当地质情况复杂时，则要求素描浅井的四壁，常采用四壁展开图。其展开多用四壁平行展开法：就好像拿一个直立的火柴盒，从接头的地方把它撕开，按顺序展开成一个平面，每壁标上方位；并将浅井中所揭露的各种地质现象，按一定的比例尺缩绘在平面展开图上，即成一张浅井素描图(图 2-40)。只要掌握了它的展开方式，读图也就比较容易了。其他垂直坑道(如天井、溜井等)素描图的绘制方法均与浅井素描图相同。

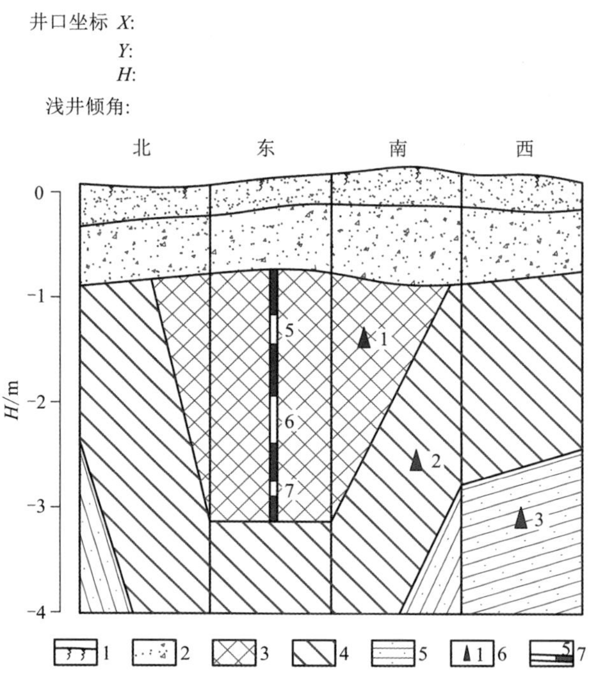

1—腐殖土；2—山坡堆积；3—富矿体；4—贫矿体；5—围岩；
6—标本采集位置与编号；7—样品采集位置与编号。

图 2-40 浅井素描图

水平坑道素描图是表示各种水平坑道(如石门、沿脉、穿脉等)所揭露的地质现象的图件。绘制这种图件的关键也是要把空间上 3 个位置不同的平面，通过展开的方式缩绘到同一个平面上去。其展开的方式也有两种，即外倒式和内倒式，见图 2-41。目前大多数矿山都采用内倒式展开，只有某些矿脉细小、变化复杂的有色和重金属矿山采用外倒式展开。

坑道素描图的形式较多，如一帮一顶素描图、二帮一顶素描图、顶板及掌子面素描图、矿床特征素描图等，在实际素描时必须根据具体的地质情况和要求来确定。当地质情况较简单时，穿脉坑道中可用一顶一帮素描图，沿脉坑道中则常用顶板及掌子面素描图，见图 2-42 所示。当地质情况较复杂时，则多采用二帮一顶素描图，图 2-43 就是一张内倒式展开的水平穿脉坑道素描图的实例。它的展开方法相当于顶板不动，以两帮与顶板的交线为轴，将

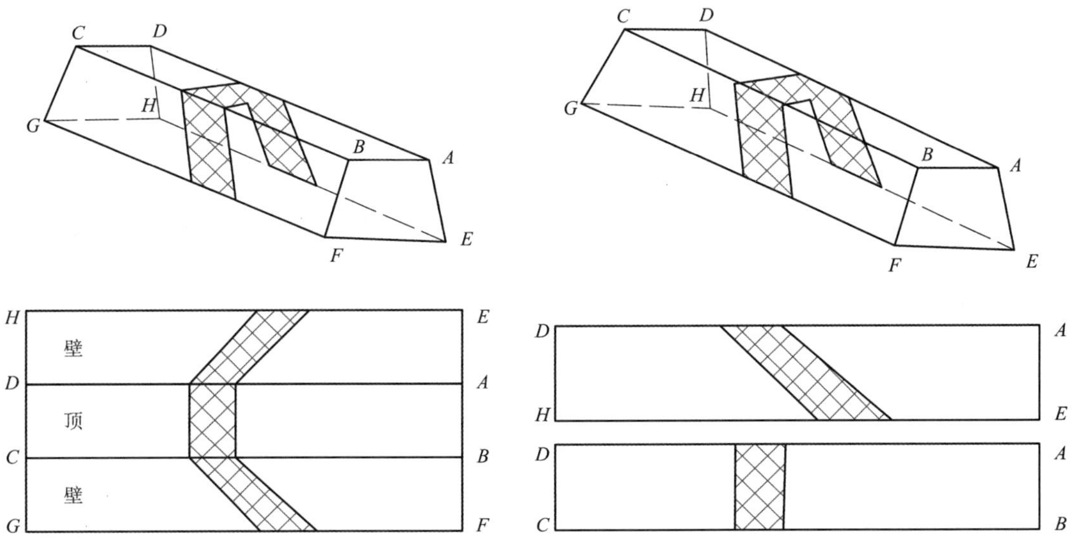

(a) 内倒式展开　　(b) 外倒式展开

图 2-41　水平坑道展开示意图

两帮向上翻转至顶板所在的平面内，同时将坑道中所有地质现象按一定的比例尺缩绘到平面图上，即成为一张完整的坑道地质素描图。阅读这种图时，就好像是人站在坑道顶向下看坑道的顶板和翻转后的两帮。

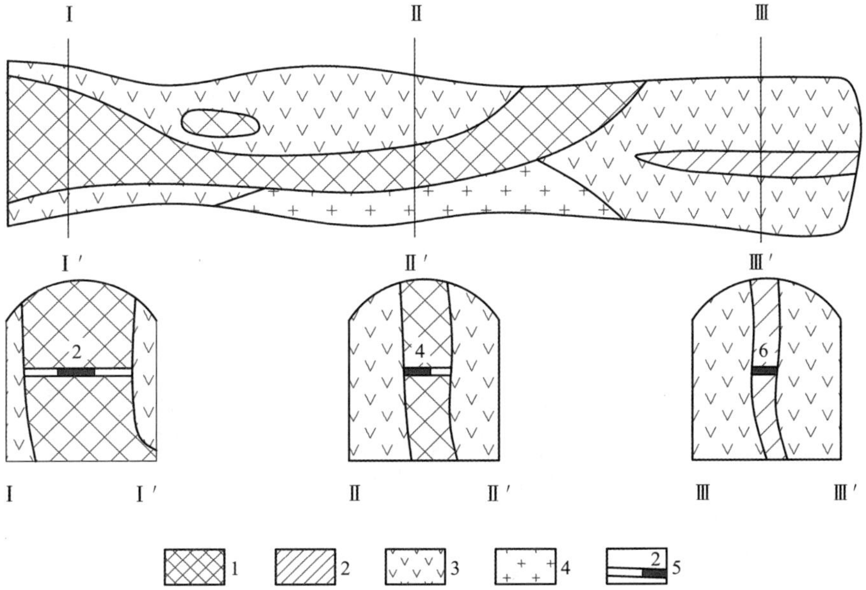

1—富矿体；2—贫矿体；3—角斑岩；4—花岗岩；5—取样位置与编号。

图 2-42　沿脉坑道顶板及掌子面素描图

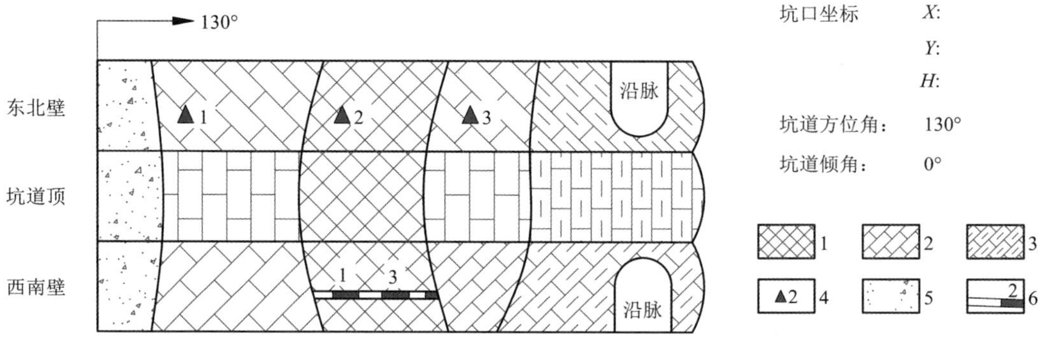

1—矿体；2—石灰岩；3—硅质灰岩；4—标本采集位置与编号；5—山坡堆积；6—样品采集位置与编号。

图 2-43 水平穿脉坑道内倒式展开素描图

此外，还需简单说明一下在素描时对拐弯坑道的处理方法：当坑道弯度不大时(即坑道方位角的改变小于10°)，仍可按直线坑道进行素描；当坑道弯度较大时(即坑道方位角的改变大于10°)，有两种处理方法，一是分段素描，二是采用展开图的形式进行素描。

拐弯坑道所采用的展开图的形式又有两种：一是以坑道的一帮为基准，将顶板和另一帮按坑道拐弯角度的大小拉开，具体见图 2-44(a)；二是以顶板为基准，根据坑道拐弯角度的大小，将一帮拉开，另一帮重叠，见图 2-44(b)。目前矿山上多采用后一种形式。

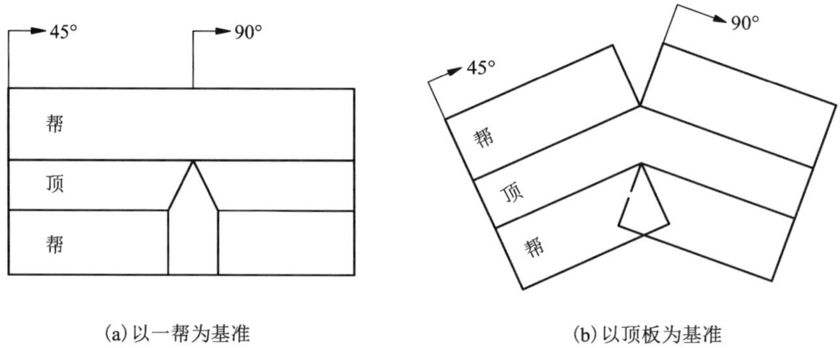

图 2-44 拐弯坑道展开示意图

钻孔柱状素描图是记录钻孔所揭露的地质现象的图件。其绘制方法是，根据钻进过程中所提取出来的岩(矿)芯，以自上而下的顺序，在图上采用各种符号将不同的岩性或矿体，以一定的比例尺，缩绘成一个柱状，这就是钻孔柱状图的主要部分。

2.7.2 钻孔地质编录

钻孔的地质编录是根据钻孔中取出的岩(矿)芯或岩(矿)粉等实物资料和各种测量数据、测井资料，以及对钻孔中各种地质现象的观测而进行的。由于钻探是地质勘查获得原始地质资料的主要手段之一，又因钻孔资料不如天然露头和坑探工程所揭露的那样完整和全面，因此对钻孔所获得的各种资料，应力求详尽地进行观测、描述和记录。岩芯钻探的地质编录一般包括如下内容。

2.7.2.1　岩(矿)芯的分层、鉴定和描述

从钻孔开始钻进到提出岩芯，称为一个回次。每个回次提出的岩芯，应按岩芯自上而下、由左向右的顺序放入岩芯箱内。同一回次或不同回次所提出的岩芯应根据岩性变化特点和岩石分层原则进行分层。对分层后的不同岩性的岩芯，分别测量其在本回次中的长度，再除以本回次岩芯采取率，即得到不同岩性的岩层在本次提钻中的视厚度。由于岩石的硬度各异，在钻进过程中磨损情况不同，故各岩层所确定的视厚度仅是初步的，真正确定岩(矿)芯的分层，还应参照钻探判层记录和测井解释成果。

对岩芯分层后，应逐层详细鉴定和描述岩石的成因标志、构造特征、水文地质特征及开采技术条件等方面的情况，如颜色、成分、粒度、分选性、胶结物、层理、结核、包裹体、喀斯特及裂隙发育程度、断层及其破碎带等；对于矿芯应详细描述其物理性质、结构构造及宏观矿岩类型和组分。

2.7.2.2　换层深度的计算

换层深度即岩(矿)层分层底界面在钻孔中的深度。换层深度可根据岩(矿)芯采取率，回次钻探深度及岩(矿)芯磨损与回次残留岩芯情况等，经过计算而获得。

岩层的换层界面多数位于回次进尺中间位置，并且在一个回次中，常常有一个或几个换层界面。在钻进过程中，不同岩性的岩芯磨损存在很大差异，使得回次岩芯不能代表回次进尺的孔段长度，加之取芯技术原因，造成残留岩芯的影响，使换层深度的计算更为复杂。现简要介绍换层深度计算的一般方法及步骤。

1)计算岩(矿)芯采取率

岩芯采取率(图 2-45)分为回次岩芯采取率和分层岩芯采取率两种。

回次岩芯采取率为每回次所取岩芯长度与本回次实际进尺的百分比，即

$$X=\frac{\sum L}{L_A}\times 100\% \tag{2-18}$$

当有残留岩芯进尺时，则用

$$X=\frac{\sum L}{L_A-L_B+L_C}\times 100\% \tag{2-19}$$

式中：X 为回次岩芯采取率，%；$\sum L$ 为回次岩芯采长，m；L_A 为回次实际进尺，m；L_B 为本回次残留岩芯长度代表的进尺，m；L_C 为上回次残留岩芯长度代表的进尺，m。

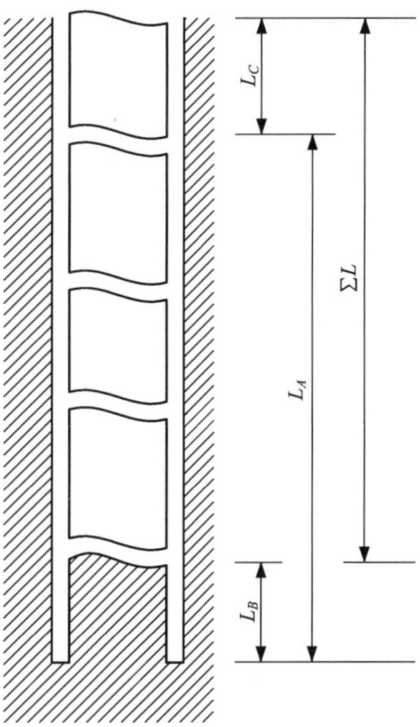

图 2-45　岩芯采取率计算示意图

分层岩芯采取率为某一岩(矿)层的岩(矿)芯累计长度与其相应的实际钻探进尺(钻探厚度)的百分比。

2）计算不同岩性岩芯孔段长度（即其钻探厚度）

各岩层岩芯孔段长度用实采岩芯长度除以岩芯采取率即可得到

$$l=\frac{h}{x} \tag{2-20}$$

式中：l 为各岩层岩芯孔段长度，m；h 为对应岩层实采岩芯长度，m；x 为对应岩层岩芯采取率，%。

这里需要说明的是，由于软硬岩石在钻探过程中的磨损情况差别很大，其岩芯采取率的差别亦很大，松软岩层的岩芯采取率低，坚硬岩层的岩芯采取率高。若用回次岩芯采取率计算岩芯孔段长度，将会与实际情况相差甚远，因此在计算不同岩性岩芯孔段长度时，必须用分层岩芯采取率。不同岩性的分层岩芯采取率获得比较困难，通常可通过大量资料统计分析获取其经验数据代入公式计算。

3）计算换层深度

当求出岩芯采取率和回次中各岩层的钻探厚度后，便可计算各岩层、矿体的换层深度。换层有两种情况：

（1）回次进尺终点换层岩（矿）体的换层位置恰好位于回次进尺的终点，这种情况下比较简单，其换层深度即为回次累计孔深。

（2）回次进尺中间换层岩（矿）体的换层界面位于回次钻进所采取的岩芯之中，这种情况可根据岩层在本回次中的孔段长度和有无残留岩芯分别计算换层深度。

当回次进尺无残留岩芯时，则

$$H_{\mathrm{W}}=H_n-\sum l_2 \text{ 或 } H_{\mathrm{W}}=H_{n-1}+\sum l_1 \tag{2-21}$$

式中：H_{W} 为换层深度，m；H_n 为本回次累计孔深，m；H_{n-1} 为上回次累计孔深，m；$\sum l_1$ 为本回次中换层上部各岩层岩芯孔段累计进尺长度，m；$\sum l_2$ 为本回次中换层下部各岩层岩芯孔段累计进尺长度，m。

当回次进尺有残留岩芯时，则

$$H_{\mathrm{W}}=H_n-\sum l_2-L_B \text{ 或者 } H_{\mathrm{W}}=H_{n-1}+\sum l_1-L_C \tag{2-22}$$

式中：L_B、L_C 定义同式（2-19），其他符号同式（2-21）。

2.7.2.3 岩层倾角的确定

岩层倾角是换算岩（矿）层真厚度和判断地质构造的重要依据。在钻孔钻进过程中，凡能测量到的岩层倾角都应系统地收集，尤其是在矿体顶底板、标志层及构造点附近和岩层分界面位置要加密测点，以利于构造的分析判断和岩（矿）体厚度的准确计算。钻孔岩层倾角是通过对岩芯倾角的测量及经过换算而确定的。

1）岩芯倾角的测量

岩芯倾角是指岩层层面与岩芯横断面之间的夹角，通常利用岩层分界面、水平层理面等进行测量，切不可把斜层理、交错层理及节理面误认为层面。岩芯倾角可利用量角器或地质罗盘直接测量（图 2-46、图 2-47）。

2）钻孔岩层倾角的确定

垂直钻孔岩芯倾角（θ）就是岩层的真倾角。

垂直岩层走向的斜孔求解岩层倾角分为孔斜方向与岩层倾向一致和孔斜方向与岩层倾向相反两种情况。

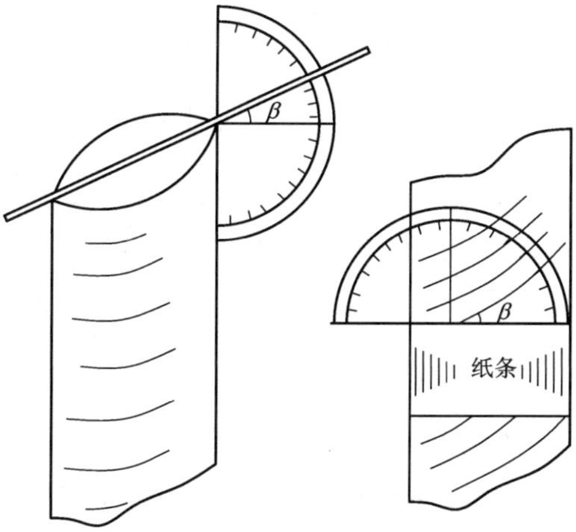

(a) 岩芯端面有平整的层面时　(b) 岩芯没有平整的层面时

图 2-46　量角器测量岩芯倾角示意图

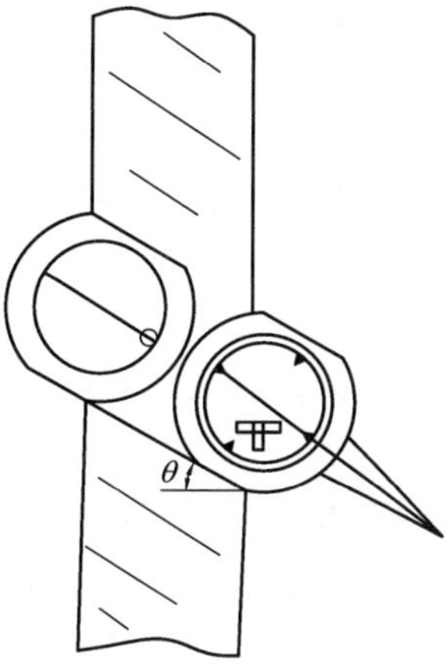

图 2-47　罗盘倾斜仪测量岩芯倾角示意图

(1) 孔斜方向与岩层倾向一致[图 2-48(a)]时，岩层真倾角为

$$\alpha=\theta-\gamma \tag{2-23}$$

式中：α 为岩层真倾角，(°)；θ 为岩芯倾角，(°)；γ 为孔段天顶角，即垂线与钻孔轴线的夹角，(°)。

(2) 孔斜方向与岩层倾向相反时：

当 $\gamma \leqslant \theta$[图 2-48(b)]时，岩层真倾角为

$$\alpha=\gamma+\theta \tag{2-24}$$

当 $\gamma>\theta$[图 2-48(c)]时，岩层真倾角为

$$\alpha=\gamma-\theta \tag{2-25}$$

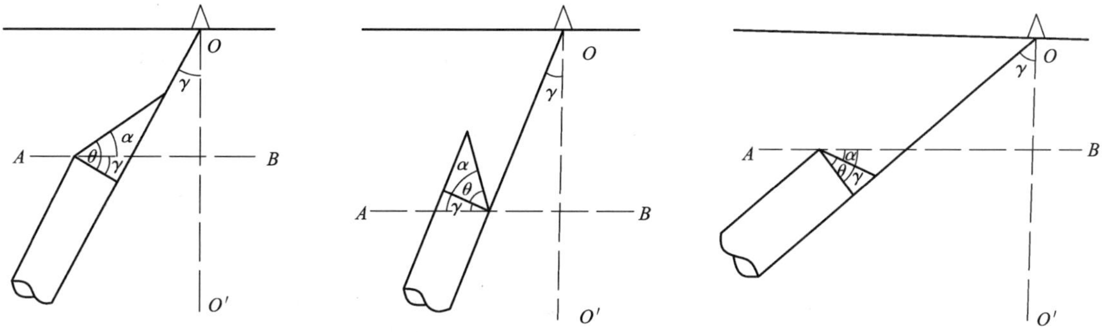

(a) 孔斜方向与岩层倾向一致时　(b) 孔斜方向与岩层倾向相反时 ($\gamma \leqslant \theta$)　(c) 孔斜方向与岩层倾向相反时 ($\gamma > \theta$)

图 2-48　垂直岩层走向钻孔求岩层真倾角示意图

在钻探施工过程中，任意方向孔斜是最常见的，求任意方向孔斜岩层真倾角(图 2-49)的计算公式为

$$\tan\alpha=\frac{\tan\beta}{\cos\omega} \tag{2-26}$$

式中：α 为岩层真倾角，(°)；β 为岩层视倾角(按垂直岩层走向斜孔求岩层真倾角方法获

得)，(°)；ω 为斜孔方位与岩层倾向间的夹角，(°)。

2.7.2.4 岩(矿)层真厚度计算

无论是垂直钻孔还是垂直岩层走向的斜孔，孔中的岩(矿)层真厚度，计算通式为

$$M=L\cos\theta \qquad (2-27)$$

式中：M 为岩(矿)层真厚度，m；θ 为岩芯倾角，(°)；L 为对应岩(矿)层钻探视厚度(岩芯孔段长度或钻孔所见该层厚度)，m。

垂直钻孔中岩(矿)层真厚度的计算，见图 2-50，$\theta=\alpha$。对于垂直于岩层走向钻孔中岩(矿)层真厚度的计算，孔斜与岩层倾向方位一致时，岩芯倾角 $\theta=\alpha+\gamma$，见图 2-51。孔斜与岩层倾向方向相反时：$\alpha>\gamma$，$\theta=\alpha-\gamma$；$\gamma>\alpha$，$\theta=\gamma-\alpha$，见图 2-52。

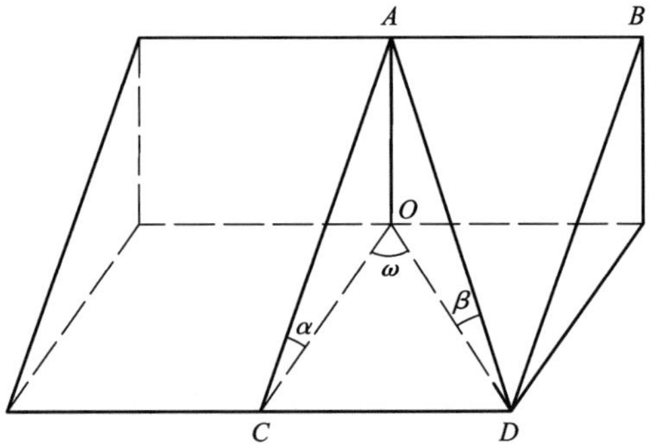

AB—岩层走向；AC—岩层倾斜方向；AD—孔斜方向。

图 2-49 任意孔斜求岩层真倾角示意图

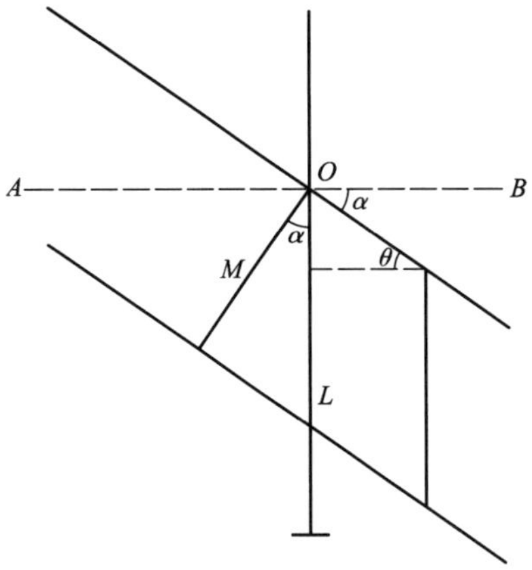

θ—岩芯倾角；α—岩层真倾角。

图 2-50 垂直钻孔求岩层真厚度示意图

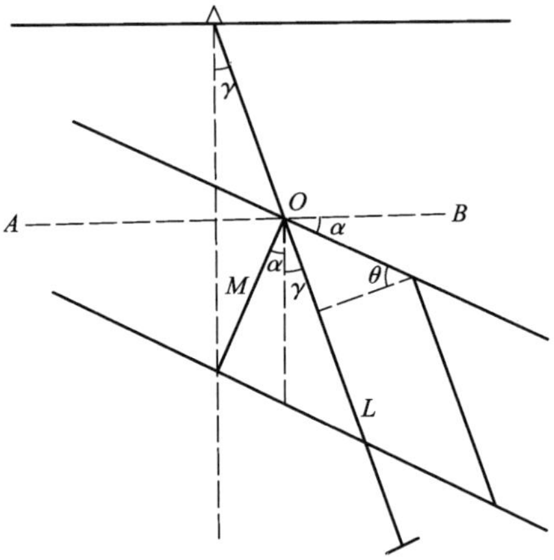

θ—岩芯倾角；α—岩层真倾角；γ—天顶角，即钻孔轴线与垂线的夹角。

图 2-51 孔斜与岩层倾向方位一致时求岩层真厚度示意图

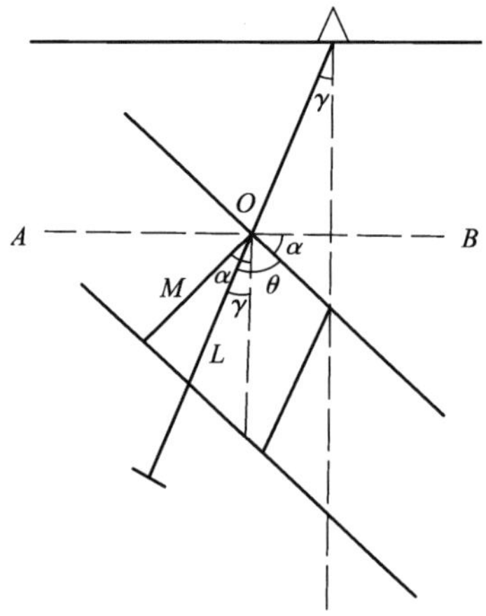

(a) $\alpha>\gamma$

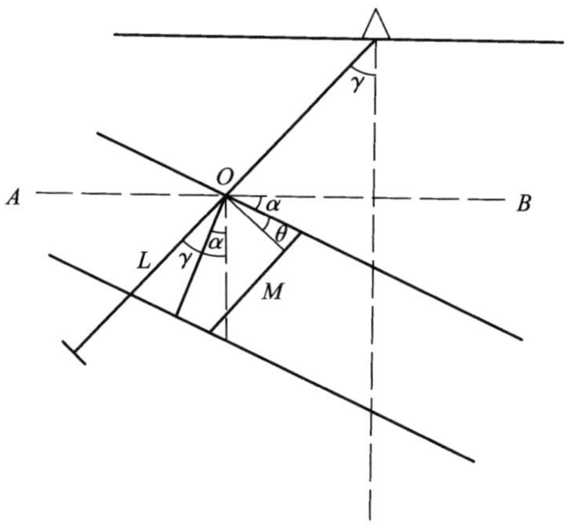

(b) $\gamma>\alpha$

图 2-52 孔斜与岩层倾向方位相反时求岩层真厚度示意图

2.7.2.5　孔斜的计算与投影

钻进过程中，由于地质因素、钻探技术和操作原因等，钻孔发生弯曲，并与原设计的孔斜度(天顶角)和方位角发生歪斜，这种现象称为孔斜。因孔斜不仅给编制准确可靠的地质图件带来了困难，甚至影响到资源储量计算和开采设计，所以在勘查过程中，都要对钻孔进行孔斜测定，将钻孔中各测斜点、矿体点及构造点等采用适宜的方法进行计算并投影到剖面图和矿体底板等高线图上。孔斜计算与投影方法很多，如图解法、计算法、校正网法和查表法等，但无论哪种方法，就其投影原理来说，可分垂向投影法和走向投影法两种。

孔斜的计算与投影是在钻孔歪斜未超过钻探质量标准规定的限额基础上进行的；超过限额的钻孔为废孔，其资料不能利用。

图解法虽然精度较差，但它是掌握孔斜投影原理和作图方法的基础；计算法精度较高，并可运用计算机计算，故在实际工作中得到普遍采用。

1)图解法

图解法是直接利用测斜原始数据，用几何作图的方法，求得歪斜钻孔轴线及各种地质特征点在勘查线剖面图及矿体底板等高线图上的投影位置。其步骤如下：

第一步，统计并整理孔斜原始数据。首先将钻孔测斜成果和孔段弯曲原始数据整理好，这些原始数据包括测点编号、测点孔深、测点间距、天顶角 α、方位角 φ'、真方位角 φ(表 2-19)，以及勘查线真方位角 θ、地层走向真方位角 γ，孔口坐标 X_0、Y_0、Z_0 和计算点(包括矿体底板点、构造点、标志层点、水文地质点和地层分界点)的孔深及所在孔段天顶角和方位角等。

表 2-19　钻孔测斜原始记录表

测点编号	测点孔深 /m	测点间距 /m	天顶角 /(°)	方位角/(°)	
				方位角	真方位角
1	m_1	H_1	α_1	φ'_1	φ_1
2	m_2	H_2	α_2	φ'_2	φ_2
3	m_3	H_3	α_3	φ'_3	φ_3
4	m_4	H_4	α_4	φ'_4	φ_4
5	m_5	H_5	α_5	φ'_5	φ_5
⋮	⋮	⋮	⋮	⋮	⋮
n	m_n	H_n	α_n	φ'_n	φ_n

注：$H_1=m_1$，$H_2=m_2-m_1$，…，$H_n=m_n-m_{n-1}$。

第二步，对测斜原始资料进行统计与整理，可采用平均孔段距法，或平均天顶角法、方位角法。平均孔段距法，即采用以相邻上、下测斜点中心的距离为该孔段的计算斜距；而平均天顶角、方位角法，孔段距则采用两测点深度之差，天顶角和方位角取相邻两测点的平均值(表 2-20)。

表 2-20 钻孔测斜资料统计表

测点编号	平均孔段距法			平均天顶角法、方位角法		
	$\alpha/(°)$	$\varphi/(°)$	L_{cp}/m	$\alpha_{cp}/(°)$	$\varphi_{cp}/(°)$	L/m
0	$\alpha_0=0$	φ_0				
			$\frac{l_1}{2}$	$\frac{\alpha_1}{2}$	$\frac{\varphi_1}{2}$	l_1
1	α_1	φ_1				
			$\frac{l_1+l_2}{2}$	$\frac{\alpha_1+\alpha_2}{2}$	$\frac{\varphi_1+\varphi_2}{2}$	l_2
2	α_2	φ_2				
			$\frac{l_2+l_3}{2}$	$\frac{\alpha_2+\alpha_3}{2}$	$\frac{\varphi_2+\varphi_3}{2}$	l_3
3	α_3	φ_3				
			$\frac{l_3+l_4}{2}$	$\frac{\alpha_3+\alpha_4}{2}$	$\frac{\varphi_3+\varphi_4}{2}$	l_4
4	α_4	φ_4				
			$\frac{l_4+l_5}{2}$	$\frac{\alpha_4+\alpha_5}{2}$	$\frac{\varphi_4+\varphi_5}{2}$	l_5

(1)垂向投影图解法：当地层走向方位与勘查线方位夹角大于75°时，采用垂向投影图解法。它们是在整理好钻孔测斜原始记录和钻孔测斜资料统计表的基础上进行图解来完成的。现以平均孔段距法为例(图 2-53)，其作图步骤为：

①绘制钻孔天顶角剖面图。它是以钻孔测斜资料统计表中平均孔段距和孔段天顶角 α 两项数据进行绘制。首先作 L_0 孔段，此段为垂直孔段，$\alpha=0°$，因此先从剖面图上开孔，孔位点向下作垂线，然后按编制剖面图的比例尺截取 $L_0=\dfrac{l_1}{2}$ 的长度，即为 L_0 孔段在勘查线剖面上的孔段距；绘制 L_1 孔段时，则是自 L_0 孔段末端以天顶角 α_1 的角度画斜线，在线上按比例尺截取 $L_1=\dfrac{l_1+l_2}{2}$ 的长度，即为 L_1 孔段在此剖面上的孔段距；以下各孔段画法以此类推，直到画完最后一个孔段为止，即得到一个由各孔段连成折线的钻孔天顶角剖面图；然后，在该剖

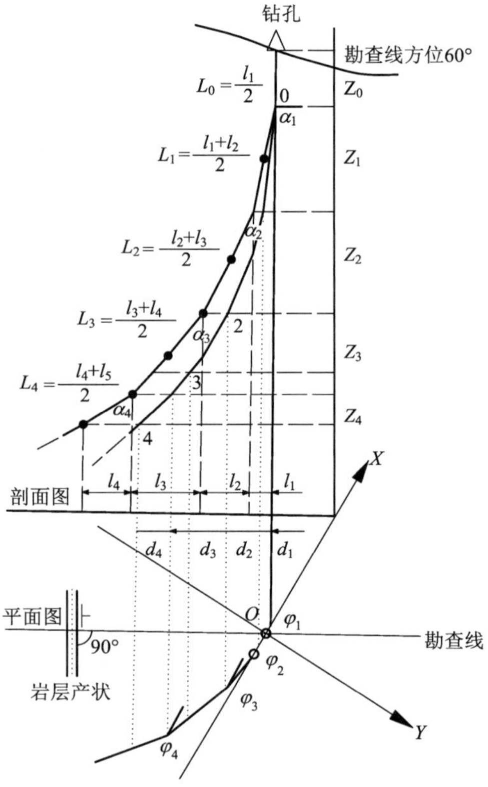

图 2-53 垂向投影图解法示意图

面下方画一水平线，并由各孔段距的端点向下作垂线，求得各孔段相应的水平投影距(或称孔段平距)L_1'，L_2'，…，L_n'。

②绘制钻孔弯曲平面图。在钻孔天顶角剖面图下方作一水平线，将其视为勘查线在平面图上的实际位置；从钻孔天顶角剖面图上的孔口点向下作垂线与水平线相交，交点即为平面图上的孔位点；以勘查线方位为依据，画出通过孔位点的坐标轴，表示平面图的坐标方位，最后根据钻孔测斜资料统计表中的方位角和各孔段水平投影距(L_1'，L_2'，…，L_n')，绘制成钻孔弯曲平面图。

作图时，首先绘制孔段平距上 L_0'，由于 L_0 孔段为垂直孔段，$L_0'=0$，其平面投影为一个点，且与孔口点重合；当绘制 L_1 孔段的平距 L_1'时，是自孔位点沿 φ_1 方位画直线，并在其上截取 L_1 孔段平距 L_1'；以此类推，作出其余孔段的平距，便可画出钻孔平面投影折线图，即钻孔弯曲平面图。

③绘制钻孔弯曲投影图。首先从钻孔弯曲平面图中各折点向勘查线作垂线，可得到各孔段在勘查线投影的平距 d_1，d_2，…，d_n；当此垂线继续延长至天顶角剖面图上分别与相应钻孔天顶角剖面图上通过各孔段折点的水平线相交时，得交点 0，1，2，…，n，各交点即为弯曲钻孔在勘查线剖面图上的投影点，用圆滑曲线连接各投影点，即为弯曲钻孔在勘查线剖面图上垂向投影校正图；最后绘制地质特征点(如矿体底板点、构造点、标志层点、地层分界点和水文地质点等)，应根据各地质特征点孔深在钻孔天顶角剖面图上找出其相应位置，然后作水平线与剖面上钻孔弯曲垂向投影图的轴线相交，即得到各地质特征点在勘查线剖面上的投影位置。

④填绘地质柱状。根据各地质特征点在钻孔弯曲投影图轴线上的位置，按规定的图例、柱状宽度和岩层矿体的岩芯倾角，绘出勘查线剖面图上钻孔弯曲投影图的柱状。

(2)走向投影图解法：当地层走向方位与勘查线方位夹角小于 75°时，采用走向投影图解法。它与垂向投影图解法的不同之处在于从钻孔弯曲平面图中各孔段的拐折点沿地层走向作投影，求得弯曲钻孔在勘查线剖面上的投影图(图 2-54)。

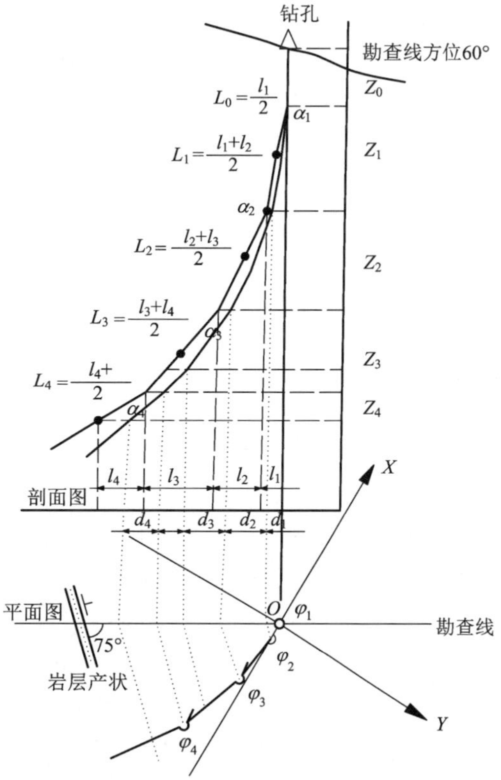

图 2-54　走向投影图解法示意图

2)计算法

计算法和图解法的原理基本相同，但计算法是通过数字运算或利用计算机程序，求得各计算点的坐标增量 ΔX、ΔY、ΔZ 和坐标，以及在勘查线上投影的平距。

(1)垂向投影计算法适用于地层走向与勘查线方位夹角大于 75°的情况。

测点坐标的计算。歪斜钻孔的 X，Y，Z 三维空间坐标都随钻进深度而不断发生变化，假设 L 为任意两测点间的孔段斜距，则孔段垂直投影(图 2-55)为

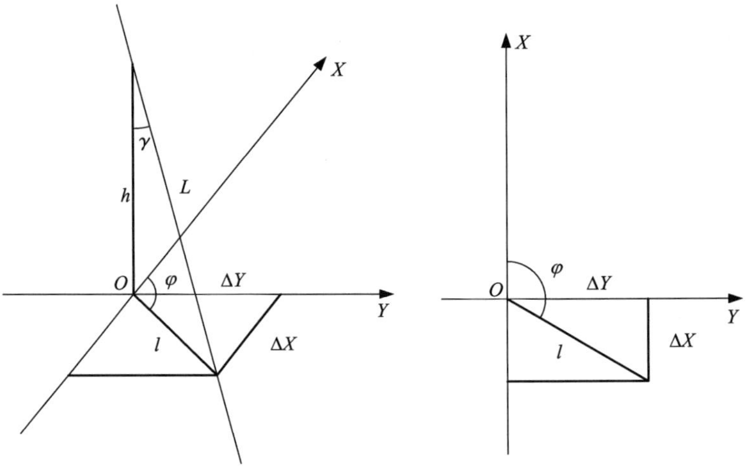

图 2-55　测点坐标计算示意图

$$h=L\cos\gamma \tag{2-28}$$

孔段水平投影为

$$l=L\sin\gamma \tag{2-29}$$

坐标增量为

$$\Delta X=-l\cos\varphi=L\sin\gamma\cos\varphi \tag{2-30}$$

$$\Delta Y=l\sin\varphi=L\sin\gamma\sin\varphi \tag{2-31}$$

$$\Delta Z=L\cos\gamma \tag{2-32}$$

因此，孔内任一计算点的坐标为

$$X_i=X_0\pm\sum_{i=1}^{n}\Delta X_i \tag{2-33}$$

$$Y_i=Y_0\pm\sum_{i=1}^{n}\Delta Y_i \tag{2-34}$$

$$Z_i=Z_0\pm\sum_{i=1}^{n}\Delta Z_i \tag{2-35}$$

式中：X_0、Y_0 为孔口坐标，Z_0 为孔口标高；$\sum_{i=1}^{n}\Delta X_i$、$\sum_{i=1}^{n}\Delta Y_i$、$\sum_{i=1}^{n}\Delta Z_i$ 为各计算点坐标增量的总和。

关于坐标增量 ΔX、ΔY 的正负值，取决于所在的象限（图 2-56）。式(2-35)中 ΔZ_i 永远是负值，即随深度增加而递减。

计算孔段平距在勘查线剖面上的垂向投影长度见图 2-57，计算公式为

$$d_r=l\cos\beta=L\sin\gamma\cos\beta \tag{2-36}$$

当 $\varphi>\theta$ 时 $\beta=\varphi-\theta$；当 $\varphi<\theta$ 时 $\beta=\theta-\varphi$

式中：d_r 为孔段平距在勘查线剖面上垂向投影长度，m；L 为孔段斜长，m；β 为钻孔偏斜方位 φ 与勘查线方位 θ 之间的锐夹角，(°)；l 为孔段斜长的水平投影，m；γ 为孔段天顶角，(°)；θ 为勘查线方位角，(°)。

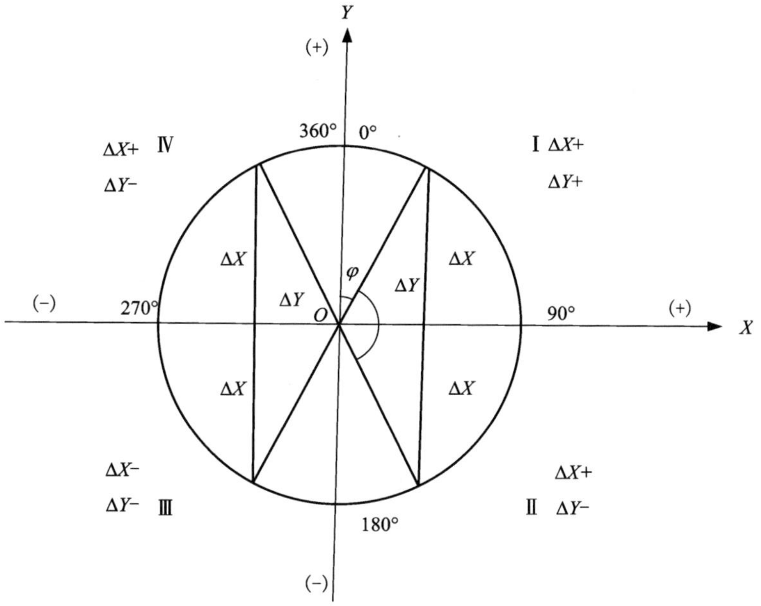

图 2-56　坐标增量取值与象限角关系图

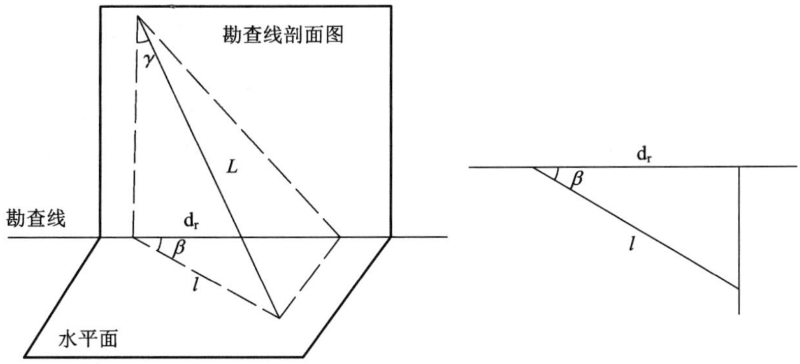

γ—孔段天顶角；β—孔段方位 φ 与勘查线方位 θ 的锐夹角；L—孔段斜长；l—孔段斜长的水平投影。

图 2-57　孔段平距垂向投影示意图

勘查线剖面上孔段投影平距累计为

$$\sum d = \sum d_{r(n-1)} \pm d_{rn} \tag{2-37}$$

d 的正负值是根据孔段的倾向确定的。如多数孔段倾向于勘查线剖面的左端，可设左端为正、右端为负，其目的是避免在累计孔段平距投影长度时发生错误。

(2)走向投影计算法适用于地层走向与勘查线方位夹角小于 75°的情况。走向投影测点坐标计算方法与作图方法基本相同，不同之处是走向投影采用孔段平距在勘查线剖面上的走向投影长度 d_s。任意孔段的投影长度 d_s(图 2-58)的计算公式为

$$d_s = \frac{L\sin\gamma\sin\psi}{\sin D} \tag{2-38}$$

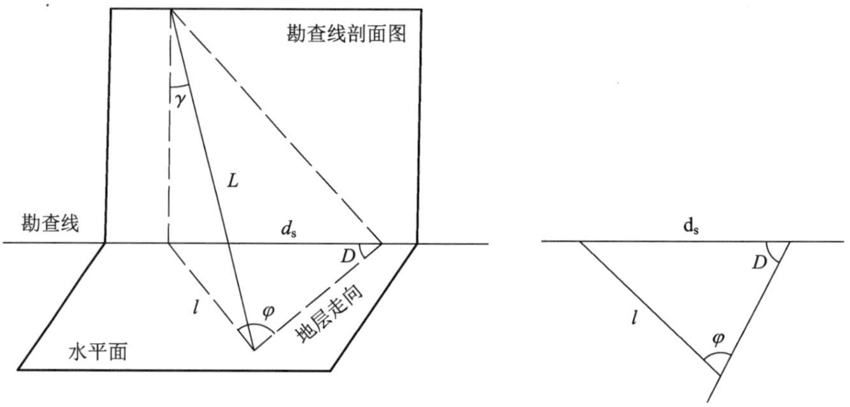

图 2-58 孔段平距走向投影示意图

式中：d_s 为孔段平距在勘查线剖面上的投影长度，m；ψ 为孔段方位 \$ 与岩层走向方位 ω 的锐夹角，(°)，当 $\varphi>\omega$ 时，$\psi=\varphi-\omega$，当 $\varphi<\omega$ 时，$\psi=\omega-\varphi$；D 为勘查线方位 θ 与岩层走向方位 ω 的锐夹角，(°)，当 $\omega>\theta$ 时，$D=\omega-\theta$，当 $\omega<\theta$ 时，$D=\theta-\omega$。走向投影测点坐标计算与垂向测点坐标计算的方法相同。

2.7.2.6 钻孔简易水文地质观测及终孔工作

在钻进过程中，要测量钻孔中水位、冲洗液消耗量、钻孔涌水及漏水量和水温等。钻孔水位是指冲洗液在钻孔内液面（又称水面）与孔口某一固定位置的距离。观测水位的目的是了解含水层的深度、地下水的压力和地下水的动态。

当钻进到达设计终孔层位后，要下达终孔通知书，丈量钻具全长和测斜，进行水文观测，绘制简易钻孔柱状图，终孔验收及封孔。封孔要按地质设计要求和钻探规程的规定进行，在封孔过程中，应特别重视封孔质量，以免以后地表水或地下水经过钻孔涌入井巷而造成危害。

2.7.3 井巷工程地质编录

由于矿山生产的需要，在矿体及其围岩中开掘了一系列巷道，这为观测收集井下原始地质资料创造了有利条件，人们可以通过井巷深入地表以下，直接观测、记录和描绘地质情况。通常我们把记录和描绘井下原始地质资料的工作称为井巷工程地质编录。

2.7.3.1 井巷工程地质编录方式

根据我国井巷地质编录的实践经验，编录方式概括起来有观测点式、剖面图式、断面图式、切面图式、展开图式和立体摄影六种，以下介绍前五种。

1）观测点式编录

观测点式编录不需连续测绘，仅在所需观测点上实测矿体厚度、产状、结构及其顶底板岩性（图 2-59）或构造性质、产状和规模，并将观测资料准确地按实际位置填绘在矿体采掘工程平面图及其他有关图件上。此种编录方式适用于构造简单、矿体稳定的地区或块段。

2）剖面图式编录

剖面图式编录是连续观测绘制井巷一壁地质剖面图，它是地质编录的一种基本形式。

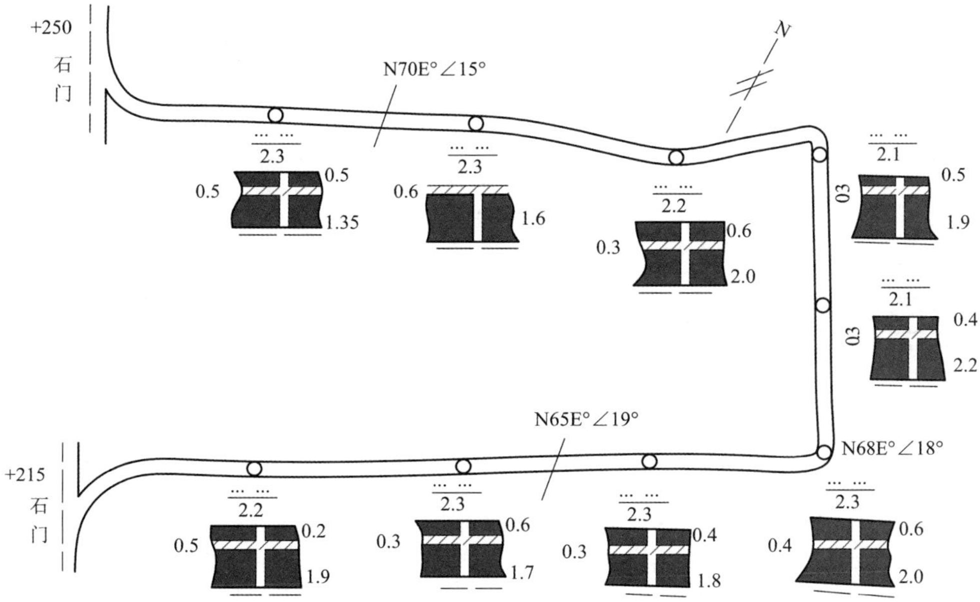

图 2-59　观测点式编录

3) 断面图式编录

断面图式编录是每隔适当距离，观测绘制巷道掘进头的横断面(图 2-60)，并将观测的地质情况按断面实际位置标注在矿体采掘工程平面图或其他有关图件上。此种编录方式适用于地层层位稳定的岩巷和能够揭露矿体全厚的急倾斜矿体巷道。

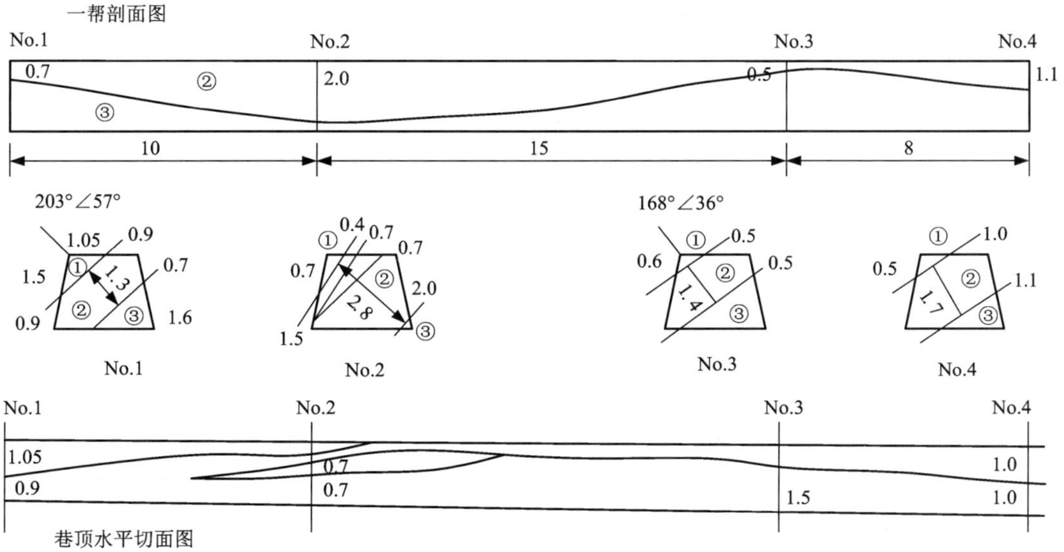

①—黑色粉砂岩，含黄铁矿结核；②—矿体上部为半亮，受挤压而破碎，下部暗淡，完整坚硬；③—灰白色细砂岩，由下而上变细，矿体直接底为 20 cm 黏土岩，含植物根化石。

图 2-60　断面图式编录

4)切面图式编录

切面图式编录是沿巷顶或巷底连续观测绘制其水平地质切面图(图 2-61)。此种方式适用于巷道不能揭露矿体全厚的急倾斜矿体平巷编录。

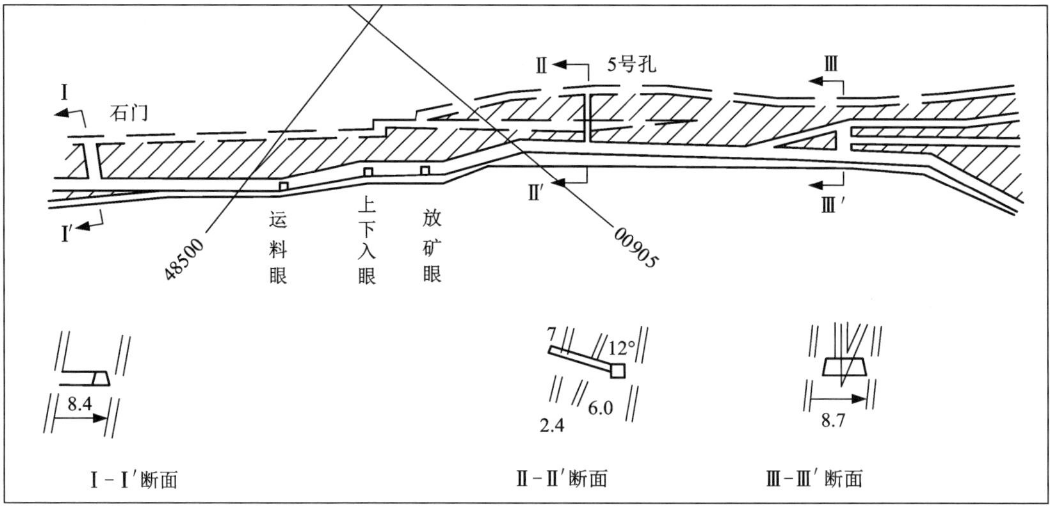

图 2-61 巷顶水平地质切面图

5)展开图式编录

展开图式编录是连续测绘井巷多壁展开地质图。此种方式适用于构造极复杂、矿体极不稳定、巷道两壁地质现象很不一致的块段。巷道的展开方式有以下几种:

①两壁一顶展开图:巷顶保持不动,两壁从壁底向上展开成平面(图 2-62),所绘地质现象相当于从巷道外侧观察的结果。

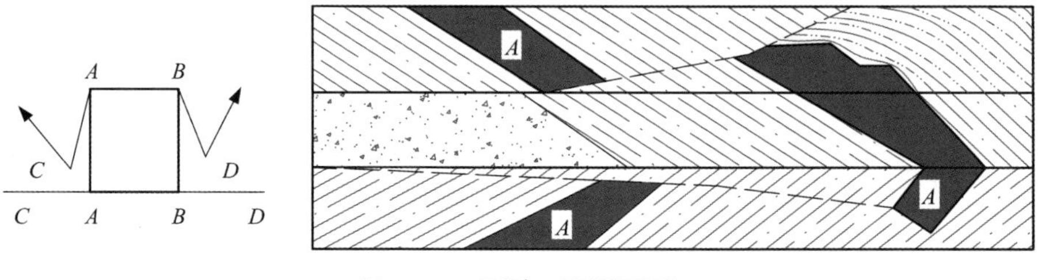

图 2-62 两壁一顶展开图

②两壁一底展开图:巷底保持不动,两壁从壁顶向下展开成平面(图 2-63)。

③掘进头两壁展开图:巷道掘进头保持不动,两壁垂直巷底向外展开成平面(图 2-64)。

④掘进头两壁一底展开图:巷底保持不动,两壁和掘进头均从各自顶部向下展开成平面(图 2-65)。

⑤巷道转弯展开图:当巷道转弯,在其转折处展开时,一壁会拉开一个角度,而另一壁会重叠一个角度,拉开与重叠角度等于巷道转弯夹角的补角(图 2-66)。

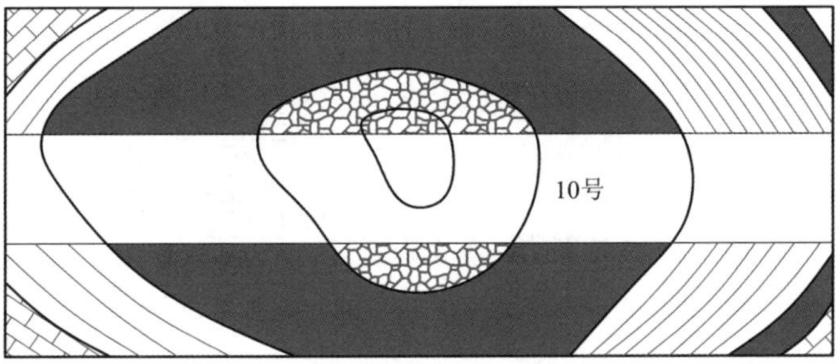

图 2-63　两壁一底展开图

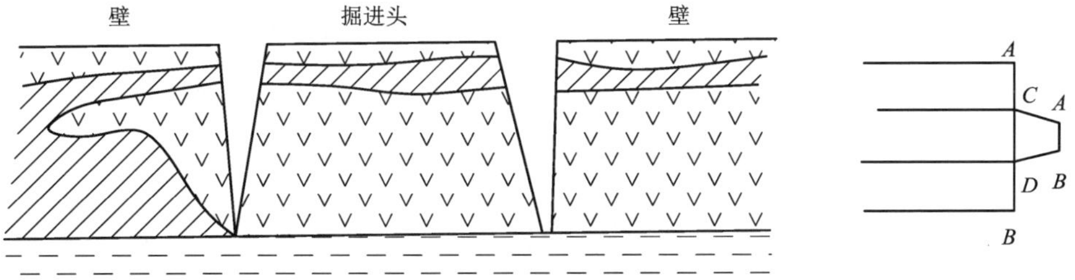

图 2-64　掘进头两壁展开图

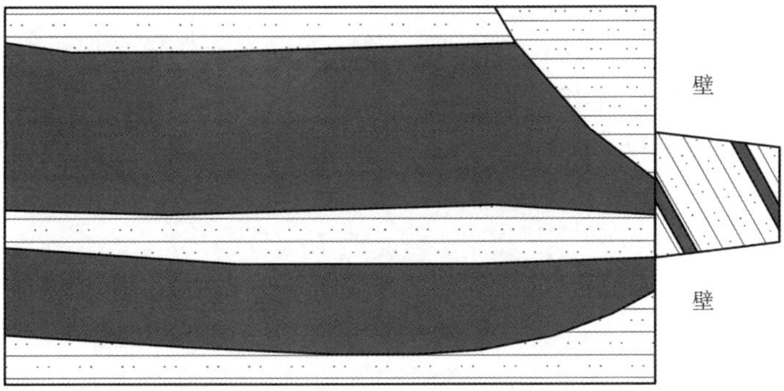

图 2-65　掘进头两壁一底展开图

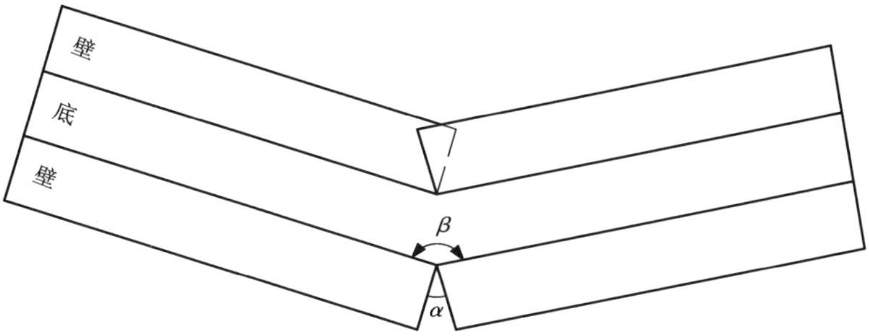

α—拉开或重叠的角度；β—巷道转弯处的夹角；α+β = 180°。

图 2-66　巷道转弯展开图

⑥巷道起伏展开图：当巷道起伏，巷顶(底)采用水平投影时，两壁展开会与巷顶（底)拉开一个角度，拉开角度等于巷道的坡角(图2-67)。

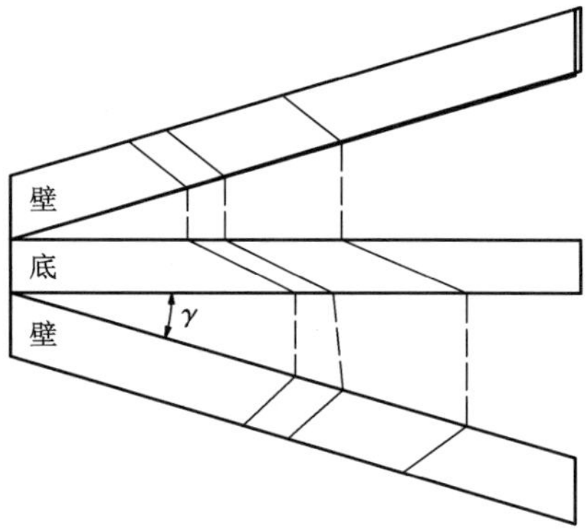

γ—拉开的角度等于巷道坡度。

图2-67 巷道起伏展开图

2.7.3.2 井巷工程地质编录方式的选择

1)地质条件的复杂程度

地质条件的复杂程度决定原始地质编录的详略程度。一般来说，地质条件愈复杂，就要求原始地质编录愈详尽；地质条件愈简单，原始地质编录可愈概略。因此，针对不同地质条件选择不同的地质编录方式，既能控制地质变化情况，又能节省原始编录时间。当地质条件简单时，须采用观测点式编录；当地质条件中等时，可采用剖面图式编录；当地质条件复杂或比较复杂时，可采用展开图式编录，或剖面图与局部展开图结合编录，又或剖面图与断面图结合编录。

2)矿体倾角

矿体倾角陡缓决定着巷道中矿体的揭露情况。在平巷中，水平缓倾斜和倾斜矿体的结构在巷壁上显露得既连续又完整，因此选择剖面图式编录最佳，急倾斜矿体在巷顶和掘进迎头揭示得最全面，故而采用巷顶切面图和断面图式编录较为适宜。

3)矿体厚度及其稳定情况

矿体厚度决定着巷道能否揭露矿体全厚。巷道能够揭露矿体全厚，可直接编录巷壁剖面或掘进迎头断面，当矿体厚度结构比较稳定时，也可采用观测点式编录；若矿体厚度、结构变化很大，在一壁编录的基础上，还应辅以局部展开图；对巷道不能揭露矿体全厚，则应探清矿体全厚，并根据实测和探测资料编录沿巷道方向的垂直剖面图或巷顶切面图。

4)巷道类型

巷道类型决定着原始地质编录的内容、要求和重点。根据井巷工程与矿、岩层产状的关系，巷道可分为穿层和顺层巷道两类。一般情况下，穿层巷道开凿较早，揭露地质内容较广，编录要求较高，是原始地质编录的重点。顺层巷道则视地质条件和矿体赋存情况编录，有详有略。

2.7.3.3 巷道编录步骤与方法

现以巷道一壁剖面图为例，概述井巷地质编录的一般步骤和方法。

(1)熟悉巷道预想地质剖面和邻近勘查线剖面。

下井编录前，要熟悉编录巷道的预想地质剖面、邻近巷道的分布及其地质情况，以便在编录时心中有数。

(2)确定编录壁及编录高度。

邻近勘查线且与其方向基本一致的巷道，编录壁应与勘查线剖面图对应，统一制图方向，以便利用巷道编录资料修改、补充勘查线剖面图。其他巷道应编录紧靠它所服务的对象(水平、采区、回采工作面)的一壁。

巷道编录高度一般是上至顶板，下至底板，对于拱形或大断面巷道的编录高度，以不丢失有价值资料为原则，可视具体情况而确定。

(3)对编录巷道进行全面概略观察。

到达编录巷道后，不要急于绘图和描述，应先对编录巷道全面巡视一遍，了解测量点位置，查明巷道所揭露的地质现象。巷道观察不仅限于编录壁，也应全面地观察两壁及巷顶的情况。

(4)标定编录起点及终点位置。

利用测量点或已知巷道标定编录起点位置，丈量、记录编录起点距测量点或已知巷道的距离和方向。每条巷道每次编录的终点均要注上记号，写上日期，以便下次接着进行。

(5)在编录壁上挂观测基线。

观测基线是编录过程中挂在巷壁上的一条基准线。用它来控制距离和巷道的起伏，实测地质界线的位置及编录壁形态，是编录巷道剖面图的基础，一般用皮尺进行。为减少挂基线的误差，其起点与终点应与测量点取得联系，以便校核基线的距离和高程，基线的各种数据(方向、坡角及距巷顶、底距离等)应记录清楚，并绘出草图。

观测基线的挂法有四种情况：

①固定标高(即水平)观测基线。

固定标高(即水平)观测基线适用于水平或坡度较小的巷道。当水平基线与巷顶(底)接近时，可将基线垂直升高或降低一定的高度(图 2-68)。

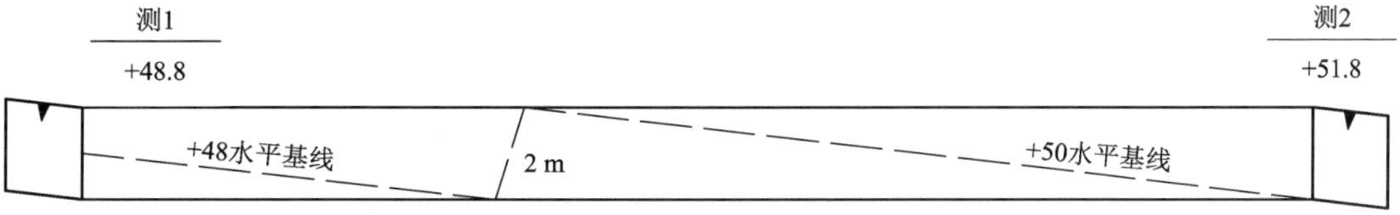

图 2-68　固定标高(即水平)观测基线示意图

②平行巷顶(底)观测基线。

平行巷顶(底)观测基线适用于坡角较大且坡度不一致的巷道。观测基线一般与巷道腰线一致，或者以巷道底面为准，向上量取一定距离平行于底面布置；或者以巷顶的测量点为准，向下量取一定距离平行于巷顶布置(图 2-69)。

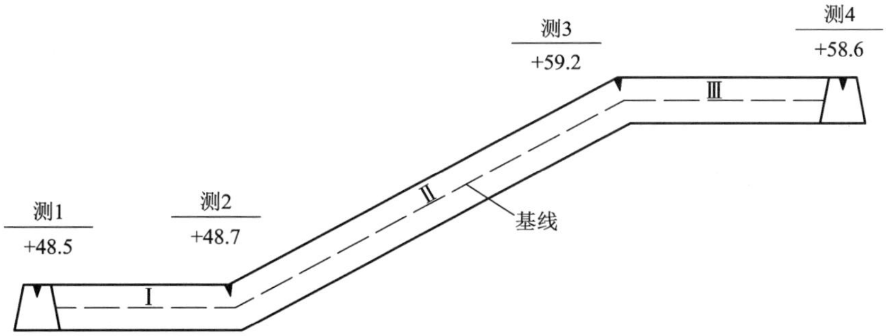

图 2-69　平行巷顶(底)观测基线示意图

③既不水平也不平行巷顶(底)观测基线。

既不水平也不平行巷顶(底)观测基线适用于起伏比较频繁的巷道(图 2-70)。

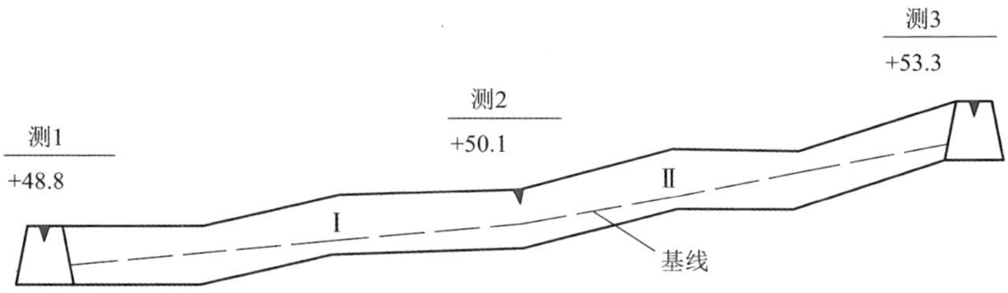

图 2-70 既不水平也不平行巷顶(底)观测基线示意图

④不连续观测基线。

不连续观测基线适用于短距离内坡度起伏变化很大的巷道。这类巷道坡度变化不仅频繁，而且急剧，所以测量点较密，故可充分利用测量点资料来进行控制(图 2-71)。

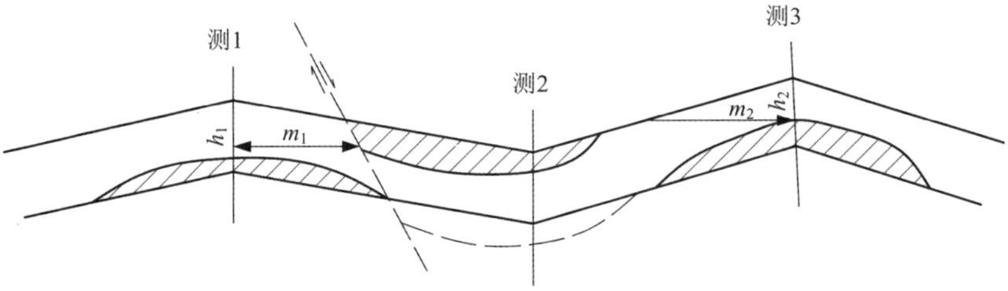

图 2-71 不连续观测基线编录巷壁剖面示意图

(6)观测、记录和描绘巷壁地质现象。

观测、记录和描绘巷壁地质现象是井巷地质编录的关键步骤，具体包括三个方面。

①地质观测点的选定与描述。

地质观测点应选在地质特征清楚和地质变化显著的地点，对具有代表性和典型性的地质特征点，必须重点观测描述。各种地质观测点的观测描述内容见表 2-21。

表 2-21 各种地质观测点的观测描述内容

地质观测点名称	观测描述内容
矿体观测点	矿体厚度：薄矿体直接测其厚度，厚矿体测出沿巷道方向上的伪厚度； 矿体结构及矿岩特征：夹石层的层数、厚度、岩性及与矿体的接触关系，分层中矿石的物理性质、结构构造、矿石类型及各分层的厚度； 矿体中的结核及包体； 矿体顶底板：顶底板的岩石名称、岩性特征、厚度、产状及与矿体的接触关系，顶底板的坚固性、裂隙性，有无伪顶、伪底，底板有无膨胀与滑动现象； 矿体的分叉、尖灭、增厚变薄，矿体冲蚀，矿体中的构造变动，火成岩侵入体，喀斯特陷落柱，矿体的含水性等； 采取矿样及标本

续表2-21

地质观测点名称	观测描述内容
断层观测点	断层位置； 断层面的形态特征，断层面上擦痕及滑动方向； 断层带的宽度，断层带中充填物的成分、大小、分布和胶结情况，有无岩脉充填； 断层两盘岩层的层位及产状； 断层两盘伴生与派生地质现象，如牵引褶曲、羽状节理、“入”字形分支构造、帚状构造等； 断层带含水、含瓦斯情况； 断层性质及其力学性质的鉴定； 断层产状要素及断矿交线的测置； 断距的测量； 矿体受断层的影响情况； 采集断层两盘矿岩层标本和反映其构造特征的定向标本
褶曲观测点	褶曲枢纽的位置、方向及倾状情况； 褶曲两翼矿、岩层的层位和产状； 褶曲的宽度和幅度； 褶曲附近伴生的小构造特点，褶曲与断层、节理的关系； 矿体受褶曲影响的情况
火成岩侵入体观测点	火成岩的颜色、矿物成分、结构构造； 火成岩侵入体的产状、形态、厚度； 火成岩侵入体在矿体中的位置、分布范围、变质程度以及对矿体可采性的影响情况； 火成岩侵入与断裂构造的关系； 采集矿样及岩体标本
喀斯特陷落柱观测点	陷落柱与围岩接触面的形态特征，周围岩层的产状变化； 陷落柱内充填岩块的大小、成分、排列情况和地层时代； 陷落柱的形状、大小，中心轴的倾向、倾角，陷落柱与矿体的交面线，巷道揭露陷落柱的部位等
含矿岩系观测点	逐层鉴定岩石名称，描述岩性特征、结构构造、生物化石、结核包体、接触关系，特别要注意矿体、顶底板和标志层的层位和特征； 测量岩层厚度与产状要素； 逐层采集标本，并编号登记

②地质界线的实测。

地质界线一般用地质观测点及附加点来控制，具体方法可概括为以下 3 种。

第一，实测地质界面控制点法：对于每一地质界面均应实测两个及两个以上的控制点，且每一控制点均需测出至基线起点的距离和到基线的垂距。控制点应选择在地质界面与巷顶、巷底和基线的交点位置，或褶皱枢纽及矿体边界与巷壁的交点。以控制点为基础，按实际情况即可连接地质界线(图 2-72)。此法适用于岩石层面起伏较大的井巷编录。

第二，实测地质界面控制点与视倾角法：每一地质界面只测一个控制点，即地质界面与基线的交点，并用罗盘或测角仪量出地质界面的视倾角，即可绘出该地质界线(图 2-73)。

此法适用于岩层倾角较大，且产状与厚度稳定的井巷编录。

第三，实测小柱状控制地质界面法：即每隔适当距离作一小柱状图来控制地质界面（图 2-74）。此法适用于岩层产状稳定、倾角平缓，并且层次较多的井巷编录。

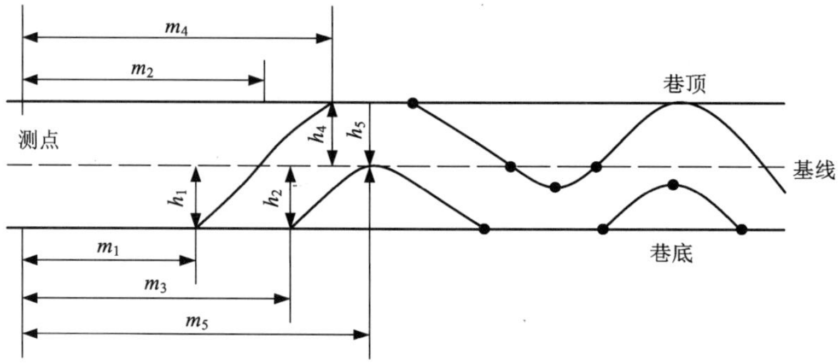

图 2-72 实测地质界面控制点法示意图

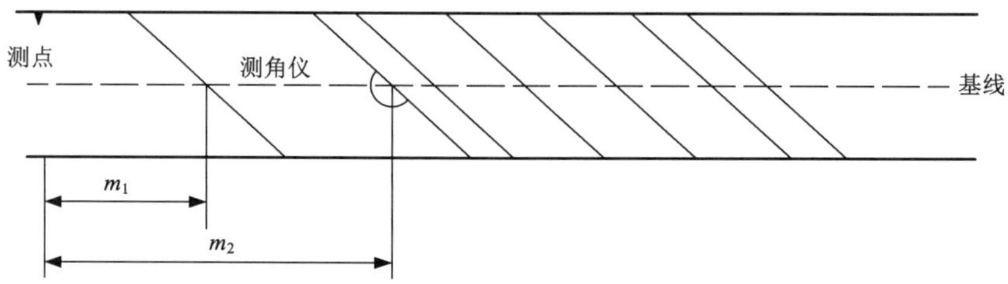

图 2-73 实测地质界面控制点与视倾角法示意图

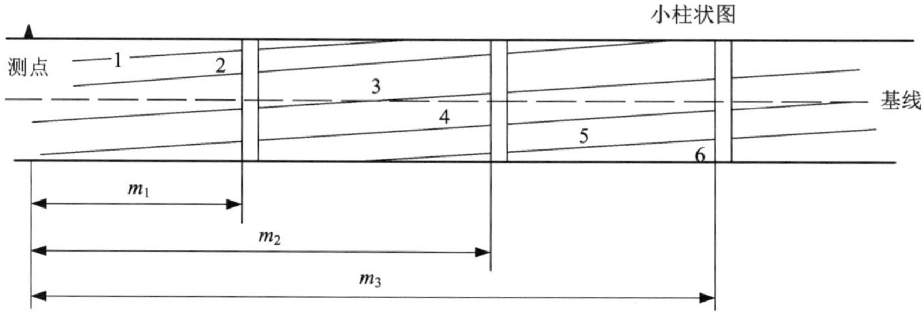

图 2-74 实测小柱状控制地质界面法示意图

③绘制巷道剖面实测草图及细部素描图。

在进行井巷原始地质编录时，不但要观测记录数据和文字描述，而且要在现场绘制巷道剖面实测草图和典型地质现象细部素描图。草图应简明清楚。细部素描图要标定其位置。巷道剖面实测草图及细部素描图的图式，见图 2-75～图 2-77。

值得提出的是，在井下进行观测编录时，一是要切实注意安全；二是每条巷道每次编录后，在离开之前，要认真检查记录，核对各种数据。一条巷道编录完毕，还必须全面检查一遍，看资料是否收集齐全，如有遗漏和错误，要及时补充和纠正。

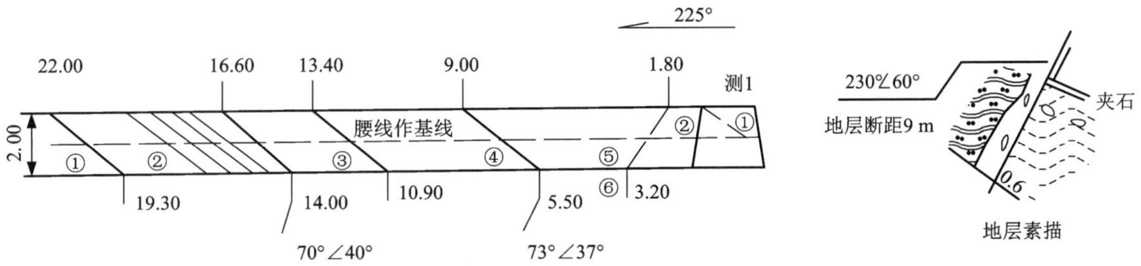

①—砂质页岩，浅灰色，含根部化石；②—矿体，其中夹两层页岩(自下而上各分层厚度：土状矿体 1.4 m，页岩 0.5 m；致密状矿体 0.5 m，页岩 0.2 m；致密状矿体 0.6 m)；③—页岩，浅灰色，含菱铁矿结核，近矿体含蠬类化石；④—砂质页岩，上部含菱铁矿结核和碳质页岩；⑤—中粒砂岩，中部斜层理发育；⑥—层断(F)，断层带中砂岩挤成粉状。

图 2-75　石门井下编录草图

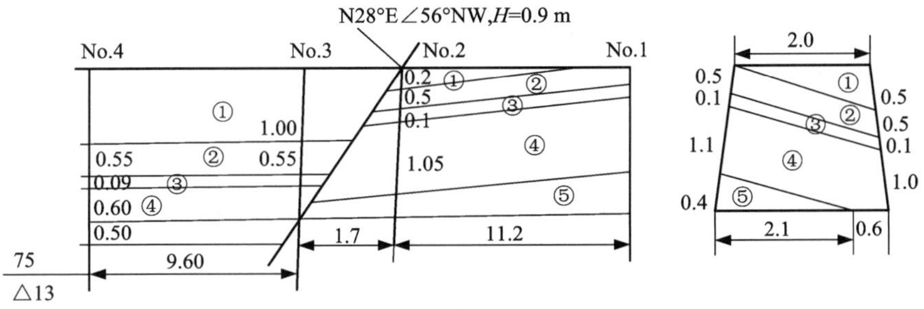

①—灰黑色薄层粉砂岩，坚硬，含化石；②—矿体，中条带状，夹少量铁矿透镜体；③—黑色泥岩；④—矿体，宽条带状，裂隙发育；⑤—灰褐色泥岩，团块构造，含蠬类化石。

图 2-76　巷道井下编录草图

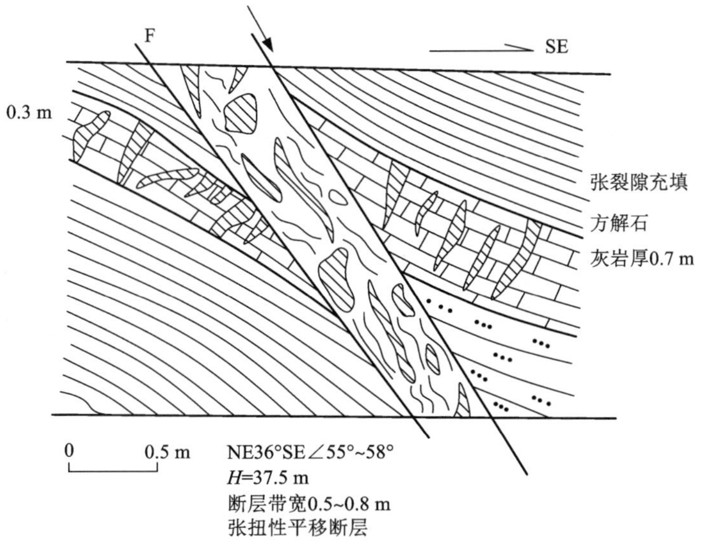

图 2-77　井下断层细部素描图

2.7.3.4 穿层井巷地质编录

穿层井巷是指不沿同一岩石层位掘进的井筒或巷道，如竖井、暗井、穿层斜井、穿层平硐井筒及石门等。这些巷道的特点是无论铅直、倾斜还是水平，均系穿层掘凿。它们是研究矿体及其顶底板的主要巷道。

1）竖井地质编录

竖井是地下开采作业中规模较大的基建工程，一般开凿在井田中央。由于其是垂直于地表，又是最先用大断面揭露分布范围极大的沉积型矿床矿体的井巷，故它所提供的有关穿切过的矿体、构造和水文工程地质资料，对认识矿井地质特征、指导下一步井巷施工都具重要意义。因此，对此类竖井编录要求较高。金属矿床中，竖井布置一般不穿切矿体。根据地质条件复杂程度，竖井编录可分为展开图式、柱状剖面图式和水平切面图式三种方式。

（1）井筒展开图式编录。

其适用于地质条件复杂的地区，对于圆形井筒，将其视为方井，并沿棱展开成平面（图 2-78）进行编录。为此，在圆形井口周围选定 4 个基准点，使它们与井筒中心的连线方位分别为 N45°E、N45°W、S45°W、S45°E，在该 4 点上设置井筒边垂线，即内接正方柱的 4 条棱线，用来测定地质界面深度，绘制地质界面与柱面的交迹。

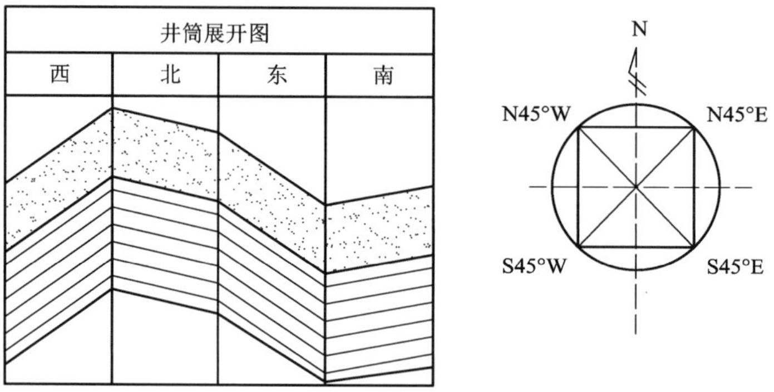

图 2-78 井筒展开图

（2）井筒柱状剖面图式编录。

其适用于地质条件简单或中等、岩层倾角平缓的地区。它是在垂直地层走向的井筒直径两端，设置基准点和井筒边垂线，以此丈量地质界面深度，绘制井筒柱状剖面图（图 2-79）。

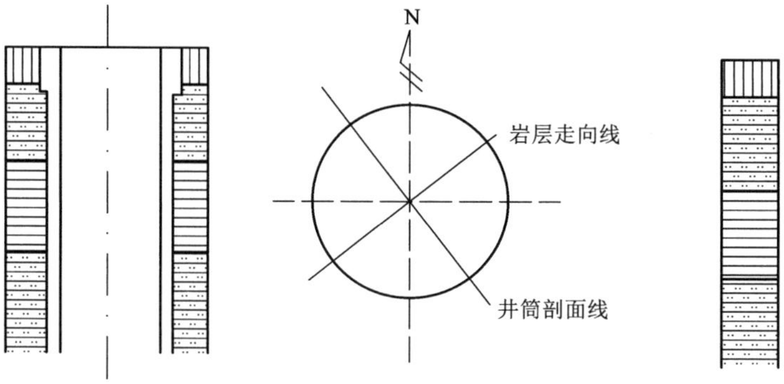

图 2-79 井筒展开图

(3)井筒水平切面图式编录。

其适用于岩层倾角较陡的地区。此种方式是当井筒每掘一定深度编录一水平切面图，并根据各水平切面图编绘井筒柱状剖面图(图 2-80)。为了便于对照各水平切面图的方位，水平切面图上应注记标高，标定剖面线和指北针。

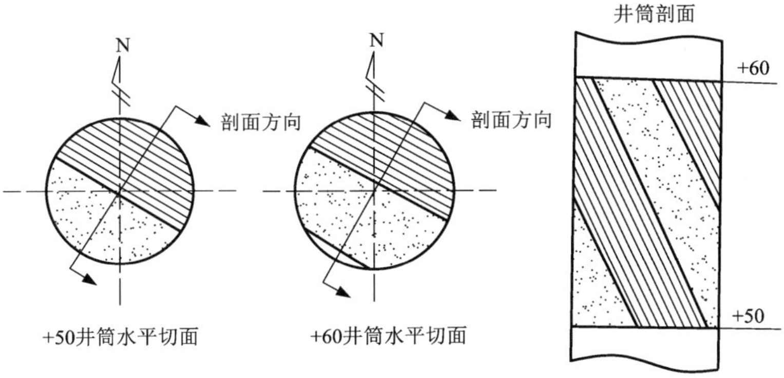

图 2-80　井筒柱状图

2)石门地质编录

石门是垂直或接近垂直于地层走向且水平或近于水平的穿层巷道，一般位于井田或采区中央，其编录资料是分析构造、对比矿体的主要依据，也是采区设计和巷道布置及施工不可缺少的资料。因此，所有石门都要细致地进行地质编录。

石门编录一般是只作一壁剖面图，即测绘一壁的地质素描图。但当个别地段地质条件特别复杂、一壁编录难以反映真实地质现象时，则以一壁剖面图为主，辅以局部展开图。

2.7.3.5　顺层井巷地质编录

顺层井巷是指沿着相同岩石层位开凿的井筒或巷道，如顺层平硐、顺层斜井、运输大巷、总回风巷、采区上下山及所有的沿矿体巷道。这类巷道的特点是无论沿矿体、岩层走向的平巷，还是沿倾斜、伪倾斜掘进的倾斜巷道，都是顺着同一层位开凿的，顺层巷道是研究层控矿体及其顶底板的主要巷道。

顺层巷道能够取得层状、脉状矿体沿其走向或倾斜方向的厚度、结构、产状、顶底板岩性及其变化资料，了解层状、脉状矿体间侵入体和喀斯特陷落柱的分布及构造变动情况，其编录方式一般采用剖面图式和观测点式；但当矿体倾角较大时，根据矿体厚度的不同，多采用断面图式和切面图式编录。

顺层岩巷编录的重点是及时发现构造变动和岩性变化情况，查明构造性质及规模，一般采用剖面图式或断面图式编录。

2.7.3.6　回采工作面地质编录

回采工作面地质编录的基本任务是查明采面内的地质变化及其发展趋势，指导回采工作的正常进行；测量矿厚，丈量采高，计算工作面损失率，监督矿石资源的充分回收；探测厚矿体的剩余厚度，为厚矿体的合理分层开采提供依据。

随着工作面的逐步推移，要不断地观测工作面出现的地质构造、矿体厚度、结构及其变化，顶板岩性、结构、产状及裂隙情况，以及其他影响回采的地质因素等。

回采工作面地质编录的方式有观测点式和剖面图式两种。如果回采工作面内地质条件简单，矿体厚度较为稳定，一般只要隔一段时间或每推进一定的距离，在工作面内均匀布置几个观测点，测量矿体厚度、采高及底丢矿体厚度和产状，并将其观测结果展绘在回采工作面平面图上。如果工作面地质条件复杂，除增加检查观测次数外，还应沿工作面矿壁作实测剖面图(图 2-81)，以反映地质变化情况。

对于矿体厚度较大，且有一定变化的分层回采工作面，观测时还必须系统地进行矿体厚度变化统计工作，并及时编绘出勘查线剖面图和剩余矿体厚度等值线图。

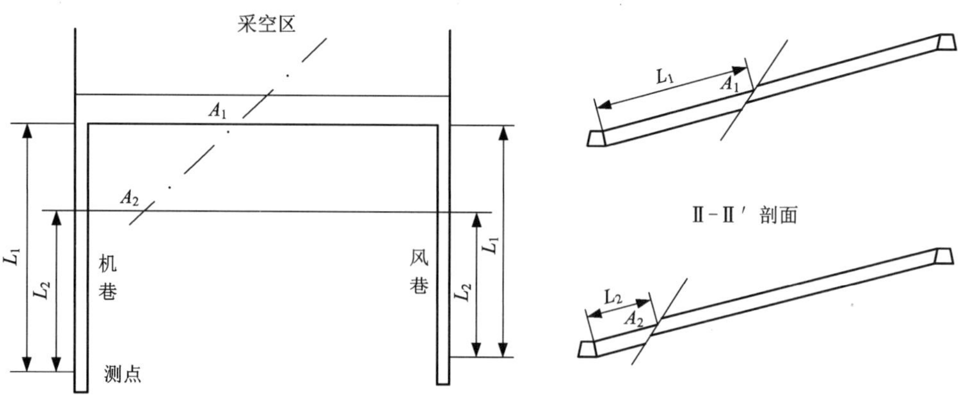

图 2-81 回采工作面编录示意图

2.7.4 综合地质图件

各种综合地质图件是指导矿山设计和生产的重要依据，此处介绍矿山常用综合地质图件的编制。

2.7.4.1 垂直剖面图类

这类图件的种类较多，但最基本的是横剖面图和纵剖面图两种。二者的主要区别：横剖面图的剖面线方向垂直于矿体走向，用以了解矿体在深部沿倾向的地质特征及变化情况；纵剖面图的剖面线沿矿体的平均走向，用以了解矿体在深部沿走向的地质特征及其变化情况。一般情况下，对每一条勘查线都要绘制一张勘查线横剖面图；而纵剖面图每个矿区只要求绘制代表性的 1~2 张即可。图的比例尺一般为 1∶500~1∶2000。

这里着重讲述矿山上最常用的垂直剖面图，即勘查线横剖面图。其作用是配合矿区地形地质图，了解矿区地质的全貌、矿床的地质构造特征、矿体出露及埋藏情况、矿体厚度和品位沿倾向的变化情况，是绘制水平断面图和投影图的重要基础，是资源储量计算、矿山设计与生产的必用图件。图上应表示的主要内容有地形剖面及其方向，水平标高线，矿体、围岩的地质界线及产状，断层线及编号。进行开采设计时，还应在此图上绘出各种采、掘(剥)工程(坑道、天井)或露天矿开采境界线等的位置与编号。该图是在矿床地形地质图和各种探、采工程素描图的基础上编制出来的，其作图步骤为：

(1)先在矿床地形地质图上确定勘查剖面线的方向和位置。地形地质图上的勘查剖面线即为勘查剖面(铅直面)与水平面的交线。

(2)在空白纸上绘出图框，根据矿体产出标高和比例尺要求作好水平标高线。

(3)根据剖面线与地形地质图上各地形线、地质界线的交点水平间距，转绘出地形剖面及地质界线点，该步骤也常常可以通过实地测量来进行。

(4)将剖面线上的各种探矿及采掘工程按相应的位置投制于图上，并标出各工程所揭露的矿、围岩、断层等地质界线点及取样位置与编号(图 2-82)。

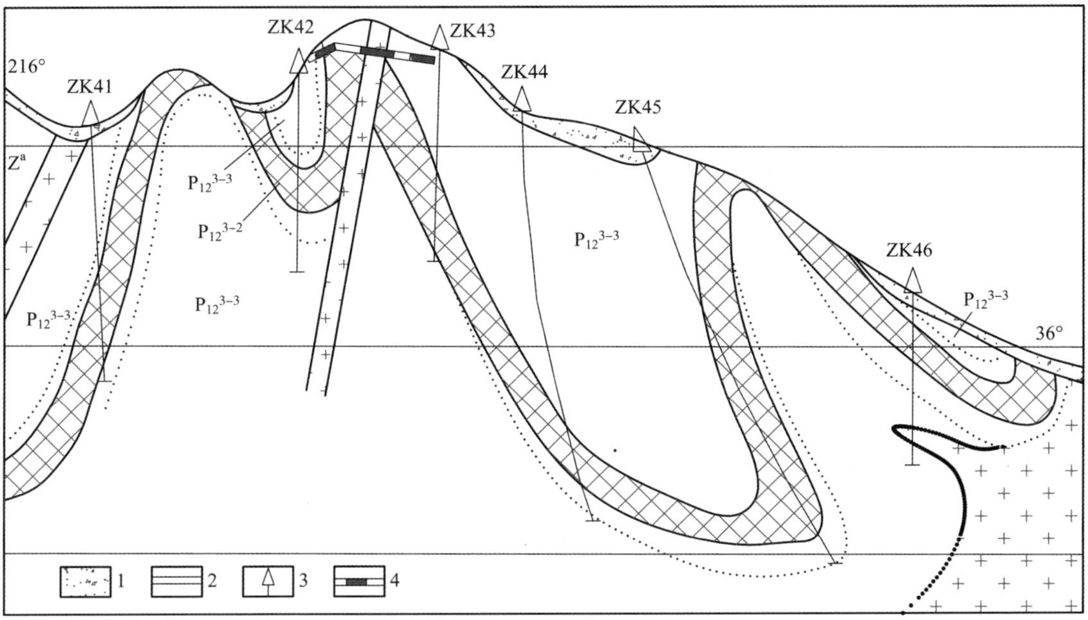

1—浮土；2—探槽位置及编号；3—钻孔位置及编号；4—取样位置及编号。

图 2-82　某铁矿 40 勘查线横剖面图实例

(5)根据野外观察和室内分析的结果，合理地连接各地质界线点，并在图的下方绘一钻孔平面位置图，侧方绘出各工程的取样分析结果表。

(6)在图上进行资源储量计算时，还应划分资源储量计算块段，注明各块段的编号和面积，有时还要求圈出各种矿石类型和不同级别资源储量的界线。

(7)最后标出图名、图例、比例尺(一般为 1∶500～1∶2000)、图签等，即成一张完整的勘查线横剖面图。

至于勘查线纵剖面图，它的作用、表示内容、绘图步骤等，基本上与勘查线横剖面图相同。

在阅读垂直剖面图时，特别应当注意的一点是，剖面图上的矿体、岩层及断层的倾角，有时可能是真倾角，有时可能是视倾角，这就应根据地质平面图上剖面线与矿体、岩层、断层走向线之间的关系来判断。当剖面线与走向线不互相垂直时为视倾角，垂直时为真倾角，视倾角小于真倾角。在纵剖面图上就显示不出矿体的倾角了。

单张垂直剖面图的阅读并不难，比较难的是要能根据一组剖面建立起整个矿体和构造的立体概念。但只要细心对准一组剖面之间的标高和坐标系统，明确矿体和构造在图上的相对位置，这一困难是完全可以克服的。为了帮助建立起总的立体概念，特附由一组剖面所组成的立体透视图(图 2-83)。

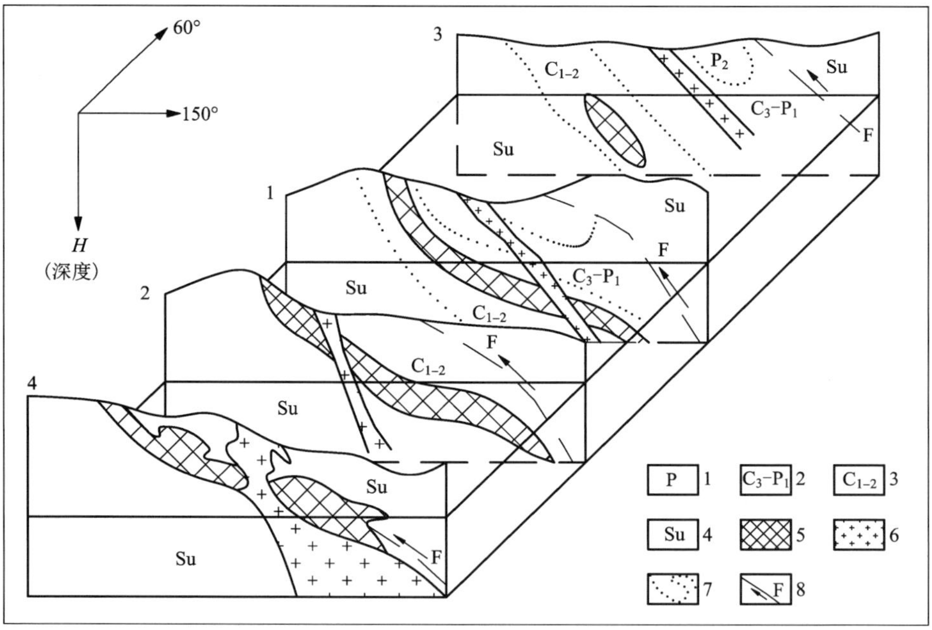

1—上二叠统地层；2—上石炭-下二叠统地层；3—下-中石炭统地层；
4—混合岩；5—花岗岩；6—铜硫矿体；7—地质界线；8—断层。

图 2-83 某铜硫矿剖面组合立体透视图

2.7.4.2 水平断面图类

这类图件也是矿山常用的一种重要图件，它表示矿体、围岩、构造、矿石质量在某一标高水平断面上地质特征及变化的情况，如水平断面地质图、坑道地质平面图、露天矿平台(采场)地质图等。这类图件除用于配合地形地质图了解矿床地质全貌外，还在矿山设计和开采过程中用来确定开拓工程位置，制订矿山采掘进度计划，进行矿山开拓设计、中段开拓设计、采矿方法设计、采掘单体设计、资源储量计算及指导采掘工程的施工。该类图件上应表示的主要内容有坐标网，垂直剖面线，矿体、围岩的界线，矿石品级、类型的分界线，断层线及编号，各种探采工程，取样位置与编号；如用来进行资源储量计算，还应标明资源储量计算块段和资源储量级别块段。

水平断面地质图又称为水平切面图或预想平面图。该图的编制要有两个或两个以上相邻的勘查线横剖面图和地形地质图(或一个已知的水平断面地质图)作为依据。其作图步骤：

(1)在空白纸上绘好图框，并根据地形地质图绘制坐标网和剖面线的位置。

(2)根据已知的剖面图，将所需某一标高(如图 2-84)的矿体、围岩、构造的界线点和通过该标高的钻孔，垂直投影到平面图上。

(3)合理连接相同地质体的界线点，最后标出图名、图例、比例尺、图签等，即成一张完整的水平断面地质图。

坑道地质平面图又称为中段地质平面图。当矿床用坑道勘查时或开采过程中形成中段系统后，即可编制此图。它是以测好的坑道平面图为基础，根据坑道原始地质编录资料和勘查线剖面图绘制而成的，比例尺一般为 1∶200～1∶1000。它是地下开采矿山常用的一种地质图件。其作图步骤：

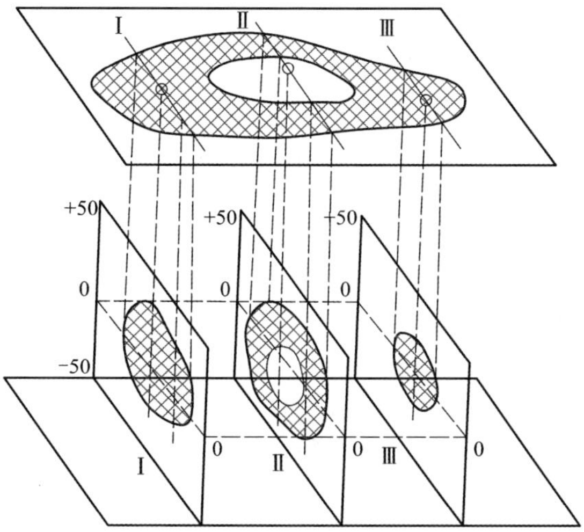

图 2-84　水平断面地质图编制时的立体示意图

(1)在空白纸上绘好图框、坐标网和勘查线的位置。

(2)绘出坑道顶板的轮廓或通过腰线断面的坑道轮廓、通过该中段的钻孔位置、在该中段所打水平钻孔的位置。

(3)将坑道和钻孔中所获得的原始地质资料，如各种素描图中矿体、围岩和地质构造界线点，按比例尺缩绘到坑道或钻孔相应位置上。

(4)连接相同地质体的界线，并标出图名、图例、比例尺、图签等，即成一张完整的坑道地质平面图(图 2-85)。

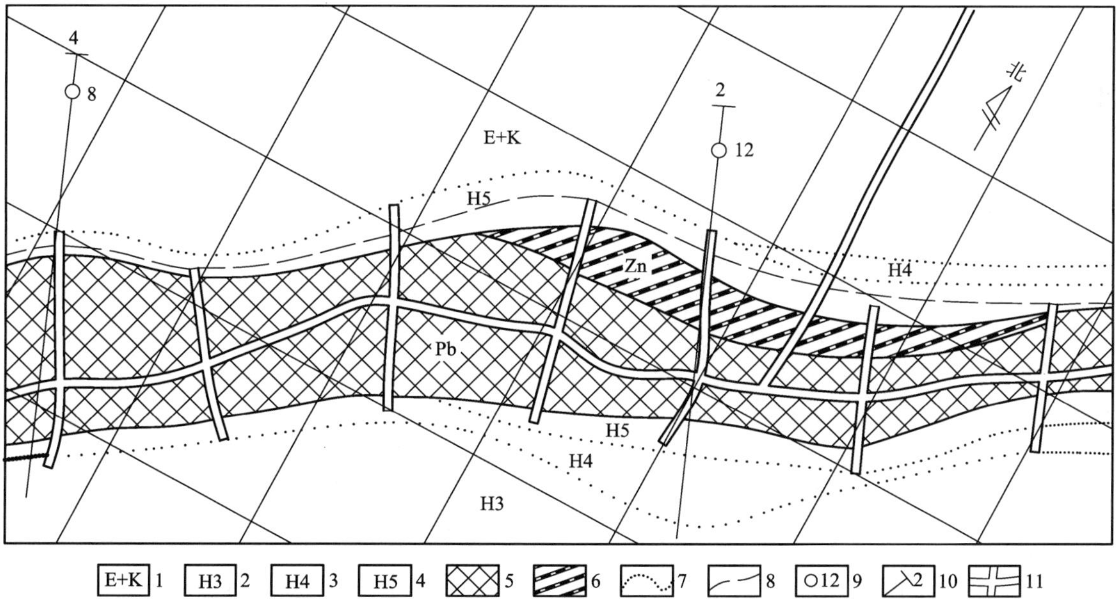

1—第三系、侏罗系的红色砂砾岩；2—硅化带；3—绢云母绿泥石化带；4—角砾岩化含矿带；5—铅矿体；6—锌矿体；7—地质界线；8—断层；9—钻孔位置及编号；10—勘查线及编号；11—坑道

注：此图为示意图，故省略了比例尺、图签等。

图 2-85　某铅锌矿中段地质平面图实例

露天矿平台(采场)地质图是露天矿山经常使用的基本综合地质图件。它是根据矿床地形地质图，勘查线剖面图，采场中探槽、钻孔、爆破孔所获得的原始地质编录资料和现场实测资料，在同比例尺台阶平面图上绘制而成的。其常用的比例尺有两种：一种是包括范围较大，作为计算地质资源储量和制订年度计划用的图件，多用 1∶1000；另一种是包括范围较小，但内容更为详细(如有探槽和取样的位置)，是采矿单体设计、绘制爆破块段图、计算生产矿量用的图件，多用 1∶500(图 2-86)。此种图的作图步骤与坑道地质平面图相似。

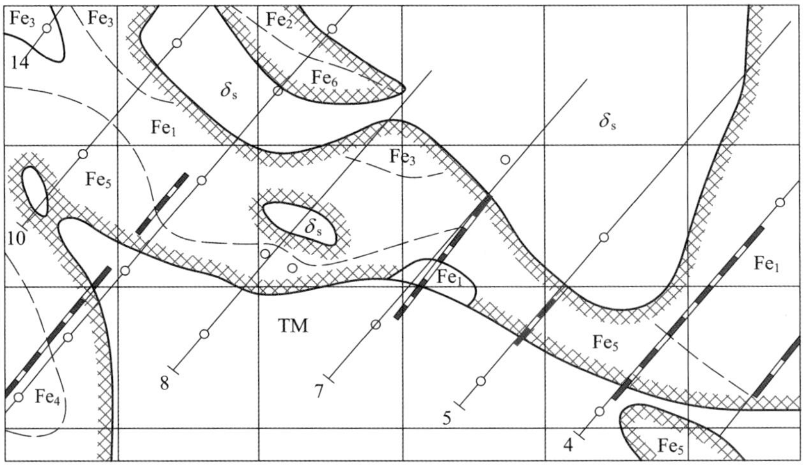

图 2-86 某铁矿露天采场平台地质图实例

上述三种水平断面地质图的单张阅读，与地表为水平的地形地质图类似，因而并不很困难，比较困难的是把不同水平的一组断面图的坐标系统、矿体、围岩、构造等对应起来，进行分析，从而建立整个矿床(矿体、围岩、构造等)的立体概念。图 2-87 为一张由水平断面组合而成的立体图。

2.7.4.3 投影图类

这类图件表示矿体沿走向延长和侧伏、沿倾向延深，表示各级资源储量分布及工程控制程度等整体概念。其主要有两种形式：一种是水平投影图，它用正投影的方法把矿体和其他地质界线及探采工程等投影在一个水平面上，常用于倾角小于 45°的缓倾斜矿体；另一种是垂直纵投影图，它用正投影的方法把矿体及其他所要表示的内容投影在和矿体平均走向平

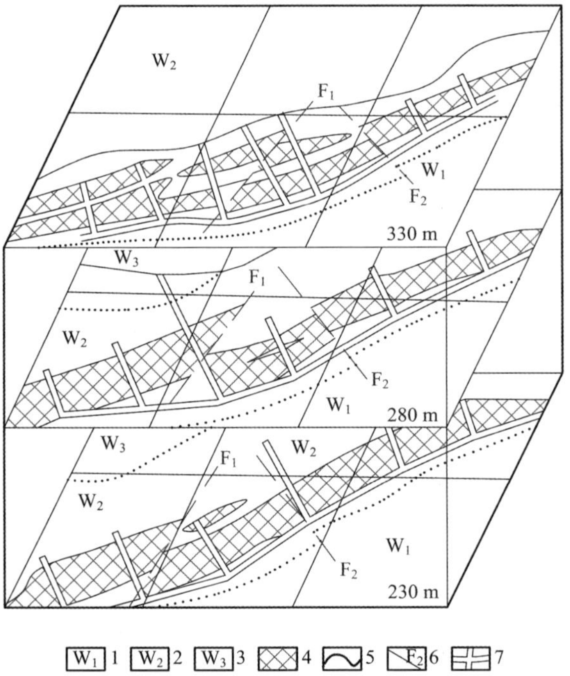

1—板岩夹灰岩；2—白云质硅化灰岩；3—紫色砂岩夹板岩；4—矿体；5—地质界线；6—断层；7—平硐及坑道。

图 2-87 水平断面组合立体图

行并且放置在矿体下盘的垂直投影面上，常用于倾角大于 45°的急倾斜矿体，它是矿山设计和生产中经常要用到的图纸。在矿山设计时，各种开拓系统往往也投影在此图上；在生产阶段常用来编制采掘进度计划，并在图上表明各中段采掘进度和主要井巷延伸的情况。图上应表示的主要内容有矿体投影边界线，各种探矿、采掘工程的位置及资源储量计算情况等。

垂直纵投影图是在矿床地形地质图和勘查线横剖面图（两个或两个以上）的基础上绘制的。其比例尺一般为 1∶500~1∶1000。其具体作图步骤为：

（1）在已知的平、剖面图上标出矿体轴线（即中心线），确定投影面的位置和作图基线。

（2）将已知平面图上的勘查线，用正投影的方法，转绘到已画好的空白图框内，并根据矿体产出的标高绘制水平标高线。

（3）根据已知剖面图上的地形最高点、矿体上下边界线的标高、钻孔与矿体轴面交点标高（也可用钻孔见矿标高或矿体底板标高）、坑道和探槽底板标高等，用正投影的方法，在纵投影图上投制出地形线、矿体上下边界线、钻孔位置、探槽及坑道的位置等。

（4）标明资源储量计算块段的编号和资源储量级别，最后再标出图名、图例、比例尺、图签等内容（图 2-88）。读图时注意该图中有 2 个矿体的投影，大矿体由控制及推断资源量组成，小矿体由探明及控制资源储量组成。

水平投影图的绘制原理与方法基本上与地形地质图类似（图 2-89）。

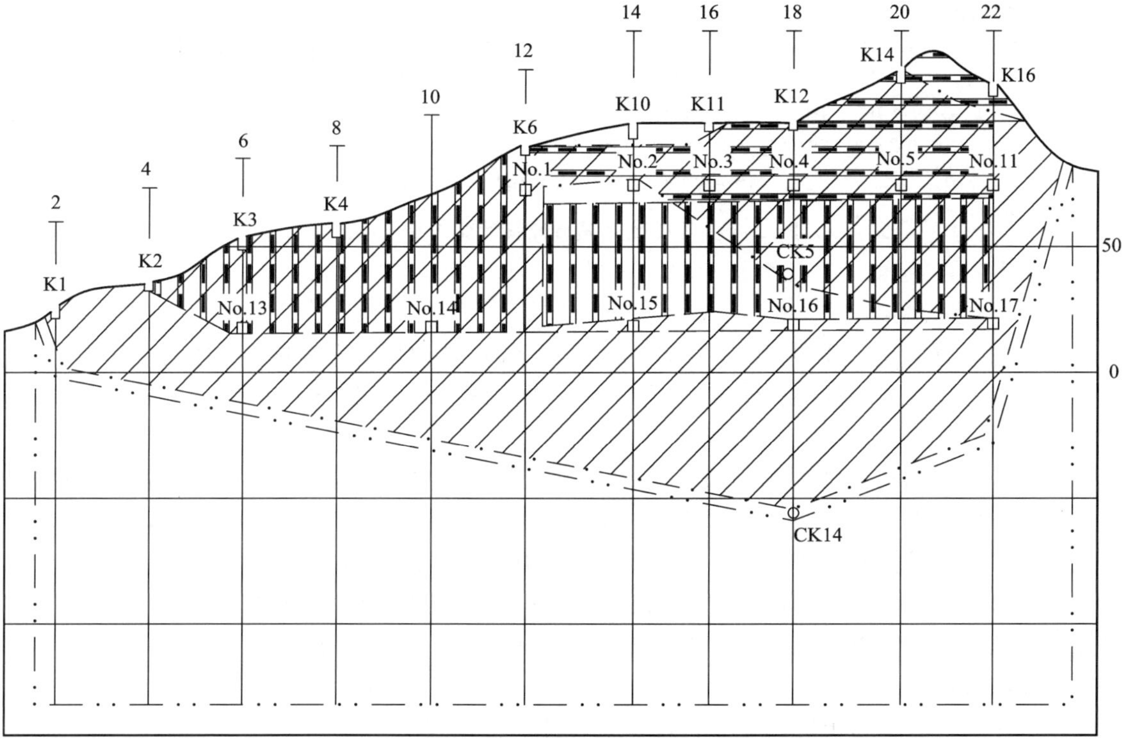

图 2-88　矿体垂直纵投影图

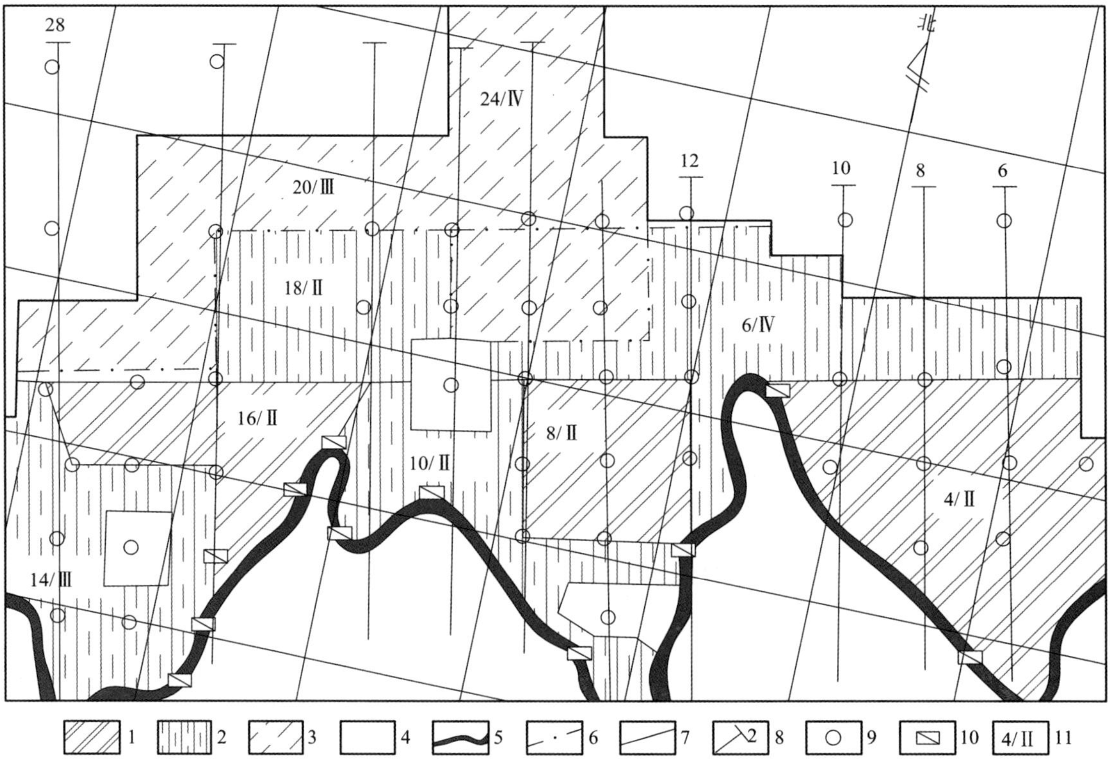

1—探明资源量范围；2—控制资源量范围；3—推断资源量范围；4—无矿带；5—矿体露头；
6—露天开采与地下开采分界线；7—资源量计算块段分界线；8—勘查线及编号；9—钻孔位置；
10—浅井位置；11—块段编号/矿石品级。

图 2-89 某铝土矿资源储量计算水平投影图

2.7.4.4 等值线图类

用一系列等值曲线分别表明矿体各种地质特征(矿体厚度、底板标高、矿石品位等)，这种图件称为等值线图。其种类较多，主要有矿体顶(底)板等高线图、矿体等厚线图、矿体等品位线图。

矿体顶(底)板等高线图是反映矿体产状、构造和顶(底)板起伏情况的图纸。当矿体顶、底面起伏形态基本一致时，一般只编制底板等高线图即可；如果矿体顶、底面起伏形态很不一致，则常需要编制顶板和底板两种等高线图。其主要作用为：用以了解缓倾斜矿体的产状变化(综合顶、底板等高线图可了解矿体的形态变化)；对于某些沉积的层状矿体来说，它常常是资源储量计算的主要图件；特别是底板等高线图，由于它能清楚地反映矿体底面的起伏情况，所以它又是进行开拓设计(某些开拓工程就设计在此图上)、指导坑道掘进和回采的重要图件。图上应表示的主要内容有坐标网、各种工程位置与编号、各工程的顶(底)板标高、顶(底)板等高线等。其比例尺一般与相同矿区的地形地质图一致。该图是根据所有探、采工程中所获得的矿体顶(底)板标高的资料，采用地形等高线绘制的原理编制出来的。现以底板等高线图为例，说明其作图步骤：

(1)按要求的比例尺绘好图框和坐标网。

(2)将全部穿矿工程按其在已知平面图上的坐标位置绘于所编图上，并标明矿体在每个工程中的底板标高数字。

(3)用插入法求出各个工程之间作图所需的标高点。所谓插入法就是以规定的等高距(其数字应根据具体情况和要求而定，且为整数)，根据两工程之间的水平距离与底板标高差值的大小，按比例求出两工程之间所需插入的标高点。

(4)将标高相同的点连接起来，即为底板等高线。最后标出图名、图例、比例尺、图签等，便成了一张完整的底板等高线图(图 2-90)。

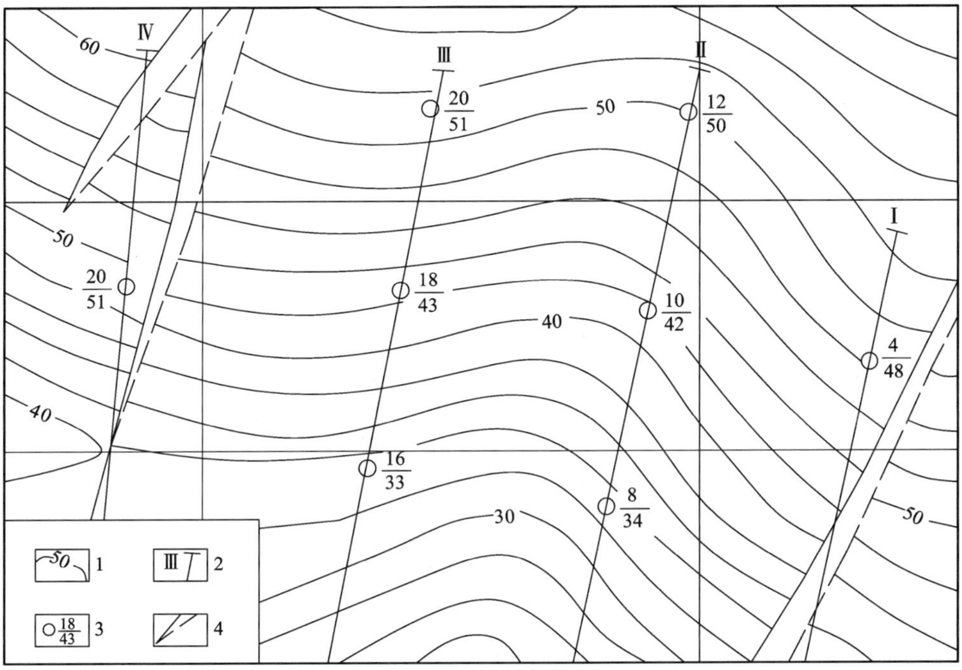

1—底板等高线；2—勘查线及编号；3—钻孔位置；4—断层带。

图 2-90　某磷矿底板等高线图

阅读底板等高线图的要点：同一条等高线上的底板标高是相等的，因此等高线大致平行且间距大致相等者，应为一单斜矿体，等高线延长的方向即矿体走向，垂直于等高线沿着标高值降低的方向为矿体倾向；若等高线间距不等，则疏处倾角平缓，密处倾角较陡；若等高线大致对称出现，则标高值中间高两边低者为隆起，中间低两边高者为凹陷；若等高线不连续，说明出现断层，等高线断开者为正断层，形成无矿带，等高线局部重叠者为逆断层，形成矿体重复带。可结合底板等高线图判断矿体的大致走向、倾向、倾角和断层的性质。

矿体等厚线图是表示矿体厚度与变化规律的一种图件。其是某些矿床(矿体厚度变化较大的矿床)据以确定落矿方式(浅孔落矿或深孔落矿)和划分不同采矿方法采场的分界线；某些沉积层状金属矿床有时还用它来进行资源储量计算。图上应表示的主要内容有坐标网、各种工程位置与编号、各工程的矿体厚度(一般均用铅直厚度)、矿体厚度等高线等，见图 2-91。其作图原理与读图方法均与底板等高线图类似。

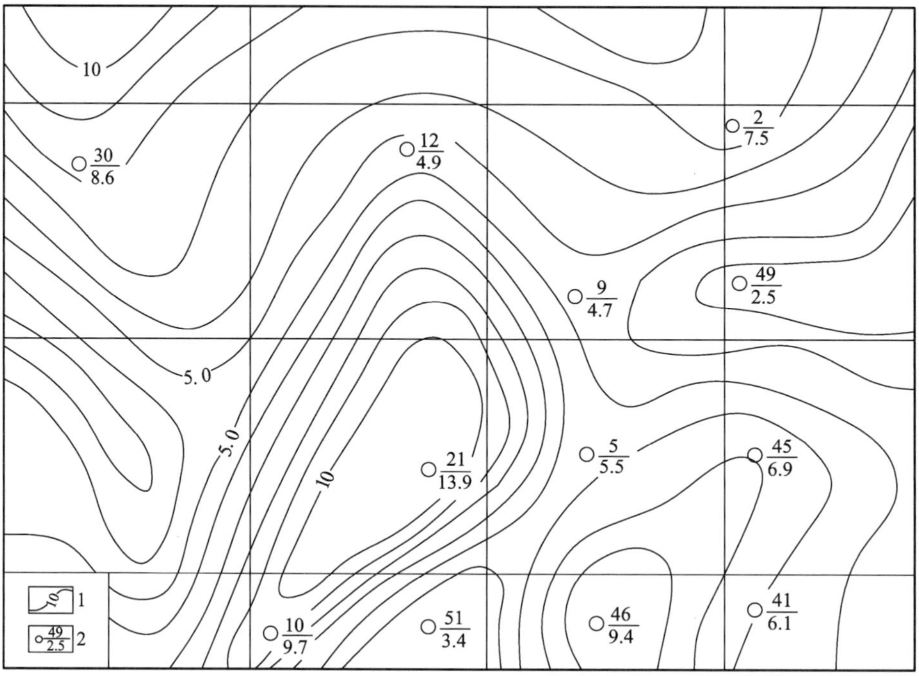

1—矿体等厚线；2—钻孔位置$\frac{\text{钻孔编号}}{\text{矿体厚度(m)}}$。

图 2-91　某矿体等厚线图

矿体等品位线图是表示矿体中矿石品位变化规律的一种图件。虽然它不是每个矿山必备图件，但是在有些矿石品位变化较大的矿山中还是常用的。其主要作用：在采场设计中，往往据此考虑合理的开采边界和确定矿柱的位置，以尽量减少矿石的损失和贫化；在矿山生产中，还用于指导矿石的质量管理工作，如制订配矿计划便要参考矿体等品位线图(图 2-92)。

2.7.4.5　矿块三面图

矿山常用的地质图件，除上述五类基本图件外，还有矿块三面图，这类图是比较完整地表达一个或数个矿块内地质构造特征和矿体空间形态位置的一组图件。其中又包括块段水平断面地质图(即块段地质平面图)、块段地质横剖面图、块段纵投影图三种图件。它们是采准和回采单体设计的必须资料和重要依据。一般情况下，一组完整的矿块三面图是由 2~3 张块段水平断面地质图、2~3 张块段地质横剖面图和 1 张块段纵投影图组成的，图 2-93 为一组完整的矿块三面图。

矿块三面图所表示的内容、作用、读图方法、作图原理和步骤分别与前面所述水平断面地质图(即中段地质平面图)、垂直横剖面图、矿体纵投影图基本相似，但又不完全相同，主要差别有：

从表示的范围来看，前面所介绍的水平断面地质图、垂直横剖面图、矿体纵投影图是从三个不同方向来表示整个矿床(一个或数个矿体)的地质特征和计算矿体的总资源储量，从而建立对矿床的整体概念；而矿块三面图是从三个不同的方向来表示矿体某一部分(一个或数个矿块)的地质特征和计算该部分矿体的矿石资源储量，从而掌握该部分一个或数个矿块矿

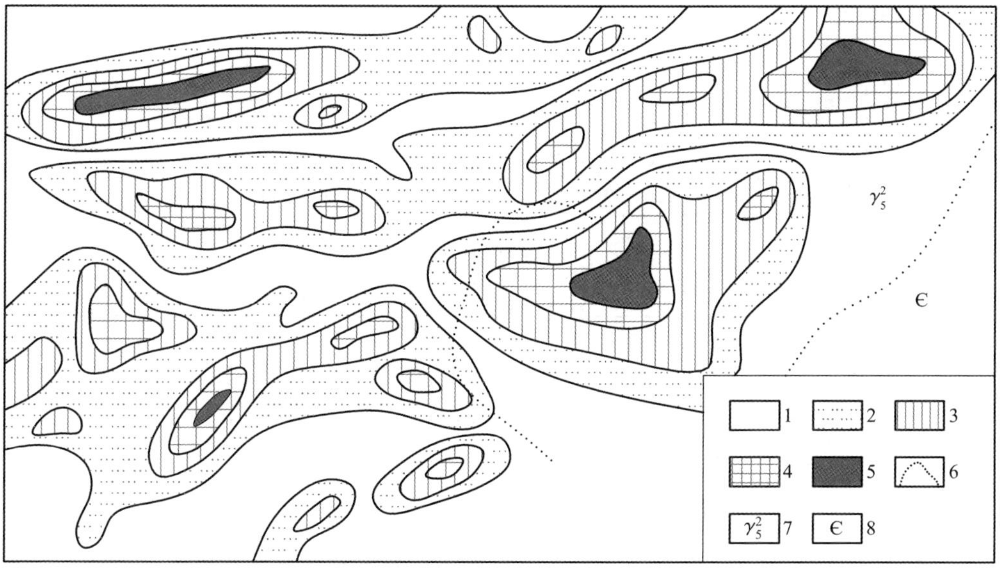

1—品位<0.1%；2—品位为 0.1%~0.5%；3—品位为 0.6%~1%；4—品位为 1.1%~1.5%；5—品位>1.5%；6—地质界线；7—花岗岩；8—寒武系地层。

图 2-92　某钨矿等品位线图

石的质量、数量及矿体形态变化的特征。

由于它们所表示的范围大小不一，所以采用的比例尺大小也有差别。因矿块三面图表示的范围小，故采用的比例尺较大，一般为 1∶200~1∶500；而前述三种地质图因表示范围较大，故通常采用的比例尺较矿块三面图小，一般为 1∶500~1∶2000。

由于资料详细程度和要求不同，故作图方法也有所差别，如垂直横剖面图和块段地质横剖面图的绘制方法就有所不同。前者是根据各探、采工程中所获得的原始地质资料直接绘制的；而后者是根据已知的两个或两个以上的实测块段(或中段)地质平面图来切制的。块段地质横剖面图绘制(即由平面地质图切制剖面地质图)的步骤：

(1)在已知的两个块段地质平面图上绘出块段横剖面线和作图基线的位置。

(2)在空白纸上(即编图纸)根据已知块段地质平面图的标高，按所要求的比例尺绘出水平标高线和作图基线。

(3)以作图基线和剖面线的交点作为控制点，将剖面线与坑道及地质界线的交点，转绘到所编的横剖面图上。

(4)参照各块段地质平面图和邻近的已知地质剖面图，合理地连接两中段间的地质界线，并绘出各工程的位置，即成块段地质横剖面图。

矿块三面图的阅读，可将图 2-93 中所附的矿块平面地质图、横剖面图、纵投影图、立体图等联系起来，相互对照，便可读出矿块内的各种地质特征：矿体的形态与产状及上下盘位置，各类矿石的分布情况，断层的性质与产状等。

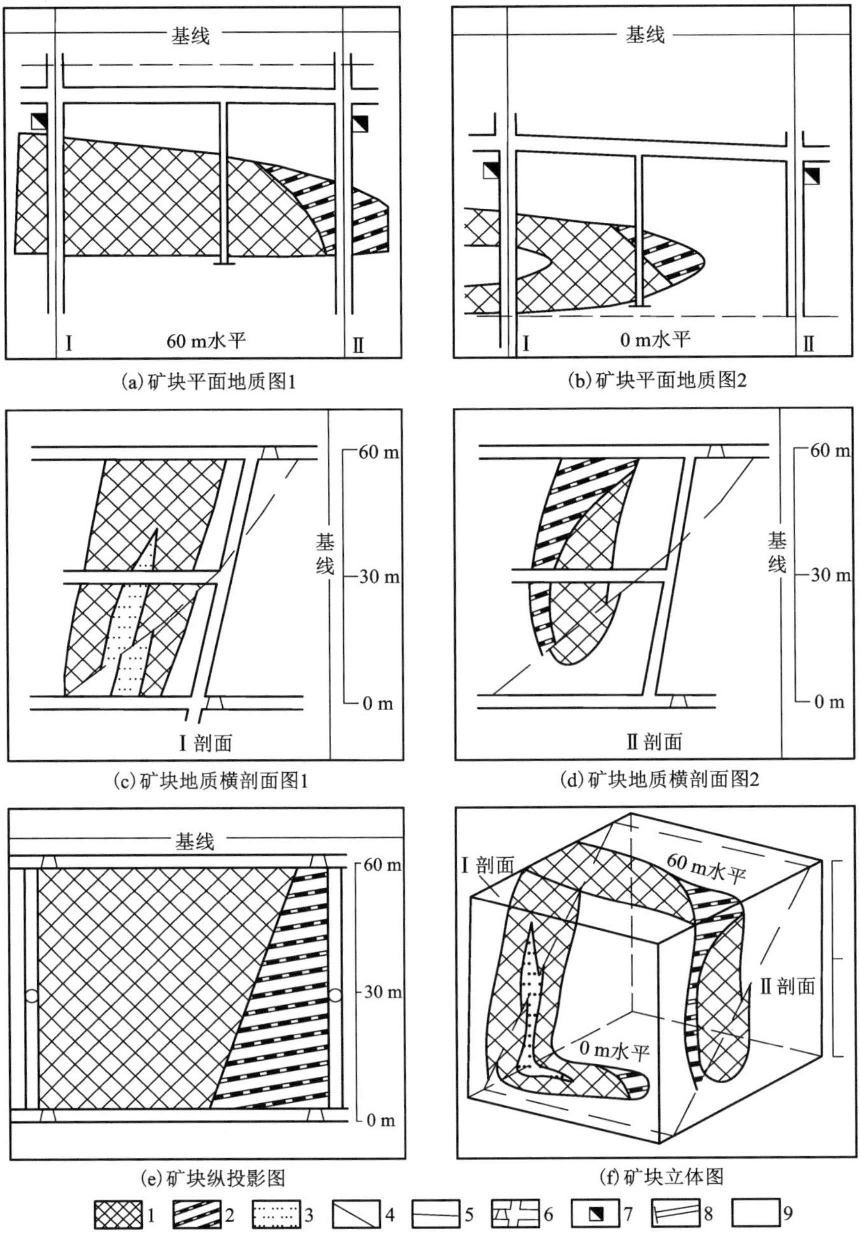

(a)矿块平面地质图1　(b)矿块平面地质图2

(c)矿块地质横剖面图1　(d)矿块地质横剖面图2

(e)矿块纵投影图　(f)矿块立体图

1—工业矿体；2—低品位矿体；3—夹石；4—断层；5—勘查线；6—坑道；7—天井；8—水平钻孔；9—围岩。

图 2-93　矿块三面图实例

参考文献

[1]舒良树. 普通地质学[M]. 3 版. 北京：地质出版社，2010.

[2]李守义，叶松青. 矿产勘查学[M]. 2 版. 北京：地质出版社，2003.

[3]袁见齐，朱上庆，翟裕生. 矿床学[M]. 北京：地质出版社，1985.

[4]侯德义. 找矿勘探地质学[M]. 北京：地质出版社，1984.

第 3 章

矿山水文地质

3.1 地下水分类及特征

3.1.1 地下水分类

地下水按埋藏条件可分为上层滞水、潜水和承压水(自流水)，按含水层空隙性质可分为孔隙水、裂隙水和岩溶水。

地下水两种分类的不同组合，可得出九类不同特征的地下水类型(表 3-1)，如孔隙-上层滞水、裂隙-潜水、岩溶-承压水等。

表 3-1 地下水分类表

按埋藏条件	按含水层空隙性质		
	孔隙水	裂隙水	岩溶水
上层滞水	季节性存在于局部隔水层上的重力水	季节性局部存在于岩层地表裂隙中的水	季节性存在于裸露岩溶化岩层中的悬挂水
潜水	上部无连续完整隔水层存在的各种松散岩层中的水	基岩上部裂隙中的无压水	裸露岩溶化岩层中的无压水
承压水	松散岩层组成的向斜、单斜和山前平原自流斜地中的地下水	构造盆地及向斜、单斜岩层中的裂隙承压水，断层破碎带深部的局部承压水	向斜及单斜岩溶岩层中的承压水

3.1.2 按埋藏条件分类的地下水特征

3.1.2.1 上层滞水

上层滞水是存在于包气带中局部隔水层或弱透水层之上的重力水(图 3-1)。

上层滞水一般分布不广，通常雨季出现旱季消失，由于上层滞水距地表近，直接受降水

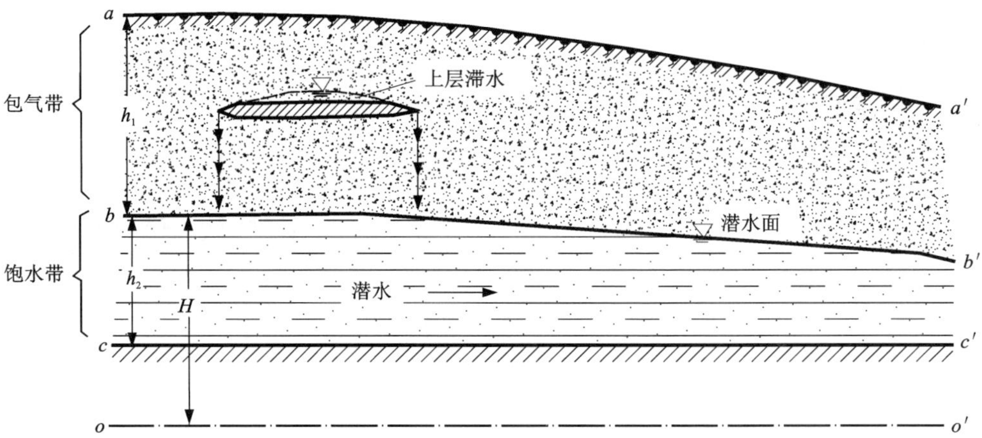

aa′—地面；*bb′*—潜水面；*cc′*—隔水层面；*oo′*—基准面；
h_1—潜水埋藏深度；h_2—含水层厚度；*H*—潜水位。

图 3–1　上层滞水和潜水示意图

补给，其补给区与分布区一致。上层滞水通常在包气带中的孔隙、裂隙或岩溶溶洞内，分布范围有限，厚度小，水量少，季节性存在，对采矿工程几乎没有影响。

3.1.2.2　潜水

潜水是埋藏在地表以下第一个稳定隔水层之上，具有自由水面的重力水（图 3–1）。

1）潜水的特征

潜水在自然界分布极广，一般埋藏在第四纪松散沉积层的孔隙、基岩的裂隙及可溶岩的溶隙或溶洞内。潜水的自由表面称为潜水面，潜水面至地表的距离称为潜水埋藏深度，潜水面至隔水层顶面的距离叫潜水含水层厚度，潜水面上任一点的标高叫该点的潜水位（图 3–1）。

潜水面以上一般无稳定的隔水层存在，含水层可通过包气带与地表相通，因此，大气圈和地表的某些气象、水文条件的变化可以直接影响潜水的动态变化。潜水主要由大气降水、凝结水和地表水补给组成，在大多数情况下，补给区与分布区一致。由于潜水具有自由水面，不承受静水压力，为无压水，所以只能在重力作用下，从潜水位较高处向潜水位较低处流动。

潜水被人们广泛地利用，但容易受到污染。对于采矿来说，潜水是矿坑充水的重要水源之一，必须引起重视。

2）潜水面的形状

潜水在重力作用下流动，使潜水面具有一定的坡度，形成了不同形状的潜水面。潜水面的坡度变化，一般情况下与地形变化一致，但潜水面的坡度总小于地面坡度。如果潜水面是倾斜的，潜水就发生流动，称为潜水流（图 3–2）；当潜水面呈水平时，潜水处于静止状态，称为潜水湖（图 3–3）。

潜水面的形状用潜水等水位线图表示（图 3–4）。潜水等水位线图是根据潜水面上各点的标高编制而成的等值线图。由于潜水面是随时间而变化的，所以在编制潜水等水位线图时，必须利用同一时间测量的水位资料。

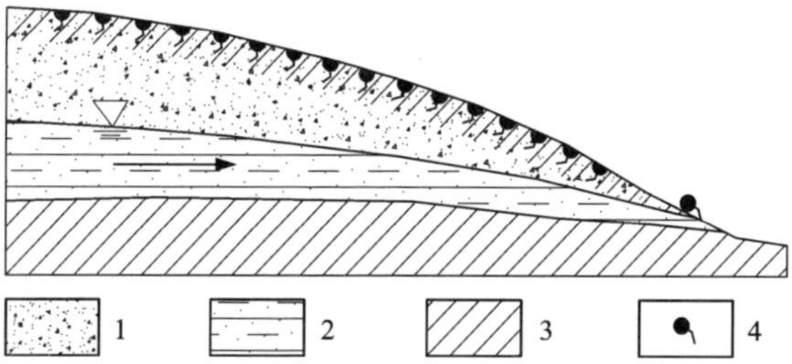

1—砂；2—含水砂；3—黏土；4—侵蚀(下降)泉。

图 3-2　潜水流

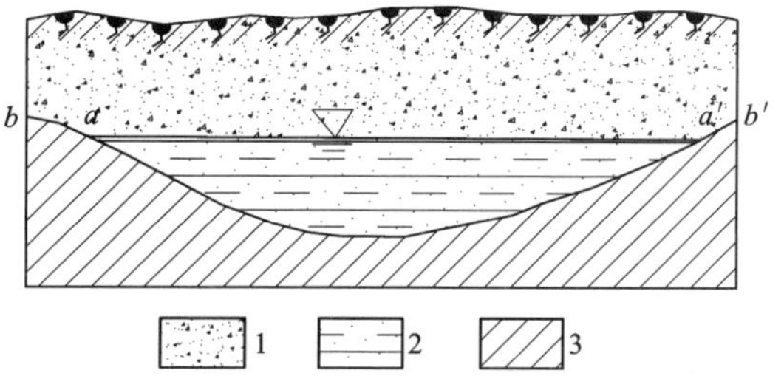

aa′—潜水面；bb′—隔水层面；1—砂；2—含水砂；3—黏土。

图 3-3　潜水湖

中等水位线图可解决下列问题：

(1)确定潜水流向：地下水的流向为垂直于等水位线的方向，由高水位流向低水位，如图 3-4 中箭头所示。

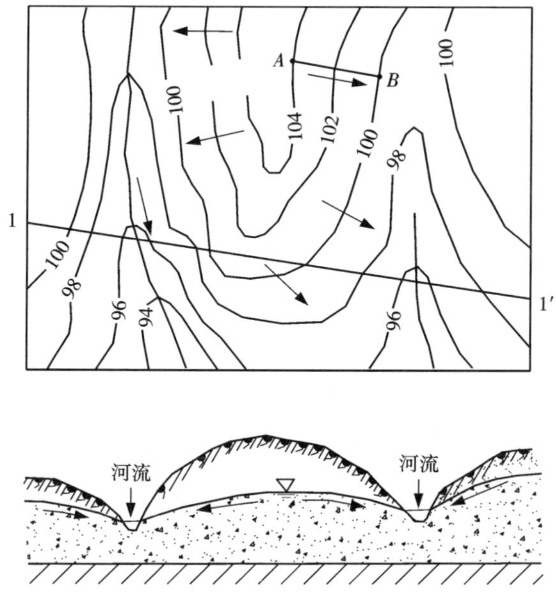

图中箭头表示潜水流向和河水流向。

图 3-4　潜水等水位线图及水文地质剖面图

(2)确定潜水的水力坡度：潜水面的平均水力坡度是一向量，其方向与流向一致，大小等于单位流径长度上的水位下降值，常用百分比或千分比表示。

(3)确定潜水与地表水间的关系：在河流附近编制等水位线图，可根据河水和潜水流向确定其补给关系，如图 3-5 所示。

(4)确定潜水埋藏深度：将地形等高线和等水位线绘于同一张图纸上，等水位线与地形等高线相交之点，二者高度差即为该点潜水的埋藏深度。

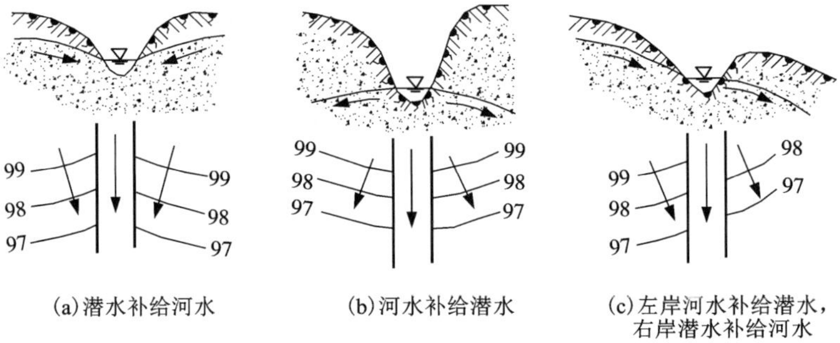

图 3-5　地表水(河水)与潜水之间的相互关系

(5)确定引水和排水工程的位置：如水井应布置在地下水流汇集的地方，排水沟(截水沟)应布置在垂直于水流的方向上。

3)潜水的补给、径流和排泄条件

潜水与大气降水及地表水之间的联系非常密切，大多数地区的潜水补给来源是降水和地表水(图 3-6)，有时承压水也能补给潜水。

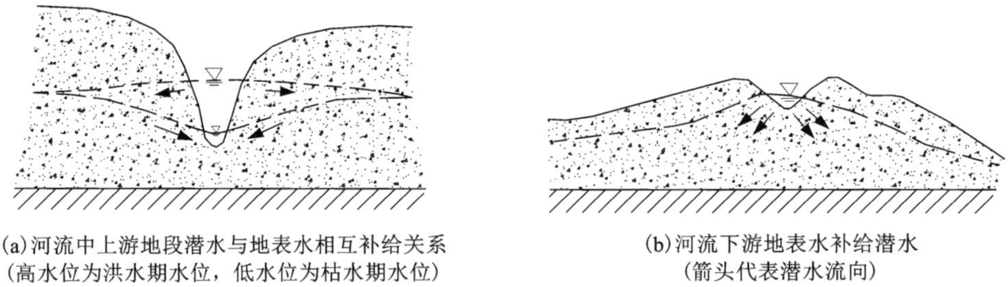

(a)河流中上游地段潜水与地表水相互补给关系
(高水位为洪水期水位，低水位为枯水期水位)
(b)河流下游地表水补给潜水
(箭头代表潜水流向)

图 3-6　河流补给地下水

潜水总是沿着一定方向由高水位向低水位处流动，最后在地形低洼处以下降泉的形式出露于地表或直接补给地表水，从而结束其径流过程。

潜水在径流过程中不断蒸发，以致在一些干旱地区，由于蒸发作用强烈，潜水还没有来得及出露地表即全部消耗于蒸发。潜水以泉的形式露出地表或补给地表水及消耗于蒸发。前二者为水平方向排泄，后者为垂直方向的排泄。水平方向排泄时，由于是水分与盐分一起排泄，故一般只引起水量的差异；而垂直方向的排泄主要排泄水分，基本不排泄盐分，往往引起潜水的矿化度升高。

影响潜水径流、排泄的主要因素是地形的切割程度、含水层的岩土特性和气候条件。通常地面坡度越大、切割越深时，径流条件就越好。因此，山区和河流中、上游地区潜水的径流条件要比平原和河流下游地区好。山区和河流中、上游地区潜水埋藏较深，不利蒸发，经常补给河流，以水平排泄为主。而在平原和河流下游地区，潜水的径流条件就比较差，埋藏也较浅，易蒸发，以垂直排泄为主。

查明潜水的补给、径流和排泄特性对采矿过程中利用潜水和防治其危害非常重要。

3.1.2.3　承压水(自流水)

承压水是充满于两个稳定隔水层之间的含水层中的地下水。

1) 承压水的形成和特征

承压水的形成取决于地质和构造条件。在适当的地质和构造条件下，孔隙水、裂隙水和岩溶水都可以形成承压水。最适宜形成承压水的构造条件有向斜(或盆地)构造和单斜构造。

在向斜(或盆地)构造中，含水层介于顶底板隔水层之间，并出露于向斜构造的两翼(图 3-7)，其中位置较高的一翼(图 3-7 中 a)，接受大气降水或地表水的渗透补给，成为补给区。渗入的水沿着含水层流动，在较低的另一侧(图 3-7 中 c)以泉的形式出露于地表，或者补给潜水或地表水，成为排泄区。补给区和排泄区之间，地下水充满整个含水层，亦承受静水压力，称为承压区(图 3-7 中 b)。当钻孔打穿含水层顶板时，承压水便涌入孔内，此点标高称为初见水位。但水位上升到一定高度稳定后，此时的水位标高称为测压水位或静止水位。当孔口位置低于测压水位时，承压水可流出地表，形成自流水。如将钻孔套管接长，则水位仍可在管中稳定，并可测得静止水位。如果将图 3-7 中不同位置的测压水位连线，该线就是承压含水层的测压水位线。从某点测压水位到含水层顶板的垂直距离叫承压水头。含水层顶面与底面的垂直距离称为含水层的厚度。

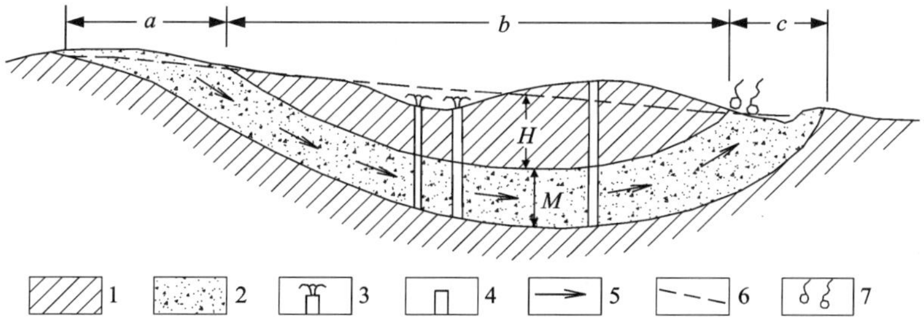

a—补给区；b—承压区；c—排泄区；1—隔水层；2—含水层；3—喷水钻孔；4—不自喷钻孔；5—地下水流向；6—测压水位；7—(上升)泉；H—承压水头；M—含水层厚度。

图 3-7　自流盆地构造图

承压水有如下特征：承压水含水层与地表之间有不透水层，因此，承压水受地面气候影响较小，动态变化比较稳定，水质不易受到污染，补给区与分布区不一致；承压水充满于两个隔水层之间，承受静水压力，其压力大小由测压水位决定，其运动是从测压水位高的地方流向测压水位低的地方。

当地下水没有充满两个隔水层之间时，称为无压层间水。其特征是除具有自由水面而不承压外，基本上与承压水特征相同。

对于供水而言，承压水是较好的水源；但对于采矿工程来说，承压水特别是岩溶承压水，常常会对采矿工作构成严重的威胁。

2) 承压水的补给、径流和排泄条件

承压水的补给来源一般为大气降水，只有当其补给区位于河床、湖泊地带或潜水含水层下时，才能接受地表水和潜水的补给。承压水可以向潜水排泄，也可在河谷中或沿断层带以泉的形式排泄，有时通过断层使几个含水层互相连通，形成水力联系。承压水在地形合适的条件下，可以形成较好的地下径流。其径流条件与含水层产状、透水性、补给区与排泄区的高差等有关。承压含水层的涌水量可以有很大差别，其大小与含水层的分布范围、厚度、透水性和水的补给来源等因素有关。一般情况下，如含水层分布面积广、厚度大、透水性好、水的来源充足，水量就丰富，动态亦较稳定。

3) 承压水等水压线图

承压水等水压线图就是承压水测压水位等值线图(图 3-8)，其编制方法与潜水等水位线图相似，根据承压水等水压线图可以测定承压水的流向、水力坡度及每一点的承压水位。除此之外，等水压线图还为矿坑设计和矿床疏干提供降低水头的数据。

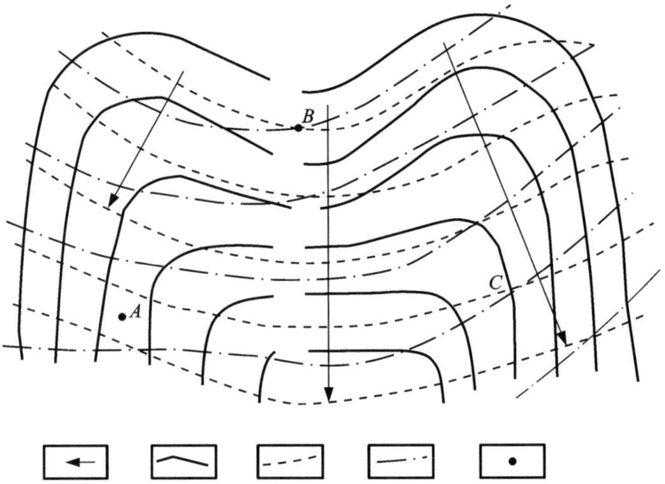

1—承压水流向；2—地形等高线；3—等水压线；4—含水层顶板等高线；5—钻孔。

图 3-8　承压水等水压线图

3.1.3　按含水层空隙性质分类的地下水特征

3.1.3.1　孔隙水

孔隙水存在于松散岩层的孔隙中，这些松散岩层包括第四系及部分第三系沉积岩。孔隙水的存在条件和特征取决于岩土的孔隙情况，因为岩土孔隙的大小和多少不仅关系到岩土透水性的好坏，而且也直接影响了岩土中地下水量的多少，以及地下水在岩土中的运动条件和地下水的水质。一般情况下，岩土颗粒大而均匀，则含水层孔隙也大，透水性好，地下水水量大、运动快、水质好；反之，则含水层孔隙小，透水性差，地下水运动慢、水质差、水量也小。

孔隙水由于埋藏条件的不同，可形成上层滞水、潜水或承压水，即分别称为孔隙-上层滞水、孔隙-潜水和孔隙-承压水。

3.1.3.2　裂隙水

储存在基岩裂隙中的地下水称为裂隙水。裂隙水主要分布在山区和第四系松散覆盖层下面的基岩中，裂隙的性质和发育程度决定了裂隙水的存在和富水性。岩石的裂隙按成因可分为风化裂隙、成岩裂隙和构造裂隙三种类型，相应地也将裂隙水分为三种，即风化裂隙水、成岩裂隙水和构造裂隙水。

1) 风化裂隙水

风化裂隙水是赋存在基岩风化裂隙中的水。风化裂隙是由岩石的风化作用形成的，其特点是广泛地分布于出露基岩的浅部，一般延伸短，无一定方向，发育密集且较均匀，构成彼此连通的裂隙体系。风化裂隙水绝大部分为潜水，具有统一的水面，多分布于出露基岩的表层，其下新鲜的基岩为含水层的下限(图 3-9)。

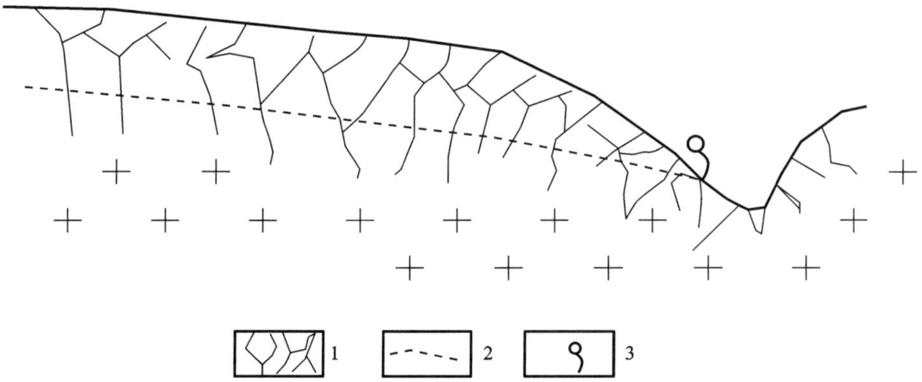

1—风化裂隙；2—潜水水位；3—泉水。

图 3-9　风化裂隙中的潜水

风化裂隙水的补给来源主要为大气降水，其补给量的大小受气候及地形因素的影响很大，气候潮湿多雨和地形平缓地区，风化裂隙水较丰富。

2) 成岩裂隙水

成岩裂隙为岩石形成过程中所产生的裂隙，一般常见于岩浆岩中。这类裂隙分布较均匀，一般有固定层位，彼此相互连通。赋存在成岩裂隙中的地下水称为成岩裂隙水。

喷出岩中的成岩裂隙常呈层状分布，当其出露地表，接受大气降水补给时，形成层状潜水。其与风化裂隙中的潜水相似；所不同的是其分布不广，水量往往较大，裂隙不随深度增大而减弱，而下伏隔水层一般为其他的不透水岩层(图 3-10)。

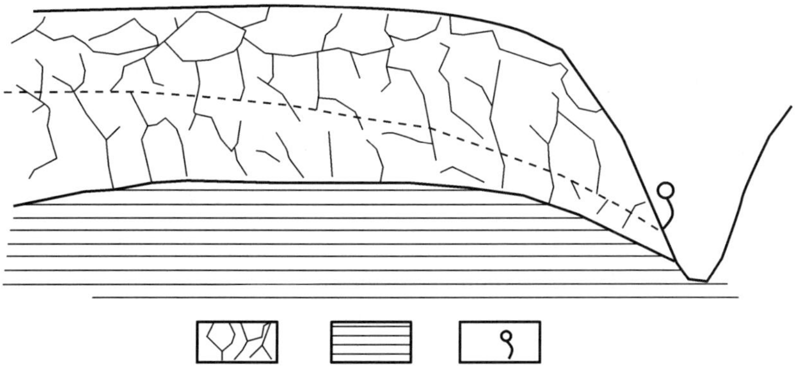

1—玄武岩；2—泥岩；3—泉水。

图 3-10　玄武岩成岩裂隙中的潜水

侵入岩中的裂隙，特别是侵入岩与围岩接触的地方，常常形成富水带(图 3-11)。

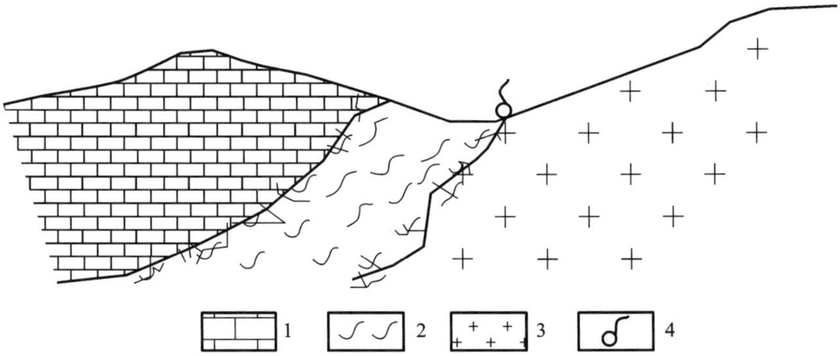

1—石灰岩；2—变质岩；3—花岗岩；4—泉水。

图 3-11 侵入岩接触带裂隙水

成岩裂隙中的地下水水量有时可以很大，无论是在疏干还是在利用上，皆不可忽视，特别是在开采金属矿床时，更应予以重视。

3) 构造裂隙水

构造裂隙是由岩石受构造应力作用所形成的，而赋存于其中的地下水就称为构造裂隙水。由于构造裂隙较为复杂，构造裂隙水的变化也较大，按储存地下水的裂隙的分布特征，又将构造裂隙水分为层状裂隙水和脉状裂隙水两类。

层状裂隙水储存于沉积岩、变质岩的节理及片理等裂隙中。由于这类裂隙常发育均匀，能形成相互连通的含水层，具有统一的水面，可视为潜水含水层。当其上部被新的沉积层所覆盖时，就可以形成层状裂隙承压水。

脉状裂隙水往往存在于断层破碎带中，常为承压水性质，在地形低洼处，常沿断层带以泉的形式排泄。其富水性取决于断层性质、两盘岩性及次生充填情况。一般情况下，压性断层所产生的破碎带不仅规模较小，而且两盘的裂隙一般都是闭合的，裂隙的富水性较差。当遇到规模较大的张性断层，两盘又是坚硬脆性岩石时，则不仅破碎带规模大，而且裂隙的张开性也好，富水性强。如河北某铁矿中曾遇到张性大断层，破碎带宽达 8 m 左右，其两盘均属震旦系灰岩、石英岩及砂质页岩等脆性岩石，当坑道掘进到该破碎带时，突然涌水，最大涌水量达 10000 m^3/d 以上，并夹带有岩石碎屑。由此可见，断层性质不同，对透水性的影响不同。

当断层破碎带规模大、张开性好，亦有经常性补给水源时，就可能成为涌水量大而稳定的富水带，给矿床开采造成威胁。但如果断层连通性不好，又无经常性补给水源，其水量往往不大，即使在采矿时遇到这类断层，开始时涌水可能较大，但不久就会逐渐减少以至枯竭。因此，研究断层破碎带的水文地质特征对采矿工作具有很大意义。

3.1.3.3 岩溶水

赋存于溶洞中的重力水称为岩溶水或喀斯特水，也称溶洞水。

可溶性岩石主要是石灰岩、大理岩和白云岩等碳酸盐类岩石，在地质年代方面，自前震旦纪到第三纪均有沉积。

岩溶的发育必须具备如下条件：有可溶性岩层存在，可溶性岩层具有透水性，有具有侵蚀性的水，水是不停地流动的。缺少上述任何一项，岩溶都不能发生。岩石的溶解度越大，透水性越好，水的侵蚀性越大，水交替越强烈，则岩溶越发育。

在岩溶化岩层中的地下水，可以是潜水，也可以是承压水。一般说来，在裸露的石灰岩分布区的岩溶水主要是潜水；当岩溶化岩层为其他岩层所覆盖时，岩溶-潜水可能转变为岩溶-承压水。

岩溶水的主要特点是水量大、运动快，在空间上具有分布不均匀的特性。此外，岩溶水，特别是岩溶-潜水的动态变化显著。这是因为岩溶溶洞较其他岩石中的孔隙、裂隙要大得多，降水易渗入，以致在岩溶强烈发育的地区，即使是暴雨也很难形成地表径流，降水几乎全部渗入地下。岩溶溶洞不仅迅速接受降水渗入，而且岩溶水在溶洞或暗河中的运动也很快，动态变化受气候影响显著，水位年变化幅度有时可达数十米。在高峻的岩溶山区，岩溶水埋藏很深，常缺少地下水露头，甚至连地表水也没有，因而造成缺水现象，大量岩溶水都以地下径流的形式流向低处，在谷地或与非岩溶化岩层接触处，以成群的泉水出露地表，水量可达每秒数百升，甚至每秒数立方米。

岩溶水的化学成分变化也较大，在径流强烈、涌水量大的地区多为重碳酸(HCO_3^-)型水，在深部径流微弱的地区则可能出现硫酸(SO_4^{2-})型或氯化物-硫酸(Cl^--SO_4^{2-})型水。

岩溶水一般水量大、水质较好，一方面可作为大型供水水源，另一方面它可能严重地威胁采矿生产的安全。

3.1.4　地下水的渗流形态

地下水在岩(土)体孔(空)隙中的运动称为渗流，其发生渗流的区域称为渗流场。

根据运动要素随时间的变化程度，渗流分为稳定运动(又称稳定流)和非稳定运动(又称非稳定流)。稳定运动：渗流场中任意点的水头变化与时间无关。非稳定运动：渗流场中任意点的水头变化随空间、时间而变化。

根据运动水流质点的形式，可将地下水渗流分为层流、紊流和混合流三种。层流：以彼此不相混杂的流束形式运动。紊流：流束彼此混杂而无秩序的运动。混合流：层流和紊流同时存在的过渡运动状态。

3.2　矿床水文地质

3.2.1　区域水文地质

3.2.1.1　地形、地貌、水文与气象

其主要包括矿区地理位置、交通情况、地貌类型、地形；河流和湖泊分布发育情况，雨季、旱季及常年流量与水位标高；区内年平均降雨量、年最大降雨量、年最小降雨量与降雨量集中的时间段，以及其他气象资料等内容，如气温，冰冻……。

3.2.1.2　构造

其主要包括：区域断裂和节理裂隙、褶皱、断层、破碎带等构造的性质、特征、规模、分布；主要构造的分布和控制情况、地质构造的生成顺序、富水性和隔水性特征。对于一些成

群密集的小褶皱和断裂，应尽可能说明其性质、产状、分布和发育密度等特性。

3.2.1.3 岩层

针对岩层，主要阐明区域各岩层的岩性、厚度、成因，说明其沿走向、倾向的变化规律；针对岩溶地层，需阐述岩溶分布和发育规律，阐述各含水层的分布、水质、水量、富水性特征及其与下伏岩层水力联系，各类地下水的分布与形成规律等。

3.2.1.4 区域水文地质单元及其补径排

水文地质单元是一个具有一定边界和统一的补给、径流、排泄条件的地下水分布区域，是根据水文地质条件的差异性划分的，主要从以下几个方面考虑：地质结构，岩石性质，含水层和隔水层的产状、分布及其在地表的出露情况，地形地貌，气象和水文因素，等等。研究区域水文地质条件，要明确水文地质单元各边界类型，阐述水文地质单元的补给、径流、排泄条件，明确矿区所处的水文地质单元部位。

3.2.2 矿区水文地质

3.2.2.1 含水层与隔水层

地层按其渗透性可分为透水层与不透水层。饱含水的透水层便是含水层。不透水层通常称为隔水层。

含水层与隔水层的定义具有一定的相对性，并没有明确的定量指标，含水层、隔水层与透水层的定义取决于运用它们时的具体条件。严格地说，自然界中并不存在绝对不透水的岩层，只不过某些岩层的渗透性特别低罢了。从这个角度说，岩层是否透水还取决于时间尺度。当我们所研究的某些水文地质过程涉及的时间尺度相当长时，任何岩层都可视为可渗透的。

某些岩层，尤其是沉积岩，由于不同岩性层的互层，有的层次发育裂隙或溶隙，有的层次致密，因而在垂直层面的方向上隔水，但在顺层的方向上却是透水的。例如，薄层页岩和石灰岩互层时，页岩中裂隙接近闭合，灰岩中裂隙与溶隙发育，便成为典型的顺层透水而垂直层面隔水的岩层。

按钻孔单位涌水量(q)，含水层富水性可分为以下 4 级：

①弱富水性：$q \leqslant 0.1$ L/(s·m)。

②中等富水性：0.1 L/(s·m)$<q \leqslant 1.0$ L/(s·m)。

③强富水性：1.0 L/(s·m)$<q \leqslant 5.0$ L/(s·m)。

④极强富水性：$q>5.0$ L/(s·m)。

按天然泉水流量(Q)，含水层富水性可分为以下 4 级：

①弱富水性：$Q \leqslant 1.0$ L/s。

②中等富水性：1.0 L/s$<Q \leqslant 10.0$ L/s。

③强富水性：10.0 L/s$<Q \leqslant 50.0$ L/s。

④极强富水性：$Q>50.0$ L/s。

含水层的岩性、埋藏深度、厚度、分布范围、单位涌水量、渗透系数、给水度、富水性、裂隙发育程度与类型、与地表水之间的水力联系情况、含水层之间的水力联系情况等特征，以及岩层力学性能、强度、稳固性等工程地质特征，是查清矿区主要含水层富(透)水性能的水平与垂直分布规律，判明各种水源，编制矿区强、弱径流带分布的平面和剖面图，掌握涌水通道，以及制订防治水方案与措施等的重要依据。

隔水层的岩性、埋藏深度、厚度、分布范围、是否存在缺失地段、是否存在构造断裂错断，以及岩层的力学性能、强度、稳固性等工程地质特征，既是查清隔水层是否具备完全的隔水性能和制订矿山防治水方案和措施的重要依据，也是确定矿山开采方式和采矿工艺的重要依据。

3.2.2.2　构造及其导水性

构造破碎带的位置、性质、规模、产状、埋藏条件及其在平面和剖面上的形态特征，充填物的成分、胶结程度、溶蚀和风化特征，导水性、富水性及其变化规律，与其他构造破碎带的组合关系，以及沟通各含水层和地表水的情况，既是矿山设计尤其是防治水工作方案制订的重要依据，也是采掘工程超前探水工作的重要依据。

3.2.2.3　岩溶及其发育规律

1) 岩溶类型

按气候条件，我国岩溶包括热带、亚热带和温带三大主要类型，以及高寒地区(西藏)和干旱地区(新疆、柴达木等)的岩溶。

按碳酸盐类岩石出露的情况，我国岩溶大致可分为三个类型：

(1) 裸露型：碳酸盐类岩石裸露于地表，我国绝大部分岩溶均属此类型。

(2) 覆盖型：碳酸盐类岩石被第四系沉积物所覆盖，岩石一般不裸露于地面，但因覆盖层较薄(一般<50 m)，在深切的河谷中常可见灰岩出露(如广西中部)，有时，灰岩小柱突出于广大的覆盖土层之上，形如孤立的“石针”。

(3) 埋藏型：上覆地层较厚，达几百米至上千米，地面上并无岩溶景观，但深埋的碳酸盐类岩石中常存在一些溶洞或漏斗，它们一般代表古岩溶面，对石油和深层地下水的勘查具有重要意义。

2) 溶洞的形成和分布规律

(1) 与侵蚀基面(大河河面)相适应的溶洞。此类溶洞主要是由地下水水平循环活动频繁而形成的，往往发育于浅饱水带较大高程幅度内，特别是在峡谷地区，河床深切，河床下有时也有溶洞发育，其高程远低于河面。因此，浅饱水带内发育的溶洞并非都能与侵蚀基面持平。

(2) 深饱水带内的溶洞。这类溶洞大致呈垂直的管道状，水平延长不远。我国南方的一些矿区，在钻探和施工过程中，揭露了不少深部溶洞，它们大都位于构造破碎地区，或在高原边缘地下水垂直循环强烈的地区。

(3) 承压水地区发育的溶洞。在适宜的构造条件下，承压水在地下深处流动比较迅速，且水中往往富含 CO_2 和其他酸类，具有相当强的侵蚀性，故承压水地区常往深处有溶洞。华北平原深处为一巨大的承压水地区，在地下 200~300 m 深处，水温高，压力大，故地下岩溶也很发育。

一般而言，岩溶化程度随着深度的增加而逐渐减弱。在某些特定的地貌、构造和水文地质条件下，深饱水带可发育有巨大溶洞，忽视这种特殊性往往会给工程建设带来损失。

3.2.2.4　水文地质边界条件

矿床的边界条件包括侧向边界和顶底板条件。边界的形态和透水或隔水性质，对矿床地下水的补给水量的大小有控制作用。掌握边界条件对了解矿床水文地质特征、拟定水文地质模型、进行矿坑涌水量预测、防治水措施的制订，以及勘查工程布置等工作皆有指导意义。

1) 矿床的侧向边界条件

矿床侧向边界性质(透水或隔水)、分布状态及封闭程度，是影响矿坑涌水量大小的重要因素。如果矿床和直接充水层的周围是强透水边界(如富水断裂带、地表水体)，开采时，区域地下水或地表水则可通过边界迅速且大量地流入矿坑，透水边界分布范围越大，涌入的水量愈大，愈稳定。如果矿床被隔水层封闭，则可使区域地下水与矿床失去水力联系，开采时矿床涌水量也会较小，即使初期涌水量较大，也会很快地变小，甚至干涸。

2)矿床顶底板的隔水或透水条件

矿体直接顶底板的隔水或透水条件，是影响矿床充水强度的关键性因素之一。垂向上补给(透水)边界一般有三种：

(1)底板为隔水层，矿体或直接充水层仅能获得大气降水，或者地表水通过透水盖层或“天窗”补给。

(2)顶板为隔水层，仅通过弱透水底板产生越流补给含水层。

(3)具备上述两种补给来源。

当矿体上面或下面有强含水层或地表水分布时，顶底板的隔水能力是影响矿床充水强度的最主要因素。这取决于：

(1)隔水层的岩性，如黏土、黏土岩、页岩的隔水性能一般较好。

(2)隔水层的厚度和稳定性，如隔水顶底板厚而稳定，且开采冒落达不到强含水层或地表水时，矿坑涌水量及其变幅皆较小，如遇其变薄或缺失地段，则涌水量必将增加。

(3)隔水层的完整性和抗拉强度：顶底板的抗拉强度对防治水来说，是一项重要指标，其强度愈大，隔水性愈好，矿坑涌水量愈小。

3.2.2.5 地下水补给、径流和排泄

地下水不断获得外界水(大气降水、地表水体等)的补给，通过其径流输送到排泄区排出，构成地下水补给、径流、排泄系统。只有对地下水的补给、径流与排泄建立起清晰的概念，才有可能正确地分析、评价地下水资源及其对工程的影响。

1)地下水的补给

(1)大气降水对地下水的补给。

大气降水，一部分产生地表径流，其余部分渗入包气带。入渗的水分，部分滞留于包气带中，部分在雨后通过蒸发、蒸腾返回大气圈，部分下渗补给地下水含水层。

影响大气降水对地下水补给量的因素较复杂，主要与降水总量、降水特征(降水强度、降水历时等)、包气带岩性及厚度、地形、植被等有关。

大气降水量越大，历时越长，对地下水的入渗补给量越大。

地下水位埋深反映了包气带(也称非饱和带)是否有接受降水入渗的蓄水能力和入渗的渗透距离，直接影响降水入渗补给量。

包气带岩石是降水入渗的窗口，岩石颗粒较粗、分选性好、空隙较大，均有利于降水入渗。

(2)地表水对地下水的补给。

当地表水体(河流、湖泊、坑塘等)水位高于地下水位时，地表水补给地下水，河水与地下水的补给关系，沿河流纵剖面而变化。山区河谷深切，一般河水位低于地下水位，起排泄地下水的作用。山前地带在河流的堆积作用下河床较高，河水补给地下水。对于冲积平原与盆地的某些部位，其补排关系随季节变化，洪水期河水补给地下水，枯水期河流排泄地下水。某些地区的冲积平原中，河床因强烈堆积作用形成“地上河”，河水经常补给地下水。

(3)凝结水的补给。

在高山、沙漠等昼夜温差显著的地区，夏季的白天，大气和土壤都吸热增温；夜间土壤散热快，大气散热慢，当地温降到土壤孔隙中的水汽达到饱和时，水汽凝结成水滴；此时大气温度较土壤温度高，大气中的水汽不断由大气向土壤孔隙运动，凝结成水滴；当形成足够的液滴水时，则下渗补给地下水。

尽管凝结水对地下水的补给量相当有限，但对于昼夜温差显著的干旱地区，凝结作用对生态环境具有不可忽视的作用。

(4)人类某些活动对地下水的补给。

人类建筑水库、灌渠，进行农田灌溉及工业、生活废水的排放，均会对地下水形成补给。近年来，为了补充地下水资源，人们采用地面渗漏坑、渗漏池及井、孔灌注等方式，进行地下水人工补给。

水库、灌渠对地下水的补给方式，犹如地表水体对地下水的补给；农田灌溉对地下水的入渗补给量取决于灌溉方式，大水漫灌型农田灌溉对地下水的补给量大，节水型农田灌溉对地下水的补给量小，甚至对地下水不能形成补给。

(5)含水层之间的越流补给。

两个含水层之间存在水头差且有联系的通道时，水头较高的含水层便补给水头较低者。

隔水层分布不稳定时，在其缺失部位相邻的含水层便通过“天窗”发生水力联系。松散沉积物及基岩都有可能存在透水的“天窗”，但通常基岩隔水层分布比较稳定，因此，切穿隔水层的导水断层往往成为基岩含水层之间的联系通道。穿越数个含水层的钻孔或止水不良的分层钻孔，都将人为地构成水由高水头含水层流入低水头含水层的通道。

2)地下水的排泄

(1)泄流排泄。

当河流切至含水层地下水位之下时，地下水沿河流呈带状排泄补给河水，形成河川径流的基流量，称为地下水泄流排泄，其排泄量可用基流分割等方法获得。

(2)泉水排泄。

泉是地下水天然排泄露头点。山前地带的沟谷、坡脚地带常有泉水排泄点，平原地区则很少出现。地下水集中排泄于河底、湖底、海底时则为水下泉。

泉水排泄量变化极大，可从小于 1 L/s 到大于 1 m^3/s 不等。

(3)蒸发排泄。

包气带土壤水的蒸发、饱水带-潜水蒸发。

(4)植被蒸腾排泄。

植被生长过程中，由根系吸收的水分，由叶面及茎转化成气态水而蒸发，称之为蒸腾。蒸腾作用的影响程度受植被根系发育深度控制。

3)地下水径流

地下水由补给处流向排泄处的运移过程称为径流，径流是补给与排泄的中间环节。地下水径流包括径流方向、径流条件、径流强度及径流量等。地下水的径流特征见表3-2。

径流强度用单位时间通过单位断面的流量来表征。径流强度与含水层的透水性、补给区到排泄区的水头差成正比，与流动距离成反比。

表 3-2 地下水径流特征

<table>
<tr><th colspan="2" rowspan="2">类型</th><th colspan="2">径流方向</th><th rowspan="2">平面运动形态</th></tr>
<tr><th>水平运动</th><th>垂向运动</th></tr>
<tr><td rowspan="2">基岩裂隙水</td><td>碎屑岩裂隙水</td><td rowspan="2">从补给区向排泄区运移，即由“源”向“汇”运动</td><td rowspan="2">大气降水沿孔隙、裂隙、溶隙等渠道呈垂向—水平—垂向复杂运动，向含水层入渗；
在地下水头作用下，下部地下水可向上排泄；
含水层之间存在水头差并有联系通道时，则发生垂向越流运动</td><td>呈脉状、网状的复杂运动</td></tr>
<tr><td>可溶岩岩溶裂隙水</td><td>呈脉状或由几个强径流带组成树枝状运动</td></tr>
<tr><td rowspan="4">松散岩类孔隙水</td><td>山前洪积冲积平原孔隙水</td><td>从山前洪积平原向冲积平原、湖积平原运移</td><td rowspan="4">大气降水（灌溉水）通过包气带向含水层垂向入渗；
在地下水头作用下，下部地下水可向上排泄；
含水层之间存在水头差并有联系通道时，则发生垂向越流运动</td><td rowspan="4">沿含水层呈层状运动</td></tr>
<tr><td>山间平原孔隙水</td><td>从周围山前向中部低洼地或河流运移</td></tr>
<tr><td>河谷平原孔隙水</td><td>从两侧山前向河谷运移</td></tr>
<tr><td>河间地块孔隙水</td><td>由河间高地向两侧河谷运移</td></tr>
</table>

3.2.2.6 地下水动态

地下水水位、水质、水温的动态变化，反映了地下水的补给、径流、排泄条件。

1）地下水天然动态类型

潜水与承压水由于排泄方式及水交替程度不同，其动态特征也不相同。

潜水及上层滞水，有三种主要动态类型：蒸发型、径流型及弱径流型。

蒸发型动态多出现于干旱、半干旱地区且地形切割微弱的平原或盆地，地下水径流微弱，以蒸发排泄为主，其特点是：年水位变幅小，各处变幅接近，水质季节变化明显，地下水水质不断向盐碱化方向发展，并可使土壤盐渍化。

径流型动态广泛分布于山区及山前。其地形高差大，水位埋藏深，蒸发排泄可以忽略，以径流排泄为主，其特点是：年水位变幅大而不均（由分水岭到排泄区，年水位变幅由大到小），水质季节变化不明显。

气候湿润的平原与盆地中的地下水动态，可以归为弱径流型。这种地区地形切割微弱，潜水埋藏深度小，但气候湿润，蒸发排泄有限，故仍以径流排泄为主，但径流微弱。此类动态的特征是：年水位变幅小，各处变幅接近，水质季节变化不明显。

承压水均属径流型，动态变化的程度取决于构造封闭条件。构造开启程度愈高，水交替愈强烈，动态变化愈强烈。

2）人类活动影响下的地下水动态

人类活动通过增加新的补给来源或新的排泄去路而改变地下水的天然动态。

人工采排地下水，含水层或含水系统原来的均衡遭到破坏，天然排泄量的一部分或全部转为人工排泄量，天然排泄不再存在，或数量减少(泉流量、泄流量减少，蒸发减弱)，并可能增加新的补给量(含水层由向河流排泄变成接受河流补给；原先潜水埋深过浅、降水入渗受限制的地段，因水位埋深加大而增加降水入渗补给量)。

如果采排地下水一段时间后，新增的补给量及减少的天然排泄量与人工排泄量相等，则含水层水量收支达到新的平衡。地下水位在比原先低的位置上，以比原先大的年变幅波动，而不持续下降。

采排水量过大，天然排泄量的减量与补给量的增量的总和，不足以偿补人工排泄量时，则将不断消耗含水层储存水量，导致地下水位持续下降。

修建水库，利用地表水灌溉等，增加了新的补给来源，可使地下水位抬升。

干旱半干旱的平原或盆地，地下水天然动态多属蒸发型，灌溉水入渗抬高地下水位，蒸发进一步加强，促使土壤进一步盐渍化。有时，即使原来潜水埋深较大，属径流型动态，连年灌溉后，也可转为蒸发型动态，造成大面积土壤次生盐渍化。

即使是气候湿润的平原或盆地，由于地表水灌溉过多抬高地下水位，耕层土壤过湿，会引起土壤次生沼泽化。

地表水灌溉导致地下水动态发生不良变化的地区，可以采用减少灌水入渗或人为加强径流排泄的办法，使其动态由蒸发型转变为(人工)径流型。

3)地下水动态特征的应用

观测地下水动态变化，主要是了解和掌握自然因素和人为因素对地下水动态变化特征的影响，分析矿山疏干排水引起的地下水流场变化规律，为指导矿山防治水、人工调节地下水动态、合理利用地下水资源提供科学依据。

(1)水文地质参数的确定。

水文地质参数主要反映含水岩组接纳、储存、径排、释放地下水能力的大小。利用地下水动态观测数据，可以确定降水入渗补给地下水的入渗量、浅层潜水蒸发量、含水层释放水的能力、地下水在不同方向的压力传导程度、相邻弱透水层补给强度，通过这些参数，确定含水层储蓄能力、调节能力、释水能力等。

(2)矿山防治水工作监测及预报。

在大量翔实的地下水动态观测资料基础上，通过调查、分析疏干排水对地下水动态的影响，确定地下水动态变化规律，分析并严格监控地下水动态变化，才能掌握矿山疏干排水不同时期、不同阶段的效果，进一步优化防治水方案，并对下一阶段疏干水量、水位变化、疏干效果等进行预测预报，指导矿山安全生产。

(3)评价地下水资源。

根据不同开采区域、不同地质条件、不同地下水动态类型，采用合适的评价方法，计算出地下水补给量、储存量及可开采量。

3.2.2.7 矿床导水通道

矿床导水通道主要包括断裂破碎带通道，采矿造成的裂隙通道，岩溶塌陷、废弃老窿坑道及“天窗”造成的通道，钻孔造成的通道和地震通道等。

1)断裂破碎带通道

断裂破碎带是否能够成为导水通道，取决于它是否透水和含水，影响这种特征的因素主要是断层两盘和构造岩的特征、性质，断层形成时的力学性质、受力强度、充填胶结及后期破坏，以及人为采矿活动方式与强度等。

(1)隔水断层：一般为压性断层或断层带被充填胶结，使两侧含水层不发生水力联系。在矿床开采时，由于人为活动，天然状态下隔水断层常变为导水断层(断层活化导水)。隔水断层处于不同位置时，其水文地质意义亦不同，隔水断层分布于主要充水岩层内时，常分割充水岩层的水力联系；隔水断层在边界上时，阻止区域地下水补给。

(2)导水断层：导水断层所处位置不同，其水文地质意义亦不同。当导水断层位于区域边界时，常形成充水含水层或邻近充水含水层的补给通道；当导水断层与地表水连通时，常形成地表水体补给矿床的主要通道；当充水岩层分布导水断层时，将增加充水岩层与外界的水力联系；当导水断层切割矿层隔水顶底板时，断层常引起顶板或底板突水问题。

2)采矿造成的裂隙通道

(1)崩落采矿造成的裂隙通道：当顶板的冒落和裂隙带达上覆水源时，则可形成导水通道，使上覆水源涌入井巷造成突水。

(2)底板突破通道：在巷道底板下面有间接含水层的矿区，在底板含水层的水头压力和矿山压力作用下，可能突破底板隔水层形成导水通道，导致底板水涌入井巷造成突水。底板产生人为裂隙的深度和数量、突水难易程度及突水量大小，与底板承受压力的大小，底板隔水层的厚度、强度以及隔水层受破坏的程度等因素有关。

3)岩溶塌陷及“天窗”造成的通道

在岩溶地区的矿山，矿体顶板含水层覆盖一定厚度松散层，如井下排水使地下水下降过大，低于岩溶空洞时，可导致井下突水、涌砂和地表塌陷。这种岩溶塌陷，可导致松散层地下水、岩溶水或地表水涌入矿坑内。其特点是，岩溶愈发育，塌陷愈严重，通道愈大，涌水与涌砂量愈多。

当岩溶含水层隔水顶板有“天窗”，通过“天窗”产生塌陷时，“天窗”本身可以起到通道的作用，导致邻层地下水甚至地表水涌入矿坑内。

4)钻孔造成的通道

勘查矿床时施工的各种钻孔，沟通了矿床上部和下部的含水层，甚至与老窿水或地表水发生联系。当采矿工程揭露或接近未封闭或封闭不好的钻孔时，钻孔可导致顶板含水层、老窿水或地表水涌入井巷内，从而造成突水事故。

5)地震通道

在地震活动区，由于地震作用可以在水源和井巷之间造成新的裂隙，或破坏隔水顶底板，或增强含水层之间水力联系，使彼此连通的地震裂隙构成新的导水通道，增加矿坑涌水量，造成突水事故。

3.3 矿区水文地质勘查

3.3.1 矿床充水类型及勘查复杂程度类型

根据矿床主要充水含水层的储水空间特征，将充水矿床划分为三类(表 3-3)。

表 3-3　矿床充水类型

类别	矿床充水类型		主要充水含水层
第一类	孔隙充水矿床		以孔隙含水层充水为主
第二类	裂隙充水矿床		以裂隙含水层充水为主
第三类	岩溶充水矿床	第一亚类：溶蚀裂隙为主的岩溶充水矿床	以岩溶含水层充水为主
		第二亚类：溶洞为主的岩溶充水矿床	
		第三亚类：地下暗河为主的岩溶充水矿床	

各类充水矿床根据矿层与当地侵蚀基准面及地下水位的关系，地表水体的影响程度，主要含水层和构造破碎带的富水性及其补给条件，矿层直接顶底板隔水层的稳定性等因素，可将矿床水文地质勘查复杂程度划分为三个类型(表 3-4)。

表 3-4　充水矿床勘查复杂程度类型

划分依据	第一型 水文地质条件简单矿床	第二型 水文地质条件中等矿床	第三型 水文地质条件复杂矿床
矿床的排水条件，地表水体与矿体的关系	主要矿体位于当地侵蚀基准面以上，地形有利于自然排水；主要矿体位于当地侵蚀基准面以下，附近无地表水体	主要矿体位于当地侵蚀基准面以下，附近地表水体不构成矿床的主要充水因素	主要矿体位于当地侵蚀基准面以下，附近存在较大的地表水体且与地下水水力联系密切；地质构造复杂，存在沟通区域性强含水层(带)的强导水构造
主要充水含水层的补给条件	差	一般	好
第四系覆盖	很少或无第四系覆盖	第四系覆盖面积小且薄	第四系覆盖层厚度大，含水层分布广
水文地质边界条件	简单	中等	复杂
充水含水层富水性	弱	中等	强
隔水性能	存在良好隔水层	无强导水构造	存在强导水构造沟通充水含水层
老窿水及分布情况	无老窿水分布	存在少量老窿水，位置、范围、积水量清楚	存在大量老窿水，位置、范围、积水量不清楚
疏干排水是否产生地表塌陷、沉降	疏干排水不会产生塌陷、沉降	疏干排水可能产生少量塌陷	疏干排水可能产生大量地表塌陷、沉降

注：按分类依据就高不高低的原则，确定充水矿床勘查的复杂程度类型。

3.3.2 水文地质调绘

3.3.2.1 水文地质调查

1)目的和任务

(1)1∶50000 水文地质调查工作的主要目的是揭示区域水文地质规律，查找与地下水有关的水文地质问题，提高水文地质调查和研究水平，提升水文地质工作服务民生、服务发展、服务生态文明建设的能力。

(2)1∶50000 水文地质调查工作的基本任务包括：

调查含水层三维空间结构、地下水赋存分布及其数量质量特征，掌握区域水文地质条件及地下水动态变化规律；

调查地下水开发利用状况及与地下水相关的环境地质问题，查明人类工程活动与全球气候变化对地下水系统及地下水环境的影响；

构建区域水文地质概念模型与地下水评价模型，开展地下水资源环境生态评价与科学研究，提出地下水合理开发利用保护区划与对策建议；

建立 1∶50000 水文地质图空间数据库和 1∶50000 水文地质调查成果信息系统，加强社会公益性服务。

2)调查内容

(1)水文地质调查基本内容包括：包气带结构、含水层与含水岩组空间结构、含水层与含水岩组参数、地下水系统边界、地下水补给径流排泄条件、地下水动态特征、地下水化学特征、地下水开发利用、与地下水有关的环境地质问题、特殊类型地下水。

(2)对于平原区、内陆盆地区、山地丘陵区和岩溶区，除执行以上规定的内容外，还应根据调查区类型和水文地质条件复杂程度开展专门性的调查工作。

3)部署原则

(1)坚持资源、环境、生态并重，优先在地下水重点开发地区、地下水开发利用前景区和与地下水相关的环境地质问题突出地区部署开展 1∶50000 水文地质调查工作。

(2)应以 1∶50000 区域地质调查成果为基础。未开展 1∶50000 区域地质调查的地区，应补充相应的地质调查工作。

(3)按照地下水系统进行地下水资源和相关环境问题综合评价。根据实际需要，也可按重点区段或行政区进行评价。

(4)重视已有资料的收集整理和二次开发，注重调查与编图、监测、研究相结合。已实施过 1∶50000 水文地质调查或更高精度水文地质调查工作的地区，应以编图研究为主，适当部署补充性调查工作。

4)基本要求

(1)按照地下水系统进行部署，以 1∶50000 标准图幅为基本调查单元，地下水系统边界难以确定时，可考虑按地表水流域部署。

(2)一个标准图幅的工作周期以 2 年为宜，一个多幅联测的工作周期不超过 3 年。多幅联测时不宜超过 4 个图幅。

(3)调查控制深度应揭露主要含水层组，一般控制在 500 m 以内。

(4)水文地质填图单位应以含水岩组为基础，综合考虑岩性、地层年代和水文地质特征，宜划分到段或组。

（5）野外调查宜采用 1∶25000 地形图为工作底图，没有 1∶25000 地形图的地区可采用 1∶50000 地形图。

（6）工作程序上，宜遵照资料收集、野外踏勘、设计编制与审批、野外工作、野外验收、综合研究、图件编制、报告编制与审批、资料汇交等步骤执行。

（7）调查工作应区域控制，突出重点：

①加强水文地质点、环境地质点、地质地貌点和开采点的定位与调查描述；

②加强地下水水位、水量、水质、水温动态监测；

③加强实测剖面、勘查剖面和野外调查路线的统筹部署；

④突出水文地质钻孔在地层划分、含水层划定、水文地质参数获取等方面的重要作用。

（8）按照标准图幅提交水文地质图、说明书和数据库，按照地下水系统或调查片区提交综合评价成果报告及相应附图和数据库。根据需求，也可按照重点区段或行政区提交综合评价成果。

5）调查区水文地质复杂程度分类与工作量的确定

（1）调查区水文地质复杂程度分类：按照水文地质复杂程度将调查区分为三类，见表 3-5。

（2）工作量确定：1∶50000 区域水文地质调查工作量应符合表 3-6 的要求。设计确定具体工作量时，应考虑下列因素：

①已完成 1∶50000 区域地质调查和采用高分辨率遥感解译的地区，可酌情加大调查路线间隔，但最大间隔不应超过 2000 m。

②水文地质点应占路线调查点总数的 30%～50%，地下水动态监测点占水位统测点的比例应不小于 20%，有简易抽水资料机（民）井点应不少于机（民）井调查总数的 20%。

③山地丘陵区和岩溶区的水位统测实际工作量应视具体情况确定。

④地球物理勘查剖面勘探点间距在平原区宜不大于 500 m，山地丘陵和岩溶地区宜不大于 50 m。

表 3-5　调查区水文地质复杂程度表

简单地区	中等地区	复杂地区
①地层及地质构造简单； ②含水层空间分布比较稳定； ③地下水补给、径流和排泄条件简单，水化学类型单一； ④区域水文地质条件未发生明显变化，地下水位埋藏较浅，与地下水相关的环境地质问题不突出	①地层及地质构造较复杂； ②含水层层次多但具有一定规律； ③地下水补给、径流和排泄条件，水动力特征、水化学规律较复杂； ④区域水文地质条件发生明显变化，地下水位埋藏较深，与地下水相关的环境地质问题较突出	①地层及地质构造复杂； ②含水层系统结构复杂，含水层空间分布不稳定； ③地下水补给、径流和排泄条件，水动力特征、水化学规律复杂； ④区域水文地质条件发生很大变化，地下水位埋深超过 80～100 m，与地下水相关的环境地质问题突出

表 3-6 每百平方千米基本工作量定额表

地区类别		调查路线间隔/km	调查点/个	水位统测点/个	地球物理勘探剖面/km	多孔非稳定流试验/组	水文地质钻孔/个	常规水质分析/件
平原盆地	简单地区	1.7~2.0	40~55	8~10	12~15	1~2	1.5~2	6~8
	中等地区	1.5~1.7	55~65	10~12	15~18	1~3	2~3	8~12
	复杂地区	1.2~1.5	65~70	12~16	2~5	1~4	3~4	12~16
山地丘陵	简单地区	1.2~1.5	45~55	6~8	3~5	1~2	1.5~2	4~6
	中等地区	0.9~1.2	55~80	8~10	4~6	1~3	2~3	6~8
	复杂地区	0.6~0.9	80~120	10~12	2~5	1~5	3~5	8~12
岩溶地区	简单地区	1.2~1.5	40~60	8~10	2~5	1~2	1.5~2	5~8
	中等地区	0.9~1.2	60~90	10~14	3~5	1~3	2~3	8~12
	复杂地区	0.6~0.9	90~130	14~18	4~6	1~5	3~5	12~18

⑤水文地质钻探工作量包括新投入的工作量和收集到的能满足要求的钻探工作量。对已有的水文地质钻孔应进行仔细甄别，具有水文地质钻孔综合成果资料（包括钻孔柱状图、井结构、测井资料、抽水试验综合成果图、水化学分析资料等）的钻孔，可计入钻探工作量。

⑥调查点观测内容不能满足要求时，应采用浅钻或人工开挖揭露浅层地质-水文地质条件。

⑦常规水质分析指简分析和全分析。常规水质分析样品数应占水文地质观测点（机井、民井、泉及地表水体）的 30%~50%，其中全分析样品数要达到水质分析样的 30%~45%。应根据需要适当部署生活饮用水全分析、污染分析、同位素分析等样品。

⑧需要开展第四系专题研究的地区，第四系标准孔应与水文地质钻孔相结合，采集年代学样品（C^{14}、光释光、古地磁）和反映沉积环境的样品（孢粉与微体）。

6）调查内容

（1）包气带结构。

调查包气带的岩性、结构、厚度、产状、分布；包气带入渗率、含水率、岩土化学特征及地表植被状况等内容。

（2）含水层与含水岩组空间结构。

调查含水层与含水岩组的岩性、厚度、产状、分布范围、埋藏深度，各含水层与含水岩组之间的关系、水力联系等内容。

（3）含水层与含水岩组参数。

调查含水层与含水岩组的富水性以及降水入渗系数、渗透系数、导水系数、给水度、释水系数、弥散系数等水文地质参数。

（4）地下水系统边界。

如果调查区存在地下水系统边界，应调查边界的类型、性质与位置，以及人类活动对边界条件的影响等内容。

(5)地下水补给、径流、排泄条件。

①地下水埋藏类型、水位埋深、水位高程、水温等；

②地下水的补给来源、补给方式或途径、补给区分布范围及补给量，地下水人工补给区的分布、补给方式和补给层位以及补给水源类型、水质、水量、补给历史；

③地下水流场、流向、流速、流量、流态；

④地下水排泄区(带)分布、排泄形式、排泄途径、排泄量；

⑤地表水、地下水相互转化关系和转化量；

⑥地下水人工调蓄条件、调蓄范围、调蓄库容等。

(6)地下水动态特征。

①地下水水位、水质、水温的昼夜、季节和年度变化；

②泉流量、水质、水温的昼夜、季节和年度变化；

③坎儿井、自流井、集水廊道等流量、水质、水温的昼夜、季节和年度变化。

(7)地下水化学特征。

①地下水物理性质、化学成分、水化学类型及其空间变化；

②地下水环境同位素特征及空间分布。

(8)地下水开发利用。

①分散开采井的位置、深度、成井结构、开采量、开采含水层、用途，区域分散开采井数、密度、开采总量、利用状况；

②集中供水水源地的位置、深度、成井结构、开采井数量、单井开采量、水源地开采总量、开采含水层、利用状况；

③泉的取水流量、取水总量、取水含水层、利用状况；

④其他地下水取水工程位置、取水方式、取水流量、取水总量、取水含水层、利用状况；

(9)环境地质问题。

调查地下水污染、海(咸)水入侵、生态环境恶化(沙漠化、石漠化、沼泽化、冷浸田等)、地方病、地面沉降、岩溶塌陷、采矿塌陷、地裂缝等与地下水相关的环境地质问题。

(10)特殊类型地下水。

调查地下热水、矿泉水、卤水的分布特征和开发利用等内容。

3.3.2.2 水文地质测绘

1)观测路线布置要求

以控制水文地质条件，重要地质、地貌界线和水点为重点的路线穿越法与界线追索法相结合布置观测路线，要求如下：

(1)沿井、泉、岩溶水点、矿坑、坎儿井等地下水露头多的方向；

(2)沿地下水流向方向；

(3)沿含水层(带)和富水性、水化学特征变化显著的方向；

(4)沿原生和次生环境地质问题变化显著的方向；

(5)沿垂直岩层(或岩体)、构造线走向；

(6)沿地貌形态变化显著的方向；

(7)沿河谷、沟谷方向；

(8)沿地表水体和重要水利工程分布多的方向。

2)调查点布置要求

在以下地段布置测绘点:

(1)地层界线,断层线,褶皱轴线,岩浆岩与围岩接触带,标志层,典型露头和岩性、岩相变化带。

(2)地貌、微地貌分界线和自然地质现象发育处。

(3)钻孔、机井、民井、坎儿井、矿坑、坑道等人工揭露的地下水露头,泉水、河流、湖泊等相关天然水体、水库、渠道等地表水利工程。

(4)地面沉降、地面塌陷、岩溶塌陷、海(咸)水入侵、土壤盐渍化、湿地退化、冷浸田、地下水和地表水污染等原生和次生环境地质问题发育处。

(5)与地下水有关的其他重要显示处。

3)精度要求

精度满足下列要求:

(1)按照1:50000水文地质调查数据库建库要求采集数据。

(2)宽度大于100 m或面积大于0.01 km^2的面状地质体,长度大于250 m的线状地质体(如断层或断裂带等),应正确表示于图上。

(3)对于具有水文地质、环境地质特殊意义的地质体或含水岩组,即使小于(2)中的规定,亦应放大表示于图上。

(4)地质、水文地质界线的标绘误差不大于50 m。

(5)控制性观测点和重要地质、地貌、水文地质体位置应采用精确的GPS仪定位,一般性观测点可采用手持GPS仪定位。

(6)每个图幅或每个水文地质单元布置1~2条穿越水文地质结构区的实测剖面或图切剖面。

3.3.3 水文地质钻探

3.3.3.1 水文地质钻探的任务

水文地质钻探是直接揭露地下水特征的一种最重要、最可靠的勘查手段,是进行各种水文地质试验的必备工程,也是对水文地质测绘、水文地质物探成果所作结论进行检验的方法。其基本任务如下:

(1)揭露含水层,探明含水层的埋藏深度、厚度、岩性和水位;查明含水层之间的水力联系。

(2)借助钻孔进行各种水文地质试验,以确定含水层富水性和各种水文地质参数。

(3)通过钻孔(或在钻进过程中)采集水样、岩土样,以确定含水层的水质、水温和测定岩土的物理力学和水理性质。

(4)利用钻孔监测地下水动态变化或将钻孔作为供水井。

3.3.3.2 钻孔布置原则

水文地质钻探是一项费用高、技术复杂的工作。因此,其布置必须有明确的目的。

(1)布置钻孔时要考虑水文钻探的主要任务,明确是查明区域水文地质条件,还是确定含水层水文地质参数、寻找基岩富水带、评价地下水资源或进行地下水动态观测。主要任务不同,钻孔布置方案有所区别。

（2）布置钻孔时要考虑“一孔多用”，如既是水文地质勘查孔，又可保留作为地下水动态观测孔；或者既是勘查孔，又可留用为开采井。

（3）无论是查明水文地质条件、求取水文地质参数，还是进行地下水动态观测，在确定其钻孔位置时，均应考虑其代表性和控制意义。

（4）为分析、认识区域水文地质条件的变化规律，水文地质钻孔应布置成勘查线的形式。

为查明区域水文地质条件而布置的钻孔，一般都布置成勘查线的形式。主要勘查线应沿着区域水文地质条件（含水层类型、岩性结构、埋藏条件、富水性、水化学特征等）变化最大的方向布置。

（1）在山前冲洪积平原地区，主要的勘查线应沿着冲洪积扇的主轴方向布置，而辅助勘查线则垂直于冲洪积扇的主轴方向布置。

（2）在河谷地区和山间盆地，主要勘查线应垂直于河谷和山间盆地布置。

（3）在裂隙岩溶地区，主要勘查线应穿过裂隙岩溶水的补给、径流、排泄区和主要的富水带。

为地下水资源评价布置的勘查孔，其布置方案必须考虑拟采用的地下水资源评价方法。勘查孔所提供的资料应满足建立正确的水文地质概念模型、进行含水层水文地质参数分区和控制地下水流场变化特征的要求。

（4）当水源地主要依赖地下水的侧向径流补给时，主要勘查线必须沿着流量计算断面布置。对于傍河取水水源地，为计算河流侧向补给量，必须布置平行与垂直于河流的勘查线。

（5）当采用数值模拟方法评价地下水资源时，为正确地进行水文地质参数分区，正确给出预报时段的边界水位或流量值，勘查孔布置一般呈网状形式，并能控制住边界上的水位或流量变化。

以供水勘查为目的的勘探孔，按总原则布置钻孔时，应考虑勘探、开采结合，钻孔一般布置在含水层（带）富水性最好、成井把握性最大的地段。

3.3.3.3　钻探技术要求

1）钻孔结构特点

水文地质钻孔的结构比一般地质钻孔要复杂，这是因为水文地质钻探的任务不仅是取出岩芯，探明地层剖面，还必须取得许多水文地质数据；或将井孔保留下来，作为供水井或作为地下水动态观测井长期使用。为了实现上述多种功用，对水文地质钻孔的结构和钻进方法就必然有多方面的要求。其主要特点是：

（1）钻孔的直径（口径）较大。当前水文地质钻孔或水井的直径一般均在 300～500 mm，最大孔径可达 1000 mm 或更大。

（2）钻孔的结构复杂。为了分层取得不同深度含水层的水质、水量及动态资料，或为阻止非开采层以外含水层中的地下水进入水井之中，常需对揭露的各个含水层采取分层止水的隔离措施。变径下管止水则是最有效的隔离方法。

（3）为了保证地下水顺利地进入钻孔（水井），同时又能阻止含水层中的细颗粒物质进入钻孔或防止塌孔，在钻孔揭露的含水层段，常需下入复杂的滤水装置，即过滤器；而对井壁与井管之间的非含水层段，则需用黏土、水泥等止水材料进行封堵，以阻止地表水或开采含水层以外的地下水沿孔壁和井管之间的空隙流入开采含水层中。

（4）为了防止钻进时所用的泥浆（即冲洗液）堵塞含水层，影响水井的出水量，钻进时所用的冲洗液质量(密度、稠度等)也有严格要求。

(5)为保证水泵顺利下入井中，并长期安全地工作，对水文地质钻孔，特别是将用于供水的井，对其孔身斜度(孔斜)应有严格要求，一般要求孔身斜度每 100 m 小于 1°。

2)钻孔设计

钻探任务确定后编制水文钻孔设计书。钻孔设计书的内容包括：

(1)水文地质钻孔的深度，应根据钻探任务来确定，一般要求达到揭露或打穿主要含水层。

(2)开孔、终孔的直径及孔身变径位置。开孔直径，在松散岩层中，一般应大于 480 mm；在坚硬岩石中，应大于 290 mm。

(3)不同口径井管的下置深度及所选用的井管材料。

(4)钻孔中止水段的位置和止水方法。

(5)过滤器的类型和过滤器下置深度。

(6)对水井中的非开采含水层段，提出井壁与井管之间间隙的回填封堵段位置、使用材料及要求。

(7)钻进方法及技术要求，包括对冲洗液质量、岩芯采取率、岩土水样采集、洗孔及孔斜等的要求，以及对观测和编录方面的技术要求。

3.3.3.4 钻孔水文地质观测

为获得各种水文地质资料，除在终孔后进行物探测井和抽水试验外，其核心的工作就是在钻进过程中进行水文地质观测。在钻进过程中，水文地质观测的主要项目为：

(1)观测冲洗液的消耗量及其颜色、稠度等特性的变化，记录其增减变化量及位置。

(2)钻孔中水位的变化。当发现含水层时，要测定初见水位和天然稳定水位。

(3)及时描述岩芯，统计岩芯采取率；测量其裂隙率或岩溶率。

(4)测量钻孔的水温变化值及其位置。

(5)观测和记录钻孔的涌水、涌砂、涌气现象及其起止深度与数量。

(6)观测和记录钻进速度、孔底压力，及钻具突然下落(掉钻)、孔壁坍塌、缩径等现象和其深度。

(7)按钻孔设计书的要求及时采集水、气、岩、土样品。

(8)在钻进工作结束后，按要求进行综合性的水文地质物探测井工作。

3.3.4 水文地质物探

水文地质物探是根据地下岩层在物理性质上的差异，借助专门的物探仪器，通过测量、分析其物理场的分布、变化规律来进行水文地质勘查的一种勘探手段。

地球物理勘查有多种分类方法，可按探测时仪器所处的空间位置分类，也可按探测方法的原理分类。水文地质物探一般按仪器所处的空间位置分为地面物探、井巷物探、孔间物探和水文测井四类。

3.3.4.1 地面物探

地面物探主要是通过测定出岩土层物性(导电性，磁性，密度，波的折射率、反射率……)参数，去判断是否有含水层和富水带的存在。

地面物探的方法很多，运用较多的是各种电阻率法与电磁法，放射性探测法和声波探测法也常用到，而地震和重力等方法相对使用较少。

1）高密度电法

（1）探测原理及方法。

高密度电法的基本原理与传统的电阻率法完全相同，不同的是在观测中设置了较高密度的测点，现场测量时，只需将全部电极布置在一定间隔的测点上，然后进行观测。由于使用电极数量多，而且电极之间可以自由组合，因此可以提供更多的地电信息，提高了分辨率。

（2）应用范围和适用条件。

应用范围：

①探测覆盖层、古河床。

②探测隐伏地质构造，如不同岩性陡立接触带、岩脉、断层带。

③探测滑坡体的滑动面。

④探测岩溶、地下暗河及人为坑洞。

⑤在第四系地层中和基岩断裂带及岩溶发育区寻找含水层富水带，划分咸、淡水界线，测潜水流向、流速，测水库漏水点。

适用条件：该法适用于在地面探测地下浅部的水害，探测深度不超过 200 m。该法主要用于含水构造（包括陷落柱）、含水层、积水老窿等水体探测，工程地质勘查（地基、岩溶、滑坡等），水文工程、堤坝隐患和渗漏探测。

2）瞬变电磁法

（1）探测原理及方法。

瞬变电磁法是利用不接地回线或接地电极向地下发送脉冲式一次电磁场，用线圈或接地电极观测由该脉冲电磁场感应的地下涡流所产生的二次电磁场的空间和时间分布，从而解决有关地质问题的时间域电磁法。

（2）应用范围和适用条件。

瞬变电磁法可用于探测覆盖层、构造破碎带、喀斯特、洞穴等，也可进行地层分层、风化分带，地下水和地热水资源调查，圈定和监测地下水污染情况，探测堤防和防渗墙隐患等。单层水害探测使用该法最为理想。

3）音频大地电磁测深法

（1）探测原理及方法。

音频大地电磁测深法是基于大地电磁测深法（MT）原理，通过对地面电磁场的观测，来实现不同深度的探测，进而研究地下岩矿石电阻率分布规律的一种物探方法。由于高频衰减快、低频衰减慢的特性，高频主要反映浅层，而低频主要反映深层。

目前，基于平面波的卡尼亚电阻率频率域电磁测深法向两个方向发展，一个发展方向是重设备、大功率可控源音频大地电磁测深法（CSAMT），另一发展方向是轻设备、天然源音频大地电磁测深法（AMT）。

（2）应用范围和适用条件。

应用范围：①地下水探测；②岩溶探测；③断裂探测；④划分地层。

适用条件：适用于无工业电流干扰及高压电干扰的区域。

4）地震法

（1）探测原理及方法。

在地表以人工方法激发地震波（工作频率较低，为5~200 Hz），地震波在向地下传播时，若遇有介质性质不同的岩层分界面，将发生反射与折射，在地表或井中用检波器接收这种地震波。接收到的地震波信号与震源特性、检波点的位置、地震波经过的地下岩层的性质和结构有关。通过对地震波记录进行处理和解释，可以推断地下岩层的性质和形态，从而探测出地下一定深度内的岩溶裂隙、导水构造等情况。

（2）应用范围和适用条件。

应用范围：地震探测法是利用地下介质弹性和密度的差异，通过观测和分析大地对人工激发地震波的响应，推断地下岩层的性质和形态的地球物理勘探方法，要求场地相对平缓。

适用条件：目前水害探测方面，地震法主要用于浅层折射和反射的地震测量。

5）放射性探测法

（1）探测原理及方法。

天然放射性元素发生衰变时能放出α、β、γ射线，而这些射线的强度可利用核辐射探测仪器加以测定。用放射性方法所测量到的射线，主要是氡及其子体产生的，故氡及其子体是放射性探测法首先重视的对象。

放射性探测的方法很多，但都是基于测量氡及其子体的射线强度；放射性探测的仪器种类也很多，但从原理上说主要分为γ、α两种辐射仪。目前使用较多的放射性探测法有：

①γ测量法。该方法所测量的是铀、钍、钾等放射性元素及其子体辐射出的γ射线的总强度。该方法使用的仪器轻便，工作效率高，对查明岩层分界线和破碎带有一定效果；但其异常显示不够明显，覆盖土层厚度较大时效果不佳。

②放射性能谱测量法。该方法是在γ测量法的基础上新推出的方法。在同一测量剖面线上，通过4条辐射强度曲线的相互配合，可大大提高地质解释的精度。

③射气测量法。该方法是用射气仪（测氡仪）测量土壤中放射性气体（主要是氡气）的浓度，以发现浮土下的放射性异常带。

测氡法对于寻找脉状基岩含水带有很好的效果。但其测量结果，也难免受到土壤湿度、温度、气压、土壤密实程度和融冻状态的影响。

④α径迹测量法和α卡法。这两种方法均是测量土壤盖层中α射线的方法。这两种方法，由于接收片在地下埋置的时间较长，聚积的放射性元素多，接收到的辐射量大，因而捕捉到的异常突出清晰，测量结果精度较高，且在浮土厚度较大时（数十米）亦不受影响。两种方法的主要缺点是工期较长。

⑤^{210}Po法。该方法和α卡法一样，也是一种长期积累的测氡方法。但该方法是通过采集土样，经化学处理后，再用α辐射仪测量^{210}Po放出的α射线强度。由于^{210}Po是一个长寿命、强辐射的天然同位素，故其探测深度亦较大，但不适用于土层已经再搬运过的地区。

（2）应用范围和适用条件。

应用范围：对于矿区，主要用于查找地下水的来源、破碎带和测定孔隙度。

适用条件：构造具有放射性差异。

6）核磁共振

（1）探测原理及方法。

核磁共振是指具有核子顺磁性的物质选择性地吸收电磁能量的一种物理现象。氢核是地层中具有核子顺磁性物质中丰度最高、磁旋比最大的核子。除油层、气层外，水(H_2O)中的氢核是地层中氢核的主体。核磁共振找水方法就是通过测量地层、水中的氢核来直接找水。

核磁共振技术是目前世界上唯一的直接找水的地球物理新方法。此方法应用核磁感应系统(MRS)，通过由小到大地改变激发电流脉冲的幅值和持续时间，探测由浅到深的含水层的赋存状态。相对于传统的地球物理方法而言，该方法无须打钻，是一种无损探测。

(2)应用范围和适用条件。

核磁共振适用条件很广泛，只要地层中有自由水存在，就有核磁共振信号响应。

3.3.4.2　井下物探

1)直流电法

(1)探测原理及方法。

直流电法探测技术以岩层的导电性差异为基础，通过人工向地质体供入稳定电流，观测大地电流场的分布状况，从而确定岩土物性及其赋水性的分布规律或地质构造特征。直流电法勘查是测定岩石电阻率的传统方法，通过一对接地电极把电流供入大地中，而通过另一对接地电极观测用于计算岩石电阻率所必需的电位或电位差信息。根据探测目的不同，直流电法通常选择井下对称四极测深装置、三极测深装置和单极-偶极装置。

(2)应用范围和适用条件。

应用范围：可用于探测巷道掘进前方断裂破碎带和富水区(体)范围，查找巷道周围隐伏构造破碎带位置，划分顶底板岩层贫富水区域，确定放水孔位置及工作面回采时的易突水地段，评价工作面回采时的水害安全性等。

适用条件：探测对象与围岩有明显电性差异，井下干扰因素较小(如铁轨、工业电流)，巷道干湿均匀，无连续低阻体(金属物体和水沟)巷道，探测深度小于 80 m。

2)地质雷达

(1)探测原理及方法。

地质雷达利用高频电磁波以宽频带短脉冲的形式探测，根据其电磁特性来区分地层系统的结构层。当相邻的结构层材料的电磁特性不同时，就会在其界面间影响射频信号的传播，发生透射和反射。各界面反射电磁波由天线中的接收器接收并由主机记录，并将其转化为数字信号进行处理，进而求得目标体的位置和埋深。通过多条测线的探测，可以了解场地目标体平面分布情况。通过对电磁波反射信号(即回波信号)的时频特征、振幅特征、相位特征等进行分析，便能了解地层的特征信息(如介电常数、层厚、空洞等)。

(2)应用范围和适用条件。

应用范围：掌子面超前探测，探测岩体距离小于 60 m，一般只有 10~30 m，周边 5~10 m。

适用条件：探测的地质体间介电常数应有一定差异。

3)矿坑地震勘探

(1)探测原理及方法。

矿坑地震勘探是指在矿山井巷或采准工作面内开展的浅层地震勘探，主要解决矿山建设和生产过程中所遇到的各种地质问题。其基本原理同于地面地震勘探。

由于矿坑下特殊的环境和工作条件，井下地震波勘探的理论方法和装备技术等与地面地震勘探区别甚大，只能利用井巷有限空间，并根据全空间下波场分布特点，进行矿坑地震勘探。根据探测时所利用的有效波不同，矿坑地震勘探的基本方法分为折射波法和反射波法。

(2)应用范围和适用条件。

应用范围：

①探测地质构造。

②探测断层破碎带、溶洞、滑动面等。

③探测岩体动弹性模量等。

④测定岩体完整性系数。

适用条件：不适用于薄互层条件、大倾角地层、岩浆岩顺层侵入、老窿采空区含水程度等地质条件的探测。

4)无线电波透视法

(1)探测原理及方法。

无线电波透视法(也称为坑透法)是向地下地质体发射高频无线电波，通过观测电磁波在传播过程中场强的衰减情况，以确定地质异常体的位置和形态的一种勘探方法。该方法在两条巷道(回风巷和运输巷)之间进行，接收透过被探测地质体的电磁波信号，当电磁波在穿过岩层途中遇到地质异常区(特别是含水构造)时，在相应的接收点处能观测到无线电波场强的明显衰减，通过改变发射点或接收点位置来实现多次观测，即可确定地质异常体的位置和形态。

无线电波透视法在我国矿坑中使用较多，对解决工作面内断层、陷落柱、含水裂隙、矿层变薄区或其他构造等问题起到了很好的作用。探测方法主要有同步法和定点法两种。

(2)应用范围和适用条件。

无线电波透视法的应用条件取决于岩层对电磁波的吸收系数。其不适用的影响条件主要有以下几点：

①岩溶很发育的岩层内效果不好。

②高碳质岩体的巷道中不宜使用。

③金属矿体中不宜使用。

5)矿坑瞬变电磁法

(1)探测原理及方法。

矿坑瞬变电磁法和地面瞬变电磁法的基本原理一样，理论上也完全可以使用地面电磁法的一些装置及采集参数，但受井下环境的影响，矿坑瞬变电磁法与地面瞬变电磁法的数据采集与处理又有很大的区别。井下瞬变电磁探测时，其发射和接收回线边长需依据采掘空间断面的大小选择，可通过加大发射功率和接收回线匝数的方法增强二次场信号的强度，从而增大瞬变电磁法的顺层或垂直勘探深度。

矿坑瞬变电磁法常用的工作装置形式主要有重叠回线和中心回线两种，重叠回线装置的地质异常响应强，施工方便，但线圈间存在较强的互感，一次场影响严重；中心回线装置收发线圈互感影响小，消除了一次场影响，但二次场信号相对较弱，对地质异常体的识别度不如重叠回线。

(2)应用范围和适用条件。

应用范围：

①巷道迎头超前探测以及底板突水预测预报。

②查明岩溶洞穴与通道、采空区和深部不规则水体。

适用条件：适用于探测对象与围岩有明显电性差异，井下铁轨、工业电流干扰因素较小，无连续低阻体（金属物体和水沟）的场所，探测深度在 100 m 左右。

3.3.4.3　孔间物探

1）无线电波透视

（1）探测方法及效果。

前文井下物探中已对该物探方法的原理、特点等进行了阐述。对于钻孔，同样可以采用此物探方式进行探测。在水害探测中，地下电磁波法以双孔法最为常用。双孔法观测方式分为两种：同步观测（在双孔中同步移动发射和接收天线进行观测）；定发射观测（固定发射，移动接收）或定接收观测（固定接收，移动发射）。探测时，钻孔中必须有水，而且在岩溶发育地区，往往因电磁波被含水岩溶裂隙吸收，导致探测效果不好，探测距离也很短。

（2）应用范围和适用条件。

应用范围：查找孔间裂隙带、溶洞等。

适用条件：适用于电磁波吸收小的钻孔，岩溶不太发育的岩体，低矿化、金属矿物贫乏以及低碳质岩体的钻孔且孔中无金属套管。

2）声波透视（声波 CT）

（1）探测原理及方法。

井中声波透视是在一个钻孔中激发弹性波，在另一个钻孔中接收，采用层析成像（CT）原理，对接收信号的波特征参数进行成像处理，圈定目标体的空间位置和形态，是一种寻找孔间构造裂隙带的技术方法。

声波透视有地–井、井–井两种工作方式。在井–井工作方式中，又有发射机和接收机同步移动的同步法，接收机固定、发射机移动或发射机固定、接收机移动的定点法。

（2）应用范围和适用条件。

应用范围：划分软弱夹层、风化层厚度，测断裂带、岩溶位置，测井中出水位置及水文地质参数，测岩土物理力学参数等。

适用条件：适用于有泥浆（水）的钻孔，但要保证孔底无沉渣。

3.3.4.4　水文测井（单孔物探）

水文测井（单孔）用于钻孔的岩性分层，判断含水层（带）、岩溶发育带和咸淡水分界面位置（深度）及确定水文地质参数等。测井的地质–水文地质解译精度，比前述的地面物探方法更高；对于确定钻孔中的岩层分界面和出水裂隙段位置的可靠性和精度都较高。目前，水文地质钻探中常用的测井方法有以下五类。

1）电法测井

主要包括：普通视电阻率测井、井液电阻率测井、自然电位测井和微电极测井。

（1）探测原理。

普通视电阻率测井是地球物理测井中最基本、最常用的测井方法之一，是根据岩石导电性的差别，测量地层的电阻率，研究钻井地质剖面。

（2）应用范围和适用条件。

普通视电阻率测井：除划分钻孔地层剖面外，主要用于确定含水层的位置及厚度，测定岩石电阻率参数和岩石孔隙度，计算地层水电阻率、地层含水饱和度等。

井液电阻率测井：测量方法主要有自然井液电阻率测量法、扩散法（即浓度法）、注入法等。其中的扩散法，能可靠地确定钻孔中含水层（出水段）的位置和厚度，比较含水层的富水性，求地下水的渗透速度和间接计算渗透系数。

自然电位测井：可确定地下水的矿化度和咸淡水界面，估计地层的含泥量。

微电极测井：能确定岩层界面，划分薄层和薄的交互层；判断岩性和确定渗透性地层；确定冲洗带电阻率 R_{xo} 和泥饼厚度 h_{mc}。

2）放射性测井

（1）探测原理及方法。

放射性测井是根据岩石和介质的核物理性质，研究钻井地质剖面的地球物理方法。放射性测井方法，按其探测射线的类型可分为两大类，即伽马测井法和中子测井法。

（2）应用范围和适用条件。

①伽马测井：可按密度区分岩性和进行地层对比、划分剖面，确定含水层和岩石的孔隙度；计算泥质含量；划分储集层。

②中子测井：用于划分岩性，查明含水层，确定孔隙度和测定含水量。

③放射性同位素测井：又称放射性示踪测井，放射性同位素测井法是目前测定地下水流向、流速、渗透系数和水动力弥散系数的主要方法，还可用于确定井内出水和套管破裂位置，检查井管外封堵质量和寻找水库（坝下）渗漏通道。

3）声波测井

（1）探测原理及方法。

声波测井是通过测量井壁介质的声学性质来判断井壁地层的地质特征及井眼工程状况的一类测井方法，以不同岩石的声差异为基础，其在不同岩石中传播时存在以下几方面差异：

①声波传播的速度有差异；

②声波幅度有差异。

声波测井主要有声速测井、声幅测井和声波全波列测井等几种方法。

（2）应用范围和适用条件。

声波测井主要用于测定岩石的孔隙度，也用于划分岩性，作地层对比，划分含水破裂带等。

新的声波测井仪器采用全波列测井技术，其作用也越来越大，不仅仅得到声波时差数据，而且可以记录到地层横波信息，从而在地质上对识别气层、裂缝以及进行岩石力学性质分析有了更广泛的应用。

4）热测井

（1）探测原理及方法。

热测井是根据钻孔内温度随深度变化的规律来研究地质构造、岩层性质，寻找有用矿产以及检查钻孔技术状况的测井方法，一般采用频率测量方法，有倒数法、直接频率计数法、多周期计数法（同时计数测量法）和游标法等。

（2）应用范围和适用条件。

①利用天然气层被钻穿时气体膨胀的吸热效应寻找天然气层。

②利用热水层的温度异常寻找热水层。

③根据水泥胶结时的散热效应检查石油钻孔的固井质量以及确定漏水层位置等。

5) 流速测井

(1) 探测原理。

井下释放器发射特殊调配的相对密度与水一样的液态同位素（称为活化液），活化液随井筒内水溶液流动并被含水层渗透水稀释，其稀释的速度与地下水渗透速度有关，仪器配有速度探测器，跟踪测试活化液（即井筒内水）的流速，继而计算出水的流量。

(2) 应用范围和适用条件。

应用范围：

①划分软弱夹层、风化层厚度；

②测断裂带、岩溶位置；

③测井中出水位置及水文地质参数；

④测岩土物理力学参数；

⑤监测地下水污染，进行核处理场地选址。

适用条件：

①适用于含水层机械能不高的钻孔。

②当产生了井口自涌时，仪器就没法判别水在介质中的流向。

③孔内应为清水。

各种测井方法相互配合，可以提供更多、更可靠的地质-水文地质信息，可使水文地质钻孔发挥更大的勘查效益。

上述许多物探测井法，除完成井孔地质剖面的测量任务外，皆可测出（或粗略地测定出）含水层的水文地质参数和岩石的工程力学性质，也可解决某些水井工程的特殊问题（如井径、井斜等）。

3.3.5　水文地质试验

3.3.5.1　抽水试验

抽水试验可以获得含水层的水文地质参数，评价含水层的富水性，确定影响半径和了解地表水与地下水以及不同含水层之间的水力联系，从而为查明水文地质条件、评价地下水资源、预测矿坑涌水量和确定疏干排水方案提供重要依据。

1) 试验类型

水文地质试验类型按抽水孔与观测孔的数量可分为单孔抽水试验、多孔抽水试验和群孔抽水试验；按试段含水层的多少可分为分层抽水试验、分段抽水试验和混合抽水试验。

单孔抽水试验：没有观测孔而只有一个抽水孔的抽水试验。

多孔抽水试验：由一个抽水孔和若干个观测孔组成的抽水试验。

群孔抽水试验：两个或两个以上的抽水孔同时抽水，各孔的水位和水量有明显互相影响的抽水试验。

分层抽水试验：当一个钻孔穿过多个含水层时，需对目标含水层进行抽水、其他含水层进行止水，以求取该含水层水文地质参数的抽水试验。

分段抽水试验：某个含水层中有多个含水段，对目标含水段进行抽水、其他含水段进行止水，以求取该含水段水文地质参数的抽水试验。

混合抽水试验：从两个或更多含水层同时抽水的抽水试验。

2) 试验设备

根据钻孔出水量和地下水水位埋深不同选用适当抽水设备。主要抽水设备有深井泵、深井潜水泵、空气压缩机。

3) 抽水试验技术要求

(1) 抽水试验段的划分原则。

抽水试验段的划分应根据试验目的和精度的要求，结合钻孔揭露的含水层厚度而定。遇下列情况时一般需进行分段抽水：

①钻孔揭露的各主要含水层；

②潜水和承压水；

③第四系和基岩含水层；

④淡水和咸水或水质类型差别较大的含水层；

⑤厚度较大的岩溶裂隙含水层垂直分带规律明显的和有可能分段疏干带水压采矿的。

(2) 落程。

正式抽水试验，一般进行 3 个落程。对于精度要求不高的地区，也可以试用以 2 个落程代替 3 个落程。下列情况，可做一次最大落程：

①水量不大[<0.1 L/(s · m)]的含水层；

②精度要求不高或研究价值不大的含水层；

③已掌握一定水文地质资料的地区，布设一般勘查孔或辅助勘查孔抽水时；

④含水层补给量充沛、涌水量大，抽水设备最大抽降能力小于 1 m。

进行 3 次落程抽水试验时，最大降深值 S_3 在潜水中应等于 $H/3 \sim H/2$(H：从含水层底板算起的水柱高度，不完整井从井底算起的水柱高度)。承压含水层尽可能降至含水层顶板且两个小的落程(S_1、S_2)取最大落程的 1/3 和 1/2，即 $S_1 \approx S_3/3$，$S_2 \approx 2S_3/3$。

(3) 水位、流量观测要求。

静水位观测要求：一般地区，每小时测定一次，3 次测得的数据相同或 4 h 内水位差小于 2 cm，可认为是静止水位；受潮汐影响地区，需测出两个潮汐日周期(不小于 25 h)的最高、最低和平均水位资料，如果高低水位变幅<0.5 m，取高低水位平均值为静止水位。

动水位及流量观测要求：稳定流计算参数，抽水孔观测的间隔时间视水位、流量的波动情况而定，水位波动大，5~10 min 观测一次，较稳定后改为 15~30 min 测一次。非稳定流计算参数，应保持定流量(或定水位)。前、后两次观测值差应小于 5%。观测间隔时间主要满足绘制各种曲线，特别是对数曲线的要求。开始抽水时尽量增加观测次数，以后逐渐减少，如间隔时间为 1 min、2 min、2 min、5 min、5 min、5 min、5 min、5 min、10 min、10 min、10 min、10 min、10 min、20 min、20 min、20 min、30 min、30 min……。带有观测孔的多孔抽水试验，观测孔的水位观测应与主孔同时进行，较远的观测孔可在开泵后推迟至适当时间开始观测。

(4) 其他观测要求。

一般每 2~4 h 观测一次水温、气温，同时记录地下水的其他物理性质的变化，在抽水试验过程中，分别在第一、第三落程各取水样一次，以了解水质的变化情况。

(5) 试验稳定标准。

抽水过程中水位和水量的过程曲线不能有逐渐增大或减小的趋势。在稳定时间内，当降深小于10 m时，水位波动值不应超过3~5 cm（用空压机抽水时，水位波动值不应超过10~20 cm），观测孔水位波动值不应超过2~3 cm；当降深超过10 m时，主孔水位波动值不应超过水位降低值的1%；多孔抽水时，以矿区边界内最远的观测孔水位达到稳定为准；主孔、观测孔的水位虽然波动值较大，但与区域地下水水位变化趋势及幅度基本一致，亦可视为稳定。涌水量波动不超过5%的，当涌水量很小时，可适当放宽。

（6）延续时间要求。

抽水试验时间的延续，应根据勘查目的要求和水文地质条件复杂程度而定。按稳定流公式计算参数时，稳定时间延续的具体要求参照表3-7；按非稳定流公式计算参数时，非稳定状态要延续至 S-$\lg t$ 曲线呈直线延展，其水平投影在 $\lg t$ 轴的数值（单位为s或min）不少于两个对数周期。

表3-7　稳定流抽水试验最大降深延续时间参考表

含水层性质		勘探目的				备注
		区域水文地质普查/h	供水/h	矿区疏干排水/h	开采性抽水/h	
松散岩层地区	粗颗粒含水层	不少于4~8	4~8	8~16	16~24	水位、涌水量持续下降，抽水时间应延长或改为非稳定流抽水
	细颗粒含水层		8~16	16~24	24~36	
基岩地区	裂隙含水层	8~12	6~24	16~24	24~48	
	岩溶含水层		8~16	8~16	16~36	

（7）观测孔布置原则。

抽水试验的主要目的是确定水文地质参数，观测孔的布置应考虑以下原则：

①观测孔的布置方向。

对于均匀无限边界含水层，宜垂直或平行于地下水流向布置，但以垂直布置为宜。对于水平方向非均质无限含水层，亦宜垂直或平行于地下水流向布置，或沿含水层变化最大方向布置。

②观测孔数量。

按稳定流公式计算水文地质参数，至少布置1排观测孔，其数量不少于2个。按非稳定流公式计算水文地质参数，利用 S-$\lg t$ 关系时，布置1个观测孔即可；利用 S-$\lg r$ 关系时，观测孔不宜少于3个。

③观测孔距离。

对于承压含水层，观测孔至抽水孔的距离，按下述原则：

$$r_1=1.0M;\ r_2=1.5M\text{（或其对数值介于 }\lg r_1\text{ 和 }\lg r_3\text{ 之间）};\ r_3<0.178R \qquad (3\text{-}1)$$

式中：M 为承压含水层厚度，m；R 为影响半径（或引用补给半径），m；r_1、r_2、r_3 为抽水孔至观测孔的距离，m。

对于潜水含水层，在下降漏斗曲面坡度小于0.25的范围内，上述布置距离亦适用，对于观测孔间的距离，离抽水孔由近到远由小到大。岩溶发育地区，需考虑岩溶发育方向和主要来水方向，最远观测孔应能控制主要来水方向上的扩展半径，距主孔的距离可远些，有的可在1 km之外。用非稳定流公式计算水文参数时，观测孔的距离在数轴上需分配均匀（大致相等），观测孔的布置距离可参阅表3-8。

表 3-8 观测孔布置距离

含水层的岩性	渗透系数 K /(m·d^{-1})	地下水类型	主孔与观测孔的距离/m			备注
			第一孔	第二孔	第三孔	
裂隙发育的岩层	>70	承压水	15~20	30~40	60~80	如主孔水位下降大于 8 m, 间距值应增大 1.5~1.7 倍
		潜水	10~15	20~30	40~60	
没有充填的砂层、卵石层, 均匀的粗砂和中砂	>70	承压水	8~10	15~20	30~40	
		潜水	4~6	10~15	20~25	
稍有裂隙的岩层	20~70	承压水	6~8	10~15	20~30	
		潜水	5~7	8~12	15~20	
含大量细粒充填物的砾石、卵石层	20~70	承压水	5~7	8~12	15~20	
		潜水	3~5	6~8	10~15	
不均匀的中粗混合砂及细砂	5~20	承压水	3~5	6~8	10~15	
		潜水	2~3	4~6	8~12	

4)资料整理

(1)现场资料整理。

进行抽水试验时, 需要在现场随时整理和编制图表, 以便及时了解试验进行情况, 发现和纠正错误, 并为室内资料整理打下基础。

按稳定流计算时, 需整理如下资料并编制图表: ①过程曲线, 有观测孔时, 需绘制主孔与各观测孔水位下降过程曲线; ②$Q=f(s)$关系曲线; ③$q=f(s)$关系曲线。

按非稳定流计算时, 需整理如下资料并编制图表: $S-t$ 过程曲线; $S-\lg t$ 过程曲线; 当观测孔较多(3 个或以上)时, 应绘制观测孔水位降低数值与主孔距离对数关系曲线。

(2)室内资料整理。

①绘制钻孔抽水试验综合图表;

②计算水文地质参数, 见"5)水文地质参数求取"部分;

③编写抽水试验工作总结, 内容包括试验目的、要求, 试验方法、过程, 试验主要成果, 试验过程中异常现象及处理, 质量评价和结论等。

5)水文地质参数求取

(1)稳定流抽水试验求参方法。

求参方法可以采用 Dupuit 公式法和 Thiem 公式法。

①只有抽水孔观测资料时的 Dupuit 公式。

承压完整井:

$$K=\frac{Q}{2\pi s_w M}\ln\frac{R}{r_w},\ R=10s_w\sqrt{K} \tag{3-2}$$

潜水完整井:

$$K=\frac{Q}{\pi(H^2-h^2)}\ln\frac{R}{r_w},\ R=2s_w\sqrt{KH} \tag{3-3}$$

式中: K 为含水层渗透系数, m/d; Q 为抽水井流量, m^3/d; s_w 为抽水井中水位降深, m; M 为承压含水层厚度, m; R 为影响半径, m; H 为潜水含水层厚度, m; h 为潜水含水层抽水后的厚度，m；r_w 为抽水井半径，m。

②当有抽水井和观测孔的观测资料时的 Dupuit 或 Thiem 公式。

承压完整井：

Dupuit 公式：

$$h_1-h_w=\frac{Q}{2\pi KM}\ln\frac{r_1}{r_w} \tag{3-4}$$

Thiem 公式：

$$h_2-h_1=\frac{Q}{2\pi KM}\ln\frac{r_2}{r_1} \tag{3-5}$$

潜水完整井：

Dupuit 公式：

$$h_1^2-h_w^2=\frac{Q}{\pi KM}\ln\frac{r_1}{r_w} \tag{3-6}$$

Thiem 公式：

$$h_2^2-h_1^2=\frac{Q}{\pi KM}\ln\frac{r_2}{r_1} \tag{3-7}$$

式中：h_w 为抽水井中水柱高度，m；h_1、h_2 分别为与抽水井距离为 r_1 和 r_2 处的观测孔(井)中水柱高度，m，分别等于初始水位 H_0 与井中水位降深 s 之差，$h_1=H_0-s_1$，$h_2=H_0-s_2$。其余符号意义同前。

当水井中的降深较大时，可采用修正降深。修正降深 s' 与实际降深 s 之间的关系为

$$s'=s-\frac{s^2}{2H_0} \tag{3-8}$$

(2)非稳定流抽水试验求参方法。

①承压水非稳定流抽水试验求参方法。

第一，泰斯(Theis)配线法。

在两张相同刻度的双对数坐标纸上，分别绘制 Theis 标准曲线 $W(u)-1/u$ 和抽水试验数据曲线 $s-t$，保持坐标轴平行，使两条曲线配合，得到配合点 M 的水位降深$[s]$、时间$[t]$、Theis 井函数$[W(u)]$及$[1/u]$的数值，按下列公式计算参数(r 为抽水井半径或观测孔至抽水井的距离)：

$$T=\frac{0.08Q}{[s]}[W(u)],\ K=\frac{T}{M},\ s=\frac{4T[t]}{r^2\left[\frac{1}{u}\right]},\ a=\frac{r^2}{4[t]}\left[\frac{1}{u}\right] \tag{3-9}$$

式中：T 为导水系数；K 为渗透系数；M 为含水层厚度；s 为水位降深；a 为导压系数。

以上为降深-时间($s-t$)法，也可以采用降深-时间距离($s-t/r^2$)法、降深-距离($s-r$)法进行参数计算。

第二，雅各布(Jacob)直线图解法。

当抽水试验时间较长，$u=r^2/(4at)<0.01$ 时，在半对数坐标纸上抽水试验数据曲线 $s-t$ 为一直线(延长后交时间轴于 t_0，此时 $s=0.00$ m)，在直线段上任取两点 t_1、s_1、t_2、s_2，则有

$$T=\frac{0.183Q}{s_2-s_1}\ln\frac{t_2}{t_1},\ s=\frac{2.25Tt_0}{r^2},\ a=\frac{r^2}{2.25t_0} \tag{3-10}$$

第三，汉图什(Hantush)拐点半对数法。

对于承压完整井的非稳定流抽水试验，当抽水试验时间较长，$u=r^2/(4at)<0.1$ 时，在半对数坐标纸上绘制抽水试验数据曲线 $s-t$，外推确定最大水位降深 S_{max}；在 $s-\lg t$ 线上确定拐点 $S_i=S_{max}/2$、拐点处的斜率 m_i 及时间 t_i，则有

$$\left.\begin{aligned} m_i&=\frac{s_2-s_1}{\lg t_2-\lg t_1} \\ \frac{2.3s_i}{m_i}&=e^{\frac{r}{B}}K_0\left(\frac{r}{B}\right)\end{aligned}\right. \quad 求 \quad e^{\frac{r}{B}}K_0\left(\frac{r}{B}\right),\ \frac{r}{B} \tag{3-11}$$

$$T=\frac{0.183Q_0}{m_i}e^{-\frac{r}{B}},\ s=\frac{2Tt_i}{Br},\ \frac{K'}{b'}=\frac{T}{B^2} \tag{3-12}$$

$K_0\left(\frac{r}{B}\right)$ 为第二类零阶虚宗量贝塞尔函数；B 为越流系数；K' 为越流层渗透系数，m/s；b' 为越流层厚度，m。

第四，水位恢复法。

当抽水试验水位恢复时间较长，$u=r^2/(4at)<0.01$ 时，在半对数坐标纸上绘制停抽后水位恢复数据曲线 $s-t$，在直线段上任取两点(t_1,s_1)、(t_2,s_2)，则有

$$T=\frac{0.183Q}{s_1-s_2}\ln\frac{t_2}{t_1},\ a=\frac{r^2}{2.25t_1}10^{\frac{s_0-s_1}{s_1-s_2}\lg\frac{t_2}{t_1}},\ s=\frac{T}{a} \tag{3-13}$$

第五，水位恢复的直线斜率法。

当抽水试验水位恢复时间较长，$u=r^2/(4at)<0.1$ 时，在半对数坐标纸上绘制停抽后水位恢复数据曲线 $s-t$，直线段的斜率 B，则有

$$T=\frac{2.3Q}{4\pi B},\ B=\frac{s_r}{\lg\frac{t}{t'}},\ t'=t-t_0 \tag{3-14}$$

②潜水非稳定流抽水试验求参方法。

潜水参数计算可采用仿泰斯公式法、Boulton 法和 Numan(努曼)法。

第一，仿泰斯公式法：

$$H_0^2-h_w^2=\frac{Q}{2\pi K}W(u),\ u=\frac{r^2}{4at}=\frac{r^2\mu}{4Tt} \tag{3-15}$$

式中：H_0、h_w 分别为初始水头及抽水后井中水头；$W(u)$ 为泰斯井函数；Q 为抽水井的流量，m^3/d；r 为到抽水井的距离，m；t 为自抽水开始起算的时间，d；T 为含水层的导水系数，m^2/d，$T=Kh_m$；h_m 为潜水含水层的平均厚度，m；K 为含水层的渗透系数，m/d；a 为含水层的导压系数$(1/d)$，对潜水含水层，则为其给水度(μ)。

具体计算时可采用配线法、直线图解法、水位恢复法等。

第二，潜水完整井考虑迟后疏干的 Boulton 公式：

$$\begin{aligned} s&=\frac{Q}{4\pi T}\int_u^{\infty}\frac{2}{x}\left\{1-e^{-u_1}\left[\mathrm{ch}u_2+\frac{\alpha\eta(1-x^2)t}{2u_2}\mathrm{sh}u_2\right]\right\}J_0\left(\frac{r}{\nu D}x\right)dx \\ &=\frac{Q}{4\pi T}W\left(u_{\alpha,y},\ \frac{r}{D}\right)\end{aligned} \tag{3-16}$$

$$u_1=\frac{\alpha ty(1-x^2)}{2}\qquad u_2=\frac{\alpha t\sqrt{\eta^2(1+x^2)^2-4\eta^2\alpha^2}}{2}$$

$$v=\sqrt{\frac{\eta-1}{\eta}}=\sqrt{\frac{\mu}{\mu^*+\mu}}\qquad \eta=\frac{\mu^*+\mu}{\mu}\tag{3-17}$$

$$D=\sqrt{\frac{T}{\alpha\mu}}\text{（疏干因素）}$$

式中：μ 为给水度；μ^* 为储水系数；$\frac{1}{\alpha}$为延迟指数；J_0 为零阶第一类贝塞尔函数；其他符号意义同前。

抽水早期：

$$s=\frac{Q}{4\pi T}W\left(u_a,\ \frac{r}{D}\right),\ u_a=\frac{r^2}{4at}=\frac{r^2\mu^*}{4Tt}\tag{3-18}$$

抽水中期：

$$s=\frac{Q}{2\pi T}K_0\left(\frac{r}{D}\right)\tag{3-19}$$

式中：K_0 为虚宗量零阶第二类贝塞尔函数。

抽水晚期：

$$s=\frac{Q}{4\pi T}W\left(u_y,\ \frac{r}{D}\right),\ u_y=\frac{r^2}{4at}=\frac{r^2\mu}{4Tt}\tag{3-20}$$

可根据抽水早期、中期、晚期的观测资料，采用相应的方法计算参数。

第三，Numan 法

对于潜水含水层完整井非稳定流抽水试验，也可以采用 Numan 模型求参，具体求参过程可参阅《地下水动力学》等书。

3.3.5.2 压水试验

矿山生产中压水试验的主要目的在于测定矿层顶底板岩层及构造破碎带的透水性及变化，为矿山注浆堵水、帷幕截流及划分含水层与隔水层提供依据(图3-12)。

1)试验类型

按止水塞堵塞钻孔的情况，将压水试验分为分段压水和综合压水两类。

(1)分段压水：自上而下分段压水，随着钻孔的钻进分段进行；自下而上分段压水，钻孔结束后自下而上分段止水后进行。

(2)综合压水：在钻孔中进行统一压水，试验结果为全孔综合值。

2)试验要求

(1)试段的长度：分段压水，一般规定试段长度为 5 m，如岩芯完好，岩石透水性很小[单位吸水量小于 0.01 L/(min · m^2)]，可适当加长试段，但不宜大于 10 m。对于岩石破碎、裂隙密集地段，可根据具体情况确定试验长度。

(2)压力阶段和压力值：每一段的压水试验，一般按 3 个压力阶段进行。3 个压力阶段的压力值可根据实际需要而定，当漏水量很大，不能达到规定的压力时，可按水泵的最大供水能力所能达到的压力进行试验。

(3)试段的隔离：常用的试段隔离方法为橡胶塞止水法，当自上而下随钻进钻孔分段压

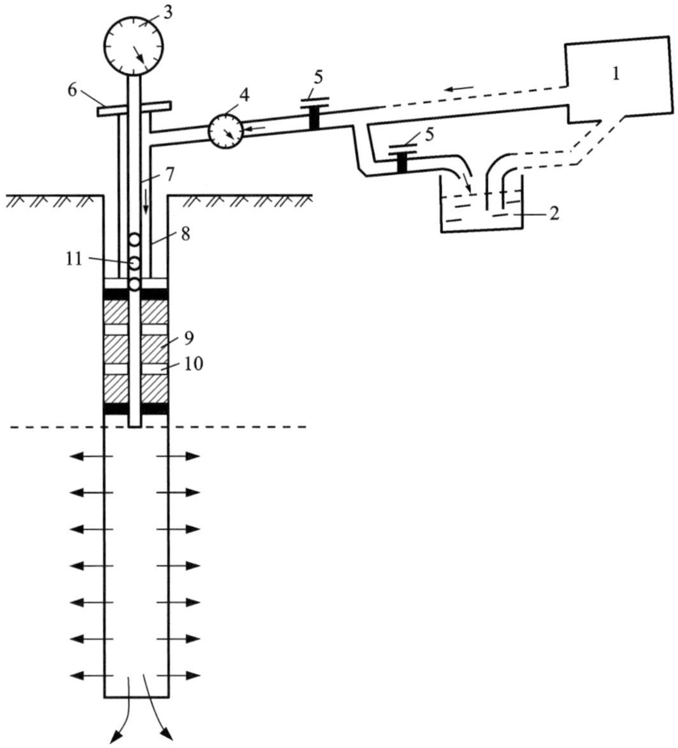

1—水泵；2—水箱；3—压力表；4—流量表；5—开关；6—千斤顶；
7—内管；8—外管；9—橡皮塞；10—铁垫圈；11—送水孔。

图 3-12 钻孔压水试验装置图

水时，只在压水段上部止水；钻孔结束后由下而上分段压水时，则在试段的上部和下部均下入止水栓，这种止水栓操作比较复杂。止水栓下入预定孔段封闭后，采用试验最大的压力进行试验；同时，测定管内外水位，检查止水效果。

(4)压力和流量观测：压力和流量应同时观测，一般每隔 10 min 记录一次。压力要保持不变，流量连续 4 次最大和最小之差小于平均值的 10%时，即可结束。重要的试验稳定延续时间要超过 2 h。

(5)试验钻孔质量：试验钻孔要求清水钻进(坍塌严重，亦可用泥浆)，孔壁保持平直完整，试验前必须清洗钻孔，达到回水清洁，孔底无沉淀。

(6)地下水位观测：试验前，观测孔段内的地下水位，以确定压力计算零点。每 10 分钟观测一次，当连续 3 次的变幅小于 8 cm 时，即视为稳定。

3)资料整理

(1)绘制 $S=f(Q)$ 曲线图。

(2)计算单位压力流量：

① $S=f(Q)$ 为一直线，可根据直线关系 $Q=q\cdot S$ 计算单位压力流量。

$$q=\frac{\sum_{i=1}^{n}Q_i}{\sum_{i=1}^{n}S_i} \tag{3-21}$$

式中：q 为单位压力流量，L/(min·m)；Q_i 为第 i 阶段的流量，L/min；S_i 为第 i 阶段的压力，m；n 为压力阶段数。

②$S=f(Q)$ 为一曲线(图 3-13)，可分三种情况选择单位压力流量计算公式：

第一，当 $S=f(Q)$ 曲线能在对数坐标上展成直线时(图 3-14)，可采用指数关系计算单位压力流量：

$$Q=q\sqrt[m]{S} \tag{3-22}$$

或

$$\lg Q=\lg q+\frac{1}{m}\lg S \tag{3-23}$$

$\lg q$ 值可由图 3-14 中直接量出，或按下式计算：

$$\lg q=\frac{\sum_{i=1}^{n}\lg Q_i-\frac{1}{m}\sum_{i=1}^{n}\lg S_i}{n} \tag{3-24}$$

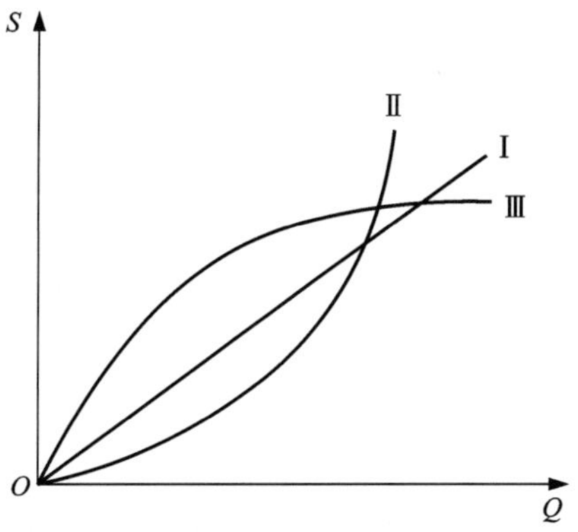

(Ⅰ、Ⅱ正确，Ⅲ错误)

图 3-13　压水试验曲线类型

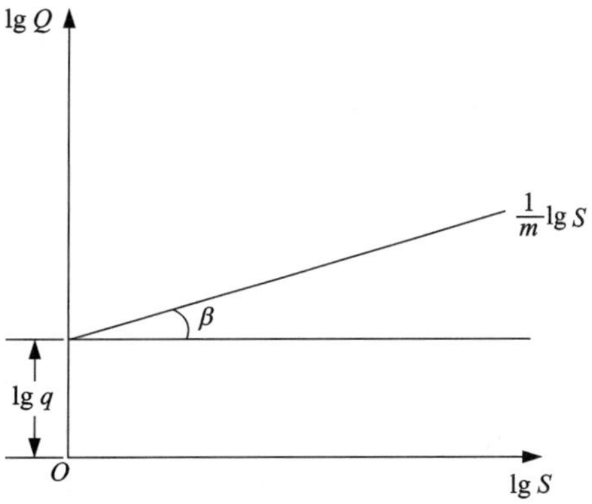

图 3-14　lg Q-lg S 关系曲线图

式中，m 值可以根据下式计算：

$$m=\frac{\lg S_2-\lg S_1}{\lg Q_2-\lg Q_1} \tag{3-25}$$

上式需满足 $1<m\leqslant 2$，得 $\lg q$ 即可求出 q 值。

第二，当 $S=f(Q)$ 曲线能在图 3-15 坐标上展成直线时，可采用抛物线关系式计算单位压力流量。

$$q=\frac{\sqrt{a^2+4bS}-a}{2bS} \tag{3-26}$$

式中，a 值可以从图 3-15 中量得，b 值可采用下列公式计算：

$$b=\frac{Q_1S_2-Q_2S_1}{Q_1Q_2(Q_2-Q_1)} \tag{3-27}$$

求 a 所用的 Q、S 值，可采用任一压力阶段之数值，但两者必须属于同一压力阶段。

第三，当 $S=f(Q)$ 曲线能在半对数坐标上展成直线(图 3-16)且 $m>2$ 时，单位压力流量 q 值可由图 3-16 量出，或按半对数关系式算出：

$$q=\frac{\sum_{i=1}^{n}Q_i-b\sum_{i=1}^{n}\lg S}{n} \tag{3-28}$$

式中，b 值可以用下式计算：

$$b=\frac{Q_2-Q_1}{\lg S_2-\lg S_1} \tag{3-29}$$

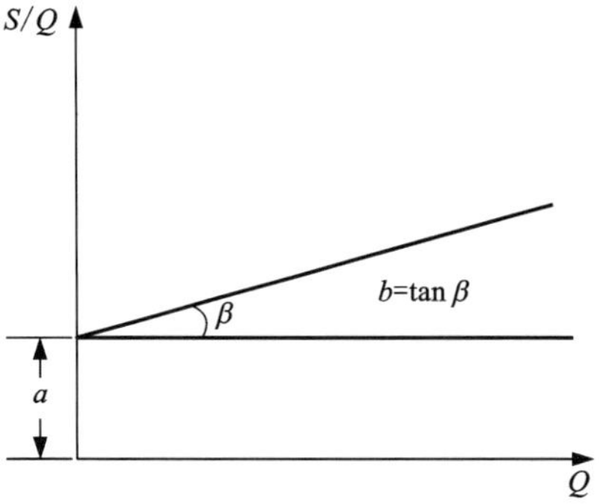

图 3-15 $S/Q-Q$ 关系曲线图

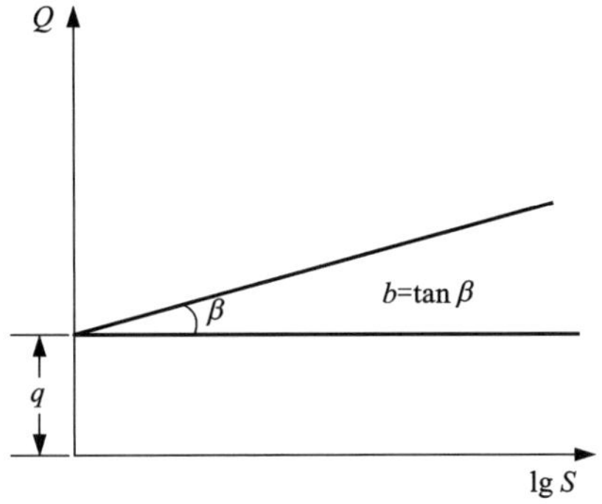

图 3-16 $Q-\lg S$ 关系曲线图

(3)计算单位吸水量：根据以上各式求出单位压力流量后，再按下式求取单位吸水量。

$$\omega=\frac{q}{L} \tag{3-30}$$

式中：ω 为单位吸水量，L/(min · m^2)；q 含义同前；L 为试段长度，m。

(4)计算渗透系数：计算出单位吸水量之后，可近似地计算岩层渗透系数 K(m/d)。

当试段底部距隔水层之厚度大于试段长度时：

$$K=0.527\omega\lg\frac{0.66L}{r} \tag{3-31}$$

当试段底部距隔水层之厚度小于试段长度时：

$$K=0.527\omega\lg\frac{1.32L}{r} \tag{3-32}$$

3.3.5.3 钻孔注水试验

钻孔注水试验是野外测定岩层渗透性的一种比较简单的方法。其原理同抽水试验，只是以注水代替抽水。

钻孔注水试验通常用于：①地下水位埋藏很深，不便进行抽水试验时；②在干的透水岩层中，用注水试验求得岩石渗透性的资料时。

注水试验装置如图 3-17 所示。连续往孔内注水，形成稳定的水位和常量的注入量(稳定时间视目的和要求而异，一般为 4~8 h)，以此数据计算岩层的渗透系数 K 值。

根据水工建筑部门的经验，在巨厚且水平分布较宽的含水层做常流量注水试验时，可按下式计算渗透系数 K 值：

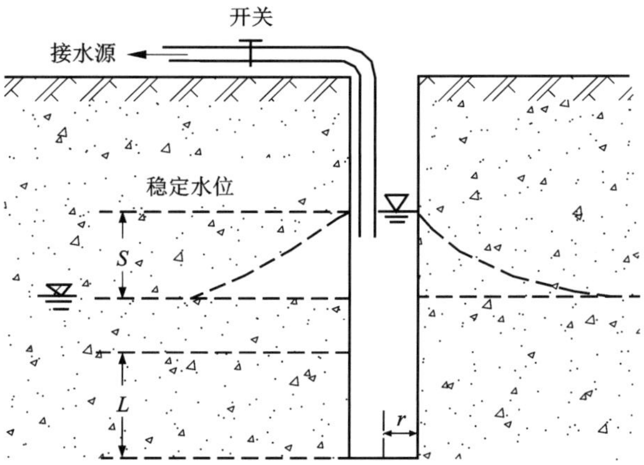

图 3-17　钻孔注水试验示意图

当 $l/r \leqslant 4$ 时，

$$K=\frac{0.08Q}{rS\sqrt{\frac{l}{2r}+\frac{1}{4}}} \tag{3-33}$$

当 $l/r>4$ 时，

$$K=\frac{0.366Q}{l \cdot S} \cdot \lg \frac{2l}{r} \tag{3-34}$$

式中：l 为试段或过滤器长度，cm；Q 为稳定注水量，cm^3/s；S 为孔中水头高度，cm；r 为钻孔半径或过滤器半径，cm；K 为渗透系数，cm/s。

用上述公式计算出的 K 值比用抽水试验计算出的 K 值一般小 15%~20%。

如含水层具多层结构，用两次试验可确定各层的渗透系数值。一次单层试验得 K_1，另一次混合试验得 K_2，而 $Kl=K_1l_1+K_2l_2$，故 $K_2=\frac{Kl-K_1l_1}{l_2}$。

在不含水的干燥岩层中注水时，如试段高出地下水位很多，介质具各向同性，且 $50<l/r<200$，孔中水柱高 $h \leqslant l$ 时，可按下式计算渗透系数 K 值：

$$K=0.423\frac{Q}{h^2}\lg\frac{2h}{r} \tag{3-35}$$

计算出的 K 值，其相对误差小于 10%。

如钻孔注水试验前洗孔不彻底，K 值常偏小，故应做好试验前的洗孔工作。

3.3.5.4　试坑渗水试验

1）试坑渗水试验的方法

试坑渗水试验是野外测定包气带非饱和岩土层渗透系数的简易方法，最常用的是试坑法、单环法和双环法（见表 3-9）。

表 3-9 渗水试验方法一览表

试验方法	装置示意图	优缺点	备注
试坑法	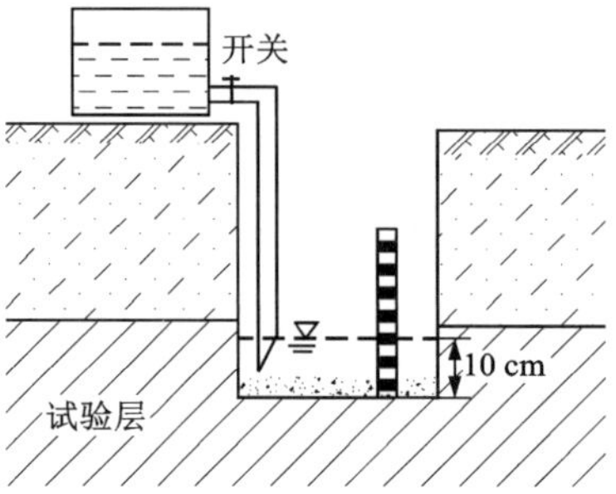	①装置简单； ②受侧向渗透的影响较大，试验成果精度低	
单环法	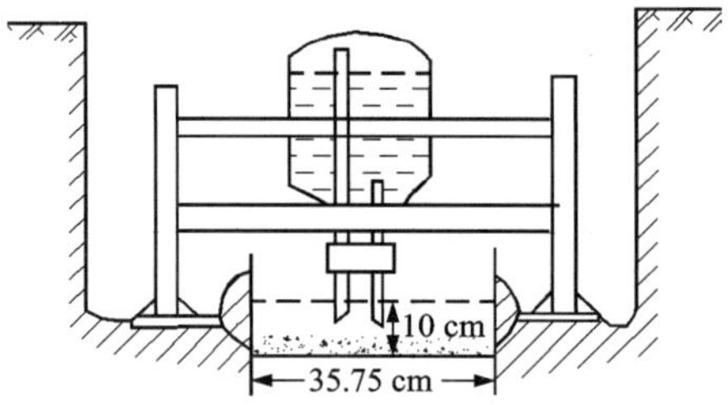	①装置简单； ②没有考虑侧向渗透的影响，试验成果精度稍低	当圆形坑底的坑壁四周有防渗措施时， $F=\pi r^2$ 当坑壁无防渗措施时， $F=\pi r(r+2Z)$ 式中：r 为试坑底的半径；Z 为试坑中水层厚度
双环法	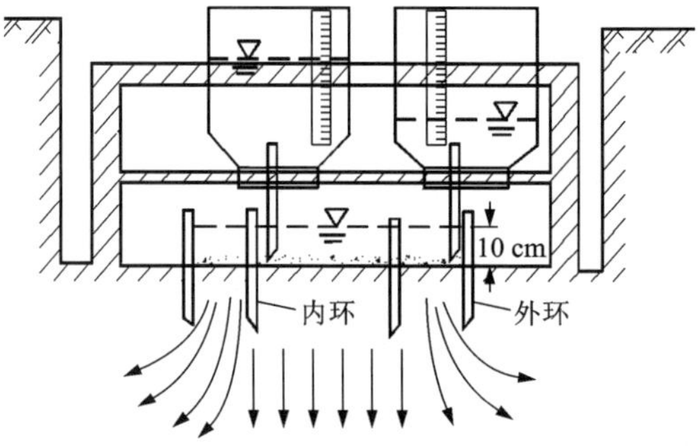	①装置较复杂； ②基本排除了侧向渗透的影响，试验成果精度较高	

试坑法是在表层干土中挖一试坑，向试坑内注水，必须使试坑中的水位始终高出坑底约 10 cm。为便于观测坑内水位，在坑底要设置一个标尺。求出单位时间内从坑底渗入的水量 Q，除以坑底面积 F，即得出平均渗透速度 $V=Q/F$。当坑内水柱高度不大(等于 10 cm)时，可以认为水头梯度近于 1，因而渗透系数 $K=V$。

单环法是在试坑底嵌入一高为 20 cm，直径为 35.75 cm 的铁环，该铁环圈定的面积为 1000 cm^2。在试验开始时，用马利奥特瓶控制环内水柱，使其保持在 10 cm 高度上。试验一直进行到渗入水量 Q 固定不变时为止，就可按式 $V=Q/F$ 计算此时的渗透速度。所得的渗透速度即为该岩层的渗透系数值。还可通过系统地记录一定时间段(例如每 30 min)内的渗水量，求得各个时间段内的平均渗透速度，据此编绘渗透速度历时曲线图(图 3-18)。渗透速度随时间逐渐减小，待减小到趋于常数(呈水平线)，此时的渗透速度即为所求的渗透系数值。

试坑法和单环法适用于地下水位埋深大于 5 m 的砂土层和砂卵石层。

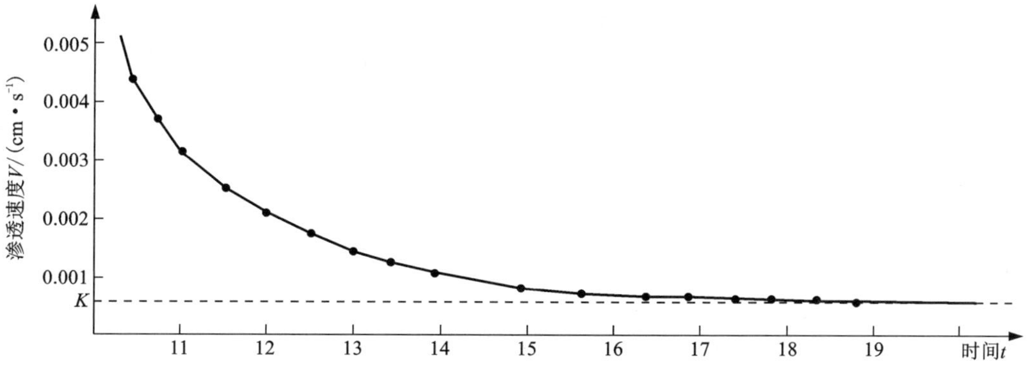

图 3-18　渗水试验中渗透速度历时曲线图

双环法是在试坑底嵌入两个铁环，外环直径可取 0.5 m，内环直径可取 0.25 m。试验时往铁环内注水，用马利奥特瓶控制外环和内环的水柱都保持在同一高度上(例如 10 cm)。根据内环所取得的资料，按上述方法确定岩层的渗透系数。由于内环中的水只产生垂向渗入，排除了侧向渗流带的误差，因此该法比试坑法和单环法精确度高，适用于黏性土和粉土层。

2)根据渗水试验资料计算岩层渗透系数

当渗水试验进行到渗入水量趋于稳定时，可按下式计算渗透系数(考虑了毛细压力的附加影响)：

$$K=\frac{Ql}{F(H_k+Z+l)} \tag{3-36}$$

式中：Q 为稳定的渗入水量；F 为试坑(内环)渗水面积，其计算见表 3-9；Z 为试坑(内环)中水层厚度；H_k 为毛细压力(一般等于岩石毛细上升高度的一半)；l 为试验结束时水的渗入深度(试验后开挖确定)。

3)试坑渗水试验成果资料

(1)试坑平面位置图。

(2)水文地质剖面图与试验安装示意图。

(3)渗透速度历时曲线。

(4)渗透系数的计算。

(5)原始记录表格等。

3.3.5.5　地下水连通试验

连通试验是为了测定含水层或含水层之间，或泉水、地下暗河出露处等地下水露头点相互之间的水力联系而进行的野外试验。在上游某个地下水点(水井、坑道、岩溶竖井及地下暗河表流段等)投入某种指示剂，在下游诸多的地下水点(除前述各类水点外，尚包括泉水、岩溶暗河出口等)监测示踪剂到达时间和浓度。

1)连通试验的目的

(1)查明断层带的隔水性，证实断层两盘含水层有无水力联系。

(2)查明断层带的导水性，证实断层同一盘的不同含水层之间有无水力联系。

(3)查明地表可疑的泉、井、地表水体、地面潜蚀带等同地下水或矿坑出水点有无水力联系。

(4)查明河床中的明流转暗流的去向及其与矿坑出水点有无水力联系。

(5)检查注浆堵水效果，并研究地下水系的下述问题：

①补给范围、地下水的分水岭、补给速度，补给量与相邻地下水系的关系；

②径流特征，实测地下水流速、流向、流量；

③地表水与地下水的转化、补给等关系；

④配合抽水试验等，确定水文地质参数，为合理布置供水井提供设计依据；

⑤查明渗漏途径、渗漏量及洞穴规模、延伸方向以及为截流成库、排洪引水等工程提供依据。

2)试验段(点)的选择原则

试验段(点)按照以下原则选择：

(1)断层两侧含水层对接相距最近的部位。

(2)根据水文地质调查或勘查资料分析，认为有连通的地段(点)。

(3)针对专门的需要进行水力连通试验的地段(点)。

3)连通试验的方法和要求

连通试验除水位传递法和气体传递法之外，常用的主要方法是对地下水的示踪，即将已选择好的示踪物投放到一定层位或部位的地下水(或地表水体)中，让它跟随地下水共同运动，然后在预定接收点或观测点取样检测，从示踪物的异常及出现的时间和动态变化了解水力联系情况和其他有关问题。

示踪法主要包括染色示踪法、化学剂示踪法、放射性同位素示踪法、环境同位素示踪法，可用于断层带连通试验、矿坑涌水点连通试验以及岩溶地区地下水系连通试验，实测流向、流速、流量、地表水与地下水的转化等。

4)资料整理

(1)绘制试验段(点)的水位、水温、水量和示踪剂浓度变化历时曲线。

(2)对曲线的各种形态和现象，结合区域或矿床水文地质资料进行合理的水文地质解释与定量计算。

(3)绘制试验得出的地下连通平面图或岩溶地下水系分布图。

(4)绘制试验段投放孔(点)全矿坑涌水点之间的水文地质剖面图。

(5)编写简要文字报告(或总结)，其内容包括试验目的和任务，试验段(点)平面位置的选择，试验段(点)的水文地质条件，试验采用的方法，对试验结果的评述，经验教训及对试验成果利用的建议等。

3.3.6 水文地质监测

3.3.6.1 监测站网的设立

1)监测目的与任务

(1)监测目的。

①掌握在采矿排水或矿床疏干的影响下，矿区地下水及地表水动态变化规律；

②为矿山生产安全而进行矿坑水害的预测和治理，以及为矿井延深和扩建积累必要的水文地质资料。

主要观测对象是地下水，其次是与地下水活动有关的气象及地表水的动态变化。

(2)监测任务。

①了解地下水与地表水或气象因素之间的关系、各含水层之间的水力联系、断层的导水性以及矿山突水的水源等；

②掌握矿井涌水规律和疏干效果；

③为以水文地质比拟法或相关分析法进行矿坑涌水量计算提供可靠的参数；

④积累地下水动态资料，为矿山防治水提供依据。

2)监测站网的设立原则

(1)监测站(点)的种类。

按监测对象、内容和项目的不同，把监测站(点)分为气象监测站、水文监测站和地下水动态监测站等。

(2)站(点)的设立原则。

①气象监测站。

在下列情况下，可设立矿山气象监测站(点)：

A. 以大气降水为主要充水来源的露天开采矿山；

B. 采矿崩落区大气降雨严重渗入的地下开采矿山；

C. 由排水疏干引起岩溶塌陷的矿山。

大气降水不直接影响矿坑充水的矿山，可不设气象监测站，必要时收集矿区附近气象站资料即可。当矿区附近无气象站或附近气象资料不能代表该区降水特征时，也应建立一个以观测降雨量为主的简易气象站。

②地表水监测站。

A. 对分布或流经该矿区，而且对矿坑充水有影响的山溪、河流、湖泊、水库、大型塌陷积水坑等，应设置水文观测站(点)；

B. 测站数量的多少，以能满足控制采区或塌陷渗漏区的流入水量和流出水量的要求为原则。

③地下水动态监测站。

A. 矿床水文地质条件简单的矿山，以利用勘查阶段所设动态观测点和矿山排水点为主，另外针对矿山具体情况，对可能影响矿山安全的地段设点观测。

B. 矿床水文地质条件中等的矿山，除对勘查阶段保留下来的观测点继续观测外，对尚未控制到的，或由于采掘工程，水文地质条件发生变化的各个有代表性的地段，应增设新的监测站(点)。

C. 矿床水文地质条件复杂的矿山，为保证监测资料在时间、空间方面都具有较强的可比性、连续性和完整性，应设立一个比较完善的监测网。

D. 凡在矿区采掘范围内出现的涌水点，均应进行流量观测，当流量小于0.5 L/s时，可分区段汇流观测；当流量大于1 L/s且稳定期超过1个月时，均应成为长期观测点。

E. 对各项采掘工程施工中新出现的涌水点，雨季时涌水量剧增和重现的旧涌水点，以及由于地层岩体不稳固而又未做好安全处理的涌水点，均应安排短期观测，以便确定其补给状况和发展趋势。对15 d后涌水量仍无大幅度衰减者，应转为长期观测点。

(3)监测网的构成。

对于地质勘查阶段已经建立起一定数量的地表水及地下水监测站(点)，在矿区开发过程中仍应充分利用。监测工作不仅要监测矿区地下水天然流场的动态变化，而且根据矿区开发需要应可以有效地监控采矿影响下的地下水流场动态变化规律。根据矿区水文地质特征和矿区开发的需要，合理地布设气象监测站(点)、地表水监测站(点)和地下水监测站(点)，把各类监测站(点)的布设和观测项目的确定有机地联系起来，组成完整的监测系统和观测网，获得在时间和空间上连续、完整的地表水和地下水的监测资料，为矿山建设和生产的安全、水害的预测与治理提供资料。

3)监测项目的确定

对每个矿山选择观测项目时，既要考虑当前的实际问题，也要考虑矿山发展的长远需要。一般情况下，可根据矿区的水文地质条件的复杂程度和矿山基建及生产阶段来确定。

3.3.6.2 气象监测

1)气象站址选择

(1)观测场地尽可能选在四周空旷、平坦而又不受局部地形、地物、气候条件影响的地方。

(2)观测场地不应选在山顶、陡坡、低洼地、丛林旁、农田水利工程设施范围内以及高大建筑物旁等地方。

(3)一般障碍物与观测地边缘的距离，至少不能小于障碍物本身高度的2倍。

(4)当选址受客观条件限制达不到上述要求时，要求可酌量放宽，尽可能放在较开阔而风势较弱的地点，但也要满足如下要求：当降水倾斜时，周围物体不至于挡住雨水影响其落入雨量器中，而障碍物上的雨又不至于掉入雨量器内。

(5)观测场面积：若仅设一种雨量器，面积为4 m×4 m；若同时安装雨量器及自记雨量计，其面积为6 m×4 m；综合观测场地面积为10 m×12 m。

2)观测内容及要求

观测项目的选择要考虑矿山发展的需要，观测项目常有降水量、蒸发量、气温、相(绝)对湿度、气压和风速风向。

(1)降水量观测。

①一般只测记降雨、降雪、降雹的水量。

②降水量记至0.1 mm，不足0.05 mm的降水不做记载，时间记录要求至分钟。

③每日降水以8时为界，从本日8时至次日8时的降水量为本日的降水量。降雨之日，每天要检查一次，发现故障应尽快校核储水罐内的雨水量。

④汇总每日总降水量、降水日数、一日最大降水量，编制降水量直方图、日降水量统计表，并需提供有代表性的不同历时的暴雨过程曲线、降雨强度、暴雨频率等资料。

(2)蒸发量观测。

一般矿区不必开展这项工作，但对于要采用水均衡法校核涌水量，并需做贮排平衡计算的露天开采矿山，在基建阶段应开展蒸发强度(液面)观测。

①观测仪器：矿山一般使用口径为80 cm的蒸发器；安装时仪器要保持水平，安放位置要高出地面0.7 m，仪器附近应无遮挡。

②观测方法与要求：一般可采用容量法或称量法。测定工作通常在上午8时进行，蒸发用水应保持清洁，冰冻期需注意倒出器皿中的存水。

③观测精度应读至0.1 mm。

④日蒸发量(E)计算方法：以 80 cm 蒸发器测量结果为例。

$$E=(h_i-h_0)-P \tag{3-37}$$

式中：P 为每日累计降水量，mm；h_i 为加入的水深，mm；h_0 为吸出的水深，mm；

当蒸发量出现负值时，一律作“0”处理。

(3)气温观测。

①一般采用 DWJ 型双金属温度计较为方便；

②仪器要安放在百叶箱内，以防阳光直射，并需定期用标准温度计(精度达 0.2℃)校核原记录；

③观测精度要求到±1℃；

④资料整理：利用已修正的日记气温曲线，登记每日最高、最低温度，求其平均值，并标记在矿区水文地质长期动态变化曲线上。

(4)相对湿度观测。

①一般配合矿区蒸发量的观测进行，以 DHL11 型湿度计为宜，观测精度应读至±5%。

②用百分比(%)表示，只取整数。

以上各项气象观测的具体要求，应按国家气象局现行的有关规程执行。

(5)提交成果。

①原始资料：各项目观测资料要求按时间顺序分别装订成册，并注明观测仪具的名称、型号、规格及放置高度，以及观测处的地面标高。

②绘制气象要素随时间变化关系曲线图。

③编制降水量与矿坑(井)涌水量变化关系曲线图。

3.3.6.3　地表水监测

1)监测站(点)位置的选择

(1)需作径流流量观测的水流，对于小流域的矿区，测点应选择在地质构造有利于地下径流、渗入或排泄河段的上下游；对于汇流面积广、流量大或地表积水多的矿区，测站可根据防渗的要求布置。

(2)河流、溪流、引渠的观测站，应设立在其出入矿区或采区、含水层露头区、地表塌陷区及支流汇入点的上下端。

(3)对用河床断面流速法测量流量的河段，要求选在河道顺直、稳定、水流集中、控制条件良好、无阻流杂物、无回水现象的地段。顺直长度，一般不小于洪水时主河槽宽度的 3~5 倍。当用堰测流量的溪流段，要求来水速度不大于 0.5 m/s，具有形成非淹没式自由流所需的落差条件。

(4)对山区河流，在保证测验工作安全的前提下，尽可能选在急滩、卡口等控制断面的上游，尽量避开变动回水、急剧冲淤变化、分流、斜流、严重漫滩等不利影响，避开可能妨碍测验工作的地貌、地物、结冰河段，且必须避开容易形成冰塞、冰坝的地点。

(5)水库、湖泊水位观测站，应设于岸坡稳定、具有代表性、便于放置观测设备、便于观测的地方。

(6)测站应埋设施测断面标志桩、断面桩、基线及固定水尺。水尺的零点或校核水位基准点的标高，应作不低于三等水准测量。

2）观测内容及要求

（1）水位观测：

①一般观测内容有水尺读数、每日出现的高低潮位，计算日平均水位；

②观测精度读至 0.01 m。用水尺测量时，每日要在同一时间观测；用自动水位计时，每周检查一次。上下比降断面的水位差小于 0.2 m 时，比降水尺水位可读记至 0.005 m；对基本辅助水尺水位，有特殊精度要求者可读至 0.005 m。

③观测时间：一般每日一次，但雨后或洪水期应适当增加。另外，当采掘工作接近或通过地表水体之下，或通过与地表水有可能发生水力联系的断裂带时，观测次数根据具体情况适当增加。

（2）流量观测：

①一般测流方法有流速仪法、浮标法或堰测法等。方法选用原则是：保证所用方法的观测精度能满足查明河段渗漏强度的要求；测流方法及其所需要的仪器设备，应保证安全、经济，而且便于使用及保养。

②观测次数应根据控制水流历时变化特征的需要来确定，总的要求是能准确推算出逐日流量和各项特征值。对于水位与流量已有稳定函数关系的测站，每年观测不少于 15 次。对全年中的典型时段（如平水期、洪水期、枯水期），要加密测流次数，对每次较大的洪水过程，观测次数不少于 3~5 次。

③具体施测方法，可参照现行水文测验实用手册中的具体规定执行。

当洪水期因受设备性能及条件的限制或结冰期的影响而不能采用流速仪法时，可采用浮标法。当水深小于 0.16 m 时，可改用小浮标法测定。

3）成果提交

①水位观测应随时整理和摘选有代表性的水位曲线，测算测站间的水面比降。

②测流成果包括：实测成果统计表，垂直流速分布曲线，水道断面和流速横向分布图，渗漏对比测站流量变化曲线，绘制洪水淹没及最高水位线，绘制湖、水库等的积水范围及水深，计算有关河段的漏水量。

3.3.6.4 地下水监测

1）地下水监测任务及内容

（1）任务：

①及时掌握涌水量变化与排水、疏干漏斗发展关系，监测矿床疏干效果，并为完善矿床防治水设计提供基础资料；

②及时掌握开拓区水位降低情况，以指导矿井基建和矿房回采工作安全进行；

③加深对矿区水文地质条件的认识，进一步验证矿区的水文地质条件，为解决勘查阶段遗留问题积累资料；

④掌握矿坑充水途径的变迁情况，监视地表水体补给强度的变化；

⑤为新采区的探放地下水确定安全边界与开采范围，预测突水可能性等，提供必要的水文地质依据；

⑥为矿井延深或扩大疏干范围、预测矿坑涌水量提供基础数据。

(2)内容：

地下水监测内容有水位、水压、涌水量、水温、水质以及与地下水活动有关的工程地质现象等。主要监测对象有泉、井、钻孔、淹没矿井及生产井巷等。

2)建站的一般要求

①建站前必须编写包括观测项目、观测层位、钻孔深度、钻孔结构、施工要求、止水方法、止水要求、孔口装置以及管材选择等内容的详细设计；

②矿区地下水观测，必须把各个观测站(点)组成一个完整的观测网；

③地下水观测点的分布要与水文观测网协调一致，对与矿井安全关系密切的观测项目，要求采用自动记录仪进行连续观测。

3)监测站(点)的布设原则

①一般监测站(点)应布置在矿坑充水来源地段，如：开采设计范围内影响矿坑充水的含水层、岩溶发育区段、构造破碎带、接触带；老窿积水区；地表水体与矿坑间以及由于采矿影响可能成为矿坑充水因素的含水层等；勘查期间尚未查明的可能对矿坑充水有影响的区段。

②进行预先疏干和采用帷幕注浆，以及防渗墙防治水的矿区，监测站(点)应控制到疏干与堵水区的外围，以检验治水效果和监控地下水对采矿的影响。

③观测孔组成的观测剖面，应控制不同水文地质单元和动态变化特征不同的区段。一般矿区观测剖面不得少于 2 条，水文地质条件复杂的矿区不得少于 3 条，每个剖面 2~3 个观测点。

观测剖面线的组合形式，一般有“L”“T”“+”“卄”或放射状等几种形式。各矿区具体布设形式的选用，视本矿区水文地质特征而定。

④在有河流通过的矿区，观测剖面应沿地下水流向或垂直河谷方向布设。当剖面横切几条河流时，观测点应布设在溪流、湖泊、水塘、洼地的边上。

⑤监测地下水流向时，监测站(点)应布设在有代表性的地段，并使观测孔构成三角形观测网。

⑥观测点不应设置在居民多、用水和排水量大的地段以及能使观测资料异常的地段(如排供水装置地段、监测水质点应避开污水流经地段等)。

⑦尽量利用地质勘查阶段已设置的地表水及地下水监测设施。地下水监测要利用一切可供利用的地下水天然或人工露头。利用地质钻孔时，尽量避免采用小口径和泥浆钻进孔。

4)监测内容及要求

矿区地下水动态观测包括水位(水压)、流量、水温、水质和含砂(泥)量，观测频次应符合表 3-10 的要求。

(1)地下水位(压)监测。

①注意事项：

A. 地下水位观测点，应以长期观测钻孔为主，并尽量利用被淹没矿井、不常用的民井以及能反映岩溶含水层水位的落水洞或落水井等。

B. 当矿区内同时有几个含水层时，应分层观测水位。一个观测孔揭露几个含水层时，可分别设置水位观测管并进行有效止水，防止不同层位地下水串通。

②观测孔分类及布设要求：

A. 采区边缘孔：布置在距开采边界 50 m 的地段内。当分期开采和露天开采阶段下降时，应充分利用上部坑道或露天台阶重新布孔，使观测孔不远离采区。当采区与不均匀含水层接触边界较长时，除剖面上的边缘孔外，尚应沿边界加密观测孔。加密的孔距，在岩溶含水层为 50 m，在孔隙、裂隙含水层为 100 m。

B. 中圈孔：孔位应设在勘查或设计所预测的疏干漏斗水力坡度发生转折地段。

C. 外围孔：布设在补给边界和影响边界的附近，掌握降落漏斗发展方向及预测塌陷区的扩展范围。

D. 安全监测孔：孔位可根据塌陷区的安全问题，以及不稳定的补给区和起重要阻水作用的构造、岩脉、岩层等隔水边界的分布状况来确定。这些地段中的勘查评价孔，应保留 1～2 个钻孔作为长期观测孔。

③观测孔设计及质量要求：

A. 口径：一般口径应大于 91 mm。

B. 井壁结构：井壁地层为稳固基岩的观测孔，可采用裸露井壁；井壁地层为不稳定岩层或松散岩系时，必须安装套管和过滤器，过滤器的孔隙率应大于 10%。

C. 观测第四系以下含水层水位时，对第四系岩层需下护壁套管，严格止水，宜用水泥或黏土止水。

D. 对观测孔孔口的固定测点、地面标高，均应作四级水准测量和坐标测量。

E. 孔口需加盖、上锁或安装保护装置。

F. 只有抽水单位涌水量大于 0.1 L/(s · m)、注水单位吸水量大于 0.5 L/(s · m^2)或注水水头抬高 1 m 后，水位能在 2 h 内完全恢复的孔、井才能作为长期观测点。

G. 观测孔的孔深，必须低于疏干时该点的最大降深水位；靠近疏干钻孔泄水点(或坑内泄水点)的观测孔，其深度必须保证在泄水点的标高以下。

H. 观测孔孔斜要求每 100 m 不大于 2°，自记观测孔孔斜为 1°。

④水位观测要求：

A. 主要测点的观测工作，应与矿区长期观测网的其他项目同步进行，一般要求在同一天内施测完毕。

B. 观测精度：水位埋深在 50 m 以内，观测精度为±1 cm。大于 50 m 者，观测误差应小于±0.05%。

C. 每年观测一次孔深的变化。

⑤提交成果：

A. 把每个测点的水位埋深及标高、水位变幅等记录下来，分别装订成册，并注明该站出现的各种事件。

定期校核自记站记录曲线的走时、水位，并标记水位标高，每年记录装订成册。

B. 应提交的成果：地下水位变化曲线图；矿区地下水等水位线图(每月一次，1∶2000～1∶5000)；疏干漏斗剖面图；各中段的疏干边界图(1∶1000，根据生产需要)。

在矿床疏干稳定阶段，上述资料可改为每季提供一次。

表 3-10　矿区地下水动态观测时间间隔表

观测项目	测点名称	基建期及淹井恢复期			生产期			补勘扩大范围及洪水期			发生淹井灾害期		
		Ⅰ	Ⅱ	Ⅲ	Ⅰ	Ⅱ	Ⅲ	Ⅰ	Ⅱ	Ⅲ	Ⅰ	Ⅱ	Ⅲ
地下水位、流量、水温、水质	采区边缘孔	5	1	连续自记	10	5	5	5	1	连续自记	包括井筒在内每 10 min 观测一次至水位稳定		
	中圈孔		1~5	1		15	10		1~5	1			
	外围孔		5	1		30	30		5	1			
	塌陷区		1	连续自记		30	15		10	连续自记			
	隔水边界孔		5	5			30		5	5			
	矿坑总涌水量	5	1~5	1 或自记	10	5~10	5 或自记	10	1~5	自记			
	矿坑排水量	5	5	自记	10	5~10	自记	10	1~5	自记			
	放水孔及重要水点		1	1		5			1	1			
	泉流量		5	5		30			5	5		5	5
	钻孔	按矿山实际需要而定											
	涌水点	同上											
	排水点	同上											
	排水含砂量	按需要而定											

注：Ⅰ为水文地质条件简单类型，Ⅱ为中等类型，Ⅲ为复杂类型；表中数字表示每次观测间隔的天数。

(2)地下水流量观测。

地下水流量观测对象，除对未疏干的含水层泉点外，主要是矿坑(井)的涌水点的流量。

①涌水量观测站(点)的布设及位置选择：

A. 涌水量观测站(点)分固定站和临时站两种。在一般情况下，矿井的每一个开采阶段，每一阶段的不同开采翼、不同开采层，疏干石门或水文地质条件复杂的开采区域，或某些重要的水点(长期涌水的大突水点、放水孔等)，都要设立固定站，长期进行涌水量测定。采掘工作面的探放钻孔、一般出水点、井筒新揭露的含水层等，通常都设置临时站测定涌水量。

B. 重要水点附近、水文地质条件复杂区域、排水井的下游、疏干石门水沟的出口处或各主要含水层水沟的下游、不同开采翼大巷水沟入水仓处等，都是设站(点)的位置。还有如巷道或回采工作面在地表水体、上覆强含水层、老窿积水区以下通过地段；或穿越导水构造带、岩溶发育带和接触带等处。

C. 大巷水沟设站处 3~5 m 内的水沟要顺直，断面要规格，沟底坡度要均匀，流水要通畅稳定。特别是大巷入水仓处的测站，要远离水仓口 20 m 以上，避开紊流段。测站处要用油漆书写站名并设有明显的标志。

②观测时间：

一般按表 3-10 规定的时间观测，雨季应加密观测。

竖井一般每延深 10 m，斜井每延长 20 m，测定涌水量一次。每新揭露一个含水层，每封完一次水，虽不到规定的测水距离，也要及时测定涌水量。

③观测方法。

A. 容积法。

该方法适用于 $Q<1$ L/s 时的短期测点，计量充水时间不应少于 20 s，按下式计算。

$$Q=\frac{V}{T} \tag{3-38}$$

式中：Q 为涌水量，m^3/s 或 m^3/h；V 为量器容积，m^3 或 L；T 为流满水桶所需时间，h 或 s。

当测定顶板淋水时，可用塑料布接水汇入容器，按式(3-38)计算水量。通常重复测定 3 次，取其平均值。

在井筒开凿时，常利用迎头水窝来测涌水量。其方法是：用水泵将井底水窝内的水位降低一部分，然后停泵，测量水头升高到一定位置所需时间，按下式计算。

$$Q=\frac{FH}{T} \tag{3-39}$$

式中：F 为水窝断面积，m^2；H 为水位上升高度，m；T 为水位上升时间，h、min 或 s；Q 为涌水量，m^3/h、m^3/min 或 m^3/s。

当井巷淹没时，也可用此方法测定涌(突)水量。

B. 浮标法。

该方法适用于有规则排水沟和大流量的短期观测点。先测水沟上下游过水断面平均值(F)及浮标流经两断面距离(L)及所用时间(t)，再按下式计算涌水量。

$$Q=\frac{L}{t}FK \tag{3-40}$$

此法简单易行，涌水量较大时效果较好。由于水沟的粗糙程度和通风的影响，计算时常乘以水面流速系数 K(当水深为 0.3~1.0 m 时，K 值取 0.55~0.77，断面很粗糙时取 0.45~0.65，很光滑时取 0.8~0.9，当水深大于 1.0 m 时取 0.78~0.85)。

注意事项：浮标漂流总时间一般不能短于 20 s，如果水流很大，可酌情缩短，但最少不得低于 10 s。

浮标数量一般每次 2 个，重复测两次，两次漂历时间差不得超过 10%。

C. 堰测法。

该方法按堰口形状分为三种，见表 3-11。

表 3-11　堰测法计算公式表

堰板种类	适用范围	计算公式	符号说明
三角堰	适用于 $h=5\sim30$ cm，$Q<500$ L/s	$Q=Ch^2\sqrt{h}$	Q 为流量，L/s；h 为过堰水位，cm；B 为堰口底宽，cm；C 为三角堰测法的摩阻系数，确定方法见表 3-12
梯形堰	$B=20$ cm，40 cm，42 cm，60 cm，64 cm，$h=25\sim150$ cm	$Q=0.0186Bh\sqrt{h}$	
矩形堰	堰口窄于水沟时	$Q=0.01838(B-0.2h)h\sqrt{h}$	
	堰口与水沟一样宽，$B=20$ cm，40 cm，60 cm，$h=5\sim30$ cm	$Q=0.01838Bh\sqrt{h}$	

表 3-12　摩阻系数表

h/cm	C	h/cm	C
<5.0	0.0142	15.1~20.0	0.0139
5.1~10.0	0.0141	20.1~25.0	0.0138
10.1~15.0	0.0140	25.1~30.0	0.0137

堰板四周不能漏水；堰的口缘应尖锐，没有缺口与凹痕，堰刃口应朝向下游；堰下游水位应低于堰槛，保证射流下的空气能自由流通；三角堰堰口角度为 90°；梯形堰堰口边坡为 1 : 0.25。

D. 流速仪法。

该方法适用于水量较大的矿井中。此法使用方便，适应性好，但精度不高。测流时断面位置要选择在巷道比较规则平直、水流比较平稳的区段上。

E. 水泵有效功率法。

该方法利用水泵铭牌排水量和它的实际效率来换算涌水量，水泵实际效率受设备新旧程度、扬程、泥沙含量等影响，以实测为准。

F. 流量计法。

观测矿井总涌水量时，根据本矿井总涌水量大小、排水水质和排水方式等情况，选择合适的流量计进行观测。

④观测仪器及设备。

根据不同测法选择仪器和设备：容积法需用秒表和量水桶；堰测法根据水量大小选择各种不同规格和型号的堰箱和堰板；流速仪法和流量计法根据管道直径选用适当的仪表测流。水泵有效功率法不用专门仪表，利用原有的排水设备即可。

⑤资料整理及提交成果。

A. 涌水量统计：首先把不同层位、地段测得的涌水量长期观测资料汇总，然后统计各阶段不同层位的总涌水量的动态变化及矿井总涌水量的动态变化。

B. 编制矿井充水性图：一般以比例尺 1 : 1000~1 : 5000 的井巷工程平面图为底图编制。对范围大、阶段多的矿井可分区或分阶段编制。

对水文地质条件复杂、含水系数大于5的矿井，要求每季编制一次；含水系数为2~5的矿井，每半年编制一次(分丰水、枯水期)；含水系数小于2但具有水害威胁的矿井，每年编制一次；无水害的，可不必编制。

一般矿井充水性图应包括如下内容：井巷揭露含水层的地点、标高和面积；井下涌水或曾经涌水的地点、涌水日期、水压、水质、涌水量和涌水特征(一般填写最近一次数据)；防治水工程位置，如防水矿岩柱、防水闸门、挡水墙、超前探水涌水孔及疏干放水孔等，老窿及被淹井的积水范围和积水量；矿井排水设施的分布情况、数量、排水能力及矿坑排水流经路线；充水断裂、强岩溶带、接触带及裂隙带的位置、大小及导水性；各区段岩矿层的富水性及隔水层的分布状况等。

C. 编制涌水量与有关因素的关系曲线图，常用关系曲线有：涌水量-单位巷道长度关系曲线图；涌水量-单位采空面积关系曲线图；涌水量-开采深度变化曲线图；涌水量-大气降水量变化关系曲线图。

(3)矿区水质观测。

①水质观测的目的与任务：

A. 研究各种水源对矿坑充水的补给关系，查明补给水源和补给途径的变化，为矿坑水的防治提供依据；

B. 研究矿坑水的侵蚀性，为井巷构筑物、机械设备等的防蚀工作提供资料；

C. 观测矿区供水水源的水质变化，为保护供水水源免受污染提供资料；

D. 研究地下水中有用组分和有害组分的含量变化，为矿坑水的综合利用和防止环境污染提供依据；

E. 基建矿山及投产的前3年内，对矿区主要水质观测点，每月须取样化验一次，以便确定水质变化规律和开采后的水质变化趋势；

F. 水质良好且变化稳定的正常生产矿山，对其排水和供水水源每年至少要做1~2次检测。

②水质观测点位置选择。

水质观测点的布设取决于井下涌水点的分布，地面钻孔、井、泉的位置以及它们所代表的含水层层位。其位置如下：

A. 矿坑排水点的总出口处；

B. 在坑道内占总涌水量5%以上的涌水点；

C. 水砂充填和水力采矿场的汇流水沟处；

D. 水质异常及地热异常的涌水点；

E. 位于矿坑充水主要径流方向上的钻孔；

F. 矿床底板承压含水层及可能与矿区含水层有水力联系的地表水体和泉水；

G. 采样点力求布设均匀，一般主要含水层不少于3个点，次要含水层1~2个点；

H. 地表水取样位置应分布于矿石、废石、尾砂的堆放场及工业废水排放点的上、下游，并尽可能与流量测量位置一致。

③水样采集的技术要求。

A. 采样的一般要求。

坑内涌水点采样时，应尽量靠近出水点，以免炮烟、粉尘混入；坑口排水点采样时，应在排水沟内收集，以利于抽水时混入的空气逸出；钻孔采样时，放水孔和涌水孔可在孔口接取；孔内取样要用定深取样器在已确定的进水部位采集。采样位置确定后，固定不变，每次观测都在相同部位采集，以利于对比。

B. 采样数量及存放时间。

简分析样：500～1000 mL。全分析样：2000～3000 mL。综合分析样(包括特殊项目)：5000 mL。细菌分析样：500 mL。

清洁的水：容许存放 72 h。稍受污染的水：容许存放 48 h。受污染的水：容许存放 12 h。细菌分析的水：容许存放 4 h。

④水质分析项目：

水质分析项目主要有简分析、全分析、生活用水、工业用水、特殊项目分析。特殊项目分析通常是在总结矿区水质变化规律之后，再根据矿山需要提出某项元素或多项元素组分的分析，其他分析项目按相应要求去做即可。

⑤资料整理及成果提交。

A. 资料整理：按观测点把逐次水质分析结果填入水质分析成果汇总表；对分析成果进行水质物理化学分类，并评价水质变化趋势；编制主要离子水化学玫瑰花图。

B. 提交成果：每年按测点水质分析结果编制测点水化学成分变化曲线图、矿区水化学特征分布图或剖面图(比例尺 1：1000～1：5000)、标志元素含量变化曲线图或等值线图；提供水温观测成果表；对有热异常的矿山，还需编制矿坑各阶段等温线平面图、地温剖面图和钻孔井温与地温梯度曲线图等；必要时应提交矿区水化学观测报告书。

(4) 含砂量观测。

①观测点的位置选择：

观测水量、水温、水质的观测点，若发现地下水浑浊，就要进行含砂量测定，尤其是岩溶矿区更应加强观测。观测点数量及位置视本矿区具体情况及观测要求而定。

②观测时间：

一般观测时间间隔 10 d 左右，雨季增加观测次数；疏干试验期间，间隔 30 min 至 4 h。

③观测方法及设备：

A. 比色法：利用不同浑浊度目测水样的含砂量，用于鉴别是否需进行含砂量测定。

B. 沉淀量高法：含砂量较小时适用。将水样注入量筒，加明矾搅拌后静止一定时间，测其沉淀高度，计算含砂量。可在预先试验得出沉淀高度与含砂量的关系曲线上查得含砂量。

C. 简易密度计法：含砂量大于 10 kg/m^3 时，预先用密度计测定配制好已知含砂量的水样，绘制密度计读数和含砂量的关系曲线。观测时，用量筒取水样，摇匀后，测得密度计数，再用曲线查得含砂量。

D. 干砂百分质量法：采一定质量的水样，烘干称得砂质量，计算干砂的百分质量。

E. 主要仪具有比色管、量筒、天平、密度瓶、密度计、烘干箱等，配备数量视其观测点的数量和观测期限的长短而定。

④提交成果：

提交矿区内各观测点地下水含砂量测量结果汇总表。

3.4 矿区水文地质工作评价

3.4.1 各类充水矿床的主要水文地质特征

3.4.1.1 孔隙水充水矿床的主要水文地质特征

(1)矿体上部大面积覆盖着厚达数十米乃至上百米的松散沉积物。松散沉积物与下伏基岩构成双层结构含水岩系，上部松散沉积物是富水的，为矿区主要含水层，而下部基岩为弱含水的裂隙含水层。

(2)上部松散沉积物多为富水的砂砾石层或细粉砂含水层与弱含水的黏性土层交互成层，因而导致垂直方向上渗透性能的不均一。

(3)孔隙含水层埋藏浅，多接近或暴露于地表，一般汇水面积大、补给来源充沛，在区域上具有良好的补给条件。砂砾石含水层一般具有厚度大、含水性较均匀、分布范围广、贮水条件良好的特点。因此，多数矿床水文地质条件复杂、矿区涌水量大。

(4)矿体和含矿岩系构成下部弱含水的基岩裂隙含水层。其上部由于风化作用，裂隙发育，在水平方向和垂直方向上风化裂隙发育不均一而导致富水性的不均一。裂隙发育程度随深度的增加而明显减弱。

3.4.1.2 裂隙水充水矿床的主要水文地质特征

(1)矿体上下部均由坚硬或半坚硬岩石构成，多数矿床的坚硬或半坚硬岩石出露地表或其上覆盖着薄而零星分布的第四系松散沉积物。

(2)裂隙含水层的富水性取决于岩石的风化程度、构造破坏程度及裂隙发育程度。一般这类含水层可以划分为风化裂隙含水层和构造裂隙含水带，前者分布于上部，后者则可以发育到较深部位。

(3)上部风化裂隙含水带，弱含水，其深度一般由地表向下可达数十米，而在地形低洼的沟谷地带可达近百米；含水性在水平和垂直方向上不均一，随着深度的增加而明显减弱。

(4)构造裂隙含水带分布范围有限，空间形状不规则、厚度变化大、富水性不均一。充填和胶结情况较差的构造破碎带透水性较好，是地下水聚集的良好场所，富水性明显增强。

(5)这类矿床多产于分水岭及丘陵地带，水系发育，天然排泄条件良好，不利于地表水和地下水的汇集。单纯性的构造裂隙含水带，一般矿床水文地质条件简单，矿区涌水量不大。

3.4.1.3 岩溶水充水矿床的主要水文地质特征

(1)岩溶含水层在我国北方地区一般多为溶蚀裂隙含水，而在南方则以溶洞含水为主，并常有暗河存在。

(2)厚大岩溶含水层溶洞和裂隙发育的特点是，在水平和垂直方向上的不均一，具有垂直分带规律：一般上部为强岩溶发育带——富水；下部为弱岩溶发育带——弱含水；在弱岩溶带之下为非岩溶带——不含水。

(3)富水带分布规律与岩溶发育的规律基本一致。一般易溶碳酸盐岩石的浅部、接触带、断裂破碎带、硫化矿床氧化带附近为强岩溶发育带，同时也是强富水带。易溶碳酸盐含水岩石中的溶洞及溶蚀裂隙一般形成网络，水力联系密切，水力传递速度快，构成统一的地下水动力学体系。

(4)我国南方岩溶含水层及北方中奥陶统岩溶含水层一般具有分布广、厚度大、岩溶发育、富水性强等特点，矿坑涌水量比较大。岩溶水基本上以集中突水点的形式涌入井巷。

(5)矿坑涌水量受大气降水影响比较明显，其动态变化较大。矿坑涌水量动态与降水动态基本一致，在裸露型岩溶矿区，降雨对涌水量影响极其显著，矿坑涌水峰值滞后，降雨峰值的时间极短，矿坑涌水量季节变化系数极大，雨季最大涌水量可比旱季最小涌水量增大数十甚至上百倍。

(6)在岩溶含水层抽、排地下水时，经常产生地面沉降、开裂、塌陷，易使水文地质和工程地质条件复杂化，并具有很大的破坏性。由于岩溶含水层一般透水性较强、水力传递快，当含水层厚度大、分布广，中间无隔水层阻隔时，疏干漏斗可以扩展很远，其危害性更大。

3.4.2　矿区水文地质勘查程度要求

(1)勘探阶段应研究区域水文地质条件，确定矿区所处水文地质单元的位置；应详细查明矿区地下水的补给、径流、排泄条件，区域地下水对矿区的补给关系，以及主要进水通道和渗透性。

(2)勘探阶段应详细查明矿区含(隔)水层的岩性、厚度、产状、分布范围、埋藏条件，含水层的富水性，矿床顶底板隔水层的稳定性；应着重查明矿床主要含水层的富水性、渗透性、水位、水质、水温、动态变化以及地下水径流场的基本特征，确定矿区水文地质边界条件及其特征。

(3)勘探阶段应详细查明对矿坑充水有影响的构造破碎带的位置、规模、性质、产状、充填与胶结程度、风化及溶蚀特征、富水性和导水性及其变化、沟通各含水层以及地表水的程度；应分析构造破碎带可能引起突水的地段；应提出矿山开采防治水的建议。

(4)勘探阶段应详细查明对矿床开采有影响的地表水的汇水面积、分布范围、水位、流量、流速及其动态变化，历史上出现的最高洪水位、洪峰流量及淹没范围；应详细查明地表水对矿坑充水的方式、地段；应分析论证其对矿床开采的影响，并应提出地表水防治的建议。

(5)矿层与含(隔)水层多层相间的矿床，应详细查明开采矿层顶底板主要充水含水层的水文地质特征和隔水层的岩性、厚度、稳定性和隔水性、断裂发育程度、导水性以及沟通各含水层的情况；应分析采矿对隔水层的可能破坏情况。当深部有强含水层时，应查明主要含水层从底部获得补给的途径和部位。

(6)被富水性中等或强的孔隙含水层覆盖的矿床，应详细查明上覆孔隙含水层的厚度、富水性、渗透性、水文地质边界条件和地下水的补给条件与运动规律，以及渗流场分布；应评价矿床开采对上覆孔隙含水层的影响。

(7)有老窿分布的矿床，应调查老窿区的分布范围、深度、积水和塌陷情况，圈出老窿区范围；应估算老窿积水量，并应提出开采中对老窿水防治的建议。

(8)存在热水、有害气体的矿床，应查明热水和有害气体的分布、压力、温度、梯度、流量；查明热水、气体的来源及其控制因素，查明有害气体成分及其浓度、地热盖层的厚度，以及热异常区的范围、温度和热水、有害气体对矿床开采的影响。

(9)冻土地区的矿床，应详细查明冻土的类型、分布、厚度，层上水、层间水、层下水的空间分布、富水性及其对矿床开采的影响。

(10)各类充水矿床应着重查明：

①孔隙水充水矿床，应查明含水层的成因类型、分布、厚度，含水介质的岩性、结构、粒度、磨圆度、分选性、胶结物、胶结程度，含水层的富水性、渗透性及其变化；应查明流砂层的分布和特征；应查明含(隔)水层的组合关系，各含水层之间、含水层与弱透水层以及与地表水之间的水力联系；应评价流砂层的疏干条件及降水和地表水对矿床开采的影响。

②裂隙水充水矿床，应查明裂隙含水层的裂隙性质、规模、发育程度、分布规律、充填情况及其富水性、透水性；应查明岩石风化带的深度和风化程度；应查明构造破碎带的性质、形态、规模及其与各含水层和地表水的水力联系；应查明裂隙含水层与其相对隔水层的组合特征。

③岩溶水充水矿床，应查明岩溶发育与岩性、构造等因素的关系，岩溶在空间的分布规律、充填深度和程度，以及岩溶含水层富水性、透水性及其变化；应查明地下水主要径流带的分布。不同亚类岩溶充水矿床应着重查明下列问题：

A. 以溶蚀裂隙、溶洞为主的岩溶水充水矿床，应查明上覆松散层的岩性、结构、厚度，或上覆岩石风化层的颗粒组分、厚度、风化程度及其物理力学性质；应分析在疏干排水条件下产生突水、突泥、地面塌陷的可能性，塌陷的程度与分布范围以及对矿坑充水的影响。对层状发育的岩溶充水矿床，还应查明相对隔水层和弱含水层的厚度及分布。

B. 以地下河为主的岩溶水充水矿床，应查明岩溶洼地、漏斗、落水洞等的位置及其与地下河之间的联系；应查明地下河发育与岩性、构造等因素的关系，地下河水的补给来源、补给范围、补给量、补给方式及其与地表水的转化关系，地下河出、入口处的高程、流量及其变化；应查明地下河水系与矿体之间的相互关系及其对矿床开采的影响。

(11)不同充水方式的矿床应着重查明：

①直接充水的矿床，应查明直接充水含水层的富水性、渗透性，地下水的补给来源、补给边界、补给途径和地段，以及充水含水层与其他含水层、地表水、导水断裂的关系；当顶板充水含水层裸露时，还应查明地表汇水面积及大气降水的入渗补给强度；应对底板含水层的承压性进行调查。

②间接充水的矿床，应查明隔水层或弱透水层的分布、岩性、厚度及其稳定性，以及岩石的物理力学性质和水理性质、裂隙发育情况、受断裂构造破坏程度；顶板间接充水的矿床应查明构造破碎带和导水裂隙带，并应研究和估算原生导水裂隙带高度及采动导水裂隙带高度，同时应分析主要充水含水层地下水进入矿坑的地段；底板间接充水的矿床应查明承压含水层径流场和水压力特征，直接底板的岩性、厚度及其变化，岩石的物理力学性质和水理性质，以及断裂构造对底板完整性的破坏程度；应研究和计算采矿对底板的扰动破坏程度，并应分析论证可能产生底鼓、突水的地段。

3.4.3 矿区水文地质成果的评价

矿区水文地质成果资料是矿山设计的基础资料。其内容是否齐全、结论是否正确、数据是否可靠，决定着矿床疏干和防排水设计的优劣和成败。当矿区水文地质条件构成影响矿山建设的主要因素时，还可能造成对整个矿山设计和建设的严重影响。所以在设计之前，要对矿区水文地质成果进行全面分析和评价。

为了做出正确的评价，首先应仔细阅读、掌握地质报告中有关的地质、水文地质资料，然后要研究地质勘查报告的结论和相关评审意见，并结合矿山和建设的要求，分析存在的问题对矿山设计和建设的影响，最后要做出能否满足设计要求的结论。不能满足时，还必须提出补充水文地质资料或勘探的要求。

水文地质资料评价的一般内容如下：

(1)各种水文地质工程、试验的数量和质量是否达到了相应规程、规范的要求。

(2)各种水文地质测绘的范围、质量是否满足规定的要求。

(3)各种水文地质图件的制作是否达到了质量和精度的要求。

(4)简易水文地质观测的数量和质量是否符合有关规定的要求。

(5)是否达到3.4.2节所述主要水文地质问题勘探和研究的要求。

(6)矿坑涌水量计算公式选择是否合适，参数选择是否具有代表性，计算结果是否可靠。

(7)专门水文地质报告或地质报告中水文地质部分的文字、图纸、附表是否齐全，它们所反映的内容是否吻合。

3.5 矿坑涌水量

在矿井建设和生产过程中，各种类型水源进入采掘空间的过程称为矿坑充水；进入工作面及井巷内的水，称为矿坑水。矿坑充水的形式有渗入、滴入、淋入、流入、涌入和溃入等，当涌入或溃入矿坑的水量大、来势猛时，称为突水。

虽然影响矿坑充水的因素很多，但形成矿坑充水的主要因素，也就是通常所说的矿坑充水条件，主要是指矿坑水的来源和其渗透通道。在生产过程中，正确判断矿坑水的来源及其充水通道，对于计算涌水量、预测矿坑突水的可能性及制订矿坑防治水措施等都具有重要意义。

矿坑涌水量一般可分为正常涌水量和最大涌水量。

矿坑正常涌水量是指矿山开采过程中开采系统相对稳定时流入矿坑的涌水量，该水量可用于估算日常排水费用、进行生产用水设计等。

矿坑最大涌水量是指矿山开采期间，正常情况下矿坑涌水量的高峰值，主要与人为条件和降雨量有关。最大涌水量可为正常涌水量的1.5~3倍或更多，该水量对于矿坑排水能力的设计具有指导意义。

3.5.1 矿坑水来源

矿坑充水的水源一般有四种，即矿体及围岩空隙中的地下水、地表水、老窿积水和大气降水，前三种可称为矿坑充水的直接水源，而大气降水往往是间接水源或者是控制因素，即矿坑水可归结为一个总根源——大气降水。当然，大气降水渗入有时也可以成为直接水源。

现代海底采矿作业时，还有另一个充水水源——海水，根据矿层顶板岩性、岩溶裂隙发育程度、构造破坏或采矿对顶板破坏程度的不同，海水既可以是直接充水水源，也可以是间接充水水源。

3.5.1.1 矿体及围岩空隙中的地下水

有些矿床矿体本身存在有较大的空隙，其内充满了地下水，这些水在矿体开采时，会直接流入坑道，成为矿坑充水水源。有些矿床本身并不含水，但邻近的围岩往往具有大小不等、性质不同的空隙，常含有地下水，当有通道与采掘空间连通时，也会成为井下充水的水源。根据含水岩石空隙的性质，这些地下水可以是孔隙水、裂隙水或喀斯特水。

1）孔隙水水源

孔隙水存在于松散岩层的孔隙中，当开采松散沉积层中的矿产或开采接近松散沉积层的矿体时，常遇到这种水源。如我国开滦煤矿部分矿坑，因受冲积层水的补给，曾发生过水、砂突入矿坑的事故。

2）裂隙水水源

在采掘工作面揭露含裂隙水的围岩时，这种地下水往往涌入工作面，造成矿坑充水。裂隙水水源的一般特点是水量较小，但水压较大。当裂隙水与其他水源无水力联系时，在多数情况下，涌水量会逐渐减少，甚至干涸。如果裂隙水和其他水源有联系，涌水量便会增加，甚至造成突水事故。

3）喀斯特水水源

这种水源在我国华北和华南的许多矿区较为常见。如华北石炭—二叠纪地层厚度达数百米，假整合于喀斯特比较发育的奥陶系石灰岩强含水层之上。不少矿区发生的重大突水事故，其直接或间接水源绝大多数为石灰岩含水层中的喀斯特水。喀斯特水源突水的一般特点是水压高、水量大、来势猛、涌水量稳定，不易疏干，危害性大。其突水规律受喀斯特发育程度及规律的控制。

总之，地下水往往是矿坑充水最直接、最常见的主要水源。涌水量的大小及其变化，则取决于围岩的富水性和补给条件。地下水流入矿坑通常包括静储量与动储量两部分。开采初期或在水源补给不充沛的情况下，往往是以静储量为主，随着生产的进行及长期排水和采掘范围不断扩大，静储量逐渐被消耗，动储量的比例就相对增大。

3.5.1.2 地表水源

地表水体包括江河、湖海、池沼、水库等。当开采位于这些地表水体影响范围内的矿层或其他矿体时，在适当条件下，这些水便会涌入坑道成为矿坑充水水源。

地表水能否进入井下，由一系列自然因素和人为因素决定，取决于巷道距水体的远近、水体与巷道之间的地层及构造条件和所采用的开采方法。一般来说，矿体距地表水体愈近，影响愈大，充水愈严重，矿坑涌水量也愈大。若矿坑充水水源为常年存在的地表水时，则水体越大，矿坑涌水量越大，且稳定，淹井时不易恢复；而季节性地表水体为充水水源时，对矿坑涌水量的影响程度则随季节性变化。另外，地表水体所处地层的透水性强弱，直接影响矿坑涌水量的大小，地层透水性好，则矿坑涌水量大，反之则小。当有断层带沟通时，则易发生灾害性的突水。同样，不适当的开采方法，也会造成人为的裂隙，从而增加沟通地表水渗入井下的通道，使矿坑涌水量增加。

由于地表水对采矿的威胁很大，所以在勘查和开采过程中，必须查清地表水体的大小、距离巷道和采场的远近（垂直、水平），以及洪水位淹没的范围等，事先采取有效的措施，以避免地表水的危害。

3.5.1.3 大气降水

大气降水是很多矿坑充水的经常补给水源之一，特别是开采地形低洼且埋藏较浅的矿层时，大气降水往往是矿坑充水的主要来源；当开采高于河谷处地表（特别是分水岭）下的矿层时，大气降水往往是唯一的水源。大气降水渗入量的大小，与各地区的气候、地形、岩石性质、地质构造等因素有关。当大气降水成为矿坑充水水源时，有以下规律：

(1)矿坑充水的程度与地区降水量的大小、降水性质和强度及延续时间有关。降水量大和长时间降水对渗入有利，因此矿坑涌水量也大。如湖南渣渡矿区利民矿坑，雨季井下涌水量为枯水季节的 6~8 倍。一般来说，我国南方矿区受降水的影响要大于北方的矿区。

(2)矿坑水量变化随气候具有明显的季节性，但涌水量出现高峰的时间往往滞后，浅部 1~2 d，随深度的增加滞后时间更长。

(3)大气降水渗入量随开采深度的增加而减少，即在同一矿坑不同的开采深度，降水对矿坑涌水量的影响程度具有很大差别。

3.5.1.4　老窿及采空区积水

古代和近期的采空区及废弃巷道，由于长期停止排水而地下水聚集。当采掘工作面接近它们时，其内积水便会成为矿坑充水的水源。这种水源涌水的特点是：水中含有大量的硫酸根离子，pH 在 3 左右，有的甚至可达到 1，具有强烈腐蚀性，对井下设备破坏性很大；这种水成为突水水源时，来势猛，易造成严重事故；当与其他水源无联系时，易于疏干，若与其他水源有联系，则可造成量大而稳定的涌水，危害性极大。

上述几种水源是矿坑水的主要来源，而在某一具体涌水事例中，常常是由某种水源起主导作用，但也可能是多种水源的混合。

3.5.2　矿坑充水通道

水源的存在，只是可能构成矿坑充水的一个方面，而矿坑充水与否，还取决于另一个重要条件，即充水通道(包括通道的类型及具体位置)。根据矿坑充水的通道类型，可把通道分为孔隙、裂隙、溶隙及人工通道四种。

3.5.2.1　孔隙

这种通道通常存在于疏松未胶结成岩的岩石中，其透水性能取决于孔隙的大小和连通情况。岩层的孔隙大、连通程度高，巷道穿过时，其涌水量就大；否则，涌水量就小。单纯的孔隙水，只有在矿层围岩是大颗粒的松散岩层并有固定的水源补给，或围岩本身是饱水的流砂层时，才能造成突水或发生流砂冲溃事故。

3.5.2.2　裂隙

岩层的风化裂隙、成岩裂隙、构造裂隙等都能构成矿坑充水的通路。其中，风化裂隙及成岩裂隙所含水量一般不大；而对矿坑最具有威胁的是构造裂隙(断裂)，它包括各种节理、断层和巨大断裂破碎带等，是矿坑充水和矿坑透水的主要通道。

构造裂隙对矿坑充水的影响，一方面表现在其本身的富水性上；另一方面其又往往是各种水源进入采、掘工作面的天然通道。所以，当采掘工作面和它们相遇或接近时，与之有关的水源则会涌入井下造成突水。

节理，尤其是张节理，是矿坑充水的有利通道。在一般情况下，脆性岩石较柔性岩石的节理更为发育，且大多为张节理，其裂隙宽度较大；柔性岩石中的裂隙大多是细小闭合的，其透水性较差，但当多组裂隙互相沟通时，也可形成矿坑充水的良好通道。

断层是构造裂隙中最易造成灾害性事故的进水通道。根据断裂带的水文地质特征，可分为隔水断层和透水断层两类。隔水断层主要是压应力及部分扭应力形成的断裂，后经充填胶结而成。由于致密，不仅断裂带本身不含水，而且还可切断某些含水层，使含水层在断层两侧具有不同的水文地质特征。一般来说，这类断层在保持其隔水性能的条件下，对分区疏干可起有利的作用。透水断层，多数是张性或张扭性断层，少数为压扭性断层。当它们与其他水源有联系造成矿坑突水时，其水量大且稳定，不易排干；但当它们与其他水源无联系时，其内水储量有限，突水时，开始水量大，以后逐渐减少，甚至干涸。

3.5.2.3 溶隙

岩层的溶隙是指可溶性的碳酸盐类岩石被溶蚀而形成的空隙。其可以从细小的溶孔直到巨大的溶洞，彼此可以连通，也可以形成单独的管道或似格架状喀斯特体，其中可赋存大量的水或沟通其他水源，当巷道接近或揭露溶隙时，易造成灾害性的突水。

可溶性岩石在我国分布广泛，因而使喀斯特溶隙成为矿坑充水的主要通道。在喀斯特发育地区分析矿坑充水通道时，应首先研究喀斯特的发育规律。

1)喀斯特主要分布在质纯的可溶性岩石地段

可溶性岩石的性质是溶隙发育的内在因素。一般情况下，质纯的厚层灰岩中，喀斯特发育强烈；含杂质多的薄层可溶性岩层，则相对减弱。

2)溶隙溶洞主要分布在构造裂隙发育的部位

溶隙溶洞是在可溶性岩石原有的裂隙基础上发育起来的，因此可溶岩中各类裂隙发育的部位就是溶隙溶洞发育部位，在断裂集中或交叉地段，溶隙溶洞发育；褶皱剧烈弯曲部位，如背斜轴部裂隙发育，溶洞也发育；较大的向斜轴部存在有较大断裂时，喀斯特较发育；可溶性岩石与非可溶性岩石接触部位，当受到构造应力作用时，由于岩石性质的差异，易于产生层间滑动和裂隙，促使地下水在此部位运动，又因水的溶蚀作用使可溶岩的溶洞极为发育。

3)水循环交替及地壳运动引起喀斯特通道复杂化

当具有溶解性的水与可溶岩接触时，水的循环交替，使溶蚀作用不断进行，因此水循环的快慢，对喀斯特的发育有很大的影响。喀斯特地区喀斯特水的运动和溶隙溶洞的发育、分布具有规律性。

(1)垂直循环带：指岩溶地区潜水面以上的岩体部分。由于地表水在垂直方向上沿可溶性岩石裂隙下渗补给潜水，形成了垂直发育且互不相通的溶洞，这就是直立喀斯特多分布在含水层的浅部及顶部并随深度增加而逐渐减弱的原因。

(2)季节变动带：指喀斯特潜水随季节变化而升降的范围。在此范围内，枯水季节地下水以垂直运动为主，洪水期以水平运动为主，所以，此带内垂直、水平溶洞都有。

(3)水平循环带：指喀斯特潜水最低水位以下到当地侵蚀基准面以上的范围。此带内饱和的喀斯特水主要以水平方向无压地排向河流，因此本带内主要是水平溶洞，暗河较发育。

(4)深部循环带：位于当地侵蚀基准面以下。由于地下水受地质构造的影响而流向更低的河谷，为区域性的排水循环，该带内的地下水运动迟缓，喀斯特不发育，仅有溶孔存在，越往深处，溶孔逐渐减少。

溶隙溶洞的发育，除受上述各种规律控制外，还受地壳运动的控制。当地壳上升时，河流下切，即侵蚀基准面下降，把早期形成的溶洞抬高，变成干涸的溶洞。地下水为适应新的侵蚀基准面，其交替循环又会形成新的溶洞带，使喀斯特地区具有成层发育溶隙溶洞的特征，即溶洞的多层性。如湖南湘中地区的壶天灰岩中，就可见到2~3层溶洞。当这些溶洞又因地壳下降处于地下深部时，则成为隐伏的喀斯特，这些隐伏喀斯特便是矿坑充水的复杂通道，给矿坑开采带来极大威胁。

3.5.2.4　人工通道

1) 勘查钻孔造成的充水通道

按规定，勘查时施工的各种钻孔，在工作结束后都要按要求进行封闭，如果封孔质量未达到标准要求，钻孔就成了矿层与其顶底板含水层或地表水之间的通道。在开采过程中，遇到或接近它们时，就会引起涌水或造成淹井事故。

2) 采矿活动形成的裂隙

根据对岩层移动规律的研究，当矿层开采后，采空区上方的岩层即发生移动，形成 3 个不同的破坏带(图 3-19)。

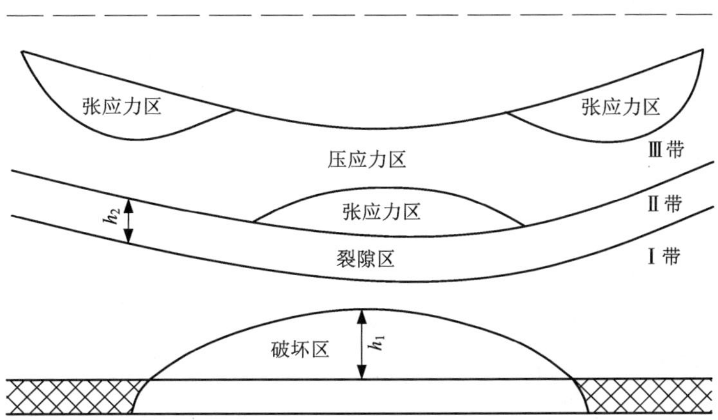

Ⅰ带—冒落带；Ⅱ带—导水裂隙带；Ⅲ带—整体移动带；h_1—冒落带高度；h_2—导水裂隙带高度。

图 3-19　岩层破坏程度分带图

Ⅰ带——冒落带：矿层采出后，顶板岩石的平衡状态因遭到破坏而冒落，形成冒落带。其冒落高度取决于顶板岩石的碎胀系数及矿层倾角和采厚。在缓倾斜矿层条件下，冒落高度可用下式计算：

$$h=\frac{M}{(K-1)\cos\alpha} \tag{3-41}$$

式中：h 为冒落带的高度(采空区底界面起算)，m；M 为矿层采厚，m；α 为矿层倾角；K 为顶板岩石的松散系数，其大小取决于岩性，一般取 1.3。

Ⅱ带——导水裂隙带：位于Ⅰ带的上方。由于顶板冒落，岩层下沉而产生许多张性裂隙，导水裂隙带的高度为冒落带高度的 2~3 倍。

Ⅲ带——整体移动带：位于Ⅱ带的上方，此带特点是岩层缓慢沉降弯曲，但一般不产生裂隙，即使有也是封闭、互相不连通的，通常起隔水作用。

依据《矿区水文地质工程地质勘查规范》(GB 12719)，冒落带(垮落带)和导水裂隙带最大高度计算一般情况下可参考“煤层开采垮落带和导水裂隙带最大高度计算公式”(表 3-13)，确定受影响的含水层及含水层结构破坏范围。

表 3-13　煤层开采垮落带和导水裂隙带最大高度计算公式

覆岩岩性			垮落带/m	导水裂缝带高度/m	
煤层倾角/(°)	岩石饱和单轴抗压强度/MPa	岩性		计算公式之一	计算公式之二
0~54	坚硬 40~80	石英砂岩、石灰岩、砂质页岩、砾岩	$H_{m}=\frac{100\sum M}{2.1\sum M+16}\pm 2.5$	$H_{li}=\frac{100\sum M}{1.2\sum M+2.0}\pm 8.9$	$H_{li}=30\sqrt{\sum M}+10$
	中硬 20~40	砂岩、泥质灰岩、砂质页岩、页岩	$H_{m}=\frac{100\sum M}{4.7\sum M+19}\pm 2.2$	$H_{li}=\frac{100\sum M}{1.6\sum M+3.6}\pm 5.6$	$H_{li}=20\sqrt{\sum M}+10$
	软弱 10~20	泥岩、泥质页岩	$H_{m}=\frac{100\sum M}{6.2\sum M+32}\pm 1.5$	$H_{li}=\frac{100\sum M}{3.1\sum M+5.0}\pm 4.0$	$H_{li}=10\sqrt{\sum M}+5$
	极软弱 <10	铝土岩、风化泥岩、黏土、砂质黏土	$H_{m}=\frac{100\sum M}{7.0\sum M+63}\pm 1.2$	$H_{li}=\frac{100\sum M}{5.0\sum M+8.0}\pm 3.0$	—
55~90	坚硬 40~80	石英砂岩、石灰岩、砂质页岩、砾岩	$H_{m}=(0.4-0.5)H_{li}$	$H_{li}=\frac{100Mh}{4.1h+133}\pm 8.4$	—
	中硬、软弱 10~40	砂岩、泥质灰岩、砂质页岩、页岩、泥岩、泥质页岩	$H_{m}=(0.4-0.5)H_{li}$	$H_{li}=\frac{100Mh}{7.5h+293}\pm 7.3$	—

注：① $\sum M$ 为累计采厚，单位为米(m)；单层采厚1~3 m，累计采厚不超过15 m；h 为回采阶段垂高，单位为米(m)；计算公式中项为中误差。②垮落带、导水裂缝带最大高度，对于缓倾斜(0°~35°)和中倾斜(36°~54°)煤层，系指从煤层顶面算起的法向高度；对于急倾斜(55°~90°)煤层，系指从开采上限起的垂向高度。③急倾斜煤层采用垮落法开采时的计算公式。④本表引自建筑物、水体、铁路及主要井巷留设与压煤开采规程。

若地表水体或含水层处于Ⅰ带或Ⅱ带内，将对矿坑构成严重威胁。

此外，矿山压力或地下的静压力，或两者联合作用的结果，也可促使坑道底板形成裂隙，这种裂隙可沟通底板下部含水层、含水断层带及溶洞水，使矿坑涌水量增加或造成突水事故。

3.5.3　矿坑涌水形式

3.5.3.1　涌水形式

在矿山建设和生产过程中，各种类型水源进入采掘工作面的过程称为矿坑涌水。矿坑涌水的形式主要有渗水、滴水、淋水、涌水、突水、透水。

(1)渗水：在渗透压作用下，岩(土)层中的地下水向临空面渗透进入矿坑。

(2)滴水：水成滴流下，水量较小。

(3)淋水：水成线流下，水量比滴水大。

(4)涌水：水从巷道两壁、底板或者顶板流出，通常情况下，矿坑涌水是持续地、缓慢地涌入，相较于滴水、淋水和渗水，涌水水量较大，是矿坑排水的主要来源。

(5)突水：突水是指掘进或采矿过程中当巷道揭穿导水断裂、富水溶洞、积水老窿，大量带压地下水突然涌入矿山井巷的现象。矿坑突水一般来势凶猛，常会在短时间内淹没巷道，给矿山生产带来危害，造成人员伤亡。在富水的岩溶水充水矿区及顶底板有较厚高压含水层分布的矿山区，在构造破碎的地段，常易发生矿坑突水。当巷道底板下有间接充水层时，便会在地下水压力和矿山压力作用下，破坏底板隔水层，形成人工裂隙通道，导致下部高压地下水涌入井巷造成突水。

(6)透水：当采掘工作面导通河床、采空区等大量积水区时，会出现短时间内大量地下水进入矿坑现象，填满矿坑，使矿坑废掉，这称为矿坑透水。矿坑透水往往会造成严重安全事故。

3.5.3.2　矿坑突(透)水预兆

掘进工作面或其他地点突水时，一般都有以下预兆：

(1)挂红。水中含有铁的氧化物，在水的压力作用下，通过岩层裂隙时，附着在裂隙表面，出现暗红色水锈。

(2)挂汗。水在水压作用下，通过岩层裂隙在岩壁上凝结成水珠，此时巷道接近积水区。但有时空气中的水汽遇到低温岩层也会挂汗，这是一种假象。所以，遇到挂汗时，要辨别真伪，方法是剥去一薄层，观察新暴露面是否也有潮气，若有，则是突水预兆。

(3)岩壁变冷。工作面接近大量积水区，气温骤冷，岩壁发凉，人一进去就有阴冷的感觉，时间愈长就愈感到阴冷。

(4)出现雾气。当巷道温度很高时，积水渗到岩壁后引起蒸发而形成雾气。

(5)水叫。井下的高压积水向裂缝挤压与两壁发生摩擦而发出“嘶嘶”的叫声，说明已很接近积水区。此时必须立即发出警报，撤出所有受水威胁的人员。

(6)顶板淋水加大。

(7)顶板来压，底板鼓起。

(8)水色发深，有异味，老窿水含铁质变成红色，酸度大，水味发涩。断层水呈黄色，水无涩味而发甜。溶洞水大多在石灰岩中遇到，呈黄色或灰色，有时带有臭味，有时也出现挂红。冲积层水色发黄，往往夹有砂子，开始时水小，以后逐渐增大。

(9)工作面有害气体增加，积水区向外散发出瓦斯、二氧化碳和硫化氢等有害气体。

(10)裂隙出现渗水，如果出水清澈，则离积水区尚远；若出水浑浊，则离积水区已近。

当发现上述突水预兆时，必须停止作业，判明情况，向矿山有关部门报告。如果情况紧急，必须立即发出警报，撤出所有受水威胁地点的人员。

3.5.4　影响矿坑涌水量大小的因素

矿坑充水的水源及充水通道都是控制和影响矿坑充水水量大小的因素。此外，尚有其他一些因素影响矿坑涌水量的大小。

3.5.4.1　覆盖层的透水性及矿层围岩的出露条件

地表水和大气降水能否渗入地下，以及渗入地下数量的多少，与矿层上覆岩层的透水性能及围岩的出露条件有着直接关系。覆盖岩层的透水性能好，补给水量和井下涌水量就大。生产实践表明，矿区内若分布有一定厚度(大于 5 m)且稳定的弱透水或隔水的岩层，就可有效地阻挡水的下渗；如果矿层围岩是透水的，其在地表出露的面积愈大，则接受降水和地表水下渗量就愈大，矿坑涌水量也就愈大。在地形平缓的情况下，厚度大的缓倾斜透水层最易得到补给，因此流入井巷的水主要为动储量，其涌水量将长期稳定在某个数值上，且不易防治；若缺乏补给水源或矿层上覆岩层透水性能弱，则流入井巷的水主要为静储量，这时的涌水特征是水量由大到小，较易防治。

3.5.4.2 地形条件的影响

地形直接控制了含水层的出露部位和出露程度，控制着地表水和大气降水的汇集。当矿坑的开采深度高于当地侵蚀基准面时，其涌水量通常较小，且易于排除；若矿坑开采深度低于当地侵蚀基准面，一般水文地质条件比较复杂，其涌水量也较大。

3.5.4.3 断裂构造的影响

在矿层分布范围内，断裂构造直接影响着矿坑涌水量的大小。

1）断裂面的力学性质对矿坑涌水量的影响

(1)压性断裂面：断裂面紧密，透水性较差，相对起隔水作用，所以压性断裂面通常对矿坑涌水量影响较小。

(2)张性断裂面：张裂程度大，充填物内孔隙多而大，且断裂面两侧常伴生次一级断裂面，所以为地下水的运移、赋存创造了良好的条件，因此张性断裂面对矿坑涌水量的影响较大。

(3)扭性断裂面：扭性断裂面延展较远，发育深度大，低序次断裂亦较发育，因此扭裂面及其两侧常具良好的导水性，对矿坑涌水量影响较大。

2）不同断裂部位对矿坑充水的影响

(1)对一条断层而言，其尖灭点及其附近不是以位移消失应力，而是以破裂、变形来消失应力，故在断层端点部位及其两侧的岩层裂隙特别发育，是突水较多的部位。

(2)主干断裂与分支断裂的交叉点应力比较集中，各种断裂面均很发育，岩石破裂，充填和胶结程度较低，尤其是石灰岩中，喀斯特特别发育。故在断层交叉处附近，其透水性强，导水性能好。

(3)断层密度大的地段，不仅应力集中，而且多次受应力作用，因而岩石破碎，裂隙发育，给地下水的赋存和运移创造了良好条件。如焦作矿区的一些矿坑，其突水次数与断层密度成正比关系(表3-14)。

表3-14 焦作矿区矿坑断层密度与突水次数关系表

矿坑名称	演马	王封	米村	焦西	韩王	李封
断层密度/(条·km^{-2})	0.34	0.38	1.5	3.0	3.1	3.3
突水次数	1	2	4	6	6	9

(4)在断层两盘相对运动过程中，由于受边界条件和重力的作用，一般上盘低序次断裂及裂隙较下盘更为发育，在断层上盘易发生突水(图3-20)。

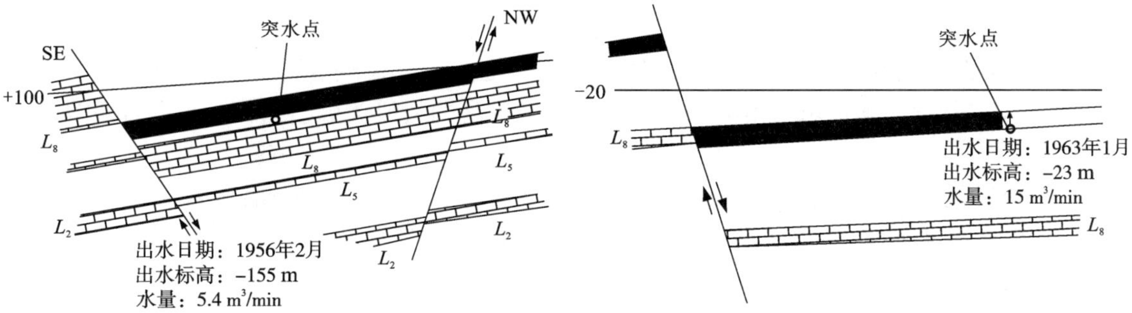

图 3–20　断层上盘与突水点的关系图

3.5.5　矿坑涌水量预测的水文地质参数的确定

3.5.5.1　静止水位的确定

计算矿坑正常涌水量的静止水位，选用计算含水层在矿区开采范围内的所有钻孔静止水位的平均值；而计算矿坑最大涌水量的静止水位，应取计算含水层在矿区开采范围内地下水长期动态观测资料中的最高水位。

3.5.5.2　含水层厚度的确定

1）松散含水层厚度

第四系含水层的含水性比较均匀，其厚度根据地下水位、钻孔所揭露的松散岩层的颗粒组成及岩性结构等，直接按钻孔揭露情况的编录资料来确定。

2）基岩含水层厚度

含水不均匀的基岩裂隙和岩溶含水层，其厚度的确定，一般是根据钻孔揭露的岩层裂隙、岩溶发育情况、钻孔简易水文地质观测和物探资料，以及必要时依据水文地质分层试验等资料结合成因和分布规律等，经综合分析研究确定。

（1）用简易水文地质观测、电测井及岩芯水文地质编录资料，进行综合整理。按勘查剖面编制简易水文地质、电测井成果综合对比图。图中要包括以下内容：

①各钻孔揭露的地层、岩性及换层深度或标高；

②岩芯采取率、冲洗液消耗量、岩石质量指标及电测井成果曲线；

③岩芯的线裂隙率、线岩溶率和较大溶洞的起止深度或标高；

④钻孔水位观测成果曲线和水位发生突变、涌水、漏水段的起止深度或标高等。

综合研究分析上述成果，编制裂隙或岩溶含水层的富水性分带图，在此基础上确定裂隙或岩溶含水层的强、弱含水带的厚度。

（2）按裂隙或岩溶发育程度确定，一般采用如下指标衡量：

直线裂隙率小于3%的闭合状裂隙带，或虽然裂隙率大于3%但裂隙已被其他矿物所充填的裂隙带，均可视为相对隔水层。裂隙率大于3%的张性裂隙带，则可视为裂隙含水层。

溶洞发育程度，可采用岩溶率或岩溶能见率两个指标来衡量：

$$岩溶率=\frac{溶洞总高(\mathrm{m})}{钻孔揭露的可溶岩厚度(\mathrm{m})}\times 100\%$$

$$岩溶能见率=\frac{能见溶洞钻孔个数(个)}{钻孔总数(个)}\times 100\%$$

可用作图法编制矿区范围内岩溶率随深度的变化曲线或用反映溶洞发育与各种因素关系的溶洞投影图。从图上确定出岩溶率高、岩溶能见率也高的岩段为强岩溶段，次高岩段为弱含水带。

(3)进行过钻孔简易分段注(压)水试验的矿区，可用下列指标划分含水带：

单位吸水率大于0.001 L/(min·m·m)为含水带；单位吸水率小于0.001 L/(min·m·m)时可认为是相对隔水层。

(4)根据上述资料，结合研究矿区的风化裂隙、构造裂隙或破碎带、岩溶发育的基本规律，可以划分出比较可靠的含水层厚度。对于各钻孔含水带厚度变化很大，又难于形成统一含水层的情况，可根据各钻孔强、弱含水带所控制的面积，取其面积加权平均值，分别定出强、弱含水层的厚度。

3.5.5.3 渗透系数的确定

(1)垂直方向上存在多层彼此有水力联系的透水性不同的含水层，渗透系数可取各含水层渗透系数与含水层厚度的加权平均值 K_{cp}。

潜水含水层：

$$K_{cp}=\frac{\sum_{i=1}^{n}H_iK_i}{\sum_{i=1}^{n}H_i} \tag{3-42}$$

承压含水层：

$$K_{cp}=\frac{\sum_{i=1}^{n}M_iK_i}{\sum_{i=1}^{n}M_i} \tag{3-43}$$

式中：K_i 为含水岩系中各分层的渗透系数，m/d；H_i 为潜水含水层各分层的厚度，m；M_i 为承压含水层各分层的厚度，m。

(2)单一含水层渗透性在水平方向上有变化时，可按下述方法确定：

在裂隙或岩溶矿区渗透性呈不均匀分布时，先进行渗透性分段，求得各地段的渗透系数，然后再用各地段的面积(F)加权平均计算：

$$K_{cp}=\frac{\sum_{i=1}^{n}F_iK_i}{\sum_{i=1}^{n}F_i} \tag{3-44}$$

渗透系数在矿区范围内变化不大时，可以采用各试验点的算术平均值。

对于岩溶含水层，当各试验点的渗透系数相差悬殊时，建议采用各试验点渗透系数的平均值来计算正常涌水量，以试验点中最大渗透系数计算最大涌水量。

对于水文地质条件简单的地下开采矿山或中小型露天开采矿山，在缺乏抽水试验资料的情况下，为了大致估算矿坑涌水量，可采用渗透系数的经验值(表3-15)。

表 3-15　渗透系数经验值表

岩层	岩层颗粒		渗透系数/($m \cdot d^{-1}$)
	粒径/mm	质量百分比/%	
黏土			<0.05
粉质黏土			0.05~0.1
粉土			0.1~0.25
黄土			0.25~0.5
粉土质砂			0.5~1
粉砂	0.05~0.1	70 以下	1~5
细砂	0.1~0.25	>70	5~10
中砂	0.25~0.5	>50	10~25
粗砂	0.5~1.0	>50	25~50
极粗的砂	1~2	50	50~100
砾石夹砂			75~150
带粗砂的砾石			100~200
漂砾石			200~500
大漂石			500~1000

3.5.5.4　给水度和弹性给水度的确定

1)给水度

给水度是被水饱和了的岩土在重力作用下自由排出水的能力。其大小为自由排出重力水的最大体积与整个岩石体积之比。它在数值上等于饱和水容度与持水度之差。

(1)松散含水层的给水度用式(3-45)确定：

$$\mu = W_n - W_m \tag{3-45}$$

式中：μ 为给水度，%；W_n 为容水度，%；W_m 为持水度，%。

(2)基岩含水层的给水度，用裂隙率或岩溶率近似表示，见式(3-46)：

$$n_{cp} = 10^{-6} M_{n_{cp}} \sqrt{M_{n_{cp}}} \tag{3-46}$$

式中：n_{cp} 为含水层平均裂隙率，%；$M_{n_{cp}}$ 为一平方米断面上裂隙的面积。

(3)常见岩石(土)给水度的经验值见表 3-16。

表 3-16　常见岩石(土)给水度经验数值表

岩石(土)名称	给水度	岩石(土)名称	给水度
砾砂	0.35~0.30	强裂隙岩层	0.05~0.002
粗砂	0.30~0.25	弱裂隙岩层	0.002~0.0002
中砂	0.25~0.20	强岩溶化岩层	0.15~0.05

续表3-16

岩石(土)名称	给水度	岩石(土)名称	给水度
细砂	0.20~0.15	中等岩溶化岩层	0.05~0.01
粉砂	0.15~0.10	弱岩溶化岩层	0.01~0.005
粉土	0.10~0.07	页岩	0.05~0.005
粉质黏土	0.07~0.04		

裂隙岩层和岩溶化岩层的裂隙率和岩溶率可近似为给水度，其经验值见表3-17。

表3-17 坚硬岩石裂隙率经验数值表

单位：%

岩石名称	裂隙率	岩石名称	裂隙率
细粒花岗岩	0.05~0.70	砂岩	3.20~15.20
粗粒花岗岩	0.30~0.90	疏松的砂岩	6.90~26.90
正长岩	0.50~1.40	大理岩	0.10~0.20
辉长岩	0.60~0.70	石灰岩	0.60~16.90
玄武岩	0.60~1.30	白垩	14.40~43.90
玄武岩流	4.40~5.60		

2）弹性给水度（μ^*）

弹性给水度表示当水头降低或升高一个单位时，承压含水层从水平面积为一个单位、高度等于含水层厚度的柱体中释放出来或接纳的水体积，无量纲，也称弹性释水系数（s）。非均质承压含水层弹性给水度（μ^*）可以随地而异，大部分承压含水层的弹性给水度范围为10^{-5}~10^{-3}。

3.5.5.5 导水系数和导压系数

（1）导水系数（T）：表示含水层导水能力的大小，在数值上等于渗透系数（K）与含水层厚度（M）的乘积，即 $T=KM$。

（2）导压系数（a）：与含水层厚度（M）、渗透系数（K）和弹性给水度（$\mu*$）有关，可用式（3-47）求得：

$$a=\frac{KM}{\mu^*} \tag{3-47}$$

3.5.5.6 越流补给含水层有关参数的确定

越流补给含水层是指岩层在垂直方向上有多层含水层时，其中一含水层抽水，其上下相邻含水层（供给层）通过弱透水层或直接向此含水层进行补给，这种补给称越流补给，该抽水含水层称越流补给含水层。

（1）越流系数是表示弱透水层在垂直方向上导水性能的参数，以$\frac{K_1}{m_1}$、$\frac{K_2}{m_2}$表示。

（2）越流系数是表示越流条件下的越流作用的参数，它与渗透系数的平方根成反比。

$$B=\sqrt{\frac{Tm_1}{K_1}}\text{或}B=\sqrt{\frac{KM}{\frac{K_1}{m_1}+\frac{K_2}{m_2}}} \tag{3-48}$$

式中：B 为越流系数；K 为越流补给含水层的渗透系数；M 为越流补给含水层的厚度；K_1、K_2 分别为上、下弱透水层的渗透系数；m_1、m_2 分别为上、下弱透水层的厚度。

3.5.5.7　影响半径的确定

确定影响半径的方法很多，在矿坑涌水量计算中常用库萨金和吉哈尔特公式做近似计算。当矿山进行了大降深群孔抽水试验或坑道放水试验时，为了推求较为准确的影响半径，可采用以观测孔网资料为基础的图解法。

1)经验公式法

计算影响半径的主要经验公式见表 3-18。

表 3-18　计算影响半径的经验公式

公式	提出者	应用条件
$R=2S\sqrt{HK}$	库萨金	计算潜水含水层群井、基坑、矿山巷道的影响半径，有时也用于承压含水层
$R=10S\sqrt{K}$	吉哈尔特	潜水及承压水抽水初期确定影响半径
$R=47\sqrt{\frac{6HKt}{\mu}}$	库萨金	潜水
$R=60\sqrt{\frac{6HKt}{\mu}}$	舒尔米	潜水
$R=74\sqrt{\frac{6HKt}{\mu}}$	维别尔	潜水
$R=\sqrt{\frac{K}{\omega}(H^2-h^2)}$	苏洛夫和卡赞斯基	计算泄水沟和排水渠的影响半径
$R=\sqrt{\frac{12t}{\mu}\sqrt{\frac{2H}{\pi}}}$	柯泽尼	潜水完整井
$R=\sqrt[3]{\frac{10KHt}{\mu}}$	维别尔	承压水
$R=0.1\times\frac{3}{KHI}$	别里托夫斯基	潜水
$R=0.34\sqrt{\frac{Q}{\omega}}$	苏洛夫和卡赞斯基	根据渗透值确定单孔或单井长期抽水影响半径引用值
$R=\frac{1.5Q}{HKt}$	特罗扬斯基	潜水完整井

注：R 为影响半径，m；Q 为抽水时的涌水量，m^3/d；H 为承压水和潜水含水层的厚度，m；K 为渗透系数，m/d；h 为抽水时的水柱高度，m；S 为抽水时的水位降深，m；ω 为单位面积内的渗透量，m^3/h；μ 为给水度；t 为由开始抽水至稳定下降漏斗形成的时间，h；I 为自然条件下的水力坡度。

2)图解法

当矿山做了大降深群孔抽水试验或坑道放水试验时，为了推求较为准确的影响半径，可利用观测孔实测资料，用图解法确定影响半径。

(1)直角坐标图解法。

在直角坐标上，将抽水孔与分布在同一直线上的各观测孔的同一时刻所测得的水位连接起来，沿曲线趋势延长，与抽水前的静止水位线相交，该交点至抽水孔的距离即为影响半径(图 3-21)。观测孔较多时，用图解法确定的影响半径较为准确。

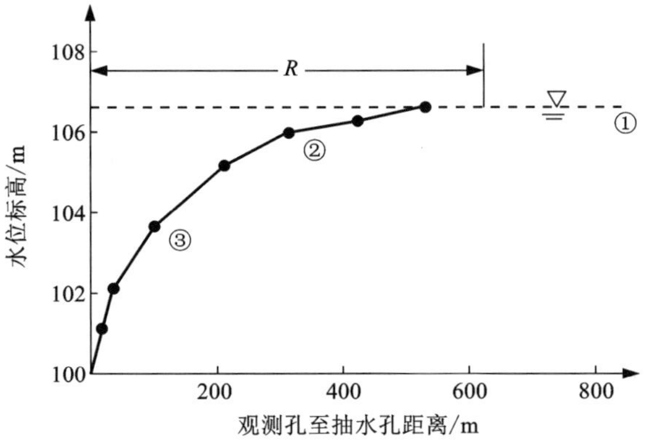

①—静止水位；②—动水位；③—观测孔水位。

图 3-21 自然数直角坐标图解法求影响半径示意图

(2)半对数坐标图解法。

在横坐标用对数表示观测孔至抽水孔的距离，纵坐标用自然数表示抽水主孔及观测孔水位降深的坐标系中，将抽水主孔的稳定水位降深及同时刻的观测孔水位降深标绘在相应位置，连接这两点并延长，其与横坐标的交点即为影响半径(图 3-22)。当有两个或两个以上观测孔时，以观测孔稳定水位降深绘图更准确。

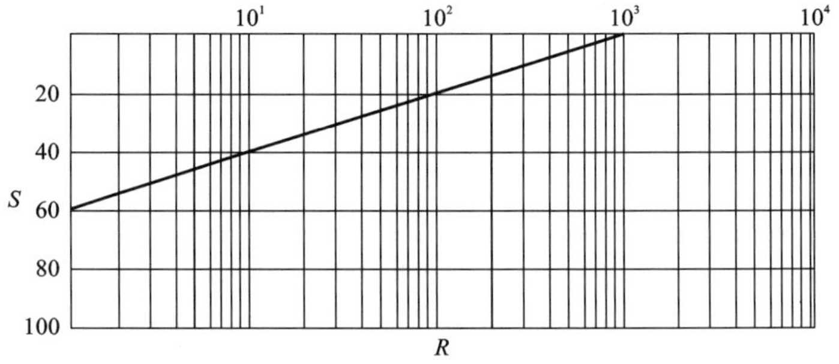

图 3-22 半对数坐标图解法求影响半径示意图

3)影响半径经验值

根据岩层性质、颗粒粒径及单位涌水量与影响半径的关系来确定影响半径，见表 3-19 与表 3-20。

表 3-19 松散岩土影响半径经验数值表

岩土名称	主要颗粒粒径/mm	影响半径/m
粉砂	0.05~0.10	25~50
细砂	0.10~0.25	50~100
中砂	0.25~0.50	100~200
粗砂	0.50~1.00	200~400

续表3-19

岩土名称	主要颗粒粒径/mm	影响半径/m
极粗砂	1.00~2.00	400~500
小砾	2.00~3.00	500~600
中砾	3.00~5.00	600~1500
大砾	5.00~10.00	1500~3000

表 3-20　单位涌水量与影响半径关系表

单位涌水量/($L \cdot s^{-1} \cdot m^{-1}$)	影响半径/m	单位涌水量/($L \cdot s^{-1} \cdot m^{-1}$)	影响半径/m
>2.0	>300~500	0.5~0.33	25~50
2.0~1.0	100~300	0.33~0.2	10~25
1.0~0.5	50~100	<0.2	<10

3.5.5.8　引用半径和引用影响半径的确定

1)引用半径的确定

按坑道系统所占范围加以圈定，并使其等于一假想圆面积，此圆的半径即为引用半径(r_0)，亦称“大井”半径。不同几何形态坑道系统引用半径的计算公式见表 3-21。

表 3-21 中的 η 值通过表 3-22 和表 3-23 确定。

表 3-21　确定引用半径(r_0)的公式表

矿坑平面图	形状	r_0 表达式	公式符号说明
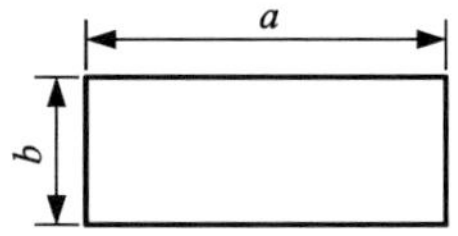	矩形	$r_0=\eta\dfrac{a+b}{4}$	当 $a/b \gg 10$ 时 $r_0=0.25a$，η 值查表 3-22
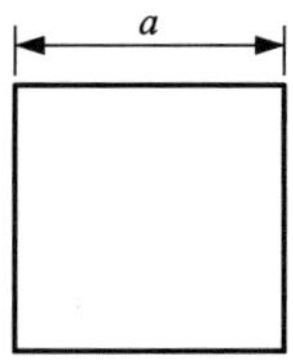	正方形	$r_0=0.59a$	
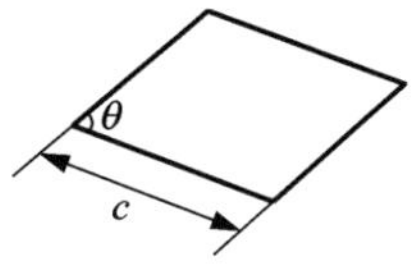	菱形	$r_0=\eta\dfrac{c}{2}$	η 值查表 3-23
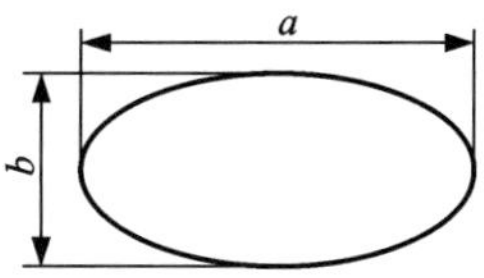	椭圆形	$r_0=\dfrac{a+b}{4}$	

续表3-21

矿坑平面图	形状	r_0 表达式	公式符号说明
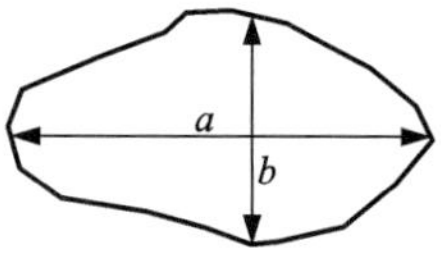	不规则圆形	$r_0=\sqrt{\frac{F}{\pi}}$	F 为中段坑道系统面积， $\frac{a}{b}<2\sim3$ 时适用
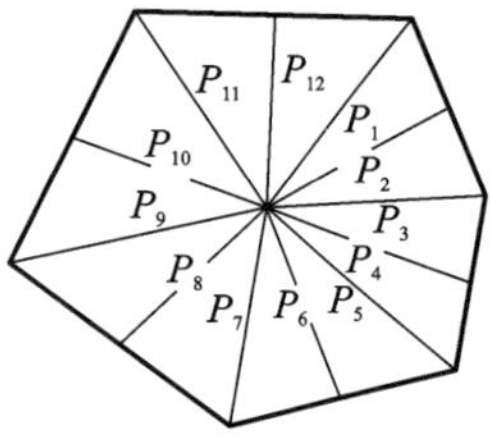	不规则多边形	$r_0=\frac{C}{2\pi}$ $r_0=2\pi\sqrt[n]{P_1P_2P_3\cdots P_n}$	C 为多边形周长，m； n 为多边形顶角的个数； $P_1\ P_2P_3\cdots P_n$ 为多边形顶或其各边中点至重心的距离

表 3-22　矩形矿坑的 η 值表

b/a	<0.05	0.05	0.1	0.2	0.3	0.4	0.5	≥0.6
η	1.00	1.05	1.08	1.12	1.14	1.16	1.17	1.18

表 3-23　菱形矿坑的 η 值表

θ/(°)	<18	18	36	54	72	90
η	1.00	1.06	1.11	1.15	1.17	1.18

2)引用影响半径的确定

考虑了矿坑系统引用半径(r_0)后的影响半径称为引用影响半径(R_0)，其确定方法见表 3-24。

表 3-24　确定引用影响半径(R_0)的公式表

剖面或平面图示	适用条件	R_0 表达式	公式符号说明
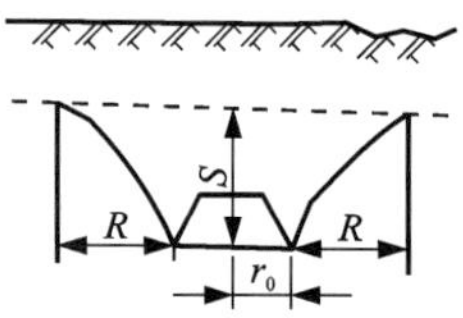	矿坑所在含水层呈均质无界分布，天然水位近于水平时	$R_0=R+r_0$	R_0 为引用影响半径，m； R 为排水时影响半径，m； r_0 为矿坑引用半径，m
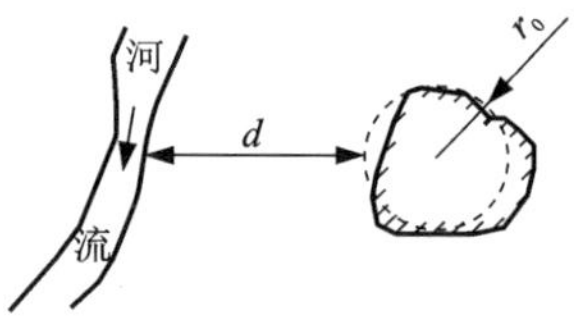	含水层各向均质，位于河旁的近似圆形的矿坑	$R_0=2d+r_0$	d 为矿坑边界至河流的距离，m

续表3-24

剖面或平面图示	适用条件	R_0 表达式	公式符号说明
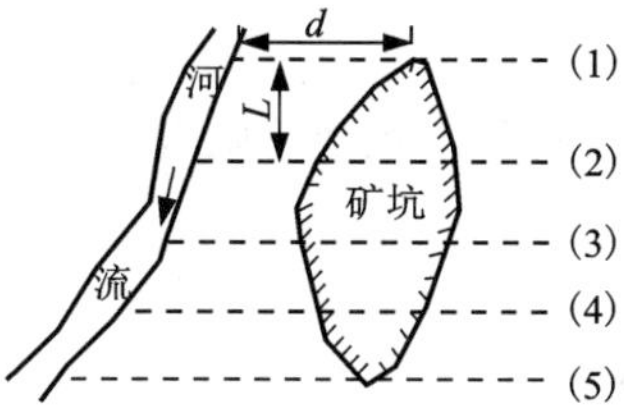	含水层各向均质，位于河旁，外形较复杂的矿坑	$R_0=\frac{\sum[d_{cp}\cdot L]}{\sum L}+r_0$	d_{cp} 为相邻两剖面间矿坑边界与地表水边线的平均距离，m； L 为相邻两剖面间的垂直距离，m
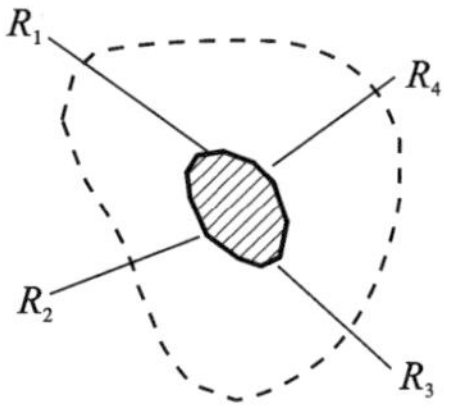	矿坑各方向岩层呈非均质时，降落漏斗复杂，应先计算出各不同渗透段内影响半径，再求平均值	$R_0=\frac{\sum_{i=1}^{n}R_i}{n}+r_0$ $R_0=\frac{P}{2\pi}+r_0$	P 为降落漏斗周长，m R_i 为各渗透段内的影响半径，m； n 为渗透段个数，个

3.5.6 井巷工程涌水量预测

井巷工程涌水量计算包括竖井、斜井、平巷(明沟)的涌水量计算。

3.5.6.1 竖井涌水量计算

1)经验公式法

若在竖井位置及附近有 3 个或 3 个以上降深的稳定流抽水试验资料，可用本方法计算竖井涌水量。

(1)计算步骤。

①根据抽水试验资料，作涌水量(Q)与降深(S)的关系曲线，即 $Q=f(S)$ 曲线；

②根据抽水试验资料，用图解法、差分法或曲度法判断涌水量曲线方程类型，并找出相应的涌水量方程式；

③根据相应的方程式计算与设计竖井水位降深相同时的钻孔涌水量 Q_i；

④将钻孔涌水量 Q_i 换算成竖井涌水量。

(2)计算方法。

①绘制 $Q=f(S)$ 曲线：

根据钻孔抽水试验资料，绘制 $Q=f(S)$ 曲线。

②涌水量曲线方程类型的判定。

第一，图解法。

已绘出的 $Q=f(S)$ 曲线如为非直线型，应进行单位水位降深、双对数或单对数变换。根据 $Q=f(S)$ 或经过变换后的直线图形形式，即可判定涌水量曲线方程类型。

若 $Q=f(S)$ 在 Q、S 直角坐标中是直线关系，则涌水量曲线方程为直线型，见表 3-25 中图(1)，即 $Q=qS$；

取 $S_0=S/Q$，若 $S_0=f(Q)$ 在 S_0、Q 直角坐标中是直线关系，则涌水量曲线方程为抛物线型，见表 3-25 中图(2)及图(3)，即 $S=aQ+bQ^2$，亦即 $S_0=a+bQ$；

若 $\lg Q=f(\lg S)$ 在 $\lg Q$、$\lg S$ 直角坐标中是直线关系，则涌水量曲线方程为指数型，见表 3-25 中图(4)及图(5)，即 $Q=q_0\sqrt[m]{S}$，亦即 $\lg Q=\lg q_0+\frac{1}{m}\lg S$；

若 $Q=f(\lg S)$ 在 Q、$\lg S$ 直角坐标中是直线关系，则涌水量曲线方程为对数型，见表 3-25 中图(6)及图(7)，即 $Q=a+b\lg S$。

表 3-25 $Q=f(S)$ 曲线方程式及其适用条件表

涌水量方程式	涌水量曲线	改变后的涌水量方程式	改变后的涌水量曲线	计算公式
$Q=qS$	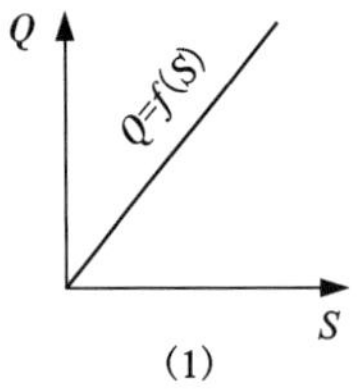 (1)			$Q_i=qS_i$
$S=aQ+bQ^2$	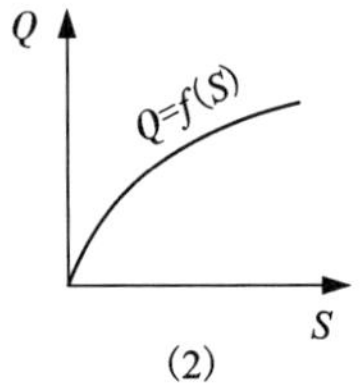 (2)	方程两边除 Q $S_0=a+bQ$ $S_0=\frac{S}{Q}$	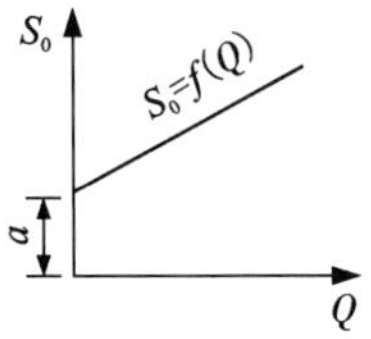 (3)	$Q_i=\frac{\sqrt{a^2+bS_i}}{2b}-a$ $a=\frac{S_1Q_2^2-S_2Q_1^2}{Q_1Q_2^2-Q_2Q_1^2}$ $b=\frac{S_1Q_2-S_2Q_1}{Q_1^2Q_2-Q_2^2Q_1}$
$Q=q_0\sqrt[m]{S}$	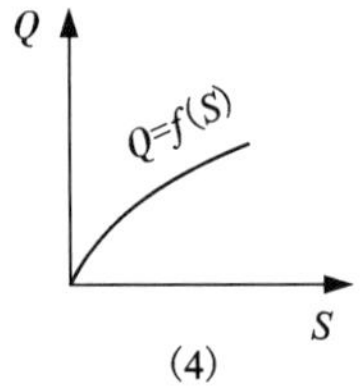 (4)	方程两边取对数 $\lg Q=\lg q_0+\frac{1}{m}\lg S$	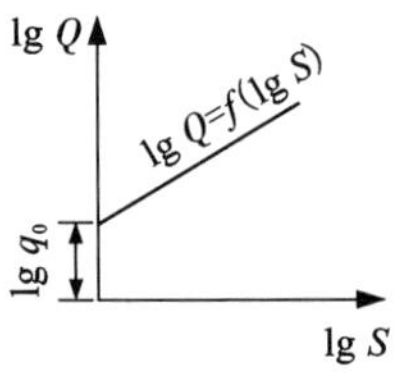	$Q_i=q_0\sqrt[m]{S_i}$ $m=\frac{\lg S_2-\lg S_1}{\lg Q_2-\lg Q_1}$ $\lg q_0=\lg Q_1-\frac{\lg S_1}{m}$
$Q=a+b\lg S$	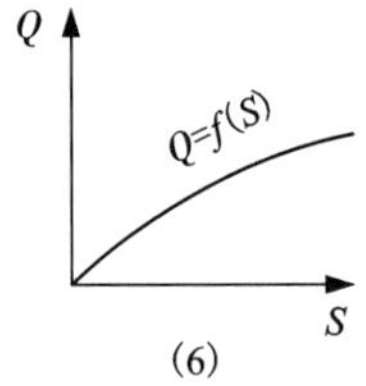 (6)	仍用原式 $Q=a+b\lg S$	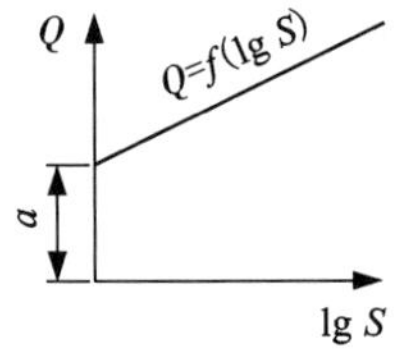	$Q_1=a+b\lg S_i$ $a=Q_1-b\lg S_i$ $b=\frac{Q_2-Q_1}{\lg S_2-\lg S_1}$
$Q=Q_n\frac{(2H-S)S}{(2H-S_n)S_n}$				$Q_i=Q_n\frac{(2H-S_i)S_i}{(2H-S_n)S_n}$

注：Q 为涌水量，m^3/d；H 为潜水含水层厚度，m；S 为水位降低值，m；S_n 为抽水试验中最大水位降低值，m；Q_n 为相应于水位降低 S_n 时的抽水孔涌水量，$m^3/(d\cdot m)$；q 为抽水孔的单位涌水量，m^3/d；a、b、q_0、m 均为取决于抽水试验的经验系数；S_i 为相应于竖井的设计水位降低值，m；Q_i 为相应于水位降低 S_i 时的抽水孔涌水量，m^3/d；S_1、S_2 为抽水试验中，第一、第二次水位降低值，m；Q_1、Q_2 为相应于水位降低 S_1、S_2 时的抽水孔涌水量，m^3/d。

第二，差分法。

一般凡属直线方程或直线化的抛物线方程 $S_0=a+bQ$、指数方程 $\lg Q=\lg q_0+\frac{1}{m}\lg S$、对数方程 $Q=a+b\lg S$ 的一阶差分虽为常数，但不相等。在这种情况下，可根据曲线拟合差的大小来判断接近哪种涌水量方程。选取与拟合误差最小的曲线相对应的涌水量方程式，作为竖井涌水量计算的方程式。

一阶差分误差的大小可用拟合误差(C)来表示：

$$C=\frac{\Delta_2'-\Delta_1'}{(\Delta_2'+\Delta_1')/2} \tag{3-49}$$

式中：Δ_1'、Δ_2'均代表一阶差分，下标为差分的顺序号。

在选用涌水量曲线方程类型时，应考虑涌水量曲线方程类型的相互转化问题。如果井的结构不变，随着水位降深增大，涌水量曲线方程一般由指数型转化为抛物线型，最后转化为对数型。因此，推算降深较小时可选用指数型；推算降深很大时，可选用对数型。

第三，曲度法。

该方法是用涌水量曲线 $Q=f(S)$ 的曲度值来确定曲线类型。计算公式如下：

$$n=\frac{\lg S_2-\lg S_1}{\lg Q_2-\lg Q_1} \tag{3-50}$$

当 $n=1$ 时，曲线为直线型；当 $1<n<2$ 时，为指数型；当 $n=2$ 时，为抛物线型；当 $n>2$ 时，为对数型；当 $n<1$ 时，为反常型。

此法适用于计算允许推算水位降深范围之内的涌水量曲线方程类型的判别。

(3) 设计竖井要求水位降深的钻孔涌水量 Q_i 计算。

当确定变换后的涌水量直线方程式之后，可按表 3-25 中所列公式计算设计竖井所要求水位降深时的钻孔涌水量。

(4) 竖井涌水量的换算。

根据上述经验公式推算所得到的钻孔涌水量 Q_i，可通过以下方法换算成竖井的涌水量 Q。

若为无界含水层时：

$$Q_i=\frac{2\pi KMS_i}{\ln R_i-\ln r_i} \tag{3-51}$$

相应的竖井涌水量可以表示为：

$$Q=\frac{2\pi KMS_i}{\ln R-\ln r} \tag{3-52}$$

由上述两式可得竖井涌水量换算公式如下：

$$Q=Q_i\,\frac{\ln R_i-\ln r_i}{\ln R-\ln r} \tag{3-53}$$

式中：Q_i 为水位降低程度与竖井要求降低程度相同时的抽水钻孔涌水量，m^3/d；R 为竖井排水时的影响半径，m；R_i 为水位降低程度与竖井要求降低程度相同时的抽水钻孔影响半径，m；r 为竖井半径，m；r_i 为抽水钻孔的半径，m。

其他各种有界含水层中的竖井涌水量，可依据竖井所在不同边界条件，选择 3. 5. 7 小节中的公式，按上述方法进行推导。

2)稳定流解析法

(1)地下水呈层流时的稳定流解析法。

地下水呈层流时，不同边界条件的稳定流解析法计算井筒涌水量公式详见 3.5.7 小节。

(2)紊流或混合流时竖井涌水量的计算。

①地下水流态的判定方法。

第一，根据流态指数 m 判定地下水流态需要两个观测孔的抽水资料(表 3-26)。

对潜水可用试算图解法求得 m 值，具体方法如下：

$$设\ a=\frac{y_2^{m+1}-y_1^{m+1}}{Z_2^{m+1}-Z_1^{m+1}},\ b=\frac{Q_1^m}{Q_2^m} \tag{3-54}$$

表 3-26　判定地下水流态的计算公式及指标表

公式	判定指标	适用条件	符号说明
$\frac{y_2^{m+1}-y_1^{m+1}}{Z_2^{m+1}-Z_1^{m+1}}=\frac{Q_1^m}{Q_2^m}$ 见图 3-23、图 3-24 $m=\frac{\lg(Z_2-Z_1)-\lg(y_2-y_1)}{\lg Q_2-\lg Q_1}$	$m=1$ 时为层流 $m=2$ 时为紊流 $1<m<2$ 时为混合流	潜水 承压水	m 为地下水流态指数； Q_1、Q_2 分别为第一次和第二次水位降低时主孔的涌水量，L/s； y_1、y_2 和 Z_1、Z_2 分别为第一次和第二次抽水时观测孔 1 和观测孔 2 的水位，m； X_1、X_2 分别为主孔至观测孔 1、2 的距离，m

注：地下水为径向混合流时，m 值应为一变值，$m=f(x)$，愈靠近井中心，m 值愈大。为了简化计算，式中的 m 值近似地看作井作用区内各流态指数的平均值，即不随井距变化的某一固定值。

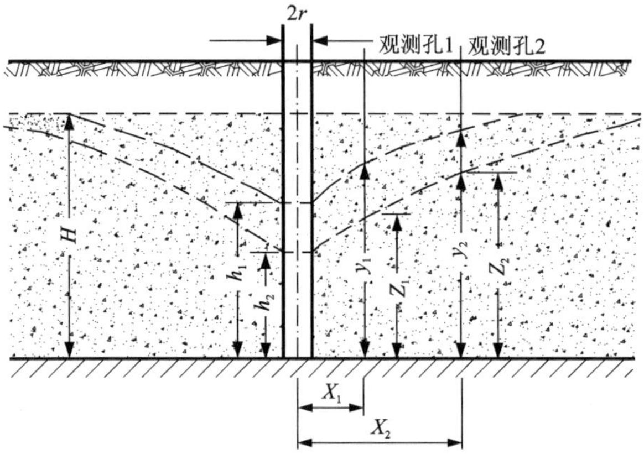

H—含水层厚度；h_1、h_2—主孔第一、二次抽水时水位；

y_1、y_2—第一次抽水时观测孔 1、2 水位；

Z_1、Z_2—第二次抽水时观测孔 1、2 水位；

X_1、X_2—观测孔 1、2 至主孔距离；r—钻井半径。

图 3-23　潜水井降落漏斗图

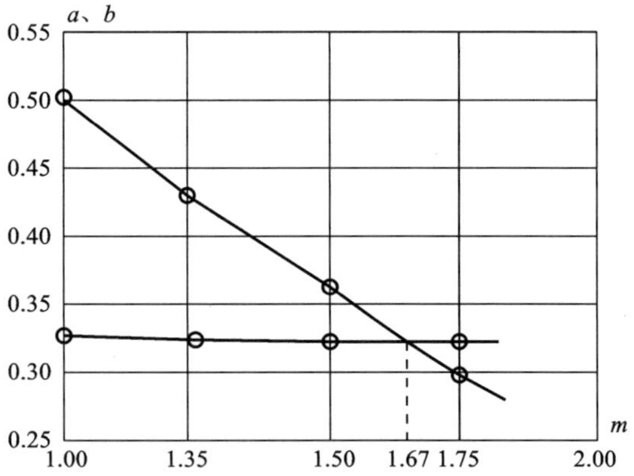

图 3-24　确定流态指数 m 图

代入不同的 m 值(如 1, 1.25, 1.5, 1.75, …), 求出相应的 a、b 值。然后取直角坐标, 横坐标为 m 值, 纵坐标为 a 或 b 值, 分别绘出 $a=f(m)$ 和 $b=f(m)$ 两条曲线, 其交点即为所求的 m 值(见图 3-23 及图 3-24), 按表 3-26 中的 m 指标判定地下水流态。

第二, 根据 2 次抽水试验资料判定地下水流态。

若 2 次抽水试验资料满足或接近式(3-55)和式(3-56), 即为层流, 否则为紊流。

承压水:

$$\frac{Q_1}{Q_2}=\frac{S_1}{S_2} \tag{3-55}$$

潜水:

$$\frac{Q_1}{Q_2}=\frac{(2H-S_1)S_1}{(2H-S_2)S_2} \tag{3-56}$$

式中: Q_1、Q_2 分别为水位降低为 S_1 和 S_2 时的流量, m^3/d; S_1、S_2 分别为第一次、第二次抽水水位降深, m; H 为潜水含水层厚度, m。

第三, 按经验数值判定地下水流态, 见表 3-27。

表 3-27　地下水流态经验值判定表

表示裂隙宽度的岩石名称	裂隙宽度/cm	水流实际流速/(cm·s⁻¹)					
		0.001	0.01	0.1	1	10	100
		裂隙临界宽度/cm					
		26	8.5	2.6	0.8	0.26	0.08
页岩及某些火成岩	0.001~0.01	——	——	——	——	——	——→
风化花岗岩	0.1~0.3	——	——	——	——	——→	×
砂岩及某些喷出岩	0.3~0.5	——	——	——	——→	×	×
厚层状砂岩	0.1~3	——	——	——→	×	×	×
石灰岩	5	——	——→	×	×	×	×
岩溶裂隙石灰岩	10~20	——→	×	×	×	×	×

注: "——→"表示层流存在的范围; "×"表示紊流存在的范围。

②竖井涌水量计算公式。

紊流或混合流态下, 竖井涌水量的计算公式见表 3-34。

3)非稳定流解析法

各种边界条件下非稳定流解析法井筒涌水量计算公式见表 3-35(a)和表 3-35(b)。

3.5.6.2　斜井涌水量计算

一般情况下, 当斜井角度大于 45°时按竖井计算, 小于 45°时按平巷计算。但含水层厚度应取其厚度的平均值。巷道长度应取斜井长度的水平投影值, 按式(3-57)计算:

$$L=L'\cos\alpha \tag{3-57}$$

式中: L' 为斜井长度, m; α 为斜井角度, (°)。

3.5.6.3　平巷(明沟)涌水量计算

(1)平巷(明沟)涌水量稳定流计算公式见表 3-28。

表 3-28 平巷(明沟)涌水量稳定流计算公式

图示	含水层类型	集水井类型	涌水量计算公式	使用条件
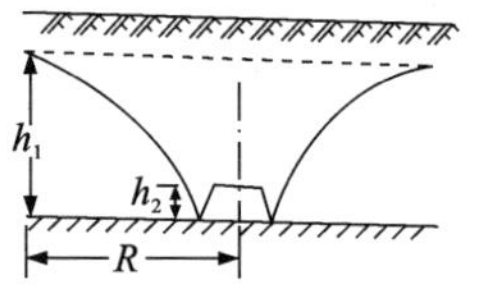	潜水	完整型	$Q=BK\dfrac{h_1^2-h_2^2}{R}$	平巷位于无界含水层中，隔水底板水平，两侧进水且影响半径相同
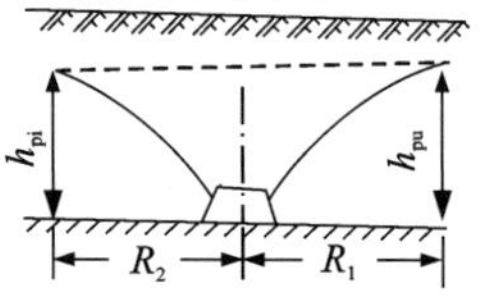			$Q=BK\dfrac{h_{p_u}^2}{2R_1}+\dfrac{h_{p_i}^2}{2R_2}$	两侧影响半径不同，其他条件同上
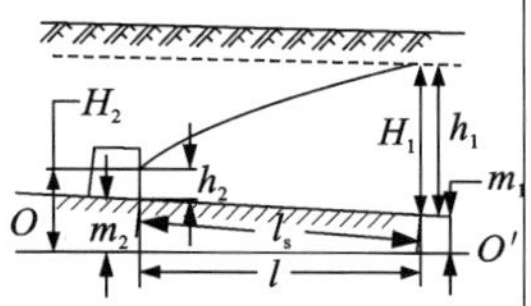			$R=BK\left\{\dfrac{h_1^2-h_2^2}{2l}-\dfrac{m_2-m_1}{l_s}\times\left[\dfrac{2(H_1-H_2)(h_1^2+h_1h_2+h_2^2)}{3(h_1^2-h_2^2)}+\dfrac{(h_1+h_2)(m_2-m_1)}{2(h_1-h_2)}\right]\right\}$	平巷位于无界含水层中，隔水底板倾斜，单侧进水
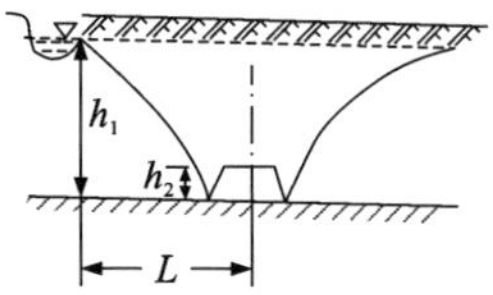			$Q=BK\dfrac{h_1^2-h_2^2}{2L}$	平巷位于地表水体附近，靠地表水补给，隔水层水平，单侧进水
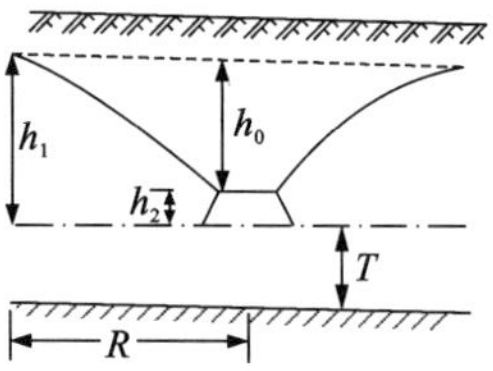		非完整型	$Q=BK\left(\dfrac{h_1^2-h_2^2}{R}+2h_0q_r\right)$	含水层厚度有限深、隔水层水平的双侧进水巷道
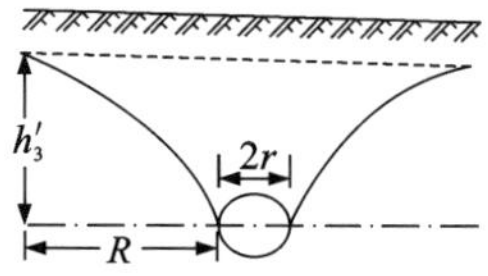			$Q=\dfrac{2\left(\dfrac{\pi}{2}+\dfrac{h_3'}{R}\right)BKh_3'}{\ln R-\ln r}$	含水层无限厚时，其他条件同上
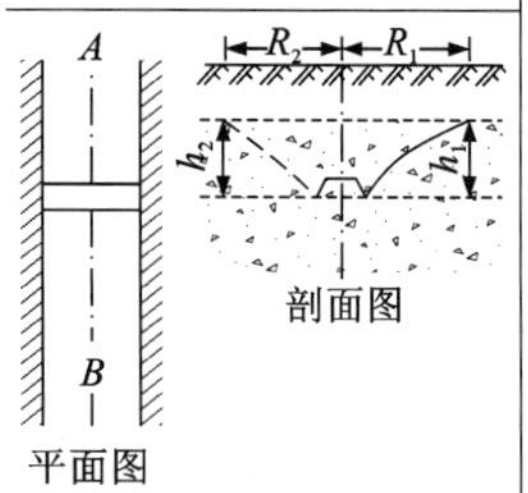			$Q=\dfrac{KB}{2}\left(\dfrac{h_1^2}{R_1}+\dfrac{h_2^2}{R_2}\right)+\dfrac{\pi BKS}{\ln\left[\dfrac{4(R_1+R_2)}{\pi R}\cos\dfrac{\pi(R_1-R_2)}{2(R_1+R_2)}\right]}$	平巷位于倾斜含水层中
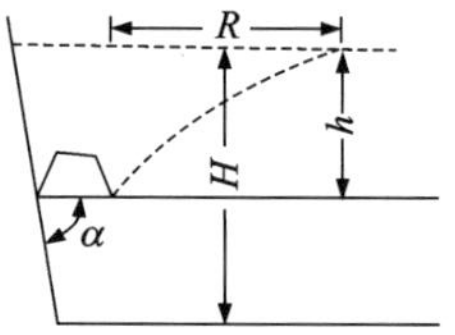			$Q=\dfrac{KBH}{\ln R-\ln\dfrac{b}{2}}\left(\alpha+\dfrac{h}{R}\right)$	平巷位于隔水边界附近，含水层底板为水平线

续表3-28

图示	含水层类型	集水井类型	涌水量计算公式	使用条件
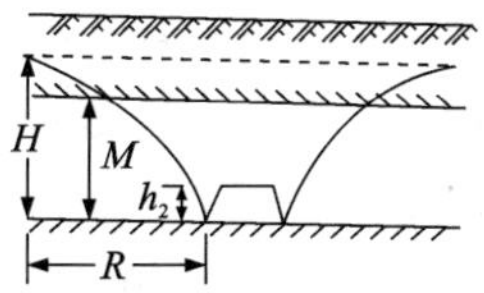	承压转无压	完整型	$Q=BK\frac{[(2H-M)M-h_2^2]}{R}$	平巷位于隔水边界附近，含水层底板为水平线
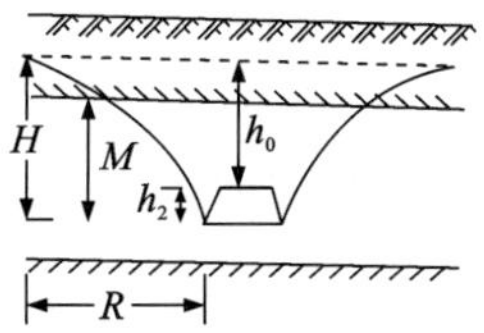		非完整型	$Q=BK\frac{[(2H-M)M-h_2^2]}{R}+2h_0q_r$	含水层有限深，隔水层水平，双侧进水
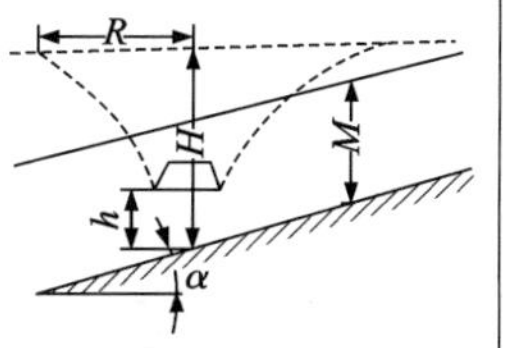			$\frac{R}{h}=2\frac{KBM(H-M)}{Qh}+\frac{KB(M^2-h^2)}{Qh}-\frac{2KBh}{Q}f_1\left(\frac{Q}{KBh}\right)-f_2\left(\frac{Q}{KBh}\right)$ [Q 用试算法求得；函数 $f_1\left(\frac{Q}{KBh}\right)$ 与函数 $f_2\left(\frac{Q}{KBh}\right)$ 查表 3-29 确定]	平巷位于含水层底板，倾斜角 $\alpha\leqslant26°$
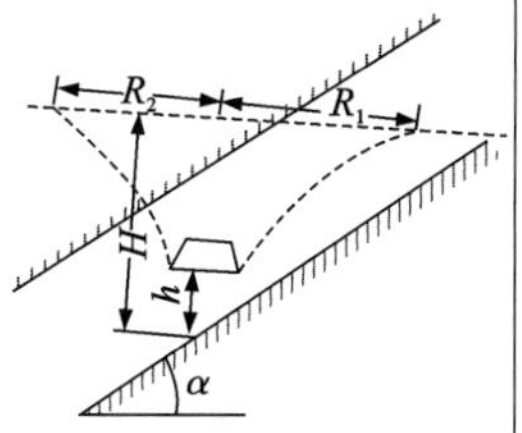			左侧流入平巷的水量可按倾斜角 $\alpha\leqslant26°$ 的公式计算，并取其一半数值；右侧流入平巷的水可按下式确定： $\frac{R_1}{2h}=\frac{KBM(H^2-h^2)}{2Qh}-\frac{KBh}{Q}f_1\left(\frac{Q}{KBh}\right)-f_2\left(\frac{Q}{KBh}\right)$	平巷位于含水层底板，倾斜角 $26°<\alpha<45°$

注：Q 为平巷的涌水量，m^3/d；B 为平巷的长度，m；K 为渗透系数，m/d；h_1：完整型时，为含水层底板到静止水位的高度，非完整型时，为平巷底板到静止水位的高度，m；h_2 为平巷中的水柱高度，m；R 为影响半径，m；R_1、R_2 分别为平巷在补给方向和排泄方向上的影响半径，m；h_{pu}、h_{pi} 分别为平巷在补给方向和排泄方向的含水层厚度，m；H_2 为从假定基准面 OO' 算起的平巷水位高度，m；H_1 为从假定基准面 OO' 算起的补给边界的水位高度，m；m_1 为从假定基准面 OO' 算起的补给边界处含水层底板高度，m；m_2 为从假定基准面 OO' 算起的平巷底板高度，m；l 为平巷至补给边界的水平距离，m；l_s 为平巷至补给边界的倾斜距离，m；b 为平巷宽度，m；L 为平巷至补给边界的距离，m；α 为隔水墙的倾角，(°)；H 为含水层的厚度，m；q_r 为引用流量，其值取决于 α 和 β，α、β 由式 $\alpha=\frac{R}{R+b/2}$、$\beta=\frac{R}{T}$ 求得；H 为平巷底板到静止水位高度，m；M 为由平巷底板算起的承压含水层厚度，m；h_0 为平巷中水面至静止水位的高度，m；h 为平巷中心至静止水位高度，m；t 为疏干时间，d。

表 3-29 $f_1\left(\frac{Q}{KBh}\right)$和$f_2\left(\frac{Q}{KBh}\right)$函数表

$\frac{Q}{KBh}$	0.06	0.12	0.18	0.24	0.3	0.36	0.42	0.48	0.54
$f_1\left(\frac{Q}{KBh}\right)$	0.057	0.099	0.129	0.15	0.173	0.191	0.205	0.218	0.229
$f_2\left(\frac{Q}{KBh}\right)$	0.02	0.038	0.056	0.071	0.087	0.1	0.113	0.127	0.14
$\frac{Q}{KBh}$	0.6	0.66	0.72	0.78	0.84	0.9	0.96	1.02	
$f_1\left(\frac{Q}{KBh}\right)$	0.237	0.244	0.251	0.258	0.263	0.26	0.269	0.27	
$f_2\left(\frac{Q}{KBh}\right)$	0.151	0.163	0.174	0.186	0.197	0.206	0.214	0.221	

(2)平巷(明沟)涌水量非稳定流计算公式见表 3-30。

表 3-30 平巷(明沟)涌水量非稳定流计算公式

图示	含水层类型	集水井类型	涌水量计算公式	适用条件
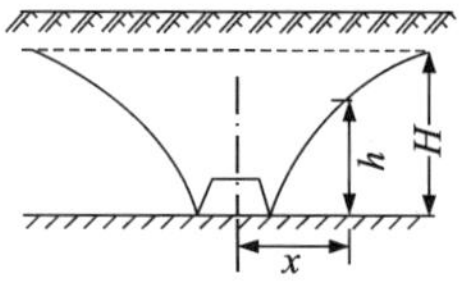	潜水	完整井	$Q=\frac{2K(H^2-h^2)}{2\sqrt{a}R(\alpha)}$ $R(\alpha)=\frac{1}{\sqrt{\pi}}e^{\alpha^2}+\alpha\Phi(\alpha)$ $\alpha=\frac{x}{2\sqrt{a}}$ $R(\alpha)$值可根据图 3-25 确定	平巷位于无界含水层，隔水层水平
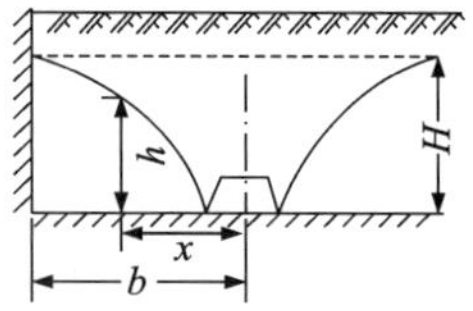			$Q=\frac{2K(H^2-h^2)}{2\sqrt{a}[R(\alpha_1)\pm R(\alpha_2)]}$ $\alpha_1=\frac{x}{2\sqrt{a}}$，$\alpha_2=\frac{2b-x}{2\sqrt{a}}$ 当为隔水边界时用加号，供水边界用减号； $R(\alpha_1)$、$R(\alpha_2)$求法与$R(\alpha)$相同，其值亦根据图 3-25 确定	平巷位于隔水或供水边界附近时，隔水底板水平
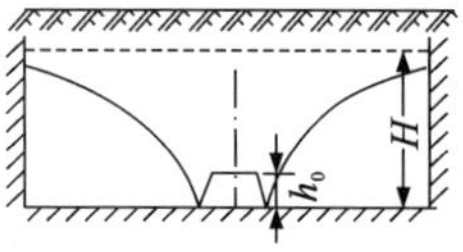			$Q=\frac{BK(H^2-h_0^2)}{\sqrt{\frac{a}{\pi}}}$	平巷位于平行两隔水边界之间

注：Q为平巷(明沟)的涌水量，m^3/d；h为在t时离巷道x处之水位，m；K为渗透系数，m/s；a为水位传导系数(或导压系数)，m^2/d；Φ为误差积分函数；b为平巷到隔水或供水边界之距离，m；B为平巷长度，m；t为疏干时间，d。

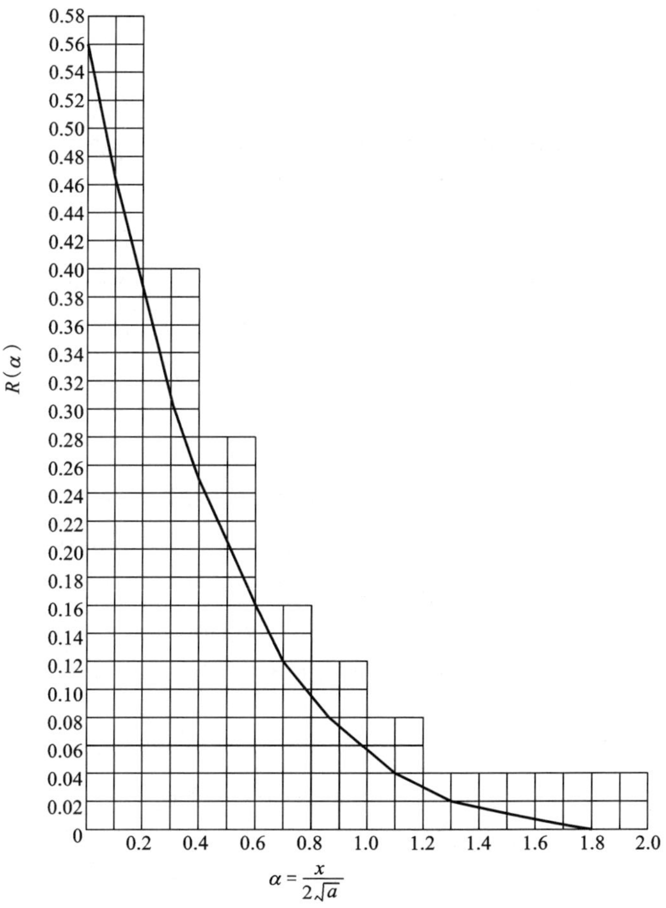

图 3-25　函数 $R(\alpha)$ 曲线图

3.5.7　地下开采矿坑总涌水量计算

涌水量计算内容包括地下水涌水量和崩落区降水渗入量。一般矿山只需计算地下水涌水量，当采矿影响形成的导水裂隙带波及地表时，还需计算降雨渗入量。

3.5.7.1　地下水涌水量计算

地下水涌水量常用的计算方法主要有经验公式法、解析法。对水文地质条件复杂的矿山，近年来采用数值模拟法获得了良好的效果。

1）经验公式法

预测矿坑涌水量常用的经验公式法有两种。

（1）涌水量与水位降深关系曲线法。

采用这种方法的基本条件是预测地区与试验地区的水文地质条件基本相似，同时，要有至少 3 个稳定降深和阶梯流量抽水试验资料。根据实践，应用上部水平排水或坑道放水试验资料预测深部水平涌水量，能取得很好的效果，同时也可用于水文地质条件相似的邻近矿区的矿坑涌水量计算。

这种方法需将抽（放）水试验的 $Q=f(S)$ 图形由曲线关系转换成直线关系，然后推算矿坑总涌水量。为了易于确定变换后的直线关系，可将抽水试验的 Q、S 资料按表 3-31 的要求进行整理。

表 3-31　用于图形转化的抽(放)水试验资料整理表

抽(放)水次数	S	Q	$q=Q/S$	$S_0=S/Q$	$\lg S$	$\lg Q$
1	S_1	Q_1	q_1	S_{01}	$\lg S_1$	$\lg Q_1$
2	S_2	Q_2	q_2	S_{02}	$\lg S_2$	$\lg Q_2$
3	S_3	Q_3	q_3	S_{03}	$\lg S_3$	$\lg Q_3$

(2)水文地质比拟法。

这种方法是用类似水文地质条件矿山地下涌水量的实际资料，来推求设计矿山的涌水量，多用于扩建或改建矿山。对于新建矿山，若相邻地区有类似条件的矿山，亦可应用。新设计的矿山与所比拟的矿山的地质、水文地质条件相似是使用本方法预计矿坑涌水量的基础。因此，对相似水文条件的生产矿山，应进行如下方面的调查：矿山地质、水文地质条件，坑道充水岩层的特征，坑道涌水量、水位降深与开采面积的关系等。

一般常用的比拟法计算式见表 3-32。

表 3-32　水文地质比拟法公式表

<table>
<tr><th>计算式</th><th>适用条件</th><th>符号说明</th></tr>
<tr><td>$Q=Q_1\dfrac{S\times F}{S_1\times F_1}$</td><td>当涌水量与水位降低值、开采面积成正比时</td><td rowspan="8">Q 为设计矿坑某阶段涌水量，m^3/d；
Q_1 为相似矿坑某阶段涌水量，m^3/d；
S 为设计矿坑水位降低值，m；
S_1 为相似矿坑水位降低值，m；
F 为设计矿坑某阶段开采(或开拓)面积，m^2；
F_1 为相似矿坑某阶段开采(或开拓)面积，m^2；
P 为矿山产量，t/d；
K_p 为含水(富水)系数，$m^3/(t\cdot d)$；
q_p 为已知矿山单位开采(或开拓)面积涌水量，$m^3/(m^2\cdot d)$；
q_s 为已知矿山单位降深涌水量，$m^3/(m\cdot d)$</td></tr>
<tr><td>$Q=Q_1\dfrac{F}{F_1}\sqrt{\dfrac{S}{S_1}}$</td><td>当涌水量与水位降低值的平方根、开采面积成正比时</td></tr>
<tr><td>$Q=Q_1\dfrac{S}{S_1}\sqrt{\dfrac{F}{F_1}}$</td><td>当涌水量与水位降低值、开采面积的平方根成正比时</td></tr>
<tr><td>$Q=Q_1\sqrt{\dfrac{S\times F}{S_1\times F_1}}$</td><td>当涌水量与水位降低值和开采面积的平方根成正比时</td></tr>
<tr><td>$Q=Q_1\sqrt{\dfrac{S}{S_1}}\sqrt[4]{\dfrac{F}{F_1}}$</td><td>当涌水量与水位降低值的平方根成正比，而开采面积的增加对其影响较小时</td></tr>
<tr><td>$Q=PK_p$</td><td>用于矿石产量对矿坑涌水量起主要作用的矿山</td></tr>
<tr><td>$Q=Fq_p$</td><td>用于开采面积对矿坑涌水量起主要作用的矿山</td></tr>
<tr><td>$Q=Sq_s$</td><td>用于水位降深对矿坑涌水量起主要作用的矿山</td></tr>
</table>

2）解析法

解析法是目前矿坑涌水量计算中应用最普遍的一种方法，是对矿区水文地质条件进行必要的概化后，用推导出来的符合概化条件的地下水动力学公式进行矿坑涌水量计算的方法。

解析法分稳定流解析法和非稳定流解析法。采用解析法计算矿坑涌水量时，当矿坑的长度与宽度比小于 10 时，视为辐射流，把复杂的进水边界概化成一个“大井”进行计算，统称为“大井”法；当矿坑长度与宽度比大于 10 时，视为平行流，概化为“水平廊道”进行计算，统称为“廊道”法。

（1）稳定流解析法。

①不同边界条件下地下水为层流时“大井”法计算矿坑涌水量公式见表 3-33（a）和表 3-33（b）。

②不同边界条件下地下水为紊流或混合流时“大井”法计算矿坑涌水量公式见表 3-34。

（2）非稳定流解析法。

不同边界条件下“大井”非稳定流解析法计算矿坑涌水量公式见表 3-34、表 3-35（a）和表 3-35（b）。

表 3-33（a）　层流时稳定流解析法井筒涌水量计算公式表

含水层类型	潜水	承压水	承压-潜水
计算公式	$Q=\dfrac{2\pi K(H^2-h_0^2)}{R_c}$	$Q=\dfrac{4\pi KMS}{R_c}$	$Q=\dfrac{2\pi K(2H-M)M-h_0^2}{R_c}$

* R_c 的计算见表 3-33（b）。

表 3-33（b）　层流时稳定流解析法水流阻力系数 R_c 的计算公式表

边界条件图示	完整井	非完整井
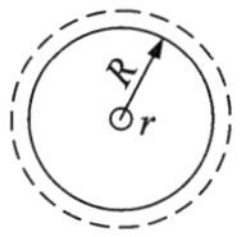	$R_c=2\ln\dfrac{R}{r}$	$R_c=2\ln\dfrac{R}{r}+\xi_0$
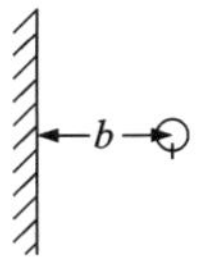	$R_c=2\ln\dfrac{R^2}{2rb}$	$R_c=2\ln\dfrac{R^2}{2br}+\xi_0+\xi\left(\dfrac{l}{M},\dfrac{M}{2b}\right)$
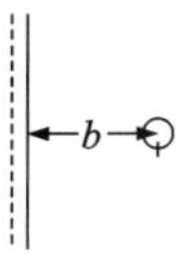	$R_c=2\ln\dfrac{2b}{r}$	$R_c=2\ln\dfrac{2b}{r}+\xi_0-\xi\left(\dfrac{l}{M},\dfrac{M}{2b}\right)$
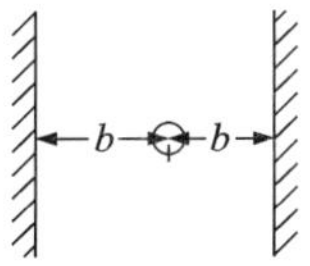	$R_c=\dfrac{\pi R}{b}+2\ln\dfrac{b}{\pi r}$	$R_c=\dfrac{\pi r}{b}+2\ln\dfrac{b}{\pi r}+\xi_0+2\sum\limits_{i=1}^{\infty}\xi\left(\dfrac{l}{M},\dfrac{M}{2ib}\right)$

续表3-33(b)

边界条件图示	完整井	非完整井
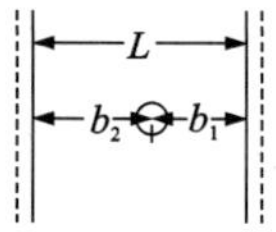	$R_c=2\ln\frac{0.64L\sin\frac{\pi b_1}{L}}{r}$	$R_c=2\ln\frac{0.64L\sin\frac{\pi b_1}{L}}{r}+\xi_0-\xi\left(\frac{l}{M},\frac{M}{2b_1}\right)-\xi\left(\frac{l}{M},\frac{M}{2b_2}\right)+2\sum_{i=1}^{\infty}\xi\left(\frac{l}{M},\frac{M}{2iL}\right)-\sum_{i=1}^{\infty}\xi\left[\frac{l}{M},\frac{M}{2b_1+(2+i)b_2}\right]-\sum_{i=1}^{\infty}\xi\left[\frac{l}{M},\frac{M}{2b_2+(2+i)b_1}\right]$
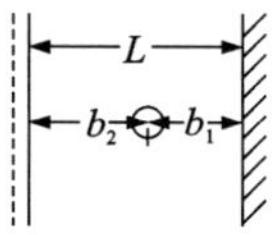	$R_c=2\ln\frac{1.27L\cot\frac{\pi b_1}{2L}}{r}$	$R_c\approx2\ln\frac{1.27L\cot\frac{\pi b_1}{2L}}{r}+\xi_0-\xi\left(\frac{l}{M},\frac{M}{2b_1}\right)-\xi\left(\frac{l}{M},\frac{M}{2b_2}\right)-2\xi\cdot\left(\frac{l}{M},\frac{M}{2b_1+2b_2}\right)+\xi\left(\frac{l}{M},\frac{M}{2b_1+4b_2}\right)-\xi\left(\frac{l}{M},\frac{M}{2b_2+4b_1}\right)$
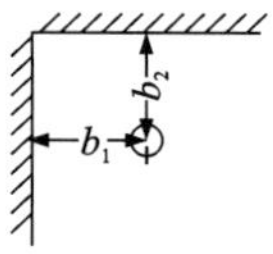	$R_c=2\ln\frac{R^4}{8b_1b_2r\sqrt{b_1^2+b_2^2}}$	$R_c=2\ln\frac{R^4}{8b_1b_2r\sqrt{b_1^2+b_2^2}}+\xi_0+\xi\left(\frac{l}{M},\frac{M}{2b_1}\right)+\xi\left(\frac{l}{M},\frac{M}{2b_2}\right)+\xi\left(\frac{l}{M},\frac{M}{2\sqrt{b_1^2+b_2^2}}\right)$
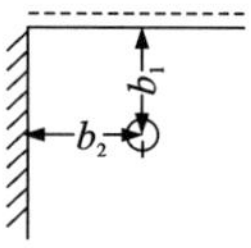	$R_c=2\ln\frac{2b_1\sqrt{b_1^2+b_2^2}}{b_2r}$	$R_c=2\ln\frac{2b_1\sqrt{b_1^2+b_2^2}}{b_2r}+\xi_0+\xi\left(\frac{l}{M},\frac{M}{2b_1}\right)-\xi\left(\frac{l}{M},\frac{M}{2b_2}\right)-\xi\left(\frac{l}{M},\frac{M}{2\sqrt{b_1^2+b_2^2}}\right)$
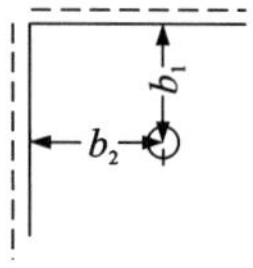	$R_c=2\ln\frac{2b_1b_2}{r\sqrt{b_1^2+b_2^2}}$	$R_c=2\ln\frac{2b_1b_2}{r\sqrt{b_1^2+b_2^2}}+\xi_0-\xi\left(\frac{l}{M},\frac{M}{2b_1}\right)-\xi\left(\frac{l}{M},\frac{M}{2b_2}\right)+\xi\left(\frac{l}{M},\frac{M}{2\sqrt{b_1^2+b_2^2}}\right)$
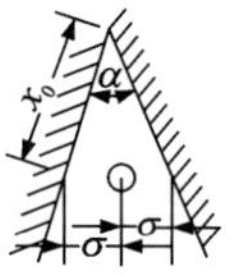	$R_c=2\ln\frac{R^n}{nx_0^{n-1}r}$ 或 $R_c=\frac{2\pi x_0}{\sigma}\ln\frac{R}{x_0}+2\ln\frac{\sigma}{\pi r}$	$R_c=2\ln\frac{R^n}{nx_0^{n-1}r}+\xi_0+2\sum_{i=1}^{n-1}\xi\left(\frac{l}{M},\frac{M}{x_0\sin\frac{i\alpha}{2}}\right)$

注：Q 为竖井涌水量，m^3/d；K 为渗透系数，m/d；H 为潜水含水层厚度或承压含水层由底板算起的水头值，m；S 为水位降低值，m；R 为井筒半径，m；R_c 为水流阻力系数；b、b_1、b_2 为井筒至供水或隔水边界的距离，m；M 为承压含水层厚度，m；l 为出水段长，m；h_0 为井筒中水柱高，m；L 为二供水、二隔水或一供一隔水边界之间的距离，m；ξ_0、$\xi(x, y)$ 为非完整井系数，ξ_0 取决于$\left(\frac{l}{M},\frac{M}{r}\right)$与 $\xi(x, y)$，其取值可查表 3-43 和表 3-44 确定；i 为映射井至抽水井的距离(其值取至 1.5M 为止)，m；$n=\frac{360°}{\alpha°}$，(n 为整数)；σ 为井、矿坑至边界距离，m；x_0 为井或矿坑中心到两相交隔水边界交点的距离，m。

表 3-34 紊流或混合流态下竖井涌水量计算公式表

边界条件图示	含水层类型	紊流计算公式	混合流计算公式	适用条件
	潜水	$Q=2\pi K\sqrt{\frac{(H^3-h_0^3)r}{3}}$	$Q=2\pi K\sqrt[m]{\frac{r^{m-1}(m-1)(H^{m+1}-h_0^{m+1})}{m+1}}$	井远离地表水与隔水边界
	承压水	$Q=2\pi KM\sqrt{(H-h_0)r}$	$Q=2\pi KM\sqrt[m]{(m-1)r^{m-1}(H-h_0)}$	
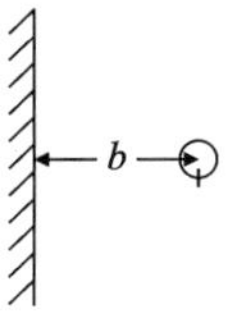	潜水	$Q=2\pi K\sqrt{\frac{H^3-h_0^3}{3\left(\frac{1}{r}+\frac{1}{2b}\right)}}$	$Q=2\pi K\sqrt[m]{\frac{H^{m+1}-h_0^{m+1}}{\frac{1}{r^{m-1}}+\frac{1}{(2b)^{m-1}}}\left(\frac{m-1}{m+1}\right)}$	井位于隔水边界附近
	承压水	$Q=2\pi KM\sqrt{\frac{H-h_0}{\frac{1}{r}+\frac{1}{2b}}}$	$Q=2\pi KM\sqrt[m]{\frac{H-h_0}{\frac{1}{r^{m-1}}+\frac{1}{(2b)^{m-1}}}(m-1)}$	
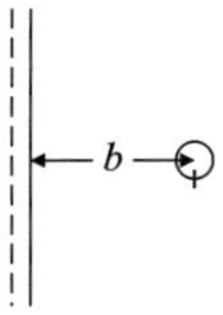	潜水	$Q=2\pi K\sqrt{\frac{H^3-h_0^3}{3\left(\frac{1}{r}-\frac{1}{2b}\right)}}$	$Q=2\pi K\sqrt[m]{\frac{H^{m+1}-h_0^{m+1}}{\frac{1}{r^{m-1}}-\frac{1}{(2b)^{m-1}}}\left(\frac{m-1}{m+1}\right)}$	井位于供水边界附近
	承压水	$Q=2\pi KM\sqrt{\frac{H-h_0}{\frac{1}{r}-\frac{1}{2b}}}$	$Q=2\pi KM\sqrt[m]{\frac{H-h_0}{\frac{1}{r^{m-1}}-\frac{1}{(2b)^{m-1}}}(m-1)}$	
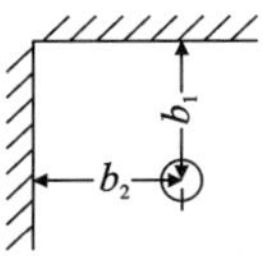	潜水	$Q=2\pi K\sqrt{\frac{H^3-h_0^3}{3\left(\frac{1}{r}+\frac{1}{2b_1}+\frac{1}{2b_2}\right)}}$	$Q=2\pi K\sqrt[m]{\left(\frac{m-1}{m+1}\right)}\cdot\sqrt[m]{\frac{H^{m+1}-h_0^{m+1}}{\frac{1}{r^{m-1}}+\frac{1}{(2b_1)^{m-1}}+\frac{1}{(2b_2)^{m-1}}+\frac{1}{(2\sqrt{b_1^2+b_2^2})^{m-1}}}}$	井位于二直交隔水边界附近
	承压水	$Q=2\pi KM\sqrt{\frac{H-h_0}{\frac{1}{r}+\frac{1}{2b_1}+\frac{1}{2b_2}}}$	$Q=2\pi KM\sqrt[m]{(m-1)}\cdot\sqrt[m]{\frac{H-h_0}{\frac{1}{r^{m-1}}+\frac{1}{(2b_1)^{m-1}}+\frac{1}{(2b_2)^{m-1}}+\frac{1}{(2\sqrt{b_1^2+b_2^2})^{m-1}}}}$	

续表3-34

边界条件图示	含水层类型	紊流计算公式	混合流计算公式	适用条件
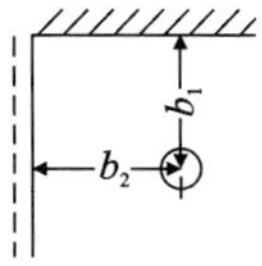	潜水	$Q=2\pi K\sqrt{\frac{H^3-h_0^3}{3\left(\frac{1}{r}+\frac{1}{2b_1}-\frac{1}{2b_2}\right)}}$	$Q=2\pi K\sqrt[m]{\left(\frac{m-1}{m+1}\right)}\cdot\sqrt[m]{\frac{H^{m+1}-h_0^{m+1}}{\frac{1}{r^{m-1}}+\frac{1}{(2b_1)^{m-1}}-\frac{1}{(2b_2)^{m-1}}-\frac{1}{(2\sqrt{b_1^2+b_2^2})^{m-1}}}}$	井位于直交的隔水与供水边界之间
	承压水	$Q=2\pi KM\sqrt{\frac{H-h_0}{\frac{1}{r}+\frac{1}{2b_1}-\frac{1}{2b_2}}}$	$Q=2\pi KM\sqrt[m]{m-1}\cdot\sqrt[m]{\frac{H-h_0}{\frac{1}{r^{m-1}}+\frac{1}{(2b_1)^{m-1}}-\frac{1}{(2b_2)^{m-1}}-\frac{1}{(2\sqrt{b_1^2+b_2^2})^{m-1}}}}$	
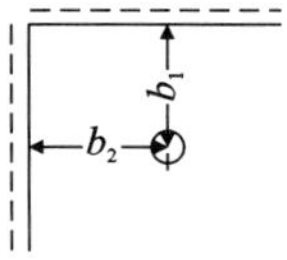	潜水	$Q=2\pi K\sqrt{\frac{H^3-h_0^3}{3\left(\frac{1}{r}-\frac{1}{2b_1}-\frac{1}{2b_2}\right)}}$	$Q=2\pi K\sqrt[m]{\left(\frac{m-1}{m+1}\right)}\cdot\sqrt[m]{\frac{H^{m+1}-h_0^{m+1}}{\frac{1}{r^{m-1}}-\frac{1}{(2b_1)^{m-1}}-\frac{1}{(2b_2)^{m-1}}+\frac{1}{(2\sqrt{b_1^2+b_2^2})^{m-1}}}}$	井位于直交的供水边界之间
	承压水	$Q=2\pi KM\sqrt{\frac{H-h_0}{\frac{1}{r}-\frac{1}{2b_1}-\frac{1}{2b_2}}}$	$Q=2\pi KM\sqrt[m]{m-1}\cdot\sqrt[m]{\frac{H-h_0}{\frac{1}{r^{m-1}}-\frac{1}{(2b_1)^{m-1}}-\frac{1}{(2b_2)^{m-1}}+\frac{1}{(2\sqrt{b_1^2+b_2^2})^{m-1}}}}$	
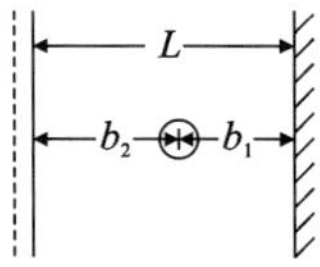	潜水	$Q=2\pi K\sqrt{\frac{H^3-h_0^3}{3\left(\frac{1}{r}+\frac{1}{2b_1}-\frac{1}{2b_2}\right)}}$	$Q=2\pi K\sqrt[m]{\frac{H^{m+1}-h_0^{m+1}}{\frac{1}{r^{m-1}}+\frac{1}{(2b_1)^{m-1}}-\frac{1}{(2b_2)^{m-1}}}+\left(\frac{m-1}{m+1}\right)}$	井位于平行的隔水与供水边界之间
	承压水	$Q=2\pi KM\sqrt{\frac{H-h_0}{\frac{1}{r}+\frac{1}{2b_1}-\frac{1}{2b_2}}}$	$Q=2\pi KM\sqrt[m]{\frac{H-h_0}{\frac{1}{r^{m-1}}+\frac{1}{(2b_1)^{m-1}}-\frac{1}{(2b_2)^{m-1}}}(m-1)}$	
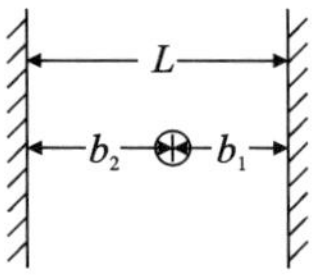	潜水	$Q=2\pi K\sqrt{\frac{H^3-h_0^3}{3\left(\frac{1}{r}-\frac{1}{2b_1}+\frac{1}{2b_2}\right)}}$	$Q=2\pi K\sqrt[m]{\frac{H^{m+1}-h_0^{m+1}}{\frac{1}{r^{m-1}}+\frac{1}{(2b_1)^{m-1}}+\frac{1}{(2b_2)^{m-1}}}+\left(\frac{1}{m+1}\right)}$	井位于平行的两条隔水边界之间
	承压水	$Q=2\pi KM\sqrt{\frac{H-h_0}{\frac{1}{r}+\frac{1}{2b_1}+\frac{1}{2b_2}}}$	$Q=2\pi KM\sqrt[m]{\frac{H-h_0}{\frac{1}{r^{m-1}}+\frac{1}{(2b_1)^{m-1}}+\frac{1}{(2b_2)^{m-1}}}(m-1)}$	

注：符号含义同表3-33(b)。

表 3-35(a)　各种边界非稳定流井筒涌水量计算公式表

含水层类型	潜水	承压水	承压-潜水	R_c 的计算见表 3-35(b)
涌水量计算公式	$Q=\frac{2\pi K(H^2-h_0^2)}{R_c}$	$Q=\frac{4\pi KMS}{R_c}$	$Q=\frac{2\pi K[(2H-M)M-h_0^2]}{R_c}$	

表 3-35(b)　非稳定流水流阻力系数 R_c 的计算

边界条件示意图	井型	$r^2/4at>0.05$	$r^2/4at\leqslant0.05$	计算公式中符号说明及适用条件
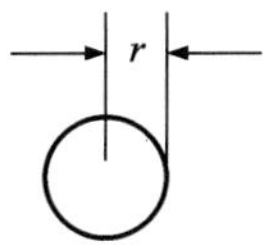	完整井		$R_c=\ln\frac{2.25at}{r^2}$	无越流无限含水层抽水量固定不变。（ξ_0' 取决于 u、$\frac{l}{M}$ 和 $\frac{M}{r}$，查表 3-36 确定。r 为井半径，m；$u=\frac{r^2}{4at}$）
	非完整井		$R_c=\ln\frac{2.25at}{r^2}+\xi_0'$	
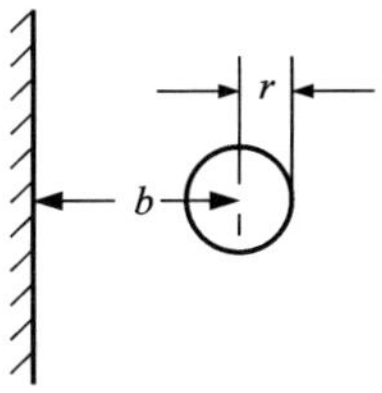	完整井	$R_c=\ln\frac{2.25at}{r^2}+W\left(\frac{b^2}{at}\right)$	$R_c=2\ln\frac{1.12at}{rb}$	无越流固定流量抽水，井位于直线隔水边界附近。$2b\geqslant1.5M$ 时，$\xi'\left(\frac{b^2}{at},\frac{2b}{M},\frac{l}{M}\right)$ 可忽略不计
	非完整井	$R_c=\ln\frac{2.25at}{r^2}+W\left(\frac{b^2}{at}\right)+\xi_0'+\xi'\left(\frac{b^2}{at},\frac{2b}{M},\frac{l}{M}\right)$	$R_c=2\ln\frac{1.12at}{rb}+\xi_0'+\xi'\left(\frac{b^2}{at},\frac{2b}{M},\frac{l}{M}\right)$	
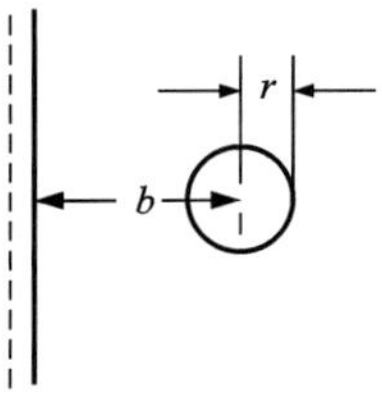	完整井	$R_c=\ln\frac{2.25at}{r^2}-W\left(\frac{b^2}{at}\right)$	$R_c=2\ln\frac{2b}{r}$	无越流固定流量抽水井位于直线供水边界附近
	非完整井	$R_c=\ln\frac{2.25at}{r^2}-W\left(\frac{b^2}{at}\right)+\xi_0'-\xi'\left(\frac{b^2}{at},\frac{2b}{M},\frac{l}{M}\right)$	$R_c=2\ln\frac{2b}{r}+\xi_0'-\xi'\left(\frac{b^2}{at},\frac{2b}{M},\frac{l}{M}\right)$	

续表3-35(b)

边界条件示意图	井型	$r^2/4at>0.05$	$r^2/4at\leqslant 0.05$	计算公式中符号说明及适用条件
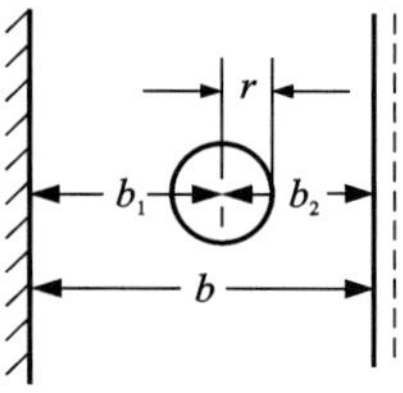	完整井	$R_c\approx \ln\frac{2.25at}{r^2}+W\left(\frac{b_1^2}{at}\right)-W\left(\frac{b_2^2}{at}\right)$	$R_c\approx 2\ln\frac{1.12atb_2}{rb_1(b_1+b_2)}$	无越流固定流量抽水井位于平行的隔水与供水边界之间
	非完整井	$R_c=\ln\frac{2.25at}{r^2}+W\left(\frac{b_1^2}{at}\right)-W\left(\frac{b_2^2}{at}\right)+\xi_0'+\xi'\left(\frac{b_1^2}{at},\frac{2b_1}{M},\frac{l}{M}\right)-\xi'\left(\frac{b_2^2}{at},\frac{2b_2}{M},\frac{l}{M}\right)$	$R_c=2\ln\frac{1.12at}{rb_1(b_1+b_2)}+\xi_0'+\xi'\left(\frac{b_1^2}{at},\frac{2b_1}{M},\frac{l}{M}\right)-\xi'\left(\frac{b_2^2}{at},\frac{2b_2}{M},\frac{l}{M}\right)$	
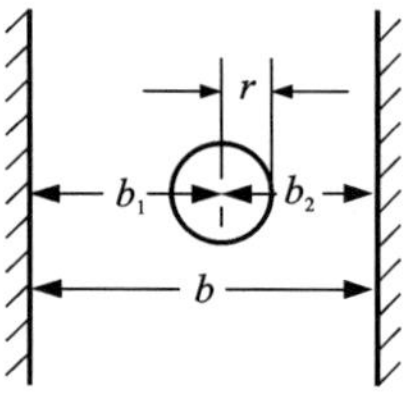	完整井	$R_c\approx \ln\frac{2.25at}{r^2}+W\left(\frac{b^2}{at}\right)-W\left[\frac{(b-b_2)^2}{at}\right]+2W\left(\frac{r^2}{at}\right)$	$R_c=\frac{7.1\sqrt{at}}{b}+2\ln\frac{0.16b}{r\sin\frac{\pi b_2}{b}}-2R_H$ (R_H 取决于$\frac{b_2}{b}$与$\frac{\pi\sqrt{at}}{b}$，查表3-37确定)	无越流固定流量抽水井位于平行二隔水边界之间
	非完整井	$R_c=\ln\frac{2.25at}{r^2}+W\left(\frac{b^2}{at}\right)+W\left[\frac{(b-b_2)^2}{at}\right]+2W\left(\frac{b^2}{at}\right)+\xi_0'+\xi'\left(\frac{b_2^2}{at},\frac{2b_2}{M},\frac{l}{M}\right)+\xi'\cdot\left[\frac{(b-b_2)^2}{at},\frac{2(b-b_2)}{M},\frac{1}{M}\right]+2\xi'\left(\frac{b^2}{at},\frac{2b}{M},\frac{l}{M}\right)$	$R_c=\frac{7.1\sqrt{at}}{b}+2\ln\frac{0.16b}{r\sin\frac{\pi b_2}{b}}-2R_H+\xi_0'+\xi'\left(\frac{b_2^2}{at},\frac{2b_2}{M},\frac{l}{M}\right)+\xi'\left[\frac{(b-b_2)^2}{at},\frac{2(b-b_2)}{M},\frac{1}{M}\right]+2\xi'\left(\frac{b^2}{at},\frac{2b}{M},\frac{l}{M}\right)$	

续表3-35(b)

边界条件示意图	井型	$r^2/4at>0.05$	$r^2/4at\leqslant 0.05$	计算公式中符号说明及适用条件
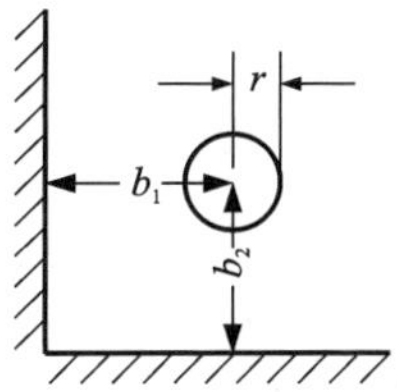 	完整井	$R_c=\ln\frac{2.25at}{r^2}+W\left(\frac{b_1^2}{at}\right)+W\left(\frac{b_2^2}{at}\right)+W\left(\frac{b_1^2+b_2^2}{at}\right)$	$R_c=2\ln\frac{1.12at}{rb_1}+2\ln\frac{0.56at}{b_2\sqrt{b_1^2+b_2^2}}$	无越流固定流量抽水井位于直交二隔水边界之间
	非完整井	$R_c=\ln\frac{2.25at}{r^2}+W\left(\frac{b_1^2}{at}\right)+W\left(\frac{b_2^2}{at}\right)+W\left(\frac{b_1^2+b_2^2}{at}\right)+\xi'_0+\xi'\left(\frac{b_1^2}{at},\frac{2b_1}{M},\frac{l}{M}\right)+\xi'\left(\frac{b_2^2}{at},\frac{2b_2}{M},\frac{l}{M}\right)+\xi'\left(\frac{b_1^2+b_2^2}{at},\frac{2\sqrt{b_1^2+b_2^2}}{M},\frac{l}{M}\right)$	$R_c=2\ln\frac{1.12at}{rb_1}+2\ln\frac{0.56at}{b_2\sqrt{b_1^2+b_2^2}}+\xi'_0+\xi'\left(\frac{b_1^2}{at},\frac{2b_1}{M},\frac{l}{M}\right)+\xi'\left(\frac{b_2^2}{at},\frac{2b_2}{M},\frac{l}{M}\right)+\xi'\left(\frac{b_1^2+b_2^2}{at},\frac{2\sqrt{b_1^2+b_2^2}}{M},\frac{l}{M}\right)$	
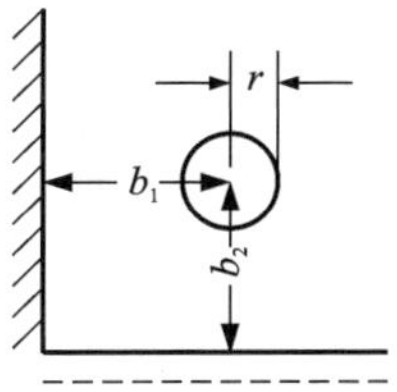 	完整井	$R_c=\ln\frac{2.25at}{r^2}-W\left(\frac{b_2^2}{at}\right)+W\left(\frac{b_1^2}{at}\right)-W\left(\frac{b_1^2+b_2^2}{at}\right)$	$R_c=2\ln\frac{2b_1\sqrt{b_1^2+b_2^2}}{rb_2}$	无越流固定流量抽水井位于直交的隔水与供水边界之间
	非完整井	$R_c=\ln\frac{2.25at}{r^2}-W\left(\frac{b_2^2}{at}\right)+W\left(\frac{b_1^2}{at}\right)-W\left(\frac{b_1^2+b_2^2}{at}\right)+\xi'_0-\xi'\left(\frac{b_1^2}{at},\frac{2b_1}{M},\frac{l}{M}\right)+\xi'\left(\frac{b_2^2}{at},\frac{2b_2}{M},\frac{l}{M}\right)-\xi'\left(\frac{b_1^2+b_2^2}{at},\frac{2\sqrt{b_1^2+b_2^2}}{M},\frac{l}{M}\right)$	$R_c=2\ln\frac{2b_1\sqrt{b_1^2+b_2^2}}{rb_2}+\xi'_0-\xi'\left(\frac{b_1^2}{at},\frac{2b_1}{M},\frac{l}{M}\right)+\xi'\left(\frac{b_2^2}{at},\frac{2b_2}{M},\frac{l}{M}\right)-\xi'\left(\frac{b_1^2+b_2^2}{at},\frac{2\sqrt{b_1^2+b_2^2}}{M},\frac{l}{M}\right)$	
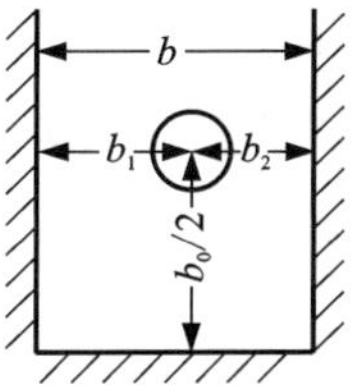 	完整井	$R_c=\frac{14.2\sqrt{at}}{b}+2\left[\ln\frac{b^2b_2}{19.53\sqrt{4b_2^2+b_0^2}\left(\sin\frac{\pi b_1}{b}\right)^2b_0r}\right]$		无越流固定流量抽水，井位于三边隔水的半封闭含水层中，其中 $b_0\leqslant b_1<b_2$

续表3-35(b)

边界条件示意图	井型	$r^2/4at>0.05$	$r^2/4at\leqslant0.05$	计算公式中符号说明及适用条件
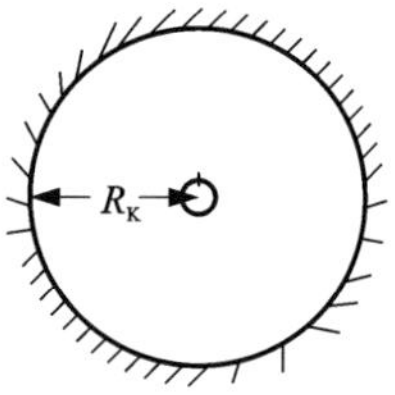	完整井	$t\leqslant(0.1\sim0.2)\dfrac{R_K^2}{a}$时， $R_c=2\ln\dfrac{R_K}{r}+\dfrac{4at}{R_K^2}-\dfrac{3}{2}$	$t>(0.1\sim0.2)\dfrac{R_K^2}{a}$时， $R_c=\ln\dfrac{2.25at}{r^2}$	固定流量抽水井，位于无越流封闭含水层的中心
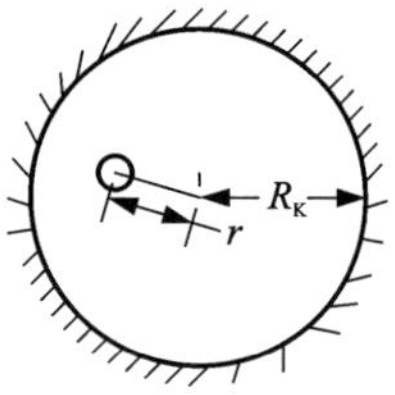	完整井	$t\leqslant(0.1\sim0.2)\dfrac{R_K^2}{a}$时， $R_c=4\left(\dfrac{at}{R_K^2}+0.5\ln\dfrac{R_K}{r}\right)$		固定流量抽水井，位于无越流封闭含水层中任意一点

注：符号含义同表3-33，ξ_0'和ξ'可查表3-36确定。

表3-36 非稳定流非完整井水流阻力系数 $\xi_0'\left(u、\dfrac{r}{M}、\dfrac{l}{M}\right)$ 表

	u	r/M					
		0.01	0.03	0.1	0.2	0.5	1.0
$\dfrac{l}{M}=0.25$时的ξ_0'值	$<10^{-5}$	18.18	11.93	5.75	2.97	0.70	0.10
	10^{-5}	18.18	11.93	5.75	2.97	0.70	0.10
	10^{-4}	18.13	11.93	5.75	2.97	0.70	0.10
	10^{-3}	16.27	11.87	5.75	2.97	0.70	0.10
	10^{-2}	11.33	9.86	5.70	2.97	0.70	0.10
	10^{-1}	5.29	5.01	3.93	2.62	0.70	0.10
	1	0.63	0.63	0.57	0.50	0.28	0.08
	2	0.14	0.14	0.13	0.12	0.08	0.01
$\dfrac{l}{M}=0.5$时的ξ_0'值	u	r/M					
		0.01	0.03	0.1	0.2	0.5	1.0
	$<10^{-5}$	6.51	4.40	2.26	1.23	0.33	0.05
	10^{-5}	6.51	4.40	2.26	1.23	0.33	0.05
	10^{-4}	6.49	4.40	2.26	1.23	0.33	0.05
	10^{-3}	5.65	4.37	2.26	1.23	0.33	0.05
	10^{-2}	3.85	3.42	2.24	1.23	0.33	0.05
	10^{-1}	1.78	1.71	1.44	1.06	0.33	0.05
	1	0.22	0.21	0.20	0.18	0.12	0.01

续表3-36

	u	r/M					
		0.01	0.03	0.1	0.2	0.5	1.0
$\frac{l}{M}=0.75$ 时的 ξ_0' 值	u	r/M					
		0.01	0.1	0.2	0.5		
	$<10^{-5}$	2.02	0.64	0.33	0.08		
	10^{-5}	2.02	0.64	0.33	0.08		
	10^{-4}	2.01	0.64	0.33	0.08		
	10^{-3}	1.81	0.64	0.33	0.08		
	10^{-2}	1.26	0.64	0.33	0.08		
	10^{-1}	0.59	0.44	0.30	0.08		
	1	0.07	0.06	0.05	0.03		

表 3-37　R_H 函数值表

$\frac{\pi\sqrt{at}}{b}$	b_2/b				
	0.1；0.9	0.2；0.8	0.3；0.7	0.4；0.6	0.5
0.1	2.51	1.85	1.53	1.37	1.32
0.2	1.90	1.27	0.949	0.788	0.737
0.4	1.23	0.788	0.482	0.320	0.27
0.6	0.778	0.528	0.289	0.139	0.09
0.8	0.482	0.340	0.181	0.065	0.024
1.0	0.288	0.206	0.109	0.033	0.055
1.2	0.160	0.117	0.062	0.018	0.001
1.4	0.086	0.062	0.033	0	0
1.6	0.043	0.031	0.016	0	0
1.8	0.020	0.014	0.008	0	0
2.0	0.008	0.006	0.003	0	0
2.5	0.001	0.001	0	0	0

3)数值模拟法

数值模拟法一般在矿区水文地质条件复杂时采用。其能解决含水层的平面和垂直方向上的各向异性、多层含水层越流、“天窗”或河流渗漏以及复杂边界条件等情况下的计算问题。

计算方法分正演问题及反演问题。

正演问题：在已知含水层的几何形状、物理特性和流动特性的条件下，求水头分布的问题。目前常用的方法是有限差分法与有限单元法。

反演问题：根据地下水动态及抽水试验观测资料，反过来认识水文地质条件，确定水文地质参数问题，也称为逆问题。

反演的任务是：研究所选用的方程类型是否适当，确定方程的系数，检验定解条件。

因此，解逆问题是把数学模型校准，这一步是整个计算成败的关键。

实际上，预测涌水量的计算过程，一般都是先解逆问题，确定所需要的各种水文地质参数，然后再解正演问题。

3.5.7.2 采矿崩落区降雨径流渗入量计算

1)采矿崩落区岩层移动带的划分及其特征

(1)岩层移动带的划分。

对于地下开采的矿床，当矿体采出之后，在地下形成空区，覆岩失去了支撑之后，岩层的原始状态发生破坏，使岩层变形、移动和冒落。随着开采面积不断扩大，岩层的移动将波及地表，使其产生开裂和塌陷，以致成为大气降水渗入坑道的良好通道。根据覆岩破坏程度的不同，可分冒落带Ⅰ、导水裂隙带Ⅱ及整体移动带Ⅲ，见图3-19。

(2)“三带”及其水文地质特征。

①冒落带：是指采矿工作面放顶后引起矿层顶板的破坏范围。此范围的岩石完全失去了原有岩层的结构、构造和物理力学性能，使岩石的渗透性能急剧增加，可使补给水源溃入矿坑，所以冒落带的高度直接影响大气降水渗入坑道。

②导水裂隙带：此带处于冒落带和整体移动带之间，岩层产生新的破裂和离层，由于岩石的变形，岩层裂隙发育程度也相应提高。此带如果发展到地表，也会成为大气降水渗入坑道的较好通道。

③整体移动带：此带由于岩层下部支撑力的减小，在自重的作用下，产生了塑性弯曲或使岩层整体缓慢下沉。此带岩层结构变化不大，一般渗漏能力变化较小。

一般具备下述条件之一时，设计中可不考虑崩落区降雨渗入量：

①采用保护矿体顶板的采矿方法；

②采用破坏矿体顶板的采矿方法，但冒落带及导水裂隙带尚未到地表，地表只显示整体缓慢下沉，没有破坏岩体的完整性；

③冒落带或导水裂隙带虽已扩展到地表，但矿体上部覆岩(土)为可塑性隔水层(如黏土、亚黏土、强风化层等)，此时应根据矿山具体情况研究确定。一般在导水裂隙带扩展到地表，矿体上部可塑性隔水覆盖层厚度大于20 m时；或者冒落带扩展到地表，矿体上部可塑性隔水覆盖层厚度大于50 m，此两种情况不考虑降雨渗入量。

除上述情况外，崩落区冒落带及导水裂隙带发育到地表时，设计中均应考虑计入崩落区降雨渗入量。

2)采矿崩落区降雨径流渗入量的估算

(1)设计频率暴雨径流渗入量的估算。

设计频率暴雨径流渗入量计算公式：

$$Q_p = F \cdot H_p \cdot \varphi_{max} \tag{3-58}$$

式中：Q_p 为设计频率暴雨径流渗入量，m^3/d；F 为渗水面积，m^2；H_p 为设计频率暴雨量，m；φ_{max}为设计频率暴雨径流渗入系数。

计算参数的确定：

①渗水面积(F)：是指矿体崩落后波及地表的塌陷范围。

②设计频率暴雨径流渗入系数：按选定设计频率 24 h 暴雨发生后，在 24 h 的时间内渗入矿坑的降雨径流量与崩落区汇集的 24 h 设计频率暴雨径流总量的比值。对于扩建或改建矿山，条件具备时可经实测取得；对新建矿山，可根据相似矿山资料选用；当缺乏上述资料时，可参考表 3-38 选取。

表 3-38　崩落区设计频率暴雨径流渗入系数参考表

<table>
<tr><th colspan="2">崩落区地表、矿体顶板岩(土)层破坏程度及特征</th><th colspan="2">矿体上部覆岩(土)特征</th><th>设计频率暴雨径流渗入系数</th></tr>
<tr><td colspan="2" rowspan="4">冒落带未扩展到地表，仅导水裂隙带扩展到地表</td><td rowspan="2">无塑性隔水土层</td><td>脆性岩石</td><td>0.15~0.20</td></tr>
<tr><td>塑性岩石</td><td>0.10~0.15</td></tr>
<tr><td rowspan="2">有塑性隔水土层</td><td>厚度 5~10 m</td><td>0.05~0.10</td></tr>
<tr><td>厚度 11~20 m</td><td>≤0.05</td></tr>
<tr><td rowspan="12">冒落带扩展到地表</td><td rowspan="6">矿体顶部覆岩不重复塌陷</td><td rowspan="2">无塑性隔水土层</td><td>脆性岩石</td><td>0.30~0.35</td></tr>
<tr><td>塑性岩石</td><td>0.20~0.30</td></tr>
<tr><td rowspan="4">有塑性隔水土层</td><td>厚度 5~10 m</td><td>0.15~0.20</td></tr>
<tr><td>厚度 11~20 m</td><td>0.10~0.15</td></tr>
<tr><td>厚度 21~30 m</td><td>0.05~0.10</td></tr>
<tr><td>厚度 31~50 m</td><td>≤0.05</td></tr>
<tr><td rowspan="6">矿体顶部覆岩重复塌陷</td><td rowspan="2">无塑性隔水土层</td><td>脆性岩石</td><td>0.30~0.40</td></tr>
<tr><td>塑性岩石</td><td>0.25~0.30</td></tr>
<tr><td rowspan="4">有塑性隔水土层</td><td>厚度 5~10 m</td><td>0.20~0.25</td></tr>
<tr><td>厚度 11~20 m</td><td>0.15~0.20</td></tr>
<tr><td>厚度 21~30 m</td><td>0.10~0.15</td></tr>
<tr><td>厚度 31~50 m</td><td>0.05~0.10</td></tr>
</table>

注：(1)表中塑性岩石一般指页岩、泥灰岩、泥质砂岩、凝灰岩、千枚岩等；脆性岩石一般指石灰岩、白云岩、大理岩、花岗岩、片麻岩、闪长岩等；塑性隔水土层系指第四系黏土、亚黏土和严重风化成土状物的基岩。(2)对表中设计频率暴雨径流渗入系数波动值，当深度比大时，取小值；深度比小，导水裂隙或冒落带刚波及地表时，取大值。

③设计频率暴雨量。地下开采渗入矿坑的降雨径流量，目前普遍利用 24 h 的暴雨量进行计算，故一般矿山设计暴雨频率采用如下标准：大型矿山设计频率 5%，中、小型矿山设计频率 10%~20%；塌陷特别严重、降雨量大的地区，可适当提高设计频率标准。

(2)正常降雨径流渗入量的估算。

根据矿山实践经验，采矿崩落区正常降雨径流渗入量一般较小，对矿山排水设计影响不大，为简化计算，可按下述方法确定：

①年降雨量不低于 1000 mm 的地区，取设计频率暴雨径流渗入量的 10%作为正常降雨径流渗入量。

②年降雨量小于 1000 mm 的地区，取设计频率暴雨径流渗入量的 5%~8%作为正常降雨径流渗入量。

3.5.8 露天采矿场总涌水量计算

露天采矿场总涌水量是由地下水涌水量和降雨径流量两部分组成。其中，地下水涌水量与地下开采矿坑地下水涌水量计算方法基本相同，具体计算时可参阅本章 3.5.6 节相应内容。

露天采矿场降雨径流量，应按正常降雨径流量和设计频率暴雨径流量分别计算。

3.5.8.1 计算方法

(1)正常降雨径流量(Q_z)计算公式：

$$Q_z = F \cdot H \cdot \varphi \tag{3-59}$$

式中：F 为泵站担负的最大汇水面积，m^2；H 为正常降雨量，m；φ 为正常地表径流系数，%。

(2)设计频率暴雨径流量(Q_p)计算公式：

$$Q_p = F \cdot H_p \cdot \varphi' \tag{3-60}$$

式中：H_p 为设计频率暴雨量，m；φ'为暴雨地表径流系数，%；其他符号含义同前。

3.5.8.2 计算参数选取

1)汇水面积的确定

汇水面积由根据排水方式确定的排水泵站担负的最大汇水面积进行圈定，应包括露天境界内和境界外的地形分水岭或地表截水沟范围以内的汇水面积。

2)地表径流系数的确定

地表径流系数的选取，可根据采矿场岩石性质、裂隙发育程度和降雨强度大小等因素确定。

对于扩建或改建的矿山，具备实测地表径流系数的矿山，应尽可能采用实测值。对于不具备实测条件的新矿山，当有类似生产矿山资料时，应选用类似生产矿山的实测值。对缺乏上述资料的矿山，可选用地表径流系数经验值(表 3-39)。

表 3-39 地表径流系数经验值

岩土类别	地表径流系数(φ)
重黏土、页岩	0.9
轻黏土、凝灰岩、砂页岩、玄武岩、花岗岩	0.8~0.9
表土、砂岩、石灰岩、黄土、亚黏土	0.6~0.8
亚黏土、大孔性黄土	0.6~0.7
粉砂	0.2~0.5
细砂、中砂	0~0.4
粗砂、砾石	0~0.2

续表3-39

岩土类别	地表径流系数(φ)
坑内排土场、以土壤为主者	0.2~0.4
坑内排土场、以岩石为主者	0~0.2

注：(1)本表内数值适用于暴雨径流量计算，对于正常降雨量计算，应将表中数值减去 0.1~0.2。(2)表土指腐殖土，表中未包括的岩土则按类似岩土性质采用。(3)当岩石中有少量裂隙时，表中数值减去 0.1~0.2，中等裂隙减去 0.2，裂隙发育时减去 0.3~0.4。(4)当表土、黏性土壤中含砂时，按其含量适当将表中地表径流系数减去 0.1~0.2。

3)正常降雨量的选择

一般矿区可以雨季平均降雨量作为正常降雨量，而对非雨季节经常出现较大降雨地区的露天矿，可选用控制雨量作为正常降雨量。

(1)雨季平均降雨量。

收集历年(一般要求 10~15 年)雨季各月降雨量及降雨天数，用式(3-61)求得雨季平均降雨量：

$$H = \frac{\sum_{i=1}^{n} H_i}{\sum_{i=1}^{n} N_i} \tag{3-61}$$

式中：H 为历年雨季日平均降雨量，m；N_i 为历年降雨系列资料中 i 年的雨季天数，d；H_i 为历年降雨系列资料中 i 年的雨季总降雨量，m；n 为降雨系列资料统计年数。

(2)控制雨量。

我国一些地区的露天矿，在非雨季节经常出现较大降雨时，用雨季平均降雨量来计算正常排水量很可能偏小，为保证露天矿在非雨季节正常生产，可采用控制雨量进行设计。

控制雨量确定方法如下：

收集历年非雨季节降雨量，并按≥10 mm、≥20 mm、≥25 mm、≥30 mm、≥35 mm、≥40 mm、≥50 mm 等分组统计降雨天数，然后把各组降雨量之和除以各组的降雨天数，得各组平均降雨量，再拿各组平均降雨量与实际降雨量对比，选择每年出现概率为 2~3 次的雨量值作为控制雨量。

4)设计频率暴雨量的计算

(1)设计频率的选取。

其一般可根据矿山规模按如下原则确定：

特大型和大型：设计暴雨频率按 5%考虑。

中型：设计暴雨频率按 10%考虑。

小型：设计暴雨频率按 20%考虑。

对于有特殊条件或要求的露天矿，可根据矿山具体情况，通过对不同频率的排水工程基建投资和淹没损失等主要因素进行技术经济分析，以确定适合该矿山的设计暴雨频率标准。

(2)设计频率暴雨量的计算。

①短历时(≤24 h)暴雨量的计算。

不同频率 24 h 暴雨量及暴雨计算所需各种参数，均可由地区水文手册直接查得，在这种情况下，一般只需进行设计频率的不同历时的暴雨量的计算。

当缺乏上述资料时，可收集矿山附近气象台(站)的降雨和暴雨参数资料，按下述方式进行计算。

频率为 P 的 24 h 暴雨量 H_{24P} 的计算公式：

$$H_{24P}=(1+\Phi C_{\mathrm{v}})\overline{H}_{24} \tag{3-62}$$

式中：Φ 为皮尔逊Ⅲ型曲线的离均系数，根据设计频率与偏差系数(C_{s})查表 3-55 可得；$\overline{H}_{24}$ 为历年 24 h 最大暴雨量均值，mm；各地最大 24 h 暴雨量比最大日暴雨量 $\overline{H}$ 大 10%左右，故采用 $\overline{H}_{24}=1.1\overline{H}$。

偏差系数(C_{s})计算公式为：$C_{\mathrm{s}}=\dfrac{\sum (K-1)^3}{(N-1)C_{\mathrm{v}}^3}$；变差系数($C_{\mathrm{v}}$)计算公式为：$C_{\mathrm{v}}=\sqrt{\dfrac{\sum (K-1)^2}{N-1}}$；$K$ 为变率，$K=\dfrac{H}{\overline{H}}$；$N$ 为统计年数；H 为统计系列资料中某年某日最大暴雨量，mm。

为了确定变率 K 值计算 C_{s} 和 C_{v} 的值，需将收集到的矿山附近气象台(站)的历年日最大暴雨量，按由小到大的顺序排列成表，并将求得的历年变率也列入表中，然后进行计算。

频率为 P 的暴雨雨力 S_P 采用下式计算：

$$S_P=H_{24P}/t^{1-n} \tag{3-63}$$

式中：n 为暴雨递减指数，由地区水文手册 n 值等值线图查得；其余符号含义同前。

频率为 P 的不同历时暴雨量 H_{tP} 按下式计算：

$$H_{tP}=S_P\cdot t^{1-n} \tag{3-64}$$

式中：t 为暴雨历时，min；其余符号含义同前。

②长历时(>24 h)暴雨量的计算。

历时为 T、频率为 P 的暴雨量 H_{TP} 采用下式计算：

$$H_{TP}=H_{24P}T^{m_1} \tag{3-65}$$

式中：T 为暴雨历时，设计取与允许淹没天数相同的时间，h；m_1 为地区暴雨参数，由地区水文手册 m_1 等值线图查得；H_{24P} 为频率为 P 的 24 h 暴雨量，m。

3.5.9 储排平衡计算

为选择最优排水设备数量和储水调节容积，以及确定合理的排除积水时间(允许淹没时间)和淹没深度，一般均需进行储排平衡计算。

3.5.9.1 储排平衡曲线的绘制和分析

储排平衡曲线是由按露天采矿场排水方式设置的泵站(包括露天排水方式的坑底移动或半固定泵站、露天台阶上设置的分段截流泵站和井巷排水方式的井下泵站)计算的设计概率不同历时的暴雨径流量(表 3-40)和水泵排水量绘制的曲线。

表 3-40 某泵站设计频率(10%)不同历时的暴雨径流量计算结果表

降雨历时/h	1	2	3	4	5	6	9	12
暴雨径流量/m³	43800	46840	51420	54940	57835	60310	66205	70735
降雨历时/h	24	48	72	96	120	144	168	
暴雨径流量/m³	82960	100380	112825	121980	130245	136885	143520	

以设计频率的暴雨径流量和水泵排水量为纵坐标，以排除积水时间(允许淹没时间)为横坐标，绘制出不同历时的暴雨径流量累计曲线和水泵工作排水量累计曲线。横坐标取点时，12 h 以内取得密些，而 12~24 h 可放稀，长历时段，以日(d)为单位取点(图 3-26)。

从图 3-26 中曲线可以看出，水泵工作排水量累计曲线是一条直线，而暴雨径流量累计曲线是随时间变化的抛物线，二者不相吻合，这就是露天矿排水要进行储排平衡计算的原因。由该图可知，每给定一排除积水时间，即可在两线间的最大垂直距离定出一个要求的储水容积，随着排除积水时间的延长，排水能力可降低，但相应地要求储水容积要增大；而缩短排除积水时间，排水能力则要增强，储水容积可相应减少。

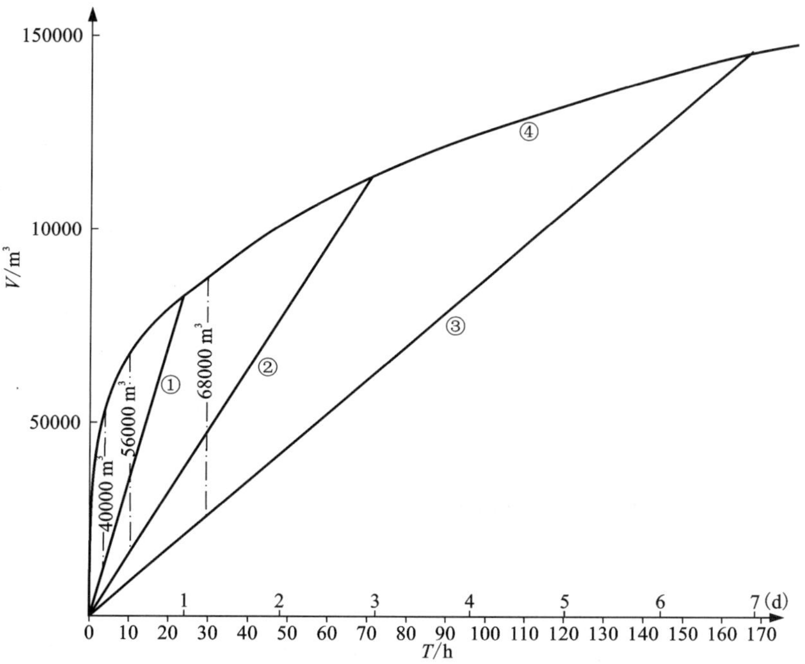

①—24 h 水泵排水累计曲线；②—3 d 水泵排水累计曲线；
③—7 d 水泵排水累计曲线；④—泵站设计频率 $P=10\%$ 的暴雨径流量累计曲线。

图 3-26　露天矿排水储排平衡曲线图

如何处理好储排平衡关系，是搞好露天矿排水设计的最重要问题。不过这个问题的影响因素甚多，尤其是淹没损失等因素难以准确确定，所以现在还没有很好地解决。目前，主要根据允许淹没时间和允许淹没深度，经分析大致确定储排平衡方案。

3.5.9.2　允许淹没时间和淹没深度的确定

1) 允许淹没时间的确定

露天采矿场不论采用何种排水方式，原则上都应允许坑底储水，允许淹没时间应根据同时开采的阶段数(考虑受淹时影响出矿的程度)、储矿仓能力以及淹没后造成的损失等具体情况经研究确定。一般情况下，对采用露天排水方式的矿山，允许淹没时间可取 1~7 d；采用井巷排水方式的露天矿，允许淹没时间可取 1~5 d。对于具体确定淹没时间，建议按以下几种情况考虑：

(1)采用潜水泵、浮船、台车等排水方法的矿山，从排水角度看允许淹没时间可采用较长历时，如采用5~7 d。

(2)矿山在雨季前，可超前掘出按储排平衡曲线要求的最小储水容积；或最低工作水平在雨季允许停产(沟底无大型采、装、运设备作业)，或最低工作水平采用机动性强的设备等情况下，允许淹没时间可取上限(7 d)。

(3)采矿工作面少或新水平准备工作比较紧张，雨季前掘不出按储排平衡曲线要求的最小调节容积的情况下，允许淹没时间应适当缩短，可取2~4 d。

(4)当矿山采掘工程紧张，采矿工作台阶少，淹没损失较大，对安全持续生产有特殊要求时，其允许淹没时间采用短历时的较高标准，即等于或小于1 d。

2)采矿场淹没深度的确定

采矿场设计洪水的允许淹没深度可按以下原则确定：

(1)采矿场受淹后，排水作业不能停产。

(2)新水平开沟前，水深不能淹没本水平挖掘机主电机；新水平开沟未完成前，水深不淹没上个平台的挖掘机主电机。

(3)特殊情况下，如设计暴雨径流量特别大时，对是否允许淹没本水平或上水平挖掘机主电机，应通过技术经济比较确定。

(4)新水平准备时间充裕时，在每年暴雨期停止开沟，开段沟和上个平台可以淹没。

3.6 矿床疏干

3.6.1 疏干设计的基本原则和内容

3.6.1.1 矿床疏干的适用条件

有下列任何一种情况时，应考虑预先疏干：

(1)矿体或直接顶底板为涌水量大、水压高的含水层，不进行预先疏干会导致突然涌水淹没矿坑，无法保证采掘工作安全与正常进行。

(2)矿体虽赋存于隔水或弱透水层中，但矿体间接顶板赋存于含水丰富、水压高的含水层，并且该含水层位于开采崩落区内，可能对开采构成严重威胁。

(3)矿体虽赋存于隔水或弱透水层中，但矿体间接底板存在含水丰富、水压高的含水层，若不进行预先疏干，在采掘过程中有可能引起底鼓淹没矿坑，无法保证采掘工作安全与正常进行。

(4)采掘过程中的涌水对矿山生产工艺和设备的效率有严重影响。

(5)矿体直接顶底板含水层虽含水不丰富，水头也不大，但属于流砂层或者矿体间接顶板为流砂层并且位于开采崩落区内，若不预先疏干，则在采掘过程中会有突然涌水、涌砂的危险。

(6)露天开采矿床的边坡由于地下水的影响，其岩石物理力学性质改变，稳定性降低，边坡可能发生塌落和滑坡。

3.6.1.2 矿床疏干主要技术要求

矿床疏干在技术上必须满足以下要求：

(1)采用的疏干方法必须与矿区水文地质条件相适应，并能保证有效降低地下水位，形成可靠的疏干漏斗。

(2)采掘范围内形成的地下水降落曲线低于相应时期的采掘工作面标高，或低于允许的剩余水头。

(3)疏干工程的施工进度，必须满足矿床开拓、开采进度计划的要求。

3.6.1.3　矿床疏干设计所需的水文地质资料

(1)经主管部门审批的地质勘探(含水文地质)报告。其一般在矿区水文地质条件属中等或比较复杂的类型时提供。

(2)经主管部门审批的专门水文地质勘查报告。其一般在矿区水文地质条件属复杂或极复杂类型时提供。

(3)经主管部门审批的矿区水文地质补充勘查报告。这主要是指在矿区勘探阶段水文地质勘查和研究程度未能满足规范要求，进行了水文地质补充勘查后提交的报告。

(4)疏干试验报告。这是在矿区进行疏干试验之后提交的工业性试验报告，如放水试验报告、降水孔群干扰试验报告或流砂的可疏性试验报告等。

3.6.1.4　疏干设计原则

(1)矿床疏干设计要与采矿设计、矿区地面防水及矿坑或露天采矿场的排水设计密切结合，统一安排。

(2)矿床疏干设计要全面规划，注意开采初期和后期疏干工程的衔接，位于同一水文地质单元内的不同矿区，应注意相邻矿区疏干工程间的相互配合。

(3)疏干方案应通过多方案的技术经济比较确定，详细对比各方案降低地下水位的可靠程度、疏干工程的施工难易程度和安全程度、疏干设备的运转可靠程度及设备材料供应的可靠性、基建时间长短、基建工程量和投资多寡以及矿山生产期间经营费的多少等。

(4)矿床疏干设计应考虑疏干水量的排供结合和综合利用。

3.6.1.5　疏干设计内容

矿床疏干设计是需疏干矿山开采总体设计组成部分之一，编制矿床疏干初步设计时，应包括以下主要内容。

1)对设计依据的原始资料进行分析和评述

对设计依据的地质报告或专门水文地质报告、疏干试验报告等进行系统的分析，提出影响疏干设计开展的主要水文地质工程地质问题，分析这些问题对开展疏干设计的影响程度和应采取的相应措施。

2)矿床疏干水文地质条件的研究和论证

(1)详细研究区域水文地质特征，分析矿床疏干对区域水文地质条件的影响。

(2)研究矿区所在水文地质单元及边界条件，研究拟疏干含水层的岩性、产状、厚度、空间展布，以及含水层厚度及富水性在水平和垂直方向上的变化。

(3)详细研究抽(放)水试验资料，确定拟疏干含水层有代表性的水文地质参数。

(4)研究地表水的分布，地表水与地下水的水力联系，矿床疏干后地表水转化为地下水的可能性。

(5)研究矿床疏干引起地面沉降、开裂和塌陷的可能性及其对矿山建设的影响。

(6)研究矿床开采的工程地质条件，确定不利的工程地质因素及其对矿床疏干和开采造成的影响。

3)疏干必要性和可行性的论证

从矿山基建和生产安全及采掘效率的提高等多方面，对矿床疏干的必要性进行技术经济论证；通过矿床开采水文地质、工程地质条件的研究，论证矿床疏干的可能性和可行性。

4)确定疏干原则、疏干方法和疏干工艺

根据采矿对疏干的要求，提出两个以上可能的疏干方案，列表说明各方案的优缺点、疏干基建工程量、设备材料数量、投资及年经营费用等，根据矿山的具体条件，推荐技术可靠、经济合理的方案。

5)疏干工程布置和疏干工程结构类型的确定

在推荐方案中说明各种疏干工程的布置原则和方法，并详细说明推荐方案中以下各种疏水构筑物的结构。

深井降水孔：开孔、终孔直径，止水要求，过滤器类型，填砾厚度及砾料规格，沉砂段长度，深井基础处理方法。

疏干巷道：巷道布置形式、长度、断面规格、坡度要求，水沟规格及巷道支护要求等。

直通式放水孔：开孔、终孔直径，止水方法，过滤器类型，孔口管接装方法及闸阀型号。

丛状放水孔：开孔、终孔直径，孔口管尺寸及固定方法，孔深要求及孔口管闸阀型号。

6)矿床疏干的水文地质计算

计算地下开采矿山矿坑系统总涌水量；按各开采阶段计算疏干系统的地下水正常涌水量及最大涌水量；当采用破坏顶板的采矿方法，形成开采崩落区并导致雨水渗入时，计算正常降雨渗入量及暴雨渗入量；计算各开采阶段的静储量和疏干时间；校核各开采时期的地下水降落曲线是否满足采矿要求。

采用地表降水孔疏干时应计算疏干系统总涌水量，干扰井群的单井涌水量，疏干井间距及残余水头值；校核各开采时期的地下水降落曲线是否满足采矿要求；进行静储量和疏干时间以及过滤器的水文地质计算等。

7)疏干设备选型及选用数量的确定

采用地表降水孔疏干时，选用合适型号的深井泵或潜水泵，计算泵的工作、备用及检修台数，确定钻井设备的型号和数量以及相应附属设备的型号、数量等。

8)矿区水文地质观测网的建立

确定矿区地面水文地质观测网布置的原则、形式，观测孔的结构及过滤器的类型，建立矿坑涌水量观测系统及矿坑水压观测系统，必要时建立地下水水温及水质监测系统等。

9)矿山基建疏干和生产疏干的水文地质工作设计

按照采矿对疏干的要求，编制基建疏干和生产疏干的进度表，确定日常生产水文地质工作内容及工作量，配置观测仪器型号、数量，确定人员编制及组成等。

10)编制疏干概算

11)矿坑水综合利用

详细研究矿坑排水的水质及水量是否具备可供利用的条件，协调排供关系，最大限度利用矿床疏干的地下水，以降低排水经营费用。

12)矿山疏干排水与环境保护

研究矿坑水排放对周围环境污染的可能性，提出防治污染的措施。对岩溶充水矿床，应详细研究因矿山疏干排水出现地面沉降、开裂及塌陷的可能性，并提出防治措施。

13) 主要附图

(1) 区域水文地质图(1：5000~1：10000)：必要时附图，一般按原有图复制。

(2) 矿区水文地质图(1：1000~1：5000)：一般按原有图复制。

(3) 疏干工程平面布置图(1：1000~1：5000)：图中标明主要水文地质勘查点和试验点的位置及编号、含水层界线及富水性分区、露天矿最终开采境界或地下矿开采崩落界线及错动界线、疏干工程的位置及编号、疏干系统与地面防排水系统的关系、地面观测系统的位置及编号等。

(4) 阶段疏干工程布置图(1：1000~1：5000)：标明勘查线、矿体、地层及含水层界线，主要构造线位置，主要井巷工程布置，地下疏干系统的位置及编号，疏干系统与阶段排水系统的关系，并标明排水方向及疏干巷道、硐室、防水门及水仓、水泵房的位置，观测孔的位置及编号，阶段的崩落界线及错动界线等。

(5) 降水孔结构图：标明降水孔穿过的地层层位、岩性、深度，含水层的厚度及各地层层底标高，降水孔开孔、终孔直径及换径情况，止水部位，过滤器装设位置及过滤器类型，滤料的填置深度、厚度及滤料规格，沉砂段长度等。

(6) 岩溶矿区地面塌陷预测分区图。

3.6.2　疏干试验

矿床疏干试验一般是在编制矿床疏干初步设计之后，在开展施工图设计之前，结合既定的疏干方案进行的一种工业性试验。

3.6.2.1　疏干试验的任务

对于矿床水文地质条件复杂的大水矿床，由于受现有水文地质勘查装备水平和技术手段的限制，在矿床详勘阶段尚遗留部分水文地质工程地质问题，可以在疏干试验中一并解决。

疏干试验一般应解决以下问题：

(1) 验证疏干设计中拟采用的疏干方法、疏干工艺及技术手段的有效性和可靠性。

(2) 根据疏干试验降落漏斗曲线的形态及获得的水文地质参数，调整疏干工程间距、工程量和疏干工程的布置。

(3) 检验疏干工程结构设计是否可靠、合理，为进一步修改和完善疏水构筑物的结构设计提供依据。

(4) 检验疏干水文地质计算参数和计算方法的可靠性，核实疏干时间，调整疏干排水工程的施工进度。

(5) 进一步揭示矿区的水文地质条件，对某些岩溶矿区，了解矿坑水的泥砂含量和进一步暴露地面沉降、开裂和塌陷产生的规律，为塌陷的防治提供依据。

(6) 通过疏干试验，积累各种疏干工程的施工经验，为疏干工程的全面施工创造良好条件。

3.6.2.2　疏干试验设计要求

疏干试验设计一般要求如下：

(1) 疏干试验地点的选择，应密切结合基建前期采掘工程的布置在水文地质条件有代表性的地段进行试验。

(2)疏干试验应与矿床疏干设计确定的疏干方法、疏干工艺和采用的技术手段一致。

(3)疏干试验工程应尽可能为以后的基建和生产疏干所利用，以减少疏干工程量，节约投资费用。

(4)疏干试验设计应详细拟定各项试验工作的具体方法、步骤、技术要求和进度计划等实施细则，详细确定各项试验工程的具体位置、技术规格、施工方法与机具、测试手段与装备，详细计算整个试验项目的工程量与工作量及动力材料消耗，编制详细的工程施工预算。

3.6.3 疏干方式与方法

3.6.3.1 疏干阶段

矿床疏干一般分为基建疏干和生产疏干两个阶段。

1)基建疏干

对矿区水文地质条件属复杂和极复杂类型的矿山，在已确定采取疏干措施后，一般都要求在矿山基建以前或基建过程中提前进行疏干，以便在矿山投产前就全部或局部超前降低地下水位，为采掘工作创造正常和安全的条件。超前时间一般为 6~12 个月，具体则按计算的地下水降落漏斗形成时间来确定。

基建疏干是在基建以前还是在基建时期进行，取决于拟疏干含水层的赋存位置与开拓工程的布置。一般当地下矿坑开拓工程和露天矿的开沟工程开始施工就必须揭露含水层时，基建疏干工程必须在矿山基建工作开始之前进行，以确保开拓工程的顺利进行。在基建期进行的疏干工作，则主要是为了降低采区的地下水位，确保矿山投产时开采工作安全顺利进行。

2)生产疏干

生产疏干是矿床疏干的第二阶段，疏干工作在矿山生产时期进行。生产疏干应保证在第一阶段基建疏干之后，进一步降低地下水位，以确保回采工作正常和安全进行。生产疏干是在基建疏干的基础上进行，为了继续给开采工作创造正常和安全的良好条件，同基建疏干相比，生产疏干要长时间进行。生产疏干可以不断地调整基建疏干时的工程布置形式，改善疏干系统的工作状况，进一步提高疏干效果。

3.6.3.2 疏干方式

矿床疏干方式一般分为地表疏干、地下疏干和联合疏干三种。

(1)地表疏干方式的疏水构筑物及其附属的排水系统是在地表施工建造的。在一般情况下，地表疏干方式适宜在矿山开拓工程施工之前采用。

(2)地下疏干方式的疏水构筑物及其附属的排水系统是在井下施工建造的。由于这种疏干方式的疏干排水系统多在矿山井巷开拓工程施工时才开始建造，因此，其多用于解决矿山基建和生产过程中的疏干问题。

(3)联合疏干方式的疏干排水系统一部分建在地表，另一部分建在井下，是地表和地下疏干方式的结合。它多在矿床水文地质条件复杂，采用单一疏干方式不能达到预期疏干效果时采用。联合疏干方式也可以按地表疏干和地下疏干依次分为两个阶段进行：首先采用地表疏干方式确保井巷工程安全施工，然后建造井下疏干排水系统，实现地表和地下联合疏干，使地下水位降低到预定的开采水平以下。

3.6.3.3　疏干方法

1) 地表疏干

地表疏干主要有降水孔疏干、吸水孔疏干、明沟疏干、水平孔疏干等几种形式，而一些弱渗透性含水层的矿山的地表疏干则需要采取相应的特殊疏干方法，总之，各个矿山应根据各自的实际水文地质条件，单一或联合选用相应科学、经济、高效的地表疏干方案。

(1) 降水孔疏干。

降水孔疏干具有安全、灵活和建设速度快等特点。其适用于深井排水设备扬程所能达到的疏干深度的露天和地下开采矿山，在透水性良好、含水丰富的岩溶含水层和裂隙含水层效果最好，在砂砾石含水层效果也不错，但对透水性较弱的富含黏土、亚黏土、粉砂的含水层效果较差。由于深井工程造价高，井位必须在深入掌握水文地质条件且通过疏干设计和水文地质计算的基础上布置，并精心设计降水孔结构，选择适宜的过滤器，如石菉铜矿采用降水孔进行预先疏干，取得了很好的效果(图 3-27～图 3-28)。

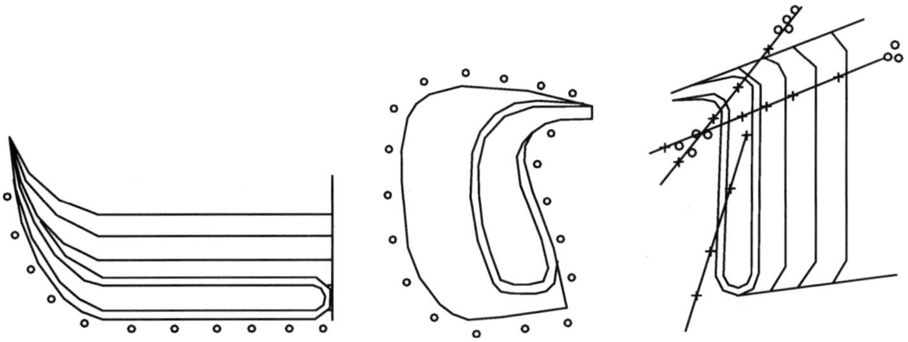

(a) 单排线形布置　　(b) 周边布置　　(c) 场外丛状布置

图 3-27　露天矿地表深井降水孔布置图(均为一次成形的固定降水孔)

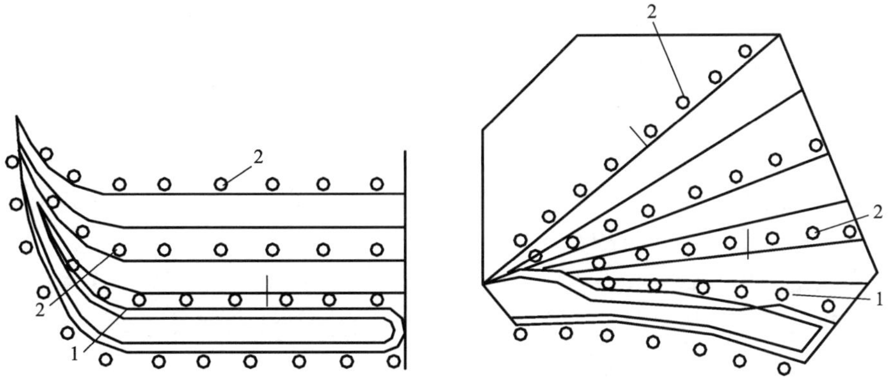

(a) 沿露天工作线推进方向超前布置的场内外平行线形降水孔　　(b) 沿露天工作线推进方向超前布置的场内外放射形降水孔

1—已完成的降水孔；2—随露天工作线推进而做的降水孔。

图 3-28　露天矿地表疏干工程滑动形式布置图

①深井降水孔井径应根据选择的深井泵或潜水泵的泵体直径及选用的过滤器规格而设计，并应考虑留有间隙，以保证泵体和过滤器能顺畅地下入和提起。

②由于深井工程造价高，因而井位选择应非常慎重。为了不造成工程浪费，保证每个深井的疏干效果，必须在深入掌握水文地质条件和经过疏干设计与水文地质计算的基础上布置井位，而且，应先施工小口径的检查钻孔，通过对小孔的水文地质编录、简易抽水和物探测井等，肯定流量符合设计要求后，才钻凿大直径深井。

③过滤器选择。为了保持水量稳定，防止孔壁坍塌，降低排水的含砂量以减少泥砂对水泵的磨损，当钻孔穿过松散砂砾含水层、能涌出泥砂的基岩含水层及裂隙发育不稳固的含水层时，都应下过滤器。常用的过滤器按结构不同可分为筛管过滤器、缠丝或包网过滤器、填砂过滤器三种；按制造的材料不同，可分为无砂混凝土管、混凝土管、钢筋混凝土管、金属管、塑料管及玻璃钢管构成的过滤器。过滤器的选择首先取决于含水层的性质，应以能较完全地将地下水夹带的岩屑、砂砾及泥砂拦截在过滤器外，以保证排水设备不受磨损和钻孔免于过早淤塞作为首要条件，同时还要考虑进入滤水管内的水流阻力尽可能小，机械强度高，抗腐蚀性能好，制作简单，施工安装方便，价格低廉，经济合理，等等。

④施工设备和排水设备。深井施工设备的选择，应考虑设计的井径、井深和岩层条件。在松散层中凿井，可使用冲击式钻机；在基岩中凿井，多用回转式钻机。

深井降水孔的排水设备有深井泵和潜水泵两类。深井泵在大流量时扬程较小，故仅能用于疏干比较浅的含水层，而且由于电机置于井口，靠传动轴带动，故对孔斜要求较严。潜水泵的驱动电机位于泵体下面，直接置于水中，通过电缆供电，故对孔斜要求不严，特别是与深井泵相比，有较大的扬程，可满足较深含水层疏干的要求。目前，潜水泵技术发展很快，不断向大流量、大扬程、高效率方向发展。目前，最大流量达 1800 m^3/h，最大扬程达 1160 m，最大功率达 2000 kW 的各种技术性能的潜水泵已形成标准系列，可满足埋藏深 1000 m 以内的含水层的疏干需要。

(2)吸水孔疏干。

吸水孔疏干是在特定水文地质条件下采用的疏干方法，吸水孔疏干适用于需要疏干的含水层下伏不含水的吸收层，或虽然充水，但水位低于要求疏干水平，以及吸收层的吸水能力应大于疏干流量，且吸水后吸收层的动水位应低于要求的疏干水平。

苏联苏沃洛夫耐火黏土露天矿，其黏土层上覆细砂含水层，层厚约 20 m，渗透系数平均值为 2.5 m/d。开采耐火黏土就必须预先疏干涌水量很大的细砂含水层。考虑黏土层下伏石炭系碳酸盐岩，岩溶裂隙发育，其静水位位于黏土层底板以下，因此采用吸水孔疏干法，将砂层地下水泄入黏土层下部的碳酸盐岩中。

初期吸水孔是采用套管支护井壁，在砂层中则采用填砾筛管过滤器。这种结构虽能满足砂层地下水泄流的要求，并能通过清洗钻孔保持其畅通，但是在露天开采过程中，报废孔内的套管难以回收，给剥离、采矿时的电铲作业造成困难。

之后改用“砾石柱”型吸水孔(图 3-29)，成孔后自砂层地下水位以上 2~3 m 处起，以下全填充砾石，形成“砾石柱”。这样既防止了坍孔，又起过滤器作用；既节省了管材，又不会对以后生产过程中的机械作业产生不利影响。该矿共施工了 100 多个“砾石柱”型吸水孔，把砂层地下水泄入下部灰岩中，使露天矿开采范围内砂层得以疏干。

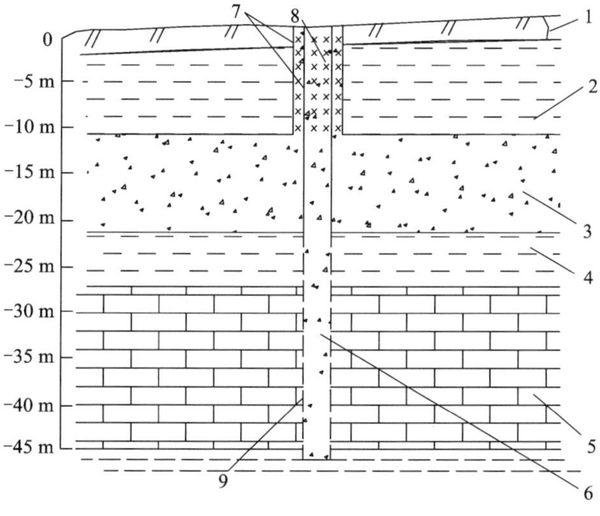

1—表土；2—亚黏土；3—砂层；4—黏土；5—石灰岩；6—砾石；
7—套管，施工后拔出；8—填满黏土的钻孔段；9—不设套管的钻孔段。

图 3-29　“砾石柱”型吸水孔结构图

该法由于不要排水动力和设备，故经营费用低廉，但使用条件严格，只有少数矿山可能应用。如钟山铁矿、姑山铁矿把吸水孔疏干作为一种辅助的疏干方法，配合地表降水孔疏干第四系流砂层。

(3)明沟疏干。

明沟疏干是在露天采场外或采场边坡上开挖切透含水层并坐落在底板隔水层上的明沟，将汇集的地下水集中排出，适用于疏干埋深浅、厚度不大，透水性较强且底板为稳定隔水层的松散孔隙含水层。如灵泉露天煤矿，采用明沟疏干厚度为 9.5～18.6 m，渗透系数为 5.65 m/d 的砂砾、粉细砂夹黏土的潜水含水层，取得了良好效果。

明沟疏干是一种简单有效的疏干方法，在地形条件有利时，明沟可实现全部或部分自流排水；在没有自流排水条件时，则要建立泵站，进行机械排水。

明沟按布置方式可分为采场外明沟和采场内明沟。前者可作为独立的疏干系统，用于预先疏干；后者通常属于辅助性疏干手段。

明沟断面应考虑地下水流量和地表降水量，并通过水文地质计算确定。为防止地下水流出时泥砂涌出，影响边坡稳定和堵塞明沟，应在松散含水层下部地下水溢出段设置反滤层。

(4)水平孔疏干。

水平孔疏干主要用于露天矿边坡的疏干，可以作为独立的疏干方法用于露天矿边坡的疏干；同时，也可以作为辅助的疏干手段配合地表降水孔使用，以降低残余水头，保证出水边坡的稳定性。水平孔疏干适应性强，灵活性大，投资少，容易施工，安装和维修费用低，疏干效果和经济效果显著。如抚顺西露天煤矿采用该法取得了良好效果，姑山铁矿则用水平孔疏干边坡，亦维护了边坡的稳定。

(5)弱渗透性含水层的地表疏干方法。

①针状过滤器疏干法。

针状过滤器疏干系统实际上是一个由若干针状过滤器及与之连接的吸水器、水泵、真空泵组成的集排水系统装置。其工作原理是真空泵将插入含水层中的针状过滤器和吸水器中的空气排出，形成真空，致使地下水在负压作用下经针状过滤器流入吸水器，最后集中到吸水室，由水泵集中排出，从而达到疏干含水层的目的。

针状过滤器疏干法适用于渗透系数很小的含水层，通常是指粉砂及黏土质含水层，在常用的疏干方法不能实现露天采场彻底疏干时考虑作为独立或辅助设施使用。

针状过滤器安装方便，但作用范围小，降低水位深度很小，维修费用高，故较少采用。

图 3-30 是应用在渗透系数 $K=1\sim50$ m/d 的砂质黏土中可降低土壤水位 3.5~4.5 m 的轻型针状过滤器装置，它潜入黏土中间 0.75~1.5 m。

图 3-31 是为了有效地疏干渗透系数为 0.01~1.0 m/d 的砂岩和砂质黏土而采用的负压作业法。为了在黏土中建立真空，可采用能降低水位达 6~7 m 的轻型针状过滤器装置。

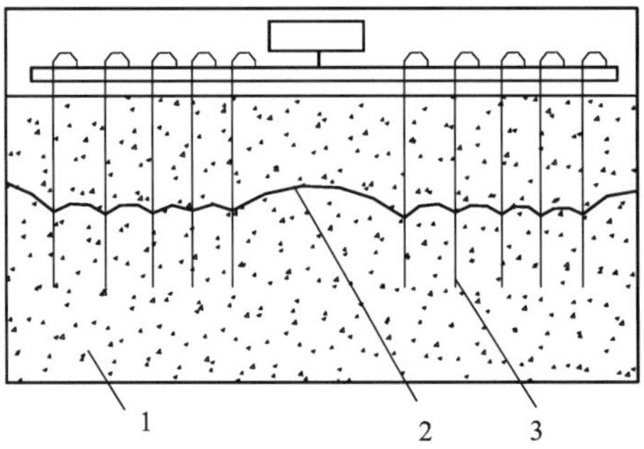

1—砂质黏土等含水层；2—负压水位线；3—轻型针状过滤器。

图 3-30 针状过滤器疏干示意图

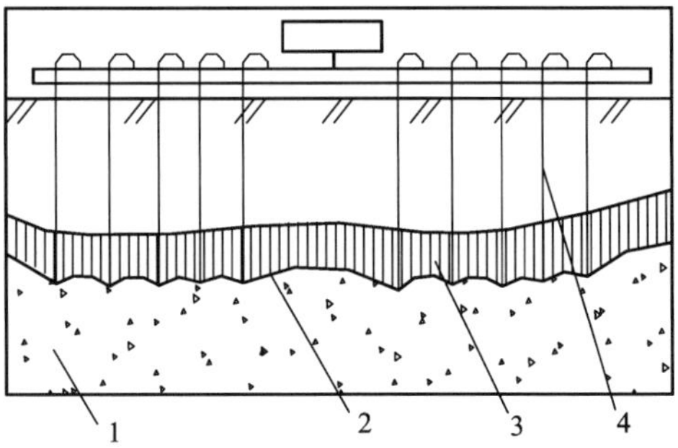

1—含水层；2—负压水位线；3—负压带；4—轻型针状过滤器。

图 3-31 负压疏干法示意图

②负压和压气疏水法。

在含水疏松粉砂岩层中，可对采矿场采用负压疏水和压气疏水两种办法强化疏干过程，消除残余水头，保证回采工作安全。

除上述两种疏水法外，尚有高真空排水法、电渗排水法和流动型电渗降水法等，但由于费用高而极少使用。

2）地下疏干

大水矿山地下常用的疏干方法有巷道疏干、丛状放水孔疏干、直通式放水孔疏干、降压孔疏干等。地下疏干方式主要适用于地下开采矿床，某些露天开采的矿床也可以采用。由于受地面排水设备的扬程、流量和凿井设备等因素的限制，地下疏干目前为止一直是我国地下开采矿床疏干中的重要方式。

（1）地下疏干工程布置的原则。

地下疏干工程的布置，原则上不宜直接布置在含水层，特别是强含水层中，而应在隔水层或弱含水层中布置巷道和硐室，然后采用丛状放水孔或直通式放水孔揭露含水层进行放水疏干。布置疏干放水巷道应与开采巷道紧密结合，统一规划，只有开采巷道不能满足疏干要求时才布置专用疏干巷道。露天矿的疏干巷道布置应考虑以后露天转地下开采时利用。专用截水巷道应在垂直于地下水补给方向或垂直于地下水径流带方向布置，并尽量利用有利的地质条件，布置在矿山开采崩落边界或露天最终境界以外，以保证其使用年限。当地形有利时，应布置疏干平巷或排水平巷，使含水层全部或某一标段以上的地下水能自流排出地表。

整个地下疏干系统一般包括泵房、水仓、疏干放水巷道、硐室及各种形式的放水钻孔。

①疏干巷道的断面一般无特殊要求，与采矿巷道结合使用的疏干巷道，除考虑采矿通风、运输的要求外，还应考虑涌水量、含泥砂量大小等因素开挖水沟，保证流水畅通。专门疏干放水巷道可以不掘水沟，也可提高坡度，但要保证巷道的正常施工。长期为疏干服务且预计涌水量很大的专门疏干放水巷道，最好不与采矿运输巷道结合或交汇，宜直接与水仓贯通，以免影响生产。

②在含水层掘进疏干巷道或在隔水层掘进巷道接近含水层时，要用物探和超前探水钻孔指导掘进。

物探是判断巷道前方含水层和地质异常体的大致位置，超前探水钻孔是为探明疏干巷道掘进前方的水文地质体的准确界线位置，确定巷道前方是否有溶洞、透水断裂、裂隙带、老巷等突水威胁。超前探水钻孔遇水后，应根据涌水量、水压确定巷道是继续掘进、停止掘进还是就地放水改进掘进，或根据遇水深度确定掘进的距离和方向。

超前探水孔的超前距离和止水套管长度应遵循以下要求：

第一，探放老窿区积水的超前钻距，应根据水压、矿（岩）层厚度和强度及安全措施等情况确定，软弱岩矿不得小于 30 m，坚硬岩石不得小于 20 m，止水套管长度不得小于 5 m。

第二，探放含水层、断层和岩溶溶洞等含水体时，按表 3-41 确定。

表 3-41　岩层中探水钻孔超前钻距和止水套管长度

水压/MPa	钻孔超前钻距/m	止水套管长度/m
<1.0	>10	>5
1.0~2.0	>15	>10
2.0~3.0	>20	>15
>3.0	>25	>20

③为了钻凿探水放水钻孔，又要避免巷道掘进、运输等工作互相干扰，一般都开凿专门的放水探硐室。

疏干工程施工顺序一般是先建立泵房、水仓排水设施及构筑防水闸门、防水墙等防水设施，然后掘进疏干放水巷道、硐室，最后施工各种放水钻孔。

(2)巷道疏干法。

巷道疏干方法不受含水层底板深度的限制，也不受疏干含水层的渗透性和富水性的限制。在下列条件下应优先考虑采用巷道疏干法：

①可用平窿自流疏干的矿山。

②疏干深度超过 200 m，而采用深井疏干又不合适的矿山。

③需疏干的含水层渗透性较差，采用深井疏干难以达到疏干目的的矿山。

④矿区存在渗透性较好的松散孔隙含水层，且附近有地表水强烈补给，为了保证露天边坡的稳定要求对其进行较彻底的截流。

(3)丛状放水孔疏干。

丛状放水孔是指在放水硐室或直接在巷道内施工，在水平或垂直方向上呈一定角度布置的多个放水钻孔。它是地下疏干方式中应用最广泛的疏干方法之一，在矿床的一侧为隔水层或弱含水层，另一侧为强含水层(特别是矿床顶板含水层)时最为适用。由于坍孔和泥砂流出问题难以解决，因此其不适用于松散孔隙含水层。丛状放水孔普遍用于地下开采矿山的疏干，同时也适用于露天开采矿山的疏干，这种放水孔及其附属的放水硐室、放水巷道等工程一般都在隔水层或弱含水层中施工。

丛状放水孔布置灵活，施工技术简单，疏干效果较好，可用孔口闸阀调节放水量，实现有计划的疏干，在向高压含水层钻凿放水钻孔时，需采取可靠的安全措施。

我国部分大水矿山丛状放水孔施工情况见表3-42。

表3-42　部分矿山丛状放水孔施工情况

矿山名称	每硐室孔数/个	钻孔口径/mm	钻孔长度/m	钻孔垂向角度/(°)	钻孔施工最大水压/Pa
凡口铅锌矿	3~5	开孔130~150，终孔75~110	一般50~80，最长102，平均54	仰角一般小于10	$(12\sim15)\times10^5$
水口山铅锌矿	3~4	开孔150，平均75~91	最长150，平均95	俯角一般10~30	36×10^5
金岭铁山铁矿	3~7	>75	30~70最长约90，平均60	仰角1~25	9×10^5
叶花香铜矿	4~5	开孔150，终孔91~110	18~66	仰角20~22	18×10^5
莱芜铁矿业庄矿	3~5	开孔130，终孔75			20×10^5

(4)直通式放水孔。

直通式放水孔是由地表施工、在垂直方向上穿过含水层，直接与井下放水巷道或放水硐室相贯通，将疏干层的地下水经放水孔泄入井下，再由井下排水系统排出地表的一种疏干方法。

直通式放水孔既适用于岩溶、裂隙基岩含水层的疏干，又适用于松散孔隙含水层的疏干，但在含水层的下部一般应有稳固的隔水层或弱含水层，这样才能在这种隔水层或弱含水层中开凿与直道式放水孔贯通的放水巷道或放水硐室。

直通式放水孔在地表施工条件好，并可先钻小径钻孔，证实有作为疏干放水孔的价值后才扩孔，并能安装过滤器，减少泥砂含量，提高疏干效果。但钻孔要贯通巷道或硐室，技术要求较高，投资大，因而很少大量使用或单独使用，新桥硫铁矿、凡口铅锌矿使用该法取得了良好的效果。

(5)降压孔疏干。

降压孔疏干适用于矿区地层水平或缓倾斜，在矿体下方存在间接底板承压含水层，其承压水头值较大，对采掘具有威胁的矿山，这种疏干方法在煤炭等沉积矿床中使用较多，金属、化工矿山因水文地质条件的限制很少采用。

3)联合疏干

联合疏干兼有地表疏干和地下疏干两种方式的优点，能保证在不利的水文地质条件下有效地疏干含水层。一般在矿区水文地质、工程地质比较复杂，使用单一疏干方式不能满足采掘对疏干的技术要求时，才采用联合疏干方式。联合疏干方式可以是对同一含水层同时采用两种疏干方式的联合，也可以是对不同的含水层分别采用不同的疏干方式。

一般在以下情况下，应考虑采用联合疏干方式：

(1)矿区存在多个互相无水力联系的含水层，这些含水层都妨碍采掘作业安全正常地进行。

(2)矿床含水层的含水性上强下弱，又无隔水或弱含水层可供开拓利用，采用单一的地下疏干方式，不能保证矿坑开拓安全、顺利进行；采用单一的地表疏干方式，又不能保证下部含水层有效地疏干。

(3)通过地表疏干排出的地下水可供生产生活长期利用。

3.6.3.4　矿山疏干案例

我国金属、化工矿山很少单独采用某种疏干方法，而经常多种地下疏干方式配合使用，如泗顶铅锌矿以平硐自流疏干为主，辅以丛状放水孔；凡口铅锌矿采用截水巷道疏干，而采用放水钻孔和直通式放水孔放水。

1)泗顶铅锌矿平硐自流疏干

向北形成南矿体的环形巷道，自硐口至终点全长2717 m，施工放水硐室13个，放水钻孔2542 m(图3-32和图3-33)。

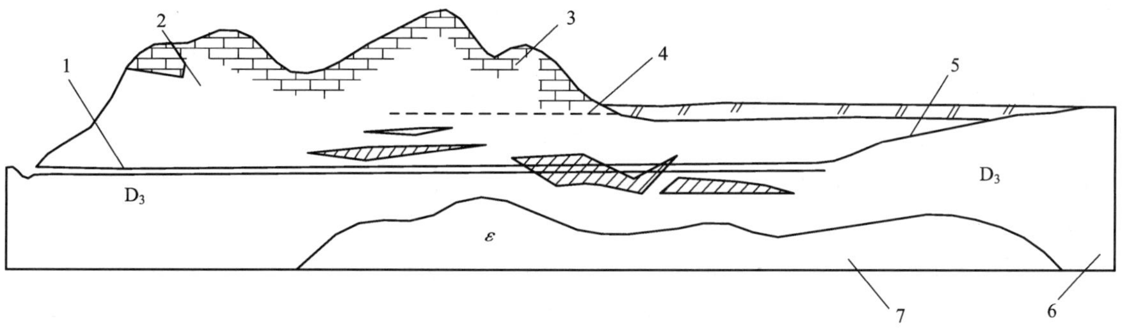

1—疏干平硐；2—北矿；3—南矿；4—疏干前静水位；5—平硐疏干后水位；6—上泥盆统桂林灰岩；7—寒武系砂页岩

图3-32　泗顶铅锌矿疏干平硐南北向剖面图

1975年平硐掘成后，地下水通过含水断裂、溶洞裂隙涌入疏干平硐，一般流量0.3～1 m^3/s，最大流量21.74 m^3/s。

北部矿区地下水位由308 m标高降至279 m标高，北部矿体已处于地下水位以上，保证

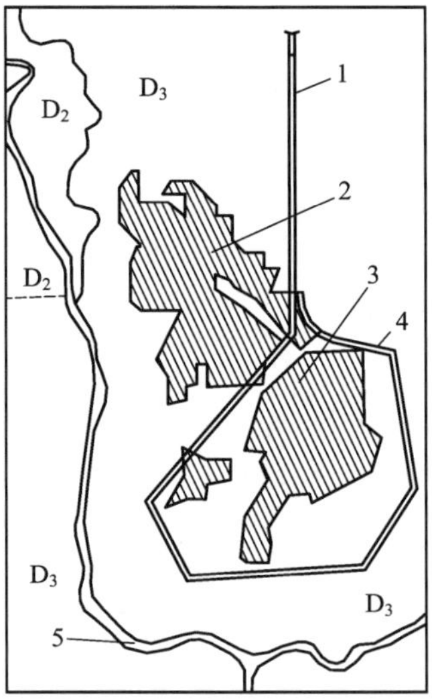

1—疏干平硐；2—北矿；3—南矿；4—环形疏干巷道；5—泗顶河。

图 3-33 泗顶铅锌矿区疏干平硐布置图

了开采安全。南部矿区 282 m 标高以上已疏干，为开拓南部矿体创造了有利条件。

2) 凡口铅锌矿专用截水巷道与中段超前疏干

凡口铅锌矿含矿层顶板为石炭系中上统壶天群裂隙溶洞含水层，矿体埋藏于当地侵蚀基准面以下，矿区北部和西部隔水层与西部相对隔水层形成"厂"形隔水边界。分隔金星岭区和狮岭区的 F_4 断层为高角度逆断层，由于断层东盘地层上冲，金星岭南部在±0 m 标高以下竖起一条走向近南北的"隔水墙"。含水层岩溶发育且有垂直分带现象，上部为强岩溶发育带，岩溶率 4.5%，渗透系数 3.7 m/d，发育深度是从金星岭北部到±0 m 标高，从金星岭南部到-40 m 标高；下部为弱岩溶发育带，岩溶率为 0.39%，渗透系数为 0.38 m/d。

根据矿区水文地质条件及矿山疏干放水试验所得到的经验，矿山决定采用截水巷道与中段超前疏干的地下疏干方法(见图 3-34)。

首先利用金星岭背斜存在的隔水层和弱含水层开拓井巷工程，建筑泵房、水仓及防水门等防水排水工程；然后开凿放水硐室，施工扇状布置的水平放水孔，降低地下水位，为截水巷道施工创造条件；最后根据岩溶垂直分布规律及经专门水文地质勘查选择，在金星岭北部±0 m 中段的弱含水层带掘进北部截水巷道，拦截东部补给的地下水，在金星岭南部-40 m 中段则在 F_4 断层上盘"隔水墙"中布置拦截由东部和南部补给矿区的地下水的南部截水巷道，全长 563 m，用放水钻孔和直通式放水孔放水。

掘进巷道时由于工作面探水孔遇较大涌水而未全部按设计掘完，北部截水巷道仅施工放水钻孔，也由于在接近设计终点处巷道遇水而未按设计长度掘完。上述两条专用截水巷道及其周围利用各中段接近含水层的采准、开拓巷道施工的放水钻孔，构成了一个专用截水巷道与中段超前疏干相结合的疏干系统。

该矿从 1969 年完成疏干系统工程后，全矿涌水量达 30000~50000 m^3/d，最大为 69000 m^3/d。逐步形成降深达 120 m、影响半径为 2600 m、疏干体积达 15000 万 m^3 的降落漏斗。矿山开采安全已基本得到保证。

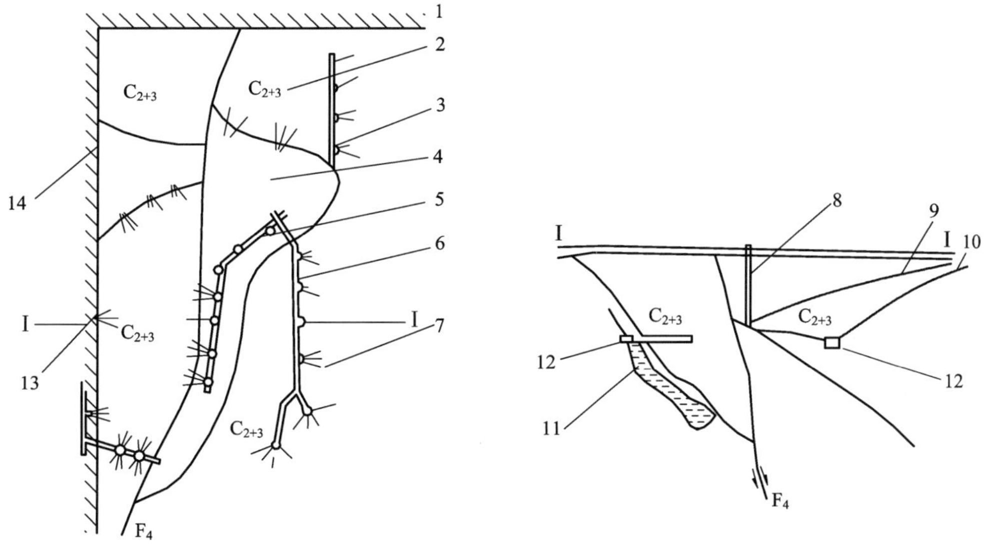

1—北部隔水边界；2—C_{2+3} 壶天群含水层；3—北部截水巷道；4—金星岭；
5—南部截水巷道；6—新截水巷道；7—放水孔；8—直通式放水孔；9—原疏干漏斗线；
10—新截水巷道建成后的疏干漏斗线；11—矿体；12—疏干巷道；13—狮岭；14—相对隔水边界。

图 3-34　凡口铅锌矿专用截水巷道与中段超前疏干工程示意图

经过十多年生产过程中的水文地质观测，发现该矿狮岭与 F_4 断层之间的槽形含水层分布地段的水位在雨季上升幅度较大，其原因是南部截水巷道所处的“隔水墙”在某些部位标高较低；或因其顶部岩石破碎，隔水性能较差，故在雨季地下水位上升时，从东南部汇入截水巷道的地下水部分浸过“隔水墙”顶脊，进入狮岭东侧的槽形含水层地段。为了保证狮岭矿体开采安全，该矿于 1982 年又在南部截水巷道东侧含水层中掘进新疏干巷道，总长 881 m，用水平钻孔放水，结果老南部截水巷道基本干涸，从矿区东部、南部补给的动流量基本被截入新截水巷道，降落漏斗中心向东扩大，雨季时槽形地段水位、涌水量大幅度上升的现象基本消失，矿山开采安全更有保障。

3.6.4　矿床疏干水文地质计算

3.6.4.1　矿床疏干水文地质计算的目的和任务

1）目的

矿床疏干水文地质计算的目的是：为合理地布置疏干工程，确定和优化疏干方案提供依据，以期在矿山基建和生产要求的疏干时间内，用最少的疏干工程量和抽（放）水量，达到采矿要求的水位降深，取得最好的经济效益。

2）任务

（1）通过计算确定疏干系统合理的工程布置形式，适用最好的工程量、最少的抽（放）水量，形成保证采掘工作安全、正常作业的降落漏斗疏干区。

(2)通过计算优化疏干工程间距，有效地提高疏干工程的疏水效率。

(3)依据采掘工作需要的水位降低(考虑允许残余水头)，计算疏干工程必要的水位降深。

(4)根据矿山基建和生产进度计划要求的疏干期限，按所选用的疏干方案计算疏干系统的总涌水量，并预计疏干时间。

(5)根据疏干方案选用适当的计算方法和相应的公式计算单个疏干工程疏水量。

(6)按确定的疏干工程布置形式和水位降低要求计算并绘制满足采矿要求的疏干区地下水位降落曲线或水位等值线图。

3.6.4.2 矿床疏干水文地质计算步骤和内容

矿床疏干水文地质计算，可参照如下步骤和内容进行：

(1)详细阅读和研究矿区水文地质勘查报告和其他有关矿区水文地质勘查、试验及研究报告等文献资料，深入掌握矿区含水层特征、矿坑充水因素、水文地质边界等矿床水文地质条件，为矿床疏干水文地质计算方法的选择和基本计算条件的确定提供依据。

(2)掌握矿山开采设计的开拓系统、采矿方法及矿山建设和生产进度对矿床疏干的要求，综合论证并选择矿床疏干方法。

(3)根据矿床疏干方式及方法，布置疏干工程；根据矿床水文地质特征及疏干工程布置状况，选择疏干水文地质计算方法及相应的计算公式。

(4)根据选定的计算公式或已经确立的数学模型，整理并选择有关参数，如地下水初始水位、含水层厚度、疏干要求地下水位降深值、含水层的给水度(或弹性给水度)、导压系数(或水位传导系数)及越流补给参数等。

(5)根据疏干工程的不同布置形式、不同间距和疏干时间及水位降深要求，计算单孔(或单工程)的疏水量及疏干系统的总疏水量；然后调整布置形式、工程间距、疏干水量等参数，重新计算，经优选后确定疏干方案的工程布置、工程量、疏干水量、疏干时间和疏干水位降深等。

(6)按确定的疏干时间绘制出疏干区的地下水位降落曲线。

3.6.4.3 矿床疏干水文地质计算方法

总的来说，矿床疏干水文地质计算可以分为理论分析计算法和模拟实验法两大类。

理论分析计算法也称地下水动力学法，它又分为解析法和数值法两种。

1)解析法

它是根据地下水运动的基本原理，对自然界的水文地质条件进行必要的简化(成为理想化的模型)后，用所推导出来的公式进行计算。理想化模型应具备以下条件：

(1)地下水运动符合达西定律。

(2)地下水运动是二维流，忽略速度的垂直分量。

(3)含水层水平埋藏、等厚、均质各向同性。

(4)初始水面保持水平。

(5)井的抽水量保持恒定不变，或某一阶段抽水量恒定。

(6)含水层的侧向无限延伸，或为直线、平行、矩形、圆形及交角等供(隔)水边界。

解析法可以用于以下情况的疏干计算：

(1)当疏干矿区水文地质条件与理想模型的条件比较接近时，在合理简化的基础上可直接用解析法来求水文地质参数，并预测在疏干条件下的地下水动态。

(2)对疏干区水文地质条件的了解比较粗糙时，解析法可以提供一个简单的估算方法，其计算结果可以用来指导下一步勘探或试验工作。

(3)用解析法求出的水文地质参数，可以作为用数值法进行精确计算的初值。

(4)可以和数值法配合来解决疏干井附近区域的求解问题和疏干区存在无限边界含水层时的求解问题。

因此，从实用角度来看，在数值法有了相当发展的现在，解析法作为一种简单易行的估算手法，仍不失其实用价值。

用解析法进行疏干计算可用稳定流公式或非稳定流公式。用稳定流计算公式不能预测不同时期降落漏斗的发展情况，因此，除在条件简单时应用稳定流公式计算外，一般情况下均采用非稳定流公式进行疏干计算。

不同条件的计算公式可查阅 3.5 节。

2)数值法

数值法能模拟出矿区的复杂水文地质条件和地下水流动状态，比用简化矿区水文地质模型导出的解析公式所得的计算结果更接近实际。矿床疏干水文地质计算中应用数值法，有以下主要优点：

(1)对边界条件有较强的适应性，无论是隔水的、透水的还是两者混合的各种类型边界均能适用。含水层的顶底板和边界可以具有任意复杂的几何形状。

(2)含水层既可以是单层的，也可以是多层的，并可根据其导水性能的不均一性剖分成不同的区段进行计算。

(3)地下水的类型可以是承压的，也可以是无压的，或同时并存；地下水的补给可以是单一的侧向补给，也可以是垂向的“天窗”或越流补给，或二者兼有。

(4)能够充分利用矿区观测资料和抽水试验资料来反求各种水文地质参数，并可用任一时段的观测资料来进行反求参数的计算。

(5)可以由任何给定的疏干流量推求疏干时间，也可以由任何给定的疏干水平推求稳定的疏干漏斗和疏干流量。

(6)通过数值模拟，能较容易地反映矿区复杂的水文地质条件和边界条件，逼真地刻画出地下水渗流运动的天然流场和疏干流场的流网形态，并可以提供任何时刻的水头分布装填。

数值法有微分法和积分法之分，微分法又可分为有限单元法和有限差分法两类；积分法也称边界积分法，或边界元法。有限单元法和有限差分法在矿床疏干水文地质计算中已被广泛应用，边界元法起步较晚，也是一种很有前途的方法。

3)相似模拟法

相似模拟法分为实体模拟和异类模拟两类。

(1)实体模拟。

实体模拟是一种比较古老的模拟方法，它是采用砂、玻璃球或混凝土等作为含水介质的渗流槽来模拟渗流场的试验方法。该法因耗资大、试验周期长，且不能模拟复杂的渗流场，所以在矿床疏干水文地质计算中很少采用。

(2)异类模拟。

异类模拟分为水力模拟和水电模拟两类。

①水力模拟。水力模拟包括裂缝槽和水力积分仪两种，在矿床疏干水文地质计算中也很少应用。

②水电模拟。水电模拟可分为水电比拟法和电网络模拟两种。

水电比拟法早期在矿床疏干研究中应用较多，现在很少应用。

电网络模拟法是利用电阻、电容组成非连续介质网络，空间离散、时间连续的称为 R–C 型，空间与时间均离散的称为 R–R 型。该法在国外和国内的一些矿山（莱芜业庄铁矿）应用时，取得了较好的效果。

4）联合模拟

国外石油部门用模拟机与计算机混合使用，也取得过较好的效果，在矿床疏干水文地质计算中也可应用，但国内实践较少。

3.6.4.4 不同边界条件垂直疏水孔群疏干解析法计算

（1）流量相等的疏水孔排位于平行的补给区与排泄区之间，边界处的水位固定不变（见图 3–35）。

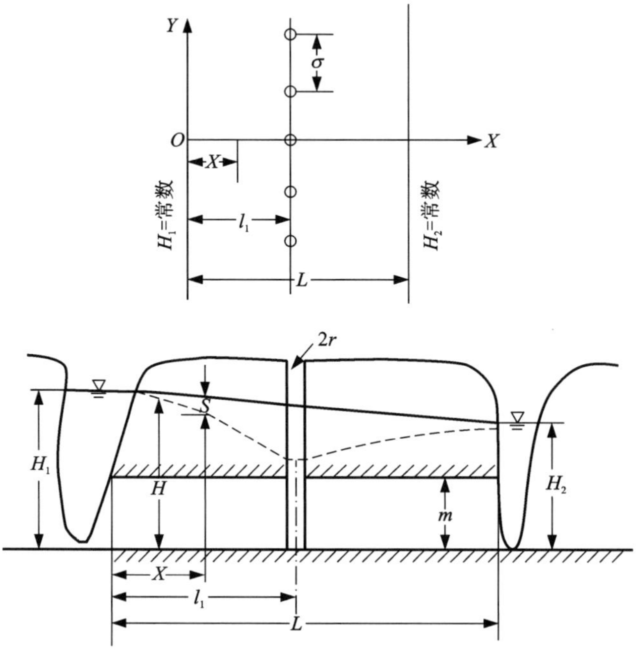

图 3–35 两侧为常水头疏水孔平面布置图（上）和穿过疏水孔排并与其垂直的剖面图（下）

承压水：

$$S=\frac{Q_c}{4\pi Km}(R_c+\xi_0) \tag{3-66}$$

潜水：

$$S=H-\sqrt{H^2-\frac{Q_c}{2\pi K}(R_c+\xi_0)} \tag{3-67}$$

承压-潜水：

$$S=H-\sqrt{(2H-m)m-\frac{Q_c}{2\pi K}(R_c+\xi_0)} \tag{3-68}$$

其中式(3-68)只适用于稳定流计算

式中：Q_c 为疏干孔排的涌水量，m^3/d；S 为预测点水位降低，m；H 为预测点抽水前静止水位(从隔水底板算起)，m；ξ_0 为非完整孔排的补充水流阻力，可查表 3-43 和表 3-44 确定，对于完整井 ξ_0 为 0；R_c 为完整疏水的孔排水流阻力，其计算见表 3-45；l_1 为疏水孔排至 H_1(等于常数)边界之距离，m；L 为两边界之间的距离，m；r 为疏水孔半径，m；t 为疏干时间，d；x 为在垂直孔排边界方向上，测点 S 与坐标轴原点的距离，m；δ 为孔距，m。

表 3-43　稳定流非完整井补充水流阻力值 ξ_0 表($C=0$)

l/m	m/r									
	0.5	1	5	10	30	100	200	500	1000	2000
0.05	0.00423	0.135	2.3	12.6	35.5	71.9	94	126	149	169
0.1	0.00391	0.122	2.04	10.4	24.3	42.8	53.8	69.5	79.6	90.9
0.3	0.00297	0.0908	1.29	4.79	9.23	14.5	17.7	21.8	24.9	28.2
0.5	0.00165	0.0494	0.655	2.26	4.21	6.55	7.86	9.64	11.0	12.4
0.7	0.000546	0.0167	0.237	0.879	1.69	2.67	3.24	4.01	4.58	5.19
0.9	0.0000482	0.0015	0.0251	0.128	0.334	0.528	0.684	0.846	0.983	1.12

表 3-44　稳定流非完整井补充水流阻力值 ξ_0 表($C\neq0$)

l/m	C/m	m/r				
		10	30	100	500	1000
0.1	0	10.4	24.50	43.50	70.20	81.80
0.1	0.10	6.48	17.00	33.60	59.70	71.80
0.1	0.20	5.23	15.60	32.60	58.60	70.40
0.1	0.30	1.94	16.10	31.90	58.10	70.30
0.1	0.45	4.30	14.50	31.50	57.50	70.20
0.1	0.60	4.91	15.10	31.90	58.10	70.30
0.1	0.70	5.23	15.60	32.60	58.60	70.40
0.1	0.80	6.48	17.00	33.60	59.70	71.80
0.1	0.90	10.40	24.50	43.50	70.20	81.80
0.3	0	4.79	9.20	14.50	21.80	24.90
0.3	0.10	3.30	7.13	12.20	19.30	22.30
0.3	0.20	2.72	6.58	11.60	18.80	21.90
0.3	0.35	2.40	6.20	11.40	18.70	21.80

续表3-44

l/m	C/m	m/r				
		10	30	100	500	1000
0.3	0.50	2.72	6.58	11.60	18.80	21.90
0.3	0.60	3.30	7.13	12.20	19.30	22.30
0.3	0.70	4.79	9.20	14.50	21.80	24.90
0.5	0	2.26	4.21	6.50	9.64	11.00
0.5	0.10	1.51	3.23	5.41	8.49	9.90
0.5	0.25	1.20	2.9	5.12	8.24	9.64
0.5	0.40	1.51	3.23	5.41	8.49	9.90
0.5	0.50	2.26	4.21	6.50	9.64	11.00

注：表3-43和表3-44适用于承压非完整井，对于潜水井，查用此两表时，需按下列值代换：$l=l_0-S/2$，$m=H_0-S/2$，$C=C_0-S/2$（l_0 为过滤器底部至潜水静止水位的距离；C_0 为过滤器顶部至静止水位的距离；m 为承压含水层厚度；r 为观测孔至抽水井中心的距离）。

表3-45 两侧为常水头时水流阻力 R_c 的计算表

欲测点与坐标轴原点距离	非稳定流时	稳定流时
$X=l_1$	$R_c=M_1+\ln\dfrac{2.25at}{r^2}-W\left(\dfrac{l_1^2}{at}\right)$	$R_c=2\left[2\pi\dfrac{l_1(L-l_1)}{\sigma L}+\ln\dfrac{\sigma}{2\pi r}\right]$
$X=\dfrac{L}{2}$	$R_c=N_1$	$R_c=2\left[\pi\dfrac{(L-l_1)}{\sigma}-\ln\left\|e^{\pi\frac{L-2l_1}{\sigma}}-1\right\|\right]$
X 为任意点		$R_c=2\left[2\pi\dfrac{X(L-l_1)}{\sigma L}-\ln\left\|e^{\frac{2\pi(X-l_1)}{\sigma}}-1\right\|\right]$

注：M_1、N_1 取决于 $\dfrac{L}{\sigma}$、$\dfrac{l_1}{\sigma}$ 和 $B=\dfrac{\sigma^2}{4at}$ 的函数，可根据图3-36和图3-37确定。$W\left(\dfrac{l_1^2}{at}\right)$ 为指数积分函数，查表3-46。稳定流的 R_c 计算要求：$\dfrac{l_1}{\sigma}\geqslant0.5$；$\dfrac{l_1}{L}\leqslant0.5$；$\dfrac{L}{\sigma}\geqslant1$。$\ln|e^N-1|$ 根据图3-38确定。

表3-46 $W(u)=-E_i(-u)$ 函数表

N	u							
	$N\times10^{-15}$	$N\times10^{-14}$	$N\times10^{-13}$	$N\times10^{-12}$	$N\times10^{-11}$	$N\times10^{-10}$	$N\times10^{-9}$	$N\times10^{-8}$
1.0	33.9616	31.6590	29.3564	27.0538	24.7512	22.4486	20.1460	17.8435
1.5	33.5561	31.2535	28.9509	26.6483	24.6458	22.0432	19.7406	17.4380
2.0	33.2684	30.9658	28.6632	26.3607	24.0581	21.7555	19.4529	17.1503
2.5	33.0453	30.7427	28.4401	26.1375	23.8349	21.5323	19.2298	16.9272
3.0	32.8629	30.5604	28.2578	25.9552	23.6526	21.3500	19.0474	19.7449

续表3-46

N	u							
	$N\times10^{-15}$	$N\times10^{-14}$	$N\times10^{-13}$	$N\times10^{-12}$	$N\times10^{-11}$	$N\times10^{-10}$	$N\times10^{-9}$	$N\times10^{-8}$
3.5	32.7088	30.4062	28.1036	25.8010	23.4985	21.1959	18.8933	16.5907
4.0	32.5753	30.2727	27.9701	25.6675	23.3649	21.0623	18.7598	16.4572
4.5	32.4575	30.1549	27.8523	25.5497	23.2471	20.9446	18.6420	16.3394
5.0	32.3521	30.0495	27.7470	25.4444	23.1418	20.8392	18.5366	16.2340
5.5	32.2568	29.9542	27.6516	25.3491	23.0465	20.7439	18.4413	16.1387
6.0	32.1698	29.8672	27.5646	25.2620	22.9595	20.6589	18.3543	16.0517
6.5	32.0898	29.7872	27.4846	25.1820	22.8794	20.5768	18.2742	15.9717
7.0	32.0156	29.7131	27.4106	25.1079	22.8053	20.5027	18.2001	15.8976
7.5	31.9467	29.6441	27.3415	25.0389	22.7363	20.4337	18.1311	15.8280
8.0	31.8821	29.5795	27.2769	34.9744	22.6718	20.3692	18.0666	15.7640
8.5	31.8215	29.5189	27.2163	24.9137	22.6112	20.3086	18.0060	15.7034
9.0	31.7643	29.4618	27.1592	24.8568	22.5540	20.2514	17.9488	15.6462
9.5	31.7103	29.4077	27.1051	24.8025	22.4999	20.1973	17.8948	15.5922

N	u							
	$N\times10^{-7}$	$N\times10^{-6}$	$N\times10^{-5}$	$N\times10^{-4}$	$N\times10^{-3}$	$N\times10^{-2}$	$N\times10^{-1}$	N
1.0	15.5409	13.2383	10.9357	8.6332	6.3315	4.0379	1.8299	0.2194
1.5	15.1354	12.8328	10.5303	8.2278	5.9206	3.6374	1.4645	0.1000
2.0	14.8477	12.5451	10.2426	7.9402	5.6394	3.3547	1.2227	0.0489
2.5	14.6246	12.3220	10.0194	7.7172	5.4167	3.1365	1.0443	0.02491
3.0	14.4423	12.1397	9.8371	7.5348	5.2349	2.9591	0.9057	0.01305
3.5	14.2881	11.9855	9.8830	7.3807	5.0813	2.8099	0.7942	0.00697
4.0	14.1546	11.8520	9.5495	7.2472	4.9482	2.6813	0.7024	0.003779
4.5	14.0368	11.7842	9.4317	7.1295	4.8310	2.5684	0.6258	0.002073
5.0	13.9314	11.8280	9.3263	7.0242	4.7261	2.4679	0.5598	0.001148
5.5	13.8361	11.5330	9.2310	6.9289	4.6313	2.3775	0.5034	0.0006409
6.0	13.7491	11.4405	9.1440	6.8420	4.5448	2.2953	0.4544	0.0003601
6.5	13.6691	11.3665	9.0640	6.7620	4.4652	2.2201	0.4115	0.0002034
7.0	13.5950	11.2924	8.9899	6.6879	4.3916	2.1508	0.3738	0.0001155
7.5	13.5260	11.2234	8.9209	6.6190	4.3231	2.0867	0.3403	0.0000658
8.0	13.4614	11.1589	8.8563	6.5545	4.2591	2.0269	0.3106	0.0000376
8.5	13.4008	11.0982	8.7957	6.4939	4.1990	1.9711	0.2840	0.0000216
9.0	13.3437	11.0411	8.7386	6.4368	4.1423	1.9187	0.2602	0.0000124
9.5	13.2895	10.9870	8.6845	6.3828	4.0887	1.8695	0.2387	0.0000071

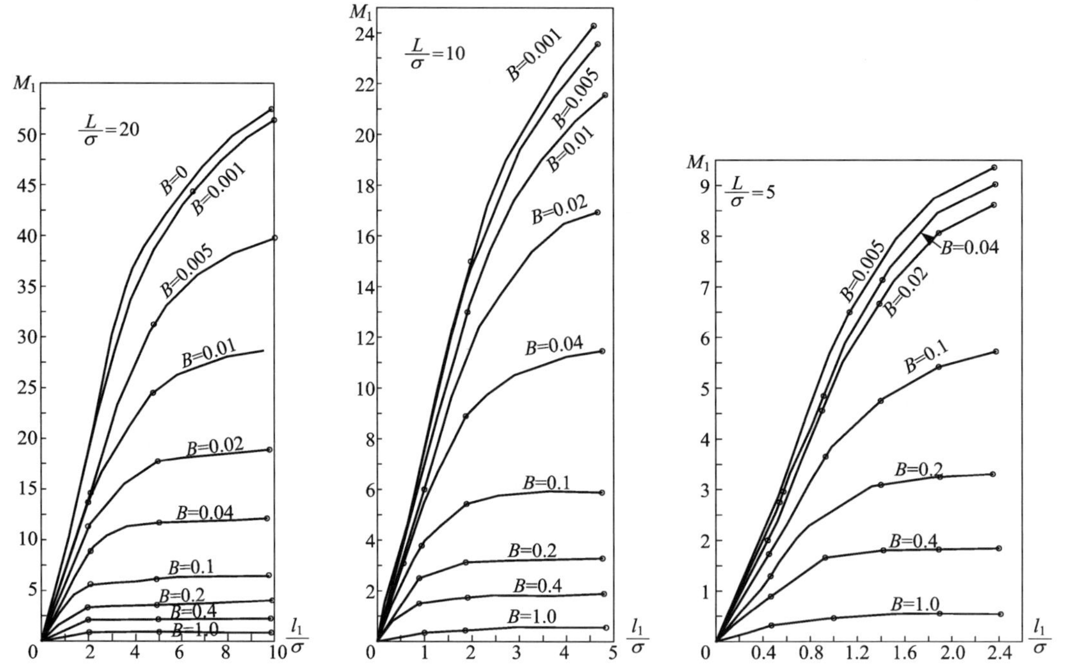

图 3-36 M_1 函数图

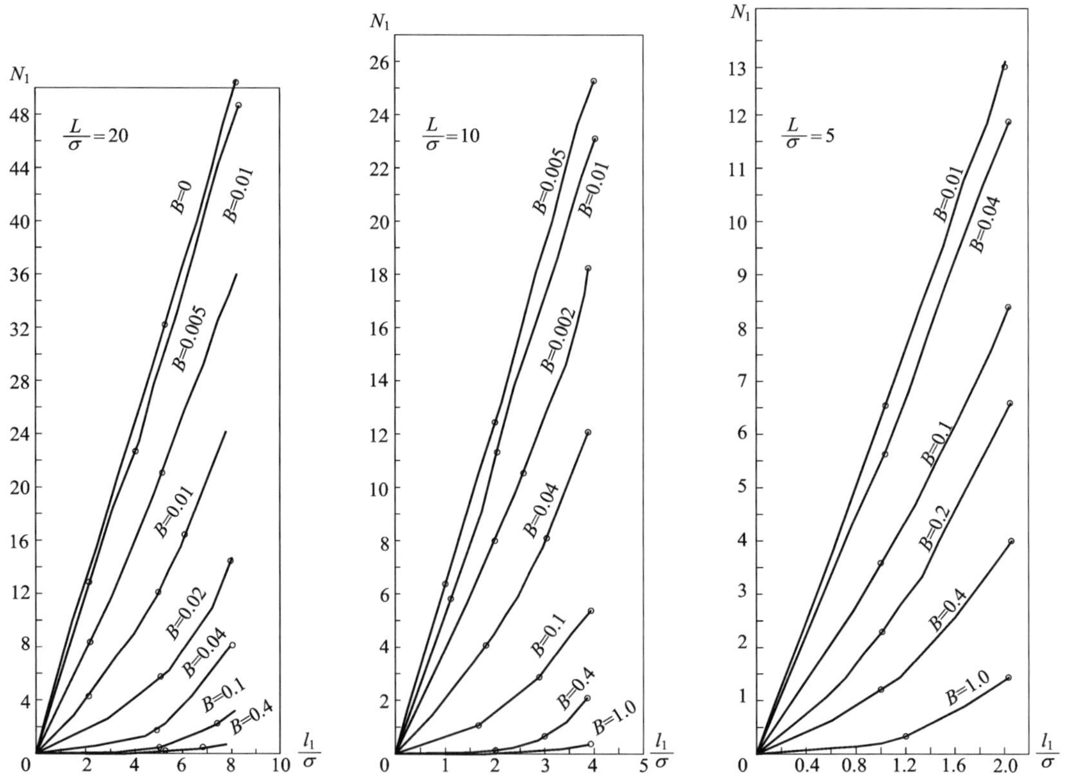

图 3-37 N_1 函数图

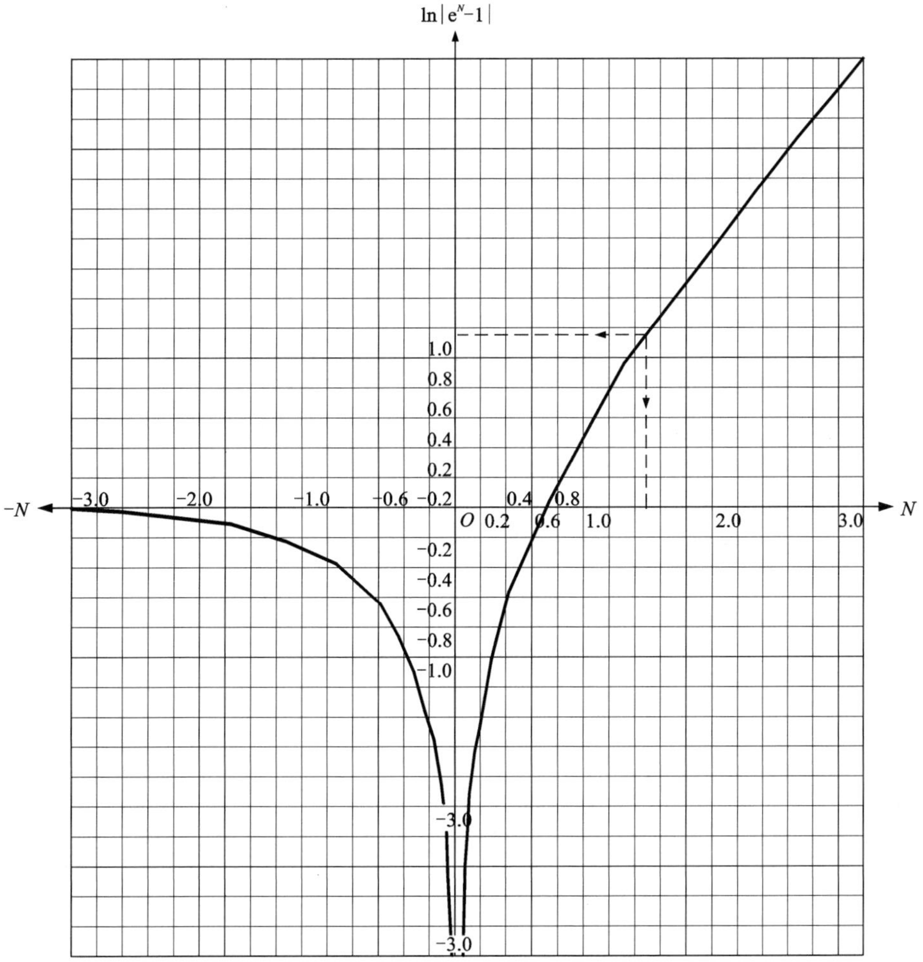

图 3-38　确定 $\ln|e^N-1|$ 的辅助图

(2)流量相等疏水孔排位于二平行供水边界之间，孔排工作过程中，边界处的供水量保持不变(见图 3-39)。

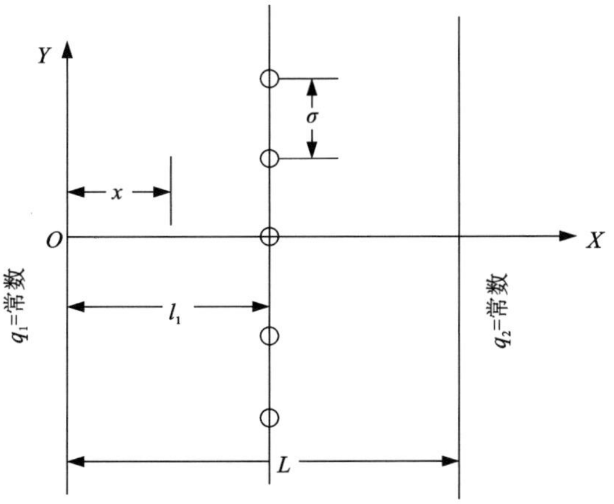

图 3-39　双侧为定流量边界疏水孔平面布置图

将表 3-45 各公式中 M_1 改成 M_2、N_1 改成 N_2，即可换成本情况的计算公式。

M_2、N_2 根据图 3-40、图 3-41 确定。

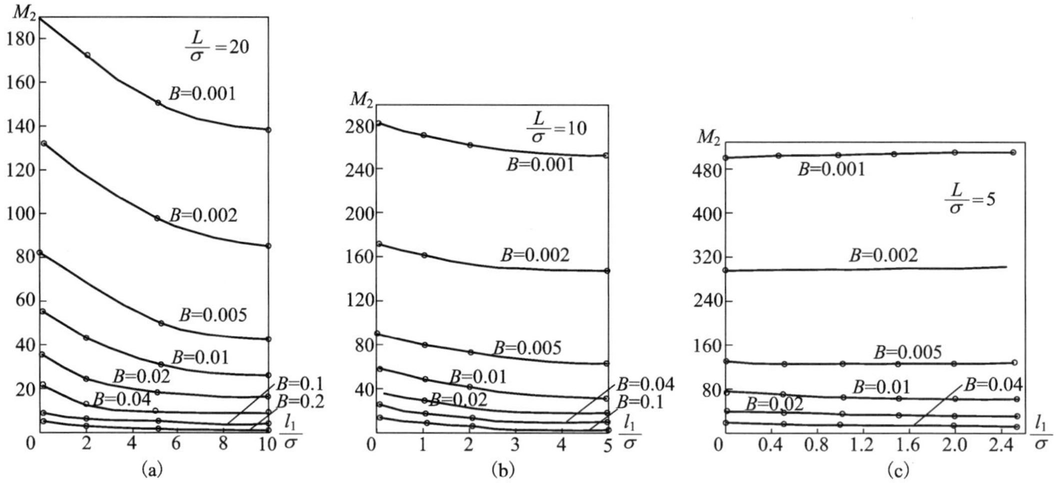

图 3-40 M_2 函数图

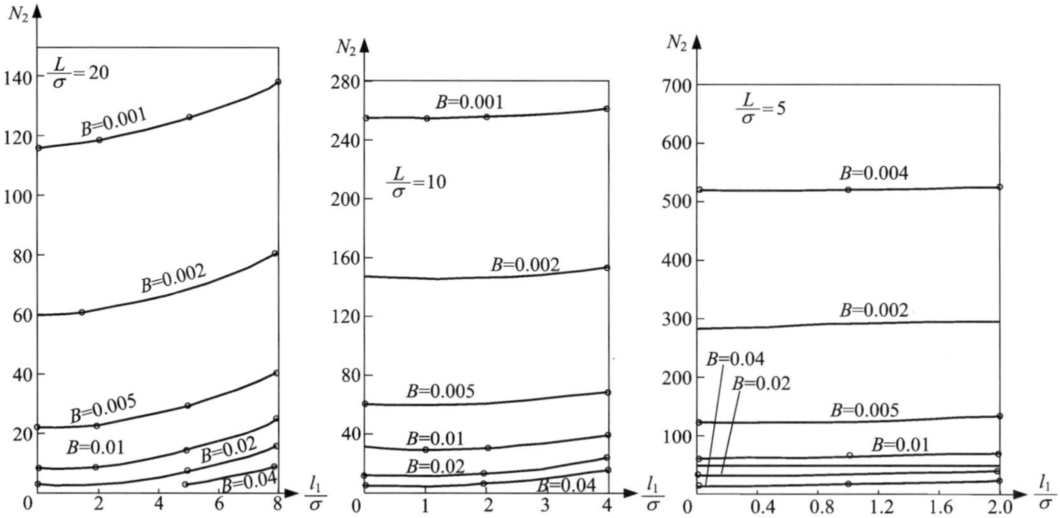

图 3-41 N_2 函数图

(3)二排疏水孔位于平行补给区与排泄区之间，疏水孔工作过程中，边界区水位保持不变(见图 3-42)。

承压水：

$$S=\frac{Q_{\mathrm{I}}}{4\pi Km}(R_{\mathrm{c}}^{\mathrm{I}}+\xi_0')+\frac{Q_{\mathrm{II}}}{4\pi Km}(R_{\mathrm{c}}^{\mathrm{II}}+\xi_0') \tag{3-69}$$

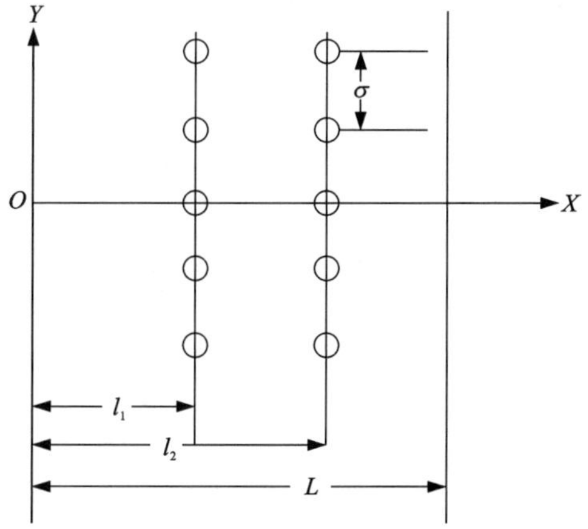

图 3-42　一侧补给一侧排泄双排疏水孔平面布置图

潜水：

$$S=H-\sqrt{H^2-\frac{Q_{\mathrm{I}}}{2\pi K}(R_c^{\mathrm{I}}+\xi_0')-\frac{Q_{\mathrm{II}}}{2\pi K}(R_c^{\mathrm{II}}+\xi_0')} \tag{3-70}$$

承压-潜水：

$$S=H-\sqrt{(2H-m)m-\frac{Q_{\mathrm{I}}}{2\pi K}(R_c^{\mathrm{I}}+\xi_0')-\frac{Q_{\mathrm{II}}}{2\pi K}(R_c^{\mathrm{II}}+\xi_0')} \tag{3-71}$$

式中：Q_{I}、Q_{II} 为一排、二排疏水孔的涌水量；R_c^{I}、R_c^{II} 为一排、二排疏水孔的水流阻力，其计算见表 3-47，非完整井补充水流阻力 ξ_0' 可查表 3-36 或表 3-43、表 3-44 确定。

(4)疏水孔平行二直线边界，疏干过程中，一边界区的水位固定不变，另一边界区的单宽流量保持不变(见图 3-43)。

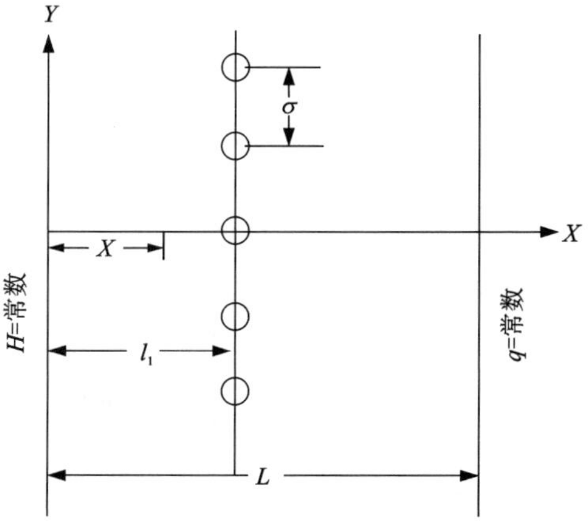

图 3-43　一侧定水头一侧定流量疏水孔平面布置图

预测点降深 S 的计算公式同式(3-66)～式(3-69)，其水流阻力 R_c 的计算见表 3-48，非完整井补充水流阻力 ξ_0' 可查表 3-37 或表 3-43 及表 3-44 确定。

表 3-47 一侧补给另一侧排泄时水充阻力 R_c 计算表

与坐标原点距离	稳定流时 R_c 值
X 为任意点	当 $\frac{l_1}{\sigma}\geqslant 0.5$，$\frac{L}{\sigma}\geqslant 1$，$\frac{l_1}{L}$（或 $\frac{l_2}{L}$）$\leqslant 0.5$ 时： $R_c^{\mathrm{I}}=2\left[2\pi\frac{X(L-l_1)}{\sigma L}-\ln\left\|e^{\frac{2\pi(X-l_1)}{\sigma}}-1\right\|\right]$ $R_c^{\mathrm{II}}=2\left[2\pi\frac{X(L-l_2)}{\sigma L}-\ln\left\|e^{\frac{2\pi(X-l_2)}{\sigma}}-1\right\|\right]$
$X=l_1$	$R_c^{\mathrm{I}}=2\left[2\pi\frac{l_1(L-l_1)}{\sigma L}+\ln\frac{\sigma}{2\pi r}\right]$ $R_c^{\mathrm{II}}=2\left[2\pi\frac{l_1(L-l_2)}{\sigma L}-\ln\left\|e^{\frac{-2\pi(l_2-l_1)}{\sigma}}-1\right\|\right]$
$X=l_2$	$\frac{l_2-l_1}{\sigma}\geqslant 0.5$ 时，R_c^{II} 计算式中对数项可忽略不计。 $R_c^{\mathrm{I}}=2\left[2\pi\frac{l_2(L-l_1)}{\sigma L}-\ln\left\|e^{\frac{2\pi(l_2-l_1)}{\sigma}}-1\right\|\right]$ $R_c^{\mathrm{II}}=2\left[2\pi\frac{l_2(L-l_2)}{\sigma L}+\ln\frac{\sigma}{2\pi r}\right]$

注：r 为抽水孔半径，m。

表 3-48 一侧定水头另一侧为定流量时水流阻力 R_c 计算表

到常水头边界的距离	非稳定流时 R_c 值	稳定流时 R_c 值
$X=l_1$	$R_c=\ln\frac{2.25at}{r^2}-W\left(\frac{l_1^2}{at}\right)+M_3$	当 $\frac{l_1}{\sigma}\geqslant 0.5$，$\frac{l_1}{L}\leqslant 0.5$，$\frac{\sigma}{r_w}\geqslant 25$ 时： $R_c=2\left(2\pi\frac{l_1}{\sigma}+\ln\frac{\sigma}{2\pi r}\right)$ 当 $\frac{l_1}{\sigma}\geqslant 0.5$ 时： $R_c=4\left[\pi\frac{2L-l_1}{\sigma}-\ln\left\|e^{2\pi\frac{L-l_1}{\sigma}}-1\right\|\right]$
$X=L$	$R_c=N_3$	当 $\frac{l_1}{\sigma}\geqslant 0.5$，$\frac{l_1}{L}\leqslant 0.5$，上式将成为 $R_c=\frac{4\pi l_1}{\sigma}$ 当 $\frac{l_1}{\sigma}\geqslant 0.5$，$\frac{l_1}{L}\leqslant 0.5$ 时： $R_c=2\left[2\pi\frac{X}{\sigma}-\ln\left\|e^{2\pi\frac{X-l_1}{\sigma}}-1\right\|\right]$

注：M_3、N_3 根据图 3-44、图 3-45 确定，r 为抽水孔半径，m。

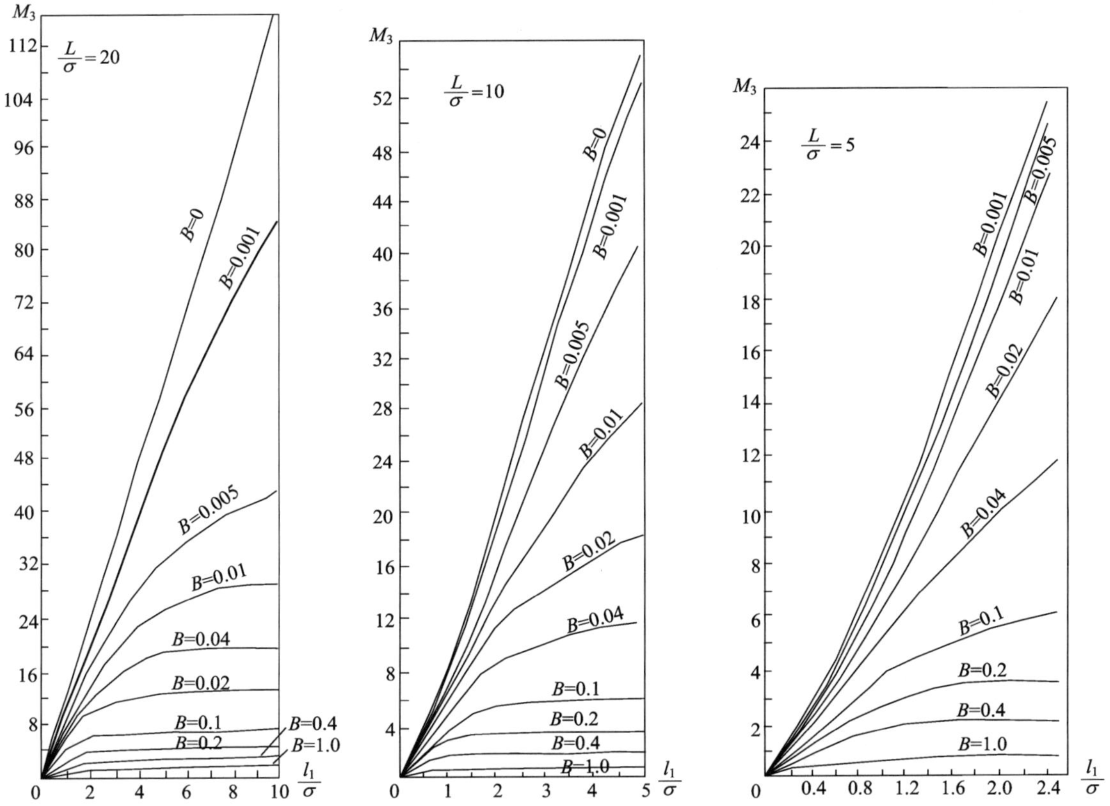

图 3-44　M_3 函数图

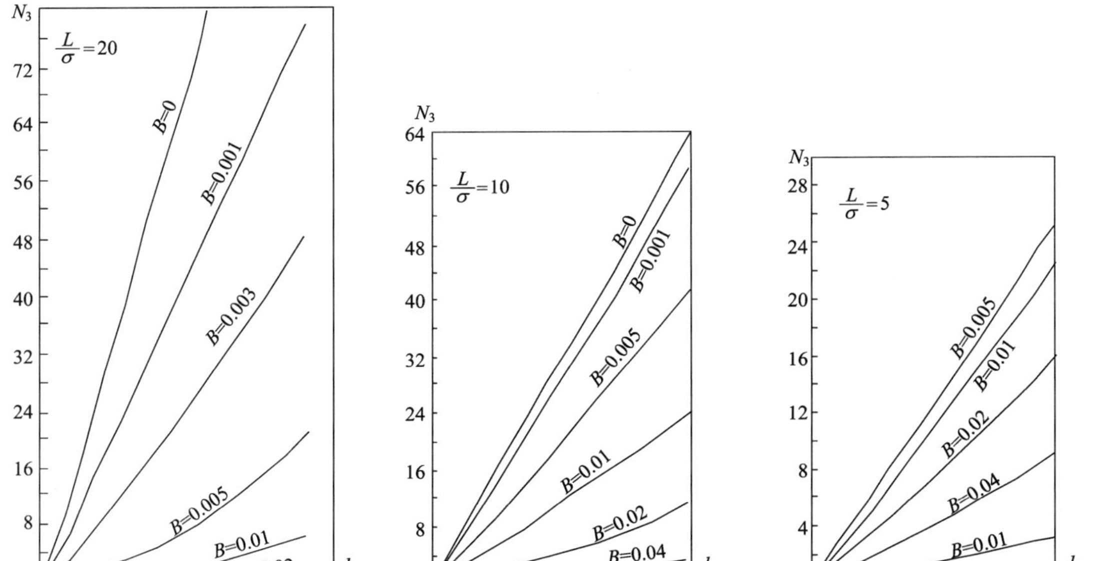

图 3-45　N_3 函数图

(5)水文地质条件与第四种情况相同，布有二排疏水孔(见图 3-46)。

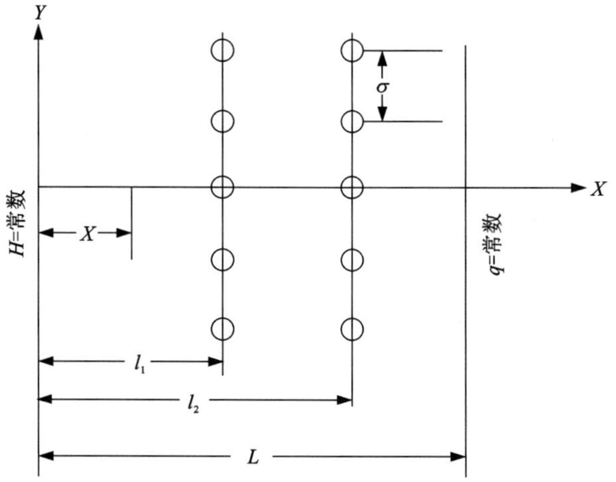

图 3-46 一侧定水头另一侧定流量双排疏水孔平面布置图

任意点水位降低值可按式(3-69)~式(3-71)确定，稳定流完整孔群排的水流阻力可按下式计算：

X 为任意一点，$\frac{l_1}{\sigma}\geqslant 0.5$，$\frac{l_1}{L}$(或$\frac{l_2}{L}$)$\leqslant 0.5$ 时：

$$R_c^{\mathrm{I}}=2\left[2\pi\frac{X}{\sigma}-\ln\left|e^{2\pi\frac{X-l_1}{\sigma}}-1\right|\right] \tag{3-72}$$

$$R_c^{\mathrm{II}}=2\left[2\pi\frac{X}{\sigma}-\ln\left|e^{2\pi\frac{X-l_2}{\sigma}}-1\right|\right] \tag{3-73}$$

$X=l_1$ 时：

$$R_c^{\mathrm{I}}=2\left[2\pi\frac{l_1}{\sigma}+\ln\frac{\sigma}{2\pi r}\right] \tag{3-74}$$

$$R_c^{\mathrm{II}}=2\left[2\pi\frac{l_1}{\sigma}+\ln\left|e^{-2\pi\frac{l_2-l_1}{\sigma}}-1\right|\right] \tag{3-75}$$

当$\frac{l_2-l_1}{\sigma}\geqslant 0.5$ 时：

$$R_c^{\mathrm{II}}=4\pi\frac{l_1}{\sigma}$$

$X=l_2$ 时：

$$R_c^{\mathrm{I}}=2\left[2\pi\frac{l_2}{\sigma}+\ln\left|e^{2\pi\frac{l_2-l_1}{\sigma}}-1\right|\right] \tag{3-76}$$

当$\frac{l_2-l_1}{\sigma}\geqslant 0.5$ 时：

$$R_c^{\mathrm{I}}=4\pi\frac{l_1}{\sigma} \tag{3-77}$$

$$R_c^{\mathrm{II}}=2\left[2\pi\frac{l_2}{\sigma}+\ln\frac{\sigma}{2\pi r}\right] \tag{3-78}$$

(6)单环等流量疏水孔位于无限含水层时(见图3-47)，任意一点 M 降深计算见表3-49。

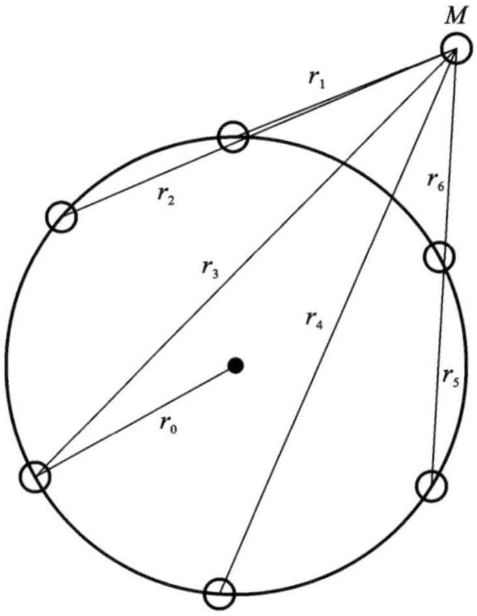

图3-47　无限含水层环形疏水孔平面布置图

表3-49　无限含水层环形疏水孔降深 S 计算表

欲求水位降低的位置	稳定流计算公式	非稳定流计算公式
任意一点 M	$S=\frac{nQ}{2\pi Km}\left(\frac{n\ln R_0}{\ln r_1 r_2\cdots r_n}+0.5\xi\right)$	$S=\frac{Q}{2\pi Km}\sum_{i=1}^{n}\left[W\left(\frac{r_i^2}{4at}\right)+\xi\right]$
单环中心	$S=\frac{nQ}{2\pi Km}\left(\frac{R_0}{\ln r_0}+0.5\xi\right)$	$S=\frac{nQ}{2\pi Km}\left[W\left(\frac{r_0^2}{4at}\right)+\xi\right]$

注：r_0、R_0 分别指单环井群的引用半径、引用影响半径；其他符号含义同前。

(7)双环等流量疏水孔群位于无限含水层时(见图3-48)，内外环疏水孔流量 Q_1 和 Q_2 及中心水位降深 S 计算见表3-50。

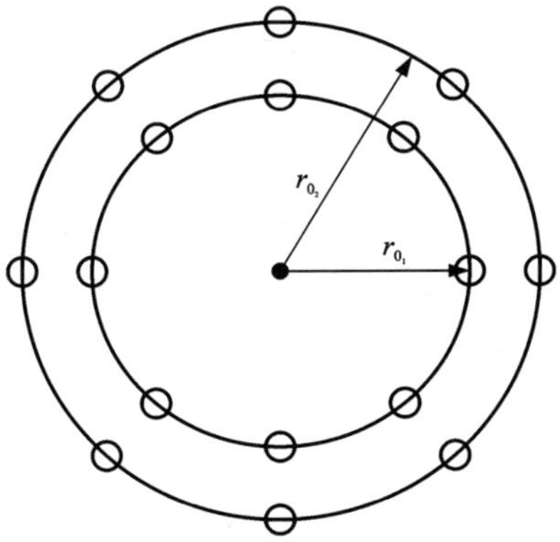

图3-48　无限含水层双环疏水孔平面布置图

表 3-50 无限含水层双环疏水孔流量计算表

	承压水计算公式
确定环组每一疏水孔出水量 疏水孔群中心水位降低	$Q_1=\dfrac{2\pi KmS}{\varphi_1},\ \varphi_1=\ln\dfrac{r_{0_1}}{nr}+n\ln\dfrac{R_0}{r_{0_1}}+\ln\dfrac{\left(\dfrac{R_0}{r_{0_2}}\right)^n-\left(\dfrac{r_{0_1}}{R_0}\right)^n}{1-\left(\dfrac{r_{0_1}}{r_{0_2}}\right)^n}$ $Q_2=\dfrac{2\pi KmS}{\varphi_2},\ \varphi_2=\ln\dfrac{r_{0_2}}{nr}+n\ln\dfrac{R_0}{r_{0_2}}+\ln\dfrac{\left(\dfrac{R_0}{r_{0_1}}\right)^n-\left(\dfrac{r_{0_2}}{R_0}\right)^n}{\left(\dfrac{r_{0_2}}{r_{0_1}}\right)^n-1}$ $S_\varphi=\dfrac{Q_1}{2\pi Km}\varphi_{s_1}+\dfrac{Q_2}{2\pi Km}\varphi_{s_2}$ $\varphi_{s_1}=n\ln\dfrac{R_0}{r_{0_1}},\ \varphi_{s_2}=n\ln\dfrac{R_0}{r_{0_2}}$

注：Q_1、Q_2 分别为内环、外环上疏水单孔涌水量；n 为各环的疏水孔数；r_{0_1}、r_{0_2} 分别为内环、外环的引用半径；r 为抽水孔半径，m。

(8)任意排列的几个疏水孔群位于封闭含水层时(见图 3-49)。

当 $t\leqslant(0.1\text{-}0.2)\dfrac{R_K^2}{a}$时，任意一点 M 在 t 时的水位降低值 S 可用下式确定：

承压水：

$$S=\frac{Q_c}{\pi Km}\times\frac{at}{R_K^2}+\sum_{i=1}^{n}\frac{Q_i}{2\pi Km}\times\frac{R_K}{r_i^*}\tag{3-79}$$

潜水：

$$S=H-\sqrt{H^2-\frac{Q_c}{2\pi K}\frac{at}{R_K^2}-\sum_{i=1}^{n}\frac{Q_i}{\pi K}\ln\frac{R_K}{r_i^*}}\tag{3-80}$$

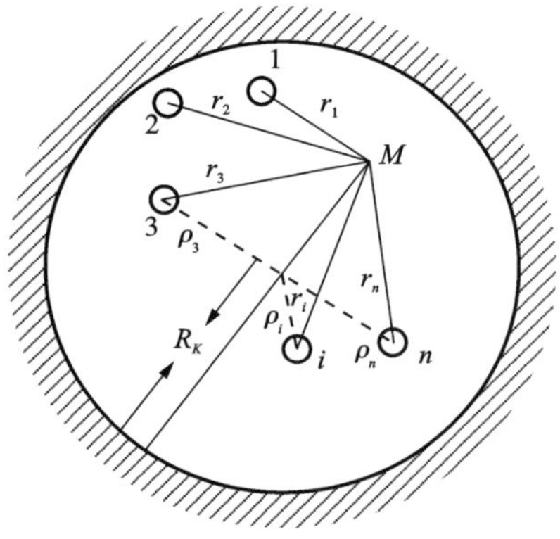

图 3-49 封闭含水层任意排列疏水孔群平面布置图

水位下降速度：

$$v=\frac{Q_c}{\pi Km}\frac{a}{R_K^2}\tag{3-81}$$

式中：Q_c 为疏水孔群总涌水量，m^3/d；Q_i 为 i 疏水孔涌水量，m^3/d；R_K 为含水层中心至隔水边界的距离，m；$r_i^*=r_i'r_i$，为各疏水孔至欲测点的距离，m；r_i'为系数，按式(3-82)确定，也可查表 3-51 确定。

$$r_i'=\sqrt{1-\bar{r}_M^2(1-\bar{\rho}_i^2)-\bar{\rho}_i^2+\bar{r}_i^2\exp\left[\frac{3}{4}-\frac{1}{2}(\bar{r}_M^2+\bar{\rho}_i^2)\right]},\ \bar{r}_M=\frac{r_M}{R_K},\ \bar{\rho}_i=\frac{\rho_i}{R_K},\ \bar{r}_i=\frac{r_i}{R_K}\tag{3-82}$$

式中：r_M 为欲测降深点至含水层中心的距离，m；r_i 为欲测降深点至疏水孔的距离，m；ρ_i 为含水层中心至疏水孔的距离，m；φ 为 r_M 与 ρ 线之间的夹角，(°)；H 为欲测点疏干前的静止水位(从隔水底板算起)，m。

表 3-51　r'值表

$\bar{r}_M$	$\bar{\rho}$	$\varphi=\frac{\pi}{2}$		$\varphi=\frac{2\pi}{3}$		$\varphi=\frac{3\pi}{4}$		$\varphi=\pi$	
		$\bar{r}$	r'	$\bar{r}$	r'	$\bar{r}$	r'	$\bar{r}$	r'
0.1	0.1	0	2.07	0.05	2.08	0.08	2.08	0.1	2.08
	0.3	0.2	1.95	0.21	1.96	0.24	1.97	0.25	1.98
	0.5	0.4	1.76	0.42	1.78	0.43	1.79	0.46	1.81
	0.7	0.6	1.53	0.61	1.55	0.63	1.56	0.68	1.59
	0.9	0.8	1.28	0.81	1.29	0.83	1.32	0.85	1.35
0.3	0.1	0.2	1.95	0.21	1.96	0.24	1.97	0.38	1.98
	0.3	0	1.75	0.15	1.79	0.23	1.81	0.3	1.85
	0.5	0.2	1.52	0.28	1.56	0.36	1.61	0.44	1.67
	0.7	0.4	1.25	0.46	1.31	0.53	137	0.64	1.45
	0.9	0.6	0.98	0.66	1.05	0.72	1.12	0.79	1.21
0.5	0.1	0.4	1.76	0.42	1.78	0.43	1.79	0.46	1.81
	0.3	0.2	1.52	0.28	1.56	0.36	1.61	0.44	1.67
	0.5	0	1.24	0.26	1.31	0.38	1.39	0.5	1.49
	0.7	0.2	0.95	0.37	1.05	0.49	1.16	0.62	1.28
	0.9	0.4	0.68	0.53	0.81	0.65	0.94	0.78	1.08
0.7	0.1	0.6	1.53	0.61	1.55	0.63	1.57	0.66	1.59
	0.3	0.4	1.25	0.46	1.31	0.53	1.37	0.61	1.45
	0.5	0.2	0.95	0.37	1.05	0.49	1.16	0.62	1.28
	0.7	0	0.66	0.36	1.81	0.54	0.97	0.7	1.23
	0.9	0.2	0.41	0.45	0.61	0.64	0.79	0.82	0.97
0.9	0.1	0.8	1.28	0.81	1.29	0.83	1.32	0.85	1.35
	0.3	0.6	0.98	0.65	1.05	0.72	1.12	0.79	1.21
	0.5	0.4	0.68	0.53	1.81	0.65	0.94	0.78	1.06
	0.7	0.4	0.41	0.45	0.61	0.65	0.79	0.82	0.97
	0.9	0	0.18	0.47	0.47	0.69	0.66	0.9	0.87

续表3-51

$\bar{r}_M$	$\bar{\rho}$	$\varphi=\frac{\pi}{2}$		$\varphi=\frac{2\pi}{3}$		$\varphi=\frac{3\pi}{4}$		$\varphi=\pi$	
		$\bar{r}$	r'	$\bar{r}$	r'	$\bar{r}$	r'	$\bar{r}$	r'
0.1	0.1	0.14	2.09	0.17	2.11	0.18	2.11	0.2	2.12
	0.3	0.31	2.01	0.36	2.04	0.38	2.06	0.4	2.07
	0.5	0.51	1.85	0.56	1.91	0.57	1.92	0.6	1.95
	0.7	0.71	1.65	0.75	1.71	0.77	1.73	0.8	1.76
	0.9	0.9	1.42	0.9	1.47	0.97	1.5	1	1.53
0.3	0.1	0.31	2.01	0.36	2.04	0.38	2.06	0.4	2.07
	0.3	0.42	1.95	0.52	2.03	0.55	2.06	0.8	2.11
	0.5	0.58	1.8	0.7	1.93	0.74	1.98	0.8	2.05
	0.7	0.76	1.62	0.89	1.77	0.94	1.83	1	1.92
	0.9	0.95	1.4	1.08	1.66	1.13	1.13	1.2	1.71
0.5	0.1	0.51	1.86	0.56	1.91	0.57	1.92	0.6	1.95
	0.3	0.58	1.8	0.7	1.93	0.74	1.98	0.8	2.05
	0.5	0.71	1.7	0.87	1.89	0.92	1.96	1	2.06
	0.7	0.85	1.55	1.04	1.77	1.1	1.86	1.2	1.97
	0.9	1.03	1.37	1.23	1.6	1.3	1.59	1.4	1.81
0.7	0.1	0.71	1.65	0.75	1.71	0.77	1.73	0.8	1.76
	0.3	0.76	1.62	0.89	1.77	0.94	1.83	1	1.92
	0.5	0.86	1.55	1.04	1.77	1.1	1.86	1.2	1.97
	0.7	0.99	1.44	1.21	1.7	1.29	1.8	1.4	1.93
	0.9	1.14	1.31	1.39	1.57	1.48	1.67	1.6	1.8
0.9	0.1	0.9	0.9	0.9	1.47	0.97	1.5	1	1.53
	0.3	0.95	1.08	1.08	1.56	1.13	1.63	1.2	1.71
	0.5	1.03	1.23	1.23	1.5	1.3	1.69	1.4	1.81
	0.7	1.14	1.39	1.39	1.57	1.48	1.67	1.6	1.8
	0.9	1.27	1.21	1.56	1.48	1.66	1.58	1.8	1.7

(9)任意排列的几个疏水孔位于近似圆形的水文地质单元中，并有固定的侧向补给(见图3-50)。

承压水：

$$S=\frac{Q_c-Q_\delta}{\pi Km}F_0-\sum_{i=1}^{n}\frac{Q_i}{2\pi Km}\ln\frac{R_K}{r_i^*} \tag{3-83}$$

潜水：

$$S=H-\sqrt{H^2-\frac{Q_c-Q_\delta}{\pi Km}F_0+\sum_{i=1}^{n}\frac{Q_i}{2\pi Km}\ln\frac{R_K}{r_i^*}} \tag{3-84}$$

在潜水条件下，如含水层上面还有大气降水与地表水渗入补给，其单位时间的稳定补给量为 Q_w，则式(3-84)可写成：

$$S=H-\sqrt{H^2-\frac{Q_c-Q_\delta-Q_w}{\pi Km}F_0+\sum_{i=1}^{n}\frac{Q_i}{2\pi Km}\ln\frac{R_K}{r_i^*}} \tag{3-85}$$

式中：$F_0=\frac{at}{R_K^2}$；Q_δ 为单位时间内的稳定侧向补给量；其他符号意义同上。

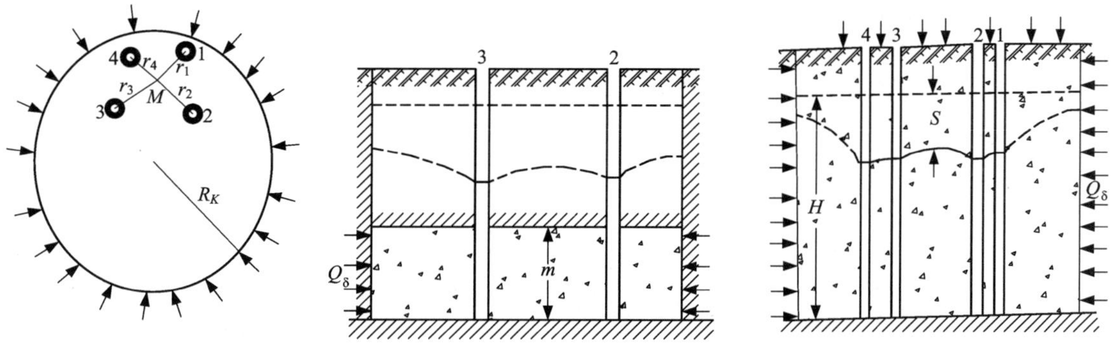

(a)平面图　　(b)承压含水层剖面图　　(c)潜水含水层剖面图

图 3-50　疏水孔布置平面图及剖面图

(10)其他排列的疏干孔群涌水量及水位降低值的计算，可查阅表 3-52~表 3-57。

表 3-52　稳定流承压完整井群涌水量计算公式表

计算平面示意图	计算公式	适用条件
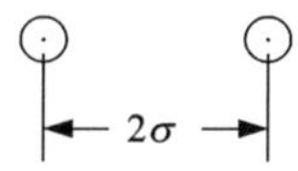	$Q=\frac{2.73KmS_w}{\lg\frac{R_0^2+\sigma^2}{2\sigma r}}$	流量相等的二井位于无限含水层时
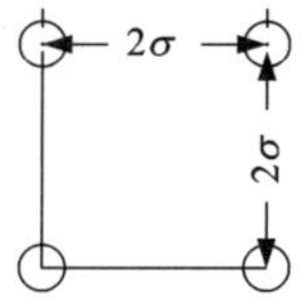	$Q=\frac{2.73KmS_w}{\lg\frac{R_0{}^4}{8\sqrt{2}r\sigma^2}}$	流量相等的四井位于正方形四角上，含水层为无限分布
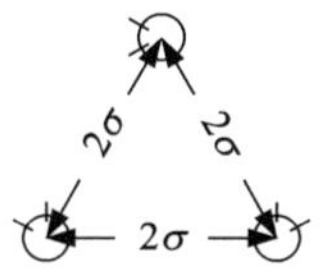	$Q=\frac{2.73KmS_w}{\lg\frac{R_0^2}{4\sigma^2 r}}$	流量相等的三井位于等边三角形的顶部，含水层为无限分布

续表3-52

计算平面示意图	计算公式	适用条件
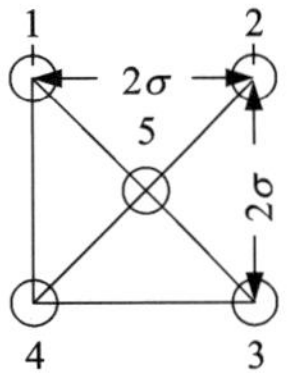	正方形四角每井流量： $$Q_{1-4}=\frac{2.73KmS_w}{4\lg\frac{\sqrt{2}}{2\sigma}R_0\lg\frac{\sqrt{2}\sigma}{r}+\lg\frac{R_0}{r}\lg\frac{\sigma}{2\sqrt{2}r}\lg\frac{\sqrt{2}\sigma}{r}}$$ 正方形中心井流量： $$Q_5=\lg\frac{\sigma}{2\sqrt{2}r}Q_{1-4}$$	等流量四井位于正方形四角上，第五井位于正方形中央，含水层为无限分布
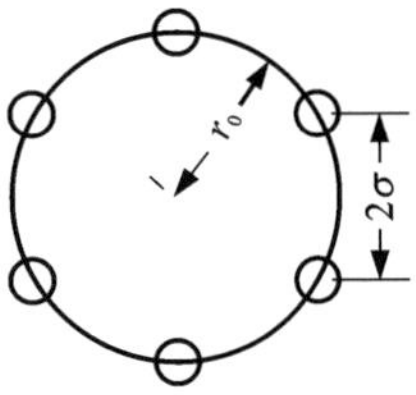	$$Q=\frac{2.73KmS_w}{\lg\frac{R_0^{2n}-r_0^{2n}}{nR_0^n r_0^{n-1}r}}$$ 或 $$Q=\frac{2.73KmS_w}{\frac{\pi r_0}{\sigma}\ln\frac{R_0}{r_0}+\ln\frac{\sigma}{\pi r}}$$	等流量 n 个井位于正多角形各角位置上，含水层为无限分布
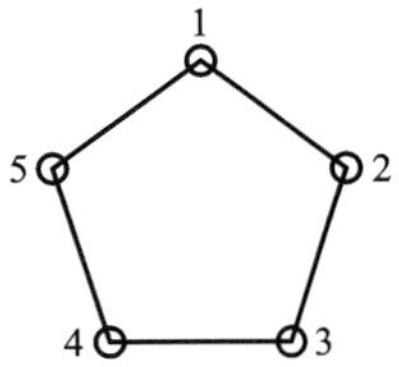	$$Q=\frac{2.73KmS_w}{n\lg R_0-\lg r_1 r_{1-2}\cdots r_{1-n-1}}$$ 或 $$Q=\frac{2.73KmS_w}{n(\lg R_0-\lg r_0)}$$	n 个等流量井按无规则封闭图形分布在无限含水层时
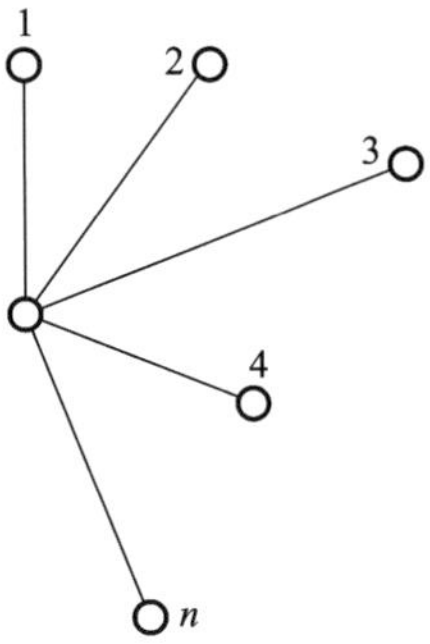	$$2.73KmS_1=Q_1\lg\frac{R_1}{r_1}+Q_2\lg\frac{R_2}{r_{2-1}}+\cdots+Q_n\lg\frac{R_n}{r_{n-1}}$$ $$2.73KmS_2=Q_1\lg\frac{R_1}{r_{1-2}}+Q_2\lg\frac{R_2}{r_2}+\cdots+Q_n\lg\frac{R_n}{r_{n-2}}$$ …… $$2.73KmS_i=Q_1\lg\frac{R_1}{r_{1-i}}+Q_2\lg\frac{R_2}{r_{2-i}}+\cdots+Q_n\lg\frac{R_n}{r_{n-i}}$$ …… $$2.73KmS_n=Q_1\lg\frac{R_1}{r_{1-n}}+Q_2\lg\frac{R_2}{r_{1-n}}+\cdots+Q_n\lg\frac{R_n}{r_n}$$ 解上面 n 个联列方程，则可求出 Q_1，Q_2，…，Q_n	n 个流量、孔径都不等的水井按无规则图形分布在无限含水层时
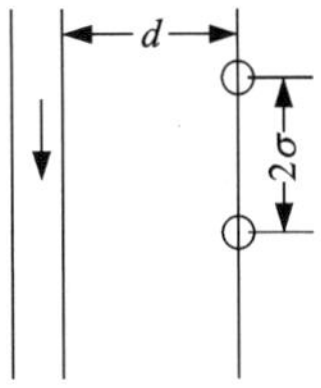	$$Q=\frac{2\pi KmS_w}{\ln\frac{2d(d^2+\sigma^2)}{r\sigma}}$$ 或 $$Q=\frac{2\pi KmS_w}{\ln\frac{2d}{r}+\frac{1}{2}\ln\left(1+\frac{d^2}{\sigma^2}\right)}$$	二干扰等流量井平行供水边界时

续表3-52

计算平面示意图	计算公式	适用条件
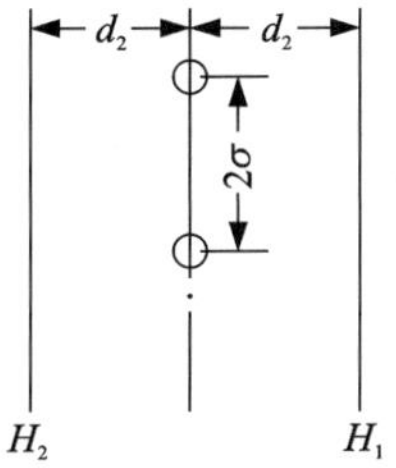	$Q=\dfrac{2\pi KmS_w}{\ln\left[\dfrac{2(d_1+d_2)}{\pi r}\cos\dfrac{\pi(d_1-d_2)}{2(d_1+d_2)}\right]+\ln\dfrac{\cos\dfrac{\pi(d_1-d_2)}{2(d_1+d_2)}}{\dfrac{\pi\sigma}{d_1+d_2}}}$	二等流量井位于地下水径流条件下时
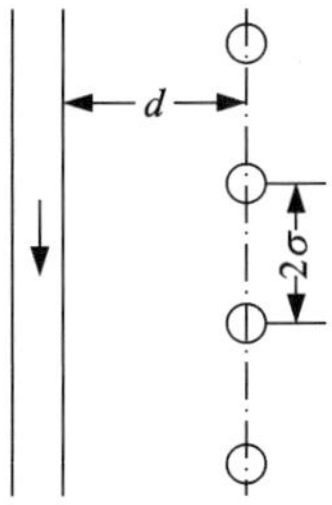	$d\leq\sigma$ 时，$Q=\dfrac{2\pi KmS_w}{\ln\dfrac{\sigma}{\pi r}+\ln\left(2\mathrm{sh}\dfrac{\pi d}{\sigma}\right)}$ $d>\sigma$ 时，$Q=\dfrac{2\pi KmS_w}{\ln\dfrac{\sigma}{\pi r}+\dfrac{\pi d}{\sigma}}$	无穷长直线井群平行于直线供水边界，井距与各井结构相同（直线井群长度等于地下径流宽度）
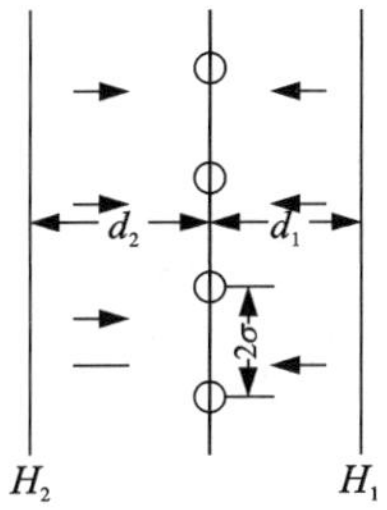	$Q=\dfrac{2\pi KmS_w}{\ln\dfrac{\sigma}{2\pi r}+\dfrac{d_1d_2}{\sigma(d_1+d_2)}}$	无穷长直线井群位于二平行供水边界中间
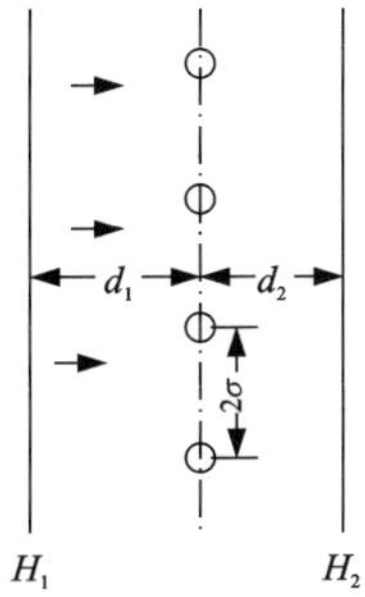	$Q=\dfrac{2\pi KmS_w}{\ln\dfrac{\sigma}{\pi r}\left[1-2e^{\frac{-\pi(d_1+d_2)}{\sigma}}\mathrm{ch}\dfrac{\pi(d_1-d_2)}{\sigma}\right]+\dfrac{\pi d_1d_2}{\sigma(d_1+d_2)}}$	无穷长直线井群位于地下径流条件下时
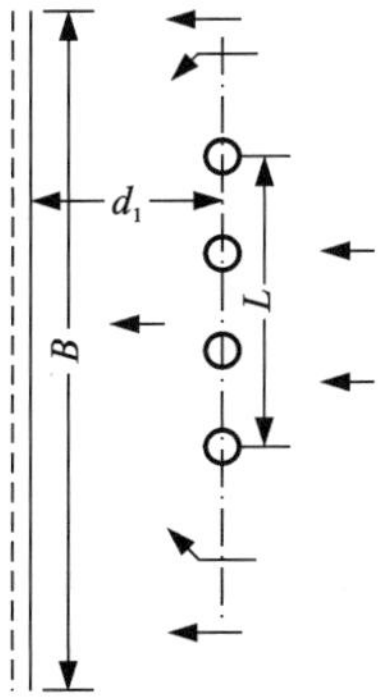	$Q'=Q\lambda$ λ 取决于$\dfrac{L}{B}$和$\dfrac{L}{d}$，查表 3-56 可得 （Q 根据无穷长直线井群平行于直线供水边界的流量计算公式确定）	有限长直线井群平行于排水边界附近

续表3-52

计算平面示意图	计算公式	适用条件
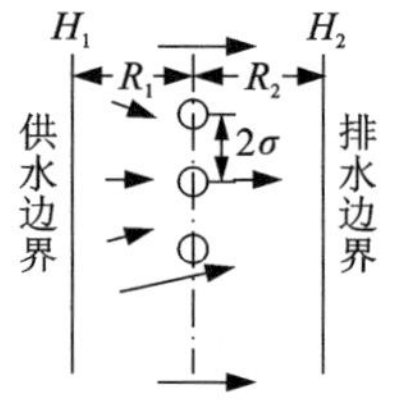	$Q'=Q\lambda$ 井数为奇数时： $\lambda=\dfrac{(2n+1)\left[\ln\dfrac{\sigma}{\pi r}+\dfrac{\pi d_1(或d_2)}{2\sigma}\right]}{n\left[\ln\dfrac{d_1(或d_2)}{r}+\sum\limits_{i=1}^{n}\ln\dfrac{d_1^{\ 2}(或d_2^{\ 2})}{(2i\sigma)^2}\right]}$ 井数为偶数时： $\lambda=\dfrac{2\left[\ln\dfrac{\sigma}{\pi r}+\dfrac{\pi d_1(或d_2)}{2\sigma}\right]}{\ln\dfrac{d_1^{\ 2}(或\ d_2^2)}{2\sigma r}+\sum\limits_{i=1}^{n}\ln\dfrac{d_1^{\ 2}(或d_2^{\ 2})}{i(i-1)2\sigma}}$	有限长直线井群位于地下径流条件下时
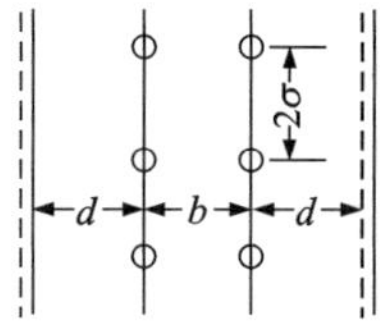	$Q=\dfrac{2.73KmS_w}{\lg\dfrac{\sigma}{\pi r}+2.73\dfrac{d}{2\sigma}-\lg(1-e^{-\frac{\pi b}{\sigma}})}$	二直线井群排位于二直线供水边界中间时
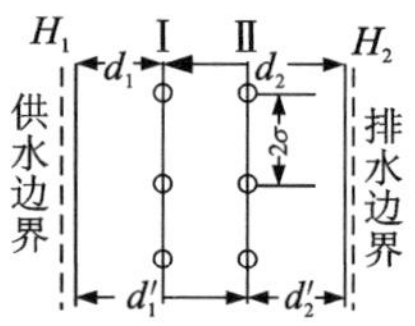	$Q_{\mathrm{I}}=\dfrac{2\pi KmS_{\mathrm{I}}}{\ln\dfrac{\sigma}{\pi r}+\dfrac{\pi d_1 d_2}{\sigma(d_1+d_2)}}$ $Q_{\mathrm{II}}=\dfrac{2\pi KmS_{\mathrm{II}}}{\ln\dfrac{\sigma}{\pi r}+\dfrac{\pi d_1' d_2'}{\sigma(d_1'+d_2')}}$	二直线井群排位于地下径流条件下时，各井井径、涌水量、井距均相等
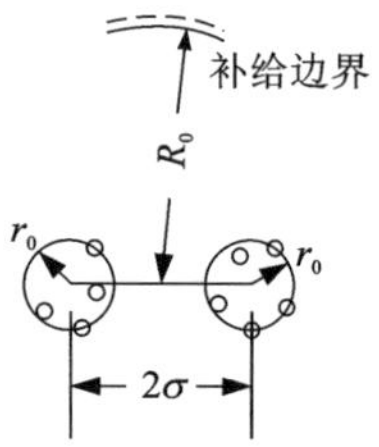	$\sum Q=\dfrac{2.73KmS_0}{2\lg R_0-\lg 2r_0\sigma}$ $Q=\dfrac{\sum Q}{n}$	二组干扰井群远离补给和隔水边界时，各井流量、井径相等
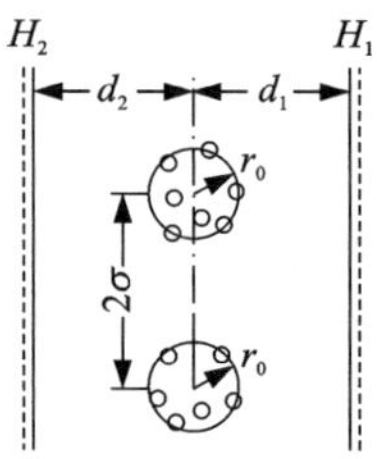	$\sum Q=\dfrac{2.73KmS_0}{R_0}$ $R_0=\lg\left\{\dfrac{2(d_1+d_2)}{\pi r_0}\cos\left[\dfrac{\pi(d_1-d_2)}{2(d_1+d_2)}\right]\right\}+$ $\lg\left\{\dfrac{\cos\left[\dfrac{\pi(d_1-d_2)}{2(d_1+d_2)}\right]}{\dfrac{\pi\sigma}{d_1+d_2}}\right\}$	二组干扰井群位于地下径流条件下时

注：表中各式均可转为潜水干扰井或承压-潜水干扰井涌水量公式。Q 为干扰井群中每一井的涌水量；2σ 为井距；m 为含水层厚度；r 为单井之半径；S_w 为井内之水位降低值；R_0 为井群组的引用影响半径；r_0 为井群组的引用半径；

r_1 为 1 号井之半径；r_{1-2}、r_{1-n-1} 为井群中各井至 1 号井之距离；Q_i、r_i、R_i、S_i 为 i 号井之涌水量、半径、影响半径和水位降低值；r_{n-i} 为 n 号井至 i 号井的距离；直线井群长度小于(2~2.5)d 时，按无规则排列井群计算；B 为径流宽度；L 为井群线列长度；λ 为有限直线井排相对于无限直线井的排涌水量校正系数；Q'为有限长井排中每井涌水量；$\sum Q$ 为每组干扰井群的总涌水量；n 为每组井群中心的井数；S_0 为每组井群中心的水位降低值。

表 3-53　非稳定流承压完整井群涌水量计算公式表

计算平面示意图	计算公式	适用条件
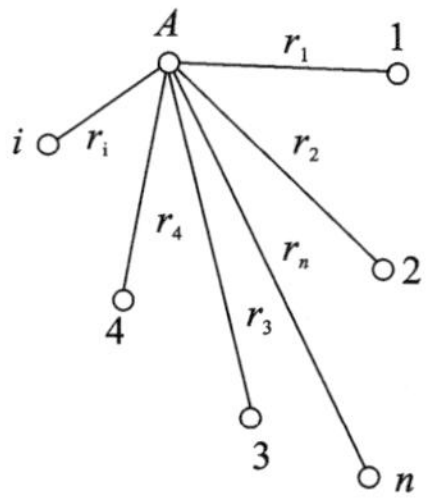	$S_A=\frac{1}{4\pi Km}\left\{\sum_{i=1}^{n}W\left[\frac{r_i^2}{4a(t-t_i)}\right]Q_i\right\}$ 当 $\frac{r_{i\max}^2}{4a(t-t_i)}\le 0.05$ 时， $S_A=\frac{1}{4\pi Km}\sum_{i=1}^{n}Q_i\ln\frac{2.25(t-t_i)}{r_i^2}$	流量不同的 n 个井无规则分布在无限含水层中，各井开始抽水的时间不同，每个井涌水量在抽水过程中保持不变
	$S_A=\frac{Q}{4\pi Km}\sum_{i=1}^{n}W\left(\frac{r_i^2}{4at}\right)$ 当 $\frac{r_{i\max}^2}{4at}\le 0.01\sim0.05$ 时， $S_A=\frac{nQ}{4\pi Km}\ln\frac{2.25at}{\sqrt[n]{r_1^2r_2^2\cdots r_n^2}}$	n 个流量相同的井分布在无限含水层中，各井开始同时抽水，每个井流量在抽水过程中保持不变
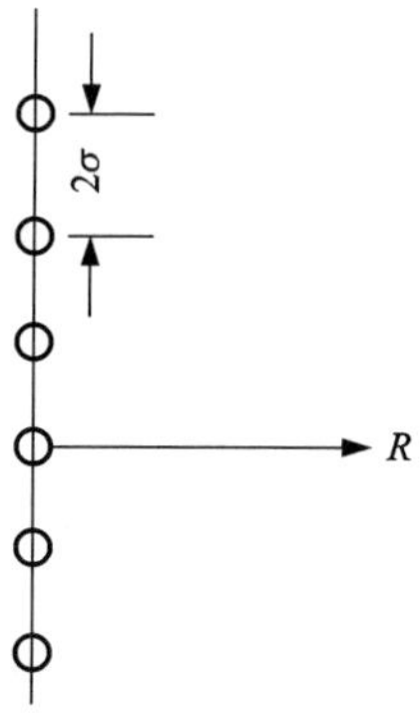	$S_0=\frac{Q}{4\pi Km}\left[W\left(\frac{r_w^2}{4at}\right)+2F(\gamma,N)\right]$ $F(\gamma,N)=\sum_{i=1}^{n}W(\gamma_i^2)$ $\gamma=\frac{\sigma^2}{4at}$，$N=\frac{n-1}{2}$ $F(\gamma,N)$可根据《水文地质手册》确定	少数流量相同的奇数井群排，位于无限含水层时，各井流量随时间不变
	$Q=\frac{4\pi KmS_0}{\frac{3.65\sqrt{at}}{\sigma}+\ln\frac{0.16\sigma}{r^2}-R_H^*}$	直线井群无限长时，其他条件同上
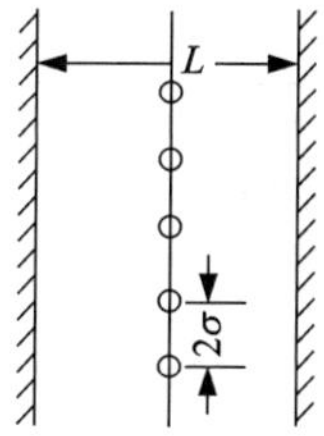	$Q=\frac{2KmS_0}{\frac{1.13\sqrt{at}}{L}-0.73\lg\frac{\pi r_w}{L}-\frac{R_H^*}{\pi}+\frac{4\sqrt{at}}{L}\sum_{i=1}^{n}R\left(\frac{2\sigma_i}{2\sqrt{at}}\right)}$	直线井群位于二平行隔水边界所限定的带状含水层时，$2\sigma<L$

续表3-53

计算平面示意图	计算公式	适用条件
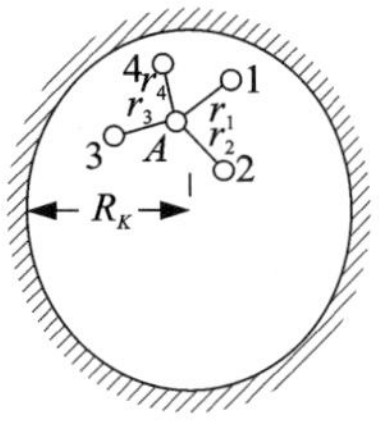	$S_A=\dfrac{\sum\limits_{i=1}^{n}Q_i}{\pi Km}\times\dfrac{at}{R_K^2}+\sum\limits_{i=1}^{n}\dfrac{Q_i}{2\pi Km}\ln\dfrac{R_K}{r_i^*}$ $r_i^*=r'\cdot r_i$	任意排列的井群位于封闭含水层时，且$t\leqslant(0.1\sim0.2)\dfrac{R_K^2}{a}$时
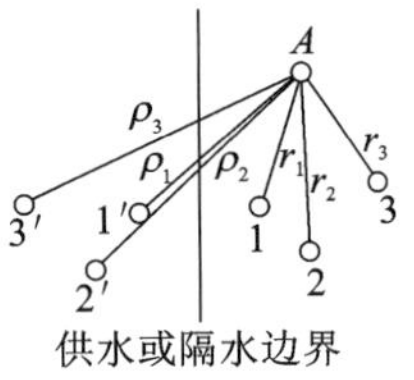	$S_A=\dfrac{1}{4\pi Km}\left\{\sum\limits_{i=1}^{n}Q_iW\left[\dfrac{r_i^2}{4a(t-t_i)}\right]\pm\sum\limits_{i=1}^{n}Q_iW\left[\dfrac{\rho_i^2}{4a(t-t_i)}\right]\right\}$	任意排列的不等量井群位于直线供水或隔水边界附近，为供水边界时用减号，隔水边界时用加号，各井非同时开始抽水，各井抽水过程中流量保持不变
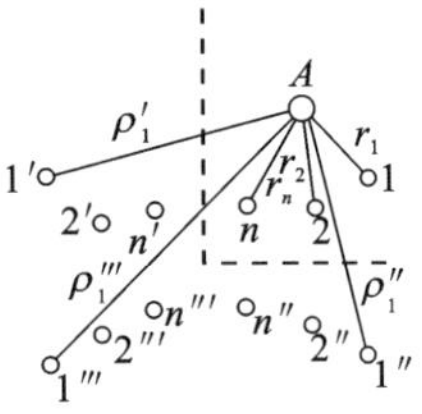	$S_A=\dfrac{1}{4\pi Km}\left\{\sum\limits_{i=1}^{n}Q_iW\left[\dfrac{r_i^2}{4a(t-t_i)}\right]\pm\right.$ $\sum\limits_{i=1}^{n}Q_iW\left[\dfrac{\rho_i^2}{4a(t-t_i)}\right]\pm\sum\limits_{i=1}^{n}Q_iW\left[\dfrac{\rho_i^2}{4a(t-t_i)}\right]+$ $\left.\sum\limits_{i=1}^{n}Q_iW\left[\dfrac{\rho_i^2}{4a(t-t_i)}\right]\right\}$ （当各井同时开始抽水时，上式中$t_i=0$）	n个流量不等的无规则分布在二直交的隔水边界或供水边界之间时，各井开始抽水的时间不完全相同，各井抽水过程中流量保持不变，为隔水边界时公式中用加号，为供水边界时用减号
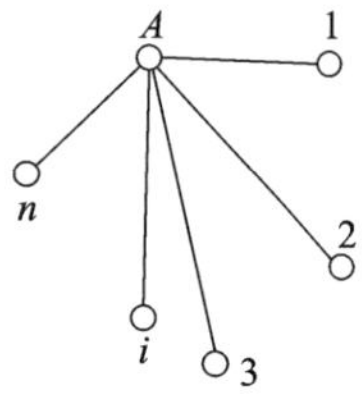	$S_A=\dfrac{1}{4\pi Km}\sum\limits_{i=1}^{n}Q_iW\left(u_i,\dfrac{v_i}{B}\right)$ 当$\dfrac{r_{i\max}^2}{4at}\leqslant0.2$以及$\dfrac{r_{i\max}^2}{4at}\leqslant0.01\sim0.05$时， $S_A=\dfrac{1}{4\pi Km}\sum\limits_{i=1}^{n}Q_i\left[K_0\left(\dfrac{r_i}{B}\right)-\dfrac{1}{2}W\left(\dfrac{at}{B^2}\right)L_0\left(\dfrac{r_i}{B}\right)\right]$	流量不等的n个井位于无限有越流含水层时，各井同时开始抽水，抽水过程中各井流量保持不变

注：表中各式均可变换为潜水井群计算公式。Q_i为i号井之涌水量，m^3/d；r_i为i号井至点A的距离，m；t为井群抽水延续总时间，d；t_i为i号井开始抽水的时间，d；S_A为在A点i时的水位降低值，m；Q为流量相同井群中单井涌水量，m^3/d；m为含水层厚度，m；K为渗透系数，m/d；$W(u)$为积分函数值；n为井群中总井数；S_0为直线井群排中心孔中之水位降位，d；2σ为井距，m；R_H^*查表3-57确定；$R(\alpha)$根据图3-25确定；r'为系数，查表3-51确定；ρ_i、ρ_i'、ρ_i''、ρ_i'''分别为各映像井至A点的距离，m；B为越流系数或隔水系数；r为抽水孔半径，m；$L_0(x)$、$K_0(x)$分别为零阶虚宗量第一、二类贝塞尔函数，可据《水文地质手册》确定。

表 3-54　非稳定流承压井群涌水量近似计算公式表

计算平面示意图	计算公式	适用条件
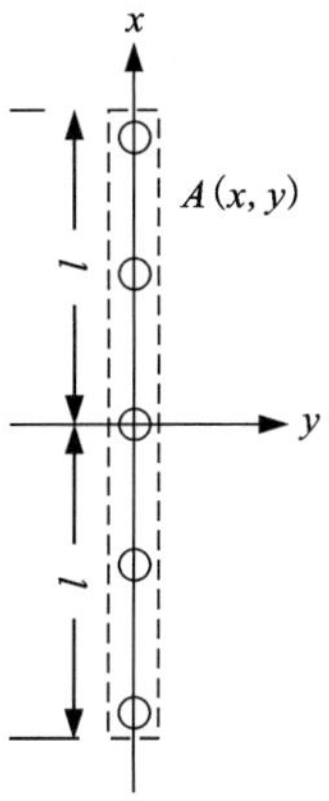	$Q_c=\frac{4\pi KmRS_A}{R_\pi+R_{CKB}}$ (1)当 $A(x,\ y)$ 在 oy 轴上任意一点时： $R_{\pi\mid x=0}$ 值由 $\alpha=\frac{at}{l^2}$ 和 $y=\frac{y}{l}$ 据《水文地质手册》确定。 (2)当 $A(x,\ y)$ 在 ox 轴上任意一点时： $R_{\pi\mid y=0}$ 值由 $\alpha=\frac{at}{l^2}$ 和 $\bar{x}=\frac{x}{l}$ 据《水文地质手册》确定。 (3)当 $A(x,\ y)$ 为任意位置时： $R_{\pi\mid x,\ y}=\frac{1}{2}[(1+\bar{x})R_{\pi\mid x=0}(\alpha_1\overline{y_1})+(1-\bar{x})R_{\pi\mid x=0}(\alpha_2\overline{y_2})]$ $\alpha_1=\frac{at}{(l+x)^2}$, $\alpha_2=\frac{at}{(l-x)^2}$, $\overline{y_1}=\frac{y}{l+x}$, $\overline{y_2}=\frac{y}{l-x}$ (4)当 $A(x,\ y)$ 在坐标轴中心 $x=y=0$ 时： $R_{\pi\mid x=y=0}=W\left(\frac{1}{4\alpha}\right)+2\sqrt{\pi\alpha}\Phi\left(\frac{1}{2\sqrt{\alpha}}\right)$ $\Phi(\alpha)$ 为误差积分，可据《水文地质手册》确定。	流量相等的直线井群位于无限含水层时
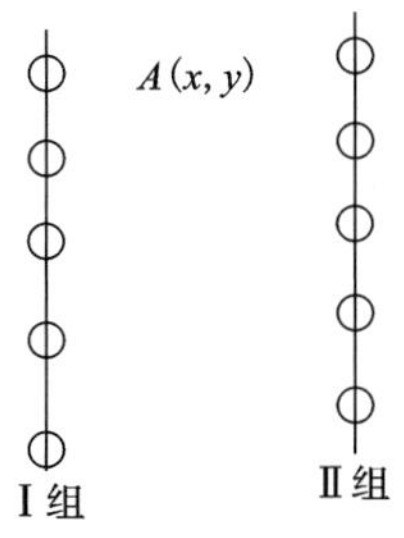	$S_A=\frac{Q_c^{Ⅰ}R_\pi^{Ⅰ}+Q_c^{Ⅱ}R_\pi^{Ⅱ}}{4\pi Km}$ $R_\pi^{Ⅰ}$、$R_\pi^{Ⅱ}$ 分别为Ⅰ组、Ⅱ组线状井群水流阻力，其求解方法同上； $Q_c^{Ⅰ}$、$Q_c^{Ⅱ}$ 分别为Ⅰ组、Ⅱ组线状井群总涌水量	二组线状井群位于无限含水层时

续表3-54

计算平面示意图	计算公式	适用条件
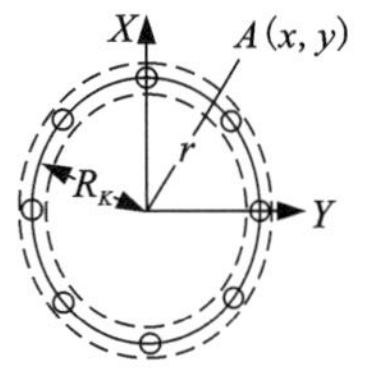	$Q_C=\frac{4\pi KmS_A}{R_K+R_{CBK}}$ R_K 取决于 $\alpha=\frac{at}{R_0^2}$和 $\bar{r}=\frac{r}{R_0}$，根据《水文地质手册》确定。 当 $\bar{r}>1.5$，$\alpha>5$ 时，环状井群可按单井公式计算，抽水初期(即 $\alpha\leqslant3.5$)，井群中心的 R_K 值最小，按下式确定： $R_K=W\left(\frac{1}{4a}\right)$ 当 $\alpha>3.5$ 时，井群系统地下水全部由外侧渗流补给，这时对所有 $\bar{r}=0\sim1$ 的点仍可用前述公式确定 R_K 值。 $Q_c=Q_B+Q_H$，当 $a>1$ 时，Q_H 与 Q_B 之间有下列关系： $\frac{Q_H}{Q_B}\approx\frac{1-e^{-\frac{1}{2\alpha}}}{1+e^{-\frac{1}{2\alpha}}}$	环状井群分布在无限含水层时
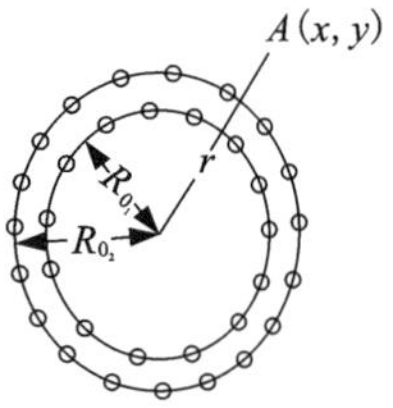	$Q_c=\frac{4\pi KmS}{\frac{Q_{\mathrm{I}}}{Q_c}R_1(\alpha_1,\overline{r_1})+\frac{Q_{\mathrm{II}}}{Q_c}R_2(\alpha_2,\overline{r_2})}$ $\alpha_1=\frac{at}{R_{0_1}^2}$，$\alpha_2=\frac{at}{R_{0_2}^2}$ $\overline{r_1}=\frac{r}{R_{0_1}}$，$\overline{r_2}=\frac{r}{R_{0_2}}$	双环井群分布在无限含水层时
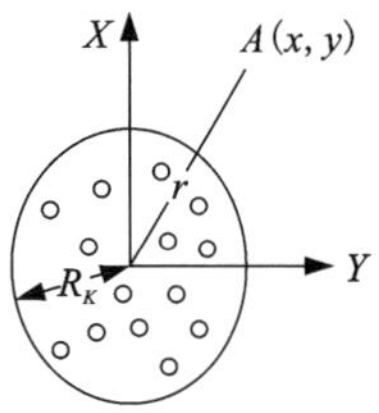	$Q_c=\frac{4\pi KmS_A}{R_{n\pi}+R_{CKB}}$ $R_{n\pi}$ 取决于 $\alpha=\frac{at}{R_0^2}$和 $\bar{r}=\frac{r}{R_0}$，根据《水文地质手册》确定。 对于井群中心： $R_{n\pi}=W\left(\frac{1}{4\alpha}\right)+4\alpha(1-e^{-\frac{1}{4\alpha}})$ 当 $\bar{r}>1.5$ 时，面状井群系统可按“大井”计算	大量井呈圆形面状分布在无限含水层时

续表3-54

计算平面示意图	计算公式	适用条件
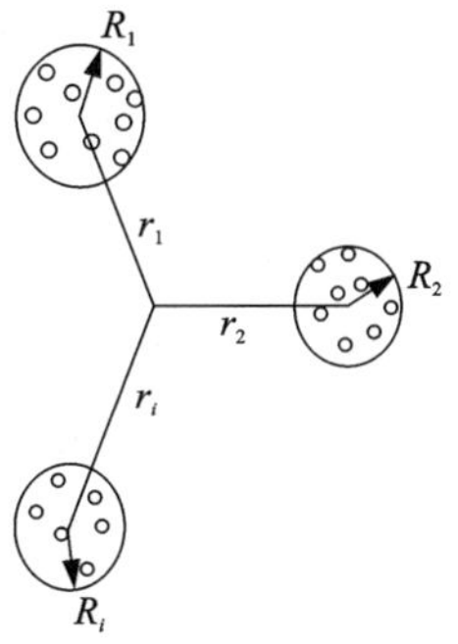	$$Q_c=\frac{4\pi KmS_A}{\sum_{i=1}^{k}\frac{Q_1}{Q_c}R_{n\pi}(\alpha_i,\ \overline{r_i})}$$ $$\alpha_i=\frac{at}{Ri^2},\ \overline{r_i}=\frac{r_i}{R_i}$$	k 个圆面状井群系统分布在无限含水层时
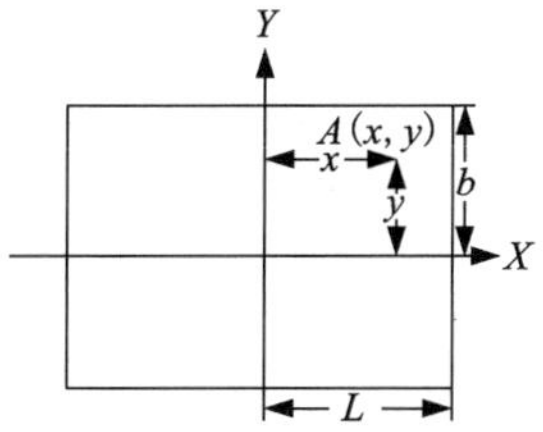	$$S_A=\frac{\varepsilon t}{4\mu^*}\left[S^*\left(\frac{L+y}{2\sqrt{at}},\frac{b+y}{2\sqrt{at}}\right)+S^*\left(\frac{L+x}{2\sqrt{at}},\frac{b-y}{2\sqrt{at}}\right)+S^*\left(\frac{L-x}{2\sqrt{at}},\frac{b+y}{2\sqrt{at}}\right)+S^*\left(\frac{L-x}{2\sqrt{at}},\frac{b-y}{2\sqrt{at}}\right)\right]$$	干扰井群呈长方形均匀分布，开采区中心位于坐标轴原点，含水层为无越流无限分布
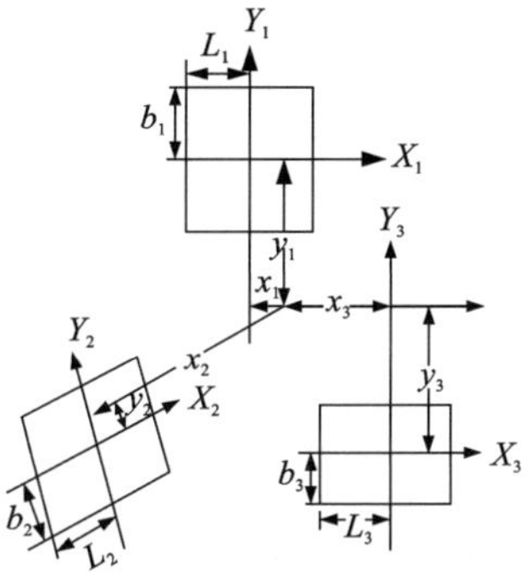	$$S_1=\frac{\varepsilon_1 t}{4\mu^*}\left[S^*\left(\frac{L_1+x_1}{2\sqrt{at}},\frac{b_1+y_1}{2\sqrt{at}}\right)+S^*\left(\frac{L_1+x_1}{2\sqrt{at}},\frac{b_1-y_1}{2\sqrt{at}}\right)+S^*\left(\frac{L_1-x_1}{2\sqrt{at}},\frac{b_1+y_1}{2\sqrt{at}}\right)+S^*\left(\frac{L_1-x_1}{2\sqrt{at}},\frac{b_1-y_1}{2\sqrt{at}}\right)\right]$$ $$S_2=\frac{\varepsilon_2 t}{4\mu^*}\left[S^*\left(\frac{L_2+x_2}{2\sqrt{at}},\frac{b_2+y_2}{2\sqrt{at}}\right)+S^*\left(\frac{L_2+x_2}{2\sqrt{at}},\frac{b_2-y_2}{2\sqrt{at}}\right)+S^*\left(\frac{L_2-x_2}{2\sqrt{at}},\frac{b_2+y_2}{2\sqrt{at}}\right)+S^*\left(\frac{L_2-x_2}{2\sqrt{at}},\frac{b_2-y_2}{2\sqrt{at}}\right)\right]$$ $$S_3=\frac{\varepsilon_3 t}{4\mu^*}\left[S^*\left(\frac{L_3+x_3}{2\sqrt{at}},\frac{b_3+y_3}{2\sqrt{at}}\right)+S^*\left(\frac{L_3-x_3}{2\sqrt{at}},\frac{b_3-y_3}{2\sqrt{at}}\right)+S^*\left(\frac{L_3-x_3}{2\sqrt{at}},\frac{b_1+y_3}{2\sqrt{at}}\right)+S^*\left(\frac{L_3-x_3}{2\sqrt{at}},\frac{b_3-y_3}{2\sqrt{at}}\right)\right]$$ $$S_A=S_1+S_2+S_3$$	平面上有多个长方形开采区时，其他条件同上

续表3-54

计算平面示意图	计算公式	适用条件
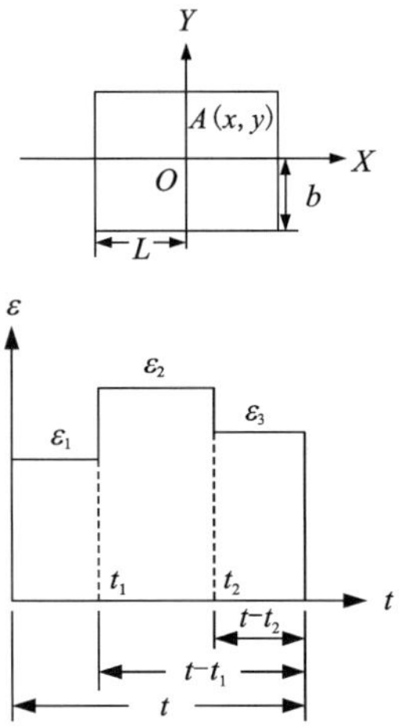	$S_A=\frac{\varepsilon_1 t}{S}\overline{S_t}+\frac{(\varepsilon_2-\varepsilon_1)(t-t_1)}{\mu^*}\overline{S_{t-t_1}}+\frac{(\varepsilon_3-\varepsilon_2)(t-t_2)}{\mu^*}\overline{S_{t-t_2}}$ $\overline{S_t}=\frac{1}{4}\left[S^*\left(\frac{L+x}{2\sqrt{at}},\ \frac{h+y}{2\sqrt{at}}\right)+S^*\left(\frac{L+x}{2\sqrt{st}},\ \frac{b-y}{2\sqrt{at}}\right)+S^*\left(\frac{L-x}{2\sqrt{st}},\ \frac{b+y}{2\sqrt{at}}\right)+S^*\left(\frac{L-x}{2\sqrt{st}},\ \frac{b-y}{2\sqrt{at}}\right)\right]$ 同理可写出$\overline{S_{t-t_1}}$，$\overline{S_{t-t_2}}$之表达式	长方形开采区位于无越流无限含水层中，开采区在 0－t_1 时期内开采强度为 ε_1，t_1－t_2 时期内开采强度为 ε_2，t_2-t 时期内开采强度为 ε_3

注：μ^* 为储水系数；a 为导压系数，m^2/d；l 为直线井群长度之半；R_π、R_K、$R_{n\pi}$ 分别为大型集水建筑线状、环状、面状井群外部水流阻力，取决于井群形状、规模、边界条件、导压系数及抽水时间；R_{CBK} 为大型集水建筑内部水流阻力，取决于井群系统内部钻孔的排列，计算井内水位降低时考虑它，$R_{CBK}=2\frac{Q}{Q_r}\left(\ln\frac{r_p}{r}+\xi\right)$，当井群呈线状或环状分布时，各井距离相等：$r_p=\frac{\sigma}{\pi}$，各井距离不等（如 $2\sigma_1$，$2\sigma_2$）：$r_p=\frac{\sigma_1+\sigma_2}{\pi}$；$\xi$ 为非完整井系数，查表 3-43 或表 3-44；Q、r 为要确定的水位降低井之涌水量和半径；$S_A(x, y)$ 为任意一点 A 在 t 时的水位降低值；Q_c 为大型集水建筑（井群系统）总涌水量；$W(u)$ 为积分指数函数，查表 3-46；$R_0=\frac{P}{2\pi}$，P 为环状井群的周长；Q_H 为环外流向井群的流量；Q_B 为环内流向井群的流量；Q_c 为双环井群总出水量；Q_{I}为内环井群总出水量；Q_{II}为外环井群总出水量；对面状井群 $r_p=0.47\sqrt{\frac{F}{\pi}}$，$F$ 为面状井群分布面积；Q_c 为多面状井群系统总涌水量；Q_{I}、Q_{II}、Q_i 分别为Ⅰ组、Ⅱ组、i 组面状井群之总涌水量；L 为开采区（井群系统）长度的一半，m；b 为开采区（井群系统）宽度的一半（y 轴方向），m；ε 为开采强度，即单位时间单位面积上开采量，m/d；$S^*(\alpha, \beta)$ 可查《水文地质手册》确定；S_1、S_2、S_3 分别为第一、第二、第三开采区对点 A 在时间 t 时所引起的水位降低；ε_1、ε_2、ε_3 分别为第一、第二、第三开采区的开采强度。

表 3-55 皮尔逊型Ⅲ曲线的离均系数 Φ 值表

C_s	P/%								
	0.01	0.1	0.2	0.33	0.5	1	2	5	10
0.0	3.72	3.09	2.88	2.71	2.58	2.38	2.05	1.54	1.18
0.1	3.94	3.28	3.00	2.82	2.67	2.40	2.11	1.67	1.29
0.2	4.16	3.38	3.12	2.92	2.76	2.47	2.16	1.70	1.30
0.3	1.38	3.52	3.24	3.03	2.86	2.54	2.21	1.73	1.31
0.4	4.61	3.67	3.36	3.14	2.95	2.62	2.26	1.75	1.32
0.5	4.83	3.81	3.48	3.25	3.04	2.68	2.31	1.77	1.32
0.6	5.05	3.96	3.60	3.35	3.13	2.75	2.35	1.80	1.33

续表3-55

C_s	P/%								
	0. 01	0. 1	0. 2	0. 33	0. 5	1	2	5	10
0. 7	5. 28	4. 10	3. 72	3. 45	3. 22	2. 82	2. 40	1. 82	1. 33
0. 8	5. 50	4. 24	3. 85	3. 55	3. 31	2. 89	2. 45	1. 84	1. 34
0. 9	5. 73	4. 39	3. 97	3. 66	3. 40	2. 96	2. 50	1. 86	1. 34
1. 0	5. 96	4. 53	4. 09	3. 76	3. 49	3. 02	2. 54	1. 88	1. 34
1. 1	6. 18	4. 67	4. 20	3. 86	3. 58	3. 05	2. 58	1. 89	1. 34
1. 2	6. 41	4. 81	4. 32	3. 96	3. 66	3. 15	2. 62	1. 91	1. 34
1. 3	6. 54	4. 95	4. 44	4. 05	3. 74	3. 21	2. 67	1. 92	1. 34
1. 4	6. 87	5. 09	4. 56	4. 15	3. 83	3. 27	2. 71	1. 94	1. 33
1. 5	7. 09	5. 23	4. 68	4. 24	3. 92	3. 33	2. 74	1. 95	1. 33
1. 6	7. 31	5. 37	4. 80	4. 34	3. 99	3. 39	2. 78	1. 96	1. 33
1. 7	7. 54	5. 50	4. 91	4. 43	4. 07	3. 44	2. 82	1. 97	1. 32
1. 8	7. 76	5. 64	5. 01	4. 52	4. 15	3. 50	2. 85	1. 98	1. 32
1. 9	7. 98	5. 77	5. 12	4. 61	4. 23	3. 55	2. 88	1. 99	1. 31
2. 0	8. 21	5. 91	5. 22	4. 70	4. 30	3. 61	2. 91	2. 00	1. 30
2. 1	8. 43	6. 04	5. 33	4. 79	4. 37	3. 66	2. 93	2. 00	1. 29
2. 2	8. 65	6. 17	5. 43	4. 88	4. 44	3. 71	2. 96	2. 00	1. 28
2. 3	8. 87	6. 30	5. 53	4. 97	4. 51	3. 76	2. 99	2. 00	1. 27
2. 4	9. 08	6. 42	5. 63	5. 05	4. 58	3. 81	3. 02	2. 01	1. 26
2. 5	9. 30	6. 55	5. 73	5. 13	4. 65	3. 85	3. 04	2. 01	1. 25
2. 6	9. 51	6. 67	5. 82	5. 20	4. 72	3. 89	3. 06	2. 01	1. 23
2. 7	9. 72	6. 79	5. 92	5. 28	4. 78	3. 93	3. 09	2. 01	1. 22
2. 8	9. 93	6. 91	6. 01	5. 36	4. 84	3. 97	3. 11	2. 01	1. 21
2. 9	10. 14	7. 03	6. 10	5. 44	4. 90	4. 01	3. 13	2. 01	1. 20
3. 0	10. 35	7. 15	6. 20	5. 51	4. 96	4. 05	3. 15	2. 00	1. 18
3. 1	10. 56	7. 26	6. 30	5. 59	5. 02	4. 08	3. 17	2. 00	1. 16
3. 2	10. 77	7. 38	6. 39	5. 66	5. 08	4. 12	3. 19	2. 00	1. 14
3. 3	11. 97	7. 49	6. 48	5. 74	5. 14	4. 15	3. 21	1. 99	1. 12
3. 4	11. 17	7. 60	6. 56	5. 80	5. 20	4. 18	3. 22	1. 98	1. 11
3. 5	11. 37	7. 72	6. 65	5. 85	5. 25	4. 22	3. 23	1. 97	1. 09
3. 6	11. 57	7. 83	6. 73	5. 93	5. 30	4. 25	3. 24	1. 96	1. 08
3. 7	11. 77	7. 94	6. 81	5. 99	5. 35	4. 28	3. 25	1. 95	1. 06
3. 8	11. 97	8. 05	6. 89	6. 05	5. 40	4. 31	3. 26	1. 94	1. 04

续表3-55

C_s	P/%								
	0.01	0.1	0.2	0.33	0.5	1	2	5	10
3.9	12.16	8.15	6.97	6.11	5.45	4.34	3.27	1.93	1.02
4.0	12.36	8.25	7.05	6.18	5.50	4.37	3.27	1.92	1.00
4.1	12.55	8.35	7.13	6.24	5.54	4.39	3.28	1.91	0.98
4.2	12.74	8.45	7.21	6.30	5.59	4.41	3.29	1.90	0.96
4.3	12.93	8.55	7.29	6.36	5.63	4.44	3.29	1.88	0.94
4.4	13.12	8.65	7.36	6.41	5.68	4.46	3.30	1.87	0.92
4.5	13.30	8.75	7.43	6.46	5.72	4.48	3.30	1.85	0.90
4.6	13.49	8.85	7.50	6.52	5.76	4.50	3.30	1.84	0.88
4.7	13.67	8.95	7.57	6.57	5.80	4.52	3.30	1.82	0.85
4.8	13.85	9.04	7.64	6.65	5.84	4.54	3.30	1.80	0.84
4.9	14.04	9.13	7.70	6.68	5.88	4.55	3.30	1.78	0.82
5.0	14.22	9.22	7.77	6.73	5.92	4.57	3.30	1.77	0.80

表 3-56　确定有限直线井群涌水量校正系数表(λ)

L/d	L/B											
	0	0.05	0.1	0.2	0.3	0.4	0.5	0.6	0.7	0.8	0.9	1.0
0.05	8.00	7.60	6.30	4.22	3.08	2.40	1.96	1.65	1.42	1.25	1.11	1.00
0.10	5.00	4.90	4.60	3.64	2.86	2.31	1.94	1.63	1.41	1.25	1.11	1.00
0.25	2.69	2.69	2.69	2.64	2.35	2.06	1.91	1.58	1.39	1.23	1.11	1.00
0.50	1.90	1.90	1.89	1.87	1.84	1.77	1.63	1.50	1.36	1.22	1.11	1.00
1.00	1.44	1.44	1.44	1.44	1.44	1.43	1.40	1.37	1.29	1.21	1.10	1.00
2.00	1.24	1.24	1.24	1.24	1.24	1.24	1.22	1.20	1.18	1.16	1.10	1.00
3.00	1.15	1.15	1.15	1.15	1.15	1.15	1.15	1.15	1.14	1.14	1.10	1.00
4.00	1.11	1.11	1.11	1.11	1.11	1.11	1.11	1.11	1.11	1.11	1.10	1.00
5.00	1.19	1.19	1.09	1.09	1.09	1.09	1.09	1.09	1.09	1.09	1.09	1.00
10.00	1.04	1.04	1.04	1.04	1.04	1.04	1.04	1.04	1.04	1.04	1.04	1.00

表 3-57　R_H^* 函数值表

$\frac{\pi\sqrt{at}}{\sigma}$	0.1	0.2	0.4	0.6	0.8	1.0	1.2	1.4
R_H^*	1.320	0.737	0.270	0.090	0.024	0.005	0.001	0.000

3.6.5　矿床疏干水文地质计算数值模拟(GMS)案例

在段村-雷沟铝土矿进行矿坑排水对当地供水的影响评价时，利用 GMS 软件模拟了寒武系—奥陶系岩溶含水层中的地下水在矿坑排水时的流场变化，直观显示了不同时期、不同开采阶段的地下水水位变化情况，最终得出了“矿坑排水对当地供水影响微弱”的结论。以下简要介绍模拟的方法及步骤。

3.6.5.1　水文地质概念模型的建立

1)含水层结构概化

地下水系统符合质量守恒和能量守恒；在常温常压下，地下水运动符合达西定律；地下水系统的输入输出随时间、空间变化，故地下水为非稳定流；忽略地下水的垂向运动，将地下水运动按平面二维非稳定流问题处理。

2)边界条件

西面：由扣门山断层南段和后地断层及官窑断层共同组成西部的阻水边界。

北面：该边界东段以蓟县系地层露头线为界，为隔水边界；中段以扣门山大断层为界，为相对阻水边界；西段以弥陀寺断层为界，构成上层阻水，下层透水(排泄)边界。

东面：该边界以岸上大断层为界，因断层阻水，岩溶水以泉形式及潜流形式排泄，视为排泄边界。因多年生产生活抽取地下水，泉已断流。

南面：该边界以硖石及义马逆断层为界，构造相对阻水边界。

顶面：取寒武系—奥陶系灰岩岩层的顶板，标高为-50~750 m，呈现西高东低、北高南低的趋势。

底面：根据含水层岩溶发育规律，将底板取值为顶板高程减去岩溶最大发育深度 200 m。

矿区岩溶含水系统示意图见图 3-51。

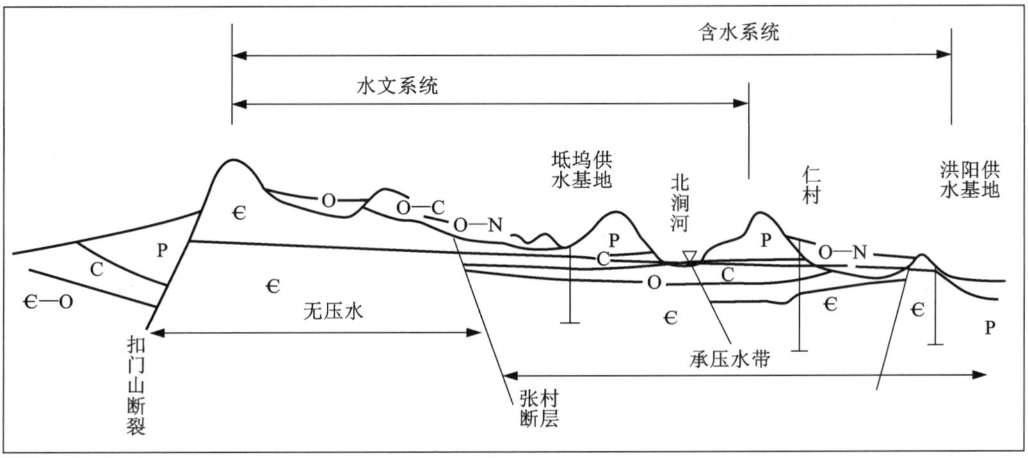

图 3-51　矿区岩溶含水系统示意图

3)源汇项计算

源汇项计算包括以下几项：

①大气降雨入渗；

②河流渗漏;

③泉水排泄;

④人工开采;

⑤矿坑排水。

3.6.5.2　建立可视化数学模型

1)网格剖分

根据概化的水文地质概念模型,可相应建立非均质各向同性的地下水二维流数学模型,确定模型大地坐标系统的原点,选用有限差分法的网格中心节点对研究区进行剖分离散,其中 x 方向节点数目为 365,y 方向节点数目为 65,共计 23725 个单元,有效计算单元为 13373 个,每个单元面积为 100 m×100 m。

2)参数分区

由于区域受构造及水文地质条件的影响,数值模型中的水文地质参数在空间上表现出较强的差异性,因此有必要先进行参数分区,结合矿区可利用水位观测点(共计 29 个)的分布,将模型分为 37 个参数区。

3.6.5.3　模型参数识别

区域水位观测点并不多,且大多集中在矿区范围内,分布间隔大且不均匀,导致模型所需的相关数据比较缺乏,甚至大多数实测数据由于现场条件的限制,而不可避免地存在由诸多不确定因素产生的误差。因此,必须对建立的模型进行调试和识别:先将模型所需的数据赋予一初始值并输入模拟计算程序,然后进行多次反演试算,不断调整参数,修正模型的失真部分,最终使模型对原型达到较好的拟合,以作为模型识别的参数。

根据区域水文地质条件和地貌因素,考虑水位观测资料相对较为匮乏,本次模拟采用试估校正法结合 PEST 程序对各分区的参数进行精心调整,使各观测孔水位拟合误差达到最小,最终获得反映该区水文地质特征的参数和数值模型。

3.6.5.4　模型检验与校核

由于水文地质参数已通过模型识别与反演计算,且水位拟合误差均在可接受范围内,因此,模型校核主要修正源汇项,如河流入渗量、井巷排水及人工开采等。

通过模型识别和模型检验校核,所建模型与水文地质条件基本相符,可以作为模拟地下水系统运动规律和区域水资源评价的依据。

3.6.5.5　GMS 模型分析

GMS 模型分析主要包含以下几个方面:

①模型适用性分析;

②地下水流场分析;

③地下水动态分析;

④地下水均衡分析;

⑤地下水敏感性分析;

⑥模拟误差分析。

3.6.5.6　GMS 模拟预测

(1)预测方案设计。

根据需求,主要对以下两方面内容进行预测:

①最低基建中段和最低开采中段涌水量预测;

②矿坑抽排水对供水井群的影响。

(2)预测结果及分析：对预测结果进行分析和评价。

(3)不确定性分析。

从本质上讲，任何影响模拟结果的因素都具有不确定性，各种不确定因素之间可能相互关联，也可能相互独立，在这些不确定性因素的影响下，地下水位的分布无论在空间还是时间上都是不确定的，因而计算的矿区涌水量也具有不确定性。

本次概化的数值模型不确定性来源主要包括：①模型本身的不确定性，如参数敏感性以及对复杂的实际问题进行简化而产生的不确定性；②作为重要的模型识别依据的观测资料的不确定性，如降雨入渗补给量、供水基地开采量、井巷抽排水量。

3.6.5.7　本案例取得的主要成果

(1)根据含水层结构特征以及地下水流动特性将研究区概化为非均质平面各向同性二维、非稳定地下水流系统，并在此基础上采用 GMS 有限差分方法建立相应的数学模型，结合地下水位观测资料和 PEST 自动拟合程序对该模型进行校正和参数反演，并利用该模型进行了地下水流场、动态、水均衡和参数敏感性分析。最终确定的模型误差仅为 0.075%，观测孔的计算值和观测值拟合程度较高，并且反映了断层对地下水的隔水与导水作用。

(2)数值模拟计算表明，在平水期(11 月—次年 2 月)，平均补给量为 14702 m^3/d，平均总排泄量为 34493 m^3/d，均衡差为-19791 m^3/d，呈负均衡，尤其在段村-雷沟矿段内和洪阳供水基地呈现较大负均衡，造成平水期内局部水位下降明显，这一点和实际观测结果相吻合。人工开采量和矿坑排水占总排泄量的 100%(泉排泄量为 0)，成为地下水排泄的主要方式；地下水补给基本上来自大气降雨，其占总补给量的 90.53%，因而地下水的动态特征主要表现为随着降雨的多寡而呈现大幅度的上升或下降，这与长期动态观测结果一致。

(3)在平水期(120 天)，矿区地下水位总体呈下降趋势，多数观测孔水位下降在 1 m 范围内，且离地下水开采点越近，水位下降越明显。受洪阳供水基地自身开采的影响，该区域地下水位变化非常明显，同时还引起矿区地下水位的下降，形成叠加作用。此外，受石河下渗量变化的影响及断层控制，在河流未断流前，坻坞井和疏 3#水位均有轻微的上升，表明坻坞一带地下水径流较弱，虽然水位较高，但补给下游较慢。

(4)地下水流场分析表明，研究区存在两个主要降水漏斗，一个在矿区东部，由于洪阳供水井群的影响，形成了完整的降落漏斗，其漏斗形态呈扁长椭圆形，南北窄，东西长。另外一个在矿区中部，随着矿山建设的开展，矿坑巷道排水使地下水位发生了局部变化，由于该区域富水性相比东部洪阳一带富水性较弱，矿区排水处降落漏斗较小，影响范围偏小，也呈长轴近东西向椭圆形。从两个降落漏斗的相互影响来看，洪阳供水基地抽水有利于矿区地下水位下降，而矿区地下水疏干对洪阳供水基地影响并不明显。

(5)地下水参数敏感性分析表明，由于地下水多年开采和矿区巷道掘进施工的完成，地下水已由承压转向了无压。洪阳供水基地和矿区北部、东部渗透系数的不确定性对地下水影响最大，因而该区域地下水的变化对流场的变化起着重要的控制作用。

(6)数值模拟计算表明，2017 年 3 月 1 日，最低基建中段(300~450 m)地下水净存储总量为 1183 万 m^3，最低中段(210~300 m)为 11999 万 m^3。按照现有疏干井和巷道排水能力，最低基建中段疏干时间为 250 d，总排水量为 38376 m^3/d；最低中段疏干时间为 4850 d，总排水量为 48760 m^3/d。

(7)用 GMS 模型对矿坑涌水量进行预测，得出了不同降雨量条件(丰、平、枯)下的计算值。最低基建中段丰、平、枯涌水量分别为 33356 m^3/d、24637 m^3/d 和 16391 m^3/d；最低中段丰、平、枯涌水量分别为 52469 m^3/d、51504 m^3/d 和 50581 m^3/d，其中丰水年可作为最大值，平水年可作为正常值。这与其他涌水量计算结果非常接近，因而也论证了所建模型计算矿坑涌水量的可行性，并且数值计算法显示出了条件概化更为精细，计算原理更清晰，所得结果更符合客观实际的优势。

(8)GMS 模拟 2017 年 3 月 1 日—2033 年 3 月 1 日地下水流场变化(图 3-52、图 3-53)表明，矿区井巷抽排水对洪阳供水基地地下水的影响非常弱，其现有的降落漏斗形态并未改变，其水位的整体下降主要由于该区域开采量大于补给量，呈现为负均衡引起。

(9)不确定性分析表明，矿区涌水量主要受区域降雨影响，尤其对于最低基建中段，涌水量标准差达到6558 m^3/d，因而在具体确定矿区涌水量时，应针对降雨量数据进行分析。

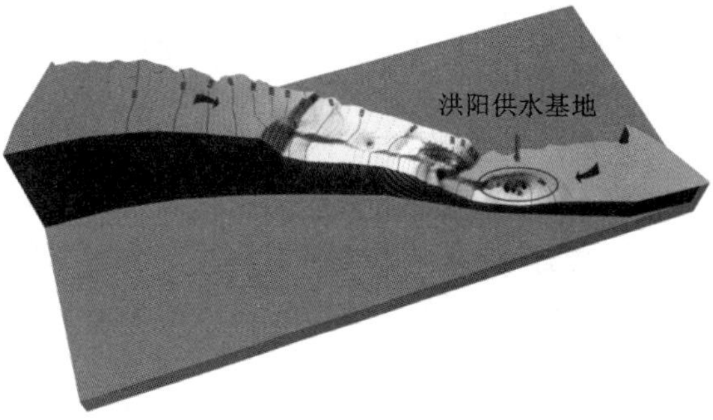

图 3-52 模拟预测 2017 年 3 月 1 日地下水位立体图

图 3-53 模拟预测 2033 年 3 月 1 日地下水位立体图

3.7 日常水文地质工作任务与内容

3.7.1 日常水文地质工作任务

3.7.1.1 基建期矿山水文地质工作任务

(1)承接勘探部门移交的水文地质资料和设施，收集各项基本建设所需的水文地质、工程地质资料，分类建立矿山水文地质技术档案和相应的水文地质台账。

(2)熟悉矿区水文地质条件，深入研究矿山设计中有关探放水、疏干工程、地面防水、塌陷处理和供水排水等涉及的具体内容，及时掌握防治水工作的进展和存在的问题。

(3)水文地质条件复杂的矿山，按照设计要求，建立健全矿区长期动态观测网，并随着井巷开拓进程，不断补充和完善动态观测系统。

(4)监督、配合施工单位开展基建井巷工程的水文地质测量工作，收集和研究施工阶段所揭露的水文地质现象，不断充实和验证对矿区水文地质条件的认识。

(5)开展矿坑突水事故预测工作，参与突水灾害事故处理，组织制订矿坑防水抗灾抢险应急措施，编制防治水和抗灾方案，检查、督促施工单位执行防水、探水制度。

(6)当矿山基建自行施工时，尚需开展如下工作：

①按照设计要求，对开拓区段进行水文地质安全分区，拟定矿坑探放水规划，制订矿山

水文地质工作管理制度和预防矿坑突水的安全措施等；

②对于水文地质条件复杂的矿山，应筹建矿山防治水害的专业队伍，配备必要的探水、防水施工设备和器材等；

③收集或编写矿山水文地质年度计划和年终总结报告。矿山投产时应收集或提交矿山基建阶段的水文地质工作报告。

3.7.1.2　生产期矿山水文地质工作任务

（1）参与编制矿山生产发展规划和年度采掘（剥）进度计划，负责制订防治水规划和方案。

（2）根据采掘（剥）进度对防治水的要求，制订年度、季度的探水和防治水计划，及时掌握地下水动态，适时调整防治水工程的布置，指导采掘作业安全进行。

（3）开展矿山日常水文地质测量和矿坑充水动态规律的观测、研究，对矿坑涌水量和矿区地下水位进行长期观测；根据生产过程中出现的水文地质问题，提出处理意见。

（4）收集整理矿区水文地质资料，建立水文地质技术档案，不断更新水文地质数据库；及时提供水文地质资料，指导采掘活动，督促防治水措施的实施。

（5）水文地质条件简单的矿山，一般只作矿坑水文地质测量和编录及矿坑涌水量观测。水文地质条件复杂或防治水难度大的矿山，水文地质工作包括矿坑水文地质测量和编录，地下水动态长期观测，水文、气象观测，岩溶塌陷观测，矿坑涌水量观测，地面、露天坑和井下水文地质点的巡视与监测。

3.7.2　日常水文地质工作内容

3.7.2.1　钻孔简易水文地质观测与编录

（1）观测和详细记录钻进中涌（漏）水、掉块、塌孔、缩（扩）径、逸气、涌砂、掉钻等现象发生的层位和深度，测量涌（漏）水量，观测钻进中动水位和冲洗液消耗量的变化，测量稳定水位并进行简易放（注）水试验。

（2）描述岩芯的岩性、结构构造、裂隙性质、密度、岩石的风化程度和深度，以及岩溶形态、大小、充填情况、发育深度，统计裂隙率、岩溶率等。

（3）单一含水层（组）的钻孔应测定终孔稳定水位。

3.7.2.2　矿坑水文地质测量和编录

1）地下矿山水文地质测量和编录包括岩层及其含水性特征，断层构造、节理裂隙（包括岩溶裂隙）测量，地下水活动现象、出水现象，地下水活动所产生的水文地质、工程地质现象，地下水化学采样及分析等。

（1）岩层及其含水性的编录：包括地层时代、岩石名称、颜色、结构构造、岩性、矿物名称、含水性和产状等；测点（段）位置应按编号标定在坑道素描图上，测点（段）的代表范围应明确反映在坑道水文地质图上。

（2）断层构造的水文地质测量：包括标定其位置、测量产状和破碎带宽度，描述破碎带的特征（岩性、角砾情况、胶结程度、…），判断断裂类型及其富水性和导水性。

（3）节理裂隙测量：包括产状要素、长度、宽度、张开度及充填物、成因类型，观察多组裂隙的生成次序等；岩层含水裂隙的发育程度用裂隙率表示。

在裂隙分布较均匀的地段，可用直线率进行统计，计算公式如下：

$$K_T=\frac{\sum b}{L}\times 100\% \tag{3-86}$$

式中：K_T 为岩层裂隙率；L 为测线长度，m；$\sum b$ 为测线内含水裂隙张开的总宽度，m。

在多组含水裂隙叠加发育的地段，应用面积法统计，计算公式如下：

$$K_T=\frac{\sum a\cdot b}{F}\times 100\% \tag{3-87}$$

式中：a 为每条裂隙长度，m；b 为每条裂隙张开的宽度，m；F 为测量面积(应大于 4 m^2)。

(4)地下水活动的水文地质现象观测与描述包括以下内容：

①岩溶现象编录：岩溶发育段的岩性，溶蚀孔洞的形态、规模、充填程度，充填物的颗粒成分和磨圆度。

②风化和水蚀现象编录：水蚀岩段的褪色、发黄、锈膜沉析、挂色等现象；矿物氧化、水解溶滤、岩石结构疏松程度；岩石软化、崩解、吸水膨胀和失水干裂等情况。

③出水现象编录：对裂隙含水层划分巷道的潮湿、滴水、淋水区段；对出现股流、射流涌水现象，测量涌水点出口大小、形态、性质、位置，记录水色、水温、气味、水量；对岩层稳固性不良以及有溃决突水隐患的涌水地段，每日进行流量测量，研究其动态变化；对一般涌水点，可据井巷延伸长度，定距(井巷延伸距)或定期测定水量变化。

(5)地下水水化学测量：正常生产的矿山，根据地下水综合利用和环境保护的需要，应定期(半年至 1 年)检测；当矿坑充水因素中有多个不同水化学特征的补给水源，在井巷掘进时，对新出现的可疑重要涌水点，要采样进行水化学分析，以判明涌水点的补给水源。

(6)工程地质现象编录：在井巷水文地质编录中，应详细记录软弱夹层、井巷底鼓、冒落、片帮、缩径、泥砂涌出现象，并标定其位置。对井巷穿越的不稳定地段，要记录支护方法及稳定状态。

(7)水文地质摄影：应拍摄的水文地质、工程地质现象包括代表各层位岩体完整程度的揭露面；主要的断层、破碎带、节理密集发育带；导水裂隙的形态和张开度、各组断裂分支复合关系；对工程有影响的软弱夹层；岩溶现象及洞穴形态；充填物的充填状态；涌水点及涌水出流状态；施工引起的工程地质现象等。水文地质摄影每张照片应注明编号、图面方位和作为比例参照物的实物标记，并附登记卡，记录照片的编号、名称、内容、日期、地点(位置)。

(8)水文地质测量和编录应编制的基本图纸主要有：竖井、斜井和中段水文地质图(比例尺 1∶1000~1∶2000)，坑道水文地质展开图(比例尺 1∶200)，素描图。

(9)水文地质测量和编录，应以井巷揭露的早期特征为准，井巷揭露以后，有关水文地质现象若随时间发生变化，则应设立测点并予以记录。

(10)水文地质测量和编录，应随井巷工作面的延伸及时进行，一般情况下，不应落后于工作面 10 m，不稳定的井巷工作面应在锚喷、砌碹之前完成。

2)露天矿山水文地质测量和编录

(1)构成露天边坡的主要岩性及其风化程度。

(2)断层构造的水文地质测量：包括准确标定其位置，测量产状和破碎带宽度，判明断层的性质，描述破碎带及其上下盘的岩性、胶结程度及富水性和导水性。

(3) 地下水活动现象的观测与描述：包括记录潮湿、滴水、淋水区段；对于出现股流、射流涌水现象的露天边坡需进行素描编录，测量涌水点出口大小、形态、性质、位置；对于岩层稳固性不良以及有溃决突水隐患的涌水地段，需每日进行流量测量，研究其动态变化。

(4) 节理裂隙测量：以构造裂隙为主要充水方式的露天采场，对各阶段揭露的含水层，均要进行裂隙统计，裂隙测量的内容有产状要素、长度、宽度、张开度及充填物、成因类型、观察多组裂隙的生成次序等。节理裂隙的测量及统计方式与地下开采的矿山相同。

(5) 工程地质现象编录：应详细记录软弱夹层、片帮、缩径、泥砂涌出现象，并标定其位置。对边坡不稳定地段，要记录支护方法及稳定状态。

3.7.2.3　矿坑涌水量观测

(1) 凡涌水较大或矿坑水对周边供水产生影响以及对自然环境造成污染的矿区，都应进行矿坑排水流量和矿坑总涌水量长期观测。在采用多组水泵排水的矿坑，应尽量采用自动记录的测站进行连续观测；对于流量较小的矿坑，可采用水泵排水法统计矿坑涌水量。

(2) 凡是矿区采掘范围内发生了涌水，均须进行涌水点流量观测。根据涌水点流量稳定情况，分为短期观测和长期观测：

①对于新出现的涌水点、雨季时涌水量剧增和重现的旧涌水点以及地层岩性不稳固而未采取安全处理的涌水点等，均应安排短期观测。观测期限一般为 5～15 天，每天至少一次。

②长期观测包括采掘和井下钻孔工程中的重要涌水点(流量大于 1 L/s，稳定期超过 1 个月)、各中段涌水量和矿坑总涌水量(露天矿则为各台阶排水量和露天矿总排水量)。中段涌水量的测点一般应设于水仓入口或泄水口上游水沟平直、沟底坡度均匀处。观测时间间隔视涌水量大小而定，一般为 5～10 天。

③涌水量与降雨关系密切的矿山，在大雨和暴雨期间涌水量要加密观测，加密观测的延续时间以受降雨影响的波峰及其两侧的波谷值为准。

④对矿坑安全构成威胁的突水点，在安全技术措施尚未生效之前，要安排连续观测，每天至少观测一次；对矿坑安全构成严重威胁的突水点，应安排值班观测。所有观测内容应详细记录，记录内容包括突水点位置、突水原因、水量历时变化情况、处理措施等。

⑤采用深井疏干的矿山要观测单井排水量和总排水量，观测时间间隔视涌水量变化情况而定，一般为 5 天。

⑥动态观测应遵守下列安全规定：

A. 观测员应掌握安全信号含义和发出方法；

B. 夜间动态观测，观测员应佩戴个人照明器具；

C. 禁止观测员在草丛、灌木中或其他不易被人发现的地方休息。

⑦对矿坑充水可能有联系的泉点，应定期观测泉水流量，并始于矿床疏干之前，观测间隔一般为 5～10 天，塌陷区内的泉点，在矿床疏干期间每天 1 次。当矿区内具有多个含水层时，对未疏干的含水层的泉点应进行长期动态观测。

⑧泉水调查应遵守下列安全规定：

A. 山泉水源调查，在遇到风暴、悬崖、峭壁、峡谷、雷雨等情况时，应采取防护措施；

B. 露天泉水源调查，调查人员应确认周围是否是沼泽地或泥泞地。

⑨在一些特殊情况下，测量涌水量时要同时测量水温、气温、含砂量、pH 等。例如，当地下水有温度异常时要在出水口测水温及气温；地下水含泥砂时，要测含泥砂量；酸性水要测 pH。

⑩矿坑涌水量统计应包括各阶段(台阶)和全矿区日、月、年的最大、最小、平均排水量及总排水量。

⑪涌水量观测应编制的主要图纸：矿坑各阶段(台阶)及全矿总涌水量、降雨量动态变化曲线图，与矿坑充水密切相关的泉水流量、降雨量动态变化曲线图，与降雨关系密切的暴雨期间涌水量与降雨量关系曲线图(反映涌水量降雨量峰值及相邻波谷低值)，各深井排水量及疏干系统总排水量动态变化曲线图，以及重要突水点涌水量动态变化曲线图等。

3.7.2.4 地下水位观测

(1)矿区地下水位观测点，应以水文地质观测钻孔为主，并尽量利用已淹没的废井筒、不常用的水井、与含水层有水力联系的岩溶落水洞等。

(2)凡存在突水危害的矿山，应有满足要求的地下水位长期观测孔。

(3)底板间接充水带压开采的矿山，在采掘范围内应沿底板含水层走向布置观测孔。

(4)采用矿床疏干和防渗帷幕的矿区，观测孔应成网布置，且应符合以下规定：

①观测网至少应由 3 条剖面组成，每条剖面上的观测孔不少于 3 个。

②采掘范围应为重点观测区，缓倾斜矿床观测孔可随采掘延深分步施工。采用疏干的矿山，外围观测孔应不超过疏干漏斗边缘。采用防渗帷幕的矿山，在帷幕轴线内外两侧均应布设观测孔。

③安全监测孔的孔位可根据塌陷区的塌陷程度、不稳定的补给区和起重要阻水作用的构造、岩脉、岩层等隔水边界的分布状况来确定。

④观测网应能控制对矿坑充水有影响的各含水层和地表水体。

(5)在岩溶塌陷矿区，观测网布置应兼顾观测矿区附近重要建构筑物地下水位动态变化的情况。

(6)观测孔的结构要求：

①观测孔的开孔孔径应大于 91 mm，终孔孔径不得小于 75 mm；需要安装自记水位计的钻孔，应根据水位计的规格确定口径，一般应大于 110 mm；动水位埋深大于 50 m 时，口径应大于 150 mm。

②地层稳固的基岩地下水位观测孔，可以采用裸露井壁；地层不稳定的松散岩系水位观测孔，应安装孔隙率大于 10%的过滤器。

③基岩水位观测孔穿过第四系地层时，应下套管护壁，并严格使用水泥或黏土止水。

④孔内应安装 ϕ50 mm 测水管，测水管底端 30~50 m 为孔隙率 10%左右的筛管。

⑤孔口需加盖、上锁或安装其他保护装置并标明孔号。

(7)观测孔的质量要求：

①孔内水位的水头压力传导应灵敏，通常用抽水试验或注水试验进行检查。当抽水单位涌水量大于 0.1 L/(s·m)、注水单位吸水量大于 0.5 L/(s·m)或水头抬高 1 m 后，水位能在 2 h 内完全恢复的孔才能作为长期观测点。

②观测孔揭露的漏水、涌水位置，应低于该孔服务期间最大水位降深。

③孔斜要求每 100 m 不超过 2°，自记孔孔斜不超过 1°。

(8)有条件的矿山，对重要的观测点应尽量采用自记水位计进行观测，对一般观测点，可采用电测水位计(水位埋深小于 50 m 时也可使用测钟)，测水导线应采用伸缩性较小的绝缘导电线。

(9)水位观测周期一般是 5~10 天一次，外围观测孔观测周期可适当放宽，雨季或矿坑局部突水时应缩短。所有观测孔应在一天之内完成，水位和矿坑涌水量观测应在同一天进行。

(10)地下水位长期观测应编制的主要图纸包括：各观测孔结构图、各观测孔地下水位动态变化图、矿区含水层等水位线图(一般每年雨季、旱季各作一张)。

(11)观测井(孔、泉)布设与安装应遵守下列安全规定：

①观测井台应高出地面 0.5 m；

②选用饮水井或浅井作动态观测点时，井口应安装防护井栏；

③选用泉、井水作观测点时，泉井、引水渠、测流池、测流堰等应设置防护栏栅。

3.7.2.5　岩溶塌陷观测

(1)岩溶充水矿区，因矿床疏干排水产生地面塌陷、开裂、沉降时，应进行相关观测，为塌陷的预测和安全治理提供基础资料。

(2)地面开裂塌陷观测应满足下列要求：

①基本稳定前，不断跟踪观察其动态变化；

②基本稳定后，要实测塌陷的直径或长、短轴的长度、长轴的走向及塌陷的深度，并估算其体积，描述塌陷的平面和剖面形态，产生塌陷的地层岩性，塌陷壁的涌水、渗水及塌陷坑的积水情况；

③对单独产生的地面开裂，测量开裂的长度、宽度和深度及其走向；

④所有塌陷和单独开裂现象，应统一编号标绘于矿区水文地质图上。

(3)对塌陷预测区内尚未搬迁的工业及民用建构筑物要定期进行观测，塌陷范围大和塌陷程度严重的矿区，要建立地面沉降观测网。

(4)地表建构筑物开裂观测内容包括开裂时间、位置、范围、形状、宽度及其动态变化；观测时，对裂隙宽度可采用贴纸方法。

3.7.2.6　水文、气象观测

(1)对矿坑充水有密切补给关系的溪、沟、渠、湖泊、水库等地表水，应建站进行长期观测。观测的主要内容包括溪、沟、渠的流量，较大河流、湖泊、水库的水位变化。

(2)测站位置选择，应满足下列要求：

①溪、沟、渠流量测站应设立在其出入矿区或采区、含水层露头区、地表塌陷区及支流汇入点的上下端；

②河流、湖泊、水库水位测站，应选在岸坡稳定水位有代表性且便于观测的地方；

③用河流断面法测流量的河段，要求河道顺直、河床稳定、无阻流障碍、水流集中无回水现象，用水堰测量流量的河段尚要求具备形成非淹没式自由流所需要的落差条件。

(3)径流流量测流方法有流速仪法、浮标法和水堰测流法。其选择应以保证测流方法的精度，能够满足查明河段渗漏强度的要求为原则。观测次数应根据控制流量历时变化特征的需要来确定。对水位与流量已有稳定函数关系的测站，每年观测次数不少于 15 次，对于每次较大的洪水过程，观测次数不少于 3 次。

(4)测流成果应包括：测站实测成果统计表、垂直流速分布曲线图、水道断面和流速横向分布图、年流量变化曲线图、渗漏对比测站流量变化曲线图。

(5)大型露天开采矿山、采矿崩落区及岩溶塌陷区大面积分布的地下开采矿山、裸露型岩溶充水矿山及其他大气降水为矿坑直接充水水源的矿山，附近没有气象站可供利用时，应建立简易气象观测站。

(6)观测站常用的观测项目包括降雨量、气温、蒸发量、相对湿度、气压和风速、风向等。

(7)降雨观测站雨量观测内容主要为日降雨量(计量以每日早上8时为界),暴雨强度大且降雨量对生产安全较敏感的矿山,在暴雨或大雨期应观测更短历时的暴雨量,如1 h、3 h或6 h暴雨量。

(8)水文气象观测应整理编制的图件包括:每年降雨量变化曲线图、每年各月降雨量变化曲线图和河、渠流量变化曲线图等。

3.7.2.7 矿坑突水和恢复被淹井时的水文地质工作

(1)矿坑突水时,矿山应开展如下水文地质工作:

①迅速查明突水原因,找出突水补给源;

②查清突水时的涌水量及其变化,以及矿坑淹没后的发展情况;

③尽快掌握地下水位的下降情况,查明降落漏斗扩展方向,及时预测可能发生地面塌陷、开裂、沉降的范围;

④加密矿山水文地质观测,及时整理分析观测资料,查明矿区水文地质条件变化情况。

(2)矿坑突水时,应观测井巷淹没速度,准确记录水位上升时间、位置,根据各时段被淹井巷容积,估算各时段的涌水量;对矿区所有观测孔迅速加密观测,期限至矿区地下水位基本稳定为止;注意观测记录涌水的含泥砂、水温和气温情况;监听记录地下发生的声响。

(3)矿坑突水后,要查明矿区及外围的井、泉水位及流量的变化及变化时间,同时应记录各观测孔的吸气、排气情况。突水关闭井下防水闸门后,要观测闸内水压回升情况及附近渗水、漏水现象。

(4)发生突水后,应迅速向塌陷区及预测塌陷区的居民发出警告,同时要根据塌陷区的危害程度,及时开展地面塌陷、开裂、沉降观测工作。

(5)矿坑突水(淹井)报告中水文地质部分应包括以下内容:

①突水淹井过程:突水时间、突水点位置、突水时围岩变形开裂情况、造成突水的原因、涌水量变化、矿坑淹没速度、矿坑最终淹没时间。

②突水水文地质条件与分析:突水前矿坑涌水量、矿坑疏干(降压)情况;突水掌子面围岩性质、层理、构造位置;补给源分析、确定造成突水的层位和充水途径、突水降压的影响范围;突水淹没范围内的积水量、恢复矿坑排水疏干的动流量及静储量、预计恢复排水的影响半径;突水后矿坑的涌砂、流泥和地面塌陷、开裂、沉降情况及原因分析。

③矿坑恢复方案的建议。

④水文地质专业报告附图包括突水中段水文地质图,矿坑突水水量动态变化曲线图,突水前、后等水位(或等水压)线图,地面塌陷、开裂、沉降图,突水现场及其他相关照片。

(6)采用强行排水恢复矿坑时,应加强下列观测:

①矿坑排水量、井筒内水位、矿区地下水位;当井内外水位出现较大差距时,要分析原因,并采取必要的措施,防止矿坑第二次突水。

②地面塌陷区安全观测。

③采空区的矿山地压活动和排水震响活动。

④地表渗漏点状况,发现新的补给源时应及时处理。

⑤矿坑水位下降后，应查明露出水面的井巷、井筒稳定性以及突水工作面堵塞积水的隐患。

（7）淹井恢复后应全面总结突水和恢复矿坑中的水文地质工作经验和教训，提交"突水淹井恢复总结报告"，全面整理淹井和恢复生产过程的水文地质资料和技术图纸，进一步确定突水原因，并提出今后避免重复事故的措施和意见。

3.7.2.8 几种常用流量测量方法

1）容积法

（1）量桶容积法。将水流导入已知容积之水桶、水箱，进行计时测定，计算式如下：

$$Q=\frac{V}{t} \tag{3-88}$$

式中：Q 为涌水流量，L/s；V 为量器容积，L；t 为充满容器所需时间，s。

此法适用于巷道顶板和钻孔小于 1 L/s 的涌水量测量。为了保证测量精度，要求充满容器的时间不少于 20 s，充满容器所需时间应取两次测量之平均值。

（2）井筒和巷道容积法。通过测量涌水淹没井筒或巷道一定容积所需时间来求得涌水量，此法适用于矿坑、井筒突水、淹井时涌水量测量，计算式如下：

$$Q=\frac{\sum V}{t} \tag{3-89}$$

式中：Q 为涌水流量，m^3/min；$\sum V$ 为某段时间内淹没井巷的总体积，m^3；t 为充水时间，min。

2）堰测法

堰测法按堰口形状分为三种。

（1）直角三角堰，见图 3-54，制作尺寸应符合：$H>3h$，$b_1=b_2$，$b>5h$。

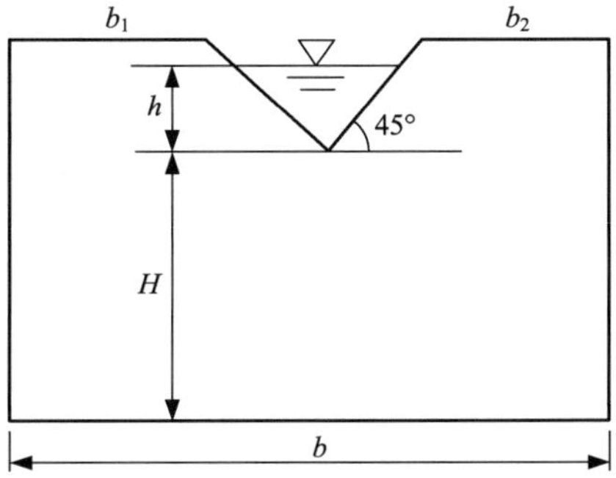

图 3-54 直角三角堰

流量计算式如下：

$$Q=Ch^2\sqrt{h} \tag{3-90}$$

式中：Q 为堰口流量，L/s；h 为堰口上游 $2h$ 处之过堰水深，cm；C 为三角堰测法摩阻系数，取值见表 3-12。

（2）梯形堰，见图 3-55。

梯形底角的补角为 75°30′，流量计算公式如下：

$$Q=0.0186Bh\sqrt{h} \tag{3-91}$$

式中：Q 为过堰流量，L/s；B 为堰口底宽，cm；h 为堰口上游 $2h$ 处之过堰水深，cm。

(3)矩形堰，见图 3-56。

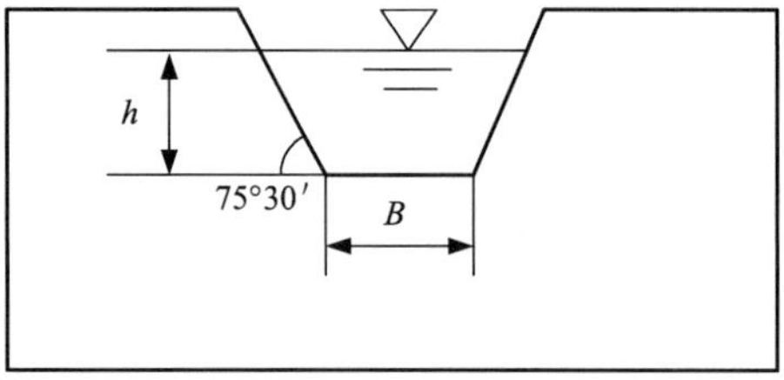

图 3-55 梯形堰

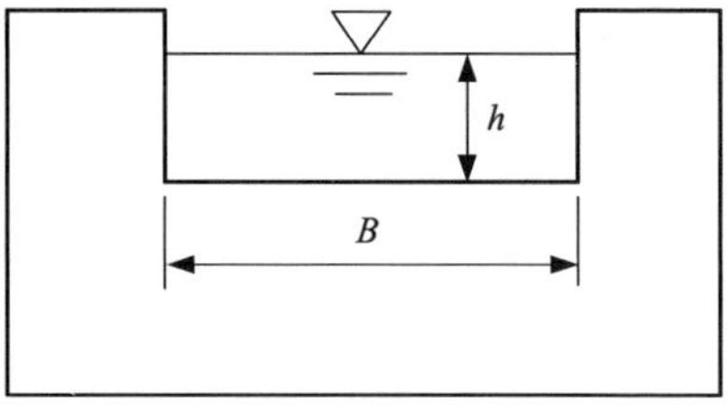

图 3-56 矩形堰

有缩流(堰口宽小于水沟)时，流量计算公式如下：

$$Q=0.01838(B-0.2h)h\sqrt{h} \tag{3-92}$$

无缩流(堰口与水沟等宽)时，流量计算公式如下：

$$Q=0.01838Bh\sqrt{h} \tag{3-93}$$

式中：B 为堰槛宽度，cm；其他符号含义同前。

3)断面流量法

(1)浮标断面测流法，适用于井下水沟、巷道流量测量，要求沟、巷顺直，断面均匀，水深一致；也可用于地表沟渠流量观测，采用浮标测流速计算公式如下：

$$Q=F\cdot V_{cp}\cdot K \tag{3-94}$$

式中：Q 为流量，L/s 或 m^3/s；F 为水流断面面积，cm^2 或 m^2；V_{cp} 为平均水流速度(测 2~3 次取平均值)，cm/s 或 m/s；K 为水面流速系数，水深为 0.3~1.0 m 时取 0.55~0.77，水深大于 1.0 m 时取 0.78~0.85，断面很粗糙时取 0.45~0.65，断面很光滑时取 0.8~0.9。

(2)流速仪断面测流法，适用于流量较大的巷道或水沟的流量观测，要求沟、巷顺直，水深在 0.2 m 以上；也可用于地表河渠流量观测，采用流速仪测量流速，计算同式(3-94)。

河流过水断面不规整时(见图 3-57)，流量计算式如下：

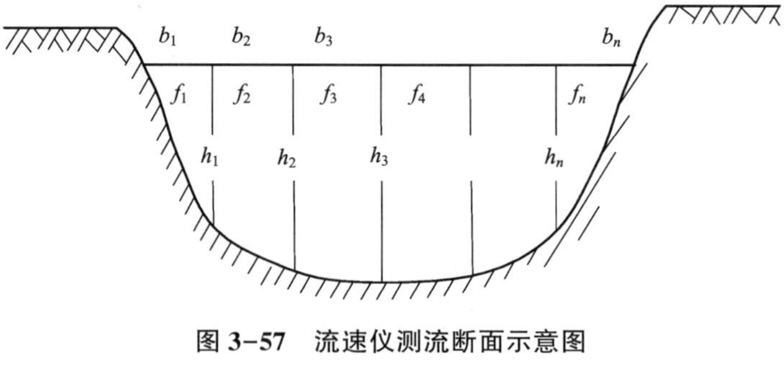

图 3-57 流速仪测流断面示意图

$$Q=\sum_{i=1}^{n}f_i\cdot V_i \tag{3-95}$$

式中：Q 为流量，L/s 或 m^3/s；V_i 为相邻部分平均流速，cm/s 或 m/s；f_i 为测流断面 i 的分割面积，由相邻测线水深的平均值与其间水平距离相乘而得，cm^2 或 m^2。

4）水泵排量法

根据水泵排水记录可粗算中段或露天矿的排水量，使用此法时要定期实测每台水泵的排水效率，计算公式如下：

$$Q_{总}=Q\cdot\eta\cdot t \tag{3-96}$$

式中：$Q_{总}$为某段时间内的总排水量，m^3；Q 为某水泵额定排水量，m^3；η 为某段时间内某水泵的排水效率；t 为某段时间内，某水泵开动时间（记录到分）。

3.8 矿区水文地质图件

矿区水文地质图是一套反映矿山水文地质特征，为矿山防治水工作服务的图系，大致可归纳为两大类型：一是各个矿山必须编制的基本图件，二是为不同目的编制的专门图纸。

3.8.1 矿区水文地质基本图件

3.8.1.1 矿区综合水文地质图

矿区综合水文地质图是一张全面反映矿区水文地质条件的综合性图纸，是分析矿区充水因素，研究矿区防治水工作的主要依据。

矿区综合水文地质图内容包括：矿区边界范围，矿区范围内的地表水体，与地下水赋存条件密切相关的构造，地下水露头，主要含水层露头，地形等高线、勘查线位置，综合水文地质柱状图和典型水文地质剖面图。

3.8.1.2 矿区实际材料图

编制该图的目的是将矿区全部水文地质资料以及防排水设施等反映在图上，以便为分析矿坑充水规律，进行采掘工作面水害分析预报等提供依据。

实际材料图反映的内容：揭露含水层的地点、标高及面积，出水点的位置、水量、水温、水质和出水特征，放水钻孔、水闸门的位置，排水设施的分布情况、数量及排水能力，水的流动路线，涌水量观测站的位置，曾发主突水的地点、日期、水量、水位及水温、充水构造等。

3.8.1.3 矿坑涌水量与各种因素相关分析曲线图

（1）矿坑涌水量与开采量关系曲线图。

（2）矿坑涌水量与主巷道开掘长度关系曲线图。

（3）矿坑涌水量与采空面积关系曲线图。

（4）矿坑涌水量与降雨量关系曲线图。

3.8.1.4 矿区各主要含水层（组）等水位（压）线图

该图是了解矿区各主要含水层（组）地下水的赋存状态，分析矿坑充水条件，拟定矿区防治水措施的主要依据之一。通常对非承压含水层编制等水位线图，对承压含水层编制等水压线图，在编制等水位（压）线图时，通常都是在地形图或地质图上标出有关的水文地质点及其相应水位（压）标高值，然后勾画等值线。

3.8.2 矿区水文地质专用图纸

3.8.2.1 用于带压开采的图件

(1)开采矿体的底板等高线图。

(2)矿体底板之下的主要含水层的等水压线图。

(3)有效保护层等厚线图。

(4)突水系数等值线图。

3.8.2.2 用于疏水降压的图件

(1)区域水文地质图。

(2)矿区水文地质图。

(3)矿区底板等高线图。

(4)含水层等厚线图。

(5)主要含水层等水位(压)线图。

(6)矿坑涌水量与疏降含水层泄水量关系曲线图。

(7)主要含水层动态曲线图。

(8)疏降工程布置图。

(9)疏降钻孔结构图。

3.8.2.3 用于注浆堵水的图件

(1)井上下对照图。

(2)出水点平面位置图。

(3)注浆地段水文地质剖面图。

(4)注浆地段含水层岩溶裂隙透视立体图。

(5)地下水流速及富水段电测曲线图。

(6)排水试验曲线图。

(7)注浆孔结构图。

(8)注浆施工系统平面图。

(9)注浆工艺流程图。

(10)止水器图。

(11)注浆孔孔底落点投影图。

(12)注浆前后水位变化曲线图。

(13)注浆孔浆液扩散范围及效果分析图等。

3.8.2.4 用于分析矿区水化学特征的图件

(1)水化学分区图。

(2)水化学剖面图。

(3)各种离子含量等值线图。

(4)微量元素(放射性元素)含量分布图。

(5)总矿化度分布图等。

参考文献

[1]王大纯，张人权，史毅虹，等. 水文地质学基础. 5 版. 北京：地质出版社，1995.
[2]肖长来，梁秀娟，王彪. 水文地质学. 北京：清华大学出版社，2010.
[3]薛禹群，吴吉春. 地下水动力学. 3 版. 北京：地质出版社，2010.
[4]陈崇希，林敏，成建梅. 地下水动力学. 5 版. 北京：地质出版社，2011.
[5]河北省地质局水文地质四大队. 水文地质手册[M]. 北京：地质出版社，1978.

第4章

矿山工程地质

4.1 工作任务和内容

1)工作任务

矿山工程地质工作是为查明影响矿山工程建设、生产的工程地质条件而开展的地质调查、勘察、测试、综合性评价及研究工作。矿山工程地质工作的主要目的：一是为矿山井巷及配套工程选址和施工设计提供资料；二是紧密结合矿山生产，解决与矿体及围岩、露天采场边坡稳定性有关的工程地质问题；三是解决与矿山开采活动有关的废弃物处理工程等工程地质问题。

矿山工程地质工作任务主要包括：

①进一步查明矿山岩土层物理力学性质；

②进一步查明矿山断裂构造及其活动性；

③进一步查明矿山不良地质作用和地质灾害；

④进行工程地质综合研究，分析评价工程地质条件对矿山建设和生产的影响，并为地质灾害防治和工程设计提供岩土参数；

⑤进行应力、应变和变形监测，为地质灾害预测预报提供依据。

尽管矿山在勘查阶段已进行过一定的工程地质测绘和勘查工作，但在矿山建设乃至投产后，对于工程地质条件复杂的矿山，仍有继续深入进行工程地质工作的必要，查明勘查阶段未查明的工程地质条件，提供矿山建设与生产所需工程地质资料。

2)工作内容

(1)矿山工程地质调查：

①岩土工程地质特征调查；

②岩体结构特征调查；

③影响岩土稳定性的水文地质条件调查；

④矿区构造应力场调查；

⑤流砂、崩塌、岩堆移动、泥石流、滑坡、岩溶等不良地质作用调查；

⑥特殊性岩土的类型、分布范围、厚度、埋藏情况及所具有的不良工程特性类型调查。

(2)矿山开拓开采工程的工程地质勘查和研究，包括井巷工程、排土场和露天采场的工程地质测绘、勘查和研究。

（3）配合采矿开展如构造应力的测量和监测、露天边坡监测、巷道变形监测、地表变形（塌陷）监测等与工程地质相关的工作，并就取得的资料进行综合研究。

4.2　勘查分类

《矿区水文地质工程地质勘查规范》（GB/T 12719—2021）依据矿体、围岩工程地质特征和主要工程地质问题出现层位，将矿区工程地质勘查划分为 5 类。详细划分及工作重点见表 4-1。

表 4-1　工程地质勘查类型划分表

勘查类型		岩性特征	稳定性决定因素	勘查重点
第一类	松散、软弱岩类	以第四系砂、砂砾石及黏性土，或第三系弱胶结的砂质、黏土质岩石为主的岩类	取决于岩性、岩层结构和饱水情况	着重查明岩（土）体的岩性、结构及物理力学特征
第二类	碎裂岩类	具有碎裂结构或碎斑结构的岩类，系原岩在较强的应力作用下破碎而形成的	取决于结构面的展布及其组合特征	勘查中应着重查明Ⅱ、Ⅲ、Ⅳ和Ⅴ级结构面的分布、产状、延伸情况、充填物、粗糙度及其组合关系
第三类	块状岩类	以火成岩、结晶变质岩为主的岩类	取决于构造破碎带、蚀变带及风化带的发育程度	着重查明Ⅱ、Ⅲ和Ⅳ级结构面的分布、产状、延伸情况、充填物、粗糙度及其组合关系；蚀变带的宽度、破碎程度；风化带深度及风化程度
第四类	层状岩类	以碎屑岩、沉积变质岩、火山沉积岩为主的岩类	取决于层间软弱面、软弱夹层、构造破碎及岩体风化程度	着重查明岩层组合特征；软弱夹层分布位置、数量、黏土矿物成分、厚度及其水理、物理力学性质；构造破碎带的成因、发育规模、充填物情况、导水性质等
第五类	特殊岩类	可溶岩类，以碳酸盐岩为主，次为硫酸盐岩、盐岩等岩类；膨胀岩类	工程地质条件一般较复杂	可溶岩类着重查明岩溶和蚀变带在空间的分布和发育程度，可溶岩的溶解性，构造对可溶岩的改造程度，溶蚀洞穴的规模和充填情况，第四系松散层和软弱层的分布、厚度、岩性、结构和物理力学性质；膨胀岩类着重查明膨胀岩（土）体的岩性、矿物、产状、分布、节理、裂隙、膨胀性等物理力学性质，所处的地貌单元，地表水和地下水水文状况及气象资料等

注：结构面分级见表 4-20。

根据地形地貌、地层岩性、地质构造、岩体风化程度和不良地质发育程度等因素，将工程地质勘查复杂程度划分为简单型、中等型和复杂型3种，具体划分见表4-2。

表4-2　工程地质勘查的复杂程度划分

复杂程度	地形地貌	地层岩性	地质构造	岩体风化程度	不良地质发育程度	特征
简单型	简单	单一	简单	风化土(岩)层薄	不发育	地形有利于自然排水，岩体结构以块状或厚层状为主，岩石强度高，稳定性好，不易发生矿山工程地质问题
中等型	中等	较复杂	发育	中等	较发育	有软弱夹层及局部破碎带和饱水砂层等因素影响岩体稳定，局部地段易发生矿山工程地质问题
复杂型	多样	复杂	构造破碎带发育	风化程度高	强烈	岩石破碎，新构造活动强烈或松散软弱层厚，含水砂层多、分布广，地下水具有较大的静水压力，矿山工程地质问题经常发生且较普遍

注：在进行工程地质勘查复杂程度划分时，地形地貌、地层岩性、地质构造、岩体风化程度与不良地质发育程度五项中存在一项满足对应类型时，应划分为相应的复杂程度类型。

《有色金属矿山水文地质勘探规范》(GB 51060—2014)依据矿区的岩类、岩性和岩体稳定性，将工程地质勘探分为5种类别，各类别的划分和工作重点见表4-3；依据地形地貌、地层岩性、地质构造、岩体风化程度、岩溶发育程度、地下水压力、岩体稳定性和矿山工程地质问题等因素，将工程地质勘探复杂程度分为简单型、中等型和复杂型3类，具体划分见表4-4。

表4-3　矿区工程地质勘探分类

类别	岩类	岩性	岩体稳定性	勘查工作重点
第一类	松散、软弱岩	以第四系砂、砂砾石及黏性土，或第三系弱胶结的砂质、黏土质岩石为主	取决于岩性、岩层结构和饱水情况。稳定性差	应查明岩(土)的岩性、结构及其物理力学特征
第二类	碎裂岩类	具有碎裂结构的岩石，是原岩在较强的应力作用下破碎而形成的	取决于结构面的展布及其组合特征。完整性差、强度大大降低，呈弹塑性介质，稳定性差	应查明Ⅱ、Ⅲ、Ⅳ、Ⅴ级结构面的分布、产状、延伸情况、充填物、粗糙度及其组合关系
第三类	块状岩类	以火成岩、结晶变质岩为主	取决于构造破碎带、蚀变带及风化带的发育程度。岩体稳定性好	应查明Ⅱ、Ⅲ、Ⅳ级结构面的分布、产状、延伸情况、充填物、粗糙度及其组合关系；蚀变带的宽度、破碎程度；风化带深度及风化程度

续表4-3

类别	岩类	岩性	岩体稳定性	勘查工作重点
第四类	层状岩类	以碎屑岩、沉积变质岩、火山沉积岩为主	取决于层间软弱面、软弱夹层、构造破碎及岩体风化程度。层状结构，岩体各向异性，强度变化大	应查明岩层组合特征，软弱夹层分布位置、数量、黏土矿物成分、厚度及其水理、物理力学性质
第五类	可溶岩、膨胀岩类	可溶岩类以碳酸盐岩为主，次为硫酸盐岩、盐岩等	工程地质条件较复杂	应查明岩溶和蚀变带在空间的分布和发育程度，构造对可溶岩的改造程度，上覆第四系松散层和软弱层的分布、厚度、岩性、结构和物理力学性质；并应查明膨胀岩土的岩性、产状、分布、节理、裂隙，矿物组成和膨胀性等物理力学性质；还应调查和收集地貌单元，地表水和地下水水文状况及气象资料等

表 4-4　工程地质勘探复杂程度分类

划分依据	简单型	中等型	复杂型
地形地貌	简单，地形有利于自然排水	地形地貌条件中等	复杂，地形不利于自然排水
地层岩性	单一	较复杂	复杂
地质构造	简单	发育	构造破碎带发育，区域新构造活动强烈
岩体风化程度	风化土(岩)层厚度小	风化作用中等	风化程度高
岩溶发育程度	不发育	中等发育	发育
地下水压力	无或小	存在地下水压力	地下水具有较大的压力
岩体稳定性	岩体结构以块状或厚层状结构为主，岩石强度高，稳定性好	软弱夹层及局部破碎带和饱水砂层等因素影响岩体稳定	岩体破碎，松散软弱厚度大、含水砂层多、分布广，岩体稳定性差
矿山工程地质问题	不易发生矿山工程地质问题	局部地段易发生矿山工程地质问题	矿山工程地质问题经常发生且较普遍

4.3　工程地质调查

工程地质调查是矿山建设前的主要勘查方法之一，是运用地质、工程地质理论对与矿山工程建设有关的各种地质现象进行直接观察和描述，初步查明拟建矿山工程地段的工程地质条件。将工程地质条件诸要素采用不同的颜色、符号，按照精度要求标绘在一定比例尺的地形图上，并结合钻探、测试和其他勘查工作的资料，编制成工程地质图，形成的成果资料可对场地或各矿山建设地段的稳定性和适宜性进行评价。

1)调查目的

查明矿山工程地质条件与矿山工程相互作用产生的工程地质问题和不良地质作用，评价其对矿山建设与生产的影响，为矿山建设和生产中存在的工程地质问题提出防治措施，以达到下列目的：

①为矿山工程的总体规划、土地综合利用、环境保护和整治提供工程地质依据，并针对存在的问题提出具体的意见和治理建议。

②为矿山工程建设项目的规划、选址和可行性论证提供可靠的工程地质资料。

③为矿山建设需要开展工程地质勘察和专门性工程地质、环境地质问题的研究提供基础性地质依据。

2)主要任务

矿山工程地质调查是一项基础性、先导性和综合性地质工作，其主要任务为：

①查明地形地貌特征，研究地貌形态类型、成因类型及形成年代，评价地形地貌对矿山工程建设的影响。

②查明各类岩、土体的岩性特征、成因类型和地质时代，进行工程地质分类，评价其工程地质特征。

③查明褶皱、断裂(裂隙和断层)等构造特征和形成年代，评价构造对矿山建设和生产的影响。

④查明水文地质条件，评价岩、土体渗透性和地表水、地下水对矿山工程建设和生产的影响。

⑤调查新构造运动、地震活动性及抗震地质条件，进行区域稳定性评价。

4.3.1 岩土工程地质特征调查

4.3.1.1 岩土的工程地质分类

1)土的分类

(1)土的分类指标。

土的工程分类标准和方法很多，根据有机质的含量把土分成有机土和无机土两大类。无机土中，再根据土中各粒组的相对含量把土分为巨粒土、含巨粒土、粗粒土和细粒土。土的常用分类指标有：①土颗粒组成及其特征；②土的液塑性指标，如液限(ω_L)、塑限(ω_p)、塑性指数(I_p)和液性指数(L_p)；③土中有机质含量；④土的成因；⑤土的形成年代。

(2)土按堆积年代可划分为两类：第四纪晚更新世(Q_3)及其以前沉积的土，定名为老沉积土，一般具超固结性状，具有较高的结构强度；第四纪全新世中近期沉积的土，定名为新近沉积土，一般结构强度较低。

(3)根据土的成因，可划分为残积土、坡积土、洪积土、冲积土、淤积土、冰积土和风积土等。

(4)土按颗粒级配和塑性指数分为无黏性土、粉土和黏性土等，并可进一步划分，见表4-5。

表 4–5　土按颗粒大小分类表

土的名称		主要组成颗粒	分类标准
无黏性土	碎石类土	漂石(圆形及亚圆形为主)	粒径大于 200 mm 的颗粒质量超过总质量的 50%
		块石(棱角形为主)	
		卵石(圆形及亚圆形为主)	粒径大于 20 mm 的颗粒质量超过总质量的 50%
		碎石(棱角形为主)	
		圆砾(圆形及亚圆形为主)	粒径大于 2 mm 的颗粒质量超过总质量的 50%
		角砾(棱角形为主)	
	砂类土	砾砂	粒径大于 2 mm 的颗粒质量占总质量的 25%～50%
		粗砂	粒径大于 0.5 mm 的颗粒质量超过总质量的 50%
		中砂	粒径大于 0.25 mm 的颗粒质量超过总质量的 50%
		细砂	粒径大于 0.075 mm 的颗粒质量超过总质量的 85%
		粉砂	粒径大于 0.075 mm 的颗粒质量超过总质量的 50%
粉土	粉土	粉粒	粒径大于 0.075 mm 的颗粒质量不超过总质量的 50%，且 $I_p \leqslant 10$
黏性土	粉质黏土	粉粒、黏粒	$10 < I_p \leqslant 17$
	黏土	黏粒	$I_p > 17$

注：①定名时应根据颗粒级配由大到小以最先符合者确定；②塑性指数(I_p)应与相应于 76 g 圆锥仪沉入土中深度为 10 mm 时测定的液限计算相符。

(5)根据土的有机质含量，可划分为无机土、有机质土、泥炭质土和泥炭，详细划分见表 4–6。

表 4–6　土按有机质含量分类表

分类名称	有机质含量 ω_u	现场鉴别特征	说明
无机土	$\omega_u < 5\%$		
有机质土	$5\% \leqslant \omega_u \leqslant 10\%$	深灰色，有光泽，味臭，除腐殖质外尚含少量未完全分解的动植物体，浸水后水面出现气泡，干燥后体积收缩	1. 如现场能鉴别或有地区经验时，可不做有机质含量测定； 2. 当 $\omega > \omega_L$，$1.0 \leqslant e < 1.5$ 时称淤泥质土； 3. 当 $\omega > \omega_L$，$e \geqslant 1.5$ 时称淤泥
泥炭质土	$10\% < \omega_u \leqslant 60\%$	深灰或黑色，有腥臭味，能看到未完全分解的植物结构，浸水体胀，易崩解，有植物残渣浮于水中，干缩现象明显	可根据地区特点和需要按 ω_u 细分为： 弱泥炭质土($10\% < \omega_u \leqslant 25\%$)； 中泥炭质土($25\% < \omega_u \leqslant 40\%$)； 强泥炭质土($40\% < \omega_u \leqslant 60\%$)
泥炭	$\omega_u > 60\%$	除有泥炭质土特征外，结构松散，土质很轻，暗无光泽，干缩现象极为明显	

注：有机质含量(ω_u)按灼失量试验确定；ω 为土的含水量(%)；ω_L 为土的液限含水率(%)；e 为土的孔隙比。

(6)土的定名

土的综合定名应考虑下列因素：

①对特殊成因和年代的土类应结合其成因和年代特征定名，如新近沉积粉土、残坡积碎石土等；

②对特殊性土，应结合颗粒级配或塑性指数定名，如碎石素填土、弱盐渍细砂；

③对混合土，应冠以主要含有的土类定名，如含碎石黏土、含粉质黏土圆砾等；

④对同一土层中相间呈韵律沉积，当薄层与厚层的厚度比大于1/3时，宜定名为“互层”；厚度比为1/10～1/3时，宜定名为“夹层”；夹层厚度比小于1/10的土层，且多次出现时，宜定名为“夹薄层”。

2)岩石的分类

岩石的工程分类以地质分类为基础，按各种因素开展分类，具体如下。

(1)岩石按坚硬程度等级划分，按表4-7进行。

表4-7　岩石坚硬程度分类

坚硬程度	坚硬岩	较硬岩	较软岩	软岩	极软岩
饱和单轴抗压强度 R_c/MPa	$R_c>60$	$30<R_c\leqslant60$	$15<R_c\leqslant30$	$5<R_c\leqslant15$	$R_c\leqslant5$

注：①当无法取得饱和单轴抗压强度数据时，可用点荷载试验强度换算，换算方法按现行国家标准《工程岩体分级标准》(GB/T 50218—2014)执行；②当岩体完整程度为极破碎时，可不进行坚硬程度分类。

划分出极软岩十分重要，因为这类岩石不仅极软，而且常有特殊的工程性质，例如某些泥岩具有很高的膨胀性；泥质砂岩、全风化花岗岩等有很强的软化性(饱和单轴抗压强度可等于零)；有的第三系砂岩遇水崩解，有流砂性质。

(2)按岩石质量指标分类。

按岩石质量指标(rock quality designation, RQD)分类是国际上通用的鉴别岩石工程性质好坏的方法，由美国伊利诺斯大学提出和发展而来。该法是利用钻孔的修正岩芯采取率来评价岩石质量的优劣，即用直径为75 mm的金刚石钻头和双层岩芯管在岩石中钻进，连续取芯，每回次钻进所取岩芯中，长度大于10 cm的岩芯段长度之和与该回次进尺的比值，为该回次的RQD值，以百分比表示。岩石质量指标具体分类见表4-8。

表4-8　岩石质量指标(RQD)分类

RQD	>90	75～90	50～75	25～50	<25
岩石质量	好	较好	较差	差	极差

按RQD分类的不足在于：RQD分类由于没有考虑岩体中结构面发育特征的影响，也没有考虑岩块性质的影响及这些因素的综合效应，因此，仅运用这一分类，往往不能全面反映岩体的质量。例如，针对RQD分类中10 cm阈值，同样是RQD为90%的岩体，其块度可以是大于10 cm的任意尺寸，可以是10～30 cm，也可以是大于60 cm，甚至可以大于100 cm，但是仔细比较它们的完整性，是存在较大差别的。

(3)岩体完整程度分类按照表 4-9 执行。

表 4-9　岩体完整程度分类

完整程度	完整	较完整	较破碎	破碎	极破碎
完整性指数 K_v	$K_v>0.75$	$0.55<K_v\leq0.75$	$0.35<K_v\leq0.55$	$0.15<K_v\leq0.35$	$K_v<0.15$

注：完整性指数为岩体压缩波速度与岩块压缩波速度之比的平方，选定岩体和岩块测定波速时，应注意其代表性。

划分出极破碎岩体也是十分重要的，这类岩石有时开挖时很硬，暴露后逐渐崩解，作为边坡极易失稳。

根据岩石的坚硬程度及岩体的完整程度将岩体基本质量等级划分为 5 级，见表 4-10。

表 4-10　岩体基本质量等级

坚硬程度	完整	较完整	较破碎	破碎	极破碎
坚硬岩	Ⅰ	Ⅱ	Ⅲ	Ⅳ	Ⅴ
较硬岩	Ⅱ	Ⅲ	Ⅳ	Ⅳ	Ⅴ
较软岩	Ⅲ	Ⅳ	Ⅳ	Ⅴ	Ⅴ
软岩	Ⅳ	Ⅳ	Ⅴ	Ⅴ	Ⅴ
极软岩	Ⅴ	Ⅴ	Ⅴ	Ⅴ	Ⅴ

事实上，对于岩石而言，要特别注意的主要是软岩、极软岩、破碎和极破碎的岩石及基本质量等级为Ⅴ级的岩石，对可取原状试样的，可用土工试验方法测定其性状和物理力学性质。

在工程实践中，当缺乏有关试验数据时，可采取定性方法分类，采取定性方法划分岩石的坚硬程度和完整程度时，可按表 4-14 和表 4-15 进行。

对岩体基本质量等级为Ⅳ、Ⅴ级的岩体，鉴定和描述除按岩体结构类型划分外，尚应符合下列规定：

①对软岩和极软岩，应注意是否具有可软化性、膨胀性、崩解性等特殊性质；

②对极破碎岩体，应说明破碎的原因，如断层作用、风化作用等；

③开挖后是否有进一步风化的特性。

(4)岩层厚度分类，按表 4-11 执行。

表 4-11　岩层厚度分类

单层厚度 h/m	$h>1.0$	$0.5<h\leq1.0$	$0.1<h\leq0.5$	$h\leq0.1$
厚度分类	巨厚层	厚层	中厚层	薄层

(5)按照岩石的风化程度，划分为未风化、微风化、中风化、强风化和全风化。

岩石与岩体其他内容见《采矿手册 第二卷 矿山岩体力学》。

4.3.1.2　岩石工程地质特征调查

1）岩石的物理力学特性

为了对岩石开展工程地质性质的评价，应掌握和了解岩石的物理力学特性，见表4-12。

表4-12　岩石物理力学特性

物理力学特性	主要内容
一般性质	矿物成分、结构、构造、产状和岩相变化等
物理性质	密度、体重、孔隙率(或裂隙率)、含水率等
化学性质	溶解性、水或其他溶液对岩石的作用等
水理性质	透水性、吸水性、抗冻性、软化性等
力学性质	抗压强度、抗剪强度、抗拉强度、弹性模量和泊松比等
风化程度	全风化、强风化、中风化、微风化和未风化

由于气温变化，空气、水溶液及生物的共同作用，岩石会遭受分解或崩解的作用，根据岩石的结构、矿物成分、掘进难易程度、破碎程度等野外特征，可将岩石风化程度划分为五个等级(表4-13)。

表4-13　岩石风化程度分类与抗风化能力指标

风化程度	野外特征	风化程度参数指标	
		波速比 K_v	风化系数 K_f
未风化	岩质新鲜，偶见风化痕迹	0.9~1.0	0.9~1.0
微风化	结构基本未变，仅节理面有渲染或略有变色，有少量风化裂隙	0.8~0.9	0.8~0.9
中风化	结构部分破坏，沿节理面有次生矿物，风化裂隙发育，岩体被切割成岩块。用镐难挖，岩芯钻方可钻进	0.6~0.8	0.4~0.8
强风化	结构大部分破坏，矿物成分显著变化，风化裂隙很发育，岩体破碎，用镐可挖，干钻易钻进	0.4~0.6	<0.4
全风化	结构基本破坏，但尚可辨认，有残余结构强度，用镐可挖，干钻可钻进	0.2~0.4	—
残积土(仅供对比参考)	组织结构全部破坏，已风化成土状，锹镐易挖掘，干钻易钻进，具可塑性	<0.2	—

注：①波速比 K_v 为风化岩石与新鲜岩石压缩波速度之比；②风化系数 K_f 为风化岩石与新鲜岩石饱和单轴抗压强度之比；③岩石风化程度，除按表列野外特征和定量指标划分外，也可根据当地经验划分；④花岗岩类岩石，可采用标准贯入试验击数(N)划分，$N \geq 50$ 为强风化，$30 \leq N < 50$ 为全风化，$N < 30$ 为残积土；⑤泥岩和半成岩，可不进行风化程度划分。

2) 岩石的工程地质特征调查内容

岩石的工程地质特征调查内容包括：形成年代、成因类型、地层学层序名称、岩石名称、颗粒组成、颜色、矿物成分、结构和构造、坚硬程度(表 4-14)；对岩体还应描述完整程度(表 4-15)、岩石风化程度(表 4-13)、岩层厚度、岩相变化、岩组或层组特征。

表 4-14　岩石坚硬程度等级的定性分类

坚硬程度等级		定性鉴定	代表性岩石
硬质岩	坚硬岩	锤击声清脆，有回弹，震手，难击碎，基本无吸水反应	未风化~微风化的花岗岩、闪长岩、辉绿岩、玄武岩、安山岩、片麻岩、石英岩、石英砂岩、硅质砾岩、硅质石灰岩等
	较坚硬岩	锤击声较清脆，有轻微回弹，稍震手，较难击碎，有轻微吸水反应	1. 微风化的坚硬岩； 2. 未风化~微风化的大理岩、板岩、石灰岩、白云岩、钙质砂岩等
软质岩	较软岩	锤击声不清脆，无回弹，较易击碎，浸水指甲可刻出印痕	1. 中风化~强风化的坚硬岩或较硬岩； 2. 未风化~微风化的凝灰岩、千枚岩、泥灰岩、砂质泥岩等
	软岩	锤击声哑，无回弹，有凹痕，易击碎，浸水后手可掰开	1. 强风化的坚硬岩或较硬岩； 2. 中风化~强风化的较软岩； 3. 未风化~微风化的页岩、泥岩、泥质砂岩等
极软岩		锤击声哑，无回弹，有较深凹痕，手可捏碎，浸水后可捏成团	1. 全风化的各种岩石； 2. 各种半成岩

表 4-15　岩体完整程度的定性划分

岩体完整程度	完整性指数	结构面发育程度		主要结构面结合程度	主要结构面类型	相应岩体结构类型
		组数	平均间距/m			
完整	>0.75	1~2	>1.0	结合好或一般	裂隙、层面	整体状或巨厚层状结构
较完整	0.55~0.75	1~2	>1.0	结合差	裂隙、层面	块状或厚层状结构
		2~3	0.4~1.0	结合好或一般		块状结构
较破碎	0.35~0.55	2~3	0.4~1.0	结合差	裂隙、层面	次块状或中厚层状结构
		≥3	0.2~0.4	结合好	层面、小断层	镶嵌或碎裂结构
				结合一般		中、薄层状结构
破碎	0.35~0.15	≥3	0.2~0.4	结合差	各种类型结构面	镶嵌或碎裂结构
			≤0.2	结合一般或差		碎裂状结构
极破碎	<0.15	—	—	结合很差	—	散体状结构

注：①完整性指数为岩体压缩波速度与岩块压缩波速度之比的平方，选择岩体和岩块测定波速时，应具有代表性；②平均间距指主要结构面(1~2 组)间距的平均值。

(1)沉积岩区调查。

调查研究沉积环境、沉积韵律、单层厚度、层理特征、层面构造、化石及岩层或层组特征。根据不同类型岩组分类描述，沉积岩调查描述内容见表 4-16。

表 4-16 沉积岩调查描述内容

<table>
<tr><th>岩类</th><th>描述内容</th><th>典型岩石</th></tr>
<tr><td>泥质岩</td><td>颜色、层面构造、胶结程度、风化程度和工程开挖后吸水崩解、膨胀、失水干裂现象等</td><td>泥岩、页岩、黏土岩</td></tr>
<tr><td>碎屑岩</td><td>碎屑成分、颗粒大小、形状、磨圆度、分选性、胶结类型、胶结物成分和胶结程度、层理特征、层面构造等</td><td>砾岩、角砾岩、砂岩、粉砂岩</td></tr>
<tr><td>化学沉积岩</td><td rowspan="2">成分、结晶体，不同的岩石结构和构造特征，层面特征、缝合线、岩溶现象等</td><td rowspan="2">磷酸盐岩、碳酸盐岩、硅酸盐岩</td></tr>
<tr><td>生物沉积岩</td></tr>
</table>

(2)岩浆岩区调查。

调查岩浆岩成因类型、产状、规模、次序、与围岩的接触关系，具体描述内容见表 4-17。

表 4-17 岩浆岩调查描述内容

<table>
<tr><th colspan="2">岩类</th><th>描述内容</th><th>典型岩石</th><th>岩性特征</th></tr>
<tr><td rowspan="2">侵入岩</td><td>深成岩</td><td rowspan="2">所处的构造部位，与围岩的接触关系及围岩的蚀变情况；岩脉、岩墙等的产状、厚度及其与裂隙间的关系和穿插情况</td><td rowspan="2">花岗岩、闪长岩、辉长岩、正长岩、橄榄岩</td><td>地下深处，岩浆冷凝速度慢，岩石多为全晶质，矿物结晶颗粒也比较大，常常形成大的斑晶</td></tr>
<tr><td>浅成岩</td><td>靠近地表，常具细粒结构和斑状结构</td></tr>
<tr><td colspan="2">喷出岩</td><td>岩性、岩相，喷发或溢流形式，喷溢次数，间歇情况，喷溢环境，喷出岩层间的沉积夹层、是否蚀变等。特殊性的岩石重点调查其软化、崩解、膨胀等</td><td>流纹岩、英安岩、玄武岩、安山岩、玢岩</td><td>由于冷凝速度快，矿物来不及结晶，常形成隐晶质和玻璃质的岩石</td></tr>
</table>

(3)变质岩区调查。

调查变质岩区变质岩的产状、成因分类、变质类型、变质程度，特有的变质矿物和变质构造等，常见变质岩有片麻岩、片岩、千枚岩、板岩、块状变质岩类、大理岩等。着重描述软弱变质岩带、软弱层和脉岩的分布特性；重点注意变质岩的倾倒变形和软化、风化剥落等现象，大理岩的溶蚀和风化情况等。

4.3.1.3 土的工程地质特征调查

1)土的物理力学特性

为了对土进行工程地质性质的评价，应掌握和了解土的物理力学特性，见表 4-18。

表 4-18　土的物理力学特性

物理力学特性	主要内容
一般特征	粒度成分、矿物成分、胶体物质类型及电性、含水和气体状况以及土的结构、构造等
物理性质	密度、容重、含水性、孔隙性等
水理性质	透水性、毛管性及黏性土的膨胀性、收缩性、崩解性、塑性等
化学性质	溶解性、水或其他溶液对土的作用等
力学性质	压缩性、抗剪性和无侧限抗压强度

2)土的工程地质特征调查内容

土的工程地质特征调查内容包括：地层年代、成因、类型、分布、厚度及宏观结构和物质成分。

应注意观察描述土层的层理、夹层、透镜体；交错层、斜层理；古土壤和古剥蚀面；卸荷裂隙、收缩裂隙、塌陷裂隙、崩塌裂隙、滑坡裂隙；断层和构造裂隙；滑动面、结核、铁质和钙质胶结层等宏观结构及其特征。土的工程地质特征调查描述内容见表 4-19。

表 4-19　土的工程地质特征调查描述内容

土的特征	描述内容	典型土
粗粒土	颜色、颗粒组成、颗粒形状、分选程度、母岩成分、磨圆度、风化程度、含细粒土情况、密实度、胶结物和胶结程度等	碎石类土(漂石、卵石、圆砾)，砂类土等
细粒土	颜色、湿度、可塑性、状态、摇振反应、干强度和韧性等	粉土、粉质黏土、红黏土、黏土等
含盐情况	含盐成分和含盐量，盐分随深度的分布，盐壳的分布和性状	草甸盐土、滨海盐土、酸性硫酸盐土、漠境盐土、寒原盐土等
有机物情况	有机物含量和有机物的分解程度，沼气等可燃气体的分布	淤泥、淤泥质土、泥炭和泥炭质土等
特殊性土	特殊的第四纪沉积物的湿陷性、胀缩性、崩解性、可溶性等不良工程特性	湿陷性土、红黏土、软土(包括淤泥、淤泥质土、泥炭和泥炭质土)、混合土、填土、多年冻土、膨胀土、盐渍土、风化岩和残积土、污染土等

3)特殊性土的调查

特殊性土指具有一定的分布空间，在工程意义上具有特殊成分、状态和结构特征的土。《岩土工程勘察规范(2009 年版)》(GB 50021—2001)中将其分为湿陷性土、红黏土、软土(包括淤泥、淤泥质土、泥炭和泥炭质土)、混合土、填土、多年冻土、膨胀土、盐渍土、风化岩和残积土、污染土 10 种类型。

特殊性土对工程存在直接影响，应重点调查，查明其分布范围、厚度、埋藏情况及所具有的不良工程特性类型。

4.3.2　岩体结构特征调查

岩体结构指岩体内结构面和结构体的排列组合形式。

结构面是岩体中各种地质界面，在岩体内形成的具有不同方向、不同规模、不同形态及不同特性的面、缝、层、带状的地质界面，如层面、片理面、节理面、断层面等，包括原生结构面、构造结构面和次生结构面。

结构体是岩体受结构面切割而成的单元块体。

按结构面和结构体组合形式，尤其是结构面性状，可将岩体划分为如下结构类型(图4-1~图4-4)：①整体块状结构，包括整体(断续)结构、块状结构和菱块状结构；②层状结构，包括层状结构和薄层(板状)结构；③碎裂结构，包括镶嵌结构、层状碎裂结构和碎裂结构；④散体结构，包括块夹泥结构和泥夹块结构。

图 4-1 整体块状结构

图 4-2 层状结构

图 4-3 碎裂结构

图 4-4 散体结构

扫一扫，看彩图

岩体结构面依据其形式和规模一般划分为5级，各级结构级别划分及其对岩体稳定性的影响和工作重点见表4-20。

表 4-20　岩体结构面级别划分及其稳定性影响

分级	特征			
	结构面形式	规模		对岩体稳定性的影响
		走向	倾向垂深	
Ⅰ	区域断裂带	延伸达数千米以上	至少切穿一个构造层	控制区域稳定，应着重研究断裂力学机制，区域应力场方向及断裂带的活动性
Ⅱ	矿区内主要断裂或延伸较稳定的原生软弱层	数千米	数百米	控制山体稳定，应着重研究结构面产状、形态、物理力学性质
Ⅲ	矿区内次一级断裂及不稳定的原生软弱层及层间错动带	数百米以内	数十米至数百米	影响岩体稳定性，应着重研究可能出现的滑动面及滑动面的力学机制
Ⅳ	节理裂隙、层理、劈理	延展有限	无明显深度及宽度	破坏岩体完整性，影响岩体的力学性质及局部稳定性，研究其节理、裂隙发育的组数和密度
Ⅴ	微小的节理、劈理，不发育片理	—	—	降低岩石强度

岩体特性的影响因素众多，在开展岩体结构特征调查工作的过程中，应着重对结构面的特性、结构体(岩块)的坚固性、岩体的完整性、岩体质量四个主要因素进行调查研究。

对于矿山工程而言，节理、裂隙等结构面及其所控制的结构体，是影响矿体及其围岩的稳定性、破坏模式和破坏程度的重要因素，亦可通过对节理裂隙形成时的构造应力场和构造运动方式进行分析推断，为区域构造应力场及构造体系的力学分析提供基础资料。矿山工程应重点调查岩体结构。

结构面作为岩体结构单元之一，其性状特征，可能是控制岩体变形、强度和渗透性的主要因素。进行结构面调查时应选择在各水平地压显现明显、结构面露头较好的区域开展。采集结构面的内容包括岩性、间距、形态、产状、规模、贯通类型和连续性、密度与组数、张开度、充填胶结、渗透性等，以反映岩体结构的力学效应。结构面调查的主要内容见表 4-21。

表 4-21　结构面调查主要内容

结构面发育特征	描述内容	工程评价
地层岩性	所处地层及其岩性，形成年代与成因，岩层产状等	地层岩性与结构面的组合方式直接影响着边坡的稳定性
形态特征	用侧壁的起伏形态及粗糙度来反映。起伏形态包括：平直、波状、锯齿状、台阶状及其不规则状	粗糙度是决定结构面结合程度的一个重要因素。结构面侧壁的粗糙度在很大程度上影响着它的抗滑能力
产状	走向、倾向、倾角	在实际工程中，在一定围岩下，岩体稳定与结构面的产状及其组合方式有着密切的关系，它是工程岩体稳定性预测与评价的基础(如图 4-5)

续表4-21

结构面发育特征		描述内容	工程评价
规模		延伸和张开度	其大小直接控制着岩体变形破坏机制，破坏岩体的完整性，影响岩体的物理力学性质及应力分布状态
贯通类型	非贯通性	较短，不能贯通	往往使岩块强度降低，变形增大
	半贯通性	有一定长度，不能贯通	使岩块强度降低，变形增大
	贯通性	长度较长，连续性好，贯通整个岩体，构成岩体边界	往往对岩体有较大的影响，破坏常受这种结构面控制
密度与组数		统计结构面的裂隙度及间距	反映岩体质量指标(RQD)

图 4-5 所示为某滑源区斜坡岩体内存在的两组有利于岩体失稳破坏的优势结构面。

扫一扫，看彩图

图 4-5 两组有利于岩体失稳破坏的优势结构面

连续性反映了结构面的贯通程度。实际应用中常采用线连续性系数与面连续性系数(面切割度)来对岩体的完整程度进行评价和分类。国际岩石力学学会(ISRM，1978)建议用结构面的迹长来描述和评价结构面的连续性，并制定了相应的分级标准，见表 4-22。

表 4-22 结构面的迹长和评价结构面的连续性分级标准

连续性级别	很低连续性	低连续性	中等连续性	高连续性	很高连续性
迹长/m	<1	1~3	3~10	10~20	>20

1) 岩体结构面类型及特性

结构面的发育特征决定了岩体的完整程度，并控制着岩体的变形破坏机制和过程。结构面调查时应着重从结构面的几何特征和性状特征两方面开展工作。岩体结构面类型及特征见表 4-23。

表 4-23　岩体结构面类型及特征

<table>
<tr><th colspan="2" rowspan="2">成因类型</th><th rowspan="2">地质类型</th><th colspan="3">主要特征</th><th rowspan="2">工程地质评价</th></tr>
<tr><th>产状</th><th>分布</th><th>性质</th></tr>
<tr><td rowspan="3">原生结构面</td><td>沉积结构面</td><td>层面、层理、沉积间断面(不整合面、假整合面)原生软弱夹层</td><td>一般与岩层产状一致，为层间结构面</td><td>海相岩层中此类结构面分布稳定，陆相岩层中呈交错状，易尖灭</td><td>层面、软弱夹层等结构面较为平整；不整合面及沉积间断面多由碎屑、泥质物构成，且不平整</td><td>一般为层状分布，延续性强，海相沉积中分布稳定，陆相及滨海相沉积易尖灭，形成透镜体；结构面一般平整，如不受后期构造运动与风化的影响，结构面较完整，在构造和风化作用下很易分开，在沉积间断面中常有古风化残积物；层间软弱物质在构造及地下水作用下，易软化、泥化，强度降低，影响岩体稳定</td></tr>
<tr><td>火成结构面</td><td>流层、流线、火山岩流接触面，蚀变带、挤压破碎带、原生节理</td><td>岩脉受构造结构面控制，而原生节理受岩体接触面控制</td><td>接触面延伸较远，比较稳定，而原生节理延续性不强，往往短小密集</td><td>与围岩接触面可具熔合及破碎两种不同的特征，原生节理一般为张裂面，较粗糙不平</td><td>一般不造成大规模的岩体破坏。原生节理一般为张裂面，可视为泥质充填，不利于稳定</td></tr>
<tr><td>变质结构面</td><td>片理、板理、软弱夹层</td><td>产状与岩层或构造方向一致</td><td>片理短小，分布极密，片岩软弱夹层延展较远，具固定层次</td><td>结构面光滑平直，片理在岩层深部往往闭合成隐蔽结构面，片岩软弱夹层具片状矿物，呈鳞片状</td><td>产状与岩层一致或受其控制，非沉积变质岩片理只反映区域构造应力场特点；片理结构面光滑，但形态是波浪起伏的，连接紧密，片麻理常呈现凹凸不平状，面粗糙；软弱夹层中主要是片状矿物，如黑云母、绿泥石、滑石等富集带，强度低，是岩体中薄弱部位。片岩夹层有时对工程及地下洞体的稳定也有影响</td></tr>
<tr><td colspan="2" rowspan="4">构造结构面</td><td>劈理</td><td rowspan="4">产状与构造线呈一定关系，层间错动与岩层一致</td><td rowspan="4">张性断裂较短小，剪切断裂延展较远，压性断裂规模巨大，但有时为横断层切割成不连续状</td><td rowspan="4">张性断裂不平整，常具次生充填，呈锯齿状，剪切断裂较平直，具羽状裂隙，压性断层具多种构造岩，呈带状分布，往往含断层泥、糜棱岩</td><td rowspan="4">对岩体稳定影响很大，在上述许多岩体破坏过程中，大都有构造结构面的配合作用。此外，常造成边坡及地下工程的塌方、冒顶</td></tr>
<tr><td>节理</td></tr>
<tr><td>断层</td></tr>
<tr><td>层间破碎夹层</td></tr>
<tr><td colspan="2" rowspan="4">次生结构面</td><td>卸荷裂隙</td><td rowspan="4">受地形及原结构面控制</td><td rowspan="4">分布上往往呈不连续状、透镜状，延展性差，且主要在地表风化带内发育</td><td rowspan="4">一般为泥质物充填，水理性质很差</td><td rowspan="4">在天然及人工边坡上造成危害，有时对坝基、坝肩及浅埋隧洞等工程亦有影响，一般在施工中予以清基处理</td></tr>
<tr><td>爆破裂隙</td></tr>
<tr><td>风化裂隙、风化夹层</td></tr>
<tr><td>泥化夹层</td></tr>
</table>

《工程岩体分级标准》(GB/T 50218—2014)以结构面的发育程度、主要结构面的结合程度和主要结构面类型作为岩体完整程度划分的依据，主要结构面是指相对发育的结构面，即张开度较大、充填物较差、成组性好的结构面。主要结构面产状、发育程度和结合程度是影响矿山井巷和边坡工程稳定性的关键性因素。

2)岩体结构面发育程度

结构面发育程度包括结构面组数和平均间距，它们是影响岩体完整性、岩体质量的重要因素，通常采用结构面密度进行反映，表示方法有：垂直于主要结构面方向上单位长度内发育的结构面数量或主要结构面之间间距的平均值，或单位面积、单位体积内发育的结构面数量。工程实践中通常采用岩体完整性指数(K_v)、岩体体积节理数(J_v)、岩石质量指标(RQD)反映岩体结构面的发育程度。

(1)岩体完整性指数(K_v)：通过选择有代表性的测段，测试岩体弹性纵波速度，并在同一岩体中测试岩石弹性纵波速度，按式(4-1)计算岩体完整性指数：

$$K_v=\left(\frac{V_{pm}}{V_{pr}}\right)^2 \tag{4-1}$$

式中：V_{pm} 为岩体弹性纵波速度，km/s；V_{pr} 为岩石弹性纵波速度，km/s。

岩体完整性指数(K_v)既反映了岩体结构面的发育程度，又反映了结构面的性状，是一项能较全面地从量上反映岩体结构的指标。

(2)岩体体积节理数(J_v)即各种结构面数，是国际岩石力学学会试验方法委员会推荐用来定量评价岩体节理化程度和单元岩体块度的一个指标。这一指标在工程勘察和施工中均容易获得，但它不能反映结构面的结合程度，尤其不能反映张开度和充填物性状。因此，其在工程应用中仅作为岩体完整程度的代用定量指标，而未作为主要的定量指标使用。

J_v 的测试通常采用直接测量法和间距法。直接测量法是直接数出单位体积岩体中的结构面数；间距法是测量岩体中各组结构面的间距，并以其平均值计算岩体单位体积中结构面的条数。间距法的测试要求与计算如下：

对与测线相交的各结构面迹线交点位置及相应结构面产状进行编录，并根据产状分布情况对结构面进行分组。测线上同组结构面沿测线方向间距进行测量与统计，获得沿测线方向视间距。根据结构面产状与测线方位，计算该组结构面沿法线方向的真间距，其算术平均值的倒数即为该组结构面沿法向每米长结构面的条数。对迹线长度大于 1 m 的分散节理予以统计，已为硅质、铁质、钙质胶结的节理不参与统计。J_v 值根据节理统计结果按式(4-2)计算：

$$J_v=\sum_{i=1}^{n} S_i+S_0 \quad (i=1,\ \cdots,\ n) \tag{4-2}$$

式中：J_v 为岩体体积节理数，条/m^3；n 为统计区域内结构面组数；S_i 为第 i 组结构面沿法向每米长结构面的条数；S_0 为每立方米岩体非成组节理条数。

(3)岩石质量指标(RQD)是岩芯中长度在 10 cm 以上的分段长度总和与该回次钻进深度之比，以百分数表示，量测时应以岩芯的中心线为准。用于岩石质量指标(RQD)计算的岩芯，应是采用 75 mm 口径(N 型)双层岩芯管和金刚石钻头钻进的。

3)结构面结合程度

结构面结合程度是结构面的性状特征的反映，主要从结构面的张开度、粗糙度、起伏度、充填物性质及其性状等方面进行综合评价。它们是决定结构面的结合程度的主要方面，也是直接影响岩体完整性、岩体质量的因素之一，是野外工作在进行岩体完整性划分时的重要指标，现场技术人员可通过野外观察直观地判断。结构面结合程度划分详见表 4-24。

张开度是指结构面缝隙紧密的程度，反映了结构面结合的好与差，国内各专业部门在工程实践中，有各自的定量划分依据，现在用《工程岩体分级标准》(GB/T 50218—2014)作为划分的依据，见表 4-24。

表 4-24　结构面结合程度划分表

结合程度	张开度/mm	张开程度	结构面特征
结合好	<1	闭合	硅质、铁质或钙质胶结，或结构面粗糙，无充填物
	1~3	微张	硅质或铁质胶结
	>3	张开	结构面粗糙，为硅质胶结
结合一般	<1	闭合	结构面平直，钙泥质胶结或无充填物
	1~3	微张	钙质胶结
	>3	张开	结构面粗糙，为铁质或钙质胶结
结合差	1~3	微张	结构面平直，为泥质胶结或钙泥质胶结
	>3	张开	多为泥质或岩屑充填
结合很差	>3	张开	泥质充填或泥夹岩屑充填，充填物厚度大于起伏差

结构面粗糙度是决定结构面结合程度的一个重要因素。结构面侧壁的粗糙度在很大程度上影响着它的抗滑能力，但目前对粗糙度尚无明确的含义和标准，在工程实践中往往分为极粗糙、粗糙、一般、光滑、镜面五个等级进行定性描述。

充填物性质及其性状：胶结物质充填的，按其成分可分为泥质胶结、钙质胶结、铁质胶结、硅质胶结等。结构面胶结使力学性质有所增强，不同的胶结物控制着结构面强度高低及其抗水性，常见胶结有铁质胶结、泥质胶结与易溶盐类胶结等。未胶结的结构面力学性质取决于其充填情况，包括薄膜充填、不连续充填、连续充填与厚层充填，其结构面的力学性质取决于充填物的性质及结构面的形态。

4)结构面特征调查

(1)结构面的几何特征调查。

结构面的几何特征调查内容包括：结构面组数、产状、密度和延伸程度，以及各组结构面相互切割关系。结构面的几何形态类型如下：

①平直型：包括一般层理、片理、原生节理和剪切破裂面。

②起伏型：具波状起伏特征，如具波痕的层理、轻度揉曲的片理，呈舒缓波状的压性、压扭性结构面。

③曲折型：缝合线、龟裂纹的层面，具交错层理和张性、张扭性结构面等。

(2)结构面的性状特征调查。

结构面的性状特征调查内容包括：结构面的张开度、粗糙度、起伏度、充填情况、充填物、水的赋存状态等。

结构面的结合程度和张开程度的划分及依据见表 4-24。

(3)岩石坚固性。

岩石坚固性是反映岩石在各种外力(钻孔、爆破、冲刷等)作用下破坏难易度的一个抽象概念，1907 年由俄国普洛吉雅诺提出，他将岩石的坚固性分为 10 级，见表 4-25，为了方便使用，又在第Ⅲ，Ⅳ，Ⅴ，Ⅵ，Ⅶ级的中间加了半级，以坚固性系数(也称普氏系数)表示。坚固性系数数值上等于岩石的饱和单轴抗压强度除以 10，记作 f，表示为：

$$f=R_c/10 \tag{4-3}$$

式中：R_c 为岩石的饱和单轴抗压强度，MPa。

f 是一个无量纲的值，它表明某种岩石的坚固性比致密黏性土坚固了多少倍，因为致密黏性土的抗压强度为 10 MPa 左右。考虑到生产中不会大量遇到抗压强度大于 200 MPa 的岩石，故把抗压强度大于 200 MPa 的岩石都归入Ⅰ级。

表 4-25 岩石的坚固性分级表

岩石级别	坚固程度	代表性岩石
Ⅰ	最坚固	最坚固、致密、有韧性的石英岩、玄武岩和其他各种特别坚固的岩石(f=20)
Ⅱ	很坚固	很坚固的花岗岩、石英斑岩、硅质片岩，较坚固的石英岩，最坚固的砂岩和石灰岩(f=15)
Ⅲ	坚固	致密的花岗岩，很坚固的砂岩和石灰岩，石英矿脉，坚固的砾岩，很坚固的铁矿石(f=10)
Ⅲa	坚固	坚固的砂岩、石灰岩、大理岩、白云岩、黄铁矿，不坚固的花岗岩(f=8)
Ⅳ	比较坚固	一般的砂岩、铁矿石(f=6)
Ⅳa	比较坚固	砂质页岩，页岩质砂岩(f=5)
Ⅴ	中等坚固	坚固的泥质页岩，不坚固的砂岩和石灰岩，软砾石(f=4)
Ⅴa	中等坚固	各种不坚固的页岩，致密的泥灰岩(f=3)
Ⅵ	比较软	软弱页岩，很软的石灰岩，白垩，盐岩，石膏，无烟煤，破碎的砂岩和石质土壤(f=2)
Ⅵa	比较软	碎石质土壤，破碎的页岩，黏结成块的砾石、碎石，坚固的煤，硬化的黏土(f=1.5)
Ⅶ	软	软致密黏土，较软的烟煤，坚固的冲击土层，黏土质土壤(f=1)
Ⅶa	软	软砂质黏土、砾石，黄土(f=0.8)
Ⅷ	土状	腐殖土，泥煤，软砂质土壤，湿砂(f=0.6)
Ⅸ	松散状	砂，砂砾堆积，细砾石，松土，开采出来的煤(f=0.5)
Ⅹ	流沙状	流砂，沼泽土壤，含水黄土及其他含水土壤(f=0.3)

5)软弱结构面特征调查

软弱结构面一般指在上、下盘坚硬岩层间充填有一定厚度的软弱岩层或破碎物质的结构面。在力学强度上明显低于结构面两壁岩体，在岩体中具有一定厚度的软弱带(层)，这种结构面的规模比较大，延展性好，宽度大，与两盘岩体相比具有高压缩性和低抗剪强度等特征，是构成岩体块体滑动和控制岩体稳定的重要因素，主要包括原生软弱夹层、构造和挤压形成的破碎带、泥化夹层及其他夹泥层等，一般存在如下特性。

(1)垂直分带性。

一般情况下次生型、原生型的软弱结构面垂直分带不太明显，而构造型软弱结构面普遍具有垂直分带特征，大体可分为节理带、劈理带、泥化带等部分。各带岩石破碎程度、碎屑间契合程度及泥化程度不同，抗剪强度存在差别。一般泥化带抗剪强度最低，向两侧完整岩石过渡的过程，也是抗剪强度提高的过程。

(2)颗粒定向排列性。

软弱结构面中松散颗粒具有定向排列性质，这一特征反映出结构面在形成过程中受到挤压、剪切作用力的方向，即受力方向。不同结构面具有不同的排列。

①构造成因的结构面沿剪切方向的颗粒呈定向排列，颗粒沿长轴方向平行于结构面或与之相交呈小角度。

②薄层软弱岩石发展而成的原生、次生软弱结构面继承了原岩的层理的结构特征，岩屑岩块主要为薄片状，近平行层面排列，其抗剪强度也具有显著的各向异性。

③鳞片状构造是存在于泥质物中的大量黏粒构成的细小鳞片状现象，在构造成因的结构面中很常见，但因多次的反复挤压剪切作用，会发生多次褶皱、融合等现象，一般难以在较大范围形成统一的排列方向。

软弱结构面调查内容与结构面调查内容一致，采集结构面的内容包括岩性、间距、形态、产状、规模、贯通类型和连续性、密度与组数、张开度、充填胶结情况、渗透性等，但在调查过程中应着重调查结构面的几何形态及充填情况、分带性、充填颗粒的定向排列性。软弱结构面的强度主要由充填物的物理力学性质控制，岩体主要破坏方式是沿着该结构面滑移。当充填物达到一定厚度时，可定性为软弱夹层。

4.3.3 影响岩土稳定的水文地质条件调查

影响岩土稳定的水文地质应从两方面考虑，包括岩土的物理性质和水理性质。

地下水位变化、地表水的冲刷等会对岩土的稳定产生影响。如潜水位上升、地下水频繁升降及地下水压力作用和动力作用等都可能对岩土工程产生重大危害，这些是水文地质作用对岩土的物理性质的描述。在矿区水文地质的调查、分析与研究过程中，有关水文地质作用对岩土物理性质影响的描述相对比较齐全和完善，而对岩土的水理特征关注不足，会在评价水文地质条件对岩土体的影响时留下一定缺陷。岩土的物理性质和水理性质决定其受地下水影响的程度，部分岩土在地下水作用下变软或易崩解，强度明显降低；部分岩土受地下水作用发生涨缩，发生变形。

通常情况下，岩土的水理性质包括以下内容：

①软化性：岩土的软化性即岩土层被水浸过后，其本身强度会降低，所表现出的性质，实际应用中以软化系数来表示，软化系数越大，岩石耐风化能力和耐水浸能力越强。含亲水

矿物较多的岩土，如页岩、泥岩、部分砂岩和黏土层等，在地下水的作用下其强度和整体性会降低，而形成软弱地层。

②崩解性：崩解性又称湿化性，是岩土与水相互作用时，黏结力和强度受到水的浸入影响导致削弱或丧失，使其崩散解体的特性。许多岩土体，特别是黏土含量高的岩土体，在干湿反复作用下，容易发生崩解剥落，通常用耐崩解性指数来表示，可通过室内崩解试验测得。

③透水性：通常用渗透系数表示，岩土渗透系数可以通过抽水试验获得。岩土的透水性造成了地下水的渗透径流，导致岩体出现溶蚀、泥化及软化，使得岩土强度不断降低，同时产生扬压力，削弱建筑物自重的垂直荷载，并形成动水压力，使得建构筑物的基础沉陷变形，严重影响建构筑物的安全和稳定。

④溶水性：饱水岩土在重力的作用下会自行从空隙和裂缝中流出一定量的水，这便是岩土的溶水性。岩土的溶水性通常使用给水度来表示，给水度的测定可以通过实验室方法来实现。给水度是水文地质的一项重要参数，严重影响着地下水的疏干时间。

⑤涨缩性：岩土既有失水收缩的性质，也有吸水膨胀的性质，这两种性质被称为岩土的涨缩性。岩土一旦频繁出现收缩或膨胀现象，会导致建构筑物出现开裂而破坏建构筑物。

4.3.3.1 地下水对岩土体稳定的影响

矿山在施工过程中所遇到的岩土体滑移、崩塌等失稳事故，多数和地下水作用密切相关。在地下水强烈循环部位，岩土体易受到软化、泥化作用，并可通过渗流携带细微颗粒运移、沉积而形成次生夹泥。例如，裂隙水大量渗入会加速岩土体的解体、崩塌、陷落；地下水的作用会使断裂结构面泥质充填物及软弱夹层软化、泥化，使其抗剪强度明显降低，造成岩土体沿结构面滑移。地下水的渗透压力(包括动水压力)能加速土体的潜蚀、湿陷，地下水的浮托力能使露天采场边坡失稳。此外，矿山常见的一些不良地质现象(如流砂等)也和地下水密切相关。

4.3.3.2 相关水文地质条件的调查

应充分利用已有的矿床水文地质资料，并开展一些补充的水文地质调查，查清下列与岩土体稳定有关的问题。

(1)矿区地下水的类型：包括按含水空隙条件的分类(孔隙水、裂隙水或岩溶水)和按埋藏条件的分类(上层滞水、潜水或承压水)。

(2)矿区水文地质结构类型：按含水体和隔水体所呈现的空间分布和组合形式及含水体的水动力特征划分的类型，包括统一含水体结构、层状含水体结构、脉状含水体结构和管道含水体结构。

(3)不同水文地质结构中的水动力特征：包括不同水文地质结构的补给、径流、排泄条件及富水特征，相互之间或与地表水体有无水力联系等。

(4)坑道、露天采场涌水量及其变化规律：包括季节性变化和随着开采的进展，涌水量和潜水位(或测压水位)的变化。

4.3.3.3 水文地质参数测定方法

对岩土的水理性质开展评价的过程中，要求获取相关岩土层的水文地质参数，需获取的参数及相应的测定方法见表 4-26 与表 4-27。

表 4-26　水文地质参数测定方法

参数	测定方法
水位	钻孔、探井或测压管观测
渗透系数	抽水试验、注水试验、压水试验、室内渗透试验
导水系数	抽水试验、注水试验、压水试验、室内渗透试验
给水度	单孔抽水试验、非稳定流抽水试验、地下水位长期观测、室内试验
释水系数	单孔抽水试验、非稳定流抽水试验、地下水位长期观测、室内试验
越流系数	多孔抽水试验(稳定流或非稳定流)
越流因数	多孔抽水试验(稳定流或非稳定流)
单位吸水率	抽水试验、注水试验
毛细水上升高度	试坑观测、室内试验

注：除水位外，当对数据精度要求不高时，可采用经验数值。

表 4-27　孔隙水压力测定方法和适用条件

仪器类型		适用条件	测定方法
测压计式	立管式测压计	渗透系数大于 10^{-4} cm/s 的均匀孔隙含水层	将带有过滤器的测压管打入土层，直接在管内量测
	水压式测压计	渗透系数低的土层，量测由潮汐涨落、挖方引起的压力变化	用装在孔壁的小型测压计探头，地下水压力通过塑料管传导至水银压力计测定
	电测式测压计(电阻应变式、钢弦应变式)	各种土层	孔压通过透水石传导至膜片，引起挠度变化，诱发电阻片(或钢弦)变化，用接收仪测定
	气动测压计	各种土层	利用两根排气管使压力为常数，传来的孔压在透水元件中的水压阀产生压差测定
孔压静力触探仪		各种土层	在探头上装有多孔透水过滤器、压力传感器，在贯入过程中测定

4.3.4　岩溶工程地质调查

岩溶是指水对可溶性岩石(碳酸盐岩、石膏、岩盐，在我国以碳酸盐岩为主，局部尚有硫酸盐岩、卤化物岩等)进行以化学溶蚀作用为主，流水的冲蚀、潜蚀和崩塌等机械作用为辅的地质作用，以及由这些作用所产生的现象的统称。岩溶在可溶岩表面及其内部形成各种岩溶现象，称为岩溶形态。地表的岩溶形态有洼地、槽谷、漏斗、落水洞、溶沟溶槽、石芽、石柱、溶峰等；地下的岩溶形态则有溶洞、溶隙、管道等。岩溶受地下水水流系统的控制，因而各种岩溶形态也往往组成一定的系统，称为岩溶系统。受各种因素的影响，岩溶的发育有强弱之分，一般可溶岩岩性较纯，连续厚度较大，出露分布较广，断层较发育，岩层较破碎的，岩溶较易发育；可溶岩岩性不纯，含泥质及其他不溶杂质成分较多，连续厚度不大或多类非可溶性夹层，出露分布较局限，断层不发育，岩层较完整的，岩溶发育较弱。

4.3.4.1 岩溶发育条件

岩溶发育的基本条件是可溶物质(可溶岩)，流动的、具溶蚀能力的水流及可供水流运动的通道。

(1)可溶岩层的存在(取决于岩石成分和结构)。

作为被水流改造的对象，可溶岩的成分与结构是控制岩溶发育的内因。可溶岩的成分和结构对岩溶发育的控制作用主要包括两个方面：作为溶解对象，不同成分和结构的岩石溶解的难易程度不同；作为导水介质，在后期的构造应力作用下形成的裂隙有差异，通过介质对地下水流动的控制而影响岩溶发育。

(2)可溶岩必须透水(取决于岩石的裂隙发育程度)。

①小而密集的裂隙：易形成溶蚀比较均匀的岩溶裂隙含水层。

②大裂隙和断层：易形成大型落水洞、溶洞等，岩溶发育不均匀。

(3)具有侵蚀能力的水。

分析碳酸盐岩、水、二氧化碳之间的相互作用是研究岩溶化过程的关键。这是一个涉及固、液、气三相的复杂化学体系，其化学过程通常以 $CaCO_3-H_2O-CO_2$ 体系进行分析，主要反映开放体系中的碳酸平衡过程：以水为中心，大气与水中的 CO_2 平衡，水中增加 H^+ 和 HCO_3^-，致使水具有溶蚀性；岩石与水的 $CaCO_3$ 平衡，使水产生 CO_3^{2-}，其中生成的 H^+、CO_3^{2-} 结合形成 HCO_3^-，使碳酸平衡体系向溶解方向发展。

CO_2 的参与是岩溶发育的重要前提。一方面，当 CO_2 溶入水中形成碳酸，或水中含有其他酸类时，水对碳酸盐类的侵蚀能力明显增高；另一方面，水中溶解 CO_2 含量越高，岩石溶解速度越快。

(4)水的流动性。

具有一定侵蚀能力的水如在碳酸盐岩中停滞而不与外界发生交替，水的侵蚀能力终将因碳酸盐溶入水中成为饱和溶液，而丧失其侵蚀性(封闭体系)。因此，水的流动是岩溶发育的必要条件。只有通过含 CO_2 的水不断补给并更替不具侵蚀性的水，并通过水的径流、排泄将溶蚀与侵蚀的 $CaCO_3$ 带走，才能产生岩溶。

4.3.4.2 岩溶类型划分

根据岩溶地层的出露条件，进行工程地质分类，将其划分为裸露型、覆盖型、埋藏型三种，见表 4-28。

表 4-28 岩溶区工程地质类型

分类指标	裸露型	覆盖型		埋藏型
		浅覆盖型	厚覆盖型	
出露情况	大部分	零星		无
盖层	第四系土层			非可溶岩
第四系土层厚度/m	<5	5~30	>30	不定
岩溶地层出露条件	岩溶地层以裸露为主，洼地、谷地中有松散堆积物覆盖，厚度较薄	岩溶地区主要为松散堆积物所覆盖，仅在簇状峰林或孤峰等石山出露		岩溶地层埋藏于非岩溶基岩之下

续表4-28

分类指标	裸露型	覆盖型		埋藏型
		浅覆盖型	厚覆盖型	
地貌组合特征	岩溶山地、峰丛洼地、峰丛谷地、溶丘洼地、垄岗谷地、峰林谷地	峰林平原、孤峰平原、冲积平原、湖积平原、山前冲洪积平原		多见于构造堆积盆地或山前平原中，发育非岩溶地貌
岩溶发育特征	地表岩溶一般较发育，石牙溶沟、漏斗、落水洞、洼地、干谷、盲谷等岩溶形态多见；地下岩溶多为溶隙及各种形态的溶洞，其发育和分布往往受地质构造条件的控制	覆盖层下往往有埋藏的石牙、溶沟，其下发育隐伏岩溶，浅部多为充填、半充填溶洞，向下以溶隙为主，从上往下岩溶发育减弱，地质构造条件对岩溶发育的控制作用有所减弱，石山边缘多有大型洞穴发育		主要为古岩溶，在有利条件下常有近代岩溶的叠置，发育深岩溶，以溶隙为主，并有溶孔溶洞等，其发育受地质构造条件的控制较明显
水文地质特征	地表强烈吸水，地下水埋藏较深，动态变幅大，地下水多沿溶隙和管道汇集形成地下河，水动力垂直分带较明显，由分水岭到河谷往往有水平分带现象	岩溶承压水，并与上覆松散地层孔隙(裂隙)水有一定水力联系，地下埋藏浅，有时有上升泉出露，动态较稳定		深成岩溶承压水，往往具有较大的压力水头，并沿断裂带上升成泉
工程地质特征	石山区坚硬的层状碳酸盐岩体一般较稳定；软硬相间的岩体，当构造条件不利时易产生崩塌滑坡；地下建筑物在季节变动带以下存在溶洞充填物溃入的威胁；洼地谷地中建筑条件较复杂，存在岩溶塌陷威胁；水工建筑物如无隔水层可供利用时渗漏问题较突出	覆盖层为多种成因的土体组成，碳酸盐岩的风化残积土及其经搬运的次生沉积土往往具胀缩性；基岩面起伏较大，其低洼处常有软土分布，在上覆土层中有时还有土洞发育，使建筑条件复杂化；当开采或疏排岩溶地下水时存在岩溶塌陷威胁；隐伏岩溶发育		具非岩溶区的工程地质特征，仅当岩溶地层埋藏较浅(50 m 左右)时，由于过量开采或疏排岩溶地下水，可能引起地面下沉或塌陷；岩溶地层顶板以上附近的地下建筑物存在着沿断裂裂隙的突水和底板稳定问题

4.3.4.3 岩溶工程地质调查

1)岩溶调查的目的

通过开展矿区岩溶测绘工作，为矿山开发与整治、自然资源的合理利用和环境保护提供区域性、基础性资料；为矿山工程建设的规划和合理布局提供区域性工程地质资料；为矿山内进一步开展大比例尺岩溶工程地质测绘和调查、专门岩溶工程地质和岩溶环境工程地质勘查提供设计依据；为开展岩溶工程地质专题研究、编制专门性岩溶地质和环境地质图提供基础资料；为矿山防灾减灾提供基础支撑。

2)岩溶调查的任务

查明矿区岩溶发育特征和分布规律；研究在各种主要自然地质因素作用和影响下矿区岩

溶工程地质条件的变化规律；查明矿区内岩溶相关地质灾害的分布和发育规律；分析矿山工程活动对岩溶地质环境的作用和影响，对主要岩溶环境工程地质问题和地质灾害及其发展趋势作出初步评价和预测。

岩溶测绘和调查应重点查明岩溶塌陷发育的现状、特征及其水文地质工程地质条件，进行岩溶塌陷易发性区划；查明岩溶地下水与地表水的水力联系及地下岩溶形态，研究分析岩溶发育形态、规模等。岩溶调查的具体任务如下：

(1)岩溶塌陷调查。

岩溶塌陷发育的基本条件：岩溶洞隙的存在，一定厚度的松散盖层和水动力条件易于改变的岩溶地下水。围绕其基本条件开展以下调查：

①岩溶塌陷现状调查，查明岩溶塌陷的数量、类型、发育特征和分布规律；

②岩溶塌陷发育的地质环境背景和水文地质工程地质条件调查，查明可溶岩分布、第四系覆盖层特征、岩溶地下水动力条件和诱发岩溶塌陷的人类工程活动等；

③典型岩溶塌陷勘查，查明岩溶塌陷地质结构和动力条件，分析岩溶塌陷形成模式；

④岩溶塌陷易发性区划，建立岩溶塌陷调查评价数据库，提出岩溶塌陷灾害防治对策建议。

(2)岩溶地下水调查。

岩溶地下水一般具有赋存状态复杂(集中管道状或分散网络状)、动态变化迅猛、径流通畅、流态多变的特点，这些特征在不同地段由于补给、径流和排泄条件的不同而又有明显的差异。补给、径流、排泄条件除了受地质构造影响外，还受地形地貌、碳酸盐岩的出露条件、地形切割程度及水文网配置格局控制，不同地貌类型具有不同的岩溶地下水特征，据此开展以下调查：

调查岩溶地下水的赋存状态及其动力特征；岩溶水的补给来源和方式，径给、径流、排泄特征，及其与地表水体和第四系潜水的转化关系；岩溶大泉和地下河的发育、分布和出露条件，补给区的范围，流量的动态变化和泉口沉积特征，覆盖型和埋藏型岩溶区要特别注意调查岩溶水位(水头)及其动态变化，岩溶地层顶板覆盖层的隔水或透水性，其与土层地下水的水力联系和水头差。

3)岩溶调查的内容

当矿区位于岩溶区时，工程地质测绘和调查是岩溶勘查工作的先导，是岩溶规律研究先地表后地下的工作准则。只有做好了工程地质测绘，才能有的放矢地进行勘查测试，为分析评价打下基础。矿区岩溶工程地质测绘和调查的内容包括以下几方面。

(1)地形地貌。

调查研究山川形态与走势，地形切割起伏特征，地表水文网的配置格局，夷平面和阶地的发育特征和分布高程，地貌成因类型与形态特征(表4-29)，各地貌单元的分布，组成物质与形成时代等。着重调查岩溶地貌形态的成因类型和形态组合类型及其分布(表4-29和图4-6)。

表 4-29 岩溶地形地貌单元特征

岩溶地貌单元		成因	主要特征	岩溶地貌图片
地表岩溶	石牙与溶沟	溶蚀与侵蚀	溶沟是存在于岩石面的纵横交错凹槽，溶沟与石牙的相对高差一般不超过 3 m。石牙有裸露的，也有埋藏的，一般是岩溶初期阶段的产物。地表大片出露石牙与溶沟称为溶蚀原野	
	石林与岩溶漏斗	溶蚀与侵蚀	石林由石牙进一步发展而成，相对高度在 20 m 左右，高者可达 40 m，形如锥柱状、锥状、塔状等。 岩溶漏斗是呈碟状或倒锥状的封闭洼地，包括溶蚀漏斗和塌陷漏斗。 石林与岩溶漏斗大致形成于同一个岩溶发展阶段	
	峰林	地质构造	成群分布，地面上山体基部分离，相对高度 100~200 m，坡度陡，一般大于 45°	
	峰丛		地面上山体基部相连的峰林，相对高差为 200~300 m，峰与峰之间形成“U”形的马鞍地形	
	溶蚀洼地		与峰丛、峰林同期形成的负地貌类型，平面类型为圆形或椭圆形	
	孤峰与溶蚀平原		岩溶作用晚期阶段的产物，局部散布孤峰或石丘	

续表4-29

岩溶地貌单元		成因	主要特征	岩溶地貌图片
隐伏岩溶	溶洞	溶蚀、崩塌和侵蚀	形成初期以溶蚀为主，随着空洞的加大、水流速度的加快，侵蚀和崩塌随之加剧，洞穴扩大加快。 溶洞大小不一，形状多种多样，有的经通道相互连通，多层发育	
	地下河		由地下溶洞、地下湖、溶隙和连接它们的廊道系统组成。 地下河形态受构造破裂面与岩性的影响，各段形态变化大，纵剖面坡度较陡，水流落差较大	

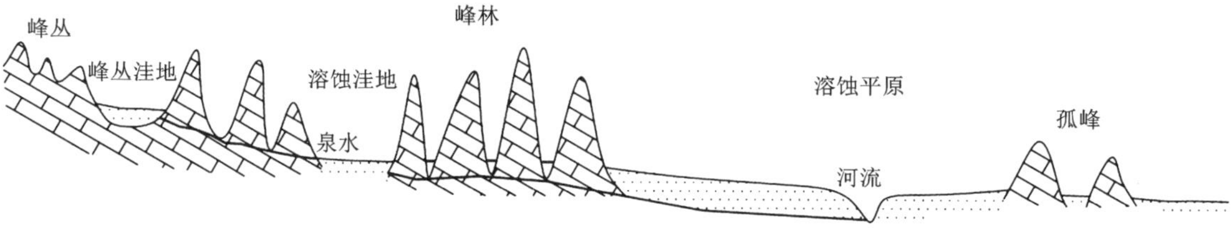

图 4-6　岩溶地貌特征分布图

(2)气象与水文。

①气象要素中着重调查降水特征，包括多年长周期丰、贫水年变化特征，多年平均降水量，年降水量分布特征，单次最大降水量及持续时间，最大降水强度(以小时计)等。

②水文要素包括地表汇流面积，径流特征，河、湖及其他地表水体(包括季节性淹没的洼地)的流量和水位动态，最高洪水位和最低枯水位及出现日期和持续时间，汛期洪水频率及变幅等。

(3)地层。

调查研究地层层序及年代、成因类型、岩性岩相特征、接触关系及其工程地质特征。其中，侧重对碳酸盐岩及其他可溶岩和第四系松散沉积物的调查研究。

①对碳酸盐岩及其他可溶岩，调查研究其岩性成分和结构构造，非可溶岩夹层的岩性、厚度与分布，划分岩溶层组类型。

②对第四系松散沉积物，调查研究其岩性结构、沉积年代和成因类型及其厚度与分布。注重调查红黏土、软土及其他特殊土类的岩性成分、结构、厚度及埋藏分布条件。根据上述特征划分其岩性、结构类型如下：

均一结构：均一黏性土层或均一砂土层，由单一土层组成，其中夹层的单层厚度小于 1 m，累计厚度小于总厚度的 10%。

双层结构：双层状黏性土-砂砾石层或双层状砂砾石-黏性土层，由同一成因类型的两种岩性土层或两种不同年代、不同成因类型的土层组成。

多层结构：多层状黏性土夹砂砾石层或多层状黏性土、砂砾石层，由同一成因类型的多种岩性土层或多种不同年代、不同成因类型的土层组成。

(4) 地质构造。

调查研究区域构造骨架与构造线方向，主要构造的形态特征、产状、性质、规模与分布，其形成年代与组合关系。着重调查断裂构造的规模、产状、力学性质、组合与交切关系，以及破碎带的性状与特征。对节理裂隙，要注意调查其在不同构造部位、不同岩性中的发育特征与发育方向，着重调查裂隙密集带的发育与分布。

(5) 新构造运动与地震。

①调查研究新构造运动的性质与特征。根据地震活动性、地形变特征、地貌差异及水热活动等迹象判定活动性断裂，注意调查其产状规模和破碎带特征，切割的最新地层及最新充填情况，判明其活动时期、活动特点及强度。着重调查构造现今活动迹象，根据地形变资料，分析现今活动特征。

②搜集历史地震资料，了解震中位置与震级，分析评价地震活动水平。搜集附近地震台站测震资料，了解地震活动规模及其与区域构造的关系。着重调查历史上破坏性地震所引起的各种地震效应，调查研究与塌陷有关的各种现象，如喷砂、冒水、地面开裂、塌陷、砂土液化、地下水位骤然升降的异常变化等。

(6) 岩溶发育特征。

①调查研究岩溶的形态、规模、组合特征及其分布，统计分析不同条件下岩溶发育密度；分析研究岩溶发育与岩溶层组类型、构造、地貌及地下水动力条件的关系，了解岩溶发育与分布规律。

②以岩溶层组类型及岩溶地貌特征为基础，结合地表岩溶形态、岩溶率等指标，评价岩溶的发育程度，一般可划分为强、中、弱三级，见表 4-30。

表 4-30　碳酸盐岩岩溶发育程度分级标志

岩溶发育程度	特征	参考性指标				
		地表岩溶发育密度 /(个·km^{-2})	钻孔岩溶率 /%	钻孔遇洞率 /%	泉流量 /($L\cdot s^{-1}$)	单位涌水量 /[$L\cdot(s\cdot m)^{-1}$]
强	碳酸盐岩岩性较纯，连续厚度较大，出露面积较广。地表有较多的洼地、漏斗、落水洞，地下溶洞发育。岩溶大泉和暗河多，岩溶发育深度较大	>5	>10	>60	>100	>1
中	以次纯碳酸盐为主，多间夹型。地表有洼地、漏斗、落水洞发育，地下洞穴通道不多。岩溶大泉数量较少，暗河稀疏。深部岩溶不发育	1~5	3~10	30~60	10~100	0.1~1
弱	以不纯碳酸盐岩为主，多间夹型或互夹型。地表岩溶形态稀疏发育，地下洞穴较少，岩溶大泉及暗河少见	<1	<3	<30	<10	<0.1

③对覆盖岩溶区，着重调查研究浅成岩溶洞隙的发育特征，包括其形态、规模、组合特征、连通情况及充填状况，分析研究强岩溶发育带在平面上的分布和剖面上的发育深度。注意调查研究隐伏于松散覆盖层之下的岩溶形态及其分布特征，如漏斗、洼地、槽谷等，分析研究其与浅成岩溶发育的关系。

(7)岩溶水文地质条件。

①岩溶地下水的类型及其特征。

岩溶地下水可划分为三种类型：岩溶山地(裸露型岩溶)的岩溶地下水，岩溶平原、盆地、谷地(覆盖型岩溶)的岩溶地下水和河湖近岸地带的岩溶地下水。各类特征见表4-31。

表4-31 岩溶地下水类型及特征

岩溶		特征			
		赋存状况	地下水位埋深	动态变化	流速及流态
A	岩溶山地的岩溶地下水	以地下河的集中管道流为主	很深，一般十至数十米，甚至100 m以上，往往没有统一水位	水位暴涨暴落，变幅十至数十米，降雨反应迅速	流速大，流态多变，多呈紊流或过渡流状态
B	岩溶平原、盆地、谷地的岩溶地下水	以分散网络状流为主，往往间有集中管道流	较浅，一般<10 m，往往具承压状态，有时呈自流	变幅一般为2~5 m，随降雨有滞后效应	流速相对缓慢，一般以层流为主
C	河湖近岸地带的岩溶地下水	主要呈分散网络状，少有集中管道流	浅，一般<5 m，均具承压状态	动态主要随地表水位而变化，与地表水及第四系潜水交替强烈，洪水季节有倒灌现象	流速相对缓慢，一般以层流为主

②调查研究岩溶水文地质结构。

调查研究各岩溶含水层组的层位、岩性、含水介质类型、富水性及水化学特征，埋藏和分布条件，相互间的水力联系，以及与第四系孔隙水和地表水体的关系。分析研究岩溶水文地质结构的类型及特征。

③调查研究岩溶水系统的组成与分布特征。

调查研究岩溶泉和地下河的发育与分布特征，结合岩溶水文地质结构，分析研究岩溶水系统的组成和分布特征，补给、径流、排泄的水动力条件及其水位、流量的动态变化特征。

④调查研究覆盖岩溶区的地下水流场特征。

着重调查研究岩溶地下水的流场特征和水位(水头)埋深与基岩面的关系及其动态变化，岩溶地下水主径流带的分布与水动力特征。近河(湖)地段注意调查研究岩溶地下水、上覆土层水与地表水之间的补排关系，洪水涨落过程所引起的水位(头)差及水力坡降的变化，以及洪水倒灌的影响范围。对于第四系覆盖层(包括黏性土层)，注意调查其含水性及其分布，以及与岩溶地下水的水力联系与水头差。岩溶地区第四系黏性土常为坡、残积成因，多含砂砾质，且垂直裂隙发育，因而具有不均一的含水性，往往组成弱含水层。此外，许多塌陷区都发现有隐伏土洞，土洞最发育的部位有两个：一是基岩面附近，二是地下水的季节变动带。后一部位往往位于土层剖面的中部。土洞的形成从另一侧面表明土层中有水流的渗透作用。

这些现象揭示出，对第四系黏性土不能一概而论当作相对隔水层，而应具体了解其渗透性和含水性，它们对黏性土盖层中土洞和塌陷的形成有着相当重要的意义。

4）岩溶调查的方法

调查中要充分利用遥感、物探、原位测试、同位素地质、示踪及计算机等新技术、新方法，以提高工作质量和效率。

调查过程中应根据不同的类型，采取不同的工作方法，体现出重点调查内容，岩溶调查主要方法见表 4-32。

表 4-32　岩溶调查主要方法

类型	裸露型	覆盖型	埋藏型
主要方法	以地面调查为主，配合动态观测和连通试验；在较大的谷地中结合工程需要进行适当的钻探和试验工作	在详细收集资料的基础上进行补充路线调查，着重调查各类动力地质现象；勘探工作结合工程规划和布局的需要布置，应穿越各地貌单元并控制土体类型和动力地质现象，应综合利用钻、物探手段配合适当的试验和观测工作；控制孔深度应达到岩溶发育带以下，一般钻孔深度为基岩面以下 20~30 m	应有纵横勘探剖面对岩溶地层的埋深与产状、岩溶与压力水头情况及顶板覆盖层的工程地质特征进行控制

5）岩溶调查分级

矿区岩溶工程地质调查的基本内容以调查矿区岩溶工程地质条件各组成要素的分布和变化规律为主，要特别注意对岩溶、软弱岩土体、活动性断裂和外动力地质现象的调查。对工程地质条件复杂、矿山建设需求迫切的重点区域，应结合矿山建设规划的实际需要开展某些专门问题的研究。

区域岩溶工程地质条件的复杂程度，根据地形地貌特征、岩溶发育程度、岩土体类型及性状、地质构造特征、地下水类型与动力条件等地质作用发育程度进行调查区分级。岩溶调查分级见表 4-33。

表 4-33　岩溶调查分级

出露条件		调查分级			备注
		一般调查区	重点调查区	典型调查区	
裸露型岩溶区		√			
覆盖型岩溶区	浅覆盖型		√	√	在发生过严重塌陷事件的重点调查区内开展典型调查
	厚覆盖型	√			
埋藏型岩溶区		√	√		非可溶岩厚度小于 10 m，且第四系松散土层厚度小于 30 m 的埋藏型岩溶区，应开展重点调查
非岩溶区		√			

4.3.5 泥石流工程地质调查

泥石流是山区沟谷或斜坡面在降雨、融冰、溃决等自然或人为因素激发下产生的一种挟带大量泥砂、石块或巨砾等固、液相颗粒流体物质的特殊洪流，是地质不良的山区常见地质灾害现象。

泥石流流体浓度介于夹砂水流和滑动土体之间，其固体物质粒径分布范围很宽、流体性质很不稳定，冲和淤是其主要的危害形式。

泥石流对工程威胁很大。泥石流问题若不在前期发现和解决，会使将来的工作被动或在经济上造成损失。图 4-7 所示为某矿床滑坡-泥石流灾害。

图 4-7 某矿床滑坡-泥石流灾害

泥石流虽然有其危害性，但并不是所有泥石流沟谷都不能作为工程场地，主要看泥石流的类型、规模、所处发育阶段、暴发频繁程度和破坏程度等。因而应认真做好调查研究，做出确切的评价，正确判定工程场地的适宜性，并提出防治方案的建议。

1）泥石流形成条件

泥石流的形成条件主要表现在三个方面：①地表大量的松散固体物质；②充足的水源条件；③特定的地貌条件。图 4-8 所示为 2010 年 8 月 13 日清平地区特大泥石流灾害。

有无充分的松散物及其存在状态是判断其是否为泥石流沟的重要条件。流域内崩塌、滑坡、水土流失（自然的和人为的）等现象的发育程度对判断是否会形成泥石流具有决定性的作用，其次应依据流域内区域地质构造、岩石类型、沿沟松散物贮量和泥砂区覆盖层的厚度进行判断。

流域形态对形成泥石流的暴雨径流影响较大，如漏斗形、栎叶形、桃叶形等形态的沟域有利于松散固体物质的起动，形成泥石流。

泥石流活动使流域微地貌发生较显著的侵蚀、堆积，生态环境恶化，因此，地貌变化过程的强弱，在一定程度上反映了流域内是否存在泥石流活动及泥石流活动的规模和强度。沟口泥石流扇形地貌的发展变化，是较直观的参数之一，在现场调查时往往凭沟口泥石流扇形地貌发展变化、新老扇的叠置关系、挤压大河的程度、扇面积堆积物组构特征等的详细调查分析，就能基本确定泥石流活动的频率、规模。属于流域地表因素的还有流域植被覆盖率、河沟两岸山坡坡度、流域面积和相对高差等。

图 4-8　清平地区特大泥石流灾害

2) 泥石流调查的主要任务

泥石流调查的主要任务是查明泥石流沟流域范围的自然地理、地质环境条件，泥石流固体物质来源、规模、特点、类型及危害程度，泥石流的形成条件及影响因素，为泥石流灾害防治提供翔实、可靠的工程地质依据。在规划建造防治工程区域内，应进行详细工程地质勘查。泥石流调查范围应是全流域和可能受泥石流灾害影响的地段。

3) 泥石流调查的内容

泥石流勘察在一般情况下，不进行钻探或测试，重点是进行工程地质测绘和调查，当不能满足设计要求或需要对泥石流采取防治措施时，应进行钻探测试，进一步查明泥石流地区的性质、厚度、密度，固体物质含量、最大粒径，泥石流的流速、流量、冲出量和淤积量。

泥石流调查的范围包括沟口至分水岭的全部地段，即包括泥石流的形成区、流通区和堆积区。泥石流调查具体内容如下：

(1) 调查泥石流形成的地貌条件。

泥石流沟谷在地形地貌和流域形态上往往有其独特反映，典型的泥石流沟谷，形成区多为高山环抱的山间盆地。流通区多为峡谷，沟谷两侧山坡陡峻，沟床顺直，纵坡梯度大。堆积区则多呈扇形或锥形分布，沟道摆动频繁，大小石块混杂堆积，垄岗起伏不平。对于典型的泥石流沟谷，这些区段均能明显划分；但对不典型的泥石流沟谷，则无明显的流通区，形成区与堆积区直接相连。研究泥石流沟谷的地形地貌特征，可从宏观上判定沟谷是否属泥石流沟谷，并进一步划分区段。

(2) 调查泥石流形成的物质条件。

泥石流形成的物质条件即形成区能提供的物质基础。对形成区，应详细调查各种松散碎屑物质的分布范围和数量。对各种岩层的构造破碎情况、风化层厚度、滑坡、崩塌、岩堆等现象均应调查清楚，正确划分各种固体物质的稳定程度，以估算泥石流发生时一次供给的可能物质数量。

(3)调查泥石流形成的水源条件。

搜集大气降水资料，掌握矿区暴雨强度，有无冰雪急剧融化等，调查高山湖、水库等有无可能突然溃决等。

(4)泥石流流通区的调查。

对流通区，应详细调查沟床纵坡，因为典型的泥石流沟谷，其流通区没有冲淤现象，其纵坡梯度是确定“不冲淤坡度”(设计疏导工程所必需的参数)的重要计算参数；沟谷的急湾、基岩跌水陡坎往往可减弱泥石流的流通，是抑制泥石流活动的有利条件；沟谷的阻塞情况可说明泥石流的活动强度，阻塞严重者多为破坏性较强的黏性泥石流，反之则为破坏性较弱的稀性泥石流；固体物质主要来源于形成区，但流通区两侧山坡及沟床内仍可能有固体物质供给，调查时应予注意。

泥石流痕迹是了解沟谷在历史上是否发生过泥石流及其强度的重要依据，并可了解历史上泥石流的形成过程、规模，判定目前的稳定程度，预测今后的发展趋势。

(5)泥石流堆积区的调查。

对堆积区，应调查堆积区范围、最新堆积物分布特点等，以分析历次泥石流活动规律，判定其活动程度、危害性，说明并取得一次最大堆积量等重要数据。

一般来说，堆积扇范围大，说明以往的泥石流规模也较大，堆积区目前的河道如已形成了较固定的河槽，说明近期泥石流活动已不强烈。从堆积物质的粒径大小、堆积的韵律，亦可分析以往泥石流的规模和暴发的频繁程度，并估算一次最大堆积量。堆积扇应重点调查四个方面内容：

①堆积扇形态和发育的完整性：堆积扇的发育形态反映了主沟和支沟输砂能力的相互组合关系，泥石流沟口一般都残存有堆积扇。沟口堆积扇也可能是冲积扇，冲洪积扇和泥石流堆积扇的区别参见表 4-34。

②堆积扇挤压主河的程度：根据主河河形是否发生挤压变形和主流是否受挤偏向对岸来判别，并按弯曲和偏移程度来定级。

③堆积扇前缘及扇上的巨石粒径与平均粒径测量：用线格法或网格法量测 50~100 个巨石的三轴向尺寸，计算几何平均粒径，作为工程设计与评估该沟泥石流能级的参考。

④叠置形式：叠瓦式的逆向堆积表明泥石流活动在减弱，前进覆盖式堆积则表明泥石流活动在增强。

表 4-34 冲洪积扇和泥石流堆积扇的区别

<table>
<tr><th>冲积扇</th><th>洪积扇</th><th>泥石流堆积扇</th></tr>
<tr><td>由河流搬运作用而成，泥砂粒径上游粗、下游细，磨圆度高，层次清晰，砾石常呈叠瓦状排列</td><td>由山区洪流作用形成，规模视洪流大小不同而异，分选性差，磨圆度差，层次不明显，孔隙度及透水性较大</td><td rowspan="2">有成整体停积、分散堆积两种；粗大颗粒在扇缘停积，无分选性，常见龙头堆积与侧堤堆积，沟槽绕龙头堆积两侧发展，有明显的受阻绕流特征，流路不稳；扇形地形态不完全符合统计规律，流路呈随机性，扇纵横面不甚连续，常呈锯齿状</td></tr>
<tr><td colspan="2">沉积特征：冲积扇常具有二元结构特征。洪积扇的粗大颗粒堆积在扇面顶部及出山口附近，向边缘逐步变细，有分选性；常可划分为砾石相、亚黏土砂相、亚砂土黏土相的相变和多元结构特征；垂直等高线发展，流路较稳</td></tr>
</table>

4)泥石流工程分类及特征

泥石流根据发育区地貌特征，一般可划分为形成区、流通区和堆积区。形成区位于流域上游沟谷斜坡段，山坡坡度 30°~60°，是泥石流松散固体物质和水源的供给区。流通区位于沟谷中下游，一般地形较顺直，沟槽坡度大，沟床纵坡降通常为 1.5%~4.0%。堆积区是泥石流固体物质停积的场所，位于冲沟下游或沟口处，堆积体多呈扇形、锥形或带形。

泥石流的危害特征主要表现为暴发突然、来势凶猛、冲击强烈、冲淤变幅大、运动快速、破坏性大和过程短暂等。

泥石流的工程分类与特征见表 4-35，沟谷型泥石流按物质组成可分为泥流型、泥石型、水石型三种。

表 4-35　泥石流的工程分类与特征

类别	泥石流特征	流域特征	亚类	严重程度	流域面积 /km^2	固体物质一次冲出量 /($\times 10^4$ m^3)	流量 /($m^3 \cdot s^{-1}$)	堆积区面积 /km^2	工程适宜性
Ⅰ高频率泥石流沟谷	基本上每年都有泥石流发生。固体物质主要来源于沟谷的滑坡、崩塌。暴发雨强小于 2~4 mm/10 min。除岩性因素外，滑坡、崩塌严重的沟谷多发生黏性泥石流，规模大；反之，多发生稀性泥石流，规模小	多位于强烈抬升区，岩层破碎，风化强烈，山体稳定性差。泥石流堆积新鲜，无植被或仅有稀疏草丛。黏性泥石流沟中下游沟床坡度大于 4%	$Ⅰ_1$	严重	>5	>5	>100	>1	不应作为工程场址
			$Ⅰ_2$	中等	1~5	1~5	30~50	<1	不宜作为工程场址
			$Ⅰ_3$	轻微	<1	<1	<30	—	可作为工程场址
Ⅱ低频率泥石流沟谷	暴发周期一般在 10 年以上。固体物质主要来源于沟床，泥石流发生时“揭床”现象明显。暴雨时坡面产生的浅层滑坡往往是激发泥石流形成的重要因素。暴发雨强一般大于 4 mm/10 min。规模一般较大，性质有黏、有稀	山体稳定性相对较好，无大型活动性滑坡、崩塌。沟床和扇形地上巨砾遍布。植被较多，沟床内灌木丛密布，扇形地多已辟为农田。黏性泥石流沟中下游沟床坡度小于 4%	$Ⅱ_1$	严重	>10	>5	>100	>1	不应作为工程场址
			$Ⅱ_2$	中等	1~10	1~5	30~50	<1	不宜作为工程场址
			$Ⅱ_3$	轻微	<1	<1	<30	—	可作为工程场址

注：①表中流量对高频率泥石流沟指百年一遇流量，对低频率泥石流沟指历史最大流量；②泥石流的工程分类宜采用野外特征与定量指标相结合的原则，定量指标满足其中一项即可。

5)泥石流调查方法

(1)一般不需要动用工程手段，以地面调查为主，应充分利用卫星图像、航片、地形图、水文气象资料和地方志等宏观资料。

(2)调查线路上，先从堆积扇的水边线开始，沿河沟步行调查至沟源，再上至分水岭俯览全流域进行宏观了解后返回。

4.3.6 滑坡工程地质调查

滑坡工程地质调查应在已有的区域地质调查资料的基础上进行，并充分利用地球物理勘探方法。滑坡的地球物理勘探方法的选择和优化组合参见表 4-36 和表 4-37。

1) 滑坡工程地质调查的主要任务

(1) 查明滑坡区的地层岩性、地质构造、水文地质、工程地质特征，阐明滑坡的发育形成条件。

(2) 查明滑坡类型、性质、分布、规模，认识和描绘滑坡要素(图 4-9、图 4-10)。

(3) 实地验证地球物理勘探解译的疑难点，提高其解译质量。

(4) 查清影响滑坡稳定性的主要因素及其作用方式。

2) 滑坡工程地质调查范围

滑坡工程地质调查范围：根据工作需要，适当地扩大到滑坡体以外可能对滑坡的形成和活动产生影响的地段，如山体上部崩塌地段，河流、湖泊或海洋岸边遭受侵蚀的地段，采矿、灌渠等人为工程活动影响地段等。测绘范围应包括滑坡及其邻近能反映生成环境或有可能再发生滑坡的危险地段。

表 4-36 滑坡的地球物理勘探方法选择

方法名称		目的	适用条件	经济、技术特点
电法	自然电位法	探测滑坡体中地下水赋存状况； 分析滑坡的活动性； 探测隐伏断层、破碎带位置	受地形、环境影响较小； 地下水位埋深较浅	方法简便，资料直观，成本低
	充电法	探测滑坡体地下水流速、流向； 监测滑坡体位移	受地形、环境影响较小	方法简便，成本低
	电阻率剖面法	探测隐伏断层、破碎带的位置； 探测隐伏地下洞穴的位置、埋深，判断充填状况； 探测拉张裂隙的位置、充填状况	地形起伏小，要求场地宽敞	资料简单、直观，工作效率高，以定性解释为主，成本低
	电阻率测深法	测定覆盖层厚度，测定基岩面形态； 划分基岩风化带，确定其厚度； 探测滑坡体的岩性结构、岩性接触关系； 测定滑坡堆积体的厚度，确定堆积床形态	地形无剧烈变化；电性变化大且地层倾角较陡地区不宜工作	方法简单、成熟、较普及，资料直观，定性定量解释方法均较成熟，成本较低
	高密度电阻率法	探测隐伏断层，破碎带位置、产状、性质； 探测后缘拉张裂缝，前缘鼓胀裂缝的位置、产状及充填状况； 测定覆盖层厚度，确定基岩面形态； 划分基岩风化带，确定其厚度； 探测滑坡体地层结构、岩性接触关系； 测定滑坡堆积体的厚度，确定堆积床形态	地形无剧烈变化，要求有一定场地条件；勘探深度一般小于 60 m	兼具剖面、深测功能，装置形式多样，分辨率相对较高，质量可靠，资料为二维结果，信息丰富，便于整个分析，定量解释能力强，成本较高

续表4-36

方法名称		目的	适用条件	经济、技术特点
电磁法	音频大地电磁法	探测隐伏断层、破碎带的位置； 探测拉张裂缝的位置	受地形、场地条件限制较小；天然场变影响较大时不宜工作；输电线、变压器附近不宜工作	仪器轻便，方法简单，适合地形复杂区工作，资料直观，以定性解释为主，适于初勘工作，成本低
	电磁感应法		地形相对平坦；强游散电流干扰区不宜工作	对低阻体较灵敏，方法组合较多，可针对不同地质体采用不同方式探测，资料结果较复杂，以定性解释为主，成本低
	甚低频电磁法		有效勘探深度一般数十米；受电力传输线干扰易形成假异常	被动源电磁法，较轻便，受地形限制较小，以定性解释为主，成本低
	电磁测深法	探测隐伏断层、破碎带位置、产状； 探测滑坡体的地层结构、岩性接触关系； 测定滑坡堆积体的厚度、堆积床的形态	适于地表岩性较均匀地区；电网密集、游散电流干扰地区不宜工作	工作简单，分辨率较高，受地形限制小，但受静态影响大，成本适中
	瞬变电磁法	探测隐伏断层，破碎带位置、产状； 测定覆盖层厚度，确定基岩面形态； 划分基岩风化带，确定其厚度； 探测滑坡体地层结构、岩性接触关系； 测定滑坡堆积体的厚度，确定堆积床形态	受地形、场地条件限制较小；电网密集、游散电流区不宜工作	静态影响和地形影响较小，对低阻体反应灵敏，工作方式灵活多样，成本适中
	探地雷达	探测隐伏断层，破碎带位置、产状； 探测拉张裂缝的位置、产状； 探测覆盖层厚度，确定基岩面形态； 划分基岩风化带，确定其厚度； 测定滑动面的埋深，确定滑动面形态； 探测滑坡体地层结构、岩性接触关系； 探测滑坡堆积体的厚度	受地形、场地条件限制较小；勘探深度较小，为 30~50 m	具有较高的分辨率，适用范围广，成本较高

续表4-36

方法名称		目的	适用条件	经济、技术特点
弹性波法	浅层地震	探测隐伏断层位置、产状； 探测覆盖层厚度，确定基岩面形态； 测定滑动面的埋深，确定滑动面形态； 探测滑坡体地层结构，岩性接触关系； 探测滑坡堆积体的厚度，确定堆积床形态	人工噪声大的地区施工难度大；要求有一定范围的施工场地	对地层结构、空间位置反映清晰，分辨率高，精度高，成本高
弹性波法	瑞雷波法	测定覆盖层厚度，确定基岩面形态； 探测滑坡堆积体的厚度，确定堆积床形态	受地形、场地条件限制较小；勘探深度较小，一般为30~50 m	适合在复杂地形条件下工作，特别是对浅部精细结构反映清晰，分辨率高，工作效率高，资料直观，成本适中
弹性波法	声波法	探测隐伏裂缝的延深、产状； 测定堆积体和岩石完整程度； 探测破碎带、裂缝带，较弱带位置、厚度； 检测防治工程质量	钻孔测试需要在下井管之前进行；干孔测试需要特殊的耦合方式；可对岩芯(样)进行测定	测试工作技术简单，资料分析直观、效率高，效果明显，并可获得动力学参数，成本适中
层析成像	电阻率层析成像	探明滑坡体地层结构，确定地层、厚度、产状等； 探明隐伏断层、破碎带的位置、产状； 探明拉张裂缝的位置、产状	充水(液)孔、孔内无套管；井与井探测有效距离小于120 m；剖面与孔深比一般要求小于1	属近源探测，准确性较高，适合对重点部位地质要素的详细了解，资料结果比较直观、精确，成本较高
层析成像	电磁波层析成像		孔内无套管；井与井探测有效距离一般小于100 m；剖面与孔深比一般要求小于1	适合对重点部位地质要素的勘探，资料准确、直观，成本较高
层析成像	地震层析成像		钻孔的激发、接收条件应一致；可在井管中施工；井与井探测距离小于120 m；剖面与孔深比一般要求小于1	
层析成像	声波层析成像	探明拉张裂缝的位置、产状； 探明滑动带、滑动面的形态、埋深	受发射能量限制，井与井跨距一般较小，为30~50 m；剖面与孔深比一般要求小于1	为无损检测工作，孔内工作激发比较简单，可测声波参数多，信息量大，成本较高

表 4-37　滑坡的地球物理勘探方法优化组合

方法		工作阶段		
		初步勘察	详细勘察	专项勘察
电法	自然电位法	* *	*	*
	充电法	*	*	* *
	电阻率剖面法	* *	* *	*
	电阻率测深法	* *	* *	* *
	高密度电阻率法	*	* * *	* * *
电磁法	音频大地电磁法	* *	*	*
	电磁感应法	* *	*	*
	甚低频电磁法	* *	* *	*
	电磁测深法	*	* *	*
	瞬变电磁法	* *	* * *	*
	探地雷达	*	* * *	* *
弹性波法	浅层地震	*	* * *	* *
	瑞雷波法	* *	* * *	* *
	声波法	*	* * *	* * *
层析成像	电阻率层析成像	*	* *	* *
	电磁波层析成像	*	* *	* * *
	地震层析成像	*	* *	* * *
	声波层析成像	*	* *	* *

注："*"表示可用方法；"* *"表示常用方法；"* * *"表示优选方法。

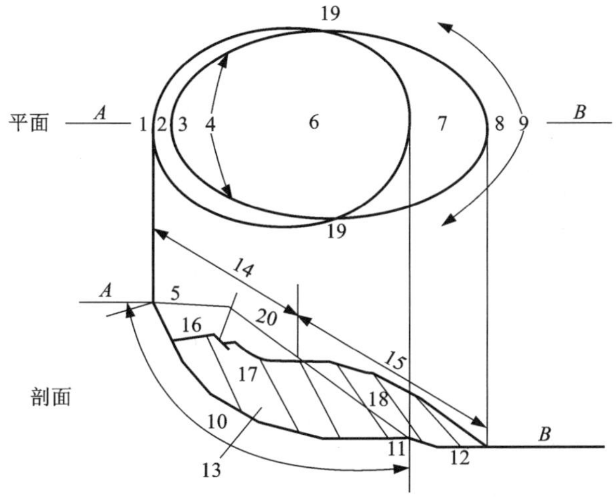

1—滑坡圈椅；2—后缘壁；3—洼地或弧形裂隙；4—后缘平台；5—滑坡台坎；6—主滑体；7—堆积区；8—前缘；9—滑舌；10—滑动面；11—剪出口；12—滑覆面；13—滑坡体(主滑体+堆积体)；14—滑移带；15—滑覆带；16—后缘反倾平台；17—主滑体；18—堆积体；19—侧缘壁；20—原地面。

图 4-9　滑坡要素图

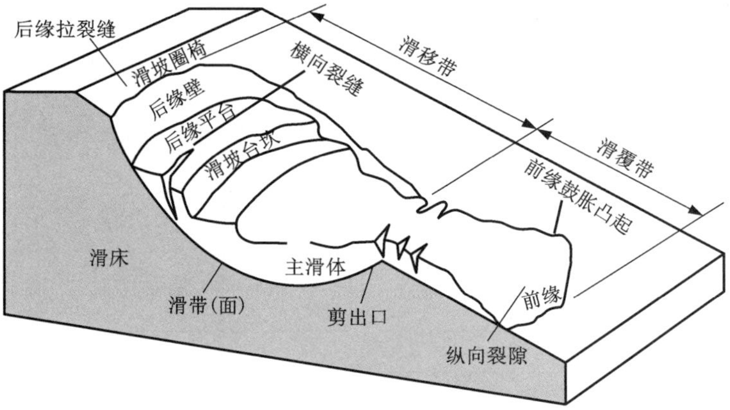

图 4-10 典型滑坡要素图

3)滑坡工程地质调查内容

(1)观察描述滑坡所处的地貌部位、斜坡移动类型(表 4-38)、沟谷发育情况、河岸冲刷情况、堆积物和地表水的汇聚情况，以确定滑坡产生的年代、发展和稳定情况。

表 4-38 斜坡移动分类(Varnes，1978)

<table>
<tr><td colspan="3" rowspan="3">移动形式</td><td colspan="3">物质种类</td></tr>
<tr><td rowspan="2">岩质</td><td colspan="2">土质</td></tr>
<tr><td>粗粒为主</td><td>细粒为主</td></tr>
<tr><td colspan="3">崩落</td><td>岩石崩落</td><td>碎屑崩落</td><td>土崩落</td></tr>
<tr><td colspan="3">倾倒</td><td>岩石倾倒</td><td>碎屑倾倒</td><td>土倾倒</td></tr>
<tr><td rowspan="3">滑动</td><td>旋转型</td><td rowspan="2">少数单元</td><td>岩石旋转滑动</td><td>碎屑旋转滑动</td><td>土旋转滑动</td></tr>
<tr><td rowspan="2">平移型</td><td>岩石块体滑动</td><td>碎屑块体滑动</td><td>土块体滑动</td></tr>
<tr><td>多数单元</td><td>岩石滑动</td><td>碎屑滑坡</td><td>土滑坡</td></tr>
<tr><td colspan="3">侧向扩展</td><td>岩石扩展</td><td>碎屑扩展</td><td>土扩展</td></tr>
<tr><td colspan="3" rowspan="2">流动</td><td rowspan="2">岩石流
(深部蠕动)</td><td>碎屑流</td><td>土流</td></tr>
<tr><td colspan="2">土蠕变</td></tr>
<tr><td colspan="3">复合移动</td><td colspan="3">两个或以上主要滑动类型组合形式</td></tr>
</table>

注：国际工程地质协会滑坡委员会目前普遍采用了瓦恩斯(Varnes)的斜坡移动分类作为国际标准方案。瓦恩斯根据运动形式，将斜坡划分为 6 大类型，再根据物质种类细分为 22 亚类型。瓦恩斯的分类完全可以进一步概括为崩塌、滑坡、碎屑流 3 大类型，并可能出现复合型移动。在现场调查中，崩落和倾倒都呈自由落体，可合并为一大类，统称崩塌。侧向扩展是由于上覆岩体在下部软层的塑性变形或流变下，逐渐平移滑落和倾倒剥蚀后退，实质上还是一种滑动类型，从稳定性评价上，可以概化为抗滑为主，兼有抗倾的模式，因此，可以划归为滑动类型。

(2)查明滑坡体及其外围的地层岩性组成，并进行对比，特别应查明与滑坡形成有关的基岩软弱夹层的分布及其水理、物理和力学性质特征；岩石风化特征，各风化带及风化夹层的分布情况；覆盖层的成因、岩性及其中软塑黏土夹层的空间分布位置、富水程度及密实程度等。

(3)选定标准岩层，进行滑坡体与其外围同一地层的层位对比，确定滑坡的位移距离。当为顺层滑坡时，则利用具有较明显特点的后缘与两侧岩、土体组合进行对比。

(4)查明滑坡体及其外围的岩层产状、拉裂后壁、裂缝位置及其性状的变化，滑坡产生与岩层产状、断层分布、断层带特征及裂隙特征的关系，堆积层与基岩接触面的坡度、性状及其与滑坡的关系。

(5)查明斜坡地段地下水的补给、径流、排泄条件，含水层、隔水层的分布及遭受滑坡破坏的情况，地下水位及泉水的出露位置、动态变化情况。

(6)详细观察滑坡体特征。在滑坡调查中，必须重视访问群众的工作。对较新和仍有活动的滑坡的历史和动态，当地居民常能提供宝贵材料；对工程滑坡的发生、发展情况，施工人员常能提供详细情况，具体根据表 4-39 开展调查。

表 4-39　滑坡体特征描述

滑坡体特征	描述内容
边界特征	后缘滑坡壁的位置、产状、高度及其壁面上擦痕方向； 滑坡两侧界线的位置与性状(如果滑坡体与两侧围岩的界线为突变式，要观察和测定裂面产状、擦痕方向及其与层面、构造断裂面的关系，若滑坡体与两侧围岩的界线为渐变式拖曳变形带，则要观察和测定拖曳褶皱及羽状裂隙的产状、分布及所造成的两侧岩体位移情况)； 前缘出露位置及剪出情况； 露头上滑坡床的性状特征等
表部特征	滑坡微地貌形态，台坎、裂缝的产状、分布及地物变形情况
内部特征	滑坡体内的岩体结构、岩性组成、松动破碎情况及含泥、含水情况
活动特征	滑坡发生时间，目前的发展特点及其与降雨、地震、洪水和工程建筑活动之间的关系

4)滑坡现场识别标志

滑坡现场调查常见的识别标志见表 4-40。

因此，滑坡外貌及其内部结构构造标志应是滑坡作用的统一产物。其外貌常可反映实质。然而，经过长期的剥蚀破坏后，滑坡外貌特征常遭到改变乃至消失，有时还伴有其他成因的假象，给调查研究工作造成了困难。

识别滑坡多从地貌着手，进而观察、研究岩土体结构构造和水文地质特征，其核心问题是鉴别、确定滑动面(带)和滑坡床，甚至是多个滑动面(带)。

表 4-40 滑坡现场识别标志

<table>
<tr><th>识别标志</th><th>具体表现形式</th><th>实例图</th></tr>
<tr><td rowspan="5">地形地物</td><td>在山体斜坡地带，滑坡区常形成圈椅状地形和槽谷状地形，或造成斜坡上出现异常的台坎及斜坡坡脚“侵占”河床、耕地、房屋场地、道路边缘等现象</td><td>
滑坡圈椅状地形</td></tr>
<tr><td>在滑坡体上，常有鼻状凸丘或多级平台。平台的高程和特征与外围河流阶地不同</td><td>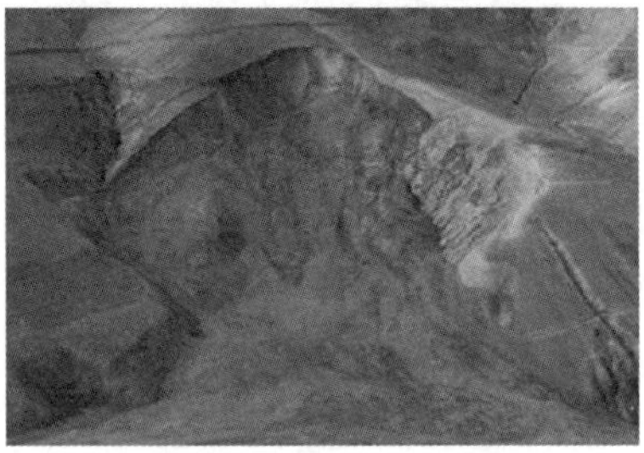
圈椅地形及滑坡体下部鼻状凸丘</td></tr>
<tr><td>在滑坡体外两侧，常形成沟谷，常有双沟同源现象。可见到线形地物（如道路、耕地边界等）被错断位移的现象</td><td>
双沟同源</td></tr>
<tr><td rowspan="2">在滑坡体上，常有积水洼地、地面裂缝、“醉汉林”“马刀树”和房屋开裂、倾斜、沉陷、隆起、冒水等现象</td><td>
“醉汉林”</td></tr>
<tr><td>
“马刀树”</td></tr>
</table>

续表4-40

识别标志	具体表现形式	实例图
岩土体结构构造	滑坡体范围内的岩土体常有扰乱、松动、挤压揉皱、受水浸润、擦痕等现象。基岩的层位、产状和断层特征与外围不一致，常有被泥土、石屑充填或未被充填的张性裂缝、张扭性裂缝(两侧边缘)及压性裂缝。土体趋向松散，其层序正常或倒置，倾向异常，普遍出现小型坍滑现象	 浅井中揭露的裂缝
水文地质	滑坡区内含水层的原有状况(含水层位、水位、泉水流量等)常被破坏，致使滑坡体特别是滑坡群成为复杂的水文地质综合体。在具有隔水作用的滑动面(带)的前缘(出露点)常有成排、成群的泉水溢出。在滑坡体后缘的断壁上，常有泉水出露或渗水现象。有时，在滑坡体两侧或前缘，会形成特殊的“泥球”现象	 滑坡体中后部水塘  浅井滑面渗水
滑坡边界及滑坡床	滑坡后缘断壁上带有顺层擦痕。滑坡前缘土体常被挤出或呈舌状凸起，常伴有揉皱、褶曲或断裂(非构造)现象。在滑动的岩土体周边两侧，常有沟或裂面(或张扭性羽状裂缝带)，甚至线状地物被剪断等现象	 露天矿坑滑坡后缘裂缝
	滑坡床常具塑性变形带。带内多由黏粒物质或黏粒夹磨光角砾组成。滑动面一般很光滑。其上擦痕方向与滑动方向一致。应注意滑坡擦痕的这种单层性特征(即只有表面层才具有)，据此可与构造成因的叠成性擦痕相区别	 探井中揭露的滑面

5）滑坡分类与特征

滑坡可根据滑坡体物质组成、滑动体厚度、滑体体积、滑坡形成原因及滑动性质等按表 4-41 进行分类。

表 4-41 滑坡分类及特征表

依 据	分类名称		特 征
物质组成	土体滑坡	堆积层滑坡	由坡积、洪积、崩滑堆积等形成的碎块石堆积体沿下伏基岩或体内滑动
		黄土滑坡	不同时期的黄土层内部或沿其下伏岩土层接触面发生的滑坡
		黏性土滑坡	黏性土层内部或沿其下伏岩土层接触面滑动的滑坡
	岩体滑坡		发生在各类岩体中的滑坡
滑动面与岩层层面的关系	均质岩土滑坡		发生在无明显层理的土层或基岩风化层中，滑动面常呈弧形
	顺层滑坡		沿岩层层面、不整合面及坡积体与基岩交界面等滑动
	切层滑坡		滑动面与岩层层面相切，常沿倾向与山坡坡向相同的一组断裂面发生。滑坡床多呈折线状。多分布在逆倾向或陡倾斜岩层的山坡上
滑动体厚度	浅层滑坡		滑坡体厚度在 10 m 以内
	中层滑坡		滑坡体厚度为 10~30 m
	深层滑坡		滑坡体厚度超过 30 m
动力成因	自然滑坡		由地震、降雨、侵蚀、崩坡积加载等自然作用产生的滑坡
	工程滑坡		由工程开挖、堆土或建筑物加载、爆破振动、水库蓄水、渠道渗水等所形成的滑坡
滑动作用的起动方式	推移式滑坡		上部岩层滑动挤压下部产生变形，滑动速度较快，滑体表面波状起伏，多见于有堆积物分布的斜坡地段
	牵引式滑坡		下部先滑，使上部失去支撑而变形滑动，一般速度较慢，多具上小下大的塔式外貌，横向张性裂隙发育，表面多呈阶梯状或陡坎状
发生年代	新滑坡		全新世或有人文记载以来发生的滑坡
	古滑坡		全新世或有人文记载以前发生的滑坡
	古滑坡复活		久已存在的较稳定的古滑坡，由于自然条件变化或工程活动，引起复活
发生后稳定性	活滑坡		近期仍有滑动的滑坡。后壁及两侧有新鲜擦痕，滑体内有较新的开裂、鼓起或前缘挤出等变形迹象
	死滑坡		发生后已停止发展，一般情况下不可能重新活动，坡体上植被较盛，常有居民点
滑体体积 V/m^3	小型滑坡		$V<10\times10^4$
	中型滑坡		$10\times10^4\leqslant V<100\times10^4$
	大型滑坡		$100\times10^4\leqslant V<1000\times10^4$
	特大型滑坡		$1000\times10^4\leqslant V<10000\times10^4$
	巨型滑坡		$V\geqslant10000\times10^4$

6）防治工程方案论证

根据滑坡勘查评价结论，研究论证滑坡防治的可行性，有针对性地制订滑坡防治工程方案，常用的方法见表 4-42。

表 4-42　矿山工程滑坡防治方法

防治方法	适用条件
避让法	结构复杂，变形剧烈，实施防治工程经济上不合理或技术上难度大的滑坡
地表水或地下水排除法	受地表水入渗或地下水运动影响显著的滑坡
削方减载法	具有推移式或相似变形机制的滑坡，可采用在其后缘削方减载，在其前部堆载反压的措施，即通过改变滑坡外貌形态，达到使滑坡稳定的目的
支挡法	采用挡墙、抗滑桩等被动受力方法，阻挡滑坡的移动
锚固法	采用锚索或锚杆等，强制改变滑坡体内的应力状态，促使滑坡稳定
注浆法	通过钻孔向滑动面或滑动带内注入水泥浆或其他化学浆液，增强抗滑效果

注：鉴于滑坡成分、结构和变形机制的复杂性，实际工作中常选取几种方法配合使用。

4.3.7　危岩与崩塌工程地质调查

陡峻或极陡斜坡上，某些大块或巨块岩体，突然完全脱离母体而崩落或滑落，顺山坡翻滚、跳跃、坠落，最后堆于坡脚的移动现象与过程称为崩塌。规模极大的崩塌可称为山崩，而仅有个别巨石的崩塌则称为坠石。崩塌常威胁交通运输线路或矿山地面设施等的安全。

危岩是正在开裂变形，并可能发生崩塌的危险山体。

1）危岩与崩塌产生的条件

斜坡岩体平衡稳定的破坏是形成危岩而产生崩塌的基本原因。引起此平衡破坏的主要力是重力的分力——剪应力，以及临时起作用的裂隙中的静水压力或某种振动。产生崩塌的具体条件：

①有坚硬岩石形成的陡崖或陡坡。地壳的剧烈上升可使流水侵蚀加强，更易于形成陡峻地形，对崩塌的产生也是一个间接影响因素。

②岩石中存在稀疏分布的裂隙，且裂隙面产状向临空面倾斜，或两组裂隙的组合交线向临空面倾斜。松软或裂隙发育的岩体反而不产生崩塌，只产生危害不大的剥落现象。

③暴雨、地震、爆破或岩石裂隙中雪水冻结的胀裂作用等，往往是产生崩塌的诱因。坡脚的人工挖掘活动也可以是产生崩塌的诱因之一，故人工边坡也常发生崩塌现象。

2）危岩与崩塌工程地质调查的目的与任务

目的：查明区内重大崩塌-危岩体灾害，为矿山经济发展规划、灾害监测预报、减灾防灾、防治工程可行性研究等提供可靠的依据。

任务：调查崩塌区内自然地理、自然地质环境和人为地质环境；查明崩塌灾害体的地质要素、灾害要素、监测和防治要素。

3)危岩与崩塌工程地质调查的内容

(1)查明崩塌体的地质结构，包括地层岩性、地形地貌、地质构造、岩土体结构类型、斜坡结构类型及它们对崩塌作用的控制和影响。岩土体结构应重点记录描述软弱夹层、断层、褶曲、裂隙、裂缝、岩溶、采空区、临空面、侧边界、底界(崩、滑带)等，在此基础上确定填图单位。

①崩塌-危岩体内的软岩及层间错动带，如顺层结构面，往往控制了裂缝的发育深度和变形及顺层滑动等，应查明其产状、岩性、厚度、地表出露、起伏差、爬坡角、内部结构、构造、风化、软化、泥化、擦痕及变形等特征，根据软层的厚度、分布、重要性进行软层分级。

②当崩塌-危岩体岩溶发育时，应查明岩溶形态的类型、产出位置、个体形态、规模、发育规律、形成原因及与地表水、地下水的联系。应重点查明垂向岩溶与水平层状岩溶，查明岩溶与崩塌的关系，查明体积岩溶率，根据岩溶的分布高程，进行岩溶与地文期的相关分析。垂向岩溶可能构成崩塌体的侧边界，底部近水平状岩溶可能构成底界产生陷落挤出式崩塌。崩塌体内部的溶洞、溶蚀裂缝，会给防治工程施工带来一定影响。

③对于洞掘型崩塌，应查明崩塌危岩体陡崖下采空区的面积、采高、分布范围、开采时间、开采工艺、矿柱和保留条带的分布、地压控制与管理办法、空区顶底板岩性结构、空区处理办法、空区地压显示与变形时间、空区地压现象(底鼓、冒顶、片帮、鼓帮、开裂、压碎、支架位移破坏等)、空区地压监测数据、空区与地表开裂缝的时间、空间与强度对应关系，查明采矿对崩塌的作用和影响。

④查明裂缝的产状、地表宽度、长度、地表展布形态、发育深度、尖灭层位、壁面特征、溶蚀情况、缝内充填情况、两壁相对位错情况、在临空面上发育形态，与构造、裂隙、岩溶、卸荷、冲蚀、爆破、开挖、采空的关系，分析裂缝的成因及裂缝间的关系，进行裂缝分组。

重视隐伏裂缝的探查。隐伏裂缝大体有两类：一类是被覆盖层掩埋；另一类是在下部岩体中发育但未延伸至地表。对于洞掘型崩塌、压致拉裂型滑崩，后一类隐伏裂缝较为常见。

查明裂缝发育规律，注意卸荷裂缝与洞掘型裂缝的区别。后者的主裂缝在时空上与采空区有明显的对应关系。

依据裂缝发育的规模、深度、对崩塌体边界的控制作用及对稳定性的影响程度，进行裂缝级别划分。

(2)边界条件：包括临空面(含先期崩塌的后缘壁构成的临空面)、侧边界和底界(底部崩滑带)等。

(3)崩塌体的水文地质特征：崩塌体的地表入渗及渗流情况，崩塌体内地下水特征、地下水水质及侵蚀性。

(4)先期崩塌的运移和堆积：先期崩塌运移斜坡的形态、地形、坡度、粗糙度、岩性、起伏差，崩塌块体的运动路线和运动距离；崩积体的分布范围、高程、形态、规模、物质组成、分选情况、块度(必要时需进行块度统计和分区)、结构、架空情况和密实度；崩积床形态、坡度、岩性和物质组成、地层产状；崩积体内地下水的分布和运移条件。评价崩积体自身的稳定性和在崩塌冲击荷载作用下的稳定性，分析在暴雨等条件下向泥石流、滑坡转化的条件和可能性。

(5)未来崩塌灾害成灾条件下可能的运移和堆积：崩塌产生后可能的斜坡运移，需要注重不同崩塌体积条件下崩塌体运动的最大距离；在峡谷区，要重视气垫浮托效应和折射回弹效应的可能性及由此造成的特殊运动特征；崩塌可能到达并堆积的场地形态、坡度、分布、高程、岩性、产状及该场地的最大堆积容量。在不同崩塌体积条件下，崩塌块石越过该堆积场地向下运移的可能性，最大可能崩塌体积的最终堆积场地；划定崩塌灾害的成灾范围和危险区，进行灾区内经济损失等灾害损失的调查和灾情预评估。

(6) 崩塌灾害可能派生的灾害类型(如涌浪、断航、冲击形成滑坡、泥石流、破坏水利设施等)和规模，确定其成灾范围，进行灾情预评估。

(7) 调查历史上该处崩塌发生的次数、发生时间、崩塌前兆、崩塌方向、崩塌运动距离、堆积场所、崩塌规模、诱发因素、灾情及变形发育史、崩塌发育史等。

(8) 相关环境地质体的调查。

调查崩塌体周边和底界以下的地质体。按其产出位置和地质单元予以分别调查，查明其自身的稳定性，与崩塌体的相互依存、相互作用的关系。

初步选择工程持力岩(土)体，调查持力体的位置、岩性、岩土体结构、自身的稳定性和在工程荷载下的稳定性。

(9) 孕灾因素调查。

分别调查与崩塌有关的孕灾因素(诸如大气降雨、地下水、地表水冲蚀、人工爆破、开挖、地下开采、水渠渗漏和水库作用等)的强度与周期，以及它们对崩塌变形破坏的作用和影响。

(10) 潜在危岩区调查。

具体通过对岩体结构的现场调查统计，判定潜在危岩区。分析结构面(节理、裂隙、层面、断层等)对岩体稳定性的影响评价方法，常采用赤平极射投影法。赤平极射投影法是利用结构面与坡面在赤平极射投影图中的方位和相互间的角距关系，初步判断岩体所在位置的稳定性。例如某场区节理、裂隙现场调查情况，主要节理产状：330°∠76°，张开状，3～5 条/m；180°∠73°，微张状，部分方解石脉充填，2~4 条/m；300°∠80°，闭合状，1~2 条/m；25°∠8°，微张状，方解石脉充填，2~4 条/m。场区岩体节理走向玫瑰花图见图 4-11。

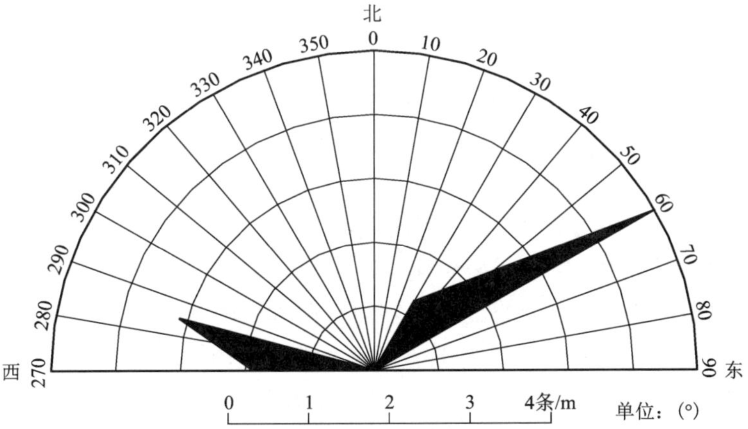

图 4-11　场区岩体节理走向玫瑰花图

根据现场实测节理、裂隙情况，绘制该场区赤平投影图(图 4-12)，根据场区赤平投影图分析，基岩节理裂隙发育，基岩节理裂隙①、②、③对稳定性存在一定影响，为潜在危岩区，应采取合理措施加强支护和监测工作。

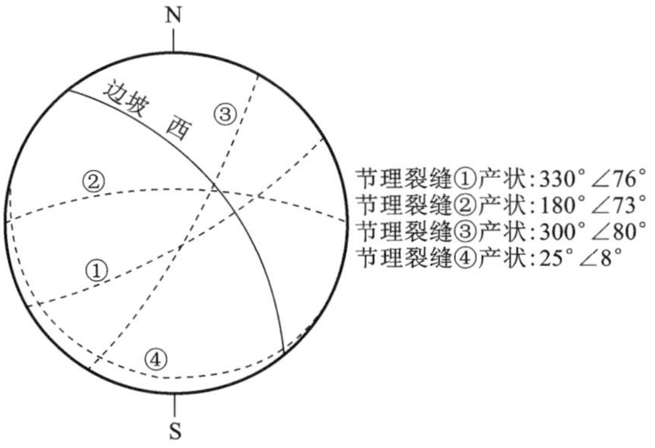

图 4-12 场区岩体节理赤平投影图

在以上调查的基础上，还应通过综合分析，预测崩塌危险程度不同地段的分布，并对危险地段可能产生崩塌的规模及危险性作出评价。

4.3.8 矿区构造应力场调查

地壳中天然应力状态取决于某一地区的地质条件和所经历的地质演化史。天然应力状态对工程岩体的稳定性影响很大，尤其在高应力岩体中，地表或地下工程施工会引起岩体卸荷回弹、应力释放变形，甚至破坏岩体，使工程地质条件恶化。例如坑道底部隆起、边帮爆裂、边帮围岩向临空面的水平位移或沿已有近水平的结构面产生剪切错动等。

矿区构造应力场调查分析主要有两方面，一是地壳运动保留在岩体中的残余构造应力，二是现代正在积累的构造应力。调查研究的内容有下列几方面：

(1)查明矿区所处区域地质特征、地质演化历史、所属大地构造单元，并分析区域构造形迹特点(图 4-13)以进行构造体系配套。

如图 4-13 所示，剖面上主要发育 2 条断层，其中断层 F_1 表现为新近系砾石岩(层②)逆冲到第四系灰白色砂砾夹层(层④)之上，断层产状为 N18°E/NW∠65°；断层 F_2 表现为二叠系峨眉山玄武岩(层①)逆冲到新近系砾石层之上(层②)，断层产状为 N42°E/NW∠43°，断层带附近砾石呈定向排列。F_1 和 F_2 均未断错层⑤。

(2)研究矿区及其外围构造应力场演化、现代地应力的基本特征，并以构造体系特点进行地质力学分析，得出构造应力场的主应力方向；也可应用断层错动机制的赤平极射投影法和地震震源机制进行分析。如果矿区及其外围有新生代以来的断层，尤其是活断层，以其解析出的最新构造应力场，通常能代表该区现代应力场的基本情况。

(3)查清矿区内应力集中的可能部位。例如，工程岩体中与最大主应力呈 30°~40°交角的断裂，尤其是这类方向的雁行式或断续式排列的断裂组是应力集中部位。在构造活动区内，这类断层最易发展为活动性断裂，在其端点、拐点、分支点或与其他方向断裂的交会点，即对断裂活动起阻碍作用的地方，均是应力高度集中的部位。

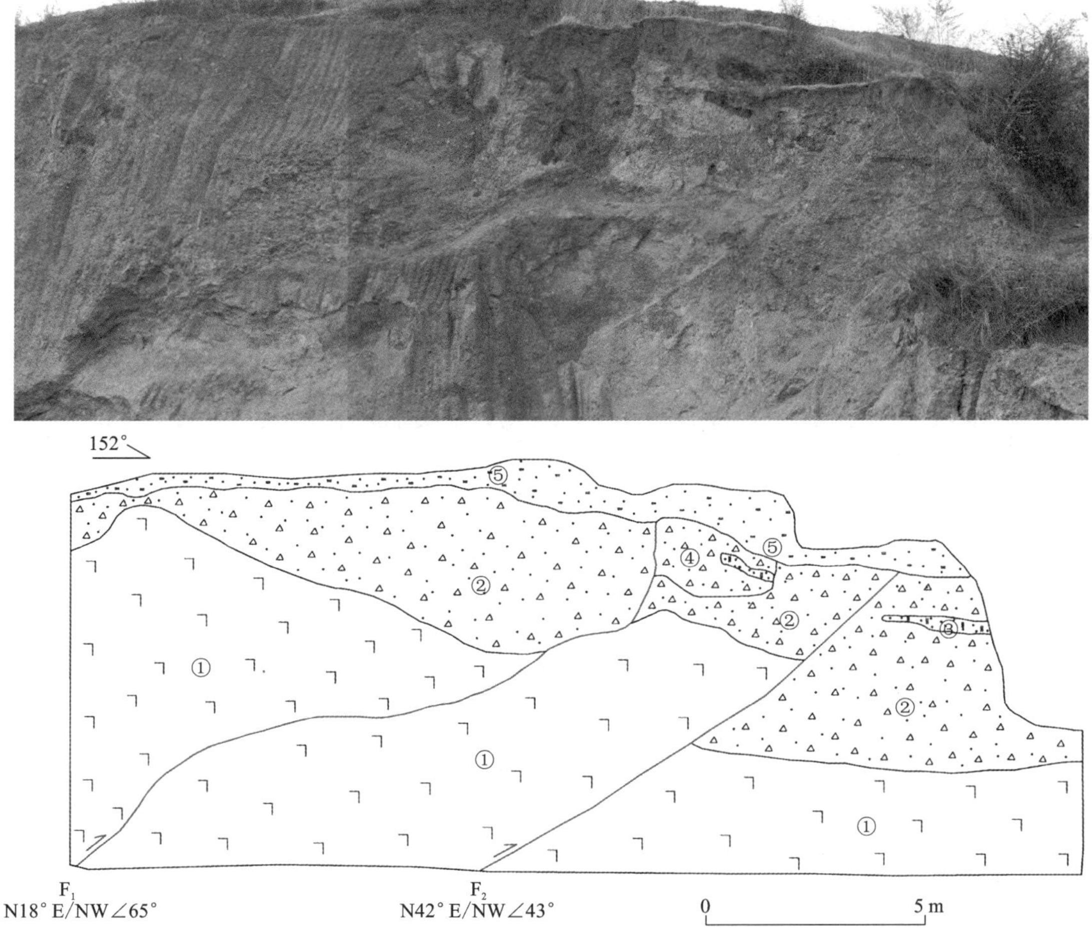

①二叠系峨眉山玄武岩；②新近系砾石层；③褐色砂土夹层；④灰白色砂砾石夹层；⑤褐色砂土层。

图 4-13　区域构造痕迹图(图镜向 N)及断裂剖面

扫一扫，看彩图

(4)研究矿区内岩体自然应力积累条件和程度。应先查明矿区内各地质时期及当代地壳隆起的速度和幅度，通常是以矿区内主要河流各阶地的绝对年龄及测得的它们之间的相对高程而取得。然后以这些资料结合区内岩体应变速率的变化趋势及各地史时期的断裂活动情况，总体判断当前区内岩体应力积累条件和程度。

(5)查明矿区高应力地段的地质标志的发育情况及其空间分布，例如地下井巷和采场开挖工作面产生岩爆、钻孔所取岩芯呈应力饼状及正在强烈变形破坏的地段。

(6)量测岩体内原始应力。常用量测方法有三种：应力解除法、应力恢复法和水力压裂法。

由于地壳应力状态的复杂性，上述单一分析方法是难以奏效的，应进行综合分析，即以矿区乃至区域地质背景为基础，结合不同地段的地质构造、地层分布、微地貌特点及工程变形破坏特点进行综合分析，并辅以必要的模拟试验和现场测量工作，将微观定量资料和宏观定性资料进行对比，才能得出较为符合实际的结论。

4.3.9 岩堆移动工程地质调查

山坡及陡崖上的岩石经过强烈风化作用和受构造变动的影响分解为大小不一的岩屑，脱离母体，由于重力作用在山坡上失去稳定向下滑动、滚动和碎落，这些碎屑物依其自然安息角堆积于陡坡或山麓即为天然岩堆。在矿山生产过程中所堆积的废石堆则称为人工岩堆。被岩堆所覆盖的基底称岩堆床。无论是天然岩堆还是人工岩堆，它们在一定条件下都会发生移动。大规模的移动往往是岩堆沿岩堆床面的滑动，并伴随有岩堆上松散岩土的向下滑落、滚落或垮落。岩堆移动可毁坏地表建筑及公路、铁路等设施，是矿山常见工程地质灾害之一。

岩堆的存在可助长泥石流的危害，但岩堆移动并不属于源流现象。

4.3.9.1 产生岩堆移动的条件

(1)岩堆床面的形态及产状：岩堆床面较平整且其倾角大于40°时易产生移动。

(2)地下水条件：岩堆中的地下水为土壤中水和潜水，前者只使岩堆湿润，而后者如在岩堆中大量汇集，则可能成为促成岩堆移动的因素之一。暴雨时雨水大量渗入岩堆，可成为岩堆移动的诱因之一。

(3)岩堆的形态及物质组成：高而陡的岩堆易产生移动。岩堆中的物质组成，特别是岩堆底部的物质组成，也与岩堆稳定有关。泥砂和黏土较之碎石更不利于岩堆的稳定。

(4)动荷载条件：地震、人工爆破或岩堆顶部的推土机或翻斗车作业等，亦可触发岩堆的移动。

4.3.9.2 岩堆移动工程地质调查

(1)岩堆的形态及体积大小。

(2)岩堆的岩土组成及粒径，特别注意其中有无易于风化成黏土的岩土(如凝灰岩、黏土页岩等的碎屑等)。

(3)岩堆中潜水的补给、排泄条件，如补给量大而排泄条件差，则易引起移动。

(4)岩堆床面的形态。对于人工岩堆，可查阅堆放前的大比例尺地形地质图以了解其形态；对于天然岩堆，则只能通过岩堆周围的地形、地质条件加以推测。对于可能有巨大危害的大岩堆，宜布置若干工程钻以探查岩堆床面的形态及其上岩堆的物质组成。

在上述调查的基础上，应编绘岩堆的平面分布图和纵横剖面图，并对其稳定性作出评价。对于有移动危险的岩堆，除了要停止在其上排放岩土外，还要采取某些防排水和避免或减轻动荷载的措施。

4.3.10 流砂工程地质特征调查

在矿山建设、生产及其他采掘过程中，时有揭露饱和的砂土，可能导致其流动，这种现象称为流砂。流砂现象多发生在颗粒级配均匀的饱和细、粉砂和粉土层中。它一般是突发性的，对工程危害极大。因此，调查矿区内是否存在产生流砂的条件及影响因素的饱和砂土层，并查明其埋藏条件、厚度及在水平和垂直方向上的分布情况，是流砂工程地质调查的重要内容。

4.3.10.1 流砂产生的条件

流砂现象的产生不仅取决于渗流力的大小，还与土的颗粒级配、密度及透水性等条件相关，因此流砂现象产生需要具备以下条件：

(1)物质基础：存在一定厚度的细、粉砂层，且土的空隙率较大，颗粒组成中土粒含量低。

(2)渗流力：地下水在土体中流动时，由于受到土粒的阻力而引起水头损失，水流经过时必定对土颗粒施加一种渗流作用力。在向上的渗流力作用下，土颗粒间有效应力为零时，即动水压力大于颗粒的自重时，土粒悬浮失去稳定变成流动状态。

当采矿工程或其他的开挖作业产生临空面，为其提供了流动的空间，遇到饱和砂土时，流砂现象将可能产生。

4.3.10.2 调查流砂的影响因素

(1)流砂的埋藏条件、厚度及流砂在水平和垂直方向上分布的变化。

(2)流砂的物质成分、结构和物理性质，如砂土的矿物成分、粒径和孔隙度等。一般含云母和绿泥石片较多的砂土和含有一定量黏土矿物的砂土易产生流动；粒径为 0.05～0.25 mm、孔隙度较大的砂土，易形成流砂。

(3)水文地质条件：地下水的渗透压力是影响流砂的重要因素。地下工程施工中，应在查明水文地质条件的基础上，弄清渗透压力的变化情况，必要时应采取原状砂土样测定其临界渗透梯度。地下水排水条件良好的地段，有利于孔隙水压力的消散，可减少形成流砂的可能性。

(4)流砂动荷载条件：地震、工程施工所产生的动荷载等亦可触发流砂的溃决，在调查中亦应顾及。

4.3.10.3 流砂的防治

(1)减小或消除水头差，如采用基坑外的井点降水法降低地下水位，或采取水下挖掘。

(2)增长渗流路径，如打板桩。

(3)在向上渗流出口处，可用透水材料覆盖压重以平衡渗流力。

(4)土层加固处理，如冻结法、注浆法等。

4.4 工程地质工作评价

4.4.1 工程地质工作基本要求

矿床由地质勘查转入开发建设，其勘查程度一般应到达勘探阶段的要求，金属矿床勘探阶段工程地质勘查的基本要求为：

(1)研究矿区地层岩性、厚度及分布规律，划分岩(土)体的工程地质岩组，查明对矿床开采不利的软弱岩组的性质、产状与分布。

(2)详细查明矿区所处构造部位，主要构造线方向，各级结构面的分布、产状、形态、张开度、充填胶结特征、规模、充水情况及其组合关系与力学效应，确定结构面的级别及主要不良优势结构面，指出其对矿床开采的影响。对活动构造区，应查明活动断裂对矿床开采的影响。划分和圈定易产生岩爆的岩体层位、地段位置，提出预防措施。

(3)详细查明矿体及围岩的岩体结构、岩体质量，对岩体质量及其稳定性作出评价，针对露天采场，应对边坡稳定性提出评价意见。对活动构造区应查明活动断裂对矿床开采的影响。

(4)在查明地形地貌、地层、构造、水文地质条件的基础上，进行工程地质分区，详细论述各分区的工程地质特征。

(5)对于可溶岩类矿床，应详细查明岩溶发育主要层位、深度、发育程度和主要特征、充水情况、充填情况、连通性及表部覆盖层的厚度、岩性、结构特征；对多层可溶性岩层，应对各可溶性岩层对矿床开采的影响作出初步评价。膨胀岩类矿床应详细查明膨胀岩(土)体的种类、物理化学性质、所在地貌单元及地下水的状况。

(6)详细查明岩体的风化程度、风化带厚度、风化带界面及标高、强风化带的物理力学性质。对强蚀变矿区，应确定主要蚀变作用，圈定蚀变范围。

(7)系统、完整地测定露采和井采影响范围内各种岩石(土)及主要软弱结构面的物理力学参数。

(8)对于矿层及其围岩含黏土的矿区，查明黏土的矿物成分、分布、厚度及其变化。

(9)对于多年冻土区，还需查明冻土类型、分布范围、温度(地温)、含冰量，测定多年冻土最大融化深度，季融层及覆盖层剥离后多年冻土融化速度、冻胀率、冻土层的上(下)限，确定冻土的变形特征。

(10)对于扩大延深勘探矿区，应详细调查矿床开采中已发生的各种工程地质问题，查明其产生的条件和原因，针对扩大延深可能产生的工程地质问题进行相应评价。

(11)在高地应力矿区应专门进行地应力测量，确定现今地应力场分布特征。

4.4.2 工程布置和工程量

(1)勘查工程布置原则：

①勘查工程应能控制采矿工程可能影响的范围。

②已确定开采方式的矿区，勘查工程的布置应结合开采方式确定。

③井下开采矿区的主要工作量应放在首采地区(段)，兼顾深部。根据工程地质条件复杂程度，沿矿体走向和倾向以工程地质剖面控制。

④应重视地表工程地质测绘和地质孔的岩芯编录等基础工作，结合采矿工程需要，布置工程地质勘查剖面。工程地质钻孔应与地质、水文地质孔相结合，一孔多用。

⑤露天开采矿区，边坡勘查的重点是首采区开采地段的长久帮和边帮，以勘查剖面进行控制。

⑥剥离物强度勘查重点是首期开采地段，同时对全区作适当控制。

⑦应重视开采引起的地裂缝调查，结合水准测量确定地面塌陷范围及其沉降值，对仍处于变化期间的地裂缝应设置长期变形监测点。

(2)工程地质勘查工程量应结合矿山实际情况和现行规程规范确定，《矿区水文地质工程地质勘查规范》(GB/T 12719—2021)对勘查阶段工程地质的工作量要求见表4-43；《有色金属矿山水文地质勘探规范》(GB 51060—2014)对地下开采矿床工程地质勘探工作量的要求见表4-44，露天开采矿床工程地质勘探工作量要求见表4-45。

表 4-43　矿区工程地质勘查工程量表

项　目	阶段	工程地质条件复杂程度		
		简单型	中等型	复杂型
矿区工程地质测绘比例尺	详查	1 : 50000~1 : 10000		
	勘探	1 : 10000~1 : 2000		
钻孔工程地质编录占地质孔数/%	详查	5~10	10~15	15~20
	勘探	10~20	20~30	30~50
工程地质钻孔	详查、勘探	一般不布置		根据需要布置
工程地质剖面/条	详查	—	1~2	2~3
	勘探	0~1	2~3	3~5
室内岩(土)样	详查、勘探	不同工程地质岩组应分层取样，井工开采主要可采矿床控制顶板 30 m、底板 20 m 及井巷围岩位置，露天采场控制坑底 30~50 m。取样数：每种岩石不少于 3 组，每组岩块数按试验目的确定		

注：每条勘查剖面由 2~5 个工程地质孔或具有工程地质编录的地质孔、水文地质孔组成。

表 4-44　地下开采矿床工程地质勘探工程量表

项　目		工程地质条件复杂程度		
		简单型	中等型	复杂型
工程地质测绘比例尺		1 : 5000~1 : 2000		
钻孔工程地质编录	占地质孔数/%	10~20	20~30	30~50
	工程地质孔	全部工程地质孔		
工程地质剖面		1~3 条，且剖面线间距不大于 500 m	3~5 条，且剖面线间距不大于 400 m	5~8 条，且剖面线间距不大于 300 m
工程地质钻孔		宜利用地质孔、水文地质孔进行编录和取样	每条剖面应有 1~3 个	每条剖面应有 2~5 个
每条剖面的钻孔数		应由 2~5 个工程地质孔或具有工程地质编录的地质孔、水文地质孔组成		
工程地质钻孔深度		应控制为矿体底板或拟定开采标高以下 30~50 m		
波速测试		宜在全部工程地质孔进行		
孔内电视成像		宜根据需要布置	宜在全部工程地质孔进行	
膨胀试验		宜根据需要布置	应为工程地质孔数的 1/4~1/3	
室内岩(土)样		应针对矿体围岩不同工程地质岩组分层取样。取样数：层状岩类、块状岩类及可溶岩类，每种岩石不应少于 6 组；每组岩块数按试验目的确定。松散岩类应按岩性、厚度取样。应控制到坑道底板 20~30 m		

表 4-45 露天开采矿床工程地质勘探工程量表

项目		边坡安全等级		
		Ⅲ	Ⅱ	Ⅰ
工程地质测绘	测绘范围	应包括境界线以外宽 1/2~2/3 边坡高度		
	比例尺	1∶5000~1∶2000		
钻孔工程地质编录		应在全部工程地质孔进行		
工程地质钻探	各工程地质分区剖面条线/条	1~2	2~3	≥3
	剖面上钻孔数/个	3	3~4	4~5
	剖面上钻孔距离/m	100~200	50~100	
	钻孔深度	应为预计最低滑动面以下 20~30 m		
波速测试		应在全部工程地质孔进行		
孔内电视成像		宜根据需要布置	宜在全部工程地质孔进行	
膨胀试验		宜根据需要布置	应为工程地质孔数的 1/4~1/3	
室内岩(土)样		应针对不同工程地质岩组分层取样。取样数：块状岩类及岩溶化岩类，每类岩石不应少于 6 组；层状岩类每种岩石不应少于 6 组，每组岩块数应按试验目的确定；松散岩类应按岩性、厚度取样。软弱结构面(Ⅳ级结构面)应采取原状样进行室内试验 6 组。剥离物强度勘探根据需要确定，总试样数不应少于 6 组		

注：边坡危害等级划分见表 4-50。

4.4.3 勘查工程技术要求

4.4.3.1 工程地质测绘

工程地质测绘范围为采矿工程可能影响的边界外 200~300 m。详查阶段的比例尺为 1∶50000~1∶10000，勘探阶段的比例尺为 1∶10000~1∶2000。测绘内容如下：

(1)划分工程地质岩组，详细调查软弱岩组的性质、产状、分布及其工程地质特征。

(2)调查矿区内软弱夹层及各类结构面的分布、物质组成、胶结程度、结构面的特征及组合关系，并进行分级。

(3)按岩组和不同构造部位进行节理裂隙统计，测量其产状、宽度、密度及延伸长度，编制节理走向或倾向玫瑰花图或极射赤平投影图，确定优势节理裂隙发育方向，划分岩体结构类型。

(4)对矿体主要围岩的风化特征进行研究，划分岩体的强弱风化带。

(5)对自然斜坡和人工边坡进行实地测定，研究边坡坡高、坡面形态与岩体结构的关系；调查各种物理地质现象：在多年冻土区应着重调查冻融区的分布、成因，以及冻胀丘、冰锥、地下冰层、融冻泥石流堆积、热融滑塌、沉陷、沼泽湿地、热融湖塘等的特征与分布，对含连续性冻土的矿床，还应测量冻土层下限深度，并绘制冻土层底板等高线及冻土层等厚线图。

(6)对矿区工程地质条件有影响的地下水露头点、含水岩层与隔水层接触界面特征、构造破碎带的水理性质应进行重点调查。

(7)详细调查生产矿井及相邻矿山的各类工程地质问题；调查露采边坡变形特征、变形类型、形成条件和影响因素，井巷变形破坏特征、支护情况，变形破坏与软弱层、破碎带、节理裂隙发育带等结构面的关系。

4.4.3.2　工程地质编录

(1)钻孔工程地质编录内容包括：岩芯描述、岩芯长度统计，绘制钻孔柱状图；统计节理裂隙；确定钻孔中流砂层、破碎带、裂隙密集带、风化带与软弱夹层、岩溶发育带、蚀变带的位置和深度；按钻进回次测定岩石质量指标(RQD)，确定不同岩组 RQD 值的范围和平均值。

(2)对矿区的勘查坑道应全部进行工程地质编录，工程地质条件简单的矿区可适当减少，有生产坑道时可选择典型坑道进行。编录内容包括：对坑道所揭露的岩层划分岩组，重点观察描述软弱夹层、风化带、构造破碎带、蚀变带、岩溶发育带的特征，分布、产状、溶蚀现象；系统采取岩(矿)石物理力学试验样；统计节理裂隙；详细描述地下水活动对井巷围岩稳定性的影响，确定工程地质问题发生的位置；必要时在坑道变形地段设置工程地质观测点，进行长期观测；测量计算巷道的长度支护率(简称巷道的支护率)，描述巷道支护的方式。

4.4.3.3　工程地质钻探

(1)钻孔应根据工程地质分区，布置在重要边帮部位和主要控制性剖面上。

(2)露采矿区钻探深度宜控制为最终坡脚或坑底以下 30~50 m；井下开采矿区钻探深度控制为矿床主要储量标高以下 30~50 m。

(3)钻孔孔径以满足采取岩、土物理力学试验样和开展必要的孔内测试的规格为准。

(4)要求全部取芯钻进，岩芯采取率根据不同的勘查目的确定。

(5)应进行物探测井，结合钻探地质剖面，确定岩石风化带深度、构造破碎带、岩溶发育带及层间软弱夹层的分布部位。

(6)宜进行钻孔波速测试，获得钻孔中岩体动力参数，确定岩体风化带、构造破碎带、裂隙密集带等的位置和厚度。

(7)宜进行钻孔电视成像探测，查明孔壁岩体不良结构面的发育程度、节理裂隙产状，研究优势结构面的空间分布规律。

(8)工程地质钻探工作结束后，应按设计要求进行封孔处理。

4.4.3.4　工程地质测试与采样

(1)勘查矿区应采集代表性岩、土室内试样，测定其物理力学性质。工程地质条件中等~复杂的矿区，除采集代表性室内试样外，也可应用点荷载仪、便携式剪切仪进行钻孔及野外现场测试。

(2)室内岩(土)样试验项目要求见表 4-46。

(3)岩(土)样采样应满足下列要求：

①井采矿区对一期开拓水平以上矿体及其围岩按不同岩石分别采样；露采矿区应在边坡地段自上而下分组采样。

②块状、层状岩类按不同岩石采样；若松散软弱岩类岩性较均一，厚度大于 10 m，每 10 m 采一组样；若松散软弱岩类岩性不均一，根据岩性结构特征分层采样。

③块状、层状岩类可直接从岩芯采样；松散软弱岩类应利用坑道或山地工程采样，如在钻孔中取样，则应采取专门取芯工具，砂砾石样应保持原级配。

④采样规格与数量可根据实验室的具体要求确定。

表 4-46　室内岩(土)样室内试验项目要求

试验项目		岩、土类别					
		砂质土	黏性土	多年冻土	软岩	较坚硬岩石	坚硬岩石
成分	颗粒成分	+	+	+	+	–	–
	矿物成分	+	+	+	+	+	+
	化学成分	–	+	+	+	+	–
	黏土矿物	–	+	+	+	–	–
物理性质	密度	+	+	+	+	+	+
	容重	+	+	+	+	+	+
	相对密度	+	–	+	–	–	–
	天然含水量	+	+	–	+	+	+
	软化系数	–	–	–	+	+	+
	孔隙度(比)	+	+	–	+	–	–
	界限含水量	–	+	–	–	–	–
	膨胀性(膨胀量、冻胀量)	–	+	+	+	–	–
	耐崩解性指标	–	–	–	+	+	–
	安息角	+	–	+	–	–	–
	吸水率(含水率)	–	–	+	+	+	+
	渗透系数	+	+	–	+	+	+
力学性质	压缩性	+	+	+	+	–	–
	抗压强度(干、湿)	–	–	+	+	+	+
	抗拉强度	–	–	+	–	+	+
	抗剪强度(干、湿)	–	+	+	+	+	+
	弹性模量(干、湿)	–	–	–	+	+	+
	泊松比	–	–	–	–	+	–
	抗冻性	–	–	–	+	+	–
	承载比试验	–	–	–	–	+	+
	拉磨试验	–	–	–	–	+	+

注：水溶浸法开采的盐岩类矿床应进行水溶性试验。露采剥离物强度应进行切割强度试验。“+”表示应做项目，“–”表示不需要做的项目。

4.4.4　综合研究成果资料

矿山经过工程地质测绘、勘察及在基建、生产过程中的工程地质工作和专门性调查研究，应得出下列综合成果资料。

(1) 文字资料：

矿山岩土工程地质特征的研究资料；

岩体结构特征，包括结构面力学特征、岩体的完整性、岩体质量、岩体结构力学效应、工程岩体稳定条件等资料；

矿区内工程地质岩组划分资料，包括工程地质岩组划分的依据、工程地质岩组类型、空间分布情况等；

岩土(体)力学试验参数资料；

矿区内地质构造发育特征，尤其是断裂结构面组数、产状、级别、空间分布的组合特点，以及残余构造应力场特征资料；

矿区内微地形地貌特征、地层发育和分布特征等资料；

矿区水文地质资料，包括地下水类型、水文地质结构类型、水动力特征、涌水量大小及季节影响等资料；

矿区不良地质作用和地质灾害专门性资料。

2) 图件资料：工程地质图件的比例尺、图幅大小、坐标网、图例和矿山常用地质平面图一致。

矿区工程地质平面图：根据用途可分为工程地质综合平面图、工程地质分区段平面图、专门性工程地质平面图等。

矿区工程地质剖面图：图切位置和矿山勘查线剖面图可一致，剖面图数量依矿区工程地质复杂程度而定；工程地质剖面图一般为横剖面图，也有沿某一主体工程轴线作的纵剖面图，剖面图上要求划分出工程地质区段、岩组。

实测工程地质剖面图：在重要工程地段或工程地质条件复杂地段，一般要求作实测剖面图，比例尺较大，常采用 1/500~1/100，要求在图上反映出不同等级结构面及其空间组合关系、岩体结构类型、不良工程地质条件地段。

其他图件：工程岩体内应力分布图、位移矢量图、赤平极射投影图、实体比例投影图、节理频度变化曲线图等。

4.4.5　工程地质工作评价内容

矿床工程地质工作评价的目的是确定矿床工程地质工作程度，分析评价工程地质勘查成果是否满足矿床开发设计和矿山建设及生产的需要，对存在的主要工程地质问题是否需要进行补充勘察给出建议。

矿床工程地质工作评价一般应从下述方面开展：

①工程地质工作部署、控制范围与深度合规性；

②工作方法与手段合理性和有效性，应能有效揭露矿山存在的工程地质问题；

③工程施工的质量是否符合技术要求；

④取样和测试的代表性，取得的岩土参数应能满足工程地质问题防治设计需要；

⑤不良地质作用和工程地质问题的查明程度；
⑥工程地质岩组划分和工程地质分区的合理性，及其分析评价的合理性；
⑦成果资料的完整性，文、图、表是否齐全，能否反映矿区工程地质条件；
⑧结论的正确性和建议的合理性；
⑨分析评价工程地质工作存在的问题，是否存在影响项目建设的重大工程地质问题。

4.5 井巷工程勘查

井巷工程是指为开采矿产，在地下开凿各类竖向、斜向或水平的通道和硐室的工程。进行勘察时，应由设计单位提出竖井工程岩土工程勘察任务书(表 4-47)。

表 4-47 竖井工程岩土工程勘察任务书

<table>
<tr><td colspan="2">建设单位</td><td colspan="6"></td></tr>
<tr><td colspan="2">工程名称</td><td colspan="6"></td></tr>
<tr><td colspan="2">随任务书附资料</td><td colspan="6">图纸： 张 份； 附件： 页 份</td></tr>
<tr><td colspan="2">提交资料日期</td><td colspan="3"></td><td colspan="2">提交资料份数</td><td>份</td></tr>
<tr><td rowspan="4">工程概况</td><td colspan="2">井口位置</td><td colspan="5">坐标： $X=$ $Y=$</td></tr>
<tr><td colspan="2">井口高程/m</td><td></td><td>井底高程/m</td><td colspan="3"></td></tr>
<tr><td colspan="2">井筒尺寸/m</td><td></td><td>井壁厚度/m</td><td></td><td>井壁材料</td><td></td></tr>
<tr><td colspan="2">井架(塔)高度/m</td><td></td><td>井架(塔)基础形式及尺寸</td><td></td><td>井架(塔)基础底面压力/kN</td><td></td></tr>
<tr><td colspan="3">拟采用的施工方法</td><td colspan="5"></td></tr>
<tr><td colspan="2">勘察技术要求</td><td colspan="6"></td></tr>
<tr><td colspan="3">建设单位：(盖章)</td><td colspan="2"></td><td colspan="2">设计单位：(盖章)</td><td></td></tr>
<tr><td colspan="3">联系人：(签字)</td><td colspan="2"></td><td colspan="2">设计负责人：(签字)</td><td></td></tr>
<tr><td colspan="3">电话：</td><td colspan="2"></td><td colspan="2">电话：</td><td></td></tr>
</table>

4.5.1 勘查钻孔布置

井巷工程的工程地质资料一般可通过工程地质检查钻孔的手段取得，对工程位置的地质和水文地质条件进行检查和验证，一是为工程支护设计提供依据，二是为确定施工方法和施工工艺提供依据，三是为井巷掘进中防治水提供依据。对于已有勘探资料表明地质条件简单和不通过含水冲积层的井筒，符合下列两个条件之一者，可不施工工程地质钻孔：

①在竖井井筒周围 25 m 范围内有勘查钻孔，并有符合勘查钻孔要求的工程地质和水文地质资料。

②矿区已有生产矿井，掌握新设计井筒穿过岩层的物理力学性质、水文地质条件及其变化规律，并经专业评审和业主确认。

井巷工程勘查钻孔布置及数量要求如下。

(1)竖井工程。

在特殊情况下(存在地下有害气体或特大地下水及拟采用的施工工艺等)，钻孔不应布置在井筒中心，在井筒外布置勘查钻孔时也不应距井筒中心太近或太远。太近时，若钻孔封堵不严，可能对井筒的施工造成不良影响；太远时，钻孔又难以准确反映竖井的工程地质和水文地质条件。因此在井筒外围布置勘查点时，一般距井筒中心 10~25 m 布置一个勘查钻孔。

水文地质条件复杂，即指钻孔单位涌水量 $q>1$L/(s·m)，井巷工程围岩直接接触充水空间、涌水量大的含水层；或者不直接接触，但隔水层强度不足以抵抗含水层静水压力，地质构造复杂，断层及破碎带导水，地下水与地表有水力联系。在这样的水文地质条件下，竖井检查钻孔位置和数量的确定应与生产、地质勘查及设计部门共同研究确定。

两条竖井相距不大于 50 m 时，可在两井筒中间布置勘查钻孔。

专为探测溶洞或施工特殊要求的勘查钻孔，可布置在井筒圆周范围内。拟采用冻结法施工的井筒，勘查钻孔不得布置在井筒范围内。

在任何情况下，勘查钻孔不应布置在井底车场巷道的上方。

(2)斜井工程。

工程、水文地质条件复杂的斜井工程应开展工程地质勘查工作，勘查钻孔应沿斜井轴线方向布置，且数量不宜少于 3 个。

距离不大于 50 m 的两条平行斜井，勘查钻孔应布置在两条井中间的平行线上；当只有一条斜井时，勘查钻孔应布置在距井中心线 10~20 m 的平行线上。

(3)平巷与隧道。

勘查钻孔应在洞口及巷道中心线两侧 20 m 范围内布设，单个工程勘查钻孔不宜少于 3 个。勘查钻孔间距宜为 100~200 m，对深埋长巷道可增大到 300~400 m。洞口处宜布置探井、探槽。

4.5.2 勘查钻孔技术要求

1)孔深与孔径

勘查钻孔深度应大于设计井底深度(斜井底板)，超过井底深度不小于 5 m，遇不良地质作用或软弱地层时还应加深。有延深要求的竖井勘查钻孔应一次打到底。

勘察钻孔宜采用金刚石钻进，其孔径应满足测试工作和取样尺寸的要求，终孔孔径不应小于 75 mm，需要进行水文地质试验时，孔径还应满足相关试验要求。

2)钻孔偏斜率

钻孔偏斜率应控制在 1.5%以内。

3）岩芯采取率

勘查钻孔应全孔取芯，岩芯采取率在基岩和黏性土中不应低于80%，在破碎带、软弱夹层和粗颗粒土层不应低于65%。

钻探的各项工艺参数应满足设计要求。某竖井工程勘查钻孔设计书见图4-14。

设计孔深：952 m　　　　钻孔类别：工程勘查孔

层序	地层代号	岩性	分层深度/m	层厚/m	孔身结构示意图	钻探及抽水试验技术要求
1	Q	黏土	18	18		施工需满足如下技术要求： 一、钻探技术要求 1. 每100 m孔深内孔深误差不得大于0.2%，每钻进20~30 m应测斜一次，测出钻孔的倾角、方位角、偏斜率，钻孔终孔顶角控制在1.5°以内。 2. 钻孔岩芯采取率：土层和岩层应不小于75%，砂层、破碎带、软弱夹层不宜小于60%。 3. 终孔孔径大于91 mm，使用清水钻进，严禁使用堵漏剂等化学品。特别是抽水试验段要保证使用清水钻进。 4. 详细记录钻进过程中各种现象，做好简易水文观测。 5. 孔身结构：0~18 m，孔径168 mm，并下套管做水泥止水； 18~150 m，孔径150 mm，并下花管，抽水后做好止水； 150~370 m，孔径130 mm，视具体情况决定是否入花管； 370~550 m，孔径130 mm，并下套管，做好止水； 550~650 m，孔径110 mm，并下花管，抽水； 650~952 m，孔径91 mm。 6. 止水要求：对第四系及抽水试验段上部的地层均需做好止水。止水采取套管及水泥封闭方法。 二、抽水试验要求 1. 抽水试验段位置：18~150 m，150~370 m及550~650 m三段。 2. 采用空压机抽水，风量≥6 m³，出水管Φ≥89 mm，抽水设备要完好，最好配2台空压机，以防抽水中断。 3. 正式抽水前，要进行洗孔，并测静止水位。 4. 抽水宜做3次降深，抽水时间由水文地质员现场确定。 5. 做好场地的排水工作，严禁就地排放。 6. 施工结束后，钻孔应进行封孔，使用不低于M10的水泥砂浆封堵，并有明显的、适合长期保存的标志。
2	K_qy	砂岩（抽水段）	150	132		
3	K_qsh^2	安山岩（抽水段）	370	220		
4	K_qsh^1	凝灰岩	500	130		
5	K_qzh^1	粗安岩	550	50		
6		次生石英岩（抽水段）	650	100		
7		深色蚀变带	952	302		

图4-14　某竖井工程勘查钻孔设计书

4.5.3　样品与试验项目

1)样品采集与采集数量

各勘察钻孔均应采取不扰动岩土试样，采样数量应为每个工程地质单元不少于 6 组(件)；对于斜井、平巷在设计顶板标高以上 15 m 的勘察钻孔段，可减少取样数量。

2)室内试验项目

岩土物理力学性质试验项目见表 4-48。

表 4-48　岩土物理力学性质试验项目

岩土种类	试验项目	
土	颗粒分析	
	物理性质	含水量
		密度
		相对密度
		液限
		塑限
	水理试验	渗透系数
	力学性质	压缩性指标
		抗剪强度(抗剪强度的试验方法应根据评价计算的要求确定)
岩石(包括硬质岩、软质岩及软弱夹层)	成分测定	矿物成分
		化学成分
	物理性质	含水率
		颗粒重度
		块体重度
		孔隙率
		吸水率
		声波波速
	水理试验	耐崩解性
		渗透系数
		软弱夹层渗透变形
	力学性质	单轴抗压强度
		三轴抗压强度
		抗拉强度
		直剪试验
		变形试验

对主溜井尚应进行耐磨试验、抗冲切试验，对特殊性岩土尚应测定其特殊性指标，当施工工艺有特殊要求时，应进行设计要求的其他试验。

3）原位测试项目

在钻孔中应同时按下列要求配合进行工程物探及原位测试工作：

竖井、主溜井的钻孔内应全孔进行声波测试，孔内竖向测点间距不宜大于 5 m，在复杂孔段宜为 1~2 m。斜井、平巷、隧道的钻孔内声波测井宜在设计洞顶标高以上 15 m 至孔底的范围内设置，在复杂地段尚应向上延伸测试范围。

在岩溶地区的井巷工程，宜采用钻孔电磁波法探查岩溶分布和规模。

在高地应力地区，工程有要求时，应进行地应力测试。

对 300 m 以上钻孔或已有资料显示属高地温区的钻孔，应进行孔内温度测量。

4）水文地质工作

勘察钻孔施工时对所有钻孔均应进行简易水文地质观测。

竖井、主溜井工程在钻孔完成后应进行抽水试验或压水试验，当有多层地下水时应分段封堵进行试验。其他井巷工程应根据工程需要在工程通过地段进行抽水试验或压水试验。

钻孔内尚应配合水文地质试验进行电法测井或井中测流。

工程需要时，应对地下水进行长期观测。

4.5.4 井巷工程勘查主要成果资料

（1）岩、土物理力学技术参数。

（2）水文地质资料。

提交的水文地质资料包括：地下水水位及流速、流向，各岩土层的渗透系数、涌水量及水质分析，抽水试验成果图表，压水试验成果图表等。

（3）岩芯 RQD 值的质量指标。

（4）钻孔工程地质柱状图。

（5）其他需要提供的资料。

（6）全部岩芯照片。

岩芯照片有助于对围岩性质进行直观了解和判断。图应按从上而下的顺序排列，并需标明每箱岩芯的起止标高和对应的深度。

4.6 露天矿边坡勘查

4.6.1 露天矿边坡分类

露天矿边坡工程勘查工作内容、工作量及工作方法，应按露天边坡工程安全等级和露天矿边坡勘察场区复杂程度确定。

按照《非煤露天矿边坡工程技术规范》（GB 51016—2014），依据露天矿边坡高度将其边坡分为四个等级，见表 4-49；依据露天矿边坡事故导致人员伤亡和经济损失的情况，将露天矿边坡危害等级分为很严重（Ⅰ）、严重（Ⅱ）和不严重（Ⅲ）三个等级，见表 4-50；依据露天矿边坡等级和危害等级，将其边坡安全划分为三个等级，见表 4-51。

露天矿边坡地质条件的复杂程度直接影响勘察工程的布置，特别是钻孔的数量和位置的选择，影响治理措施和安全系数的选定。露天矿边坡地质条件复杂程度按表 4-52 划分。

表 4-49　露天矿边坡等级划分

分类等级		分类依据/m
1 级	超高边坡	$H>500$
2 级	高边坡	$300<H\leqslant 500$
3 级	中边坡	$100<H\leqslant 300$
4 级	低边坡	$H\leqslant 100$

注：H 为边坡高度。

表 4-50　露天矿边坡危害等级划分

边坡危害等级		Ⅰ	Ⅱ	Ⅲ
可能人员伤亡		有人员伤亡	有人员受伤	无人员伤亡
潜在的经济损失	直接	≥100 万元	50 万元～100 万元	≤50 万元
	间接	≥1000 万元	500 万元～1000 万元	≤500 万元
综合评定		很严重	严重	不严重

表 4-51　边坡工程安全等级划分

边坡工程安全等级	边坡高度 H/m	边坡危害等级
Ⅰ	$H>500$	Ⅰ、Ⅱ、Ⅲ
	$300<H\leqslant 500$	Ⅰ、Ⅱ
	$100<H\leqslant 300$	Ⅰ
Ⅱ	$300<H\leqslant 500$	Ⅲ
	$100<H\leqslant 300$	Ⅱ、Ⅲ
	$H\leqslant 100$	Ⅰ
Ⅲ	$100<H\leqslant 300$	Ⅲ
	$H\leqslant 100$	Ⅱ、Ⅲ

表 4-52　露天矿边坡工程地质条件复杂程度分类

复杂程度	分类依据
简单型	岩土类型比较单一，岩性变化不大，岩层产状稳定，接触面比较规则，褶皱、断裂不发育，地质结构简单，水文地质条件单一
中等复杂型	岩石类型较多，岩性变化较大，岩层或结构面不够稳定，褶皱、断裂较发育，有岩脉穿插，有顺坡向软弱结构面，地质结构和水文地质条件较复杂

续表4-52

复杂程度	分类依据
复杂型	岩石类型多，岩性变化大，岩层产状多变，褶皱、断裂发育，不同时期的岩脉互相穿插，软弱结构面发育，地质结构和水文地质条件复杂
很复杂型	岩石类型很多，岩性多变，岩体破碎现象十分显著，次一级褶皱和断裂发育，不同时期的岩脉纵横交错，软弱结构面十分发育，地质结构和水文地质条件很复杂且对边坡稳定影响强烈

依据露天矿边坡岩性、岩体结构构造及结构面特征，将露天矿边坡岩体结构类型分为整体状结构、块状结构、层状结构、碎裂状结构和散体状结构，其划分和对应存在的工程问题见表4-53。露天矿边坡岩体完整程度的划分见表4-54。露天矿边坡各种岩体结构可能的破坏模式见表4-55。

表4-53 露天矿边坡岩体结构类型及边坡工程问题

边坡岩体结构类型	岩体地质类型	结构体形状	结构面具体情况	岩土工程特性	边坡工程问题
整体状结构	巨块状岩浆岩和变质岩，巨厚层沉积岩	巨块状	以原生构造节理为主，多呈闭合型，裂隙结构面间距大于1.5 m，一般为1~2组，无危险结构面组成的落石掉块	整体性强度高，岩体稳定，可视为均质弹性各向同性体	不稳定结构体的局部滑动
块状结构	厚层状沉积岩、块状岩浆岩、正变质岩、副变质岩	块状，柱状	只有少量贯穿性节理裂隙，裂隙结构面间距0.7~1.5 m，一般为2~3组	整体性强度较高，结构面互相牵制，岩体基本稳定，接近弹性各向同性体	
层状结构	多韵律薄层、中厚层状沉积岩，副变质岩	层状，板状	有层理、片理、节理，常有层间错动	接近均一的各向异性体，其变形和强度特征受层面及岩层组合控制，可视为弹塑性体，稳定性较差	可能产生滑坡，岩层弯曲破坏及软弱岩层的塑性变形
碎裂状结构	构造影响严重的破碎岩层	碎块状	断层、断层破碎带、片理、层理及层间结构较发育，裂隙结构面间距0.25~0.50 m，一般3组以上	完整性破坏较大，整体强度很低，并受软弱结构面控制，多呈弹塑介质，稳定性很差	易引起规模较大的岩体失稳，地下水加剧岩体失稳
散体状结构	构造影响剧烈的断层破碎带，强风化、全风化带	碎屑状，颗粒状	断层破碎带交叉，构造和风化裂隙密集，结构面错综复杂，多充填黏性土，形成许多大小不一的分离岩块	完整性遭极大破坏，稳定性极差，岩体属性接近松散体介质	

注：由岩浆岩遭受变质作用形成的变质岩称为“正变质岩”，由沉积岩遭受变质作用形成的变质岩称为“副变质岩”。

表 4-54　露天矿边坡岩体完整程度的划分

<table>
<tr><th rowspan="3">完整程度</th><th colspan="5">定性划分</th><th colspan="2">定量划分</th></tr>
<tr><th colspan="2">结构面发育程度</th><th rowspan="2">主要结构面的结合程度</th><th rowspan="2">主要结构面类型</th><th rowspan="2">相应结构类型</th><th rowspan="2">完整性指数 K_v</th><th rowspan="2">岩体体积结构面数 J_v/(条·m^{-3})</th></tr>
<tr><th>组数</th><th>平均间距/m</th></tr>
<tr><td>完整</td><td>1~2</td><td>>1.0</td><td>结合好或一般</td><td>节理、裂隙、层面</td><td>整体状或巨厚层状结构</td><td>>0.75</td><td><3</td></tr>
<tr><td rowspan="2">较完整</td><td>1~2</td><td>>1.0</td><td>结合差</td><td rowspan="2">节理、裂隙、层面</td><td>块状或厚层状</td><td rowspan="2">0.55~0.75</td><td rowspan="2">3~10</td></tr>
<tr><td>2~3</td><td>0.4~1.0</td><td>结合好或一般</td><td>块状</td></tr>
<tr><td rowspan="3">较破碎</td><td>2~3</td><td>0.4~1.0</td><td>结合差</td><td rowspan="3">节理、裂隙、层面、小断层</td><td>裂隙块状或中厚层状</td><td rowspan="3">0.35~0.55</td><td rowspan="3">10~20</td></tr>
<tr><td rowspan="2">≥3</td><td rowspan="2">0.2~0.4</td><td>结合好</td><td>镶嵌碎裂</td></tr>
<tr><td>结合一般</td><td>中、薄层状</td></tr>
<tr><td rowspan="2">破碎</td><td rowspan="2">≥3</td><td>0.2~0.4</td><td>结合差</td><td rowspan="2">各种类型结构面</td><td>裂隙块状</td><td rowspan="2">0.15~0.35</td><td rowspan="2">20~35</td></tr>
<tr><td>≤0.2</td><td>结合一般或差</td><td>碎裂状</td></tr>
<tr><td>极破碎</td><td>无序</td><td></td><td>结合很差</td><td></td><td>散体状</td><td><0.15</td><td>>35</td></tr>
</table>

注：①平均间距指主要结构面之间间距的平均值。

②岩体完整性指数 $K_v=(V_R/V_p)^2$。V_R 为弹性纵波在岩体中的传播速度；V_p 为弹性纵波在岩块中的传播速度。

③岩体体积结构面数 J_v 指岩体单位体积内的结构面数目。

④定量指标 K_v、J_v 的测试与结构面结合程度的划分应符合现行国家标准《工程岩体分级标准》(GB/T 50218—2014)的有关规定。

表 4-55　露天矿边坡各种岩体结构可能的破坏模式

<table>
<tr><th colspan="2">边坡岩体结构类型</th><th>特征描述</th><th>边坡破坏模式</th></tr>
<tr><td colspan="2">块状岩体边坡</td><td>岩体基本均一，$D_{50}/L_c \geq 0.002$</td><td>平面型
楔体型
倾倒型</td></tr>
<tr><td rowspan="3">层状岩体边坡</td><td>同倾边坡</td><td>$\alpha \leq 30°$；层面摩擦角$<\beta\leq$边坡角</td><td>平面型
折线型</td></tr>
<tr><td>同倾斜向边坡</td><td>$30°<\alpha\leq 75°$；层面摩擦角<组合滑面交线倾角≤边坡角</td><td>楔体型</td></tr>
<tr><td>其他结构边坡</td><td>结构面组合不能直接控制边坡破坏</td><td>圆弧型
复合型</td></tr>
<tr><td colspan="2">碎裂岩体边坡</td><td>层状或碎块状岩体，$D_{50}/L_c<0.02$</td><td>圆弧型
复合型</td></tr>
<tr><td colspan="2">散体介质边坡</td><td>强烈破碎、强风化、软弱蚀变岩体，各类土体</td><td>圆弧型
复合型</td></tr>
</table>

注：①α 为层面与坡面的倾向夹角，(°)；β 为层面倾角，(°)；D_{50} 为坡面 50%块体块径，m；L_c 为可能发生变形破坏边坡的特征高度，m。

②变质岩片理面、板理面、对边坡稳定性具有控制性作用的断层面(带)、其他软弱面(带)按层面考虑。

③较大规模和地质条件变化较大的边坡，应根据具体边坡地质结构变化情况分段划分类型，建立分析模型。

4.6.2 露天矿设计阶段勘查要求

4.6.2.1 资料搜集

勘查前应搜集露天矿山的生产规模、服务年限、初步确定的开采境界、采矿方法、采场要素、采掘工艺、开拓运输方式、总体布置和基础地质资料及相关图件(如地质平面图、地质剖面图等)。

4.6.2.2 勘查要求

①应查明岩体的分布，研究岩体的工程性质，并应划分工程地质岩组，区分软弱岩层和风化破碎带。

②确定岩层产状，查明勘查场区的构造特征，即断层、褶皱、密集节理带、岩脉的空间分布状况、组合规律及其工程地质特征，对其中直接影响边坡稳定的大的不连续面应着重研究；查明各级节理和其他成组不连续面的发育程度，确定其优势产状及表征其性质的统计参数。

③确定可能被滑动面切穿的岩体的抗剪强度和可能构成滑动面的不连续面的抗剪强度。

④查明风化、侵蚀、滑坡、地表变形等不良地质作用的分布、成因、发展趋势，判定其对边坡稳定性的影响程度。

⑤对抗震设防烈度在7度及以上地区，应搜集和分析区域历史地震和地震地质资料，进行地震危险性分析，并确定设计地震加速度。

⑥查明地下水的类型、补给来源和埋藏条件，地下水位、变化幅度及与地表水体的关系，并预测矿山开采期间的变化趋势。

⑦判断地下水对建筑材料的腐蚀性。

⑧对勘查场区进行工程地质分区，在此基础上进行边坡分区。对各边坡分区进行破坏模式和边坡稳定性计算分析，给出边坡角的推荐值。

⑨对稳定程度较低或稳定坡角过缓的边坡提出治理措施和监测的建议。

4.6.2.3 勘查工作布置要求

①工程地质测绘应先于其他工程勘查进行，测绘成图的比例尺应与本阶段设计所用的比例尺一致。测绘成图范围应包括境界线以外宽1/2~2/3边坡高度的地带。

②不连续面资料应在露天矿台阶、地下平硐等岩体出露的地段通过详细测线测量获取(露天矿边坡岩体结构面测量要点见表4-56)。

③对安全等级为Ⅰ、Ⅱ级的露天矿边坡，各工程地质分区应布设不少于1条勘查线。勘查线宜垂直于边帮或沿潜在滑坡方向布设，钻孔间距应为50~100 m，且每条勘查线不应少于3个钻孔；对安全等级为Ⅲ级的露天矿边坡，各边帮宜布设勘查线，每条勘查线不宜少于3个钻孔。

④钻孔应穿过不连续面或预计的最低可能滑动面，并应深入其下不小于10 m。

⑤对于边帮已揭露且继续采深不大的生产矿山，可根据地面调查结果作深部推测。简单型的场区可不进行钻探，中等及以上复杂场区应进行钻探。

⑥隐伏的大的不连续面空间位置和产状，宜布置3个不在一条直线上的钻孔进行定位；不连续面的倾向已知时，可按剖面线沿倾向布置钻孔。

表 4-56　露天矿边坡岩体结构面测量要点

序号	要 求
1	测量人员应根据边坡中岩体结构的变化按分区逐条详细测量或按定向岩芯钻孔逐段进行结构面测量
2	地表详细测线测量应符合下列规定： ①应选择无覆盖基岩露头进行结构面测量，邻近最终边帮宜按不同方向均匀布置测线，在具有三度空间易于观测的部位布置测站，消除测量盲区，每一结构变化分区应至少有 3 条测线； ②测线长度应大于 20 m，露头面宽度应大于 4 m，每条测线所测节理数宜为 50~70 条； ③详细测线测量内容应包括岩石类型、结构面类型、粗糙度、开合性、迹线长、结构面和测线交点到测线端点的距离、充填物类型和厚度、地下水状态、岩石硬度，并记录每条测线的坐标、方位倾伏角等，所测内容均以数字和代码表示
3	定向岩芯段测量应符合下列规定： ①钻孔定向岩芯结构面测量应自地表由浅入深地进行测量统计，然后将深度按岩性构造等基本相同的条件划分若干个区段，按区段进行岩芯结构面的统计分析； ②在进行定向岩芯结构面测量的同时，应进行钻孔岩芯编录，主要内容应包括岩芯定名，岩芯矿物成分、结构、构造、硬度、蚀变状况、风化程度、破碎状况，岩芯结构面特征、孔口坐标、孔口至所描述定向岩芯段的深度、钻孔的方位角和倾角等，测量岩芯结构面的构造角 α 和方位角 β 及通过钻孔测斜所获相应测量区段轴线的倾向和倾角

4.6.2.4　测试与试验要求

①岩层渗透系数的测定可利用形成的钻孔和位于地下水位以下的平硐进行水文地质试验。

②各类岩石应进行定性试验和物理力学性质试验。完整岩石和不连续面的物理力学性质试验应在实验室进行，对于可能构成破坏面的弱面和软弱夹层，应进行原位抗剪试验。试样的选取、原位试验地点的选择和试验方法的采用，应在确定破坏模式（表 4-55）的基础上进行。

③岩体变形指标可采用钻孔弹模试验、载荷试验、狭缝试验等原位试验方法直接测定。当有适用于本场地的经验数据时，可根据原位弹性波速测试、完整岩石室内变形试验的结果结合经验综合确定。

④安全等级为Ⅲ级的边坡可减少试验工作量，简化试验方法，计算稳定性所需的参数可在类比分析的基础上根据经验确定。

⑤采场位于高地应力区且安全等级为Ⅰ级的边坡应进行岩体原位应力测试。

4.6.2.5　露天矿工程地质测绘

开展工程地质测绘前，应进行工程地质测绘底图编制，明确测绘精度、比例尺和测线间距，按不同地质单元体确定详细测线测量，现场调查断层、褶皱、密集节理带、岩脉的空间分布状况、组合规律及其工程地质特征，对其中对边坡稳定直接影响大的不连续面应着重研究；调查统计各级节理和其他成组不连续面的发育程度，确定其优势产状及表征其性质的统计参数。边坡岩体结构面测量与统计可依照表 4-53、表 4-54、表 4-56。

例如某矿区露天采场各水平的岩体和矿体产出状况，根据不同岩性及岩石风化程度进行划分并开展分析研究。其中，微风化次英安斑岩结构类型为块状结构，节理方位较多，主要发育有三组节理，主要发育节理产状为308°∠49°、90°∠42°、119°∠40°，摄影测量三维图像见图4-15，节理裂隙等密度及赤平投影图见图4-16。节理裂隙基本以剪节理为主，局部充填有少量的方解石和泥质，节理面平直。节理、裂隙潮湿。节理长度为0.8~9 m，平均节理间距0.8 m，体积节理密度为13.6%，经换算的RQD值为70%。

图4-15 微风化次英安斑岩摄影测量三维图像

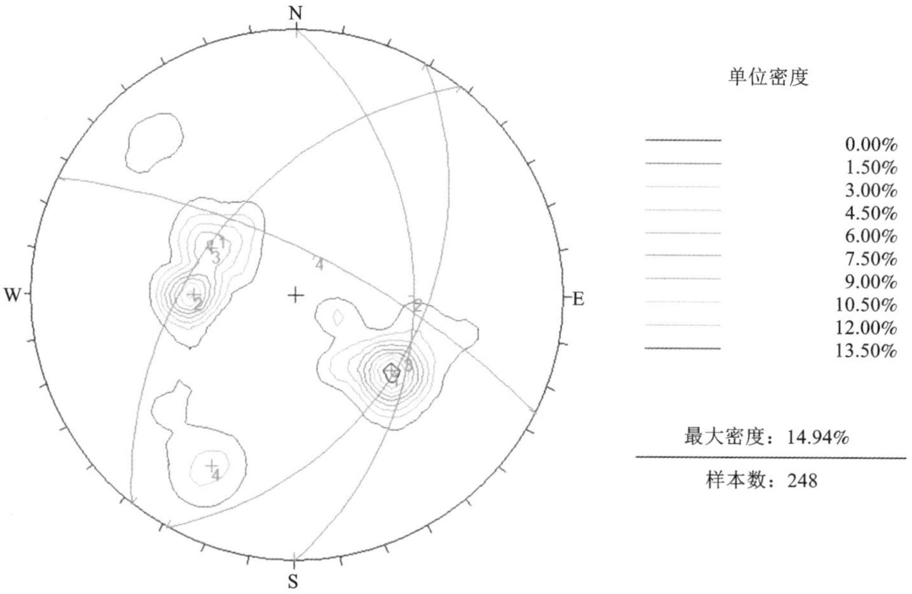

图4-16 微风化次英安斑岩节理裂隙等密度及赤平投影图

扫一扫，看彩图

4.6.2.6　勘查工程与取样

1）钻探

①钻孔的孔径不宜小于 75 mm，试件尺寸应符合现行国家标准《工程岩体试验方法标准》（GB/T 50266—2013）的有关规定。进行岩芯定向钻探时，应使用双重岩芯管；当需采取断层破碎带原状样品时，宜使用对开式双重或三重岩芯管。

②定向段岩芯采取率应达到 100%，定向成功率应为 95%以上。

岩芯采取率达到 100%才能构成岩芯段首尾相连的条件，以满足岩芯定向的要求。定向成功率为 95%以上才可以保证原要求的定向段的岩芯绝大部分能够精确定向。

为确定切穿岩芯的不连续面的产状，需要 4 个参数，即岩芯轴线的倾斜角和方位角（用该深度钻孔的倾斜角和方位角表示）及不连续面的方向角和构造角。

对定向岩芯还应列表填写不连续面的类型、粗糙度、间距、充填状况、岩石硬度、构造角和方向角，并通过构造角、方位角和钻孔孔斜确定不连续面产状。

③钻探过程中，应记录冲洗液和地下水情况；每班开始工作前均应测量水位。

④岩芯应按工程地质要求编录，对定向岩芯应单独测计不连续面的方向角和构造角。岩芯应以正交角度拍摄彩色图。

2）槽、井、洞探

①当覆盖层厚度小于 3 m，应准确查明岩性分界线、构造线、破碎带宽度、软弱结构面位置时，可采用槽探。

②对探槽、探井和探洞的底和帮均应进行详细素描和编录。

3）物探

常用的工程物探方法主要有电法勘探、地震勘探、声波探测和地球物理测井等。

①物探宜与工程地质测绘和钻探相互配合进行，所采用的物探方法可根据工程要求、探测对象的地球物理特性和场地地形地质条件等因素确定。

②对物探实测资料，应结合有关地质情况进行综合分析，并提出地质解释成果。

4）取样

①一般性的物理力学指标宜在钻孔内取样进行实验室岩、土试样试验，每个单元层的土样数不应少于 6 件，岩石试样不应少于 9 件。

②场地的岩体弱面（带）抗剪强度指标应进行岩土室内试验测定，每一类弱面（带）的试样数不应少于 9 件。

③土样可在钻孔、探井、探槽中选取；软弱土层应连续取样；土样应密封送交实验室，运输中应避免振动。

④岩石试样可在钻探岩芯中选取或在探井、探槽、竖井、平硐中刻取；毛样尺寸应符合试样加工的要求，其数量应符合试验项目的要求；试样应标注可能滑移方向，软质岩石试样应及时密封；有特殊要求时，试样形状、尺寸和方向应按岩石力学试验要求设计确定。

⑤所有不连续面试样在送交实验室时，均应附以说明，内容包括试样编号、岩石和不连续面类型、不连续面产状、剪切方向、粗糙度和试验组别。

4.6.2.7　岩石试验

（1）岩石试验项目。边坡岩石物理力学性质试验项目按表 4-57 执行。

表 4-57 边坡岩石物理力学性质试验项目

岩土种类	试验项目	
岩石(包括硬质岩、软质岩及软弱夹层)	成分测定	矿物成分
		化学成分
	物理性质	含水率
		颗粒重度
		块体重度
		孔隙率
		吸水率
	水理试验	耐崩解性
		渗透系数
		软弱夹层渗透变形
	力学性质	单轴抗压强度
		三轴抗压强度
		抗拉强度
		直剪试验
		变形试验

室内试验成果资料应提供岩石试样试验破坏前后的形态对比，见图 4-17 和图 4-18，并提供岩石试样单轴压缩条件下的力-位移曲线，如图 4-19 所示。

图 4-17 某露天矿凝灰岩单轴抗压强度破坏前后形态对比

图 4-18 某露天矿凝灰岩巴西法抗劈拉试验破坏前后形态对比

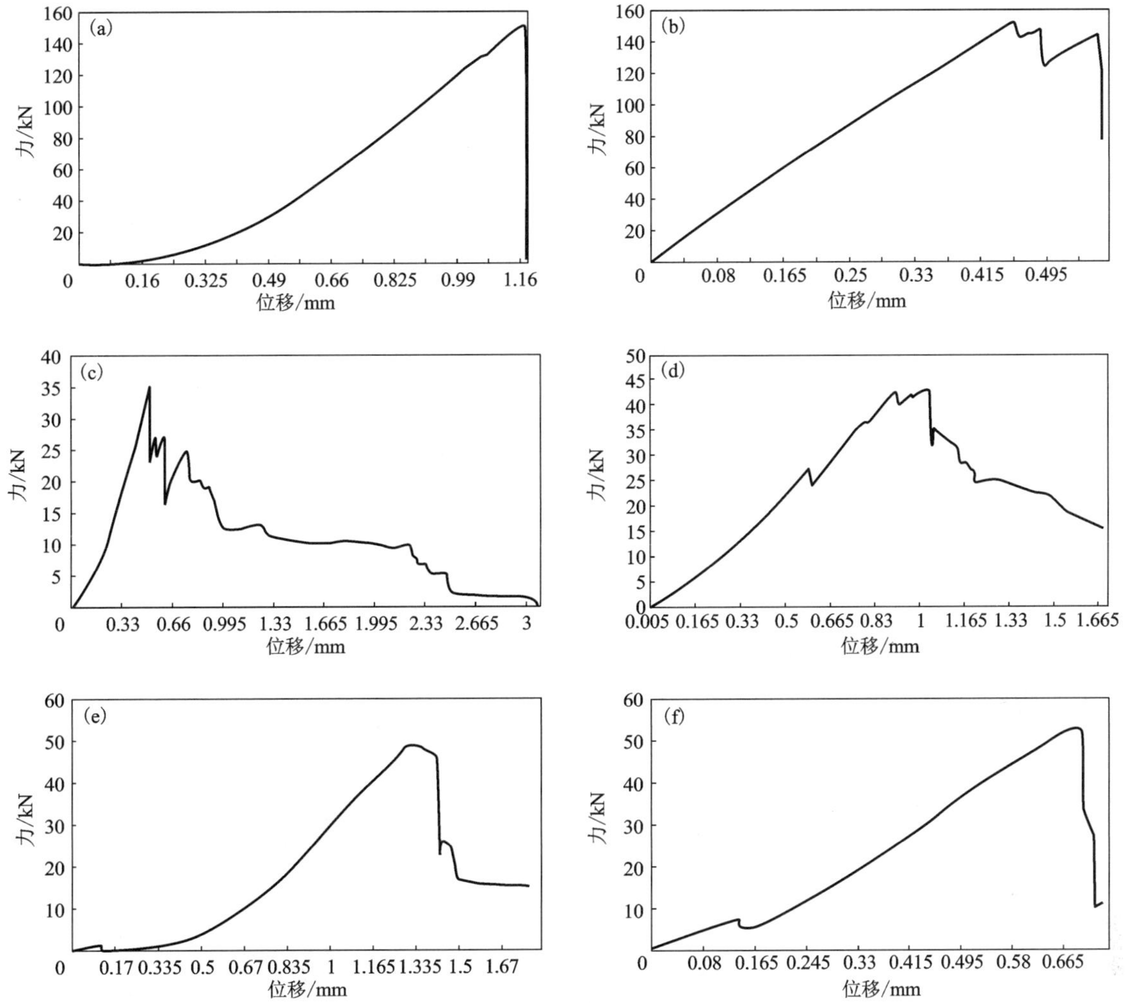

图 4-19　某露天矿凝灰岩力-位移曲线

(2)对软质岩石，应研究其抗水性；对具有膨胀性的岩石，应进行崩解性、膨胀率及膨胀力的测定；对具有蠕变特性的岩石，应做岩石的蠕变试验。对抗水性弱的岩石或经常处于湿润状态的岩石，其试件应在饱水状态下进行力学强度试验。

(3)对不连续面间的充填物进行试验时应保持其原有的状态。评价断层破碎带的强度应取其最软弱的部分进行试验。

4.6.2.8　勘查成果内容

(1)勘查成果报告内容：

①任务要求及勘查工作概况。

②区域和勘查场区气象、水文、地形、地层、岩性、构造、地震等自然和地质概况。

③采场工程地质条件：工程地质岩组特性，构造特征，不连续面的产状、分布及性质，水文地质条件，人工及自然边坡稳定状况；工程地质分区(如某矿区露天矿边坡工程地质分区表 4-58、图 4-20)、边坡分区及破坏模式。

表 4-58 某矿区露天矿边坡工程地质分区结果

地质分区		边帮区域	标高/m	岩性描述
Ⅰ	凝灰岩	露天采场南部 15 线以南	>721	岩体风化严重，肉红色，凝灰构造，大部分岩芯都呈碎块状，凝灰质胶结，岩体强度较低
	微风化灰岩		≤721	岩体较完整，整体强度较高，偶有细脉充填，充填物为石英脉或黄铁矿
Ⅱ	凝灰岩	西边坡 15～29 线	>769	岩体风化严重，肉红色，凝灰构造，大部分岩芯都呈碎块状，凝灰质胶结
	微风化英安岩		≤769	岩体主要为斑状结构，块状构造，节理裂隙发育，裂隙为石英脉和黄铜矿充填
Ⅲ	强风化灰岩	西边坡 29～45 线	>721	岩体主要为灰岩，厚层状构造，灰白色，偶有石英细脉充填，完整性较好，根据风化程度不同，岩芯依次呈现为短柱状至长柱状
	中风化灰岩		601～721	
	微风化灰岩		<601	
Ⅳ	强风化英安岩	西边坡 45～61 线	>721	岩体大部分为斑状结构，节理裂隙发育，裂隙为石英脉、黄铁矿脉，呈灰白色或灰黑色，偶见黄绿色
	中风化英安岩		601～721	
	微风化英安岩		<601	
Ⅴ	中风化灰岩	东边坡 15～61 线	>649	岩体主要为灰岩，厚层状构造，灰白色
	微风化灰岩		≤649	

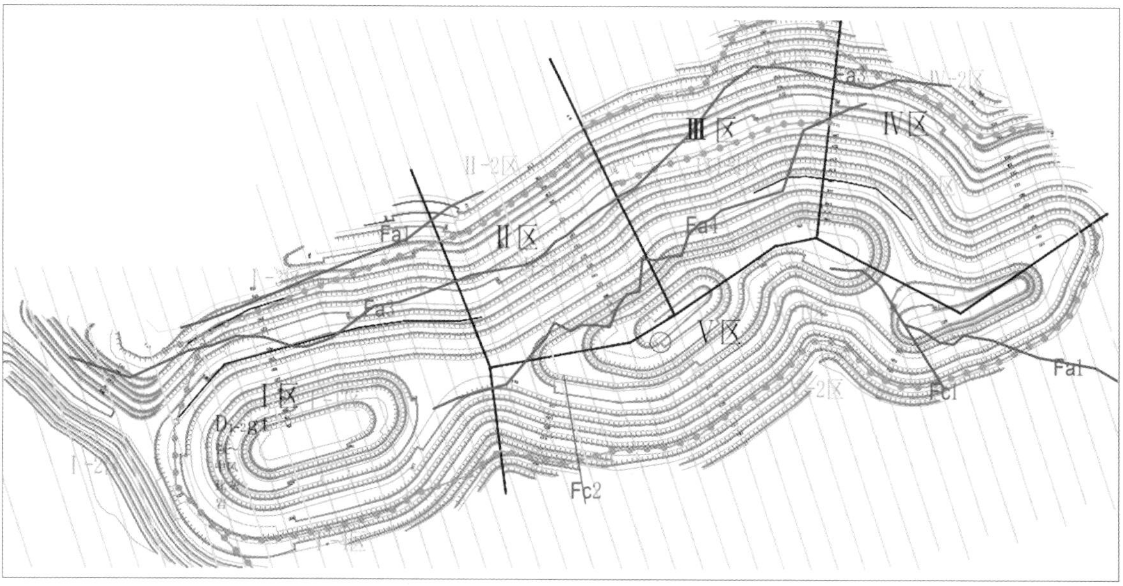

图 4-20 某矿区露天矿边坡工程地质分区图

④岩石物理力学性质，岩体和不连续面抗剪强度。

⑤稳定性计算的有关条件和参数。

⑥结论与建议。

(2)成果报告相应的附图表:

①工程勘查实际材料图;

②具有工程地质分区的工程地质图;

③具有边坡分区的开采终了地质结构分析图;

④台阶边坡、自然边坡、滑坡及岩溶和地下采空区的调查图件;

⑤工程地质剖面图;

⑥钻孔综合柱状图;

⑦成组不连续面极点图及等密图;

⑧有关测试图表。

4.7　排土场工程勘察

排土场是指矿山采矿排弃物(矿山露天剥离和井巷掘进产生的废弃岩土)集中堆放的场所,排土场按设置地点、地形、地基构成、台阶数量等特征按表 4-59 进行分类。排土场工程是一个系统工程,包括排土场场址选择、容积计算、稳定性、排土工艺、运输与防排洪设计及其病害治理和排土场占用土地、环境污染、复垦等主要内容。矿山新建外部排土场场地勘察,为排土场设计提供必需的地质依据,包含拦挡构筑物、堆放区及其辅助设施,但不包含排弃物堆积体。

表 4-59　排土场分类

分类		特征
按设置地点划分	内部排土场	在露天采场或地下开采境界内,不另征地,剥离物运距较小
	外部排土场	剥离物堆放在采场境界以外
按地形划分	山坡排土场	初始沿山坡堆放,逐步向外扩大堆放
	山沟排土场	剥离物在山沟堆放
	平地排土场	在平缓的地面修筑较低的初始路堤,然后交替排弃
按地基构成划分	硬地基排土场	地基主要由坚实土层或岩层构成
	软弱地基排土场	地基主要由较弱土层构成
按台阶数量划分	单台阶排土场	在同一场地单层排弃,有利于尽早复垦
	多台阶排土场	在同一场地有两层或以上同时排弃,能充分利用空间

4.7.1　排土场勘察等级划分

排土场勘察等级依据排土场的设计等别确定,设计等别应根据使用期内排土场总容量、排弃物堆置高度、失事后的危害程度来确定。排土场和排弃堆积体是排土场工程的主体,其规模、堆置高度和安全性要求是确定勘察等级的主要因素。依据《有色金属矿山排土场设计标准》(GB 50421—2018),排土场设计等别分为 4 个等别。依据《有色金属工业岩土工程勘察规范》(GB 51099—2015),排土场的勘察等级分为 2 个等级。排土场设计等别和勘察等级划分见表 4-60。

表 4-60 排土场勘察等级划分

勘察等级	划分依据			备注
	设计等级	单个排土场总容量 V /m^3	堆置高度 H /m	
一级	Ⅰ	$V \geqslant 10\times10^6$	$H \geqslant 150$	
	Ⅱ	$5\times10^6 \leqslant V < 10\times10^6$	$100 \leqslant H < 150$	
二级	Ⅲ	$1\times10^6 \leqslant V < 5\times10^6$	$50 \leqslant H < 100$	
	Ⅳ	$V < 1\times10^6$	$H < 50$	

注：①当总容量与堆置高度指标分属不同等别时，按高等别；当等别相差大于 1 时，按高等别降低一等。
②剥离物堆置整体稳定性较差，排水不良，且具备形成泥石泥条件的排土场，其设计等别提高一等。
③排土场失事将使下游居民区、工矿或交通干线遭受严重灾难者，其设计等别提高一等。

4.7.2 排土场勘察要求

4.7.2.1 排土场勘察的基本要求

排土场勘察首先应获取其勘察任务书(表 4-61)，了解拟建排土场的规模、特征及设计对勘察的技术要求。

可行性研究阶段，排土场勘察应调查场址的地形地貌及地质特征，以及潜在的地质灾害类型和其分布范围，对场地适宜性进行评价。

初步设计阶段勘察应包括排土场场区自然地理特征、气象特征、水文地质特征、地形地貌特征、自然灾害特征；排土场场区地基土特征、软弱地基土分布范围及特征；排土场场区地下水、地表水系特征，补给和径流特征。

施工图设计阶段，应对防排洪设施及安全防护设施等进行勘察，勘察深度应符合现行国家标准《岩土工程勘察规范(2009 年版)》(GB 50021—2001)的有关规定，其基本要求如下：

(1)查明场区内地质构造的类型、分布、组合及工程地质特征，并评价其对排土场建设的影响。

(2)查明各工程地段地形，地貌，地层的分布、地质年代、成因、产状、岩性及工程性质，并提供设计所需各项岩土参数。

(3)查明各工程地段软弱地层的分布、厚度及工程地质特征。

(4)对于硬地基排土场，应查明排土场基底岩层层面的倾向、倾角、节理发育情况，并确定其对排土场稳定性的影响。

(5)对于软弱地基排土场，应分析软弱土层滑动、侧向挤出的可能性。

(6)查明影响排土场建设和运行的不良地质作用的分布、成因、发展趋势和对排土场稳定性的影响，并提出防治措施建议和设计所需的岩土参数。

(7)分析和评价拦挡构筑物和截、排水设施地基的岩土工程性能，并提出地基处理措施建议。

(8)对排土场设计、施工等提出工程措施建议。

（9）搜集场地水文地质资料及邻近的水源地保护带、水源开发情况和环境保护要求等资料；应调查排土场的汇水面积、地表径流、洪水流量等水文条件。

（10）堆存区和库岸遇到有影响排土场运营安全或造成环境负面影响的不良地质问题或因素时，应进行专门勘察评价。

表 4-61　排土场工程岩土工程勘察任务书

<table>
<tr><td>建设单位</td><td colspan="7"></td></tr>
<tr><td>工程名称</td><td colspan="4"></td><td>设计阶段</td><td colspan="2"></td></tr>
<tr><td colspan="8">一、排土场</td></tr>
<tr><td>总库容 $V/(\times10^4\ m^3)$</td><td></td><td colspan="2">堆置高度 H/m</td><td></td><td>使用年限</td><td colspan="2"></td></tr>
<tr><td colspan="8">二、拦挡构筑物</td></tr>
<tr><td>高度/m</td><td colspan="2"></td><td>类型</td><td colspan="4"></td></tr>
<tr><td>顶宽/m</td><td colspan="2"></td><td>长度/m</td><td colspan="4"></td></tr>
<tr><td>底宽/m</td><td colspan="2"></td><td>基础埋深/m</td><td colspan="4"></td></tr>
<tr><td colspan="8">三、截、排水构筑物</td></tr>
<tr><td rowspan="2">编号</td><td rowspan="2">结构类型</td><td rowspan="2">外径/m</td><td rowspan="2">内径/m</td><td colspan="4">基础情况</td></tr>
<tr><td>形状</td><td>尺寸/m</td><td>埋深/m</td><td>总荷载/kN</td></tr>
<tr><td></td><td></td><td></td><td></td><td></td><td></td><td></td><td></td></tr>
<tr><td></td><td></td><td></td><td></td><td></td><td></td><td></td><td></td></tr>
<tr><td colspan="2">勘察技术要求</td><td colspan="6"></td></tr>
<tr><td colspan="3">要求提交资料的内容</td><td colspan="5"></td></tr>
<tr><td colspan="3">提交资料日期</td><td colspan="2"></td><td colspan="2">提交资料份数</td><td></td></tr>
<tr><td colspan="2">随任务书附资料</td><td colspan="6">图纸：　张　份；　附件：　页　份</td></tr>
<tr><td colspan="2">建设单位：（盖章）</td><td colspan="3"></td><td colspan="2">设计单位：（盖章）</td><td></td></tr>
<tr><td colspan="2">联系人：（签字）</td><td colspan="3"></td><td colspan="2">设计负责人：（签字）</td><td></td></tr>
<tr><td colspan="2">电话：</td><td colspan="3"></td><td colspan="2">电话：</td><td></td></tr>
</table>

4.7.2.2　勘察工作部署

勘察工作应依据排土场特征，包括拦挡构筑物区、堆存区及排洪设施等的具体要求开展，勘察剖面应贯穿整个拦挡构筑物区和堆存区，满足稳定性评价的要求。

1)勘察钻孔布置

(1)拦挡构筑物勘查线应沿轴线或平行于轴线布置，勘查线数量可根据拦挡构筑物宽度确定，勘查线、点间距宜为 50~100 m。勘察深度应是进入稳定坚硬地层或基岩，其中控制性勘察孔应进入坚硬地层或中等风化基岩不少于 5 m，且数量不宜少于勘察点总数的 1/2。

(2)当堆存区存在岩溶、断裂构造、裂隙发育带或其他强渗漏性地层时，应进行勘察、测试和物探工作；根据勘察点的数量和深度应能查明其分布、规模。

(3)排水构筑物的勘察点宜沿排水井、槽和排水管布置，勘察点间距宜为 50~100 m，每个排水井应布设不少于 1 个勘察点，在排水管转角位置应布设勘察点；勘察点深度宜为 12~20 m，并根据排水管埋置深度、堆存最终高度、地基岩土性能和地面超载条件进行调整。

对于软弱地基排土场，则应把重点放在滑动影响最大的四周，其范围是排土场顶部向内 1 倍排土高度至排土场底部向外 1~1.5 倍排土高度。

实施中结合设计部门的要求执行，以查明整个排土场岩土工程条件及其周围可能影响因素，满足排土场工程设计要求为原则。

2)样品与试验项目

(1)样品采集与采集数量。

各勘察钻孔均应采取不扰动岩土试样，采样数量应为每个工程地质单元不少于 6 组(件)，同时满足规范要求的取样钻孔数量。

(2)室内试验项目。

物理力学性质试验项目见表 4-62。

表 4-62　物理力学性质试验项目

<table>
<tr><th>岩土种类</th><th colspan="2">试验项目</th></tr>
<tr><td rowspan="10">土</td><td colspan="2">颗粒分析</td></tr>
<tr><td rowspan="5">物理性质</td><td>含水量</td></tr>
<tr><td>密度</td></tr>
<tr><td>相对密度</td></tr>
<tr><td>液限</td></tr>
<tr><td>塑限</td></tr>
<tr><td>水理试验</td><td>渗透系数</td></tr>
<tr><td rowspan="2">力学性质</td><td>压缩性指标</td></tr>
<tr><td>抗剪强度(抗剪强度的试验方法应根据评价计算的要求确定)</td></tr>
</table>

续表4-62

岩土种类	试验项目	
岩石(包括硬质岩、软质岩及软弱夹层)	成分测定	矿物成分
		化学成分
	物理性质	含水率
		颗粒重度
		块体重度
		孔隙率
		吸水率
		声波波速
	水理试验	耐崩解性
		渗透系数
		软弱夹层渗透变形
	力学性质	单轴抗压强度

3)排土场勘察主要成果资料

排土场勘察成果应满足其设计和稳定性评价所需的岩土参数要求，提交的成果资料应有：

(1)岩、土物理力学技术参数。

(2)水文地质资料：矿区的气象水文资料，地下水水位及流速、流向，各岩土层的渗透系数、涌水量及水质分析，抽水试验成果图表，压水试验成果图表等。

(3)岩芯 RQD 值的质量指标。

(4)工程地质平面图、剖面图和钻孔柱状图。

(5)不良地质作用及其影响，乙级场地的适宜性评价。

(6)全部岩芯照片。

参考文献

[1]陈学华. 矿山岩体力学[M]. 徐州：中国矿业大学出版社，2011.
[2]李广信. 高等土力学[M]. 北京：清华大学出版社，2004.
[3]袁道先 等. 中国岩溶动力系统[M]. 北京：地质出版社，2002.
[4]张在明. 地下水与建筑基础工程[M]. 北京：中国建筑工业出版社，2001.
[5]高延法，张庆松. 矿山岩体力学[M]. 徐州：中国矿业大学出版社，2000.
[6]陈希哲. 土力学地基基础[M]. 3 版. 北京：清华大学出版社，1998.

第 5 章

矿山环境地质

5.1 矿山环境地质工作主要目的与内容

矿山地质环境是指采矿活动所影响到的岩石圈、水圈、生物圈相互作用的客观地质体。矿山环境地质工作是指调查矿山环境污染状况及其与地质背景、现代地质作用和矿山生产排放物质之间关系的工作，研究矿山地质环境问题影响因素，进行成因分析，为矿山地质环境保护、地质环境问题治理和生态环境恢复提供依据。

矿山地质环境问题主要指受采矿活动影响而产生的矿山地质环境破坏以及影响采矿活动的地质灾害，包括矿区地面塌陷、地面沉降、地裂缝、滑坡、崩塌、泥石流、潜在不稳定斜坡、含水层破坏、地形地貌景观破坏、土地损毁、水土环境污染等。

矿山环境地质工作对象是矿山地质环境。

5.1.1 矿山环境地质工作主要目的

矿山环境地质工作的主要目的：保护环境、保证安全、和谐发展和可持续发展，具体工作包括查明矿山地质环境和不良地质条件，开展矿业活动的地质环境影响评估，对已破坏的地质环境进行恢复治理和环境(生态)重建。

(1)查明矿山地质环境和不良地质条件，并研究其成因。采用与调查内容对应的各种调查方法，完成一系列矿山地质环境调查工作，查明矿山基础信息、地质环境及主要地质环境问题，研究矿山地质环境问题成因，为预测矿山开发中可能诱发地质环境问题提供依据。

(2)开展矿业活动的地质环境影响评估。结合矿产资源开发利用方案，确定评估范围与评估级别，明确评估任务与内容，预测矿业活动可能引发的矿山地质环境问题，定性或定量评估采矿活动对地质环境的影响程度，确定矿业活动的适宜性，并对保护矿山地质环境采取的措施提出建议。

(3)进行地质环境恢复治理和环境(生态)重建。提出矿山在建设、生产和闭坑各阶段相应的地质环境保护与恢复治理方案及综合治理措施，消除矿山地质灾害，开展水土污染治理、地下水系统恢复治理，重建和恢复生态环境、景观，减轻矿业活动对地质环境的影响，实现矿产资源的合理开发利用及矿山地质环境的有效保护，服务政府行政主管部门对矿山地质环境的监督管理工作，促进矿产资源的合理开发利用和经济社会、资源环境的协调发展，保护人民生命和财产安全。

5.1.2　矿山环境地质工作主要内容

矿山环境地质工作的主要内容包括矿山基础资料收集、矿山地质环境调查、矿山地质环境影响评估、矿山地质环境保护与恢复治理、矿山地质环境监测等。

矿山地质环境调查包括矿山基本情况及矿区基础信息、地质条件调查、地质环境问题调查等；矿山地质环境影响评估包括矿山地质灾害、含水层破坏、地形地貌景观破坏、土地损毁、水土环境污染评估等；矿山地质环境保护与恢复治理包括对矿山地质环境进行保护与恢复治理的技术措施、工程措施、生物措施，并作出总体部署和安排；矿山地质环境监测包括对矿山建设、生产、闭坑各阶段影响的地质环境及其变化进行定期观察测量、采样测试、记录计算、分析评价和预报预警等。

5.2　矿山地质环境调查

矿山地质环境调查范围包括采矿登记范围、采矿活动可能影响的范围，以及可能影响矿区的泥石流、高位滑坡、崩塌范围等。调查范围应充分考虑地质灾害形成和影响区域，水资源与水环境影响范围。调查工作以收集资料和现场调查为主，并根据实际需要补充地形测量、遥感、物探、钻探、坑(槽)探与取样测试等工作。

5.2.1　调查内容

5.2.1.1　矿山基本情况及矿区基础信息调查

矿山基本情况及矿区基础信息调查的内容：矿区社会经济概况、矿山概况、矿业权设置情况、矿山开采历史、涉及的各类保护区情况、矿区土地利用现状及规划、已有矿山地质环境保护与恢复治理工作等。

(1)矿区社会经济概况：

所涉及乡(镇)、行政村的人口和劳动力数量；主要经济发展状况、农业生产状况、农业种植结构、机械化程度和农业科技发展水平状况等。

(2)矿山概况：

矿山企业名称、位置、范围，相邻矿山的分布与概况；矿山企业的性质、矿山总投资、矿山建设规模及工程布局；矿山设计生产能力、实际生产能力、设计生产服务年限；矿产资源储量、矿床类型与矿体赋存特征；矿山开拓或开采阶段布置、开采方式(方法)、开采顺序、固体与液体废物的排放与处置情况等。

(3)矿业权设置情况：

矿山名称、矿业权人名称、采矿证号、矿山行政审批情况、矿区拐点坐标；矿山行政区划、与附近城镇及村庄的位置关系、交通状况等。

(4)矿山开采历史：

矿权及矿权人的延续和变更情况、采矿许可证取得情况等；开采范围、开采层位、开采方式、生产规模、开采量、开采年限等；矿山生产设施的建设及布局情况等；采空区上下盘围岩性质、暴露面积、体积、矿柱尺寸、产状、原岩应力分布情况、与周边采空区的空间关系、存窿或垫层情况、治理情况等。

(5)涉及的各类保护区情况：

包括矿山影响范围内的名胜古迹、自然保护区、水源保护区、地质公园、地质遗迹、旅游景点、生态红线等。

(6)矿区土地利用现状及规划：

①土地权属：土地所有权、使用权和承包经营权等权属状况。

②土地利用结构：矿区土地利用类型、数量、耕地质量等。

③土地利用程度：土地利用率、土地垦殖率、耕地复种率、土地利用经济效果等。

④土地利用规划：土地利用的方向和任务；土地开发、整理、复垦指标等。

⑤基础设施条件：对外道路交通状况和区内道路等级、分布和质量状况；灌溉、排水骨干设施及区内田间灌溉、排水工程设施基本状况及附近可利用水源条件等。

(7)已有矿山地质环境保护与恢复治理工作：

已有的矿山地质环境保护与恢复治理工程概况、保护与复垦效果、工作经验及存在的问题。

5.2.1.2 地质条件调查

地质环境是指与人类生存、生活和工程设施依存有关的地质要素，包括自然地理、区域地质、地质构造、地层岩性、岩土类型及工程地质性质、水文地质、不良地质作用及特殊性岩土、其他人类活动对地质环境的影响等。

1)自然地理

(1)气象：

气象类型特征、气温、降水量、日照时间、蒸发量、活动积温、无霜期、湿度等。

(2)水文：

地表水的流域特征与水文要素，水系的归属关系，水体类型，主要水体的水文特征，最低开采标高与矿区地表水体最低侵蚀基准面的相对高差关系，周边可利用灌溉水源，地表径流的常年、枯季、洪峰水流量情况和排水承泄区情况等。

(3)地形地貌：

①区域地形地貌单元、地貌类型特征及位置。

②矿区地形地貌单元、地貌类型特征，主要包括地形坡度、海拔高度、相对高差、沟谷发育情况及各种微地貌形态特征、规模、成因、岩性组成和分布规律等；岩溶的个体形态、组合形态及其特征等。

③人工边坡、露天采矿场、排土场、矿渣堆、尾矿库等的分布、形态、规模及稳定状态等；斜坡的形态、类型、结构、坡度、高度等；沟谷、冲洪积扇、河谷、河漫滩、阶地分布特征等。

(4)土壤：

土地类型、土壤类型及分布特征等；不同土地利用类型的土壤类型、表土层厚度、耕作层厚度、土壤质地、有机质含量及 pH 等主要理化性质；土壤背景值及其污染程度。

（5）植被：

矿山及周边天然植被和人工植被的类型、当地树（草）种、组成、结构、分布、覆盖率和生长状况等。

（6）建筑材料：

与治理工程建设相关的建筑材料分布、质量、运距、运输条件等。

2）区域地质

收集区域地质及构造背景、地震历史等资料，分析判断地质活动对调查区的影响及区域地壳稳定性，根据《中国地震动参数区划图》（GB 18306—2015）论述区域地壳稳定性。

3）地质构造

（1）区域地质构造：

①矿山所在区域构造的产状、类型、规模、分布、力学性质、活动性等资料，区域构造对矿区的影响。

②矿山所在区域附近构造运动的性质和特征，近期地壳升降和断裂活动对第四系沉积物的分布及水文地质条件的影响。

（2）调查区地质构造：

①构造的分布、形态、规模、性质及组合特点，重点调查断层破碎带的特征要素。

②构造裂隙的发育与地层、构造部位的关系，地质结构面的产状、形态、规模、性质、密度、裂隙充填胶结情况，地下水活动痕迹及相互关系，分析地质结构面对地质体成灾作用的影响，特别是优势结构面对斜坡、边坡稳定性的影响。

4）地层岩性

（1）区域地层岩性：

矿山所在区域地层的地质年代、成因、结构构造、岩性特征、产状、厚度、分布范围及接触关系等；区域岩浆岩的岩石类型、结构构造、分布、岩性、形成年代及与围岩接触关系等。

（2）调查区地层岩性：

①地层的地质年代、成因、结构构造、岩性特征（重点是软弱夹层）、产状、厚度、分布特征及接触关系等。

②岩浆岩的岩石类型、结构构造、分布、岩性、形成年代及与围岩接触关系等。

③矿体的数量、分布、长度、厚度、延深、产状、埋藏深度、矿石质量、化学成分等，矿层的顶板与底板的厚度、工程地质性质。

5）岩土类型及工程地质性质

（1）调查区内岩土体的分布、岩性、成因、类型、结构、风化特征及物理力学性质；岩土体分类应符合《岩土工程勘察规范（2009 年版）》（GB 50021—2001）规定；岩体命名也可按岩石强度+岩体结构+岩溶化程度（碳酸盐岩岩体）+岩石名称，如坚硬中厚层状砂岩夹软弱泥岩岩组、较硬厚层状中等岩溶化白云岩岩组等。

某露采铜矿边坡结构面调查：该露采铜矿东部最大边坡高度达 380 m，加之受到底部软弱凝灰岩层面、断层、节理裂隙等众多结构面的影响，总体边坡出现变形开裂现象，并有逐渐加剧的趋势，整个边坡上分布有多个不同期次、不同层次的变形体，边坡变形破坏机制复杂。根据大型露天矿山边坡的构成要素与规模大小，将矿山边坡分成三个级别，即总体边坡、组合台阶边坡、台阶(1310 m)边坡。基于结构面空间位置、规模大小与边坡匹配关系的分层分析，采用赤平投影法分析各结构面对各级边坡稳定性的影响，完成露天边坡的精细化调查(图 5-1)。

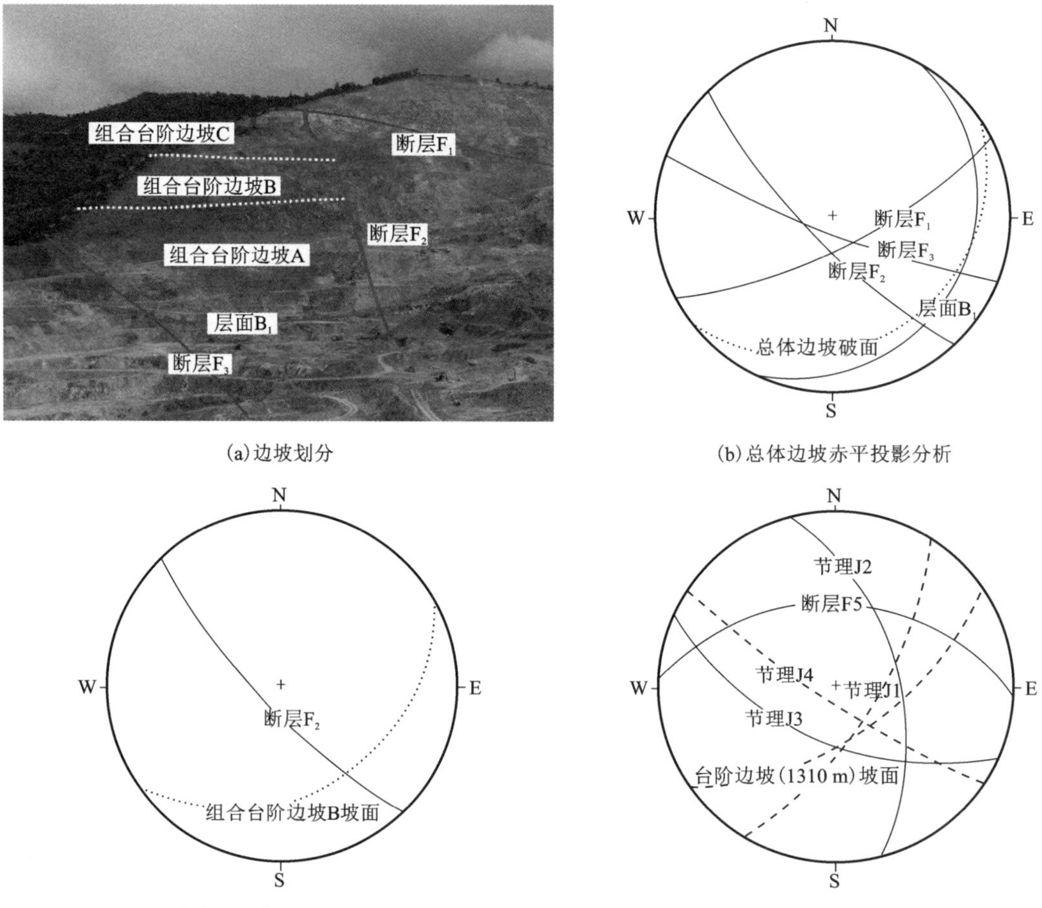

(a)边坡划分　(b)总体边坡赤平投影分析

(c)台阶组合边坡赤平投影分析　(d)台阶边坡赤平投影分析

图 5-1　矿山高边坡结构面调查与分析

(2)碳酸盐岩地层、软弱层、断层破碎带的分布、岩性、厚度、岩溶发育程度、岩溶充填情况、隐伏特征、水理性和物理力学性质及其对井巷围岩、矿山场地稳定性的影响。

(3)地下采矿过程中产生的岩爆、顶板垮塌、底鼓及有害气体等问题。

6)水文地质

(1)区域水文地质特征：

①水文地质单元及地下水的补给、径流、排泄条件，主要有松散岩类孔隙水、基岩裂隙水、碳酸盐岩类岩溶水等类型。

②隔水层岩性、厚度、富水性、透水性、分布范围，泉眼数量及流量。

(2)调查区水文地质特征:

①矿床水文地质条件,矿区最低侵蚀基准面标高和矿坑水自然排泄面标高,生产矿井与老窿水文地质特征;构造破碎带的位置、性质、规模、产状、形态、埋藏条件、导水性、富水性及其变化规律;充填物的成分、胶结程度、溶蚀和风化特征,与其他构造破碎带的组合关系及沟通各含水层和地表水的情况。

②调查区所在水文地质单元的位置、边界条件、地下水补径排条件、地下水埋藏类型及埋藏深度、地下水动态变化规律、水量、水质、水温,以及污染状况等。

③调查区内地下水开发利用历史与现状,地下水水源类型、取水方式、取水层位、取水量、水位变化、饮用人口、灌溉面积等;地下水对调查区岩土体的影响及其与矿山地质环境问题的关系。

④对矿区上游代表性地下水样进行水质分析,获取地下水污染分析背景值,对采矿活动可能影响区域的地下水做水质分析与背景值对比分析,得出采矿活动对矿区及其附近地下水的污染程度。

⑤已有采矿活动引起的含水层破坏范围、规模、程度,水位降低值、泉水流量变化、对生产生活用水的影响等;老矿山需调查前期采矿活动对地下含水层的影响或破坏情况;地下矿山勘查、开采过程中出现的井巷突泥、渗水、涌水等问题。

⑥水害的防治情况。

7)不良地质作用及特殊性岩土

(1)冲沟调查:冲沟的形态、规模、坡降、发展过程和发育阶段;冲沟分布区的地形、岩性及风化情况、地质构造、水文现象特征;冲沟岸坡稳定性,沟底及沟口堆积物的岩性、厚度、分布范围、形态特征及不同时期堆积物的组合关系;冲沟发育的密度、速度及与气象、地质和人类活动的关系。

(2)岩溶调查:可溶岩岩性、分布、厚度、结构和组合等特征;岩溶个体形态和组合形态及其特征;选择代表性地段测量统计岩溶的形态、规模和发育密度;岩溶发育特征、发育规律、发育程度、充填程度和充填物特征等。

(3)岩体风化调查:岩石风化程度、深度、形态和性质等。

(4)特殊性岩土调查:特殊性岩土类型、岩性、层位、厚度及分布特征、埋藏条件等。

8)其他人类活动对地质环境的影响

(1)人类活动的类型、强度、规模、分布及其对地质环境的影响的方式和程度。

(2)人类活动诱发或加剧的矿山地质环境问题。

5.2.1.3 地质环境问题调查

地质环境问题调查主要包括矿区地面塌陷、地面沉降、地裂缝、崩塌、滑坡、泥石流、地形地貌景观破坏、土地损毁和水土环境污染等。

1)地面塌陷

(1)岩溶塌陷。

在岩溶地区,下部洞穴扩大导致顶板岩体塌陷,或上覆土层中的土洞顶板因自然或人为因素失去平衡产生下沉或塌陷,为岩溶塌陷。其重点调查区段有:

①浅部岩溶发育强烈,可溶岩顶面起伏较大,并有洞口或裂口,岩溶洞穴空间无充填或充填物少,且充填物为砂、碎石和亚黏土的地段。

②采、排地下水点附近和地下水位降落漏斗范围内，特别是地下水的主要补给方向，以及地下水位变动明显的区域(浸没导致水位上升的区域)。

③构造断裂带及背斜、向斜轴部，可溶岩与非可溶岩的接触部位。

④岩溶洼地、积水低地和池塘。

⑤第四系为砂、轻亚黏土、亚黏土，且厚度小于 10 m 的地段。

其调查的主要内容有：

①矿区内可溶岩地层的时代成因、岩性特征、矿物成分、结构构造、岩层厚度及空间分布，岩溶含水层组特征、含水介质类型、富水性、埋藏和分布情况等。

②岩溶塌陷的种类、形态、发生时间、地点、发育特征、分布规律、岩溶水环境。

③可溶岩分布，岩溶发育程度，上覆第四系土体类型、厚度及工程地质性质，下伏基岩岩溶特征。

④地下水与地表水的水力联系和动态变化及与自然和人为因素的关系。

⑤矿区岩溶地段水文地质条件，研究泉水或暗河水的出露条件、地下水的补给、急流和排泄情况及其动态变化规律。

⑥岩溶塌陷的范围及对已有建筑物和居民区的破坏损失情况、以往治理情况，圈定可能发生岩溶塌陷的区段。

⑦岩溶塌陷的影响范围、危害对象与危害程度、处置情况等。

⑧岩溶塌陷成因和引发因素分析评价。

(2)采空区塌陷。

采空区之间的贯通引起相互垮塌，造成地表塌陷，进而引起地形发生变化，产生一系列地质灾害，严重危害矿山地质环境。查明采空区的三维形态和空间位置，有利于分析采空区对地质环境的影响。其调查的主要内容有：

①采空塌陷区地层岩性、地质构造、岩体结构、水文地质条件、软弱层等，地下工程的性质、规模、开采方式、地下水疏干情况、降落漏斗分布特征等。

②采空塌陷区产生的时间、地点、规模、形态特征、影响范围、危害对象、致灾程度、处置情况等。

③近地表隐伏采空区的分布情况，采空区的形态和位置，地面塌陷、裂缝、崩塌等破坏特征及其与采空区的空间位置关系。

④井下采空区的变形破坏情况，主要有冒顶、片帮、受开采影响巷道变形开裂的部位及对周边采空区的影响。

⑤井巷及采空区的地下水渗漏和积水情况，采空区在水作用下的变形影响。

⑥采空区内部及周边的断层构造，构造对采空区稳定性的影响。

⑦采空区致使原岩应力场发生变化，调查矿柱是否存在因地压集中造成的开裂或变形。

⑧其他稳定性较好的采空区还需开展以下调查：矿层及岩性特征、采空区埋深、采空区三维形态、矿柱尺寸、围岩岩性和物理力学性质等。

某铜矿采空区塌陷调查：该铜矿的采矿方法为空场-嗣后充填的采矿方法，由于对采矿后形成的空区未能及时进行充填处理，出现了多个盘区的空区连片现象，导致采矿空区顶板应力集中加剧，致使采空区塌陷(图 5-2)，诱发山体滑坡事故，对井下备采采场和供矿采场造成严重影响。为推进矿区采空区隐患治理工作，在收集矿山已有勘查地质资料、设计资料和生产地质资料及三维数据资料的基础上，综合采用地质调查、三维激光扫描、综合分析等多种方法手段，查明了地下采空区分布，地表塌陷区的数量、形态、规模和空间分布特征。

(a)地表塌陷

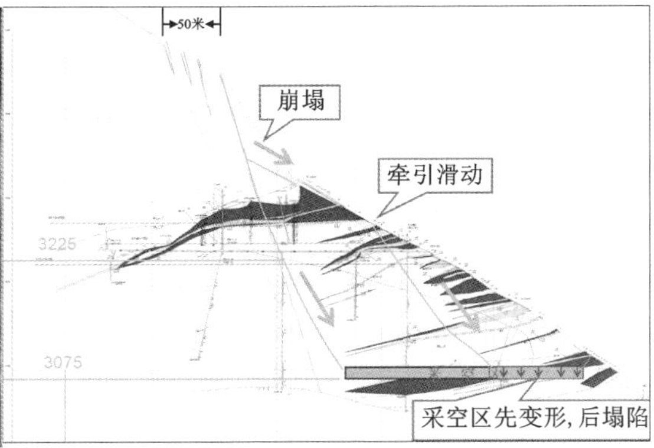

(b)塌陷区剖面

(c)采空区塌陷

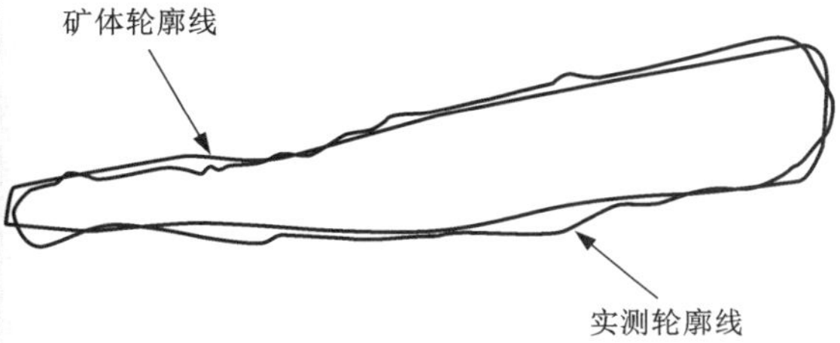

(d)采空区形态验证

图 5-2　采空区塌陷调查

2)地面沉降

(1)第四系覆盖层地下水基本特征、水文地质结构、埋藏条件及水力联系，主要调查由矿山开采常年抽排地下水引起水位或水压下降，已发生或可能发生地面沉降的地段；搜集历年地下水动态、开采量、开采层位和区域地下水位等值线图等资料，查明地面沉降的原因、现状、危害对象与危害程度等。

(2)第四系沉积类型、地貌单元特征、第四系地层岩性、厚度和埋藏条件，特别是压缩层的分布。

(3)地面沉降的发生时间、下降的高度和分布范围。

(4)根据已有地面测量资料和建筑物实测资料，同时结合水文地质资料进行综合分析，圈定地面沉降范围、面积，判定累计沉降量、沉降速率。

3)地裂缝

(1)地裂缝出现的时间、单缝发育规模和几何特征、群缝分布特征和分布范围。

(2)地裂缝形成的地质环境(地形地貌、地层岩性、地质构造、水文地质、工程地质、活动断裂等)、危害对象与危害程度等。

(3)分析评价地裂缝变形迹象、变形历史、发育强度，进行地裂缝成因分析。

4)崩塌

(1)搜集调查区及周边崩塌史，易崩地层的分布、水文气象和所处的地质构造单元等资料，崩塌危害对象与危害程度等。

(2)崩塌区的地形地貌及崩塌类型、分布高度、规模、范围、活动状态、变形历史、堆积体。

(3)崩塌区岩土体的岩性特征、风化程度，以及地下水、地表水的活动特征等。

(4)崩塌区的地质构造，岩土体结构特征、结构面的产状组合关系、力学属性、充填情况、延展及贯穿特征。

(5)分析崩塌(危岩)的崩落方向、规模和影响范围，重点关注受采矿、地震、降雨等影响岩体松动并存在高位远程崩塌地质灾害隐患地段。

崩塌可根据其发生地层的物质组成分为黄土崩塌、黏性土崩塌、岩体崩塌；根据形成机理可分为倾倒式崩塌、滑移式崩塌、鼓胀式崩塌、拉裂式崩塌、错断式崩塌等，具体见表5-1。

表5-1 崩塌按形成机理分类

类型	岩性	结构面	地貌	受力状态	起始运动形式
倾倒式崩塌	黄土、直立岩层	多为垂直节理、直立层面	峡谷、直立岸坡、悬崖	主要受倾覆力矩作用	倾倒
滑移式崩塌	多为软硬相间的岩层	有倾向临空面的结构面	陡坡，坡度通常大于55°	滑移面主要受剪切力	滑移
鼓胀式崩塌	黄土、黏土，坚硬岩层下有较厚软岩层	上部垂直节理，下部为近水平的结构面	陡坡	下部软岩受垂直挤压	鼓胀伴有下沉、滑移、倾斜
拉裂式崩塌	多见于软硬相间的岩层	多为风化裂隙和重力拉张裂隙	上部突出的悬崖	拉张	拉裂
错断式崩塌	坚硬岩层、黄土	垂直裂隙发育，通常无倾向临空面的结构面	大于45°的陡坡	自重引起的剪切力	错落

5)滑坡

滑坡形成条件主要包括地表水及地下水、岩土类型、结构面、地形地貌；诱发因素则主要是降雨(尤其是集中强降雨)、坡脚片状泉点、地震，以及开挖与爆破等人类工程活动及流水冲刷等其他特殊地质环境因素。滑坡调查要点：

(1)调查区及周边滑坡史、易滑地层分布、水文气象、区域水文地质图和地质构造图等资料。

(2)滑坡类型、规模、形态、活动状态、运动形式、边界条件、活动历史等基本特征，滑坡地段的地层岩性、地质构造、斜坡结构类型、水文地质条件等。

(3)滑坡体上微地貌形态及其演变过程，如滑坡周界、滑坡壁、滑坡平台、滑坡舌、滑坡裂缝、滑坡鼓丘等；滑动带部位的滑痕、滑面倾角、物质组成和岩土状态；滑床岩土特征。

(4)裂缝的位置、方向、深度、宽度、产生时间、切割关系和力学性质。

(5)滑坡体地下水和地表水的情况、泉水出露地点及流量、地表水体、湿地分布及变迁情况。

(6)滑坡带内外建筑物、树木等的变形、位移及破坏的时间和过程。

(7)研究滑坡的主滑方向、主滑段、抗滑段及其变化，分析其成因和主要影响因素。

滑坡根据其滑体物质组成、形成原因、滑体厚度及滑动形式等，可分为岩体滑坡、土体滑坡、工程滑坡、自然滑坡、浅层滑坡、中层滑坡、深层滑坡、推移式滑坡、牵引式滑坡等，滑坡的不同分类见本卷第 4 章矿山工程地质中表 4-41，详细分类可参照《滑坡防治工程勘查规范》(GB/T 32864—2016)附录 B 进行。

6)泥石流

泥石流是山区沟谷或坡面在降雨、融冰、溃决等自然或人为因素作用下发生的一种挟带大量泥砂、石块或巨砾等固体物质的特殊洪流。泥石流调查要点：

(1)泥石流的类型、地形地貌、松散物储量、沟口扇形特征、水动力条件、活动状态和历史、堵塞程度等。

(2)历次泥石流的发生时间、诱发主因(植被破坏、岩土体破碎、弃土弃渣等)、频率、规模、形成过程、历时、流体性质、暴发前的降雨情况和暴发后产生的灾害情况、防治情况。

(3)暴雨强度、一次最大降雨量，冰雪融化和雨洪最大流量，地下水对泥石流形成的影响。

(4)沟谷区地层岩性、地质构造，崩塌、滑坡、不稳定斜坡等不良地质条件，松散堆积物的分布、物质组成和储量。

(5)沟谷的地形地貌特征，包括沟谷的发育程度、切割情况和沟床弯曲堵塞、粗糙程度、纵坡坡度，划分泥石流的形成区、流通区和堆积区，圈绘整个沟谷的汇水面积。调查范围应包括沟谷至分水岭的全部和可能受泥石流影响的地段。

(6)形成区的水源类型、水量、汇水条件、山坡坡度、岩土性质及风化松散程度、弃土弃渣分布情况。

(7)流通区的沟床纵坡坡度、跌水、急弯等特征；沟床两侧山坡坡度，沟床的弃土弃渣分布、冲淤变化和泥石流的痕迹。

(8)堆积区堆积扇的分布范围、表面形态、纵坡、植被、沟道变迁和冲淤情况；堆积物质的组成、厚度、一次冲出方量、最大粒径及分布规律。

(9)泥石流调查资料成果的分析评价，泥石流成因、影响程度确定。

泥石流可分为暴雨型泥石流、崩塌型泥石流、弃渣型泥石流、坡面型泥石流、沟谷型泥石流、黏性泥石流、稀性泥石流等，泥石流的不同分类见表 5-2～表 5-6，具体分类可参照《泥石流灾害防治工程勘查规范(试行)》(T/CAGHP 006—2018)附录 A。

表 5-2 泥石流按水源和物源成因分类

分类依据	类型	特征描述
水源	暴雨型泥石流	一般在充分的前期降雨和当场暴雨的激发作用下形成，激发雨量和雨强因不同沟谷而异
	冰川型泥石流	冰雪融水冲刷沟床，侵蚀岸坡而引发泥石流，有时也有降雨的共同作用
	溃决型泥石流	由水流冲刷、地震、堤坝自身不稳定性引起的各种拦水堤坝溃决和形成堰塞湖的滑坡(崩塌)堰塞体、终碛堤溃决，造成突发性高强度洪水冲蚀而引发泥石流
物源	坡面侵蚀型泥石流	坡面侵蚀和重构侵蚀提供泥石流形成的主要物源。固体物质多集中于沟道岸坡或斜坡坡面，在一定水动力条件下形成泥石流
	崩塌型泥石流	固体物质主要由滑坡崩塌等堆积物提供，也有滑坡直接转化为泥石流者
	沟床冲刷型泥石流	固体物质主要由沟床堆积物受冲刷提供
	冰碛型泥石流	形成泥石流的固体物质主要是冰碛物
	弃渣型泥石流	形成泥石流的松散固体物质主要由开渠、筑路、矿山开挖等人类工程活动形成的弃渣提供

表 5-3 泥石流按暴发频率分类

泥石流类型	极低频泥石流	低频泥石流	中频泥石流	高频泥石流
暴发频率	<1 次/100 年	1 次/100 年～<1 次/20 年	1 次/20 年～<1 次/年	≥1 次/年

表 5-4 泥石流按集水区特征分类

泥石流类型	坡面型泥石流	沟谷型泥石流
特征	(1)无恒定地域与明显沟槽，只有活动周界。轮廓呈保龄球形 (2)限于 30°以上斜面，下伏基岩或不透水层，物源以地表覆盖层为主，活动规模小，破坏机制更接近于坍滑 (3)发生时空不易识别，成灾规模及损失范围小 (4)坡面浅成岩土体失稳 (5)总量小，无后续性，无重复性 (6)在同一斜坡面上可以多处发生，呈梳状排列，顶缘距山脊线有一定范围 (7)可知性低、防范难	(1)以流域为周界，受一定的沟谷制约。泥石流的形成、堆积和沟通区较明显。轮廓呈哑铃形 (2)以沟槽为中心，物源区松散堆积体分布在沟槽两岸及河床上，崩塌滑坡、沟蚀作用强烈，活动规模大，由洪水、泥砂两种汇流形成，更接近于洪水 (3)发生时空有一定规律性，可识别，成灾规模及损失范围大 (4)由暴雨导致洪流对沟底和坡面物源产生"揭底"冲刷所致 (5)总量大，重现期短，有后续性，能重复发生 (6)受区域构造控制，同一地区多呈带状或片状分布，对同一地区相同条件沟谷进行泥石流危险性预测有借鉴意义 (7)有一定的可知性，可防范

表 5-5　泥石流按物质组成分类

分类指标	泥石流类型		
	泥流型	泥石型	水石(砂)型
物质组成	粉砂、黏粒为主，粒度均匀，98%的颗粒粒径小于 2.0 mm	可含黏粒、粉粒、砂粒、砾石、卵石、漂石各级粒度，很不均匀	粉砂、黏粒含量极低，多为粒径大于 2.0 mm 的颗粒，粒度很不均匀(水砂流较均匀)
流体属性	多为非牛顿流体，有黏性，黏度大于 0.3 Pa·s	多为非牛顿流体，少部分也可以是牛顿流体，有具有黏性的，也有无黏性的	为牛顿流体，无黏性
残留表现	有浓泥浆残留	表面不干净，有泥浆残留	表面较干净，无泥浆残留
沟槽坡度	较缓(坡度 $\varphi\leq5°$)	较陡(坡度 $5°<\varphi\leq14°$)	陡(坡度 $14°<\varphi\leq21°$)
分布地域	多集中分布在黄土及火山灰地区	广见于各类地质体及堆积体中	多见于火成岩及碳酸盐岩地区

表 5-6　泥石流按流体性质分类

特征	泥石流类型	
	黏性泥石流	稀性泥石流
重度/($t\cdot m^{-3}$)	1.8~2.4	1.3~1.8
固体物质含量/($kg\cdot m^{-3}$)	1300~2200	500~1300
泥浆黏度/($Pa\cdot s$)	≥0.3	<0.3
物质成分	以黏土、粉土为主，包括部分砾石、块石等，有相应的土及易风化的松软岩层供给	以碎块石、砂为主，含少量黏性土，有相应的土及不易风化的坚硬岩层供给
沉积物特征	呈舌状，起伏不平，保持流动结构特征，剖面中一次沉积物的层次不明显，间有“泥球”，但各沉积物之间层次分明，洪水后不易干枯。杂基支撑，混杂堆积，高容重(容重大于 2.0 g/cm^3)泥石流还有反粒径分布(粗颗粒在上)的特点	呈垄岗状或扇状，洪水后即可通行，干后层次不明显，呈层状，具有分选性，砾石支撑
流态及流体特征	层流状，固、液两相物质成整体运动，无垂直交换，浆体浓稠，承浮和悬托力大，石块呈悬移状，有时滚动，流体阵性明显，直进性强，转向性弱，弯道爬高明显，沿程渗漏不明显，磨蚀力强	紊流状，固、液两相做不等速运动，有垂直交换，石块流速慢于浆体，呈滚动或跃移状，泥浆体混浊，阵性不明显，但有股流和散流现象，水与浆体沿程易渗漏

7)地形地貌景观破坏

调查区内原生的地形地貌景观的类型、所处地貌部位，涉及的自然保护区、地质公园、风景名胜区等生态敏感区及重要交通设施、城市或重要旅游景区(点)等；调查区与这些区(点)的位置关系，分析采矿活动对地形地貌景观、地质遗迹、人文景观等的影响和破坏情况；露天采场、排土场对山体和水系的切割、占用情况及景观视线阻挡、损坏情况等。

8)土地损毁

调查矿区因挖损、塌陷、压占等造成的土地损毁范围、地类、面积和程度等现状，包括矿山地质灾害破坏土地类型及面积。

9)水土环境污染

结合矿区水文地质、工程地质条件、开采工艺、选矿方式等情况，调查矿区及周边区域水土环境污染现状；重点调查对矿区地质环境和土地资源利用的影响程度，按相关规范分别收集矿山污染源样品，包括矿石、废水、废渣等，以及矿山及周边可能影响的区域的地表水、地下水及土壤样品，对照背景值评价矿山及周边地表水、地下水及土壤的污染现状。

矿山水土污染调查案例：

(1)某砷矿水土污染调查。

该砷矿经过多年生产，由于早期环保意识缺乏，相应环保措施不到位，矿区内私挖乱采严重，废石及冶炼废渣随意堆放，堆放区域未做任何防渗及截洪措施。目前矿山已停产，露天丢弃的废石废渣由于长期的雨水冲刷和浸泡，大量重金属离子溶出，部分废渣冲入河道，导致区域内土壤、地表水及地下水砷超标，严重威胁区域河流生态环境与居民饮用水安全，需完成对历史遗砷渣的处置治理工作。

通过实施地质调查、污染勘察工程等工作，完成重金属污染土现场取样 157 件，进行物理性质、强度指标、污染重金属含量试验，查明了矿区周围弃渣堆存量、土壤环境质量(图 5-3～图 5-5)。调查表明，本场地污染主要是砷(As)超标，重金属 Pb、Cd、Hg 在局部地段也属超标(表 5-7)。根据《土壤环境质量　农用地土壤污染风险管控标准(试行)》(GB 15618—2018)，渣堆废渣层和下伏土层(含风化层)砷的浸出浓度均超出排放标准，为Ⅱ类一般工业固废，场地弃渣污染以重度污染为主。

表 5-7　土样 pH 及重金属含量统计表

土壤项目	pH	As /(mg·kg^{-1})	Pb /(mg·kg^{-1})	Cd /(mg·kg^{-1})	Cr /(mg·kg^{-1})	Hg /(mg·kg^{-1})
标准值		≤40	≤500	≤0.3	≤400	≤1.5
最小值	7.0	38.9	2.65	<0.01	<3	0.004
最大值	8.2	14900	18800	345	159	1.697

(2)某铜矿山选冶场地水土污染调查。

该铜矿山经多年生产，资源消耗殆尽，停止生产。按照《土壤环境质量　建设用地土壤污染风险管控标准(试行)》(GB 36600—2018)要求，在 20 个点位采集 208 个土壤样品，对污染土壤进行 pH、毒物浸出分析，结果显示场地存在砷、镉、铬、汞、铅、铜、锌和镍 8 种元素的污染，其中砷污染较为严重，污染物外泄将对周边环境造成极大的威胁。

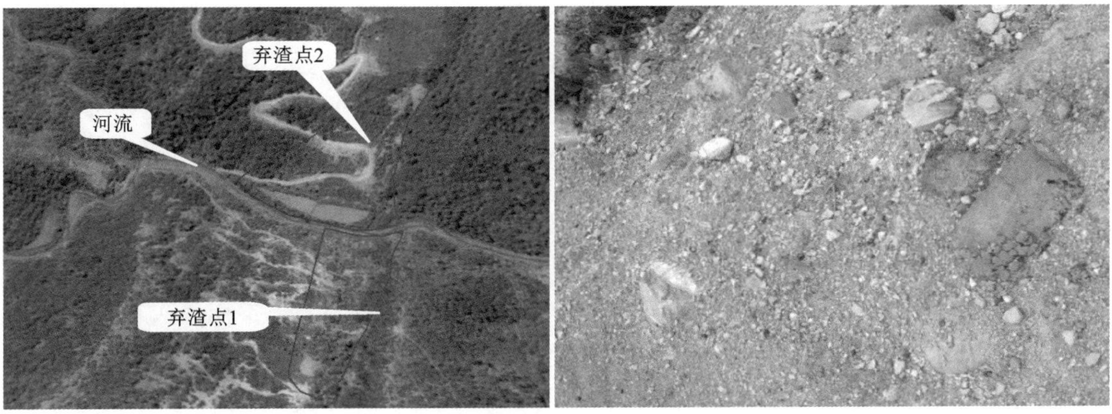

(a)弃渣堆体分布　　(b)弃渣

图 5-3　砷渣水土环境污染调查

图 5-4　矿山堆浸场

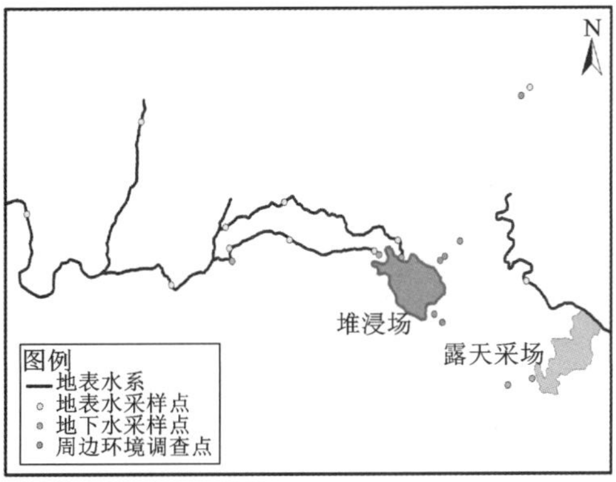

图 5-5　环境调查采样点分布

5.2.2　调查方法

5.2.2.1　调查基本原则

1)调查与资料收集相结合原则

根据调查区以往工作程度，对区内以往所做的各项工作成果进行充分全面收集，利用已有资料和遥感影像解译图斑，以路线穿越调查为主，现场观察访问相结合的原则进行调查。

2)传统调查与现代技术相结合原则

传统野外调查一般采用路线穿越法与界线追索法相结合进行，采用数码摄影、摄像、素描图等手段，记录地质、地貌、地质灾害等现象。

现代技术调查主要包括遥感(RS)技术、无人机技术。遥感技术具有视野开阔、信息量大、时段长等特点，遥感解译方法是一种高效、直观的识别手段，是区域地质环境调查较有效的手段之一，尤其对调查水土流失、地形地貌景观破坏、矿山泥石流、区域滑坡、固体废弃物堆积、开采沉陷、植被发育和地表水资源等具有显著的效果；调查区高位崩滑体、水土流失、固体废弃物堆积、泥石流沟等可通过无人机航拍后进行初步识别。

3）区域展开、重点突破原则

由于矿山地质环境、建设规模及矿山地质环境问题存在较大差异，因此调查工作要按区域展开、重点突破的原则开展。受区域地质条件的影响，点面结合的工作方式有利于加强对地质环境成因的认识。对于矿山地质环境问题比较突出的地区，应优先进行拉网式的全面的区域调查，在此基础上对所发现的有代表性的典型矿山地质环境问题进行详细的解剖研究、重点突破，以便更好地指导区域矿山地质环境的调查工作。

5.2.2.2 调查的技术手段和方法

传统野外调查采用路线穿越法与界线追索法相结合的方法进行，采用数码摄影、摄像、素描图等手段，记录地质、地貌、地质灾害等现象。重要的地质、地貌、工程地质、水文地质现象均应有观测点控制，沿途做连续观察，详细记录。重要水源点（井、泉、暗河出入口）应施测流量和水温。

1）工程地质及水文地质调绘

工程地质及水文地质调绘比例尺不应小于 1：10000，对于矿山地质灾害严重、地质环境问题突出、工程内容复杂的区域，调绘比例尺不应小于 1：2000。按矿区 1：10000 地质、水文地质测绘有关要求，野外调查点的密度不低于 10 点/km^2。工程地质及水文地质调绘重点地段：

（1）地层界线、断层线、褶皱轴线、岩浆岩与围岩接触带、标志层、典型露头，以及岩性、岩相变化带等。

（2）地貌分界线和典型自然地质现象：斜坡悬崖、沟谷、河谷、河漫滩、阶地、冲沟、洪积扇及岩溶洼地、漏斗、落水洞、溶洞、暗河（或伏流）、天窗、溶潭（湖）等。

（3）井、泉、岩溶水点（如暗河出入口、落水洞）、地表水体和重要水利工程等。

（4）滑坡、崩塌、泥石流、地面沉降、地裂缝、地面塌陷等地质灾害及环境地质问题发育处。

（5）矿山主要工程设施布置场地：矿井口、露天采场、废石场、工业场地、办公及生活场地。

（6）矿山地质环境恢复治理工程。

2）遥感技术

遥感技术具有能动态和周期性地获取地表信息的优点，已广泛应用于各个领域。遥感技术主要针对大面积区域进行宏观解释，可形成不同比例尺所需要的航、卫片解译结果。利用航、卫片进行解译，具有宏观、真实、准确、实效性强等特点，可大大提高工作效率和质量。

通过矿山地质环境的遥感影像解译图斑的采集提取，充分收集、利用已有资料和遥感影像解译图斑，以路线穿越调查为主，与现场观察访问相结合，辅以必要的地形测量、物探、钻探、坑（槽）探与取样测试等工作，加强地质观察和分析，能够更好地做好矿山环境地质调查及资料收集工作。

3）无人机技术

无人机具有成本低、机动性好、应用方便等优势，可搭载多光谱摄像机及激光雷达测距传感器，可应用到大比例尺地形测量、地质环境和地质灾害调查等领域。目前常用的民用级无人机主要分为固定翼无人机和多旋翼无人机。固定翼无人机飞行速度快，适用于大面积宏观调查；多旋翼无人机的机动性强，可悬停拍摄。无人机技术还适用于人员难以到达或危险的区域，如滑坡地质灾害、岩土松动体、塌陷区域的调查和测绘工作。

某铜矿地表灾害无人机调查：

该铜矿经过多年的地下开采，形成了大量近地表采空区，并诱发了地表开裂、塌陷等灾害，为准确掌握该矿山地表灾害情况，对其地表开展了全面的调查工作。在地表环境调查工作过程中，因其地形陡峭、地表存在多处采空区塌陷，不适合技术人员直接进行地表调查。为确保地表调查工作的顺利开展，采用 CW-20 垂直起降固定翼无人机对此区域进行了航空拍摄、地形测绘(图 5-6)，成功查明矿区地表塌陷及开裂隐患，并结合三维地质建模技术构建矿区地表数字模型。

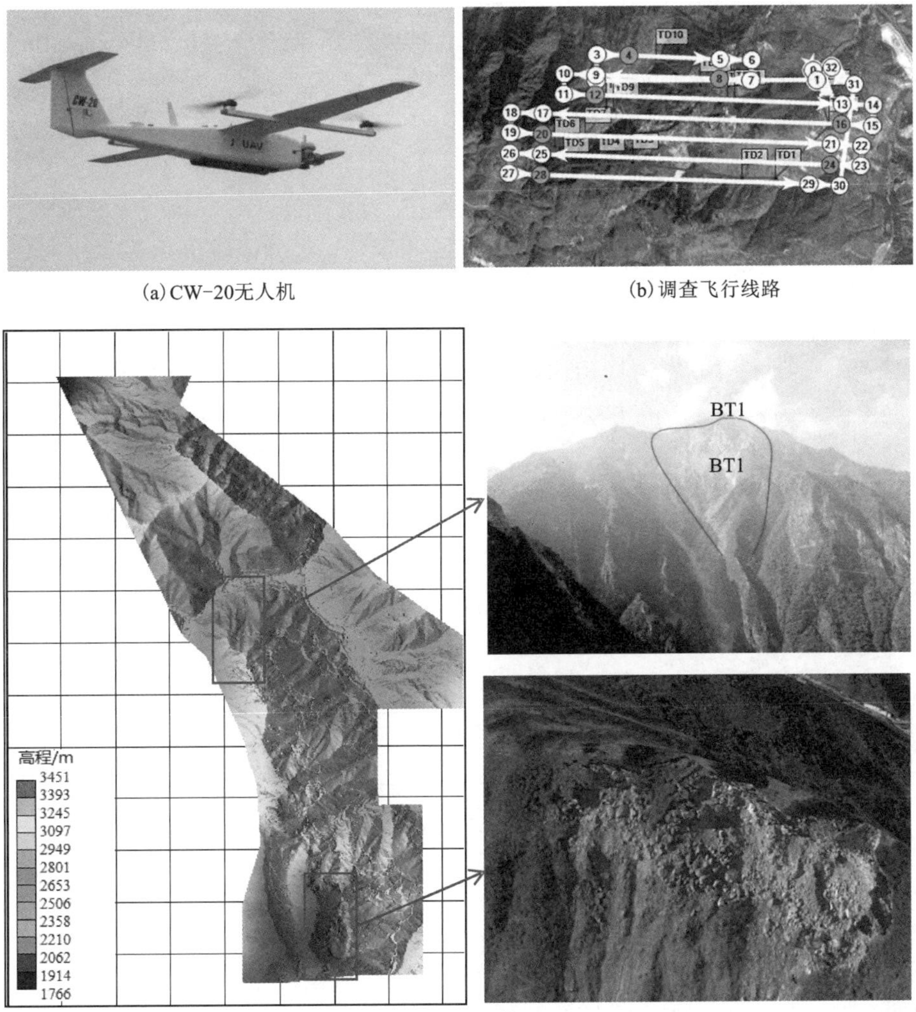

(a) CW-20无人机　　(b) 调查飞行线路

(c) 地形模型及隐患点

图 5-6　无人机对地表隐患调查结果

4）卫星导航定位系统

卫星导航定位系统是利用导航卫星进行授时和测距的全球定位系统，由于卫星导航定位系统具有全天候、全球覆盖和高精度的优良性能，而且其用户设备无源工作、体积小、质量轻、耗电少、使用便捷、价格低廉，卫星导航定位系统的应用越来越广泛。在矿山地质环境野外调查中，调查路线主要采用穿越法，可采用卫星导航定位系统对发现的地质灾害点及不良地质现象、土地损毁区段进行定位、圈定。

5）地球物理技术

地球物理技术用于地表以下的覆盖层探测、水文地质勘探、采空区探测、深部隐伏矿体探测等。地球物理勘探分为六大类方法，包括磁法勘探、重力勘探、电法勘探、地震勘探、放射性勘探和地温勘探。每大类方法，根据探测的方式、方法及获取的参数，可细分为许多种具体实施的工作方法。在矿山环境地质调查中，电法勘探较为常用，如激发极化法、音频大地电磁测深法、瞬变电磁法等。

某地下矿山采空区地球物理勘探调查：

该地下矿山经过数十年的开采，因生产管理不善，形成了大量的未知采空区，直接威胁地表安全及下一步深部开采工作。为查清采空区的空间分布，支撑下一步的采矿设计工作，该矿山进行了系统的采空区调查工作。在采空区调查中，部分采空区垮塌，技术人员不能进入调查，故使用音频大地电磁测深法来探测采空区引起的一定频率段内电磁波阻抗异常，采用地-空瞬变电磁法探测解决了地表人员无法到达区域的深部 500 m 以内电阻率探测问题，采用天然源无人机频率域电磁法快速识别采空区的平面分布和隐伏断层构造，为采空区位置的初步确定提供了高效、科学的方法。低空瞬变电磁法仪器设备见图 5-7。瞬变电磁法采空区推测图见图 5-8。

图 5-7 低空瞬变电磁法仪器设备

6）三维激光扫描技术

三维激光扫描技术主要用于采空区三维测量，对人员无法进入的采空区、空洞进行全方位空腔扫描，通过无线控制器实时获取扫描数据，保证人员安全。利用采空区三维激光扫描结果，与三维计算软件进行耦合，有效提升采空区三维模型精度。

7）水文地质试验

矿山地质环境调查工作中的水文地质试验主要包括水质测试、土壤污染试验、溶质迁移与富集规律试验等，能够有效确定矿山水土污染情况，通过水文地质模拟，预测污染发展趋势和程度，为水土环境保护和治理提供依据。

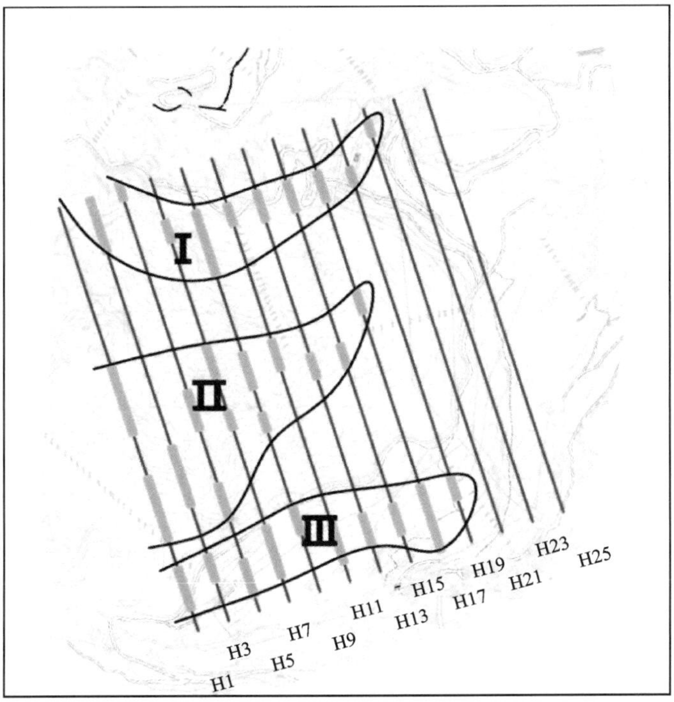

道路　测线编号及位置　采空区平面投影位置　采空区分带

图 5-8　瞬变电磁法采空区推测图

8）长期动态监测

矿山地质环境的长期动态监测，对深入认识矿区地质环境问题主控因素和相互间关系以及矿山地质环境演变规律等均具有重要的意义。矿山地质环境监测的主要对象包括地面塌陷、地面沉降、崩塌、滑坡、泥石流、不稳定斜坡、地表水、地下水、土壤、大气等；监测的主要内容包括地面塌陷、地面沉降、崩塌、滑坡、泥石流、不稳定斜坡发展变化情况、水质、水位、水温、径流量、泉流量、土壤质量等。通过分析监测数据时空变化，动态预测矿山地质环境的演化。

5.3　矿山地质环境影响评估

5.3.1　评估范围与评估级别

5.3.1.1　评估范围

评估范围应根据矿山地质环境调查结果进行综合分析确定，包括矿业权登记范围及矿业活动可能影响到的范围，重点阐述坑采地表移动变形范围、崩塌及滑坡（包括高位崩塌、高位滑坡）影响范围、泥石流形成区和影响范围、地表水及地下水污染影响范围等。

5.3.1.2　评估级别

矿山地质环境影响评估级别应根据评估区重要程度、矿山生产建设规模、矿山地质环境条件复杂程度综合确定，评估级别分为一级、二级、三级（表 5-8）。

一级评估以定量为主，作出矿山地质环境影响程度现状评估、预测评估；二级评估采用定量与定性相结合，作出矿山地质环境影响程度现状评估、预测评估；三级评估以定性为主，作出矿山地质环境影响程度现状评估、预测评估。

表 5-8 矿山地质环境影响评估分级表

评估区重要程度	矿山生产建设规模	矿山地质环境条件复杂程度		
		复杂	中等	简单
重要区	大型	一级	一级	一级
	中型	一级	一级	一级
	小型	一级	一级	二级
较重要区	大型	一级	一级	一级
	中型	一级	二级	二级
	小型	一级	二级	三级
一般区	大型	一级	二级	二级
	中型	一级	二级	三级
	小型	二级	三级	三级

评估区重要程度应根据区内居民集中居住情况、重要工程设施和自然保护区分布情况、重要水源地情况、土地类型等确定，划分为重要区、较重要区和一般区三级(表 5-9)。

表 5-9 评估区重要程度分级表

重要区	较重要区	一般区
1. 分布有 500 人以上的居民集中居住区	1. 分布有 200~500 人的居民集中居住区	1. 居民居住分散，居民集中居住区人口在 200 人以下
2. 分布有高速公路、一级公路、铁路、中型以上水利、电力工程或其他重要建筑设施	2. 分布有二级公路、小型水利、电力工程或其他较重要建筑设施	2. 无重要交通要道或建筑设施
3. 矿区紧邻国家级自然保护区(含地质公园、风景名胜区等)或重要旅游景区(点)	3. 紧邻省级、县级自然保护区或较重要旅游景区(点)	3. 远离各级自然保护区及旅游景区(点)
4. 有重要水源地	4. 有较重要水源地	4. 无较重要水源地
5. 破坏耕地、园地	5. 破坏林地、草地	5. 破坏其他类型土地

注：(1)评估区重要程度分级确定采取上一级别优先的原则，只要有一条符合者即为该级别。

(2)矿区紧邻指距矿区边界直线距离 1000 m 或直观可视 3000 m 的范围。

(3)重要水源地：供水人口数大于 1000 人的集中式饮用水水源地或可开采量大于 5 万 m^3 的地下水备用水源地。较重要水源地：供水人口数为 200~1000 人的分散式饮用水水源地或可开采量为 1 万~5 万 m^3 的地下水备用水源地。

矿山生产建设规模按矿种类别和年生产量分大型、中型、小型三类。矿山生产建设规模分类见表 5-10。

表 5-10　矿山生产建设规模分类一览表

矿种类别	计量单位	年生产量			备注
		大型	中型	小型	
煤(地下开采)	万 t	≥120	45~120	<45	原煤
煤(露天开采)	万 t	≥400	100~400	<100	原煤
石油	万 t	≥50	10~50	<10	原油
油页岩	万 t	≥200	50~200	<50	矿石
烃类天然气	亿 m^3	≥5	1~5	<1	
二氧化碳气	亿 m^3	≥5	1~5	<1	
煤成(层)气	亿 m^3	≥5	1~5	<1	
地热(热水)	万 m^3	≥20	10~20	<10	
地热(热气)	万 m^3	≥10	5~10	<5	
放射性矿产	万 t	≥10	5~10	<5	矿石
金(岩金)	万 t	≥15	6~15	<6	矿石
金(砂金船采)	万 m^3	≥210	60~210	<60	矿石
金(砂金机采)	万 m^3	≥80	20~80	<20	矿石
银	万 t	≥30	20~30	<20	矿石
其他贵金属	万 t	≥10	5~10	<5	矿石
铁(地下开采)	万 t	≥100	30~100	<30	矿石
铁(露天开采)	万 t	≥200	60~200	<60	矿石
锰	万 t	≥10	5~10	<5	矿石
铬、钛、钒	万 t	≥10	5~10	<5	矿石
铜	万 t	≥100	30~100	<30	矿石
铅	万 t	≥100	30~100	<30	矿石
锌	万 t	≥100	30~100	<30	矿石
钨	万 t	≥100	30~100	<30	矿石
锡	万 t	≥100	30~100	<30	矿石
锑	万 t	≥100	30~100	<30	矿石
铝土矿	万 t	≥100	30~100	<30	矿石
钼	万 t	≥100	30~100	<30	矿石
镍	万 t	≥100	30~100	<30	矿石
钴	万 t	≥100	30~100	<30	矿石
镁	万 t	≥100	30~100	<30	矿石

续表5-10

矿种类别	计量单位	年生产量			备注
		大型	中型	小型	
铋	万 t	≥100	30~100	<30	矿石
稀土、稀有金属	万 t	≥100	30~100	<30	矿石
石灰岩	万 t	≥100	50~100	<50	矿石
硅石	万 t	≥20	10~20	<10	矿石
白云岩	万 t	≥50	30~50	<30	矿石
耐火黏土	万 t	≥20	10~20	<10	矿石
萤石	万 t	≥10	5~10	<5	矿石
硫铁矿	万 t	≥50	20~50	<20	矿石
自然硫	万 t	≥30	10~30	<10	矿石
磷矿	万 t	≥100	30~100	<30	矿石
蛇纹岩	万 t	≥30	10~30	<10	矿石
硼矿	万 t	≥10	5~10	<5	矿石
岩盐、井盐	万 t	≥20	10~20	<10	矿石
湖盐	万 t	≥20	10~20	<10	矿石
钾盐	万 t	≥30	5~30	<5	矿石
芒硝	万 t	≥50	10~50	<10	矿石
碘		按小型矿山归类			
砷、雌黄、雄黄、毒砂		按小型矿山归类			
金刚石	万 g	≥2	0.6~2	<0.6	1 克=5 克拉
宝石		按小型矿山归类			
云母		按小型矿山归类			工业云母
石棉	万 t	≥2	1~2	<1	石棉
重晶石	万 t	≥10	5~10	<5	矿石
石膏	万 t	≥30	10~30	<10	矿石
滑石	万 t	≥10	5~10	<5	矿石
长石	万 t	≥20	10~20	<10	矿石
高岭土、瓷土等	万 t	≥10	5~10	<5	矿石
膨润土	万 t	≥10	5~10	<5	矿石
叶蜡石	万 t	≥10	5~10	<5	矿石
沸石	万 t	≥30	10~30	<10	矿石
石墨	万 t	≥1	0.3~1	<0.3	石墨

续表5-10

矿种类别	计量单位	年生产量			备注
		大型	中型	小型	
玻璃用砂、砂岩	万 t	≥30	10~30	<10	矿石
水泥用砂岩	万 t	≥60	20~60	<20	矿石
建筑石料	万 m^3	≥10	5~10	<5	
建筑用砂、砖瓦黏土	万 g	≥30	5~30	<5	矿石
页岩	万 t	≥30	5~30	<5	矿石
矿泉水	万 t	≥10	5~10	<5	

矿山地质环境条件复杂程度根据区内水文地质、工程地质、地质构造、地质灾害、开采情况、地形地貌确定，划分为复杂、中等、简单三级。地下开采矿山可依据表 5-11 确定地质环境条件复杂程度，露天开采矿山可依据表 5-12 确定地质环境条件复杂程度。

表 5-11　地下开采矿山地质环境条件复杂程度分级表

复杂	中等	简单
1. 主要矿层(体)位于地下水位以下，矿坑进水边界条件复杂，充水水源多，充水含水层和构造破碎带、岩溶裂隙发育带等富水性强，补给条件好，与区域强含水层、地下水集中径流带或地表水联系密切，老窿(窑)水威胁大，矿坑正常涌水量大于 10000 m^3/d，地下采矿和疏干排水容易造成区域含水层破坏	1. 主要矿层(体)位于地下水位附近或以下，矿坑进水边界条件中等，充水含水层和构造破碎带、岩溶裂隙发育带等富水性中等，补给条件较好，与区域强含水层、地下水集中径流带或地表水有一定联系，老窿(窑)水威胁中等，矿坑正常涌水量 3000~10000 m^3/d，地下采矿和疏干排水较容易造成矿区周围主要充水含水层破坏	1. 主要矿层(体)位于地下水位以上，矿坑进水边界条件简单，充水含水层富水性差，补给条件差，与区域强含水层、地下水集中径流带或地表水联系不密切，矿坑正常涌水量小于 3000 m^3/d，地下采矿和疏干排水导致矿区周围主要充水含水层破坏的可能性小
2. 矿床围岩岩体结构以碎裂结构、散体结构为主，软弱岩层或松散岩层发育，蚀变带、岩溶裂隙带发育，岩石风化强烈，地表残坡积层、基岩风化破碎带厚度大于 10 m，矿层(体)顶底板和矿床围岩稳固性差，矿山工程场地地基稳定性差	2. 矿床围岩岩体以薄~厚层状结构为主，蚀变带、岩溶裂隙带发育中等，局部有软弱岩层，岩石风化中等，地表残坡积层、基岩风化破碎带厚度 5~10 m，矿层(体)顶底板和矿床围岩稳固性中等，矿山工程场地地基稳定性中等	2. 矿床围岩岩体以巨厚层状~块状整体结构为主，蚀变作用弱，岩溶裂隙带不发育，岩石风化弱，地表残坡积层、基岩风化破碎带厚度小于 5 m，矿层(体)顶底板和矿床围岩稳固性好，矿山工程场地地基稳定性好
3. 地质构造复杂，矿层(体)和矿床围岩岩层产状变化大，断裂构造发育或有活动断裂，导水断裂带切割矿层(体)围岩、覆岩和主要含水层(带)，导水性强，对井下采矿安全影响巨大	3. 地质构造较复杂，矿层(体)和矿床围岩岩层产状变化较大，断裂构造较发育，并切割矿层(体)围岩、覆岩和主要含水层(带)，导水断裂带的导水性较差，对井下采矿安全影响较大	3. 地质构造简单，矿层(体)和矿床围岩岩层产状变化小，断裂构造不发育，断裂未切割矿层(体)和围岩覆岩，断裂带对采矿活动影响小

续表5-11

复杂	中等	简单
4. 现状条件下原生地质灾害发育，或矿山地质环境问题的类型多，危害大	4. 现状条件下矿山地质环境问题的类型较多，危害较大	4. 现状条件下矿山地质环境问题的类型少，危害小
5. 采空区面积和空间大，多次重复开采及残采，采空区未得到有效处理，采动影响强烈	5. 采空区面积和空间较大，重复开采较少，采空区部分得到处理，采动影响较强烈	5. 采空区面积和空间小，无重复开采，采空区得到有效处理，采动影响较轻
6. 地貌单元类型多，微地貌形态复杂，地形起伏变化大，不利于自然排水，地形坡度一般大于35°，相对高差大，地面倾向与岩层倾向基本一致	6. 地貌单元类型较多，微地貌形态较复杂，地形起伏变化中等，不利于自然排水，地形坡度一般为20°～35°，相对高差较大，地面倾向与岩层倾向多为斜交	6. 地貌单元类型单一，微地貌形态简单，地形起伏变化平缓，有利于自然排水，地形坡度一般小于20°，相对高差小，地面倾向与岩层倾向多为反交

注：按复杂至简单分级顺序，只要有一条满足某一级别，应定为该级别。

表 5-12 露天开采矿山地质环境条件复杂程度分级表

复杂	中等	简单
1. 采场矿层(体)位于地下水位以下，采场汇水面积大，采场进水边界条件复杂，与区域含水层或地表水联系密切，地下水补给、径流条件好，采场正常涌水量大于10000 m^3/d；采矿活动和疏干排水容易导致区域主要含水层破坏	1. 采场矿层(体)局部位于地下水位以下，采场汇水面积较大，与区域含水层或地表水联系较密切，采场正常涌水量3000～10000 m^3/d；采矿和疏干排水比较容易导致矿区周围主要含水层破坏	1. 采场矿层(体)位于地下水位以上，采场汇水面积小，与区域含水层或地表水联系不密切，采场正常涌水量小于3000 m^3/d；采矿和疏干排水不易导致矿区周围主要含水层破坏
2. 矿床围岩岩体结构以碎裂结构、散体结构为主，软弱结构面、不良工程地质层发育，存在饱水软弱岩层或松散软弱岩层，含水砂层多，分布广，残坡积层、基岩风化破碎带厚度大于10 m。稳固性差，采场岩石边坡风化破碎或土层松软，边坡外倾软弱结构面或危岩发育，易导致边坡失稳	2. 矿床围岩岩体结构以薄～厚层状结构为主，软弱结构面、不良工程地质层发育中等，存在饱水软弱岩层和含水砂层，残坡积层、基岩风化破碎带厚度5～10 m，稳固性较差，采场边坡岩石风化较破碎，边坡存在外倾软弱结构面或危岩，局部可能产生边坡失稳	2. 矿床围岩岩体结构以巨厚层状～块状整体结构为主，软弱结构面、不良工程地质层不发育，残坡积层、基岩风化破碎带厚度小于5 m，稳固性较好，采场边坡岩石较完整到完整，土层薄，边坡基本不存在外倾软弱结构面或危岩，边坡较稳定
3. 地质构造复杂。矿床围岩岩层产状变化大，断裂构造发育或有全新世活动断裂，导水断裂切割矿层(体)围岩、覆岩和主要含水层(带)或沟通地表水体，导水性强，对采场充水影响大	3. 地质构造较复杂。矿床围岩岩层产状变化较大，断裂构造较发育，切割矿层(体)围岩、覆岩和含水层(带)，导水性差，对采场充水影响较大	3. 地质构造较简单。矿床围岩岩层产状变化小，断裂构造较不发育，断裂未切割矿层(体)围岩、覆岩，对采场充水影响小

续表5-12

复杂	中等	简单
4. 现状条件下原生地质灾害发育，或矿山地质环境问题的类型多、危害大	4. 现状条件下，矿山地质环境问题的类型较多、危害较大	4. 现状条件下，矿山地质环境问题的类型少、危害小
5. 采场面积及采坑深度大，边坡不稳定，易产生地质灾害	5. 采场面积及采坑深度较大，边坡较不稳定，较易产生地质灾害	5. 采场面积及采坑深度小，边坡较稳定，不易产生地质灾害
6. 地貌单元类型多，微地貌形态复杂，地形起伏变化大，不利于自然排水，地形坡度一般大于 35°，相对高差大，高坡方向岩层倾向与采坑斜坡多为同向	6. 地貌单元类型较多，微地貌形态较复杂，地形起伏变化中等，自然排水条件一般，地形坡度一般 20°～35°，相对高差较大，高坡方向岩层倾向与采坑斜坡多为斜交	6. 地貌单元类型单一，微地貌形态简单，地形较平缓，有利于自然排水，地形坡度一般小于 20°，相对高差较小，高坡方向岩层倾向与采坑斜坡多为反向

注：按复杂至简单分级顺序，只要有一条满足某一级别，应定为该级别。

5.3.2　评估任务与内容

矿山地质环境影响评估包括现状评估、预测评估和综合评估。

5.3.2.1　现状评估

现状评估是在资料收集及矿山地质环境调查的基础上，以现实存在的影响状况为评估依据，对评估区矿业活动产生的各类地质环境问题作出客观评估。采矿活动对矿山地质环境影响程度的分级按表 5-13 执行。现状评估包括地质灾害危险性现状评估、含水层影响和破坏现状评估、地形地貌景观影响和破坏现状评估、土地资源的影响和破坏现状评估四个方面。其中，地质灾害危险性评估应包含对周边已有公路、铁路、厂矿、河道、城镇等设施的影响评估；含水层影响和破坏评估应包含地下水污染、疏干排水对居民用水的影响评估。

(1)地质灾害危险性现状评估：分析评估区内地质灾害类型、活动规模、发生时间、形成条件、变形特征、分布、诱发因素、形成机制；分析地质灾害的危害对象与危害程度；根据地质灾害发育程度(稳定性)、危害程度，按地质灾害类型进行危险性现状评估；分析与相邻矿山采矿活动的相互影响特征和影响程度。评估过程中应注意对稳定性及危险性起决定作用的因素作深入分析，判定其性质、变化、危害对象和损失情况，重点阐述高位滑坡、高位崩塌、泥石流及矿区废土石堆放形成的不稳定斜坡对矿区的危害。

地质灾害诱发因素分类见表 5-14。

地质灾害发育程度分为强发育、中等发育和弱发育三级。滑坡的稳定性(发育程度)按照表 5-15 确定；滑坡变形阶段及特征按表 5-16 确定；崩塌(危岩)的发育程度按表 5-17 确定；泥石流发育程度按表 5-18 确定；泥石流发育程度量化指标评判按表 5-19 确定；泥石流堵塞程度按表 5-20 确定；岩溶塌陷发育程度按表 5-21 确定；采空区塌陷发育程度按表 5-22 确定；地裂缝发育程度按表 5-23 确定；地面沉降发育程度按表 5-24 确定。

表 5-13 矿山地质环境影响程度分级表

影响程度分级	地质灾害	含水层	地形地貌景观	土地资源
严重	1. 地质灾害规模大，发生的可能性大； 2. 影响到城市、乡(镇)、重要行政村、重要交通干线、重要工程设施及各类保护区安全； 3. 造成或可能造成直接经济损失大于500万元； 4. 受威胁人数大于100人	1. 矿床充水主要含水层结构破坏，产生导水通道； 2. 矿井正常涌水量大于10000 m^3/d； 3. 区域地下水水位下降； 4. 矿区及周围主要含水层(带)水位大幅下降，或呈疏干状态，地表水体漏失严重； 5. 不同含水层(组)串通使水质恶化； 6. 影响集中水源地供水，矿区及周围生产、生活供水困难	1. 对原生的地形地貌景观影响和破坏程度大(露天采场面积大于20 hm^2 或深度大于100 m；地面塌陷、沉降面积大于20 hm^2)； 2. 对各类自然保护区、人文景观、风景旅游区、城市周围、主要交通干线两侧可视范围内地形地貌景观影响严重(矿区直接压占；或露采场、坑口、废石场、排土场等主要采矿工程直观可视距离小于1000 m)	1. 占用、破坏基本农田； 2. 占用、破坏耕地大于2 hm^2； 3. 占用、破坏林地或草地大于4 hm^2； 4. 占用、破坏荒地或未开发利用土地大于20 hm^2
较严重	1. 地质灾害规模中等，发生的可能性较大； 2. 影响到村庄、居民聚居区、一般交通线和较重要工程设施安全； 3. 造成或可能造成直接经济损失100万～500万元； 4. 受威胁人数为10～100人	1. 矿井正常涌水量3000～10000 m^3/d； 2. 矿区及周围主要含水层(带)水位下降幅度较大，地下水呈半疏干状态； 3. 矿区及周围地表水体漏失较严重； 4. 影响矿区及周围部分生产生活供水	1. 对原生的地形地貌景观影响和破坏程度较大(露天采场面积10～20 hm^2 或深度50～100 m；地面塌陷、沉降面积为10～20 hm^2)； 2. 对各类自然保护区、人文景观、风景旅游区、城市周围、主要交通干线两侧可视范围内地形地貌景观影响较大(露采场、坑口、废石场、排土场等主要采矿工程直观可视距离小于3000 m)	1. 占用、破坏耕地小于等于2 hm^2； 2. 占用、破坏林地或草地2～4 hm^2； 3. 占用、破坏荒山或未开发利用土地10～20 hm^2
较轻	1. 地质灾害规模小，发生的可能性小； 2. 影响到分散性居民区、一般性小规模建筑及设施； 3. 造成或可能造成直接经济损失小于100万元； 4. 受威胁人数小于10人	1. 矿井正常涌水量小于3000 m^3/d； 2. 矿区及周围主要含水层(带)水位下降幅度小； 3. 矿区及周围地表水体未漏失； 4. 未影响矿区及周围生产生活供水	1. 对原生的地形地貌景观影响和破坏程度小(露天采场面积小于10 hm^2 或深度小于50 m，地面塌陷、沉降面积小于10 hm^2)； 2. 对各类自然保护区、人文景观、风景旅游区、城市周围、主要交通干线两侧可视范围内地形地貌景观影响较小(露采场、坑口、废石场、排土场等主要采矿工程直观可视距离大于3000 m)	1. 占用、破坏林地或草地小于等于2 hm^2； 2. 占用、破坏荒山或未开发利用土地小于等于10 hm^2

注：评估分级确定采取上一级别优先原则，只要有一项要素符合某一级别，就定为该级别。

表 5-14　地质灾害诱发因素分类表

分类	滑坡	崩塌	泥石流	岩溶塌陷	采空塌陷	地裂缝	地面沉降
自然因素	地震、降水、融雪、地下水位上升、河流侵蚀、新构造运动	地震、降水、融雪、融冰、温差变化、河流侵蚀、树木根劈	降水、融雪、堰塞湖溢流、地震	地下水位变化、地震、降水	地下水位变化、地震	地震、新构造运动	新构造运动
人为因素	开挖扰动、爆破、采矿、加载、抽排水	开挖扰动、爆破、机械振动、抽排水、加载	水库溢流或垮坝、弃渣加载、植被破坏	抽排水、开挖扰动、采矿、机械振动、加载	采矿、抽排水、开挖扰动、采矿、机械振动、加载	抽排水	抽排水、油气开采

表 5-15　滑坡的稳定性(发育程度)分级表

判据	稳定性(发育程度)分级		
	稳定(弱发育)	欠稳定(中等发育)	不稳定(强发育)
发育特征	①滑坡前缘斜坡较缓，临空高差小，无地表径流流经和继续变形的迹象，岩土体干燥；②滑体平均坡度小于25°，坡面上无裂缝发展，其上建筑物、植被未有新的变形迹象；③后缘壁上无擦痕和明显位移迹象，原有裂缝已被充填	①滑坡前缘临空，有间断季节性地表径流流经，岩土体较湿，斜坡坡度为30°~45°；②滑体平均坡度为25°~40°，坡面上局部有小的裂缝，其上建筑物、植被无新的变形迹象，后缘有断续的小裂缝发育	①滑坡前缘临空，坡度较陡且常处于地表径流的冲刷之下，有发展趋势并有季节性泉水出露，岩土潮湿、饱水；②滑体平均坡度大于40°，坡面上有多条新发展的裂缝，其上建筑物、植被有新的变形迹象；③后缘壁上可见擦痕或有明显位移现象，后缘有裂缝发育
稳定系数 F_s	$F_s>F_{st}$	$1.00<F_s\leqslant F_{st}$	$F_s\leqslant 1.00$

注：F_{st} 为滑坡稳定安全系数，根据滑坡防治工程等级及其对工程的影响综合确定。

表 5-16　滑坡变形阶段及特征表

变形阶段	滑动带(面)	滑坡前缘	滑坡后缘	滑坡两侧	滑坡体
弱变形阶段	主滑段滑动带(面)在蠕动变形，但滑体尚未沿滑坡带(面)位移	无明显变化，未发现新的泉点	地表建(构)筑物出现一条或数条与地形等高线大体平行的拉张裂缝，裂缝断续分布	无明显裂缝，边界不明显	无明显异常，偶见“醉汉林”

续表5-16

变形阶段	滑动带(面)	滑坡前缘	滑坡后缘	滑坡两侧	滑坡体
强变形阶段	主滑段滑动带(面)已大部分形成，部分探井及钻孔发现滑动带(面)有镜面、擦痕及搓揉现象，滑体局部沿滑动带(面)位移	常有隆起，发育放射状裂缝或大体垂直等高线的压张裂缝，有时有局部坍塌现象或出现湿地或泉水溢出	地表或建(构)筑物拉张裂缝多而宽且贯通，外侧下错	出现雁行羽状剪裂缝	有裂缝及少量沉陷等异常现象，可见“醉汉林”
滑动阶段	滑动带(面)已全面形成，滑带土特征明显且新鲜，绝大多数探井及钻孔发现滑动带(面)有镜面、擦痕及搓揉现象，滑带土含水量常较高	出现明显的剪出口并经常错出；剪出口附近湿地明显，有一个或多个泉点，有时形成了滑坡舌，鼓张及放射状裂缝加剧，并常伴有坍塌	张裂缝与滑坡两侧羽状裂缝连通，常出现多个阶坎或地堑式沉陷带；滑坡壁常较明显	羽状裂缝与滑坡后缘张裂缝连通，滑坡周界明显	有差异运动形成的纵向裂缝；中、后部有水塘，不少树木成“醉汉林”；滑体整体位移
停滑阶段	滑体不再沿滑动带(面)位移，滑带土含水量降低，进入固结阶段	滑坡舌伸出，覆盖于原地表上或达到前方阻挡而壅高，前缘湿地明显，鼓丘不再发展	裂缝不再增多，不再扩大，滑坡壁明显	羽状裂缝不再扩大，不再增多甚至闭合	滑体变形不再发展，原始地形总体坡度显著变小，裂缝不再扩大增多甚至闭合

表5-17 崩塌(危岩)发育程度分级表

发育程度	发育特征
强	崩塌(危岩)处于欠稳定~不稳定状态，评估区或周边同类崩塌(危岩)分布多，大多已发生。崩塌(危岩)体上方发育多条平行于沟谷的张性裂隙，主控裂隙面上宽下窄，且下部向外倾，裂隙内近期有碎石土流出或掉块，底部岩土体有压碎或压裂状；崩塌(危岩)体上方平行于沟谷的裂隙明显
中等	崩塌(危岩)处于欠稳定状态，评估区或周边同类崩塌(危岩)分布较少，有个别发生。危岩体主控破裂面直立呈上宽下窄，上部充填杂土生长灌木杂草，裂面内近期有掉块现象；崩塌(危岩)上方有细小裂隙分布
弱	崩塌(危岩)处于稳定状态，评估区或周边同类崩塌(危岩)分布但均无发生，危岩体破裂面直立，上部充填杂土，灌木年久茂盛，多年来裂面内无掉块现象；崩塌(危岩)上方无新裂隙分布

表 5-18　泥石流发育程度分级表

发育程度	发育特征
强	评估区位于泥石流冲淤范围内的沟中和沟口，中上游主沟和主要支沟纵坡大，松散物源丰富，有堵塞成堰塞湖（水库）或水流不通畅，区域降雨强度大
中等	评估区局部位于泥石流冲淤范围内的沟上方两侧和距沟口较远的堆积区中下部，中上游主沟和主要支沟纵坡较大，松散物源较丰富，水流基本畅通，区域降雨强度中等
弱	评估区位于泥石流冲淤范围外历史最高泥位以上的沟上方两侧高处和距沟口较远的堆积区边部，中上游主沟和支沟纵坡小，松散物源少，水流通畅，区域降雨强度小

表 5-19　泥石流发育程度量化评分及评判等级标准

序号	影响因素	量级划分							
		强发育（A）	A得分	中等发育（B）	B得分	弱发育（C）	C得分	不发育（D）	D得分
1	崩塌、滑坡及水土流失（自然和人为活动的）严重程度	崩塌、滑坡等重力侵蚀严重，多层滑坡和大型崩塌，表土疏松，冲沟十分发育	21	崩塌、滑坡发育，多层滑坡和中小型崩塌，有零星植被覆盖，冲沟发育	16	有零星崩塌、滑坡和冲沟存在	12	无崩塌、滑坡、冲沟或发育轻微	1
2	泥砂沿程补给长度比	≥60%	16	30%～<60%	12	10%～<30%	8	<10%	1
3	沟口泥石流堆积活动程度	主河河形弯曲或堵塞，主流受挤压偏移	14	主河河形无较大变化，仅主流受迫偏移	11	主河河形无变化，主流在高水位时偏，低水位时不偏	7	主河无河形变化，主流不偏	1
4	河沟纵比降	≥21.3%	12	10.5%～<21.3%	9	5.2%～<10.5%	6	<5.2%	1
5	区域构造影响程度	强抬升区，6 级以上地震区，断层破碎带	9	抬升区，4～6 级地震区，有中小支断层	7	相对稳定区，4 级以下地震区，有小断层	5	沉降区，构造影响小或无影响	1
6	流域植被覆盖率	<10%	9	10%～<30%	7	30%～<60%	5	≥60%	1
7	河沟近期一次变幅	≥2.0 m	8	1.0 m～<2.0 m	6	0.2 m～<1.0 m	4	<0.2 m	1
8	岩性影响	软岩、黄土	6	软硬相间	5	风化强烈和节理发育的硬岩	4	硬岩	1
9	沿沟松散物储量	$\geqslant 10\times10^4\ m^3\cdot km^{-2}$	6	$5\times10^4\ m^3\cdot km^{-2}$～$<10\times10^4\ m^3\cdot km^{-2}$	5	$1\times10^4\ m^3\cdot km^{-2}$～$<5\times10^4\ m^3\cdot km^{-2}$	4	$<1\times10^4\ m^3\cdot km^{-2}$	1
10	沟岸山坡坡度	≥32°	6	25°～<32°	5	15°～<25°	4	<15°	1
11	产沙区沟槽横断面	“V”形谷、“U”形谷、谷中谷	5	宽“U”形谷	4	复式断面	3	平坦型	1

续表5-19

序号	影响因素	量级划分							
		强发育(A)	A得分	中等发育(B)	B得分	弱发育(C)	C得分	不发育(D)	D得分
12	产沙区松散物平均厚度	≥10m	5	5 m~<10 m	4	1 m~<5 m	3	<1 m	1
13	流域面积	0.2 km^2~<5 km^2	5	5 km^2~<10 km^2	4	<0.2 km^2; 10 km^2~<100 km^2	3	≥100 km^2	1
14	流域相对高差	≥500 m	4	300 m~<500 m	3	100 m~<300 m	2	<100 m	1
15	河沟堵塞程度	严重	4	中等	3	轻微	2	无	1
评判等级标准	综合得分	116~130		87~115		<86			
	发育程度等级	强发育		中等发育		弱发育			

表 5-20 泥石流堵塞程度分级表

堵塞程度	特征
严重	河槽弯曲，河段宽度不均，卡口、陡坎多。大部分支沟交汇角度大，形成区集中。物质组成黏性大，稠度高，构造堵塞严重，阵流间隔时间长
中等	沟槽较顺直，沟段宽窄较均匀，较陡、卡口不多。主支沟交汇角小于60°，形成区不太集中。河床堵塞情况一般，流体多呈稠浆至稀粥状
轻微	沟槽顺直均匀，主支沟交汇角小，基本无卡口、陡坎，形成区分散。物质组成黏度小，阵流的间隔时间短而少

表 5-21 岩溶塌陷发育程度分级表

堵塞程度	特征
强	1. 以质纯厚层灰岩为主，地下存在中大型溶洞、土洞或有地下暗河通过； 2. 地面多处下陷、开裂，塌陷严重； 3. 地表建(构)筑物变形开裂明显； 4. 上覆松散层厚度小于 30 m； 5. 地下水位变幅大
中等	1. 以次纯灰岩为主，地下存在小型溶洞、土洞等； 2. 地面塌陷、开裂明显； 3. 地表建(构)筑物变形有开裂现象； 4. 上覆松散层厚度 30~80 m； 5. 地下水位变幅不大
轻微	1. 灰岩质地不纯，地下溶洞、土洞等不发育； 2. 地面塌陷、开裂不明显； 3. 地表建(构)筑物无变形、开裂现象； 4. 上覆松散层厚度大于 80 m； 5. 地下水位变幅小

表 5-22　采空塌陷发育程度分级表

发育程度	参考指标							发育特征
	地表移动变形值				开采深厚比	采空区及其影响带占建设场地面积/%	治理工程面积占建设场地面积/%	
	下沉量/$(mm \cdot a^{-1})$	倾斜/$(mm \cdot m^{-1})$	水平变形/$(mm \cdot m^{-1})$	地形曲率/$(mm \cdot m^{-2})$				
强	>60	>6	>4	>0.3	<80	>10	>10	地表存在塌陷和裂缝；地表建(构)筑物变形开裂明显
中等	20~60	3~6	2~4	0.2~0.3	80~120	3~10	3~10	地表存在变形及地裂缝；地表建(构)筑物有开裂现象
弱	<20	<3	<2	<0.2	>120	<3	<3	地表无变形及地裂缝；地表建(构)筑物无开裂现象

表 5-23　地裂缝发育程度分级表

发育程度	参考指标		地裂缝特征
	平均活动速率 v /$(mm \cdot a^{-1})$	地震震级 M	
强	$v>1.0$	$M \geqslant 7$	评估区有活动断裂通过，中或晚更新世以来有活动，全新世以来活动强烈，地裂缝发育并通过拟建工程区。地表开裂明显；可见陡坎、斜坡、微缓坡、塌陷坑等微地貌现象；房屋裂隙明显
中等	$0.1 \leqslant v \leqslant 1.0$	$6 \leqslant M<7$	评估区有活动断裂通过，中或晚更新世以来有活动，全新世以来活动较强烈，地面地裂缝中等发育，并从拟建工程区附近通过。地表有开裂现象；无微地貌显示；房屋有裂缝现象
弱	$v<0.1$	$M<6$	评估区有活动断裂通过，全新世以来有微弱活动，地面地裂缝不发育或距拟建工程区较远。地表有零星小裂缝，不明显；房屋未见裂缝

表 5-24　地面沉降发育程度分级表

因素	发育程度		
	强	中等	弱
近 5 年平均沉降速率/$(mm \cdot a^{-1})$	≥30	10~30	≤10
累计沉降量/mm	≥800	300~800	≤300

注：上述两项因素满足一项即可，并按由强至弱顺序确定。

地质灾害危害程度分为危害大、危害中等和危害小三级，按照表 5-25 确定。

表 5-25 地质灾害危害程度分级表

危害程度	灾情		险情	
	死亡人数/人	直接经济损失/万元	受威胁人数/人	可能直接经济损失/万元
大	≥10	≥500	≥100	≥500
中等	3~10	100~500	10~100	100~500
小	≤3	≤100	≤10	≤100

注：①灾情指已发生的地质灾害，采用"死亡人数""直接经济损失"指标评价。

②险情指可能发生的地质灾害，采用"受威胁人数""可能直接经济损失"指标评价。

③危害程度采用"灾情"或"险情"指标评价。

地质灾害危险性依据地质灾害发育程度、危害程度分为大、中等、小三级，按照表 5-26 确定。

表 5-26 地质灾害危险性分级表

危害程度	发育程度		
	强	中等	弱
大	危险性大	危险性大	危险性中等
中等	危险性大	危险性中等	危险性中等
小	危险性中等	危险性小	危险性小

(2)地形地貌景观影响和破坏现状评估：收集矿山开采资料，确定露天采场范围、地面塌陷沉降范围、矿山地面设施范围等，分析评估区内采矿活动对地形地貌景观、地质遗迹、人文景观等的影响和破坏情况。根据矿业活动与各类自然保护区、人文景观、风景旅游区、城镇、主要交通干线等要素的位置关系，确定可视距离，评估区内矿业活动对各类自然保护区、人文景观、风景旅游区、城市周围、主要交通干线地形地貌景观影响程度。

(3)土地资源的影响和破坏现状评估：统计矿业活动露天采场、矿山地面设施、地面塌陷、地面沉降，以及土壤污染、水土流失、荒漠化、沙漠化、石漠化等占用、破坏土地资源范围，结合土地利用现状图确定占用和破坏的土地类型，分析评估区内矿业活动对土地资源的影响和破坏程度。

地质环境现状影响程度分区评估：在地质灾害危险性、含水层影响和破坏、地形地貌景观影响和破坏、土地资源的影响和破坏现状评估的基础上，按照"就高不就低"的原则，综合判定评估区矿山现状地质环境影响程度级别，并根据评估区现状地质环境影响程度将评估区划分为严重区、较严重区和一般区，应说明各区(段)包含范围、地质环境条件、地质灾害危险性、含水层影响和破坏、地形地貌景观影响和破坏、土地资源的影响和破坏等方面现状评估的主要结论。

5.3.2.2 预测评估

预测评估应在现状评估的基础上，根据矿产资源开发利用方案(或开采设计)和地质环境条件，分析预测采矿活动可能引发或加剧的地质环境问题及其危害，评估矿山建设和生产可能造成的矿山地质环境影响程度，影响程度评估分级按表 5-8 执行。预测评估亦包括地质灾害危险性预测评估、含水层影响和破坏预测评估、地形地貌景观影响和破坏预测评估、土地资源的影响和破坏预测评估等方面的内容。

（1）地质灾害危险性预测评估：预测评估采矿活动可能引发或加剧的地质灾害，分析危害对象和危害程度。矿山建设和生产可能遭受地质灾害的危险性评估按照地质灾害危险性评估有关规定执行。

预测评估应重点评估露采边坡、地下采矿坑口、固体废弃物堆放场、工业场地、办公及生活场地等采矿及辅助设施在建设期、生产期、闭坑后对地质环境的影响程度，以及可能会诱发或加剧的各类地质灾害及灾害的范围、危害对象、危害程度等，重点阐述矿业设施遭受高位崩塌滑坡、泥石流等地质灾害危害。

露采边坡和排土场诱发地质灾害的可能性和危险性是露天开采矿山预测评估的重点。影响边坡稳定的因素主要包括岩石组成、岩体结构、岩体产状、地表水及地下水、边坡形式、边坡角、开采顺序等，爆破、地震等对边坡稳定的影响次之，可采用岩体结构分析法、数学模型分析法和工程参数类比法进行露天矿边坡稳定性分析。排土场还应结合评估场地选址的可行性。

（2）地下采空区危险性预测评估：在地下采空区大量分布的区域，应在采空区调查、测绘的基础上，结合采空区类型、围岩特征等，采用定性、半定量和定量相结合的方法，分析采空区影响及危害程度，评估采空区的稳定性。

各种类型采空区稳定性及采空区的影响及危害程度评价，应根据采空区类型的不同考虑不同的主控因素，可采用 BQ、RQD、RMR 和 Q 系统分级等工程岩体分级标准方法对岩体质量及其稳定性作出评价，合理选取岩体力学参数，进一步分析矿柱安全系数及采空区稳定性。

①岩体质量评价。

第一，BQ 分级。BQ 分级根据岩体基本质量的定性特征和岩体基本质量指标确定岩体基本质量级别，详见表 5-27。

表 5-27 岩体基本质量分级

岩体基本质量级别	岩体基本质量的定性特征	岩体基本质量指标（BQ）
Ⅰ	坚硬岩，岩体完整	>550
Ⅱ	坚硬岩，岩体较完整； 较坚硬岩，岩体完整	451～550
Ⅲ	坚硬岩，岩体较破碎； 较坚硬岩，岩体较完整； 较软岩，岩体完整	351～450

续表5-27

岩体基本质量级别	岩体基本质量的定性特征	岩体基本质量指标(BQ)
Ⅳ	坚硬岩，岩体破碎； 较坚硬岩，岩体较破碎~破碎； 较软岩，岩体较完整~较破碎； 软岩，岩体完整~较完整	251~350
Ⅴ	较软岩，岩体破碎； 软岩，岩体较破碎~破碎； 全部极软岩及全部极破碎岩	≤250

第二，RQD 分级。RQD 值为岩芯长度等于或大于 10 cm 的岩芯累计长度与钻进总长度之比，RQD 值反映岩体被各种结构面切割的程度。该方法依据 RQD 值将岩体划分为五级，见表 5-28。

$$\text{RQD}=\frac{\text{等于或大于 10 cm 的岩芯累计长度}}{\text{钻进总长度}}\times 100\% \tag{5-1}$$

节理统计换算 RQD 指标时，采用 Palmstrom 给出的体积节理数 J_v 与体积 RQD 之间的相关关系。

$$\text{RQD}=115-3.3J_v \tag{5-2}$$

保证 Palmstrom 关系式有效的条件为：间距呈负指数分布，且 $8<J_v<24$(棒状结构体)或 $5<J_v<20$(板状结构体)。当只能采用详测线进行调查或不适合采用上述公式时，采用下述公式计算 RQD 值：

$$\text{RQD}=100e^{-0.1\lambda}(1+0.1\lambda) \tag{5-3}$$

式中：λ 为节理面的密度。

RQD 值反映了岩体被各种结构面切割的程度，属定量指标，由于指标意义明确，可在钻探过程中附带得到。

表 5-28 RQD 分级

RQD 值	90~100	75~90	50~75	25~50	0~25
分级	Ⅰ	Ⅱ	Ⅲ	Ⅳ	Ⅴ
描述	很好	好	较好	差	很差

第三，RMR 分级。RMR 地质力学分级方法是采用多因素得分并求其代数和以评价岩体质量。参与评分的 6 项因素是岩石单轴抗压强度、岩石质量指标 RQD 值、节理间距、节理性状、地下水状态、节理产状与巷道轴线的关系。节理性状包括节理长度、间隙、粗糙度、充填物性质和厚度、风化程度。结合矿区实际，根据前述 5 项因素评分之和，再根据第 6 项因素进行修正，获得岩体 RMR 指标，确定岩体的分级，详见表 5-29~表 5-32。

表 5-29　RMR 参数及其指标

分级参数			数值范围						
1	完整岩石强度/MPa	点荷载强度	>10	4~10	2~4	1~2	对于低值范围宜用单轴抗压强度		
		单轴抗压强度	>250	100~250	50~100	25~50	5~25	1~5	<1
	评分		15	12	7	4	2	1	0
2	岩芯质量 RQD/%		90~100	75~90	50~75	25~50	<25		
	评分		20	17	13	8	3		
3	节理间距/m		>2	0.6~2	0.2~0.6	0.06~0.2	<0.06		
	评分		20	15	10	8	5		
4	节理性状		表面很粗糙，不连续，无间隙，围岩无风化	表面微粗糙，间隙<1 mm，微风化围岩	表面微粗糙，间隙<1 mm，高度风化围岩	镜面或泥质夹层厚度<5 mm 或节理张开度为 1~5 mm，连续展布	软泥质夹层厚度>5 mm，或节理张开度>5 mm，连续展布		
	评分		30	25	20	10	0		
5	地下水	每 10 m 隧道涌水量/($L \cdot min^{-1}$)	无	<10	10~25	25~125	>125		
		节理水压力与最大主应力之比	0	0~0.1	0.1~0.2	0.2~0.5	>0.5		
		一般条件	完全干燥	较干燥	潮湿	滴水	流水		
	评分		15	10	7	4	0		

表 5-30　节理性状详细分类

项目		性状				
1	节理长度(持续性)/m	<1	1~3	3~10	10~20	>20
	评分	<6	4	2	1	0
2	间距(张开度)/mm	无	<0.1	0.1~1	1~5	>5
	评分	6	<5	4	1	>0
3	粗糙度	很粗糙	粗糙	轻度粗糙	光滑	擦痕
	评分	6	5	3	1	0
4	充填(断层泥)/mm	无	硬充填<5	硬充填>5	软充填<5	软充填>5
	评分	6	4	2	2	0
5	风化	未风化	微风化	中等风化	高风化	崩解
	评分	6	5	3	1	0

表 5-31 节理方向的指标修正

节理的走向与倾向		很有利的	有利的	中等的	不利的	很不利的
评分	隧道	0	-2	-5	-10	-12
	地基	0	-2	-7	-15	-25
	边坡	0	-5	-25	-50	—

表 5-32 由 RMR 值确定的岩体级别

RMR 总评分	81~100	61~80	41~60	21~40	<21
岩体级别	Ⅰ级	Ⅱ级	Ⅲ级	Ⅳ级	Ⅴ级
评价	优	良	中	差	劣

第四，Q 系统分级。

Q 系统分级方法的分类指标 Q 值由下式确定：

$$Q=\frac{RQD}{J_n}\cdot\frac{J_r}{J_a}\cdot\frac{J_w}{SRF} \quad (5-4)$$

式中：RQD 为岩石质量指标；J_n 为节理组数系数；J_r 为节理粗糙度系数(最不利的不连续面或节理组)；J_a 为节理蚀变度(变异)系数(最不利的不连续面或节理组)；J_w 为节理渗水折减系数；SRF 为应力折减系数。

其中 RQD 与 J_n 之比可粗略表示岩石的块度；值 J 值$_r$ 与 J_a 之比表示嵌合岩块的抗剪强度；SRF 可表示为剪动带与夹软弱黏土的岩石松弛所造成的荷重、坚实岩盘之岩石应力、非坚实岩盘之总应力参数，而 J_w/SRF 的值反映岩石的主动应力。由于 J_r 与 J_a 系针对节理组成可能引致破坏发生的不连续面来评定，Q 系统分级中各参数详细取值见表 5-33~表 5-38。依据 Q 值得分，按照表 5-39 划分岩体级别。根据岩体质量和采矿方法选择合适的评估方法，具体选择参见表 5-40。

表 5-33 岩石质量指标 RQD

RQD 值	90~100	75~90	50~75	25~50	0~25
描述	很好	好	较好	差	很差

表 5-34 J_n 的取值标准

节理组数	J_n
A. 块状，没有或很少节理	0.5~1
B. 1 组节理	2
C. 1 组节理并有随机节理	3
D. 2 组节理	4

续表5-34

节理组数	J_n
E. 2 组节理并有随机节理	6
F. 3 组节理	9
G. 3 组节理并有随机节理	12
H. 节理在 4 组以上，严重节理化，岩石成碎块状	15
I. 碎裂岩石，似土状	20

注：隧洞交叉口处取 $3\times J_n$，入口处取 $2\times J_n$。

表 5-35　J_r 的取值标准

节理粗糙度系数	J_r
①节理壁直接接触(无矿物充填或只有薄层矿物充填)	
②错动 10 cm 前节理壁直接接触(薄层矿物充填)	
A. 不连续节理	4
B. 粗糙或不规则的，波状	3
C. 平滑的，波状	2
D. 光滑的，波状	1.5
E. 粗糙或不规则的，平直的	1.5
F. 平滑的，平直的	1
G. 光滑的，平直的	0.5
③错动时节理壁不直接接触(厚层矿物充填)	
H. 含有厚度足以阻碍节理壁接触的黏土带	1
I. 含有厚度足以阻碍节理壁接触的砂质、砾质或破碎带	1

表 5-36　J_a 的取值标准

节理风化蚀变系数	残余摩擦角/(°)	J_a
①节理壁直接接触(无矿物充填或只有薄膜覆盖)		
A. 紧密闭合、坚硬、不软化、不透水的填充物，如石英、绿帘石	—	0.75
B. 节理壁未变质，仅表面有斑染	25~35	1
C. 节理壁轻微变质，无软化矿物盖层、砂粒、松散黏土等充填	25~30	2
D. 粉质或砂土质薄膜覆盖，有少量黏土成分(无软化)	20~25	3
E. 软化的或低摩擦的黏土矿物覆盖层(如高岭石、云母、亚硝酸盐、滑石、石膏、石墨，以及少量膨胀性黏土等)	8~16	4

续表5-36

节理风化蚀变系数	残余摩擦角/(°)	J_a
②错动 10 cm 前节理壁直接接触(薄层矿物充填)		
F. 裂隙中含有砂粒、松散黏土等	25~30	4
G. 强烈超固结的、非软化黏土矿物充填(连续的，但厚度小于 5 mm)	16~24	6
H. 中等或稍微超固结的、由软化矿物组成的黏土充填(厚度小于 5 mm)	8~12	8
I. 膨胀性黏土充填物(连续的，厚度小于 5 mm)，如蒙脱石、高岭石等，J_a 取决于膨胀性黏土的含量和水的进入等	6~12	8~12
③错动时节理壁不直接接触(厚层矿物充填)		
J、K、L. 不完整或破碎岩石与黏土条带区(黏土情况参见 G、H、I)	6~24	6、8 或 8~12
M. 粉质或砂土质黏土条带区，含少量黏土成分(非软化的)	—	5
N、O、P. 厚的连续区域或黏土条带(黏土情况参见 G、H、I)	6~24	10、13 或 13~20

表 5-37 J_w 的取值标准

裂隙水折减系数	水压力/MPa	J_w
A. 开挖时干燥，或有局部小水流(<5 L/min)	<0.1	1
B. 中等水流或具有中等压力，偶有冲出充填物	0.1~0.25	0.66
C. 含未充填节理的坚硬岩石中有大水流或高水压	0.25~10	0.5
D. 大水流或高水压，随时间衰减	0.25~10	0.33
E. 特大水流或高水压，随时间衰减	>10	0.2~0.1
F. 特大水流或高水压，不随时间衰减	>10	0.1~0.05

表 5-38 SRF 的取值标准

应力折减系数	SRF
①与开挖方向交叉的软弱带，开挖时会导致岩体松动	
A. 含黏土或化学风化不完整岩石的软弱带多次出现，围岩很松散(在任何深度上)	10
B. 含黏土或化学风化不完整岩石的单一软弱带(开挖深度≤50 m)	5
C. 含黏土或化学风化不完整岩石的单一软弱带(开挖深度>50 m)	2.5
D. 坚硬岩石中多个剪切带(无黏土)，围岩松动(在任何深度上)	7.5

续表5-38

应力折减系数			SRF
E. 坚硬岩石中单一剪切带(无黏土)，围岩松动(开挖深度≤50 m)			5
F. 坚实岩石中单一剪切带(无黏土)，围岩松动(开挖深度>50 m)			2.5
G. 松动张开的节理，严重节理化或呈小块状等(在任何深度上)			5
②坚硬岩石，岩石应力问题	σ_c/σ_1	σ_θ/σ_c	
H. 低应力、近地表、张开节理	>200	<0.01	2.5
I. 中等应力，最有利的应力条件	10~200	0.01~0.3	1
J. 高应力、非常紧密结构，一般利于稳定，也可能不适于巷道边墙稳定	5~10	0.3~0.4	0.5~2
K. 块状岩体中 1 h 之后产生中等板裂	3~5	0.5~0.65	5~50
L. 块状岩体中几分钟内产生板裂及岩爆	2~3	0.65~1	50~200
M. 块状岩体中严重岩爆(应变突然出现及直接的动力变形)	<2	>1	200~400
③挤压岩石，高应力影响下软岩塑性流动		σ_θ/σ_c	
N. 轻度挤压岩石应力		1~5	5~10
O. 严重挤压岩石应力		>5	10~20
④膨胀岩石，由于水的存在，岩石会发生化学膨胀			
P. 轻度膨胀岩石应力			5~10
Q. 严重膨胀岩石应力			10~15

表 5-39　由 Q 值确定的岩体级别

Q 值	>40	10~40	4~10	1~4	<1
岩体级别	Ⅰ级	Ⅱ级	Ⅲ级	Ⅳ级	Ⅴ级
评价	优	良	中	差	劣

表 5-40　根据岩体质量及采矿方法选择相应的评价方法

地下工程岩体自稳能力		空场法相关技术		选择评价方法
质量级别	自稳能力	岩体稳固程度	顶板暴露面积	
Ⅰ	跨度小于 20 m，可长期稳定，偶有掉块，无塌方	极稳固矿床	顶板允许暴露面积在 1000 m^2 以上	定性评价：工程类比法

续表5-40

地下工程岩体自稳能力		空场法相关技术		选择评价方法
质量级别	自稳能力	岩体稳固程度	顶板暴露面积	
Ⅱ	跨度 10~20 m，可基本稳定，局部可能发生掉块或小塌方，跨度小于 10 m，可长期稳定，偶有掉块	很稳固矿床	顶板允许暴露面积 500~1000 m^2	定性和半定量评价：工程类比法和多因素辨析评价方法
Ⅲ	跨度 10~20 m，可稳定数日至 1 个月，可发生小至中塌方	稳固矿床	顶板允许暴露面积在 500 m^2 以内	
	跨度 5~10 m，可稳定数月，可发生局部块体位移及小至中塌方			
	跨度小于 5 m，可基本稳定			
Ⅳ	跨度小于或等于 5 m 时，可稳定数日至 1 个月；跨度大于 5 m 时，无自稳能力，数日至数月可发生松动变形，小塌方，进而发展为中至大塌方。埋深小时，以拱部松动破坏为主，埋深大时，有明显塑性流动变形和挤压破坏	中等稳固矿床	顶板允许暴露面积在 200 m^2 以内	定性、半定量和定量相结合评价：以数值模拟分析评价为主
		不稳固矿床	顶板允许暴露面积在 10 m^2 以内，长时间暴露仍需支护	
Ⅴ	无自稳定能力	极不稳固矿床	顶板不允许暴露	

注：塌方高度小于 3 m 或塌方体积小于 30 m^3，为小塌方；塌方高度 3~6 m 或塌方体积 30~100 m^3，为中塌方；塌方高度大于 6 m 或塌方体积大于 100 m^3，为大塌方。根据矿山实际情况可调节评价方法和手段。

②矿柱安全系数计算。

参考《金属非金属矿山采空区安全风险分级标准》(DB43/T 1385—2018)，矿柱的布置包括连续条带式和不连续的圆形、方形。矿柱的面积承载理论认为，矿柱所承受的载荷是其所支撑的顶板范围内直通地表的上覆岩柱的重力，图 5-9 表示一种类型的正方形矿房和矿柱的布置图，矿柱平均应力为

$$\sigma_p = p_z(1+W_o/W_p)^2 = rz(1+W_o/W_p)^2 \tag{5-5}$$

式中：r 为岩石容重，t/m^3；z 为埋藏深度，m；W_o 为矿房宽度，m；W_p 为矿柱宽度，m。

图 5-10 为典型房柱法不同矿柱布置方式中平均应力的计算公式，在所有情况下，σ_p 值均用一个单独矿柱上岩柱的质量与该矿柱的平面图面积之比来表示。

矿柱抗压强度公式为

$$S_p = S_l \cdot [0.64+0.36(W_p/h)]^\alpha \tag{5-6}$$

式中：α 为常数，当矿柱的宽高比大于 5 时，$\alpha=1.4$，而当矿柱的宽高比小于 5 时，$\alpha=1.0$；W_p 为矿柱宽度，m；h 为矿柱高度，m；S_l 为矿柱岩体抗压强度，MPa。

矿柱安全系数计算公式为

$$F=\frac{\sigma_p}{S_p}=\frac{S_l\left[0.64+0.36\left(\frac{W_p}{h}\right)\right]}{rz\left(1+\frac{W_o}{W_p}\right)}\text{(条带式矿柱)} \tag{5-7}$$

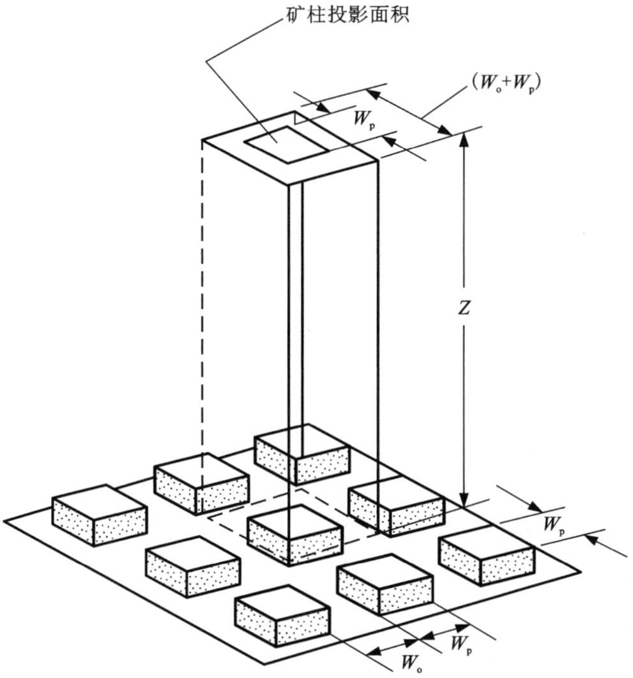

图 5-9　按面积承载理论计算矿柱平均应力示意图

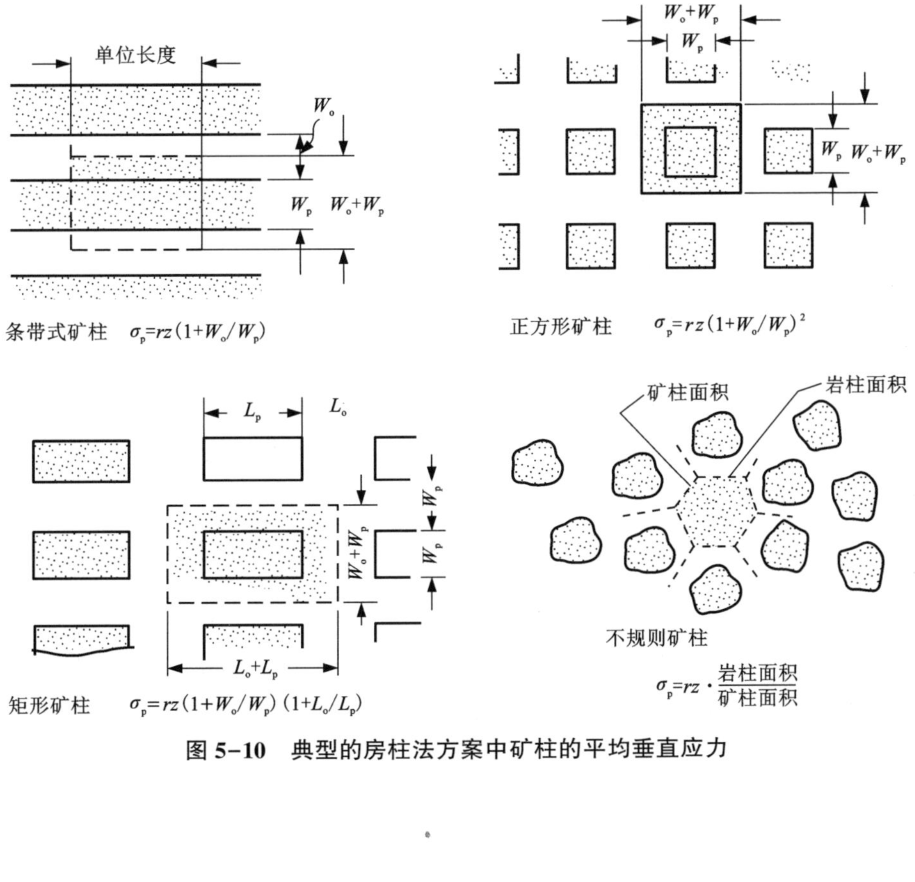

图 5-10　典型的房柱法方案中矿柱的平均垂直应力

$$F=\frac{\sigma_{p}}{S_{p}}=\frac{S_{l}\left[0.64+0.36\left(\frac{W_{p}}{h}\right)\right]}{rz\left(1+\frac{W_{o}}{W_{p}}\right)\left(1+\frac{L_{o}}{L_{p}}\right)}\text{（矩形矿柱）} \tag{5-8}$$

式中：S_l 为矿柱岩体抗压强度，MPa；W_o 为矿房宽度，m；W_p 为矿柱宽度，m；h 为矿柱的高度，m；r 为上覆岩层的平均容重，t/m^3；z 为上覆岩层厚度，m；L_o 为矿柱长度，m；L_p 为矿房长度，m。

矿柱安全系数的选取：只考虑矿柱生产期间的稳定性，房柱式开采（不回收矿柱）的安全系数 $k_s=1.5$；主要巷道矿柱及回收矿柱的安全系数 $k_s=2.0$；边界矿柱的安全系数 $k_s=2.5$。

当需要考虑由于矿柱长期负载而失稳可能对地表建筑物造成损害时，需对矿柱强度的长时效应、矿柱所受的载荷和矿柱强度随时间的变化进行评估。对于公共道路、机动车房，矿柱的安全系数 $k_s=1.5$；对于住宅、办公室、工业建筑，矿柱安全系数 $k_s=2.0$；对于医院、学校、寺庙、水坝，矿柱的安全系数 $k_s=2.5$。

③采空区稳定性影响因素及分析。

地下采空区所引发的失稳事故较多，导致采空区失稳的因素众多，各影响因素对采空区稳定性的影响程度不一，且因工程环境的不同而变化。采空区稳定性多因素辨析评价方法将采空区稳定性影响因素划分为 13 个，包括岩体结构、地质构造、岩石抗压强度、地下水、采空区工程布置、矿体倾角、跨高比、采空区实际体积、埋藏深度、采空区最大暴露面积、暴露时间、采动扰动情况、相邻采空区情况，其中岩体结构、地质构造、地下水、采空区工程布置、采动扰动情况、相邻采空区情况属于定性评价指标，岩石抗压强度、矿体倾角、跨高比、采空区实际体积、埋藏深度、采空区最大暴露面积、暴露时间属于定量评价指标，详见图 5-11。

采空区的稳定性分析建议采用三维数值模拟方法计算，计算过程见图 5-12。常用的数值模拟方法有限差分法（FDM）、边界元法（BEM）、有限元法（FEM）、离散元法（DEM）、无限元法等。

有限差分法是数值模拟最先采用的计算方法，是一种直接将微分问题转变为代数问题的近似数值解法，概念直观、表达简单，沿用至今。边界元法兴起于 20 世纪 70 年代，具有可降维、计算精度高的特点，用于解决无限或半无限问题尤为理想，在工程力学领域应用广泛。有限元法是一种解算数值方程的数值计算方法，融合了计算数学、计算机软件、弹性理论等多学科理论，可有效解决工程问题。离散元法在巷道稳定性研究、边坡工程中应用广泛。无限元法是为解决有限元计算范围和边界条件不易确定的问题所提出的，多与有限元法进行耦合，解决岩石力学问题。

数值模拟法适用于复杂采空区群危害程度的定量评价工作，可作为其他定性、定量评价方法的补充和参考；数值模拟法应在查明采空区特征、地质条件的基础上，构建能反映客观条件的地质概化模型，并以此为基础建立力学模型，合理确定数值模型计算范围和边界条件，剖分计算单元，选择破坏准则；计算参数应根据岩石物理力学性质和岩体质量分级结果综合确定，亦可通过经验分析作出相应调整，调整参数不应超出合理范围。

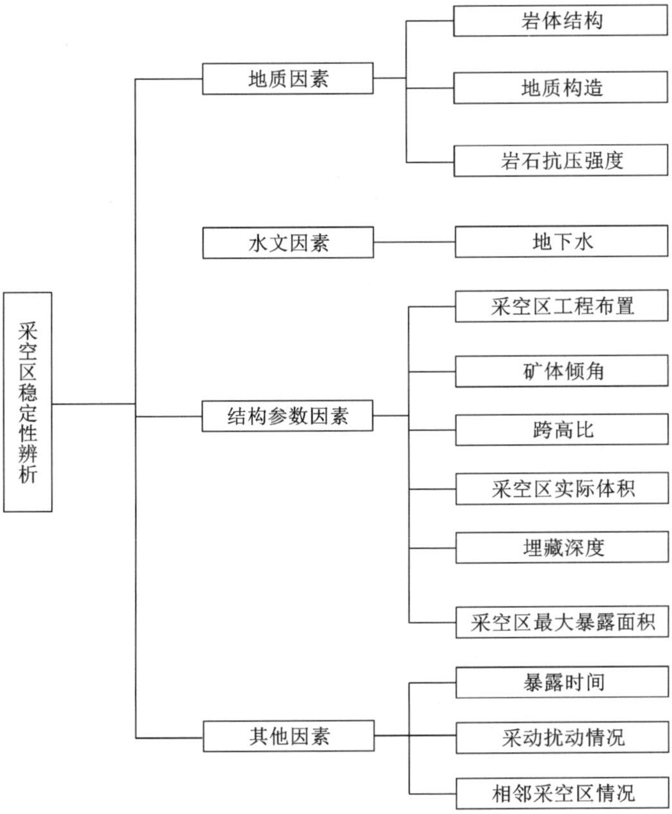

图 5-11　矿山采空区稳定性影响因素

(3)含水层影响和破坏预测评估：预测评估矿业活动对含水层的影响或破坏程度，包括含水层结构破坏、含水层疏干、地下水水位下降、泉水流量减少、地下水位降落漏斗的分布范围、地下水水质变化、含水层破坏对生产生活用水水源的影响等。分析时应注意采矿活动疏干排水、地下水水位下降可能出现的地面塌陷、地面沉降、岩溶地层的岩溶塌陷等环境水文地质问题的性质及其影响范围、危害对象、破坏程度等。

含水层结构破坏：采矿活动引起的含水层结构破坏范围，与矿体顶板岩层厚度、岩性特征、构造、矿体开采厚度、采矿方法有关。可参考《矿区水文地质工程地质勘查规范》(GB/T 12719—2021)中的经验公式(见本卷第 3 章表 3-13)计算垮落带及导水裂隙带最大高度，确定受影响的含水层及含水层结构破坏范围。

含水层疏干：含水层疏干范围可将采空区概化为一个大井，矿井排水假设为抽水，根据抽水试验中影响半径的公式来概略地计算矿井排水的影响范围，公式如下：

$$潜水：R=2S\sqrt{HK}$$

$$承压水：R=10S\sqrt{K}$$

式中：S 为水位降深(静水位与疏干水位的高差)，m；K 为渗透系数，m/d；H 为潜水含水层厚度，m。

通过现场调查，分析评估区内矿业活动对地下水水位下降、泉水流量减少、生产生活用

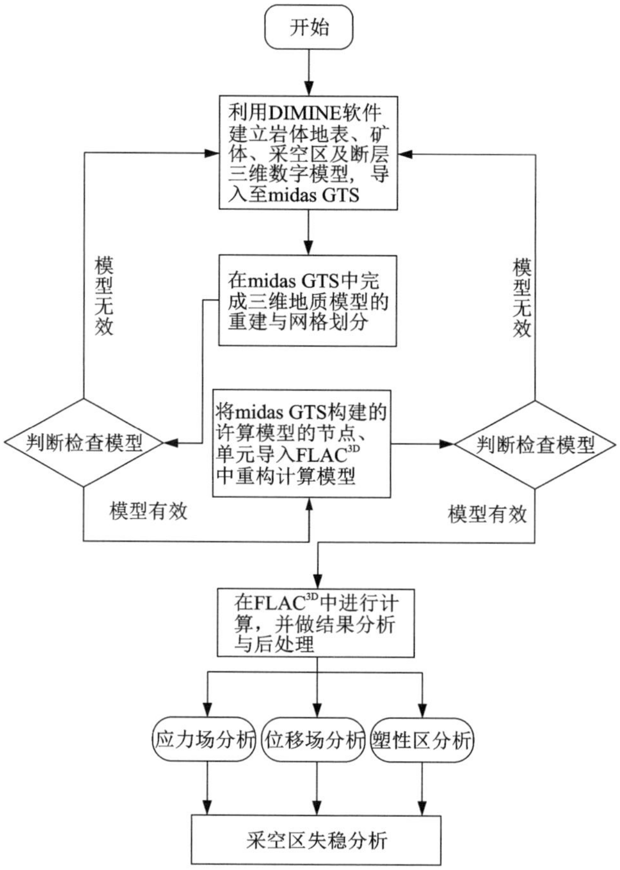

图 5-12 矿山采空区稳定性三维数值模拟分析技术方法图

水水源的影响程度，并与历史水文地质资料及周边生产生活情况进行对比分析。

(4)地形地貌景观影响和破坏预测评估：预测评估矿业活动对地形地貌景观、地质遗迹、人文景观等的影响和破坏程度。可采用数据对比、叠图等方法进行评估。露天矿山重点关注露天采场和排土场对地形地貌的影响和破坏程度，地下开采矿山重点关注采空区地表变形、地面塌陷、地面沉降对地形地貌的影响和破坏程度。

(5)土地资源的影响和破坏预测评估：预测评估矿业活动对土地资源的影响和破坏程度。应预测采矿设施占用或破坏土地资源的类型、面积及采矿活动诱发的地质灾害对土地资源的影响和破坏的类型、面积和程度。露天矿山重点关注露天采场、排土场及其诱发滑坡、泥石流灾害破坏对土地资源的影响和破坏程度，地下开采矿山重点关注采空区地表变形、地面塌陷、地面沉降对土地资源的影响和破坏程度。

(6)矿业活动对周边地质环境的影响预测：除了分析预测矿业活动可能引发或加剧的矿区范围内的地质环境问题及其危害外，还应分析预测矿业活动对周边地质环境的影响，包括矿业活动对主要交通干线、水利工程、村庄、工矿企业及其他各类建(构)筑物等的影响与破坏。

预测评估具体内容可参照现状评估确定。

5.3.2.3 综合评估

综合评估应在现状评估和预测评估的基础上，综合考虑评估区现状地质环境影响及矿山建设和生产可能造成的矿山地质环境影响，按照“就高不就低”的原则，综合判定评估区矿山地质环境影响程度级别，并对评估区进行分区(段)，划分为矿山地质环境影响严重区、较严重区和一般区。

在确定评估分区(段)的基础上，应说明各区(段)包含范围、地质环境、地质灾害危险性、含水层影响和破坏、地形地貌景观影响和破坏、土地资源的影响和破坏六个方面的评估结论对矿山建设的适宜性作出评价。

5.3.3 评估方法

矿山地质环境影响评估可采用工程类比法、理论计算法、层次分析法、加权比较法、相关分析法、模糊综合评价法及数值模拟法等。

(1)工程类比法。包括直接对比法和间接类比法。直接对比法一般就影响矿山地质环境的各方面因素进行比较，以条件基本相同的已建工程给出相应的参数。间接类比法是将大量的同类已建工程按主要划分指标进行归类并给出相应的参数。

(2)理论计算法。应用现有规范、规程中的定律、理论对矿山地质环境问题进行分析推导，找出符合其规律的计算分析公式，并基于分析对象的具体条件，选取相关基础计算参数，进行矿山地质环境问题的分析计算。

(3)层次分析法。简称AHP，是指将与决策有关的元素分解成目标、准则、方案等层次，在此基础之上进行定性和定量分析的决策方法。根据问题的性质和要达到的总目标，将问题分解为不同的组成因素，并按照因素间的相互关联影响及隶属关系将因素按不同层次聚集组合，形成一个多层次的分析结构模型，从而最终使问题归结为最低层(供决策的方案、措施等)相对于最高层(总目标)的相对重要权值的确定或相对优劣次序的排定。

(4)加权比较法。把布置方案的各种影响因素(定性、定量)划分成不同等级，并赋予每一个等级一个分值，以此表示该因素对布置方案的满足程度，同时，根据不同因素对布置方案的影响重要程度设立加权值，计算出布置方案的评分值，根据评分值的高低评价方案的优劣。

(5)相关分析法。相关性分析是指对两个或多个具备相关性的变量元素进行分析，从而衡量两个变量因素的相关密切程度。相关性的元素之间需要存在一定的联系或者概率才可以进行相关性分析。

(6)模糊综合评价法。模糊综合评价法是一种基于模糊数学的综合评价方法，该综合评价方法根据模糊数学的隶属度理论把定性评价转化为定量评价，即用模糊数学对受到多种因素制约的事物或对象做出一个总体的评价。它具有结果清晰、系统性强的特点，能较好地解决模糊、难以量化的问题，适合各种非确定性问题的解决。

(7)数值模拟法。数值模拟法通过建立能够进行环境影响评估的数学模型，采用高效率、高准确度的计算方法解决评估问题。常用的数值模拟法有限差分法(FDM)、边界元法(BEM)、有限元法(FEM)、离散元法(DEM)、无限元法等。

5.3.4 滑坡地质灾害危险性现状评估案例

某金矿生产规模于1996年达到高峰，形成的采空区达144个，矿硐上下贯通、左右相连且分布集中，致使上覆岩土失稳，在连续4天强降雨的情况下，诱发两次滑坡，导致227人死亡、16人重伤。滑坡长约1600 m，宽50~400 m，厚3~25 m，物源区面积23×10^4 m^2，总面积约35×10^4 m^2，体积约56×10^4 m^3，为中型滑坡(图5-13)。滑坡物质运移最远距离1600 m，垂直最大滑距880 m。自1996年矿山发生滑坡以后，国土资源管理部门已经将该滑坡区域规划成为永久禁采区，禁止矿山企业在该区域进行采矿生产活动。2019年，通过资料收集与现场调查，对该滑坡的地质灾害危险性进行评估，未发现矿山企业在该区域进行采矿生产活动，并分析了其活动规模、发生时间、形成条件、变形特征、分布、形成机制，并从自然诱发因素、人为诱发因素两方面进行分析，认为人为松动破碎的岩体结构、陡峻的山坡、顺层结构面等因素是产生此次滑坡的基础条件，滑坡启动前的持续强降雨是产生此次滑坡的诱发因素，人为采矿活动也是此次滑坡的关键诱发因素。

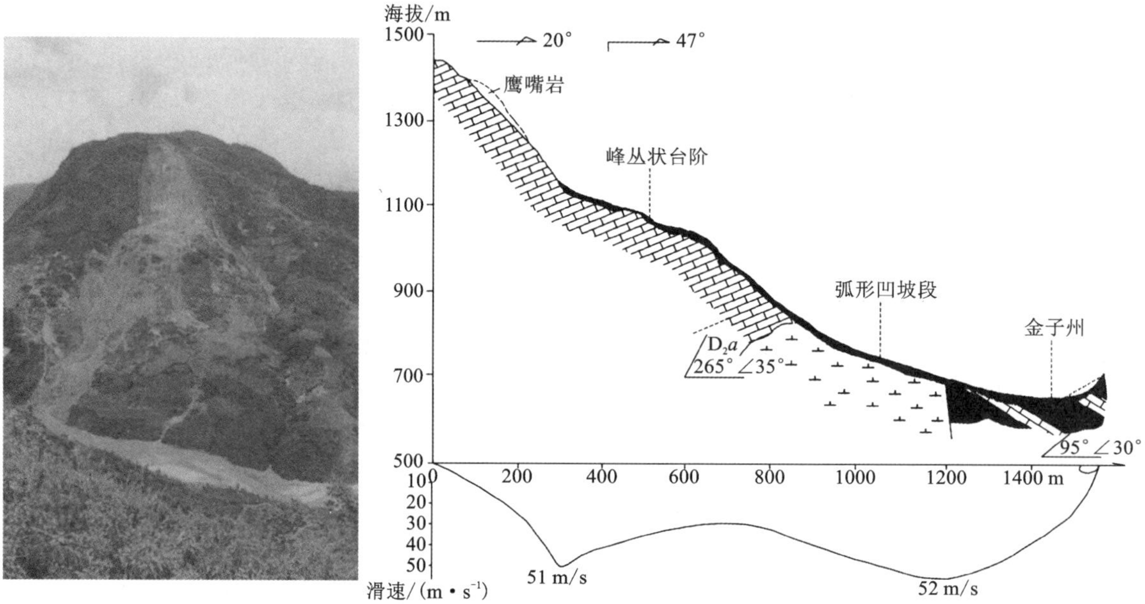

(a)滑坡现场　　(b)滑坡典型剖面及滑速变化曲线

图5-13 某金矿中型滑坡

5.3.5 铅锌矿矿山地质环境现状评估案例

某铅锌矿矿区范围由4个拐点圈闭，矿区面积1.5 km^2，开采标高1290~1700 m，生产规模3.0万t/a。在编制矿山地质环境保护与恢复治理和土地复垦方案过程中对矿山地质环境现状进行评估。根据《矿山地质环境保护与恢复治理方案编制规范》(DZ/T 0223—2011)中的矿山地质环境影响程度分级表，结合矿山工程设施布置对矿山地质环境的影响程度进行分级和分区，将评估区划分为1个地质环境影响严重区(Ⅰ)、1个地质环境影响较严重区(Ⅱ)和1个地质环境影响较轻区(Ⅲ)。

该铅锌矿涉及的主要矿山环境地质问题包括矿山地质灾害、土地资源占用和破坏、地形地貌景观破坏、含水层影响。地质环境影响严重区（Ⅰ）为矿业活动主要区域，主要包括以往矿山开采区、地表工程建筑区、弃渣堆积区等影响范围；区内有 4 处不稳定斜坡，地质灾害影响程度严重；矿山现状共占用和破坏的土地面积约 1.9447 hm^2，对土地资源占用和破坏程度为较严重，对地形地貌景观影响程度为较严重；矿山为开采多年的老矿山，采空区内地下水多被疏干排出，导致矿区内地下水位下降，下降深度为 85 m，对矿区的水文地质结构特征和地下水的径流特征造成实质性的改变，矿业活动对区内含水层的影响和破坏程度严重。地质环境影响较严重区（Ⅱ）为相邻矿山弃渣堆积区等影响范围。地质环境影响较轻区（Ⅲ）为地质环境影响严重区及较严重区以外区域。具体分区情况见图 5-14。

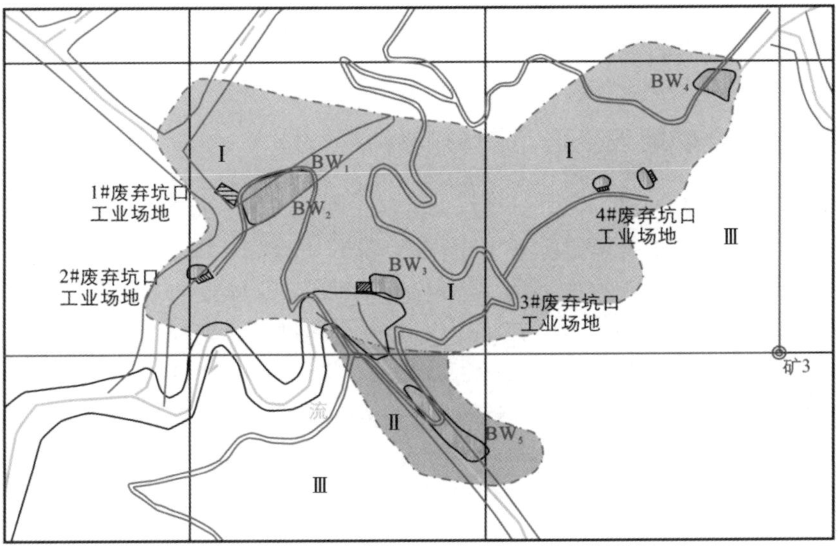

图 5-14　矿山地质环境现状评估分区

5.3.6　石灰岩矿露天边坡稳定性评估案例

某石灰岩露天采场设计最低开采标高 1750 m，设计最高开采标高 1922 m，露天采场边坡最大边坡高度为 172 m。根据《非煤露天矿边坡工程技术规范》（GB 51016—2014）中不同边坡高度等级划分及边坡失稳可能产生的灾害等级划分，判定该边坡为中边坡，根据不同边坡高度等级划分及边坡失稳可能产生的灾害等级，露天采场边坡工程安全等级为Ⅲ级。矿体呈层状产出，平面呈不规则状，该采区东侧边坡岩层倾向西，与边坡倾向相同，为顺层边坡（图 5-15）。采用现场工程地质调查、室内岩石力学实验、刚体极限平衡法等手段，全面确定了露天采场的工程地质分区，并对边坡可能形成的破坏形式及影响程度进行预测分析，该矿山在下一步生产过程中边坡破坏形式主要是以顺层为主的平面滑动破坏。

(a)边坡现场

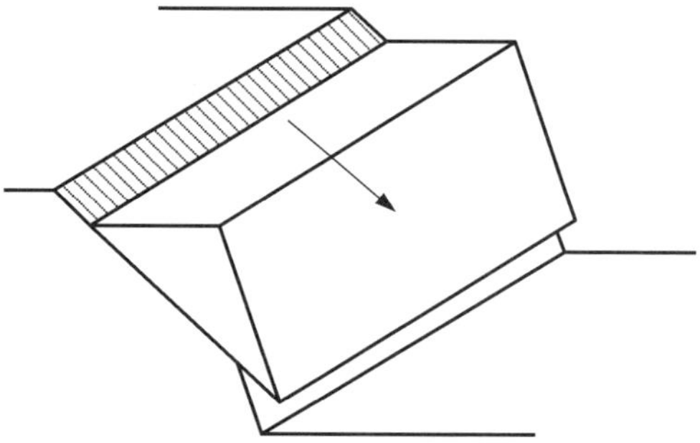

(b)边坡平面滑动破坏示意图

图 5-15 露天矿山顺层边坡

5.3.7 地下开采金矿地表变形范围影响评估案例

某金矿山的主矿体 I_1、I_2 位于某水库正下方(图 5-16 和图 5-17)，地表有民房及矿山基础设施，为典型"三下"开采矿山，矿体围岩为粉砂质板岩、绢云板岩、条带状板岩、浅变质长石石英砂岩。因划定采矿权的需要，须对地下开采可能导致的含水层结构破坏和地表变形等进行预测评估。结合地质条件、开采工艺对含水层结构是否破坏进行预测评估，该矿山地下开采极有可能产生地面塌陷和地裂缝，破坏地下含水层及水库底部结构，对地表影响较大，通过"三带"理论和"矿体开采移动角"计算分析，划定了地下开采的禁采区(图 5-17)，以确保水库运行和矿山开采的安全。

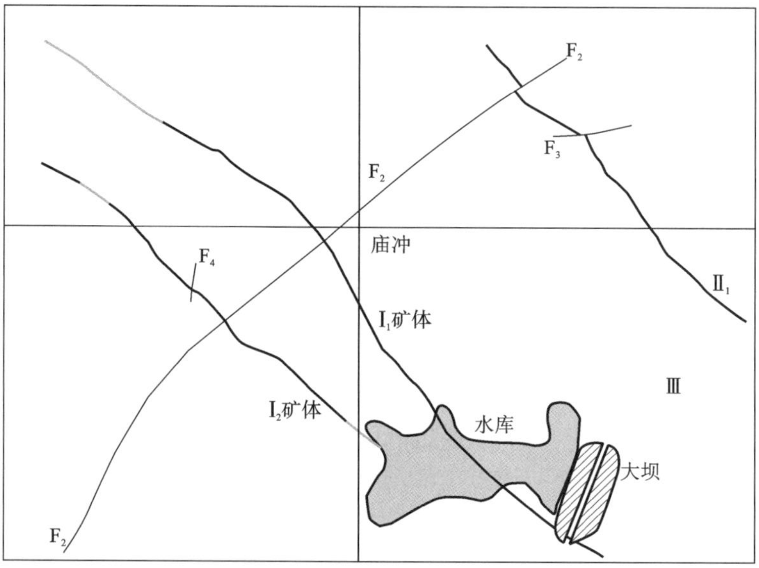

图 5-16 水库与矿体平面关系

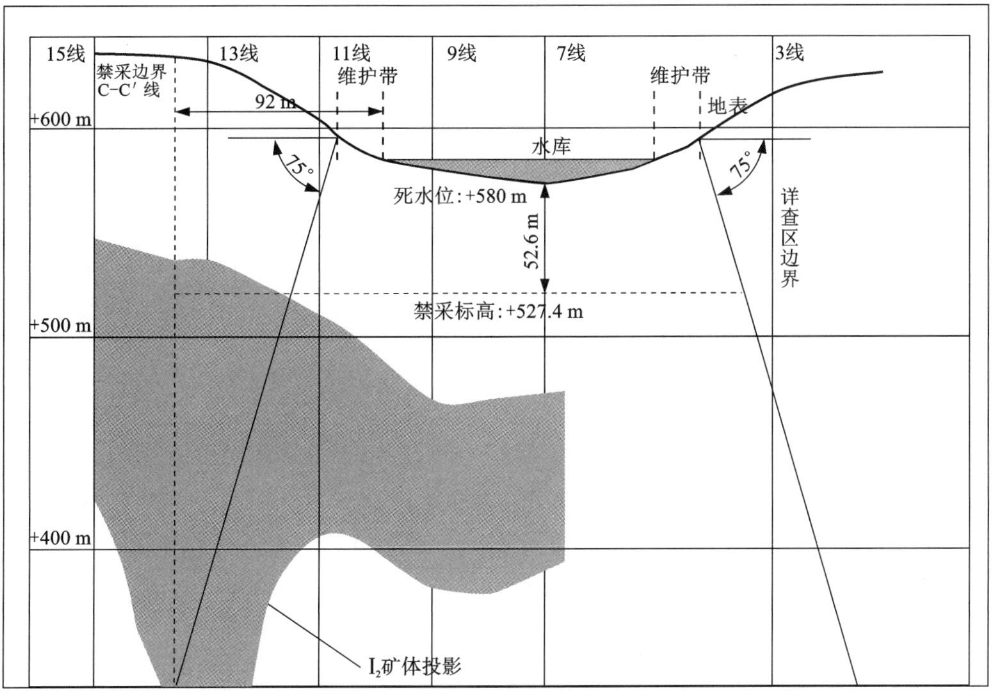

图 5-17　地下禁采区划定

5.4　矿山地质环境保护与恢复治理

矿山地质环境保护与恢复治理是生态文明建设的重要支撑。矿山地质环境保护与恢复治理工作，应牢固树立和坚定不移贯彻创新、协调、绿色、开放、共享的新发展理念，统领矿山地质环境恢复和综合治理工作，坚决贯彻节约资源和保护环境的基本国策。矿山地质环境保护与恢复治理应坚持“预防为主、防治结合”“谁开发谁保护、谁破坏谁治理、谁投资谁受益”的原则。

应以减少或消除矿区存在的威胁矿山及工作人员生命财产安全、矿山设施安全的各种地质环境问题和隐患，保护矿区地下水资源和周围水环境，逐步恢复因采矿破坏的地形地貌景观及周边生态环境，恢复矿区土地资源，提高土地利用价值，建设绿色矿山等作为矿山地质环境保护与恢复治理的目标。矿山地质环境保护与恢复治理工作的实施，应保障矿山正常的生产秩序，为当地经济建设和社会发展多作贡献，避免对周边居民正常生产生活造成影响。治理工程应彻底改善矿山生态环境，保证治理工程长期、有效运行。

将保护置于优先位置，坚持推进生态文明建设，坚持在发展中保护、在保护中发展，坚持把绿色发展、循环发展、低碳发展作为基本途径。

5.4.1 矿山地质环境保护与恢复治理分区

1)分区依据

矿山地质环境保护与恢复治理分区应根据矿产资源开发利用方案或初步设计、矿山地质环境问题类型、矿山地质环境影响评估结论等进行划分。

2)分区级别

矿山地质环境保护与恢复治理分区划分为重点防治区、次重点防治区、一般防治区，具体见表5-41。各分区可根据区内矿山地质环境问题类型的差异，进一步细分亚区。

表5-41 矿山地质环境保护与恢复治理分区表

分区级别	矿山地质环境影响程度	
	现状评估	预测评估
重点防治区	严重	严重
次重点防治区	较严重	较严重
一般防治区	较轻	较轻

注：现状评估与预测评估结果不一致的采取就上原则进行分区。

3)分区原则

按照“区内相似、区际相异”“就大不就小，整体不分割”的原则进行分区。

4)分区特征与防治措施

按照重点防治区、次重点防治区和一般防治区的顺序，分别阐明防治区的范围、面积，区内存在或可能引发的矿山地质环境问题的类型、特征及其危害，以及矿山地质环境问题的防治措施等。

某废弃露天矿山恢复治理分区：

该矿区所处区域属中深切割地形地貌，北部为金沙江河谷，坡度一般为30°~50°。开采矿种为饰面大理石，面积192200 m^2，范围线内高程(+2047~+2452)m，高差约405 m。因长江经济带生态修复工程的需要，对该矿山开展详细的地质环境调查，结合当地生态条件划定相应的治理分区。治理范围内土地现状类型以采矿用地、灌木林地、乔木林地、其他草地为主[图5-18(a)]。周边植被为乔、灌、草三种类型，主要植物有榆树、戟叶酸模、拟金茅、车桑子等。前期矿山开采对露天采场、矿山道路的植被破坏较大，现状采场自然修复率极低。根据区内生态破坏程度，土地修复以林地、草地为主，采用乔-灌-草、灌-草立体配置模式，考虑到土壤、坡度等因素，将修复区域细分为8个区[图5-18(b)]分别进行针对性修复。A区为土层较厚的区域，采用乔-灌-草混合修复方式；B、E区为岩质边坡区域，采用藤-草混合修复方式；C、D、F、G区为岩质平台区域(无覆土)，采用藤-灌-草混合修复方式；H区植被较好，采用自然修复方式；I区为设计的道路。

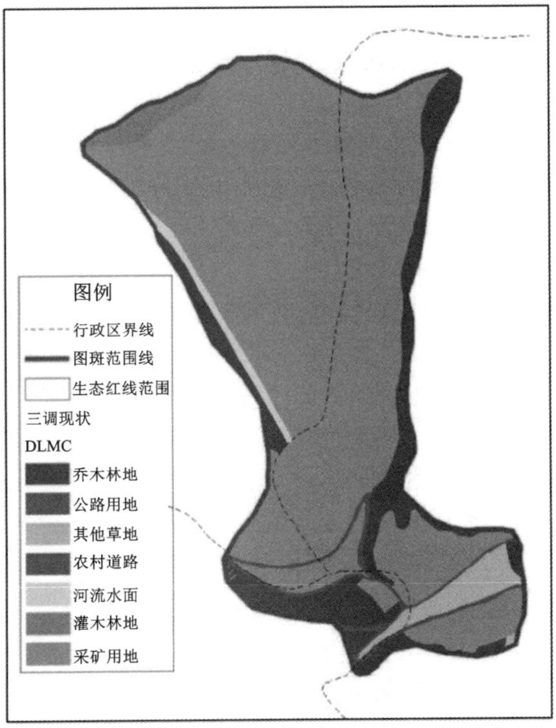

(a) 现状地类

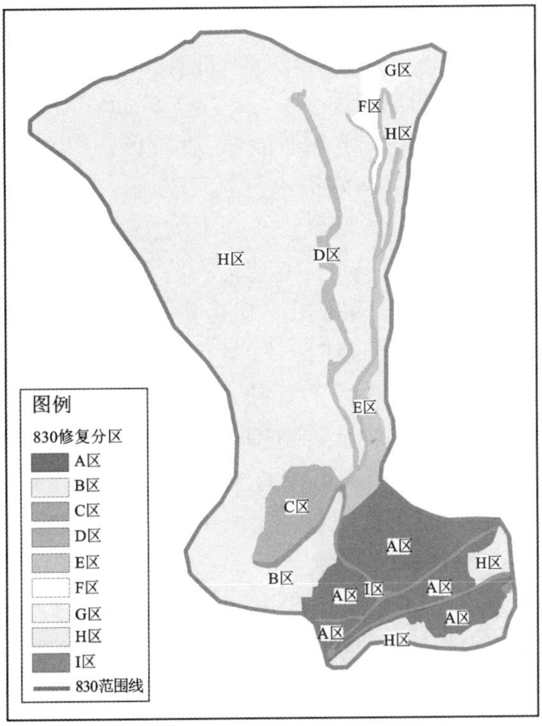

(b) 恢复治理分区

(c) A区典型照片

(d) B区典型照片

图 5-18　露天采场恢复治理分区

扫一扫，看彩图

5.4.2　矿山地质环境保护

5.4.2.1　崩塌、滑坡、潜在不稳定斜坡的预防措施

(1) 在存在崩塌、滑坡隐患的区域采矿，应消除隐患或采取措施避让灾害。

(2) 固体废弃物有序、合理堆放，设计稳定的边坡角，必要时应采取加固措施或修筑拦挡工程。

(3) 露天矿山开采应根据岩土体结构、构造条件，选择合理的坡角范围。对露天采场、排土场、废石场、井口、工业场地等建设开挖形成的不稳定斜坡、陡坎，应采用挡墙、锚固、削坡、护坡等措施防止滑坡、崩塌等地质灾害。对于露天矿边坡，必须对其进行经常性的检查和维护，以保证边坡稳定，防止灾害发生。在邻近边坡进行爆破时，宜采用预裂和减震爆破法，减少单孔装药量而增加孔数，减少每次延时爆破的炮孔数，以防止因露天爆破作业而破坏边坡的稳定性。

(4)露天采场、排土场、废石场、井口、工业场地建设应根据地形条件修建排洪沟、截排水沟。露天采场截排水包括两方面：一是在采区外侧修筑截水沟，避免场外地表水流入采场；二是在采场平台修筑排水沟，及时排走采场平台的积水。

5.4.2.2 地面塌陷、地裂缝、地面沉降的预防措施

(1)地下开采矿山，应合理安排矿山建设总体布局，预留矿柱、矿墙，有条件的应尽量采用充填法开采，及时回填采空区，避免或减少采空区塌陷和地裂缝的发生；对矿区内不能进行拆迁或异地补偿的基础设施、道路、河流、湖泊、林木等，在开采过程中应预留保安矿柱，确保地面塌陷在允许范围内。

(2)矿山开采形成的地面塌陷和地裂缝，可能导致矿区内居民房屋受到不同程度的破损。根据房屋开裂情况，对受损房屋进行维修加固；若房屋破损程度达到搬迁标准，应及时搬迁，以保障居民的生命财产安全。

(3)岩溶充水矿区，采取充填及排供结合等措施控制疏排水，控制地下水位下降速度与防止突然涌水，防止岩溶塌陷。具体措施如下：

①采、排水井设置合理的过滤器装置，避免或减少土体进入井内被冲蚀；

②采、排地下水时，避免采用大降深，以降低地下水流速和侵蚀搬运能力；

③调整开采层位，封堵与覆盖层相连通的浅层水；

④矿山疏干排水时，对地下岩溶通道进行局部注浆或帷幕灌浆处理，减小矿井外围地段地下水位下降幅度；

⑤加强地下水动态观测，合理抽排地下水；

⑥建立注浆防渗帷幕的岩溶突水矿区，采用防渗帷幕方法防止或者减轻岩溶塌陷。

(4)地下水、地热水、石油、天然气、水溶性盐矿和天然碱矿等地下液体矿产的开采，应保持有序开采，严禁过量开采，并采取回灌措施，避免或减轻地面沉降、岩溶塌陷。

5.4.2.3 泥石流的预防措施

对于自然条件下可能形成的泥石流灾害，采用避让、护坡、排水等预防措施；对于矿业活动可能形成的泥石流，结合场地选择、排水设施建设等措施进行预防。矿山泥石流的物质来源主要为采矿和矿山建设的弃土石渣，成因为废石的随意排弃或排弃场的设置不当等。矿山开采引发的崩塌、滑坡及矿山公路修筑产生的弃土等是泥石流物质来源的重要补给。泥石流的预防中应重点防治泥石流形成的物源条件，具体包括：

(1)合理设计排废场。矿山排土场的设计应综合考虑地形、水文地质条件、工程地质条件、植被及周边环境等因素，避开塌方、滑坡、泥石流、地下河、断层、破碎带、软弱基底等不良地质区，避免跨越流水量大的沟谷等。设立截水沟，建立废石坝、拦泥坝等配套设施，防止水土流失造成滑坡和泥土流失等灾害的发生，确保排废场的稳定性。

(2)加强排废场管理。矿山开采、矿山公路建设等过程中产生的弃渣，严格按照相关要求堆放于排废场，做好排废场的日常管理维护工作。

(3)做好沟谷生态植被保护及恢复工作。

5.4.2.4　水环境及资源保护预防措施

(1)严禁向废矿井、渗坑、落水洞排放废水。

(2)揭穿含水层的井巷工程，应采取止水措施，防止地下水串层污染。

(3)采取提高开采水平等措施优化开采方案，如分层开采、充填开采、部分开采等；同时可采取帷幕注浆隔水、灌浆堵漏、防渗墙等工程措施，最大限度地阻止地下水进入矿坑，减少矿坑排水量，防止含水层破坏，保护地下水资源。

(4)坑道涌水重复利用，剩余水需进行净化处理，以达到国家规定的相关排放标准。

(5)采用顶底板加固措施保护隔水层；采用废石或水砂充填采空区，改变采矿工艺，降低导水裂隙带高度，减轻对地下含水层的影响。

(6)针对矿井边界的不同水文地质条件选取地面防渗、帷幕注浆堵水等工程，截断进入井巷的地下水通道，以降低矿井涌排水量和突水发生的概率，减少地下水污染途径，避免水资源浪费。

5.4.2.5　地形地貌景观破坏的预防和保护措施

(1)合理堆放固体废弃物，选用合适的综合利用技术，提高固体废弃物综合利用率，减少固体废弃物堆放对地形地貌景观的破坏。

(2)边开采边治理，及时恢复植被。保护矿区植被，禁止采伐非工程区范围内的植被，减少矿业活动对原生态环境的破坏。

(3)采取避让、围栏、警示牌、加固等措施保护具有重大科学文化价值的地质遗迹和人文景观等。

5.4.2.6　土地资源破坏的预防和保护措施

(1)合理规划，优化开采方案，尽量避免或少占用土地；可采取内排土和剥离-排土-造地-复垦一体化技术，减少土地占用。

(2)露天矿山设置表土堆场，表土最小剥离厚度一般为 0.2~0.5 m。通过有序剥离、安全储存、合理利用，使表土资源化。

5.4.2.7　水土污染的预防措施

(1)修筑排水沟、引流渠等设施，防止有毒有害废水、固体淋滤液污染地下水。

(2)建立废水处理系统，以达到国家规定的相关排放标准，推广废水处理回收再利用技术。

(3)严格控制矿业“三废”的排放，切实做好矿山水污染防治、矿山大气污染防治和矿山固体废弃物处理等工作，消除土壤污染源。

5.4.2.8　已有工程设施的保护

(1)确定周边已有公路、铁路、厂矿、河道、城镇等设施位置，确定合理开采范围，预留足够的安全距离。

(2)地下开采预留保安矿柱，以保护地表地貌、地面建筑、构筑物。

(3)加强地质灾害防治及监测工作，避免矿山地质灾害危害周边已有工程设施。

5.4.3　矿山地质环境恢复治理

应根据矿山地质环境保护与恢复治理分区，针对具体问题提出矿山地质环境恢复治理方案。矿山地质环境恢复治理是一项复杂的系统工程，应采用工程措施与生物措施和其他措施相结合的综合治理措施，保证整体效益的发挥；恢复治理工程要结合矿山发展规划及当地土地的现状或规划，确定恢复治理目标及恢复后用地方向，与采矿生产的总体布局及景观设计相协调，统筹水、湖、田、山、林和草系统保护恢复，兼顾未来发展，因地制宜，多措并举；应当采取相应的恢复治理措施，对矿业工程遗留的钻孔、探井、探槽、巷道进行回填和封闭，对形成的危岩、危坡等进行治理，消除安全隐患。

矿山地质环境恢复治理原则：①坚持经济效益、社会效益与环境效益协调统一的原则；②根据调查的矿山地质灾害现状，结合矿山服务年限，坚持“预防为主，避让与治理相结合，统一规划，突出重点，分步实施”的原则；③坚持以人为本，人居环境和经济社会发展需求相适应的原则；④矿业开发应贯彻“矿产资源开发与地质环境保护并重，恢复治理与地质环境保护并举”的原则；⑤坚持“因地制宜，实事求是”的原则；⑥在治理过程中还应符合当地政府的矿产资源规划，并与土地利用规划和地质灾害防治规划等相协调。

矿山地质环境恢复治理目标：①通过对矿山地质环境恢复治理工作的实施，减少或消除矿业工程活动可能带来的各种地质环境问题和隐患，保护矿区地下水资源和周围水环境；②逐步治理因矿业活动造成的地形地貌景观及周边生态环境破坏，恢复矿区土地资源，提高土地利用价值；③保障矿山正常的生产秩序，为当地经济建设和社会发展多作贡献；④避免对周边居民正常生产生活造成影响；⑤彻底改善矿山生态环境，保证治理工程长期有效运行。

矿山地质环境恢复治理涉及地质灾害、地形地貌破坏、土地资源破坏、水资源和水环境破坏等，具体包括滑坡、崩塌、泥石流、岩溶塌陷、采空区塌陷、地面沉降、地裂缝、地形地貌景观及植被破坏、土地损毁、含水层结构破坏和水土污染的治理。

5.4.3.1 滑坡、崩塌治理

清理废土、废石和危岩，以恢复场地；实施削坡减荷、锚固、抗滑桩、支挡、截排水和植物防护等工程措施，对边坡进行加固。治理工程措施的选择应综合考虑灾害类型、形成机制、稳定性、动力因素及变形破坏力学机制、水文地质及工程地质条件，宜采用组合措施。

滑坡、崩塌主要防治措施概述如下。

(1)抗滑工程。

常用抗滑工程有：挡墙、抗滑桩、锚杆(索)和支撑等。

①挡墙(图5-19)。挡墙亦称挡土墙，是借助自身质量以支挡滑体下滑力的抗滑工程，为防治滑坡常用的有效措施之一，多与排水措施等联合使用。挡墙的基础须砌置于最低的滑动面之下，以避免其本身滑动而失去抗滑作用。对于较高的边坡，常配合锚杆(索)使用，形成挡墙加锚杆的抗滑结构。

②抗滑桩(图5-20)。抗滑桩是用以支挡滑体下滑力的桩柱，一般集中设置在滑坡的前缘附近，具有施工便利、可灌注的优点，多用于正在活动的浅层和中厚层滑坡中。

③锚杆(索)。锚杆(索)主要利用锚杆或锚索上所施加的预应力，以提高滑动面上的正应力，进而提高该面的抗滑力，是一种很有效的防治滑坡和崩塌的措施，多用于岩质斜坡中。

④支撑。支撑主要用于防治陡峭斜坡顶部的危岩体，防止其崩落。在施工时，将支撑的基础埋置于新鲜基岩中，并在危岩体中打入锚杆，将危岩与支撑联结起来。

(2)表里排水。

表里排水包括拦截地表水和排除地下水：在变形破坏区外设置截排水沟，拦截流入斜坡变形破坏区的地表水流，将水流引走；通过盲沟、水平钻孔、集水井等措施排除地下水。

表里排水措施一般与其他防治措施配合使用。

图 5-19　矿山边坡锚索挡墙

图 5-20　矿山边坡抗滑桩

（3）削坡减荷。

削坡减荷主要是将较陡的边坡减缓或将滑坡体后缘的岩土体削去一部分，旨在降低坡体的下滑力，对推落式滑坡效果更佳。当单一的减荷不能起到有效阻滑作用时，可与反压措施相结合，即将减荷削下的土石堆于滑体前缘的阻滑部位，以增加抗滑力。

（4）防冲护坡。

易被水流冲蚀的边坡，可采用修筑导流堤、砌石、抛石、草皮护坡等措施。

滑坡、崩塌的治理措施要因地制宜，参见《滑坡防治工程设计与施工技术规范》（DZ/T 0219—2006）。

5.4.3.2　泥石流治理

泥石流治理措施主要有截水、护坡、拦挡、排导和植被恢复等。可通过清理泥土石以恢复场地，或者修建拦挡工程防止形成新的泥石流物源；潜在的泥石流隐患治理可通过疏导、切断或固化泥石流物源，消除引发泥石流的水源条件。

泥石流防治包括生物措施及工程措施，主要防治措施概述如下。

1）生物措施

恢复或培育植被，加强矿山生态保护，维持较优的生态平衡。应注意造林方法和树种选择，幼苗成活后要严格管理，加强抚育。

2）工程措施

（1）引水工程。

引水工程包括截水沟、引水渠等，主要修建于泥石流形成区内，旨在拦截部分或大部分洪水，削减洪峰，以控制暴发泥石流的水动力条件。

（2）支挡工程。

支挡工程包括挡土墙、护坡等，多修筑于崩塌、滑坡严重地段及矿山松散弃渣堆放地段。通过在坡脚处修建挡土墙和护坡，以稳定斜坡，控制泥石流形成的物源条件。

（3）拦挡工程。

拦挡工程一般修筑于泥石流流通区内，拦挡泥石流的坝体也称谷坊坝，主要用于拦泥滞流和护坡固床。

(4)排导工程。

排导工程包括排导沟、渡槽、急流槽、导流堤等，多修筑于流通区和堆积区，主要用于调整流向、防止漫淹，以保护附近的重要建筑物及构筑物。

泥石流的防治应贯彻综合治理的原则，参见《泥石流灾害防治工程设计规范》(DZ/T 0239—2004)。

5.4.3.3 岩溶塌陷治理

对于岩溶塌陷应根据地面塌陷的类型、规模、发展变化趋势、危害大小等特征，因地制宜、综合治理。

(1)对未达到稳定状态的开采沉陷区，宜采取监测、示警及临时工程措施，消除安全隐患；对达到稳定状态的开采沉陷区，应采取防渗处理、削高填低、回填整平、挖沟排水、植被重建等综合治理措施。

(2)对岩溶塌陷区，可采取塌洞回填、改道、拦截、灌(注)浆、加固等措施控制塌陷的发展，减少危害，具体措施如下：

①回填塌陷坑：当坑底未见基岩出露时，宜采用黏土回填、夯实，并使其高出地面0.2~0.5 m；当坑底基岩出露时，应先用块石封闭洞口，并用黏土回填、夯实。

②河流局部改道：为防止河水直接灌入矿区坑道，除对矿区塌陷坑进行清基封洞口外，还可考虑用局部改河道的方法避让危险区，减少塌陷发生的可能性。

③拦截河水：在河床与塌陷之间修筑拦水坝，将河水与塌陷隔开。

④灌浆堵洞：可防止因矿坑突水引起的地面塌陷。

⑤加固处理：建筑物地基发生塌陷时，应做加固处理，加固方法包括木桩加固和钢筋混凝土桩加固；在预测可能产生塌陷的地区，在建设时也可通过加固地基，防止地面塌陷对建筑物造成破坏。

5.4.3.4 采空区塌陷治理

采空区塌陷会引起地表变形或陷落，应结合地灾防治相关规范要求提出合理措施及监测预警、预报手段；对地表影响较小的采空区塌陷，开展稳定性分析，并预测危及区域和可能造成塌陷的范围。

一般而言，采空区的稳定性受暴露时间、应力变化的影响，可能诱发变形、顶底柱坍塌、矿柱垮塌等，进而引起井巷工程开裂和变形，严重影响相邻作业区安全，造成资源浪费。根据不同情况采取以下采空区治理方法：

(1)崩落围岩治理采空区是一种较为经济的处理手段，崩落的围岩形成一定厚度的垫层或充满整个采空区，防止采空区突然崩塌产生冲击地压，造成井下人员伤害和设备损害，可有效消除采空区安全隐患。该方法分为强制崩落、诱导崩落和自然崩落等。强制崩落需要施工条件和崩落不会引发周边采空区的连锁反应；诱导崩落通过回收顶底柱和间柱，以爆破开采的矿石作为垫层，迫使暴露面积达到自然崩落条件，形成自然崩落处理采空区。

(2)充填法是治理采空区有效的手段之一，通过在充填体内部添加一定量的胶结材料，充填体固结之后有一定能力可以传递应力，从而减轻矿柱的应力集中和减小采空区围岩的变形，进而削弱对地表的影响，达到有效控制地压和防止地表塌陷等目的。目前国内常采用多种材料(如尾砂、废石)联合充填的方式对采空区进行充填，这也是今后矿山治理采空区的主要手段。

(3)封堵法治理采空区是在采空区周围的矿石溜井、采空区的联络巷和人行天井等地段进行封堵，并在通往采空区的运输巷道中砌筑一定厚度的隔墙和堆放废石，以阻挡围岩塌落所产生的冲击波或冲击气浪。该方法适用于体积较小、相对独立、分散的采空区。目前，国内使用该治理方法的矿山包括锡铁山铅锌矿、红透山铜矿和下垄钨矿等。

(4)联合法治理采空区是通过采用两种或两种以上的方法来达到治理采空区的目的，可有效减少对环境的污染，提升资源回收利用率，利于促进绿色矿山的建设，消除采空区安全隐患。

5.4.3.5　地面沉降治理

(1)调整开采方案减少沉降，方案有充填采矿法、合理留设矿柱等。

(2)若无法避免地面变形，可以根据具体情况对地面建筑物或其他基础设施进行加固保护。

(3)通过地下水人工补给，建立均衡开采模式，避免造成地下水二次污染。

5.4.3.6　地裂缝治理

地裂缝治理应根据地裂缝的规模和危害程度采取不同的措施：地裂缝规模和危害程度较小者，采用土石填充、夯实及防渗处理等措施；地裂缝规模和危害程度较大者，可采取填充、灌浆等措施。

5.4.3.7　地形地貌景观及植被破坏的恢复治理

1)地形地貌景观恢复治理

(1)排土场、废石场恢复治理。

排土场、废石场恢复治理包括废石土堆置、平台平整与压实、边坡稳定化处理、表土铺覆等环节。在堆置过程中，应将不易风化的岩石和有毒、有害物料堆存于下部，土壤、岩土混合物和易风化岩石堆存于上部，使植物可充分利用土壤肥力；为防止排土场平台积水，平整的坡度一般采用一定坡比的放坡，排土场表面平整后，还应进行适当的压实；按照排土场边坡的安息角要求进行稳定化处置；在整治好的场地上，应利用事先采集的土壤或土壤替代物进行铺覆；当表土土源不足时，可将岩土混合物覆盖于表层，并在植坑内填入土壤。

(2)露天采场恢复治理。

根据实际情况，露天采场可恢复用作植物种植(农、林、草)、蓄水或建设。需要根据场地的坡度、组成物质、平整程度等具体情况进行整治与土壤构筑。

露天采场底部一般为水平地和缓坡地，经过平整后易于全面覆土，多用于农业种植。硬岩场地一般采用物料充填覆土法，黏土或软岩场地一般采用底板耕松覆土法。采场边帮一般为陡坡地，难以进行大范围平整和覆土，一般恢复为林草地。覆土可根据坡面的具体情况和各种方法的适用范围采用挖穴填土法、砌筑植生盆填土法、喷混法、石壁挂笼填土法、安放植物袋法、阶梯整形覆土法等。

2)植被恢复

植物种类选择应视矿山废弃地的具体情况、当地气候和微气候等立地条件而定，应选择有固氮能力、根系发达、栽植较容易、成活率高的当地树种和抗逆性强的植物。

种植要求：通常情况下，矿区废弃地立地条件较为恶劣，造林成活率普遍较低，故树木种植以植苗为主，尽量选用相关标准的Ⅰ级苗木，以提高植被成活率；当场地较瘠薄时，应填入较肥沃的客土或其他含肥物料；尽可能带土栽植并保持根系完整，以保证植被成活率。

矿区废弃地植被恢复，应实行乔、灌、草结合的方式，形成“乔-灌-草”多层次结构，促使地表尽快被植物覆盖，以达到固土、保水、控制水土流失、改善生态环境，防止泥石流、滑坡等地质灾害发生的作用。

植被种植后，应进行抚育管理，包括松土、灌溉、施肥、林农间作、修枝、整形等。一般应连续抚育2~3年。

5.4.3.8 土地损毁治理

矿山开采过程中造成的土地损毁，应按照《土地复垦条例》进行矿山土地复垦。矿山土地复垦应当综合考虑复垦后土地利用的社会效益、经济效益和生态效益；土地复垦要与生产建设统一规划、统筹安排，结合土地利用总体规划，确定待复垦土地的复垦后利用方向，做到土地复垦与矿山生产建设同步设计、同步施工，努力实现“边生产、边复垦”。贯彻落实“十分珍惜、合理利用土地和切实保护耕地”的基本国策，按照“因地制宜，综合利用”的原则，依据所在地土地利用总体规划，合理确定复垦土地用途，宜农则农、宜林则林、宜牧则牧、宜建则建，被损毁的土地可复垦为农用地的，优先作为耕地、园地、林业、牧业等用地。土地复垦工作实施中应注重保护和利用环境系统的生态平衡及更新能力，确保矿区生态、社会、经济可持续发展。

5.4.3.9 含水层结构破坏治理

针对含水层结构破坏，可采用回灌、修补含水层、置换等措施进行治理；造成周边居民生活、生产用水困难的，应采取措施解决替代水源。

5.4.3.10 水土污染治理

1）水污染治理

常用的水污染治理方法有中和法、湿地法、微生物法等。

（1）中和法：向酸性废水中投入碱中和剂，利用中和反应增大其pH，并使重金属离子与氢氧根离子发生反应，生成难溶的重金属氢氧化物从而净化污水。常用的中和剂有石灰或石灰乳、粉煤灰、煤矸石、电石渣等。

（2）湿地法：根据天然湿地净化污水的机理，人工将砾石、砂、土壤、煤渣等按一定比例填入，并有选择性地种植适宜的植物，利用特定植物能降低酸性水中金属离子含量的作用，让污染水缓慢流经人工湿地中的植物群落，以达到活体过滤的目的。同时，湿地也可为微生物群落的附着生长提供界面，缓慢的水流与人工湿地单元基质发生一定的中和作用。

（3）微生物法：利用微生物的代谢作用除去废水中的有机污染物，根据生物去除重金属离子的机理可分为生物絮凝法、生物吸附法、生物化学法及植物修复法等。

2）土壤污染治理

常用的土壤污染治理方法有生物防治法、抑制剂法、客土深耕法、固结封存法等。

（1）生物防治法：对于土壤污染物，可通过生物降解或植物吸收而净化土壤，其中羊齿类铁角蕨属植物有较强的吸收土壤重金属的能力，对镉的吸收率可达10%，连续种植，可将土壤镉含量降至50%以下。

（2）抑制剂法：该方法适用于轻度污染的土壤，通过施加抑制剂，可改变污染物质在土壤中的迁移转化方向，促使某些有毒物质移动、淋洗或转化为难溶性物质而减少作物吸收。一般施用的抑制剂有石灰、碱性磷酸盐和石灰质物质。施用石灰，可提高土壤的pH，使镉、铜、锌、汞等形成氢氧化物沉淀。

（3）客土深耕法：表层土壤对重金属的吸附和化学固定，使土壤中某些重金属的分布集中于土壤表层几厘米之内，故可采用深掘和覆盖客土的方法，将重金属污染层埋于土壤的深处，避免作物吸收。

(4) 固结封存法：阻断污染土壤与周边环境之间的联系，在污染土壤与外界环境之间修建隔断设施，如施工止水帷幕、铺设防渗膜等，降低土壤中重金属向周围扩散迁移的风险。

5.4.4　某矿山生态修复

该矿山经过多年开采，对地形地貌景观造成极大的破坏，开采面揭露大面积基岩，范围内主要形成多面岩质边坡，无法通过自然修复方式完成生态重构。该矿山开采矿种为汉白玉，面积 67800 m^2，范围线内高程(+1983～+2363) m，高差约 380 m。针对现场地质条件、水源情况，结合当地植物的立地条件，主要采用地灾防治、土壤重构、植被重建、水利配套等修复工程，植被主要采用爬山虎、火棘、戟叶酸模、狗牙根和拟金茅的藤-灌-草混合修复方式，兼顾岩质平台及边坡复绿效果，岩质平台客土深度 30 cm。通过废弃矿山生态修复工程，对区内采面高陡边坡和采场进行生态修复，使区内生态环境质量得到显著提高，改善了项目区的景观面貌，提高了植被的覆盖率，有效地减少了水土流失，减小了潜在的地质灾害发生的可能性(图 5-21)。

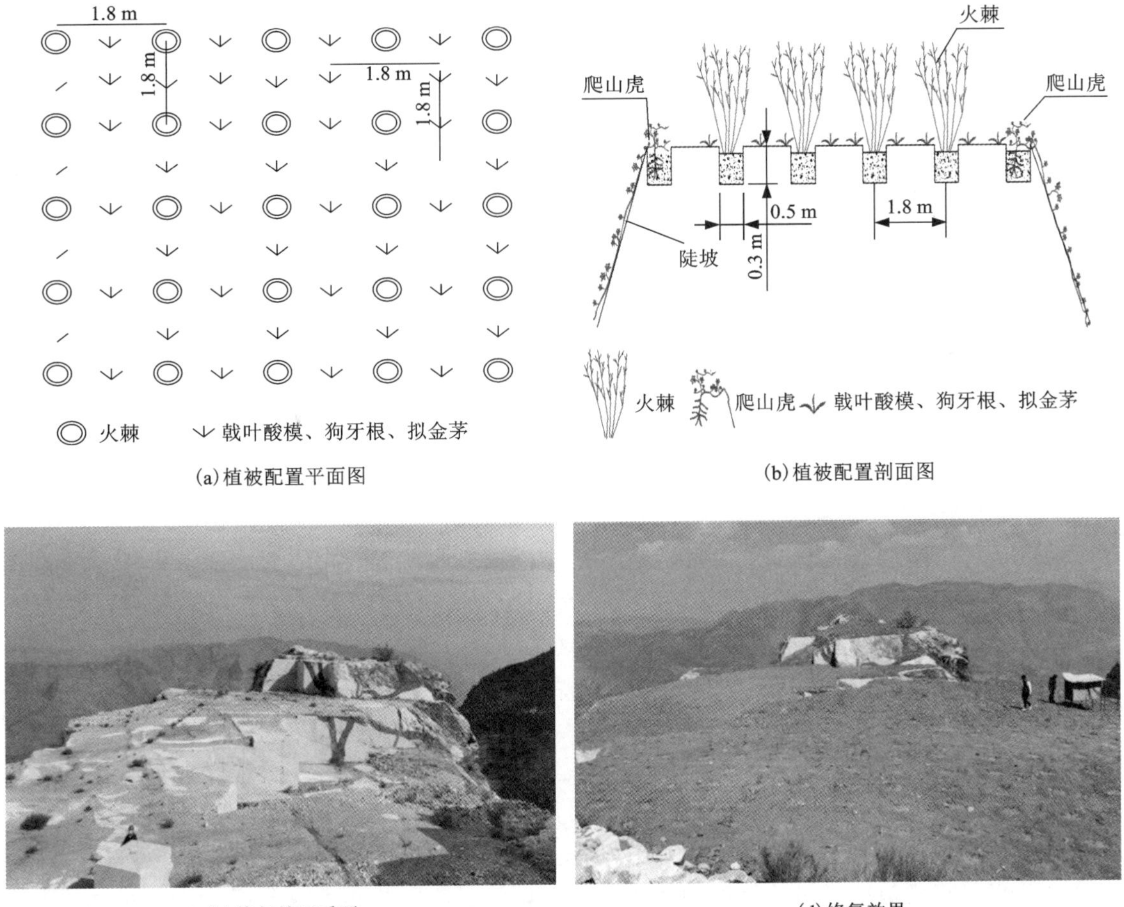

(a) 植被配置平面图　　(b) 植被配置剖面图

(c) 修复前开采面　　(d) 修复效果

图 5-21　废弃露天采场恢复治理

5.5 矿山地质环境监测

5.5.1 监测内容

监测内容包括矿山建设及采矿活动引发或可能引发的崩塌、滑坡、泥石流、地面塌陷、地面沉降、地裂缝、含水层结构破坏和地形地貌景观破坏等矿山地质环境问题。此外，还需对地质环境恢复治理采取的工程措施、生物措施等治理效果进行监测。

(1)崩塌、滑坡监测内容：

崩塌监测、滑坡位移监测、倾斜监测、与变形有关的物理量监测等，并监测地表水、地下水、气象、人类工程活动等对崩塌、滑坡的影响。

(2)泥石流监测内容：

泥石流固体物质来源是泥石流形成的物质基础，故泥石流监测应在研究其地质环境、性质、类型、规模的基础上，对泥石流形成条件进行重点监测。泥石流水源监测应重点监测降雨量和历时等；水源来自冰雪和冻土消融的，应监测其消融水量和消融历时等。

(3)地面塌陷、地面沉降监测内容：

地表移动范围监测、位移量监测，地表移动速度监测，地表裂缝监测，塌陷点监测，地表建筑物变形情况监测等。

(4)地裂缝监测内容：

地裂缝活动的影响带宽度监测，地裂缝两侧的垂直相对位移量监测、水平引张相对位移量监测、水平错动相对位移量监测及建(构)筑物裂缝两盘拉张、扭动或垂直位移量监测等。

(5)含水层结构破坏监测内容：

井孔地下水位监测、矿坑排水量监测、泉水流量监测，以及地下水降落漏斗、疏干范围监测等。

(6)地形地貌景观及土地资源破坏监测内容：

包括地形、水系变化监测，土地资源占用和破坏范围监测，地质遗迹破坏监测等。

(7)水土污染监测内容：

地下水和土壤中有害物质的种类、浓度及变化趋势监测等，评价掌握地下水质和土壤污染状况，了解地下水、土壤的污染发展趋势。水土污染监测应注意环境背景值的调查。

5.5.2 监测方法

1)崩塌、滑坡监测方法

崩塌、滑坡监测方法，分为地表变形监测，地下变形监测，与滑坡、崩塌变形有关的物理量监测，以及滑坡、崩塌形成、活动相关因素的监测等，应本着因地制宜、少而精的原则进行监测。

地表变形监测包括绝对位移监测和相对位移监测，常用监测方法包括大地测量法、高精度卫星导航定位测量法、近景摄影测量法、遥感(RS)法、地面倾斜法、测缝法、合成孔径雷达干涉测量(InSAR)等。

InSAR 是一种用于大地测量和遥感的雷达技术。InSAR 使用两个或多个合成孔径雷达

(SAR)图像，利用返回卫星的波的相位差异来计算目标地区的地形、地貌及表面的微小变化，该技术可以潜在地测量几天到几年跨度的毫米级变形。对地表物体进行观测时，雷达波可以穿透大多数云、雾和烟，并且在黑暗中也同样有效。借助 InSAR，即使在恶劣的天气和夜间，也可以监测地表的变形。InSAR 的全天候、全天时、高分辨率、高精度、范围广等优点，在矿山地质环境的长期动态监测方面具有广阔的应用前景。

地下变形监测主要为相对位移监测，常用监测方法有深部横向位移监测法、测斜法、测缝法、重锤法、沉降法等。

与滑坡、崩塌变形有关的物理量监测方法有声发射监测法、应力应变监测法、深部横向推力监测法等。

滑坡、崩塌形成、活动相关因素监测有地下水动态监测法、地表水动态监测法、水质动态监测法，以及气象监测、地震监测、人类工程活动监测等。

各监测方法常用仪器、监测特点和适用性可参照《崩塌、滑坡、泥石流监测规范》(DZ/T 0221—2006)。

2)泥石流监测方法

泥石流固体物质来源于崩塌、滑坡的，按照崩塌、滑坡监测方法进行监测；固体物质来源于松散物质的，可以在不同地质条件地段设立标准片蚀监测点，监测不同降水条件下的冲蚀侵蚀量，分析形成泥石流临界雨量的固体物质供给量；针对暴雨型泥石流，应设立以观测雨量为主的气象站，监测气温、风向、风速、降雨量；对于冰川型泥石流，还应对冰雪消融量进行监测。

泥石流动态要素、动力要素监测，应在选定的若干个断面上进行：

(1)小型泥石流沟或暴发频率低的泥石流沟，一般采用水文观测方法进行监测。

(2)规模较大或暴发频率较高的泥石流沟，宜采用专门仪器进行监测，常用监测仪器包括雷达测速仪、各种传感器与冲击力仪、超声波泥位计、无线遥测地声仪，以及进行重复水准测量、动态立体摄影测量等。

泥石流流体特征监测应与泥石流运动特征监测结合进行。

3)地面塌陷、地面沉降、地裂缝监测方法

可采用遥感(RS)、高精度卫星导航定位系统、全站仪(水准仪)、伸缩性钻孔桩(分层桩)、钻孔深部应变仪，以及进行简易人工观测等。

4)含水层结构破坏监测方法

可采用人工现场调查、水位自动监测仪、流速仪、流量仪等方法和仪器进行监测。

5)地形地貌景观及土地资源破坏监测方法

可采用人工现场量测、遥感(RS)、高精度卫星导航定位系统、大地测量(水准仪、测距仪等)等方法进行监测。

6)水土污染监测方法

水土污染监测以取样分析为主，包括：

(1)汞、镉、铅、砷、铜、铝、镍、锌、硒、铬、钒、锰、硫酸盐、硝酸盐、卤化物、碳酸盐等元素和无机污染物等；

(2)石油、有机磷和有机氯农药、多环芳烃、多氯联苯、三氯乙醛及其他生物活性物质等；

(3)由粪便、垃圾和生活污水引入的传染性细菌和病毒等。

地形变、高分辨率卫星影像、地下水位、地下水样品采集、土壤样品采集等监测工作可参照表5-42~表5-46。

表5-42 地形变监测数据记录表

<table>
<tr><td colspan="2">监测点编号</td><td></td><td>监测点位置</td><td colspan="2"></td><td>地理坐标</td><td>E：
N：</td></tr>
<tr><td colspan="2">监测次数</td><td>1</td><td>2</td><td>3</td><td>4</td><td>5</td><td>……</td></tr>
<tr><td colspan="2">天气</td><td></td><td></td><td></td><td></td><td></td><td></td></tr>
<tr><td colspan="2">温度</td><td></td><td></td><td></td><td></td><td></td><td></td></tr>
<tr><td colspan="2">监测人员</td><td></td><td></td><td></td><td></td><td></td><td></td></tr>
<tr><td colspan="2">监测日期</td><td></td><td></td><td></td><td></td><td></td><td></td></tr>
<tr><td rowspan="3">监测数据</td><td>x</td><td></td><td></td><td></td><td></td><td></td><td></td></tr>
<tr><td>y</td><td></td><td></td><td></td><td></td><td></td><td></td></tr>
<tr><td>z</td><td></td><td></td><td></td><td></td><td></td><td></td></tr>
<tr><td rowspan="3">变幅</td><td>Δx</td><td></td><td></td><td></td><td></td><td></td><td></td></tr>
<tr><td>Δy</td><td></td><td></td><td></td><td></td><td></td><td></td></tr>
<tr><td>Δz</td><td></td><td></td><td></td><td></td><td></td><td></td></tr>
<tr><td>监测点 X 方向动态图</td><td colspan="3"></td><td>监测点 Y 方向动态图</td><td colspan="3"></td></tr>
<tr><td>监测点 Z 方向动态图</td><td colspan="7"></td></tr>
<tr><td colspan="2">填表单位</td><td colspan="2"></td><td>填表人</td><td></td><td colspan="2">年　月　日</td></tr>
</table>

表 5-43　高分辨率卫星影像监测数据记录表

<table>
<tr><td colspan="2">监测点编号</td><td></td><td>监测点位置</td><td colspan="2"></td><td>地理坐标</td><td>E：
N：</td></tr>
<tr><td colspan="2">监测次数</td><td>1</td><td>2</td><td>3</td><td>4</td><td>5</td><td>……</td></tr>
<tr><td colspan="2">天气</td><td></td><td></td><td></td><td></td><td></td><td></td></tr>
<tr><td colspan="2">温度</td><td></td><td></td><td></td><td></td><td></td><td></td></tr>
<tr><td colspan="2">监测人员</td><td></td><td></td><td></td><td></td><td></td><td></td></tr>
<tr><td colspan="2">监测日期</td><td></td><td></td><td></td><td></td><td></td><td></td></tr>
<tr><td rowspan="3">监测数据</td><td>x</td><td></td><td></td><td></td><td></td><td></td><td></td></tr>
<tr><td>y</td><td></td><td></td><td></td><td></td><td></td><td></td></tr>
<tr><td>z</td><td></td><td></td><td></td><td></td><td></td><td></td></tr>
<tr><td rowspan="3">变幅</td><td>Δx</td><td></td><td></td><td></td><td></td><td></td><td></td></tr>
<tr><td>Δy</td><td></td><td></td><td></td><td></td><td></td><td></td></tr>
<tr><td>Δz</td><td></td><td></td><td></td><td></td><td></td><td></td></tr>
<tr><td>监测点 X 方向动态图</td><td colspan="3"></td><td>监测点 Y 方向动态图</td><td colspan="3"></td></tr>
<tr><td>监测点 Z 方向动态图</td><td colspan="7"></td></tr>
<tr><td colspan="2">填表单位</td><td colspan="2"></td><td>填表人</td><td></td><td colspan="2">年　　月　　日</td></tr>
</table>

表 5-44　地下水位监测数据记录表

监测点编号		监测点位置		地理 坐标	E： N：
井深		井口高程		地下水类型	
监测次数	1	2	3	4	……
监测日期					
天气					
温度					
监测人员					
地下水温度					
水位高程/m					
水位埋深/m					
水位变幅/m					
监测点交通图			监测井孔剖面图		
填表单位		填表人		年　月　日	

表 5-45　地下水样品采集记录表

<table>
<tr><td colspan="2">采样点编号</td><td colspan="2"></td><td>采样时间</td><td colspan="2"></td></tr>
<tr><td colspan="2">采样地点</td><td colspan="5"></td></tr>
<tr><td colspan="2">地理位置</td><td colspan="5">E：　　　N：</td></tr>
<tr><td colspan="2">样品编号</td><td colspan="2"></td><td>采样人员</td><td colspan="2"></td></tr>
<tr><td colspan="2">水样类型</td><td colspan="2">地表水□　　地下水□</td><td>采样深度</td><td colspan="2"></td></tr>
<tr><td colspan="2">采样目的</td><td colspan="2"></td><td>监测项目</td><td colspan="2"></td></tr>
<tr><td colspan="2">采样点环境描述</td><td colspan="5"></td></tr>
<tr><td rowspan="2">样品描述</td><td>颜色</td><td colspan="2"></td><td>嗅和味</td><td colspan="2"></td></tr>
<tr><td>浑浊程度</td><td colspan="2"></td><td>肉眼可见物</td><td colspan="2"></td></tr>
<tr><td>采样点井孔剖面图</td><td colspan="3"></td><td>采样点照片</td><td colspan="2"></td></tr>
<tr><td>采样点交通图</td><td colspan="6"></td></tr>
<tr><td colspan="2">填表单位</td><td colspan="2"></td><td>填表人</td><td></td><td>年　　月　　日</td></tr>
</table>

表 5-46 土壤样品采集记录表

<table>
<tr><td colspan="2">采样点编号</td><td></td><td>采样时间</td><td></td></tr>
<tr><td colspan="2">采样地点</td><td colspan="3"></td></tr>
<tr><td colspan="2">地理位置</td><td colspan="3">E： N：</td></tr>
<tr><td colspan="2">样品编号</td><td></td><td>采样人员</td><td></td></tr>
<tr><td colspan="2">采样层次</td><td></td><td>采样深度</td><td></td></tr>
<tr><td colspan="2">采样目的</td><td></td><td>监测项目</td><td></td></tr>
<tr><td colspan="2">采样点环境描述</td><td colspan="3"></td></tr>
<tr><td rowspan="3">样品描述</td><td>土壤颜色</td><td></td><td>植物根系</td><td></td></tr>
<tr><td>土壤质地</td><td></td><td>砂砾含量</td><td></td></tr>
<tr><td>土壤湿度</td><td></td><td>其他异物</td><td></td></tr>
<tr><td>采样点剖面图</td><td colspan="2"></td><td>采样点照片</td><td></td></tr>
<tr><td>采样点交通图</td><td colspan="4"></td></tr>
<tr><td>填表单位</td><td colspan="2"></td><td>填表人</td><td>年 月 日</td></tr>
</table>

5.5.3 监测点布置

监测点的布置应综合考虑矿山地质环境预测结果及项目影响特点，力求经济、适用、可靠、易操作。监测点宜布设于容易产生滑坡、崩塌、泥石流和地面塌陷且可能造成较大地质环境问题的地区，重点监测不良地质区域、采空区、矸石场、废石场、可能因采矿活动造成居民房屋破坏的地段，以及重要水利设施、重要电力设施、重要交通设施等。矿山地质环境监测点确定后，及时建立档案(表 5-47)。

表 5-47　矿山地质环境监测点登记表

<table>
<tr><td>统一编号</td><td></td><td>矿山名称</td><td colspan="2"></td></tr>
<tr><td>监测点编号</td><td></td><td>地理坐标</td><td colspan="2">E：　　　　N：</td></tr>
<tr><td>监测点位置</td><td></td><td></td><td colspan="2"></td></tr>
<tr><td>所处矿山方位</td><td colspan="2"></td><td>建点时间</td><td></td></tr>
<tr><td>监测负责人</td><td colspan="2"></td><td>管理负责人</td><td></td></tr>
<tr><td>监测对象</td><td colspan="4">采空(岩溶)塌陷□　不稳定边坡□　地下水环境背景□　土壤环境背景□
地下水环境破坏□　土壤环境破坏□　地形地貌景观破坏□　地下水环境恢复□
土壤环境恢复□　地形地貌恢复□</td></tr>
<tr><td>监测要素</td><td colspan="4">地表形变□　地下形变□　岩土体含水率□　降水量□　土压力□　地应力□
地声□　孔隙水压力□　地下水位□　地下水量□　含水层厚度□
含水层孔隙率□　地下水温度□　地下水质□　地下水流量□　土壤无机污染□
土壤有机污染□　植被损毁面积□　岩土剥离体积□　土壤水溶性盐□　土壤重金属□
污染源距离□　占压物组分□　土壤微量元素□　土壤矿物质全量□</td></tr>
<tr><td>监测方法</td><td colspan="4">人工测量□　自动测量□　人工采样送检□　现场分析□　人工记录□　自动传输□
人工分析□　自动分析□</td></tr>
<tr><td>监测仪器名称与型号</td><td colspan="2"></td><td>监测频率</td><td></td></tr>
<tr><td>有无监测标石</td><td colspan="3">有□　　　无□</td><td rowspan="2">石材□　现场浇筑混凝土□
钢材□　预制混凝土□</td></tr>
<tr><td>监测标石埋深</td><td colspan="3"></td></tr>
<tr><td>监测点交通图</td><td colspan="2"></td><td>监测标石照片或监测仪器现场照片</td><td></td></tr>
<tr><td>填表单位</td><td colspan="2"></td><td>填表人</td><td>　　年　　月　　日</td></tr>
</table>

注：监测频率一般每 15 天一次，比较稳定的可每月一次。在汛期、雨季、预报器、防治工程施工期等情况下应加密监测频率，宜每天一次或数小时一次直至连续跟踪监测。

5.5.4　某矿山高陡边坡在线监测

某石灰岩矿山采用露天方式开采，生产规模 380 万 t/a，开采标高为 1900~2206 m，最终边坡高度为 306 m，根据《非煤露天矿边坡工程技术规范》(GB 51016—2014)，确定其边坡安全等级定为Ⅱ级。因矿山整体开采设计及安全生产的需求，结合矿山的工程地质条件，根据《金属非金属露天矿山高陡边坡安全监测技术规范》(AQ/T 2063—2018)监测要求，对该高边坡实施Ⅱ级边坡在线监测方案。该露天边坡依据其工程地质条件分成 4 个边坡分区，每一分区布设 1 条典型监测线(图 5-22)，采用表面位移监测、爆破震动监测、地下水位监测、降雨量监测及视频监测方案，选用 GPS、雨量计、爆破震动监测仪、高清网络球机视频进行边坡监测，有效监测边坡在暴雨、爆破及地震等作用下的变形和破坏情况，为边坡安全防范、稳定性分析、预报、评判与加固技术的应用提供基础。

(a)边坡全景

(b)岩体结构

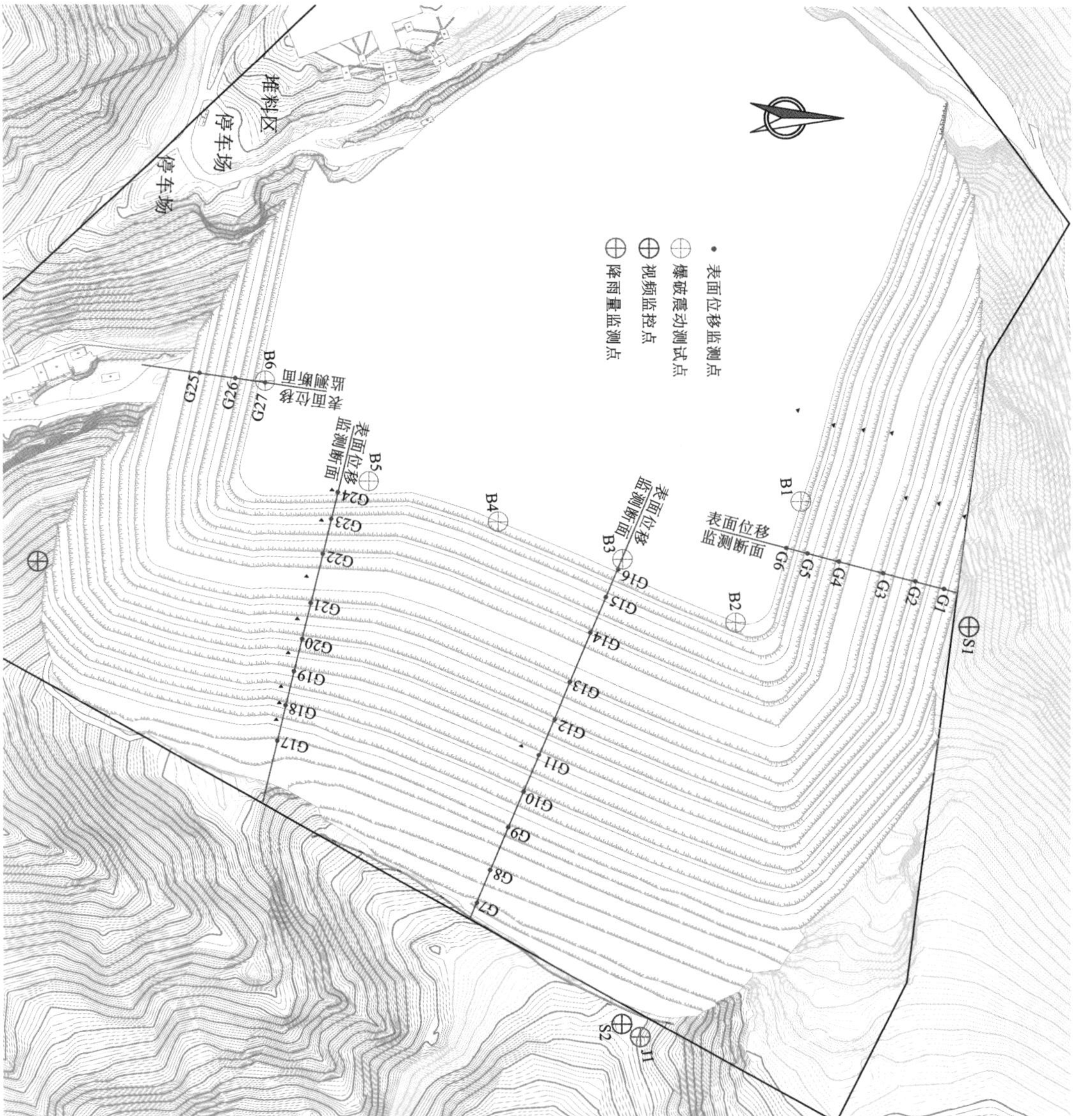

(c)监测方案

图 5-22 露天矿边坡监测

5.6　矿山地质环境保护与恢复治理方案编制要求

矿山地质环境保护与恢复治理方案技术成果由文字报告和附图、附件组成。

5.6.1　文本编制要求

(1) 矿山地质环境保护与恢复治理方案编制依据和适用年限：主要阐述本方案的编制依据及本方案的适用年限，适用年限应根据矿山服务年限和开采计划确定。

(2) 矿山地质环境保护与恢复治理目标任务：根据矿山地质环境现状及存在的主要矿山地质环境问题、矿山地质环境影响评估结果和矿山地质环境保护与恢复治理分区，提出矿山地质环境保护与恢复治理总体目标任务和阶段目标任务。

(3) 矿山基本情况及地质环境背景：简述矿山企业基本概况、矿山开发方案或开发计划、矿区的自然地理与社会经济、矿区地质、水文地质、工程地质条件等。

(4) 矿山地质环境影响分析评估：明确评估级别和评估精度，确定评估指标、评估标准和评估方法，进行现状评估、预测评估。

(5) 矿山地质环境保护与恢复治理分区：根据矿山地质环境现状分析、矿山地质环境影响评估结果，在充分考虑矿山地质环境问题对人居环境、工农业生产、区域经济发展影响的前提下，将矿山地质环境保护与恢复治理区域划分为重点防治区、次重点防治区、一般防治区。

(6) 矿山地质环境保护与恢复治理工程部署：根据矿山地质环境问题类型和矿山地质环境保护与恢复治理分区结果，按照分阶段实施的原则，提出总体工作部署和本方案适用期内分年度实施计划。

(7) 矿山地质环境防治工程：依据矿山地质环境保护与恢复治理工作部署，明确矿山地质环境保护、恢复治理、监测的对象和内容，提出矿山地质环境保护与恢复治理工程和矿山地质环境监测工程，并分别提出有针对性的技术措施。

(8) 矿山地质环境保护与恢复治理经费估算：根据矿山地质环境保护与恢复治理工程部署、工程量及工程技术手段，参照相关标准，进行经费估算。经费估算包括矿山地质环境保护、预防、恢复治理、监测等直接费用及勘察、设计、监理等间接费用。

(9) 保障措施：提出切实可行的组织保障、技术保障和资金保障措施，保障矿山地质环境保护与恢复治理工作的顺利进行。

(10) 效益分析：对矿山地质环境保护与恢复治理工程实施后所产生的社会效益、环境效益和经济效益进行客观的分析评价。

5.6.2　图件编制要求

5.6.2.1　一般要求

(1) 工作底图采用最新的地理底图或地形地质图、矿区基岩地质图。如果收集到的工作底图较陈旧，地形地物变化较大，则应简单实测、修编；如果地形地质图由小比例尺放大所得，也应进行修编。

(2) 成果图件应在充分利用已有资料与最新调查资料，在深入分析和综合研究的基础上编制。编制人员必须亲临现场，获取最新的调查资料。

(3) 成果图件应数字化成图，图形数据文件命名清晰，并与工程文件一起存储。

(4)成果图件应符合有关要求，表示方法合理，层次清楚，清晰直观，图式、图例、注记齐全，读图方便。

(5)成果图件比例尺不应小于矿山精查报告比例尺；当矿区范围较大时，成图比例尺不应小于1∶10000，重要地段的成图比例尺(包括平面图和剖面图)原则上不应小于1∶1000。

(6)常用图例参照图5-23～图5-26，其他图例可参照《区域地质图图例》(GB/T 958—2015)确定。

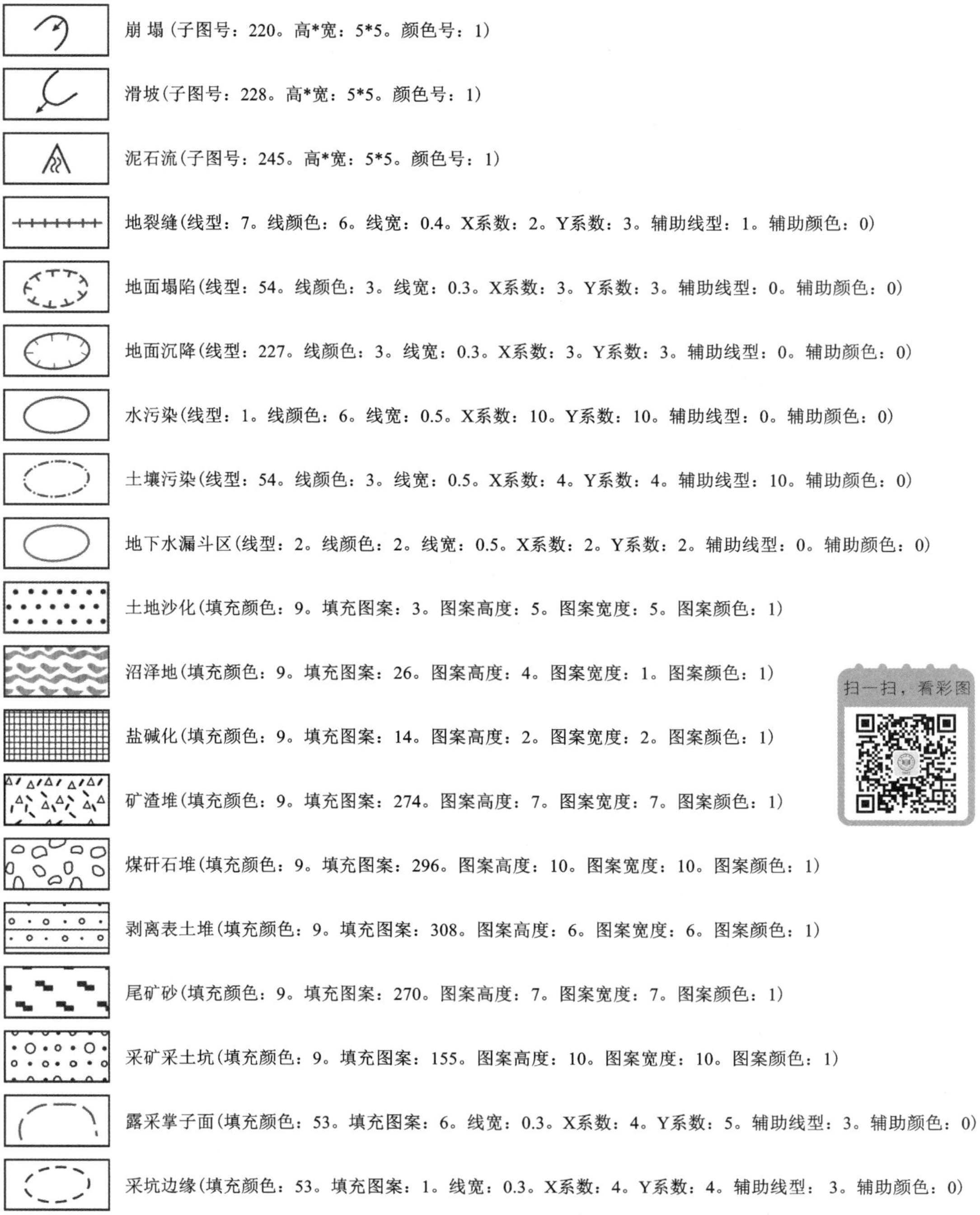

扫一扫，看彩图

图5-23 常见矿山地质环境问题图例

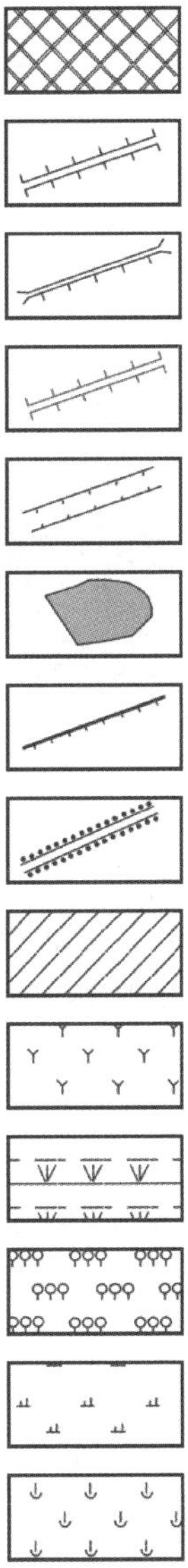

护坡(填充颜色：95。填充图案：1。图案高度：7。图案宽度：7。图案颜色：1)

挡土墙(线型：18。线颜色：1。线宽：0.1。X系数：3。Y系数：4。辅助线型：1。辅助颜色：0)

拦水坝挡土墙(线型：18。线颜色：1。线宽：0.1。X系数：3。Y系数：8。辅助线型：5。辅助颜色：0)

拦砂坝挡土墙(线型：18。线颜色：941。线宽：0.1。X系数：3。Y系数：4。辅助线型：1。辅助颜色：0)

排水渠挡土墙(线型：18。线颜色：1。线宽：0.1。X系数：3。Y系数：4。辅助线型：1。辅助颜色：0)

蓄水池(填充颜色：2。填充图案：0。图案高度：0。图案宽度：0。图案颜色：0)

防洪堤(线型：18。线颜色：1。线宽：0.3。X系数：2。Y系数：5。辅助线型：5。辅助颜色： 0)

设计道路(线型：51。线颜色：1。线宽：0.1。X系数：1。Y系数：5。辅助线型：0。辅助颜色：0)

建筑用地(填充颜色：9。填充图案：8。图案高度：5。图案宽度：5。图案颜色：1)

草地(填充颜色：9。填充图案：181。图案高度：6。图案宽度：6。图案颜色：1)

林地(填充颜色：9。填充图案：163。图案高度：5。图案宽度：5。图案颜色：1)

果园(填充颜色：9。填充图案：225。图案高度：7。图案宽度：7。图案颜色：1)

农田(填充颜色：9。填充图案：170。图案高度：7。图案宽度：7。图案颜色：1)

苗圃及花圃(填充颜色：9。填充图案：126。图案高度：6。图案宽度：6。图案颜色：1)

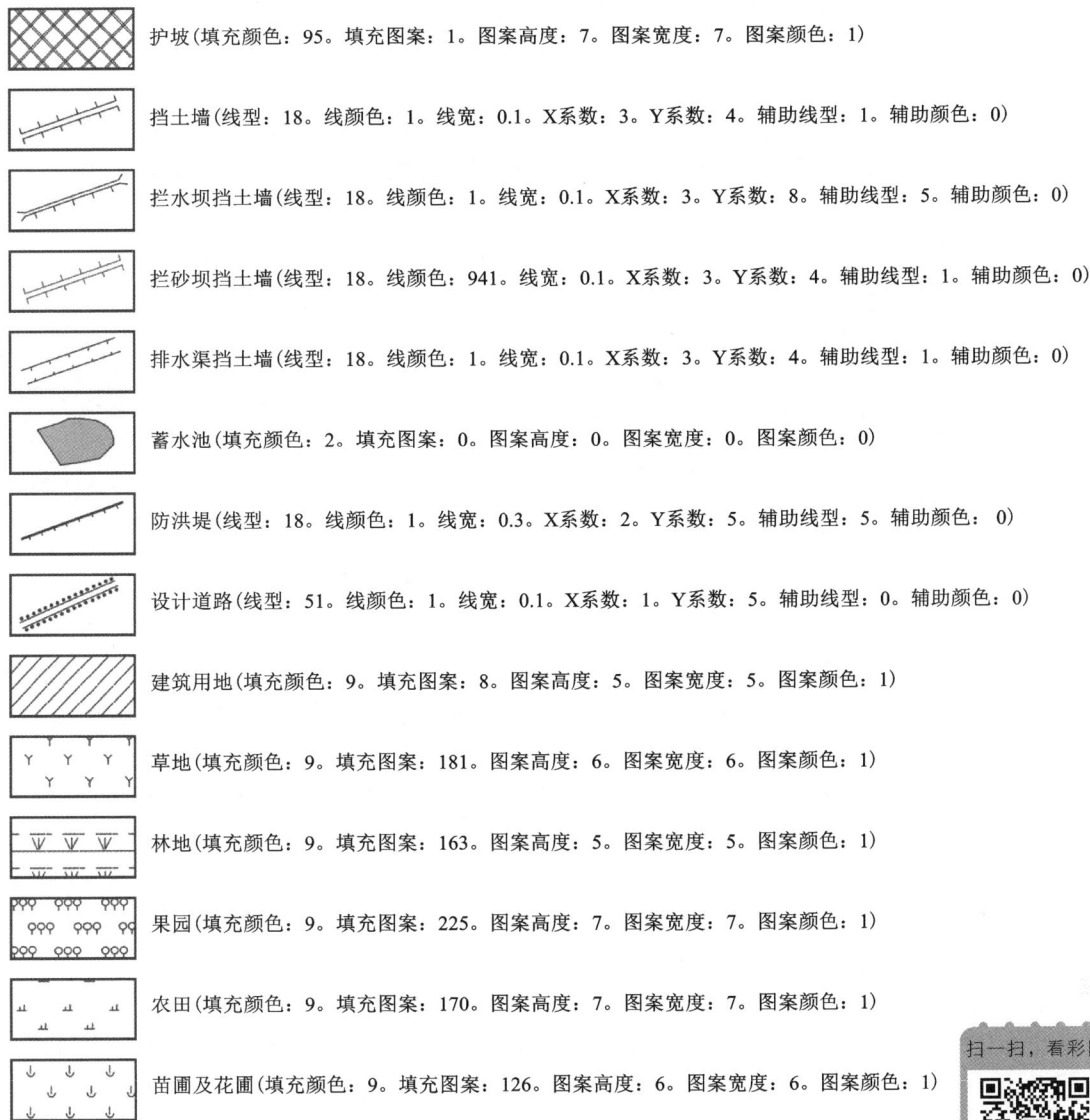

图5-24　矿山地质环境保护与综合治理工程图例

扫一扫，看彩图

5.6.2.2　矿山地质环境现状评估图

（1）图面主要反映评估区的地质环境条件、存在的矿山地质环境问题等，内容包括：

①地理要素：主要地形等高线、控制点；地表水系、水库、湖泊的分布；重要城镇、村庄、工矿企业；干线公路、铁路、重要管线；人文景观、地质遗迹、供水水源地、岩溶泉域等各类保护区。

②地质环境要素：包括地貌分区、地层岩性（产状）、主要地质构造、水文地质要素（如井、泉分布）等。

③矿区范围与工程布局：露采境界、矿区范围、采区布置、地下开采主要巷道的布置等。

④主要矿山地质环境问题：采空区、地面塌陷、地裂缝、崩塌、滑坡、含水层破坏、地形地貌景观破坏、土地资源破坏等的分布、规模；采矿固体废弃物堆放位置与规模；已治理的矿山地质环境问题类型及范围等。

⑤现状评估结果：用普染色表示矿山现状地质环境影响程度分级（图 5-25）。当单要素评估结果有重叠时，采取就高不就低原则编图。若图面信息量大，可另附单要素评估图。

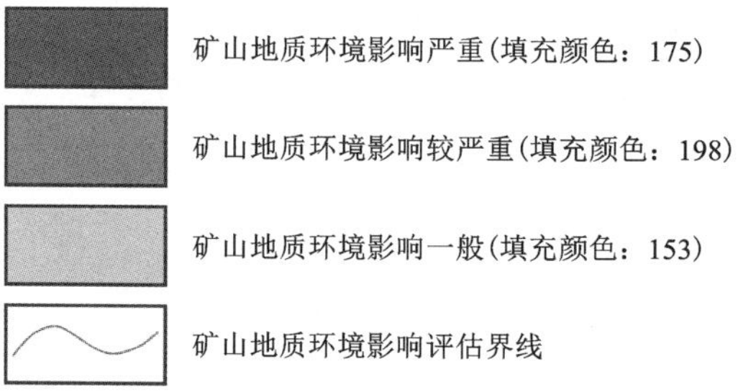

(线型1；线颜色：6；线宽：0.5；X系数：10；Y系数：10；辅助线型：0；辅助线颜色：0)

扫一扫，看彩图

图 5-25 矿山地质环境影响程度评估分级图例

（2）平面图上应附综合地层柱状图、综合地质剖面图等镶图；可根据需要附专门性镶图，如矿体底板等值线图、降水等值线图、全新世活动断裂与地震震中分布图、评估区周围矿山分布图、地下水等水位线图等。

（3）可用镶表说明矿山地质环境问题类型、编号、地理位置、分布范围与规模、影响程度、形成时间、防治情况等。

5.6.2.3 矿山地质环境预测评估图

（1）图面主要反映采矿活动对评估区地质环境可能造成的影响，内容包括：

①地理要素：同前述矿山地质环境现状评估图。

②预测评估结果：用普染色表示矿山预测地质环境影响程度分级（图 5-25）。当单要素评估结果有重叠时，采取就高不就低原则编图。若图面信息量大，可另附单要素评估图。

（2）对重点区域（由采矿引发地质环境问题突出的区域）可以在图面上插入镶图进一步说明，如完整的泥石流沟、重要地质灾害隐患点、地下水疏干范围等。镶图比例尺视具体情况而定。

（3）可用镶表对矿山地质环境影响预测评估结果加以说明，如潜在矿山地质环境问题类型、编号、地理位置、分布范围与规模、影响程度、防治难度分级等。

5.6.2.4 矿山地质环境保护与恢复治理工程部署图

（1）图面主要反映矿山地质环境保护与恢复治理责任范围分区、工作部署等，内容包括：

①地理要素：同前述矿山地质环境现状评估图。

②矿山地质环境保护与恢复治理分区：用普染色表示不同的防治区域（图 5-26）。

③工程部署：主要防治、监测工作的布置、措施与手段等。

（2）镶图：可以根据需要对防治区内的主要工程部署、防治工程措施与手段等插入放大比例尺的专门性镶图。

（3）镶表：用镶表对矿山地质环境保护与恢复治理分区加以说明，包括分区名称、编号、分布、面积，主要矿山地质环境问题类型和影响程度、防治措施、手段、进度安排。

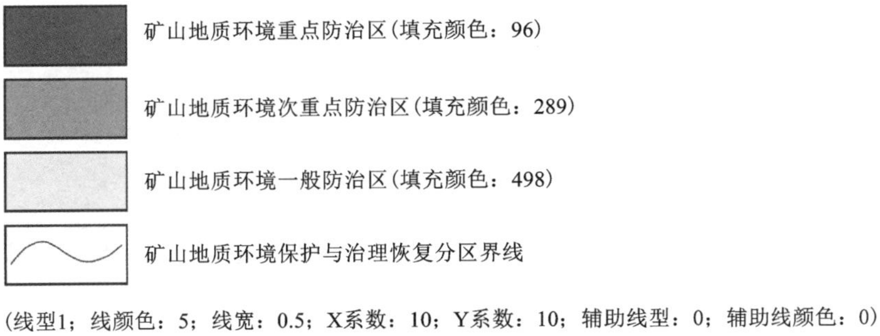

扫一扫，看彩图

图 5-26　矿山地质环境保护与恢复治理分区图例

5.6.3　报告附件

主要附件包括：

(1)矿产资源储量评审意见及备案证明。

(2)开发利用方案评审备案意见表。

(3)矿山地质环境现状调查表。

(4)矿山地质环境保护与恢复治理方案编制委托书。

(5)矿山地质环境保护与恢复治理野外作业验收表。

(6)矿山地质环境保护与恢复治理方案审查申请登记表。

(7)划定矿区范围批复或采矿证。

参考文献

[1] 杜时贵，雍睿，陈咕扦，等. 大型露天矿山边坡岩体稳定性分级分析方法[J]. 岩石力学与工程学报，2017，36(11)：2601-2611.

[2] 金德山. 云南元阳老金山滑坡[J]. 中国地质灾害与防治学报，1998(4)：99-102，81.

[3] 付俊，周罕，唐绍辉，等. 急倾斜金矿体防水隔离矿柱预测研究[J]. 矿冶工程，2019，39(3)：29-31.

[4] 付俊，郁华嘉，王皓，等. 华润水泥(弥渡)有限公司弥渡县蔡家地(东段)石灰岩矿 380 万 t/a 露天边坡稳定性及参数优化研究[R]. 昆明：中国有色金属工业昆明勘察设计研究院有限公司，2021.

[5] 赵向东，邹国富，周罕，等. 复杂采空区联测关键技术及稳定性"DME"评价体系研究[R]. 昆明：中国有色金属工业昆明勘察设计研究院有限公司，2021.

第 6 章

矿山测量

6.1 矿山测量的主要工作内容

矿山测量工作是贯穿矿山建设、生产和闭坑全过程，甚至在矿山闭坑后，为了保证安全所进行的变形监测测量。因此，矿山测量在矿山建设和生产中的责任与作用重大，其主要任务有：

(1)建立矿区地面控制网和测量 1：5000~1：500 的地形图。

(2)进行矿区地面与井下各种工程的施工测量和竣工验收测量。

(3)测量和编制各种采掘工程图及矿体几何图。

(4)进行岩层与地表移动(变形)的观测，为留设保护矿柱和安全开采提供资料。

(5)参加采矿计划的编制，对资源利用和生产情况进行检查和监督。

此外，还有许多复杂的技术问题需要矿山测量来解决，如主巷道的定向与测量，掘进时中线、腰线的给定，井下巷道贯通，弯道设置、竖井联测、斜硐布设，开拓系统，回采定水平，矿量计算，井上下对照等，处处都离不开测量。例如巷道贯通，如果不经过精确测量就随意开挖，将造成巷道作废，不仅导致资源浪费，而且影响生产甚至导致事故发生。因此，矿山测量资料必须系统整理编录，建立完整的矿山测量数据库。

矿山测量的主要工作内容有：①地面控制测量；②地下控制测量；③联测；④贯通测量；⑤开拓工程测量；⑥采场测量；⑦变形监测测量。

矿山测量活动应遵守国家和地方相关法律法规，以及《工程测量标准》(GB 50026)等规程规范。加强测量工作及其业务技术管理，配备足够的人员、仪器和设备，建立健全矿山测量的规章制度和测量操作规程，实现测量工作及其管理的规范化和标准化。定期检校测量仪器，重要测量工作前，还应进行必要项目的检验和校正，若仪器达不到精度要求，应予降级使用或申请报废。

测量工作开始前，应根据任务要求，收集和分析有关测量资料，进行必要的现场踏勘，制订合理的技术方案，编写技术设计书。在施测过程中，外业观测必须校核，起算数据、外业记录和计算成果均应经过严格的检查或核算。矿区基本控制测量、矿井联系测量、贯通测量等重要测量工作必须独立地进行两次或两次以上的观测和计算，工程结束后要编写技术总结。

测量成果的精度评定以中误差为标准，允许误差(限差)一般采用中误差的 2 倍值；小型矿山或次要工程，可采用中误差的 3 倍值，当观测误差与观测值本身大小有关时，应同时用相对误差来评定观测结果的质量。

在测量实践中，应采用新仪器、新技术、新方法，并经常对实测成果进行各项精度的评定和分析，总结经验，以求得各种测量误差的基本参数。

矿山测量在采矿企业中起下列主要作用：

(1) 在矿山生产均衡方面起保证作用。通过及时提供反映矿山生产状况的各种测量图纸和资料，准确掌握矿山资源储量变动情况，参与采矿计划的编制和检查其执行情况，从矿山测量工作上保证矿山生产均衡。

(2) 在资源开采的充分性和采掘工程质量控制方面起监督作用。矿山测量人员应依据有关法令和规定，经常检查各种已完成的采掘工程质量，对采出的有用矿物进行监督，减少各种浪费。

(3) 在安全生产方面起指导作用。充分利用矿山测量成果，掌握采掘工程空间位置的特点，及时正确地指导掘进施工，防止采矿巷道掘入危险区内；同时尽量准确地预测地下采空后引起的岩层与地表移动的范围，避免建筑物的破坏和人身安全事故的发生。

6.2　矿山测量的主要仪器设备

6.2.1　水准仪

国产水准仪型号都以“DS”开头，分别为“大地”和“水准仪”的汉语拼音第一个字母，通常书写省略了字母 D，其后“05”“1”“2”“3”等数字表示该仪器的精度。S2、S3 水准仪又称为普通水准仪，用于国家三、四等水准及普通水准测量；S05 和 S1 水准仪称为精密水准仪，用于国家一、二等精密水准测量。水准仪型号 S05、S1、S2 和 S3 分别表示其每千米往返中误差 (精度) ≤ 0.5 mm、≤1 mm、≤2 mm 和≤3 mm。

水准仪高程测量属几何水准测量，是使用时间最长、原理最简单的高程测量方法，也是最精密的高程测量方法，一直运用至今。水准高程测量的主要弱点是工效低，因此，近几十年来人们一直致力于如何提高几何水准测量的作业效率。水准测量，仪器和标尺不仅在空间上是分离的，而且它们的相对距离也不固定，因而给水准测量的自动化与数字化带来了一定困难。

1) 普通水准仪

普通水准仪按调平方式分为自动安平水准仪和微倾式水准仪，广泛应用于工程测量中。其主要由望远镜、水准器及基座三部分组成。以 S3 水准仪为例，其组成部件和名称见图 6-1。

物镜的作用是和调焦透镜一起将远处的目标在十字丝分划板上形成缩小而明亮的倒立实像，目镜的作用是将物镜所成的实像与十字丝一起放大成虚像。十字丝分划板是一块刻有分划线的透明薄平板玻璃片。分划板上刻有互相垂直的两条长丝，称为十字丝，上下两条对称的短横丝称为视距丝，用于测量距离，长的横丝称为中丝，纵丝称为竖丝，利用瞄准十字丝的交叉点读取水准尺上的读数。十字丝交叉点与物镜光心的连线称为望远镜的视准轴，延长水准轴并使其水平，即为水准测量中的水平视线。望远镜主要由物镜、目镜、调焦透镜和十字丝分划板组成，见图 6-2。望远镜的成像原理见图 6-3，目镜 AB 经过物镜和对光透镜后，在十字丝分划板上形成一倒立的缩小实像 ab，人眼通过目镜，可清楚地看见同时放大了的十字丝和目标影像 $a'b'$，通过目镜所看到的目标影像的视角 β 与未通过望远镜直接观察该目标的视角 α 之比，称为望远镜的放大率。

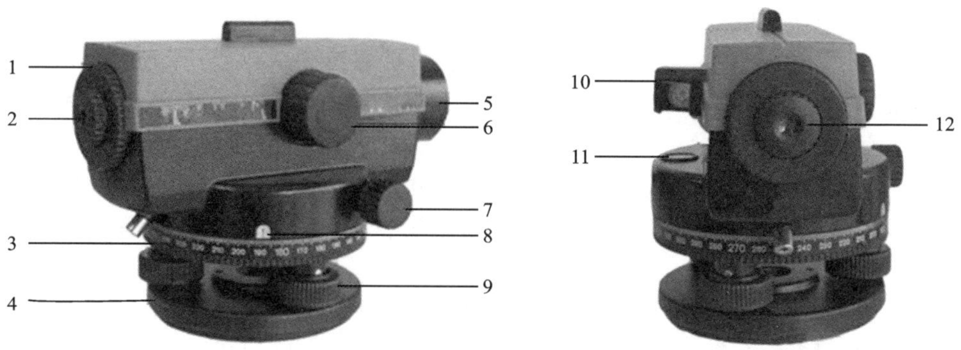

1—目镜罩；2—目镜；3—度盘；4—球面基座；5—物镜；6—调焦手轮；7—水平循环微动手轮；8—度盘指示标；9—脚螺旋手轮；10—水泡观察器；11—圆水泡；12—目镜。

图 6-1　S3 水准仪部件名称

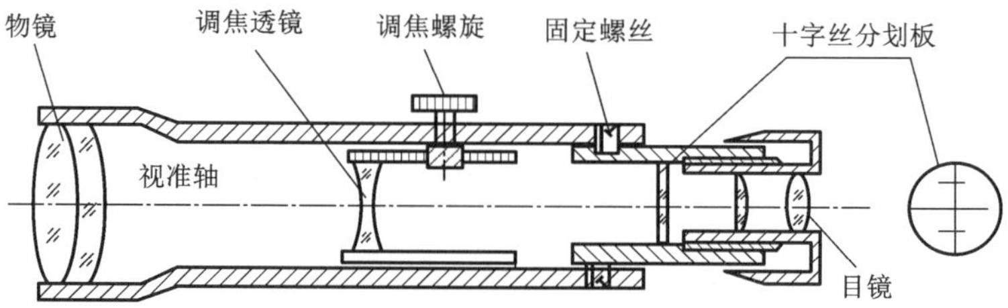

图 6-2　望远镜构造

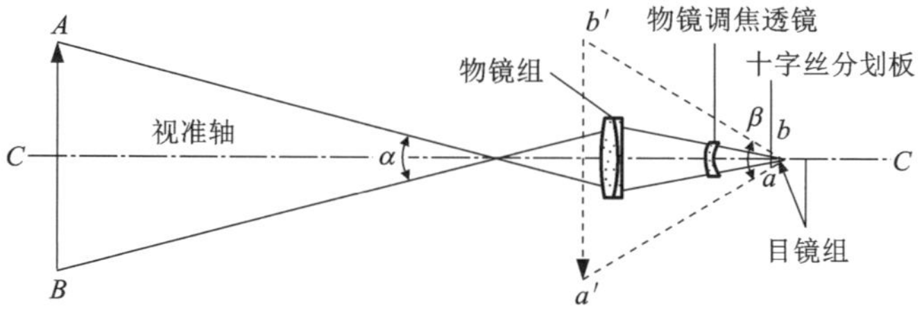

图 6-3　望远镜成像原理

水准器分为圆水准器和管水准器两种，水准器的目的就是调整视准轴水平，并使仪器竖轴铅垂。

圆水准器的作用是进行粗略整平，其是一个圆形的玻璃体，见图 6-4，顶面内壁是一个球面，中央有一个圆圈，其圆心称为水准器的零点。通过零点的球面法线，称为圆水准器轴，当气泡居中时，圆水准器轴处于竖直位置。圆水准器的分划值是通过零点的任一个纵断面上 2 mm 弧长所对应的圆心角，S3 水准仪圆水准器分划值一般为(8～10)′/2 mm。

管水准器又称水准管，其作用是进行精确整平。水准管圆弧中点称为水准管零点，过零点与内壁圆弧相切的直线 LL' 称为水准管轴，见图 6-5(a)。当水准管气泡中心与水准管零点重合时，称为气泡居中，此时水准管轴处于水平位置，见图 6-5(b)；若气泡不居中，则水准管轴处于倾斜位置。水准管 2 mm 的弧长所对圆心角 τ 称为水准管的分划值，见图 6-6，气泡每移动一格时，水准管所倾斜的角度值为：

$$\tau=\frac{2}{R}\times\rho=20'' \tag{6-1}$$

式中：R 为水准管圆弧半径；$\rho=206265''$。

水准管分划值的大小反映了仪器置平精度的高低，水准管半径越大，分划值越小，其灵敏度越高，S3 水准仪的水准管的分划值为 20″/2 mm。

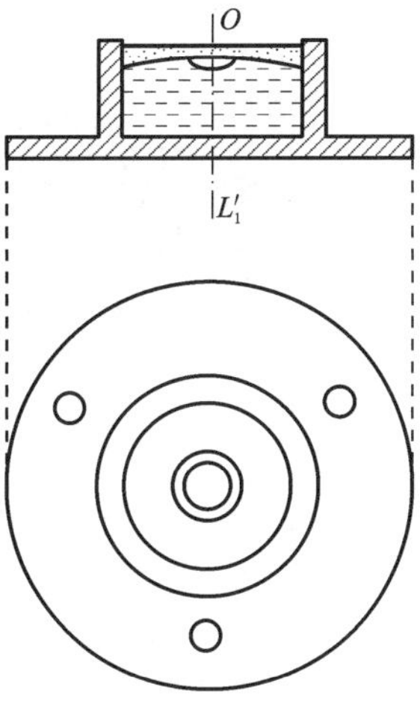

图 6-4　圆水准器

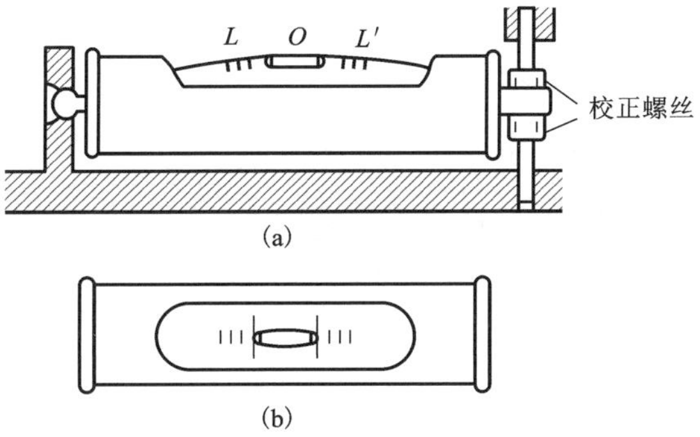

图 6-5　水准管图

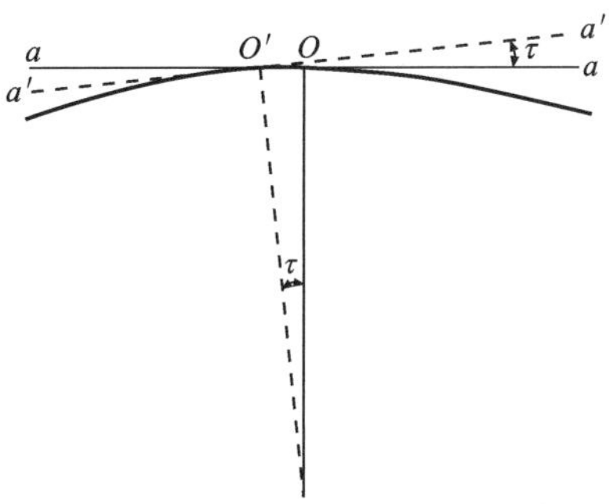

图 6-6　水准管分划值

基座主要由脚螺旋、轴座及连接板组成，仪器通过竖轴安装进基座内，用连接螺旋将整个仪器和三脚架连接。

2)精密水准仪

精密水准仪指 S05 和 S1 水准仪，见图 6-7，主要用于国家一、二等水准测量和高精度的工程测量，如建筑物、构筑物、地面的沉降观测，重要工程高程控制网的布设、大型建筑物的施工和设备安装等测量工作。精密水准仪的构造与 S3 水准仪基本相同，不同之处是望远镜的放大率倍数高，一般不少于 40 倍，影像清晰；仪器受温度的变化影响较小，仪器结构更稳定；水准管的分划值较小，一般为 10″/2 mm；水平视线精度高；光学测微器能提高读数精度。

光学测微器由平行玻璃板、传动杆、测微轮和测微尺组成，见图 6-8。平行玻璃板 P 装置在望远镜的物镜前，其转轴 A 与平行玻璃板的两个平面平行，并与望远镜的视准轴成正交。平行玻璃板通过传动杆与测微尺相连。测微尺有 100 个分格，与水准尺上 1 个分格相对应，若水准尺上的分划值为 1 cm，则测微尺能直接读到 0.1 mm。当平行玻璃板与水平视准轴垂直时，视线不受平行玻璃板的影响，对准水准尺的 A 处，读数为 148 cm+a，为了精确读出 a 的值，需转动测微轮使平行玻璃板倾斜一个角度，视线经平行玻璃板的折射作用上下移动，精确对准尺上的 148 cm 分划值后，再从读数显微镜中读得 a 值，从而得到完整的水平视线读数。

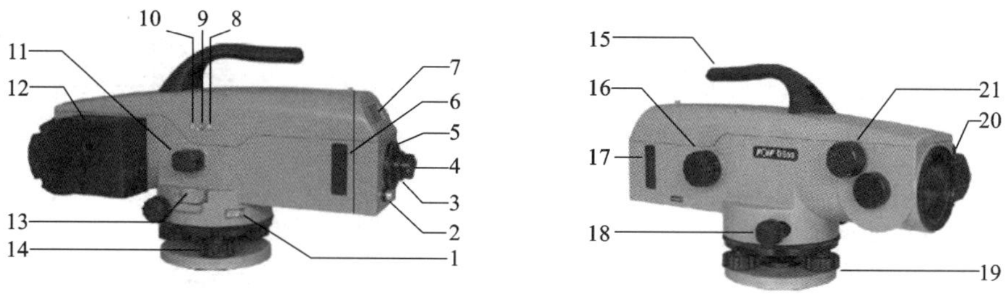

(a)左侧　　(b)右侧

1—度盘；2—检查按钮；3—目镜卡环；4—目镜；5—护盖；6—封盖；7—读数显示器；8—显示屏照明键；9—电源开关；10—功能键；11—圆水准读数棱镜；12—电池盒；13—圆水准器；14—安平手轮；15—提手；16—调焦手轮；17—封盖；18—水平微动手轮；19—基座；20—保护玻璃；21—测微手轮。

图 6-7　精密水准仪

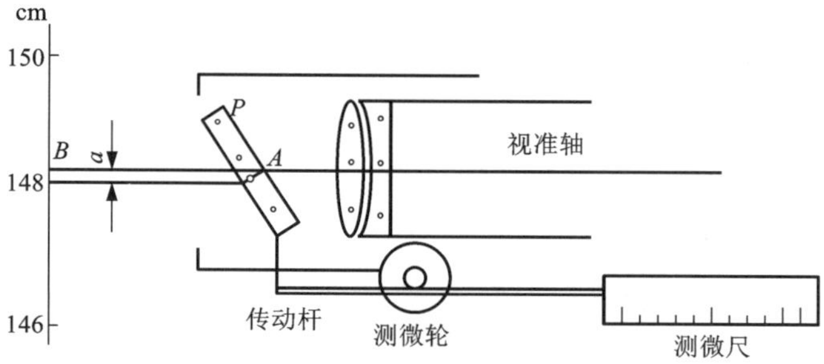

图 6-8　光学测微器

3）自动安平水准仪

自动安平水准仪是指在一定的竖轴倾斜范围内，利用补偿器自动获取视线水平时水准标尺读数的水准仪，见图 6-9，其用自动安平补偿器代替管水准器。在仪器微倾时补偿器受重力作用而相对于望远镜筒移动，使视线水平时标尺上的正确读数通过补偿器后仍旧落在水平十字丝上。用此类水准仪观测时，当圆水准器气泡居中仪器安平之后，不需再经手工调整即可读得视线水平时的读数。它可简化操作手续，提高作业速度，以及减少外界条件变化所引起的观测误差，自动安平水准仪已广泛用于水准测量作业中。

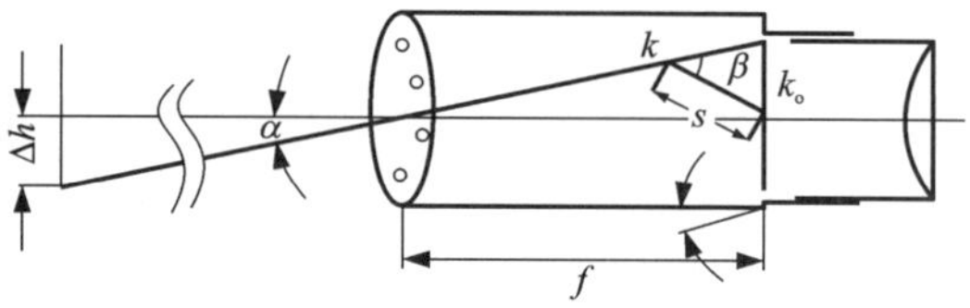

图 6-9　自动安平原理

自动安平水准仪的原理参见图 6-9。当望远镜处于水平位置时，由标尺上某点进入望远镜的瞄准轴通过分划板中心 k_o，如果望远镜对水准轴倾斜一个微小角度 α，在分划板上的点像将高于或低于 k_o 一个数值，从而在标尺上产生一个读数差。

$$\Delta h = f\tan\alpha \approx f\alpha \tag{6-2}$$

假如在望远镜光路中某个节点 k 的位置加上一组控制元件，改变光路方向，使其偏转一个 β 角后正好通过分划板的中心 k_o，就可以达到整平视准轴的目的。

显然，要使瞄准光束偏转后正好通过点 k_o，必须满足下列关系：

$$V=\frac{f}{s}=\frac{\beta}{\alpha} \tag{6-3}$$

式中：f 为物镜焦距；比值 V 通常称为补偿器的放大因素或补偿系数，它与节点 k 的位置有关。补偿器一般设在望远镜内部物镜和分划板之间，并且为安装方便及减小补偿器的尺寸和质量而靠近像平面，因此 V 值大于 2。

只有当视准轴的倾斜角 α 在一定范围内时，补偿器才起作用。自动安平水准仪的补偿器范围一般为±(8~12)′，圆水准器的分划值一般为±8′/2 mm。因此操作时只要使圆气泡居中 2~4 秒，趋于稳定后即可读取数据。

自动安平水准仪的操作分为四步，分别为安置仪器→粗略整平(粗平)→瞄准水准尺(瞄准)→读数，其中安置仪器、粗平、瞄准与 S3 水准仪操作方法相同。读数时应注意观察自动报警窗的颜色，若全窗为绿色，可以读数，若任意一端出现红色，说明仪器的倾斜量超出了自动安平补偿的范围，需重新整平仪器方可读数。有些自动安平水准仪在目镜下方配有一个补偿器检查按钮，每次读数前按一下该按钮，如果目标影像在视场中晃动，说明补偿器工作正常，等待 2~4 秒后即可读数。

4)电子水准仪(又称数字水准仪)

目前已经有多个国家生产电子水准仪，常见的电子水准仪品牌有徕卡、蔡司、拓普康、索佳等。电子水准仪的照准标尺和调焦仍需目视进行，人工调试后，标尺条码一方面被成像在望远镜分化板上，供目视观测，另一方面通过望远镜的分光镜，又被成像在光电传感器(又称探测器)上，供电子读数。由于各厂家标尺编码的条码图案各不相同，因此条码标尺一般不能互通使用。当使用传统水准标尺进行测量时，电子水准仪也可以像普通自动安平水准仪一样使用，不过这时的测量精度低于电子测量的精度，特别是精密电子水准仪，由于没有光学测微器，当成普通自动安平水准仪使用时，其精度更低。当前电子水准仪采用了原理上相差较大的三种自动电子读数方法：

(1)相关法(徕卡 NA3002/3003)，见图 6-10。数字水准仪具有与传统水准仪基本相同的光学和机械结构，实际上就是采用 Wild NA2 自动安平水准仪的光学机械部分。配套的水准标尺一面用于电子读数的条码尺，另一面则用于目视观测的常规 E 型分划线尺。

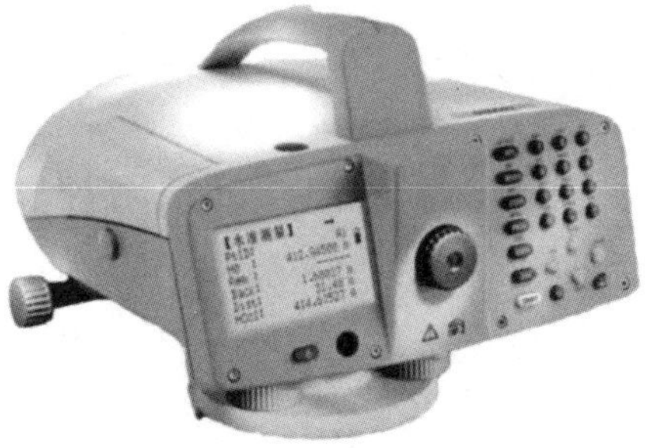

图 6-10　徕卡电子水准仪

在数字水准仪中，标尺的条码经光学系统成像在仪器的行阵探测器上。行阵探测器长约 6.5 mm，由 256 个间距为 25 μm 的光敏二极管(像素)组成。成像到行阵探测器上时，行阵探测器将接收到的图像转换成模拟视频信号，读出电子部件将视频信号进行放大和数字化。Wild NA2 自动安平水准仪的视场角约为 1°20′，因此，在 1.8 m 的最短视距上，标尺截距有 70 mm；视距为 100 m 时，标尺截距有 3.5 m。

数字水准仪的数值辨识以相关技术为基础，将仪器内存的“已知”代码(参考信号)与行阵探测器上的成像所构成的信号(测量信号)，按相关方法进行比较，直至两个信号最佳符合，由此获得标尺读数和视距。

(2)几何法(蔡司 DiNi 12)，见图 6-11。该法条码标尺上每 2 cm 内的条码构成一个码词，仪器在设计上保证了视距从 1.5 m 到 100 m 都能识别该码词，识别中丝处的码词后，其到标尺底面的粗略高度就可以确定。精确的视线高读数，由中丝上下各 15 cm 内的码词，通过物像比例精确求得，其视距测量与传统水准仪的视距测量类似。不过标尺截距固定为 30 cm，而在成像面的 CCD(charge coupled device，电荷耦合器件)上获得该截距的像高，再由物像比例求视距。

图 6-12 中 G_i 为某测量间距的下边界，G_{i+1} 为上边界，它们在 CCD 行阵上的成像为 b_i 及 b_{i+1}，它们到中丝的距离分别为 b_i 和 b_{i+1}。CCD 上像素的宽度是已知的，故这两个距离在 CCD 上所占像素的个数可以由 CCD 输出的信号得知，因此 b_i 及 b_{i+1} 可以算出。现在 b_i 及 b_{i+1} 的计算视距和视线高是已知数，规定 b_i 及 b_{i+1} 在中丝之上取正值，在中丝之下取负值。

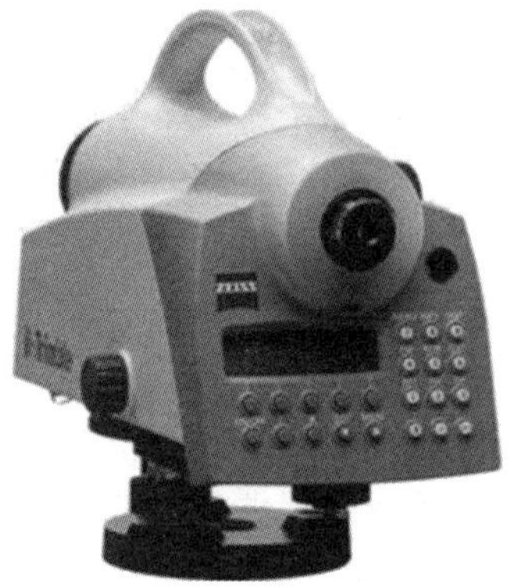

图 6-11 蔡司电子水准仪图

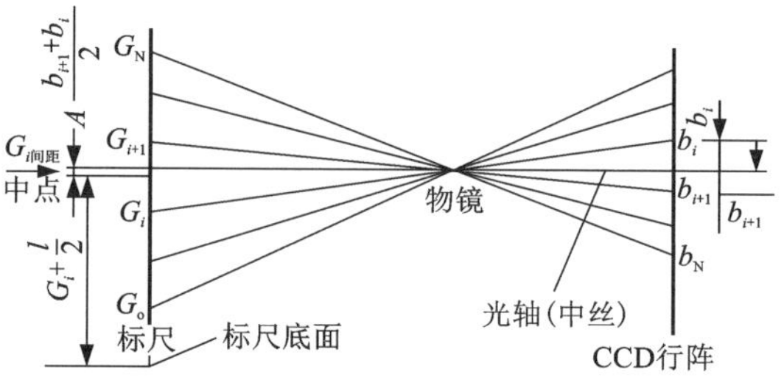

图 6-12 几何法测量原理

设 g 为测量间距长(2 cm)，用第 i 个测量间距来测量时，设物像比例为 A，即测量间距与该间距在 CCD 上成像之比，由图 6-12 的相似三角形得出：

$$A_i=g/(b_{i+1}-b_i) \tag{6-4}$$

视线高读数为：

$$H_i=g(G_i+l/2)-A[(b_{i+1}+b_i)/2] \tag{6-5}$$

式中：G_i 为第 i 测量间距从标尺底部数起的序号；$g(G_i+l/2)$ 为标尺第 i 个测量间距的中点到标尺底面的距离；$A[(b_{i+1}+b_i)/2]$ 为标尺第 i 个测量间距的中点到仪器光轴的距离。

(3)相位法(拓普康 DL-101C/102C、索佳 SDL30)。SDL30 是日本索佳公司开发的数字水准仪，见图 6-13，每千米往返标准差为 1.0 mm，与电子手簿连接可以实现观测与数据记录的自动化。

数字水准仪 SDL30 系统设计基本原理见图 6-14，其主要由编码尺部分、自动安平光路部分、电信号处理部分组成。SDL30 的 CCD 特点为：总共有 3500 个像素，用于数码信息测量的为 1800 个像素，像素距为 8 μm，相应于分划板横丝区域约有 900 个像素，这 900 个像素所对应的相关码信息作为常数存储于 CPU 内，以备运算。编码水准尺是用玻璃钢材制成的，水准尺的正面为刻画十分精密的 RAB 码(随机双向码)，反面是标准分划，可作普通水准测量。RAB 码的条码宽度分别为 3 mm、4 mm、7 mm、8 mm、11 mm、12 mm，条码之间的中心距离为 16 mm，采用 6 进制码和 3 进制码两种编码形式，并把标尺的相关数码信息预置在仪器的 CPU 内。1.6~9.0 m 短距离测量时取 6 进制码的 5 个以上数码作计算依据，而 9.0~100 m 长距离测量时则取 3 进制码的 8 个以上数码作为计算依据。另外，对 RAB 码标尺的编码信息扫描有两种方式：短距离测量采用边缘探测方式，长距离测量采用初级傅里叶转换探测方式。

图 6-13　索佳电子水准仪

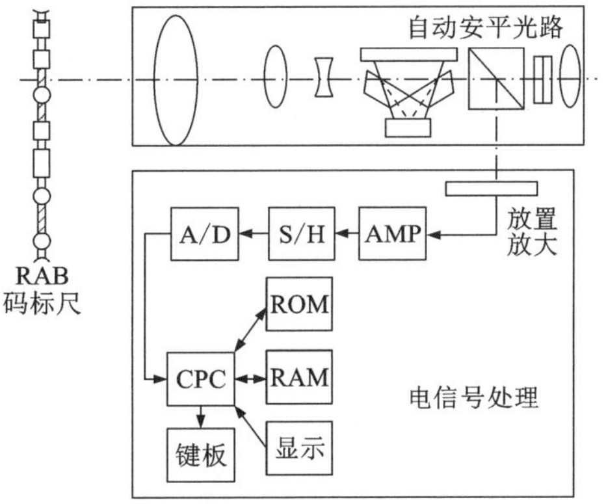

图 6-14　SDL30 系统设计原理图

电子水准仪与传统仪器相比有以下特点：

(1)读数客观：不存在误差、误记问题，没有人为读数误差。

(2)精度高：视线高和视距读数都是大量条码分划图像经处理后取平均得出来的，因此削弱了标尺分划误差的影响。多数仪器都有进行多次读数取平均的功能，可以削弱外界条件影响，不熟练的作业人员也能进行高精度测量。

(3)速度快：由于省去了报数、听记、现场计算的时间及人为出错的重测数量，测量时间与传统仪器相比可以节省 1/3 左右。

(4)效率高：只需调焦和按键就可以自动读数，减轻了劳动强度，视距还能自动记录、检核、处理并能输入电子计算机进行后处理，可实现内外业一体化。

常用电子水准仪型号及技术指标见表 6-1。

表 6-1　部分电子水准仪的型号和技术指标

指标	NA2000	NA3003	DiNi 10	DiNi 20	DL-101	DL-102
放大倍率	24	24	32	26	32	30
物镜孔径/mm	36	36	40	40	45	45
补偿器工作范围/(′)	±12	±12	±15	±15	±12	±15
补偿器安平精度/(″)	±0.8	±0.4	±0.2	±0.5	±0.3	±0.5
高程测量精度(双程)/($mm \cdot km^{-1}$)	电子测量 1.5，光学测量 2.0	因瓦尺电子测量 0.4，纤维尺电子测量 1.2，光学测量 2.0	因瓦尺电子测量 0.3，纤维尺电子测量 1.0，光学测量 1.5	因瓦尺电子测量 0.7，纤维尺电子测量 1.3，光学测量 2.0	因瓦尺电子测量 0.4，光学测量 1.0	电子测量 1.0，光学测量 1.5

续表6-1

指标	NA2000	NA3003	DiNi 10	DiNi 20	DL-101	DL-102
距离测量精度	(3~5)mm /10 m	(3~5)mm /10 m	(20~25)mm /20 m	(25~30)mm /21 m	1~5 cm	1~5 cm
测程/m	1.8~100	1.8~60(或 100)	1.5~100	1.5~100	2~60	2~100
电子测量时间/s	4	4	4	4	4	4
内存/kB	128	128	128	128	128	128
圆水准器格值/(′)	8	8	8	8	10	10
水准标尺长/m	1.35；2.7；4.05	3；2；1	3；2；1	1.35；2.7；4.05	3；2；1	1.35；2.7；4.05
标尺分划载体	玻璃纤维	因瓦带	因瓦带	玻璃纤维	因瓦带	玻璃纤维
标尺分划	一面是条码，一面是 E 分划	条码	条码	条码	条码	条码
标尺线膨胀系数/(℃$^{-1}$)	$<10\times10^{-6}$	$<1\times10^{-6}$	$<1\times10^{-6}$	$<10\times10^{-6}$	$<1\times10^{-6}$	$<10\times10^{-6}$
质量/kg	2.5	2.5	3	3	2.8	2.8
生产厂家	徕卡	徕卡	蔡司	蔡司	拓普康	拓普康
用途	工程或三、四等水准测段	精密水准测量	精密水准测量	工程或三、四等水准测量	精密水准测量	工程或三、四等水准测量

电子水准仪的使用一般比较方便简单，打开开关按测量键即可，下面以 DiNi 12T 为例简要介绍如下：

(1)安置仪器。架设三脚架至适当的观测高度，然后用三脚架上的蝴蝶螺旋固定，用连接螺旋将仪器固定在三脚架平台的中间，仪器脚螺旋最好处于中间位置。

(2)粗略对中(仅对 DiNi 12T)。在测站点(地面标志点)上将仪器安置稳当，三脚架平台应大致水平。将铅垂线挂在三脚架顶端下部的连接螺旋上，然后以地面标志点为中心，将仪器安置稳当。

(3)整平和精确对中。

粗平：通过调整三脚架三条腿的高度来粗略整平圆水准气泡。

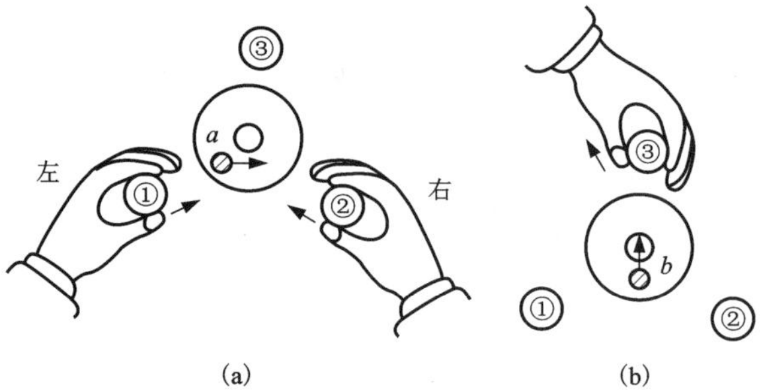

图 6-15　水准仪的粗平

精平：调节脚螺旋使气泡居中。操作方法如下：用两手分别以相对方向转动两个脚螺旋，使气泡由 a 移至 b，见图 6-15(a)；然后再转动第三个脚螺旋使气泡居中，见图 6-15(b)，在实际操作时可以不转动第三个脚螺旋而以相同方向同样速度转动原来的两个脚螺旋使气泡居中，气泡移动方向始终与左手大拇指旋转时的移动方向相同。在任何情况下，气泡居中后的残余倾角都应在补偿器的工作范围内。

精确对中（仅对 DiNi 12T）：在三脚架平台上平移基座，使铅垂线正好悬在地面标志点上方，如有必要，可重复调整几次。

（4）望远镜调焦。

十字丝调焦：选择一个明亮的背景，调节目镜调焦螺旋，直到能清晰地看到十字丝。

目标的调焦：调节望远镜调焦螺旋，直至能清晰地看到目标。

检测望远镜视差：稍微移动眼睛，通过目镜观察，十字丝与目标间应该没有相对移动；若有相对移动现象，应重新调整，直至没有相对移动现象为止。

（5）开始测量。

在使用电子水准仪之前一定要仔细阅读使用说明书或操作手册，DiNi 12T 电子水准仪主要由 16 个部分组成（图 6-16）。

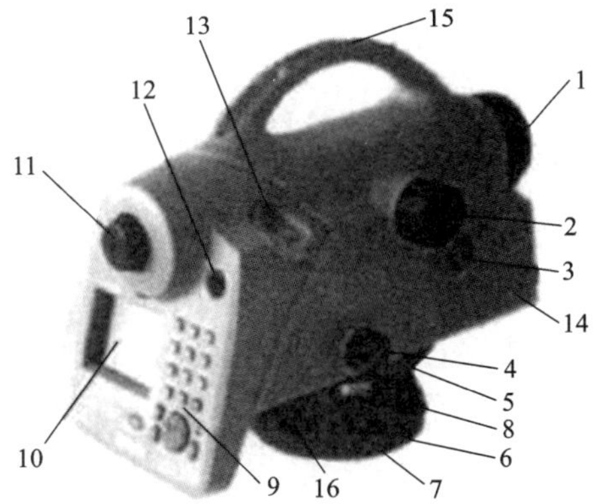

1—望远镜；2—望远镜调焦螺旋；3—测量开关键；4—水平切线螺旋（微动螺旋）；5—外部水平分划度盘（DiNi 12/12T）；6—PCMCIA 卡（DiNi 12/12T）插槽模块；7—三角基座；8—脚螺旋；9—键盘；10—显示器；11—目镜；12—圆水准气泡观察窗；13—盖帽，打开后调节圆水准气泡；14—电池仓；15—瞄准器（准星和缺口）；16—插槽模块中的 PCMCIA 卡（DiNi 12/12T）。

图 6-16　蔡司仪器 DiNi 12T 的部件组成

开始测量既可按控制面板上的 MEAS 按钮，也可按仪器右侧面的开关按钮。

在程序运行的任何时候都可以关闭仪器，当再次打开仪器时，程序将从上次停止的地方继续运行而不会丢失任何数据，在线路测量迁站前，请务必关闭仪器。

6.2.2　全站仪

全站仪，即全站型电子速测仪（total station electronic tachometer），见图 6-17，是一种集光、机、电于一体的高技术测量仪器，是集水平角、垂直角、距离（斜距、平距）、高差测量功能于一体的测绘仪器，操作简单，且可避免读数误差的产生。因其一次安置仪器就可完成该测站上全部测量工作，所以称为全站仪，其已广泛用于地上大型建筑和地下工程施工等精密工程测量或变形监测领域。其根据测角精度可分为 0.5″、1″、2″、3″、5″、7″等几个等级。

目前常用的全站仪品牌主要有徕卡、拓普康、尼康、南方、索佳等。

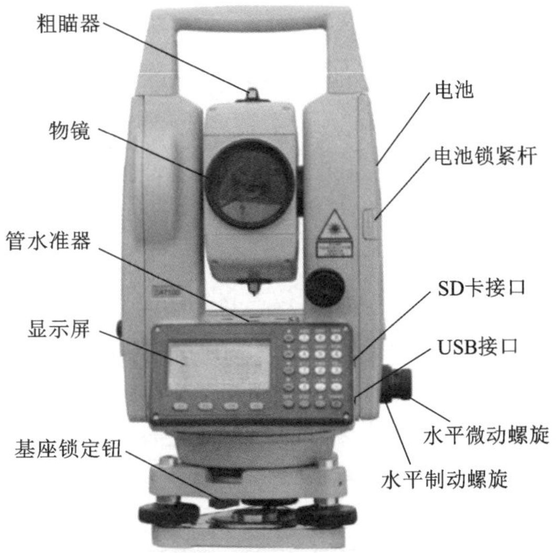

图 6-17　全站仪部件组成

全站仪的发展经历了从组合式即光电测距仪与光学经纬仪组合，或光电测距仪与电子经纬仪组合，到整体式即将光电测距仪的光波发射接收系统的光轴和经纬仪的视准轴组合为同轴的整体式全站仪等几个阶段。最初速测仪的距离测量是通过光学方法来实现的，这种速测仪被称为光学速测仪。光学速测仪就是指带有视距丝的经纬仪，被测点的平面位置由方向测量及光学视距来确定，而高程则是用三角测量方法来确定的。带有视距丝的光学速测仪，由于其快速、操作简易，如在碎部点测定中，有其独特优势，得到了广泛的应用。

电子测距技术的出现，大大地推动了速测仪的发展。用电磁波测距仪代替光学视距经纬仪，使得测程更大、测量时间更短、精度更高。人们将电磁波测距仪笼统地称为“电子速测仪”(electronic tachymeter)。然而，随着电子测角技术的出现，电子速测仪概念又相应地发生了变化，根据测角方法的不同分为半站型电子速测仪和全站型电子速测仪。半站型电子速测仪是指用光学方法测角的电子速测仪，也称为“测距经纬仪”，这种速测仪出现较早，并且进行了不断的改进，可将光学角度读数通过键盘输入测距仪，对斜距进行换算，最后得出平距、高差、方向角和坐标差，这些结果都可自动地传输到外部存储器中。全站型电子速测仪则由电子测角、电子测距、电子计算和数据存储单元等组成三维坐标测量系统，测量结果能自动显示，并能与外围设备交换信息的多功能测量仪器。由于全站型电子速测仪较完善地实现了测量和处理过程的电子化和一体化，所以人们通常也称之为全站型电子速测仪，简称全站仪。

全站仪采用了光电扫描测角系统，其类型主要有编码盘测角系统、光栅盘测角系统及动态(光栅盘)测角系统三种。

全站仪按其外观结构可分为两类：

(1)积木型(modular，又称组合型)。

早期的全站仪，大都是积木型结构(图 6-18)，即电子速测仪、电子经纬仪、电子记录器各是一个整体，可以分离使用，也可以通过电缆或接口把它们组合起来，形成完整的全站仪。

图 6-18 速测仪经纬仪组合型

(2)整体型(integral)。

随着电子速测仪进一步轻巧化，现代全站仪大都把测距、测角和记录单元在光学、机械等设计成一个不可分割的整体，其中速测仪的发射轴、接收轴和望远镜的视准轴为同轴结构，这对保证较大垂直角条件下的距离测量精度非常有利。

全站仪按测量功能可分成四类：

(1)经典型全站仪(classical total station)。

经典型全站仪也称为常规全站仪，它具备全站仪电子测角、电子测距和数据自动记录等基本功能，有的还可以运行厂家或用户自主开发的机载测量程序，其经典代表为徕卡公司的 TC 系列全站仪。

(2)机动型全站仪(motorized total station)。

其在经典型全站仪的基础上安装轴系步进电机，可自动驱动全站仪照准部和望远镜的旋转。在计算机的在线控制下，机动型系列全站仪可按计算机给定的方向值自动照准目标，并可实现自动正、倒镜测量，徕卡 TCM 系列全站仪就是典型的机动型全站仪。

(3)无合作目标型全站仪(reflectorless total station)。

无合作目标型全站仪是指在无反射棱镜的条件下，可对一般的目标直接测距的全站仪。因此，对不便安置反射棱镜的目标测量，该全站仪具有明显优势。徕卡 TCR 系列全站仪见图 6-19，无合作目标距离测程可达 1000 m，可广泛用于地籍测量、房产测量和施工测量等，特别适用于不能到达的危险地区。

(4)智能型全站仪(robotic total station)。

智能型全站仪在自动化全站仪的基础上，增加了自动目标识别与照准的新功能，因此在自动化的进程中，全站仪进一步克服了需要人工照准目标的重大缺陷，实现了全站仪的智能化，特别适用于人员不宜到达的危险地区。在相关软件的控制下，智能型全站仪在无人干预的条件下可自动完成多个目标的识别、照准与测量。因此，智能型全站仪又称为“测量机器人”，典型的有徕卡的 TCA 型全站仪，见图 6-20。

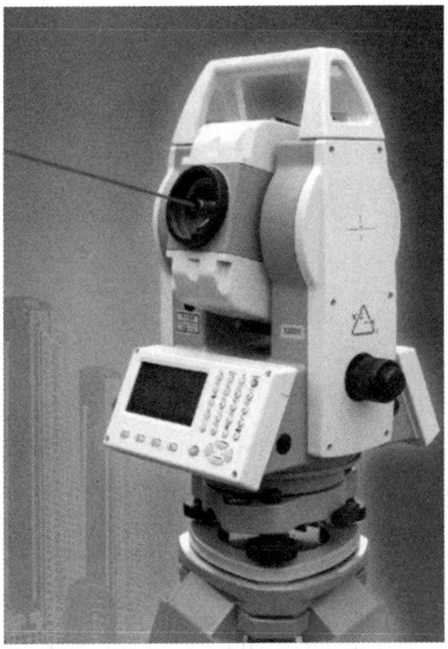

图 6-19　徕卡 TCR 系列全站仪图

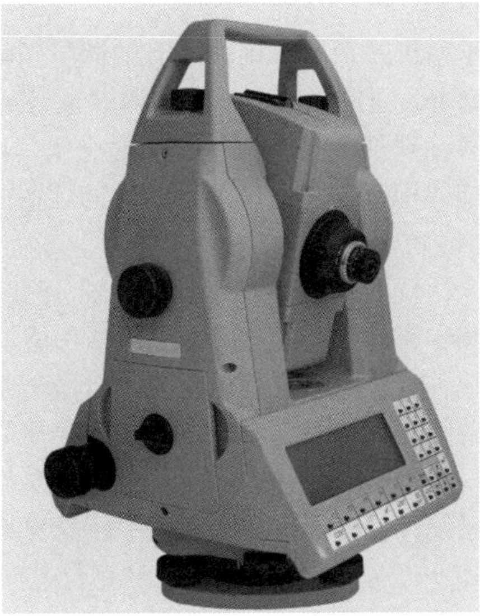

图 6-20　徕卡 TCA 型全站仪

全站仪按测距仪测距分类，还可以分为三类：

(1)短测程全站仪：

测程小于 3 km，一般精度为±(5 mm+5×10^{-6})，主要用于普通测量和城市测量。

(2)中测程全站仪：

测程为 3~15 km，一般精度为±(5 mm+2×10^{-6})，通常用于一般等级的控制测量。

(3)长测程全站仪：

测程大于 15 km，一般精度为±(5 mm+1×10^{-6})，通常用于国家三角网及特级导线的测量。

常用的全站仪有以下几种，见表 6-2。同一厂家也会针对性地生产不同型号的仪器以满足不同行业的需求。

表 6-2 部分全站仪型号及技术指标

厂家	徕卡(德国)	拓普康(日本)	索佳(日本)	南方(中国)
型号	TS60	MS05	NET05AX	NTS-391R
测距精度	$\pm(0.6\ mm+10^{-6}\cdot D)$	$\pm(0.6\ mm+10^{-6}\cdot D)$	$\pm(0.8\ mm+10^{-6}\cdot D)$	$\pm(3\ mm+2\times10^{-6}\cdot D)$
测角精度/(″)	0.5	0.5	0.5	1
放大倍率	30X	30X	30X	30X
测量时间/s	典型 2.4	精测 0.9	精测 0.9	精测 0.3
最短焦距/m	1.7	1.3	1.3	1.2
最长测程/m	1500	1000	3500	3500
用途	精密监测、工程测量	精密监测、工程测量	精密监测、工程测量	工程测量

全站仪几乎可以用在所有的测量领域。全站仪由电源部分、测角系统、测距系统、数据处理部分、通信接口、显示屏和键盘等组成。同电子经纬仪、光学经纬仪相比，全站仪增加了许多特殊部件，因而全站仪具有比其他测角、测距仪器更多的功能，使用也更方便，这些特殊部件构成了全站仪在结构方面独树一帜的特点，增加的功能主要有以下几个方面。

(1)同轴望远镜。

全站仪的望远镜实现了视准轴、测距光波的发射、接收光轴同轴化。全站仪剖视图同轴化的基本原理为：在望远物镜与调焦透镜间设置分光棱镜系统，通过该系统实现望远镜的多功能化，即既可瞄准目标，使之成像于十字丝分划板，进行角度测量，同时其测距部分的外光路系统又能使测距部分的光敏二极管发射的调制红外光经物镜射向反光棱镜，并经同一路径反射回来，再经分光棱镜，使回光被光电二极管接收。为测距需要，在仪器内部另设一内光路系统，通过分光棱镜系统中的光导纤维将由光敏二极管发射的调制红外光传送给光电二极管，通过内、外光路调制光的相位差间接计算光的传播时间，计算实测距离。

同轴性使得望远镜一次瞄准即可实现同时测定水平角、垂直角和斜距等全部基本测量要素，加之全站仪强大、便捷的数据处理功能，使其使用极其方便。

(2)双轴自动补偿。

作业时若全站仪纵轴倾斜，会引起角度观测的误差，盘左、盘右观测值取中不能使之抵消，而全站仪特有的双轴(或单轴)倾斜自动补偿系统，可对纵轴的倾斜进行监测，并在度盘读数中对由纵轴倾斜造成的测角误差自动加以改正(某些全站仪纵轴最大倾斜可允许至±6′)，也可通过将由竖轴倾斜引起的角度误差，由微处理器自动按竖轴倾斜改正计算式计算，并加入度盘读数中加以改正，使度盘显示读数为正确值，即所谓纵轴倾斜自动补偿。

双轴自动补偿所采用的构造：使用一水泡(该水泡不是从外部可以看到的，与检验校正中所描述的不是一个水泡)来标定绝对水平面，该水泡中间填充液体，两端是气体，在水泡的上部两侧各放置一发光二极管，而在水泡的下部两侧各放置一光电管，用于接收发光二极管透过水泡发出的光，而后，通过运算电路比较两二极管获得的光的强度。当在初始位置，即绝对水平时，将运算值置零。当作业中全站仪倾斜时，运算电路实时计算出光强的差值，从而换算成倾斜的位移，将此信息传达给控制系统，以决定自动补偿的值。自动补偿的方式最初由微处理器计算后修正输出，之后开发了一种方式，即通过步进马达驱动微型丝杆，修正此轴方向上的偏移，从而使轴时刻保持绝对水平。

(3)键盘。

键盘是全站仪在测量时输入操作指令或数据的硬件，全站仪的键盘和显示屏均为双面式，便于正、倒镜作业时操作。

(4)存储器。

全站仪存储器的作用是将实时采集的测量数据存储起来，再根据需要传送到其他设备如计算机等中，供进一步的处理或利用，全站仪的存储器有内存储器和存储卡两种。内存储器相当于计算机的内存(RAM)；存储卡是一种外存储媒体，又称 PC 卡。

(5)通信接口。

全站仪可以通过 RS-232C 通信接口和通信电缆将内部存储的数据输入至计算机，或将计算机中的数据和信息经通信电缆传输给全站仪，实现双向信息传输。

全站仪的基本操作与使用方法如下。

1)水平角测量

(1)按角度测量键，使全站仪处于角度测量模式，照准第一个目标 A。

(2)设置 A 方向的水平度盘读数为 0°00′00″。

(3)照准第二个目标 B，此时显示的水平度盘读数即为两方向间的水平夹角。

2)距离测量

(1)设置棱镜常数。测距前须将棱镜常数输入仪器，仪器会自动对所测距离进行改正。

(2)设置大气改正值或气温、气压值。光在大气中的传播速度会随大气的温度和气压而变化，15 ℃和 760 mmHg 是仪器设置的一个标准值，此时的大气改正为 0。实测时，可输入温度和气压值，全站仪会自动计算大气改正值(也可直接输入大气改正值)，并对测距结果进行改正。

(3)量仪器高、棱镜高并输入全站仪。

(4)距离测量。照准目标棱镜中心，按测距键，距离测量开始，测距完成时显示斜距、平距、高差。全站仪的测距模式有精测模式、跟踪模式、粗测模式三种。精测模式是最常用的测距模式，测量时间约 2.5 s，最小显示单位为 1 mm；跟踪模式常用于跟踪移动目标或放样时连续测距，最小显示单位一般为 1 cm，每次测距时间约 0.3 s；粗测模式，测量时间约 0.7 s，最小显示单位为 1 cm 或 1 mm。在距离测量或坐标测量时，按测距模式(MODE)键选择不同的测距模式。

应注意，有些型号的全站仪在距离测量时不能设定仪器高和棱镜高，显示的高差值是全站仪横轴中心与棱镜中心的高差。

3)坐标测量

(1)设定测站点的三维坐标。

(2)设定后视点的坐标或设定后视方向的水平度盘读数为其方位角。当设定后视点的坐标时，全站仪会自动计算后视方向的方位角，并设定后视方向的水平度盘读数为其方位角。

(3)设置棱镜常数。

(4)设置大气改正值或气温、气压值。

(5)量仪器高、棱镜高并输入全站仪。

(6)照准目标棱镜，按坐标测量键，全站仪开始测距并计算显示测点的三维坐标。

4)数据通信

全站仪的数据通信是指全站仪与计算机之间进行的双向数据交换。全站仪与计算机之间的数据通信的方式主要有两种，一种是利用全站仪配置的 PCMCIA 卡(简称 PC 卡，也称存储卡)进行数字通信，特点是通用性强，各种电子产品间均可互换使用；另一种是利用全站仪的通信接口，通过电缆进行数据传输。

5)全站仪整平及气泡校正正确调平仪器的方法

(1)架设：将仪器架设到稳固的三脚架上，旋紧中心螺旋。

(2)粗平：看圆气泡(精度相对较低，一般为 1′)，分别旋转仪器的 3 个脚螺旋将仪器大致整平。

(3)精平：使仪器照准部上的管状水准器(或者称长气泡管)平行于任意一对脚螺旋，旋转两脚螺旋使气泡居中(最好采用左拇指法，即左右手同时转动两个脚螺旋，并且两拇指移动方向相向，左手大拇指方向与气泡管气泡移动方向相同)；然后，将照准部旋转 90°，旋转另外一个脚螺旋使长气泡管气泡居中。

(4)检验：将仪器照准部再旋转 90°，若长气泡管气泡仍居中，表示已经整平；若有偏差，请重复步骤(3)，正常情况下重复 1~2 次即可。

6)气泡是否有问题的检验

精平的同时进行检验：使仪器照准部上的管水准器(或者称长气泡管)平行于任意一对脚螺旋，旋转两脚螺旋使气泡居中；然后，将照准部旋转 180°，此时若气泡仍然居中，则管水准器轴垂直于竖轴(长气泡管没有问题)，如气泡不居中，就需要校正。

7)校正方法

(1)按照检验的步骤进行到第(3)步，确定偏差量，即气泡偏离中间的差量。

(2)用改针调整长气泡管的校正螺钉，使气泡返回偏差量的 1/2。若前面的差量无法精确知道，这里可大概改正；然后重复检验步骤的第(3)步。

(3)重复前面步骤，一般重复 1~2 次即可调好。调好后，再按照整平步骤进行仪器整平。注意，在长气泡管调整后最好再确认一下圆气泡管，若有偏差也调一下。

气泡管气泡出现偏差的原因：①圆气泡管一般由 3 个螺钉固定，内部有一个波形弹簧。若 3 个螺钉受力不均匀，当仪器在车辆运输过程中受颠簸就会使受力小的螺钉松动，最后引起偏差，或者长时间使用造成螺钉松动。②长气泡管一般是一端固定，另外一端可调(校正螺钉)。可调端下面有弹簧，固定端里面应该有凸形内垫圈。无论是生产装配还是维修校正，若在长气泡管调整时没有注意校正螺钉的螺纹间距，使螺钉受力不均衡，则仪器受大的颠簸后螺钉会稍微旋转，引起气泡偏差。

8)全站仪的维护和使用

(1)储存。

①仪器的保管应由专人负责，每天现场使用完毕后带回办公室；不得放在现场工具箱内。

②仪器箱内应保持干燥，要防潮防水并及时更换干燥剂。仪器必须放置在专门架上或固定位置。

③仪器长期不用时，应在 1 个月左右取出通风防霉并通电驱潮一次，以保持仪器良好的工作状态。

④仪器放置要整齐，不得倒置。

(2)使用。

①开工前应检查仪器箱背带及提手是否牢固。

②开箱后取出仪器前，要看准仪器在箱内放置的方式和位置，装卸仪器时，必须握住提手，将仪器从仪器箱取出或装入仪器箱时，请握住仪器提手和底座，不可握住显示单元的下部。切不可拿仪器的镜筒，否则会影响内部固定部件，从而降低仪器的精度。应握住仪器的基座部分，或双手握住望远镜支架的下部。仪器用毕，先盖上物镜罩，并擦去表面的灰尘。装箱时各部位要放置妥帖，合上箱盖时应无障碍。

③在太阳光照射下观测仪器时，应给仪器打伞，并遮上遮阳罩，以免影响观测精度。在杂乱环境下测量时，仪器要有专人守护。当仪器架设在光滑的表面上时，要用细绳(或细铅丝)将三脚架三个脚连起来，以防滑倒。

④当架设仪器在三脚架上时，尽可能用木制三脚架，因为使用金属三脚架可能会产生振动，从而影响测量精度。

⑤当测站之间距离较远时，搬站时应将仪器卸下，装箱后背着走。行走前要检查仪器箱是否锁好，检查安全带是否系好。当测站之间距离较近时，搬站时可将仪器连同三脚架一起靠在肩上，但仪器要尽量保持直立放置。

⑥搬站之前，应检查仪器与脚架的连接是否牢固，搬运时，应把制动螺旋略微关住，使仪器在搬站过程中不致晃动。

⑦仪器任何部分发生故障，不勉强使用，应立即检修，否则会加剧仪器的损坏。

⑧光学元件应保持清洁，如沾染灰沙，必须用毛刷或柔软的擦镜纸擦掉。禁止用手指抚摸仪器的任何光学元件表面。清洁仪器透镜表面时，请先用干净的毛刷扫去灰尘，再用干净的无线棉布沾酒精由透镜中心向外一圈圈地轻轻擦拭。除去仪器箱上的灰尘时切不可用任何稀释剂或汽油，而应用干净的布块沾中性洗涤剂擦洗。

⑨在潮湿环境中工作，作业结束后，要用软布擦干仪器表面的水分及灰尘后装箱。回到办公室后立即开箱取出仪器放于干燥处，彻底晾干后再装入箱内。

⑩冬天室内、室外温差较大时，仪器搬出室外或搬入室内，应隔一段时间后才能开箱。

(3)搬运。

①首先把仪器装在仪器箱内，再把仪器箱装在专供转运用的木箱内，并在空隙处填以泡沫、海绵、刨花或其他防震物品；装好后将木箱或塑料箱盖子盖好；需要时应用绳子捆扎结实。

②无专供转运的木箱或塑料箱的仪器不应托运，应由测量员亲自携带。在整个转运过程中，要做到人不离开仪器，如乘车，应将仪器放在松软物品上面，并用手扶着，在颠簸厉害的道路上行驶时，应将仪器抱在怀里。

③注意轻拿轻放、放正、不挤不压，无论天气如何，均要事先做好防晒、防雨、防震等措施。

(4)电池的使用和管理。

全站仪的电池是全站仪重要的部件之一。全站仪所配备的电池一般为 Ni-MH(镍氢电池)和 Ni-Cd(镍镉电池),电池的好坏、电量的多少决定了外业时间的长短。

①建议在电源打开期间不要将电池取出,否则存储数据可能会丢失。

②可充电池可以反复充电使用,但是如果在电池还存有剩余电量的状态下充电,则会缩短电池的工作时间,此时,电池的电压可通过刷新予以复原,从而优化作业时间,充足电的电池放电时间约需 8 h。

③不要连续进行充电或放电,否则会损坏电池和充电器,如有必要进行充电或放电,则应在停止充电约 30 min 后再使用充电器。

④不要在电池刚充电后进行充电或放电,这样可能会造成电池损坏。

⑤超过规定的充电时间会缩短电池的使用寿命,应尽量避免。

⑥电池剩余容量显示级别与当前的测量模式有关,在角度测量模式下电池剩余容量够用,并不能够保证电池在距离测量模式下也能用,因为距离测量模式耗电高于角度测量模式,当从角度测量模式转换为距离测量模式时,由于电池容量不足,不时会中止测距。

(5)仪器检验。

①照准部水准轴垂直于竖轴的检验:先将仪器大致整平,转动照准部使其水准管与任意两个脚螺旋的连线平行,调整脚螺旋使气泡居中,然后将照准部旋转 180°,若气泡仍然居中则说明条件满足,否则应进行校正。

校正的目的是使水准管轴垂直于竖轴,即用校正针拨动水准管一端的校正螺钉,使气泡向正中位置移动 1/2。为使竖轴竖直,再用脚螺旋使气泡居中即可。此项检验与校正必须反复进行,直到满足条件为止。

②十字丝竖丝垂直于横轴的检校。用十字丝竖丝瞄准一清晰小点,使望远镜绕横轴上下转动,如果小点始终在竖丝上移动则条件满足,否则需要进行校正。校正时松开 4 个压环螺钉(装有十字丝环的目镜用压环和 4 个压环螺钉与望远镜筒相连接),转动目镜筒使小点始终在十字丝竖丝上移动,校好后将压环螺钉旋紧。

③视准轴垂直于横轴的检校。选择一水平位置的目标,盘左、盘右观测之,取它们的读数之差(顾及常数 180°)即得两倍的 $C[2C=(a_{左}-a_{右})\pm180°]$,如果 $2C$ 值大于 20″,则需要联系专业机构进行送检。

④横轴垂直于竖轴的检校。选择较高墙壁近处安置仪器。以盘左位置瞄准墙壁高处一点 p(仰角最好大于 30°),放平望远镜在墙上定出一点 m_1。倒转望远镜,盘右再瞄准 p 点,又放平望远镜在墙上定出另一点 m_2。如果 m_1 与 m_2 重合,则条件满足,否则需要校正。校正时,瞄准 m_1、m_2 的中点 m,固定照准部,向上转动望远镜,此时十字丝交点不对准 p 点,抬高或降低横轴的一端,使十字丝的交点对准 p 点。此项检验也要反复进行,直到条件满足为止。

以上四项检验校正,以①、③、④项最为重要,在观测期间最好经常进行,每项检验完毕后必须旋紧有关的校正螺钉。

6.2.3 陀螺仪

陀螺仪作为一种惯性测量器件,是惯性导航、惯性制导和惯性测量系统的核心部件,广泛应用于军事和民用领域。传统的陀螺仪体积大、功耗高、易受干扰、稳定性较差。美国模拟器件公司推出了一种新型速率陀螺芯片 ADXRS，它只有 7 mm×7 mm×3 mm 大小，采用 BGA-32 封装技术，这种陀螺仪的大小不到其他具有同类性能的百分之一，而且功耗为 30 mW，质量仅 0.5 g，能够很好地克服传统陀螺仪的缺点。采用 ADXRS 芯片的角速度检测陀螺仪能够准确地测量角速度，此外还可以利用该陀螺仪对角度进行测量。

GTA1800R 自动陀螺全站仪由陀螺仪 GTA1000 与无合作目标型全站仪 RTS812R5 组成，能够在 20 min 内，最高以±5″的精度测出真北方向，实现了陀螺仪和全站仪的有机整合。GTA1800R 在全站仪的操作软件里实现和陀螺仪的通信，轻松完成待测边的定向。

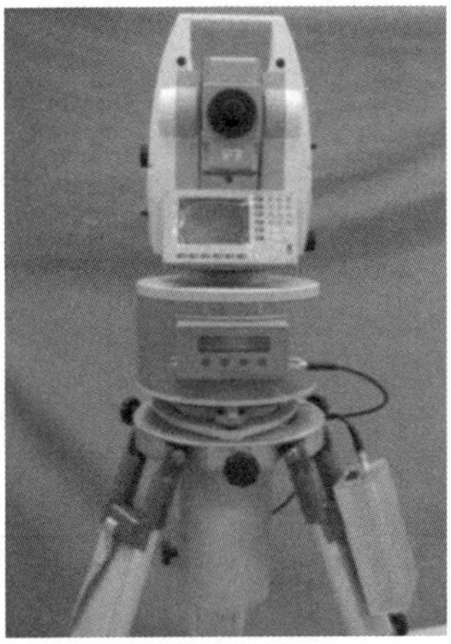

图 6-21　陀螺全站仪

陀螺全站仪(图 6-21)是全自动陀螺仪，其主要功能是提供北向方位基准，可应用于大地测量、工程测量和矿山贯通测量等领域，仪器主要技术指标见表 6-3。

表 6-3　陀螺全站仪主要技术指标表

指标	数值
寻北精度	≤15″(1σ)
寻北时间/min	≤10
工作电源	24 V DC
质量/kg	约 20
工作纬度/(°)	0~55
工作温度/℃	-20~+50
储存温度/℃	-40~+50
架设初始偏北角度/(°)	≤10

注：工作方式为全自动。

陀螺全站仪定向须遵循以下方法进行：

(1)先在地面上已知边上采用 2 测回测量陀螺方位角，求得两个仪器常数，取均值。

(2)在井下待定边用 2 测回测量陀螺反方位角，取均值。

(3)返回地面后在原已知边上采用 2 测回测量陀螺方位角，求得两个仪器常数，取均值。

陀螺定向限差要求遵循以下要求：

(1)同一条边任 2 测回陀螺方位角的互差不得超过 10″。

(2)测前方向值与测后方向值之差不得超过 10″。

下架式陀螺全站仪使用方法：

(1)三脚架架设。

在测站架设三脚架，架设时应使三脚架的三个脚尖大致与测点标志中心基本等距，并注意脚架的张角和高度，伸缩脚架腿使圆水准器概略居中。

(2)陀螺全站仪主机架设。

陀螺全站仪主机架设按以下步骤进行操作：

①取出陀螺全站仪主机。三脚架架设完毕后，从包装箱中取出主机(禁止大角度倾斜或倒置)，然后将其平稳置于三脚架上。

②陀螺全站仪主机粗对北。取出包装箱内的磁罗盘，按照其使用说明书规定的方法，确定当地大致北向；将陀螺寻北仪主机粗对北标记置于大致北向(北向可以借助磁罗盘确定，其使用方法见磁罗盘使用说明书)；然后顺时针方向旋转锁紧三脚架上的三个对心手轮。

③取出电池，放置在三脚架的固定位置上，然后将 2 芯电源电缆两端分别与主机和电池连接。

④取出通信电缆，将通信电缆两端分别接主机和全站仪。

⑤陀螺全站仪主机调平。打开全站仪电源开关，通过按键进入电子水泡界面，通过主机的三个脚螺旋将水泡调平。

⑥对心操作。将垂球悬于仪器下面的挂钩上，移动三脚架，使垂球顶点位于测点标志中心附近(仪器自身所在的点位)，利用三脚架上的对心手轮精确对心，然后再次按步骤调平全站仪主机。

注意：陀螺全站仪工作前，必须保证陀螺全站仪主机处于调平状态，否则可能给设备造成严重损坏。

(3)纬度输入。

仪器架设结束后，打开电池盒开关，陀螺全站仪通电自检后，显示屏显示仪器当前的温度和工作点纬度，见图 6-22。

				-	L	E	V	E	L	L	I	N	G	!	-				
T	E	M	P	:	±	X	X	°	C			L	A	T	:	X	X	°	

图 6-22 显示屏显示图 1

陀螺全站仪在“面板按键”控制方式下完成寻北工作，面板上共有 4 个按键，分别为“翻滚”“返回”“确认”“停止”，面板按键示意图见图 6-23。

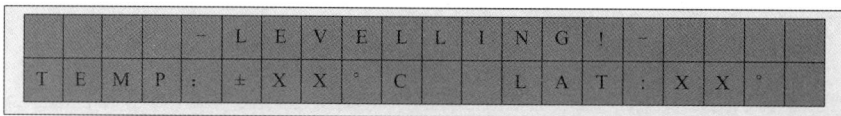

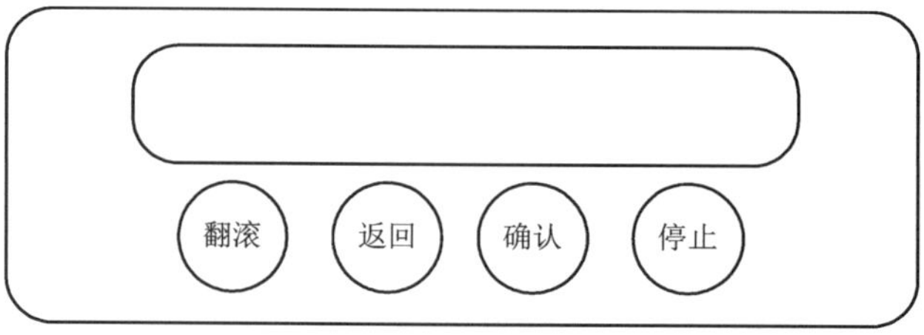

图 6-23 面板按键示意图

按“翻滚”键，纬度值的十位数字闪动，按“翻滚”键改变闪动的数字，按“停止”键将闪动的数字设为当前值，然后纬度值个位闪动，按“翻滚”键改变闪动的数字，按“停止”键将闪动的数字设为当前值。按“确认”键保存当前设置的纬度值，数字不再闪动。按“确认”键进入测量界面。

(4)测量程序

进入测量程序后，显示内容见图 6-24。

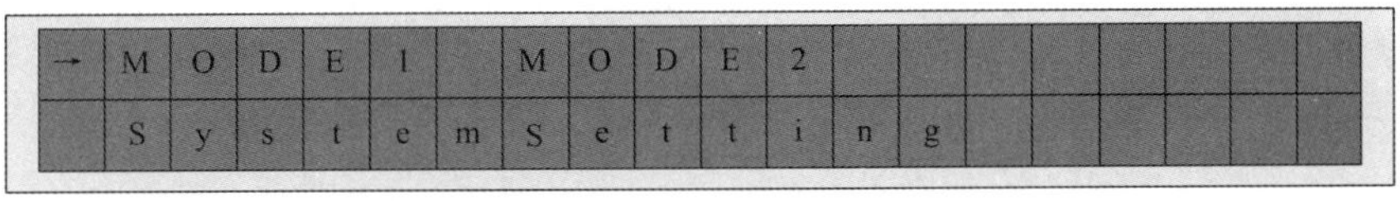

注：MODE1 代表“模式一”寻北，寻北时间为 10 min。

图 6-24　显示屏显示图 2

SystemSetting：代表系统参数设置，包括两类参数，即显示屏亮度设置参数(100%、75%、50%)和仪器常数设置参数。按“确认”键，MODE1 测量程序开始运行。在寻北过程中，显示屏实时显示仪器的当前工作状态(图 6-25)。

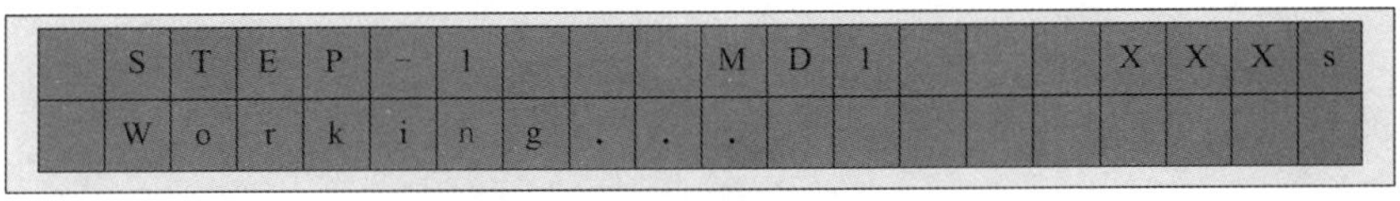

注：STEP-1 代表步骤一，MODE1 模式寻北分为三步骤进行，在寻北过程中先后出现 STEP-1、STEP-2、STEP-3 的工作状态信息。

图 6-25　显示屏显示图 3

MD1：代表寻北模式。

XXXs：代表寻北时间，单位 s。

Working…：代表仪器目前处于正常工作状态。

寻北测量结束时，伴随有蜂鸣器的响声提示用户，同时显示屏出现图 6-26 所示信息，表示寻北结束，用户可以瞄准待测目标。

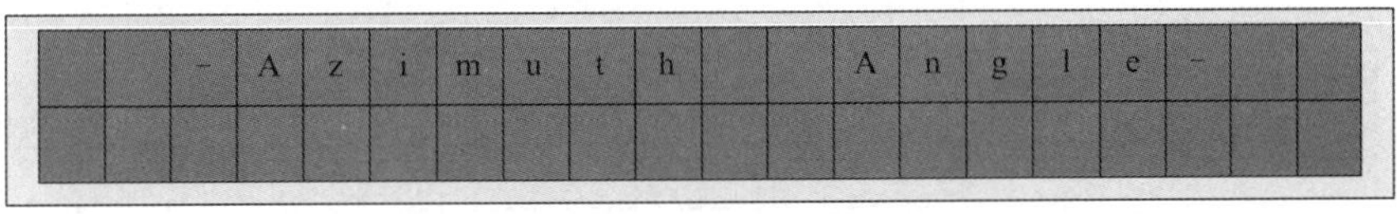

图 6-26　显示屏显示图 4

打开通用全站仪电源开关，通过按键进入测量水平方位角的菜单界面，用全站仪的照准部对待测目标点进行精确对准后，按下寻北仪主机上的“确认”键，陀螺全站仪显示屏上显示的角度即为北向方位角(图 6-27)。

在同一地点测试，用户可以根据需要只进行一次寻北工作，完成不同目标点北向基准的测试，只需在上述步骤结束后(图 6-27)，瞄准不同的目标点，再次按寻北仪主机上的“确认”键，自动显示不同待测目标点的北向方位角。

注意：陀螺全站仪进行多次寻北测量时，每两次测量之间，系统应断电 10 min，再按上述内容进行重复操作即可。

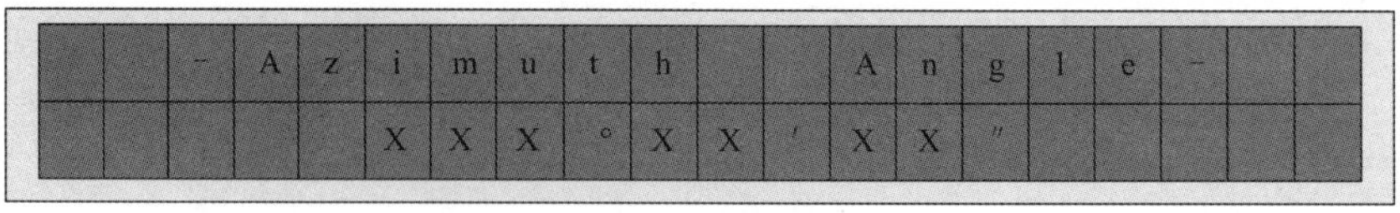

图 6-27　显示屏显示图 5

(5)数据处理。

按上述方法观测 6~9 组实测值。

$$\alpha=\frac{1}{n}\sum_{i=1}^{n}\alpha_i \tag{6-6}$$

用下式可计算寻北精度 σ 和一次寻北误差 $\Delta\alpha_i$：

$$\sigma=\pm\sqrt{\frac{\sum_{i=1}^{n}(\alpha_i-\bar{\alpha})^2}{n-1}} \tag{6-7}$$

$$\Delta\alpha_i=\alpha_i-\alpha_N \tag{6-8}$$

一次寻北误差最大值：

$$\Delta\max=\max|\Delta\alpha_i| \tag{6-9}$$

寻北时间：

$$T=\frac{1}{n}\sum_{i=1}^{n}T_i \tag{6-10}$$

式中：α_N 为基准边方位角；α_i 为每次在基准方位上的测量值；n 为观察次数，一般取 6~9。

陀螺全站仪精度检查表见表 6-4。

表 6-4　陀螺全站仪精度检查表

基准边方位角(α_N)：

测试日期：　　　　　　　测试者：　　　　　　　检验员：

观察次数(n)	方位测量结果(α_i)	一次寻北误差($\Delta\alpha_i$)	寻北时间(T_i)	备注
1				
2				
3				
4				

(6)仪器撤收。

先关闭全站仪上的电源开关，再关闭锂离子电池盒开关，取下主机与电池盒之间的电源电缆，取下主机与全站仪之间的通信电缆，松开对心手轮后，从三脚架上平稳地取下主机并放在主机包装箱中；再将取出的有关附件一一放回主机包装箱原处，然后锁上主机包装箱，最后合上三脚架。

(7)仪器常数标定。

对基准边的精度要求：不大于 5″(三等天文基准边)。

①仪器常数标定方法。

仪器常数测试方法同精度测试操作方法相似，进行寻北测试后，测试结果记为 α_{gi}，则

$$K_i = \alpha_{gi} - \alpha_N \tag{6-11}$$

式中：α_N 为基准边方位角；K_i 为第 i 次测量得到的仪器常数。

仪器常数 K 为

$$K = \sum_{i=1}^{n} K_i \tag{6-12}$$

式中：$n = 6 \sim 9$。

②仪器常数修正方法。

计算出仪器常数后，应通过陀螺全站仪显示屏的“SystemSetting”选项进入参数设置模式，通过“翻滚”键，选择“SystemSetting”选项后，按“确认”键，显示内容见图 6-28。

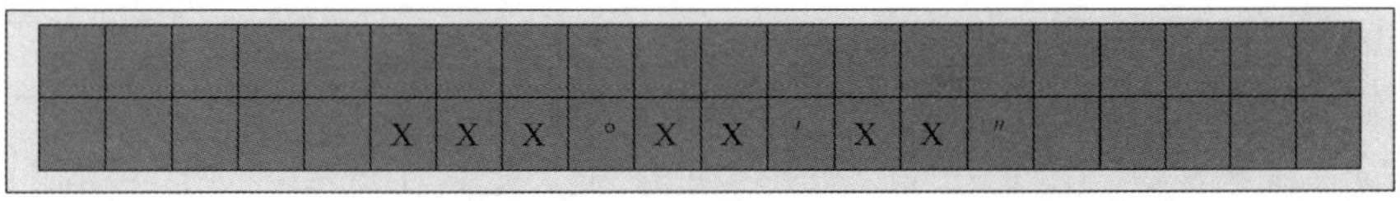

图 6-28　显示屏显示图 6

按“翻滚”键，选择“Const. Set”选项，按“确认”键，进入仪器常数设置界面，显示内容见图 6-29。

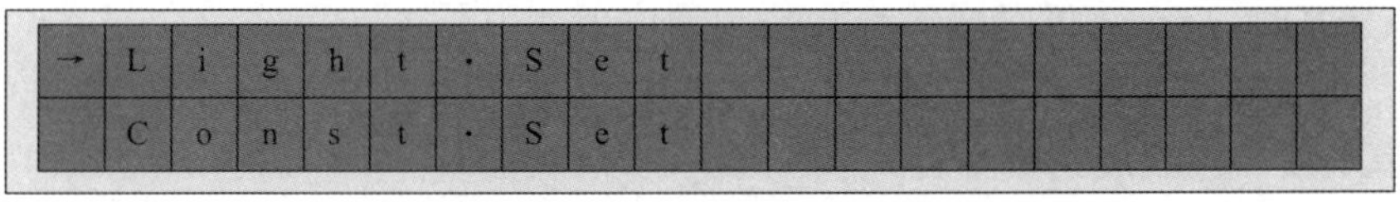

图 6-29　显示屏显示图 7

显示屏上显示仪器原有出厂时的仪器常数，计算出 K 值后，仪器常数修改公式为：新仪器常数 = 旧仪器常数 + K。

(8) 维护保养。

①每个月应对仪器进行一次通电检查，电池盒充电一次。

②仪器应注意防霉，包装箱内干燥剂应定期更换；在潮湿环境中工作一定时间后，应将仪器放入高温箱（40~45 ℃）中进行烘干。

③仪器外表应保持清洁，清洁时要保证液体不会侵入仪器内部。

6.2.4　全球卫星导航系统

1) 概况

全球拥有导航卫星技术的只有四个国家或组织，全球四大卫星导航系统供应商分别是中国的北斗卫星导航系统（Beidou satellite navigation system，BDS）、美国的全球定位系统（global positioning system，GPS）、俄罗斯的格洛纳斯卫星导航系统（global satellite navigation system，GLONASS）、欧盟的伽利略卫星导航系统（Galileo satellite navigation system，GALILEO），本节重点介绍我国自主研发的北斗卫星导航系统。

目前，国内的卫星接收机主要有中海达A系列，华测导航生产的X系列、i系列等，合众思壮生产的集思宝GPS，南方测绘生产的银河系列等；国外的主要有Trimble(天宝)导航公司生产的GPS。

北斗系统由空间段、地面段和用户段三部分组成。

①空间段：北斗系统空间段由若干地球静止轨道卫星、倾斜地球同步轨道卫星和中圆地球轨道卫星三种轨道卫星组成混合导航星座。

②地面段：北斗系统地面段包括主控站、时间同步/注入站和监测站等若干地面站。

③用户段：北斗系统用户段包括北斗兼容其他卫星导航系统的芯片、模块、天线等基础产品，以及终端产品、应用系统与应用服务等。

北斗系统的建设实践，实现了在区域快速形成服务能力、逐步扩展为全球服务的发展路径，丰富了世界卫星导航事业的发展模式。

北斗系统具有以下特点：①北斗系统空间段采用三种轨道卫星组成的混合导航星座，与其他卫星导航系统相比高轨卫星更多，抗遮挡能力强，尤其在低纬度地区更为明显；②北斗系统提供多个频点的导航信号，能够通过多频信号组合使用等方式提高服务精度；③北斗系统创新融合了导航与通信能力，具有实时导航、快速定位、精确授时、位置报告和短报文通信服务五大功能。

2)定位原理

35颗卫星在离地面2万多千米的高空上，以固定的周期环绕地球运行，使得在任意时刻，在地面上的任意一点都可以同时观测到4颗以上的卫星。

由于卫星的位置精确可知，可得到卫星到接收机的距离，利用三维坐标中的距离公式，使用3颗卫星，就可以组成3个方程式，解出观测点的位置(X，Y，Z)。考虑到卫星的时钟与接收机时钟之间的误差，实际上有4个未知数——X、Y、Z和钟差，因而引入第4颗卫星，形成4个方程式进行求解，从而得到观测点的经纬度和高程。

事实上，接收机往往可以锁住4颗以上的卫星，这时，接收机可按卫星的星座分布分成若干组，每组4颗，然后通过算法挑选出误差最小的一组用作定位，从而提高精度。

3)卫星导航原理

位于地面的主控站与其运控段一起，至少每天一次对每颗卫星注入校正数据。注入数据包括：星座中每颗卫星的轨道位置测定和星上时钟的校正。卫星导航系统时间是由每颗卫星上原子钟的铯和铷原子频标保持的。这些星钟一般来讲精确到世界协调时(UTC)的几纳秒以内，UTC是由美国海军观象台的“主钟”保持的，每台主钟的稳定性为若干个10^{-13}秒。卫星早期采用两部铯频标和两部铷频标，后来逐步改变为更多地采用铷频标。通常，在任一指定时间内，每颗卫星上只有一部频标在工作。

卫星至用户间的距离测量基于卫星信号的发射时间与到达接收机接收信号的时间之差(称为伪距)来计算。为了计算用户的三维位置和接收机时钟偏差，伪距测量要求至少接收来自4颗卫星的信号。

卫星运行轨道、卫星时钟存在误差，大气对流层、电离层对信号存在影响，民用定位精度只有数十米量级。为提高定位精度，普遍采用差分定位技术，利用已知地面基准站的精确坐标，与观测值进行比较，从而得出一修正数，并对外发布。接收机收到该修正数后，与自身的观测值进行比较，消去大部分误差，得到一个比较准确的位置，利用差分定位技术，定位精度可提高到米级。

4）定位精度

中国北斗卫星导航系统是继美国 GPS、俄罗斯格洛纳斯、欧洲伽利略之后的全球第四大卫星导航系统。定位效果分析是导航系统性能评估的重要内容。此前，由于受地域限制，对北斗全球大范围的定位效果分析只能通过仿真手段。

2020 年 7 月 31 日，北斗三号全球卫星导航系统开通后，水平和高程两个方向的定位精度实测均优于 5 m，通过遍布全国 2600 个地基增强站组成的地基增强系统，北斗系统可提供米级、分米级、厘米级等增强定位精度服务。

6.2.5　无人机航空摄影、激光雷达测量

航空摄影始于 19 世纪 50 年代，航空摄影又称“空中摄影”，是指在航空器上安置专用航空摄影仪，从空中对地面或空中目标所进行的摄影方式。按摄影目标和方向的不同，可分为垂直摄影、倾斜摄影和对空摄影。航空摄影测量广泛用于测绘地图，地质、水文、矿藏和森林资源调查，农业产量评估，大型厂矿和城镇的规划，铁路、公路、高压输电线路和输油管线的勘察选线，气象预报和环境监测等，也可用于航空侦察、新闻报道和拍摄电影、电视。随着技术的进步，产品不断更新换代，目前无人机航空摄影技术正快速发展。

6.2.5.1　无人机及配套硬件设备

无人机航空摄影是利用无人机搭载摄像机的办法来实现的。深圳市大疆创新科技有限公司生产的大疆无人机（图 6-30），市场占有率 60% 以上，拍摄的数码相机采用日本尼康和德国徕卡公司的定焦镜头，影像分辨率高，采用卫星导航，按设计路线飞行，可在 20 km 范围内自动返航。经纠正处理软件成图后，可满足 1∶1000 以上比例尺成图精度要求，生产效率大大提高，特别是在危险地段其优越性更加突显。国内无人机还有四川纵横无人机技术有限公司生产的 CW-10（图 6-31）、CW-20 固定翼无人机，可进行正射影像测量、倾斜摄影测量、实景三维测量，从技术上完全可替代常规的地形测绘方法，而且高效、快速。倾斜摄影测量技术结合软件处理后可以准确地反映出楼层、山体等物体的侧面，采用技术处理后，生成的三维图像逼真，从图上就能很直观地反映出实地情况。无人机技术广泛应用于各个领域，如在太钢袁家村铁矿的采空区和尾矿坝监测中，已成功应用。

图 6-30　大疆无人机

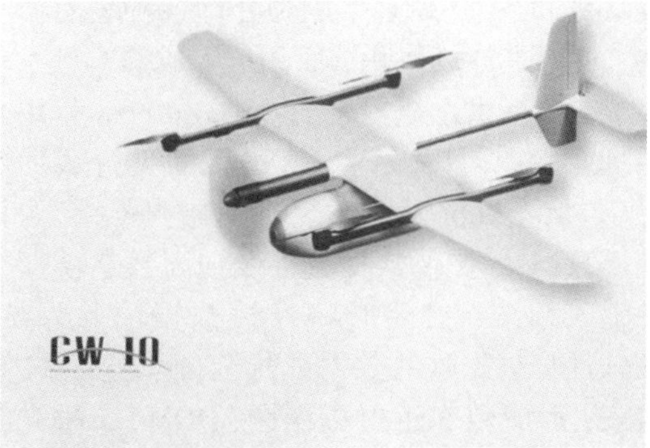

图 6-31　四川纵横 CW-10 无人机图

无人机机载激光雷达仪器，国外主要有加拿大 Optech 公司生产的 ATLM 和 SHOALS，德国徕卡公司的 Aibot；国内主要有中国和奥地利合资品牌中测瑞格的 RIEGL 系列、大疆无人机、四川纵横无人机、飞马机器人无人机、华测无人机。

无人机搭载激光雷达测量技术的特点主要有：

(1)能够提供密集的点阵数据(点间距可以小于 1 m)。

(2)能够穿透植被的叶冠。

(3)不需要或很少需要进入测量现场。

(4)可同时测量地面和非地面层。

(5)水平、高程绝对精度在 0.30 m 以内。

(6)24 小时全天候工作。

(7)具有迅速获取数据的能力。

机载激光雷达(light detection and ranging, LiDAR)集成了 GPS、IMU、激光扫描仪、数码相机等光谱成像设备。其中主动传感系统(激光扫描仪)利用返回的脉冲可获取探测目标高分辨率的距离、坡度、粗糙度和反射率等信息，而被动光电成像技术可获取探测目标的数字成像信息，经过地面的信息处理，逐个生成地面采样点的三维坐标，最后经过综合处理，得到沿一定条带的地面区域三维定位与成像结果。

在不同的文献中 LiDAR 的称呼不同，主要有机载激光测高(airborne laser altimetry, ALA)、机载激光地形测绘(airborne laser topographic mapping/airborne laser terrain mapping, ALTM)、机载激光测量系统(airborne laser mapping, ALM)、机载激光扫描测量系统(airborne laser scanning, ALS)、激光测高(laser altimetry)。

激光雷达技术在各个方面迅速发展，相对于其他遥感技术，激光雷达技术是遥感技术领域的一场革命。但目前激光雷达数据主要应用于基础测绘、城市三维建模，矿山、林业领域，以及铁路、电力行业等。

虽然 LiDAR 有比较成熟的商业系统，但是激光雷达数据的处理系统现今还相对不成熟，使用的软件除了各个硬件公司提供的外，主要是芬兰的 Terrasolid 软件，它包括了 TerraModeler、TerraScan、TerraPhoto 三个模块。TerraScan，它的主要功能是根据点的坐标、光强、同一激光的首末反射值等信息将大量激光扫描测量数据进行分类。它可以根据标准程序对所有的点进行批量处理。另外，它还可以像 AutoCAD 那样利用鼠标编辑图形，从不同角度观察图形。TerraScan 是该系列软件的核心。TerraModeler 是用来生成和处理各种表面模型的，可用来计算体积、面积，生成等高线、轮廓线，进行洪水淹没计算。TerraPhoto 是用来处理原始数码影像的。将飞机的飞行数据文件(包括飞机位置、姿态、拍摄时间、影像排列等数据)、影像数据文件及地面数字模型文件输入系统，必要时将外控数据输入系统，该软件将根据这些数据进行全自动空三平差、镶嵌，形成数字正射影像图(DOM)。激光雷达搭载在无人机上，目前广泛用于测量行业，见图 6-32。

图 6-32 无人机搭载激光雷达装置

6.2.5.2 无人机摄影测量处理软件

无人机航摄相对于传统航摄具有环境适应性强、快速机动灵活的优点，在应急救灾、高分辨率影像制作领域有着广阔的应用前景。但由于飞行姿态不稳定、航片角较大、装载非专业数码相机、小像幅、小基高、存在像点位移等，无人机影像处理对处理软件的处理能力和稳定性具有特殊的要求，目前国内较为常用的无人机影像处理软件主要有 PixelGrid、DPGrid、PhotoMod、Inpho、IPS。

PixelGrid 是中国测绘科学研究院研发的集航空摄影测量、无人机航测、卫星影像遥感及卫星雷达遥感等数据后处理于一体的综合应用系统，主要有如下优点：

(1)多核多线程的影像处理技术，可对批量影像进行畸变纠正、格式转换、旋转翻转、灰度增强等操作。

(2)基于 SIFT 算法的快速匹配技术，较以往的影像匹配能力有较大的提升。

(3)新版本重写了新的平差算法，传统的 PATB 平差存在较多平差不收敛的情况，新的平差算法有较大改进。

DPGrid 是武汉大学遥感信息工程学院研发的航空摄影测量、无人机航测的综合应用平台，主要有如下优点：

(1)空三完成后的 DSM、DEM、DOM 可以一键式自动化完成，具有良好的互操作性，具备 DEM 与 DOM 同步编辑功能。

(2)应用先进高性能并行计算、海量存储与网络通信等技术，系统效率大大提高。

(3)系统为地图自动修测与更新、城市三维建模等留有接口，具有一定的前瞻性。

PHOTOMOD 系列软件产品是俄罗斯 Racurs 公司的集航空摄影测量、无人机航测、倾斜摄影测量、近景摄影测量、卫星影像遥感及卫星雷达遥感等数据后处理于一体的综合应用系统，主要有如下优点：

(1)软件界面精简，模块化集成度较高。

(2)支持影像畸变改正。

(3)平差模块效率较高。

Inpho 由德国 INPHO 公司推出，是欧洲最著名的航空摄影测量与遥感处理软件，可以全面系统地处理航测遥感、激光、雷达等数据，主要有如下优点：

(1)高精度的空三加密模块，便捷的空三分区操作。

(2)UASMaster 模块是专门针对无人机影像处理的高效模块。

(3)分布式处理与多线程并发运算。

(4)可由 DSM 直接生成 DOM。

IPS 是卡洛斯公司推出的全数字摄影测量工作站系统，它能够快速、准确地处理航拍图像数据，主要有如下优点：

(1)高效率的空三加密模块，支持超大数据量的区域网平差。

(2)强大的匀色模块，在无参考影像的情况下能将两张差别很大的影像匀色成一致。

(3)一键式自动化的流程处理，即设置完工程后可以一键式得到最终的数字正射影像图。

“科技是第一生产力”，测绘行业从传统的测绘仪器和手段，到现代化的全自动测绘、内业自动化处理，以及测绘产品的多样化，发展到了目前的 3S 技术。3S 技术即遥感(remote sensing，RS)、地理信息系统(geographic information system，GIS)和全球定位系统(global positioning system, GPS)，是空间技术、传感器技术、卫星定位与导航技术和计算机技术、通信技术的紧密结合，是多学科高度集成的对空间信息进行采集、处理、管理、分析、表达、传播和应用的现代信息技术。随着北斗卫星的正式运营，国家也越来越重视地理信息产业化发展。

6.2.6 三维激光扫描仪

三维激光扫描技术是国际上发展的一项高新技术。随着三维激光扫描仪在工程领域的广泛应用，这种技术已经引起了广大科研人员的关注，根据激光测距原理(包括脉冲激光和相位激光)，瞬时测得空间三维坐标值，利用三维激光扫描技术获取的空间点云数据，可快速建立结构复杂、不规则场景的三维可视化模型。

地面三维激光扫描技术的出现以三维激光扫描仪的诞生为标志，有人称三维激光扫描技术是继 GPS 技术后测绘领域的又一次技术革命。三维激光扫描技术是一种先进的全自动高精度立体扫描技术，又称为“实景复制技术”，是继 GPS 空间定位技术后的又一项测绘技术革新，将使测绘数据的获取方法、服务能力与水平、数据处理方法等进入新的发展阶段。传统的大地测量方法，如三角测量方法、GPS 测量都是基于点的测量，而三维激光扫描是基于面的数据采集方式。三维激光扫描获得的原始数据为点云数据，点云数据是大量扫描离散点的结合。三维激光扫描的主要特点是实时性、主动性、适应性好。

三维激光扫描数据经过简单的处理就可以直接使用，无须复杂的费时费力的数据后处理，且无须和被测物体接触，可以在很多复杂环境下应用，并且可以和 GPS 等集合起来实现更强、更多的应用。三维激光扫描技术作为目前发展迅猛的新技术，必定会在诸多领域得到更深入和广泛的应用。对空间信息进行可视化表达，即进行三维建模，通常有两类方法：基于图像的方法和基于几何的方法。基于图像的方法是通过照片或图片来建立模型，其数据来源是数码相机。而基于几何的方法是利用三维激光扫描仪获取深度数据来建立三维模型，这种方法含有被测场景比较精确的几何信息。

三维激光扫描仪按照扫描平台的不同可以分为机载(或星载)激光扫描系统、地面型激光扫描系统、便携式激光扫描系统。

按照三维激光扫描仪的有效扫描距离进行分类，可分为：

(1)短距离激光扫描仪：其最长扫描距离不超过 3 m，一般最佳扫描距离为 0.6~1.2 m，通常这类扫描仪适用于小型模具的量测，不仅扫描速度快且精度较高，可以多达每秒30 万个点，精度至±0.018 mm。例如，美能达公司出品的 VIVID 910 高精度三维激光扫描仪、手持式三维数据扫描仪 FastScan 等，都属于这类扫描仪。

(2)中距离激光扫描仪：最长扫描距离小于 30 m 的三维激光扫描仪属于中距离三维激光扫描仪，其多用于大型模具或室内空间的测量。

(3)长距离激光扫描仪：扫描距离大于 30 m 的三维激光扫描仪属于长距离三维激光扫描仪，其主要应用于建筑物、矿山、大坝、大型土木工程等的测量。例如，奥地利 Riegl 公司出品的 LMS-Z420i 三维激光扫描仪和加拿大 Cyra 公司出品的 Cyrax 2500 激光扫描仪等，属于这类扫描仪。

(4)航空激光扫描仪：最长扫描距离通常大于 1 km，并且需要配备精确的导航定位系统，其可用于大范围地形的扫描测量。

之所以这样分类，是因为激光测量的有效距离是三维激光扫描仪应用范围的重要条件，特别是针对大型地物或场景的观测，或是无法接近的地物等，这些都必须考虑到扫描仪的实际测量距离。此外，被测物距离越远，地物观测的精度就相对越差。因此，要保证扫描数据的精度，就必须在相应类型扫描仪所规定的标准范围内使用。

无论扫描仪的类型如何，三维激光扫描仪的构造原理都是相似的。三维激光扫描仪的主要构造是由一台高速、精确的激光测距仪，配上一组可以引导激光并以均匀角速度扫描的反射棱镜。激光测距仪主动发射激光，同时接受由自然物表面反射的信号从而进行测距，针对每一个扫描点可测得测站至扫描点的斜距，再配合扫描的水平和垂直方向角，可以得到每一扫描点与测站的空间相对坐标。如果测站的空间坐标是已知的，那么可以求得每一个扫描点的三维坐标。以 LMS-Z420i 三维激光扫描仪为例，该扫描仪是以反射镜进行垂直方向扫描，水平方向则以伺服马达转动仪器来完成水平 360°扫描，从而获取三维点云数据。

三维激光扫描仪主要生产厂家有 Surphaser(美国)，Maptek(澳大利亚)，Riegl(奥地利)，徕卡(德国)，天宝(美国)，Optect(加拿大)，拓普康(日本)，Geoslam(英国)，Faro(美国)等。

作为新的高科技产品，三维激光扫描仪的巨大优势就在于可以快速扫描被测物体，可以在不设反射棱镜的情况下直接获得高精度的扫描点云数据，这样一来可以高效地对真实世界进行三维建模和虚拟重现。三维激光扫描仪已经成功地在文物保护、城市建筑测量、地形测绘、采矿、变形监测、管道设计、飞机船舶制造、公路铁路建设、隧道工程、桥梁改建等领域应用。

三维激光扫描仪扫描结果直接显示为点云(pointcloud，意思为无数的点以测量的规则在计算机里呈现物体的形态)，利用三维激光扫描技术获取的空间点云数据，可快速建立结构复杂、不规则的场景的三维可视化模型，既省时又省力，目前其在以下领域开展应用。

(1)测绘工程领域：大坝和电站基础地形测量，公路、铁路、河道、桥梁、建筑物地基等测绘，隧道的检测及变形监测，矿山测量及体积计算。

(2)结构测量方面：桥梁结构测量，结构检测、监测，空间位置冲突测量，空间面积、体积测量，三维高保真建模，海上平台测量，造船厂、电厂、化工厂等大型工业企业内部设备的测量，管道、线路测量。

(3)建筑、古迹测量方面：建筑物内部及外观的测量保真，古迹(古建筑、雕像等)的保护测量，文物修复，古建筑测量、资料保存等古迹保护，遗址测绘，赝品成像，现场虚拟模型，现场保护性影像记录。

(4)紧急服务业：反恐怖主义，陆地侦察和攻击测绘，监视，移动侦察，灾害估计，交通事故正射图、犯罪现场正射图，森林火灾监控，滑坡、泥石流预警，灾害预警和现场监测，核泄漏监测。

(5)娱乐业：电影产品设计，为电影演员和场景进行的设计，3D 游戏开发，虚拟博物馆，虚拟旅游指导，人工成像，场景虚拟，现场虚拟。

6.3 矿山地面控制测量

6.3.1 平面控制测量

平面控制网的建立，可采用卫星定位测量、导线测量、三角网测量等方法。按平面控制网精度等级，卫星定位测量控制网从高到低依次分为二、三、四等和一、二级，导线及导线网依次为三、四等和一、二、三级，三角网依次为二、三、四等和一、二级。矿区首级网的等级依矿区面积大小而定，1000 km^2 以上的为二等，200~1000 km^2 的为三等，200 km^2 以下的为四等。

不同控制测量手段下，各种等级控制测量要求如下。

6.3.1.1 卫星定位测量

卫星定位测量快速且精度较高，也是最常用的测量方法，各等级卫星定位测量控制网的主要技术指标应符合表 6-5 的规定。卫星定位测量控制网的布设，应符合下列要求：

（1）应根据测区的实际情况、精度要求、卫星状况、接收机的类型和数量及测区已有的测量资料进行综合设计。

（2）首级网布设时，宜联测 2 个以上高等级国家控制点或地方坐标系的高等级控制点；对控制网内的长边，宜构成大地四边形或中点多边形。

（3）控制网应由独立观测边构成一个或若干个闭合环或附合路线；各等级控制网中构成闭合环或附合路线的边数不宜多于 6 条。

（4）各等级控制网中独立基线的观测总数，不宜少于必要观测基线数的 1.5 倍。

（5）加密网应根据工程需要，在满足规定精度要求的前提下采用比较灵活的布网方式。

（6）对于采用 GPS-RTK 测图的测区，在控制网的布设中应顾及参考站点的分布及位置。

表 6-5 卫星定位测量控制网的主要技术要求

等级	平均边长 /km	固定误差 A /mm	比例误差系数 B /($mm \cdot km^{-1}$)	约束点间的边长相对中误差	约束平差后最弱边相对中误差
二等	9	≤10	≤2	≤1/250000	≤1/120000
三等	6.5	≤10	≤5	≤1/150000	≤1/70000
四等	2	≤10	≤10	≤1/100000	≤1/40000
一级	1	≤10	≤20	≤1/40000	≤1/20000
二级	0.5	≤10	≤40	≤1/20000	≤1/10000

卫星定位测量控制点位的选定应符合下列要求：

（1）点位应选在土质坚实、稳固可靠的地方，同时要有利于加密和扩展，每个控制点至少应有一个通视方向。

（2）点位应选在视野开阔，高度角在 15°以上的范围内，应无障碍物，点位附近不应有强烈干扰接收卫星信号的干扰源或强烈反射卫星信号的物体。

（3）充分利用符合要求的旧有控制点。

GPS 控制测量作业的基本技术要求应符合表 6-6 的规定，对于规模较大的测区，应编制作业计划，GPS 控制测量测站作业应满足下列要求：

（1）观测前，应对接收机进行预热和静置，同时应检查电池的容量、接收机的内存和可储存空间是否充足。

（2）天线安置的对中误差不应大于 2 mm；天线高的量取应精确至 1 mm。

（3）观测中，应避免在接收机近旁使用无线电通信工具。

(4)作业的同时，应做好测站记录，包括控制点点名、接收机序列号、仪器高、开关机时间等相关的测站信息。

表 6-6　GPS 控制测量作业的基本技术要求

等级		二等	三等	四等	一级	二级
接收机类型		多频	多频或双频	多频或双频	双频或单频	双频或单频
仪器标称精度		$3\ mm+1\times10^{-6}$	$5\ mm+2\times10^{-6}$	$5\ mm+2\times10^{-6}$	$10\ mm+5\times10^{-6}$	$10\ mm+5\times10^{-6}$
观测量		载波相位	载波相位	载波相位	载波相位	载波相位
卫星高度角/(°)	静态	≥15	≥15	≥15	≥15	≥15
	快速静态	—	—	—	≥15	≥15
有效观测卫星数/颗	静态	≥5	≥5	≥4	≥4	≥4
	快速静态	—	—	—	≥5	≥5
观测时段长度/min	静态	≥30	≥20	≥15	≥10	≥10
	快速静态	—	—	—	10~15	10~15
数据采样间隔/s	静态	10~30	10~30	10~30	5~15	5~15
	快速静态	—	—	—	5~15	5~15
点位几何图形强度因子 PDOP		≤6	≤6	≤6	≤8	≤8

6.3.1.2　GPS 控制测量案例

以几内亚 Boffa 铝土矿开发项目 GPS 控制网测量为案例进行分析。

矿区内找到的已知起算点有三个，即 B37A、B38A、BE02，为 D 级 GPS 点，作为本项目 GPS 网的起算点，见图 6-33。经过实地踏勘，控制点标石保存完好，经静态观测并利用其中任意两个已知点平差，平差后的坐标值与原坐标值进行对比分析，满足规范精度要求，可供使用。

平面坐标投影系统为 UTM，克拉克 1880 椭球，中央子午线为西经 15°。

为了对整个测区进行很好的控制，根据测区的具体情况及高等级已知点的分布情况，本次测量项目先在测区布设 4 个 D 级 GPS 点作为整个测区的首级控制网，首级控制网从 3 个已知点 B37A、B38A、BE02 发展下来，通过对 GPS 数据的基线解算及网平差解算得出 4 个 D 级 GPS 点的坐标，其高程采用 GPS 高程拟合。

(1)采用全球定位系统(GPS)技术测定，以中海达华星 A10 接收机观测，该接收机标称精度为 $\pm5\ mm+1\times10^{-6}$，定位模式采用静态同步定位方式，按 GPS 测量规范对 D 级 GPS 点的要求进行施测。

(2)D 级网采用边连接，卫星高度角大于 15°，同步观测至少 4 颗卫星，观测时间为 90 min，数据采样率取 5 s。

(3)采用网平差软件 HGO 进行 GPS 数据预处理，按基线模式解算高精度的基线解，先进行三维无约束平差，然后以 B37A、B38A、BE02 三个起算点进行二维约束平差计算，解算得出 D 级 GPS 网的 UTM 坐标。

(4)本网最弱边基线水平中误差为2.74 mm，高程中误差为5.64 mm，最弱边相对中误差为1∶1089808，精度指标在相应限差范围内，满足规范要求。

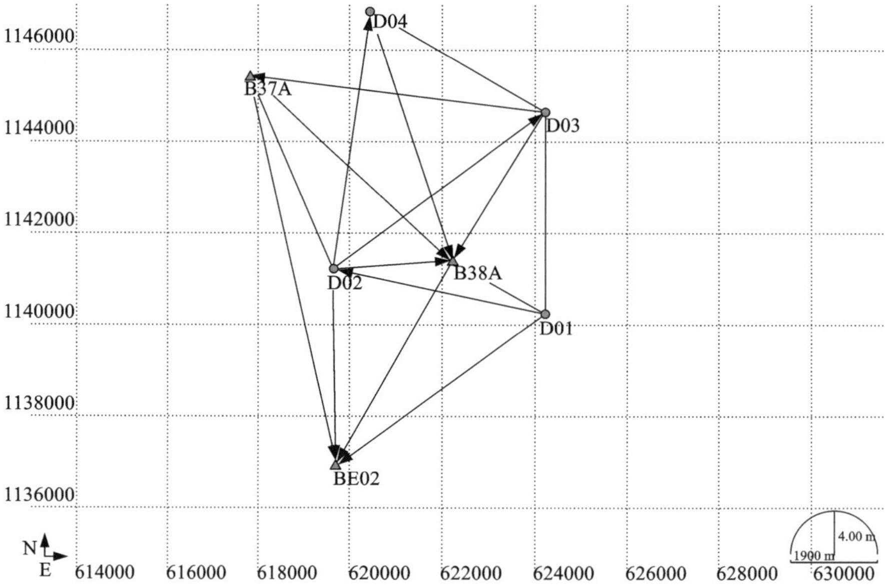

图 6-33　D 级控制点网图

6.3.1.3　导线测量

(1)各等级导线测量的主要技术要求，应符合表6-7的规定。

表 6-7　导线测量的主要技术要求

等级	导线长度/km	平均边长/km	测角中误差/(″)	测距中误差/mm	测距相对中误差	测回数			方位角闭合差/(″)	导线全长相对闭合差
						1″级仪器	2″级仪器	6″级仪器		
三等	14	3	1.8	20	1/150000	6	10	—	$3.6\sqrt{n}$	≤1/55000
四等	9	1.5	2.5	18	1/80000	4	6	—	$5\sqrt{n}$	≤1/35000
一级	4	0.5	5	15	1/30000	—	2	4	$10\sqrt{n}$	≤1/15000
二级	2.4	0.25	8	15	1/14000	—	1	3	$16\sqrt{n}$	≤1/10000
三级	1.2	0.1	12	15	1/7000	—	1	2	$24\sqrt{n}$	≤1/5000

注：表中 n 为测站数。

(2)当测区测图的最大比例尺为1∶1000时，一、二、三级导线的导线长度、平均边长可适当放长，但最大长度不应大于表中规定相应长度的2倍。导线测量布设灵活，推进迅速，受地形限制小，边长精度分布均匀。如在平坦隐蔽、交通不便、气候恶劣地区，采用导线测量法布设大地控制网是有利的。但导线测量控制面积小、检核条件少，方位传算误差大。当导线平均边长较短时，应控制导线边数不超过根据表 6-7 相应等级导线长度和平均边长算得的边数；当导线长度小于表 6-7 规定长度的 1/3 时，导线全长的绝对闭合差不应大于 13 cm；导线网中，结点与结点、结点与高级点之间的导线段长度不应大于表 6-7 中相应等级规定长度的 0.7 倍。

(3) 导线网的布设及选点应符合下列规定：

①导线网用作测区的首级控制时，应布设成环形网，且宜联测 2 个已知方向。

②加密网可采用单一附合导线或结点导线网形式。

③结点间或结点与已知点间的导线段宜布设成直伸形状，相邻边长不宜相差过大，网内不同环节上的点也不宜相距过近。

④点位应选在土质坚实、稳固可靠、便于保存的地方，视野应相对开阔，便于加密、扩展和寻找。

⑤相邻点之间应通视良好，其视线与障碍物的距离，三、四等不宜小于 1.5 m；四等以下宜保证便于观测，以不受旁折光的影响为原则。

⑥当采用全站仪测距时，相邻点之间视线应避开烟囱、散热塔、散热池等发热体及强电磁场。

⑦相邻两点之间的视线倾角不宜过大。

⑧充分利用旧有控制点。

(4) 水平角观测所使用的全站仪，应符合下列相关规定：

①照准部旋转轴正确性指标，水准管气泡在各位置的读数较差，1″级仪器不应超过 2 格，2″级仪器不应超过 1 格。

②仪器的测微器行差及隙动差指标：1″级仪器不应大于 1″，2″级仪器不应大于 2″。

③水平轴不垂直于垂直轴之差指标：1″级仪器不应超过 10″，2″级仪器不应超过 15″。

④补偿器的补偿要求：在仪器补偿器的补偿区间，对观测成果应能进行有效补偿。

⑤垂直微动旋转使用时，视准轴在水平方向上不产生偏移。

⑥仪器的基座在照准部旋转时的位移指标：1″级仪器不应超过 0.3″，2″级仪器不应超过 1″。

⑦光学（或激光）对中器的视轴（或射线）与竖轴的重合度不应大于 1 mm。

⑧当水平角观测使用 1″级（例如 T3）仪器时，由于仪器结构关系其秒值的二次读数应取其和，而 2″级及低于 2″级仪器二次读数的秒值则取其平均数。

(5) 水平角观测宜采用方向观测法，并符合下列规定：

①方向观测法的技术要求，不应超过表 6-8 的规定。

②当观测方向不多于 3 个时，可不归零。

③当观测方向多于 6 个时，可进行分组观测，分组观测应包括两个共同方向（其中一个为共同零方向），其两组观测角之差，不应大于同等级测角中误差的 2 倍，分组观测的最后结果，应按等权分组观测进行测站平差。

表 6-8 水平角方向观测法的技术要求

等级	仪器精度等级	光学测微器两次重合读数之差/(″)	半测回归零差/(″)	一测回内 2C 互差/(″)	同一方向值各测回较差/(″)
四等及以上	1″仪器	1	6	9	6
	2″仪器	3	8	13	9
一级及以下	2″仪器	—	12	18	12

注：全站仪水平角观测时不受光学测微器两次重合读数之差指标的限制；当观测方向的垂直角超过±3°的范围时，该方向 2C 互差可按相邻测回同方向进行比较，其值应满足一测回内 2C 互差的限值。

④各测回间应配置度盘。

⑤水平角的观测值应取各测回的平均数作为测站成果。

(6)三、四等导线的水平角观测，当测站只有两个方向时，应在观测总测回中以奇数测回的度盘位置观测导线前进方向的左角，以偶数测回的度盘位置观测导线前进方向的右角，左右角的测回数为总测回数的一半。但在观测右角时，应以左角起始方向为准变换度盘位置，也可用起始方向的度盘位置加上左角的概值在前进方向配置度盘。左角平均值与右角平均值之和与 360°之差，不应大于表 6-7 中相应等级导线测角中误差的 2 倍。

(7)水平角观测的测站作业，应符合下列规定：

①仪器或反光镜的对中误差不应大于 2 mm。

②水平角观测过程中，气泡中心位置偏离整置中心不宜超过 1 格。四等及以上等级的水平角观测，当观测方向的垂直角超过±3°的范围时，宜在测回间重新整置气泡位置。有垂直轴补偿器的仪器，可不受此款的限制。

③如受外界因素(如震动)的影响，仪器的补偿器无法正常工作或超出补偿器的补偿范围时，应停止观测。

④当测站或照准目标偏心时，应在水平角观测前或观测后测定归心元素。测定时，投影示误三角形的最长边，对于标石、仪器中心的投影不应大于 5 mm，对于照准标志中心的投影不应大于 10 mm。投影完毕后，除标石中心外，其他各投影中心均应描绘两个观测方向。角度元素应量至 15′，长度元素应量至 1 mm。

(8)水平角观测误差超限时，应在原来度盘位置上重测，并应符合下列规定：

①一测回内 2C 互差或同一方向值各测回较差超限时，应重测超限方向，并联测零方向。

②下半测回归零差或零方向的 2C 互差超限时，应重测该测回。

③当一测回中重测方向数超过总方向数的 1/3 时，应重测该测回；当重测的测回数超过总测回数的 1/3 时，应重测该站。

(9)一级及以上等级控制网的边长，应采用中、短测程全站仪测距。各等级控制网边长测距的主要技术要求应符合表 6-9 的规定。

表 6-9 测距的主要技术要求

平面控制网等级	仪器精度等级	每边测回数		一测回读数较差/mm	单程各测回较差/mm	往返测距较差/mm
		往	返			
三等	5 mm 级仪器	3	3	≤5	≤7	≤2(a+b×D)
	10 mm 级仪器	4	4	≤10	≤15	
四等	5 mm 级仪器	2	2	≤5	≤7	
	10 mm 级仪器	3	3	≤10	≤15	
一级	10 mm 级仪器	2	—	≤10	≤15	—
二、三级	10 mm 级仪器	1	—	≤10	≤15	

注：测回是指照准目标一次，读数 2~4 次的过程；困难情况下，边长测距可采取不同时间段测量代替往返观测。

(10)测距作业时，测站对中误差和反光镜对中误差不应大于 2 mm；当观测数据超限时，应重测整个测回，如观测数据出现分群时，应分析原因，采取相应措施重新观测；四等及以上等级控制网的边长测量，应分别量取两端点观测始末的气象数据，计算时应取平均值；测量气象元素的温度计宜采用通风干湿表，气压表宜选用高原型空盒气压表；读数前应将温度计悬挂在离地面和人体 1.5 m 以外阳光不能直射的地方，且读数精确至 0.2℃；气压表应置平，指针不应滞阻，且读数精确至 50 Pa。测量的斜距，须经气象改正和仪器的加、乘常数改正后才能进行水平距离计算；两点间的高差测量，宜采用水准测量。当采用全站仪三角高程测量时，其高差应进行大气折射修正和地球曲率改正。进行内业计算时，内业计算中数字取位，应符合表 6-10 的规定。

表 6-10 计算中数字取位要求

等级	观测方向值各项修正数/(″)	边长观测值及各项修正数/m	边长与坐标/m	方位角/(″)
三、四等	0.1	0.001	0.001	0.1
一级及以下	1	0.001	0.001	1

6.3.1.4 导线测量案例

E01、E02、E07、E09 为已知控制点，使用全站仪 1″观测，观测二测回进行读数，同时注意一测回 2C 误差、半测回归零差，一测回读数较差均不得超限，否则重测。

将距离及角度观测值的平均值计算出来，依据附合导线的角度闭合差计算公式计算出闭合差值，具体步骤如下：

(1)观测线路观测左角：

$$f\beta_{容}=\pm 10\sqrt{n}=\pm 32'',\ f\beta_{测}<f\beta_{容}，测角精度符合要求。$$

(2)改正角：$\beta=\beta_{测}-f\beta_{测}/n=0.2''$。

(3)坐标方位角的推算：

根据起始边的坐标方位角及改正角，依据公式 $\alpha_{前}=\alpha_{后}+\beta_{左}-180°$(观测左角)依次计算各边的坐标方位角。

(4)坐标增量的计算及闭合差的调整。

根据已经推算出的导线各边的坐标方位角和相应边的边长，按下面公式计算各边的坐标增量。

$$\Delta X = D \cdot \cos\alpha \quad \Delta Y = D \cdot \sin\alpha$$

按附合导线要求，各边的坐标增量代数和的理论值等于终、起两点的已知坐标之差，所以，纵、横坐标增量闭合差按公式计算。

$$F_x = \sum \Delta x_{测} - (X_{终} - X_{起}) = -0.016\ \text{m}$$

$$F_y = \sum \Delta Y_{测} - (Y_{终} - Y_{起}) = 0.066\ \text{m}$$

导线全长闭合差 $f = \sqrt{(F_x^2 + F_y^2)} = 0.068\ \text{m}$，$k = f/\sum D = 1/59381 < 1/15000$，满足精度要求。

(5)根据后一点的坐标及改正后的坐标增量，按公式推算前一点坐标：

$$X_{前} = X_{后} + \Delta X_{改} \qquad Y_{前} = Y_{后} + \Delta Y_{改}$$

最后，推算出终止边的坐标，与原有设计值相等，以作检核。

6.3.2 高程控制测量

工程测量的高程控制测量精度等级从高到低依次分为二、三、四、五等。各等级高程控制宜采用水准测量，四等及以下等级可采用全站仪三角高程测量，五等也可采用 GPS 拟合高程测量。首级高程控制网的等级，应根据工程规模、控制网的用途和精度要求合理选择。首级网应布设成环形网，加密网宜布设成附合路线或结点网。测区的高程系统，宜采用 1985 国家高程基准。在已有高程控制网的地区测量时，可沿用原有的高程系统；当小测区联测有困难时，也可采用假定高程系统。

高程控制点间的距离，一般地区应为 1~3 km，工业厂区、城镇建筑区宜小于 1 km，但一个测区及周围至少应有 3 个高程控制点。

6.3.2.1 水准仪高程控制测量

水准测量的主要技术要求，应符合表 6-11 的规定。水准测量所使用的仪器及水准尺，应满足以下条件：

(1)水准仪视准轴与水准管轴的夹角 i，DS1 型不应超过 15″，DS3 型不应超过 20″；

(2)补偿式自动安平水准仪的补偿误差 Δa 对于二等水准不应超过 0.2″，三等不应超过 0.5″；

(3)水准尺上的米间隔平均长与名义长之差，对于因瓦水准尺，不应超过 0.15 mm；对于条形码尺，不应超过 0.10 mm；对于木质双面水准尺，不应超过 0.5 mm。

水准点的布设与埋石，应选在土质坚实、稳固可靠的地方或稳定的建筑物上，且便于寻找、保存和引测。当采用数字水准仪作业时，水准路线还应避开电磁场的干扰。水准点标志宜采用水准标石，也可采用墙水准点，二、三等点应绘制点之记，其他控制点可视需要而定，必要时还应设置指示桩。水准观测应在标石埋设稳定后进行，各等级水准观测应符合表 6-12 的技术要求。

表 6-11　水准测量的主要技术要求

等级	每千米高差全中误差/mm	路线长度/km	水准仪型号	水准尺	观测次数		往返较差、附合或环线闭合差/mm	
					与已知点联测	附合或环线	平地	山地
二等	2	—	DS1	因瓦	往返各 1 次	往返各 1 次	$4\sqrt{L}$	—
三等	6	≤50	DS1	因瓦	往返各 1 次	往 1 次	$12\sqrt{L}$	$4\sqrt{n}$
			DS3	双面		往返各 1 次		
四等	10	≤16	DS3	双面	往返各 1 次	往 1 次	$20\sqrt{L}$	$6\sqrt{n}$
五等	15	—	DS3	单面	往返各 1 次	往 1 次	$30\sqrt{L}$	—

注：①结点之间或结点与高级点之间，其路线的长度，不应大于表中规定的 0.7 倍；

②L 为往返测段、附合或环线的水准路线长度(km)，n 为测站数；

③数字水准仪测量的技术要求和同等级的光学水准仪相同。

表 6-12　水准观测的主要技术要求

等级	水准仪型号	视线长度/m	前后视的距离较差/m	前后视的距离较差累积/m	视线离地面最低高度/m	基、辅分划或黑、红面读数较差/mm	基、辅分划或黑、红面所测高差较差/mm
二等	DS1	50	1	3	0.5	0.5	0.7
三等	DS1	100	3	6	0.3	1.0	1.5
	DS3	75				2.0	3.0
四等	DS3	100	5	10	0.2	3.0	5.0
五等	DS3	100	近似相等	—	—	—	—

注：①二等水准视线长度小于 20 m 时，其视线高度不应低于 0.3 m；

②三、四等水准采用变动仪器高度观测单面水准尺时，所测两次高差较差，应与黑面、红面所测高差之差的要求相同；

③数字水准仪观测，不受基、辅分划或黑、红面读数较差指标的限制，但测站两次观测的高差较差，应满足表中相应等级基、辅分划或黑、红面所测高差较差的限值。

两次观测高差较差超限时应重测。重测后对于二等水准应选取两次异向观测的合格结果，其他等级则应将重测结果与原测结果分别比较，较差均不超过限值时，取三次结果的平均数。

当水准路线需要跨越江河(湖塘、宽沟、洼地、山谷等)时，应符合下列规定：

(1)水准作业场地应选在跨越距离较短、土质坚硬、密实便于观测的地方，标尺点须设立木桩。

(2)两岸测站和立尺点应对称布设。当跨越距离小于 200 m 时，可采用单线过河；大于 200 m 时，应采用双线过河并组成四边形闭合环。往返较差、环线闭合差应符合表 6-11 的规定。

(3)跨河水准测量的主要技术要求，应符合表 6-13 的规定。

(4)当跨越距离小于 200 m 时，也可采用在测站上变换仪器高度的方法进行，两次观测高差较差不应超过 7 mm，取其平均值作为观测高差。

表 6-13 跨河水准测量的主要技术要求

跨越距离/m	观测次数	单程测回数	半测回远尺读数次数	测回差/mm		
				三等	四等	五等
<200	往返各 1 次	1	2	—	—	—
200~400	往返各 1 次	2	3	8	12	25

水准测量的数据处理，应符合下列规定：

(1)当每条水准路线分测段施测时，应计算每千米水准测量的高差偶然中误差，其绝对值不应超过表 6-11 中相应等级每千米高差全中误差的 1/2。

(2)水准测量结束后，应计算每千米水准测量高差全中误差，其绝对值不应超过表 6-11 中相应等级的规定。

(3)当二、三等水准测量与国家水准点附合时，高山地区除应进行正常水准面不平行修正外，还应进行其重力异常的归算修正。

(4)各等级水准网，应按最小二乘法进行平差并计算每千米高差全中误差。

(5)高程成果的取值，二等水准应精确至 0.1 mm，三、四、五等水准应精确至 1 mm。

6.3.2.2 全站仪三角高程控制测量

全站仪三角高程测量，宜在平面控制点的基础上布设成三角高程网或高程导线，三角高程测量的主要技术要求，应符合表 6-14 的规定。

表 6-14 全站仪三角高程测量的主要技术要求

等级	每千米高差全中误差/mm	边长/km	观测方式	对向观测高差较差/mm	附合或环形闭合差/mm
四等	10	≤1	对向观测	$40\sqrt{D}$	$20\sqrt{\Sigma D}$
五等	15	≤1	对向观测	$60\sqrt{D}$	$30\sqrt{\Sigma D}$

注：①D 为测距边的长度(km)；

②起讫点的精度等级，四等应起讫于不低于三等水准的高程点上，五等不低于四等水准的高程点上；

③起讫长度不应超过相应等级水准路线的长度限值。

全站仪三角高程观测的技术要求，应符合下列规定：

(1)全站仪三角高程观测的主要技术要求，应符合表 6-15 的规定。

表 6-15 全站仪三角高程观测的主要技术要求

等级	垂直角观测				边长测量	
	仪器精度等级	测回数	指标差较差/(″)	测回较差/(″)	仪器精度等级	观测次数
四等	2″仪器	3	≤7	≤7	10 mm 级仪器	往返各 1 次
五等	2″仪器	2	≤10	≤10	10 mm 级仪器	往 1 次

（2）垂直角的对向观测，当直觇完成后应即刻迁站进行返觇测量；

（3）仪器、反光镜或觇牌的高度，应在观测前后各量测 1 次并精确至 1 mm，取其平均值作为最终高度。

全站仪三角高程测量的数据处理，应符合下列规定：

（1）直、返觇的高差，应进行地球曲率和折光差的改正。

（2）平差前，应按《工程测量标准》（GB 50026—2020）计算每千米高差全中误差。

（3）各等级高程网，应按最小二乘法进行平差并计算每千米高差全中误差。

（4）高程成果的取值，应精确至 1 mm。

6.3.2.3　GPS 拟合高程测量

（1）GPS 拟合高程测量，仅适用于平原或丘陵地区的五等及以下等级高程测量，拟合高程测量也可与 GPS 平面控制测量一起进行。GPS 拟合高程测量的主要技术要求，应符合下列规定：

①GPS 网应与四等或四等以上的水准点联测。联测的 GPS 点，宜分布在测区的四周和中央。若测区为带状地形，则联测的 GPS 点应分布于测区两端及中部。

②联测点数，宜大于选用计算模型中未知参数个数的 1.5 倍，点间距宜小于 10 km。

③地形高差变化较大的地区，应适当增加联测的点数。

④地形趋势变化明显的大面积测区，宜采取分区拟合的方法。

⑤其天线高应在观测前后各量测一次，取其平均值作为最终高度。

（2）GPS 拟合高程计算，应符合下列规定：

①充分利用当地的重力大地水准面模型或资料。

②应对联测的已知高程点进行可靠性检验，并剔除不合格点。

③对于地形平坦的小测区，可采用平面拟合模型；对于地形起伏较大的大测区，宜采用曲面拟合模型。

④对拟合高程模型应进行优化。

⑤GPS 点的高程计算，不宜超出拟合高程模型所覆盖的范围。

对 GPS 点的拟合高程成果，应进行检验。检测点数不少于全部高程点的 10% 且不少于 3 个点；高差检验，可采用相应等级的水准测量方法或全站仪三角高程测量方法进行，其高差较差不应大于 $30\sqrt{D}$ mm（D 为检查路线的长度，单位为 km）。

平面控制网的布设，应遵循下列原则：

（1）首级控制网的布设，应因地制宜，且适当考虑发展，当与国家坐标系统联测时，应同时考虑联测方案。

（2）首级控制网的等级，应根据工程规模、控制网的用途和精度要求合理确定。

（3）加密控制网，可越级布设或同等级扩展。

平面控制网的坐标系统，应在满足测区内投影长度变形不大于 2.5 cm/km 的要求下，按下列原则选择：

（1）采用统一的高斯投影 3°带平面直角坐标系统。

（2）采用高斯投影 3°带，投影面为测区抵偿高程面或测区平均高程面的平面直角坐标系统；或任意带，投影面为 1985 国家高程基准面的平面直角坐标系统。

（3）小测区或有特殊精度要求的控制网，可采用独立坐标系统。

(4)目前我国实行采用2000国家大地坐标系；在已有平面控制网的地区，可沿用原有的坐标系统。

(5)厂区内可采用建筑坐标系统。

若测区在高斯投影3°带边缘，测区内投影长度变形大于2.5 cm/km时，可选用任意带高斯投影。矿山地面控制测量常用的方法为卫星定位测量和导线测量。

6.3.3 图根点控制测量

图根平面控制和高程控制测量可同时进行，也可分别施测。图根点相对于邻近等级控制点的点位中误差不应大于图上0.1 mm，高程中误差不应大于基本等高距的1/10。对于较小测区，图根平面控制可作为首级控制，图根点点位标志宜采用木(铁)桩，当图根点作为首级控制或等级点稀少时，应埋设适当数量的标石。解析图根点的数量，一般地区不宜少于表6-16的规定。

表6-16 一般地区解析图根点的数量

测图比例尺	图幅尺寸/cm	解析图根点数量/个		
		全站仪测图	GPS-RTK测图	平板测图
1：500	50×50	2	1	8
1：1000	50×50	3	1~2	12
1：2000	50×50	4	2	15
1：5000	40×40	6	3	30

注：表中所列数量，是指施测该幅图可利用的全部解析控制点数量。

6.4 矿区地形测量

6.4.1 一般地区地形测量

一般地区采用全站仪或GPS-RTK测图。各类建(构)筑物及其主要附属设施均应进行测绘。居民区可根据测图比例尺大小或用图需要，对测绘内容和取舍范围适当加以综合，临时性建筑可不测。建(构)筑物宜用其外轮廓表示，房屋外廓以墙角为准；当建(构)筑物轮廓凸凹部分在1：500比例尺图上小于1 mm或在其他比例尺图上小于0.5 mm时，可用直线连接。

独立性地物的测绘，能按比例尺表示的，应实测外廓，填绘符号；不能按比例尺表示的，应准确表示其定位点或定位线；管线转角部分，均应实测。线路密集部分或居民区的低压电力线和通信线，可选择主干线测绘；当管线直线部分的支架、线杆和附属设施密集时，可适当取舍；当多种线路在同一杆柱上时，应择其主要表示；交通及附属设施，均应按实际形状测绘。铁路应测注轨面高程，在曲线段应测注内轨面高程；涵洞应测注洞底高程。1：2000及1：5000比例尺地形图，可适当舍去车站范围内的附属设施，小路可选择测绘；水系及附属设施，宜按实际形状测绘。水渠应测注渠顶边高程；堤、坝应测注顶部及坡脚高程；

水井应测注井台高程；水塘应测注塘顶边及塘底高程。当河沟、水渠在地形图上的宽度小于1 mm时，可用单线表示；地貌宜用等高线表示。崩塌残蚀地貌，坡、坎和其他地貌，可用相应符号表示。山顶、鞍部、凹地、山脊、谷底及倾斜变换处，应测注高程点。露岩、独立石、土堆、陡坎等，应注记高程或比高。

植被的测绘，应按其经济价值和面积大小适当取舍，并符合以下要求：

(1)农业用地的测绘按稻田、旱地、菜地、经济作物地等进行区分，并配置相应符号。

(2)地类界与线状地物重合时，只绘线状地物符号。

(3)梯田坎的坡面投影宽度在地形图上大于2 mm时，应实测坡脚；小于2 mm时，可量注比高。当两坎间距在1∶500比例尺地形图上小于10 mm，在其他比例尺地形图上小于5 mm时或坎高小于基本等高距的1/2时，可适当取舍。

(4)稻田应测出田间的代表性高程，当田埂宽在地形图上小于1 mm时，可用单线表示。

地形图上各种名称的注记，应采用现有的法定名称。

6.4.1.1 基本要求

(1)地形图比例尺，根据工程的设计阶段、规模大小和运营管理需要，可按表6-17选用。

表6-17 测图比例尺选用一览表

比例尺	用途
1∶500	初步设计、施工图设计、竣工验收等
1∶1000	
1∶2000	可行性研究、初步设计、厂址选择等
1∶5000	可行性研究、总体规划等

(2)地形的类别划分和地形图基本等高距的确定，应根据地面倾角(α)大小，确定地形类别，平坦地 $\alpha<3°$，丘陵地 $3°\leqslant\alpha<10°$，山地 $10°\leqslant\alpha<25°$，高山地 $\alpha\geqslant25°$。

(3)地形图的基本等高距，应按表6-18选用。

表6-18 地形图的基本等高距 单位：m

地形类别	比例尺			
	1∶500	1∶1000	1∶2000	1∶5000
平坦地	0.5	0.5	1	2
丘陵地	0.5	1	2	5
山地	1	1	2	5
高山地	1	2	2	5

注：一个测区同一比例尺，宜采用一种基本等高距。

(4)地形测量的区域类型，可划分为一般地区、城镇建筑区、工矿区等。地形测量的基本精度应符合下列要求：

①地形图上地物点相对于邻近图根点的点位中误差，不应超过表 6-19 的要求。

表 6-19　图上地物点的点位中误差　　单位：mm

区域类型	点位中误差
一般地区	0.8
城镇建筑区、工矿区	0.6

注：隐蔽或施测困难的一般地区测图，可放宽 50%。

②等高(深)线的插求点或数字高程模型格网点相对于邻近图根点的高程中误差，不应超过表 6-20 的要求。

表 6-20　等高(深)线插求点或数字高程模型格网点的高程中误差　　单位：m

一般地区	地形类别	平坦地	丘陵地	山地	高山地
	高程中误差	$h_d/3$	$h_d/2$	$2h_d/3$	h_d

注：A. h_d 为地形图的基本等高距；B. 对于数字高程模型，h_d 的取值应以模型比例尺和地形类别按表 6-18 取用；C. 隐蔽或施测困难的一般地区测图，可放宽 50%。

③工矿区细部坐标点的点位和高程中误差，应不超过表 6-21 的要求。

表 6-21　细部坐标点的点位和高程中误差　　单位：cm

地物类别	点位中误差	高程中误差
主要建(构)筑物	5	2
一般建(构)筑物	7	3

④地形点的最大点位间距，不应大于表 6-22 的要求。

表 6-22　地形点的最大点位间距　　单位：m

比例尺	1∶500	1∶1000	1∶2000	1∶5000
一般地区	15	30	50	100

⑤地形图上高程点的注记，当基本等高距为 0.5 m 时，应精确至 0.01 m；当基本等高距大于 0.5 m 时，应精确至 0.1 m。

(5)地形图的分幅和编号，应满足下列要求：

①地形图的分幅，可采用正方形或矩形方式；

②图幅的编号，宜采用图幅西南角坐标的千米数表示；

③带状地形图或小测区地形图可采用顺序编号；

④对于已施测过地形图的测区，也可沿用原有的分幅和编号。

地形图图式和地形图要素分类代码的使用，应满足下列要求：

①地形图图式，应采用现行国家标准“国家基本比例尺地图图式”系列(GB/T 20257.1~

20257.4—2017)；

②地形图要素分类代码，应采用现行国家标准《基础地理信息要素分类与代码》(GB/T 13923—2022)；

③对于图式和要素分类代码的不足部分可自行补充，并应编写补充说明。对于同一个工程或区域，应采用相同的补充图式和补充要素分类代码。

(6)地形测图，可采用全站仪测图、GPS-RTK 测图、航空摄影测图等方法，也可采用各种方法的联合作业模式或其他作业模式。在网络 RTK 技术的有效服务区作业，宜采用该技术，但应满足地形测量的基本要求，计算机绘图所使用的绘图仪的主要技术指标，应满足大比例尺成图精度的要求。

(7)地形图应经过内业检查、实地的全面对照及实测检查，实测检查量不应少于测图工作量的 10%。

6.4.1.2　全站仪测图

(1)全站仪测图的方法，可采用编码法、草图法或内外业一体化的实时成图法等，当布设的图根点不能满足测图需要时，可采用极坐标法增设少量测站点。全站仪测图的仪器安置及测站检核，应符合下列要求：

①仪器的对中偏差不应大于 5 mm，仪器高和反光镜高的量取应精确至 1 mm。

②应选择较远的图根点作为测站定向点，并施测另一图根点的坐标和高程，作为测站检核。检核点的平面位置较差不应大于图上 0.2 mm，高程较差不应大于基本等高距的 1/5；

③作业过程中和作业结束前，应对定向方位进行检查。

(2)全站仪测图的测距长度，不应超过表 6-23 的要求。

表 6-23　全站仪测图的最大测距长度

单位：m

比例尺	最大测距长度	
	地物点	地形点
1∶500	160	300
1∶1000	300	500
1∶2000	450	700
1∶5000	700	1000

(3)全站仪测图、数字地形图测绘，应符合下列要求：

①当采用草图法作业时，应按测站绘制草图，并对测点进行编号。测点编号应与仪器的记录点号相一致。草图的绘制，宜简化标示地形要素的位置、属性和相互关系等。

②当采用编码法作业时，宜采用通用编码格式，也可使用软件的自定义功能和扩展功能建立用户的编码系统进行作业。

③当采用内外业一体化的实时成图法作业时，应实时确立测点的属性、连接关系和逻辑关系等。

④在建筑密集的地区作业时，对于全站仪无法直接测量的点位，可采用支距法、线交会法等几何作图方法进行测量，并记录相关数据。

全站仪测图，可按图幅施测，也可分区施测。按图幅施测时，每幅图应测出图廓线外

5 mm；分区施测时，应测出区域界线外图上 5 mm。对采集的数据应进行检查处理，删除或标注作废数据、重测超限数据、补测错漏数据。对检查修改后的数据，应及时与计算机联机通信，生成原始数据文件并备份。

6.4.1.3 GPS-RTK 测图

(1)GPS-RTK 测图，转换关系的建立应符合下列要求：

①基准转换，可采用重合点求定参数(七参数或三参数)的方法。

②坐标转换参数和高程转换参数的确定宜分别进行；坐标转换位置基准应一致，重合点的个数不少于 4 个，且应分布在测区的周边和中部；高程转换可采用拟合高程测量的方法。

③坐标转换参数也可直接应用测区 GPS 网二维约束平差所计算的参数。

④对于面积较大的测区，需要分区求解转换参数时，相邻分区应不少于 2 个重合点。

⑤转换参数宜采取多种点组合方式分别计算，再进行优选。

(2)GPS-RTK 测图，转换参数的应用应符合下列要求：

①转换参数的应用，不应超越原转换参数的计算所覆盖的范围，且输入参考站点的空间直角坐标，应与求取平面和高程转换参数(或似大地水准面)时所使用的原 GPS 网的空间直角坐标成果相同，否则，应重新求取转换参数。

②使用前，应对转换参数的精度、可靠性进行分析和实测检查。检查点应分布在测区的中部和边缘。检测结果，平面较差不应大于 5 cm，高程较差不应大于 $30\sqrt{D}$ mm(D 为参考站到检查点的距离，单位为 km)，超限时，应分析原因并重新建立转换关系。

③对于地形趋势变化明显的大面积测区，应绘制高程异常等值线图，分析高程异常的变化趋势是否同测区的地形变化一致。当局部差异较大时，应加强检查，超限时，应进一步精确求定高程拟合方程。

6.4.1.4 航空摄影测图

(1)航空摄影测图，应遵守下列要求：

①要制订航摄计划，比例尺的选择遵照表 6-24 要求。

表 6-24 航摄比例尺

测图比例尺	航摄比例尺
1 : 500	1 : 3500~1 : 2000
1 : 1000	1 : 7000~1 : 3500
1 : 2000	1 : 14000~1 : 7000

②像片重叠、倾斜角、旋偏角、弯曲度遵守相关规定，保持稳定的航高，保证摄区、分区、图廓的覆盖，按图幅中心线和旁向两相邻图幅公共图廓线敷设航线的飞行质量，控制航线，填写记录资料。

(2)地形图编辑处理软件在首次使用前，应对软件的功能、图形输出的精度进行全面测试，满足规程规范要求和工程需要后，方能投入使用。使用时，应严格按照软件的操作要求作业。

(3)数据的处理，应符合下列要求：

①观测数据应采用与计算机联机通信的方式，转存至计算机并生成原始数据文件；数据

量较少时也可采用键盘输入，但应加强检查。

②应采用数据处理软件，将原始数据文件中的控制测量数据、地形测量数据和检测数据进行分类，并分别进行处理。

③对地形测量数据的处理，可增删和修改测点的编码、属性和信息排序等，但不应修改测量数据。

④生成等高线时，应确定地性线的走向和断裂线的封闭。

(4) 图要素应分层表示。分层的方法和图层的命名对同一工程宜采用统一格式，也可根据工程需要对图层部分属性进行修改。数据文件自动生成的图形或使用批处理软件生成的图形，应对其进行必要的人机交互式图形编辑。当不同属性的线段重合时，可同时绘出，并采用不同的颜色分层表示(对于打印输出的纸质地形图可择其主要表示)。

6.4.1.5　地形图的分幅

地形图的分幅，还应满足下列要求：

(1) 分区施测的地形图，应进行图幅裁剪。分幅裁剪时(或自动分幅裁剪后)，应对图幅边缘的数据进行检查、编辑。

(2) 按图幅施测的地形图，应进行接图检查和图边数据编辑。

(3) 图廓及坐标格网绘制，应采用成图软件自动生成。

6.4.1.6　数字地形图制图

(1) 数字地形图的编辑检查，应包括下列内容：

①图形的连接关系是否正确，是否与草图一致、有无错漏等；

②各种注记的位置是否适当，是否避开地物、符号等；

③各种线段的连接、相交或重叠是否恰当、准确；

④等高线的绘制是否与地性线协调，注记是否适宜，断开部分是否合理；

⑤对间距小于图上 0.2 mm 的不同属性线段，处理是否恰当；

⑥地形、地物的相关属性信息赋值是否正确；

⑦对一些用图急、地形条件复杂的中小矿区，可以选择已有的 1：16000 航片(即成国家 1：10000 基础图的航片)成 1：2000 地形图(简称小放大)，仅在外业按每个相对选刺 4 个相控点，并在联测坐标和高程，调绘地物和工程位置，在室内采用 A10 仪器成图。

(2) 数字地形图编辑处理完成后，应按相应比例尺打印地形图样图，进行内外业检查和绘图质量检查。外业检查可采用 GPS-RTK 测图法，也可采用全站仪测图法。

(3) 数字高程模型建立的主要技术要求，应符合下列要求：

①比例尺的确定，宜根据工程的需要，按表 6-24 选择，但不应大于数据源的比例尺；

②数字高程模型格网点的高程中误差，应满足表 6-20 的要求；

③数字高程模型的格网间距，应符合表 6-25 的规定。

表 6-25　数字高程模型的格网间距

比例尺	1：500	1：1000	1：2000	1：5000
格网间距/m	2.5	2.5 或 5	5	10

(4)数字高程模型接边，应满足下列要求：

①同名格网点的高程应一致。

②相邻格网点的平面坐标应连续，且高程变化符合地形连续的总特征。

③用实测数据所建立的数字高程模型的接边误差，不应大于表6-20规定的2倍；小于规定值时，可平均配赋，超过规定值时，应进行检查和修改。

6.4.1.7 航空摄影测量实例

1)场地特征(介绍场地符合航空摄影测量要求)

2)像控点布设与测量

布点采用“双基点并线法”和“三角网布设法”，并排的控制点同时往前布控，“十字靶标点”采用“纯白线”，白线宽0.2 m，长2 m，像控点布设与测量要求：

(1)控制点布设在航向及旁向六片或五片重叠范围内，使布设的控制点尽量共用。

(2)控制点选在旁向重叠中线附近，离开方位线的距离不小于4.5 cm。当旁向重叠过大而不能满足要求时，分别布点。

(3)项目主要采用GPS技术测定平高点的平面位置，选点时还考虑到GPS测量的可行性和方便性，所选点位便于安置接收设备和操作，视野开阔，被测卫星的地面高度角大于15°。

(4)实地布设像控点点位时，使用数码相机进行现场场景拍摄，拍摄时拉开实际距离，充分反映出相关地物关系，以方便内业无法正确判读点位时进行参照，记录的影像文件名应与像控点同名。

像控点坐标值采用RTK进行测量，本次布设像控点12个。

3)航空摄影

采用严密检校过的SONY ILCE-7R数码量测相机完成项目的所有航摄工作。本项目中，采用飞行不同航高完成同一测区任务来提高精度的方法，故实际飞行两个架次，起飞点和飞行区域红线不变。任务相对起飞点航高450 m，行间距88.4 m，地面分辨率6 cm，实际飞行航线数为26条，拍摄航片1042张，高程范围520~870 m，面积为15 km^2。最后所得各条航带数据满足后续处理的要求及精度。

4)外业流程

(1)踏勘选点布设像控点标志。

像控点布设要全区域覆盖，布设完毕的同时使用RTK采集像控点三维坐标数据。提前布设像控点可以提高刺点精度和增强外业控制点的可靠性。

(2)相机设置。

相机设置包括测区飞行参数、重叠率设置、航线方向、构架航线。重叠率设置一般根据成图比例尺，有相关默认的参数，例如地面分辨率、航向重叠率、旁向重叠率等，见图6-34。

(3)航线规划。

使用大鹏无人机控制中心地面站软件设计摄影区域的飞行航线，航线自动生成，检查自动生成的航线和命令有无错误，不合适的地方可以单独调整航点，见图6-35。本次航线规划提前在项目驻地设计好飞行路线并保存航点文件。

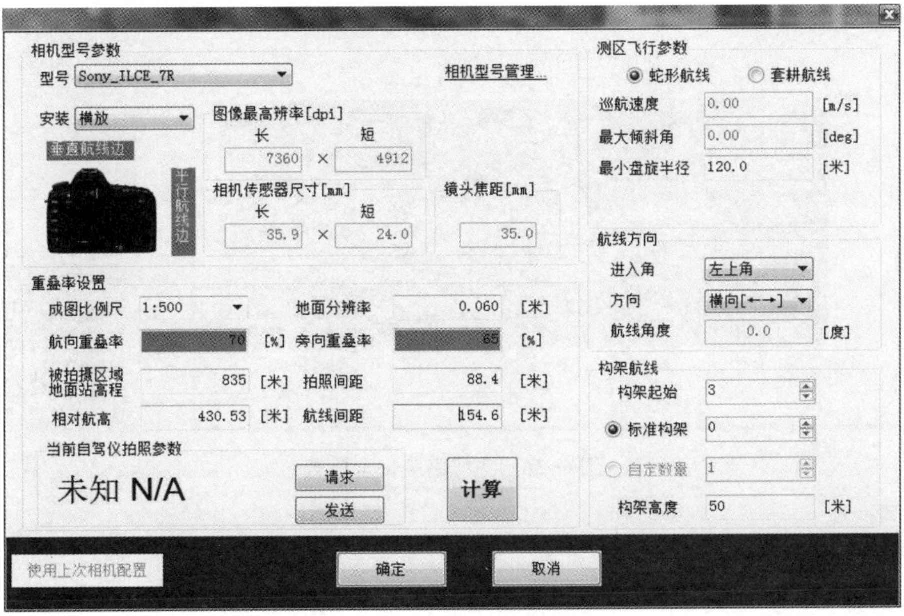

图 6-34　相机设置

图 6-35　航线规划

（4）航线飞行。

上传设计航线文件，飞行信息自动保存到飞机控制系统里面，按照飞图提供的飞行检查记录表，尤其检查飞行高度检查，防止飞机由于安全高度不够而碰撞山体掉落，见图 6-36。检查起飞前各项参数，准确无误后一键起飞，飞机自动按照设计飞行航线执行飞行任务。本次项目安全无误，无人机自动完成航测飞行任务后自动返航降落到起飞点。

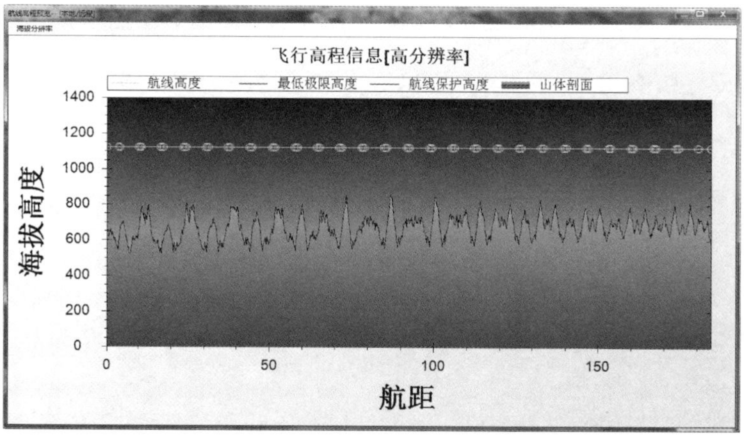

扫一扫，看彩图

图 6-36　飞行高度安全检查

(5)外业调绘。

外业调绘最好的方式是利用影像图纸实地判读标绘无法辨识的地物的属性和遮挡的地物，在野外实地求证。本项目主要调绘了房屋属性和房檐改正、电力通信线路走向、不明地类等。

5)内业数据处理基本流程

(1)内业数据资料整理，下载本项目拍摄像片，提取无人机 POS 数据。整理地面像控点实测坐标数据，以及相机的参数文件(执行情况，采用设备和软件)。

(2)内业数据处理主要空三解算。本项目使用武汉大学 Godwork 解算软件，导入下载好的原始像片和数据资料，然后转刺像控点。所有的像控点在像片上确定刺完以后，就可以使用该软件的一键自动空中三角测量功能，空中三角测量完成后便可导入测图软件中进行立体采集(图 6-37)。

(3)本次项目采用航天远景航空遥感影像处理平台软件系统进行立体测图采集地物地貌信息，制作成 CAD 线划图形文件，使用特征采集专家模块，佩戴 3D 眼镜后，观测的效果就是俯视的立体模型，选择对应的地物符号在需要采集的特征点上进行数据采集。

(4)本次项目的正射影像和 1：2000 地形图由信息中心处理，外业只需给中心上传像片和 POS 数据、像控点数据即可。

6)测绘成果质量

(1)航摄数据采集。

①GPS 数据采集。

本项目 GPS 天线安置在机舱前方，保证卫星搜索空间，相机每拍一张照片，飞行控制系统随即记下一个坐标点，待飞机降落后从飞行控制系统下载 POS 数据，POS 数据数量与照片数量完全一致则表示 GPS 数据采集成功。在本项目中各架次飞行中 GPS 均没有出现失锁现象，GPS 数据可以供后续数据处理工序使用。

②采集影像数据的质量。

本项目中得到各条航带的最终影像数据清晰、层次分明、颜色饱和、色调均匀、反差适中、不偏色，能辨别出地面上最暗处的影像细节。各条航带间没有漏洞，可以进行立体模型的建立和连接(图 6-38)。

图 6-37　刺点界面

扫一扫，看彩图

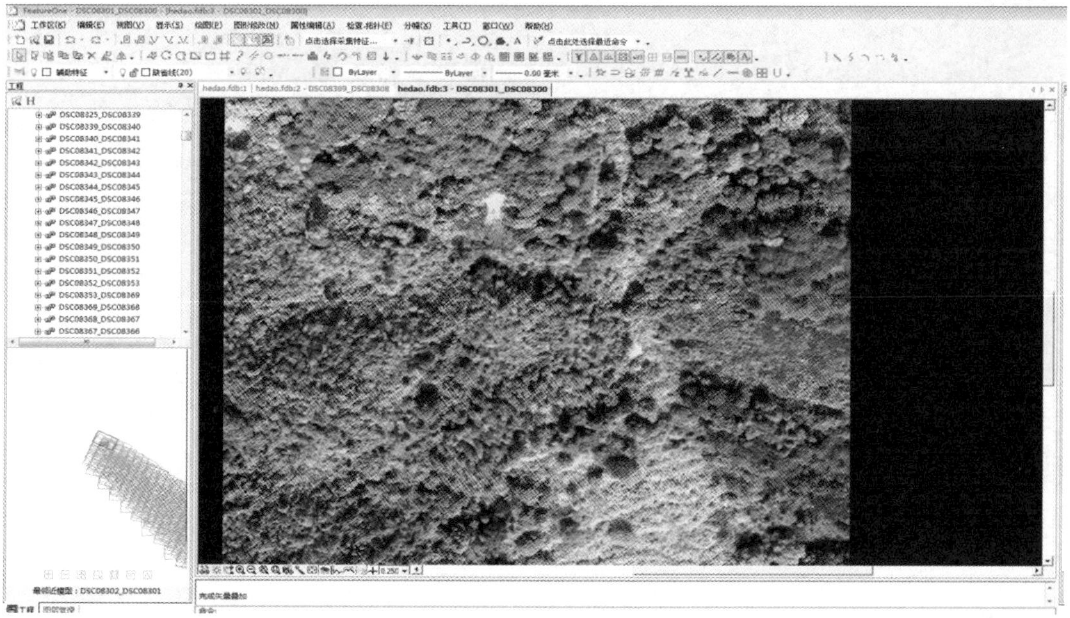

图 6-38　采集数据界面

扫一扫，看彩图

③飞行质量。

本项目飞行质量较好，航线弯曲度较小，飞行时间都选在阳光充足、风速较小、风向稳定的时段，像片有效范围覆盖了合同指定的全部摄区。在航向上超出成图范围的基线均在一条以上，旁向上超出成图范围均为像幅的30%以上，全区无摄影绝对漏洞。

航向重叠：一般在70%左右，最小为65%，满足成图要求。

旁向重叠：一般在65%左右，最小为55%，满足成图要求。

像对中像片旋偏角：一般小于4°，有少数像对在5°~7°。

航线弯曲度：所有的弯曲度均小于2%，符合规范要求。

本摄区航飞工作进展顺利，所得影像完整清晰，各航线影像航向重叠为70%，旁向重叠65%，航摄的精度指标满足要求。最终提交的航摄所有数据均符合设计规范的要求，可供数据处理使用(图6-39)。

图6-39 原始影像

扫一扫，看彩图

(2)内业数据处理。

①正射影像数据预处理。

正射影像数据处理系统采用全数字摄影测量系统Pix4D，该系统空三像点精度优于2/3个像素，正射影像精度不大于2个像素，成图精度满足1∶2000的DOM精度(图6-40)。

工作流程见图 6-41。

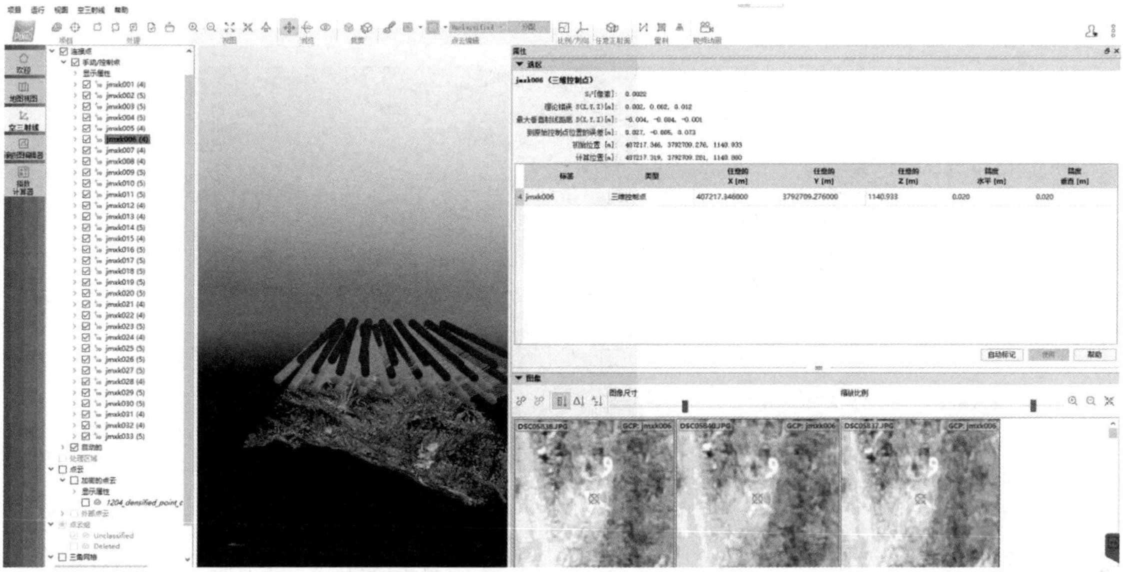

图 6-40　数字正射影像图

扫一扫，看彩图

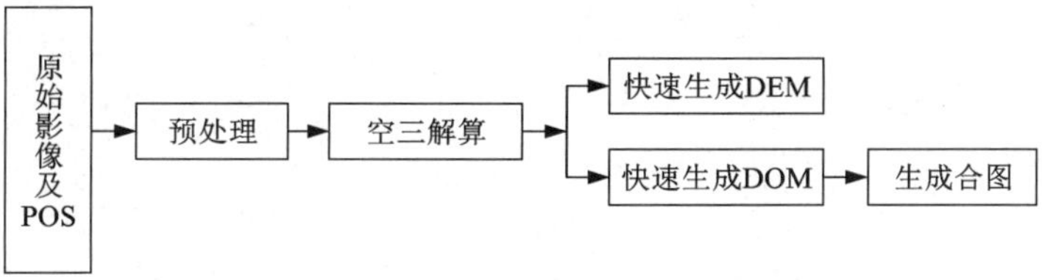

图 6-41　数字影像数据处理流程

②影像预处理。

影像预处理包括影像解压缩、相片畸变差校正、图像增强、编辑等工序。经过预处理的相片对比度增强，更加清晰，为后续的空三加密工作提供了高质量的数据。

③空三加密。

采用 Pix4D 软件进行空三加密，刺点误差不大于 3 个像素。空三加密成果满足 1∶2000 比例尺成图要求：地物点位中误差小于 0.3 m，高程中误差小于 0.15 m。主要建筑物的点位中误差小于 5 cm，高程中误差小于 10 cm。一般建筑物的点位中误差小于 7 cm，高程中误差小于 15 cm。

④加密精度对比检核。

将实测数据加载到 Pix4D 当中，使用加密后的点云数据与实测数据对比，对加密成果进行精度分析。误差较大区域主要影响因素为高大乔木和坡度较大的地方，大于 0.6 m 的部分多为此原因造成，检测点采集的地方恰好落在陡坡或者树下。此外，测区也有少量草地对精度有一定影响，多为 0.3~0.5 m 误差区间，大部分监测点的误差区间在±0.3 m 范围，精度较高。

⑤DEM 提取点云数据能够真实反映地形信息，密度合理，质量可靠。

⑥DOM 制作。

地面分辨率达到设计要求，影像无缺损，无云雾遮挡，图幅内影像反差适中，色调均匀，纹理清楚，层次丰富，无明显失真，灰度直方图呈正态分布(图 6-42)。

扫一扫，看彩图

图 6-42　正射影像成果(局部)

⑦DLG(数字线划地图)制作。

结合 Pix4D 生成的 DEM，使用点云处理软件将建筑物、构筑物、植被信息抹去，得到真实的地表点。在点云处理软件中，检查点云是否与地形地貌一致，检查结果表明，点云数据能够真实反映地形信息，密度合理，质量可靠。通过点云处理软件，自动生成等高线，在航天远景软件中，检查等高线与地形地貌一致，能够真实反映地形信息。将正射影像作为底图，结合等高线分幅进行地物勾画，合图后进行栅格注记形成最终地形图。

整个过程都按照相关规范完成，对每一个过程采取了有效的控制措施和方法，经验收合格，成果满足要求，成果图提交见图 6-43。

内业数据处理工作顺利完成，空三加密精度符合设计要求，地形图符合设计要求，工作程序及结果数据均符合航摄 1∶2000 的要求。本项目既节约了人力、物力，又节省了时间，提高了工作效率，在保证精度的前提下为客户创造了经济效益。

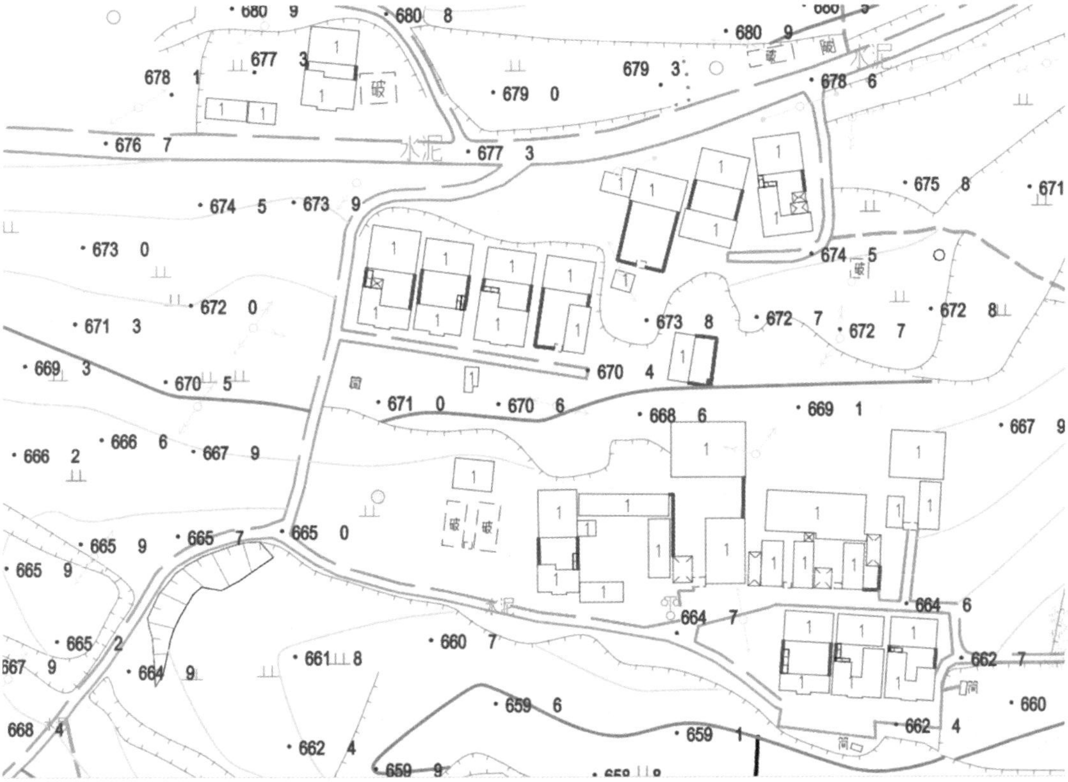

图 6-43　DLG 成果(局部)

扫一扫，看彩图

6.4.2　工矿区地形测量

工矿区现状图测量，宜采用全站仪测图，比例尺宜采用 1∶500 或 1∶1000，测量建(构)筑物主要细部坐标点及有关元素；细部坐标点的取舍，应根据其疏密程度和测图比例尺确定；建(构)筑物细部坐标点测量的位置可按表 6-26 选取。

细部坐标点的测量，应符合下列要求：

(1)细部坐标采用全站仪极坐标法施测，细部高程可采用水准测量或全站仪三角高程的方法施测，成果取值应精确至 1 cm。

(2)细部坐标点的检核，可采用丈量间距或全站仪对边测量的方法，两相邻细部坐标点间，反算距离与检核距离的较差不应超过表 6-27 的要求。

(3)细部坐标点的综合信息，宜在点或地物的属性中进行表述。当不采用属性表述时，应对细部坐标点进行分类编号，并编制细部坐标点成果表。当细部坐标点的密度不大时，可直接将细部坐标或细部高程注记于图上。

表 6-26　建(构)筑物细部坐标点测量的位置

类别		坐标	高程	其他要求
建(构)筑物	矩形	主要墙角	主要墙外角、室内地坪	
	圆形	圆心	地面	注明半径、高度或深度
	其他	墙角、主要特征点	墙外角、主要特征点	
地下管道		起、终、转、交叉点的管道中心	地面、井台、井底、管顶、下水测出入口管底或沟底	经委托方开挖后施测
架空管道		起、终、转、交叉点的支架中心	起、终、转、交叉、变坡点的基座面或地面	注明通过铁路、公路的净空高
架空电力线路、电信线路		铁塔中心，起、终、转、交叉点杆柱的中心	杆(塔)的地面或基座面	注明通过铁路、公路的净空高
地下电缆		起、终、转、交叉点的井位或沟道中心，入地处、出地处	起、终、转、交叉点，入地点、出地点、变坡点的地面和电缆面	经委托方开挖后施测
铁路		车挡、岔心、进厂房处、直线部分每 50 m 一点	车档、岔心、变坡点、直线段每 50 m 一点、曲线内轨每 20 m 一点	
公路		干线交叉点	变坡点、交叉点、直线段每 30~40 m 一点	
桥梁、涵洞		大型的四角点，中型的中心线两端点，小型的中心点	大型的四角点，中型的中心线两端点，小型的中心点，涵洞进出口底部高	

注：①建(构)筑物轮廓凸凹部分大于 0.5 m 时，应丈量细部尺寸；
②厂房门宽度大于 2.5 m 或能通行汽车时，应实测位置。

表 6-27　反算距离与检核距离较差的限差

类别	主要建(构)筑物	一般建(构)筑物
较差的限差/cm	$7+S/2000$	$10+S/2000$

注：S 为两相邻细部点间的距离(cm)。

地形图的修测与编绘：

地形图修测前应进行实地踏勘，确定修测范围，并制订修测方案。如修测的面积超过原图总面积的 1/5，应重新进行测绘。地形图修测的图根控制，应符合下列要求：

(1)应充分利用经检查合格的原有邻近图根点，高程应从邻近的高程控制点引测。

(2)局部修测时，测站点坐标可利用原图已有坐标的地物点按内插法或交会法确定，检核较差不应大于图上 0.2 mm。

(3)局部地区少量的高程补点，也可利用 3 个固定的地物高程点作为依据进行补测，其高程较差不应超过基本等高距的 1/5，并应取用平均值。

(4)当地物变动面积较大、周围地物关系控制不足时，应补设图根控制。

地形图的修测，应符合下列要求：

(1)新测地物与原有地物的间距中误差，不应超过图上 0.6 mm。

(2)地形图的修测方法，宜采用全站仪测图法等。

(3)当原有地形图图式与现行图式不符时，应以现行图式为准。

(4)地物修测的连接部分，应从未变化点开始施测，地貌修测的衔接部分应施测一定数量的重合点。

(5)除对已变化的地形、地物修测外，还应对原有地形图上已有地物、地貌的明显错误或粗差进行修正。

(6)修测完成后，应按图幅将修测情况作记录，并绘制略图。

纸质地形图的修测，宜将原图数字化后再进行修测。如在纸质地形图上直接修测，应符合下列要求：

(1)修测时宜用实测原图或与原图等精度的复制图。

(2)当纸质图图廓伸缩变形不能满足修测的质量要求时，应予以修正。

(3)局部地区地物变动不大时，可利用经过校核，位置准确的地物点进行修测。使用图解法修测后的地物不应再作为修测新地物的依据。

地形图的编绘，应选用内容详细、现实性强、精度高的已有资料，包括图纸、数据文件、图形文件等进行编绘。编绘图应以实测图为基础进行编绘，各种专业图应以地形图为基础结合专业要求进行编绘，编绘图的比例尺不应大于实测图的比例尺。地形图编绘作业，应符合下列要求：

(1)原有资料的数据格式应转换成同一数据格式。

(2)原有资料的坐标、高程系统应转换成编绘图所采用的系统。

(3)地形图要素的综合取舍，应根据编绘图的用途、比例尺和区域特点合理确定。

(4)编绘图应采用现行图式。

(5)编绘完成后，应对图的内容、接边进行检查，发现问题应及时修改。

地形测量往往涉及控制测量，且外业采集的数据量大，因此过程检查和最终检查显得尤为重要，验收的主要依据是技术设计书和国家有关规范，应遵循两级检查、一级验收的原则，测绘生产单位对产品质量实行过程检查和最终检查。过程检查是在作业组自查、互查的基础上由项目部进行全面检查。最终检查是在全面检查基础上，由生产单位质检人员进行的再一次全面检查。验收由任务委托单位组织实施或委托第三方机构验收。验收包括概查和详查，概查是对样本以外的影响质量的重要质量特性和带倾向性问题进行检查，详查是对样本(从批次中抽取5%~10%)作全面检查。

6.5　露天矿测量

露天矿测量的主要工作有：建立矿区测量控制网、矿区地形测量、线路测量、露天矿工作控制测量、边坡移动观测、绘制各种矿山测量图。本节根据露天矿开采特点，介绍露天矿控制测量和露天采剥生产测量。

6.5.1　露天矿控制测量

6.5.1.1　露天矿控制测量基本要求

露天开采工作的控制网点在矿区基本控制网下布设加密，根据开采范围大小，5″、10″的小三角网(锁)均可作为采区首级控制，工作控制网(点)在首级网下加密，各级控制也可越级加密。在满足 GPS 仪器高度角及无电磁等干扰情况下，采用静态 GPS 进行采区的控制测量，可以敷设 D、E 级控制点。工作控制采用 20″小三角网或交会法布设，或敷设同级导线。采区的高程控制，在矿区三、四等水准网下加密，并在采区内按四等水准要求，建立必要数量的水准基点。采区工作控制点相对于附近的矿区基本控制点而言，其点位中误差和高程中误差不应大于 20 cm 和 15 cm，见表 6-28。作为采区长期保存的平面工作控制点和高程控制点，应埋设固定标石，次要的临时点可用临时标志。

表 6-28 工作控制点点位中误差和高程中误差 单位：m

等级	点位中误差		高程中误差	
	采、剥区	排土场等	采、剥区	排土场等
一	0.07	0.15	0.05	0.10
二	0.10	0.2	0.07	0.15

随着采剥工程的进展，应及时作好平面和高程控制点的增补工作。采区平面控制网点的密度可按下式估算：

$$D=1.7\sqrt{L^2-d^2}$$

式中：D 为采区平面工作控制网点的点间距离；L 为相应测图比例尺的最大视距长度；d 为采场工作控制点距台阶作业面的垂直距离。

建立露天矿工作控制网的方法主要根据露天矿地形、矿坑轮廓、开采深度、开采方向和所采用的碎部测量方法来确定，一般采用 GPS 静态观测、全站仪导线法和交会法建立。GPS 静态观测法见本章 6.3 节，视野开阔的地段一般都采用此法；下述导线法和交会法在露天开采中的应用。

6.5.1.2 导线法

如图 6-44 所示，A、G 为两个基本控制点，在其间的工作平台敷设一级控制点 $A-B-C-D-E-F-G$，然后在每个工作平台上敷设二级控制点，二级导线点闭合到一级点上，构成附合导线。

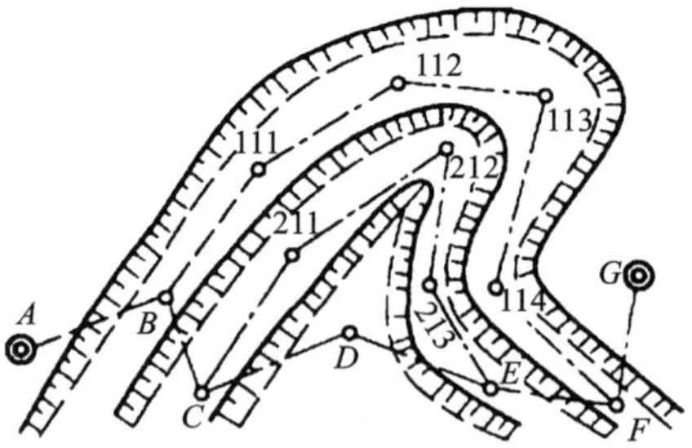

图 6-44 导线法建立工作控制网

一、二级全站仪导线法的技术要求见表 6-29。

表 6-29　控制测量导线法主要技术要求

地点	级别	附合条件	导线总长/m	相对闭合差	边长/m	往返较差相对误差	测角中误差/(″)	方位角闭合差/(″)
采、剥区	一级	基本控制点	1000	1/2000	150	1/3000	±30	$\pm60\sqrt{n}$
	二级	一级工作控制点	700					
排土场	一级	基本控制点	2000	1/2000	150	1/3000	±30	$\pm60\sqrt{n}$
	二级	一级工作控制点	1500					

注：n 为测站数。

6.5.1.3　交会法

露天矿形状复杂，开采深度较大时，可采用交会法建立工作控制点。测角交会法分前方交会、侧方交会和后方交会。利用测距仪时，可用边交会。采用前、侧方交会法测设工作控制点，应由 3 个已知点构成交会图形，交会角应为 30°～120°，当交会边长大于 800 m 时，交会角应为 40°～110°。当用侧方交会法只解算一组坐标时，必须利用多余观测方向进行检核。后方交会法在露天矿用得比较多，因为后方交会法比前、侧方交会法灵活、方便、省力。后方交会法应在待定点 P 上观测 4 个已知点 A、B、C、D 的方向，得出交会角 β_1、β_2、β_3，其中第四个方向作检查之用，见图 6-45。后方交会点一般应独立解算两组坐标，两组坐标值的较差，对采场不应大于 0.2 m，对排土场不应大于 0.4 m，取平均值或图形强度较高的一组坐标值作为最后结果。

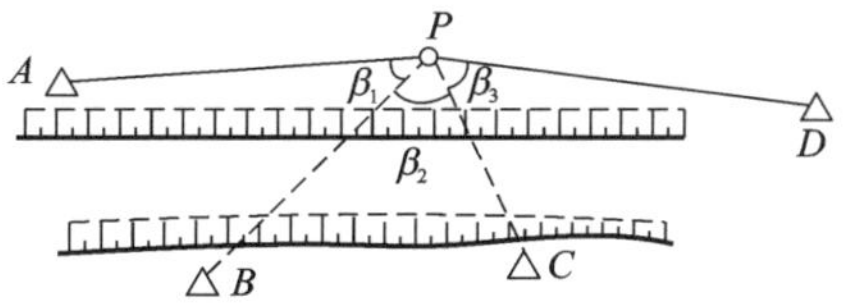

图 6-45　后方交会建立控制网

当后方交会在待定点上只观测 3 个已知点的方向时，应尽量将待定点选在 3 个已知点所构成的三角形内。交会法测设工作控制点的水平视角时采用方向观测法，测回数和观测限差见表 6-30。

表 6-30　交会法测设工作控制点时水平角方向观测的技术要求

等级	仪器类型	测回数	半测回归零差/(″)	一测回中两倍照准差变动范围/(″)	各测回互差/(″)	测角中误差/(″)	仪器对中误差/mm
Ⅰ	DJ_2	1	8	13	9	10	3
	DJ_5	2	24	30	24	10	3
Ⅱ	DJ_5	1	24	30	—	20	3
	DJ_{15}	2	60	70	60	20	3

采用边交会时，计算出待定点坐标后应反算边长检核，各种交会计算公式见表 6-31。侧方交会的计算公式与前方交会相同，边交会公式只适用于已知点不在同一直线上的情况，利用计算器可在野外即时算出特定点坐标。

表 6-31 各种交会计算公式

图形及观测元素	计算公式	说明
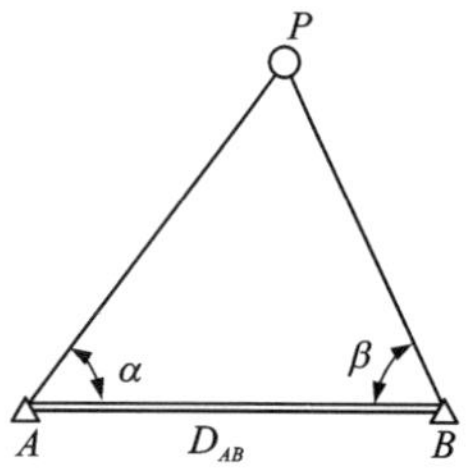	$D_{AP}=\dfrac{D_{AB}\sin\beta}{\sin(\alpha+\beta)}$；$D_{BP}=\dfrac{D_{AB}\sin\alpha}{\sin(\alpha+\beta)}$ $x_{P_1}=x_A+D_{AP}\cos\alpha_{AP}$；$y_{P_1}=y_A+D_{AP}\sin\alpha_{AP}$ $x_{P_2}=x_B+D_{BP}\cos\alpha_{BP}$；$y_{P_2}=y_B+D_{BP}\sin\alpha_{BP}$ $x_P=\dfrac{xP_1+xP_2}{2}$；$y_P=\dfrac{xP_1+xP_2}{2}$	D_{AB} 为 AB 边已知边长；α_{AP} 为 AP 边方位角，以此类推
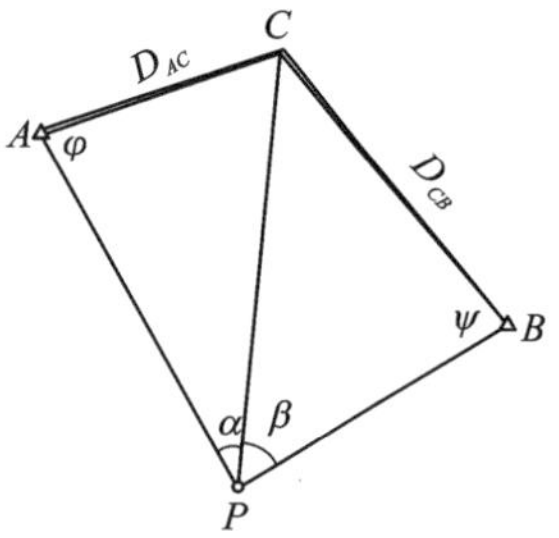	$\dfrac{1}{2}(\varphi+\psi)=180°-\dfrac{1}{2}(\alpha_{CA}-\alpha_{CB}+\alpha+\beta)$ $\tan\varphi=\dfrac{D_{AC}\sin\beta}{D_{CB}\sin\alpha}$；$\tan\dfrac{\varphi-\psi}{2}=\cot(\varphi+45°)$ $\tan\dfrac{\varphi+\psi}{2}$ $\varphi=\dfrac{1}{2}(\varphi+\psi)+\dfrac{1}{2}(\varphi-\psi)$ $\psi=\dfrac{1}{2}(\varphi+\psi)-\dfrac{1}{2}(\varphi-\psi)$	φ 和 ψ 为待求角度值，求出后即可计算∠ACP、∠BCP，并用正弦公式计算 D_{AP}、D_{BP} 的边长，然后计算 P 点的坐标
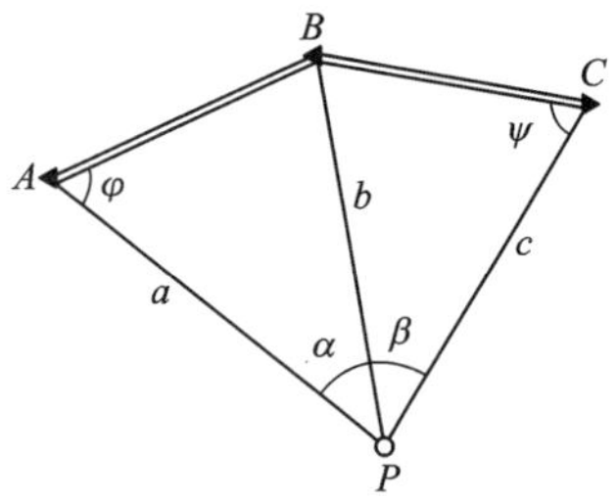	$x_P=x_B+\dfrac{H_1\Delta y_{BC}-H_2\Delta y_{BA}}{\Delta x_{BA}\Delta y_{BC}-\Delta y_{BC}\Delta x_{BC}}$ $y_P=y_B+\dfrac{H_1-\Delta x_{BA}\Delta y_{BP}}{\Delta y_{BA}}$ $H_1=\dfrac{1}{2}(D_{BA}^2+b^2-a^2)$；$H_2=\dfrac{1}{2}(D_{BC}^2+$ $b^2-a^2)$	$\Delta y_{BC}=y_C-y_B$，以此类推

6.5.1.4 三角网法

当露天矿坑的走向比较长，或其内部有排土场时，可用三角网或线形锁法建立工作控制网，三角网和线形锁的布设规格和要求见表 6-32。

表 6-32 三角网和线形锁工作控制测量的主要技术要求

级别	边长/m	测角中误差/(″)	测回数	三角形最大闭合差/(″)	方位角闭合差/(″)	锁中三角形数目最多个数/个
Ⅰ	200	±10	2	±30	$\pm20\sqrt{n}$	12
Ⅱ	150	±20	1	±60	$\pm40\sqrt{n}$	10

注：n 为所经线路角数。

为了保证图形强度，三角网和线形锁的任何角度一般不应小于 30°。

此外，利用电磁波测距仪用极坐标法测设工作控制点也是非常方便的，水平角观测中误差应不超过±10″，测距精度不应低于 5 cm。如采用竖角计算水平边长及测距三角高程，竖角观测中误差应不大于±10″。

工作控制点的高程采用几何水准测量和三角高程测量方法测定。

四等以上水准点可作为采场水准基点，水准点距采场较远时，按四等水准测量要求引测采场水准基点。采场水准基点应设在采场附近不易受损坏的地方，埋设永久性或半永久性标石，工作控制点的高程由采场水准基点开始用等外水准测定。

用三角高程测量独立交会工作控制点的高程时，其已知控制点高程应有四等水准点的精度，单觇方向应不少于 3 个，个别困难条件，才允许以 2 个方向测定，竖直角观测应符合表 6-33 的要求。

表 6-33　工作控制点三角高程测量竖直角观测的技术要求

地点	DJ_2			DJ_6		
	最大边长 /m	测角中误差 /(″)	测回数（中丝法）	最大边长 /m	测角中误差 /(″)	测回数（中丝法）
采场	1000	10	1	1000	10	2
排土场	1600	10	1	1600	10	2

由不同方向（或对向）观测求得的高差互差对采场工作控制点不应大于 0.15 m，对排土场不应大于 0.3 m，不超过限差要求时，取平均值作为最后结果。三角高程单向观测，距离超过 400 m 时，应进行地球曲率和折光改正。仪器高和觇标高用钢尺量至 0.5 cm，两次丈量之差应不大于 1 cm，取平均值作为最后结果。

6.5.1.5　露天矿工作控制测量实例

武汉钢铁公司大冶铁矿东露天采场长约 3 km，宽 0.3~1.0 km。坑顶最高点高程 276 m，最终坑底设计高程为-168 m，72 m 以下为凹形露天开采。该矿主要采用后方交会法进行一级工作控制测量，为了满足后方交会测量的需要，在不同开采时期采用了不同方法测设一级工作控制点（图 6-46）。

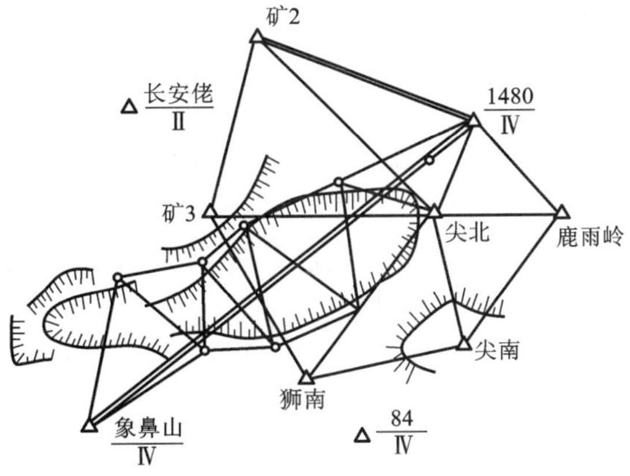

图 6-46　大冶东露天采场控制网

在上部水平开采时期，视野开阔，与采场附近的矿区Ⅳ等控制点通视良好，直接利用矿区控制网作采场的工作控制网，用后方交会法建立采场内各水平的Ⅰ级工作控制点，其高程用三角高程测量方法测定。后方交会点至矿区控制点距离在 1 km 左右，采用 2″级全站仪一测回，观测 4 个方向，用检验角检核测量成果的正确性。随着采场的延深，采场内与部分矿区Ⅳ等三角点不能通视，因此以Ⅳ等三角点“1480”和“矿 2”为已知边，测设一中心多边形，在矿坑周围建立矿 3、狮南、尖南、尖北 4 个一级工作控制点，见图 6-46。用 2″级全站仪 4 个测回测角，测角中误差±3.2″，由于图形强度较差，最弱边相对中误差为 1/17600。

采场向深部开采形成深凹露天坑以后，采矿坑越来越窄，视野越来越受限制，而一级工作控制点必须往下敷设。采用线形锁在采场两侧的固定边帮上建立一级工作控制网，线形锁用 2″级全站仪 6 个测回测角，竖直角用三丝法测一个测回，采用严密平差法平差计算该网，水平角测角中误差±3.2″，最弱边相对中误差为 1/49000。工作控制点高程用三角高程测量测定。

所有一级工作控制点都埋设在基岩上，并建 2.5 m 高的简易觇标，每年对简易觇标检查一次，工作平盘上的二级工作控制点则用红油漆直接在岩石上标出。

6.5.2 露天采剥生产测量

6.5.2.1 采剥工作测量

露天矿生产测量包括采剥工作、爆破工作、地质勘探工作所需要的测量以及机械设备和地面建筑(包括 运输线路的位置)的测定，有时还要进行一些局部的地形测量。露天矿采剥生产测量包括下列主要内容：

(1)采区公路、铁路、隧道、沟道等工程的施工测量。

(2)矿床开拓、采剥境界、穿孔位置、排土场测量。

(3)采剥矿岩量验收和工程平面图的测绘。

(4)矿床最终开采边界的边坡稳定性观测。

(5)其他有关设施和技措工程测量等。

测量工作应随着采剥进度、生产勘探、建筑设施的增减等，定期修测和编绘采区工程平面图。应根据地质和采矿工作需要，按审批的设计图纸，将需要与实地标明的境界线位置进行标定，重要境界应埋设永久标志。排土场应定期进行测量，绘制排土场平面图，计算已贮废石量和尚可容贮量。采场的工程平面测绘，应及时反映采剥工程现状，为采剥生产活动提供基础资料，其主要内容为：

(1)采场境界、运输线路、坡度、高压线路、堑沟、开段沟、排水工程。

(2)台阶、平台推进形态，生产勘探工程及地质特征点。

(3)贮矿场、排土场形状及滑坡整治情况。

(4)建构筑物设施、地形地貌等。

测量方法有 GPS-RTK 测量法、全站仪测量法和近景摄影测量法等。各矿山应根据各自的特点和条件选用某一种方法，目前我国露天矿广泛使用的主要是 GPS-RTK 测量法，有些矿山也采用全站仪测量法。

露天矿应用地面立体摄影测量方法验收具有省时、外业工作量少、工作效率高、节省成本和测量资料便于保存和管理等优点。随着数字摄影测量的广泛使用，近景摄影测量法在国内应用越来越多。

近景摄影测量法：

(1)摄影基线的选择与测定。

摄影基线的选择，一是便于使用，二要保证测图精度。摄影基线可设置在固定帮上且与开采台阶大致平行。为保证最大竖距 Y_{max} 处的点位精度，要合理确定摄影竖距 Y 与摄影基线

b 的比值，根据各矿山摄影竖距的不同，可按下列公式确定基线长度：

$$b_{max} \leqslant \frac{1}{4} Y_{min}$$

$$b_{min} \leqslant \frac{1}{20} Y_{max}$$

当最大竖距 Y_{max} 处的交会精度能满足成图的最低精度要求时，其余部分的精度就可得到保证，为保证测图精度，摄影基线的丈量精度必须保证达到 $\frac{mb}{b} \leqslant \frac{1}{3000} \sim \frac{1}{2000}$。

(2)像控点的测设。

一般每一像对的有效像幅内不得少于 3 个像控点。像控点的测量方法为：采用 GPS-RTK 测量法，或者 2″全站仪直接测定，其点位精度不得低于 0.1 m，摄影时在像控点上安置专用觇牌。

(3)摄影。

摄影方式采用水平正直摄影及水平等偏摄影，最小偏角 10°，最大偏角 25°，用摄影全站仪按常规方法摄影。

(4)内业成图与矿量计算。

根据每月验收时所摄取的立体像对的底板(干板)在自动成图仪上(如 TECHNOCART)成图。成图是按照选定的成图比例尺，按像对构成的立体模型绘出每月所验收台阶的坡顶线和坡底线，每隔 1.5 cm(在 1/1000 图上)取一高程点。用机械法求相邻两月坡顶线所围面积及相邻两月坡底线所围面积，求其平均面积，再根据坡顶线及坡底线所测取的高程点计算平均段高，由此可求得验收矿量的体积。

6.5.2.2　技术境界及采掘界限的测量

露天开采的最终境界、滑坡处理境界及采掘计划进度线应根据设计，以解析法或图解法求得坐标(或设计直接给定的坐标)，用 GPS-RTK 或者全站仪在实地放样标出，每 10~30 m 设一标志。采用图解法求坐标时，图的比例尺不应小于 1∶1000，技术境界线和掘沟中心线的标定精度要求见表 6-34。

表 6-34　技术境界及采掘界限的标定精度　　单位：m

项目		平面位置中误差	高程中误差
露天开采的最终境界线		0.3	0.2
采掘计划进度线		0.5	0.7
掘沟中心线	固定坑线	0.3	0.2
	移动坑线	0.5	0.2

6.5.2.3　爆破工程测量

针对爆破需要专门进行的测量，穿孔爆破工程测量包括下列主要内容：

(1)提供爆破区段的地形图或采剥工程现状平面图和剖面图。

(2)依据设计将各个穿孔的孔位标设于实地台阶平台，穿孔完成后，对实际的各个孔位、标高、孔深进行验收测量。

(3)及时测绘台阶坡顶线、坡底线平面图，或台阶斜面的剖面图，计算实际爆破采出量。

验收测量应有记录和实测平、剖面图，根据计算成果建立专用管理台账。矿岩量验收测量，可按单次爆区或按旬、半月、月采剥计划进行结算。为消除验收测量中的误差积累，宜按季或半年或年度进行一次验收测量，以达到总量的平衡。计算采出矿岩量时，所采用的参数值，如矿岩种类、级别、质量及松散系数应经过多次测定。

矿岩验收测量包括下列主要内容：

(1)采剥区域的岩土剥离工程量。

(2)采出的矿石量、废石量。

(3)分采分运的各次爆破量和铲装作业量；

(4)采剥场地的零散岩石堆及贮矿堆的临时贮存量。

(5)爆堆结存矿石和岩石量。

(6)矿石及废石的运出量等。

矿岩的验收量，其允许误差应符合表 6-35 的要求。

表 6-35 验收量的允许误差

验收量/t	1 万以下	1 万~5 万	5 万~10 万	10 万~20 万	20 万以上
误差/%	≤5	≤4	≤3	≤2	≤1

每年度或半年对矿岩采出量，必须按图纸作一次复核性的总计算，总计算结果与按月计算累计数相差应符合表 6-36 的要求。

表 6-36 年度或半年度复核总计算允许相差

总算量与累计/t	5 万以下	5 万~10 万	10 万~50 万	50 万~100 万	100 万以上
相差/%	≤3.5	≤3	≤2.5	≤2	≤1.5

6.6 矿井测量

6.6.1 竖井施工测量

竖井施工测量包括井筒掘进、支护和安装提升设施的全部测量工作。

竖井井筒中心就是竖井井筒水平断面的几何中心。通过井筒中心互相垂直的两条方向线称为井筒十字中线，其中一条与井筒提升中线平行或重合，称为井筒主十字中线，通过井筒中心的铅垂线称为井筒中线。竖井提升中线是一条通过提升中心且垂直于提升绞车主轴中线的方向线，在井筒的水平断面图上，双罐笼提升的两钢丝绳中心连线的中心位置为提升中心，通过绞车主轴线的方向线称为主轴中线。

当竖井井筒施工时，先根据井筒中心和井筒毛断面设计半径，按设计和规范要求及时准确地进行标定和检查测量。工作中首先要标设好竖井井筒中心及井筒十字中线，标定提升设施时，有时要用到竖井提升中线，它是通过两根竖直的提升钢丝绳中心线在水平面上的交点连线的中点，并垂直于提升绞车主轴中心线的一根直线，一般它平行于主十字中线。竖井施工测量提交以下成果资料：

①标有井筒中心坐标和十字中线坐标方位角的井口工业场地平面图；

②矿区平面和高程控制网的成果资料或近井点的成果资料；

③竖井施工平面布置图及场地平整设计图。

标定精度要求：

当与井筒有关的井巷工程和建筑物尚未施工时，井筒中心和井口标高的允许标定误差分别为 0.5 m 和 0.1 m，主十字中线方位角允许标定误差为±3′，两十字中线垂直程度的偏差为±30″。当与井筒有关的井巷工程和建筑物已施工时，上述限差分别为 0.1 m 和 0.05 m 及±1′30″和±30″。

6.6.1.1　竖井井筒中心的标定

竖井井筒中心通常是根据近井点用极坐标法标定的，见图 6-47，O 为井筒中心点，A 为近井点。按 O 点的设计坐标和 A 点的实测坐标反算，求出 AO 的坐标方位角 α_{AO} 和距离 s。再按已知边 AB 的方位角进行定向后，旋转 γ 到 α_{AO} 坐标方位角值并测量出距离 s 的位置即为设计 O 点，并打上木桩。

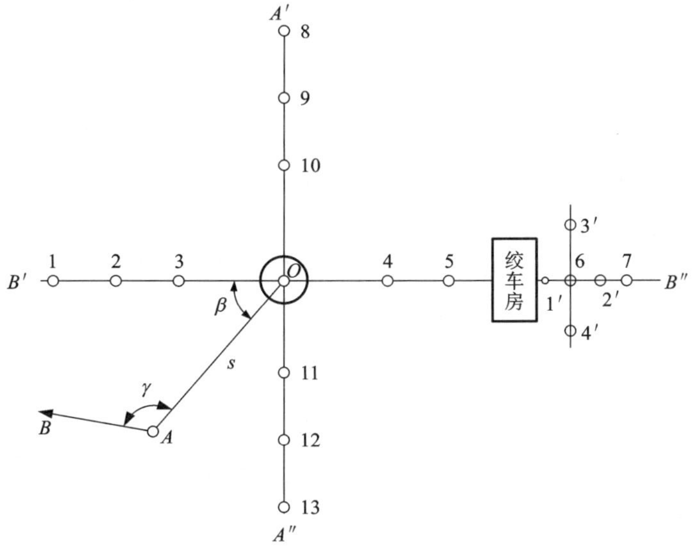

图 6-47　标定井筒中心线图

十字中线的标定：

按图 6-47 中 AO 的坐标方位角与设计给出的主十字中线 $B'B''$的方位角。仪器置于 O 点，后视 A 点定向后，旋转至 $B'B''$的方位角即得 $B'B''$方向，再转 90°，便得 $A'A''$方向。十字中线点应埋设永久标志，为了避免施工破坏，可参照工业场地总平面图和施工平面布置图来选择点位。井筒每侧的十字中线点不应少于 3 个，离井筒最近的点到井壁的距离不小于 15 m，十字中线点间距不小于 20 m。每条中线上至少有一个点能直视天轮平台，且倾角不大于 45°。

图 6-47 标定井筒中心线刻划标记，然后按 10″级导线要求测定坐标，并绘制一张大比例

尺的十字中线基点平面图。图上标明点的坐标、高程、间距，点与周围建筑物的位置关系，十字线的实测坐标方位角，测量方法和测量精度等，具体标定方法如下：

（1）将全站仪置于井筒中心点 O 上，后视控制点 A，顺时针依次拨角 β、$\beta+90°$、$\beta+180°$、$\beta+270°$。其中 $\beta=\alpha_{OB'}-\alpha_{OA'}$，$\alpha_{OB'}$ 为给定的十字中线方位角。在各方向线上埋设一个大木桩，桩位距井中 100 m 左右，再以正倒镜在桩顶精确标出井筒十字中线点 A'、A'' 和 B'、B''。

（2）在十字中线方向上，按基点设计位置标出基点坑十字丝 $1'-2'$，$3'-4'$，以此为范围线，进行浇筑混凝土基坑开挖，埋设铁心即“点心铁”。

（3）将全站仪安置于井中 O 点上，以 4 个测回检查 $A'A''$ 和 $B'B''$ 的垂直程度，如果垂直度误差超过了 10″，则以角度标定规化法重新标定 A'、A''、B'、B'' 点，然后用全站仪分别瞄准 A'、B''、A''、B' 点，在各方向基桩点的“点心铁”上精确标出十字中线点位，以钻小孔或锯十字作为标记。

（4）十字中线基点标设后，可按地面一级导线的施测方法测定基点的实际位置，并绘制井筒十字中线基点位置图，图上应注明点间距离、点的高程、设计和实际的井筒中心坐标、主十字中线方位角及十字中线点附近的永久建筑物位置等。

6.6.1.2 竖井掘砌施工测量

一般下掘 6 m 左右即砌筑井筒锁口，下掘到第一个壁座后，即进行井颈部位的支护，安装施工井架、井口平台和测量平台，然后按正常顺序施工。

1）临时锁口盘的安装测量

临时锁口盘可用木质八角盘或钢梁加井圈的临时锁口圈，一般下掘 2 m 左右安设。测量人员将全站仪置于十字中线上，沿十字中线方向在距井壁 3 m 左右处打 A、B、C、D 4 个大木桩（图 6-48），桩上精确钉入大钉，并用水准仪操平使钉帽处于同一高度，求出高程。安装时将 4 根底梁摆上后，沿 AB、CD 方向拉紧铅丝，上挂小锤球，即可找正锁口盘的位置。锁口盘固定后，按两十字中线交点，在盘面上标定井筒中心，或安设临时中线杆，用以下放中线。当掘进到永久锁口底部标高时，有条件时可砌筑永久锁口，标设时仍要用 A、B、C、D 木桩来进行。

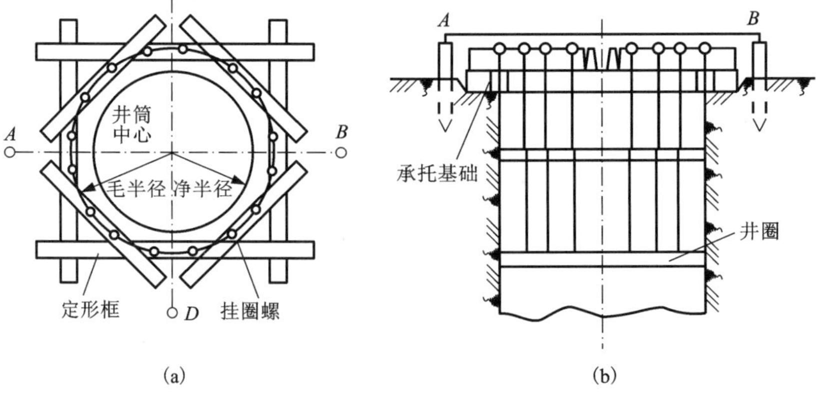

图 6-48 标设临时锁扣盘

2) 测量平台的安置

在井口平台以下 2~5 m 处，要设置测量平台，将井筒中心、十字中线和安装钢梁或罐道用的特定位置线的点位，用定点板固定在该平台上，相对应的放线绞车也固定在其上。要参照井筒永久布置图和施工平面布置图来确定平台的钢梁布置。安装时，从井口平台将十字中线引下来以校正钢梁，待钢梁找正操平后，用混凝土将梁窝全部填满。然后将所需放线的点位，用定点板焊在平台钢梁上。当井筒深度较大，井筒中心线摆幅大时，不易找稳定中心点，故有必要将测量平台向下移设。移设地点可以和临时转水站、阶段马头门等结合考虑。

对于矩形井不放井筒中线，而是设置沿十字中线方向的 4 根边线或 4 根拐角线。选择放线点位时，注意不要使垂线碰撞各种悬吊设备和管线。

3) 井筒掘进时的测量

竖井施工中掘进和支护是交替进行的。在掘进过程中，要控制井壁毛断面的尺寸不小于设计的尺寸，但也不应大于 100 mm。短段掘进可根据永久井壁来控制毛断面的位置；而长段掘进，则要通过下放锤球线来控制井壁位置。对于方井，下放位置为边线；对于圆井，下放位置为井筒中心线或沿十字线方向的 4 根边线。工作面上井筒中心的给定，可用垂线法，也可用激光指向，具体介绍如下：

(1) 锤球线给定井筒中心。工作面距测量平台较近，可从测量平台的中心板或活动中线杆上下放锤球线，锤球质量为 10~15 kg。工作面距测量平台较远时，通常从施工吊盘的中心孔下放锤球线。一般井筒下掘 20 m 左右，下放一次吊盘，并要用井筒中线找正吊盘位置并固定。因此，通过测量平台上的中心垂线，确定井筒中心在吊盘中心孔内的部位，给以标记，每次下掘时可从吊盘上下放中心垂线。

(2) 激光指向仪给定井筒中心。激光指向仪一般安设在井口测量平台上方 1 m 左右的一根固定钢梁上，位于井筒中心位置。图 6-49 为 JT-2 型激光指向仪，安设时要按仪器底座制作一个安装平台，并按井筒中心位置将它焊接在钢梁上。安置仪器时，将仪器底座的螺孔对准平台的螺孔，拧紧连接螺栓即可，仪器固定后用脚螺旋调平长水泡，使其旋转轴处于铅垂位置。为此，要通过望远镜的调焦螺旋使井下的光斑聚焦，在吊盘的井筒中心位置放一小平板，在平板上可得一光点，记下光点中心，通知平台上测量人员，将仪器旋转 180°，若光斑仍然重合，说明激光束处于铅垂位置，换一方向再检查一次。无误后仪器即可投入使用，若光斑不重合，则应利用激光管调节螺丝使激光束调整到中点位置。以后每次使用就只要调平仪器长水泡后接通电源即可，激光束竖直程度的检查应每年定期进行。

4) 井筒支护时的测量

井筒支护可采用混凝土或钢筋混凝土、索喷混凝土或锚喷混凝土等形式。有的方井也可用木材支护。无论何种形式，都必须保证井筒净断面的几何形状和尺寸、井壁厚度及竖直度符合设计和规范要求，测量工作是根据井筒中心线和井筒十字中线上的边垂线来找正模板和标定梁窝位置。

浇灌混凝土井壁时，按井筒中心线检查模板的安设位置。托盘必须操平，为此可在托盘上方井壁上用半圆仪或连通水准管标出 8~12 个等高点来找平托盘位置，再于托盘上立模板，用半圆仪或连通水准管操平模板上沿。丈量模板外沿到井筒中心线的距离，其值不得小于设计值，也不得超过设计 20 mm。还要用钢尺导入高程，测记高程值，按井筒中心线和边线方向丈量十字中线方向上井壁浇灌后的厚度，以便绘制井筒实测断面图。

为了预留梁窝，可用弦长法标定梁窝平面位置，见图 6-50，根据梁窝设计图，先计算出每段弦长 l_1、l_2、l'_1、l'_2。根据井筒中心线 O 和边垂线 E 拉水平线绳至模板上标出 W'、E'，再按弦长在模板上标出梁窝中心 A_1、A_2、B_1、B_2 等点。梁窝高程可用放牌子线的方法或钢尺导入高程来确定。

用金属楼板支护时，由于是整体构件，梁窝位置可事先按设计图纸在模板上确定，不需标定，只要在有梁窝的层位将预制好的金属梁窝盒装上即可。锚喷支护时可省略立模的工作，但锚喷前要按井中垂线检查好井壁毛断面，以确保净断面尺寸。

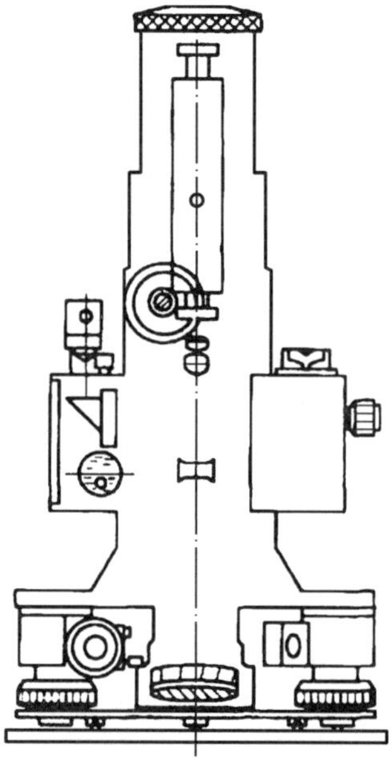

图 6-49 JT-2 型激光指向仪图

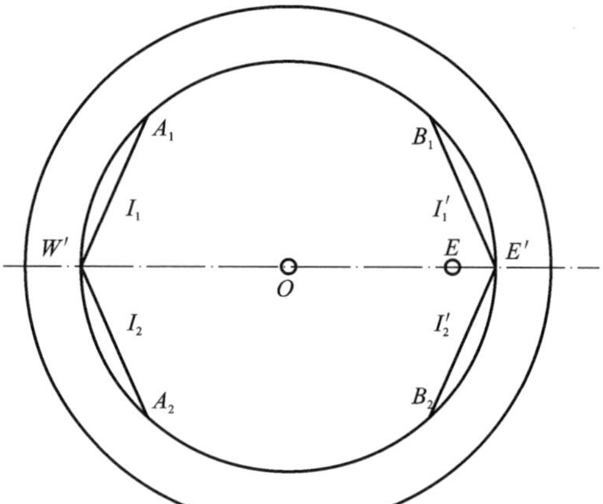

图 6-50 弦长法标定梁窝平面位置

6.6.1.3 竖井井筒安装测量

竖井井筒安装包括罐梁、罐道、梯子平台及风、水、电各类管缆的安装。它可在井筒掘砌完成后一次进行，也可在掘砌过程中分段进行，后者称掘砌安一次成井法。井筒安装测量的主要任务是确定放线的位置及固定办法，通过丈量以保证各种装备位置符合规范要求，罐梁安装完毕后进行检查测量以提供竣工验收资料。

图 6-51 为安庆铜矿副井的装备平面布置图，提升方式为单罐笼加平衡锤，井筒的 4 根罐梁和 6 根罐道要求有较高的安装精度。放线根数应尽可能少并便于使用，与悬吊设施距离一般不小于 400 mm，与井壁距离不小于 200 mm，与钢梁相距不小于 100 mm。图 6-51 中选择 1、2、3 号垂线点控制 Ⅰ 号罐梁，5、6 号点控制 Ⅱ 号罐梁，2、4 号点控制 Ⅲ、Ⅳ 号罐梁和 Ⅴ 号梯子平台梁。如果罐梁间距不大(2 m 以内)，则可省略 5、6 号垂线点，而用间距尺控制 Ⅱ 号梁位。根据这些放线点和十字中线的关系在现场标定这些点并用定点板固定。如果安装工作从井口第一层罐梁开始，定点板可固定在安装好的第一层罐梁上；如果从测量平台下的第一层开始，定点板可固定在测量平台上。

安装时按测量垂线找正钢梁平面位置，第一层钢梁标高用水准仪精确操平，以后各层按第一层为准用钢尺丈量确定。精确校正的第一层钢梁可作为基准梁，以下数层可按该层梁位安装，每 25~30 m 再用测量垂线精确校正一层钢梁作为基准梁。每隔 100 m 左右下延一次定点板，每层梁安装完毕，应进行钢梁实测。

采用喷锚支护时，还要标定支撑罐梁的锚杆孔位，见图 6-52，锚杆孔位标定误差不应大于±10 mm。可事先按设计锚杆位置制作一块模板，从已安装好的一层钢梁的两端放线至下层梁位，在井壁上标出钢梁方向，用钢尺从梁面导入高程，将模板贴在标记好的井壁上，一次便可画出 5 根锚杆的位置。锚杆应打一层装一层，安装用的双层吊盘应与罐梁层距相配合，以实现安装和锚杆标定与施工平行作业。

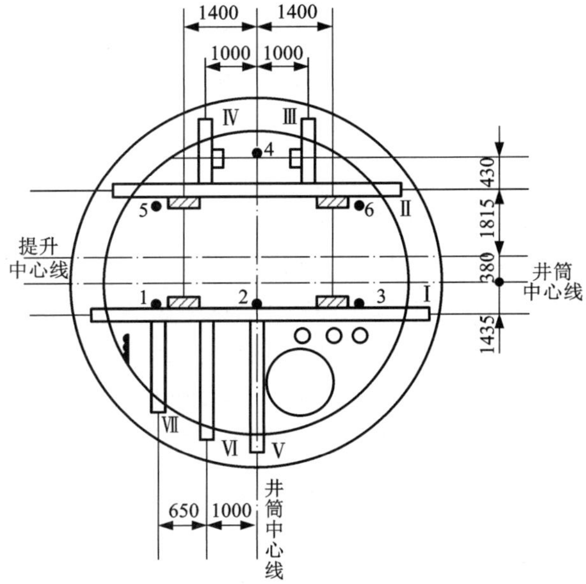

图 6-51　副井装备图

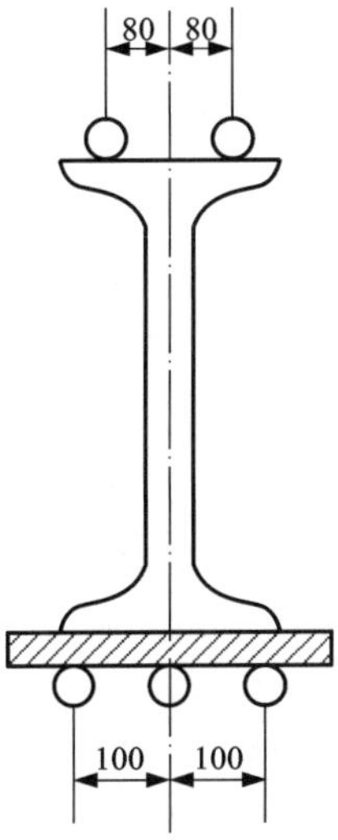

图 6-52　标设钢梁锚杆

罐道安装一般是在罐梁安装完后自下而上进行，对掘砌安一次成井施工，则是随罐梁安装一次进行。安装时，按校正好的罐梁上的标记，找正罐道位置。罐道安装完后，将图 6-51 中的 1、3、5、6 号测线从井口一直放到井底，按一井定向单重摆动投点法找出垂线摆动中心并将其固定，将钢丝绷紧。测量人员站在罐笼顶自上而下逐层校正罐道位置，使其符合规程要求。平衡锤导向轨道也用同法检查，钢绳罐道只在井底标设定位梁和拉紧梁。

6.6.1.4　井筒延深时的测量

测量工作包括测定现有井底的井筒中心及井筒十字中线方向，并转设到延深间。

1）井底井筒中心及十字中线的测定

（1）井筒中有罐梁时的测定。

通过测定井底基梁以上 4~6 盘罐梁罐道的实际位置来确定井筒中心和十字中线。在待测封梁的上方固定两根锤球线放至井底水平，见图 6-53，在马头门附近导线点 C 安置经纬仪，对 A、B 垂线用连接三角形法进行连接测量，测定 A、B 垂线的坐标及连线方位角。再根

据 A、B 垂线，丈量它到罐梁罐道的有关距离 1、2、3、4、5、6、7，见图 6-54，对各层的相应距离取平均值 b，然后可由 A、B 的方向和坐标计算出井筒中心线的方向和井筒中心坐标。

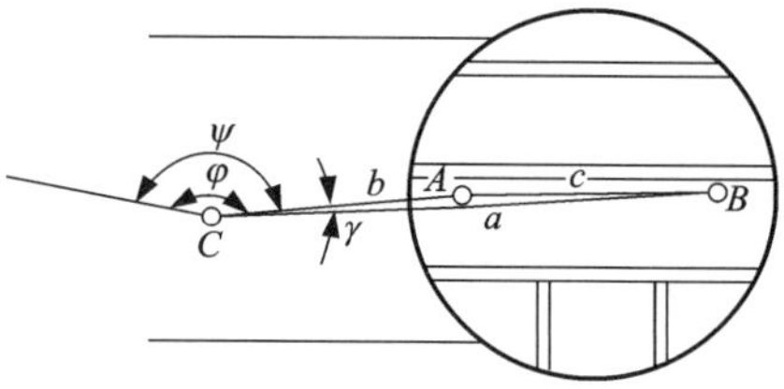

图 6-53　测量 A、B 两点坐标及连线的方位角

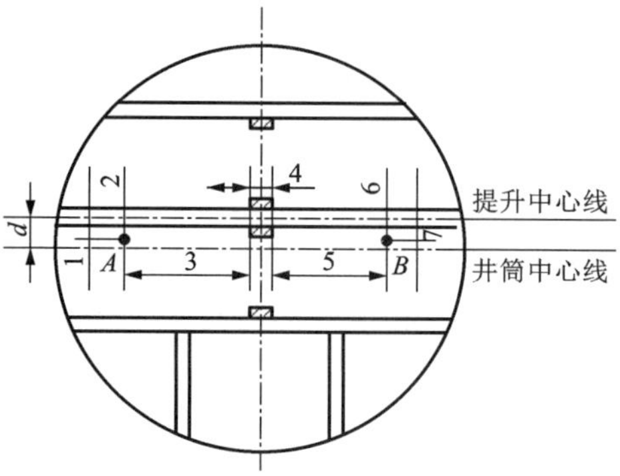

图 6-54　测量井中坐标

(2)井筒中无罐梁时的测定。

无罐梁罐道的井筒井底十字中线方向应以地面的井筒十字中线方向为准，井筒中心坐标则以实测井壁点为准。与前法相同，悬挂两根垂线 A、B，并在马头门处测定其坐标和连线方位角，然后量出由垂线 A、B 到井壁上的 1、2、3、4、5、6 点的距离，见图 6-55。为求井筒中心坐标，可按 A、B 的已知坐标作出 1∶10 的大比例尺平面图，用交会法作出井壁上的 6 个点，再通过任意三点构成的两个三角形，求出其外接圆心 O_1 和 O_2，再求出其连线中点 O 即为井筒中心(图 6-56)，按坐标方格网量取 O 点坐标，也可以用解析法计算 O 点坐标，由各层所得坐标取平均值即为所求的井筒中心坐标。

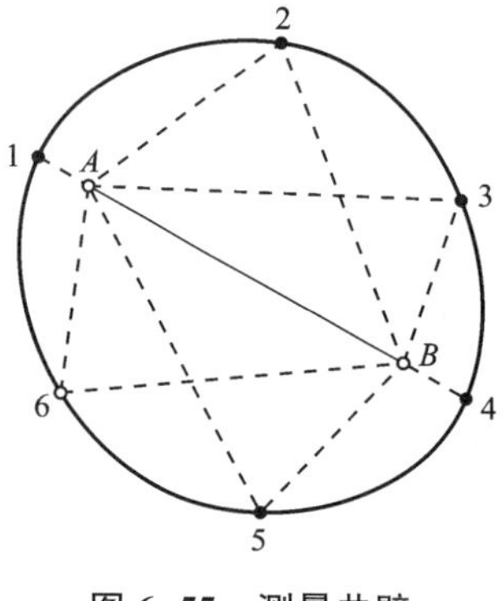

图 6-55　测量井壁

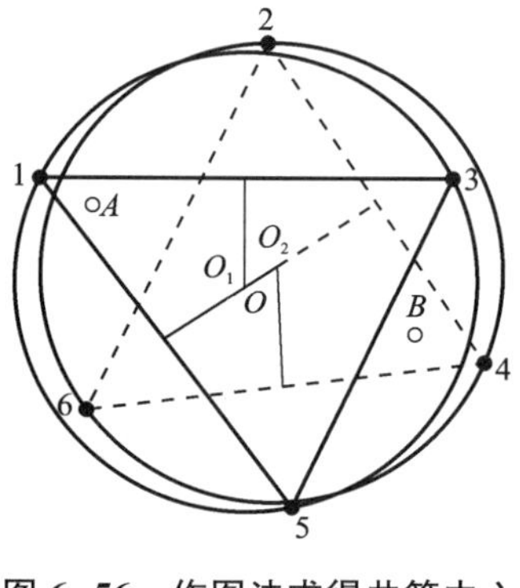

图 6-56　作图法求得井筒中心

(3)综合法。

通过实测井壁特征点以确定延深井筒的中心，同时实测主要罐梁罐道与延深井筒中心的相对位置，确定井筒十字中线的方向。前者有利于井壁的结合，后者有利于罐梁罐道的结合。

2) 向延深间转设井筒中心及十字中线

通过辅助平巷，斜巷在原井筒岩柱正下方开凿延深间进行延深井筒工作时，其测量方法见图6-57。首先根据延井工程设计图标设辅助巷道中腰线，巷道通过原井筒正下方以后，精确进行导线测量，在延深临时水平上测定 D、E 导线点的坐标，用井筒中心 O 点坐标及 E 点坐标反算出标定井筒中心的距离 L_{EO} 及转角 β，即可在 E 点标设出井筒中心 O 点。此外，还要在巷道中标出井筒主十字中线方向的点2、4等。当采用在人工保护盖下进行延深井筒的方法时，必须在安设人工保护盖之前将井筒十字中线位置标设到保护盖以下的井壁专设的扒钉上。

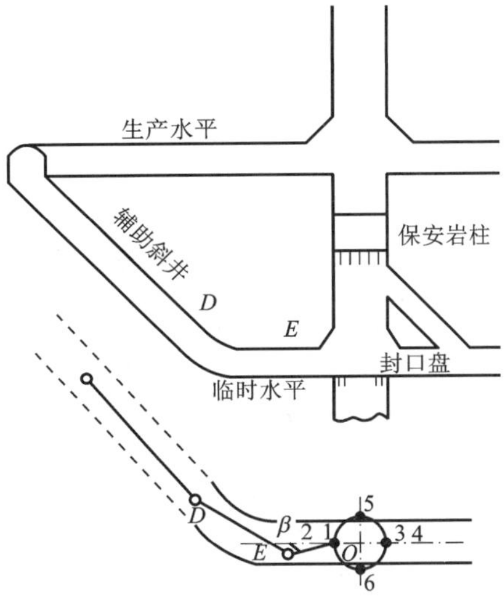

图6-57　通过辅助巷道延深井筒测量

6.6.1.5　马头门及井底车场掘进施工测量

竖井掘至井底要开掘马头门，然后掘进井底车场，此时要根据马头门设计标高，从井壁上设置的水准点确定马头门的开切地点，标设出马头门底板位置。

按巷道全宽掘砌马头门时，掘进中线即井筒主十字中线，可通过延长井筒内的主十字中线给出。沿此方向开掘25～30 m后再进行一井定向。采用两侧导硐掘进马头门时，需给出两侧导硐中心线，它们平行于井筒十字中线。

掘进马头门除给定腰线外，还要给出拱基线，即马头门墙和拱的交线，它可以根据腰线及拱基线高出腰线的垂距给出。掘进井底车场时，应先对设计图上所给定的巷道方向、高程、坡度等进行校核，确认无误后，标定出中腰线，以指导掘进。

6.6.1.6　提升设备安装时的测量

1) 安装井架时的测量

安装井架常采用整体组立、井口分段浇筑及井旁浇筑后整体滑装等方法，测量工作介绍如下。

(1) 整体组立井架时的测量。

井架安装的顺序是先安装板梁和浇灌斜撑基础，然后竖立井架躯体和安装斜撑，故首先标定板梁和斜撑基础的位置，在竖立井架时要进行找正，立好后进行检查测量。

①板梁的安装。主要是掌握水平度，安装前在板梁面上刻出十字中线点 a、b、c、d，在井壁的扒钉上标设出井筒十字中线点 E、S、W、N，见图6-58，扒钉应同高并稍高于板梁面，实测其高程，安装时在扒钉上拉细钢丝并挂小锤球，以找正板梁，然后用精密水准仪抄平板梁四角。

②斜撑基础的标定。图6-59为斜撑基础，通过支撑中线与顶面交点的十字中线(平行于井筒十字中线)称为支座十字中心线。标定时将经纬仪置于井筒十字中线的基点 E_1 上后视芯 E_2 点(图6-60)，标出交点 F。仪器置于 F 点定出Ⅰ-Ⅰ线及两支座中心 O_1 和 O_2，再分别标Ⅱ-Ⅱ线和Ⅲ-Ⅲ线，在每条线上标设3～4个点。支座中心的标定误差不应超过±15 mm。当支座基坑挖好后，在坑边用大木桩标设支座十字中心线。安基础模板时，在木桩上拉线绳

表示十字中线，并使模板顶面上预先刻好的支座十字中心线上的点 a、b、c、d 对准该十字中线，控制好模板高度并预留好地脚螺丝孔，在基础混凝土凝固后，进行检查并在基础顶面刻出支座十字中心线。

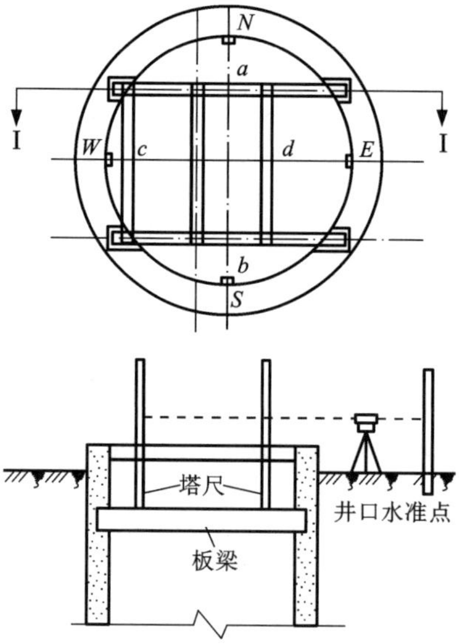

图 6-58　标设板梁

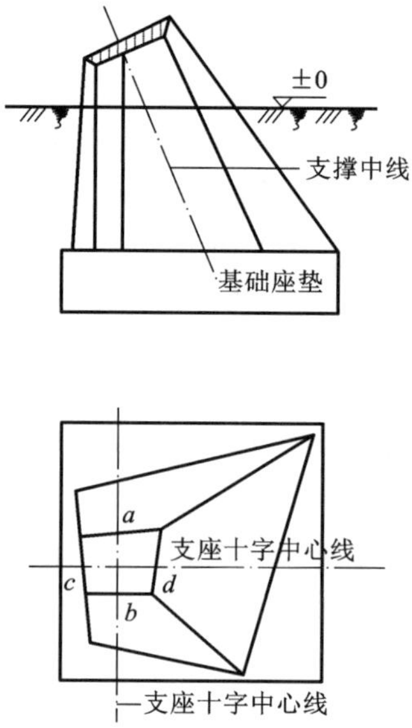

图 6-59　斜撑基础

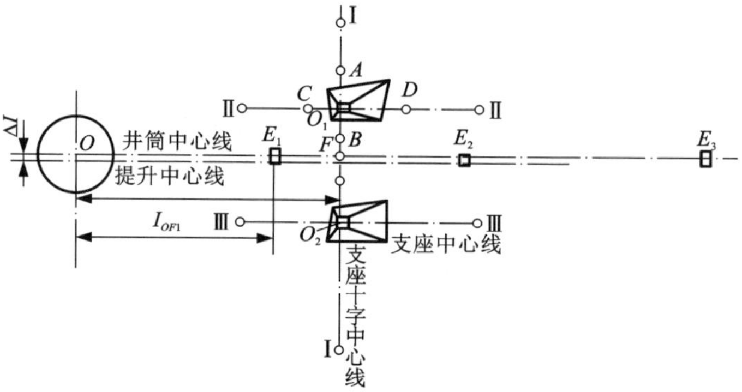

图 6-60　标定斜撑基础

③井架组立时的测量。井架组装后，在天轮平台上刻出 4 个对应于井筒十字中线上的点。井架躯体竖立在板梁上并组装斜撑架。然后将两架经纬仪安装在井筒十字中线基点上，照准井筒十字中线，使天轮平台上预刻的中线点在视线中，其偏离视线距离不应大于井架高度的 1/2000(最大不超过±15 mm)。

④井架躯体竖直程度的测量。井架安装完毕，将经纬仪安放在距井架 30~40 m 的 T_1 和 T_2 点，见图 6-61(b)，瞄准立柱底端(最下面一节构件)的外棱，归零，由正倒镜测得各连接点与立柱底端的水平偏角，并算出 4 个立柱每一节外棱对立柱的水平偏距，根据实测结果，绘制井架偏斜图，见图 6-61(a)。

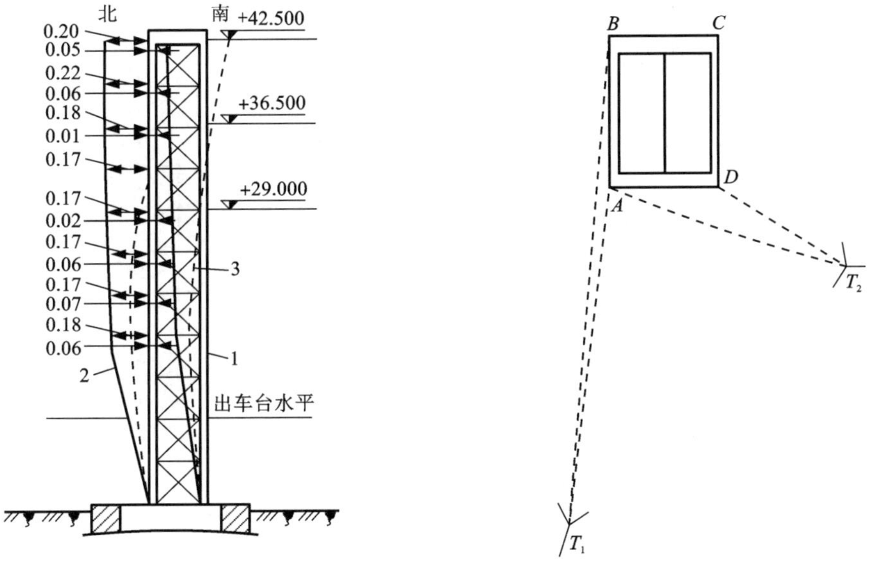

(a) 井架偏斜图 (单位：m)　　(b) 测量偏斜量时经纬仪的位置

1—井架设计位置；2—井架前面的实际位置；3—井架后面的实际位置。

图 6-61　井架竖直程度检查测量

(2) 井口分段浇筑井塔时的测量。

浇筑时的测量主要是将井筒十字中线转设到各分层平台上，供施工人员立模及安装设备用。见图 6-62，将仪器置于十字中线基点 N_3 上，后视 N_1，抬高望远镜在井塔平台上标出点 a，用两个测回标定，差值应小于 2 mm。测平台上对侧的中线点 c 时，一般需将仪器转设到 a 点，每层平台上应标记 4 个中线点。

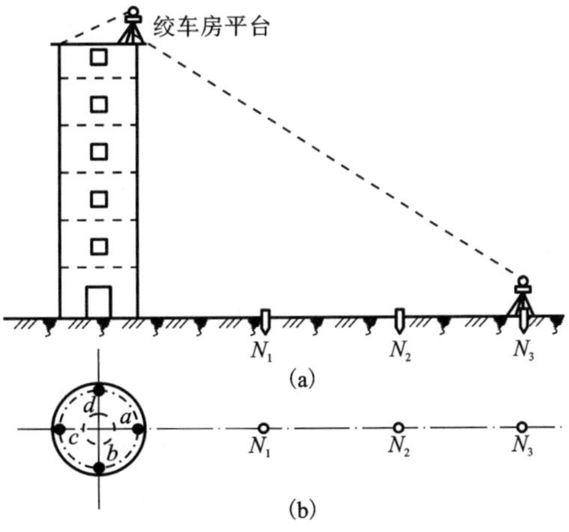

图 6-62　井塔标设中线点

井塔采用整体浇灌滑模施工时，测量工作主要是严格控制滑动模板与十字中线的相对位置和水平程度。为此，在模板上于井筒十字中线处放一节小钢尺，于 4 个方向的十字中线基点上同时安 4 架经纬仪瞄准十字中线方向后读取小钢尺上的读数，每滑动 4 m 读数一次，看其是否有变化。

(3) 井旁浇筑后整体滑装井架时的测量。

测量工作的要求是滑道钢轨中线和井架中线重合，偏差小于 5 mm，轨间距偏差小于 1 mm，轨间两端高差不超过 5 mm，浇筑时将井筒十字中线标设到模板架上，滑动过程中用仪器监测有无摇晃和下沉，井架滑到井口后查井架的中线、高程、竖直程度和天轮的位置。

2) 天轮安装时的测量

将井筒十字中线或提升中心线标设到天轮平台上，在井筒十字中线基点上置仪器，天轮前沿十字中线标记可由望远镜直接照准刻记，后沿的十字中线点可用垂线引出进行标记，它们与安装井架前的十字中线标记偏差应小于 10 mm。

安装后进行检查：

(1)用水准仪测量天轮轴的水平度，两端高差应小于轴长的 1/5000。

(2)检查天轮中线的实际位置和设计的偏差，在天轮平台上用细铅丝拉出井筒主十字中线，丈量出图 6-63 所示的距离 a_1、a_2、a_3、a_4，其中每个数应由天轮转动 180°前后两次取平均值，由此可计算出天轮中线至提升中心线的平均距离，此值与设计值之差不应超过±3 mm。

(3)检查天轮中线和提升中心线的平行性。通过上述测量得的 a_1、a_2、a_3、a_4 值可计算出天轮中线和提升中心线间的夹角，此夹角不应大于 10′。

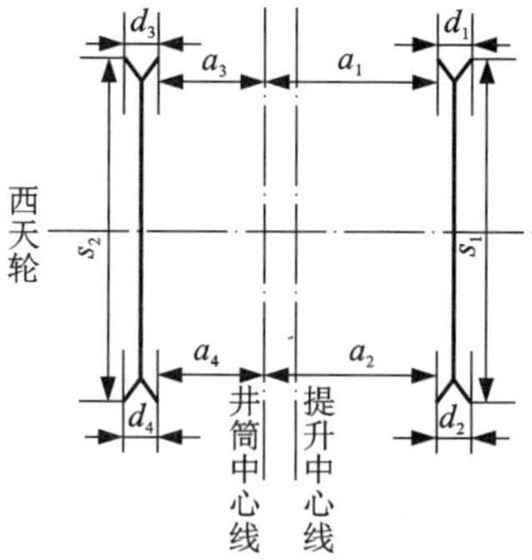

图 6-63 天轮中线检查图

(4)检查天轮平面的竖直性。见图 6-64，在天轮轴附近固定一垂线，量取天轮上下缘到垂线的距离，要转动天轮 180°前后量两次，由 e_1、f_1、$S_{e_1f_1}$ 即可计算天轮平面与铅垂面的夹角。

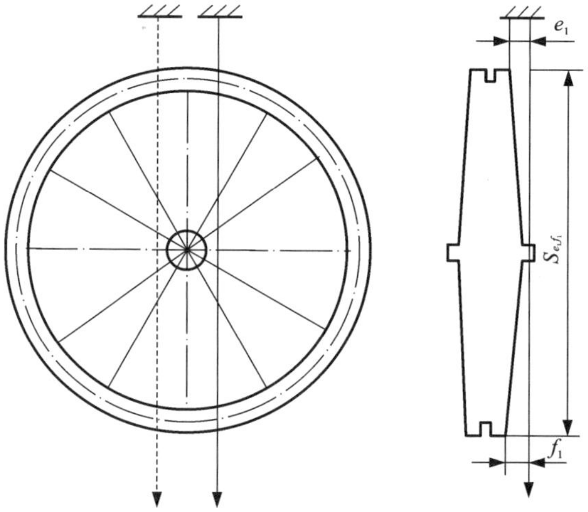

图 6-64 天轮平面竖直检查测量

3)提升机安装测量

(1)地面标定提升中心线和绞车主轴中心线。

在井筒中心线基点 E_1 上安置经纬仪，标设 M 点(图 6-65)，要求标设误差小于 20 mm。仪器置于 M 点标设绞车主轴中心线点 A、B、C、D 等，再标设出 N 点及提升中心线方向上的 a、b、c、d 等点。根据绞车主轴中心线上的点，即可指示出基础边界、地脚螺栓的中心点及位置。

(2)向绞车房内墙上转设提升中心线。

当绞车房墙壁砌至高出地面 1 m 时，在内墙上应标设出提升中心线点 1、2、3、4，见图 6-65。这些点一般刻记在离地 0.4 m 左右的扒钉上，是通过十字中线基点上的经纬仪精确标定出来的。标定应进行两次，两次标定之差应小于 3 mm，两中心线垂直程度误差应小于 30″，取其平均值作为最后标定结果。还应测出墙上十字中线点的高程，设第二层扒钉及十字中线，如果提升中心线与井筒中心线不平行，则注意按提升中心线基点进行标设。

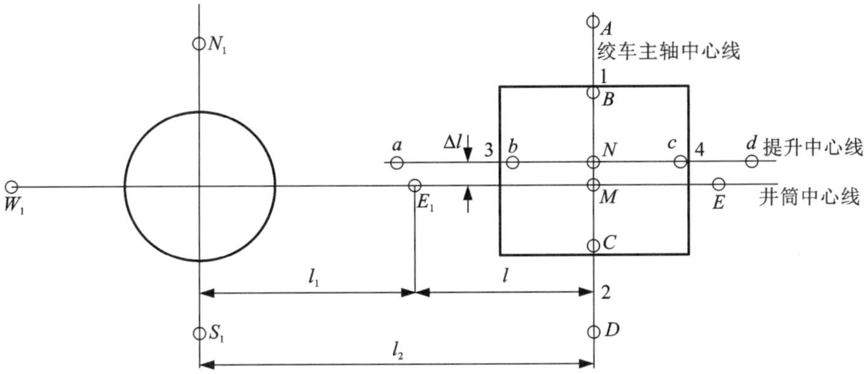

图 6-65　标设提升中心线

(3) 安装绞车时的测量。

①标设并检查基础，通过扒钉十字丝中心线上的点拉细铅丝并挂垂线，将十字丝投到基础面上，并检查基础各细部及地脚螺丝孔，测定高程，误差应小于 20 mm。

②安装基座时用扒钉上十字丝拨正基座平面位置，误差小于 5 mm，用水准仪测量高程，误差小于 100 mm。

③安装主轴轴承时在轴瓦面的中线上刻出标志，安装时使绞车中线上的垂线对准这些标志点，轴承平面位置计算找正，用水准仪及钢板尺测定轴承面的最低点，使之等高。

④主轴安装精度要求很高，它的安装精度直接影响提升工作及机器的使用寿命。主轴两端的高差要小于轴长的 1/1000，主轴中心线和设计提升中心线的垂直误差不超过±30″。检查主轴水平度时将水准仪置于两轴端等距位置，以游标卡尺分别竖立在主轴一端的轴颈最高点上，用水准仪的水平视线确定游标零点，然后在游标尺上读数，看两轴端读数是否相等，如两轴端读数不等，应尽量校正，并研究其影响。

检查主轴中心线方向，可在主轴中线扒钉间拉细线，在两轴端下挂小锤球，用毫米刻画板尺量出轴中心到锤球的距离，由两轴端的读数可计算出主轴中心线方向的偏角。

6.6.2　矿井联系测量

井上和井下应采用统一的平面坐标系统和高程系统，并进行联系测量。联系测量应至少独立进行两次，在互差不超过限差时，采用加权平均值或算术平均值作为测量成果。在进行联系测量工作前，应在井口附近建立近井点、高程基点和连测导线点，同时在井底车场稳固的岩石中或碹体上埋设不少于 4 个永久导线点和 3 个高程基点。通过斜井或平硐的联系测量，可从地面近井点开始，用全站仪导线、三角高程或水准测量的方法，按矿区地面平面控制测量的有关要求进行。矿井宜采用陀螺经纬仪定向，条件不具备时，允许采用几何定向。

采用几何定向测量方法时，从近井点推算的两次独立定向结果的互差，对两井和一井定向测量分别不应超过 1′和 2′。当一井定向测量的外界条件较差时，互差可放宽至 3′。矿井一翼长度小于 300 m 的小矿井，两次独立定向结果的互差可适当放宽，但不应超过 10′。

通过竖井井筒导入高程时，井下高程基点两次导入高程的互差，不应超过井筒深度的 1/8000。

各种通往地面的井巷应进行联系测量，并在井下用导线连接进行检验或平差处理。进行联系测量工作前，应编制施测方案和技术措施，并经有关部门批准。

井口附近建立的近井点和高程基点应满足下列要求：

(1)埋设在便于观测、保存和不受开采影响的地点。

(2)近井点至井口的连测导线边数不超过 3 条。

(3)高程基点不少于 3 个，近井点可作为高程基点。

近井点可在矿区三、四等三角网、测边网或边角网的基础上，用插网、插点和敷设导线等方法测设。近井点的精度相对起算点，点位中误差不应超过 7 cm，后视边方位角中误差不应超过 10″。

埋设位置符合上述要求的二至四等三角点或同级导线点，可作为近井点。以二级小三角网作为首级控制的小矿区，二级小三角点也可作为近井点。

选择近井网(点)的布置方案时，宜使各近井点位于同一个平面控制网中，并使相邻井口的近井点构成控制网中的一条边或间隔的边数最少。

由近井点向井口定向连接点连测时，应敷设测角中误差不超过 5″或 10″的闭合导线或复测支导线，10″的闭合导线或复测支导线用于以二级小三角网作为首级控制的小矿区。连测导线点应埋设标石。井口高程基点应按四等水准测量的精度要求测设。投点和连接测量期间应停止风机运转，否则应采取隔离或降低风速的措施。在淋水大的井筒，应采取挡水措施。

定向投点用的设备应符合下列要求：

(1)绞车各部件应能承受投点时所承受荷重的 3 倍，滚筒直径不应小于 250 mm，并应有双闸。

(2)导向滑轮直径不应小于 150 mm。

(3)钢丝上悬挂的重砣，其悬挂点四周的质量应互相对称。

投点用的钢丝宜采用小直径的高强度钢丝，但应保证足够的抗拉强度。钢丝上悬挂重砣的质量应为钢丝极限抗拉强度的 60%~70%。

往井筒中下放钢丝应悬挂 2~3 kg 的重锤，下放速度不应大于 2 m/s，每下放 50 m 左右停顿一次，当钢丝下放到定向水平时，再换挂工作重锤放入带有黏性的稳定液铁桶中，用信号圈法、比距法、钟摆法检查钢丝是否与井壁或其他物体接触。采用几何定向时，一井定向的两垂线间井上、井下距离的互差，应不超过 2 mm。

摆动垂线的稳定位置可采用标尺法、定中盘法或其他方法确定。

采用标尺法或定中盘法确定摆动垂线稳定位置时，应按垂线的最大摆幅在标尺上的位置，连续读取 13 次以上(次数为奇数)的读数，并取左、右读数平均值的中数作为垂线在标尺上的稳定位置。按上述方法应连续进行两次，两次结果的互差不应超过 1 mm，取其平均值作为最终结果。如果垂线摆幅很小，可采用仪器直接观测垂线的方法进行连接测量。

用陀螺经纬仪进行定向测量，需要投点传递坐标时，可采用钢丝投点或激光投点。投点的误差不应大于 20 mm。用陀螺经纬仪定向，可采用跟踪逆转点法、中天法或其他方法。陀螺经纬仪精度级别应按一测回测量陀螺方位角的中误差确定，分为±15″和±25″两级，并应依此要求确定陀螺经纬仪定向的各项限差。

陀螺经纬仪定向技术要求：

(1) 地面已知边坐标方位角的精度应达到有关近井点的要求。井下定向边的两端点应是永久导线点，并应满足无淋水、风小和便于观测的条件，否则应采取措施。定向边的长度应大于 50 m。

(2) 悬挂带零位不能超过 0.5 格，否则应及时进行校正。

(3) 同一边任意两测回测量陀螺方位角的互差，对 15″和 25″级仪器分别不应超过 40″和 70″。

(4) 井下同一定向边两次独立陀螺经纬仪定向平均值的中误差，对 15″和 25″级仪器分别为 10″和 15″，其互差分别不超过 40″和 60″。

(5) 井上、井下观测应由同一观测者进行，仪器在搬运时，要防止颠簸和震动。

(6) 观测限差要求如下：

测前与测后零位值的互差，对 15″级仪器不应超过 0.2 格，对其他仪器不应超过 0.4 格。

采用跟踪逆转点法观测时，宜连续观测 5 个逆转点，计算 3 个陀螺摆动中值。相邻和间隔摆动中值的互差应符合表 6-37 的限差要求；摆动中值 N，可按对称平均值法或舒勒平均值法计算；采用中天法观测时，应连续观测 5 个中天时间，计算 3 个“两侧摆动”的时间差。时间差互差的限差应符合表 6-37 的要求。

井上、井下零位变化超过 0.3 格时，应加入零位改正。

表 6-37　“两侧摆动”时间差互差的限差

陀螺经纬仪精度等级/(″)	逆转点法观测的限差/(″)		中天法观测的限差/s	
	相邻摆动中值的互差	间隔摆动中值的互差	相邻时间差的互差	间隔时间差的互差
15	20	30	0.4 s	0.6 s
25	35	55	0.6 s	0.8 s

一井定向应符合下列要求：

(1) 一井定向宜采用三角形连接法，见图 6-66。

(2) 井上、井下连接三角形的图形两垂线间距离应尽量大，三角形的锐角应小于 2°。

(3) 井下传递起始边长应尽量大，当起始边小于 20 m 时，在第一个点进行水平角观测，其仪器必须对中 3 次，每次对中应将照准部或基座位置变换 120°。

(4) 一井定向所使用的仪器、测回数和限差应符合表 6-38 的要求。

表 6-38　一井定向所使用的仪器、测回数和限差

仪器级别	水平角观测方法	测回数	测角中误差/(″)	限差/(″)		
				半测回归零差	各测回互差	重新对中测回间互差
2″	全圆方向观测法	3	6	12	12	60

(5)丈量连接三角形的边长时，应对钢尺施以比长时的拉力，并记录测量时的温度。在垂线稳定情况下，应用钢尺以不同起点丈量6次，取其平均值作为丈量结果，同一边长各次观测值互差不应大于2 mm。在垂线摆动情况下，应将钢尺沿所量三角形的各边方向固定，然后用摆动观测的方法，至少连续读取6个读数，确定钢丝在钢尺上的稳定位置，以求得边长。每边应用上述方法丈量两次，取其平均值作为丈量结果，两次丈量互差不应大于3 mm。

(6)解算边长度与实际丈量互差在井上连接三角形中不应超过2 mm，在井下连接三角形中不应超过4 mm。

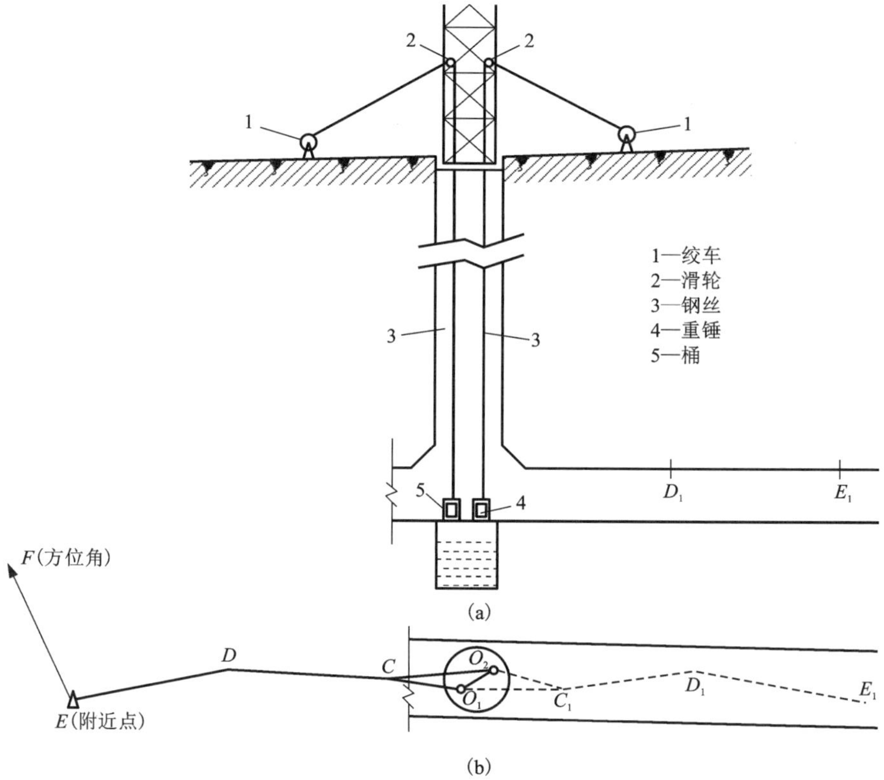

图6-66　一井定向示意图

两井定向应符合下列要求：

(1)在进行两井定向测量前，应根据一次定向中误差不超过20″的要求，用预计方法确定井上、井下连接导线的施测方案。

(2)两井定向计算所得的井上、井下两垂线间距离，经投影改正后的较差(ΔD)，不应超过下式要求：

$$\Delta D \leqslant 2\sqrt{\frac{m_\beta^2}{\rho^2}\sum R_x^2 + \left(\frac{m_l}{l}\right)^2 \sum l_y^2} \tag{6-13}$$

式中：m_β 为井下连接导线测角中误差；$\sum R_x^2$ 为井下连接导线各点到 B 点的距离在 AB 连接的垂直方向投影长度的平方总和，见图6-67；$\rho^2=(206265)^2$；$\frac{m_l}{l}$为井下连接导线边丈量的相对中误差；$\sum l_y^2$ 为井下连接导线各边在 $A'B'$ 连线方向上投影长度的平方总和。

（3）从井下导线一端推算到另一端的导线相对闭合差，对于 7″级不应超过 1/8000，对于 15″级不应超过 1/6000。其坐标闭合差按导线边长成正比反号分配于各坐标增量中。

（4）两井定向的矿井，未进行过一井定向时，两井定向应独立进行 2 次；已进行过一井定向的，两井定向可只进行 1 次。两井定向的成果与一井定向的成果相比较，其互差不大于 2′时，取两井定向结果作为最终值。

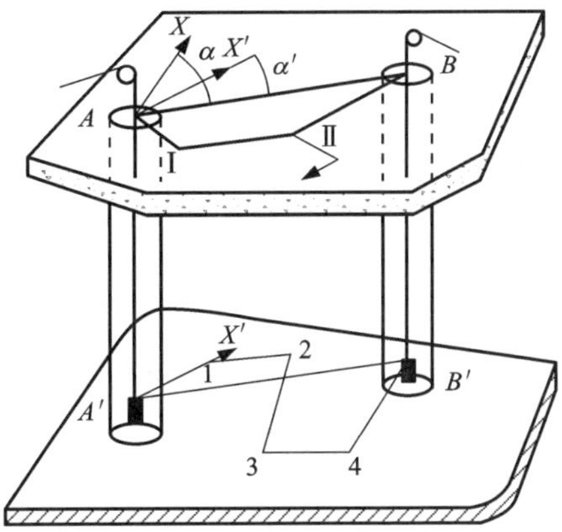

图 6-67　两井定向图

通过竖井导入高程测量，可采用钢尺法、钢丝法或其他方法。井上、井下高程基点与钢尺或钢丝上相应标志间的高差，应用水准仪以两次仪器高进行测量，其互差不应超过 4 mm。

测量钢丝上、下两标志间的长度，可将钢丝拉直，放在平坦的地面上，并对其施加与导入高程时所用重砣质量相同的拉力，用光电测距仪测量。若用钢尺丈量，应对钢尺施以比长时的拉力，并记录温度。往返丈量结果的互差不应大于 $L/8000$（L 为两标志间的长度）。钢丝两标志间的长度，也可用比长台等其他方法丈量。用钢尺法或钢丝法导入高程测量的内业计算，应加温度、钢尺比长和钢尺或钢丝自重伸长改正。当钢尺下端悬挂的重砣质量大于比长钢尺的拉力时，还应计算钢尺加重的伸长改正数。

6.6.3　井下平面控制测量

井下平面控制的分类、精度要求及导线点的设置：

（1）井下平面控制分为基本控制和采区控制。基本控制导线宜按测角中误差分 7″和 15″两级，采区控制导线只设 45″一级，控制导线应敷设成闭（附）合导线或复测支导线。井下平面控制的主要技术指标见表 6-39。

表 6-39　井下平面控制的分类技术指标

导线类别	导线等级/（″）	测角中误差/（″）	一般边长/m	最大相对闭合差	
				闭（附）合导线	复测支导线
基本控制	7（Ⅰ）	7	40~140	1/8000	1/6000
	15（Ⅱ）	15	30~90	1/6000	1/4000
采区控制	45（采区）	45	—	1/2000	1/4500

（2）在布设井下基本控制导线时，应按表 6-40 的要求，对支导线以 1.5~2.0 km 的间距，分段加测陀螺定向边。

表 6-40　布设井下基本控制导线

导线类别	测角精度/(″)	陀螺定向精度/(″)	支导线加测陀螺定向边的间距/km
基本控制	7(Ⅰ)	10	1.5~2.0
	15(Ⅱ)	15	

(3)井下导线点分永久点和临时点。永久点一般每隔 200~500 m 设置一组，每组由相邻 3 个点组成，点间距离应尽可能长，且大致相等和便于观测。一般情况下把导线点设在顶板岩石中。

(4)井下导线点应统一编号，并将编号醒目地标记在导线点附近，一个矿井内导线点的编号不能重复，中段平面一级导线点编号用中段数(用罗马数字表示)加点号；斜坡道一级导线点编号用“斜”加点号；中段二级导线点编号用穿脉号加点号；各分段二级导线点编号用分段号加点号；中间用“-”相连。

井下平面测量精度，应以井下导线最远点或最弱点能满足采矿生产限差要求为准。

井下基本控制导线的精度，根据表 6-39 和表 6-40 的要求，用等边分段直伸形方向附合导线终点点位中误差计算公式，即

$$t^2 = a^2[l] + b^2L^2$$

$$u^2 = \frac{m_\beta^2}{\rho^2}L^2\ \frac{(n+1)(n+2)}{12n} \tag{6-14}$$

$$M = \pm\sqrt{t^2 + u^2}$$

式中：t 为纵向误差；u 为横向误差；L 为导线全长；a 为固定误差；b 为比例系数；n 为测角个数；N 为附合导线的总段数；$\rho = 206265$；m_β 为测角中误差。

水平角观测的作业要求及限差：

(1)基本控制导线和采区控制导线测角时，相关具体作业要求见表 6-41。

表 6-41　不同边长时仪器对中次数、测回数(或复测数)等作业要求

导线类别	仪器等级	观测方法	按导线边长分(水平边长)					
			15 m 以下		15~30 m		30 m 以上	
			对中次数	测回数	对中次数	测回数	对中次数	测回数
7″导线	2″	测回法	3	3	2	2	1	2
15″导线	2″	测回法或复测法	1	1	1	1	1	1

(2)在倾角小于 30°的巷道中，全站仪导线水平角的观测限差见表 6-42。

表 6-42　全站仪导线水平角的观测限差

仪器类别/(″)	同一测回中半测回互差/(″)	两测回间互差/(″)	两次对中测回(复测)间互差/(″)
2	20	12	30

（3）在倾角大于 30°的倾斜巷道中测角时，各项限差可取表 6-42 中要求的 1.5 倍。在一测站上观测水平角时，应在现场进行检查，如果超限应立即重测。

（4）在倾角大于 15°或视线一边水平而另一边的倾角大于 15°时，水平角宜采用测回法观测。在观测过程中经纬仪照准部的水准气泡偏离不应超过一格，否则应整平后重测。

（5）随着巷道工程向前延伸，经纬仪导线也要随之延伸，在延伸导线前用一个测回重测上次测设导线最后 3 个点间的水平角，必要时检查边长。前后两次观测的水平角互差应小于：7″级为 20″，15″级为 40″，45″级为 120″。水平边长相对互差不应超过：7″级 1/7000，15″级 1/5000，45″级 1/1500。

井下导线水平角中有多个独立的同精度的双次观测值时，用双次观测值的差值 d_i，依下式计算一次测量的测角中误差：

$$m_\beta = \pm\sqrt{\frac{\sum d_i^2}{2n}} \tag{6-15}$$

式中：n 为差值个数，当 $d_i \neq 0$ 时说明有系统误差存在，应在 d 中预先去掉系统误差，即

$$d'_i = d_i - \frac{\sum d_i}{n} \tag{6-16}$$

然后按下式计算一次测量的测角中误差：

$$m_\beta = \pm\sqrt{\frac{\sum d_i'^2}{2(n-1)}} \tag{6-17}$$

在一个测站上测角，如测左右角或两测回间没有重新整置仪器和觇标，采用上式计算的结果。

井下基本控制导线、重要贯通导线测量，宜使用全站仪，水平角、垂直角、边长的测量应同时进行，井下全站仪测距作业的技术要求应符合下列要求：

（1）下井作业前，应按有关要求对测距仪进行检验和校正。

（2）不同精度类型的仪器，测距技术要求见表 6-43。

表 6-43　不同精度类型仪器测距技术要求

仪器精度类型	一测回读数较差/mm	单程测回间较差/mm	往返或不同时间段较差/mm
Ⅰ级	5	7	$2(a+b\cdot D)$ 式中：a—仪器标称的固定误差； b—仪器标称的比例系数； D—测距边长度(km)
Ⅱ级	10	15	
Ⅲ级	20	30	

（3）垂直角观测精度应符合表 6-44 的要求。

表 6-44　垂直角观测精度

观测方法	2″级全站仪		
	测回数	垂直角互差/(″)	指标差互差/(″)
对向观测(中丝法)	1	—	—
单向观测(中丝法)	2	15	15

(4)气象元素测定应在仪站和镜站同时进行，大气温度估读至 0.1 ℃，大气压力估读至 0.1 mmHg，若测线经过硐口、巷道交叉等处，还应加测气温。

(5)全站仪测距时，每边测回数不应少于 2 个。往返或不同时间段观测同一边长，换算为水平距离(经气象和倾斜改正)后的互差允许值为：7″级导线不应大于边长的 1/8000；15″级导线不应大于边长的 1/6000；45″级导线不应大于边长的 1/2000。

控制导线的边长用全站仪测量时，应进行加常数、乘常数和气象及倾斜改正。角度闭合差不超过表 6-45 中要求的容许闭合差，导线的角度容许闭合差也可按下式进行计算：

$$f_{\beta容}=2\ m_\beta\sqrt{n}\text{或}f_{\beta容}=2\ m_\beta\sqrt{n_1+n_2} \tag{6-18}$$

式中：m_β 为等级导线所要求的相应的测角中误差；n 为测角个数；n_1 为往测角个数；n_2 为返测角个数。

表 6-45　导线的角度容许闭合差

导线类别	容许闭合差/(″)	
	闭(附)合导线	复测支导线
7″导线	$14\sqrt{n}$	$14\sqrt{n_1+n_2}$
15″导线	$30\sqrt{n}$	$30\sqrt{n_1+n_2}$
45″导线	$90\sqrt{n}$	$90\sqrt{n_1+n_2}$
当考虑附合导线起始边、附合边坐标方位角误差时	$\sqrt{m_{\alpha_1}^2+m_{\alpha_2}^2+n\cdot m_\beta^2}$	m_{α_1}—附合导线起始边方位角中误差； m_{α_2}—附合导线附合边方位角中误差； m_β—导线测角中误差

井下全站仪导线内业计算的取位要求按表 6-46 的要求进行。中段和主斜坡道应有独立的Ⅰ级导线本。导线成果的坐标和标高计算的正、副本分别由两个人独立计算，并计算导线点对应位置巷道底板标高，正、副本成果互为检查核对。

表 6-46　井下全站仪导线内业计算时的取位要求

导线类型	边长/mm				角度/(″)	坐标增量和坐标/m
	读数	观测平均值	改正数	改正后值		
基本控制	1	0.1	0.1	1	1	0.001
采区控制	2	1	—	—	1	0.001

6.6.4　井下高程控制测量

井下水准测量分为一级、二级。

(1)一级是矿井首级高程控制，应能满足一般贯通工程对高程精度的要求。一级水准线路从井下水准基点开始，沿着主要水平运输巷道敷设，用以确定巷道中永久导线点的高程。

(2)二级主要满足井下日常采掘工程需要和用于检查掘进巷道、运输轨道的坡度及测绘轨道面的纵剖面图、巷道底板图等，宜敷设在一级水准点之间的采区次要巷道内。

(3)根据巷道布置情况，井下水准线路可为支线路、附合线路和闭合线路等，也可由多条水准线路形成水准网。

井下水准点分永久点和临时点，可利用永久导线点作水准点。永久点应成组设置，每 200~500 m 设置一组，以 3 个点一组为宜，以便检查点间高程位置，点间距离为 20~50 m。

井下水准测量宜采用高级别水准仪观测，主要技术要求如下：

(1)一级水准测量。井下每组水准点之间，往返各测一次，每站用两次仪器高(仪器高度变化应大于 10 cm)或其他方法观测，两次仪器高所测高差的互差不大于 4 mm，取其平均值作为一次测量结果。观测时视线长度一般为 15~40 m。

(2)二级水准测量。若附合于一级水准点上，可只进行单程测量，每站用两次仪器高观测，差值不大于 5 mm，取其平均值为一次测量结果，水准支线可用一次仪器高往返观测。

(3)水准线路全程往返测高程，其允许闭合差及闭、附合水准线路高程允许闭合差见表 6-47。

(4)井下水准网平差可采用结点法、多边形法。

表 6-47　水准线路高程允许闭合差

井下水准测量等级	往返测高程允许闭合差/mm	闭、附合水准线路高程允许闭合差/mm	符号说明
一级	$15\sqrt{R}$		R—往返测单程水准线路长(100 m)
二级	$30\sqrt{R}$	$24\sqrt{L}$	L—闭(附)合水准线路长(100 m)

三角高程测量的技术要求：

(1)垂直角测量宜采用一测回观测，但通过斜井导入高程的，应不少于两测回；基本控制导线的三角高程测量应往返进行，相邻两点往测与返测的高差互差及三角高程闭合差不应超过表 6-48 和表 6-49 的要求。

(2)测量时仪器和觇标高用钢卷尺在观测开始前和结束后各量测一次，两次量取的互差不应大于 4 mm，取其平均值作为结果。

(3)往返测互差在允许限差内，取其平均值作为一次测量结果。

进行井下全站仪三角高程中的测距、垂直角测量及气象元素的测定前须进行加常数、乘常数和气象及倾斜改正。

表 6-48 估算水准测量的高程允许闭合差公式

限差名称	估算公式	符号说明
两次测量高差的允许互差 $\Delta h_{\text{允}}$	$\Delta h_{\text{允}}=2\sqrt{2}m'_h$ $=0.004\dfrac{l}{V}$	l—视线长度，m； V—仪器望远镜放大倍数； m'_h—用一次仪器高测得的高差偶然中误差； m_{h_0}—每百米一次水准测量的高差中误差； M_{h_0}—每百米往返水准测量高差平均值的中误差； L—闭(附)合水准线路的长度(100 m)； R—水准支线(单程)长度(100 m)
水准支线往、返测时高程允许闭合差 $f_{\Delta H_{\text{允}}}$	$f_{\Delta H_{\text{允}}}=2\sqrt{2}m_{h_0}=2m_{h_0}\sqrt{2R}$ 上式也可写成： $f_{\Delta H_{\text{允}}}=4M_{h_0}\sqrt{R}$ $M_{h_0}=\dfrac{m_{h_0}}{\sqrt{2}}$	
闭(附)合水准线路(单程测量)高程允许闭合差 $f_{H_{\text{允}}}$	$f_{H_{\text{允}}}=2m_{h_0}\sqrt{L}=2M_{h_0}\sqrt{2L}$	

表 6-49 相邻两点往测与返测的高差范围

三角高程测量等级	相邻两点往返测高差允许互差/mm	三角高程允许闭合差/mm	符号说明
基本控制	$10+0.3l$	$30\sqrt{L}$	l—导线水平边长 100 m； L—导线周长(复测支导线为两次测量的总线长 100 m)
采区控制		$80\sqrt{L}$	

6.6.5 巷道测量

6.6.5.1 巷道掘进施工测量

施工测量前，应检查复核设计图纸数据，并制作施工测量大样图。重要工程施工放样前应制订详细的测量作业技术方案，并经审核后方可实施。主要巷道应布设Ⅰ级导线，边长为30~100 m，且前后边长应尽可能相近；次要巷道布设Ⅱ级导线点，其边长不应大于50 m，在每条进路口都应布设Ⅱ级导线点，在2 m范围内不应同时存在两个导线点。导线测量前应对已知点进行边长检查。Ⅰ级导线测量，还应先测固定角，检查已知Ⅰ级点，较差应不大于20″。

新工程作业前，应从最近的Ⅰ级导线进行联测，盘区导线应及时跟进复测，除有联测边的情况外，Ⅰ、Ⅱ级导线不可混用。使用导线点施测时，应检查后视距离并进行记录比较，确保不用错导线点，通过每一次后视距离检查杜绝粗差。导线点标高采用水准仪往返施测，成果超限的应进行重测，同时测量巷道底板标高。施工放样时，油漆线控制距离不应超过 12 m，方向线点距应大于 2 m，每 30~50 m 设一组，无特殊原因，方向线应设在设计巷道的中线上。巷道腰线一般按底板设计标高往上 1.5 m 进行标定，离工作面距离不应超过 20 m。现场标定中、腰线后应与施工单位现场交底，对于弯道施工，采用弦线标定掘进方向线，并应及时作出弯道施工大样图。

用于现场方向标定的计算数据应作好记录，在标定后应实测半个测回进行记录检查，对于待放点边长，放样时为斜距的应归算为平距。硐室、吊罐孔等零星工程放样应有两个导线点进行标定和检查，及时跟进掘进工程的碎部测量，硐室、天井、溜井等独立工程应及时上图，对于穿过各分段未揭露的隐蔽工程，应上到各分段平面图上。

矿山测量人员接到任务后，应了解工程的用途和与其他工程的几何关系，检核设计的角度和距离是否满足几何条件。计算标定所需的数据，并经检查后用于现场标定。根据计算的标设数据，按选定的测量方法标定巷道开切点和掘进方向，并检查其正确性。

在倾角大于 5°的主要倾斜巷道或精度要求较高的一般斜巷，应用全站仪、水准仪标定腰线，次要倾斜巷道可用半圆仪、连通管等标定腰线。巷道碎部测量应在已知导线基础上采用极坐标法，并应符合下列要求：

(1) 重要巷道的碎部点之间的间距不应超过 2 m，次要巷道的碎部点间距不应超过 3 m。

(2) 读数人员报数要求清晰简练，记录人员要求回报。记录和草图要清楚。

(3) 平面图的制作应对特征点及隐蔽工程按照要求的图例进行正确标注。

(4) 斜坡道及重要硐室工程应每间隔 15 m 测绘 1 : 100 横断面图及纵断面图。

掘进工程验收标准：

(1) 巷道进尺以米为单位，取至 0.1 m，并按巷道设计断面规格计算工程量。

(2) 巷道方向偏差以巷道测定的中心线为准，主要巷道偏差不应超过 0.2 m，探矿、采准巷道不应超过 0.3 m，切割巷道不应超过 0.5 m。

(3) 主要巷道及探矿、采准巷道断面，高、宽尺寸不应超过+0.2 m、-0.1 m，切割巷道高、宽尺寸不应超过+0.3 m、-0.1 m。

(4) 巷道验收时，连续 5 m 超出上述要求的或严重影响使用的，为不合格品。

(5) 中段水平巷道坡度以设计为准，主要运输巷道允许偏差为 1‰，一般巷道允许偏差为 2‰，贯通巷道坡度按贯通设计要求，斜坡巷道底板高度不应超过设计 0.2 m。

6.6.5.2　巷道平面图测量案例

内蒙古某地下矿山三维扫描仪进行的巷道平面测量实例，所采用的仪器为盛科瑞扫描仪 ZEB-REVO，见图 6-68，主要技术参数如下：

测量距离：30 m。

扫描速率：43200 点/s。

分辨率：水平 0.625°、垂直 1.8°。

测量范围：270° × 360°。

相对精度：1~3 cm。

波长：905 nm。

频率：100 Hz。

使用三维扫描仪对地下巷道进行扫描后，结合定位标靶(图 6-69)，导入真实坐标。

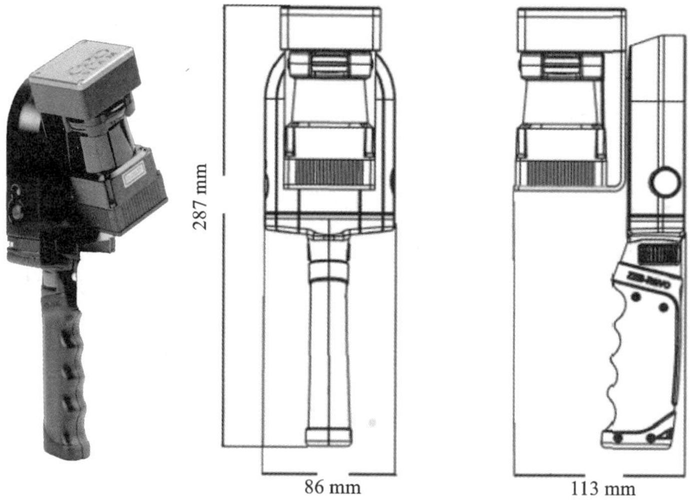

扫一扫，看彩图

图 6-68　ZEB-REVO 扫描仪图

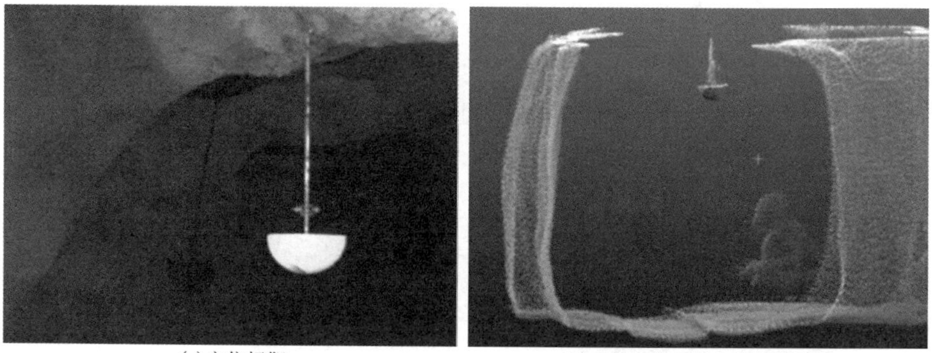

(a)定位标靶　　(b)三维扫描后的定位标靶成像

扫一扫，看彩图

图 6-69　定位标靶图

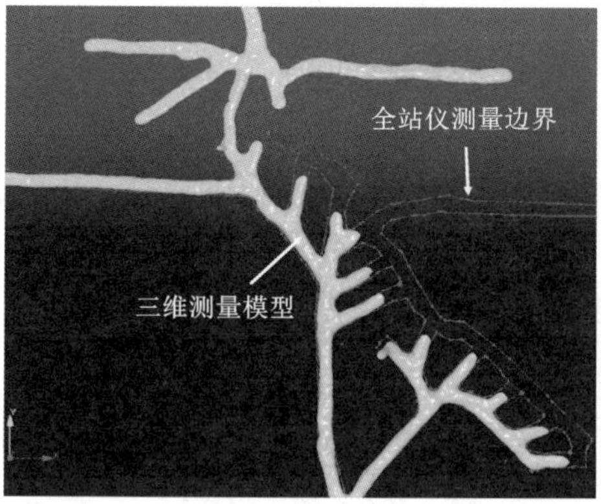

扫一扫，看彩图

图 6-70　三维扫描巷道平面图

使用点云数据处理软件，经过基于 SLAM 算法的软件进行自动处理，对单次扫描的结果进行抽稀、降噪、剪切、平剖等多种处理后，再将多次测量结果进行拼接，最终得到地下矿山整体空间三维数据，所生成的三维扫描平面图与全站仪测量的二维平面图进行比对，完全吻合，见图 6-70，说明三维扫描仪在这方面的发展日趋完善。其可生成压缩处理的. laz 格式的三维点云数据，也可生成未压缩的. las 格式，包含扫描运行轨迹等原始数据。

6.6.6　井下采场测量

采场平面图的绘制应符合以下要求：

(1)采场平面图按实测资料绘制，呈窿形或矿体变化大时，应加绘剖面图。

(2)采场边界用黑线、矿体界线用红线、断层用蓝线绘制，采场外有关边界用相应色彩的虚线绘制。

(3)测量人员在采场平面图上应绘制和填写采场实测边界、设计边界、巷道(包括平巷、进路、穿脉等)、硐室、溜井、天井、脱水井、废石留场和回填的范围；图名、图号、测量人员、测量时间、绘图者及其他有关说明、注记。

(4)回采面、拉底层底板面标高变化比较大时，应测绘纵断面图，必要时还应测绘横断面图。

留有底柱的采场在首层空场测图时，应用仪器测定采场各部分底板标高，并绘出采场底板剖面图，采场破顶层应核准破顶实体厚度，并发出采场破顶通知书。底柱回采最后两个分层时，应仔细核实上部拉底层底板充填体面标高和本分层顶底板标高，核实破顶实体厚度，采场碎部测量可用极坐标法，仪器对中误差不超过 10 mm，角度读至 l0′，采场每分层回采结束应测量底板平面图与顶板平面图。采场拉底层应加测底板纵(横)剖面图，结束层应加测顶板剖面图；其他分层若顶底板凹凸不平比较明显，也应加测顶(底)板剖面图，连续 10 m 超采 0.5 m 或局部超采 5 m^2，其超采部分不予报量，在报表中注明应扣矿量，超采严重影响相邻采场回采安全的，不予验收。

6.6.7　贯通测量

在掘进井下巷道或竖井时，通常在不同地点分别掘进同一井巷，使井巷相通后能满足设计要求，这种工程称为贯通工程。通过贯通测量工作保证贯通井巷各掘进工作面沿设计的几何轴线掘进，以保证贯通后的偏差值在容许范围内。为此，所有测量和计算工作至少要独立进行两遍，并要有客观的检核，避免粗差，保证井巷贯通后的精度在容许范围内。

6.6.7.1　贯通测量基本要求

垂直于贯通巷道中心线的平面上两个坐标方向上的偏差称为贯通重要方向的偏差。贯通工程容许偏差是根据工程性质而定的，各贯通工程接合点的容许偏差见表 6-50，用小断面掘进竖井随后刷大时，中线容许偏差可取 0.5 m。

表 6-50　贯通工程接合点的容许偏差

序号	贯通工程类别		允许偏差/m	
			水平面上(中线)	竖直面上(腰线)
1	一个矿井内水平或倾斜巷道的贯通	矿体顶底盘的穿脉或沿脉运输巷道	0.3	0.1
		电耙巷道	0.4	0.2
		切割巷道	0.5	0.3

续表6-50

序号	贯通工程类别		允许偏差/m	
			水平面上(中线)	竖直面上(腰线)
2	两个不相连通的矿井之间的水平或倾斜巷道的贯通		0.5	0.2
3	竖井的贯通	按全断面开凿并同时砌永久井壁的	0.1	
		用小断面开凿的	0.5	

注：两竖井间的贯通，各类工程中线和腰线的容许偏差可分别增加0.2 m和0.1 m。

6.6.7.2 贯通测量的实际工作步骤

(1)根据贯通工程的容许偏差选择合理的测量方案，对于重要的贯通应进行贯通误差预计，编制贯通测量设计书，设计书包括工程情况、已有测量资料的可靠性及精度、测量方案设计图、选用的测量仪器与方法、贯通偏差的预计等内容。

(2)根据批准的设计书中的测量方案进行连接测量实测和计算，每一施测和计算环节要有可靠的检核，并经常了解施测的实际精度，若实际精度低于设计要求，应找出原因并采取措施提高施测精度以满足要求。

(3)计算指导贯通巷道掘进方向和坡度的几何要素，并在实地标设。

(4)施工中及时测量并填绘贯通工程进展图(比例尺不小于1∶1000)，检查巷道是否偏离设计位置。当两个工作面相距50~100 m时，完成最后一次复测工作，并调整好贯通的方向和坡度。当两个工作面相距约20 m时，测量人员应把这一情况以书面形式通知施工单位和安全部门，以便停止一方作业，并在贯通点采取安全措施。

(5)巷道贯通后测量实际偏差值。一般可将两端经纬仪导线和水准导线闭合，计算出各项闭合差，即可得出实际偏差，贯通后巷道在容许范围内的偏差应通过适当修整巷道来消除。

(6)编写贯通测量技术总结报告。其内容是贯通测量工作的组织与实施情况、测量工作的经验与教训、新仪器与新技术的应用和贯通后测得的实际偏差值等。它应连同贯通测量设计书、全部测量计算和图纸资料一起作为技术档案资料保存，便于今后查阅和使用。

此外，对长距离重要贯通测量还应考虑边长的海平面改正和高斯投影面改正，以及导线通过倾斜巷道时经纬仪竖轴的倾斜改正。对短距离次要巷道贯通，或虽属重要贯通但矿山已有类似贯通测量的成功经验时，可不再做贯通测量设计，而根据经验直接采用以前的测量方案与方法。特别值得指出的是，对于一些次要巷道的小型贯通，例如采准切割巷道贯通，由于思想上的忽视，在测量工作中常出现粗差，使这类巷道不能正确贯通，造成不应有的损失，这是很重要的教训。因此，在这类贯通测量中，对求取标设要素、外业施测和内业计算都必须有可靠的检核，并要独立进行两遍。

6.6.7.3 贯通误差预计及其要求

贯通工程任务下达后，测量人员为了求得指导巷道工作面掘进方向和坡度的数据，必须计算贯通几何要素，包括巷道开切位置，巷道中线的坐标方位角、倾角和贯通距离。为了得出这些几何要素，又必须在两个工作面间通过已有通道进行连接测量。巷道贯通后，它将构成一闭合的测量线路。这种连接测量可以利用已有的测量工作基础，如原有地面三角网和水准网，矿井联系测量所得井下起始边的坐标方位角、起始点坐标和高程，井下导线测量成果等。但对已有测量成果的可靠性和精度、测点保存的完好性等必须进行认真细致的检查和审核，如有疑问要通过实际测量进行检核。特别应注意已有成果所采用的坐标系统是否统一，加入哪些改正数。如果原来没有连接测量成果或成果不可靠导致精度过低，必须重新设计连接测量方案和方法，并根据连接测量结果的平均值计算贯通几何要素、贯通误差预计。贯通误差预计就是根据所采用的连接测量方案和方法以及所用的测量仪器，在确定出各种精度指标如测角量边误差等参数后，预先估算贯通点处贯通工程在重要方向上的偏差。通过误差预计可以选择出经济合理的测量方案，保证贯通偏差不会超过容许限值，同时也避免盲目追求过高的精度而增加测量费用。

进行贯通误差预计时，测量人员应向设计和施工部门深入了解该工程的设计部署、工程要求限差及贯通可能的相遇地点等情况，并检查设计图纸中有关的几何关系。然后根据已有测量控制网及实地条件选定合适的测量方案，绘制贯通测量设计图，确定误差预计的假定坐标系统。对于平巷或斜巷，通常以贯通点为坐标原点，平巷轴线方向为 Y' 轴；对于竖井，则以井筒中心为坐标原点，X'、Y' 轴可取提升中心线方向和与之垂直的方向，也可用原来的坐标轴方向。再根据矿山已有设备及技术力量，选择适当的仪器和测量方法，计算贯通点处重要方向上的贯通误差。计算测角中误差、量边中误差及水准测量中误差，应尽量根据矿山已有实际测量结果分析得出；如果没有，可选用相关规程中的方法，并在施测时遵守其操作要求，采用相关规程中该方法相应的指标。计算出贯通重要方向上的中误差后，通常取其两倍作为极限误差，也就是该工程贯通后，可能产生的最大偏差，称为贯通预计误差。当预计出的最大偏差值(即贯通预计误差)小于并接近于容许偏差值，则所选的贯通测量方案和方法是可行的；如果比容许偏差值小很多，则可适当放宽测量精度，以节省人力和物力；若大于容许偏差值，则要采取措施提高测量精度，增加测量次数，或者优化测量方案，直到符合要求为止。

根据贯通测量中常见的三种典型的情况进行几何要素和贯通误差预计的论述。

1)同一矿井内的巷道贯通误差预计

如图 6-71 所示，上、下阶段和 1 号斜天井已掘好，要求在两阶段平巷的 A、B 之间贯通 2 号斜天井。

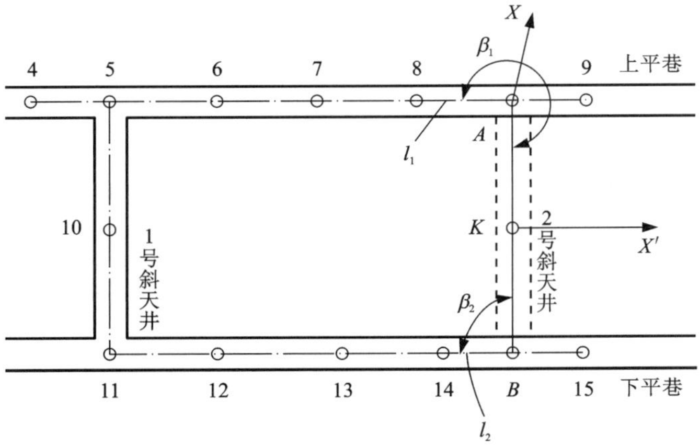

图 6-71　平巷间贯通斜天井

(1)贯通几何要素计算。

这种贯通的连接测量是在已有巷道做经纬仪导线测量、水准测量和三角高程测量。如果巷道已经有导线点，在实地标设巷道开切点和方向之前应重测一遍导线作为检核，当检测结果与原有结果相差不大时，则根据两次的平均值计算几何要素；如果没有导线点，应在巷道布点，进行导线测量、水准测量和三角高程测量，求得各导线点的平面坐标和高程，然后根据巷道设计位置求出 A、B 两点距附近导线点 8 和 14 的平距 l_1 和 l_2 在实地标设巷道的开切点。计算 AB 之间的水平距离和指向角，由 A 点坐标 x_A、y_A，B 点坐标 x_B、y_B，则可以计算出 AB 的方位角，为

$$\alpha_{AB}=\tan^{-1}\frac{y_B-y_A}{x_B-x_A} \tag{6-19}$$

AB 的水平距离为

$$l_{AB}=\frac{y_B-y_A}{\sin\alpha_{AB}}=\frac{x_B-x_A}{\cos\alpha_{AB}} \tag{6-20}$$

掘进指向角为

$$\beta_1=\alpha_{AB}-\alpha_{7-8}；\beta_2=\alpha_{BA}-\alpha_{13-14} \tag{6-21}$$

用水准测量测出 A、B 两点巷道底板的实际高程 H_A 和 H_B，然后计算 AB 间的坡度 i 和斜距 L_{AB}：

$$i=\tan\delta=\frac{H_B-H_A}{l_{AB}} \tag{6-22}$$

$$L_{AB}=\frac{l_{AB}}{\cos\delta} \tag{6-23}$$

式中：δ 为巷道的倾角。

巷道掘进时按此坡度给定巷道的腰线，由斜距 L_{AB} 可以估计贯通所需的时间。

(2)贯通误差预计。

在上、下阶段平巷之间贯通 2 号斜天井，预计贯通相遇点为 K。误差预计时只需估算井下导线测量和井下高程测量的误差。

由导线的测角和量边误差引起的 K 点在假定的 X'方向上的误差为

$$m_{x'\beta}^2=\frac{1}{\rho^2}m_\beta^2\sum R_y^2 \tag{6-24}$$

$$m_{x'l}^2=\sum m_l^2\cos^2\alpha \quad 或 \quad m_{x'l}^2=a^2\sum l\cos^2\alpha+b^2L_x^2 \tag{6-25}$$

式中：m_β、m_l 分别为井下导线的测角、量边误差；R_y 为 K 点到各导线点连线在假定的 Y'轴上的投影长，可以从误差预计图上量出(图的比例尺不得小于 1/2000)；a、b 分别为量边偶然误差、系统误差系数；l 为导线各边的长度；α 为导线各边与假定的 X'轴间的夹角；L_x 为导线始点与终点的连线在假定的 X'轴上的投影长，对于这类贯通 $L_x=0$；ρ 为弧度的角值，以 s 为单位。

式中的 $l\cos^2\alpha$ 可用图解法直接在误差预计图上量出。

由导线测量引起 K 点在 X'方向上的误差为

$$M_{x'k}=\pm\sqrt{m_{x'l}^2+m_{x'\beta}^2} \tag{6-26}$$

导线测量独立进行两次，平均值中误差为

$$M_{x'k}(P)=\pm\frac{M_{xk}}{\sqrt{2}} \tag{6-27}$$

K 点在 X' 方向上的预计误差为 $M_{x'k}(m)=2M_{x'k}(P)$。

水准测量和三角高程测量误差引起 K 点在高程上的误差 m_{hg}、m_{hl}。

$$m_{\mathrm{hg}}=m_{\mathrm{h}i}\sqrt{R}$$

式中：R 为上、下平巷水准测量路线总长度，以百米为单位；$m_{\mathrm{h}i}$ 为百米长水准测量中误差。

$$m_{\mathrm{hl}}=m_{\mathrm{h}i}\sqrt{L}$$

式中：L 为 1、2 号斜天井的总长，以百米为单位；$m_{\mathrm{h}i}$ 为百米长三角高程测量的中误差。

m_{hl} 和 $m_{\mathrm{h}i}$ 可根据实际测量资料确定或取用规程中的指标。

贯通点 K 在高程上的预计中误差为

$$M_{\mathrm{h}k}=\pm\sqrt{m_{\mathrm{hg}}^2+m_{\mathrm{hl}}^2} \tag{6-28}$$

高程测量独立进行两次，则两次平均值的中误差为

$$M_{\mathrm{h}k}(P)=\frac{m_{\mathrm{hk}}}{\sqrt{2}} \tag{6-29}$$

K 点在高程上的预计误差为

$$M_{\mathrm{h}k}(m)=2M_{\mathrm{h}k}(P) \tag{6-30}$$

2）两矿井间的巷道贯通误差预计

（1）几何要素的求定。

如图 6-72（a）所示，要求在 2 号井下掘进到设计水平后，在两井之间贯通一水平运输巷道，此时需要进行连接测量工作，具体内容步骤如下：

①两井间的地面连测。根据地形及设备条件，选用导线、独立三角网等方案，如山区地区，地形起伏较大，可采用图 6-72（b）所示的独立三角网连测，在两竖井附近用插点或导线建立两近井点 A、B，并用水准测量求出两近井点的高程。

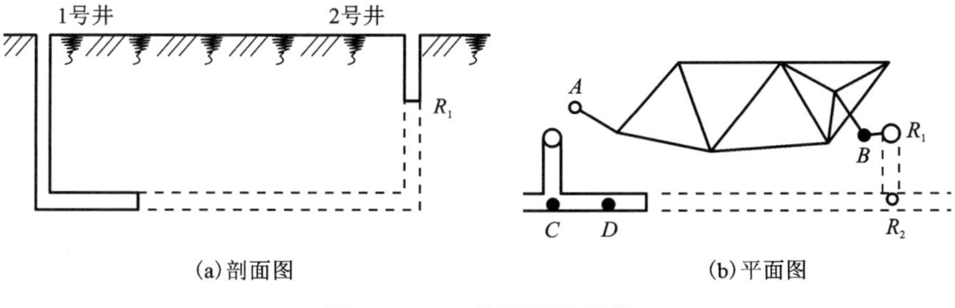

图 6-72　两井间贯通平巷

②矿井联系测量。通过 1 号井做几何定向和导入高程，确定井下水平巷道内一条起始边 CD 的坐标方位角和导线点 C 的坐标和高程，同时还要确定 2 号井井底点 R_1 的高程。

③根据贯通巷道的设计长度、坡度 i 和 C、R_1 点的高程 H_C、H_{R_1}，计算出 2 号井下掘到设计水平的掘进距离 h。

$$h=H_{R_2}-(H_C+L_i) \tag{6-31}$$

2 号井掘至设计水平并按设计的联络石门掘进至贯通大巷的 R_2 点后，在 2 号井做几何定向和导入高程，确定井下一条起始导线边的坐标方位角、R_2 点的坐标和高程。

④根据贯通大巷两端起始边的方位角及 C、R_2 点的坐标和高程，计算两点间连线的方位角、坡度和在两端给掘进中线时所需的指向角。

对于有条件的矿山，应尽量在两井处采用陀螺经纬仪定向。

(2)贯通误差预计。

贯通相遇点在水平方向上的误差来源于地面控制测量误差、定向测量误差和井下导线测量误差。高程方向上的误差来源于地面水准测量误差、导入高程测量误差、井下水准误差和三角高程测量误差。

①地面控制测量水平方向上误差预计。

地面控制测量包括导线、三角网和插点等几种方案。

第一，导线连测方案水平方向上误差预计。

误差预计的原理和方法同前面介绍的井下导线测量完全一样，但误差预计公式中 m_β、m_l 及 a、b 系数是地面导线的误差参数。如果地面导线采用光电测距仪测距，则要求出测距仪测量每一导线边的中误差 m_l，并计算测距仪测距误差引起 K 点在 X'方向上的误差。

$$M_x = \pm\sqrt{\sum m_l^2\cos^2\alpha} \tag{6-32}$$

式中：α 为导线各边和假定的 X'轴间的夹角。

由于地面导线对贯通点 K 来说是不闭合的，因此要考虑量边系统误差对贯通的影响。

如果两井间地面用闭合导线连测，则选择其中一条较短的线路按支导线计算，并可以认为相当于对支导线进行了两次独立观测来估算误差。

第二，三角网方案连测水平方向上误差预计。

三角网包括国家等级三角网和独立小三角网，两者只是观测精度不同。做误差预计时可选择一条较短的路线做导线处理，在施测前是测角中误差还是量边相对误差可根据选用的测量方法来定；施测后则采用平差后的测角中误差和平差后最弱边相对误差来作为每一边的量边误差。最后计算它们对贯通相遇点 K 在假定的 X'方向上的影响，计算公式同导线方案。

第三，插点方案连测水平方向上误差预计。

原有网角度误差的影响可忽略；边长影响则按原有网最弱边的相对中误差计算出两插点连线长度的误差，再计算出它引起的 K 点在 X'方向上的误差。

关于插点本身误差的影响，根据插点所用的平差方法，求出插点在 X'方向上的点位误差(也可用误差椭圆求得)和两条近井导线起始边方位角误差引起 K 点在 X'方向上的误差；另外还需求出两条近井导线测量引起的 K 点在 X'方向上的误差。最后将求得的上述各项误差取平方和再开方，得到地面插点测量引起贯通相遇点 K 在 X'方向上的误差。当然这是近似计算法，严密的方法十分复杂，一般没有必要采用。

如果两个插点能互相通视，就以此作为两近井导线的起始方向，这样就可以不考虑近井导线起始边方位角误差对贯通的影响。

②定向测量水平方向上误差预计。

定向测量误差引起的 K 点在 X'方向上的误差为

$$M_O = \frac{1}{\rho} M_{AO} R_{YO} \tag{6-33}$$

式中：M_{AO} 为定向误差；R_{YO} 为井下起始点与 K 点连线在假定的 Y 轴上的投影长度；ρ 为弧度的角值。

③井下导线测量水平方向上误差预计。

井下导线测角量边误差引起贯通点 K 在假定的 X' 方向上的误差预计公式和同一矿井内巷道贯通的预计公式一样，只是井下导线不是闭合形式，量边误差中还要包括系统误差的影响一项。

在两矿井间贯通长距离巷道，为提高井下定向和井下导线的精度，最好应用陀螺经纬仪做竖井定向，并在井下导线的适当位置加测陀螺定向边。这样井下导线被分成若干段，每段的两端有陀螺定向边控制方位，故有方位角条件。假若井下在两端支导线中共测了 5 条陀螺定向边，见图 6-73，其中两条为两井底的起始边。导线测角中误差为 m_β，则 3 段由陀螺定向边控制的导线对 K 点在 X' 方向上的影响为

$$M_{X_1}^2 = \frac{m_\beta^2}{\rho^2}\left(\sum \gamma_{YO_{1i}}^2 + \sum \gamma_{YO_{2i}}^2 + \sum \gamma_{YO_{3i}}^2\right) \tag{6-34}$$

式中：$\gamma_{YO_{1i}}^2$、$\gamma_{YO_{2i}}^2$、$\gamma_{YO_{3i}}^2$ 分别为相应 3 段导线的重心 O_1、O_2、O_3 分别与该段导线各点的连线在 Y' 轴上的投影。

贯通点 K 所在的那两段支导线对 K 点在 X' 方向上的影响为

$$M_{X_2}^2 = \frac{m_\beta^2}{2\rho^2}\left(\sum R_{iY}^2\right) \tag{6-35}$$

式中：R_{iY} 为贯通点 K（支导线终点）与该段支导线中各导线点的连线 R_i 在 Y' 轴上的投影长度。

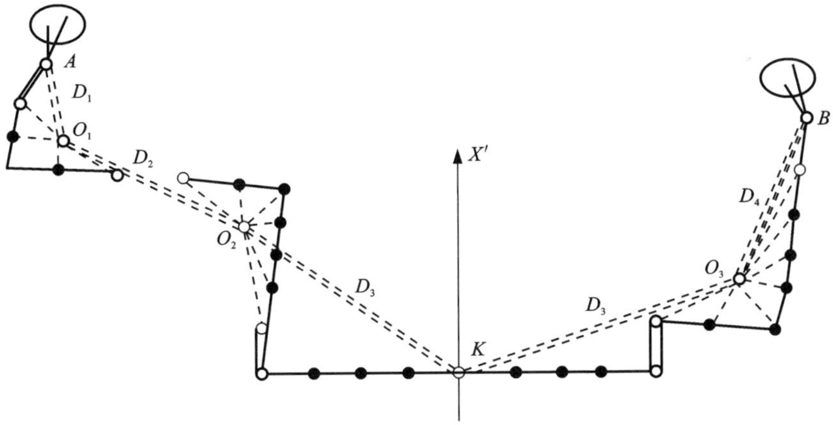

图 6-73　陀螺仪测边的贯通

5 条陀螺仪定向边误差引起的 K 点在重要方向 X' 方向上的误差为

$$M_{X_\alpha}^2 = \frac{m_\alpha^2}{\rho^2}\left(D_{1Y}^2 + D_{2Y}^2 + D_{3Y}^2 + D_{4Y}^2 + D_{5Y}^2\right) \tag{6-36}$$

式中：D_i 为井下导线起始点至第一个重心点，重心点至相邻重心点，最后一个重心点至贯通点 K 之间的连线长；D_{iY} 为 D_i 在 Y' 轴上的投影长度。

上述公式中的图形参数(各投影长度)均可在贯通误差预计图上求得。

④贯通高程方向误差预计。

在高程方向上的误差由地面水准测量、导入高程测量、井下水准测量和三角高程测量等测量误差所引起。分别求出三项误差后，求出总的中误差，再取其两倍作为贯通预计误差。

地面水准测量引起的高程误差计算式为

$$m_{\mathrm{h}} = \pm m_{\mathrm{hl}}\sqrt{L}$$

或

$$m_{\mathrm{h}} = \pm m_{\mathrm{o}}\sqrt{n}$$

式中：m_{hl} 为地面水准每千米长度的高程中误差；L 为水准路线长度；m_{o} 为水准尺读数误差；n 为水准测量站数。

竖井导入高程中误差采用由实际资料分析得出的数据，也可以两次独立导入高程之差

$$m_H = \frac{H}{8000 \times 2\sqrt{2}} = \frac{H}{22000} \tag{6-37}$$

式中：H 为竖井深度。

井下水准测量引起 K 点在高程上的误差，其计算方法和同一矿井巷道贯通的计算方法完全一样。

3)竖井贯通

(1)几何要素的求定。

竖井贯通就是从地面与井下相向开凿同一竖井，见图 6-74。

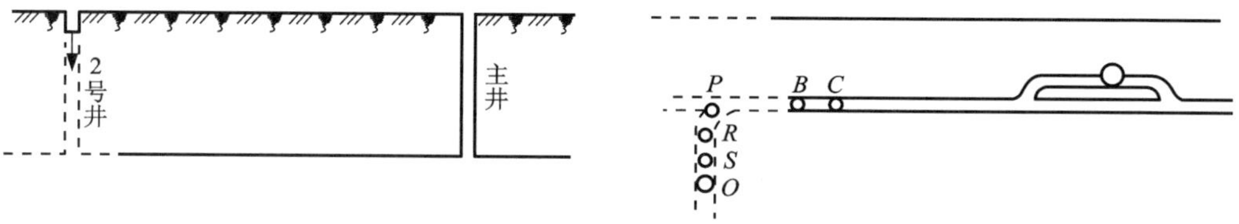

图 6-74　竖井贯通误差

要在距主井较远的地方开掘 2 号井，并决定一面从地表往下掘进，一面从原运输平巷继续掘进，在井下打好 2 号井的井底车场，在车场巷道中标出 2 号井中心位置后，先向上打小断面反井，贯通后再按全断面刷大成井，这时测量工作内容如下：

①进行地面连测，建立主井和 2 号井的近井点。地面连测可视两井间的距离和地形情况，采用导线、三角网、边角网和插点等方案。

②以 2 号井的近井点为依据，用极坐标法在实地标设 2 号井的中心位置。当 2 号井下掘到一定深度，为确定井下的井筒中心位置，还要实际测定 2 号井井筒中心的坐标。

③通过主井进行几何定向或陀螺经纬仪定向，往井下导入高程，确定井下导线起始边的方位角和起始点的坐标和高程。

④在井下运输巷道中进行导线和水准测量，确定 CB 边的方位角和 B 点的坐标和高程。

⑤根据 2 号井井底车场设计的出车方向和井筒中心的坐标及运输巷道设计的方向和 B 点坐标，反算转弯处 P 点的位置和相应的弯道，按 BP 和 PO 方向和距离继续掘进运输巷道

和车场。

⑥巷道掘过井筒中心位置后，根据井筒中心 O 点坐标和附近导线点 S 的坐标计算出 SO 的方位角 α_{SO} 和距离 l_{SO} 及指向角 β(边 SO 和边 SR 的夹角)。

$$\tan\alpha_{SO}=\frac{y_O-y_S}{x_O-x_S} \tag{6-38}$$

$$l_{SO}=\frac{y_O-y_S}{\sin\alpha_{SO}}=\frac{x_O-x_S}{\cos\alpha_{SO}} \tag{6-39}$$

$$\beta=\alpha_{SO}-\alpha_{SR} \tag{6-40}$$

然后准确地用极坐标法在巷道中标定井筒中心位置，并牢固地埋好标桩，由给出的井筒中心位置开始向上打小断面反井。

(2)竖井贯通的误差预计。

这种预计是估算井下井筒中心相对于地面井筒中心的平面位置误差。一般是预计井筒提升中心线方向(作为假定的 Y'方向)和与它相垂直的方向(假定的 X'方向)上的误差，最后求出平面位置误差。

竖井贯通需要进行地面测量、定向测量和井下导线测量。这些测量环节对贯通相遇点所引起的误差预计方法与两井间巷道贯通的预计方法基本上一样，只是不需要预计高程上的误差，而要同时预计 X'与 Y'两个重要方向上的误差，并依据下面公式计算平面位置中误差：

$$M_K=\pm\sqrt{M_{XK}^2+M_{YK}^2} \tag{6-41}$$

取两倍中误差作为贯通误差预计。

6.7　测量资料编制

6.7.1　测量基础资料

外业原始记录宜采用计算机程序自动记录，记录结果应采用存储模块保存。采用手工记录，应满足下列要求：

(1)应使用装订成册的专用记录手簿，按测量性质和工程项目单册分记，不应混杂合记和转抄成新本使用。

(2)所有原始记录不应重复填描、涂改、擦拭和刮补，确定读错、听错、记错、笔误等原因造成的记录错误，应于现场作业时及时改正。

(3)原始记录严禁凭记忆补记，不应用圆珠笔记，不应在手簿上作演算。

(4)更正错误应将错误数字、文字整齐划去，必要时注明原因，并在其上方另记正确数字和文字，严禁就字改字和连环更改。

内业计算的基本要求：

(1)计算前应对外业记录进行全面复查，发现问题及时分析原因，并研究解决办法。

(2)对各个原始记录数据，必须经过校对，做到正确无误。

(3)所用的起始和原始记录数据，应在计算资料中注明出处。

(4)用表格形式时，填写的字体要工整，字迹清晰，不应使用圆珠笔；计算中的改错纠正，应在划掉的错误数字或文字的上方填写正确数字或文字。

(5)采用小于5舍、大于5进的凑整取全方法；等于5时末位数为奇数则进，为偶数则舍。

(6)重要成果的角度，长度分别取至0.1″和0.1 mm，坐标和高程取至毫米。

(7)凡有限差和精度要求的计算成果，必须先按估算公式评定，然后在计算中评定精度。

(8)有关情况需要说明的应在计算机成果中适当位置或另加附页记述或注解。

计算资料的整理编录要求：

(1)对采用计算机程序计算的成果，应按照统一的格式建立电子档案。

(2)纸质文件必须按工程项目系统整理编录，装订成册。

(3)编制供日常使用的测量控制点和水准成果总表册、生产测量管理台账。

6.7.2 矿图编制

矿山测量和编绘的井下或露采工程的一系列生产测量图统称矿图。所测绘和编绘的各种比例尺地形图的图幅、图名、符号、注记、整饰等测绘要求，应按国家基本比例尺地图图式的规定执行。矿山编制的测量图纸，主要划分为两大系列：

(1)矿区基本测量图，包括矿区交通位置图、矿区范围图、平面控制网图、高程控制网图、图幅分幅图、地形图、工业场地总平面图、井上下对照图、露天采场综合平面图、矿区土地征购图、矿山开采范围图、矿区地籍测量图等。

(2)矿区生产专用图，包括坑道平面图、井底车场平面图、井筒竖直剖面图、采掘工程垂直投影图、生产矿量及损失贫化计算图、采场图、保安矿柱图、露采台阶图、验收测量图、岩层移动和边坡滑动观测图及其预计的危险区域平面图、坑道(采场)关闭警戒线区域平面图、供水系统图等。

其他专用矿图和剖面图，矿山可依据各自的实际情况和特殊需要，自行研究确定其编制图种和具体绘制要求。绘制每一种类矿区专用图纸的比例尺，应根据矿区范围大小、矿床地质条件、生产规模、开采方式和用图需要而定。矿区生产专用图一般规定为六种比例尺，即1∶50、1∶200、1∶500、1∶1000、1∶2000、1∶5000，主要图纸应建立基本原图，定期打印及将电子文档储存到计算机外部存储器。

参考文献

[1]孔祥元，郭际明. 控制测量学[M]. 4版. 武汉：武汉大学出版社，2015.

[2]周国树. 现代测绘技术及应用[M]. 北京：中国水利水电出版社，2009.

[3]赵吉先，邹自力，臧德彦. 电子测绘仪器原理与应用[M]. 北京：科学出版社，2008.

[4]高井祥，吴立新，吕亚军. 矿山测量新技术[M]. 徐州：中国矿业大学出版社，2007.

[5]张国良. 矿山测量学[M]. 徐州：中国矿业大学出版社，2001.

附　录

附录Ⅰ　主要矿种一般工业指标

Ⅰ.1　铜矿一般工业指标及伴生矿产综合评价参考指标

铜矿一般工业指标

项　目	单位	硫化矿石		氧化矿石
		坑采	露采	
边界品位	%	0.2~0.3	0.2	0.5
最低工业品位	%	0.4~0.5	0.4	0.7
最小可采厚度	m	1~2	2~4	1
最小夹石剔除厚度	m	2~4	4~8	2

注：①氧化矿石中，对呈微粒分散包裹物、离子吸附等状态存在的难分离的结合式氧化铜，当其占有率大于20%时，目前尚难利用，应单独圈出。

②对于混合矿石，若混合矿石占比较高，可按硫化矿石指标(坑采)上限取值。

铜矿伴生矿产综合评价参考指标

组分		Pb	Zn	Mo	Co	WO_3	Sn	Ni	S	Bi	Au	Ag	Cd、Se、Te、Ga、Ge、Re、In、Tl
含量	%	0.2	0.2	0.01	0.01	0.05	0.05	0.1	1	0.05			0.001
	g/t										0.1	1.0	

Ⅰ.2　铅锌矿一般工业指标及伴生矿产综合评价参考指标

铅锌矿一般工业指标

项目	单位	硫化矿石		混合矿		氧化矿石	
		Pb	Zn	Pb	Zn	Pb	Zn
边界品位	%	0.3~0.5	0.5~1.0	0.5~0.7	0.8~1.5	0.5~1.0	1.5~2.0
最低工业品位	%	0.7~1.0	1.0~2.0	1.0~1.5	2.0~3.0	1.5~2.0	3.0~6.0
矿床平均品位	%	5.0~8.0		6.0~9.0		10.0~12.0	
最小可采厚度	m	1~2		1~2		1~2	
最小夹石剔除厚度	m	2~4		2~4		2~4	

注：同种矿石类型的铅锌矿石，不需分选时，可以采用混圈。

铅锌矿伴生矿产综合评价参考指标

组分		Cu	WO_3	Sn	Mo	Bi	S	Sb	CaF_2	Au	Ag	As
含量	%	0.06	0.06	0.08	0.02	0.02	4	0.4	5.0			0.2
	g/t									0.1	2	
组分		U	Cd	In	Ga	Ge	Se	Te	Tl	Hg	mFe	
含量	%	0.02	0.01	0.001	0.001	0.001	0.001	0.001	0.001	0.005	3~6	

I.3　银矿一般工业指标及伴生矿产综合评价参考指标

银矿一般工业指标

项　目	单位	指标
边界品位	g/t	40~50
最低工业品位	g/t	80~100
最小可采厚度	m	0.8~1.0
最小夹石剔除厚度	m	2~4

银矿伴生矿产综合评价参考指标

组分		Au	Pb	Zn	Cu	S	Cd	Mn
含量	%		0.2	0.2	0.1	2.0	0.005	4.0
	g/t	0.1						

I.4　镍矿一般工业指标及伴生矿产综合评价参考指标

镍矿一般工业指标

项目	单位	硫化镍矿				氧化镍-硅酸镍矿
		原生矿石		氧化矿石		
		坑采	露采	坑采	露采	
边界品位	%	0.2~0.3	0.2~0.3	0.7	0.7	0.5
最低工业品位	%	0.3~0.5	0.3~0.5	1.0	1.0	1.0
最小可采厚度	m	1	2	1	2	1
最小夹石剔除厚度	m	2	3	2	3	1~2

注：①氧化镍-硅酸镍矿主要是红土镍矿和硅酸镍矿。

②对于硫化镍矿石，应特别注意镍的赋存状态研究，当硅酸镍占比较高，其所含的镍难以回收时，应予扣除。

镍矿伴生矿产综合评价参考指标

组分	Pt、Pd	Os、Ru、Rh、Ir	Au	Ag	Co	Se	Te
含量 g/t	0.03	0.02	0.05~0.10	1.0	100	6	2

I.5 钼矿一般工业指标及伴生矿产综合评价参考指标

钼矿一般工业指标

项目	单位	硫化矿石	
		露采	坑采
边界品位	%	0.03~0.04	0.03~0.06
最低工业品位	%	0.06~0.08	0.08~0.12
最小可采厚度	m	2~4	1~2
最小夹石剔除厚度	m	4~8	2~4

钼矿伴生矿产综合评价参考指标

组分		WO_3	Cu	Pb	Zn	mFe	S	Bi	Re
含量	%	0.06	0.1	0.2	0.2	3~6	1.0	0.03	
	g/t								10

I.6 钨矿一般工业指标及伴生矿产综合评价参考指标

钨矿一般工业指标

项 目	单位	工业指标	
		坑采	露采
边界品位(WO_3)	%	0.08~0.10	0.064
最低工业品位(WO_3)	%	0.12~0.20	0.12
最小可采厚度	m	0.8~2.0	2.0~4.0
最小夹石剔除厚度	m	2.0	4.0~8.0

注：坑采厚度小于0.8 m时，应考虑按最低工业米·百分值计算。

钨矿伴生矿产综合评价参考指标

组分		Cu	Pb	Zn	Sn	Mo	Bi	Sb	Co	BeO	Li_2O	CaF_2
含量	%	0.05	0.20	0.20	0.03	0.01	0.03	0.30	0.01	0.03	0.30	8.0
组分		Ta_2O_5	Nb_2O_5	TR_2O_5	Ga	Ge	Cd	In	S	Au	Ag	mFe
含量	%	0.01	0.02	0.03	0.001	0.001	0.001	0.001	4.0			3.0
	g/t									0.1	1.0	

I.7 锡矿一般工业指标及伴生矿产综合评价参考指标

锡矿一般工业指标

项目	单位	工业指标
边界品位(Sn)	%	0.1~0.2
最低工业品位(Sn)	%	0.2~0.4
最小可采厚度	m	0.8~1.0
最小夹石剔除厚度	m	2.0

注：①坑采厚度小于0.8 m时，应考虑按最低工业米·百分值计算。

②本参考指标是以全锡计算，适用于以锡石为主的矿床。当矿床中硫化锡、水锡石锡、硅酸锡所占比例大于10%时，要提高指标。

③以硫化锡、水锡石锡、硅酸锡为主的矿石，要按采、选、冶技术经济条件另行制定指标。

锡矿伴生矿产综合评价参考指标

组分		Cu	Pb	Zn	Bi	WO_3	Mn	mFe	S	CaF_2	Sb	Mo
含量	%	0.2	0.4	0.4	0.01	0.02	4.0	3.0~6.0	6.0	8.0	0.18	0.01

注：S的品位指标是指黄铁矿中S在矿石中的品位。

I.8 锑矿一般工业指标及伴生矿产综合评价参考指标

锑矿一般工业指标

项目	单位	工业指标
边界品位(Sb)	%	0.5~0.7
最低工业品位(Sb)	%	1.0~1.5
最小可采厚度	m	0.8~1.0
最小夹石剔除厚度	m	2.0

注：坑采厚度小于0.8 m时，应考虑按最低工业米·百分值计算。

锑矿伴生矿产综合评价参考指标

组分		Cu	Pb	Zn	WO_3	Sn	Bi	Hg	Co
含量	%	0.10	0.20	0.20	0.05	0.08	0.05	0.005	0.01
组分		Ni	Au	Ag	As	Se	CaF_2	$BaSO_4$	S
含量	%	0.10			0.20	0.001	5.0	8.0	4.0
	g/t		0.10	2.00					

注：S的品位指标是指黄铁矿中S在矿石中的品位。

I.9　岩金矿一般工业指标及伴生矿产综合评价参考指标

岩金矿一般工业指标

项　目	单位	原生矿		氧化矿
		坑采	露采	
边界品位	g/t	0.8~1.0		0.5
最低工业品位	g/t	2.2~3.5	1.6~2.8	1.0
最小可采厚度	m	0.8~1.5，陡倾斜者为下限，缓倾斜至水平者为上限		
最小夹石剔除厚度	m	2.0~4.0，坑采者为下限，露采者为上限		
最小无矿段剔除长度	m	相邻坑道对应时为10~15，相邻坑道不对应时为20~30		

注：①对于边界品位和最低工业品位，当矿石赋存条件较好、矿石成分简单、外部建设条件较好时，取指标的下限值，反之取上限值。

②当矿体厚度小于最小可采厚度时，采用厚度与品位的乘积，即米·克/吨值。

岩金矿伴生矿产综合评价参考指标

组分		Cu	Pb	Zn	WO_3	Sb	Mo	As	S	Co	Ag
含量	%	0.1	0.2	0.2	0.05	0.3	0.01	0.2	2	0.01	
	g/t										2

I.10　铁矿一般工业指标

炼钢用铁矿石一般工业指标

矿石类型	单位	TFe	主要有害物质			其他有害物质
			SiO_2	S	P	
磁铁矿石 赤铁矿石	%	≥56	≤13	≤0.15	≤0.15	Cu≤0.2 As≤0.1

注：矿石块度要求为平炉用铁矿石25~250 mm；电炉用铁矿石50~100 mm；转炉用铁矿石10~50 mm。

炼铁用铁矿石一般工业指标

矿石类型	单位	TFe	主要有害物质			其他有害物质
			SiO_2	S	P	
磁铁矿石 赤铁矿石 褐铁矿石 菱铁矿石	%	≥50	≤18	≤0.30	≤0.25	Cu≤0.2 Pb≤0.1 Zn≤0.1 Sn≤0.08 As≤0.07 F≤1.0

注：①褐铁矿石、菱铁矿石为扣除烧损后折算的标准；自熔性矿石中 w(TFe)可降至大于或等于40%。磷含量为一般要求，按炼铁品种的不同对矿石含磷量要求也不同：酸性转炉炼钢生铁矿石中 w(P)≤0.03%；碱性平炉炼钢生铁矿石中 w(P)≤0.03%~0.18%；碱性侧吹炉炼钢生铁矿石中 w(P)≤0.2%~0.8%；托马斯生铁矿石中 w(P)≤0.8%~1.2%；普通铸造生铁矿石中 w(P)≤0.05%~0.15%；高磷铸造生铁矿石中 w(P)≤0.15%~0.6%。

②矿石块度要求为8~40 mm。

需进行选矿的铁矿石一般工业指标

矿石类型	单位	边界品位	工业品位
磁铁矿石	%	20	25
		15[a]	20[a]
赤铁矿石		25	28~30
菱铁矿石		20	25
褐铁矿石		25	30

注：①a 为 mFe 质量分数，其他为 TFe 质量分数。

②如果矿石易采、易选，经济效果好，或含有可以综合回收的伴生组分，则全铁(TFe)质量分数要求可适当降低；磁铁矿石中硅酸铁、硫化铁、碳酸铁含量较高，则采用磁性铁(mFe)标准。

铁矿床开采技术指标

矿床开采技术指标	单位	露天开采	地下开采
最小可采厚度	m	2~4	1~2
最小夹石剔除厚度	m	1~2	1

Ⅰ.11 锰矿一般工业指标及伴生矿产综合评价参考指标

冶金用锰矿石一般工业指标

自然类型	工业分类	品级	$w(Mn)/\%$		$w(Mn+Fe)/\%$	$w(Mn)/w(Fe)$	每1%锰允许含磷量/%	$w(SiO_2)/\%$
			边界品位	单工程平均品位				
氧化锰矿石	富锰矿石	Ⅰ		40		≥6	0.004	≤15
		Ⅱ		35		≥4	≤0.005	≤25
		Ⅲ		30		≥3	≤0.006	≤35
	贫锰矿石		10~15	18				
	铁锰矿石	Ⅰ		25	≥50		≤0.2(磷总量)	≤25
		Ⅱ		20	≥40		≤0.2(磷总量)	≤25
		Ⅲ	10	15	≥30		≤0.2(磷总量)	≤25
碳酸锰矿石	富锰矿石			25		≥3	≤0.005	≤25
	贫锰矿石		10	15				
	铁锰矿石		10	15	≥25		≤0.2(磷总量)	≤35
	含锰灰岩		8	12	碱性矿石			

注：①灰质氧化矿石(脉石以方解石为主，碱度≥0.8，烧失量达18%以上)的评价，可采用碳酸锰矿石的工业指标。

②自熔性、碱性的锰矿石，可酌量降低其富矿锰品位指标。

③当碳酸锰矿石的烧失量较高，虽然锰的质量分数略低于25%，但焙烧后锰的质量分数可达到氧化锰富矿矿石标准时，这类碳酸锰矿石也可作为富锰矿石考虑。

优质锰矿石、优质富锰矿石品位及杂质含量指标

工业分类	品级	自然类型	$w(Mn)/\%$	$w(Mn)/w(Fe)$	$w(P)/w(Mn)$	烧失量
优质锰矿石		氧化锰矿石	≥18	≥6	≤0.003	≥20
		碳酸锰矿石	≥15	≥6	≤0.003	
优质富锰矿石	Ⅰ	氧化锰矿石	≥35	≥6	≤0.003	≥20
		碳酸锰矿石	≥28	≥6	≤0.003	
	Ⅱ	氧化锰矿石	≥30	≥4	≤0.005	≥20
		碳酸锰矿石	≥25	≥4	≤0.005	

注：优质锰矿、优质富锰矿矿层最小可采厚度标准为0.3~0.4 m。

锰矿床开采技术指标

矿床开采技术指标	单位	指标
最小可采厚度	m	0.5~0.7
最小夹石剔除厚度	m	0.2~0.3
堆积矿净矿含矿率	%	≥15

锰矿伴生矿产综合评价参考指标

元素/组分		Co	Ni	Cu	Pb	Zn	Au	Ag	B_2O_3	S
含量	%	0.02~0.03	0.1~0.2	0.1~0.2	0.4	0.4			1~3	2~4
	g/t						0.2	5		

注：锰矿石中伴生元素多呈细微粒分散、包裹，或与锰、铁矿物结合的状态存在。

天然放电锰(锰粉)一般技术指标

品级	$w(MnO_2)/\%$	$w(TFe)/\%$	制成锰粉的放电时间/min
Ⅰ	≥75	≤2.8	≥570
Ⅱ	≥70	≤3.5	≥510
Ⅲ	≥65	≤4.5	≥450
Ⅳ	≥60	≤5.5	≥390
Ⅴ	≥55	≤6.5	≥330

注：对其他有害元素，一般标准为$w(Cu)<0.01\%$，$w(Ni)<0.03\%$，$w(Co)<0.02\%$，$w(Pb)<0.02\%$。

I.12　铬矿一般工业指标及伴生矿产综合评价参考指标

铬矿石品位及开采技术指标

项目		单位	矿床和矿石类型	
			内生矿床	
			富矿	贫矿
Cr_2O_3	边界品位	%	25	5~8
	最低工业品位	%	32	12
最小可采厚度		m	0.3~0.5	1.0
最小夹石剔除厚度		m	0.5	1.0

注：①冶金用铬铁矿石或精矿，火法冶炼时 $w(Cr_2O_3)/w(FeO)>2$（湿法提炼金属铬则不受其限制）；$w(SiO_2)\leqslant 8\%$（用矿热法冶炼高碳铬铁时不受其限制）；$w(P)\leqslant 0.07\%$，$w(S)\leqslant 0.05\%$。

②耐火材料用铬矿石或精矿，$w(SiO_2)\leqslant 10\%$，$w(CaO)\leqslant 3\%$，$w(FeO)\leqslant 14\%$。

③化工用铬矿石或精矿 $w(SiO_2)\leqslant 8\%$，$w(Al_2O_3)\leqslant 15\%$。

④辉绿岩铸石用铬矿石，$w(Cr_2O_3)\geqslant 10\%\sim 20\%$，$w(SiO_2)<10\%$。

⑤当需选铬铁矿中伴生的铂族元素总量达到 $0.3\times 10^{-6}\sim 0.4\times 10^{-6}$ 时，应做出评价。

⑥贫矿边界品位的选取一般为尾矿品位的 2 倍。

⑦富矿最小可采厚度的选取，单矿层 0.5 m，复矿层则每一单层 0.3 m

铬矿伴生矿产综合评价参考指标

元素/组分		铂族(Pt)	Co	Ni
含量	%		0.02	0.2
	10^{-6}	0.2		

注：①铬矿的围岩纯橄榄岩、斜方辉岩、蛇纹岩可作耐火材料和制作钙镁磷肥的配料；围岩中还见有石棉、滑石、水镁石、菱镁矿、金刚石等，也应在勘查工作中注意评价。

②$w(Ni)>0.2\%$时，要分析硫化镍的占比，按硫化镍的含量，对伴生组分进行评价。

I.13　磷矿一般工业指标

磷矿一般工业指标

项目	单位	磷块岩矿		磷灰岩矿（或磷灰石矿）
边界品位(P_2O_5)	%	≥12		5~6
最低工业品位(P_2O_5)	%	15~18		10~12
磷块岩矿石品级(P_2O_5)	%	Ⅰ	≥30	
		Ⅱ	24~<30	
		Ⅲ	15~<24	

续上表

项目	单位	磷块岩矿	磷灰岩矿(或磷灰石矿)
最小可采厚度	m	1~2	
最小夹石剔除厚度	m	1~2	

注：①适合擦洗脱泥的风化矿石，I级品的 $w(P_2O_5)$ 可降到28%。

②表中所列是以碳酸盐型为主的矿石类型，对于其他磷酸盐矿物新类型矿石，要根据加工试验另行确定。磷灰石矿边界品位和最低工业品位可适当降低。

③缺磷地区工业指标，可根据矿床的开采方式、选矿难易程度及共生、伴生矿产或组分的综合利用情况和矿肥结合等因素考虑，在宏观经济效益允许的条件下，其边界品位和最低工业品位可适当降低。

④最小可采厚度和最小夹石剔除厚度因矿体赋存条件和矿床开采方式不同而不同，缓倾斜矿床的最小可采厚度一般不小于1.5 m，富矿或陡倾斜矿床最小可采厚度可适当降低。露天开采矿床的最小可采厚度、最小夹石剔除厚度可适当增大。

I.14　铝土矿一般工业指标

沉积型铝土矿一般工业指标

项目		单位	沉积型矿床(一水硬铝石型)	
			露天开采	坑采
边界品位	铝硅比值		1.8~2.6	1.8~2.6
	Al_2O_3	%	40	40
最低工业品位	铝硅比值		3.5	3.8
	Al_2O_3	%	55	55
最小可采厚度		m	0.5~0.8	0.8~1.0
最小夹石剔除厚度		m	0.5~0.8	0.8~1.0
剥采比		m^3/m^3	10~15	

注：(1)边界品位中的铝硅比值一般采用2.6；在1.8~2.6之间取值时，应保证每个块段的 Al_2O_3 含量大于或等于55%，铝硅比值露天开采大于或等于3.5，坑采大于或等于3.8，并进行说明。

(2)矿体倾角较大时，最小可采厚度采用上限。

堆积型铝土矿一般工业指标

项目		单位	堆积型矿床(一水硬铝石型)
边界品位	铝硅比值		2.6
	Al_2O_3	%	40
最低工业品位	铝硅比值		3.8
	Al_2O_3	%	
有害组分最大允许含量	S	%	0.3
	CaO+MgO	%	1.5
	CO_2	%	1.3
	P_2O_5	%	0.5
	有机物		暂不限

续上表

项目	单位	堆积型矿床(一水硬铝石型)
最小可采厚度	m	0.5
最小夹石剔除厚度	m	0.5
边界含矿率	kg/m^3	200
矿区(段)平均含矿率	kg/m^3	300

红土型铝土矿参考工业指标

项目		单位	红土型矿床(三水铝石型)
边界品位	铝硅比值		2.1~2.6
	Al_2O_3	%	28
最小可采厚度		m	0.2
剥采比		m^3/m^3	10~15
边界含矿率		kg/m^3	30

I.15 菱镁矿一般工业指标

菱镁矿一般工业指标矿石质量要求

品级	单位	化学成分质量分数		
		MgO	CaO	SiO_2
特级品	%	≥47	≤0.6	≤0.6
一级品	%	≥46	≤0.8	≤1.2
二级品	%	≥45	≤1.5	≤1.5
三级品	%	≥43	≤1.5	≤3.5
四级品	%	≥41	≤6.0	≤2.0

菱镁矿一般工业指标开采技术条件一般要求

项目	单位	开采方式	
		露天开采	地下开采
最小底盘宽度	m	≥40	
最小可采厚度	m	2~4	2~4
最小夹石剔除厚度	m	1~2	1~2
爆破安全距离	m	300	
剥采比		≤1∶1	
边坡角	(°)	坚硬岩石：60；松软岩土：45	

附录Ⅱ 金属矿床规模划分表

序号	矿种名称	计量单位	大型	中型	小型
1	铁(贫矿)	矿石(亿 t)	≥1	0.1~1	<0.1
2	铁(富矿)	矿石(亿 t)	≥0.5	0.05~0.5	<0.05
3	锰	矿石(万 t)	≥2000	200~2000	<200
4	铬	矿石(万 t)	≥500	100~500	<100
5	钒	V_2O_5(万 t)	≥100	10~100	<10
6	钛(金红石原生矿)	TiO_2(万 t)	≥20	5~20	<5
7	钛(金红石矿砂)	矿物(万 t)	≥10	2~10	<2
8	钛(钛铁矿原生矿)	TiO_2(万 t)	≥500	50~500	<50
9	钛(钛铁矿砂矿)	矿物(万 t)	≥100	20~100	<20
10	铜	金属(万 t)	≥50	10~50	<10
11	铅	金属(万 t)	≥50	10~50	<10
12	锌	金属(万 t)	≥50	10~50	<10
13	铝土矿	矿石(万 t)	≥2000	500~2000	<500
14	镍	金属(万 t)	≥10	2~10	<2
15	钴	金属(万 t)	≥2	0.2~2	<0.2
16	钨	WO_3(万 t)	≥5	1~5	<1
17	锡	金属(万 t)	≥4	0.5~4	<0.5
18	铋	金属(万 t)	≥5	1~5	<1
19	钼	金属(万 t)	≥10	1~10	<1
20	汞	金属(t)	≥2000	500~2000	<500
21	锑	金属(万 t)	≥10	1~10	<1
22	镁(冶镁菱镁矿)	矿石(万 t)	≥5000	1000~5000	<1000
23	镁(冶镁白云岩)	矿石(万 t)	≥5000	1000~5000	<1000
24	铂族	金属(t)	≥10	2~10	<2
25	金(砂金)	金属(t)	≥8	2~8	<2
26	金(岩金)	金属(t)	≥20	5~20	<5
27	银	金属(t)	≥1000	200~1000	<200
28	铌(原生矿)	Nb_2O_5(万 t)	≥10	1~10	<1
29	铌(砂矿)	矿物(t)	≥2000	500~2000	<500
30	钽(原生矿)	Ta_2O_5(t)	≥1000	500~1000	<500
31	钽(砂矿)	矿物(t)	≥500	100~500	<100
32	铍	BeO(t)	≥10000	2000~10000	<2000
33	锂(矿物锂矿)	Li_2O(万 t)	≥10	1~10	<1
34	锂(盐湖锂矿)	LiCl(万 t)	≥50	10~50	<10

续上表

序号	矿种名称	计量单位	大型	中型	小型
35	锆(锆石英)	矿物(万 t)	≥20	5~20	<5
36	锶(天青石)	$SrSO_4$(万 t)	≥20	5~20	<5
37	铷(盐湖中的铷另计)	Rb_2O(t)	≥2000	500~2000	<500
38	铯	Cs_2O(t)	≥2000	500~2000	<500
39	稀土(砂矿)	独居石(t)	≥10000	1000~10000	<1000
40	稀土(砂矿)	磷钇矿(t)	≥5000	500~5000	<500
41	稀土(原生矿)	TR_2O_3(万 t)	≥50	5~50	<5
42	稀土(风化壳矿床)	铈族氧化物(万 t)	≥10	1~10	<1
43	稀土(风化壳矿床)	钇族氧化物(万 t)	≥5	0.5~5	<0.5
44	钪	Sc(t)	≥10	2~10	<2
45	锗	Ge(t)	≥200	50~200	<50
46	镓	Ga(t)	≥2000	400~2000	<400
47	铟	In(t)	≥500	100~500	<100
48	铊	Tl(t)	≥500	100~500	<100
49	铪	HfO_2(t)	≥500	100~500	<100
50	铼	Re(t)	≥50	5~50	<5
51	镉	Cd(t)	≥3000	500~3000	<500
52	硒	Se(t)	≥500	100~500	<100
53	碲	Te(t)	≥500	100~500	<100

附录Ⅲ 样品加工室及矿山化验室设计

Ⅲ.1 样品加工室

1)样品加工室的任务

样品加工室直接为矿山化验室服务，承担矿山各种矿石样品(生产探矿、采场、矿车、矿堆、成品矿石等)的加工。样品加工室一般作为矿山化验室的一个组成部分，因此与化验室同时建设。但当取样地点(采场、坑口、破碎厂等)距化验室较远时，也可以在取样点附件单独建立样品加工室，将矿样进行加工后再送往化验室。送往化验室的试样质量通常为200~500 g，细度应便于熔样。

样品加工分为破碎、过筛、拌匀和缩分四道工序，加工后的成品样，其化学组成应与原始样品符合，加工过程应尽可能简单、迅速。

2)样品加工室设备选择

样品加工室主要设备为破碎机及研磨机。破碎机的选择主要根据最大进料粒度、排料粒度和生产效率。破碎可分为粗、中、细三段，设备应布置紧凑。除主要加工设备外，尚需配置烘样干燥箱及存放副样的样品架。

样品联动加工流程是自动化样品加工作业线，是在封闭罩内将颚式破碎机、圆盘破碎机和由甩嘴、缩分碗、三通组成的缩分器作立式串联。样品通过加工流程缩分出正样和副样，其颗粒直径均小于2 mm，其中80%小于1 mm，按化验室要求的样品质量，将正样装入棒磨机进行细磨后，过筛检查，如合格即送交化验室。其设备规格型号可根据化验室工作量和要求选择。

3)样品加工室的一般要求

样品加工室可设在离化验室10 m左右处，也可以与化验室设于同一楼内，但应将其布置在一楼的端部。当远离化验室时，应尽量布置在坑口、露天采场、破碎车间等取样量大的地点。

4)样品加工室布置示意图见图Ⅲ-1。

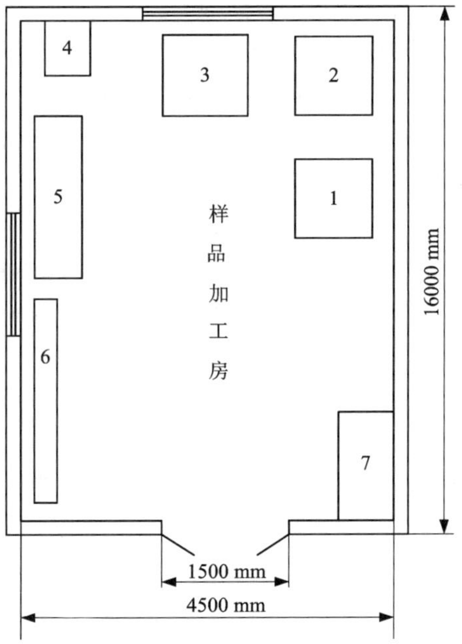

1—颚式破碎机；2—辊式破碎机；3—粉碎机或研磨机；4—风机；5—办公桌；6—电热恒温干燥箱；7—筛分机。

图Ⅲ-1　样品加工室工艺配置示意图

Ⅲ.2　矿山化验室

1)化验室的任务

化验室的基本任务是承担生产探矿取样、开采取样、成品矿石取样及内部检查样的分析化验工作，有时还承担环境保护监测样、生活用水样的分析化验。

化验室的分析项目以基本分析为主，必要时需进行组合分析、全分析和水质分析等。

2)化验室的分析方法

根据分析原理和操作方法，化验室的分析方法可分为化学分析法和仪器分析法两类。

化学分析法根据其任务不同可分为定性和定量分析。生产矿山大量的分析工作是定量分析。定量分析是利用化学反应生成物的难溶性、难离解性和挥发性等特点，以及消耗试剂的量来确定被测组分的含量。

仪器分析法是以物质的物理和物理化学性质为基础，使用特殊仪器进行测量的分析方法，又称物理和物理化学分析法。仪器分析法一般分为光化学分析法、电化学分析法、放射化学分析法、质谱法、色谱法、热量分析法等。

3)化验室的工艺配置

化验室一般包括天平室、化学分析室、极谱室、比色室、蒸酸室、标准液室、蒸馏水室、高温室、办公室、药剂室及通风机房等，各作业间的总体配置和作业间内部配置应有利于仪器设备的保护，有利于保证分析质量。各作业间的一般配置原则：

(1)各作业间应尽量集中布置在同一标高，并设单独的出入口，工作联系比较密切的作业间应靠在一起或就近布置。

(2)应考虑工艺过程的连续性、灵活性、工作方便和互不干扰。

(3)相同性质的设备或仪器应配置在同一房间内。

(4)天平室要求防震、防尘、防潮、防风、防阳光直射、防腐蚀性气体、防强化磁干扰，应布置在朝北方向，窗户朝北开。当具体位置难以满足要求时，应设双层玻璃窗和双层窗帘。

(5)天平室应与化学分析室靠近布置，或者将天平等精密仪器置于化学分析室的端部，但应在中间加隔墙，并需对隔墙的门采取密封措施，以防酸、碱的蒸气和其他有害气体对天平等精密仪器的侵蚀。

(6)天平室不宜与高温间和有强电磁干扰的房间相邻，并需远离震源。

(7)天平室、比色室、极谱室应避免与化学分析室、蒸酸室相对，以免酸气影响仪器。

(8)需要分析多种元素的化学分析间，一般应按元素性质划分开，以便于操作，避免元素化验时相互干扰。凡有硫的分析，最好单独配置一个房间。

(9)极谱室、比色室要求防潮、防尘、防震、防曝晒，应布置在阴凉位置，并应特别注意防潮。

(10)高温室应布置在最边位置，以利通风排气并减少对其他作业间的影响。

(11)药品贮藏与仪器、器皿保管要分别设置房间，以免酸气影响仪器。药剂室最好布置于北侧，以免阳光直射引起室温过高影响药品质量。有毒药品应放在贮藏间专门的位置。贮藏间应干燥、通风。

(12)有时除了在化学分析室设置蒸酸柜以外，还另单设蒸酸间。

(13)危险品贮藏间应单独设置在不靠建筑物的地方。

4)化验室仪器、设备配置

采用化学分析法的化验室，其主要仪器、设备有分析仪器、天平、加热设备、蒸馏水制取器及其他器皿和器具。设备的种类和型号选择及其数量确定，取决于需要化验的元素种类、化验方法及化验室的任务、规模和工作量等因素。

采用仪器分析法的化验室，主要仪器为X射线荧光光谱仪。

5)化验室的一般要求

(1)化验室尽量靠近取样地点及生产车间。

(2)化验室应布置在生产、生活区的下风向。为避免粉尘和烟雾的影响，应设在散发烟尘车间非采暖季节主导风向的上风向。

(3)化验室的建筑方位，应尽量为坐北朝南向。

(4)为保持安静，若化验室设置在多层建筑中时，则应选择最上层，并集中于一端。

(5)为防止震动影响，化验室必须与铁路、公路、锻锤、冲床等震源保持适当距离。

6)某金矿化验室实例

该化验室主要承担矿山采、选、氰、冶综合配套试验研究样品和生产性样品的检测工作，企业黄金选矿能力为1000 t/月，常规金银精矿处理能力为1000 t/月，含砷复杂金银精矿处理能力为100 t/月。化验室主要涉及矿物中的金、银、铁、铜、铅、锌、砷、锑、碳、硫、钙、镁、硅酸盐等金属和非金属元素的化验分析，氰化生产中常用的如CN^-、SCN^-、CO_3^{2-}、SiO_3^{2-}、SO_4^{2-}、NO_3^-等化合物或离子及污水环境检测。

化验室每年检测样品总量约44万个，其中化验金样品约30万个，化验银样品约7万个，化验其他多元素样品约7万个。

为配合矿区生产需要，该化验室实行三班工作制，每星期工作7天，全员81人，具体定员情况见表Ⅲ-1。

表Ⅲ-1 某金矿化验室定员

岗位名称	定员/人	备注
管理人员(主任、副主任)	2	行政管理、质量控制
高级技术人员	2	从事化验分析工作10年以上、本科以上专业人员
样品管理人员	3	
环境检测人员	2	
火试金分析人员	4	
火试银分析人员	4	
流程化验人员(分析金、银)	20	三班轮休
精矿化验人员(分析金、银)	20	三班轮休
多元素化验员	12	三班轮休
仪器分析人员	12	三班轮休
合计	81	

该化验室主要仪器、设备见表Ⅲ-2。

表Ⅲ-2 某金矿化验室主要仪器、设备

序号	名称	规格型号	数量/台(套)
1	X射线荧光光谱仪	EDX3600B	1
2	紫外可见分光光度计	UV-2550	1
3	原子荧光分光光度计	TAS-990AFG	1
4	原子吸收仪	AA-6300C	1
5	原子吸收仪	HG-9602A	1
6	石墨炉原子化装置	HCS-Ⅱ	1
7	中央超纯水系统	RO-ED130-1000L/H	1
8	高效液相色谱仪	CBM-20A	1
9	高频红外碳硫分析仪	HIR-944B	2
10	分析天平	AUW220D	4
11	电子天平	PL202-S	6
12	全自动电位滴定仪	ZDJ-3D	1
13	自动加热搅拌滴定仪	ZDJ-6	1
14	台式纯水器	RiOsTM84H	1
15	数字电导率仪	DDS-307	2
16	智能电阻炉	SⅡ、37、13、820×550×400	1
17	智能电阻炉	SⅡ、12、13、520×220×180	2
18	智能电阻炉	SⅡ、12、12、420×260×160	7
19	酸度计	PHS-4A	2

续表Ⅲ-2

序号	名称	规格型号	数量/台(套)
20	真空泵	2ZX-4	7
21	抽滤桶	30 头	3
22	水分快速测定仪	SH10A	1
23	低速离心机	800(LDZ4-1.2)	1
24	碳化硅电炉	SX-2.5-16(S-1)	40
25	电砂浴	450×35DK-3	1
26	样品架	2000×600×1500	54
27	双辊破碎机	XPZ-200×150	2
28	颚式破碎机	SP-100×100	1
29	圆盘破碎机	175	2
30	辊式破碎筛分机	XPS-250×150	1
31	颚式破碎机	PEX100×125	2
32	封闭磨样机	RX(G7)400-2	4
33	分样器		1
34	圆盘磨	175	1
35	棒磨机		4

该化验室局部平面布置见图Ⅲ-2、图Ⅲ-3、图Ⅲ-4。

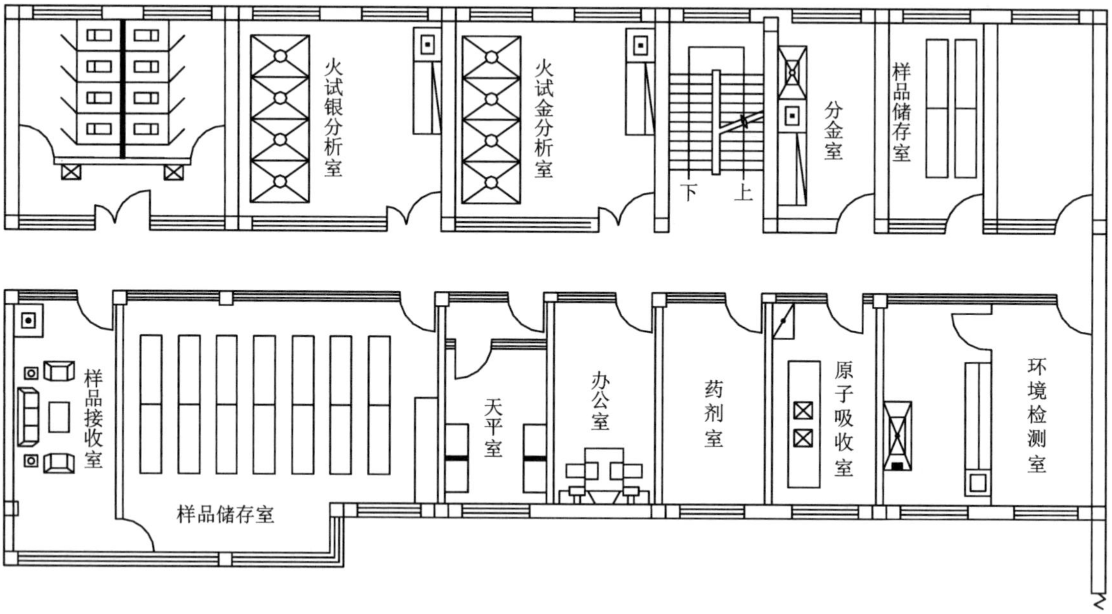

图Ⅲ-2 某金矿化验室一楼局部平面布置图

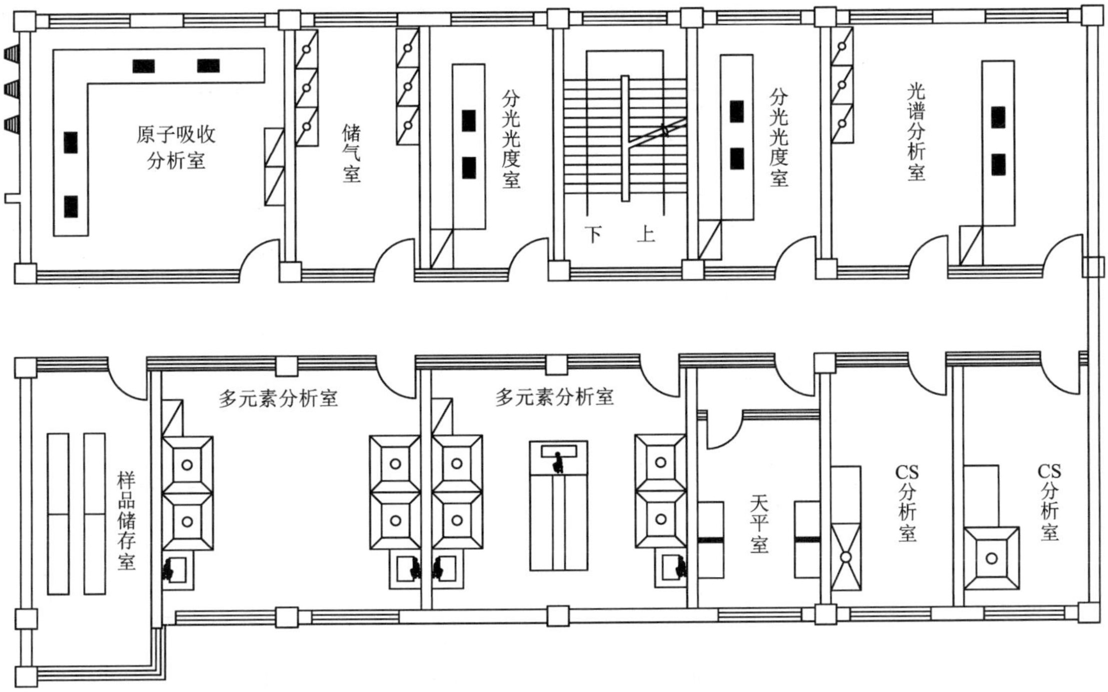

图Ⅲ-3 某金矿化验室二楼局部平面布置图

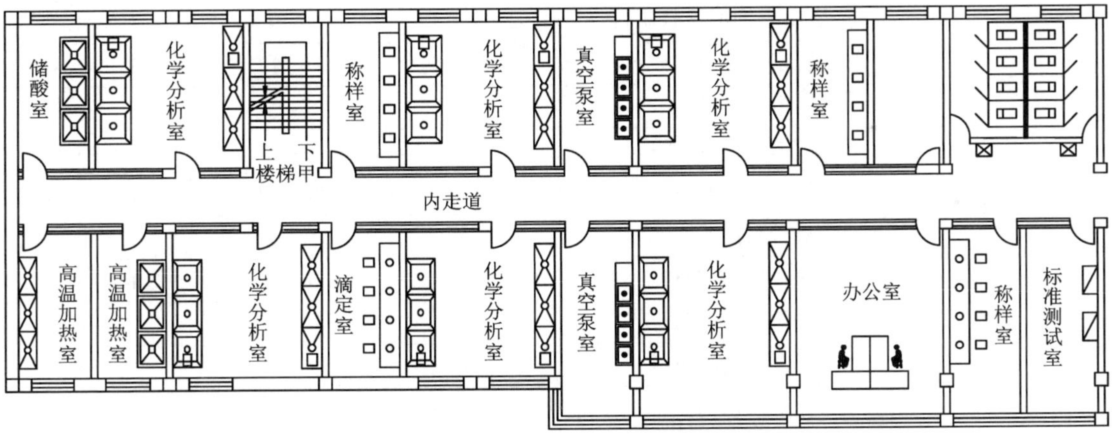

图Ⅲ-4 某金矿化验室三楼局部平面布置图

附录Ⅳ 矿石物理力学性质指标经验数据表

矿种	矿石类型	体重/(t·m^{-3})	硬度系数(f)	松散系数(K)
铁矿	鲕状赤铁矿石	3.3~3.8	6~15	1.5
	条带状含铁石英岩矿石	3.3~3.5	12~18	1.5
	致密状富矿石	3.9~4.3	8~16	1.6
	块状贫矿石	3.4~3.6	10~12	1.6
	浸染状贫矿石	3.5~3.7	10~16	1.6
	致密状钒钛磁铁矿石	4	10~16	1.5~1.8
	浸染状钒钛磁铁矿石	3.4	10~16	1.5~1.8
	菱铁矿石	3.5~3.9	8~16	1.6
	褐铁矿石	2~2.3	1~3	1.5~1.6
	铬铁矿石	3.2~3.9	8~10	1.5~1.6
锰矿	氧化锰矿石	2~2.3	1~4	1.5~1.6
	碳酸锰矿石	3~3.4	6~14	1.5~1.6
铜矿	含铜矽卡岩矿石	2.9~3.5	8~14	1.5~1.7
	含铜磁铁矿石	4.1~4.4	8~12	1.5~1.7
	含铜黄铁矿石	3.5~4.6	5~12	1.4~1.6
	凝灰岩型含铜浸染状矿石	2.9~3.1	6~9	1.5~1.7
	凝灰岩型含铜块状矿石	4.0~4.5	10~12	1.5~1.7
	次生富集矿石	—	5~12	—
	蚀变花岗岩型铜矿石	2.7~2.8	7~11	1.4~1.6
	浸染状黄铜矿石	2.7~3.0	10~17	1.5~1.7
	灰岩型铜矿石	2.6	8~10	1.5~1.7
	砂岩型铜矿石	2.6~3.1	10~16	1.5~1.6
	含铜石英脉矿石	2.8	12~18	—
	斑岩型铜矿石	2.68	6~8	1.3
	片岩型氧化铜矿石	2.6~2.8	4~9	1.4~1.7
	片岩型硫化铜矿石	2.6~2.9	9~11	1.4~2.0
	细脉浸染型花岗闪长岩铜矿石	1.9~2.7	9~15	1.6~1.7
铅锌矿	铅锌矽卡岩型矿石	2.8~3.7	8~12	1.4~1.7
	铅锌角砾岩矿石	2.8~3.7	8~12	1.4~1.7
	灰岩型浸染状铅锌矿区	2.8~3.0	6~8	1.4~1.8
	石英片岩型块状铅锌矿石	3.0~3.3	8~12	1.4~1.9
	绿泥片岩型浸染状铅锌矿石	3.5~3.6	5~7	1.5~1.6
	氧化铅锌矿石	2.0~2.4	4~7	1.7~1.8

续上表

矿种	矿石类型	体重/(t·m^{-3})	硬度系数(f)	松散系数(K)
钼矿	致密块状铜钼矿石	—	6~10	1.4~1.7
	灰岩型钼矿石	2.7	6~8	1.4~1.8
	酸性脉岩型钼矿石	2.8	—	1.4~1.8
	浸染状钼矿石	2.6~2.7	10~11	1.4~1.9
镍矿	致密块状铜镍矿石	3.2~4.5	11	1.4~1.7
	浸染状铜镍矿石	2.8~3.3	11	1.4~1.7
	含镍硅酸盐矿石	1.4~1.5	3~5	1.4~1.5
钨矿	含钨矽卡岩矿石	2.7	8~10	1.5~1.6
	含钨石英脉矿石	2.5~2.8	10~18	1.5~1.6
	细脉型钨钼矿石	2.6~2.7	10~13	1.3~1.9
	变质矿岩型钨矿石	2.7~2.8	8~13	1.4~1.5
锑矿	含锑硅化石灰岩矿石	—	14~16	1.4~1.6
	致密块状辉锑矿石	2.8~3.0	—	1.4~1.6
锡矿	矽卡岩型锡石硫化物矿石	2.6~3.0	8~12	1.4~1.8
	锡石石英脉型矿石	2.6~3.7	9~12	1.3~1.5
金矿	含金凝灰板岩矿石	2.7~2.8	15~20	1.4~1.8
	含金玢岩型矿石	2.74	13	1.4~1.8
	含金云英岩化花岗斑岩矿石	2.74	10	1.4~1.8
	含金黄铁绢英岩矿石	2.78	≥10	1.4~1.65
	含金石英脉矿石	2.4~2.7	8~14	1.4~1.9
	含金黄铁绢英岩化花岗岩矿石	2.78	8~10	1.5~1.6
	含金长石-蚀变石英脉型矿石	2.5~2.6	4~6	1.4~1.8
稀有金属矿	伟晶岩型铍、铌、钽矿石	2.6~2.7	6~13	1.4~1.6
	伟晶岩型锂辉石矿石	2.6~2.9	—	1.4~1.6
	钠长石型铌、钽矿石	2.5~2.6	—	1.4~1.5
汞矿		2.6~2.7	—	1.6~1.8
铝土矿		2.8~3.0	6~8	1.5~1.6
菱镁矿		2.6~2.9	6~8	1.4~1.7
黏土矿	高铝黏土矿石	1.8~2.5	4~12	1.4
	硬质耐火黏土矿石	1.8~2.5	4~6	1.3~1.6
	软质耐火黏土矿石	1.8~2.5	1~2	1.2~1.3
硫铁矿	块状硫铁矿	3.2~4.3	8~15	1.5~1.6
	浸染状硫铁矿	2.6~3.4	7~10	1.5~1.6
萤石矿		2~3	4	1.5~1.6
石膏矿		2.2	2	1.2~1.5
石墨矿		2.0~2.5	1	1.0~1.5

续上表

矿种	矿石类型	体重/($t \cdot m^{-3}$)	硬度系数(f)	松散系数(K)
硅灰石矿		2.6~2.8	9~12	1.6~1.8
膨润土矿		1.7~1.8	—	—
硅藻土矿		0.5~1.3	1~2	1.3~1.6
硼矿	致密块状硼矿石	2.6~2.7	8~12	1.6~1.7
磷矿	磷块岩富矿石	2.9~3.1	7~9	1.5~1.7
	磷块岩贫矿石	2.6~2.9	6~8	1.5~1.7
	沉积变质型磷灰岩矿石	2.5~2.8	11~14	1.5~1.6
	岩浆型磷灰石矿石	3.0~3.4	8~10	1.5~1.7
石英岩矿		2.6~2.8	14~18	1.5~1.7
石灰岩矿		2.6~2.8	6~12	1.4~1.7
白云岩矿		2.6~2.8	8~16	1.5~1.8
泥灰岩矿		2.6~2.8	6	1.5~1.7
大理岩矿		2.6~2.8	6~12	1.5~1.7

附录V 岩石物理力学性质指标经验数据表

岩石名称	体重/($t \cdot m^{-3}$)	硬度系数(f)	松散系数(K)
花岗岩	2.6~2.8	8~12	1.5
闪长岩	2.6~2.8	8~12	1.5
辉长岩	2.7~3.0	8~12	1.5
角闪岩	2.5~2.7	6~12	1.5~1.6
橄榄岩	2.5~2.9	6~12	1.5
玄武岩	2.6~2.7	10~15	1.5
安山岩	2.6~2.7	10~15	1.5
辉绿岩	2.6~2.7	10~15	1.5
混合岩及泥质灰岩	2.5	8~12	1.5
大理岩	2.6~2.8	6~12	1.5~1.7
千枚岩	2.2~2.9	2~10	1.5~1.6
蛇纹岩	2.7	6~8	1.5~1.6
绿泥片岩及滑石片岩	2.6~2.8	2~6	1.4~1.5
石英片岩及角闪片岩	2.6~2.8	2~8	1.4~1.5
硅化石灰岩	2.6	10~18	1.5~1.6
流纹英安岩	—	5	—
流纹英安斑岩	—	9	—
绿泥石化板岩	—	4	—

续上表

岩石名称	体重/($t \cdot m^{-3}$)	硬度系数(f)	松散系数(K)
变质辉绿岩	—	7	—
花岗片麻岩	—	12~14	—
角闪片麻岩	—	10~14	—
石灰岩	2.6~2.8	6~10	1.5~1.7
白云岩	2.7~2.9	8~12	1.5~1.7
石英岩	2.5~2.7	14~18	1.5~1.7
页岩	2.2~2.6	2~6	1.3~1.4
砂岩	2.4~2.6	8~16	1.5~1.6
角砾岩	—	4~15	—
风化花岗岩	1.5~1.7	3~5	—
变质辉绿岩	—	7	—
流纹石英斑岩	—	9	—
板状石英砂岩	2.5~2.6	6~8	—
砂状石英岩	2.6~2.7	9~15	—
硅质碎屑灰岩	2.6~2.8	7~8	—
变质砂岩	2.7~2.9	9~13	—
变质石英砂岩	—	9~18	—
黑云母角岩	—	13~15	—
斜长角闪岩	—	13~14	—
黄铁绢英质碎裂岩	—	4~9	—
黄铁绢英质花岗岩	—	6~10	—
绢云母石英岩	—	8~15	—
绢云母石英片岩	—	2~4	—
安山玢岩	2.6~2.8	9~15	—
绢云母化凝灰岩	—	5~6	—
第四系表土	1.8~2.0	0.5~1.0	—

矿山地质工作常用钻机

矿山测绘常用仪器设备
及技术参数指标表

图书在版编目(CIP)数据

采矿手册. 第一卷, 矿山地质 / 汤自权主编. —长沙: 中南大学出版社, 2024.7

ISBN 978-7-5487-5826-6

Ⅰ. ①采… Ⅱ. ①汤… Ⅲ. ①矿山开采—技术手册 ②矿山地质—技术手册 Ⅳ. ①TD8-62

中国国家版本馆 CIP 数据核字(2024)第 090323 号

采矿手册　第一卷　矿山地质

CAIKUANG SHOUCE　DIYI JUAN　KUANGSHAN DIZHI

古德生 ◎ 总主编

汤自权 ◎ 主　编

李小罗 ◎ 副主编

□**出 版 人**　林绵优

□**责任编辑**　伍华进　胡　炜　雷　浩

□**封面设计**　殷　健

□**责任印制**　李月腾

□**出版发行**　中南大学出版社

社址: 长沙市麓山南路　邮编: 410083

发行科电话: 0731-88876770　传真: 0731-88710482

□**印　　装**　湖南省众鑫印务有限公司

□**开　　本**　787 mm×1092 mm 1/16　□**印张** 42.25　□**字数** 1077 千字

□**互联网+图书 二维码内容**　图片 29 张　字数 23 千字

□**版　　次**　2024 年 7 月第 1 版　□**印次** 2024 年 7 月第 1 次印刷

□**书　　号**　ISBN 978-7-5487-5826-6

□**定　　价**　280.00 元